附赠丰富实用资料说明

附赠资料内容预览

附赠125段本书配套语音教学视频、本书配套实例文件、300分钟Office 2013教学视频、300分钟经典案例教学视频、601组VBA源代码、2000个常用Office办公模板及3000个设计素材、实用办公PDF电子书、正版小软件等。

本书Office 2016配套语音教学视频和实例文件内容部分预览

本书教学视频部分预览

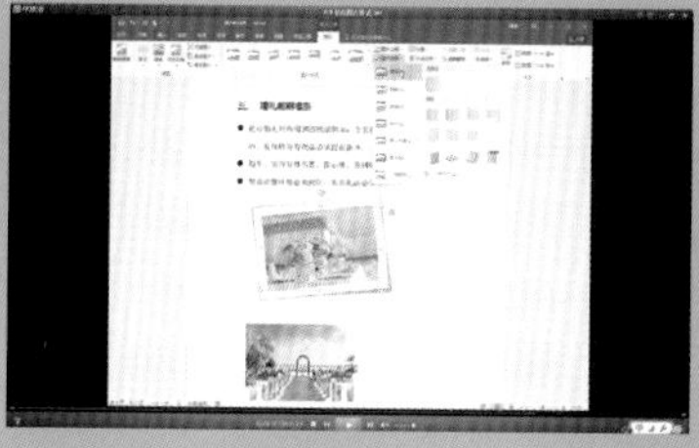

Word篇——更改图片样式

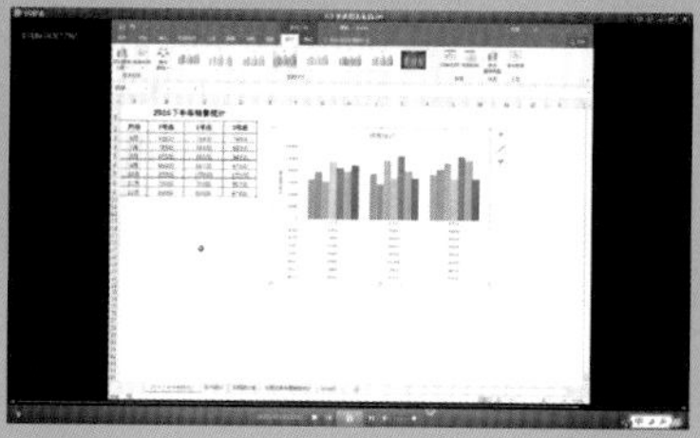

Excel篇——更改图片布局

PPT篇——添加动作按钮

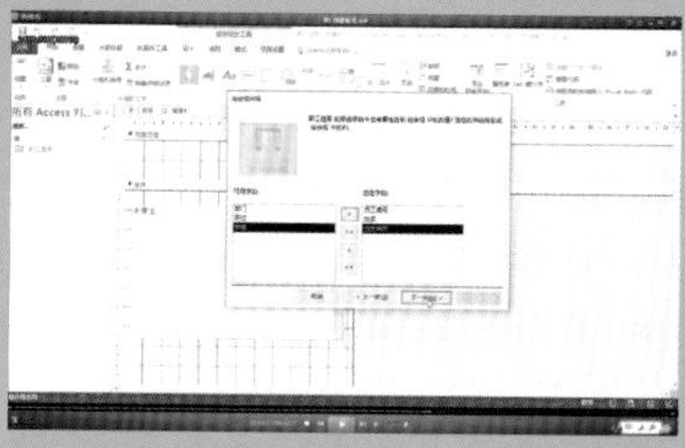

Access篇——创建报表

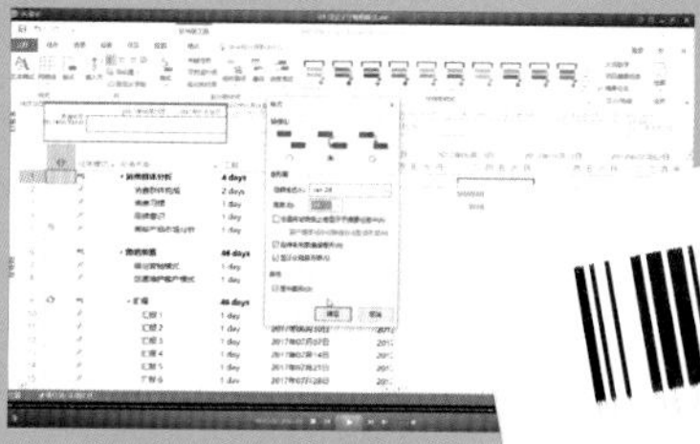

Project篇——自定义甘特

篇——办公用品采购流程

本书实例文件部分预览

Word篇——制作感谢卡

Excel篇——产品销售情况分析表

PPT篇——添加动画效果

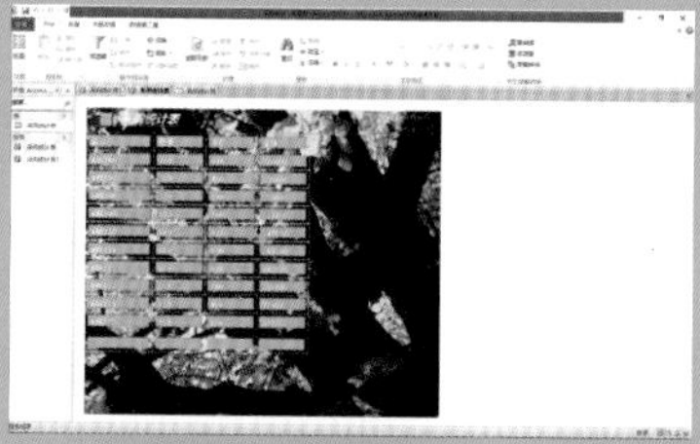

Access篇——采购统计表

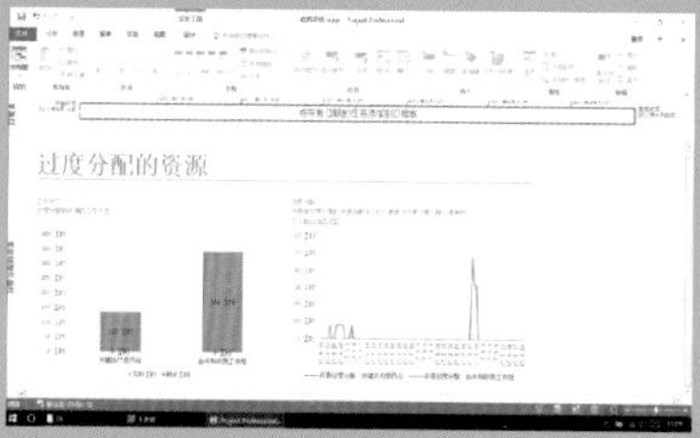

Project篇——创建收购评估项目

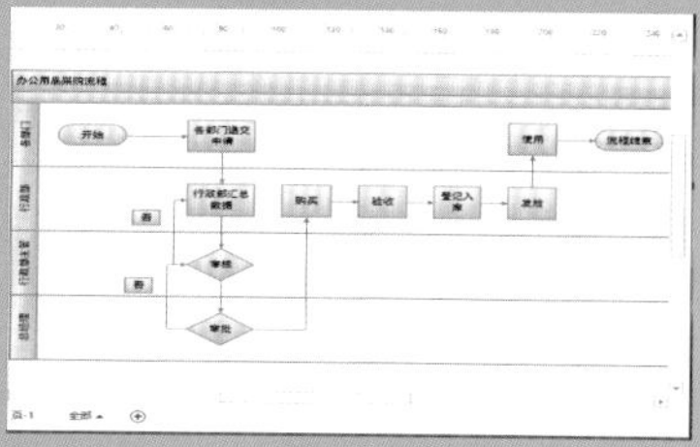

Visio篇——办公用品采购流程

附赠Word/Excel/PPT语音视频教学预览

赠送Office 2013教学视频内容部分预览

Word将联系人转发给其他人

Word启动时自动打开指定工作簿

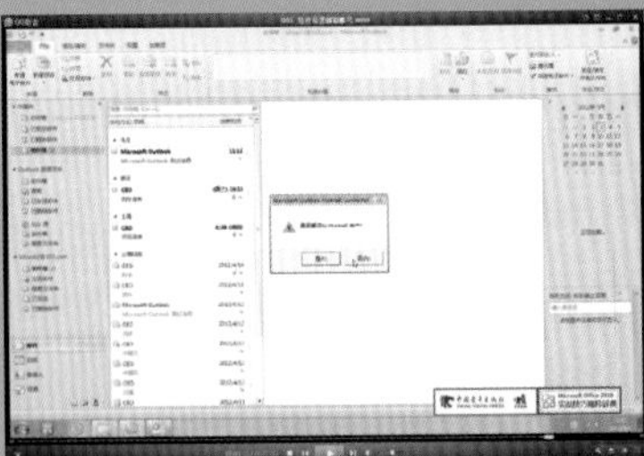
Word轻松设置邮箱账号

Word设置邮件列表显示属性

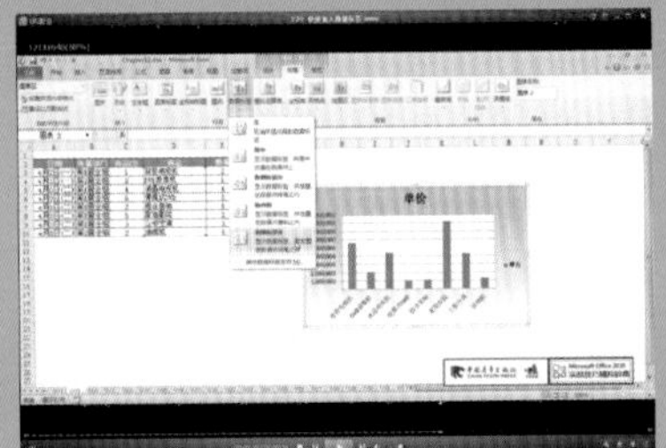
Excel快速加入数据标签

Excel让视图显示方式换个样

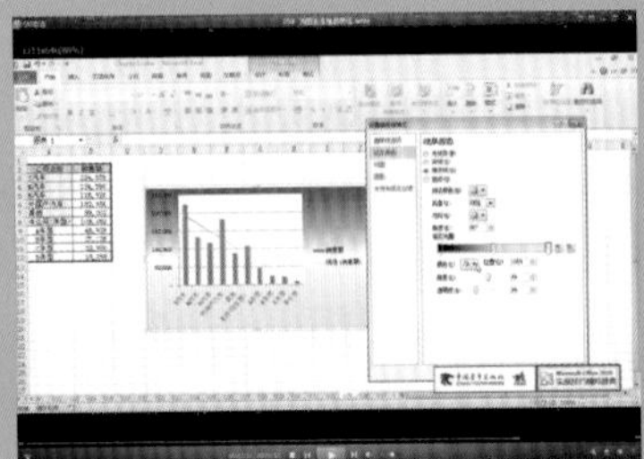
Excel为图表添加趋势线

Excel修复受损文件

PPT幻灯片放映类型设定

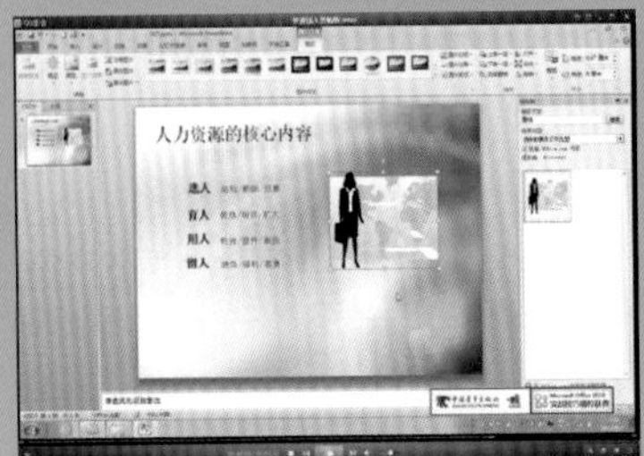

PPT快速插入剪贴画

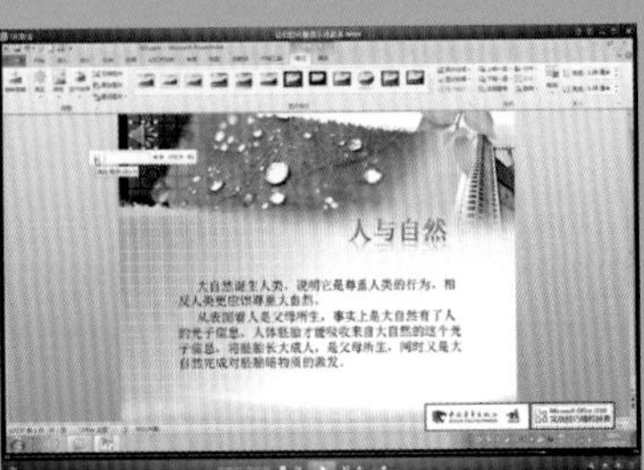

PPT让幻灯片随音乐动起来

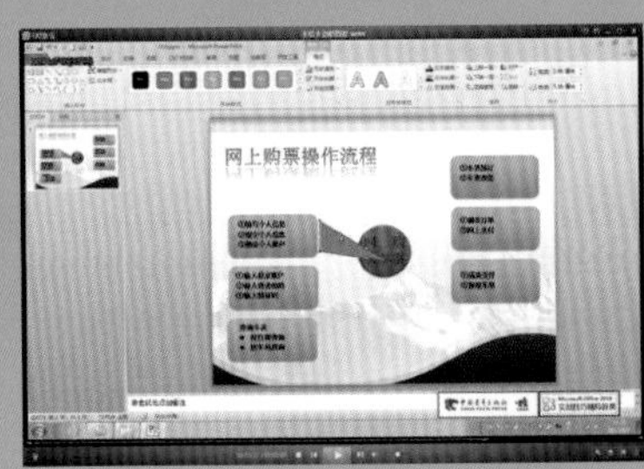

PPT手绘多边形图形

附赠经典办公应用案例语音视频教学及实用PDF电子书

赠送经典案例教学视频内容部分预览

制作办公招聘流程表

制作产品目录及价格表

制作交互式相册

制作可行性研究报告

制作劳动合同

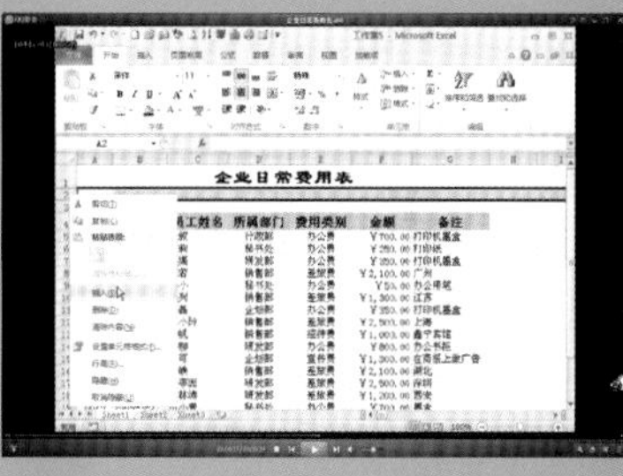

制作企业日常费用表

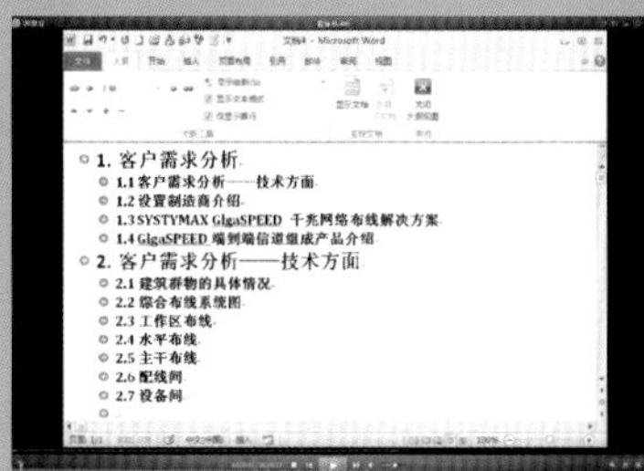

制作投标书

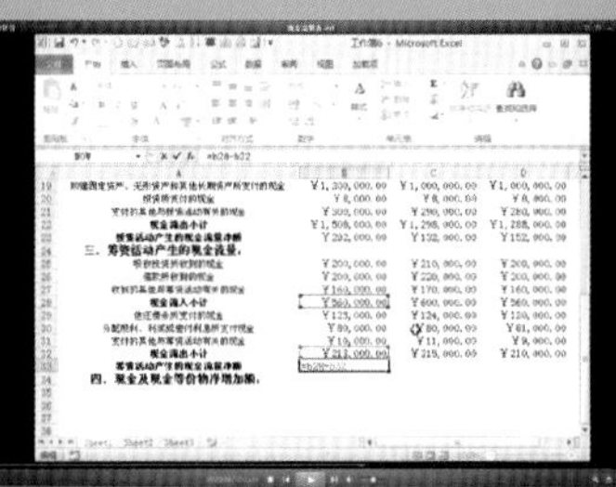
制作现金流量表

设计营销案例分析演示文稿

赠送实用PDF电子书

电脑常见故障及解决方法

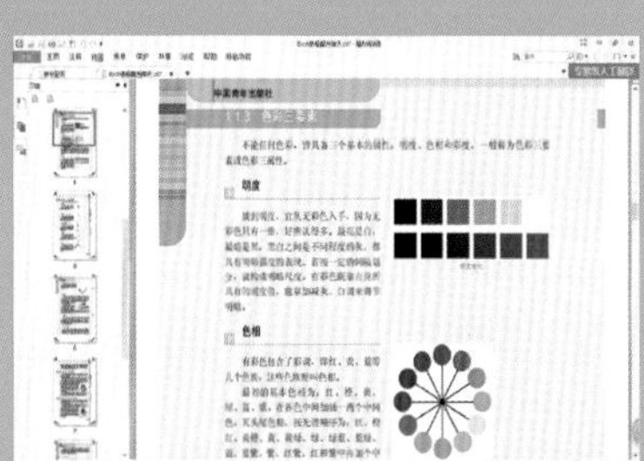
Excel表格配色知识

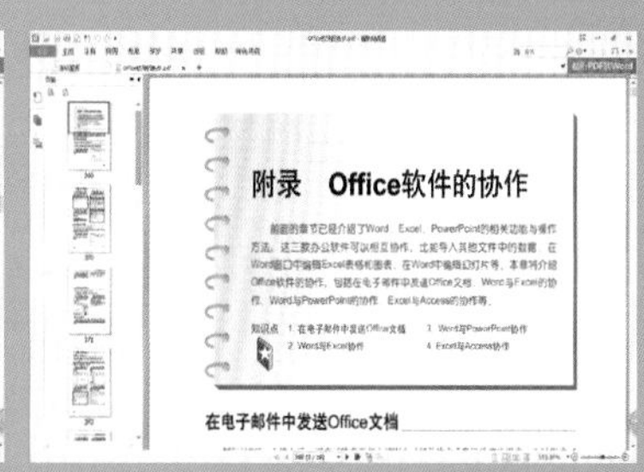

Office软件的协作应用

附赠丰富的办公模板及海量设计素材

赠送实用Office办公模板部分预览

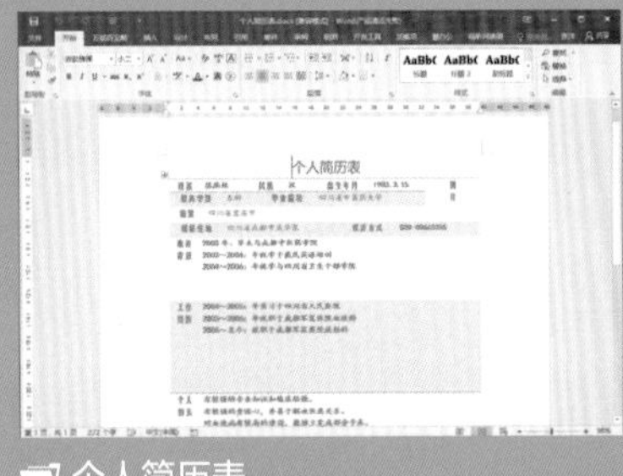

个人简历表

公司邮件

办公用品转交单

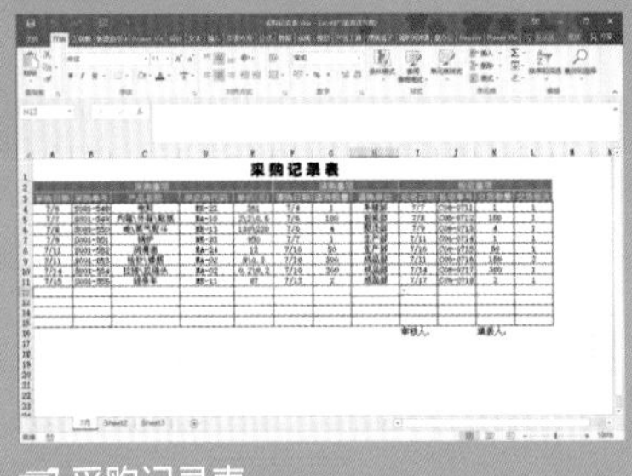

采购记录表

公司简介PPT

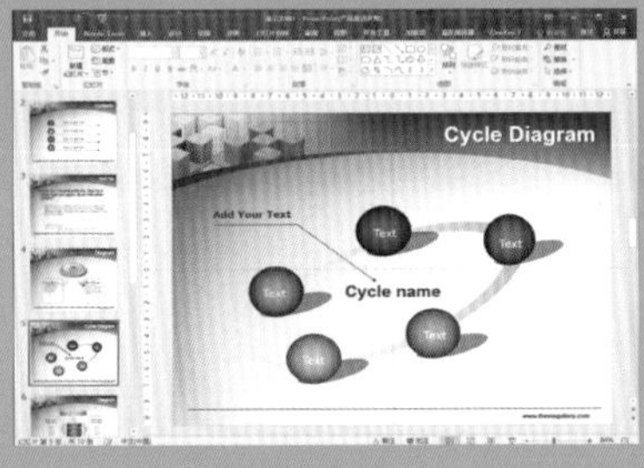

商业报告PPT

赠送设计素材部分预览

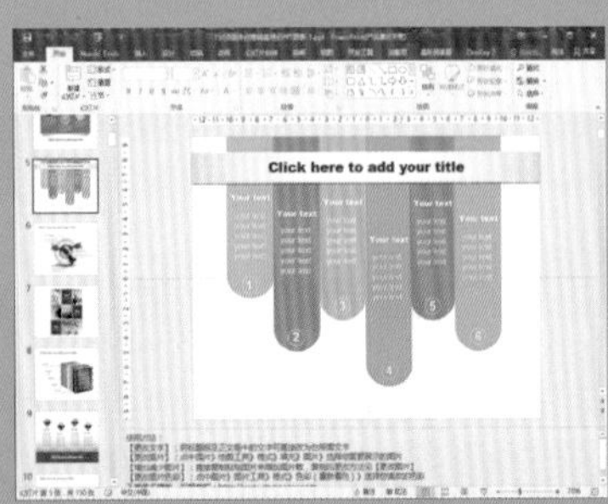

国外精美PPT模板素材1

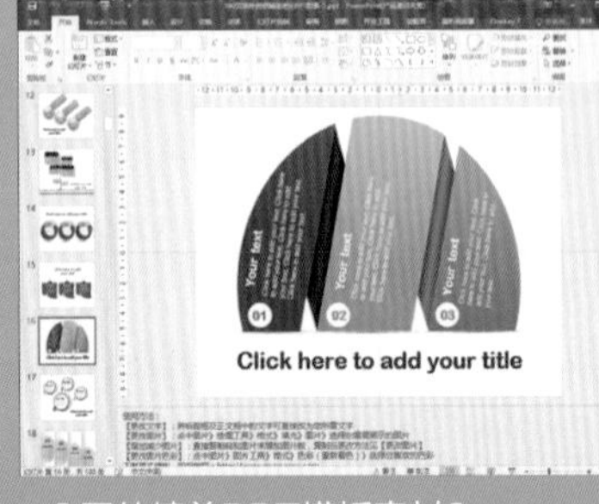

国外精美PPT模板素材2

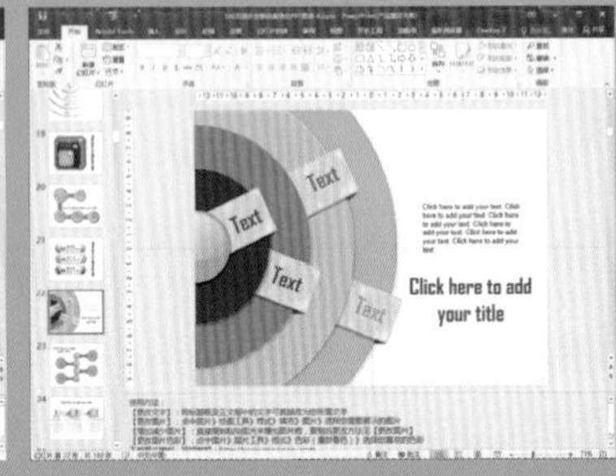

国外精美PPT模板素材3

剪贴画素材1

剪贴画素材2

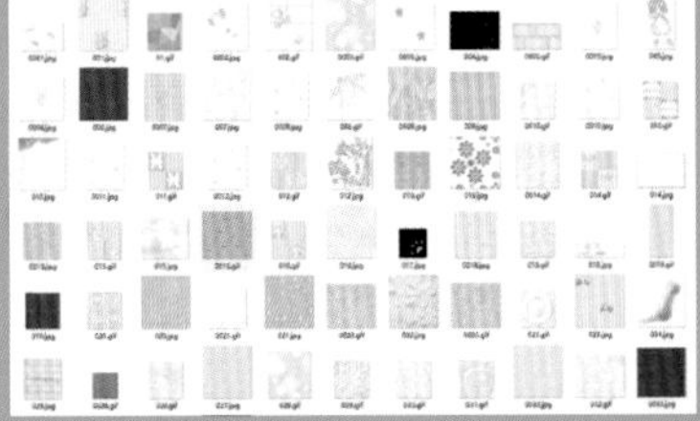
GIF背景图片素材

最新 Office 2016 高效办公三合一

金松河 / 编著

Word/Excel/PPT/Access/Project/Visio

图书在版编目(CIP)数据

最新 office 2016 高效办公六合一：Word/Excel/PPT/Access/Project/Visio/ 金松河编著 .
— 北京：中国青年出版社，2018.1
ISBN 978-7-5153-4983-1
I. ①最 … II. ①金 … III. ①办公自动化 — 应用软件 IV. ① TP317.1
中国版本图书馆 CIP 数据核字（2017）第 271548 号

最新office 2016高效办公三合一
Word/Excel/PPT/Access/Project/Visio
金松河 编著

出版发行：中国青年出版社
地　　址：北京市东四十二条 21 号
邮政编码：100708
电　　话：（010）50856188 / 50856199
传　　真：（010）50856111
企　　划：北京中青雄狮数码传媒科技有限公司

策划编辑：张　鹏
责任编辑：张　军

印　　刷：三河文通印刷包装有限公司
开　　本：787 × 1092　1/16
印　　张：24.75
版　　次：2018 年 2 月北京第 1 版
印　　次：2018 年 2 月第 1 次印刷
书　　号：ISBN 978-7-5153-4983-1
定　　价：69.90 元（附赠案例素材文件、办公模板、语音视频教学、PDF 电子书等海量资源）

本书如有印装质量等问题，请与本社联系　电话：（010）50856188 / 50856199
读者来信：reader@cypmedia.com　投稿邮箱：author@cypmedia.com
如有其他问题请访问我们的网站：http://www.cypmedia.com

Preface
前 言

◎ 为何编写本书

2015年，微软Office办公软件迎来了最新版本，Office 2016正式发布。随着企事业单位的信息化，Office办公现已成为职场上的一把利剑。为了让更多使用Office办公用户能够轻松、快速掌握运用Office 2016的知识，并能快速应用到现代办公中，特编写此书。本书包含了目前使用频率较高的六大组件，即Word、Excel、PowerPoint、Access、Project、Visio。

◎ 接触Office 2016

Microsoft Office 2016是一款由微软开发的一个庞大的办公软件集合，其中包括了Word、Excel、PowerPoint、Access、Project、Visio、Outlook、Skype以及Publisher等组件和服务。各组件界面均简洁大方、便于操作，且按钮的设计风格开始向Windows 10靠拢。

◎ 本书内容特色

条条分析，精彩图例。常用重点知识图文对照，紧密贴合日常办公需求，实用高效！在写作上以“图文并茂、一步一图”的形式展开，语言轻松幽默，通俗易懂，学习起来不枯燥，帮助读者在学习中体会乐趣，提高学习兴趣。

由浅到深，由点到面。教学方法采用“由简单到深入、由单一应用到综合应用”的思路，使读者自然地从入门级水平过渡到熟练应用的高手水平。

内容丰富，简单易学。结构安排合理，讲解细致，有“办公室练兵”和“技巧放送”两个板块，详细阐述了每章知识点的实际应用方法。在各组件最后安排了一个综合实战，对每个组件讲解的知识进行综合的运用。

◎ 适用读者群

本书不仅可作为大中专院校电脑办公应用基础教材，还可作为Office办公培训班的培训用书，同时也是职场办公人员不可多得的学习用书。本书共29章约58万字，由金松河老师编写，在此对其辛勤的付出表示感谢，同时特别感谢郑州轻工业学院教务处的大力支持。在学习过程中，欢迎加入读者交流群（QQ群：59505680、74200601）进行学习探讨。

编　者

目录 Contents

技巧放送 办公室练兵

Part 01 基础入门篇

Part 02 文档编辑篇

Part 03 数据处理篇

Part 04 幻灯片制作篇

Part 05 数据库管理篇

Part 06 项目管理篇

Part 07 流程图绘制篇

Part 01

基础入门篇

Microsoft Office 2016包含了Word 2016、Excel 2016、PowerPoint 2016等多个应用程序。这些应用程序在进行基础操作时，有很多操作具有一致性或者关联性。本篇将经常使用的一些应用程序以及其相关的基础操作进行详细介绍。

Chapter 01 Office 2016入门必读

Microsoft Office 2016是微软公司推出的Office办公软件的最新版本，该款软件是一套功能齐全的办公自动化应用程序，通过该程序，同事之间可以实现信息共享、快速而高效的协同处理问题，让工作可以更加的快速和轻松。

1. Office 2016概述及特点
2. Office 2016的基本操作
3. 如何使用Office 2016的帮助功能

1.1 Office 2016概述

Microsoft Office 2016是在当前办公应用中，应用较为广泛的软件。其强大的文档处理、电子表格统计、演示文稿演示、数据库管理、电子邮件的收发等功能深受大多数办公者的喜爱。Office 2016包含了多个应用组件和多个独立组件，其包含的应用程序均采用标准的功能区、快捷键，可以让用户快速实现数据的共享、文件的合并等操作，并且较以往的版本新增添了许多人性化的功能，为用户提供了便利。下面将对常用的几个程序进行介绍：

- Word 2016：文档编辑程序，主要用于创建和编辑具有专业外观的文档，如信函、论文、报告和小册子等。
- Excel 2016：数据处理程序，主要用于执行计算、分析信息以及可视化电子表格中的数据等。
- PowerPoint 2016：幻灯片制作程序，主要用于创建和编辑用于幻灯片播放、会议和网页的演示文稿。
- Access 2016：数据库管理系统，主要用于创建数据库和程序来跟踪与管理信息。
- Project 2016：项目管理程序，主要用于办公人士对项目和任务的管理，可以有效地加强协同工作的能力。它拥有全新时间轴视图，用户可以对时间轴范围进行修改，大大地提高了操作的自由度。
- Visio2016：流程图绘制程序，使用它可以帮助企业定义流程、编制最佳方案、同时也是建立可视化计划变革的实用工具。
- Outlook 2016：电子邮件客户端，主要用于发送和接收电子邮件、记录活动、管理日程、联系人和任务等。
- OneNote 2016：笔记程序，主要用于搜集、组织、查找和共享笔记和信息。
- Publisher 2016：出版物制作程序，主要用于创建新闻稿和小册子等专业品质出版物及营销素材。
- Sway：是Office的全新成员，它是一款创作和分享交互式报表、演示文稿、个人故事的应用。

1.1.1 启动Office 2016各组件

启动Office 2016的方法有很多种，下面介绍两种常见的从“开始”菜单启动、从桌面快捷方式启动的方法。

❶"开始"菜单启动法

执行"开始>所有应用"命令，如图1-1所示。在展开的应用列表中选择相应程序即可将该程序打开（如PowerPoint 2016），如图1-2所示。

图1-1 打开应用列表

图1-2 选择应用程序

❷快捷方式启动法

将Office组件的快捷方式添加到电脑桌面上后，双击该程序的快捷方式图标即可启动该程序，下面以启动Excel 2016为例对其进行介绍。

步骤01 执行"开始>所有应用"命令，将鼠标移至Excel 2016上方，按住鼠标左键不放，将其拖动至电脑桌面，如图1-3所示。

步骤02 电脑桌面上出现Excel 2016快捷方式图标，按住鼠标将其拖动至合适位置，随后双击即可打开该应用程序，如图1-4所示。

图1-3 将快捷方式拖动到电脑桌面

图1-4 双击快捷方式图标启动应用程序

Tip: 将快捷方式添加到任务栏

执行“开始>所有应用”命令，在Excel 2016图标上右键单击，从弹出的右键菜单中选择“更多>固定到任务栏”命令，将快捷方式固定到任务栏，如右图所示。然后单击任务栏上的应用程序图标，将该应用程序启动，如图1-5所示。

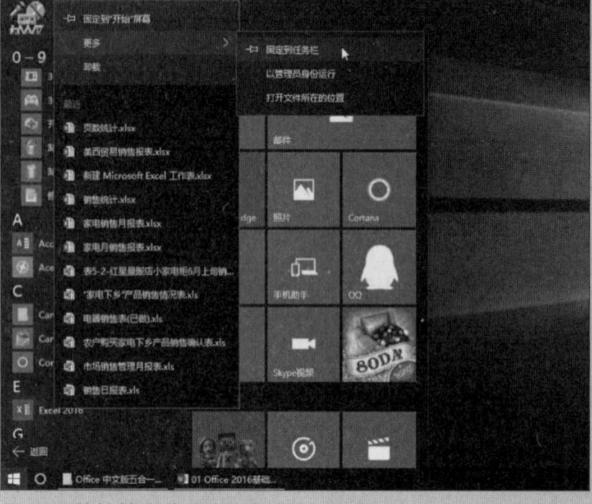

图1-5 将快捷方式固定到任务栏

1.1.2 Office 2016各组件窗口介绍

各组件窗口的布局大同小异，都包含有标题栏、功能区、编辑区、状态栏等，Word 2016窗口、Excel 2016窗口、PowerPoint 2016窗口、Access 2016窗口、Project 2016窗口和Visio 2016窗口分别如图1-6~1-11所示。

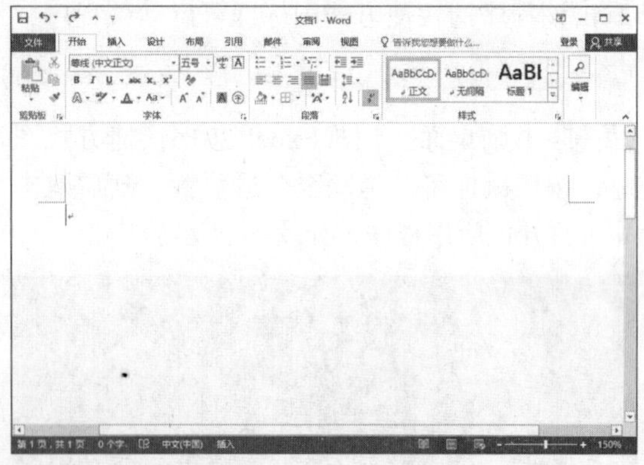

图1-6 Word 2016窗口

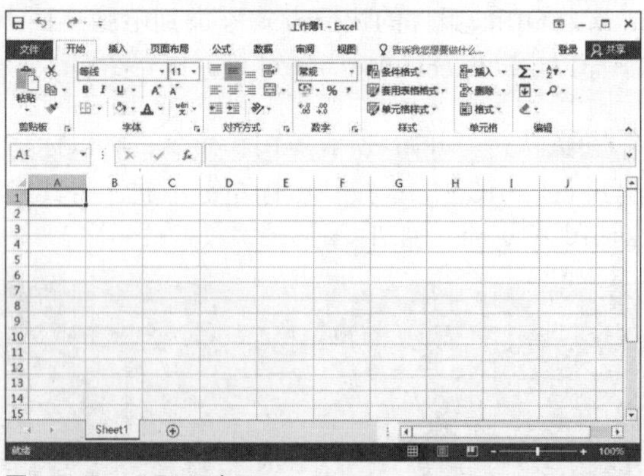

图1-7 Excel 2016窗口

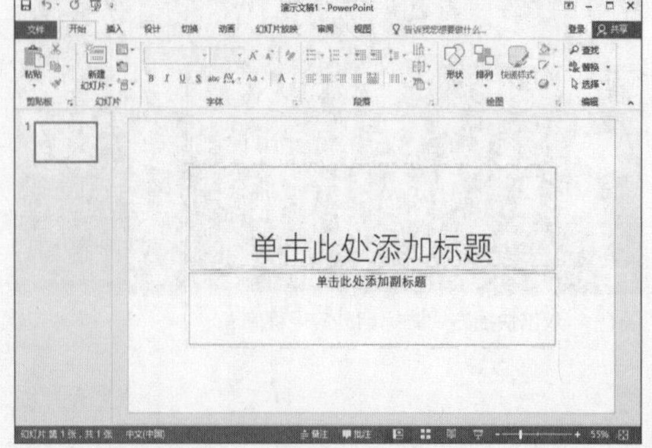

图1-8 PowerPoint 2016窗口

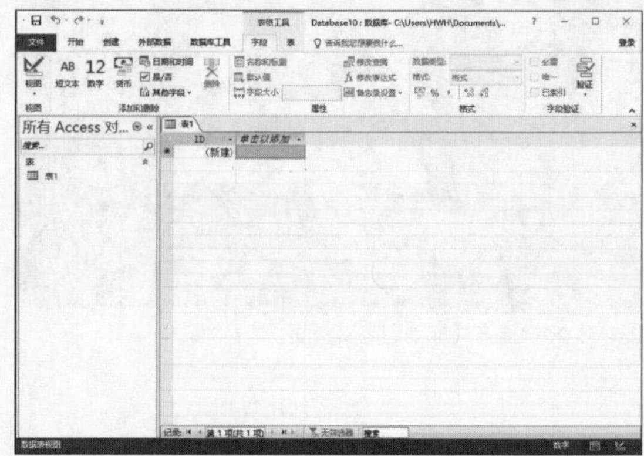

图1-9 Access 2016窗口

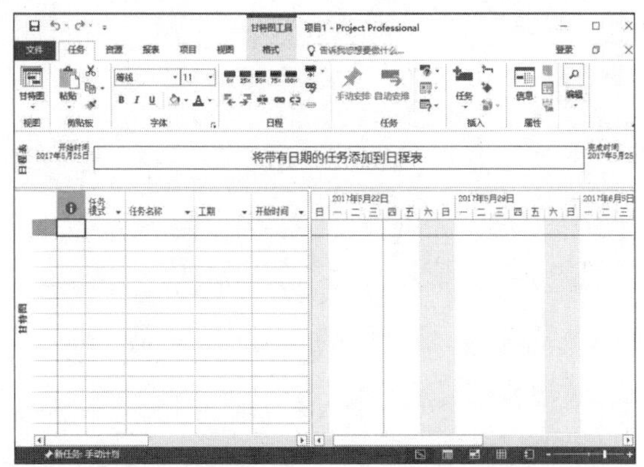

图1-10 Project 2016窗口

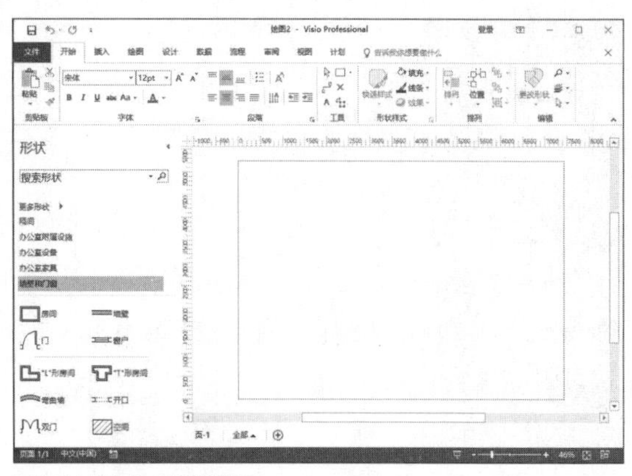

图1-11 Visio 2016窗口

标题栏显示当前打开的文件名称，右侧是“最小化”、“最大化”和“关闭”3个按钮。单击“最大化”按钮后，“最大化”按钮变为“还原”按钮。

功能区位于标题栏下方编辑区上方，包括若干个选项卡，如“文件”选项卡、“开始”选项卡、“插入”选项卡等。每个选项卡中都包含很多功能按钮，通过单击这些按钮，可以快速实现相应的功能。

状态栏位于窗口的底部，显示当前打开的文件的状态。例如，Word 2016中的状态栏会显示当前文件的页码、总字数、显示比例等；PowerPoint 2016的状态栏会显示幻灯片的数量、视图方式等。

1.2 Office 2016各组件的通用操作

Office 2016各组件的通用操作包括文件的创建和打开、文档的保存和关闭、文档的打印等，这些操作都很相似。本节将通过具体的操作来讲解相关的知识内容。

1.2.1 创建默认空白文件

在Office 2016的应用程序中，创建空白文件（以Word、Excel、PPT三大组件为例）的操作如下。

启动相应程序后，将进入模板列表，单击“空白文档”（或“空白工作簿”、或“空白演示文稿”），即可新建空白Word文档（或空白Excel工作簿、或空白PowerPoint演示文稿），分别如图1-12～1-17所示。

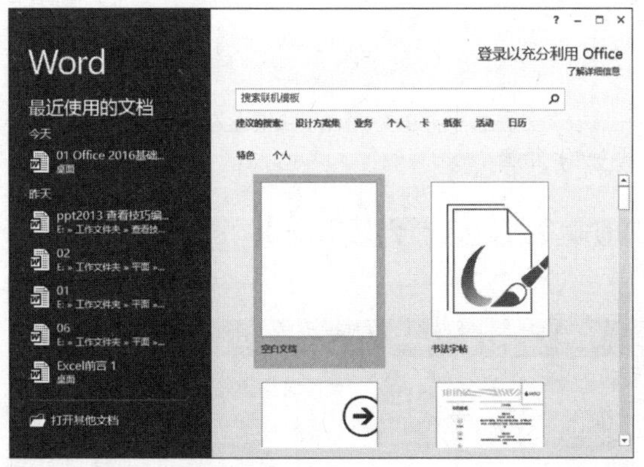

图1-12 单击“空白文档”

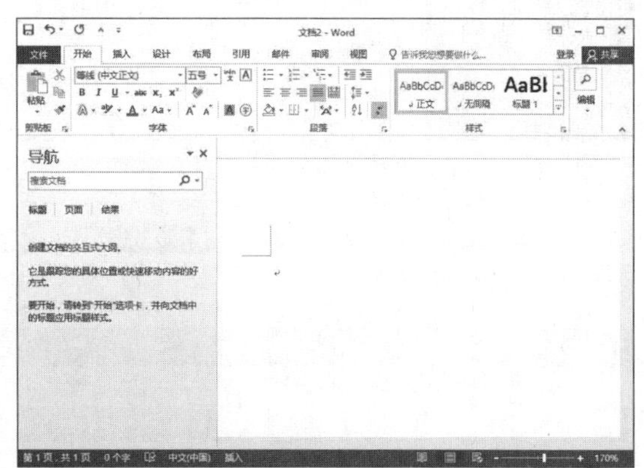

图1-13 新建的Word文档

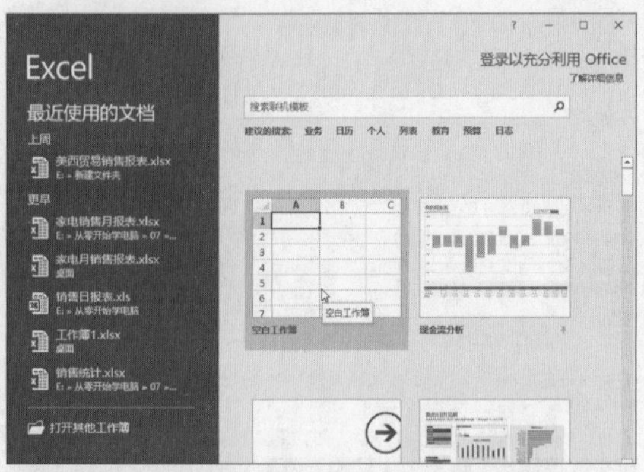

图1-14 单击“空白工作簿”

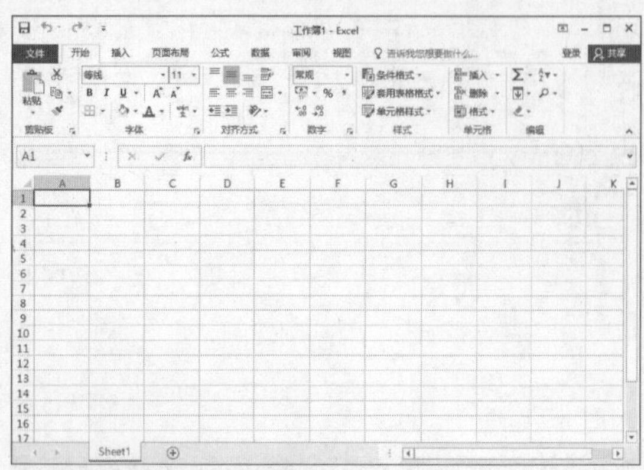

图1-15 新建的Excel“工作簿1”

图1-16 单击“空白演示文稿”

图1-17 新建的PowerPoint“演示文稿1”

对于Access来讲，稍微有些复杂，它需要先创建数据库，再创建表等对象。启动Access 2016应用程序后，选择模板列表中的“空白桌面数据库”选项，如图1-18所示。Access会自动生成以Database1.accdb为文件名的默认数据库，如图1-19所示。

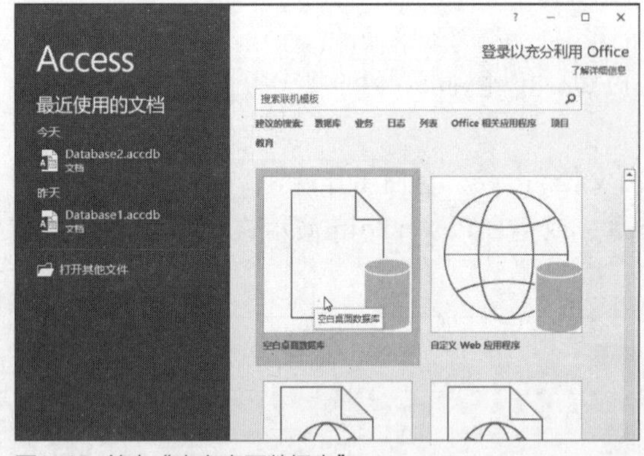

图1-18 单击“空白桌面数据库”

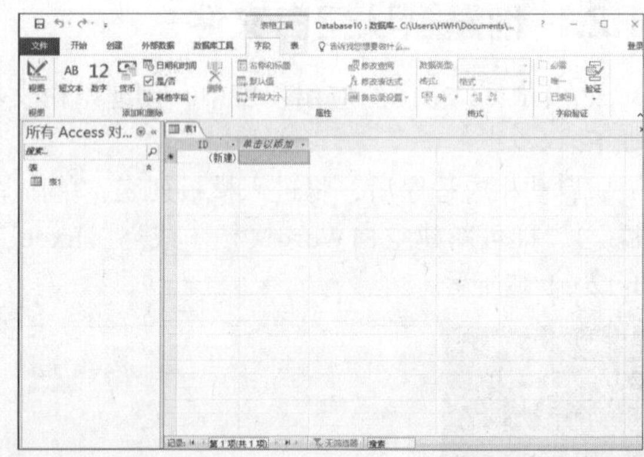

图1-19 新建“空白文档”

切换至“创建”选项卡，通过该选项卡功能区中的命令可以选择创建新的表、查询、窗体等对象，如图1-20所示。

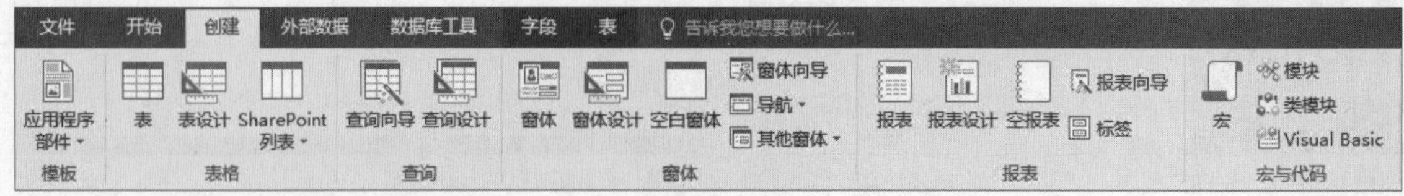

图1-20 Access 2016“创建”选项卡功能区

1.2.2 利用模板创建文件

下面以通过Word模板创建文件为例进行介绍。

在没有网络连接的状态下，执行“文件>新建”命令，在打开的模板列表中，选择“基本报表”模板，如图1-21所示。即可创建该样式的文档，并自动打开该文档，如图1-22所示。

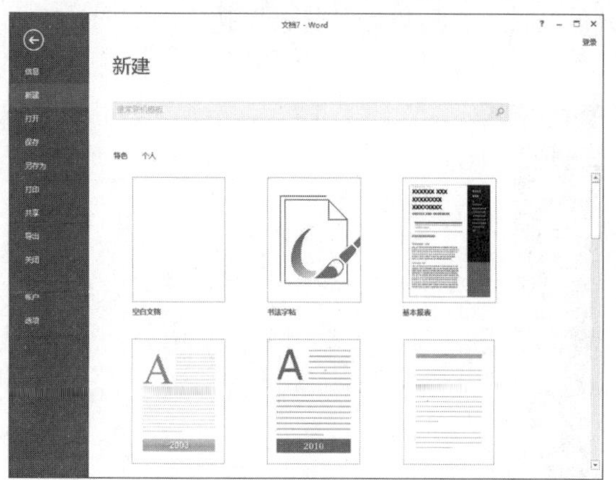

图1-21 选择“基本报表”模板

图1-22 模板文档

如果计算机连接到网络，还可以根据网络上提供的模板创建文件，同样执行“文件>新建”命令，在搜索框中输入“简历”，然后单击“开始搜索”按钮，如图1-23所示。显示搜索到的相关模板，在合适的模板上单击，如图1-24所示。弹出预览窗格，出现对该模板的简单介绍，单击“创建”按钮，如图1-25所示。创建文档完成后，将自动打开包含该模板样式的文档，如图1-26所示。

图1-23 单击“开始搜索”按钮

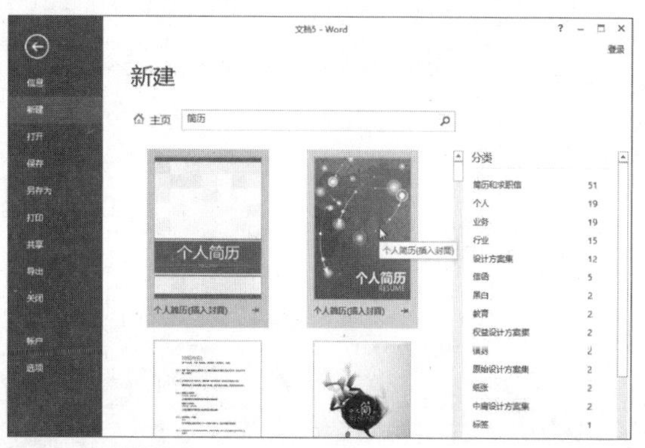

图1-24 选择模板

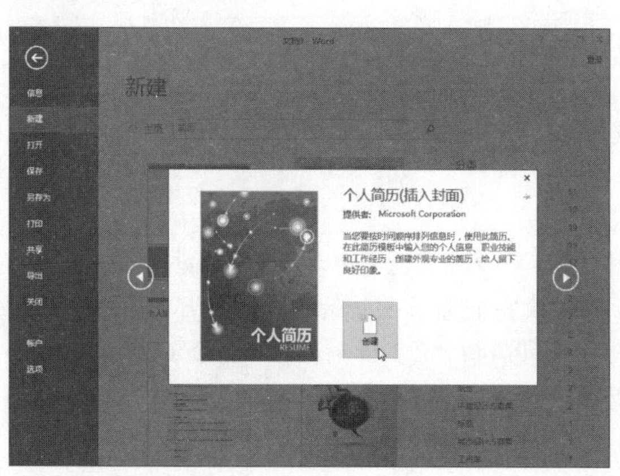

图1-25 单击“创建”按钮

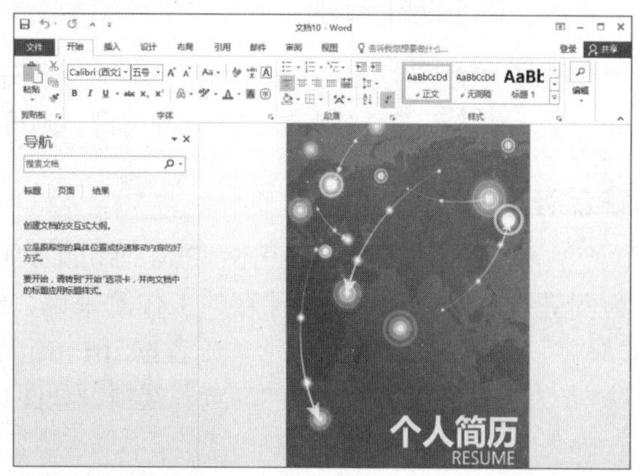

图1-26 打开创建的模板文档

1.2.3 打开文件

若要对已有的文件进行编辑，首先需要将该文件打开，在此以Word文件的打开为例进行介绍。

打开“文件”菜单，选择“打开”命令，如图1-27所示。在右侧的列表中可以通过“最近”选项右侧的列表打开最近打开过的文档；也可以选择其他选项打开文档，这里选择“浏览”选项，如图1-28所示。打开“打开”对话框，选择需要打开的文件，然后单击“打开”按钮，如图1-29所示。即可将选择的文件打开，如图1-30所示。

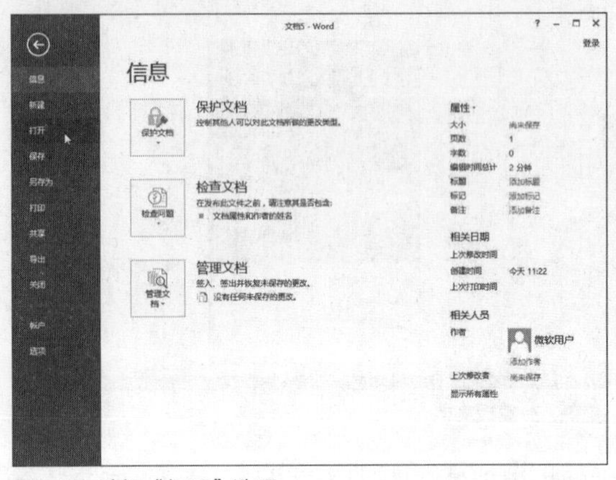

图1-27 选择“打开”选项

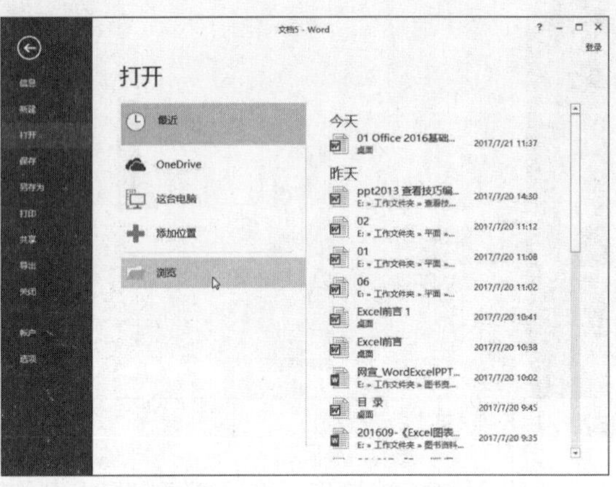

图1-28 选择“浏览”选项

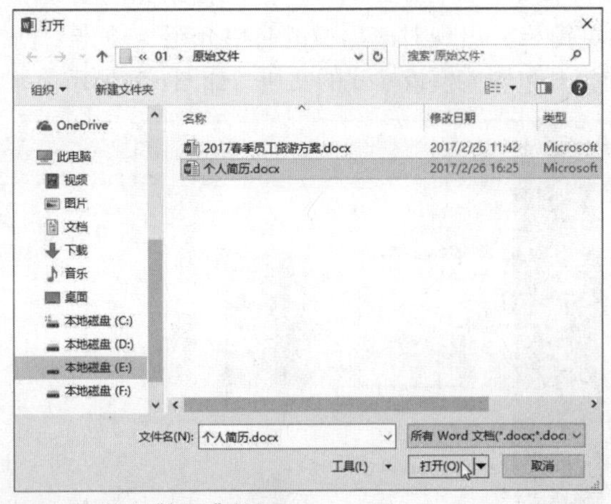

图1-29 单击“打开”按钮

图1-30 打开选择的文档

1.2.4 保存和关闭

编辑完成文件后，为了防止系统崩溃、意外断电等突发事件而导致文件丢失，需要及时的将文件保存。如果不需要对当前文件进行编辑，则可以关闭文件。

❶保存文件

在Word 2016、Excel 2016、PowerPoint 2016中，保存文件的方法基本一致，下面以Excel 2016为例进行介绍。对于初次保存的工作簿来说，编辑工作簿完成后，只需单击快速访问工具栏上的“保存”按钮，如图1-31所示。或者按Ctrl+S组合键，也可以执行“文件>保存”命令，均可以打开“另存为”选项列表，选择“浏览”选项，如图1-32所示。

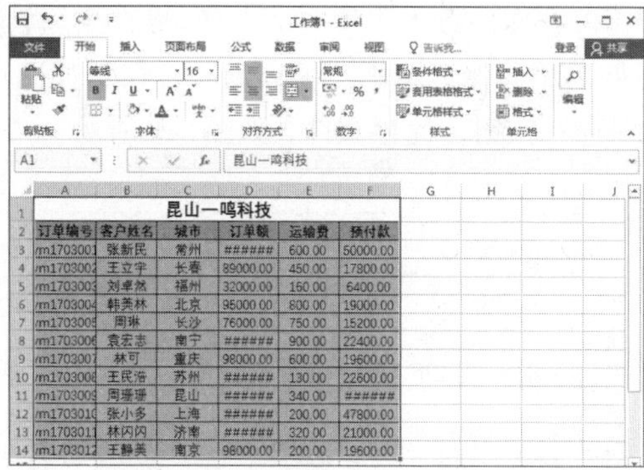

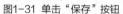

图1-31 单击“保存”按钮

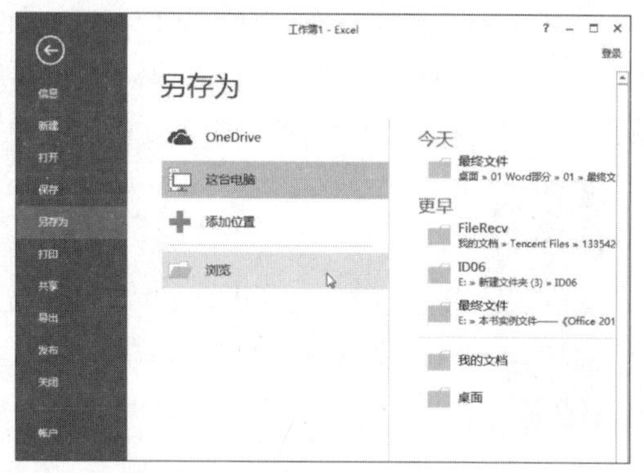

图1-32 选择“浏览”选项

打开“另存为”对话框，输入文件名（销售统计），然后设置合适的保存类型（这里保持默认设置），最后单击“保存”按钮，如图1-33所示。将工作簿保存后，标题栏会显示设置的文件名，如图1-34所示。这时候，再对该工作簿进行编辑，只需按Ctrl+S组合键即可将所做更改保存到当前工作簿中。

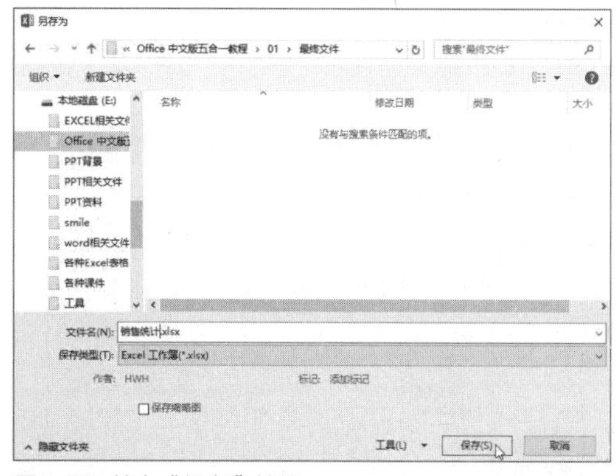

图1-33 单击“保存”按钮

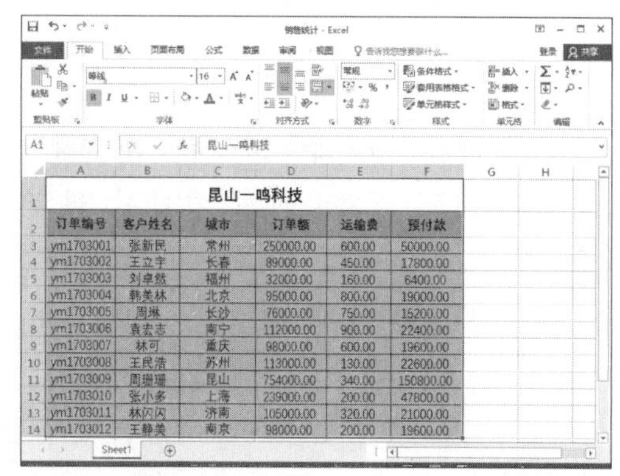

图1-34 查看保存的工作簿

Tip: 文件保存类型的设置

从Office 2007开始，Office使用了新的默认保存文件类型，Word、Excel、PowerPoint对应的默认保存类型分别为docx、xlsx以及pptx。如果用户需要在Office 2003或者更早之前的版本中使用保存的文件，需要在保存类型中选择97-2003类型，对应的类型名称分别为“Word 97-2003文档”、“Excel 97-2003工作簿”和“PowerPoint 97-2003演示文稿”，对应的文件类型分别为doc、xls以及ppt。

在Access 2016中，保存操作可分为“保存对象”和“保存数据库”。“保存对象”是将数据表中的内容保存到数据库中，执行“文件>保存”命令，如图1-35所示。打开“另存为”对话框，输入表名称后，单击“确定”按钮即可，如图1-36所示。

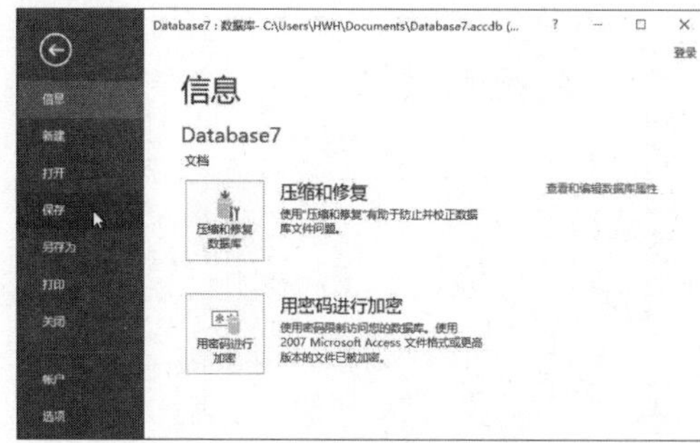

图1-35 选择“保存”选项

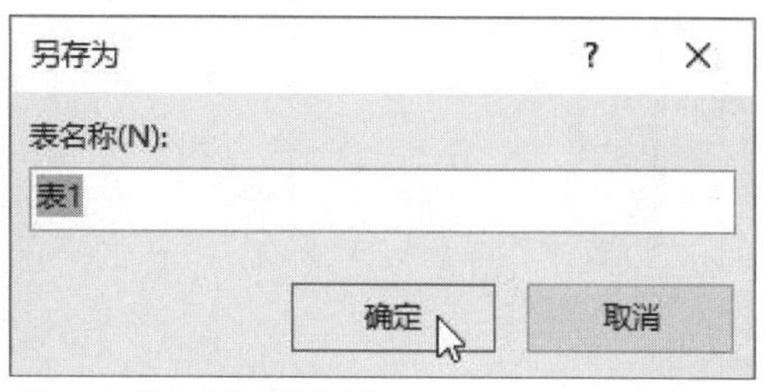

图1-36 单击“确定”按钮

而“保存数据库”操作则是将数据库以文件的形式保存在硬盘中。执行“文件>另存为>数据库另存为”命令，可以在右侧列表中选择合适的数据文件类型，然后单击“另存为”按钮，如图1-37所示，打开“另存为”对话框，输入文件名，单击“保存”按钮，保存文件，如图1-38所示。

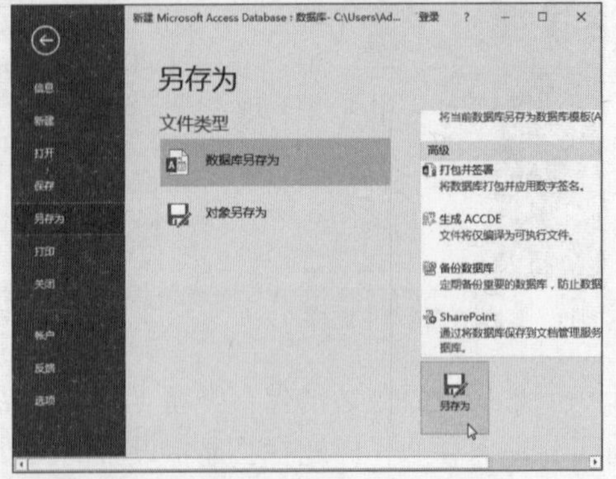

图1-37 单击“另存为”按钮

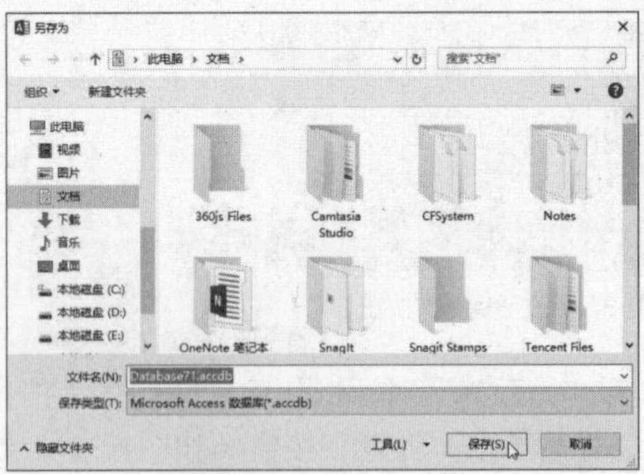

图1-38 单击“保存”按钮

❷“另存为”对话框中的按钮

在Word 2016、Excel 2016和PowerPoint 2016的“另存为”对话框中，有几个功能相同的按钮，下面以Word 2016的“另存为”对话框为例进行讲解。

单击“上移到”按钮↑，返回上一级目录，如图1-39所示；单击“返回”按钮←，撤销上一次操作，如图1-40所示；单击“前进”按钮→，恢复撤销操作。

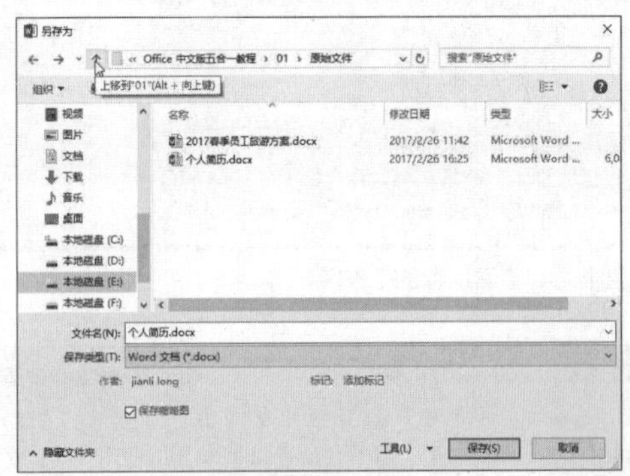

图1-39 单击“上移”按钮

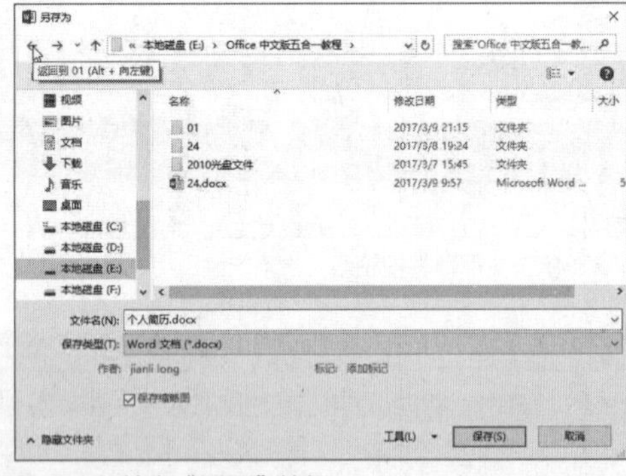

图1-40 单击“返回”按钮

在右侧搜索框中输入需要搜索文件的关键字，按Enter键确认后，可以搜索到当前文件夹中包含关键字的文件，如图1-41所示。在当前文件夹中的空白处右键单击，可以从右键菜单中选择相应的命令进行操作，如果选择“新建”命令，则可以新建级联菜单中的任意一项，如图1-42所示。

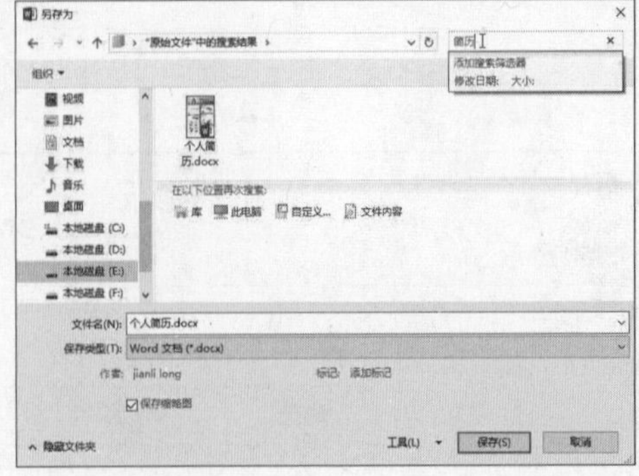

图1-41 输入搜索文本

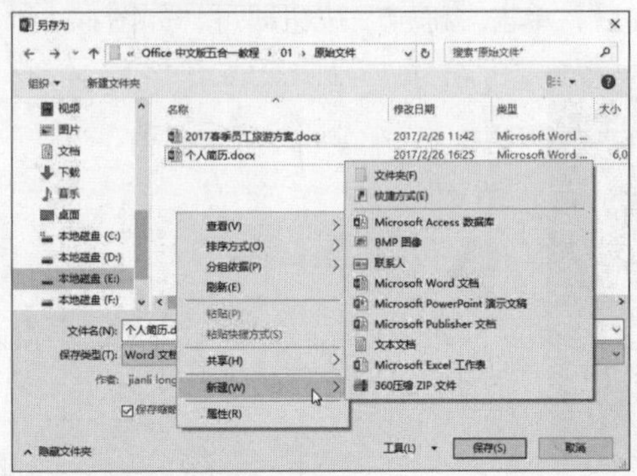

图1-42 选择“新建”选项

单击搜索框下方的“更改你的视图”右侧的“更多选项”按钮，可以从下拉菜单中选择合适的显示方式，如图1-43所示。或者右键单击，从右键菜单中选择“查看”选项，然后从其级联菜单中选择合适的命令即可，如图1-44所示。

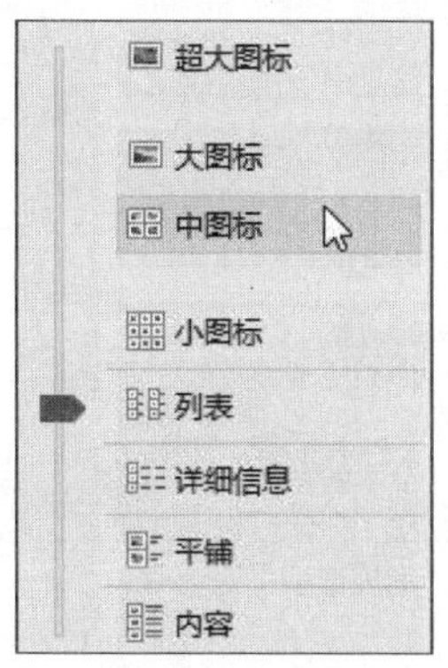

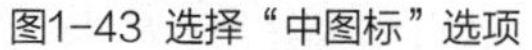
图1-43 选择“中图标”选项

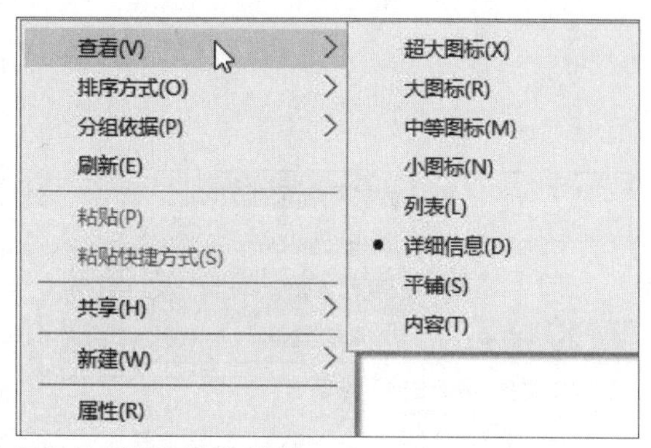

图1-44 选择“查看”选项

单击Word 2016“另存为”对话框中的“工具”右侧下拉按钮工具(L)，如图1-45所示。

选择“常规选项”命令，弹出“常规选项”对话框，如图1-46所示。通过该对话框，可以为文件设置打开文件密码、修改文件密码等。在“此文档的文件加密选项”选项组中可以设置打开文件时的密码。在“此文档的文件共享选项”选项组中可以设置修改文件时的密码。如果选中“建议以只读方式打开文档”复选框，打开时，系统提示建议以只读方式打开文档。

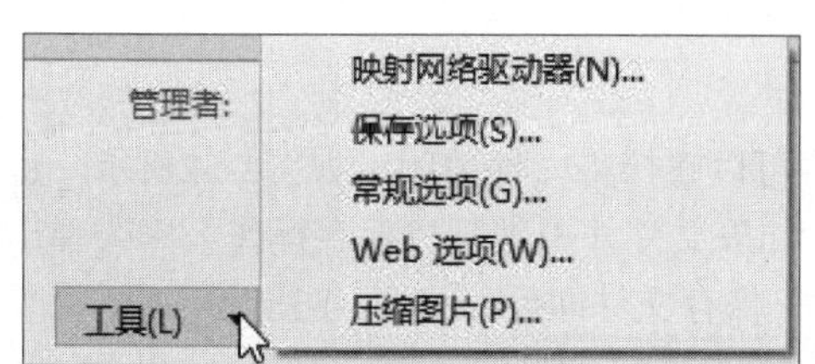

图1-45 单击“工具”右侧下拉按钮

图1-46 “常规选项”对话框

选择“保存选项”命令，打开“Word选项”对话框，在默认的“保存”选项右侧的“保存文档”列表中，可以设置文档的默认保存格式、自动恢复信息时间间隔等，如图1-47所示。

图1-47 “Word选项”对话框

单击Excel 2016“另存为”对话框中的“工具”右侧下拉按钮工具(L)，从展开的列表中选择“常规选项”选项，如图1-48所示。弹出“常规选项”对话框，如图1-49所示。在该对话框中的“文件共享”选项组中可以设置文件的打开权限密码和修改权限密码。

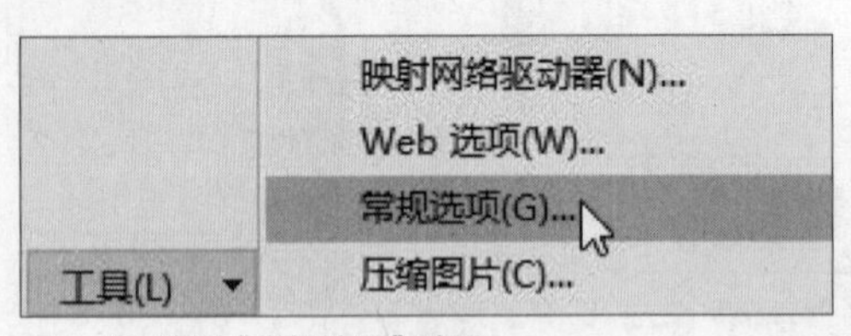

图1-48 选择“常规选项”选项

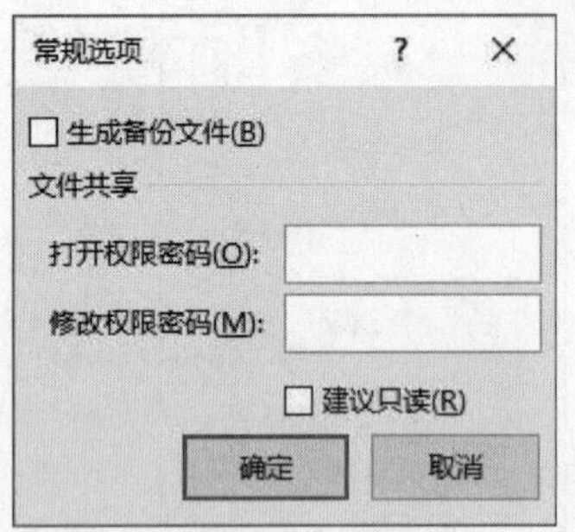

图1-49 “常规选项”对话框

单击PowerPoint 2016“另存为”对话框中的“工具”右侧下拉按钮工具(L)，从展开的列表中选择“常规选项”选项，如图1-50所示。弹出“常规选项”对话框，如图1-51所示。在该对话框中可以设置文件的打开权限密码和修改权限密码。

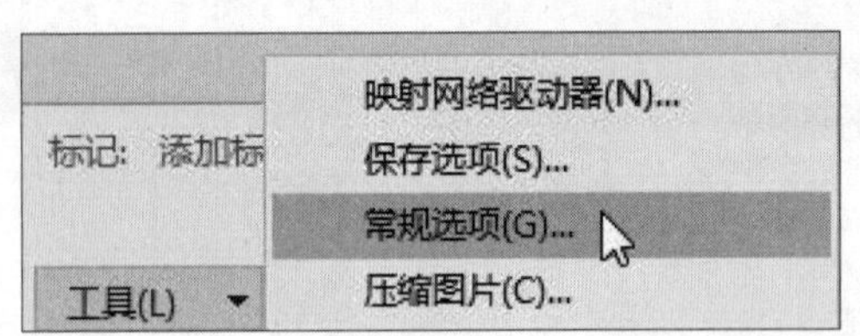

图1-50 选择“常规选项”选项

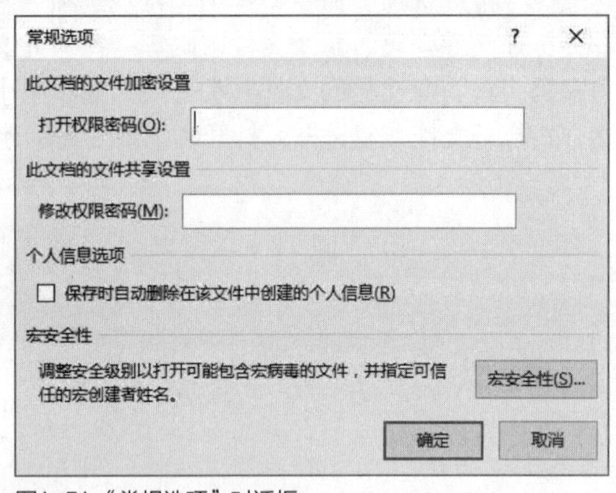

图1-51 “常规选项”对话框

❸关闭文件

编辑Office文件完成后，执行“文件>关闭”命令，可以直接将文件关闭，如图1-52所示。也可以单击程序窗口右上角的“关闭”按钮，关闭文件。如果文件并未进行过保存操作，则会弹出提示对话框，询问用户是否保存更改，单击“保存”按钮，保存文件即可，如图1-53所示。

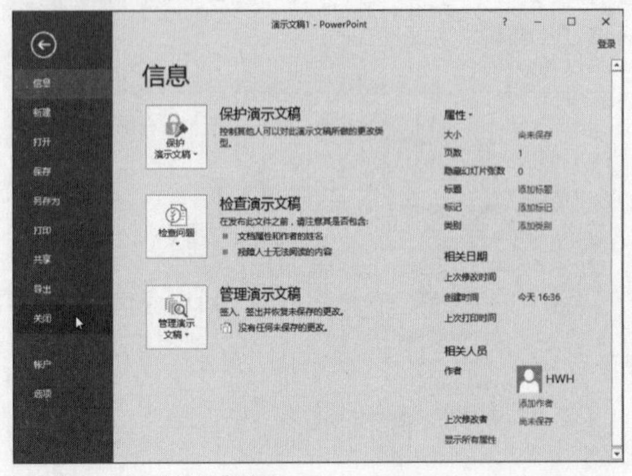

图1-52 选择“关闭”选项

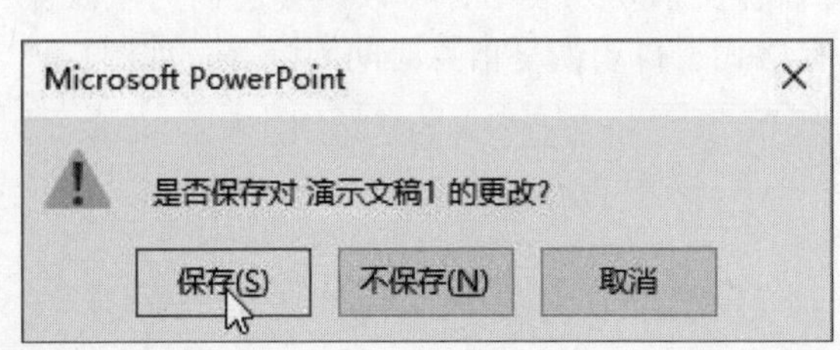

图1-53 单击“保存”按钮

1.2.5 打印

对文件编辑完毕后，如果需要将文件打印出来分发给他人，为了检查内容的准确性，应预览文件后再进行打印操作，下面以Word 2016文档的打印为例进行介绍，其具体操作步骤如下。

步骤01 打开“文件”菜单，选择“打印”选项，如图1-54所示。

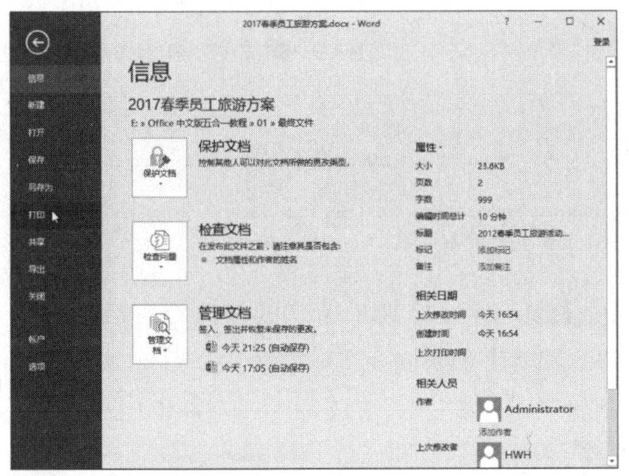

图1-54 选择“打印”选项

步骤02 窗口右侧为打印预览效果，拖动标尺可调整显示比例，单击“下一页”按钮，可翻页查看文档，如图1-55所示。

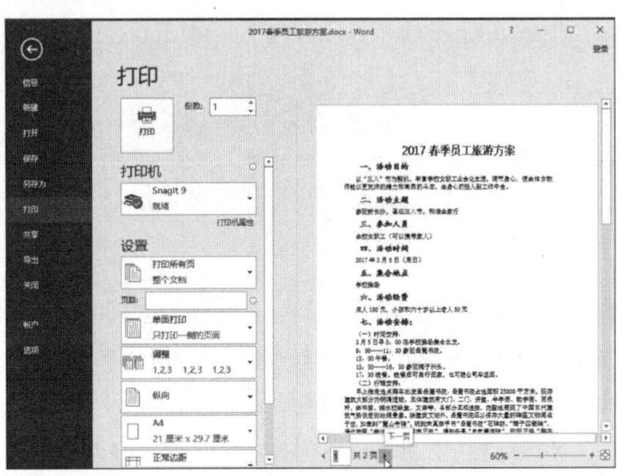

图1-55 单击“下一页”按钮

步骤03 通过“份数”数值框，可以设置文档打印份数；通过“打印所有页”列表中的命令，可以设置打印范围，如图1-56所示。

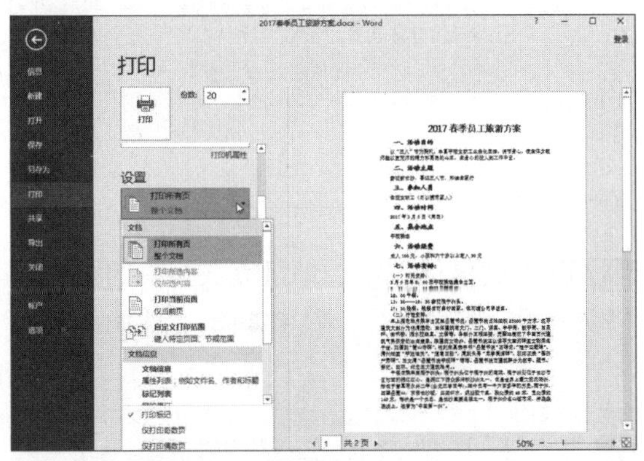

图1-56 设置打印份数、打印范围

步骤04 单击“打印版式”按钮，从列表中选择“每版打印2页”选项，然后单击“打印”按钮打印文档即可，如图1-57所示。

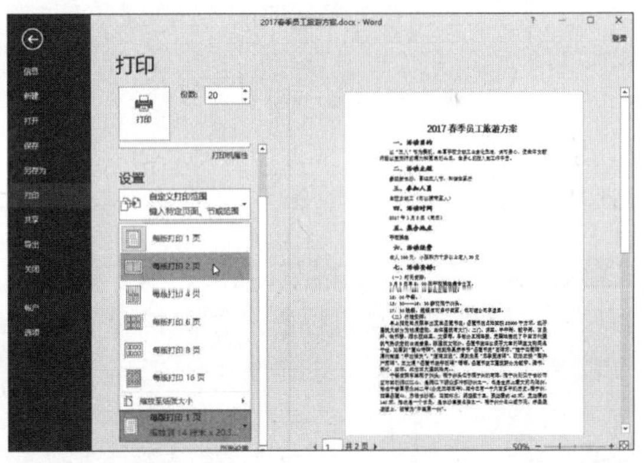

图1-57 设置打印版式

1.2.6 其他常用操作

Office的基本操作主要包括剪切、复制、粘贴、查找和替换、操作的撤销与恢复等。这里以Word 2016为例展开介绍，其他Office组件的基本编辑操作可以此为参考，再结合其各自具体情况进行操作即可。

❶剪切与粘贴

在编辑文本时经常需要移动文本，文本的移动可分为两种情况。如果需要移动文本的跨越度较大，可以使用将A处文本剪切并粘贴至B处；如果跨越度较小，则直接使用鼠标移动文本即可，其具体的操作方法如下。

步骤01 选择需要长距离移动的文本后，单击“开始”选项卡上的“剪切”按钮，如图1-58所示。

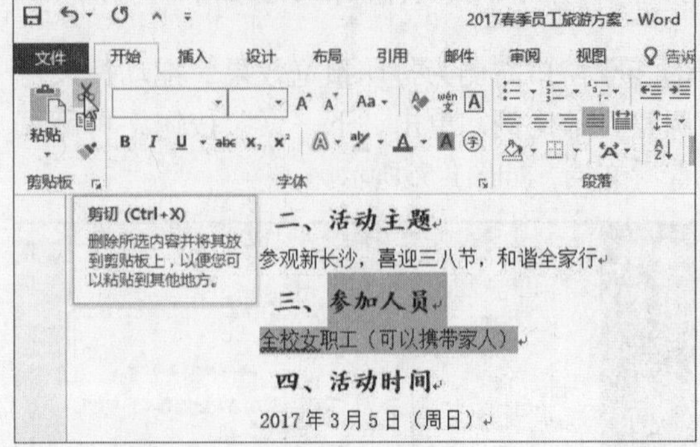

图1-58 单击“剪切”按钮

步骤02 执行剪切操作后，所选文本在文档中消失，如图1-59所示。

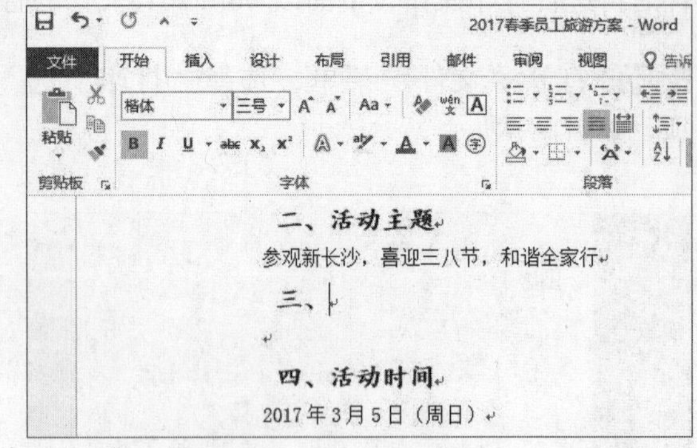

图1-59 剪切文本效果

步骤03 将鼠标光标定位至文本需要移动的位置，单击“粘贴”下拉按钮，从中选择“保留源格式”命令，如图1-60所示。

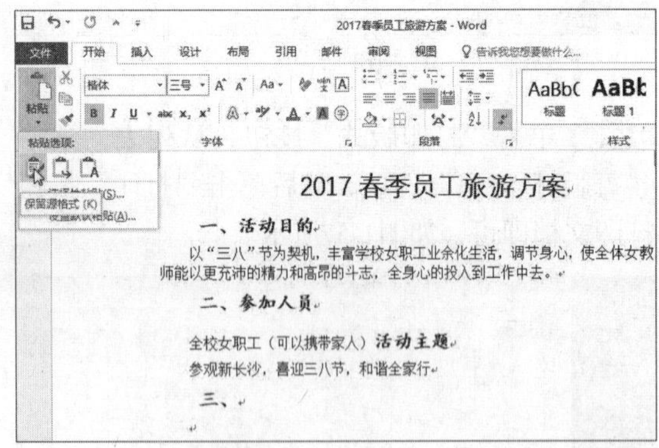

图1-60 选择“保留源格式”命令

步骤04 光标处添加了剪切的保持原有格式的文本，如图1-61所示。

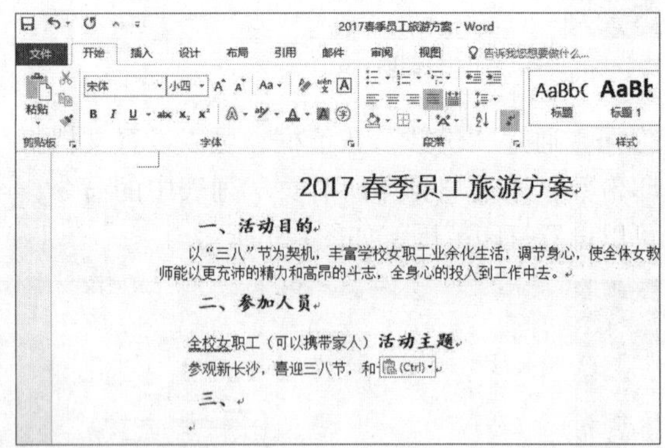

图1-61 粘贴文本效果

步骤05 选择文本，按住鼠标左键不放，鼠标光标变为▣样式，拖动鼠标将光标定位至需要移动的文本开始处，如图1-62所示。

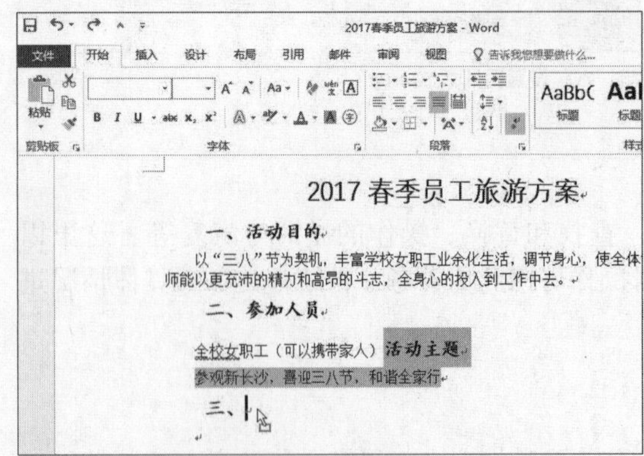

图1-62 拖动鼠标，移动文本

步骤06 释放鼠标左键，即可完成文本的短距离移动，然后删除空行，效果如图1-63所示。

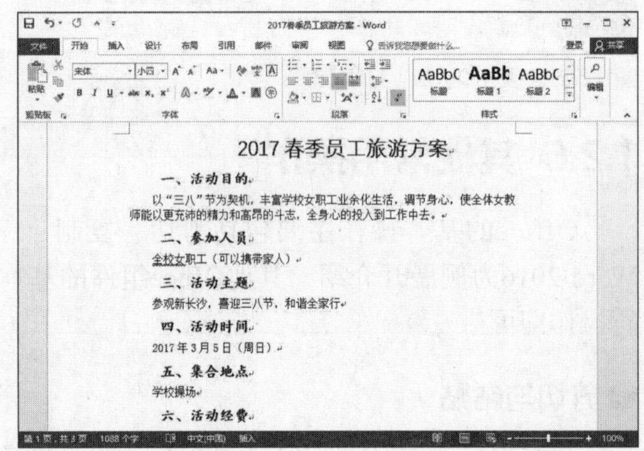

图1-63 移动文本效果

Tip: 粘贴选项

在粘贴文本时，通常会有3种不同的粘贴方式供用户选择。
- 保留源格式：选择该命令粘贴文本后，粘贴的文本将保持原有的格式不变进行粘贴。
- 合并格式：选择该命令粘贴文本后，粘贴的文本将与粘贴位置前后文保持一致的格式进行粘贴。
- 只保留文本：选择该命令粘贴文本后，粘贴的文本将变为默认的格式进行粘贴。

❷复制与粘贴

在编辑文档过程中，文本的复制和粘贴操作使用尤为频繁，下面将介绍如何将A处文本复制到B处，其具体操作步骤如下。

步骤01 选择需要复制的文本，单击“开始”选项卡上的“复制”按钮，如图1-64所示。

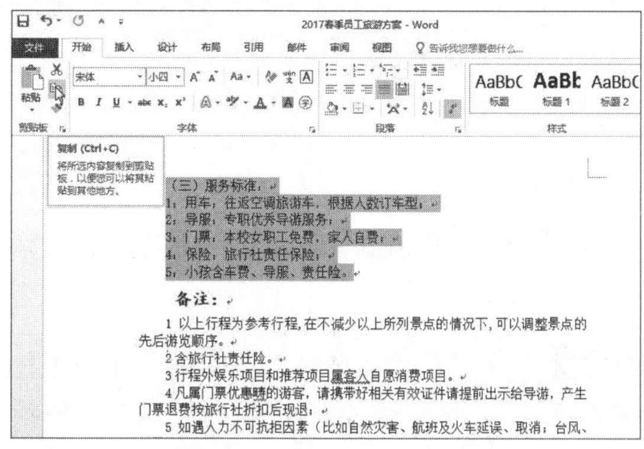

图1-64 单击“复制”按钮

步骤02 将鼠标光标移至需要插入文本的位置，单击“粘贴”按钮，从列表中选择“合并格式”命令，如图1-65所示。

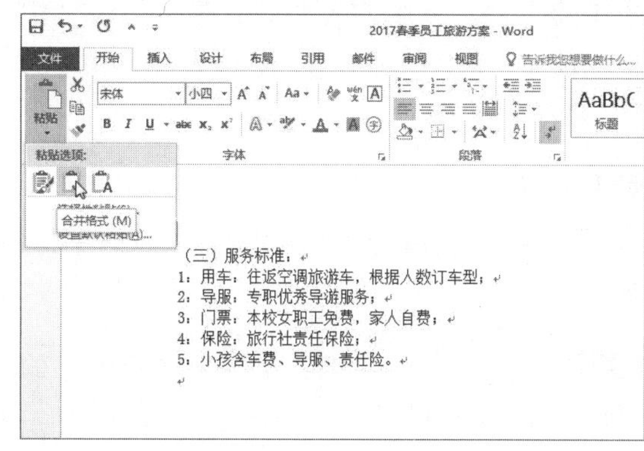

图1-65 粘贴文本效果

❸文本的查找

用户可以在文档中查找汉字、标点、英文等内容，并找到与之相匹配的字符。在Office 2016中，有“普通查找”和“高级查找”两种查找方式，下面分别对其进行介绍。

“普通查找”的具体操作步骤如下。

步骤01 打开文档，单击“开始”选项卡上的“查找”按钮，如图1-66所示。

图1-66 单击“查找”按钮

步骤02 在左侧导航任务窗格的文本框中输入需要查找的内容，例如“经济”，Word会立即在全篇文章中查找到全部符合内容的文本，并为查找到的文字添加黄色底纹，如图1-67所示。

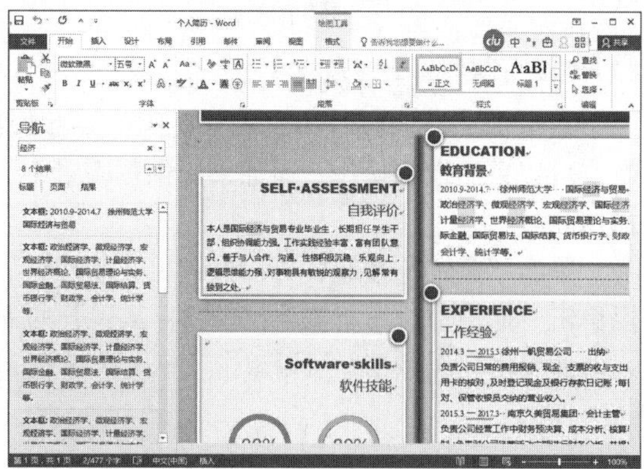

图1-67 查找文本效果

Tip: 通配符的应用

通配符是一类键盘字符，在查找不知道具体内容的信息时，常常使用通配符代替一个或多个真正字符，经常使用的通配符有星号（*）和问号（?）。

- 星号（*）：可以使用星号代替0个或多个字符。如果正在查找以M开头的一串字符，但不记得字符的其余部分，可以输入M*。
- 问号（?）：可以使用问号代替一个字符。如果输入Mov?，查找以Mov开头最后一个字符不确定的的字符串，如Move等。
- 星号表示匹配的数量不受限制，而后者的匹配字符数则受到限制。

通过查找功能还可以在文档中进行定位，下面对其进行介绍。

单击“查找”按钮右侧下拉按钮，从列表中选择“转到”选项，打开“查找和替换”对话框后，默认“定位”选项卡。在“定位目标”列表框中选择“图形”，然后在“输入图形编号”文本框中输入“3”，最后单击“定位”按钮，如图1-68所示。即可定位文档中的第3个图形。

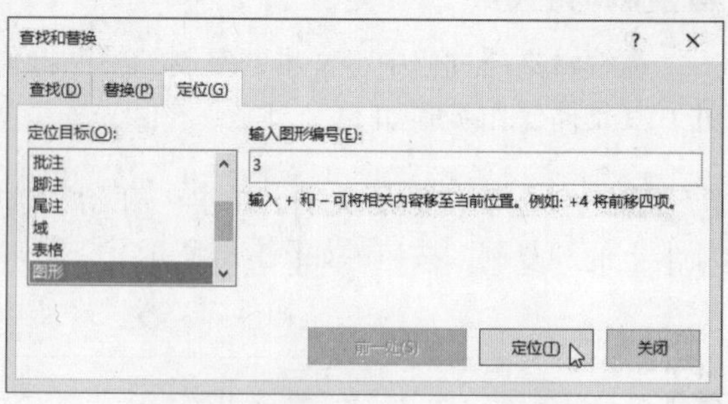

图1-68 单击“定位”按钮

❹替换文本

如果批量修改文档中的某个字符或者字符串，则可以使用文档中的替换功能，其具体操作步骤如下。

步骤01 打开文档，单击“开始”选项卡上的“替换”按钮，如图1-69所示。

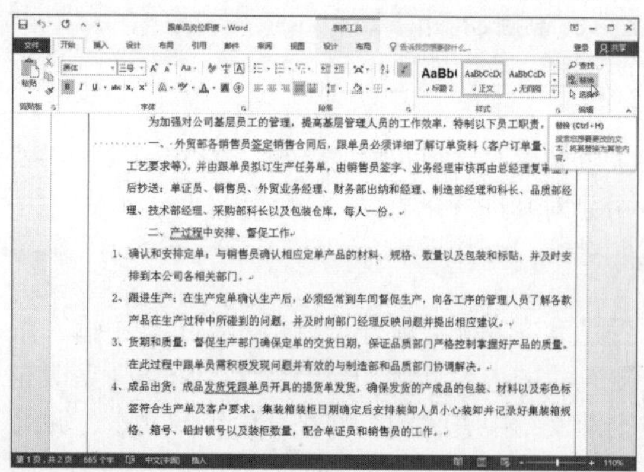

图1-69 单击“替换”按钮

步骤02 打开“查找和替换”对话框，在“查找内容”文本框中输入“业务员”，在“替换为”文本框中输入“销售员”，然后单击“全部替换”按钮，如图1-70所示。

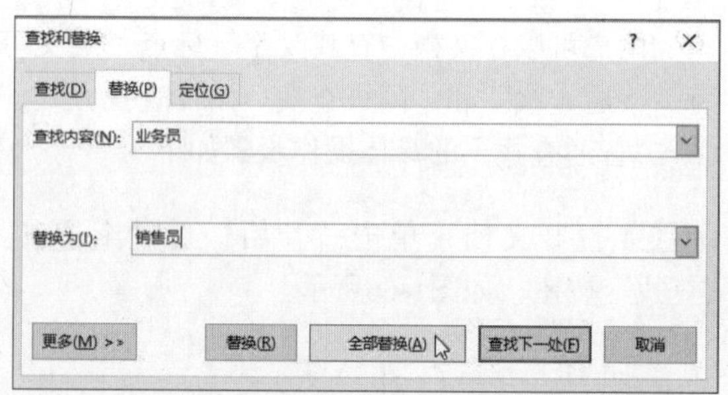

图1-70 单击“全部替换”按钮

❺撤销与恢复

在编辑文档的过程中，经常会因为一些原因出现误操作，如果用户想恢复到误操作之前的状态，可以采用撤销操作；而如果撤销步骤过多，将正确的操作也撤销了，可以使用恢复操作，恢复撤销。

单击“撤销”按钮，可以撤销上一步操作，多次单击“撤销”按钮，可以撤销多步操作。还可以单击“撤销”按钮右侧下拉按钮，从展开的列表中选择需要撤销到的步骤，如图1-71所示。

如果出现误撤销，可以单击“恢复”按钮，恢复原来的状态，如图1-72所示。

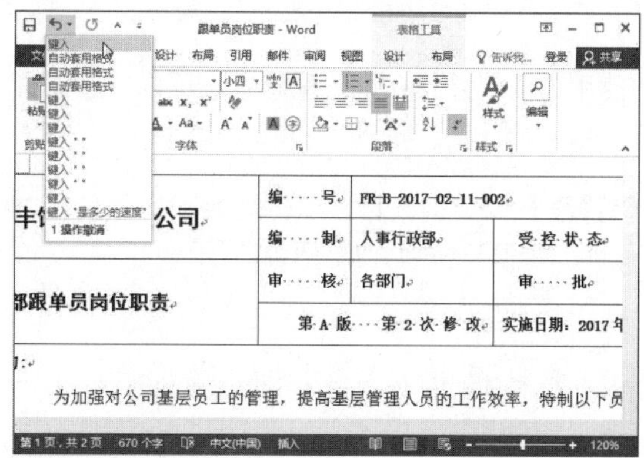

图1-71 单击“撤销”下拉按钮

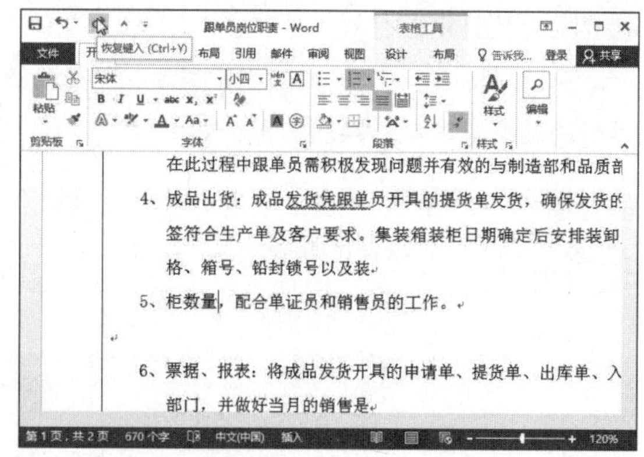

图1-72 单击“恢复”按钮

1.3 Office 2016的帮助系统

Office 2016各个组件都提供了功能强大并且细致入微的帮助系统，为用户解决在实际操作软件中遇到的困难，各组件的使用方法类似，下面以Word 2016为例进行详细讲解。

❶启动帮助系统

打开文档，在选项卡最右侧的“请告诉我”文本框中输入需要查找的内容，然后从下方的列表中选择“获取有关“打开文档”的帮助”选项，如图1-73所示。即可打开帮助系统，如图1-74所示。

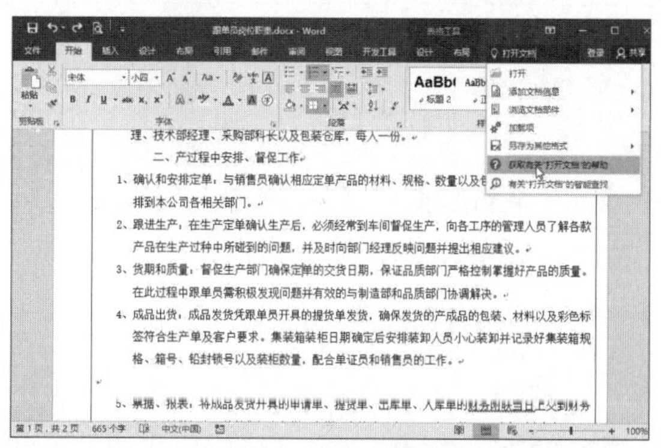

图1-73 选择“获取有关“打开文档”的帮助”选项

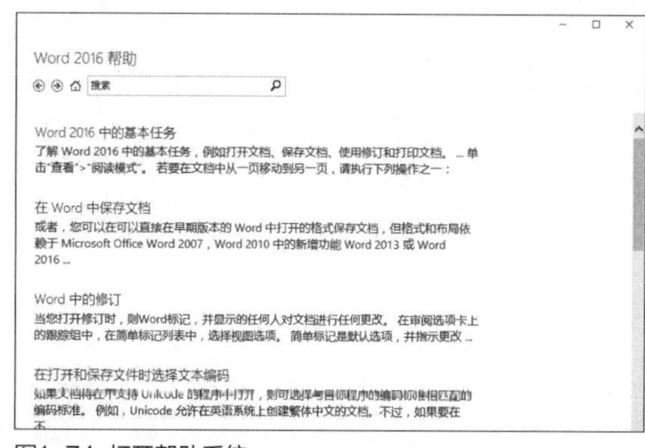

图1-74 打开帮助系统

❷帮助窗口功能介绍

帮助窗口的上方是工具栏，分别为后退按钮㊀、前进按钮㊀、主页按钮⌂以及最右侧的搜索栏，如图1-75所示。

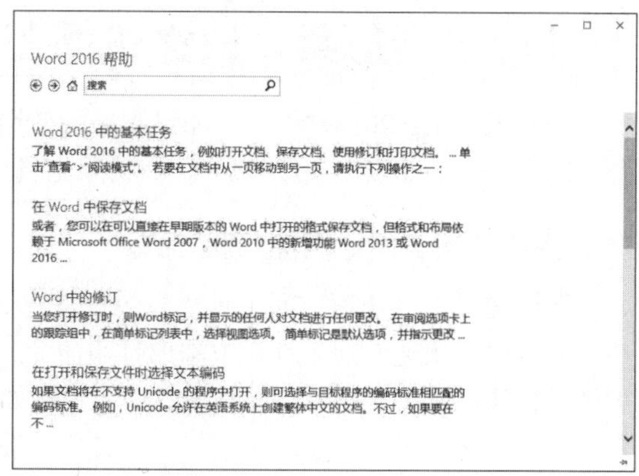

图1-75 帮助窗口

❸帮助窗口的使用

通过帮助窗口，用户可以快速的了解当前软件的使用方法，并且在遇到疑惑时，可以通过该窗口给出的答案释疑，其使用方法如下。

步骤01 单击“主页”按钮，进入主页，单击“更多”按钮，如图1-76所示。

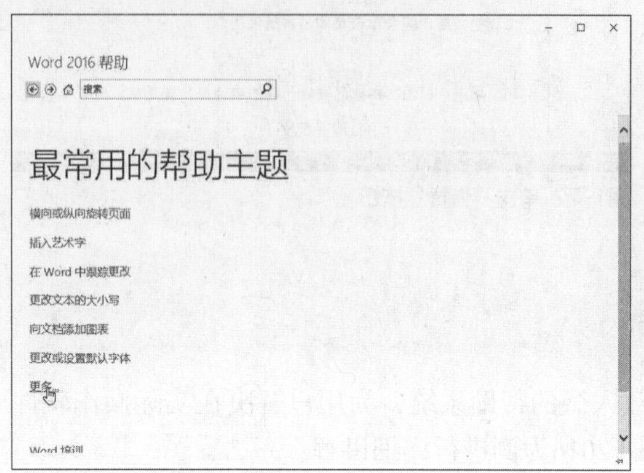

图1-76 单击“更多”按钮

步骤02 打开分类条目，单击需要了解的条目右侧的“展开”按钮，如图1-77所示。

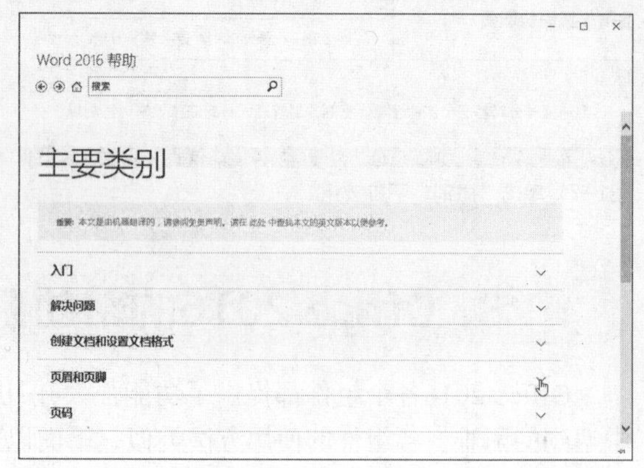

图1-77 单击“展开”按钮

步骤03 进入分类链接，在需要了解的链接上单击鼠标左键，如图1-78所示。

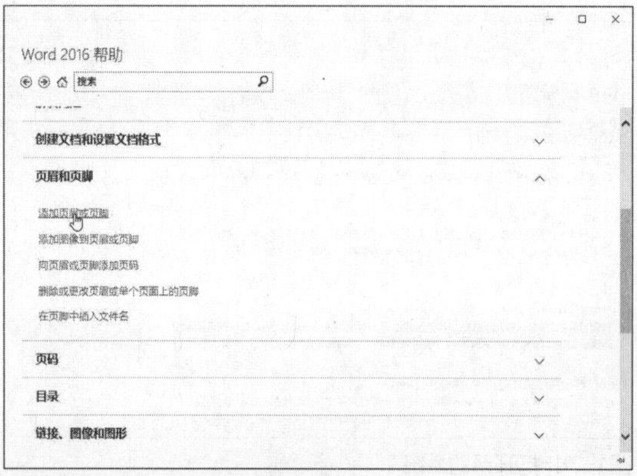

图1-78 单击“添加页眉或页脚”选项

步骤04 即可查看详细的帮助信息，如图1-79所示。

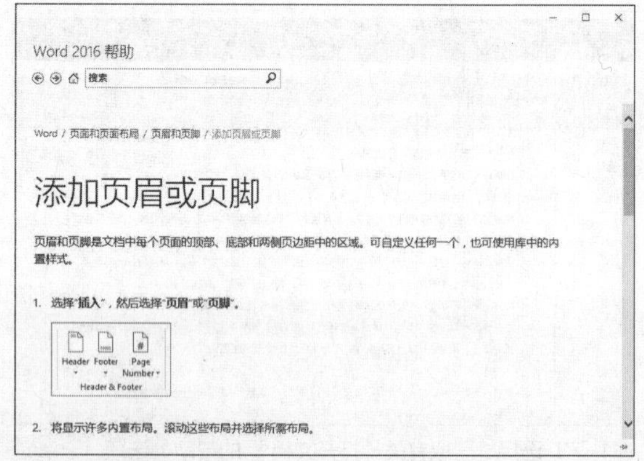

图1-79 查看帮助信息

办公室练兵：快速访问工具栏和功能区命令的添加

在使用Office 2016软件时，如果频繁的使用某些命令，可以将该命令添加到快速访问工具栏或者功能区中，下面以Excel 2016中快速访问工具栏和功能区命令的添加为例分别展开介绍。

❶为快速访问工具栏添加/删除命令

默认情况下，快速访问工具栏只包含保存、撤销和恢复3个命令，如果用户需要频繁使用打印功能，可以在快速访问工具栏中添加打印命令，如果添加了多余的命令后，不需要显示在快速访问工具栏，还可以将其删除，其具体的操作步骤如下。

步骤01 单击“自定义快速访问工具栏”按钮，从展开的列表中选择“快速打印”命令，如图1-80所示。

图1-80 选择“快速打印”命令

步骤02 即可将该命令添加到快速访问工具栏，如图1-81所示。

图1-81 添加“快速打印”命令到快速访问工具栏

步骤03 如果需要添加其他命令，则应在“自定义快速访问工具栏”列表中选择“其他命令”选项，打开“Excel选项”对话框，在默认的“常用命令”列表框中选择“电子邮件”选项，单击“添加”按钮，将命令添加至“自定义快速访问工具栏”列表框中，然后单击“确定”按钮即可，如图1-82所示。

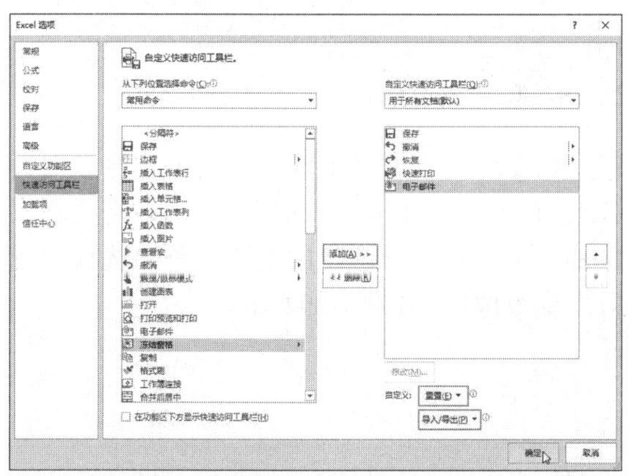

图1-82 单击“确定”按钮

步骤04 如果需要将不使用的命令从快速访问工具栏删除，则只需在该命令上右键单击，从弹出的快捷菜单中选择“从快速访问工具栏删除”命令即可，如图1-83所示。

图1-83 选择“从快速访问工具栏删除”命令

❷为功能区添加命令

如果需要在某一选项卡的功能区中新建一个分组并添加命令，可以按照下面的操作步骤进行操作。

步骤01 在功能区右键单击，从弹出的快捷菜单中选择“自定义功能区”命令，如图1-84所示。

步骤02 打开“Excel选项”对话框，展开“开始”选项卡列表，单击“新建组”按钮，如图1-85所示。

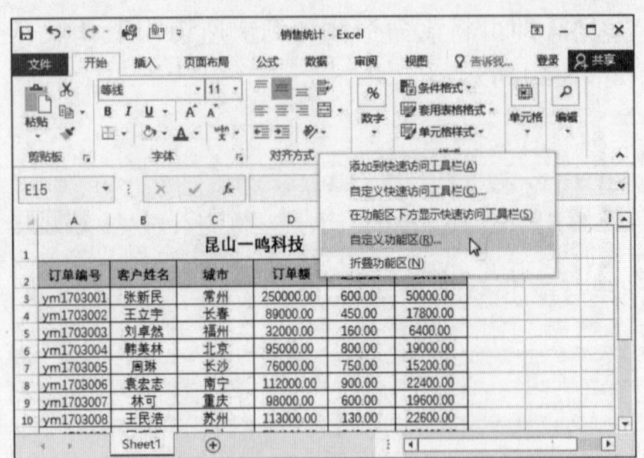

图1-84 选择“自定义功能区”选项

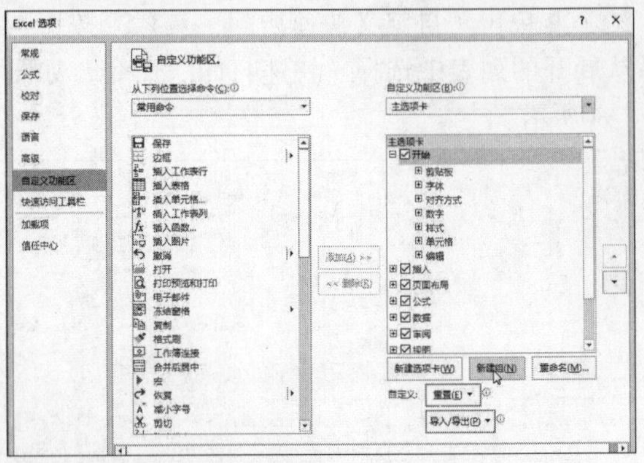

图1-85 单击“新建组”按钮

步骤03 选择新建组，单击“重命名”按钮，如图1-86所示。

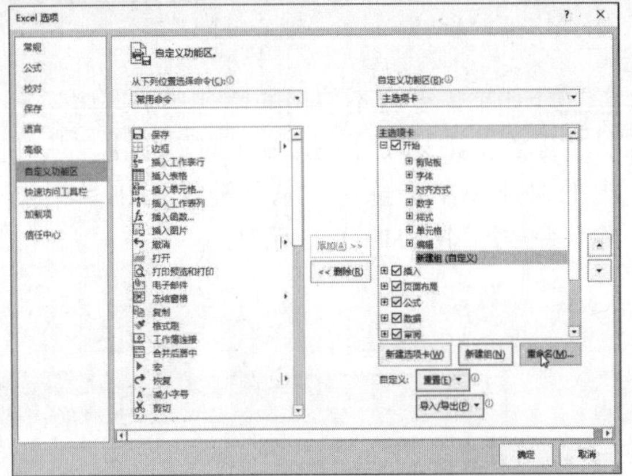

图1-86 单击“重命名”按钮

步骤04 打开重命名对话框，输入“编辑图形”，单击“确定”按钮，如图1-87所示。

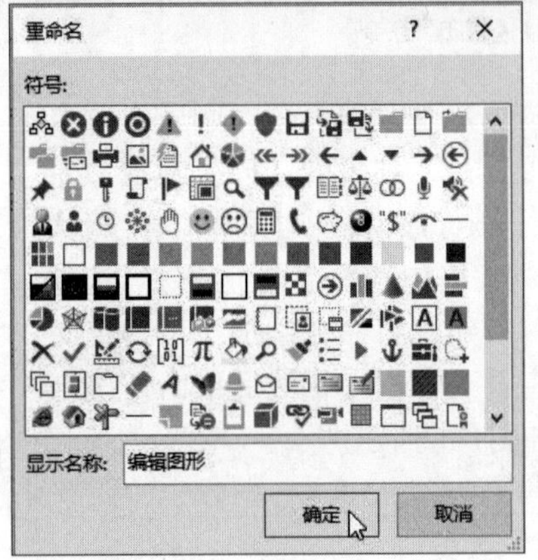

图1-87 单击“确定”按钮

步骤05 在“从下列位置选择命令”列表中选择“工具选项卡”选项，然后从列表框中选择“编辑形状”选项，选择新建的“编辑图形”组，单击“添加”按钮，将命令添加至“编辑图形”组中，然后单击“确定”按钮即可，如图1-88所示。

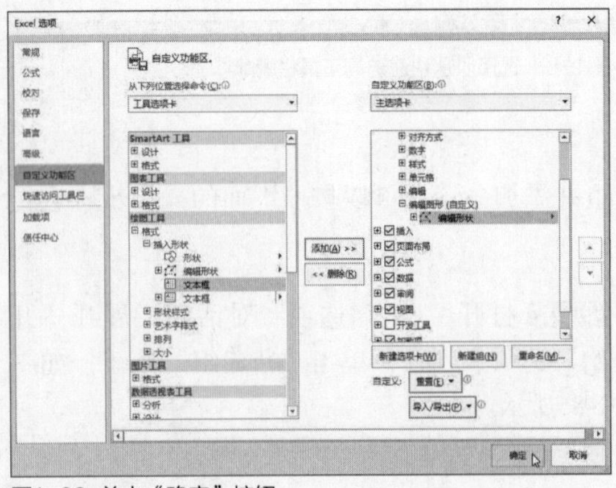

图1-88 单击“确定”按钮

步骤06 如果需要将功能区中的命令删除，则只需要打开“Excel选项”对话框，选择需要删除的命令并右击，从弹出的快捷菜单中选择“删除”命令即可，如图1-89所示。

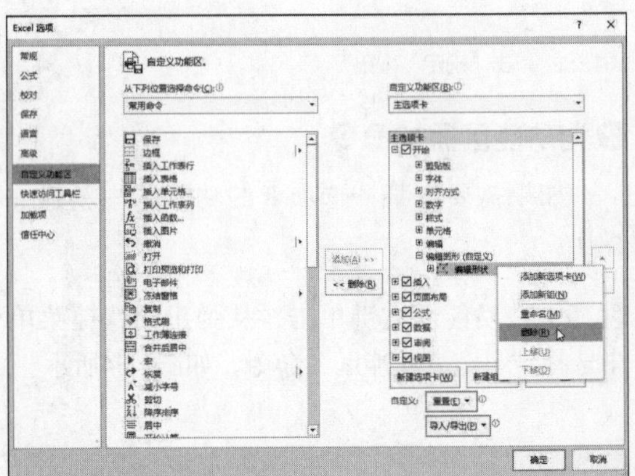

图1-89 选择“删除”命令

技巧放送：设置系统自动保存

在使用Office编辑文档、制作工作表或者演示文稿过程中，如果遇到突然断电、电脑意外死机或者忘记存档等意外情况，会导致花费了大量时间和精力所做的工作都付诸东流，为了减少这些意外情况带来的损失，可以使用Office的自动保存功能，Office可以每隔一段时间就自动保存一次文件，如果遭遇突发状况，会尽量恢复最近的文件内容，减小用户损失。

下面以Excel 2016为例讲述如何设置自动保存，其具体操作步骤如下。

步骤01 打开“文件”菜单，选择“选项”选项，如图1-90所示。

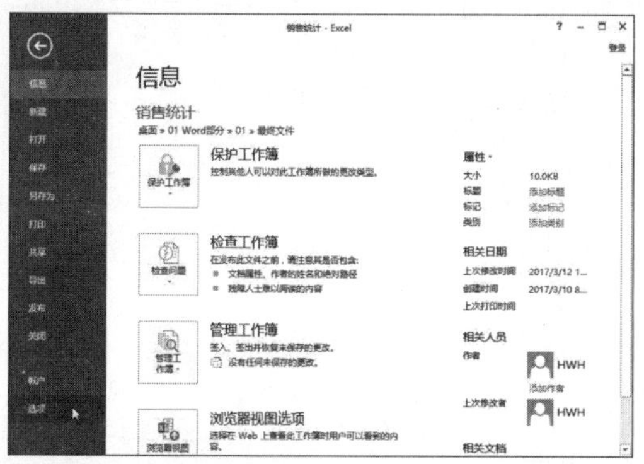

图1-90 选择“选项”选项

步骤02 打开“Excel选项”对话框，选择“保存”选项，如图1-91所示。

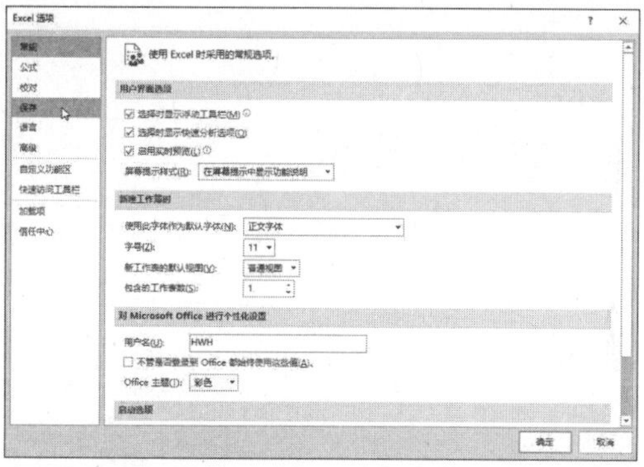

图1-91 选择“保存”选项

步骤03 在右侧“保存工作簿”选项组下勾选“保存自动恢复信息时间间隔”选项前的复选框，并在其右侧的数值框中，设置自动恢复信息时间，设置完成后单击“确定”按钮，如图1-92所示。

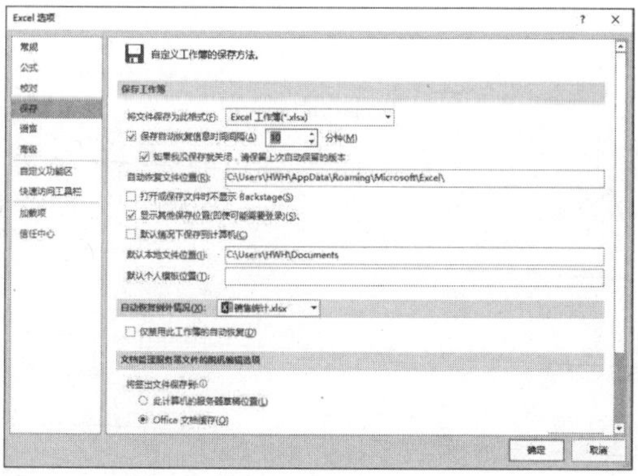

图1-92 设置自动保存

步骤04 当有突发状况没有来得及保存工作簿时，再次打开工作簿时，窗口左侧会出现“文档恢复”任务窗格，用户可以很方便的选择需要恢复的文档，如图1-93所示。

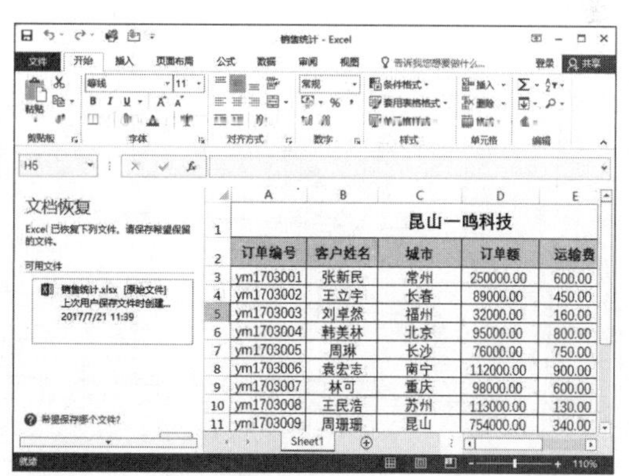

图1-93 “文档恢复”窗格

读书笔记

Part 02

文档编辑篇

在日常工作和生活中，制作工作计划、人事安排、通知、简历等，都需要使用文档，在该篇中，将对Word 2016的使用进行详细介绍，包括Word的基本操作、Word表格的使用、Word图文混排。

Chapter 02 Word基本操作

编写文档、撰写材料时，最常用到的软件就是Office中的Word。通过Word 2016编写文档的最大好处就是能够实现所见即所得，按照自己的喜好和需要对文档进行编辑和设置，同时还提供了特殊文档的模板和样式，给工作带来了极大的方便。

1. 设置文本格式
2. 插入符号与公式
3. 注释与批注
4. 使用模板与样式

2.1 Office 2016入门知识

Word 2016是Office软件中的文字处理程序，它以其强大的功能、友好的界面、便捷的操作方法吸引了广大用户，堪称文字处理软件中的佼佼者。通过它，用户可以完成文字的录入、文档的修改、文稿的打印等一系列文字处理操作。Word 2016提供了许多新功能，使文档更加容易的创建和共享，并且快捷的从零开始上手。

在第1章中，已经介绍了Word 2016的启动方法和窗口，这里只讲解Word 2016独有的视图模式。Word 2016为用户提供了5种不同的视图方式，分别为：页面视图、阅读视图、Web版式视图、大纲视图和草稿。

打开文档后，切换至“视图”选项卡，在“视图”组中，选择需要的视图方式即可，如图2-1所示。

❶页面视图

页面视图为默认的视图方式，在该视图模式下对页眉、页脚和页边距显示的比较清楚，可以随意编辑和预览文档，做到了所见即所得，如图2-2所示。

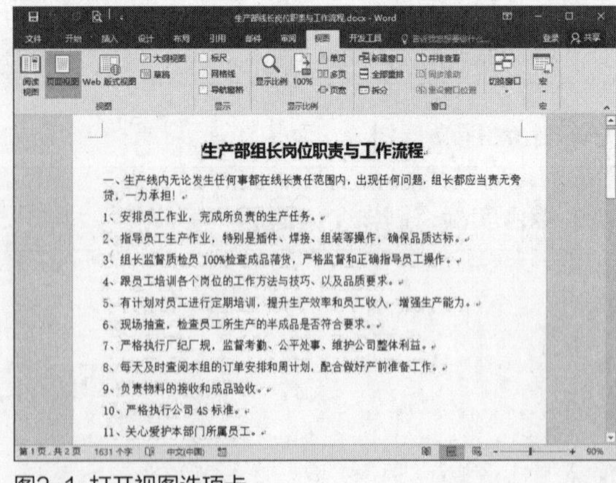
图2-1 打开视图选项卡

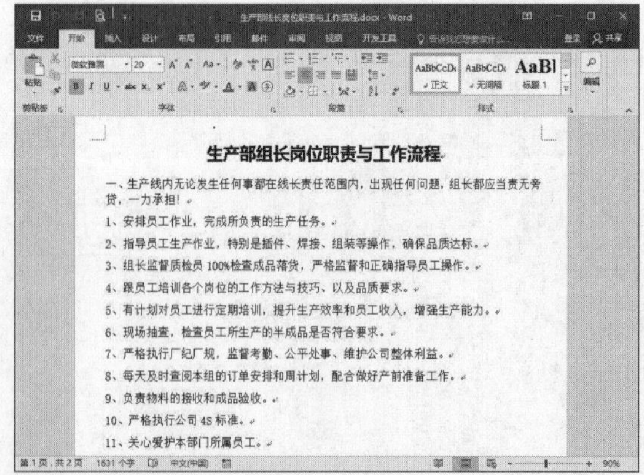
图2-2 页面视图

❷阅读视图

阅读视图可以增大或减小文本显示区域的尺寸，并且不会影响文字的尺寸，主要为了方便文档内容的阅读，如图2-3所示。

❸ Web版式视图

Web版式视图的显示效果像是在Web上浏览器中显示一样，有利于阅读，如图2-4所示。

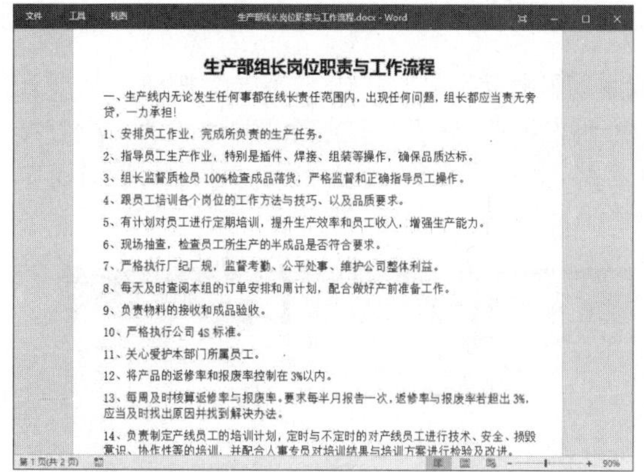

图2-3 阅读视图

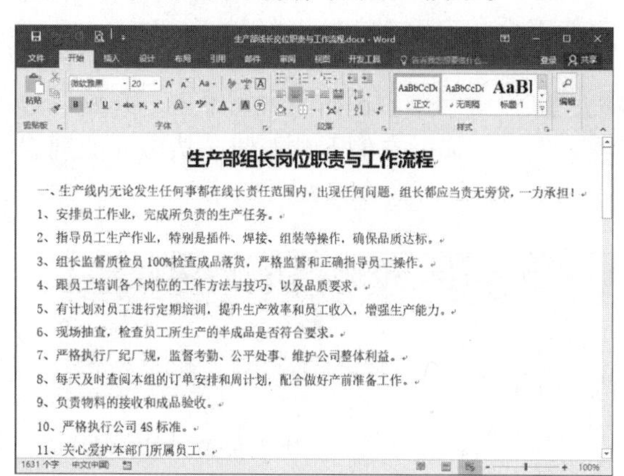

图2-4 Web版式视图

❹ 大纲视图

大纲视图能够分级显示文档的各级标题，层次清晰，适合用于编写提纲，如图2-5所示。

❺ 草稿

草稿的页面布局比较简单，是一种只显示文本格式设置而不显示页脚、页眉和页边距的版式，适合文字最初录入时使用，如图2-6所示。

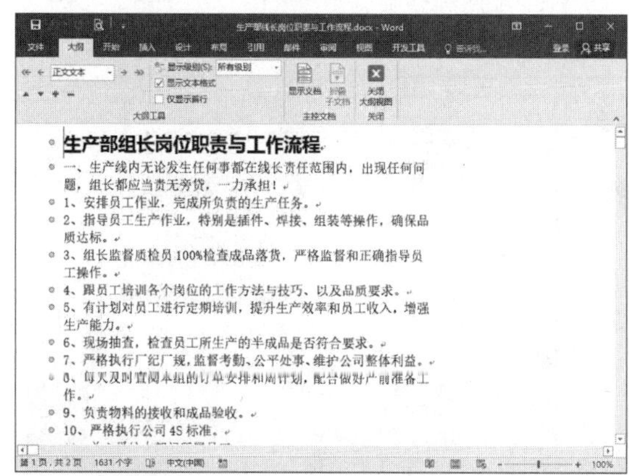

图2-5 大纲视图

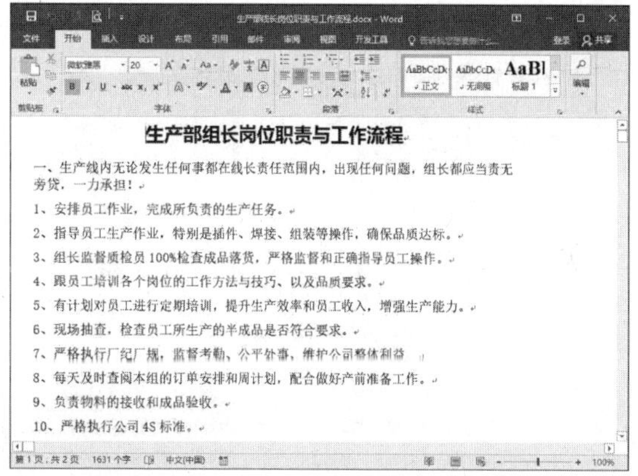

图2-6 草稿

2.2 设置文本格式

文本格式可分为字符格式和段落格式。在编辑文档时，为了突出显示标题、段落以及特殊字符，需要为文本设置不同的字体、字号、字间距、段落间距、段落对齐等，下面分别对其进行介绍。

2.2.1 设置字符格式

字符格式包括字体、字号、字体颜色、加粗、倾斜、阴影、增加删除线、字符上标或下标、更改大小写、为字符添加底纹和边框、为文字添加拼音。运用不同的方法，都可以设置字符格式，下面分别对其进行介绍。

❶功能区命令设置字体格式

打开文档，选择文本后，通过“开始”选项卡功能区“字体”组中的命令，可以对字体的格式进行更改，下面对其进行详细的介绍。

步骤01 设置字体。选择文本，单击“开始”选项卡上“字体”右侧下拉按钮，从展开的列表中选择“楷体”命令，如图2-7所示。

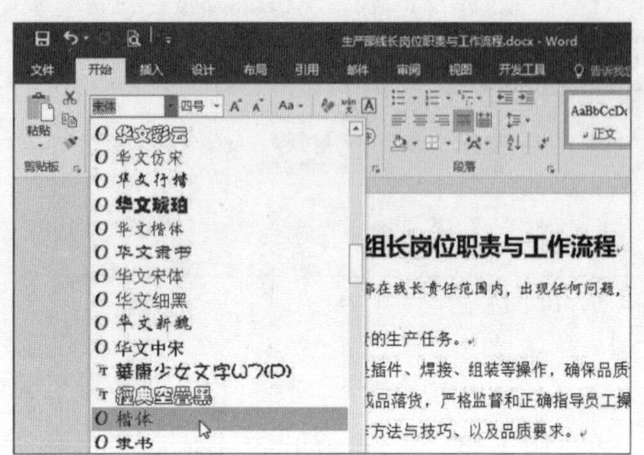

图2-7 选择“楷体”命令

步骤02 设置字号。单击“字号”按钮，从展开的列表中选择“三号”，如图2-8所示。或直接单击“增大字号”A^或者“减小字号”A˅对字号进行微调。

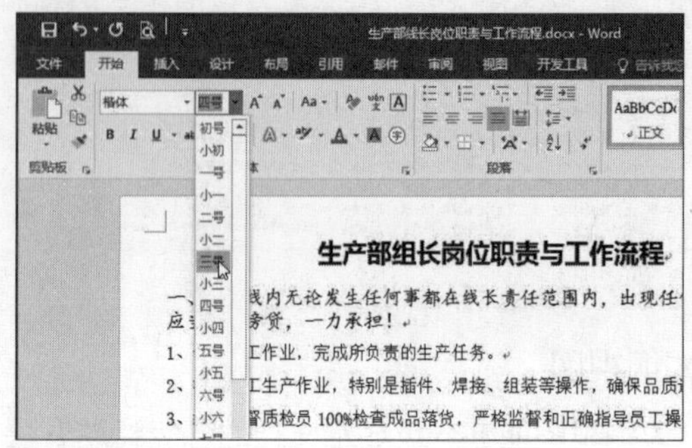

图2-8 选择“三号”

步骤03 更改字体颜色。单击“字体颜色”按钮，从列表中选择“红色”，如图2-9所示。如果从颜色菜单中选择“其他颜色”选项，打开“颜色”对话框，在“标准”选项卡中，从色板中直接选取一种合适的颜色并确定即可，如图2-10所示。也可以在“自定义”选项卡，自定义一种颜色并确定，如图2-11所示。

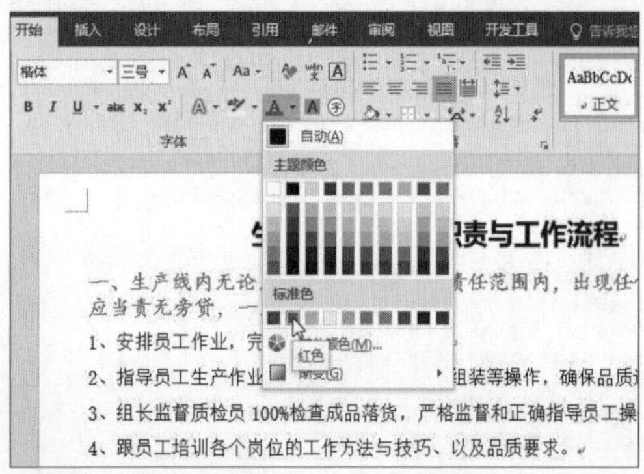

图2-9 选择“红色”

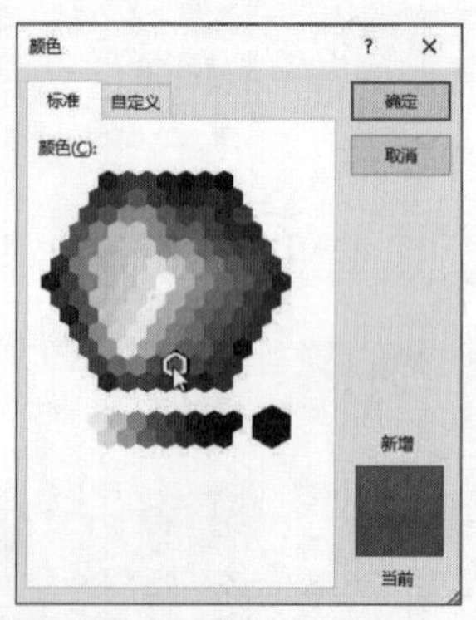

图2-10 “标准”选项卡

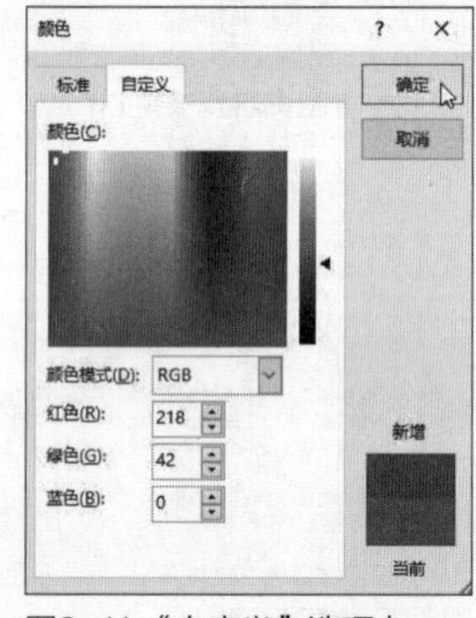

图2-11 “自定义”选项卡

步骤04 加粗字体。单击“开始”选项卡上“字体”组中的“加粗”按钮，可加粗文本，如图2-12所示。

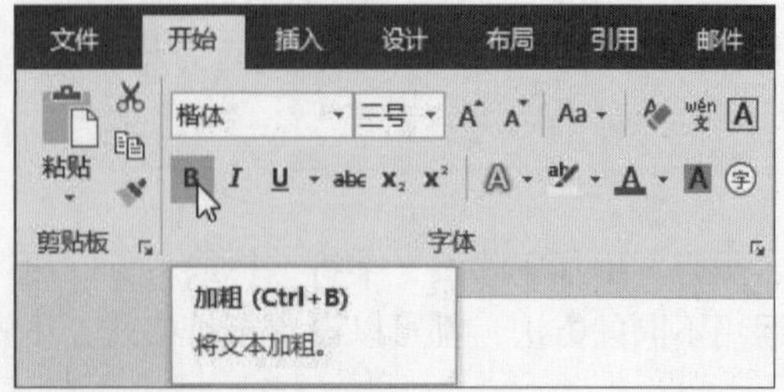

图2-12 单击“加粗”按钮

步骤05 倾斜字体。单击“倾斜”按钮，可使所选文本倾斜显示，如图2-13所示。

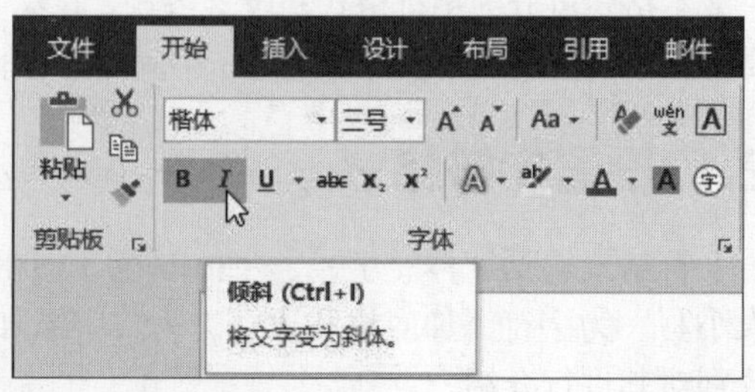

图2-13 单击“倾斜”按钮

步骤06 添加下划线。单击“下划线”按钮，可为所选文本添加下划线，如图2-14所示。此外，还可以在列表中选择“下划线颜色”选项，从中选择合适的颜色。

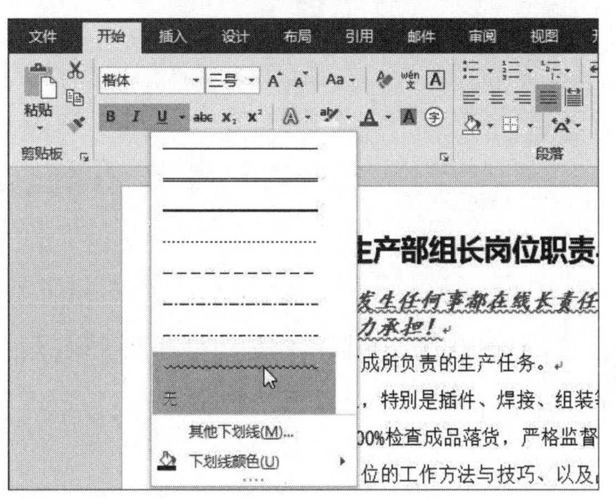

图2-14 设置下划线

步骤07 突出显示文本。选择需要突出显示的文本，单击“以不同颜色突出显示文本”右侧下拉按钮，从列表中选择“鲜绿”为突出显示的颜色，如图2-15所示。

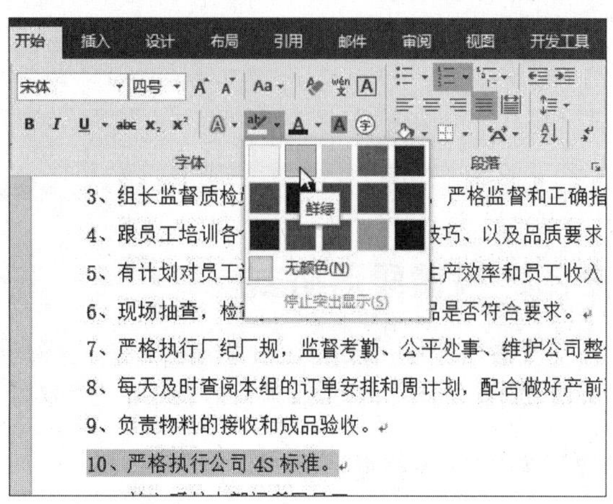

图2-15 选择鲜绿色

❷字体对话框设置字体格式

如果用户喜欢在编写大段文本前就设定好格式，那么使用“字体”对话框来设置字体比较方便，具体操作步骤如下。

步骤01 单击“开始”选项卡上“字体”组中的对话框启动器按钮，如图2-16所示。

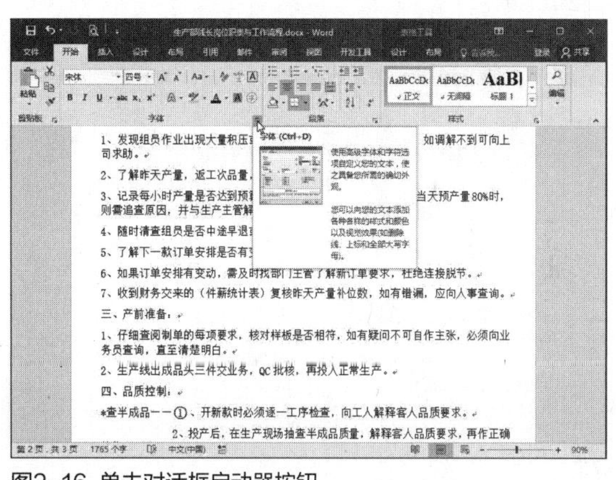

图2-16 单击对话框启动器按钮

步骤02 在“字体”选项卡下，可以设置字符的字体、字号、字形、字体颜色、下划线、上标下标、删除线等，如图2-17所示。在“高级”选项卡下，可以对文本的字符间距、Open Type功能进行设置，如图2-18所示。

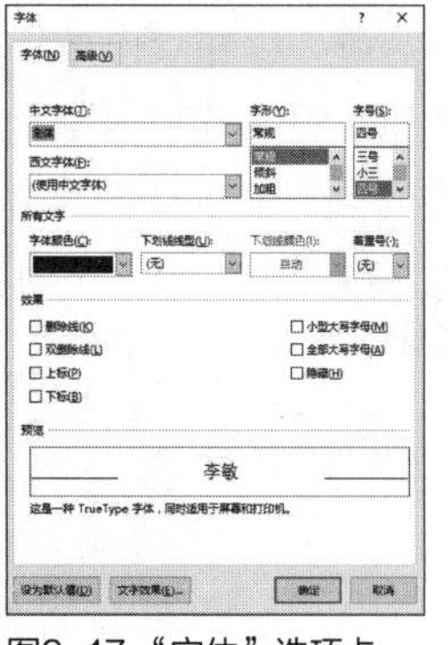

图2-17 “字体”选项卡

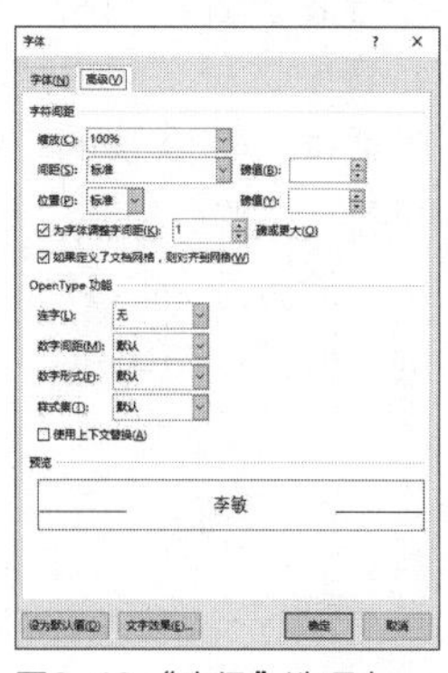

图2-18 “高级”选项卡

❸浮动工具栏法设置字体格式

选择文本后，会出现一个浮动工具栏，通过该工具栏中的命令也可以对字符格式进行设置，如图2-19所示。

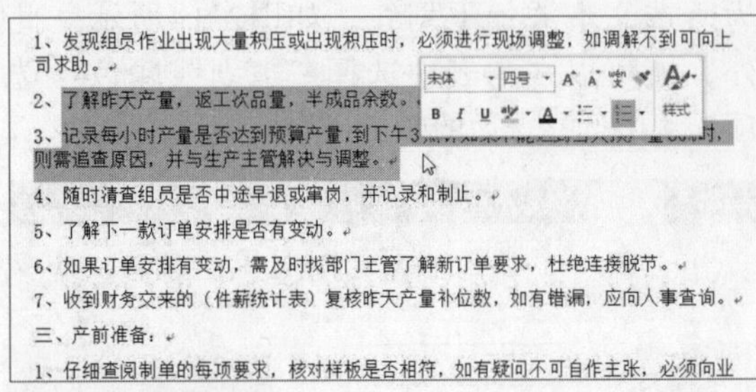

图2-19 浮动工具栏

2.2.2 设置段落格式

段落格式包括段落对齐和段落缩进、文字排版方式更改和排序、为段落添加边框和底纹以及为多段文本添加项目符号和编号等，下面分别对其进行介绍。

❶设置文本对齐和间距

在文档中包含大段文本时，为了增强文本的易读性和美观，可以对文本的对齐方式以及段落间距、行间距进行设置，其具体的操作步骤如下。

步骤01 设置文本对齐方式。选择文本后，直接单击“开始”选项卡上的“居中”按钮，如图2-20所示。

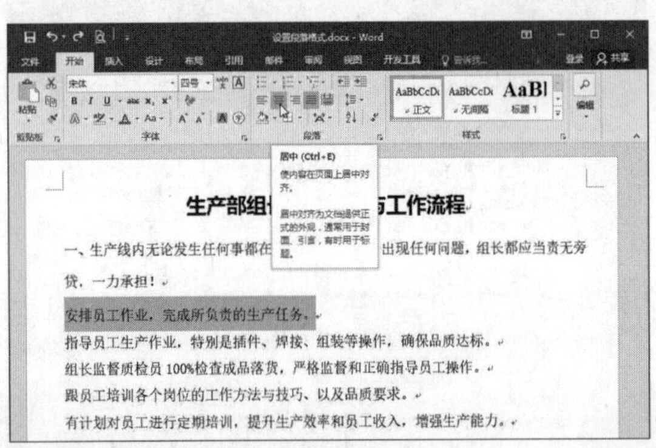

图2-20 单击“居中”按钮

步骤02 设置段落间距。选择文本，单击“行和段落间距”按钮，从列表中选择合适的段落间距即可，如图2-21所示。

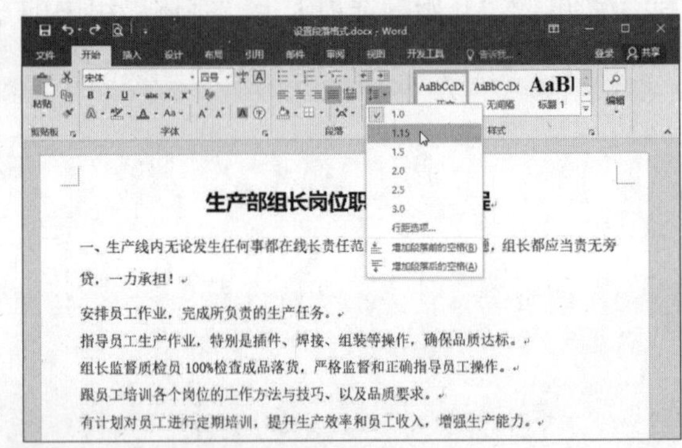

图2-21 选择“1.15”选项

步骤03 设置行间距。只需在“行和段落间距”列表中选择“行距选项”选项，打开“段落”对话框，在默认的“缩进和间距”选项卡中的“间距”选项组下，设置行距即可，如图2-22所示。除此之外，还可以对段落的对齐方式、缩进、段落间距等进行详细设置。

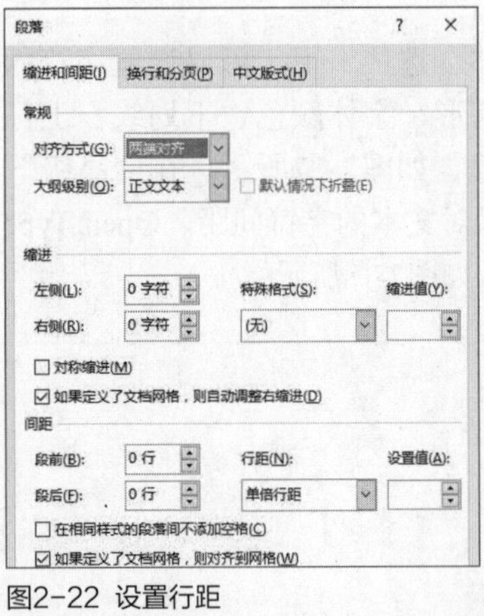

图2-22 设置行距

❷字符版式的改变

在文档中的字符版式需要改变时，通过对文本的段落设置，同样可以轻松实现，其具体的操作步骤如下。

步骤01 设置字符版式。选择文本，单击“开始”选项卡上的“中文版式”按钮，从列表中选择“双行合一”选项，如图2-23所示。

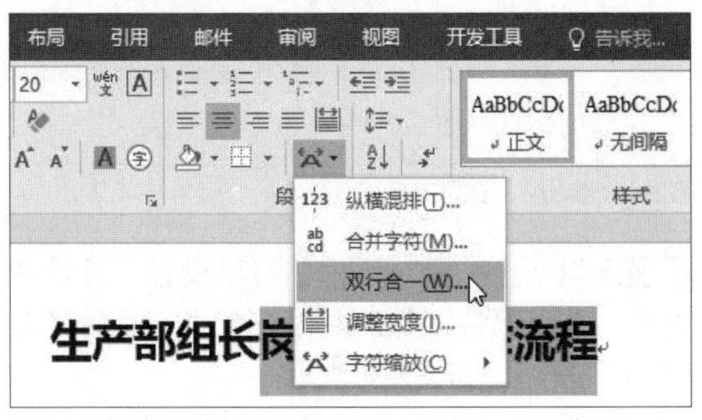

图2-23 选择“双行合一”选项

步骤02 打开“双行合一”对话框，勾选“带括号”选项前的复选框，选择合适的括号样式，然后单击“确定”按钮，如图2-24所示。

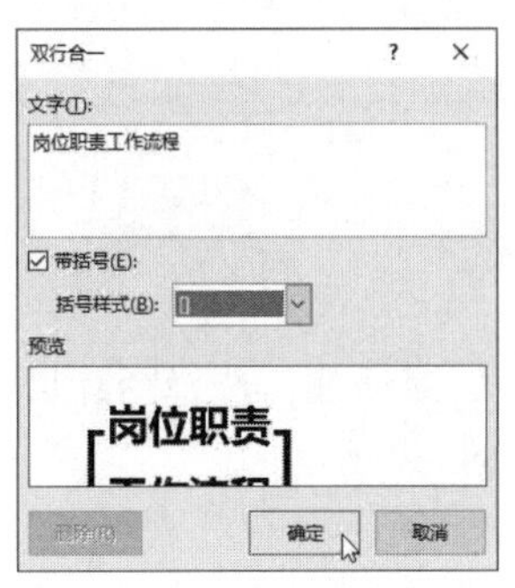

图2-24 单击“确定”按钮

❸为文本添加项目符号

对于多个具有并列关系的多段文本，可以添加项目符号，让文本内容更加有序美观的呈现出来，其具体的操作步骤如下。

步骤01 选择文本，单击“开始”选项卡上“项目符号”右侧下拉按钮，从展开的列表中选择合适的符号样式，如图2-25所示。

步骤02 若项目符号库中的符号样式不能满足用户需求，可以在项目符号列表中选择“定义新项目符号”选项，打开“定义新项目符号”对话框，单击“符号”按钮，如图2-26所示。

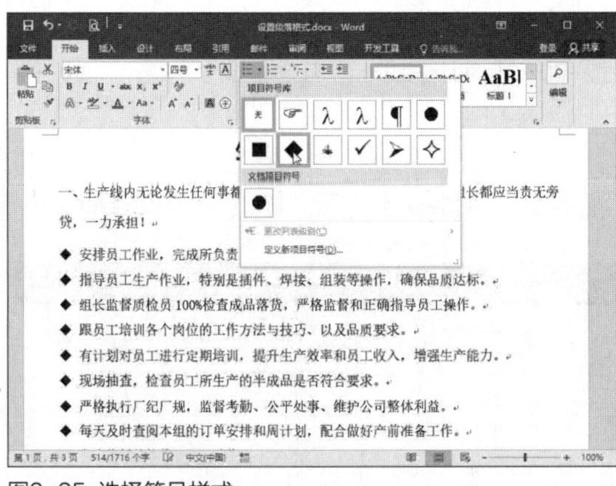

图2-25 选择符号样式

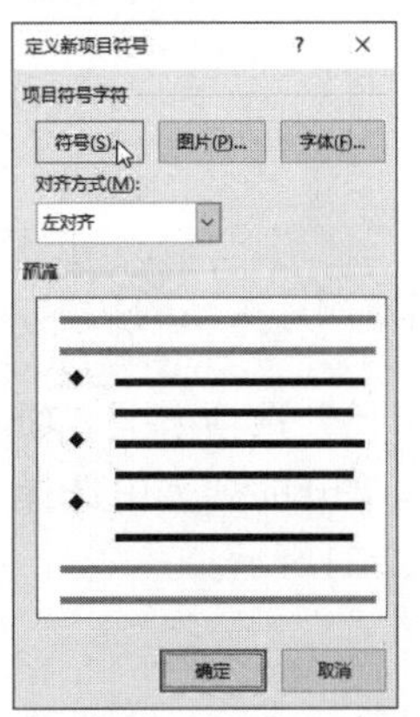

图2-26 单击“符号”按钮

步骤03 打开“符号”对话框，选择不同的字体会出现不同的符号，这里使用默认的字体，选择符号后单击“确定”按钮，如图2-27所示。将会返回至“定义新项目符号”对话框，单击“确定”按钮即可。

步骤04 也可以单击“定义新项目符号”对话框上的“图片”按钮，打开“插入图片”窗格，单击“来自文件”右侧的“浏览”按钮，如图2-28所示。

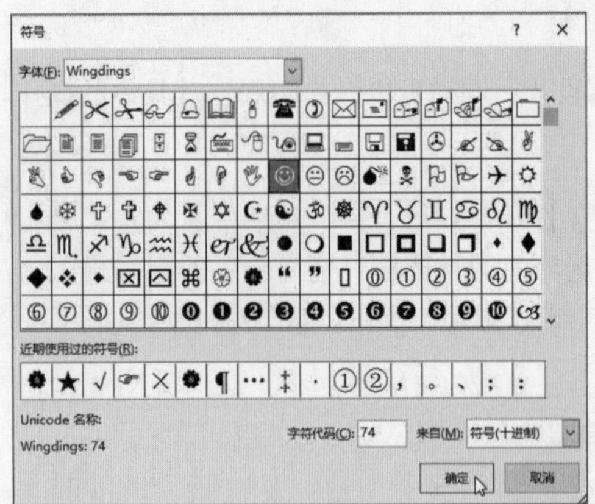

图2-27 单击“确定”按钮

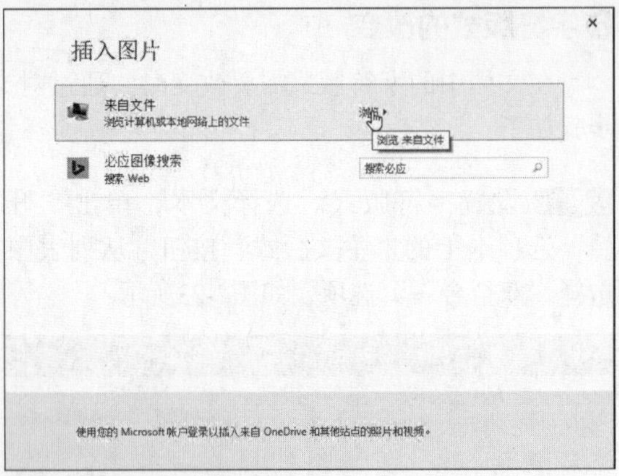

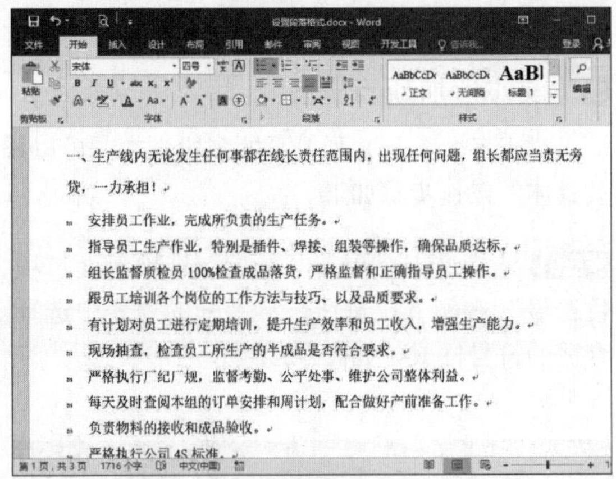

图2-28 单击“浏览”按钮

步骤05 打开“插入图片”对话框，选择图片后单击“插入”按钮，如图2-29所示。

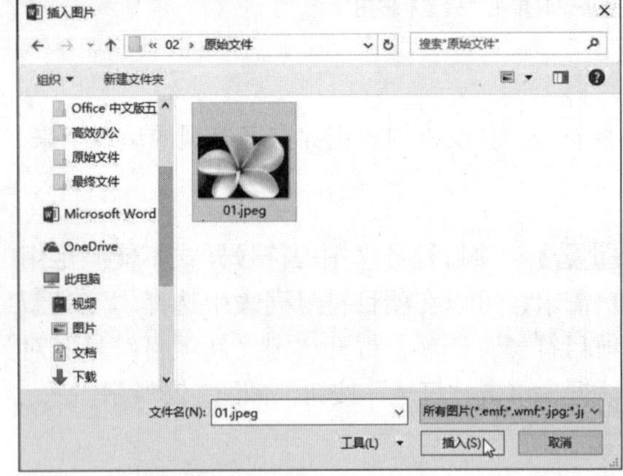

图2-29 单击“插入”按钮

步骤06 返回上一级对话框，可以设置符号对齐方式，这里保持默认的左对齐方式，然后单击“确定”按钮，如图2-30所示。

图2-30 使用图片作为项目符号效果

❹为文本添加项目编号

如果文档中存在多段具有顺序关系的文本，可以为其添加项目编号，其具体的操作步骤如下。

步骤01 选择文本，单击“开始”选项卡上“项目编号”右侧下拉按钮，从展开的列表中选择合适的编号样式即可，如图2-31所示。

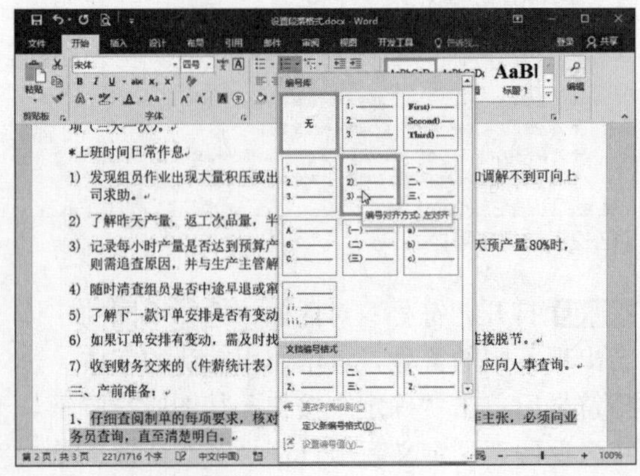

图2-31 选择编号样式

步骤02 若项目编号库中的编号样式不能满足用户需求，可以在项目编号列表中选择“定义新编号格式”选项，打开“定义新编号格式”对话框，单击“编号样式”右侧下拉按钮，从展开的列表中选择合适的样式，然后单击“字体”按钮，如图2-32所示。

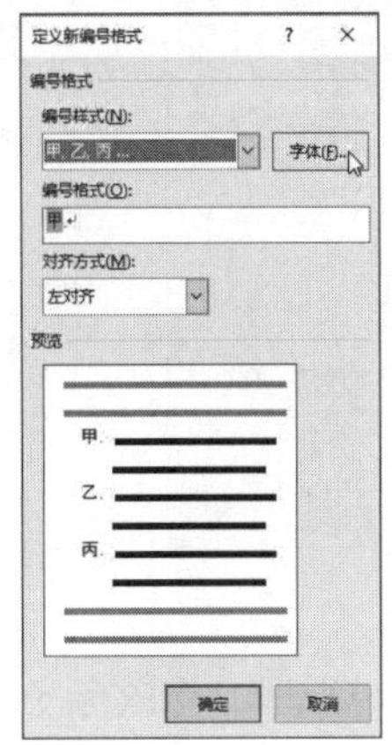

图2-32 单击“字体”按钮

步骤03 打开“字体”对话框，可以对编号的字体格式进行设置，设置完成后，单击“确定”按钮，如图2-33所示。

图2-33 设置编号字体

步骤04 返回上一级对话框并确定即可，设置编号样式效果如图2-34所示。

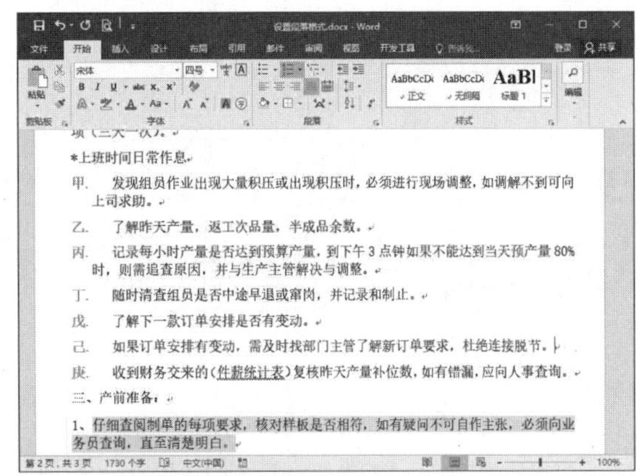

图2-34 设置编号样式效果

2.3 符号与公式

在编辑文档过程中经常需要在文档中插入一些非文字类的字符，如复杂的数学公式和物理公式等，本小节将介绍如何在文本中插入符号和公式。

2.3.1 插入各种符号

编辑文档过程中，经常在插入一些特殊字符，例如，数字序数、拼音符号等时，发现无法通过键盘输入，这时候既可以通过Word功能提供的符号功能插入，也可以通过输入法自带的符号功能插入符号，下面分别对其进行介绍。

❶功能区命令法

通过“插入”选项卡功能区中的命令，可以插入特殊符号，其具体的操作步骤如下。

步骤01 将鼠标光标定位至需插入符号处，单击“插入”选项卡上“符号”按钮，从列表中选择“其他符号”选项，如图2-35所示。

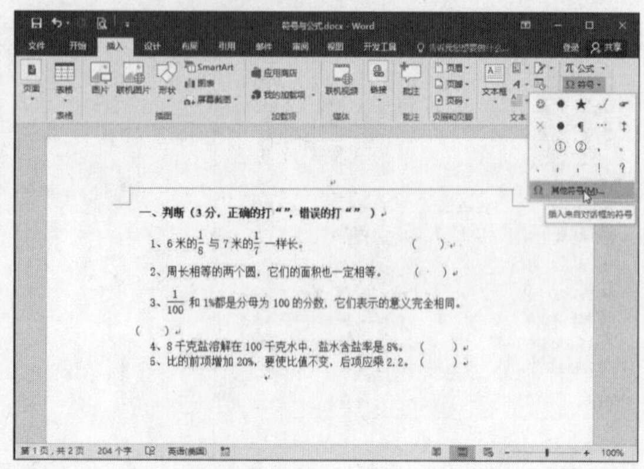

图2-35 选择“其他符号”选项

步骤02 打开“符号”对话框，单击“子集”右侧下拉按钮，从展开的列表中选择一种合适的子集，这里选择“标点和符号”选项，如图2-36所示。

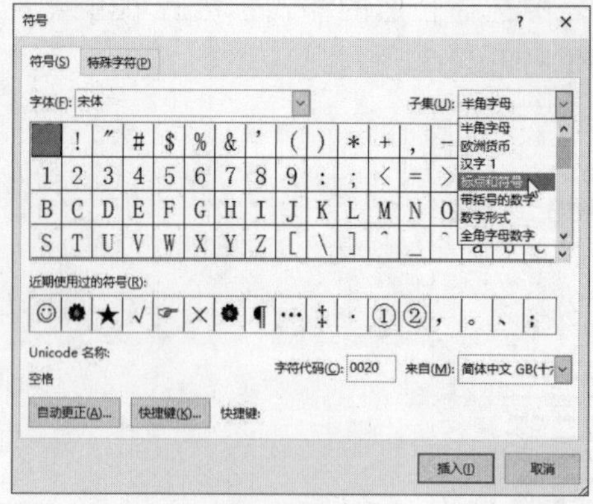

图2-36 选择“标点和符号”选项

步骤03 选择需要插入的符号，如果会多次用到该符号，可以单击“快捷键”按钮，如图2-37所示。

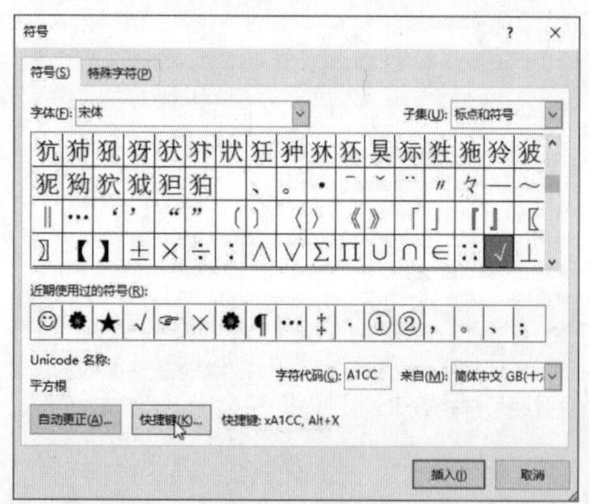

图2-37 单击“快捷键”按钮

步骤04 打开“自定义键盘”对话框，将鼠标光标定位至“请按新快捷键”文本框中，在键盘上按下想要设置的快捷键，如Ctrl+2，然后单击“指定”按钮，如图2-38所示。

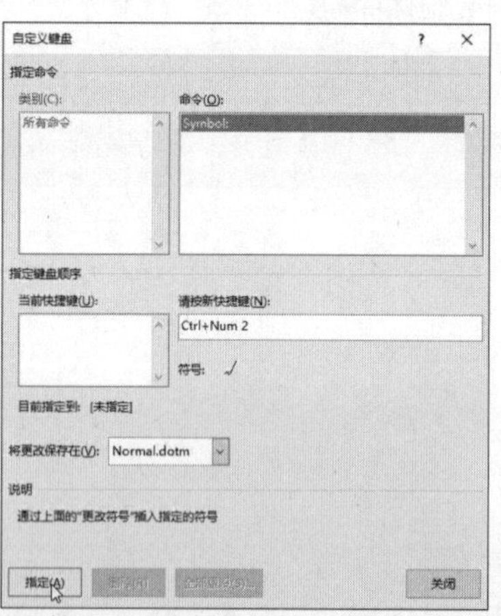

图2-38 单击“指定”按钮

步骤05 返回“符号”对话框，单击“插入”按钮，插入所选符号，或者关闭对话框，按Ctrl+2快捷键插入符号，如图2-39所示。

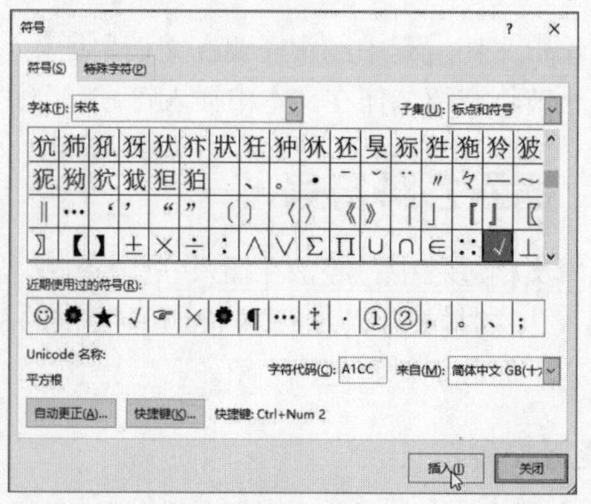

图2-39 单击“插入”按钮

Tip: 快捷键的设置

在上一步骤中，设置快捷键时，按的是Ctrl与小键盘中的2。如果按主键盘中的数字键，将不会出现Num字样。

步骤06 按照同样的方法，插入其他符号，插入符号后效果如图2-40所示。

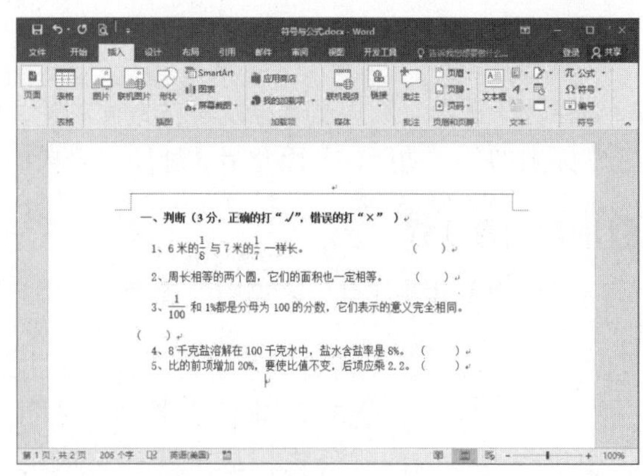

图2-40 插入特殊符号效果

❷搜狗输入法插入符号

通过搜狗输入法也可以插入特殊符号，其具体的操作步骤如下。

步骤01 鼠标光标定位至需插入符号处，在输入法栏上右键单击，从列表中选择“表情&符号>符号大全”选项，如图2-41所示。

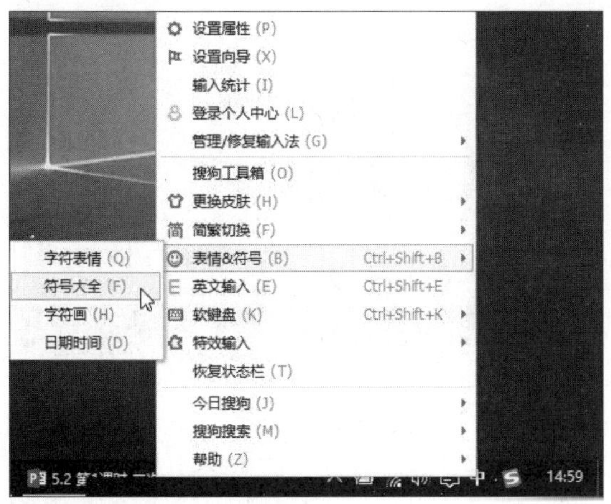

图2-41 选择“符号大全”选项

步骤02 打开“符号大全”窗格，选择一种合适的分类，然后在字符上单击，即可将该符号插入至文档，如图2-42所示。

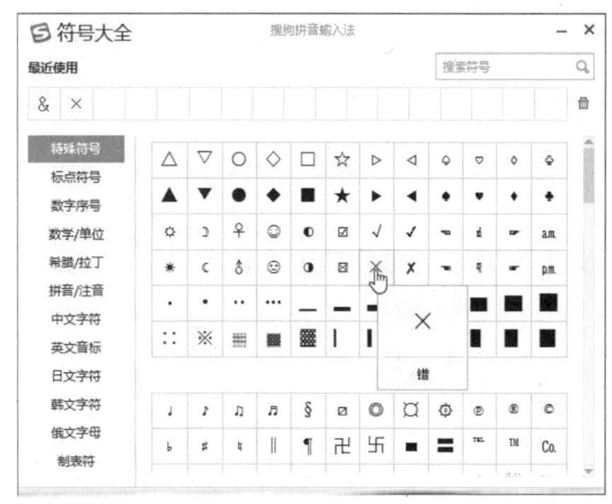

图2-42 选择“×”

步骤03 如果想快速找到该符号，可以在右上角的搜索框中直接输入关键字搜索，然后在搜索结果中需要的符号上直接单击鼠标左键，即可将其插入到文档中，如图2-43所示。

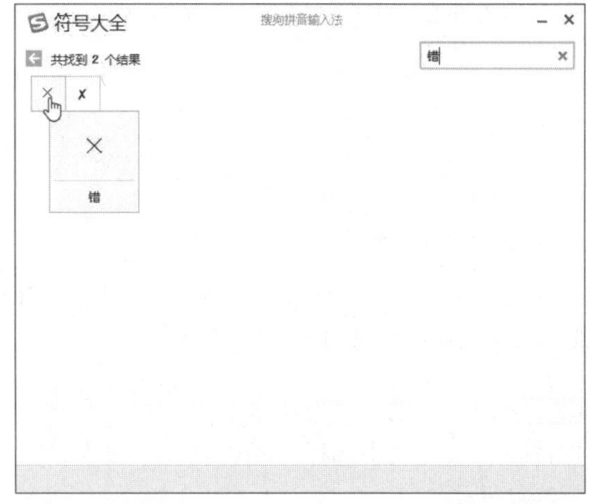

图2-43 搜索符号

2.3.2 插入公式

在数学试卷、物理试卷以及科技方面的论文等文档中经常会需要输入一些公式，Word2016自带非常强大的公式功能，下面介绍几种插入公式的方法。

❶插入内置公式

Word 2016提供了几种常见的内置公式，用户可以快速插入到页面中，其具体的操作步骤如下。

步骤01 将光标定位至需要插入公式位置，单击“插入”选项卡上“公式”右侧下拉按钮，从列表中选择合适的内置公式，这里选择勾股定理，如图2-44所示。

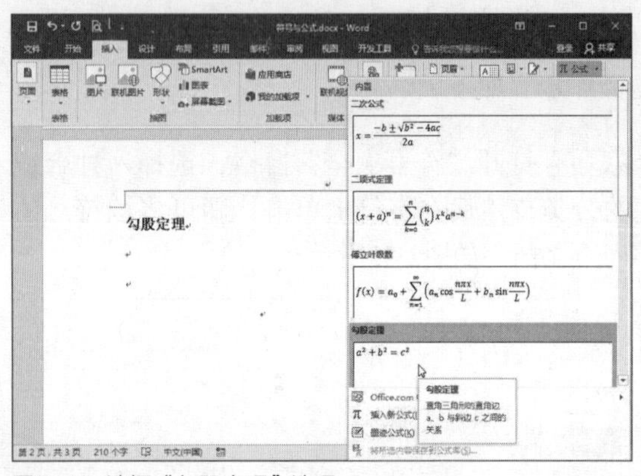

图2-44 选择“勾股定理”选项

步骤02 将内置公式插入文档后，将自动打开“公式工具－设计”选项卡，可通过功能区中的命令更改公式的系数、符号、增减项等，如图2-45所示。

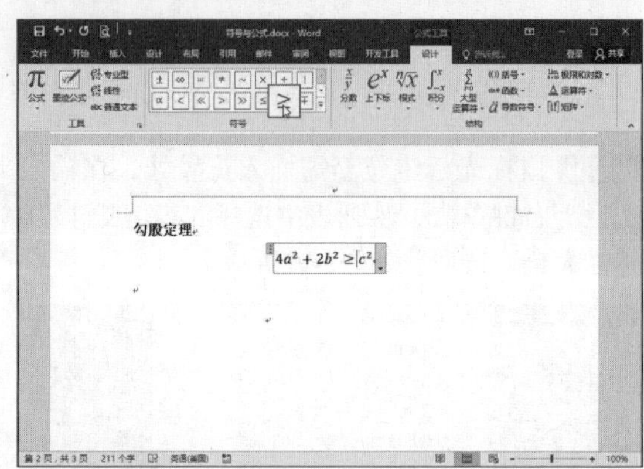

图2-45 “公式工具－设计”选项卡

❷插入Office.com中的公式

如果电脑网络连接畅通，还可以插入除内置公式外，来自插入Office.com中的公式，其操作方法如下。

单击“插入”选项卡上“公式”右侧下拉按钮，从列表中选择“Office.com中的其他公式”命令，然后再从其级联菜单中选择合适的公式插入到文档中即可，如图2-46所示。

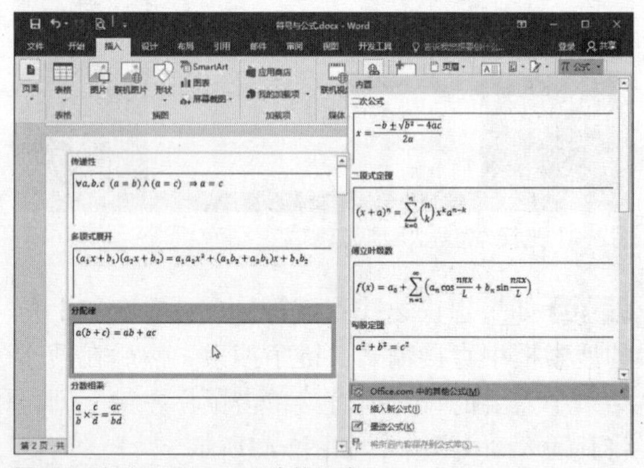

图2-46 插入Office.com中的公式

❸插入墨迹公式

如果您觉得通过插入公式方法太麻烦，可以通过墨迹公式命令，自由的绘制想要插入的公式，其具体的操作方法如下。

步骤01 单击“插入”选项卡上“公式”右侧下拉按钮，从列表中选择“墨迹公式”选项，如图2-47所示。

步骤02 打开绘制面板，拖动鼠标，绘制需要插入的字符，若绘制有误，则单击“擦除”按钮，如图2-48所示。

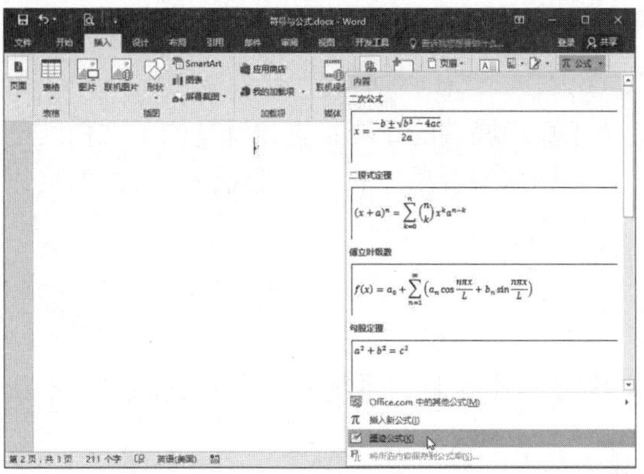
图2-47 选择“墨迹公式”选项

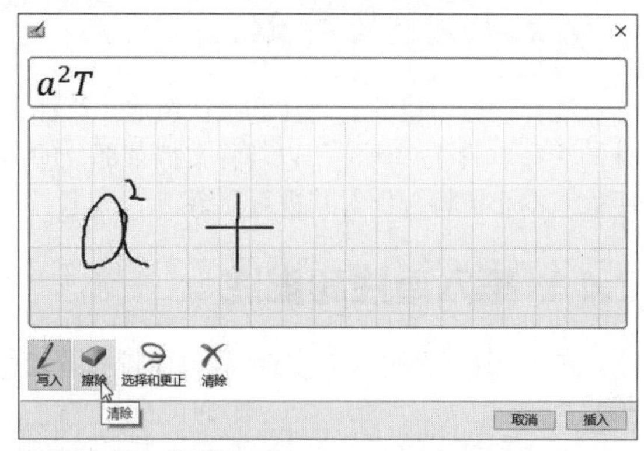

图2-48 单击“擦除”按钮

步骤03 拖动鼠标，在需要擦除的笔迹上擦过，则可以消除该笔迹，如图2-49所示。

步骤04 当识别的字符错误时，可以单击“选择和更正”按钮，然后将鼠标移至识别错误的字符，即可出现更正选项，选择合适的字符即可，如图2-50所示。

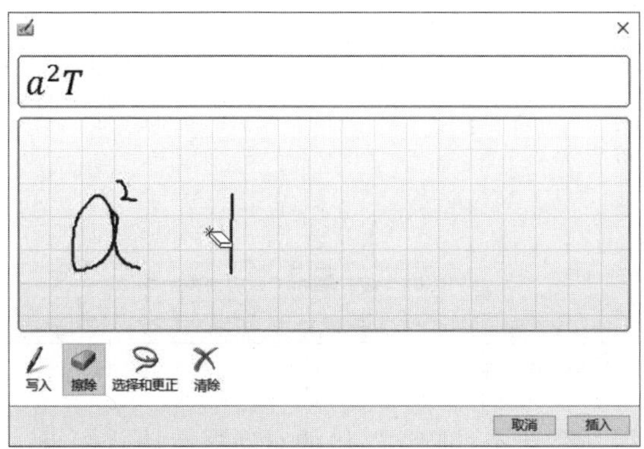

图2-49 拖动鼠标擦除笔迹

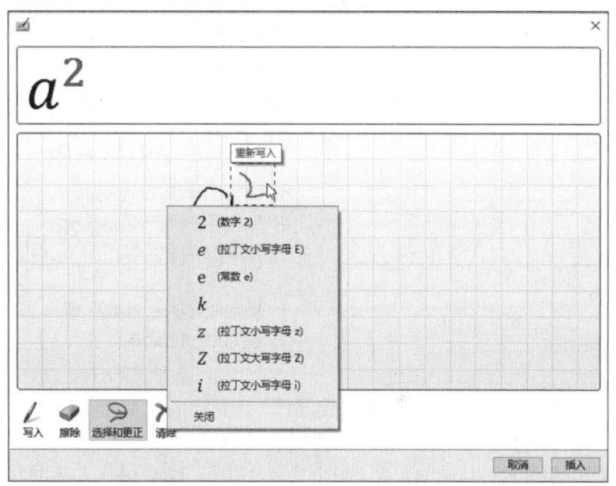

图2-50 更正错误字符

步骤05 绘制公式完成后，只需单击“插入”按钮，即可将公式插入到文档，如图2-51所示。

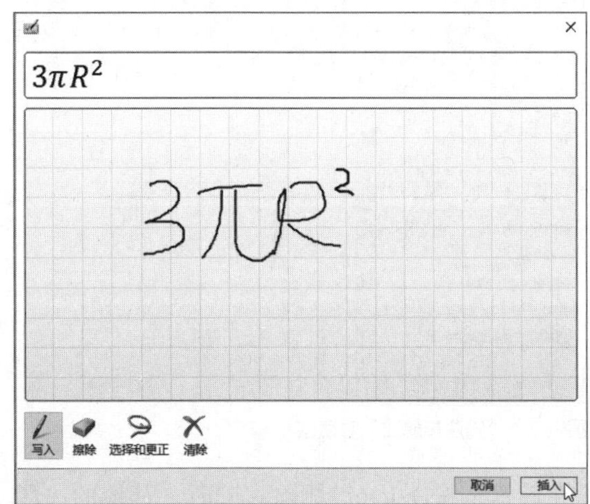

图2-51 单击“插入”按钮

步骤06 通过墨迹公式功能插入的公式如图2-52所示。

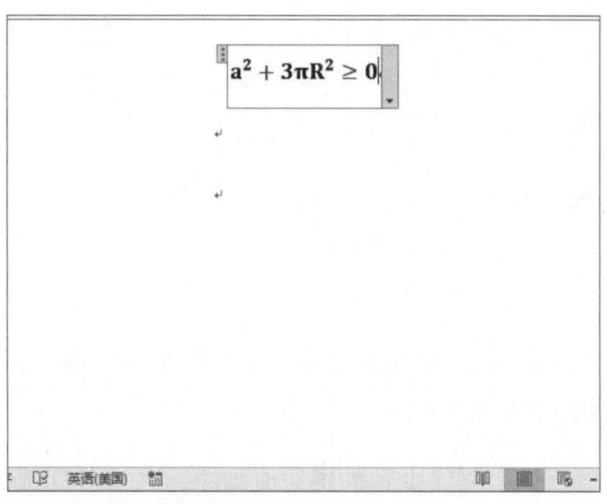

图2-52 墨迹功能插入公式示例

2.4 注释与批注

注释一般由尾注、脚注和批注组成。脚注，就是位于页面底端的注释；尾注就是位于文档结尾处的注释。脚注和尾注用以解释文档某部分的内容，是文档的编者添加的。而批注位于文档的页边距处。本小节将分别对其进行介绍。

2.4.1 插入尾注和脚注

插入尾注与脚注时，Word 2016将对其进行自动编号；删除时，系统同样会对它们进行重新编号。

尾注和脚注的插入方法很简单，其具体的操作步骤如下。

步骤01 打开文档，切换至“引用”选项卡，单击“插入尾注”按钮，如图2-53所示。

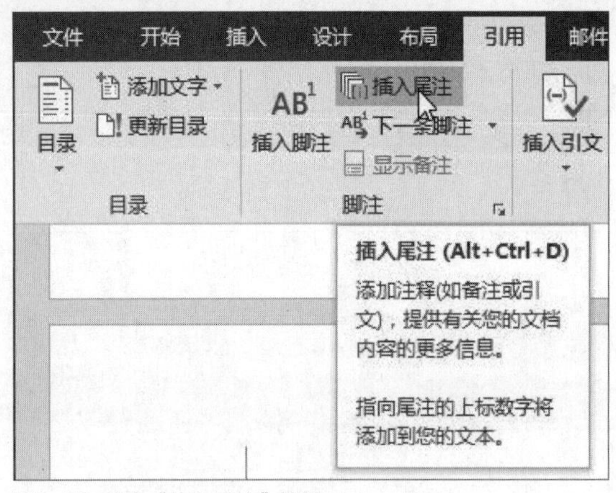

图2-53 单击“插入尾注”按钮

步骤02 按需输入尾注文本，如图2-54所示。

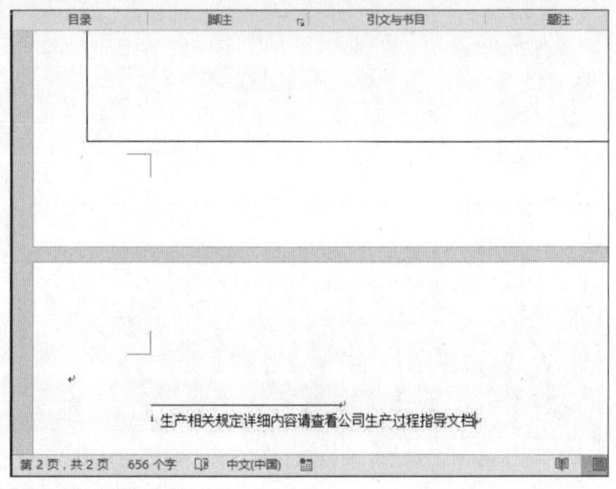

图2-54 输入尾注文本

步骤03 单击“插入脚注”按钮，按需输入脚注文本，如图2-55所示。

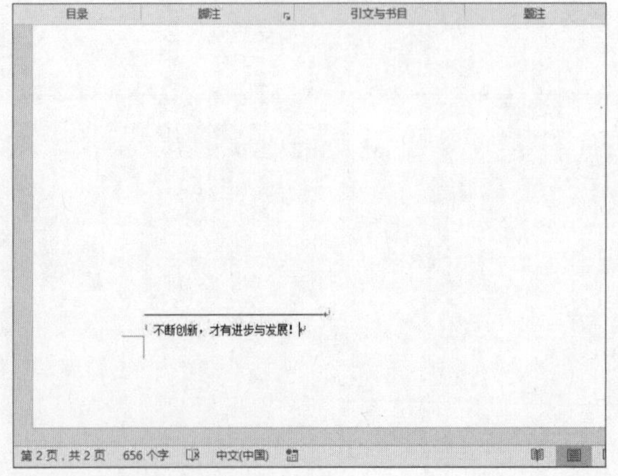

图2-55 输入脚注文本

步骤04 单击“脚注”组的对话框启动器按钮，打开“脚注和尾注”对话框，从中可对相关属性进行设置，如图2-56所示。

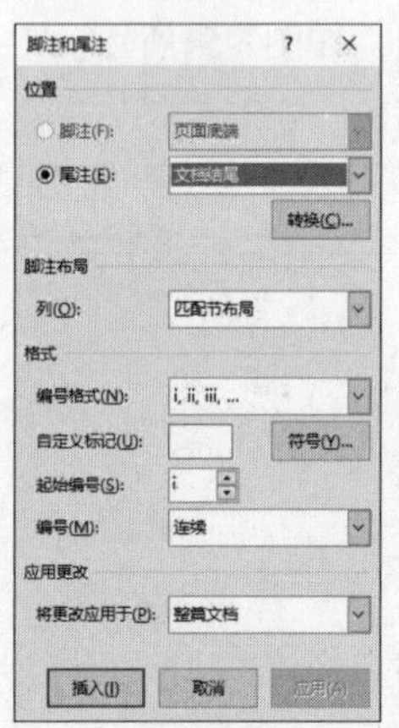

图2-56 “脚注和尾注”对话框

如果删除少数的尾注或脚注，只需将其选择后，在键盘上按Delete键删除。同时，其他的注释会自动重新编号。

2.4.2 插入和删除批注

同事之间对彼此的工作计划、工作报告等提出相关疑问或建议时；领导对员工的计划提出意见时，可以通过批注来传达。而不需要批注时，可以将批注删除。下面分别介绍如何插入和删除批注。

❶插入批注

插入批注的操作和插入尾注和脚注相似，其具体的操作步骤如下。

步骤01 选择需要添加批注的文本，单击“审阅”选项卡上的“新建批注”按钮，如图2-57所示。

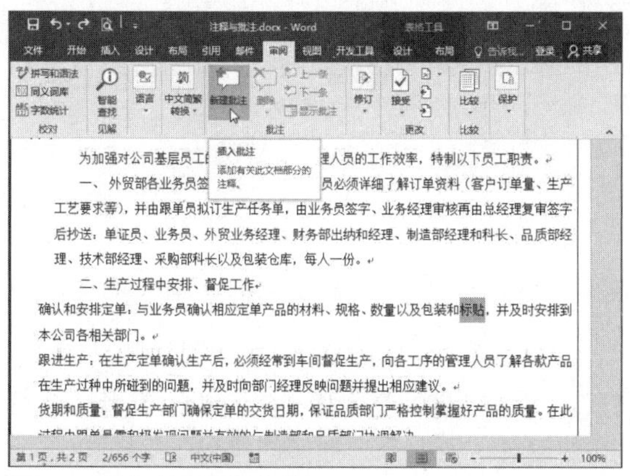

图2-57 单击“新建批注”按钮

步骤02 即可插入一个批注，输入需要添加的说明后，在批注框外单击即可完成批注的添加，如图2-58所示。

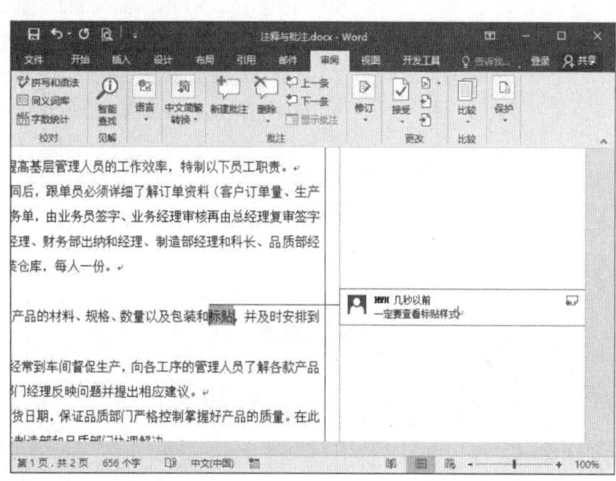

图2-58 输入批注文本

步骤03 单击“上一条”或者“下一条”按钮，可以在批注间移动，如图2-59所示。

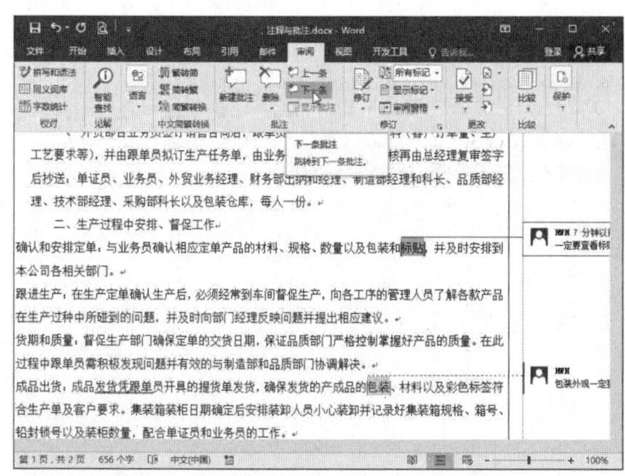

图2-59 单击“下一条”按钮

步骤04 单击“所有标记”按钮，从列表中选择“无标记”选项，可将批注隐藏，如图2-60所示。

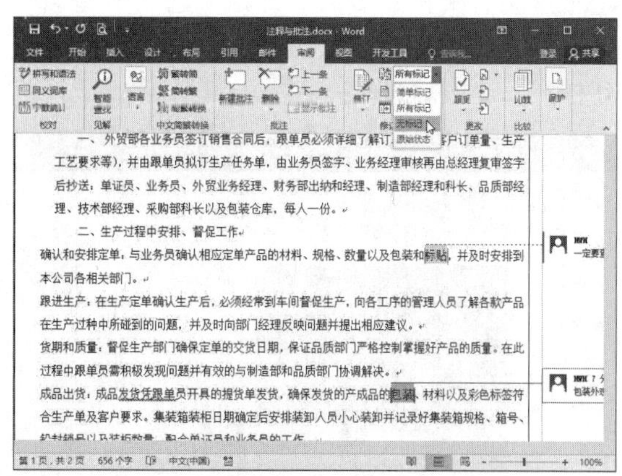

图2-60 选择“无标记”选项

❷删除批注

若文档中的批注审阅完毕，为了文档的美观性，可以将批注删除，其操作方法如下。

选择批注，单击“删除”按钮，从列表中选择“删除”选项，可以将该批注删除。若删除所有批注，则选择“删除文档中的所有批注”选项，如图2-61所示。

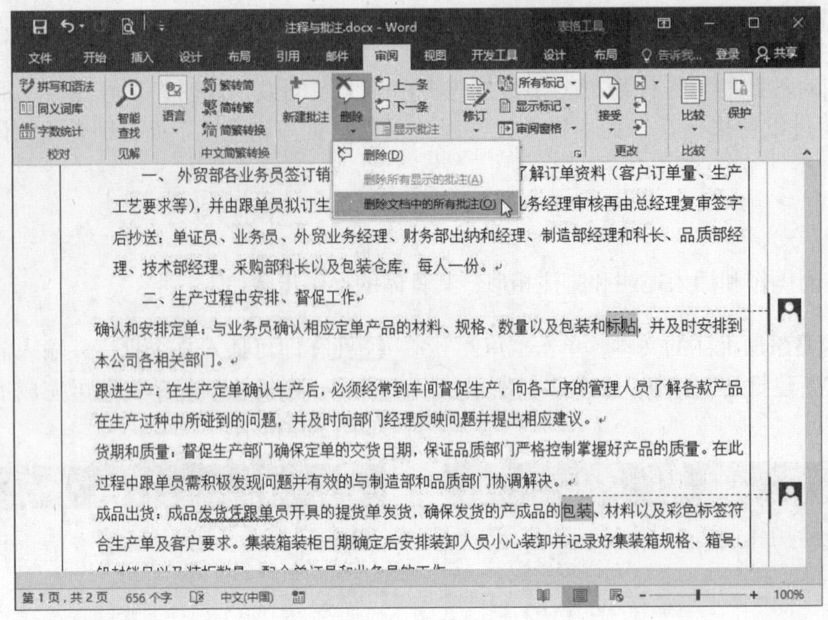

图2-61 删除批注

2.5 文本样式的应用

文本样式包含了已经设置好的字符格式、段落格式，对大批量的文本格式进行修改或者某个段落进行修改，可以让用户省去大量时间，快速完成格式的设置。下面介绍如何创建和应用样式。

2.5.1 创建样式

用户可以根据需要自定义工作中经常用到的文本样式，其具体的操作步骤如下。

步骤01 打开文档，单击“开始”选项卡上“样式”组上的“其他”按钮，从列表中选择“创建样式”选项，如图2-62所示。

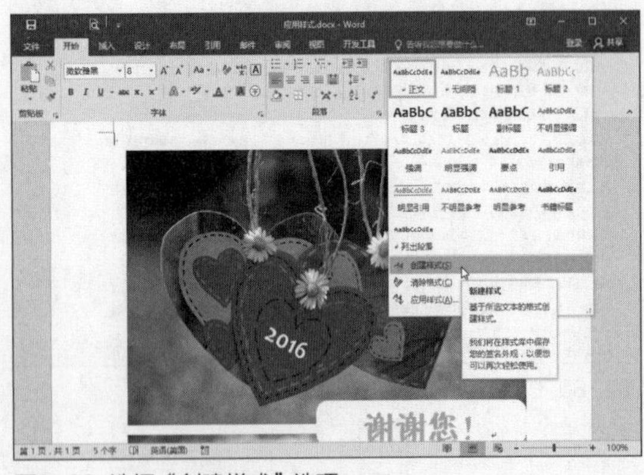

图2-62 选择“创建样式”选项

步骤02 打开“根据格式设置创建新样式”对话框，在“名称”文本框中输入“艺术标题”，单击“修改”按钮，如图2-63所示。

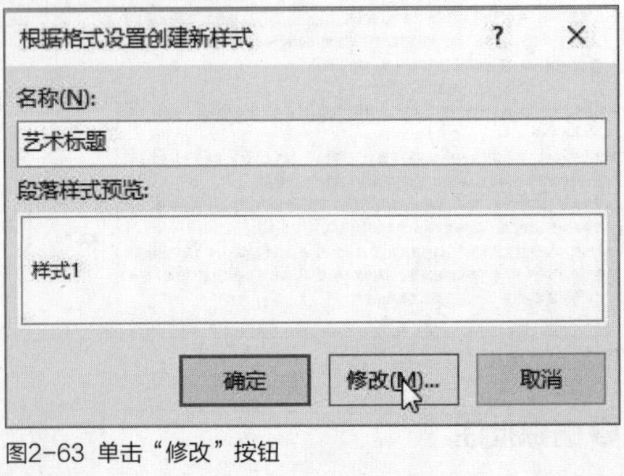

根据格式设置创建新样式 ? ×
名称(N):
艺术标题
段落样式预览:
样式1
确定 修改(M)... 取消

图2-63 单击“修改”按钮

步骤03 展开“根据格式设置创建新样式”对话框，单击“格式”按钮，从列表中选择“字体”选项，如图2-64所示。

步骤04 打开“字体”对话框，设置中文字体和西文字体，并设置字体颜色为橙色，然后单击“确定”按钮，如图2-65所示。

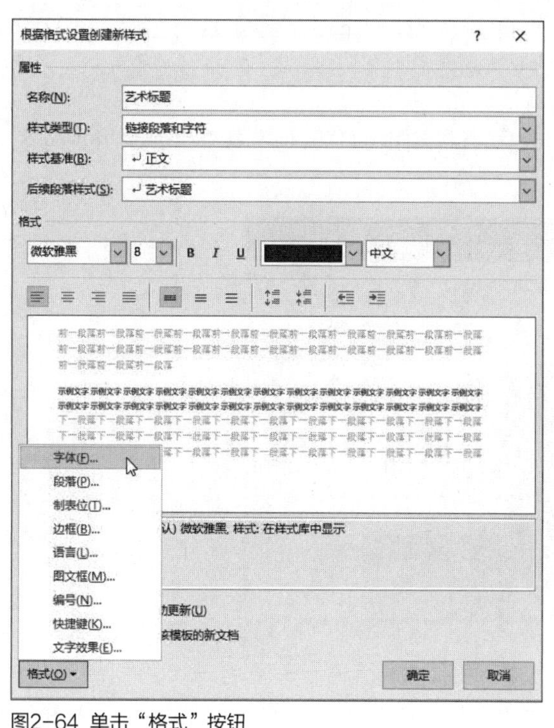

图2-64 单击“格式”按钮

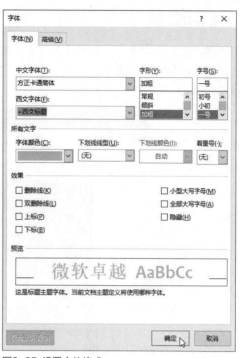

图2-65 设置字体格式

步骤05 返回“根据格式设置创建新样式”对话框，单击“格式”按钮，从列表中选择“段落”选项，打开“段落”对话框，设置段落格式，如图2-66所示。

步骤06 设置完成后，单击“确定”按钮，返回“根据格式设置创建新样式”对话框，单击“确定”按钮，完成样式的创建，如图2-67所示。

图2-66 设置段落格式

图2-67 单击“确定”按钮

2.5.2 应用样式

应用样式的操作很简单，其具体的操作步骤如下。

选择需要应用样式的文本，单击“开始”选项卡“样式”组中的“其他”按钮，从展开的列表中选择样式即可，如图2-68所示。

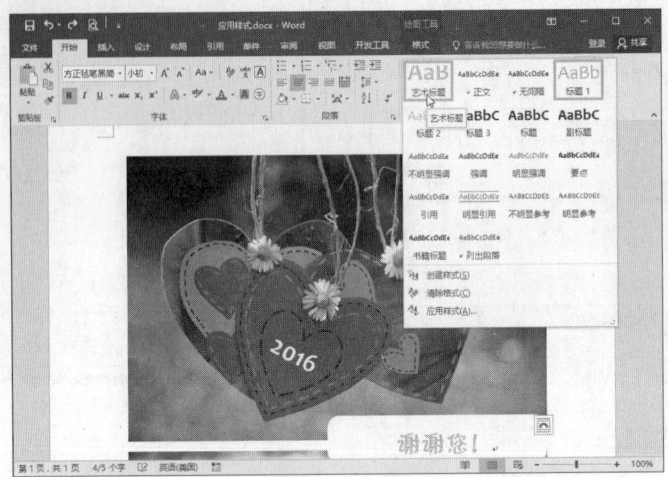

图2-68 应用样式

Tip: 修改样式

在样式上右击，从弹出的右键菜单中选择“修改”命令，即可将该样式修改，如图2-69所示。

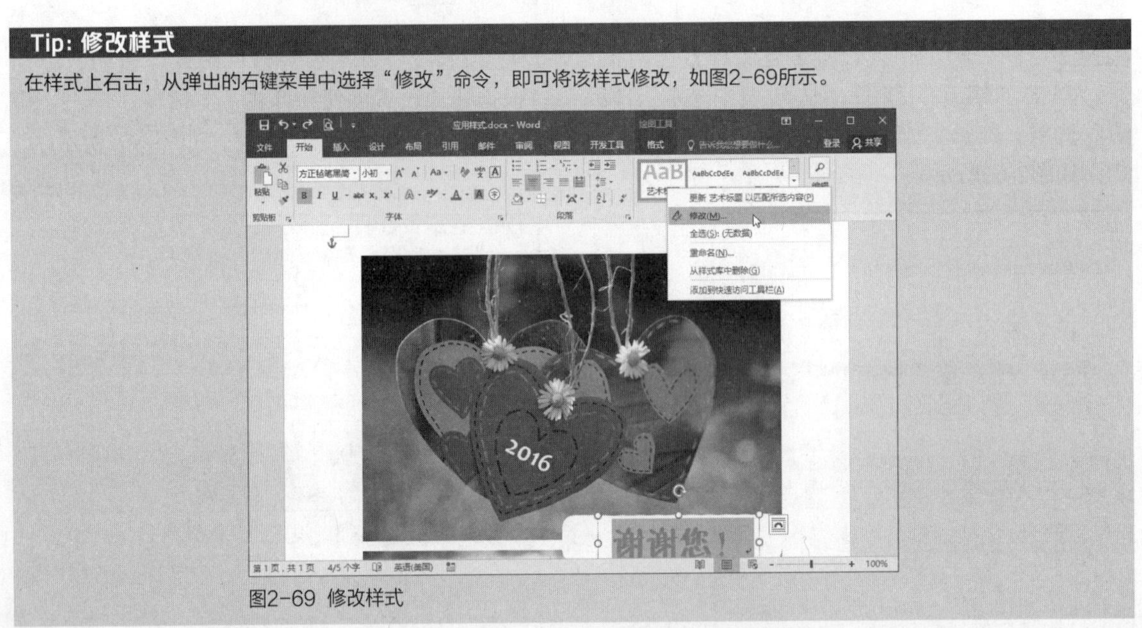

图2-69 修改样式

办公室练兵：利用模板制作市场调查报告

在日常工作中，特别是市场部的员工、大学生以及各行业的员工，在做市场调查时，通常都会需要向上级领导递交市场调查报告，在调查报告中，通常会包含：封面、报告名称、调查内容、调查结论等。

对于新手来说，制作此类报告可以利用Word 2016中自带的模板来制作，这样可以让用户有所参照，制作的报告更符合领导的需求。在利用模板时，用户还可以根据自身需求对模板进行适当更改，下面以制作大学生水果市场需求报告为例进行介绍。

步骤01 执行“文件>新建”命令，从右侧的模板列表中选择“学生报告”模板，如图2-70所示。

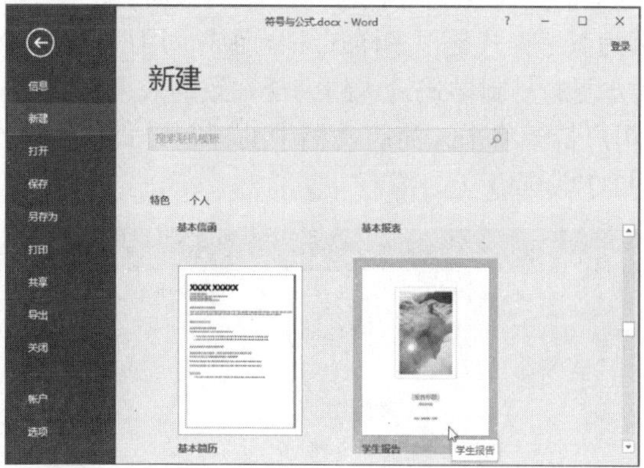

图2-70 选择模板

步骤02 自动创建模板样式文档并打开，选择第一页上的图片，执行“图片工具－格式>更改图片”命令，如图2-71所示。

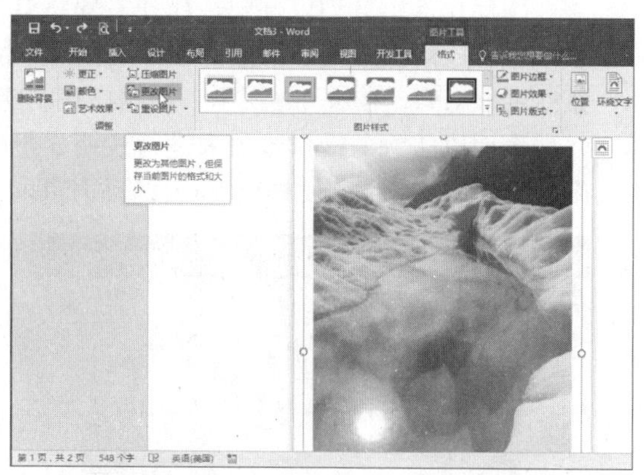

图2-71 单击“更改图片”按钮

步骤03 打开“插入图片”窗格，单击“来自文件”右侧的“浏览”按钮，如图2-72所示。

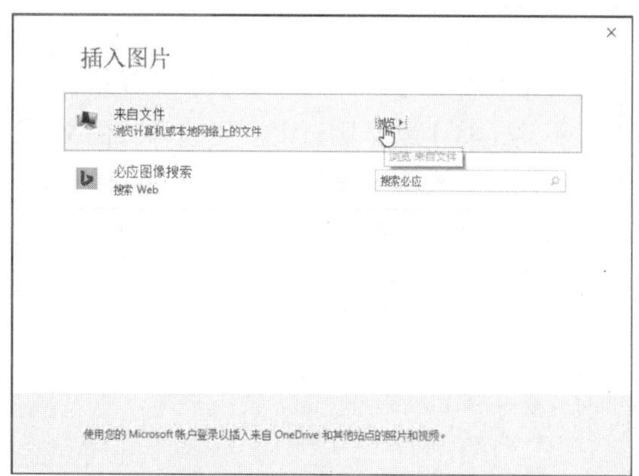

图2-72 单击“浏览”按钮

步骤04 打开“插入图片”对话框，选择图片后单击“插入”按钮，如图2-73所示。

图2-73 单击“插入”按钮

步骤05 更改图片后，按需设计报告，设计完成后，按Ctrl + S组合键，打开“另存为”选项列表，选择“浏览”选项，如图2-74所示。

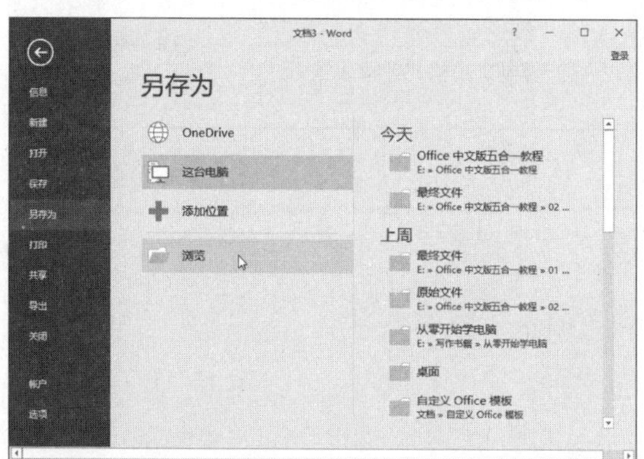

图2-74 选择“浏览”选项

步骤06 打开“另存为”对话框，输入文件名，设置合适的保存类型，然后单击“保存”按钮，保存文件即可，如图2-75所示。

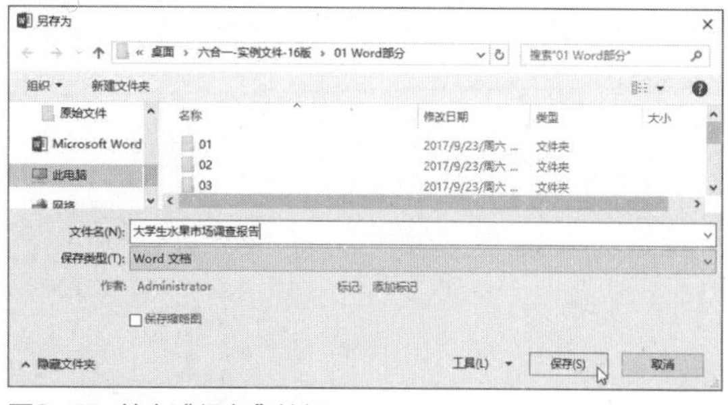

图2-75 单击“保存”按钮

技巧放送：使用格式刷快速复制样式

用户在编辑文档过程中，往往需要从其他文章中借鉴文字或者段落样式，如果通过字体格式或者段落格式逐一设计，不但繁琐，而且会因为参考样式是很多样式综合而成，用户会有某些细节忽略，在这种情况下，使用格式刷能够很方便的复制样式，达到完全一致的效果。

下面以实例的操作步骤来进行说明，例如，用户希望将个人简历文档中的标题样式（如图2-76所示）应用到文档店面转让合同标题（如图2-77所示）上。

图2-76 打开文档

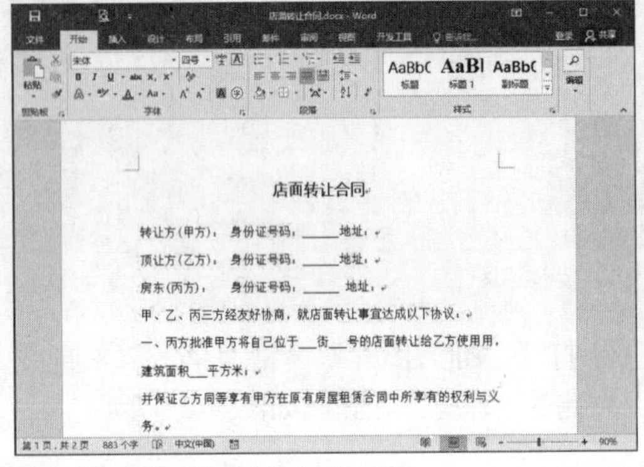

图2-77 打开“店面转让合同”文档

步骤01 打开“个人简历”文档，选择标题文本，单击“开始”选项卡上“格式刷”按钮，如图2-78所示。

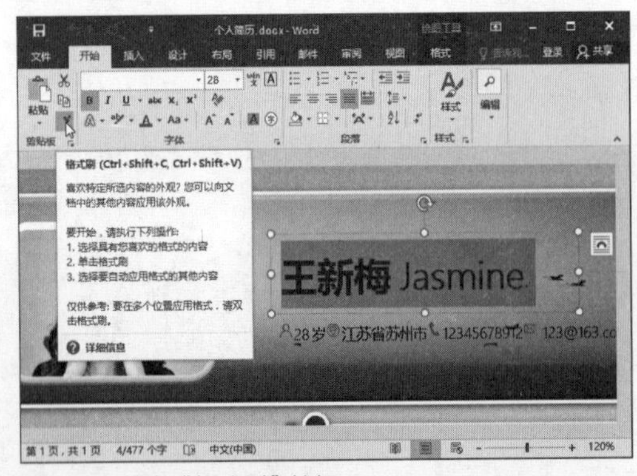

图2-78 单击“格式刷”按钮

步骤02 鼠标光标变为小刷子样式，按住鼠标左键不放，将小刷子刷过需要更改样式的文本，如图2-79所示。被小刷子刷过的文本样式将同个人简历文档中的标题文本一致，如图2-80所示。

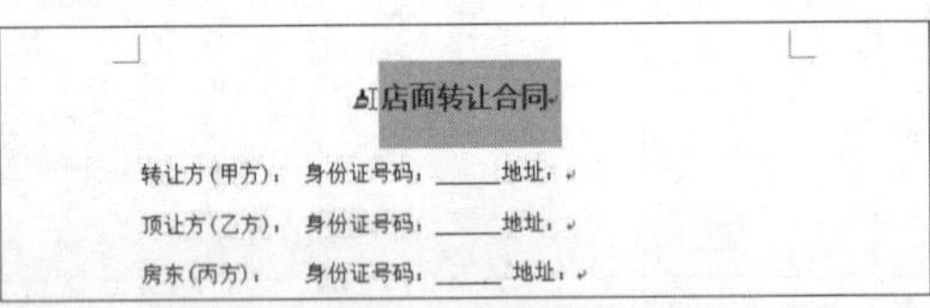

图2-79 按住鼠标左键不放拖动鼠标

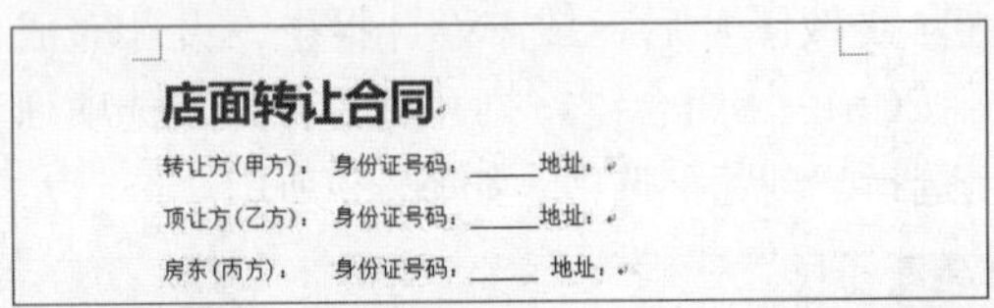

图2-80 复制文本格式效果

Chapter 03 Word表格的使用

通过第2章的学习，我们已经能够在Word中编写文档，撰写材料了。而利用Word 2016不仅可以编写普通的文档，还可以在文本中插入表格，使文档的内容更加丰富，表现更为直观，给工作带来更大的便捷，并且减少文字堆积的臃肿感。

1. 创建表格
2. 在表格中插入和删除单元格
3. 合并和拆分单元格
4. 表格的格式化
5. 为表格添加边框

3.1 创建表格

在编辑文档中，为了使某些数字和文本之间的关系更加的明确、直观，可以使用表格来展示。Word 2016的表格功能非常强大，是工作中的得力助手。下面将详细的讲述如何在Word 2016中使用表格。

3.1.1 如何创建表格

既然表格在文档中的用处那么大，该如何创建表格呢？本节将介绍Word 2016中提供的6种插入表格的方法，下面分别对其进行介绍。

❶ 功能区按钮法创建表格

该种方法创建表格的特点是快捷、简单，但是只能插入8行10列以内的表格，其具体的操作步骤如下，如图3-1所示。

打开文档，将鼠标光标定位至需插入表格处，单击“插入”选项卡上的“表格”按钮，在展开的列表中，可以鼠标滑动选取8行10列以内的表格，如图3-1所示。

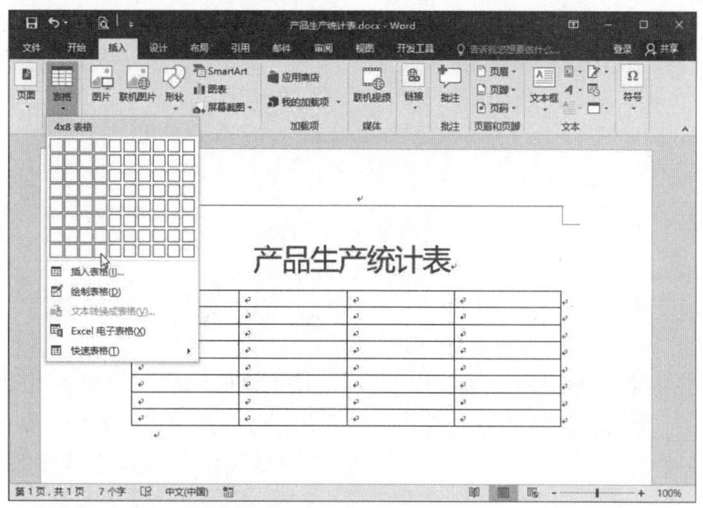

图3-1 滑动鼠标创建表格

❷对话框法插入表格

如果插入的表格行列数较多，并且需要指定列宽，使用对话框插入法会很便捷，其具体的操作步骤如下。

步骤01 打开文档，将鼠标光标定位至需插入表格处，单击“插入”选项卡上“表格”按钮，从列表中选择“插入表格”选项，如图3-2所示。

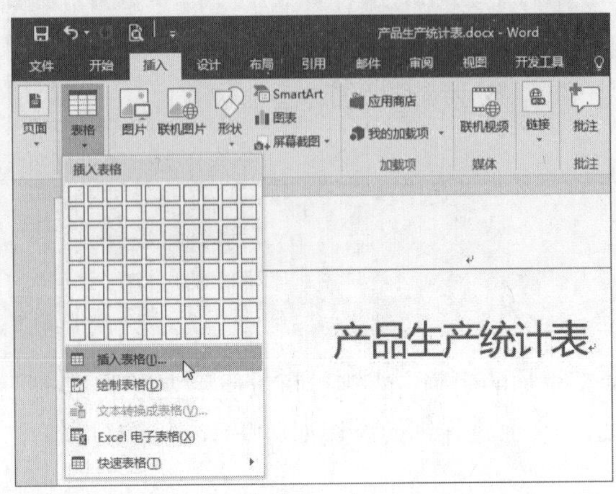

图3-2 选择“插入表格”选项

步骤02 打开“插入表格”对话框，通过“列数”和“行数”数值框，设置行数和列数，还可以设置列宽或者是否根据内容/窗口调整表格，然后单击“确定”按钮，如图3-3所示。

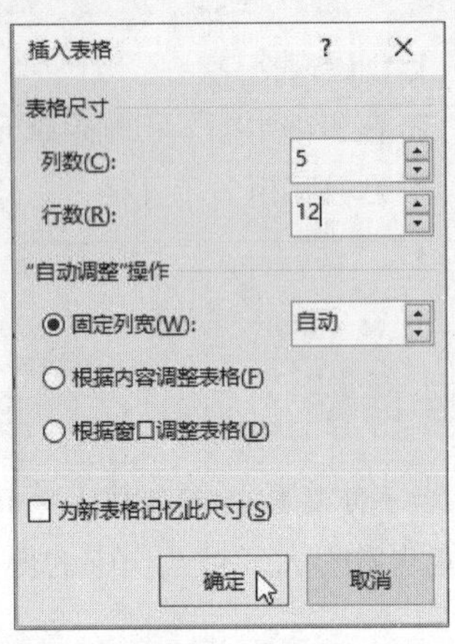

图3-3 单击“确定”按钮

❸绘制表格

如果需要在文档中插入不规则的表格，使用绘制表格功能将会带给你意想不到的惊喜，绘制表格的操作步骤如下。

步骤01 打开文档，将鼠标光标定位至需插入表格处，单击“插入”选项卡上“表格”按钮，从列表中选择“绘制表格”选项，如图3-4所示。

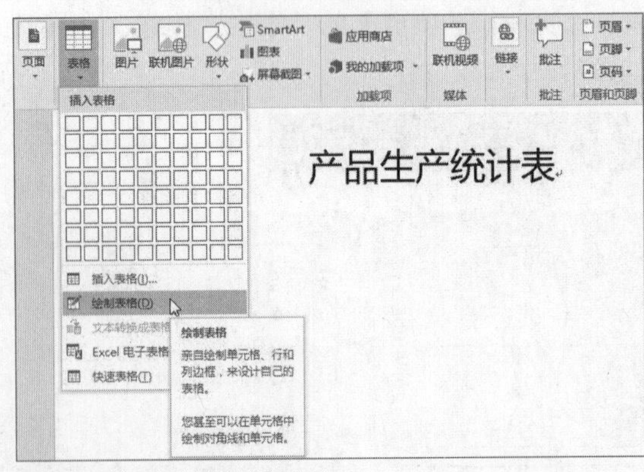

图3-4 选择“绘制表格”选项

步骤02 此时，鼠标光标变为笔样式，按住鼠标左键不放，拖动鼠标绘制表格外框，如图3-5所示。

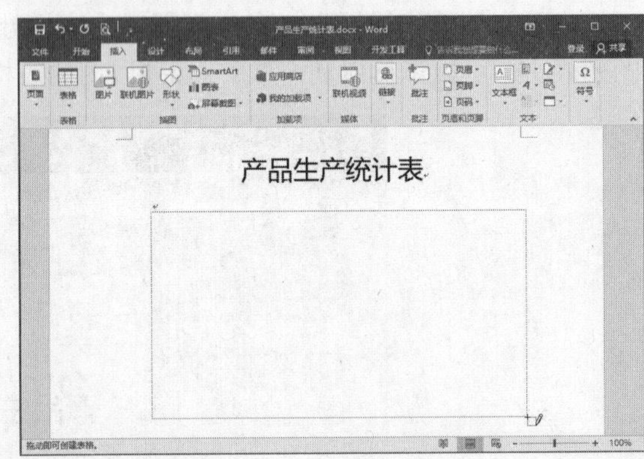

图3-5 绘制表格外框

步骤03 在外框内根据需要绘制横线、竖线以及斜线，如图3-6所示。绘制表格完毕后，按Esc键退出绘制。

步骤04 如果绘制完毕，需要继续为表格添加行和列，只需单击“表格工具－布局”选项卡上的“绘制表格”按钮，继续绘制表格即可，如图3-7所示。

图3-6 绘制斜线

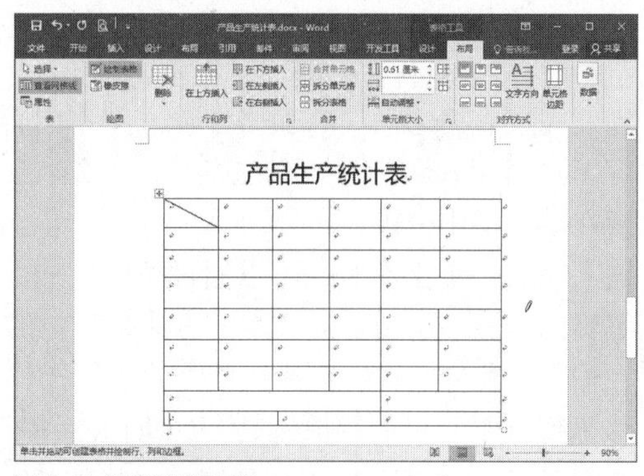

图3-7 继续绘制表格

❹插入Excel电子表格

如果需要在当前文档输入大量数据，并且进行数据运算，可以通过插入Excel电子表格，其具体的操作方法如下。

步骤01 只需在打开文档后，执行“插入>表格>Excel电子表格”命令，如图3-8所示。

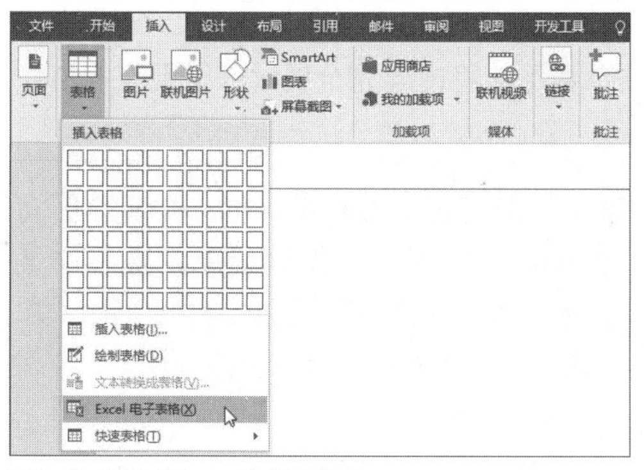

图3-8 选择“Excel电子表格”

步骤02 即可在文档中插入一个电子表格，然后按需输入信息即可，如图3-9所示。

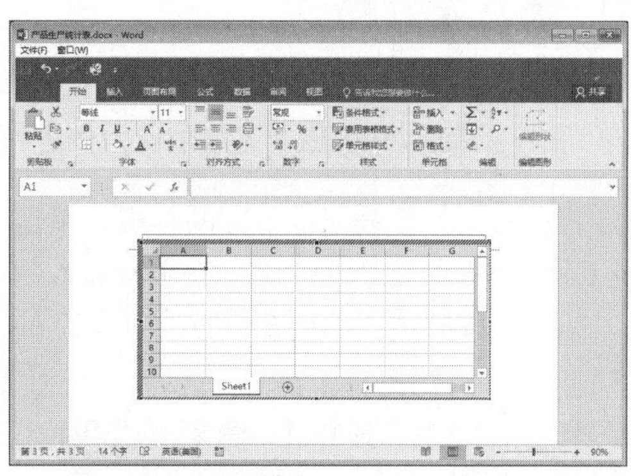

图3-9 插入Excel电子表格

❺利用快速表格创建表格

在Word 2016中，系统提供了几种常用的表格类型以及表格样式，如果用户对如何设置表格不太熟悉，可以通过快速表格创建一个美观、实用的表格，其具体的操作步骤如下。

步骤01 只需在打开文档后，执行“插入>表格>快速表格>带副标题1”命令，如图3-10所示。

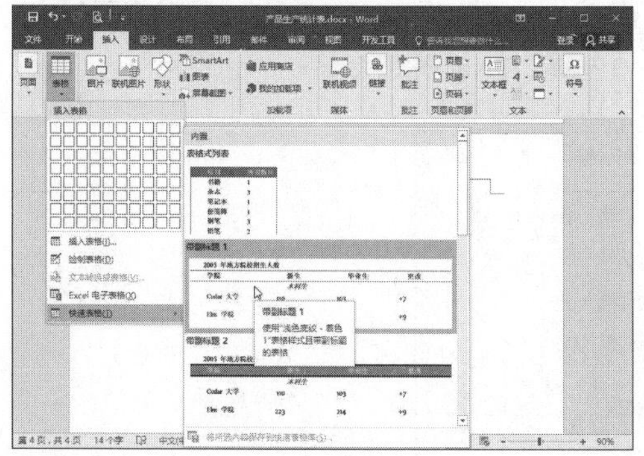

图3-10 选择“带副标题1”选项

步骤02 即可插入所选表格样式的表格，用户再按需修改即可，如图3-11所示。

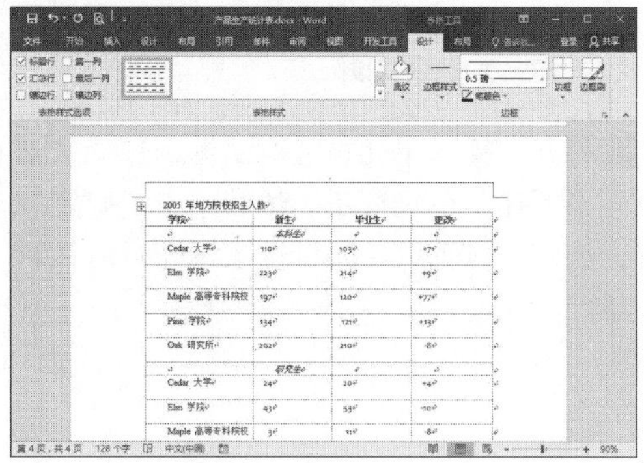

图3-11 插入带表格样式的表格

3.1.2 在表格中输入内容

创建完成表格之后，在表格中输入文本内容时，只要把插入点移至单元格中，就可以输入相应的内容了。当输入到单元格的右边线时，文本会自动换行；如果在输入文本过程中按Enter键，就可以实现在单元格中分段。

输入完成一个文本时，可以通过按←、→、↑、↓键将插入点移动到另外一个单元格，继续编辑，编辑的方法与编辑普通文本的方法是一样的。

在输入过程中，可以利用快捷方式进行操作。

移至行首单元格的快捷键是Alt+Home；移至行尾单元格的快捷键是Alt+End；移至列首单元格的快捷键是Alt+Page Up；移至列尾单元格的快捷键是Alt+ Page Down。

3.2 编辑表格

插入表格后，在按需添加表格内容过程中，经常会发现表格的行列数不足、行列数多余、需要合并某些单元格或者拆分某些单元格才能完成表格内容的表达。

3.2.1 插入单元格

在编辑表格内容时，如果现有表格的行列数或单元格数目不能将内容完全展示，需要在表格中添加单元格，下面以在表格下方添加行为例进行介绍。

步骤01 将鼠标定位至表格最下方的行内，单击“表格工具－布局”选项卡上的“在下方插入”按钮，如图3-12所示。即可在鼠标光标下方插入一行。

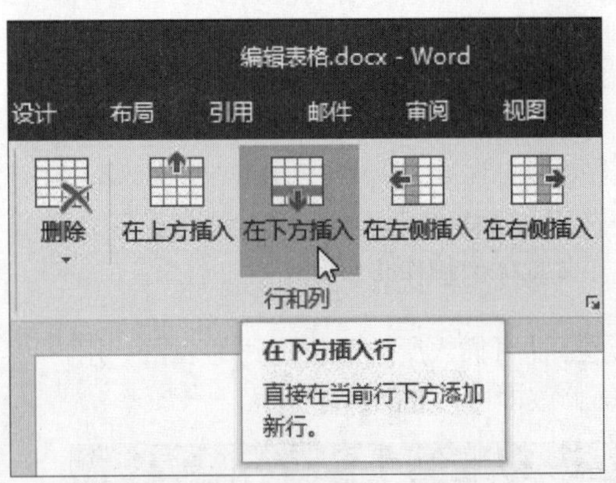

图3-12 单击“在下方插入”按钮

步骤02 如果需要插入多行或者插入单元格，可以右键单击，从弹出的快捷菜单中选择“插入”命令，然后从其级联菜单中选择“插入单元格”命令，如图3-13所示。

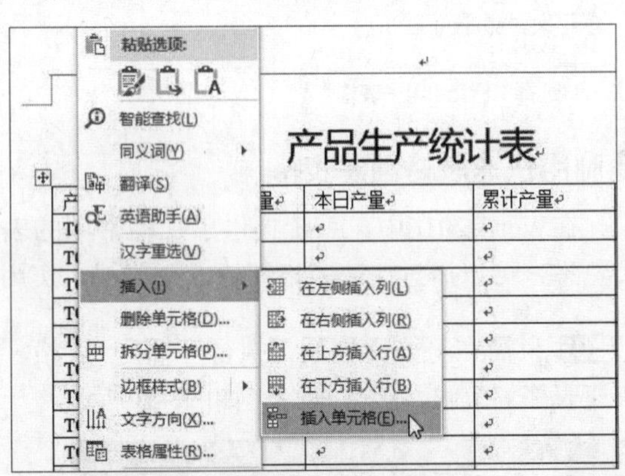

图3-13 选择“插入单元格”命令

步骤03 打开“插入单元格”对话框，选择“活动单元格下移”单选按钮，然后单击“确定”按钮，如图3-14所示。即可在鼠标光标所在行插入新行。

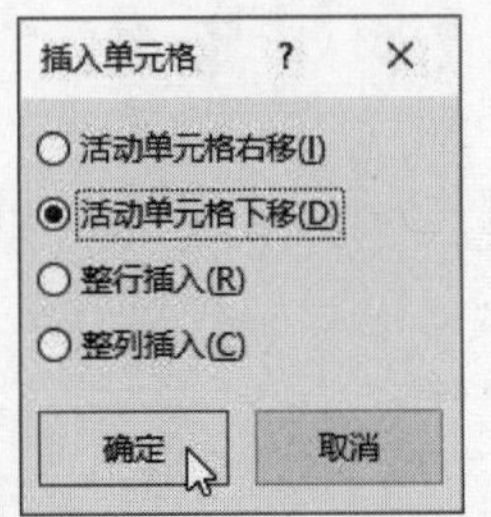

图3-14 “插入单元格”对话框

3.2.2 删除单元格

如果表格中存在多余的单元格，为了不影响阅读，让数据的传达更为直观，需要将多余单元格删除，下面以删除单元格行为例对其进行具体的介绍。

步骤01 将鼠标光标定位至需要删除的行内，单击鼠标右键，从弹出的右键快捷菜单中选择“删除单元格”命令，如图3-15所示。

粘贴选项:
智能查找(L)
同义词(Y)
翻译(S)
英语助手(A)
汉字重选(V)
插入(I)
删除单元格(D)...
拆分单元格(P)...
边框样式(B)
文字方向(X)...
表格属性(R)...
产品生产统计表
本日产量
累计产量

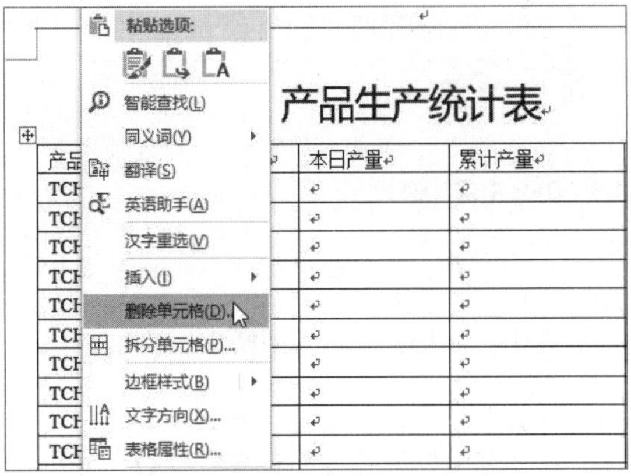

图3-15 选择“删除单元格”命令

步骤02 打开“删除单元格”对话框，选择“删除整行”单选按钮，然后单击“确定”按钮，如图3-16所示。

删除单元格
?
×
右侧单元格左移(L)
下方单元格上移(U)
删除整行(R)
删除整列(C)
确定
取消

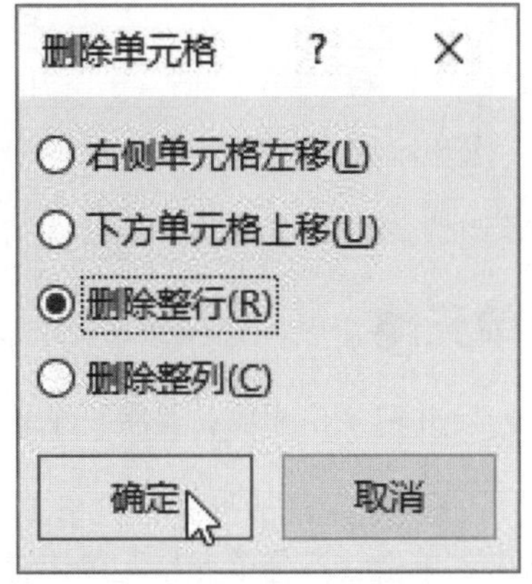

图3-16 选中“删除整行”单选按钮

步骤03 也可以打开“表格工具－布局”选项卡，单击“删除”按钮，从展开的列表中选择合适的命令即可，如图3-17所示。

产品生产统计表

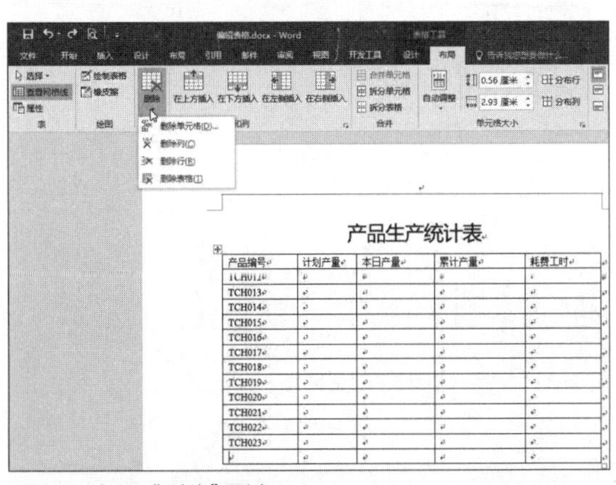

图3-17 打开“删除”列表

步骤04 如果选择“删除行”命令，则可以删除鼠标光标所选的行，其效果如图3-18所示。

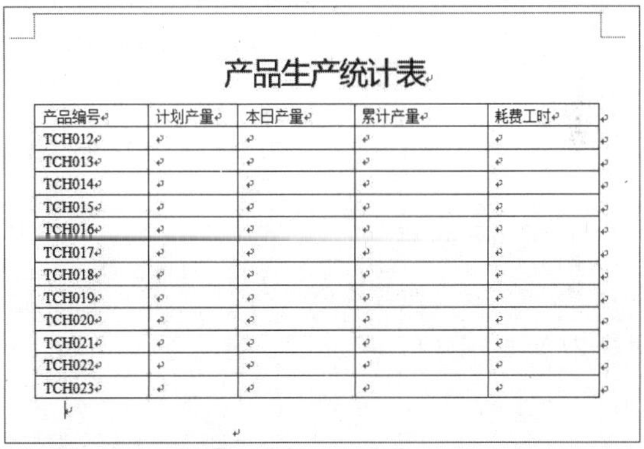

产品生产统计表
产品编号
计划产量
本日产量
累计产量
耗费工时
TCH012
TCH013
TCH014
TCH015
TCH016
TCH017
TCH018
TCH019
TCH020
TCH021
TCH022
TCH023

图3-18 删除多余行效果

3.2.3 合并单元格

所谓合并单元格就是将多个单元格合成一个单元格，通过功能区命令和右键快捷菜单命令都能实现该操作。下面以功能区按钮法为例进行介绍。

步骤01 选择需要合并的单元格，打开“表格工具－布局”选项卡，单击“合并单元格”按钮，如图3-19所示。

步骤02 即可将所选单元格合并，然后按需输入文本即可，如图3-20所示。

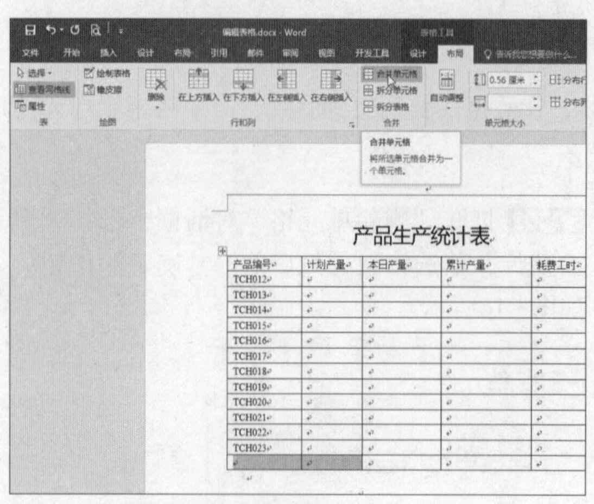

图3-19 单击“合并单元格”按钮

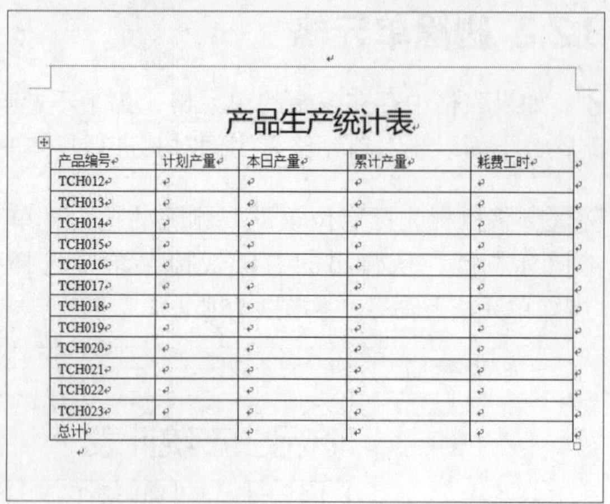

产品生产统计表

产品编号	计划产量	本日产量	累计产量	耗费工时
TCH012				
TCH013				
TCH014				
TCH015				
TCH016				
TCH017				
TCH018				
TCH019				
TCH020				
TCH021				
TCH022				
TCH023				
总计				

图3-20 合并单元格效果

3.2.4 拆分单元格

拆分单元格与合并单元格相反，是将一个单元格分成几个单元格，其具体的操作步骤如下。

步骤01 选择需要拆分的单元格，打开“表格工具－布局”选项卡，单击“拆分单元格”按钮，如图3-21所示。

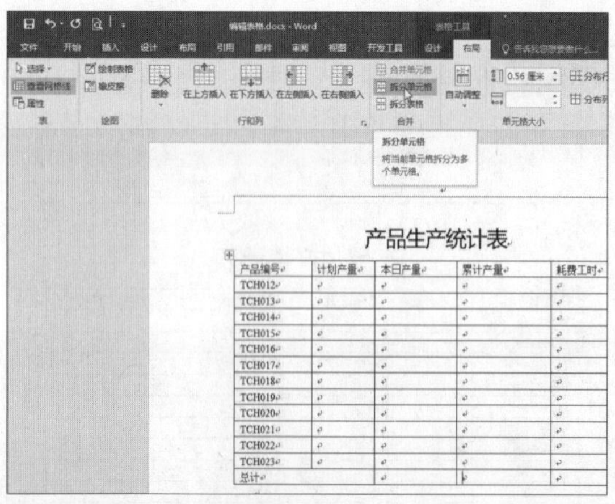

图3-21 单击“拆分单元格”按钮

步骤02 打开“拆分单元格”对话框，通过“行数”和“列数”数值框，设置行列数，然后单击“确定”按钮，如图3-22所示。

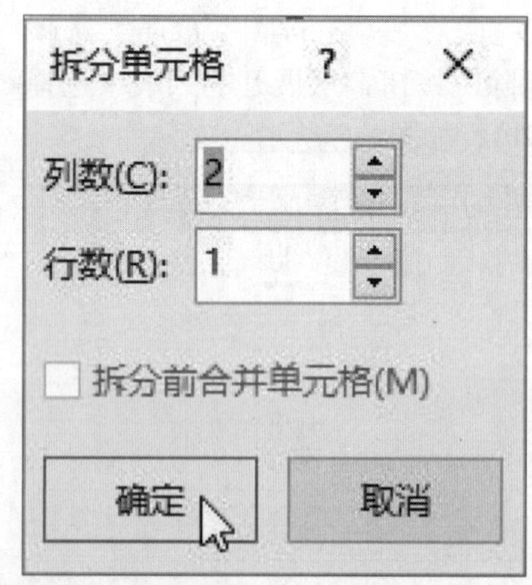

图3-22 “拆分单元格”对话框

3.3 调整美化表格

表格内容输入完毕，为了让表格更加的美观，还可以对表格进行适当的调整并且对其进行美化，下面分别对其进行介绍。

3.3.1 调整表格

为了让表格中的内容更加的有层次，并且文本展示符合条理，可以对表格的行高和列宽进行调整，然后再对文本的对齐方式进行设置，下面对其进行具体的介绍。

步骤01 单击表格左上角的⊞按钮，选中整个表格，单击“表格工具－布局”选项卡上的“自动调整”按钮，可以从列表中选择合适的选项调整表格，如图3-23所示。

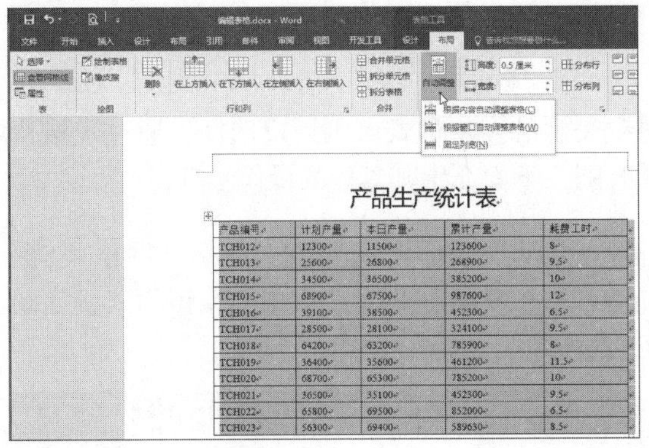

图3-23 打开“自动调整”列表

步骤02 也可以通过“单元格大小”组中的“高度”和“宽度”数值框，设置行高和列宽；单击“分布行”按钮，使表格中的所有行平均分布；单击“分布列”按钮，使表格中的所有列平均分布，如图3-24所示。

图3-24 “单元格大小”组

步骤03 还可以通过鼠标调整行高和列宽，以调整行为例，只需将鼠标光标移至行与行之间的边界线，当鼠标光标变为÷样式，按住鼠标左键不放，向下拖动鼠标即可调整行高，如图3-25所示。

产品生产统计表

产品编号	计划产量	本日产量	累计产量	耗费工时
TCH012	12300	11500	123600	8
TCH013	25600	26800	268900	9.5
TCH014	34500	36500	385200	10
TCH015	68900	67500	987600	12
TCH016	39100	38500	452300	6.5
TCH017	28500	28100	324100	9.5
TCH018	64200	63200	785900	8
TCH019	36400	35600	461200	11.5
TCH020	68700	65300	785200	10
TCH021	36500	35100	452300	9.5
TCH022	65800	69500	852000	6.5
TCH023	56300	69400	589630	8.5

图3-25 拖动鼠标调整行高

步骤04 单击表格左上角的⊞按钮，选中整个表格中，单击“对齐方式”组中的“水平居中”按钮，可以使表格中的文本水平居中对齐，如图3-26所示。

水平居中
文字在单元格内水平和垂直都居中。

产品生产统计表

产品编号	计划产量	本日产量	累计产量	耗费工时
TCH012	12300	11500	123600	8
TCH013	25600	26800	268900	9.5
TCH014	34500	36500	385200	10
TCH015	68900	67500	987600	12
TCH016	39100	38500	452300	6.5
TCH017	28500	28100	324100	9.5
TCH018	64200	63200	785900	5
TCH019	36400	35600	461200	11.5
TCH020	68700	65300	785200	10
TCH021	36500	35100	452300	9.5
TCH022	65800	69500	852000	6.5
TCH023	56300	69400	589630	8.5

图3-26 单击“水平居中”按钮

步骤05 单击“单元格边距”按钮，打开“表格选项”对话框，还可以设置文本在单元格中的边距，如图3-27所示。

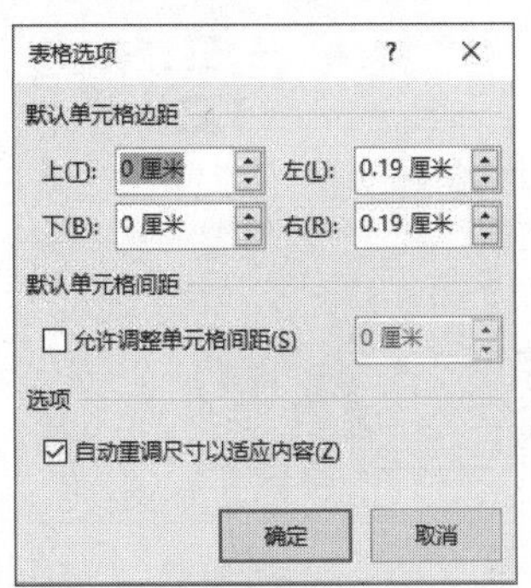

图3-27 “表格选项”对话框

步骤06 对表格中的行高和列宽以及文本的对齐方式设置完成后效果如图3-28所示。

产品生产统计表

产品编号	计划产量	本日产量	累计产量	耗费工时
TCH012	12300	11500	123600	8
TCH013	25600	26800	268900	9.5
TCH014	34500	36500	385200	10
TCH015	68900	67500	987600	12
TCH016	39100	38500	452300	6.5
TCH017	28500	28100	324100	9.5
TCH018	64200	63200	785900	8
TCH019	36400	35600	461200	11.5
TCH020	68700	65300	785200	10
TCH021	36500	35100	452300	9.5
TCH022	65800	69500	852000	6.5
TCH023	56300	69400	589630	8.5

图3-28 调整表格效果

3.3.2 更改表格样式

表格整体设计完成，还可以对表格的样式进行美化，让观众看起来更加的美观和精致，在美化表格时，用户既可以通过系统提供的样式进行快速美化，也可以自定义表格样式，下面分别对其进行介绍。

❶应用快速样式

Word 2016根据当前文档的主题色提供了多种精致美观的表格样式可供用户选择，通过表格快速样式，用户无需逐一对表格进行美化，省去大量的时间，下面介绍其具体的操作步骤。

步骤01 选择表格，单击“表格工具－设计”选项卡上“表格样式”组上的“其他”按钮，如图3-29所示。

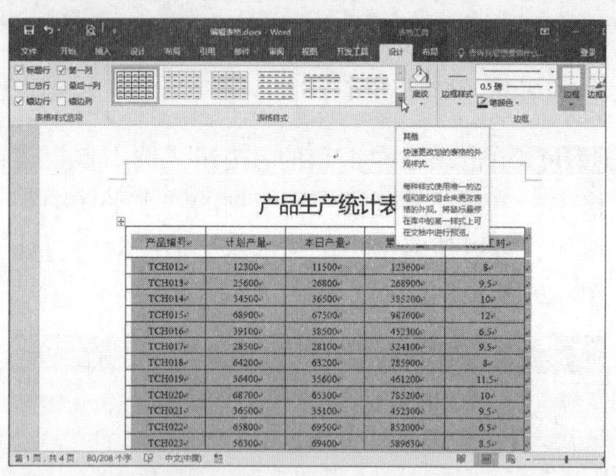

图3-29 单击“其他”按钮

步骤02 从展开的样式列表中选择“网格表5深色－着色3”样式即可为表格应用该样式，如图3-30所示。

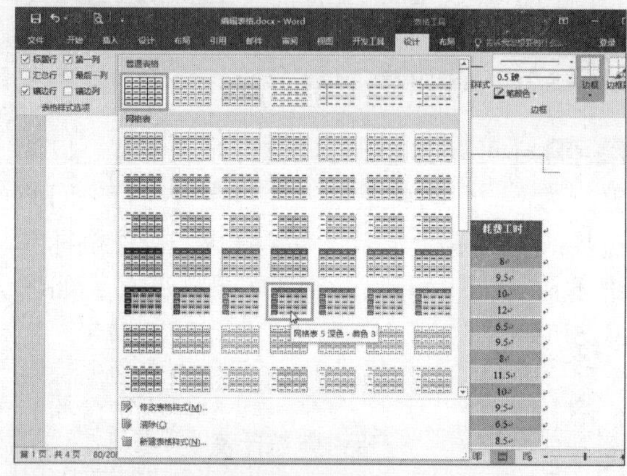

图3-30 选择“网格表5深色－着色3”样式

❷自定义表格样式

如果用户对Word 2016系统提供的表格样式不满意，可以根据需要自定义表格样式，其具体的操作步骤如下。

步骤01 选择表格，单击“表格工具－设计”选项卡上的“笔样式”按钮，从展开的列表中选择合适的样式，如图3-31所示。

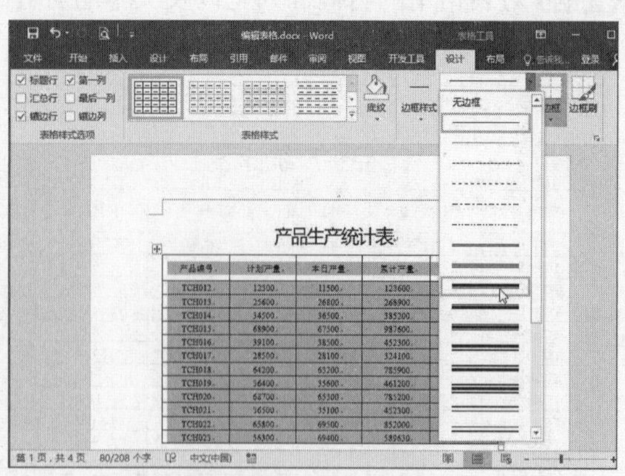

图3-31 选择合适的笔样式

步骤02 单击“笔画粗细”按钮，从列表中选择“2.25磅”选项，如图3-32所示。

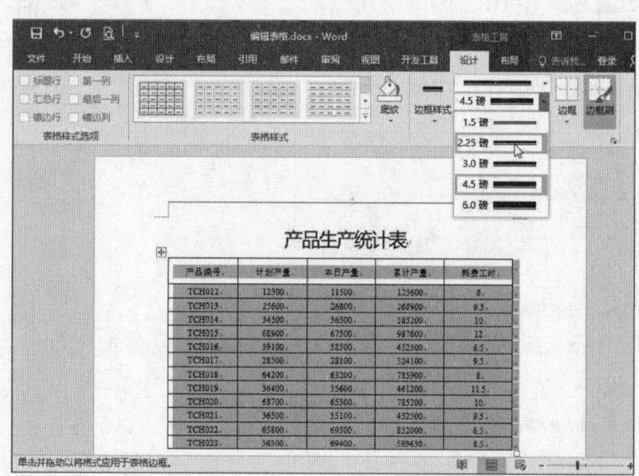

图3-32 选择“2.25磅”选项

步骤03 单击“笔颜色”按钮，从列表中选择“深蓝”选项，如图3-33所示。

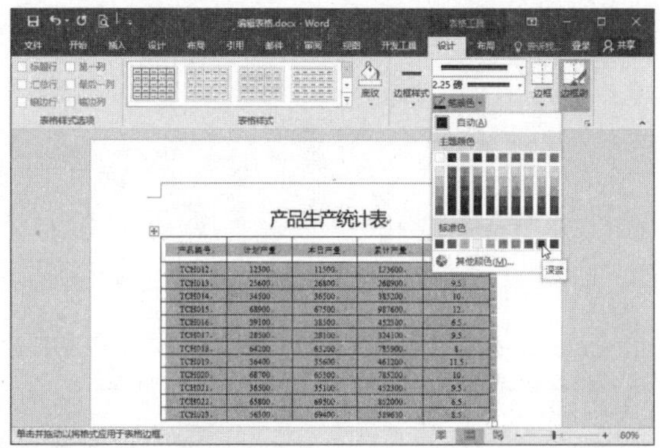

图3-33 选择“深蓝”选项

步骤04 单击“边框”按钮，从列表中选择“外侧框线”选项，如图3-34所示。

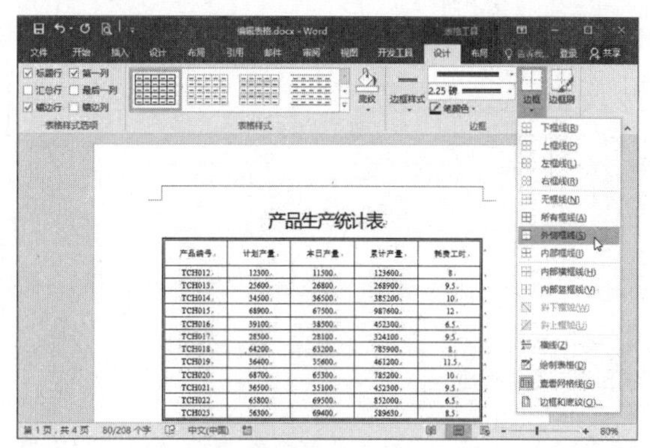

图3-34 选择“外侧框线”选项

步骤05 按照同样的方法，设置表格的内部框线，然后选择需要添加底纹的单元格，单击“表格工具－设计”选项卡上的“底纹”按钮，从展开的列表中选择“灰色-50%,个性色6,淡色80%”选项，如图3-35所示。

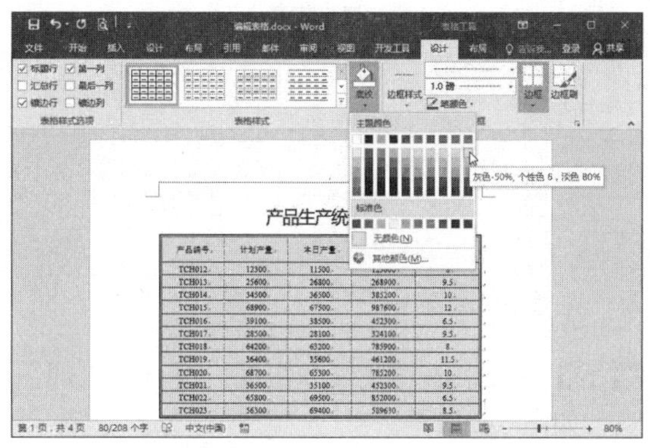

图3-35 设置底纹色

步骤06 如果对底纹列表中的颜色不满意，还可以在底纹列表中选择“其他颜色”选项，打开“颜色”对话框，在“标准”选项卡或者“自定义”选项卡，设置底纹色。设置单元格底纹后效果如图3-36所示。

产品生产统计表

产品编号	计划产量	本日产量	累计产量	耗费工时
TCH012	12300	11500	123600	8
TCH013	25600	26800	268900	9.5
TCH014	34500	36500	385200	10
TCH015	68900	67500	987600	12
TCH016	39100	38500	452300	6.5
TCH017	28500	28100	324100	9.5
TCH018	64200	63200	785900	8
TCH019	36400	35600	461200	11.5
TCH020	68700	65300	785200	10
TCH021	36500	35100	452300	9.5
TCH022	65800	69500	852000	6.5
TCH023	56300	69400	589630	8.5

图3-36 自定义表格样式效果

办公室练兵：制作员工信息表

不管在哪个公司或单位，公司都需要统计员工信息，制作员工信息表，方便公司联系员工以及同事之间的相互联系。在职工信息表中，要区分部门还要显示出员工的职务电话等信息。

在设计职工信息表过程中，首先需要设计表头；然后绘制出初始表格，再按需添加删除行和列并且合并和拆分单元格；接着对表格的行高/列宽以及文本的对齐方式进行调整，最后再对表格的边框和底纹进行设置，下面以具体的操作步骤为例进行详细介绍。

步骤01 创建文档并添加居中的表格标题后，执行“插入>表格”命令，鼠标滑动选取6×6的表格，如图3-37所示。

步骤02 在表格的第一行输入表头，然后按需添加其他信息，如图3-38所示。

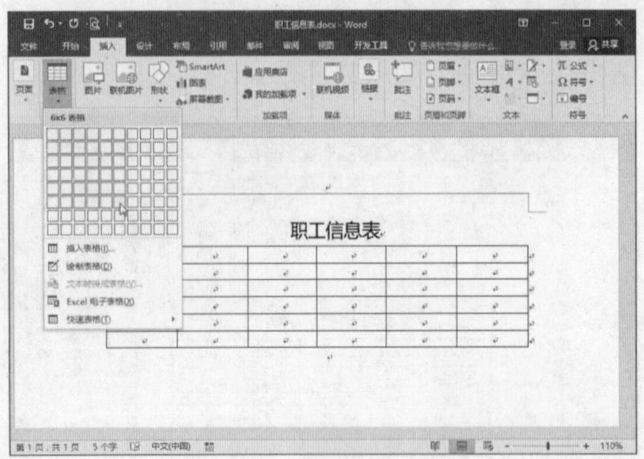

图3-37 插入表格

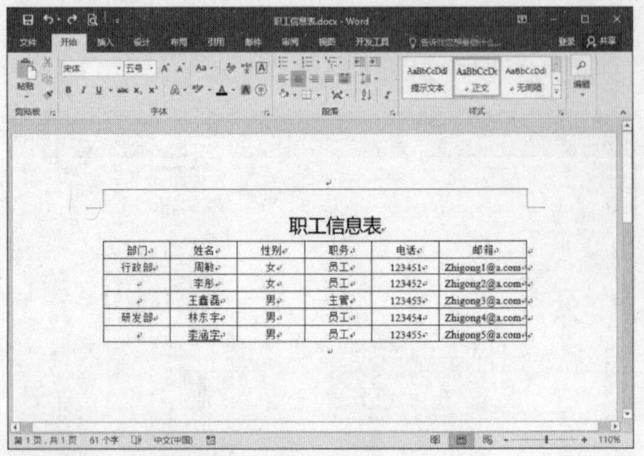

图3-38 输入表信息

步骤03 输入信息时发现表格行数太少，可以选择多行，然后执行“表格工具－布局>行和列>在下方插入”命令，如图3-39所示。

步骤04 插入多行后，继续添加信息，然后选择多个单元格，执行“表格工具－布局>合并>合并单元格”命令，如图3-40所示。

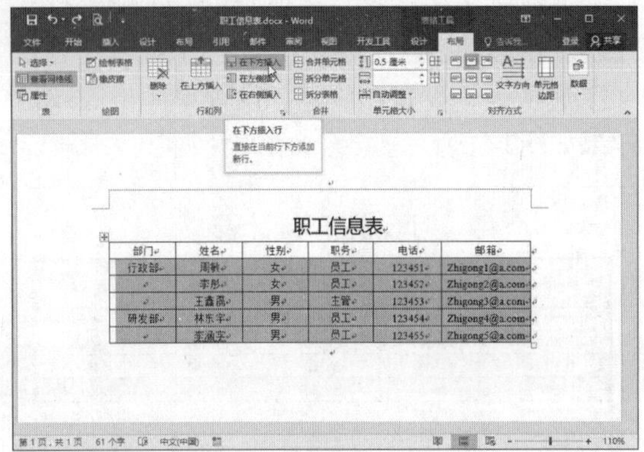

图3-39 插入多行

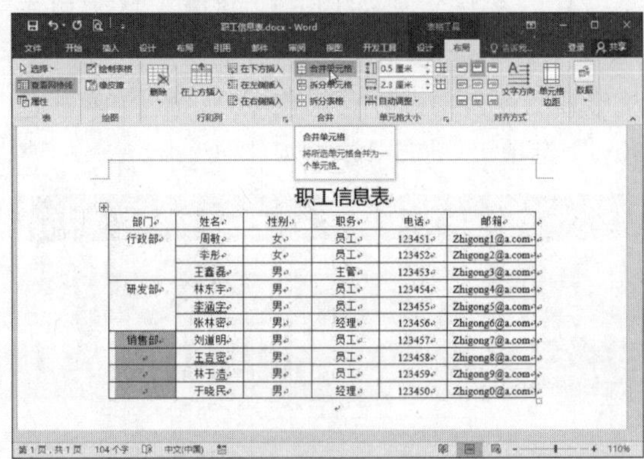

图3-40 合并单元格

步骤05 调整表格的行高和列宽，然后调整表格中文本的对齐方式，如图3-41所示。

步骤06 为表格添加底纹和边框，使表格更加美观，如图3-42所示。

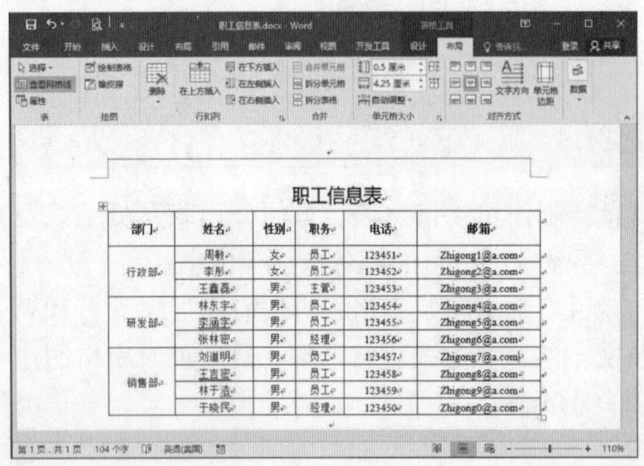

图3-41 格式化表格

职工信息表

部门	姓名	性别	职务	电话	邮箱
行政部	周毅	女	员工	123451	Zhigong1@a.com
	李彤	女	员工	123452	Zhigong2@a.com
	王鑫磊	男	主管	123453	Zhigong3@a.com
研发部	林东宇	男	员工	123454	Zhigong4@a.com
	李涵	男	员工	123455	Zhigong5@a.com
	张林密	男	经理	123456	Zhigong6@a.com
销售部	刘道明	男	员工	123457	Zhigong7@a.com
	王吉	男	员工	123458	Zhigong8@a.com
	林于浩	男	员工	123459	Zhigong9@a.com
	于晓民	男	经理	123450	Zhigong0@a.com

图3-42 添加底纹和边框

技巧放送：文本和表格的相互转换

Word 2016还可以让用户直接将文档中的大量文本直接转换为表格，或者将表格转换为文本。表格和文本之间的转换操作具体介绍如下：

步骤01 将文本转换为表格。打开文档，选择需要转为为表格的文本，单击“插入”选项卡上的“表格”按钮，从展开的列表中选择“文本转换成表格”选项，如图3-43所示。

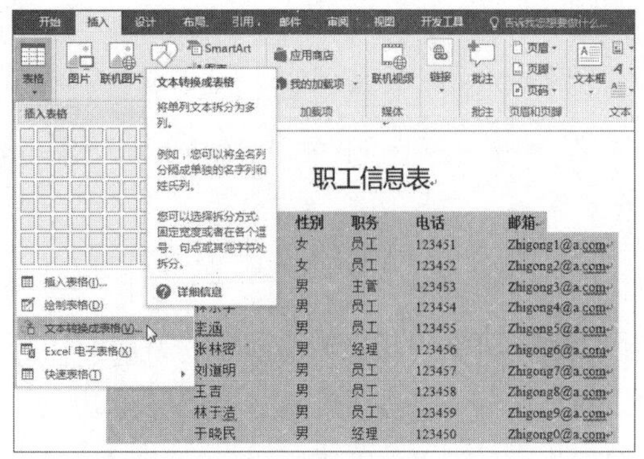

图3-43 选择“文本转换成表格”选项

步骤02 弹出“将文字转换成表格”对话框，可以对表格尺寸、自动调整、文字分隔位置等进行设置，这里保持默认，单击“确定”按钮，如图3-44所示。

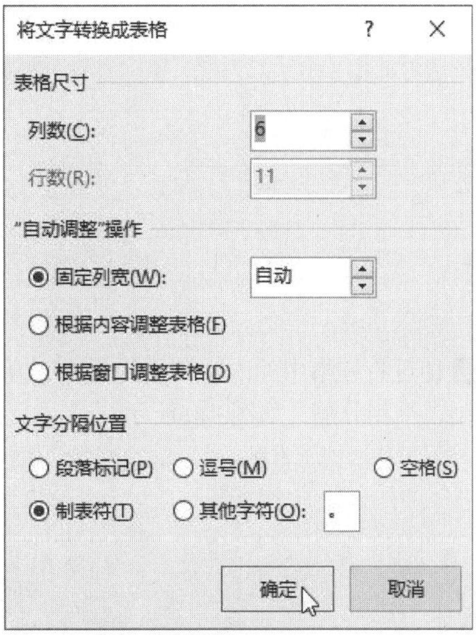

将文字转换成表格

表格尺寸

列数(C): 6

行数(R): 11

“自动调整”操作

固定列宽(W): 自动

根据内容调整表格(F)

根据窗口调整表格(D)

文字分隔位置

段落标记(P) 逗号(M) 空格(S)

制表符(T) 其他字符(O):

确定 取消

图3-44 单击“确定”按钮

步骤03 即可将所选文本转化表格，如图3-45所示。

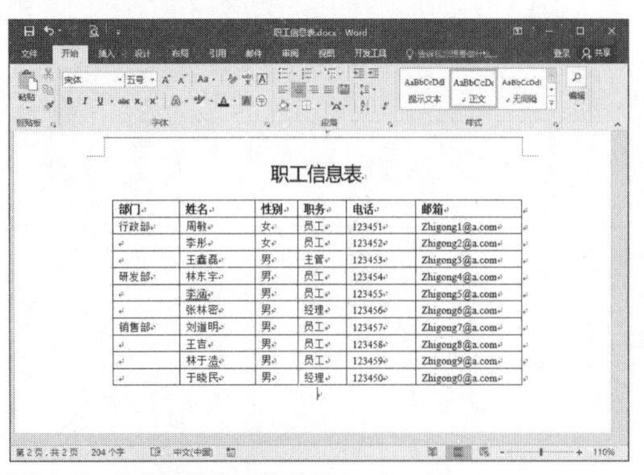

图3-45 文本转换为表格效果

步骤04 将表格转换为文本。选择表格，单击“表格工具－布局”选项卡中“数据”组上的“转换为文本”按钮，如图3-46所示。

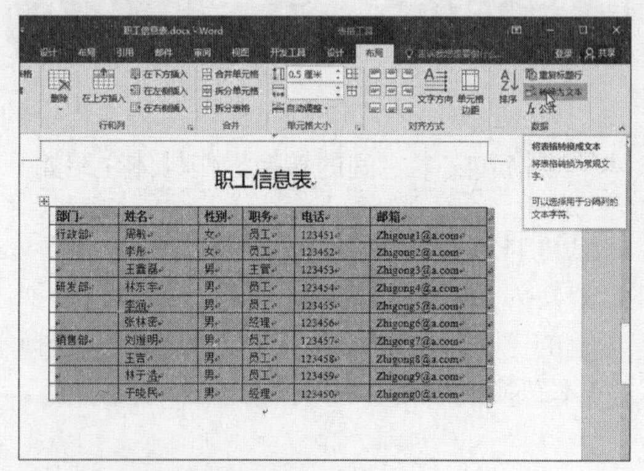

图3-46 单击“转换为文本”按钮

步骤05 打开“表格转换成文本”对话框，可以对文字分隔符进行设置，这里保持默认，然后单击“确定”按钮，如图3-47所示。

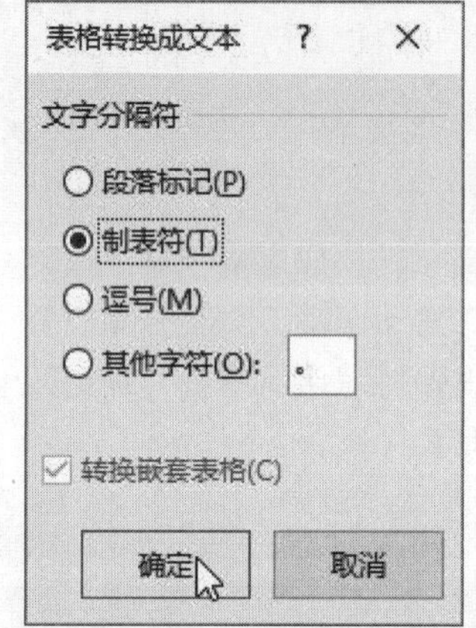

图3-47 单击“确定”按钮

步骤06 即可将表格中的内容转换为文本，并且以制表符相分隔，如图3-48所示。

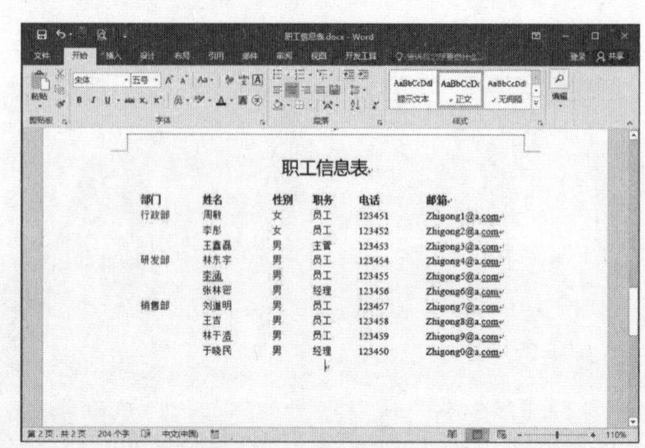

图3-48 表格转换为文本效果

Chapter 04 Word 图文混排

应用Word 2016编写文档时，可以配合文字信息，添加图形、图片、艺术字，从而使文字信息更加生动形象的传达给观众，而不是只有文字堆积的大篇幅文档。

1. 在文档中绘制图形
2. 编辑图形
3. 插入剪贴画和图片
4. 设置图片格式
5. 插入艺术字

4.1 图形的应用

在制作简历、人事档案、工作报告等文档过程中，为了更好的说明某个流程、阐述事物之间的关系、论证某个结论需要使用图形辅助说明当前内容，下面介绍如何插入和编辑图形。

4.1.1 插入图形

Word 2016和之前的版本一样，为用户提供了线条、基本形状、箭头总汇、流程图等多个类别的形状，下面介绍如何运用这些命令绘制图形。

步骤01 打开文档，单击"插入"选项卡上的"形状"按钮，从展开的列表中选择"心形"命令，如图4-1所示。

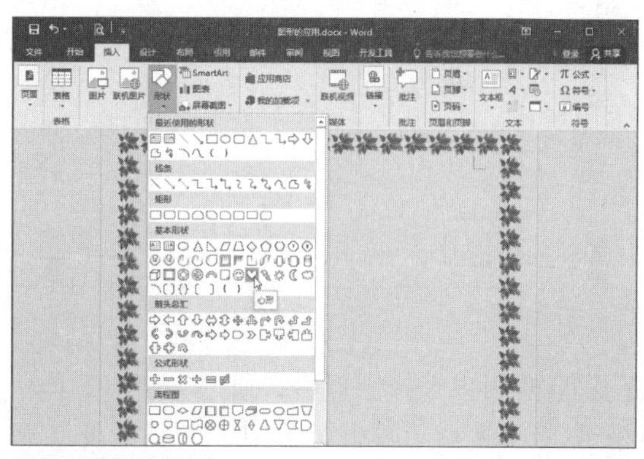

图4-1 选择"心形"

步骤02 鼠标光标变为十字形，按住鼠标左键不放，拖动鼠标绘制合适大小的图形，如图4-2所示。

图4-2 拖动鼠标绘制图形

步骤03 绘制完成后，释放鼠标左键，然后复制该图形到其他位置，如图4-3所示。

图4-3 插入形状效果

4.1.2 编辑图形

插入图形后，可以对图形的大小、排列方法、形状、样式等进行更改，使插入的形状更加的符合需求并且精美别致，下面分别对其进行介绍。

❶调整图形大小

插入图形后，需要根据当前页面内容对图形的大小进行适当调整，其具体的操作步骤如下。

步骤01 将鼠标光标移至图形右下角，鼠标光标变为双向箭头，如图4-4所示。

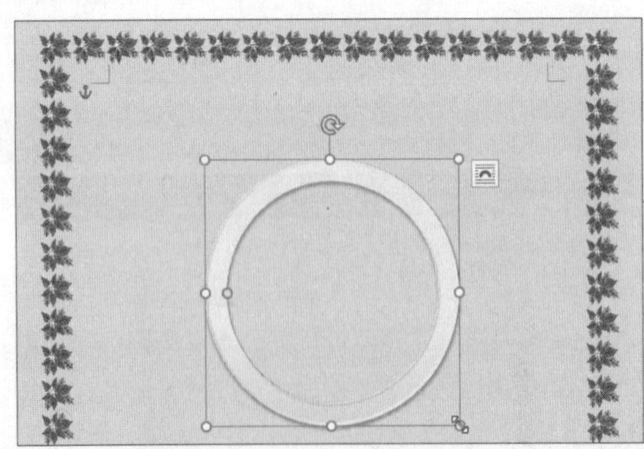
图4-4 选择形状

步骤02 按住鼠标左键不放，拖动鼠标即可调整图形大小，如图4-5所示。

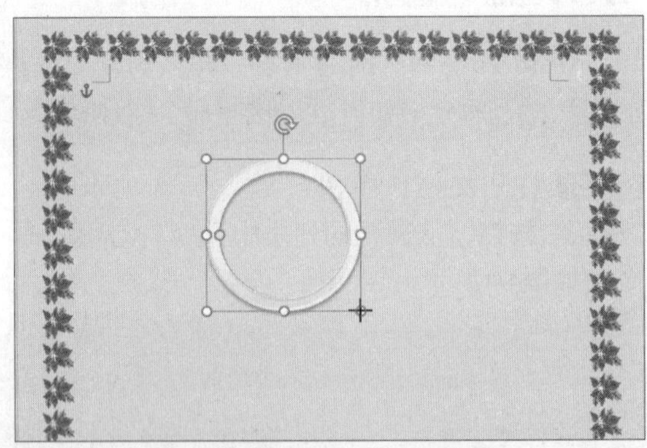
图4-5 拖动鼠标调整图形

步骤03 也可以选择图形后，通过“绘图工具－格式”选项卡“大小”组中“形状高度”和“形状宽度”数值框调整形状大小，如图4-6所示。

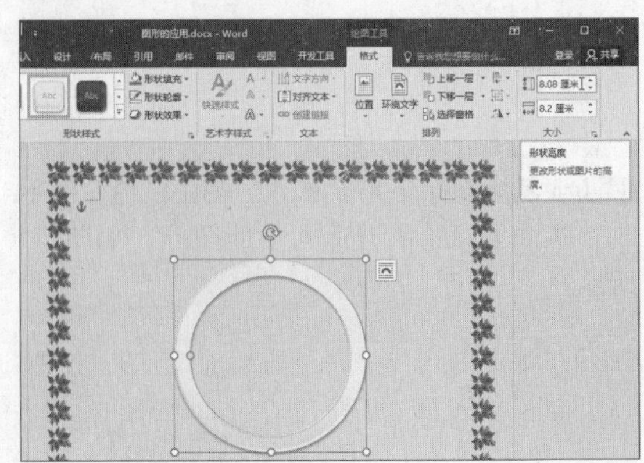
图4-6 设置形状高度和宽度

❷更改图形排列方式

图形的排列方式包括对齐、旋转、叠放次序以及组合等，下面分别对其进行介绍。

步骤01 对齐图形。选择需要对齐的图形，执行“绘图工具－格式>对齐>顶端对齐”命令，如图4-7所示。可使所有图形顶端对齐。

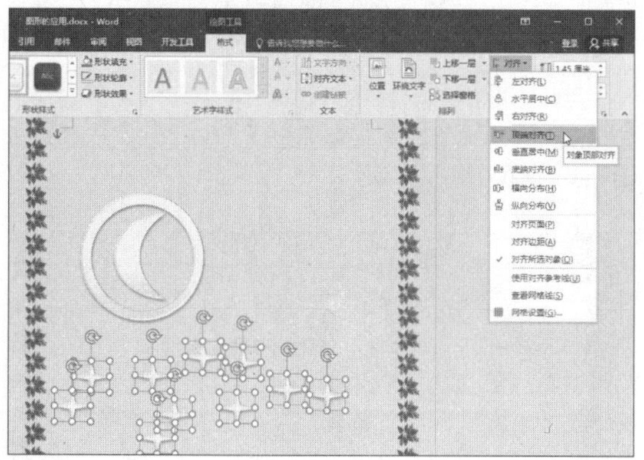

图4-7 选择“顶端对齐”选项

步骤02 旋转图形。选择需要旋转的图形，图形上方会出现控制柄，将鼠标光标移至上方，按住鼠标左键不放旋转图形，如图4-8所示。

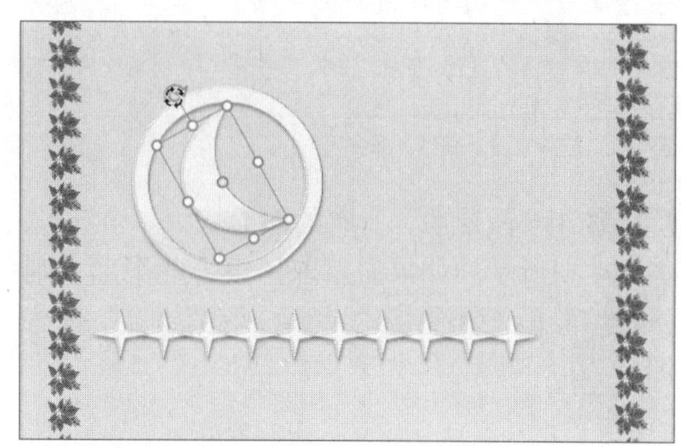

图4-8 拖动鼠标旋转图形

步骤03 也可以执行“绘图工具－格式>旋转”命令，在打开的列表中选择合适的命令旋转图形，如图4-9所示。

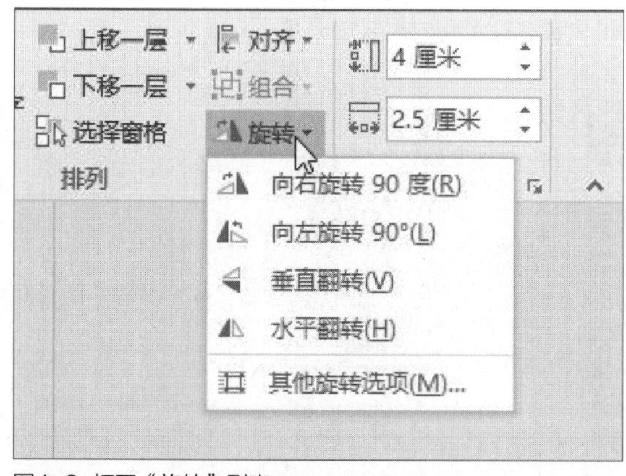

图4-9 打开“旋转”列表

步骤04 如果在上一步骤中选择“其他旋转选项”命令，打开“布局”对话框，在默认的“大小”选项卡的“旋转”组设置旋转角度值并确定即可，如图4-10所示。

图4-10 “布局”对话框

步骤05 如果需要调整图片的叠放次序，可以选择图片后，执行“绘图工具－格式>下移一层>置于底层”命令，将所选图形移至底层，如图4-11所示。

步骤06 选择需要组合的图形，执行“绘图工具－格式>组合>组合”命令，可将所选图形组合到一起，如图4-12所示。

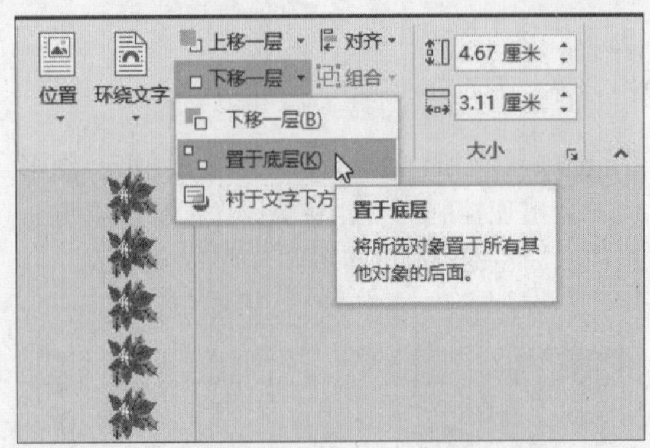

图4-11 选择“置于底层”命令

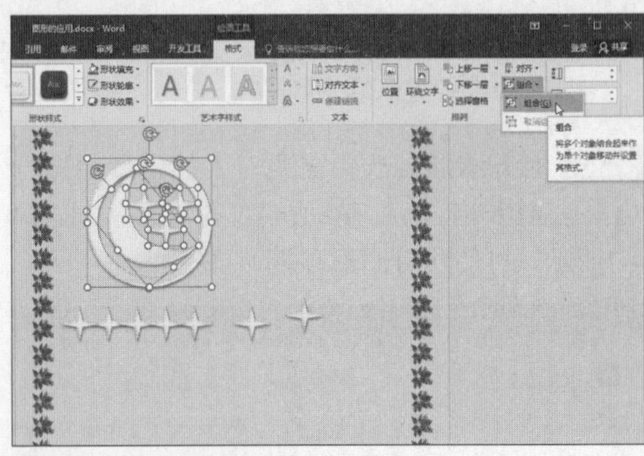

图4-12 选择“组合”选项

步骤07 组合图形后，所有的图形变为一个图形，如图4-13所示。如果需要取消组合的图形，则执行“绘图工具－格式>组合>取消组合”命令即可。

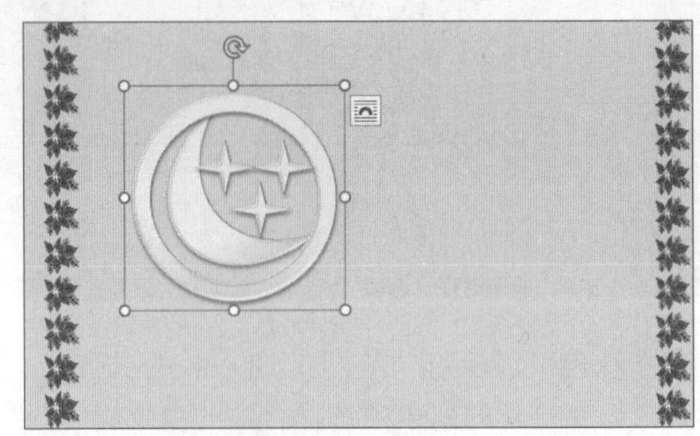

图4-13 组合图形效果

❸更改图形形状

插入图形后，如果对图形已经进行了美化和其他设置，又想要更改图形的形状，可以通过更改形状和编辑顶点命令，对图形形状进行更改，而之前对图形所做的设置保持不变，其具体的操作步骤如下。

步骤01 快速更改图形。选择需要更改的图形，执行“绘图工具－格式>编辑形状>更改形状”命令，从展开的列表中选择“上弧形箭头”命令，如图4-14所示。

步骤02 可将所选的月牙形形状改变为上弧形箭头形状，并且对图形的格式所做的设置保持不变，如图4-15所示。

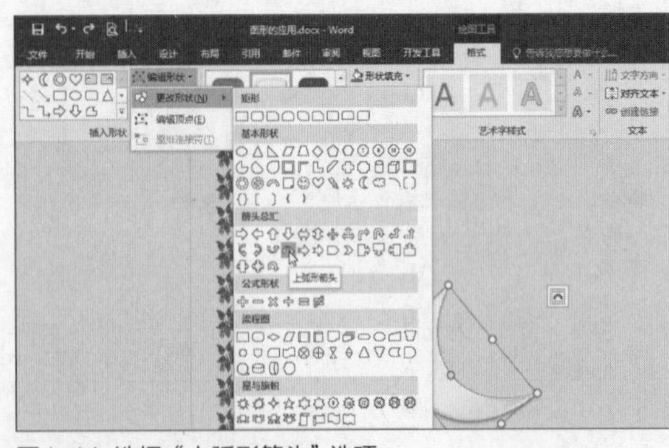

图4-14 选择“上弧形箭头”选项

图4-15 更改形状效果

步骤03 编辑顶点。也可以执行“绘图工具－格式>编辑形状>编辑顶点”命令，如图4-16所示。

步骤04 在图形上会出现多个黑色的小点，这些小黑点为图形的可编辑顶点，将鼠标光标移至编辑顶点上方，如图4-17所示。

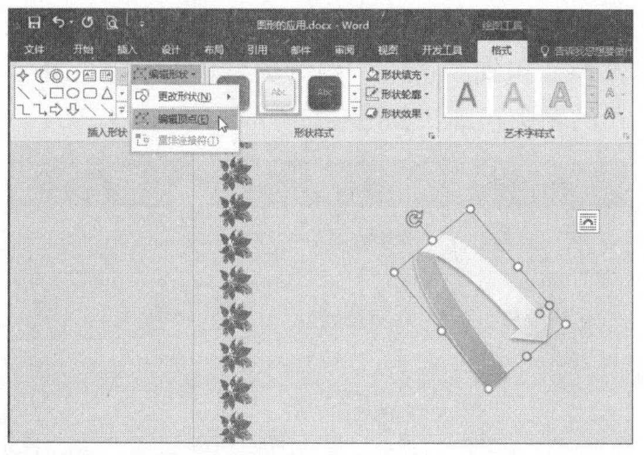

图4-16 选择“编辑顶点”命令

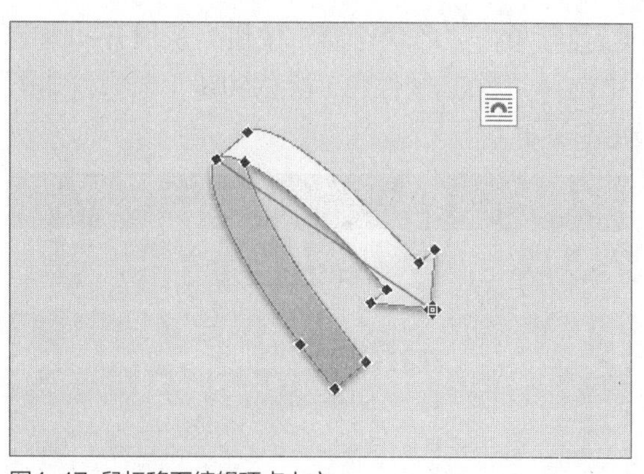

图4-17 鼠标移至编辑顶点上方

步骤05 按住鼠标左键不放，拖动鼠标，改变编辑顶点的位置，如图4-18所示。可改变图形的形状。

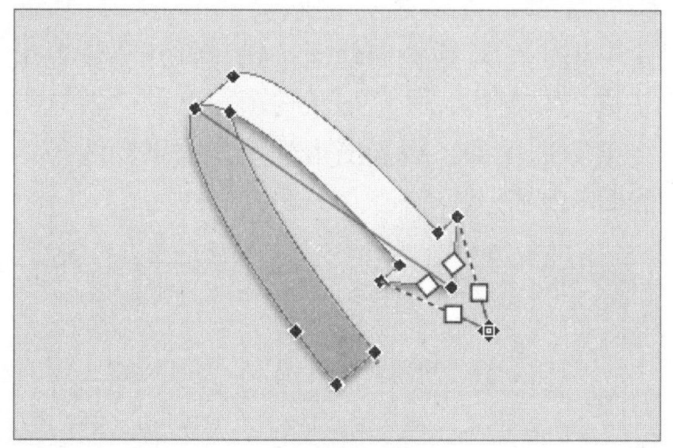

图4-18 拖动鼠标，改变编辑顶点位置

步骤06 在编辑顶点上右击，打开其右键菜单，可以从中选择合适的命令，从而可以改变图形的形状，如图4-19所示。

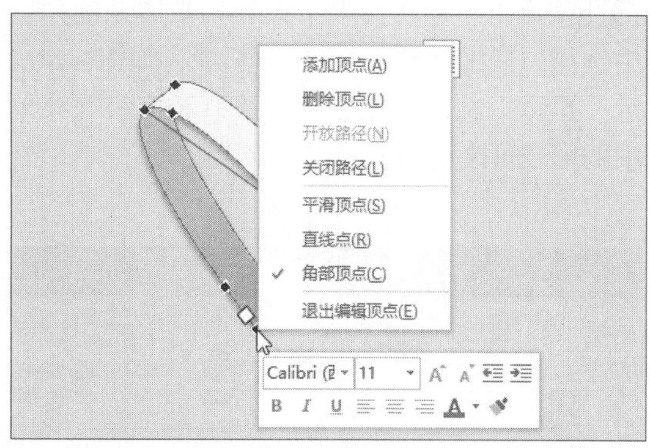

图4-19 打开右键菜单

❹美化形状

插入图形时，图形会根据当前文档的主题为图片应用样式，如果当前图形样式不符合用户需求，为了让图形更加的美观，可以按照下面的操作步骤来美化图形。

步骤01 应用图形快速样式。选择需要美化的图形，执行“绘图工具－格式>形状样式>其他”命令，从展开的样式列表中选择“强烈效果-深绿，强调颜色2”命令，如图4-20所示。

图4-20 选择“强烈效果-深绿，强调颜色2”命令

步骤02 自定义图形样式。单击“形状样式”组上的“形状填充”按钮，从展开的列表中选择“粉红,个性色5,深色25%”选项，如图4-21所示。

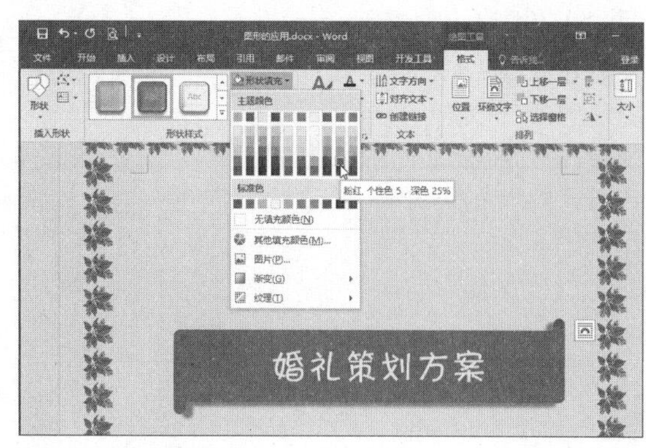

图4-21 更改图形颜色

步骤03 单击“形状轮廓”按钮，从展开的列表中选择“粉红,个性色5,淡色60%”选项，如图4-22所示。

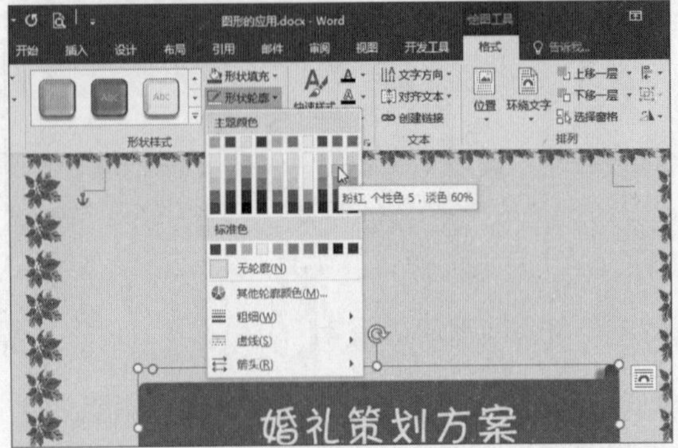

图4-22 更改图形轮廓颜色

步骤04 再次打开“形状轮廓”列表，从列表中选择“粗细”选项，然后从级联菜单中选择合适的轮廓粗细，如图4-23所示。

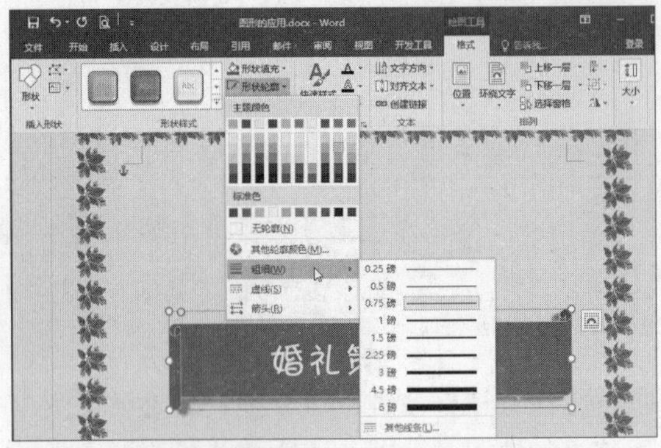

图4-23 设置图形轮廓粗细

步骤05 单击“形状效果”按钮，从展开的列表中选择“三维旋转>左透视”选项，如图4-24所示。也可以选择其他选项，通过相应级联菜单中的命令可改变图形的效果。

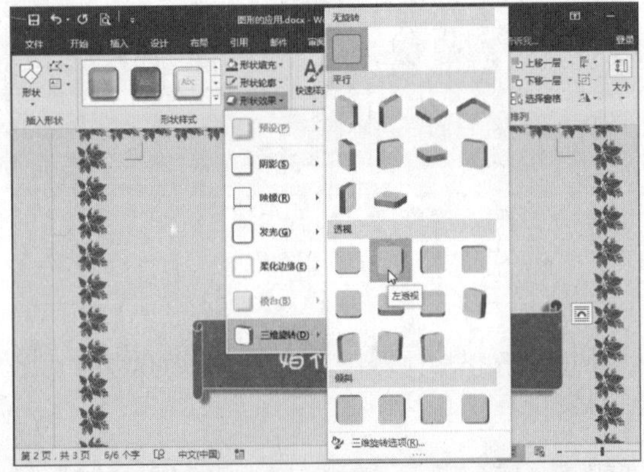

图4-24 更改形状效果

步骤06 对话框命令美化形状。单击“形状样式”组上的对话框启动器按钮，打开“设置形状格式”窗格，在“形状选项”下的“填充与线条”选项卡，设置图形的填充效果和线条，如图4-25所示。

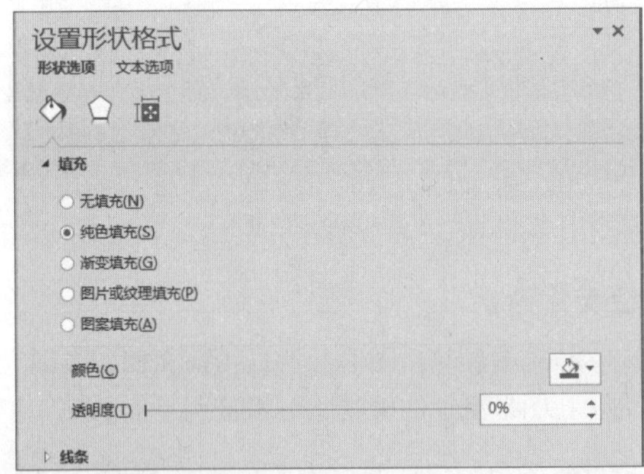

图4-25 设置形状的填充与线条

步骤07 在“效果”选项卡，可以对图形的阴影、映像、发光、柔化边缘等效果进行详细设置，如图4-26所示。

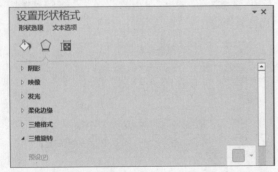

图4-26 “效果”选项卡

步骤08 设置完成后，关闭“设置形状格式”窗格，查看设置形状样式效果，如图4-27所示。

图4-27 设置形状样式效果

4.2 图片的应用

在制作简历时，需要插入图片；在制作项目方案时，需要插入图片；在制作论文报告时，同样需要插入图片。既然图片在文档中的应用如此频繁，那么该如何在文档中恰当的应用图片呢？下面对其进行详细介绍。

4.2.1 插入图片

Word 2016中支持用户插入本地图片和联机图片，下面分别介绍如何通过这两种方法插入图片。

步骤01 插入本地图片。打开文档，将鼠标光标定位至需插入图片处，单击“插入”选项卡上的“图片”按钮，如图4-28所示。

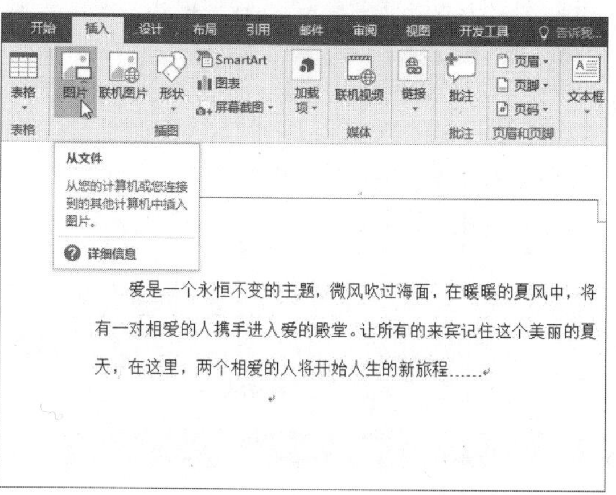

图4-28 单击“图片”按钮

步骤02 打开“插入图片”对话框，选择需要插入的图片，单击“插入”按钮，如图4-29所示。

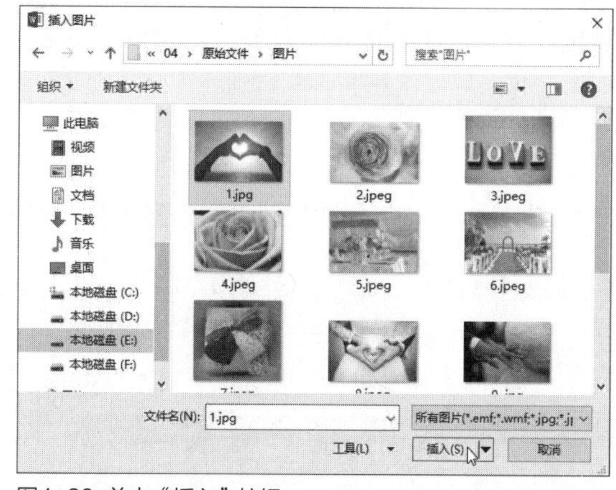

图4-29 单击“插入”按钮

步骤03 插入联机图片。单击“插入”选项卡上的“联机图片”按钮，如图4-30所示。

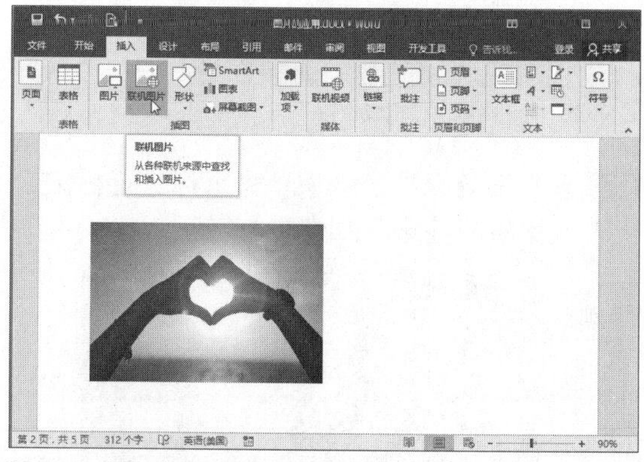

图4-30 单击“联机图片”按钮

步骤04 打开“插入图片”窗格，在搜索框中输入文本“婚礼”，然后单击“搜索”按钮，如图4-31所示。

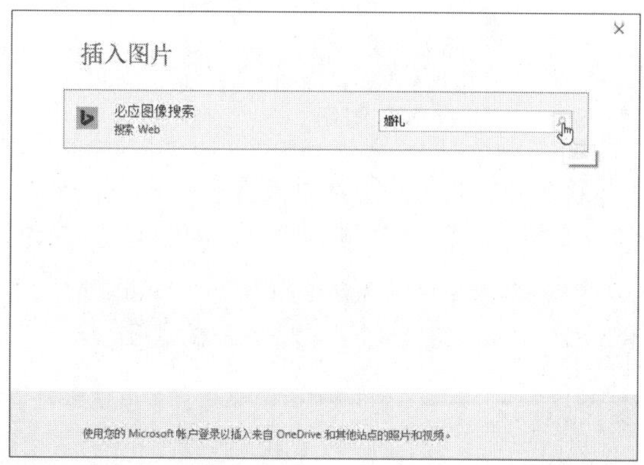

图4-31 单击“搜索”按钮

步骤05 显示出搜索结果列表，选择需要插入的图片，然后单击“插入”按钮，如图4-32所示。

步骤06 单击窗格右上角的关闭按钮，关闭窗格，返回文档，调整图片大小和位置后效果如图4-33所示。

图4-32 单击“插入”按钮

图4-33 插入图片效果

4.2.2 编辑图片

插入图片后，为了让图片和文本内容更加匹配，可以对图片进行编辑，包括删除图片背景、调整图片、更改图片样式、裁剪图片等。

❶删除图片背景

使用图片时，如果只希望保留该图片的某些主体部分，而将多余的背景删除，可以无需通过PS软件删除背景，Word 2016即可轻松实现抠图功能，其具体的操作步骤如下。

步骤01 选择图片，单击“绘图工具－格式”选项卡上的“删除背景”按钮，如图4-34所示。

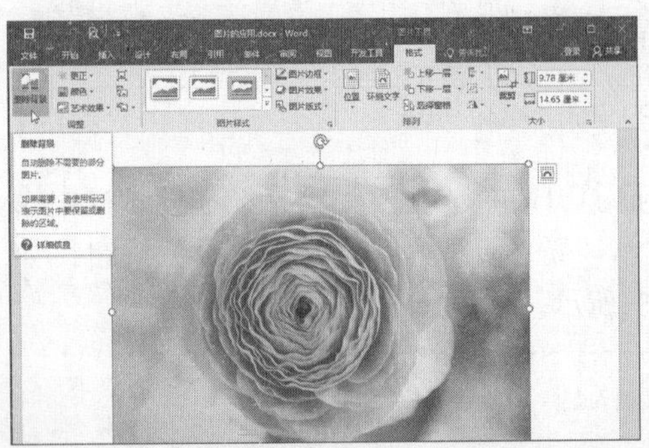
图4-34 单击“删除背景”按钮

步骤02 将会出现一个框线，被框线框住的部分将会自动删除背景，用户可以通过鼠标拖动法调整框线位置，如图4-35所示。

图4-35 拖动鼠标调整框线位置

步骤03 单击自动出现的“背景消除”选项卡上的“标记要保留的区域”按钮，如图4-36所示。

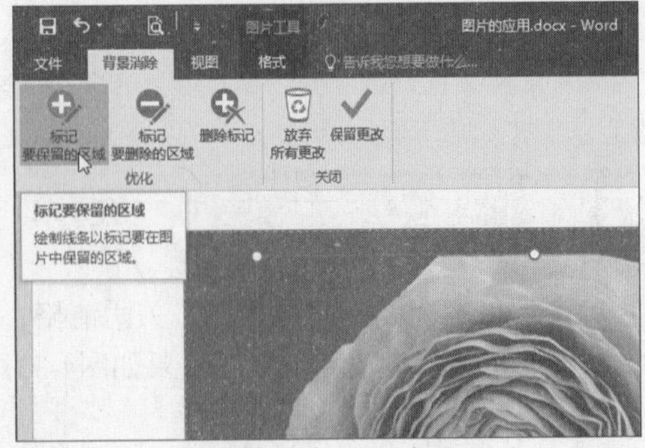

图4-36 单击“标记要保留的区域”按钮

步骤04 在需要保留的区域单击鼠标进行标记，或者直接拖动鼠标，如图4-37所示。

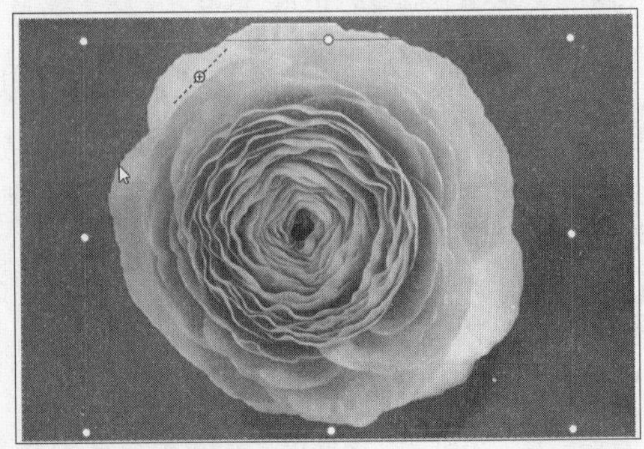
图4-37 标记要保留的区域

步骤05 如果需要删除多余的区域，可以单击“标记要删除的区域”按钮，如图4-38所示。

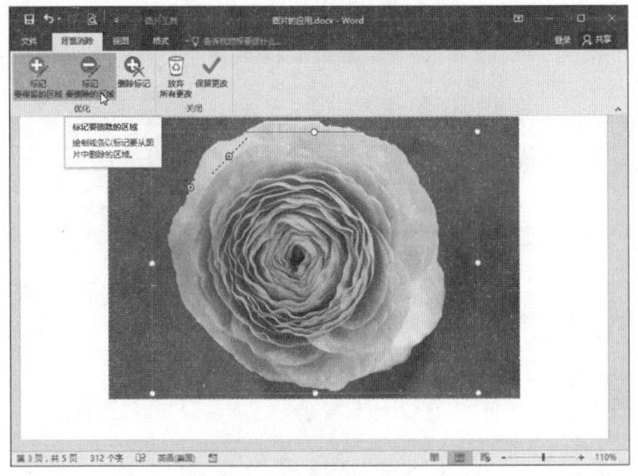

图4-38 单击“标记要删除的区域”按钮

步骤06 修改保留和删除背景区域完毕后，单击“保留更改”按钮，如图4-39所示。完成删除背景操作。

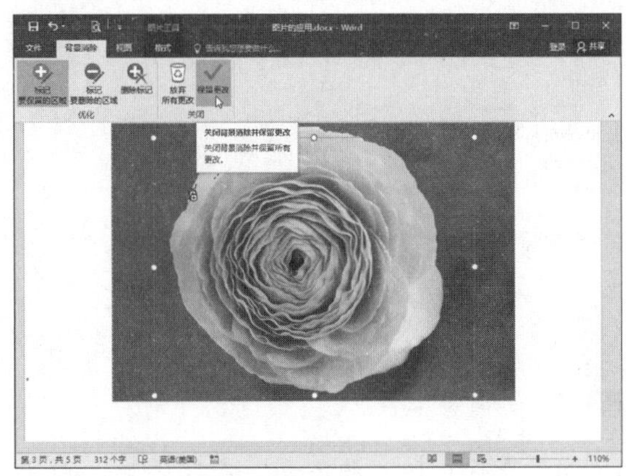

图4-39 单击“保留更改”按钮

❷调整图片

在Word文档中插入图片后，用户会发现大多数时候，插入的图片会跑到其他位置、图片大小和排列方式也不符合需求、图片的亮度和对比度不够强，这就需要对图片进行调整，下面对其进行详细介绍。

步骤01 调整图片位置。选择图片，单击“图片工具－格式”选项卡上的“位置”按钮，从列表中选择合适的命令，如图4-40所示。

图4-40 打开“位置”列表

步骤02 更改图片环绕方式。单击“图片工具－格式”选项卡上的“环绕文字”按钮，从列表中选择合适的命令，如图4-41所示。

图4-41 打开“环绕文字”列表

步骤03 用户还可以通过“上移一层”、“下移一层”、“对齐”、“旋转”等命令调整图片的排列方式。通过“大小”组“高度”和“宽度”数值框调整图片大小，如图4-42所示。

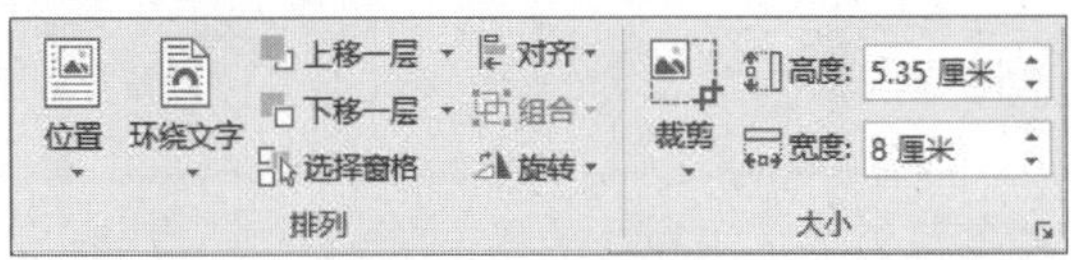

图4-42 其他命令调整图片位置和大小

步骤04 也可以单击“大小”组的对话框启动器按钮，打开“布局”对话框，通过该对话框中的各选项卡中的命令调整图片，如图4-43所示。

步骤05 调整亮度和对比度。选择图片，单击“图片工具－格式”选项卡上的“更正”按钮，从列表中选择合适的命令，如图4-44所示。

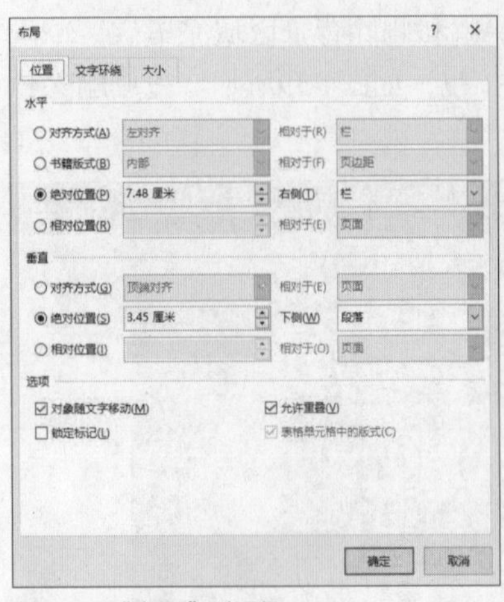

图4-43 “布局”对话框

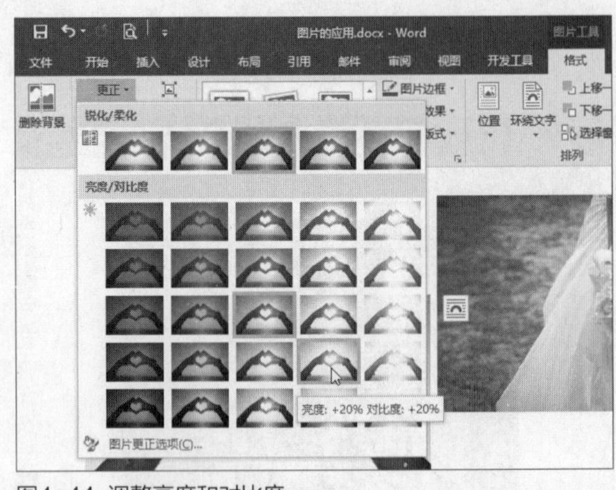

图4-44 调整亮度和对比度

步骤06 调整饱和度和色调。选择图片，单击“图片工具－格式”选项卡上的“颜色”按钮，从列表中选择合适的命令，如图4-45所示。

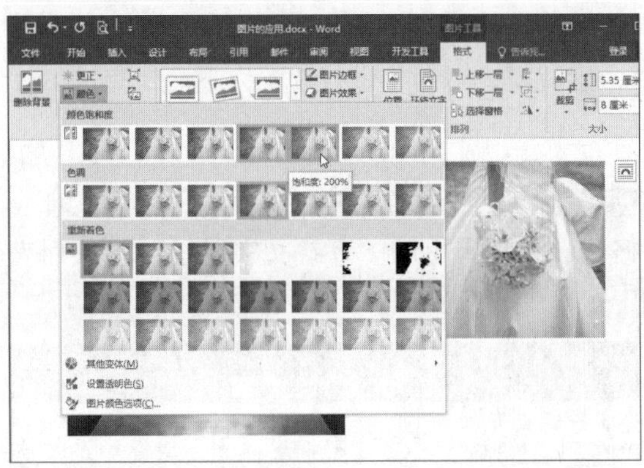

图4-45 调整饱和度和色度

步骤07 设置图片艺术效果。选择图片，单击“图片工具－格式”选项卡上的“艺术效果”按钮，从列表中选择合适的命令，如图4-46所示。

图4-46 为图片应用艺术效果

步骤08 除此之外，用户通过“调整”组中的“压缩图片”命令，可以压缩图片，为文档减肥；通过“更改图片”命令，可更改当前图片并保持图片样式不变；通过“重设图片”命令，可重设图片或者重设图片和大小，如图4-47所示。

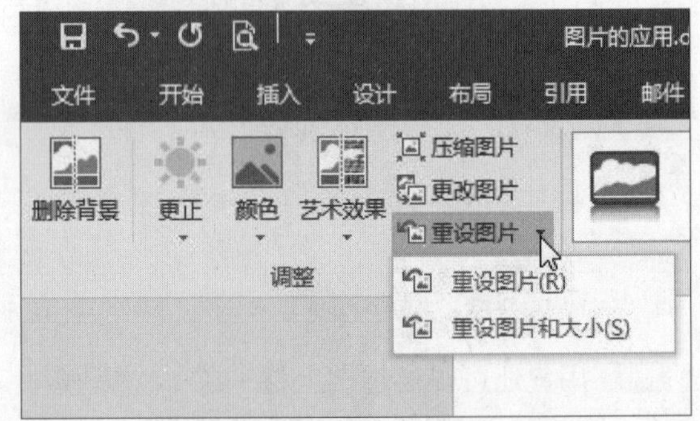

图4-47 其他调整图片方法

❸更改图片样式

如果想要美化插入文档中的图片，可以对图片的样式进行更改，既可以通过系统提供的样式，也可以自定义图片样式，下面对其进行具体的介绍。

步骤01 选择图片，执行“图片工具－格式>图片样式>其他”命令，如图4-48所示。

步骤02 打开“图片样式”列表，选择“旋转,白色”命令，如图4-49所示。

图4-48 单击“其他”按钮

图4-49 选择“旋转,白色”命令

步骤03 也可以自定义图片样式，打开“图片边框”列表，通过列表中的命令自定义图片边框样式，如图4-50所示。

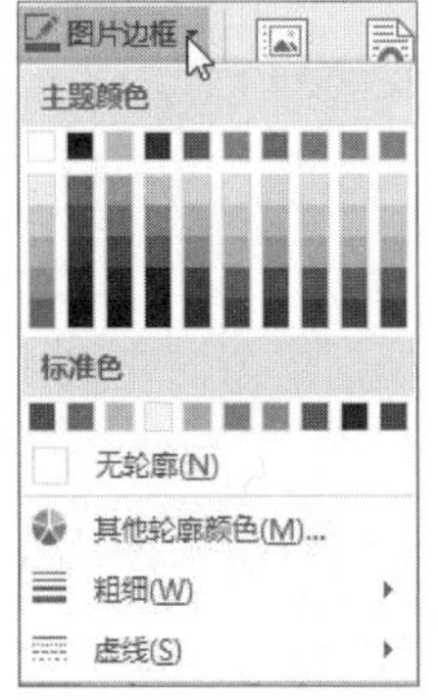

图4-50 打开“图片边框”列表

步骤04 或者打开“图片效果”列表，从中选择合适的选项，打开相应的级联菜单，设置图片效果，如图4-51所示。

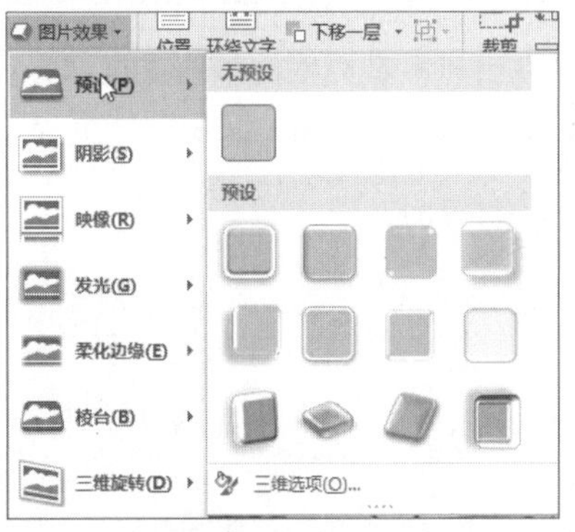

图4-51 设置图片效果

❹裁剪图片

如果插入的图片过大，多余部分太多，可以通过“裁剪”命令，裁剪多余部分，其具体的操作步骤如下。

步骤01 选择图片，单击“图片工具－格式”选项卡的“裁剪”按钮，从列表中选择“裁剪”选项，如图4-52所示。

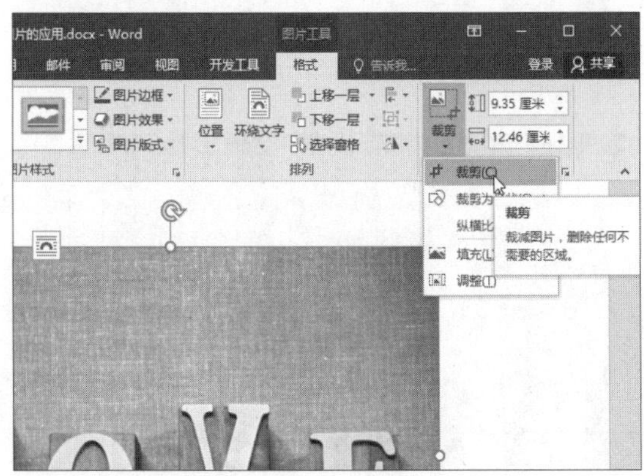

图4-52 选择“裁剪”选项

步骤02 图片周围会出现8个裁剪控制点，如图4-53所示。

图4-53 裁剪控制点

步骤03 将鼠标光标移至裁剪控制点上，按住鼠标左键不放，拖动鼠标裁剪图片，如图4-54所示。

图4-54 拖动鼠标，裁剪图片

步骤04 将图片裁剪为形状。执行“图片工具-格式>裁剪>裁剪为形状>圆角矩形”命令，如图4-55所示。可将图片裁剪为圆角矩形。

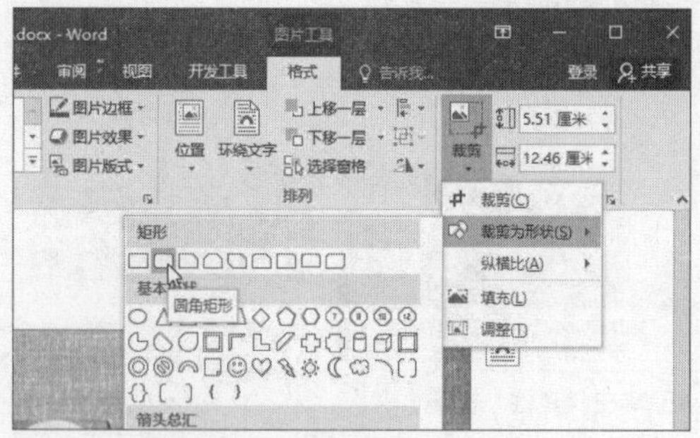

图4-55 选择“圆角矩形”命令

4.3 艺术字的应用

如果需要突出显示文档中的某些重点部分或者标题，可以使用艺术字功能，在文档中添加艺术字，既能起到画龙点睛的作用，又使文档更加的美观，下面对其进行介绍。

4.3.1 插入艺术字

在文档中插入艺术字很简单，用户可按照下面的操作步骤进行操作。

步骤01 打开文档，单击“插入”选项卡上的“艺术字”按钮，从展开的列表中选择“填充-黑色,文本1,阴影”艺术字效果，如图4-56所示。

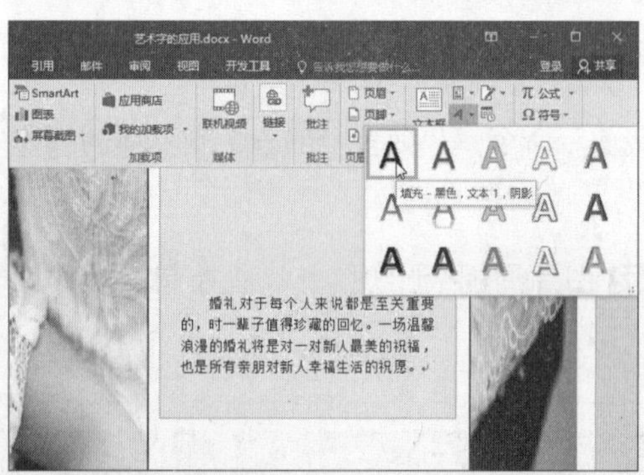

图4-56 打开艺术字列表

步骤02 会在文档页面出现一个“请在此放置您的文字”虚线框，如图4-57所示。

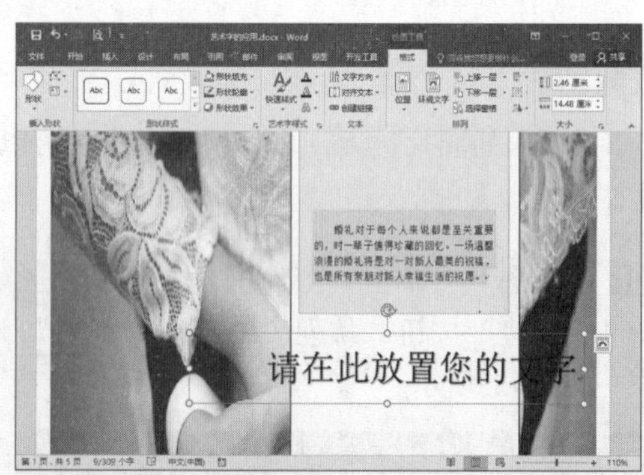

图4-57 出现艺术字虚线框

步骤03 按需输入文本后，将鼠标光标移至虚线框框线处，按住鼠标左键不放，拖动鼠标，将虚线框移至合适位置，如图4-58所示。

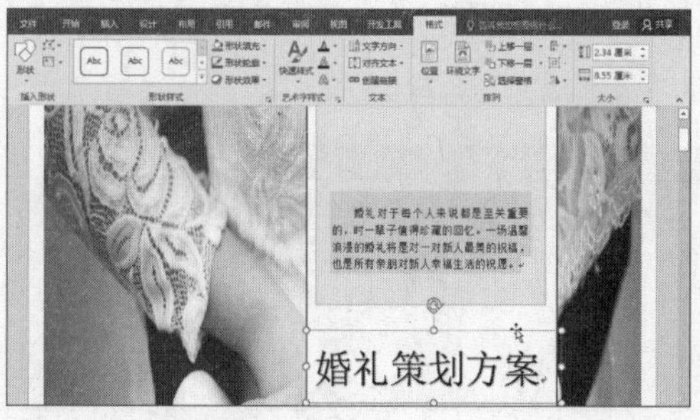

图4-58 将虚线框移至合适位置

4.3.2 编辑艺术字

插入艺术字后，用户还可以按需对艺术字文本进行编辑，其具体的操作步骤如下。

步骤01 应用快速样式。单击“绘图工具－格式”选项卡“艺术字样式”组上的“其他”按钮，从展开的列表中选择合适的艺术字样式，如图4-59所示。

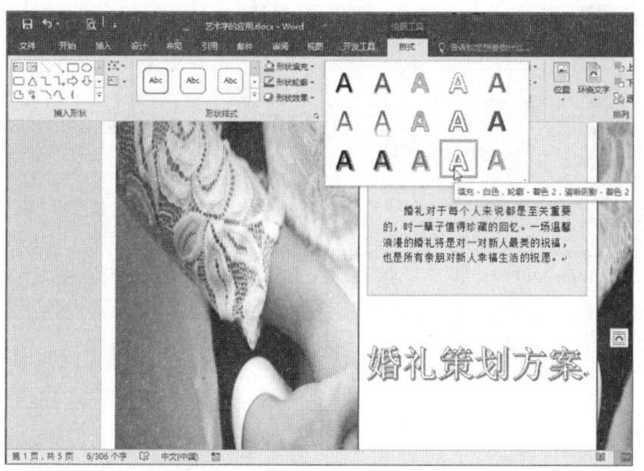

图4-59 选择合适的艺术字样式

步骤02 自定义艺术字样式。单击“文本填充”按钮，从列表中选择合适的命令，设置艺术字效果，这里选择“蓝色”，如图4-60所示。

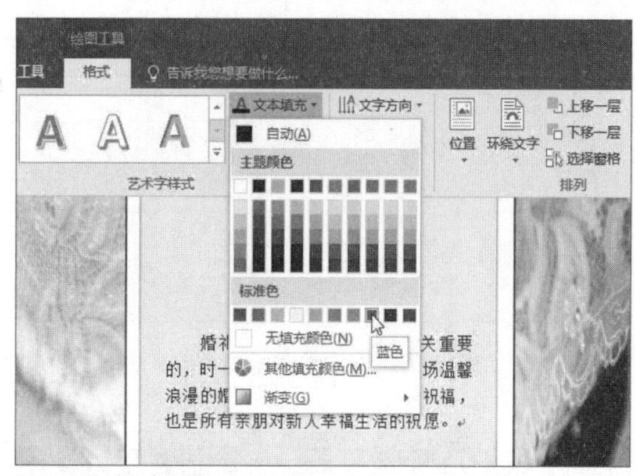

图4-60 选择“蓝色”选项

步骤03 单击“文本轮廓”按钮，从列表中选择合适的命令，设置文本轮廓，这里选择“无轮廓”选项，如图4-61所示。

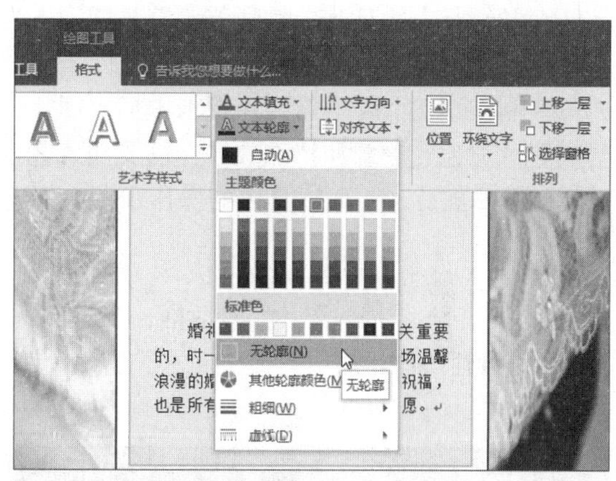

图4-61 选择“无轮廓”选项

步骤04 从“文本效果”列表中各选项中的级联菜单选择艺术字效果，这里选择“发光>蓝-灰,5Pt发光,个性色1”命令，如图4-62所示。

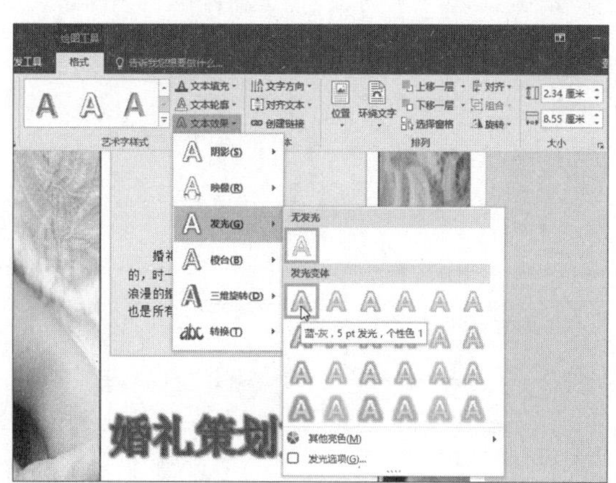

图4-62 设置发光效果

步骤05 单击形状样式组的对话框启动器按钮，打开“设置形状格式”窗格，在“文本填充与轮廓”选项卡可以对文本的填充色和轮廓进行设置，如图4-63所示。

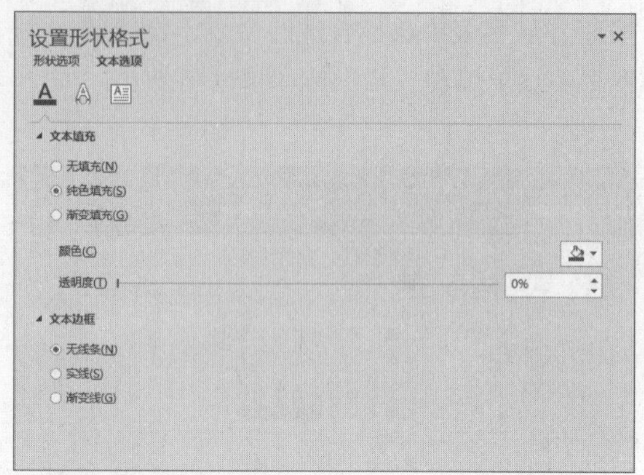

图4-63 “文本填充与轮廓”选项卡

步骤06 在“文字效果”选项卡，可以对艺术字文本的阴影、映像、发光、柔化边缘、三维格式等效果进行设置，如图4-64所示。

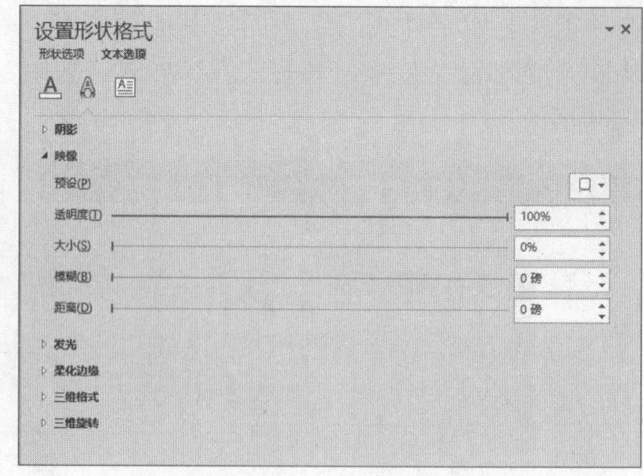

图4-64 “文字效果”选项卡

办公室练兵：制作感恩卡

在圣诞节、元旦节、教师节等节日期间，为了表达对同事、老师、亲人的感谢，都会给他们制作贺卡，下面以制作元旦感恩卡为例进行介绍。

在制作该贺卡时，需要在贺卡中插入图片，并且对图片进行适当的调整；需要插入图形，为图形设置填充色、轮廓和特殊效果；需要插入艺术字，更改艺术字的颜色等，这就需要对本章节所讲的知识非常熟练，下面以具体的操作步骤为例进行详细介绍。

步骤01 插入图片。打开文档，执行“插入>图片”命令，打开“插入图片”对话框，按住Ctrl+A组合键选择图片，然后单击“插入”按钮，如图4-65所示。

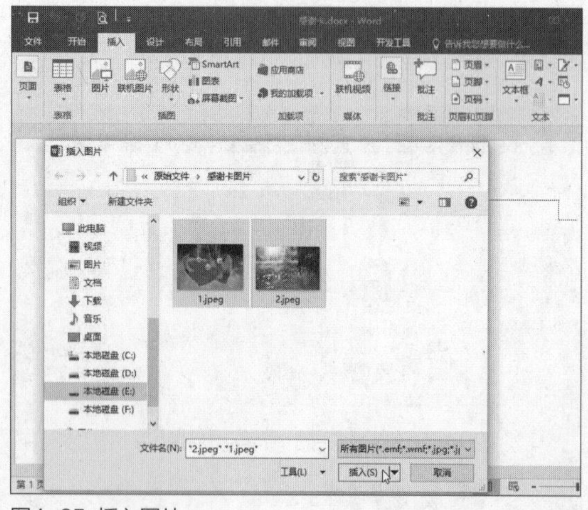

图4-65 插入图片

步骤02 插入图形。插入图片后，设置环绕方式为：浮于文字上方，然后适当调整位置并裁剪下方的图片，执行“插入>形状>心形”命令，如图4-66所示。

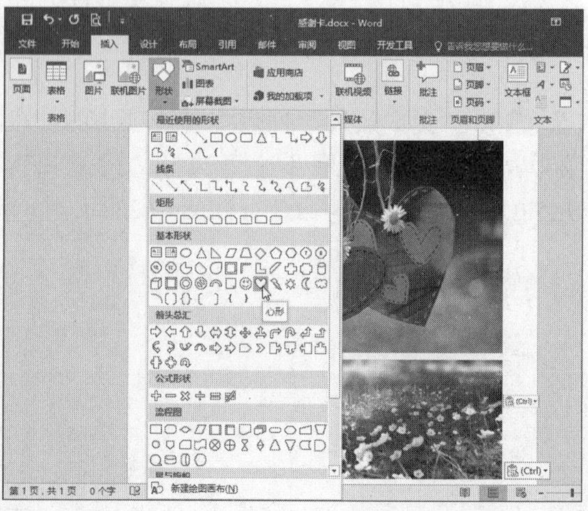

图4-66 插入图形

步骤03 选择图片，右击，从右键快捷菜单中选择“设置形状格式”命令，打开“设置形状格式”窗格，在“填充与线条”选项卡下，设置心形为无填充、宽度为2磅、复合类型为双线、短划线类型为长划线，如图4-67所示。

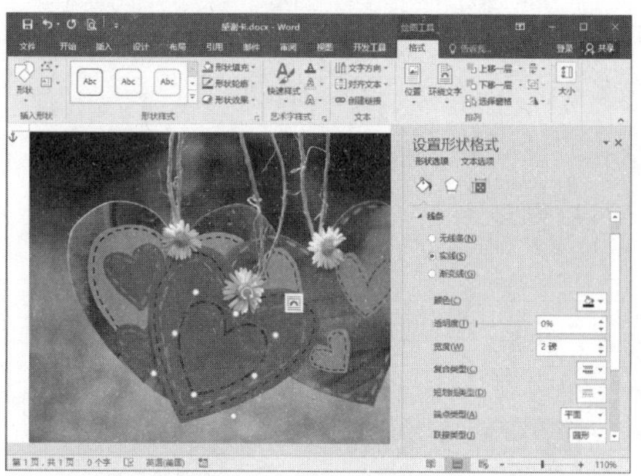

图4-67 设置图形轮廓

步骤04 插入艺术字。按照同样的方法，在两个图片之间插入一个填充色为白色的圆角矩形，执行“插入>艺术字>填充-黑色,文本1,阴影”命令，如图4-68所示。

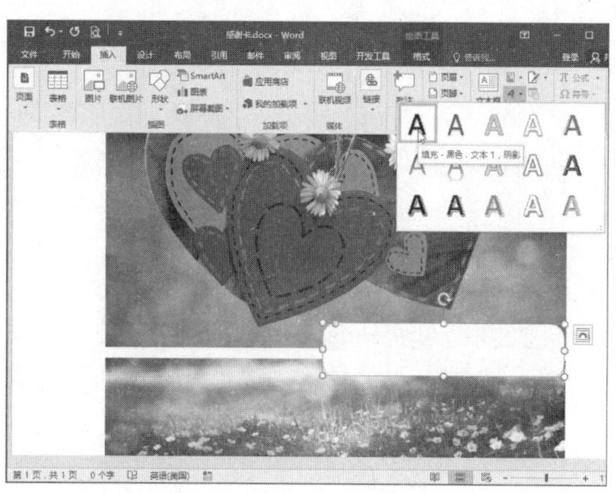

图4-68 插入艺术字

步骤05 输入艺术字文本，并按需设置艺术字效果，如图4-69所示。

图4-69 设置艺术字文本

步骤06 按照同样的方法在圆角矩形上方添加艺术字文本，如图4-70所示。

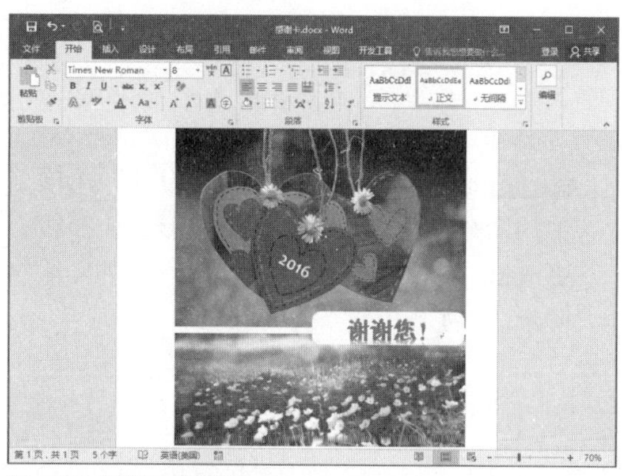

图4-70 设置完成效果

技巧放送：快速插入SmartArt图形

如果在制作文档过程中需要插入组织结构图、事物发展流程、图形列表等类似结构的图形或者图形图片相结合组成的复杂图形。逐个插入后编辑会非常的麻烦，而Word 2016提供的SmartArt 图形功能，可以让用户快速在文档中插入类似的图形，其具体的操作步骤如下。

步骤01 将鼠标光标定位至需插入SmartArt 图形处，单击“插入”选项卡上的“SmartArt”按钮，如图4-71所示。

步骤02 打开“选择SmartArt 图形”对话框，选择“分段流程”选项，然后单击“确定”按钮，如图4-72所示。

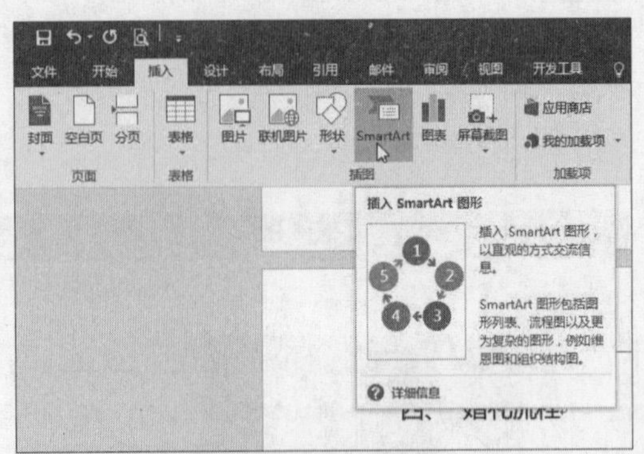

图4-71 单击“SmartArt”按钮

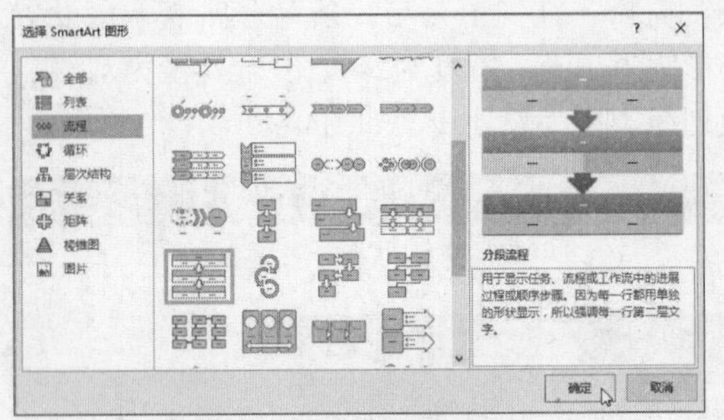

图4-72 “选择SmartArt 图形”对话框

步骤03 即可将SmartArt 图形插入到当前文档，按需输入文本，并对文本格式进行适当设置，效果如图4-73所示。

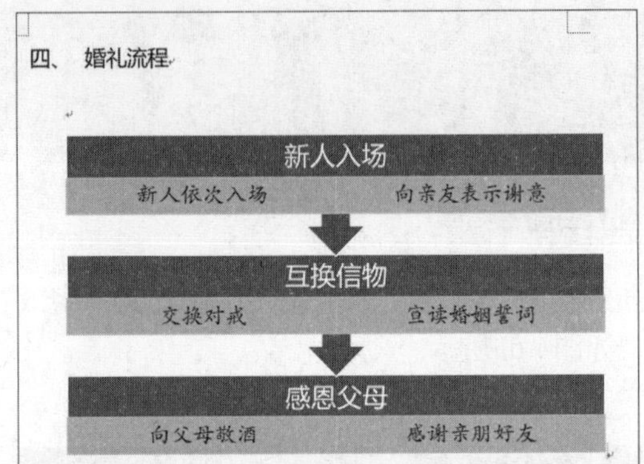

图4-73 输入文本

步骤04 通过“SmartArt 工具－设计”选项卡中的命令，可以为SmartArt 图形添加形状、更改SmartArt 图形颜色、样式等，如图4-74所示。

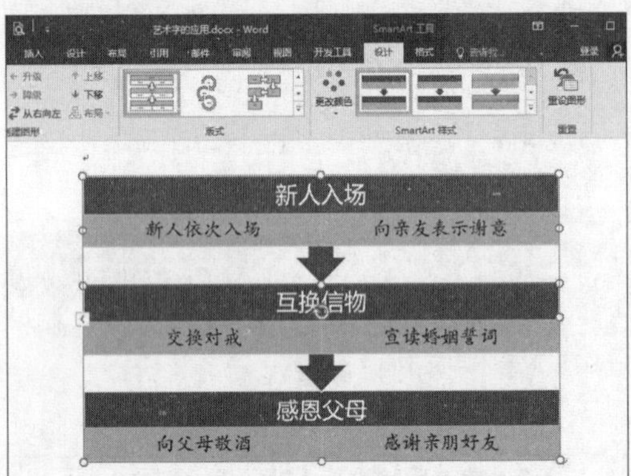

图4-74 “SmartArt 工具－设计”选项卡

Chapter 05 综合实战 制作个人简历

1. 创建文档
2. 更改页面颜色
3. 插入图片
4. 插入艺术字
5. 插入表格
6. 插入图形
7. 设置字体格式
8. 拼写检查
9. 简繁转换
10. 打印文档

5.1 实例说明

公司需要员工，而员工则需要通过公司招聘来到公司。任何通过招聘应征工作的员工，都需要给公司递交一份简历。一份好的简历，可以让面试官对您有更好的印象，从而提升应聘成功几率，下面介绍一份简历的制作，其制作完成后的效果如图5-1所示。

图5-1 简历效果预览

5.2 实例操作

下面开始对个人简历文档的制作进行详细的介绍。

5.2.1 创建并设计页面

在制作简历时，首先需要创建简历文档，然后对简历的整体页面进行设计。

步骤01 在电脑的文件夹中右键单击，从弹出的快捷菜单中选择“新建>Microsoft Word文档”命令，如图5-2所示。

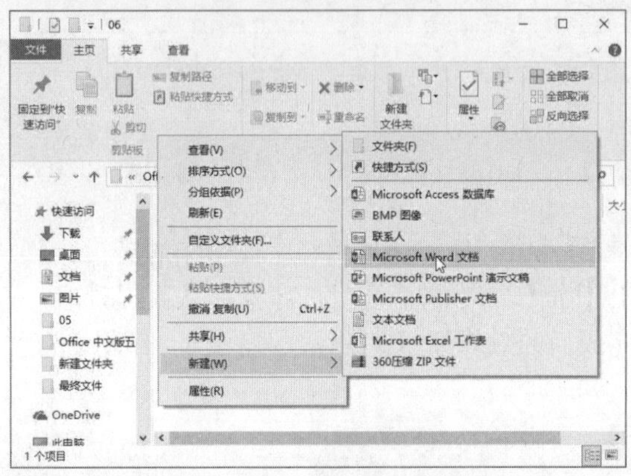

图5-2 选择“Microsoft Word文档”命令

步骤02 新建一个空白文档，输入文件名“简历”，双击图标打开文档，如图5-3所示。

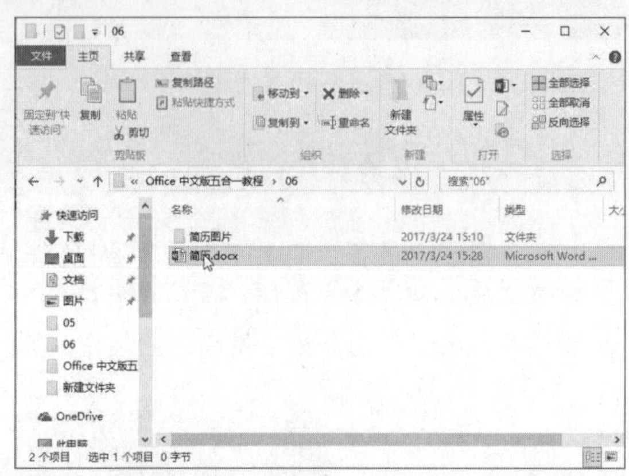

图5-3 双击打开文档

步骤03 切换至“设计”选项卡，单击“页面颜色”按钮，从列表中选择“填充效果”选项，如图5-4所示。

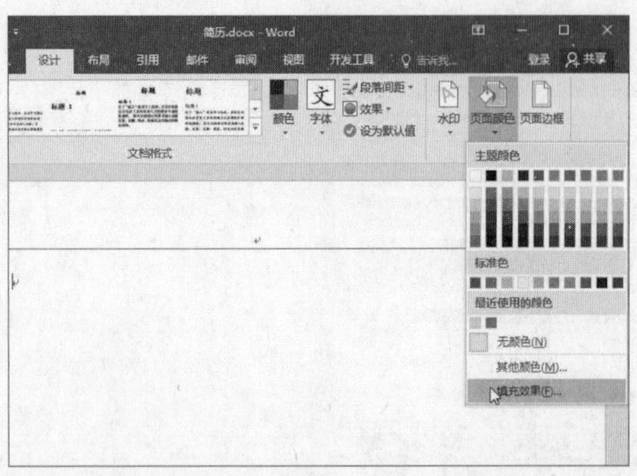

图5-4 选择“填充效果”选项

步骤04 打开“填充效果”对话框，单击“选择图片”按钮，如图5-5所示。

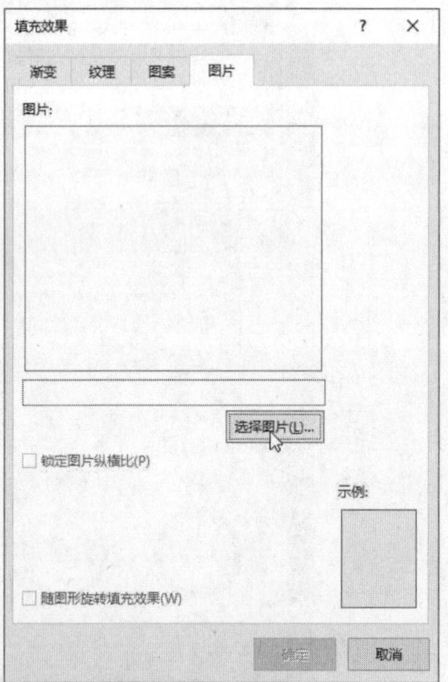

图5-5 单击“选择图片”按钮

步骤05 打开“插入图片”窗格，单击“来自文件”右侧“浏览”按钮，如图5-6所示。

步骤06 打开“选择图片”对话框，选择图片后单击“插入”按钮，如图5-7所示。

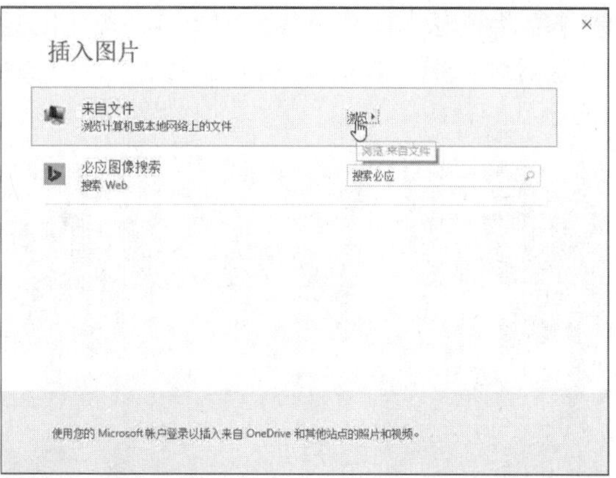

图5-6 单击“浏览”按钮

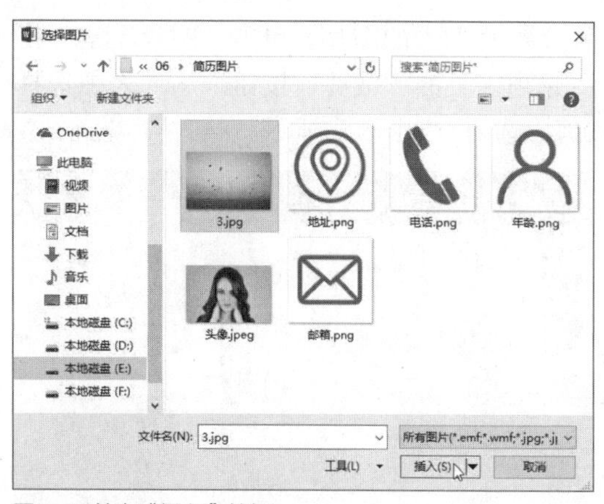

图5-7 单击“插入”按钮

步骤07 返回至“填充效果”对话框，预览图片填充效果，单击“确定”按钮，如图5-8所示。

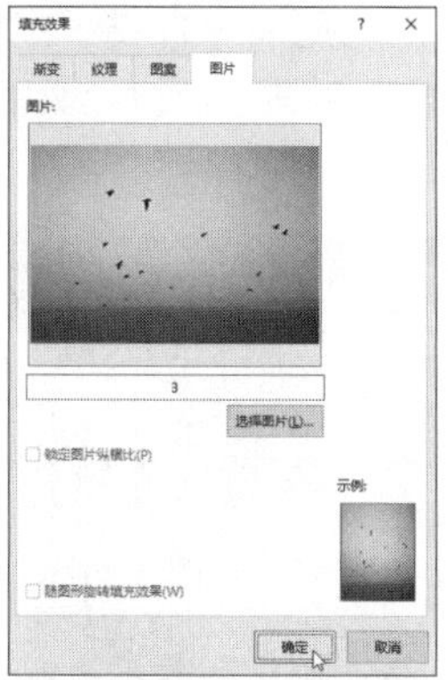

图5-8 单击“确定”按钮

步骤08 可以看到，文档页面填充效果为刚刚所选图片，如图5-9所示。

图5-9 设置页面填充效果

5.2.2 简历表头设计

本案例所介绍的简历，有一个头像和求职人姓名的表头，在制作表头时，需要使用插入图片、插入艺术字、插入表格等功能，其具体的操作步骤如下。

步骤01 切换至“插入”选项卡，单击“图片”按钮，如图5-10所示。

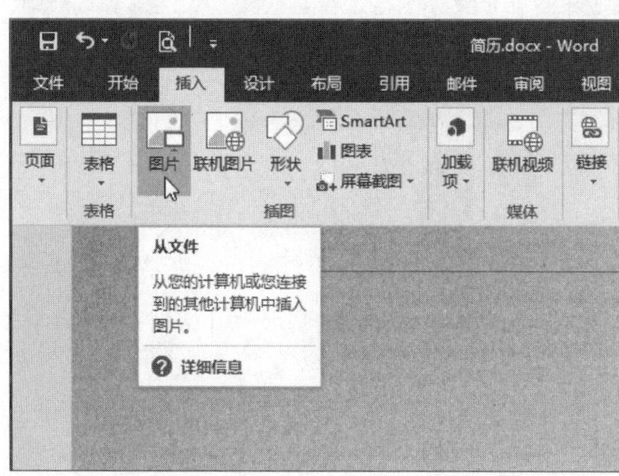

图5-10 单击“图片”按钮

步骤02 打开“插入图片”对话框，选择图片后单击“插入”按钮，如图5-11所示。

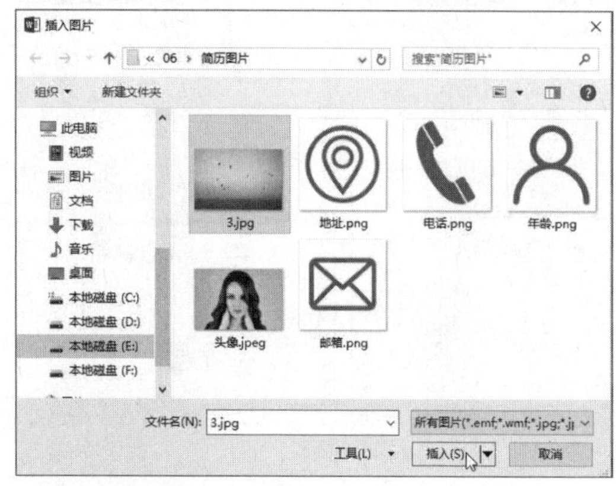

图5-11 单击“插入”按钮

步骤03 选择插入的图片，单击“图片工具－格式”选项卡上的“裁剪”按钮，从列表中选择“裁剪”选项，如图5-12所示。

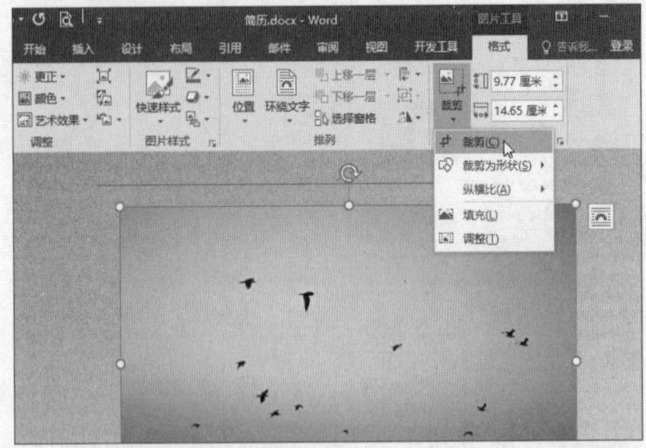

图5-12 选择“裁剪”选项

步骤04 将鼠标光标移至裁剪控制点，按住鼠标左键不放，拖动鼠标，裁剪图片，如图5-13所示。

图5-13 裁剪图片

步骤05 裁剪完毕后，在图片外单击鼠标左键，选择图片，单击“环绕文字”按钮，从列表中选择“浮于文字上方”选项，如图5-14所示。

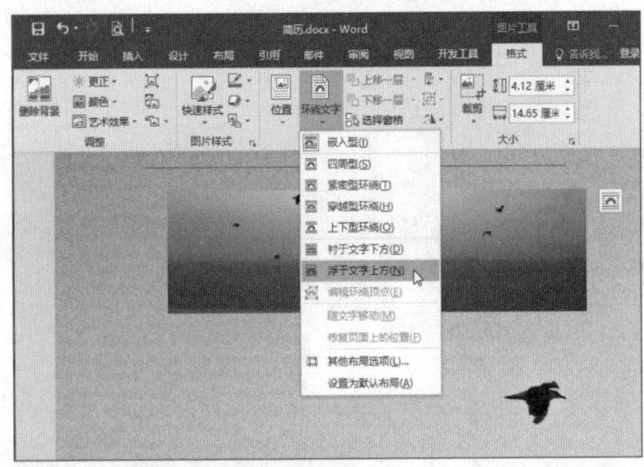

图5-14 选择“浮于文字上方”选项

步骤06 单击“更正”按钮，从列表中选择“亮度：+20% 对比度：+40%”选项，如图5-15所示。

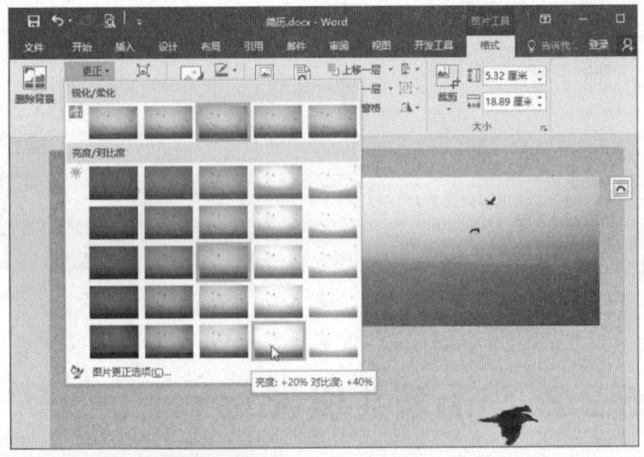

图5-15 调整图片亮度

步骤07 单击“图片效果”按钮，从列表中选择“阴影>内部左上角”命令，如图5-16所示。

图5-16 选择“内部左上角”选项

步骤08 执行“插入>艺术字>填充-白色,轮廓-着色1,发光-着色1”命令，如图5-17所示。

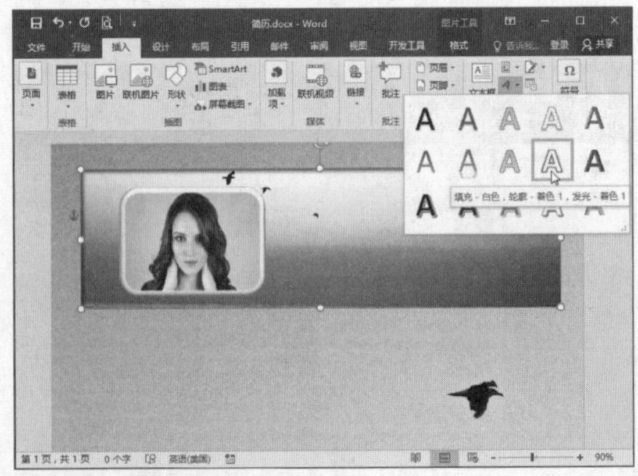

图5-17 选择合适的艺术字样式

步骤09 在虚线框中输入艺术字文本，执行“绘图工具－格式>文本填充>黑色,文字1”命令，如图5-18所示。

图5-18 更改艺术字填充色

步骤10 执行“文本轮廓>紫色”命令，如图5-19所示。

图5-19 更改艺术字轮廓颜色

步骤11 设置艺术字文本字体格式为：微软雅黑、28号，如图5-20所示。

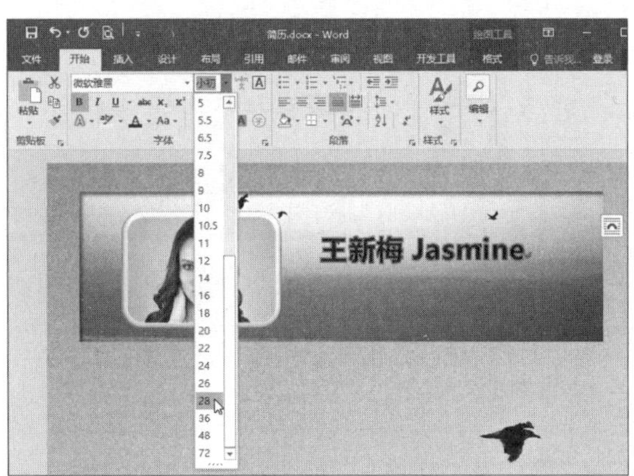

图5-20 设置艺术字文本格式

步骤12 单击“插入”选项卡上的“文本框”按钮，从列表中选择“绘制文本框”命令，如图5-21所示。

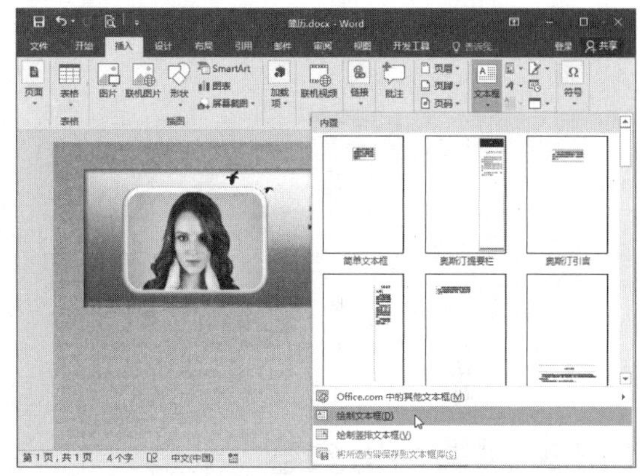

图5-21 选择“绘制文本框”选项

步骤13 绘制文本框后，执行“插入>表格”命令，鼠标滑动选取1行8列的表格，如图5-22所示。

图5-22 滑动鼠标选取表格行列数

步骤14 在表格中插入图片，然后设置图片的高度和宽度值均为0.5厘米，如图5-23所示。

图5-23 设置图片高度和宽度

步骤15 输入文本后，选择表格，执行“表格工具－设计>边框>无框线”命令，如图5-24所示。

图5-24 选择“无框线”选项

步骤16 选择文本框，通过“绘图工具－格式”选项卡中“形状样式”组上的“形状填充”和“形状轮廓”命令，设置文本框为无填充无轮廓，如图5-25所示。

图5-25 设置文本框无填充无轮廓

步骤17 按需调整图片、艺术字和文本框的位置，使其排列整齐美观，如图5-26所示。

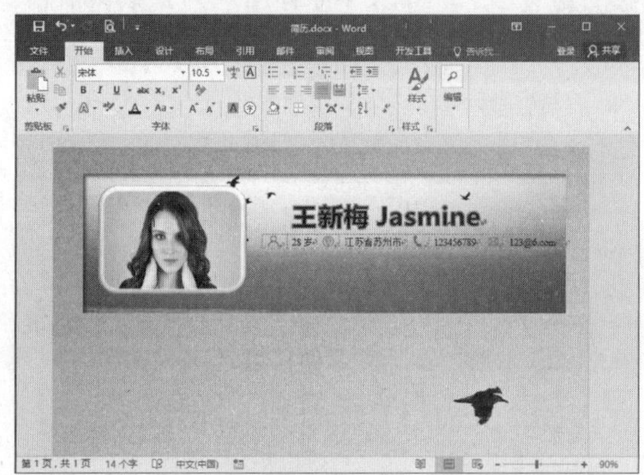

图5-26 制作表头效果

5.2.3 添加简历内容

表头设计完毕后，需要输入简历的主要内容，在操作过程中需要使用插入图形、输入文本、设置字体格式等功能，其具体的操作步骤如下。

步骤01 单击“插入”选项卡上的“形状”按钮，从列表中选择“矩形”命令，如图5-27所示。

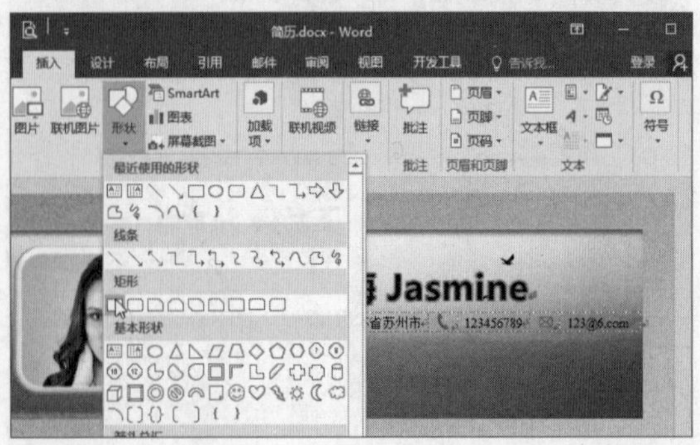

图5-27 选择“矩形”

步骤02 按住鼠标左键不放，绘制合适大小的矩形，如图5-28所示。

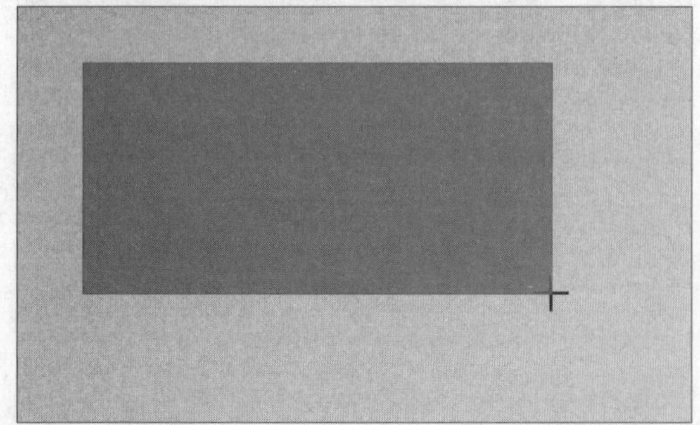

图5-28 绘制矩形

步骤03 选择绘制的图形，执行“绘图工具－格式>形状效果>预设>预设1”命令，如图5-29所示。

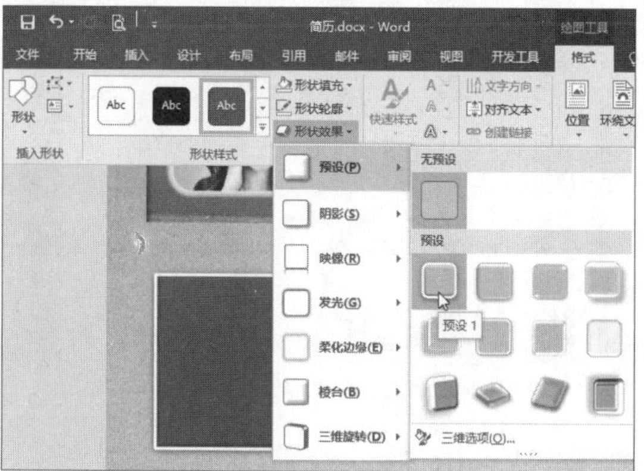

图5-29 选择“预设1”效果

步骤04 单击“形状填充”按钮，从列表中选择“白色,背景1”命令，如图5-30所示。

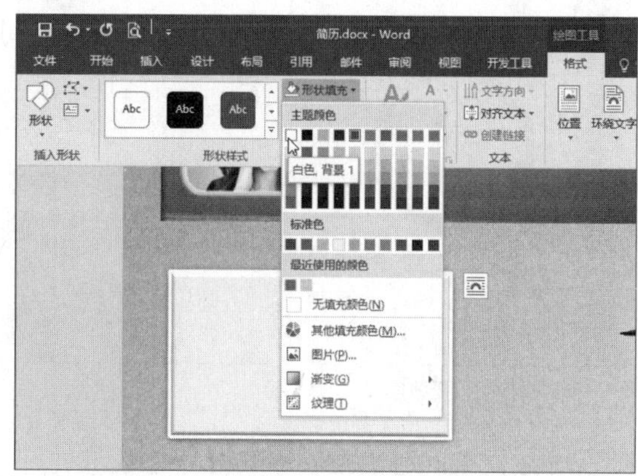

图5-30 选择“白色,背景1”命令

步骤05 按照同样的方法，绘制一条紫色竖线和圆形，并将图形复制到其他位置，如图5-31所示。

图5-31 绘制多个图形效果

步骤06 执行“插入>形状>同心圆”命令，在左下方矩形上方绘制一个宽度和高度均为2.7cm的无轮廓紫色同心圆，如图5-32所示。

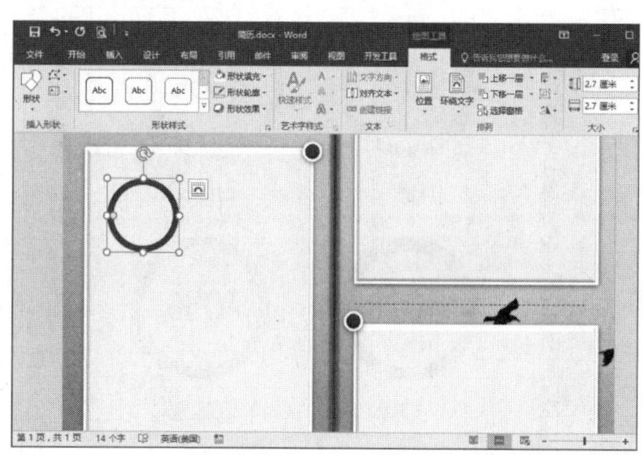
图5-32 绘制紫色同心圆

步骤07 执行“插入>形状>空心弧”命令，在紫色同心圆上方绘制宽度高度值相同的空心弧，然后执行“形状轮廓>无轮廓”命令，如图5-33所示。

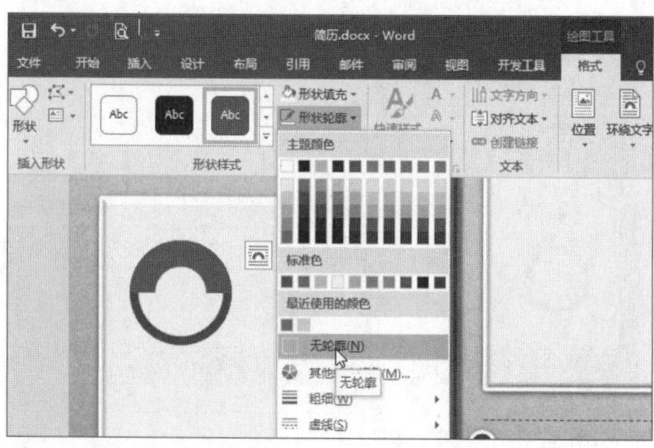

图5-33 选择“无轮廓”选项

步骤08 选择空心弧，在其上方会出现调整点，鼠标光标移至右边内侧的控制点上，鼠标光标改变形状，如图5-34所示。

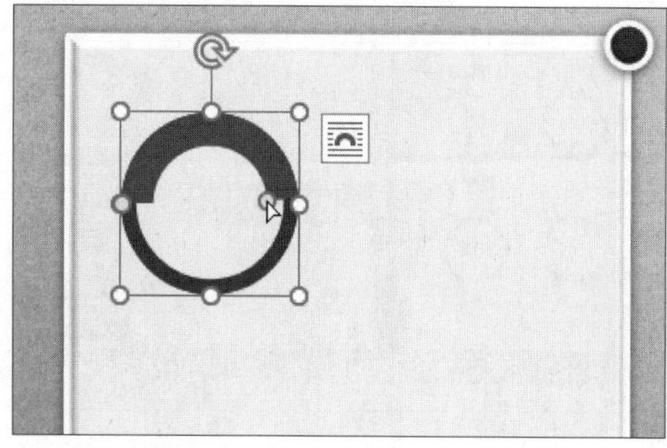
图5-34 选择形状

步骤09 按住鼠标左键不放，拖动鼠标，调整空心弧的弧度，如图5-35所示。

图5-35 调整空心弧弧度

步骤10 将同心圆与空心弧复制到其他位置，并按需改变空心弧的弧度和颜色，如图5-36所示。

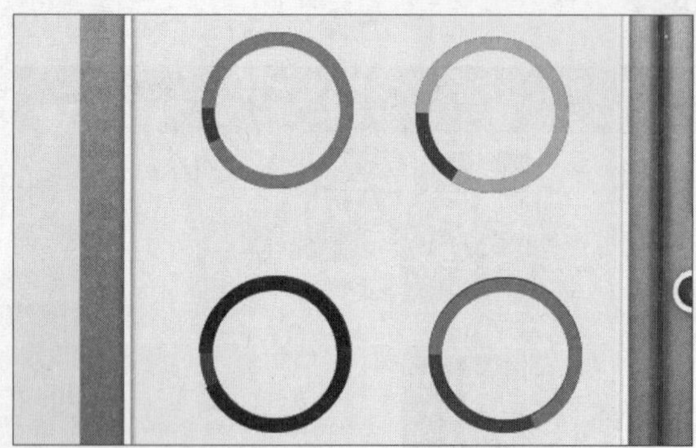

图5-36 复制同心圆和空心弧到其他位置

步骤11 按需在同心圆中心输入百分比数值，并设置字体格式为：微软雅黑、20号、紫色；下方说明性文本中文字体格式为：宋体、14号、黑色、加粗，西文字体格式为：Times New Roman、14号、黑色、加粗，如图5-37所示。

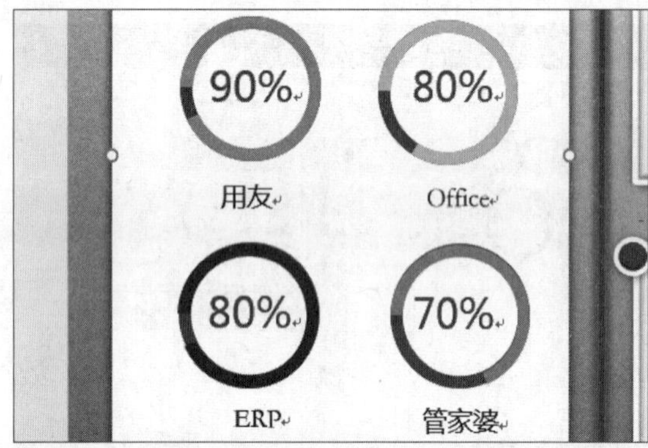

图5-37 输入文本

步骤12 输入小标题，这时，需要调整下方多个形状位置，需要单击“绘图工具－格式”选项卡上的“选择窗格”按钮，如图5-38所示。

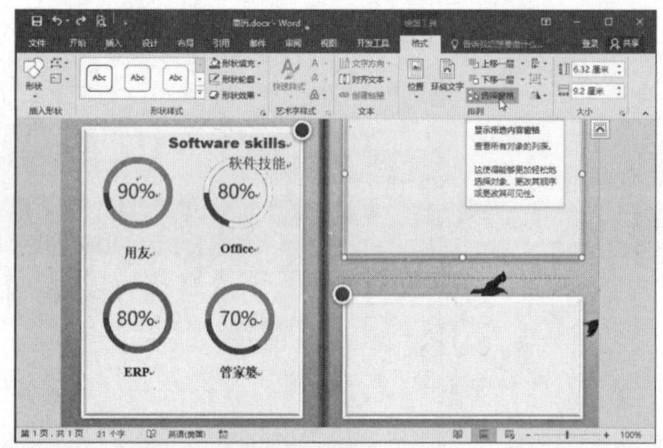

图5-38 单击“选择窗格”按钮

步骤13 打开“选择”窗格，在窗格中选择多个形状，然后单击“组合”按钮，从列表中选择“组合”命令，如图5-39所示。

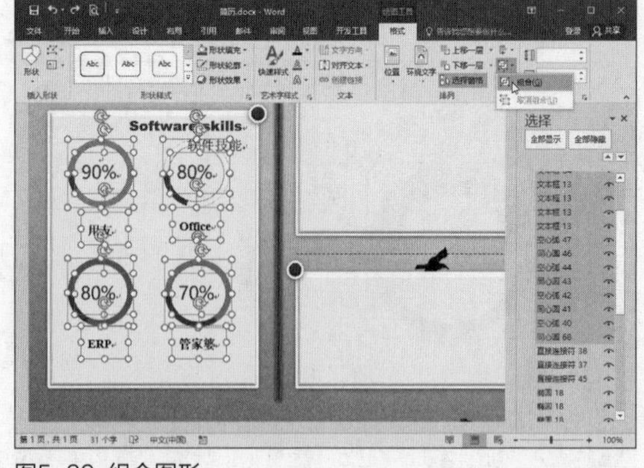

图5-39 组合图形

步骤14 将所选图形组合为一个图形，将其移至合适位置后，单击“选择”窗格上的“关闭”按钮，如图5-40所示。

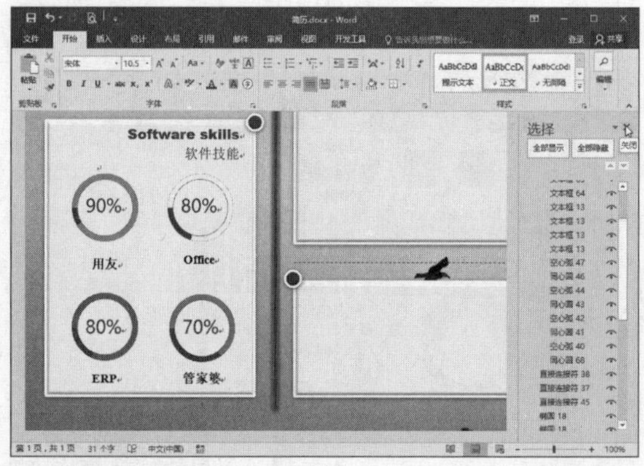

图5-40 单击“关闭”按钮

步骤15 按照同样的方法，按需在各个矩形上方输入说明性文本，效果如图5-41所示。

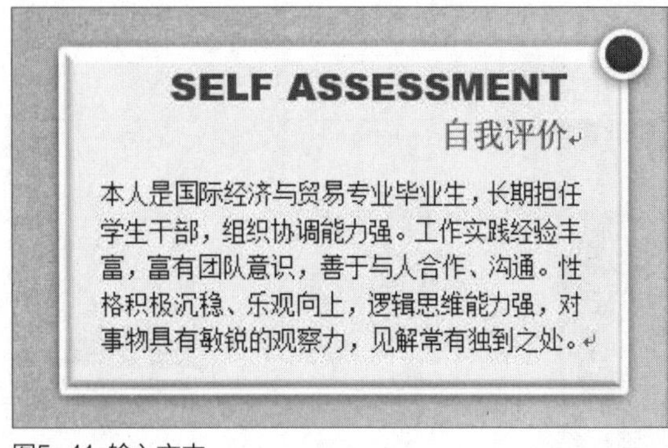

图5-41 输入文本

5.2.4 审阅打印文档

文档内容添加完成后，可以使用Word 2016的审阅功能，对文档进行拼写检查、简繁转换、添加批注等，审阅完毕后，可以将文档打印出来，其具体的操作步骤如下。

步骤01 单击“审阅”选项卡上的“拼写和语法”按钮，对文档中的内容进行检查，如图5-42所示。

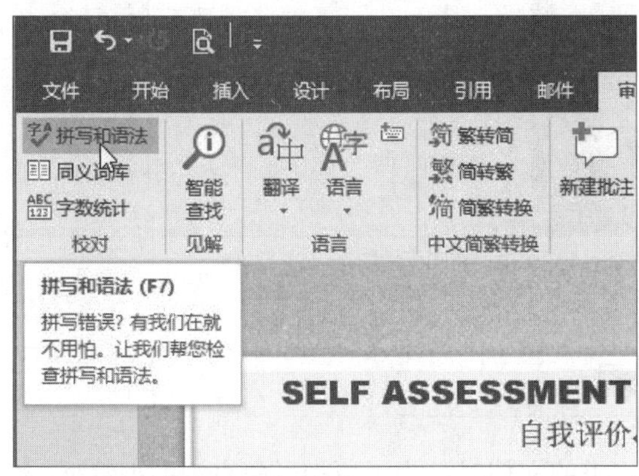

图5-42 单击“拼写和语法”按钮

步骤02 拼写检查无误后，会弹出提示框，提醒拼写和语法检查完毕，单击“确定”按钮，如图5-43所示。

图5-43 单击“确定”按钮

步骤03 如果想要将简体中文转换为繁体，可以单击“简繁转换”按钮，如图5-44所示。

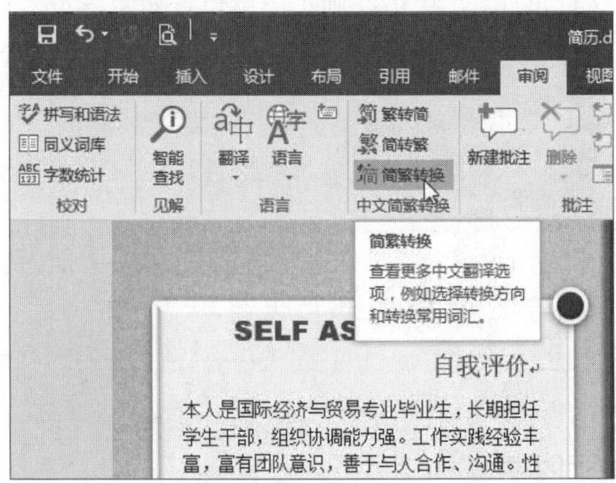

图5-44 单击“简繁转换”按钮

步骤04 弹出“中文简繁转换”对话框，选中“简体中文转换为繁体中文”单选按钮，单击“确定”按钮，如图5-45所示。

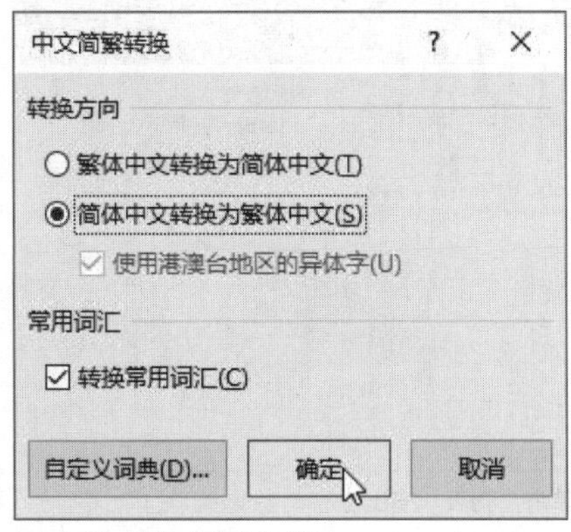

图5-45 单击“确定”按钮

步骤05 打开“文件”菜单，选择“打印”选项，如图5-46所示。

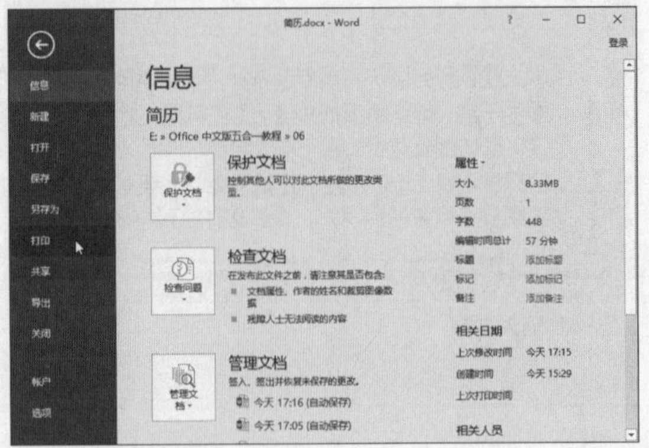

图5-46 选择“打印”选项

步骤06 单击“打印范围”按钮，从列表中选择“打印当前页面”选项，如图5-47所示。

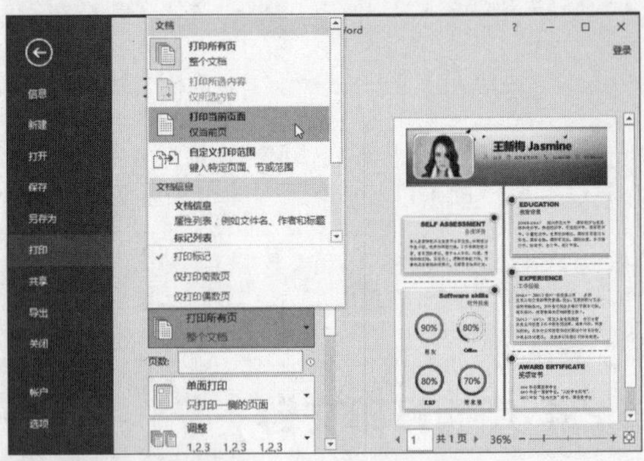

图5-47 设置打印范围

步骤07 在份数数值框中输入打印份数“15”，然后单击“打印”按钮，打印文档，如图5-48所示。

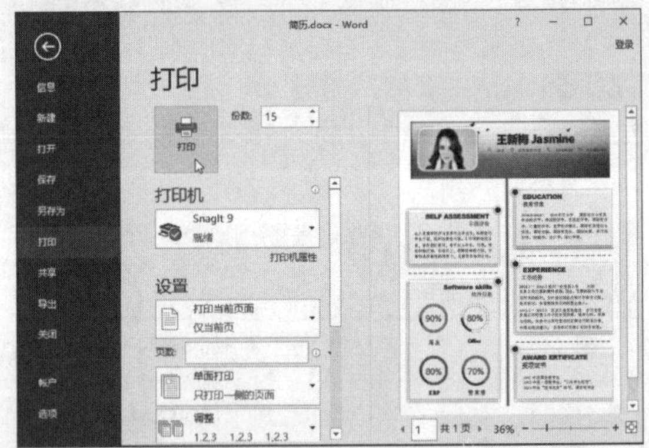

图5-48 单击“打印”按钮

技巧放送：在文档中使用图表

在制作市场调查方案、论文、产品数据分析之类的文档时，为了更加形象直观的把数据传达给观众，可以使用图表，其具体的操作步骤如下。

步骤01 打开文档，单击“插入”选项卡上的“图表”按钮，如图5-49所示。

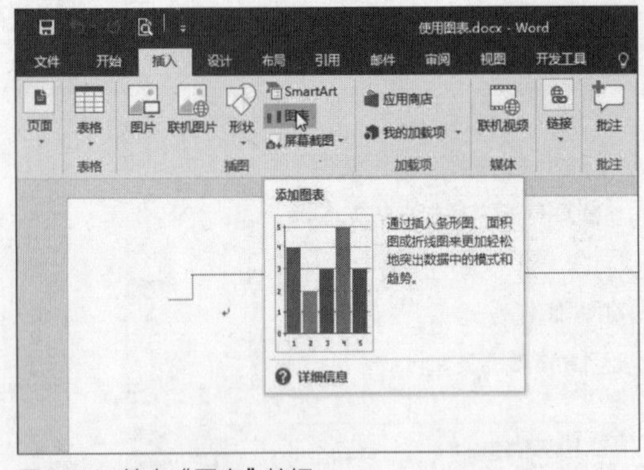

图5-49 单击“图表”按钮

步骤02 打开“插入图表”对话框，选择“簇状柱形图”，单击“确定”按钮，如图5-50所示。

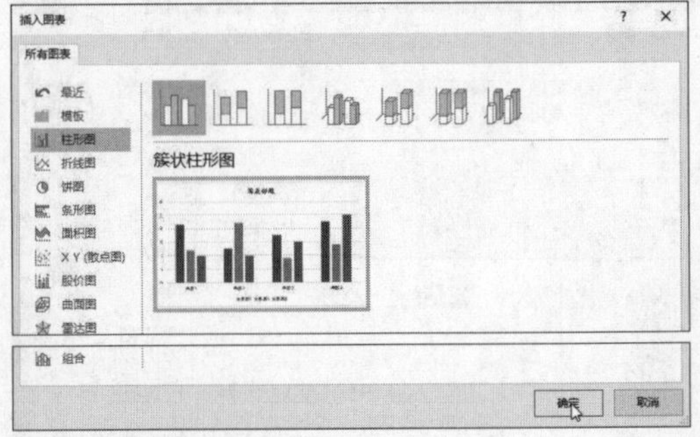

图5-50 选择“簇状柱形图”

步骤03 在打开的“Microsoft Word中的图表”电子表格中输入数据，如图5-51所示。

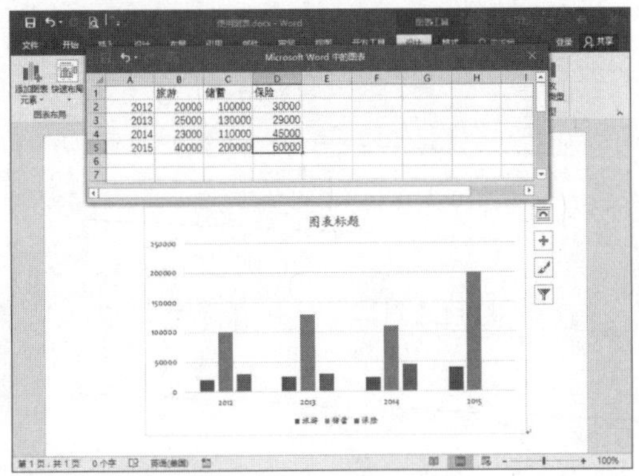

图5-51 输入数据

步骤05 单击“图表样式”组上的“其他”按钮，从列表中选择“样式6”选项，如图5-53所示。

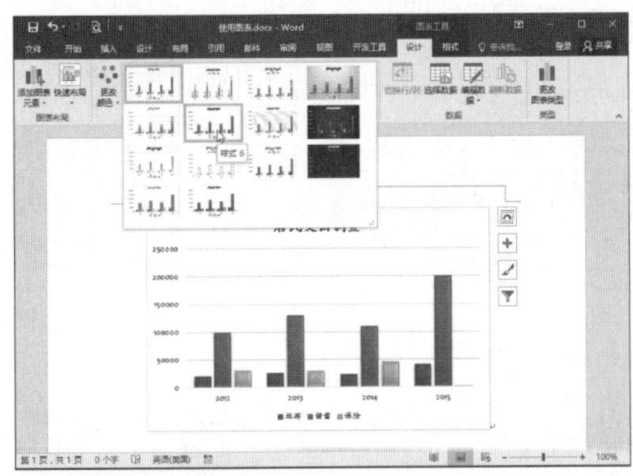

图5-53 更改图表样式

步骤04 即可在文档中插入图表，执行“图表工具－设计>更改颜色>颜色7”命令，可以更改图表颜色，如图5-52所示。

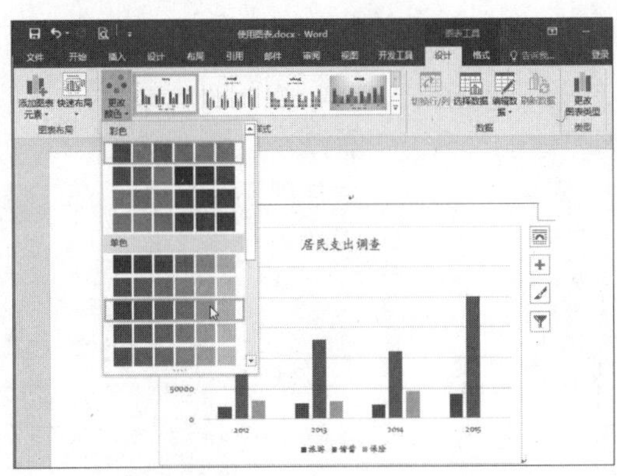

图5-52 更改图表颜色

步骤06 在“图表工具－格式”选项卡，可对图表中的某一形状格式进行更改，如果更改某一数据系列颜色，可选择该形状，执行“形状填充>红色”即可，如图5-54所示。

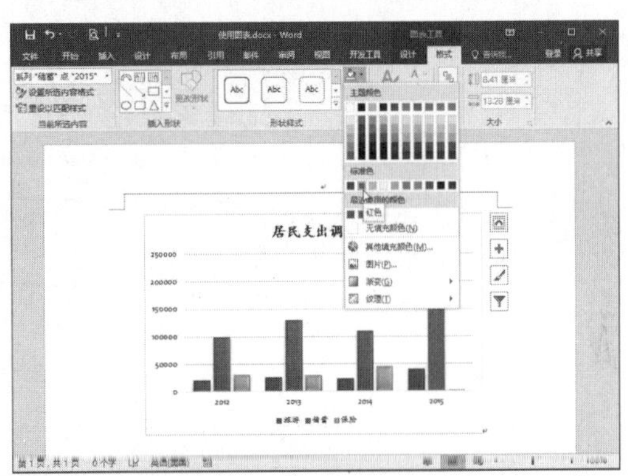

图5-54 更改形状颜色

读书笔记

Part 03

数据处理篇

在进行数据处理和分析时，Excel 2016将给用户提供极大便利，并广泛应用于管理、金融等领域。本篇将从Excel的入门操作到数据的录入和处理等，以及完整的制作一个水果销售统计表进行介绍。

Chapter 06 Excel入门操作

Excel 2016在办公中有着举足轻重的地位，生产需要统计、人员信息需要统计、销售数据需要统计，而这些数据，都需要通过Excel 2016来实现采集与分析，本章节是基础知识介绍，在这里，我们首先认识什么是工作簿、工作表以及单元格。

1. 插入/删除工作表
2. 工作表的移动和复制
3. 单元格的命名
4. 设置单元格格式
5. 表格样式的设置

6.1 初识Excel 2016

Excel 2016是一个报表系统，各种各样的报表都需要Excel 2016的数据统计功能来实现。它可以根据采集的数据进行数据分析，从而对未来的走向进行预测，还可以制作图表。实现数据的汇总与合并计算，如图6-1和图6-2所示。

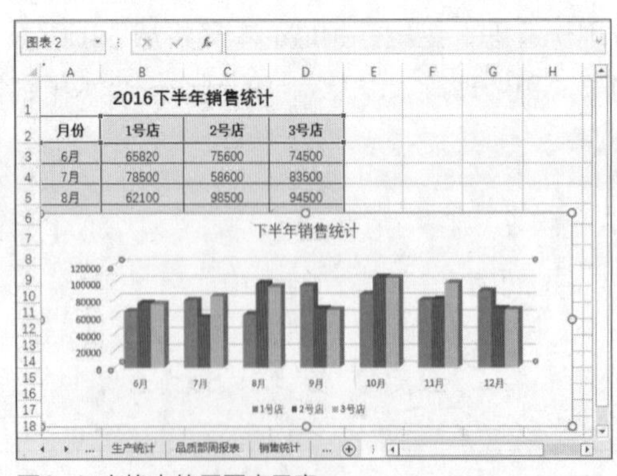

图6-1 表格中使用图表示意

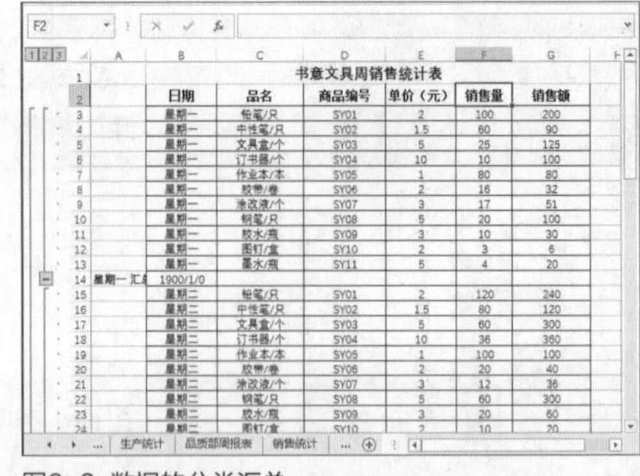

图6-2 数据的分类汇总

想要使用Excel 2016进行工作，首先需要创建工作簿，默认情况下，新建的工作簿以“工作簿1”命名，并且里面包含一个名为“Sheet1”的工作表，如图6-3所示。在一个工作簿中，用户可按需添加多个工作表，并且可以为工作簿和工作表命名以便区分其数据信息，如图6-4所示。

图6-3 新建工作薄

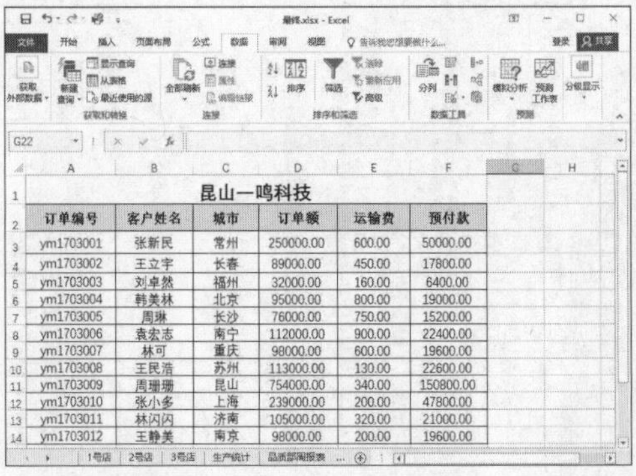

图6-4 新建多个工作表

6.2 管理工作表

工作簿的创建在第一章中已经讲述过，在本章节中，主要介绍工作簿中的工作表的插入和删除、移动和复制、隐藏和显示以及重命名等，下面分别对其进行介绍。

6.2.1 插入和删除工作表

在进行相关联的项目数据统计和计算时，如果需要对其他项目的数据进行计算，为了明确的与当前项目数据区分，可以创建新工作表进行统计。而对于不需要的项目数据，为了不影响对数据的分析，可以将其删除。下面介绍如何插入和删除工作表。

步骤01 插入工作表。打开工作簿，单击“新工作表”按钮，如图6-5所示。即可在工作簿中插入新工作表。

采购统计表

品名	规格	数量	单价	金额
AHK106	TH-01	200	600	120000
AHK107	TH-02	300	450	135000
AHK108	TH-03	520	290	150800
AHK109	TH-04	430	260	111800
AHK110	TH-05	180	820	147600
AHK111	TH-06	210	920	193200
AHK112	TH-07	680	650	442000
AHK113	TH-08	160	780	124800
AHK114	TH-09	190	410	77900
AHK115	TH-10	460	820	377200

图6-5 单击“新工作表”按钮

步骤02 也可以单击“开始”选项卡上的“插入”按钮，从展开的列表中选择“插入工作表”命令，如图6-6所示。

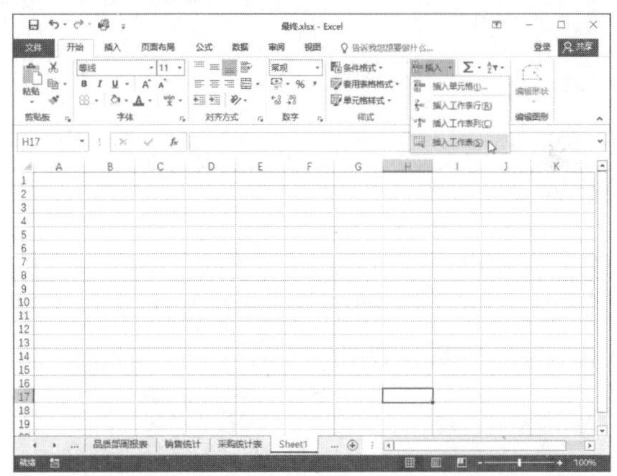

图6-6 选择“插入工作表”命令

步骤03 删除工作表。单击“开始”选项卡上的“删除”按钮，从列表中选择“删除工作表”命令，如图6-7所示。

图6-7 选择“删除工作表”命令

步骤04 或者在工作表标签上右键单击，从弹出的右键快捷菜单中选择“删除”命令，如图6-8所示。即可将工作表删除。

图6-8 选择“删除”命令

6.2.2 移动和复制工作表

如果想将当前工作表移动到其他工作簿中，或者移至当前工作簿中的其他位置，需要移动工作表功能，如果需要在其他工作簿和当前工作簿中制作相似格式的工作表，需要使用复制共组表功能，下面介绍具体的操作步骤。

步骤01 对话框法移动和复制工作表。选择工作表，单击“开始”选项卡上的“格式”按钮，从列表中选择“移动或复制工作表”命令，如图6-9所示。

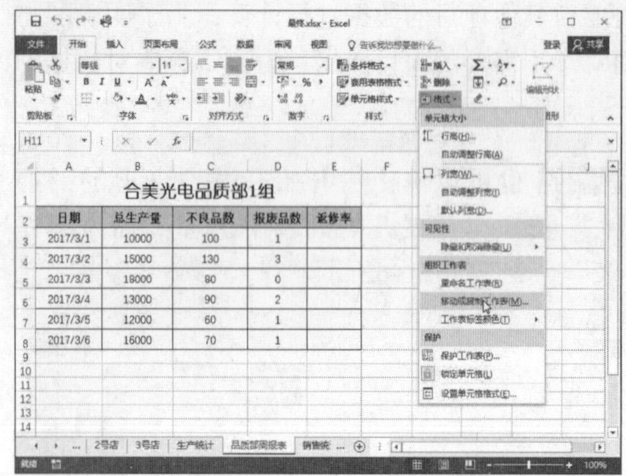

图6-9 选择“移动和复制工作表”命令

步骤02 或者在工作表标签上右键单击，从弹出的右键快捷菜单中选择“移动或复制”命令，如图6-10所示。

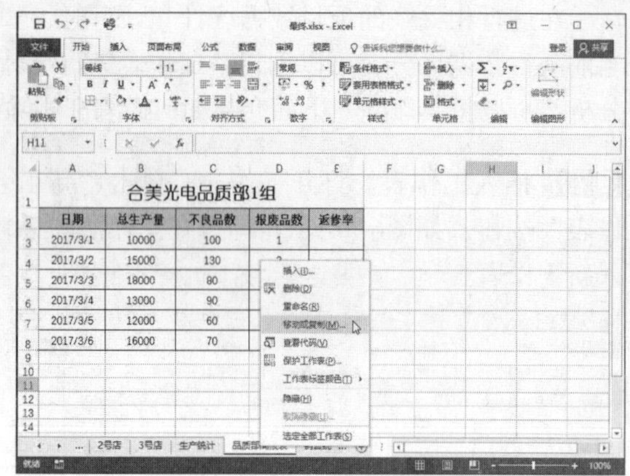

图6-10 选中“移动或复制”命令

步骤03 弹出“移动或复制工作表”对话框，单击“工作簿”下拉按钮，从弹出的列表中选择“01.xlsx”选项，如图6-11所示。

移动或复制工作表

将选定工作表移至

工作簿(T):

最终.xlsx

(新工作簿)

最终.xlsx

01.xlsx

销售统计

采购统计表

2016下半年销售统计

建立副本(C)

确定 取消

图6-11 选择“01.xlsx”选项

步骤04 在“下列选定工作表之前”列表框中选择“（移至最后）”选项，然后单击“确定”按钮，如图6-12所示。

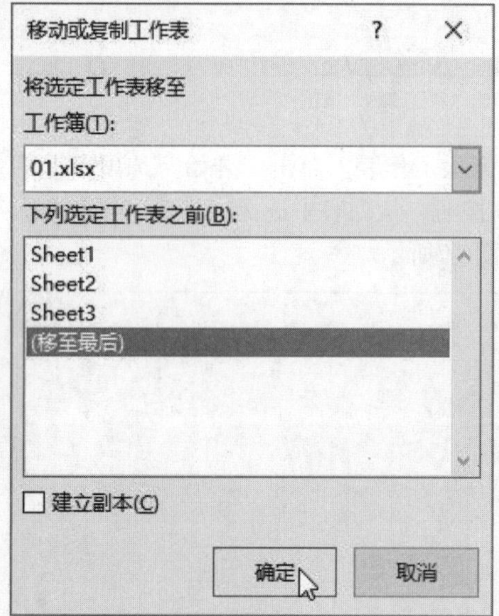

图6-12 单击“确定”按钮

步骤05 如果勾选“移动或复制工作表”对话框中的“建立副本”选项前的复选框，则可复制工作表到01.xlsx工作簿中的Sheet3工作表之后，如图6-13所示。

步骤06 鼠标法移动和复制工作表。选择工作表，按住鼠标左键不放，拖动鼠标可将所选的工作表移动到其他位置，如图6-14所示。如果拖动鼠标的同时按住Ctrl键不放，则可以复制工作表到其他位置。

图6-13 复制工作表效果

图6-14 拖动鼠标移动工作表

6.2.3 隐藏和显示工作表

在工作表中进行数据处理操作后，如果不希望别人看到工作表中的一些数据，可以隐藏工作表。如果自己想要查看数据，可以将其显示出来，下面介绍如何隐藏与显示工作表。

步骤01 隐藏工作表。打开工作簿，选择需要隐藏的工作表，单击“开始”选项卡上的“格式”按钮，从列表中选择“隐藏和取消隐藏>隐藏工作表”命令，如图6-15所示。

步骤02 也可以在需要隐藏的工作表上右键单击，从展开的快捷菜单中选择“隐藏”命令，如图6-16所示。

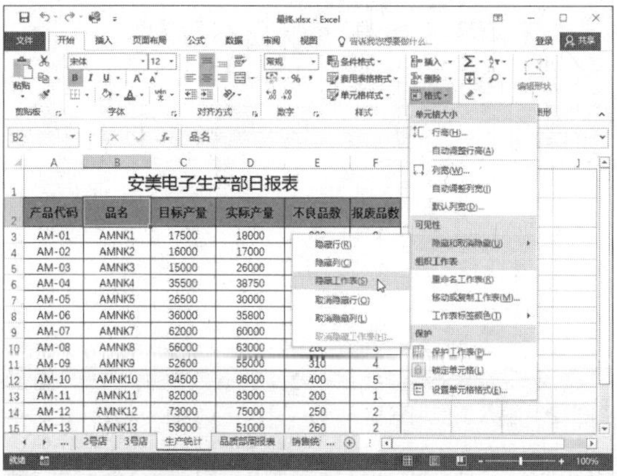

图6-15 选择“隐藏工作表”命令

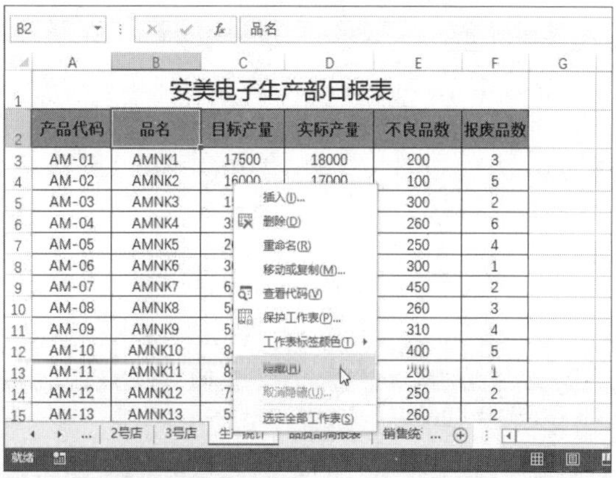

图6-16 选择“隐藏”命令

步骤03 显示隐藏工作表。在工作簿中任意工作表标签上右键单击，从右键菜单中选择“取消隐藏”命令，如图6-17所示。

图6-17 选择“取消隐藏”命令

步骤04 打开“取消隐藏”对话框，选择需要显示的工作表，然后单击“确定”按钮，如图6-18所示。即可将选择的工作表显示。

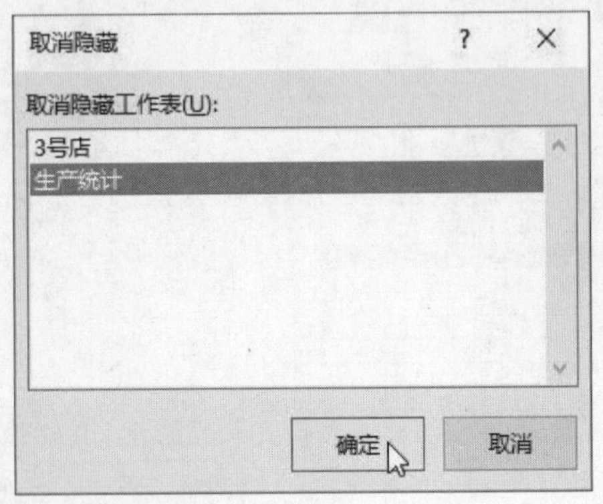

图6-18 单击“确定”按钮

6.2.4 重命名工作表

新建工作表后，新建的工作表以Sheet1、Sheet2、Sheet3……命名，如果用户直接输入数据制作完毕后，再次打开工作簿时，无法迅速找到需要的工作表，这就需要为这些工作表命名，使众多工作表区分开来，并且涵盖工作表的主要内容。对工作表命名的步骤如下。

步骤01 在需要重命名的工作表标签上右键单击，从弹出的快捷菜单中选择“重命名”命令，如图6-19所示。

合美光电品质部1组

日期	总生产量	不良品数	报废品数	返修率
2017/3/1	10000	100	1	
2017/3/2	15000	130	3	
2017/3/3	18000	80		
2017/3/4	13000	90		
2017/3/5	12000	60		
2017/3/6	16000	70		

插入(I)... 删除(D) 重命名(R) 移动或复制(M)... 查看代码(V) 保护工作表(P)... 工作表标签颜色(T) 隐藏(H) 取消隐藏(U)... 选定全部工作表(S)

Sheet1 Sheet2 Sheet3 品质1组周报表

图6-19 选择“重命名”命令

步骤02 直接输入合适的名称后，在工作表标签外单击鼠标左键即可，如图6-20所示。

合美光电品质部1组

日期	总生产量	不良品数	报废品数	返修率
2017/3/1	10000	100	1	
2017/3/2	15000	130	3	
2017/3/3	18000	80	0	
2017/3/4	13000	90	2	
2017/3/5	12000	60	1	
2017/3/6	16000	70	1	

Sheet1 Sheet2 Sheet3 品质1组周报表

图6-20 输入工作表名称

Tip: 更改工作表标签颜色

如果需要突出显示某个工作表，可以选择该工作表，右键单击，从弹出的快捷菜单中选择“工作表标签颜色”命令，然后从其级联菜单中选择“红色”选项，如图6-21所示。即可将工作表标签颜色设置为红色。

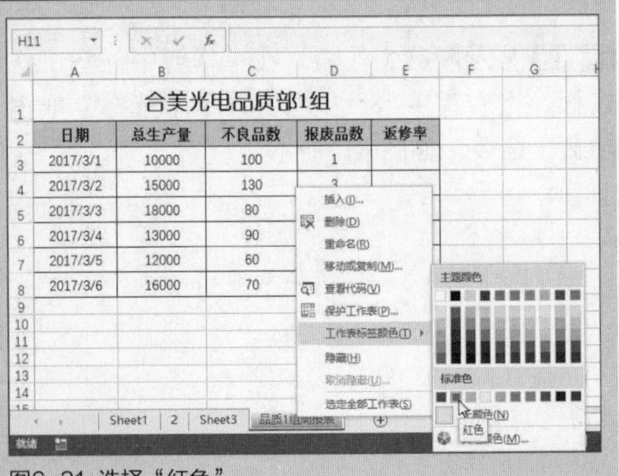

图6-21 选择“红色”

6.3 工作表中单元格的设置

为了让整个工作表页面更美观，可以对工作表中的单元格进行设置，包括单元格的命名以及单元格格式的设置，下面对其进行具体的介绍。

6.3.1 单元格的命名

默认情况下，单元格以其所在的行列号为名（如A1、C3、D5），用户可以根据需要为一个或者多个单元格重新命名，其具体的操作步骤如下。

步骤01 选择A3:A8单元格区域，单击“公式”选项卡上的“定义名称”按钮，如图6-22所示。

日期	总生产量	不良品数	报废品数	返修率
2017/3/1	10000	100	1	
2017/3/2	15000	130	3	
2017/3/3	18000	80	0	
2017/3/4	13000	90	2	
2017/3/5	12000	60	1	
2017/3/6	16000	70	1	

图6-22 单击“定义名称”按钮

步骤02 弹出“新建名称”对话框，在“名称”右侧的文本框中输入“日期”，然后单击“确定”按钮，如图6-23所示。

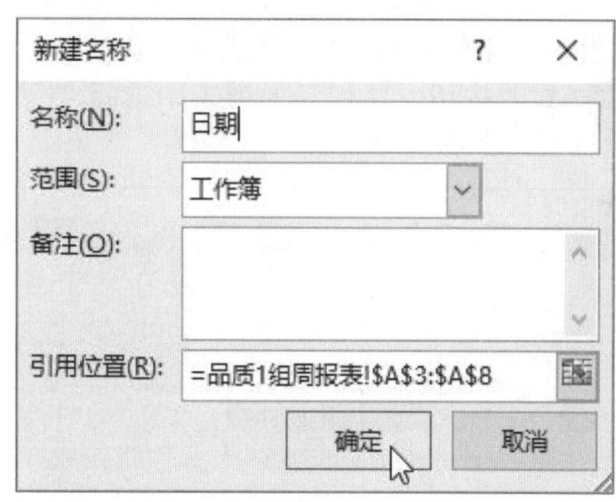

图6-23 单击“确定”按钮

步骤03 选择之前重命名的单元格区域，在地址栏中可以看到名称已更改为设置的名字，如图6-24所示。

日期 | 2017/3/1

合美光电品质部1组

日期	总生产量	不良品数	报废品数	返修率
2017/3/1	10000	100	1	
2017/3/2	15000	130	3	
2017/3/3	18000	80	0	
2017/3/4	13000	90	2	
2017/3/5	12000	60	1	
2017/3/6	16000	70	1	

图6-24 重命名单元格区域效果

6.3.2 单元格格式的设置

在对工作表进行编辑时，为了让整个工作表更加美观，可以对单元格的格式进行详细设置，包括单元格字体格式的更改、行高和列宽的调整以及单元格边框和底纹的更改。由于在Word部分已经介绍过字体格式的设置，这里将只介绍行高和列宽的调整以及单元格样式的更改。

❶调整行高和列宽

为了让整个页面更美观，显示效果更佳，可按需调整行高和列宽，行高和列宽的操作方法相似，这里以行高的调整为例进行介绍，其具体的操作步骤如下。

步骤01 鼠标法调整。打开工作簿，将鼠标光标移至需要调整行的行标签下方，鼠标光标变为上下箭头，如图6-25所示。

安美电子生产部日报表					
产品代码	品名	目标产量	实际产量	不良品数	报废品数
AM-01	AMNK1	17500	18000	200	3
AM-02	AMNK2	16000	17000	100	5
AM-03	AMNK3	15000	26000	300	2
AM-04	AMNK4	35500	38750	260	6
AM-05	AMNK5	26500	30000	250	4
AM-06	AMNK6	36000	35800	300	1
AM-07	AMNK7	62000	60000	450	2
AM-08	AMNK8	56000	63000	260	3
AM-09	AMNK9	52600	55000	310	4
AM-10	AMNK10	84500	86000	400	5

图6-25 鼠标光标移至行标签下方

步骤02 按住鼠标左键不放，向下拖动鼠标，可增高行高，如图6-26所示。

安美电子生产部日报表					
产品代码	品名	目标产量	实际产量	不良品数	报废品数
AM-01	AMNK1	17500	18000	200	3
AM-02	AMNK2	16000	17000	100	5
AM-03	AMNK3	15000	26000	300	2
AM-04	AMNK4	35500	38750	260	6
AM-05	AMNK5	26500	30000	250	4
AM-06	AMNK6	36000	35800	300	1
AM-07	AMNK7	62000	60000	450	2
AM-08	AMNK8	56000	63000	260	3
AM-09	AMNK9	52600	55000	310	4
AM-10	AMNK10	84500	86000	400	5
AM-11	AMNK11	82000	83000	200	1

高度: 29.25 (39 像素)

图6-26 拖动鼠标调整行高

步骤03 对话框法调整。单击“开始”选项卡上的“格式”按钮，从展开的列表中选择“行高”选项，如图6-27所示。

图6-27 选择“行高”选项

步骤04 打开“行高”对话框，在“行高”右侧文本框中输入数值，单击“确定”按钮即可，如图6-28所示。如果在上一步骤中选择“列宽”选项，则将打开“列宽”对话框，如图6-29所示。

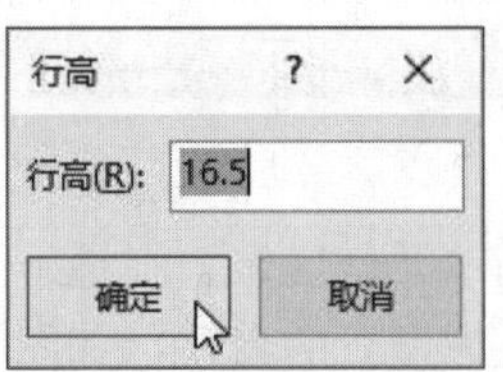

图6-28 “行高”对话框

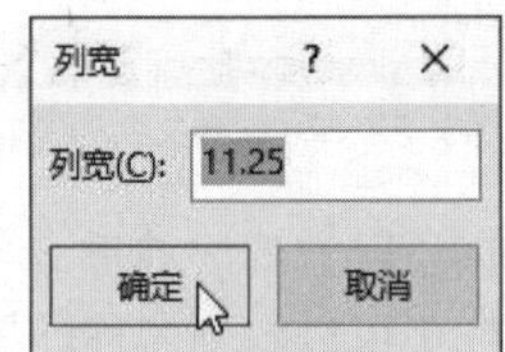

图6-29 “列宽”对话框

❷更改单元格样式

如果用户对单元格默认的样式不满意，可以对单元格样式进行更改，其具体的操作步骤如下。

步骤01 应用内置样式。打开工作簿，选择A1单元格，单击“开始”选项卡上的“单元格样式”按钮，如图6-30所示。

图6-30 单击“单元格样式”按钮

步骤02 展开“单元格样式”列表，从中选择“标题1”样式，如图6-31所示。

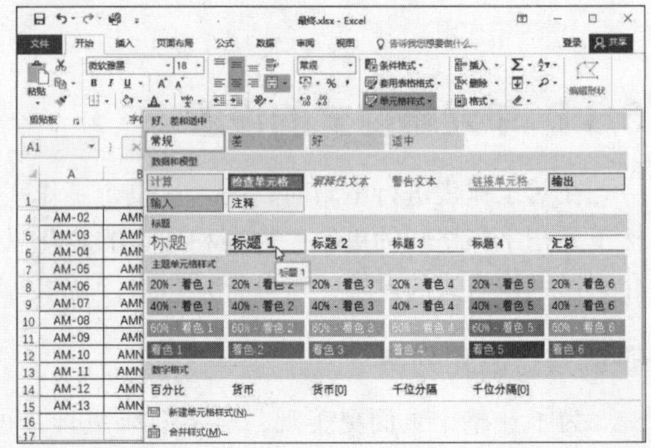

图6-31 选择“标题1”样式

步骤03 自定义单元格样式。如果系统提供的单元格样式不能满足需求，可在上一步骤中选择“新建单元格样式”选项，打开“样式”对话框，在“样式名”文本框中输入名称后单击“格式”按钮，如图6-32所示。

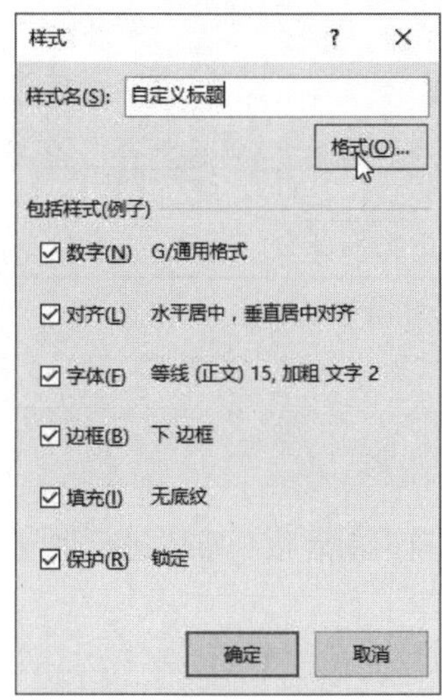

图6-32 单击“格式”按钮

步骤04 打开“设置单元格格式”对话框，在默认的“填充”选项卡，可以对单元格的填充进行设置，包括背景色、图案颜色、图案样式、填充效果等，如图6-33所示。

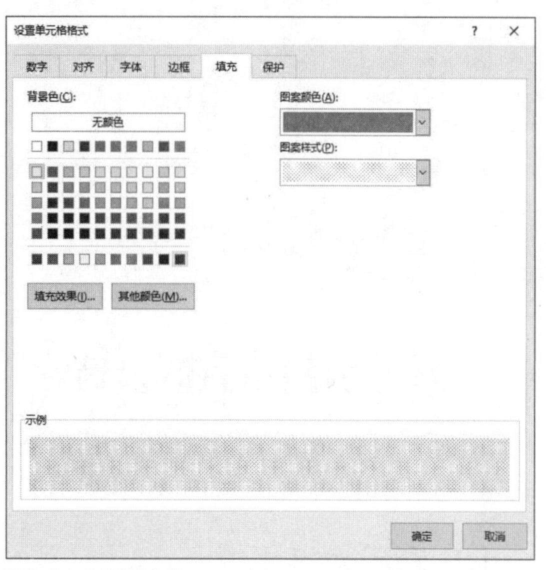

图6-33 设置填充色

步骤05 在“边框”选项卡，可以对单元格的边框进行设置，包括边框样式、颜色等，如图6-34所示。

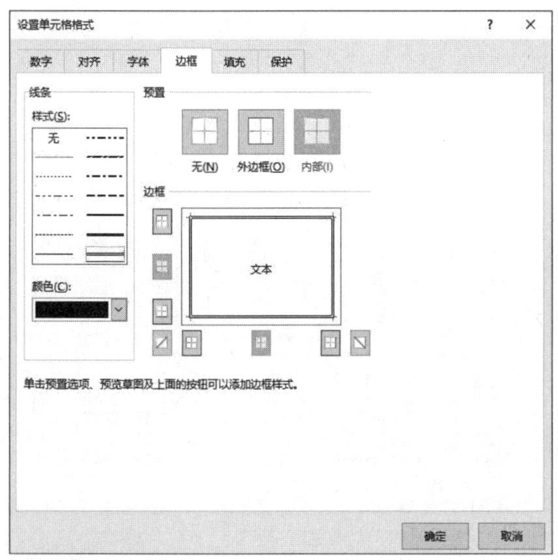

图6-34 设置边框

步骤06 在“字体”选项卡，可以对单元格中的字体格式进行详细设置，包括字体、字号、颜色等，如图6-35所示。

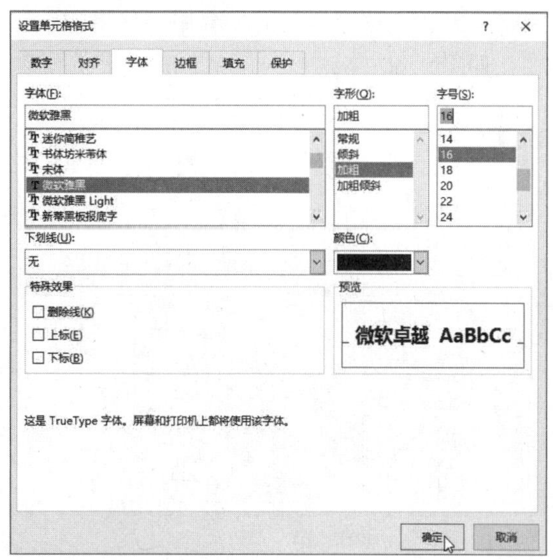

图6-35 设置字体格式

步骤07 设置完成后，单击“设置单元格格式”对话框中的“确定”按钮，返回“样式”对话框，在“包括样式”列表下将显示新样式的详细信息，单击“确定”按钮，如图6-36所示。

步骤08 返回工作表界面，单击“单元格样式”按钮，在列表中的“自定义”选项下，可以看到自定义的单元格样式，如图6-37所示。

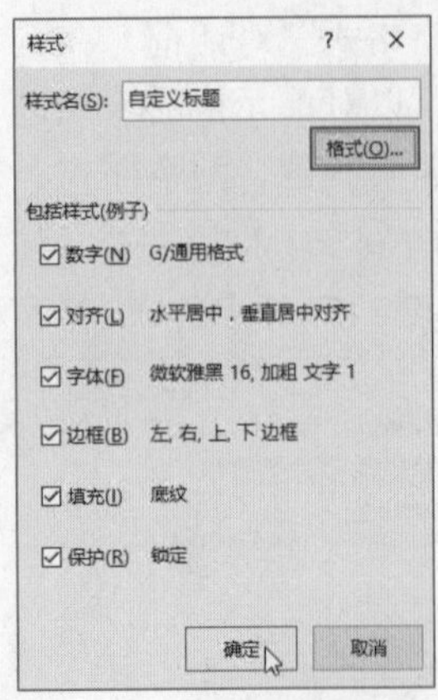

图6-36 单击“确定”按钮

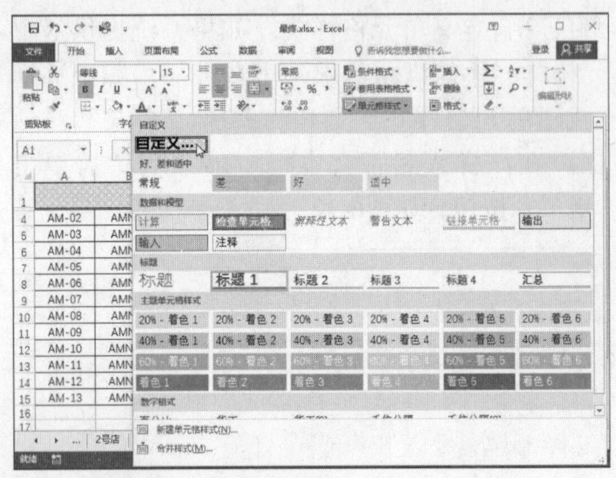

图6-37 查看自定义的单元格样式

6.4 表格格式的设置

对于工作表中的某个表格来说，为了让整个表格看起来更加靓丽，可以对表格的整体格式进行设置，包括套用表格格式和自定义表格格式，下面将分别对其进行介绍。

6.4.1 套用表格格式

系统为用户提供了多种美观的表格格式，通过这些快速格式，用户无需逐一对表格进行设置，即可快速的对表格进行美化，其具体的操作步骤如下。

步骤01 打开工作簿，选择A2:E12单元格区域，单击“开始”选项卡上的“套用表格格式”按钮，如图6-38所示。

步骤02 展开“套用表格格式”列表，从中选择“表样式浅色9”样式，如图6-39所示。

采购统计表

品名	规格	数量	单价	金额
AHK106	TH-01	200	600	120000
AHK107	TH-02	300	450	135000
AHK108	TH-03	520	290	150800
AHK109	TH-04	430	260	111800
AHK110	TH-05	180	820	147600
AHK111	TH-06	210	920	193200
AHK112	TH-07	680	650	442000
AHK113	TH-08	160	780	124800
AHK114	TH-09	190	410	77900
AHK115	TH-10	460	820	377200

图6-38 单击“套用表格格式”按钮

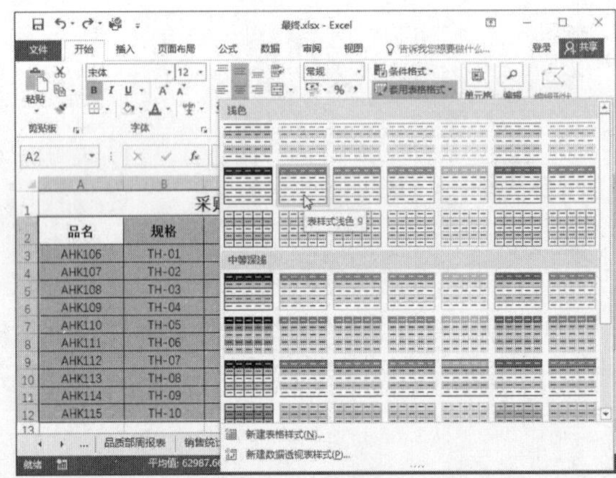

图6-39 选择“表样式浅色9”样式

步骤03 打开“套用表格式”对话框，会出现绿色虚线框，为默认数据范围，单击“确定”按钮，如图6-40所示。

步骤04 返回工作表界面，查看套用的表格格式效果，如图6-41所示。

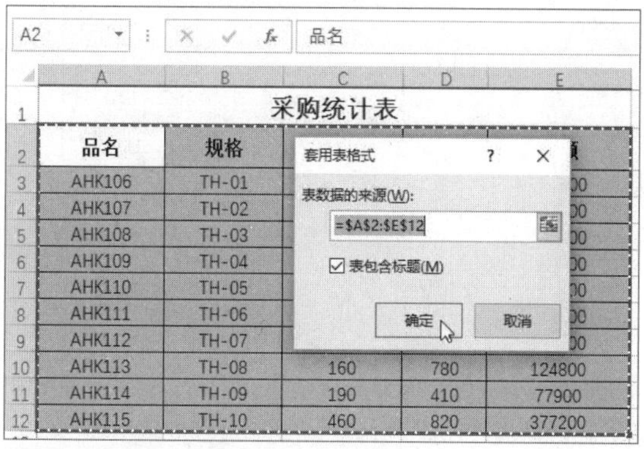

图6-40 单击“确定”按钮

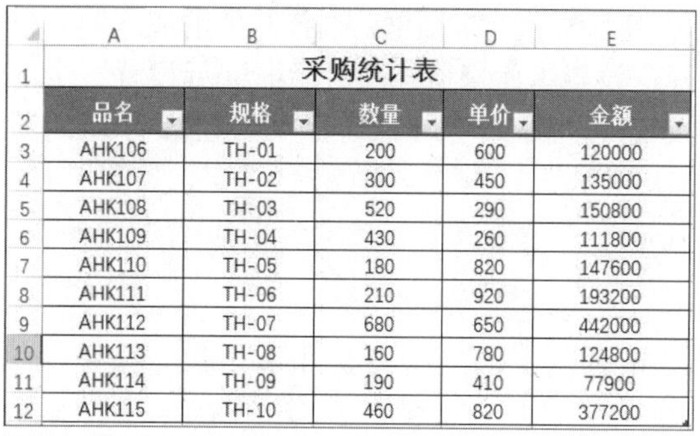

	A	B	C	D	E
1	采购统计表				
2	品名	规格	数量	单价	金额
3	AHK106	TH-01	200	600	120000
4	AHK107	TH-02	300	450	135000
5	AHK108	TH-03	520	290	150800
6	AHK109	TH-04	430	260	111800
7	AHK110	TH-05	180	820	147600
8	AHK111	TH-06	210	920	193200
9	AHK112	TH-07	680	650	442000
10	AHK113	TH-08	160	780	124800
11	AHK114	TH-09	190	410	77900
12	AHK115	TH-10	460	820	377200

图6-41 套用表格格式效果

6.4.2 自定义表格格式

如果用户对系统提供的表格格式不满意，还可以按需自定义表格格式，其具体的操作步骤如下。

步骤01 打开工作簿，单击“开始”选项卡上的“套用表格格式”按钮，从列表中选择“新建表格样式”选项，如图6-42所示。

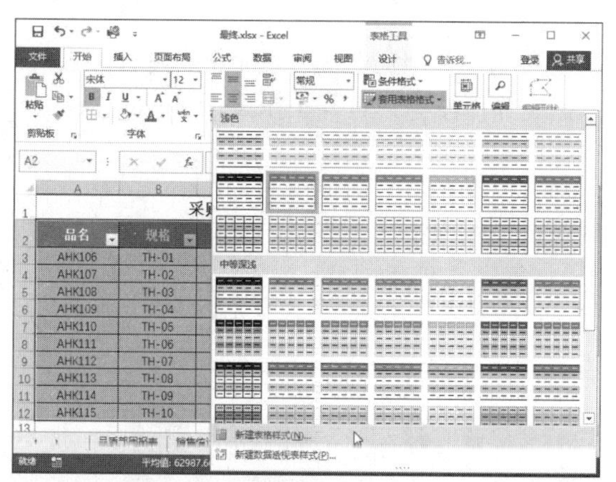

图6-42 选择“新建表格样式”选项

步骤02 打开“新建表样式”对话框，在“名称”文本框中输入名称，在“表元素”列表框中选择“整个表”选项，然后单击“格式”按钮，如图6-43所示。

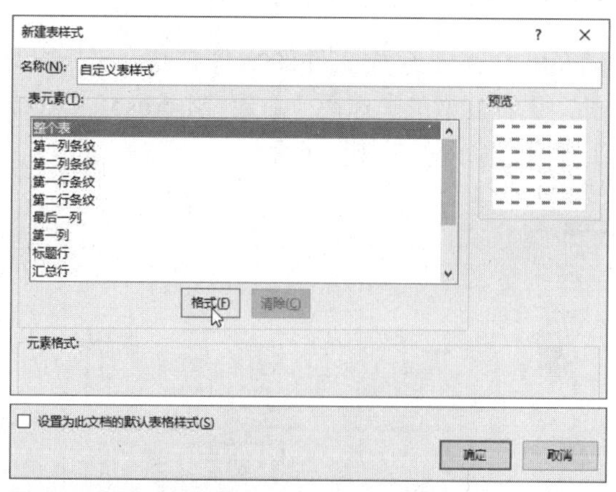

图6-43 单击“格式”按钮

步骤03 打开“设置单元格格式”对话框，在“填充”选项卡，可以对表的填充色进行设置；在“边框”选项卡，可以对表的边框进行设置；在“字体”选项卡，可以对表的字体进行设置，如图6-44所示。

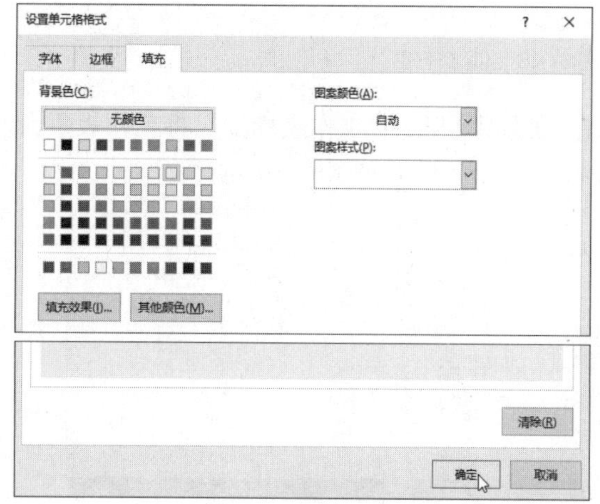

图6-44 “设置单元格格式”对话框

步骤04 设置完成后，单击“确定”按钮，返回“新建表样式”对话框，选择其他的表元素，打开“设置单元格格式”对话框进行设置，全部设置完毕后，单击“确定”按钮即可，如图6-45所示。

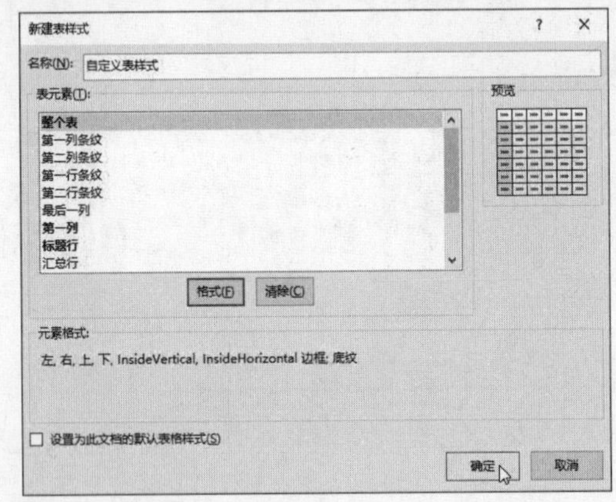

图6-45 单击“确定”按钮

办公室练兵：制作员工信息统计表

无论哪个单位，都需要对员工的详细信息进行统计，方便对于员工的管理。员工信息统计表可以根据不同的部门进行分类，便于查阅。

在制作员工信息表中，可以先制作出一个部门的统计表，然后再复制该工作表后，对工作表的数据进行修改即可，下面对其进行详细介绍。

步骤01 在需要存放文件的文件夹中，右键单击，从右键菜单中选择“新建>Microsoft Excel工作表”命令，如图6-46所示。

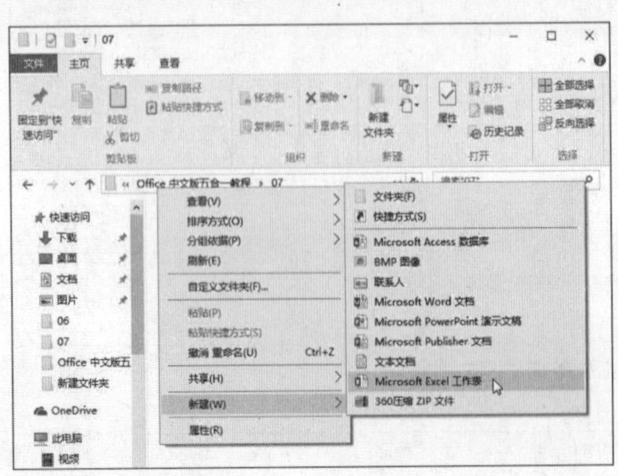

图6-46 创建工作簿

步骤02 为工作簿命名为“员工信息统计.xlsx”，双击工作簿图标，打开工作簿，如图6-47所示。

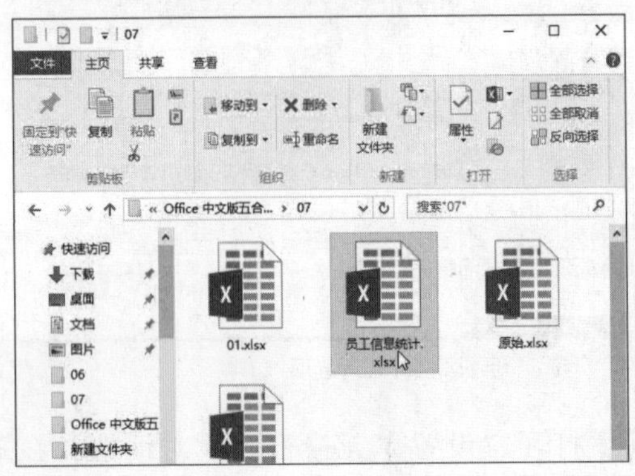

图6-47 打开工作簿

步骤03 双击Sheet1工作表标签，将工作表重命名为“生产部”，如图6-48所示。

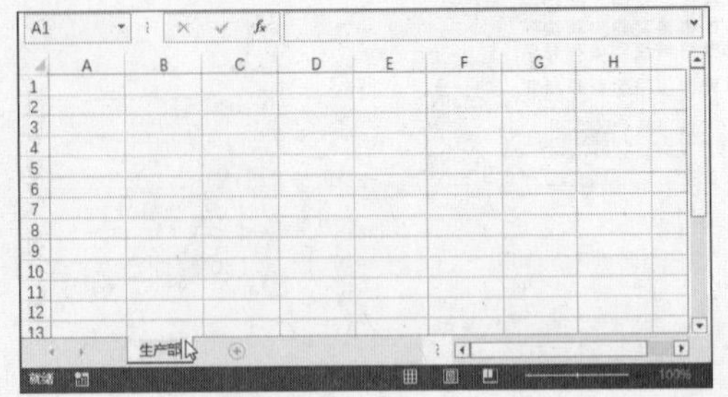

图6-48 为工作表命名

步骤04 输入文本，选择A1:E1单元格区域，单击“合并后居中”按钮，如图6-49所示。

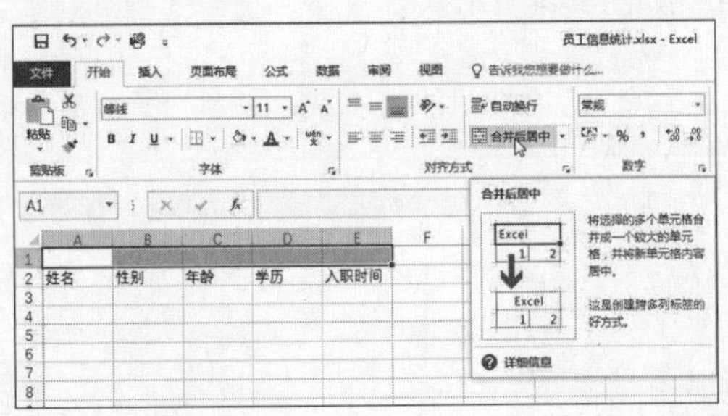

图6-49 合并单元格

步骤05 按需输入数据，执行“开始>套用表格格式>表样式中等深浅2”命令，如图6-50所示。

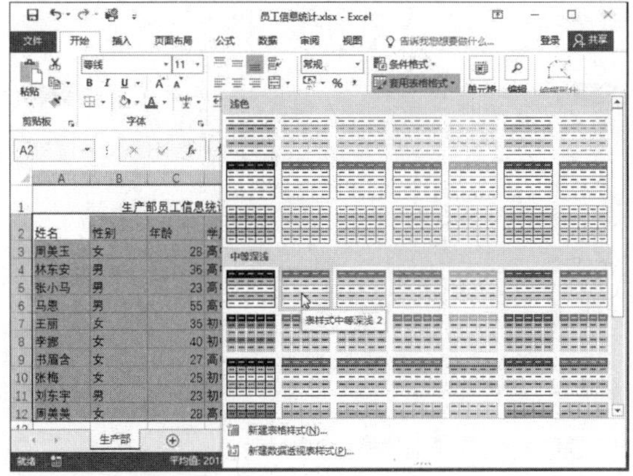

图6-50 套用表格格式

步骤06 打开“套用表格式”对话框，保持默认，单击“确定”按钮，如图6-51所示。

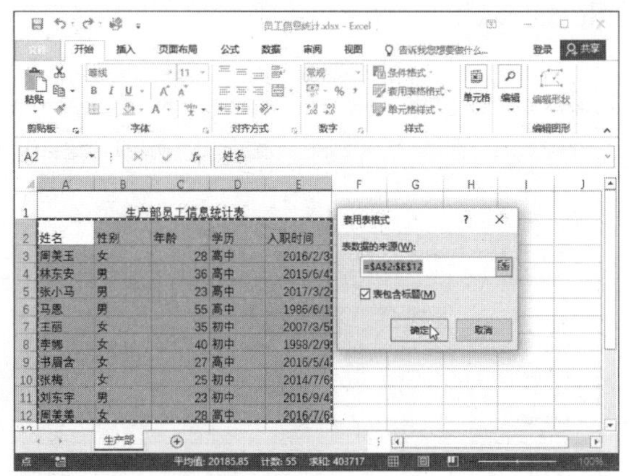

图6-51 单击“确定”按钮

步骤07 选择A1单元格，执行“开始>单元格样式>标题”命令，如图6-52所示。

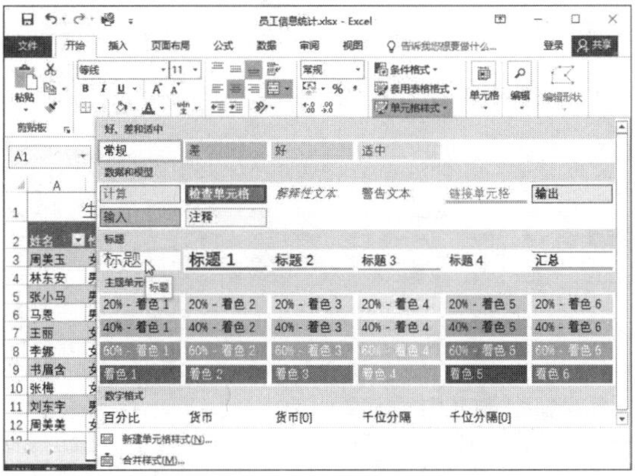

图6-52 设置单元格样式

步骤08 选择A2:E12单元格区域，依次单击“垂直居中”、“居中”按钮，如图6-53所示。

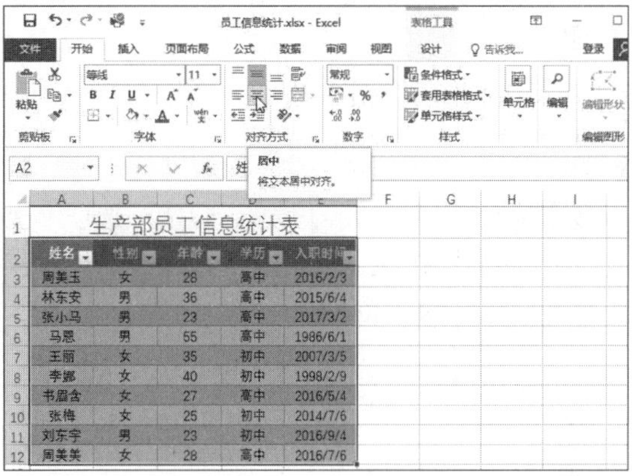

图6-53 设置文本居中对齐

步骤09 复制“生产部”工作表到其他位置，并且按需将工作表重命名为“品质部”和“人事部”，如图6-54所示。

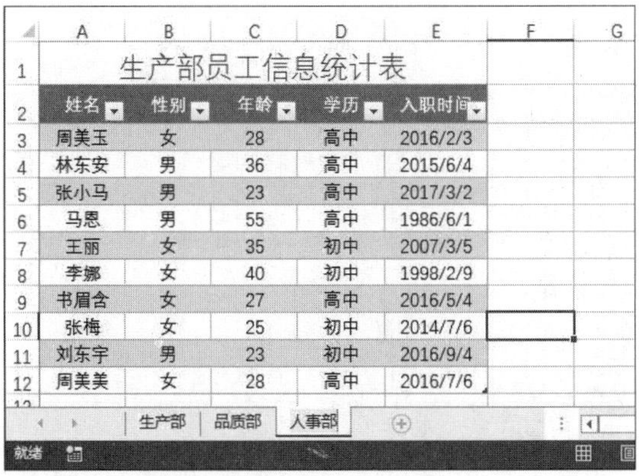

生产部员工信息统计表
姓名 性别 年龄 学历 入职时间
周美玉 女 28 高中 2016/2/3
林东安 男 36 高中 2015/6/4
张小马 男 23 高中 2017/3/2
马恩 男 55 高中 1986/6/1
王丽 女 35 初中 2007/3/5
李娜 女 40 初中 1998/2/9
书眉含 女 27 高中 2016/5/4
张梅 女 25 初中 2014/7/6
刘东宇 男 23 初中 2016/9/4
周美美 女 28 高中 2016/7/6
生产部
品质部
人事部
就绪

图6-54 重命名复制的工作表

步骤10 选择需要删除的单元格行，右键单击，从右键快捷菜单中选择“删除”命令，如图6-55所示。

剪切(T)
复制(C)
粘贴选项:
选择性粘贴(S)...
插入(I)
删除(D)
清除内容(N)
设置单元格格式(F)...
行高(R)...
隐藏(H)
取消隐藏(U)

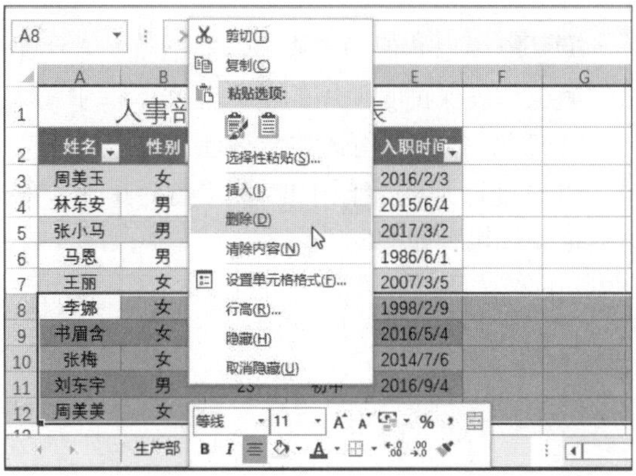

图6-55 删除多余单元格行

步骤11 如果需要添加单元格行，需选择行后右键单击，从右键菜单中选择“插入”命令，如图6-56所示。

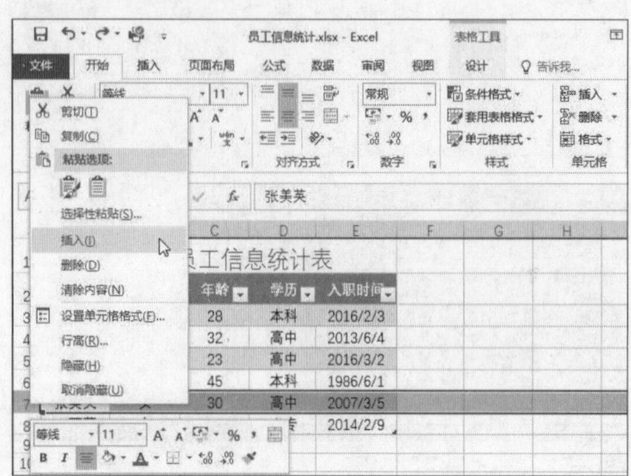

图6-56 插入单元格行

步骤12 按需修改表格中的信息，设置完成效果如图6-57所示。

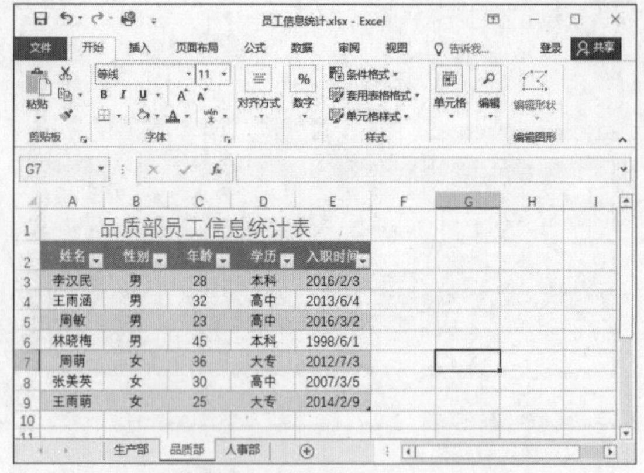

图6-57 设置完成效果

技巧放送：保护工作表

如果希望工作表中的数据不被其他用户更改，可以使用保护工作表功能，下面对其进行详细介绍。

步骤01 打开工作表，单击“开始”选项卡上的“格式”按钮，从列表中选择“保护工作表”选项，如图6-58所示。

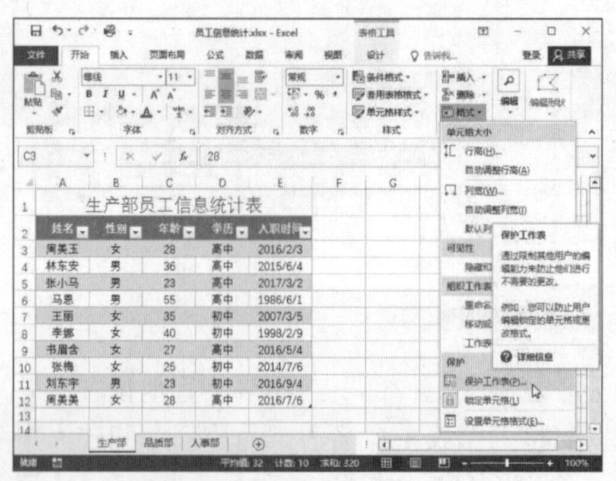

图6-58 选择“保护工作表”选项

步骤02 弹出“保护工作表”对话框，在“取消工作表保护时使用的密码”文本框中输入“123”，并按需勾选“允许此工作表的所有用户进行”列表框中的项，然后单击“确定”按钮，如图6-59所示。

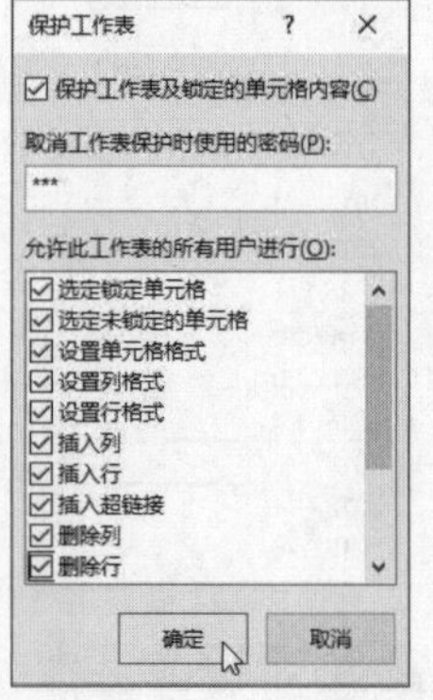

图6-59 单击“确定”按钮

步骤03 打开“确认密码”对话框，在“重新输入密码”文本框中输入“123”，然后单击“确定”按钮，如图6-60所示。

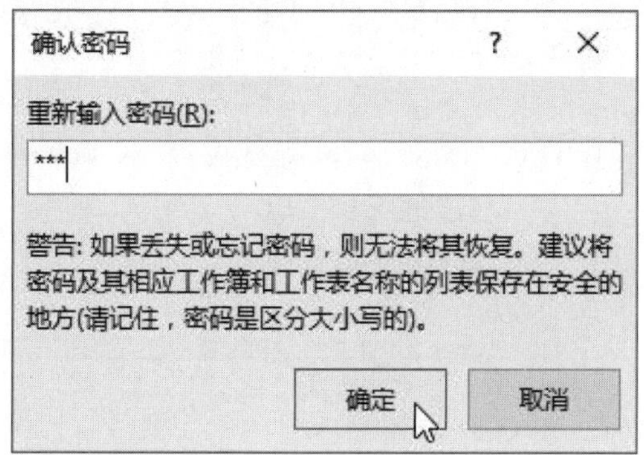

图6-60 确认密码

步骤04 保护工作表后，如果对工作表中受保护的项进行更改，会弹出提示对话框，提醒用户不能更改，如图6-61所示。

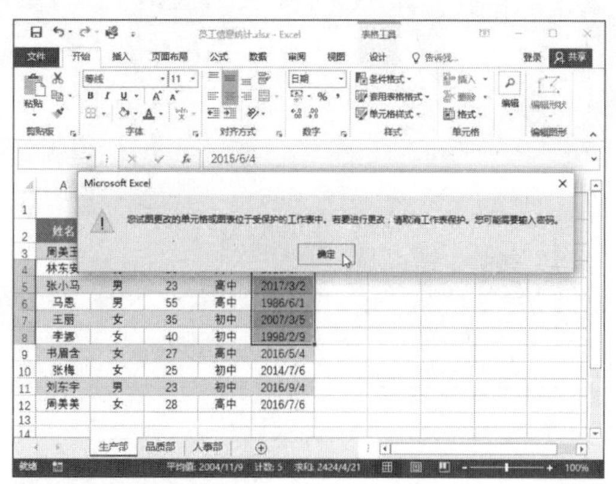

图6-61 提示对话框

步骤05 如果本人需要对工作表中的数据进行编辑，可执行“开始>格式>取消工作表保护”命令，如图6-62所示。

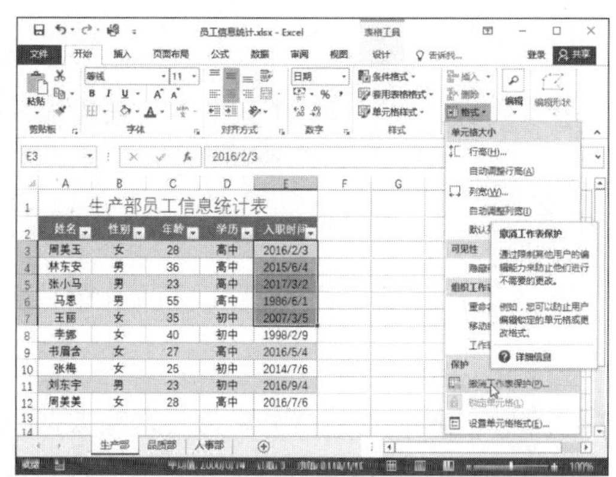

图6-62 选择“取消工作表保护”命令

步骤06 打开“撤消工作表保护”对话框，输入密码“123”，然后单击“确定”按钮，如图6-63所示。

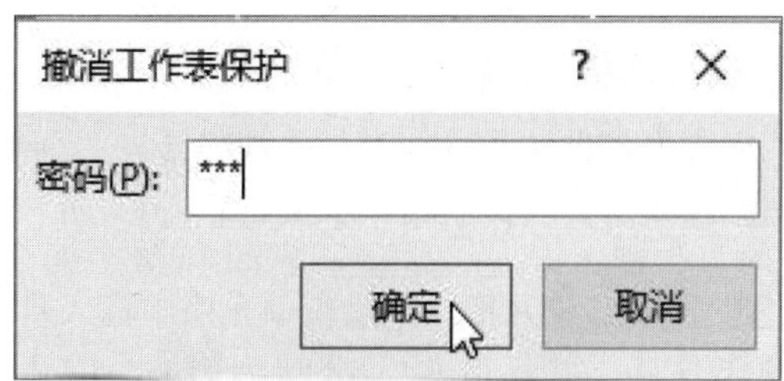

图6-63 单击“确定”按钮

Chapter 07 Excel数据的录入和处理

Excel 2016是为了统计数据而存在的，那么，如何输入这些大量的数据，并且对这些数据进行处理从而更好的分析数据呢？本章节将对这些内容进行详细介绍。

1. 数据的输入
2. 数据的排序
3. 数据的筛选
4. 数据的分类汇总
5. 数据的合并计算

7.1 数据的输入

没有大量的数据存在，工作表的生存就没有意义，那么如此多的数据该如何输入呢？下面将分两部分进行介绍，一部分为常见的数据类型数据的输入，另外一部分为序列数据的输入。

7.1.1 常见数据的录入

数据按照数据类型的不同可分为日期型数据、文本型数据、数字等，常规的数字按需输入即可，下面按照数据类型的不同分别对其进行介绍。

❶日期型数据

在制作各种销售统计表、采购统计表、订单统计表时，通常会需要记录日期，下面介绍日期型数据的输入。其具体的操作步骤如下。

步骤01 选择A3单元格，直接在单元格中输入日期的年月日，并且以"/"分割，例如，输入2017/3/7或者2017/03/07，如图7-1所示。

A3 | 2017/03/07

	A	B	C	D	E
1	合美光电品质部1组				
2	日期	总生产量	不良品数	报废品数	返修率
3	2017/03/07	10000	100	1	
4		15000	130	3	
5		18000	80	0	
6		13000	90	2	
7		12000	60	1	
8		16000	70	1	

图7-1 输入数据

步骤02 默认输入的数据类型为日期型数据，将显示为2017/3/7，按照同样的方法可直接输入其他数据，如图7-2所示。

A4 | 2017/3/8

	A	B	C	D	E
1	合美光电品质部1组				
2	日期	总生产量	不良品数	报废品数	返修率
3	2017/3/7	10000	100	1	
4	2017/3/8	15000	130	3	
5	2017/3/9	18000	80	0	
6	2017/3/10	13000	90	2	
7	2017/3/11	12000	60	1	
8	2017/3/12	16000	70	1	

图7-2 输入日期型数据

步骤03 如果只输入3/12，则输入完成后，显示为"3月12日"，如图7-3所示。

步骤04 还可以单击"开始"选项卡上"数字"组的对话框启动器按钮，如图7-4所示。

	A	B	C	D	E
1	合美光电品质部1组				
2	日期	总生产量	不良品数	报废品数	返修率
3	2017/3/7	10000	100	1	
4	2017/3/8	15000	130	3	
5	2017/3/9	18000	80	0	
6	2017/3/10	13000	90	2	
7	2017/3/11	12000	60	1	
8	2017/3/12	16000	70	1	
9	制表日期	3月12日			

图7-3 输入日期数据

图7-4 单击对话框启动器按钮

步骤05 打开“设置单元格格式”对话框，在默认的“数字”选项卡中的“日期”选项右侧的“类型”列表框中选择日期类型，然后单击“确定”按钮，如图7-5所示。

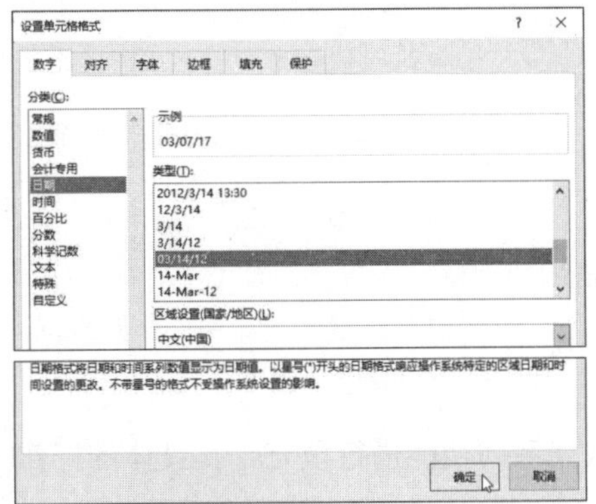

图7-5 设置数据类型

步骤06 那么设置过数据类型的单元格区域，数据的显示方式以设定方式显示出来，如图7-6所示。

	A	B	C	D	E
1	合美光电品质部1组				
2	日期	总生产量	不良品数	报废品数	返修率
3	03/07/17	10000	100	1	
4	03/08/17	15000	130	3	
5	03/09/17	18000	80	0	
6	03/10/17	13000	90	2	
7	03/11/17	12000	60	1	
8	03/12/17	16000	70	1	
9	制表日期	3月12日			

图7-6 数据按照指定类型显示

❷ 文本型数据

在输入以0开头的数据时，Excel系统会默认将开头的0不显示，那么在输入电话号码、邮政编码等一系列以0开头的数据，需要先将数据类型设置为文本，再进行输入。

步骤01 选择A3:A12单元格区域，单击“开始”选项卡上的“数字格式”按钮，从展开的列表中选择“文本”选项，如图7-7所示。

	订单编号	客户姓名	城市
3		张新民	常州
4		王立宇	长春
5		刘卓然	福州
6		韩美林	北京
7		周琳	长沙
8		袁宏志	南宁
9		林可	重庆
10		王民浩	苏州
11		周珊珊	昆山
12		张小多	上海

图7-7 选择“文本”选项

步骤02 在单元格格式为文本的单元格中，输入的数字会作为文本处理，单元格显示的内容与输入的内容完全一致，如图7-8所示。

	A	B	C	D	E	F
1	昆山一鸣科技					
2	订单编号	客户姓名	城市	订单额	运输费	预付款
3	010327001	张新民	常州	250000.00	600.00	50000.00
4	010327002	[illegible]	[illegible]	[illegible]	450.00	17800.00
5	010327003	刘卓然	福州	32000.00	160.00	6400.00
6	010327004	韩美林	北京	95000.00	800.00	19000.00
7	010327005	周琳	长沙	76000.00	750.00	15200.00
8	010327006	袁宏志	南宁	112000.00	900.00	22400.00
9	010327007	林可	重庆	98000.00	600.00	19600.00
10	010327008	王民浩	苏州	113000.00	130.00	22600.00
11	010327009	周珊珊	昆山	754000.00	340.00	150800.00
12	010327010	张小多	上海	239000.00	200.00	47800.00
13	010327011	林闪闪	济南	105000.00	320.00	21000.00
14	010327012	王静美	南京	98000.00	200.00	19600.00

此单元格中的数字为文本格式，或者其前面有撇号。

图7-8 文本数据显示效果

❸自定义类型数据

除了可以指定数据类型外，用户还可以自定义数据类型进行输入，下面以输入身份证号码为例进行介绍，其具体的操作步骤如下。

步骤01 选择需要更改数据格式的单元格区域E3:E12单元格区域，然后在键盘上按下 Ctrl+1组合键，如图7-9所示。

	A	B	C	D	E	F
1	生产部员工信息统计					
2	姓名	性别	年龄	学历	身份证号码	入职时间
3	周美玉	女	28	高中		2016/2/3
4	林东安	男	36	高中		2015/6/4
5	张小马	男	23	高中		2017/3/2
6	马恩	男	55	高中		1986/6/1
7	王丽	女	35	初中		2007/3/5
8	李娜	女	40	初中		1998/2/9
9	书眉含	女	27	高中		2016/5/4
10	张梅	女	25	初中		2014/7/6
11	刘东宇	男	23	初中		2016/9/4
12	李美琴	女	28	高中		2016/7/6

图7-9 按Ctrl + 1组合键

步骤02 打开“设置单元格格式”对话框，在“数字”选项卡，设置“分类”列为“自定义”，在“类型”文本框中输入内容“@”，单击“确定”按钮，如图7-10所示。返回工作表中输入身份证号码即可。

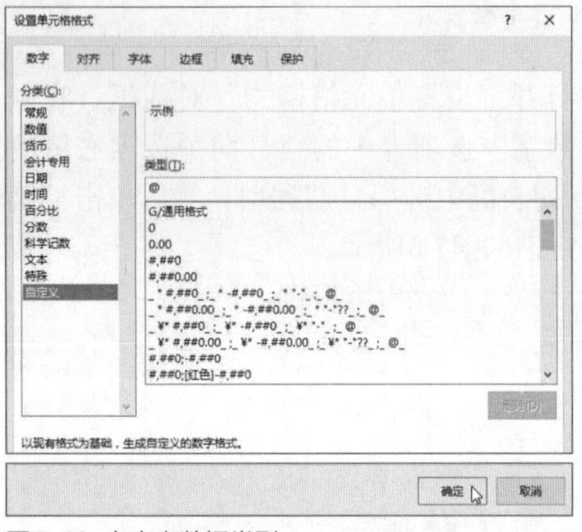

图7-10 自定义数据类型

7.1.2 序列数据的录入

如果需要输入很多具有一定关系的一组数据，可以使用数据系列功能进行填充，其具体的操作步骤如下。

步骤01 填充序列。在A3单元格中输入数据后，将鼠标光标移至该单元格右下角，鼠标光标变为十字形，如图7-11所示。

	A	B	C	D	E	F
2	产品代码	品名	目标产量	实际产量	不良品数	报废品数
3	AM-01	AMNK1	17500	18000	200	3
4		AMNK2	16000	17000	100	5
5		AMNK3	15000	26000	300	2
6		AMNK4	35500	38750	260	6
7		AMNK5	26500	30000	250	4
8		AMNK6	36000	35800	300	1
9		AMNK7	62000	60000	450	2
10		AMNK8	56000	63000	260	3
11		AMNK9	52600	55000	310	4
12		AMNK10	84500	86000	400	5
13		AMNK11	82000	83000	200	1
14		AMNK12	73000	75000	250	2
15		AMNK13	53000	51000	260	2

图7-11 定位鼠标光标

步骤02 按住鼠标左键不放，拖动鼠标可将数据按序列方式填充，单击“自动填充选项”按钮，可以选择填充方式，如图7-12所示。

	A	B	C	D	E	F
2	产品代码	品名	目标产量	实际产量	不良品数	报废品数
3	AM-01	AMNK1	17500	18000	200	3
4	AM-02	AMNK2	16000	17000	100	5
5	AM-03	AMNK3	15000	26000	300	2
6	AM-04	AMNK4	35500	38750	260	6
7	AM-05	AMNK5	26500	30000	250	4
8	AM-06	AMNK6	36000	35800	300	1
9	AM-07	AMNK7	62000	60000	450	2
10	AM-08			63000	260	3
11	AM-09			55000	310	4
12	AM-10			86000	400	5
13	AM-11			83000	200	1
14	AM-12			75000	250	2
15	AM-13			51000	260	2
16						

复制单元格(C)
填充序列(S)
仅填充格式(F)
不带格式填充(O)
快速填充(F)

图7-12 设置填充方式

步骤03 填充指定关系的序列。选择需要填充等比数列的A3:A8单元格区域，单击“开始”选项卡上“填充”右侧下拉按钮，从列表中选择“序列”选项，如图7-13所示。

步骤04 打开“序列”对话框，设置“序列产生在”列，“类型”为日期，“步长值”为1，然后单击“确定”按钮，如图7-14所示。

合美光电品质部1组				
日期	总生产量	不良品数	报废品数	返修率
03/07/17	10000	100	1	
	15000	130	3	
	18000	80	0	
	13000	90	2	
	12000	60	1	
	16000	70	1	
制表日期	3月12日			

图7-13 选择“序列”选项

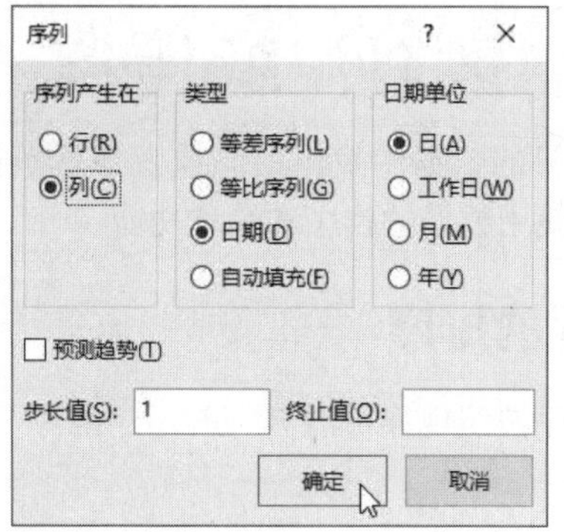

图7-14 “序列”对话框

如果用户经常需要插入某一固定的序列，则可以自定义该序列到Excel系统中，其具体的操作步骤如下。

步骤01 打开工作簿，执行“文件>选项”命令，如图7-15所示。

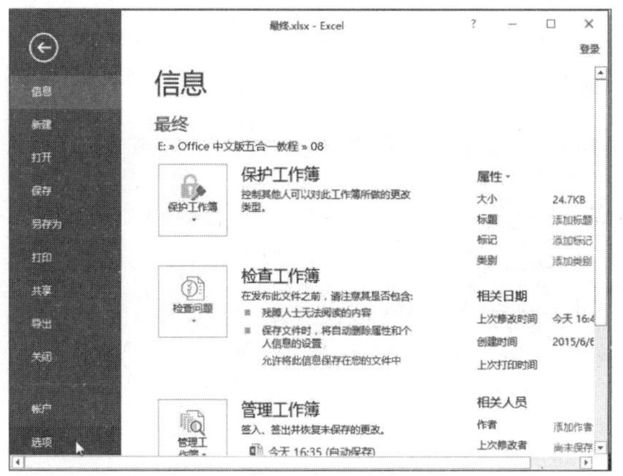

图7-15 选择“选项”选项

步骤02 打开“Excel选项”对话框，单击“高级”选项右侧区域“编辑自定义列表”按钮，如图7-16所示。

图7-16 单击“编辑自定义列表”按钮

步骤03 打开“自定义序列”对话框，在“输入序列”列表框中输入序列，然后单击“添加”按钮，最后单击“确定”按钮，如图7-17所示。

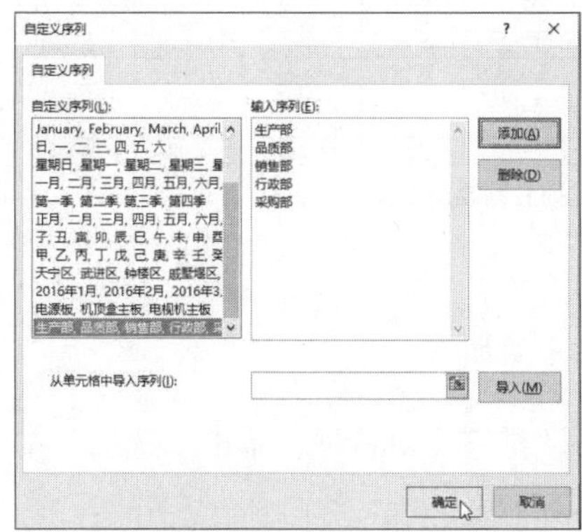

图7-17 自定义序列

步骤04 返回“Excel选项”对话框，单击“确定”按钮，返回工作表，在A1单元格中输入“生产部”，拖动鼠标，可填充自定义序列，如图7-18所示。

	A	B	C	D	E
1	生产部				
2	品质部				
3	销售部				
4	行政部				
5	采购部				
6	生产部				
7	品质部				
8	销售部				
9	行政部				
10	采购部				
11	生产部				
12	品质部				
13	销售部				

图7-18 填充自定义序列

7.2 数据的排序和筛选

如何在大量的数据中找出最高或者最低数据，如何在这些数据中筛选出满足一定条件的数据呢？这就需要使用数据的排序和筛选功能。

7.2.1 数据的排序

数据的排序按照规律可以分为升序、降序、按行排序、按指定顺序排序等，下面分别对其进行介绍。

❶升序排列数据

在此根据要求将表格中的数据从低到高排列，其具体的操作步骤如下。

步骤01 选择需要排序的D3:D14单元格区域，单击“数据”选项卡上的“升序”按钮，如图7-19所示。

订单编号	客户姓名	城市	订单额	运输费	预付款
010327001	张新民	常州	250000.00	600.00	50000.00
010327002	王立宇	长春	89000.00	450.00	17800.00
010327003	刘卓然	福州	32000.00	160.00	6400.00
010327004	韩美林	北京	95000.00	800.00	19000.00
010327005	周琳	长沙	76000.00	750.00	15200.00
010327006	袁宏志	南宁	112000.00	900.00	22400.00
010327007	林可	重庆	98000.00	600.00	19600.00
010327008	王民浩	苏州	113000.00	130.00	22600.00
010327009	周珊珊	昆山	754000.00	340.00	150800.00
010327010	张小多	上海	239000.00	200.00	47800.00
010327011	林闪闪	济南	105000.00	320.00	21000.00
010327012	王静美	南京	98000.00	200.00	19600.00

图7-19 单击“升序”按钮

步骤02 弹出“排序提醒”对话框，选中“扩展选定区域”单选按钮，然后单击“排序”按钮，如图7-20所示。

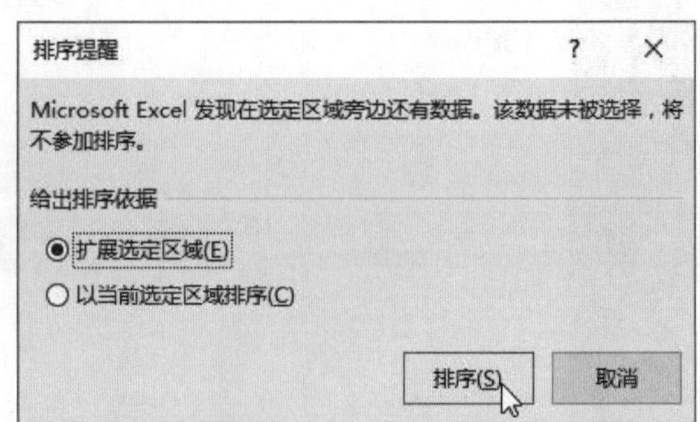

图7-20 单击“排序”按钮

步骤03 即可按订单额的多少从低到高排列表格中的数据，如图7-21所示。

昆山一鸣科技

订单编号	客户姓名	城市	订单额	运输费	预付款
010327003	刘卓然	福州	32000.00	160.00	6400.00
010327005	周琳	长沙	76000.00	750.00	15200.00
010327002	王立宇	长春	89000.00	450.00	17800.00
010327004	韩美林	北京	95000.00	800.00	19000.00
010327007	林可	重庆	98000.00	600.00	19600.00
010327012	王静美	南京	98000.00	200.00	19600.00
010327011	林闪闪	济南	105000.00	320.00	21000.00
010327006	袁宏志	南宁	112000.00	900.00	22400.00
010327008	王民浩	苏州	113000.00	130.00	22600.00
010327010	张小多	上海	239000.00	200.00	47800.00
010327001	张新民	常州	250000.00	600.00	50000.00
010327009	周珊珊	昆山	754000.00	340.00	150800.00

图7-21 升序排列数据效果

❷按行排列数据

对于需要按行排列数据的表格，同样可以实现排序，其操作步骤如下。

步骤01 打开工作表，选择B2:G8单元格区域，单击“数据”选项卡上“排序”按钮，如图7-22所示。

步骤02 弹出“排序”对话框，单击“选项”按钮，如图7-23所示。

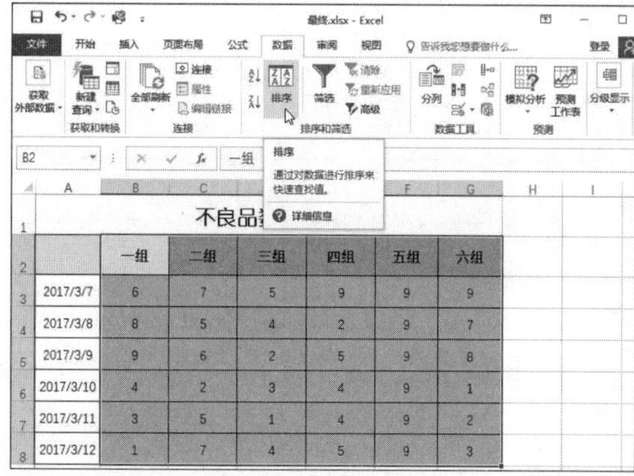

图7-22 单击“排序”按钮

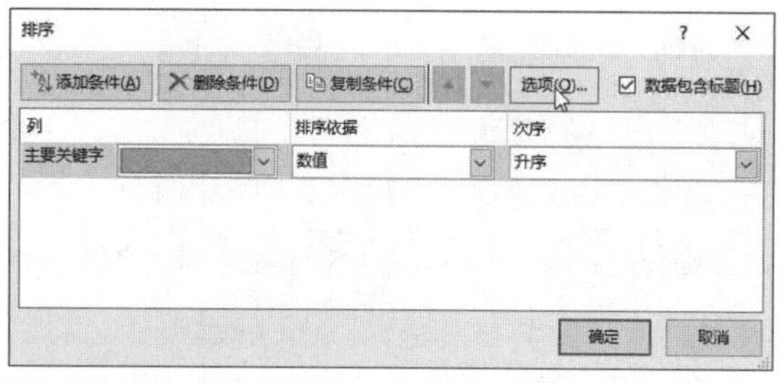

图7-23 单击“选项”按钮

步骤03 弹出“排序选项”对话框，选中“按行排序”单选按钮，单击“确定”按钮，如图7-24所示。

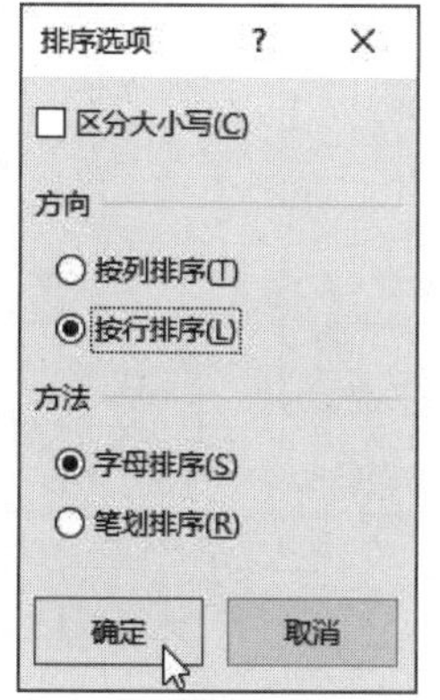

图7-24 设置按行排序

步骤04 返回“排序”对话框，在“主要关键字”下拉列表框中选择“行3”选项，其他保持默认，单击“确定”按钮，如图7-25所示。

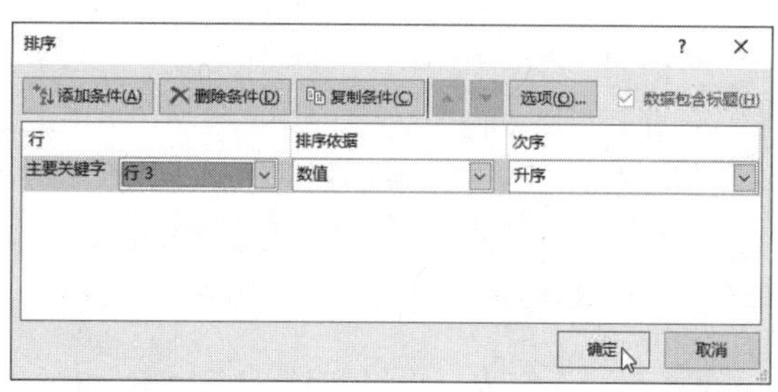

图7-25 单击“确定”按钮

步骤05 即可显示2017/3/7日的不良品数目从低到高排序，如图7-26所示。

	A	B	C	D	E	F	G
1	不良品数目统计						
2		三组	一组	二组	五组	六组	四组
3	2017/3/7	5	6	7	9	9	9
4	2017/3/8	4	8	5	9	7	2
5	2017/3/9	2	9	6	9	8	5
6	2017/3/10	3	4	2	9	1	4
7	2017/3/11	1	3	5	9	2	4
8	2017/3/12	4	1	7	9	3	5

图7-26 按行排序效果

❸多条件排序

按多个条件对整个表格中的数据进行排序，同样很容易实现，其具体的操作步骤如下。

步骤01 选择A2:F14单元格区域，单击“数据”选项卡上“排序”按钮，如图7-27所示。

步骤02 弹出“排序”对话框，设置“主要关键字”为“订单编号”、“排序依据”为“数值”、“次序”为“升序”，单击“添加条件”按钮，如图7-28所示。

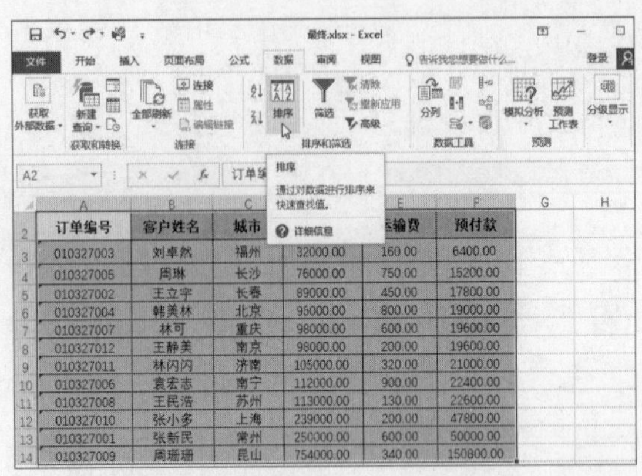

图7-27 单击“排序”按钮

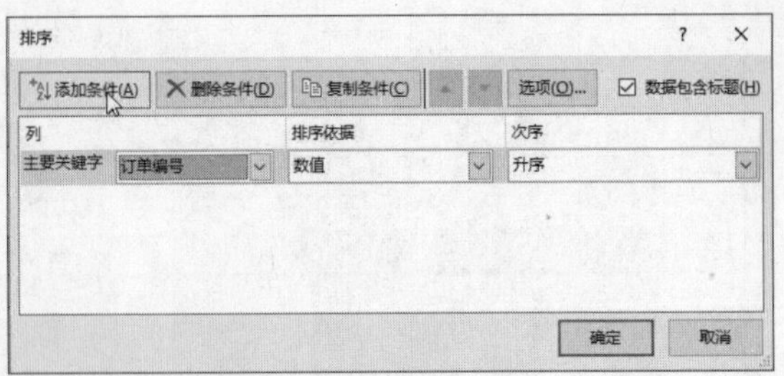

图7-28 单击“添加条件”按钮

步骤03 按照同样的方法依次设置次要关键字，设置完成后，单击“确定”按钮，如图7-29所示。

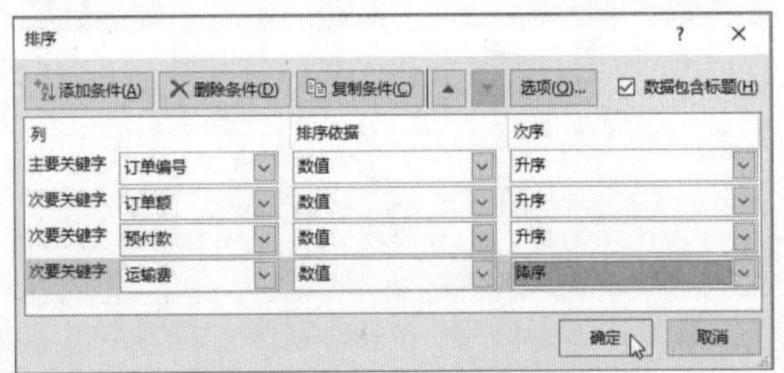

图7-29 设置次要关键字

步骤04 弹出“排序提醒”对话框，选中“将任何类似数字的内容排序”单选按钮，如图7-30所示。

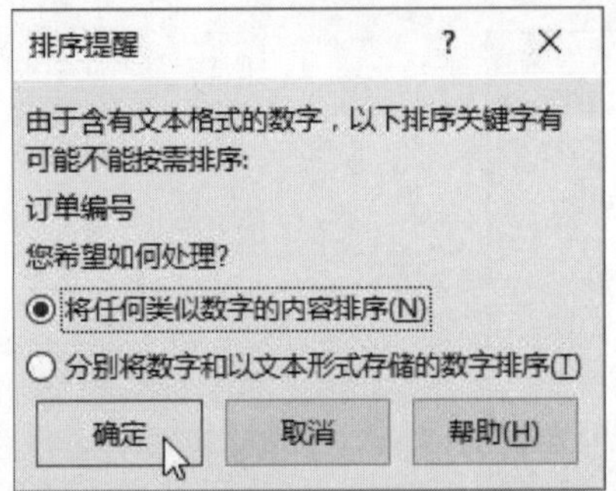

图7-30 “排序提醒”对话框

步骤05 返回工作表，可以看到A2:F14单元格区域中的数据已经按照指定的条件进行了排序，如图7-31所示。

	A	B	C	D	E	F
1	昆山一鸣科技					
2	订单编号	客户姓名	城市	订单额	运输费	预付款
3	010327001	张新民	常州	250000.00	600.00	50000.00
4	010327002	王立宇	长春	89000.00	450.00	17800.00
5	010327003	刘卓然	福州	32000.00	160.00	6400.00
6	010327004	韩美林	北京	95000.00	800.00	19000.00
7	010327005	周琳	长沙	76000.00	750.00	15200.00
8	010327006	袁宏志	南宁	112000.00	900.00	22400.00
9	010327007	林可	重庆	98000.00	600.00	19600.00
10	010327008	王民浩	苏州	113000.00	130.00	22600.00
11	010327009	周珊珊	昆山	754000.00	340.00	150800.00
12	010327010	张小多	上海	239000.00	200.00	47800.00
13	010327011	林闪闪	济南	105000.00	320.00	21000.00
14	010327012	王静美	南京	98000.00	200.00	19600.00

图7-31 多条件排序效果

❹按自定义序列排序

如果用户希望按照自定义的序列进行排序，则可以按照下面的操作步骤进行操作。

步骤01 选择A3:E9单元格区域，单击“数据”选项卡上“排序”按钮，如图7-32所示。

步骤02 弹出“排序”对话框，设置“主要关键字”为“学历”，单击“次序”下拉按钮，从展开的列表中选择“自定义序列”选项，如图7-33所示。

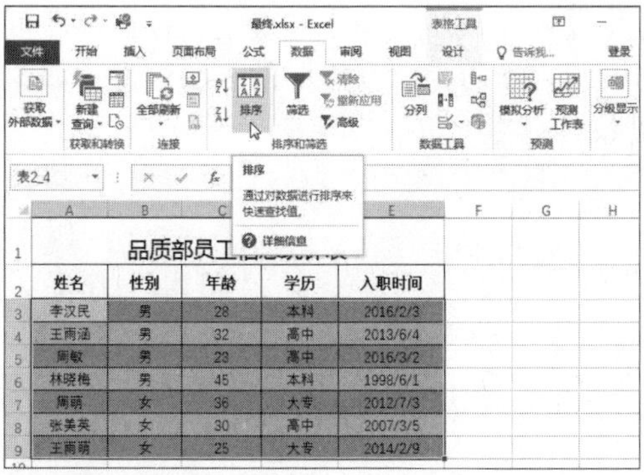

图7-32 单击“排序”按钮

排序
添加条件(A)
删除条件(D)
复制条件(C)
选项(O)...
数据包含标题(H)
列
排序依据
次序
主要关键字
学历
数值
升序
升序
降序
自定义序列...
确定
取消

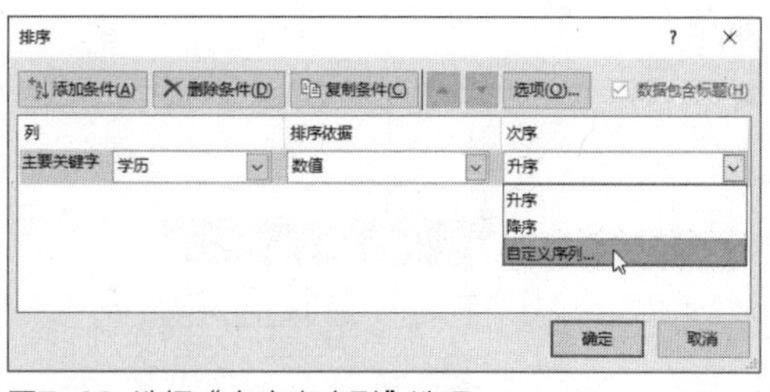

图7-33 选择“自定义序列”选项

步骤03 打开“自定义序列”对话框，在“输入序列”列表框中输入自定义序列，单击“添加”按钮，然后单击“确定”按钮，如图7-34所示。

步骤04 返回“排序”对话框，单击“确定”按钮，可以看到数据按照自定义序列进行排序，如图7-35所示。

自定义序列
自定义序列(L):
输入序列(E):
高中
大专
本科
添加(A)
删除(D)
高中, 大专, 本科
确定
取消

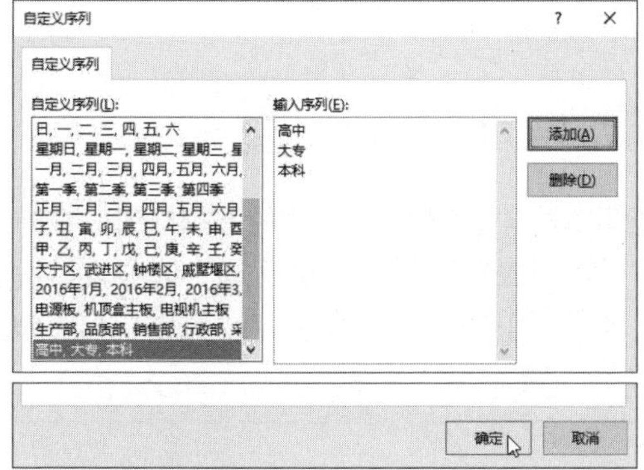

图7-34 设置自定义序列

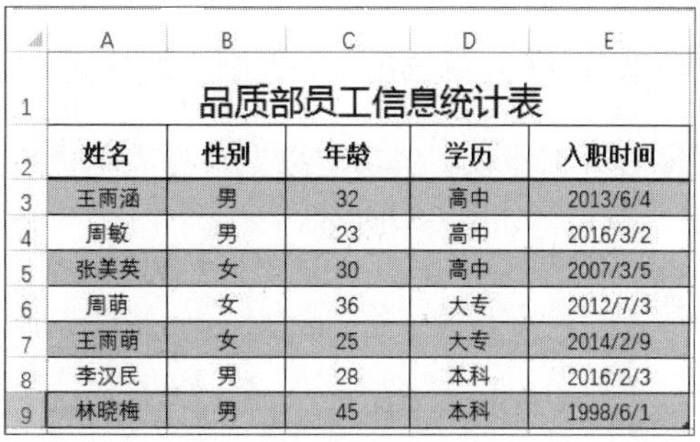

品质部员工信息统计表
姓名 性别 年龄 学历 入职时间
王雨涵 男 32 高中 2013/6/4
周敏 男 23 高中 2016/3/2
张美英 女 30 高中 2007/3/5
周萌 女 36 大专 2012/7/3
王雨萌 女 25 大专 2014/2/9
李汉民 男 28 本科 2016/2/3
林晓梅 男 45 本科 1998/6/1

图7-35 自定义排序效果

7.2.2 数据的筛选

如果需要在大量的数据中找出符合某种条件的数据，只凭肉眼观察会让人眼花缭乱，并且准确率不高，这就需要使用Excel的筛选功能，下面介绍几种筛选数据的方法。

❶简单筛选

如果只是简单的筛选数据，则可按照下面的方法进行操作。

步骤01 打开工作表，单击“数据”选项卡上的“筛选”按钮，如图7-36所示。

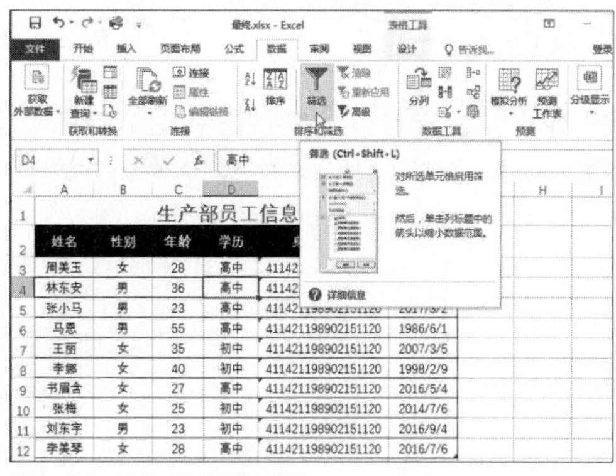

图7-36 单击“筛选”按钮

步骤02 数据列标题出现筛选按钮，单击“学历”筛选按钮，在展开的列表中取消对“全选”的选中，然后勾选“高中”选项，如图7-37所示。

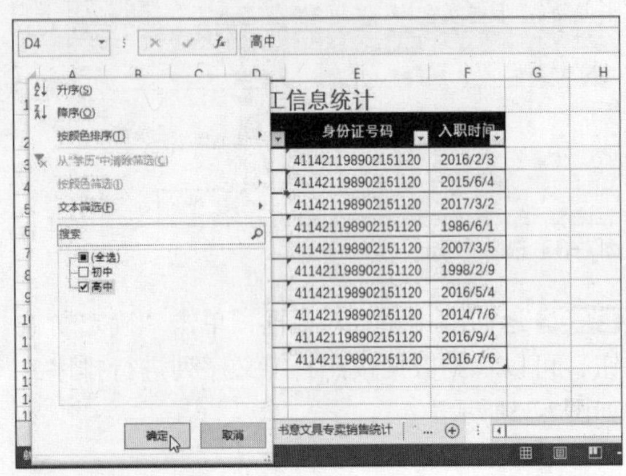

图7-37 勾选“高中”选项

步骤03 设置完成后，单击“确定”按钮，即可筛选出所有学历为“高中”的人的信息，如图7-38所示。

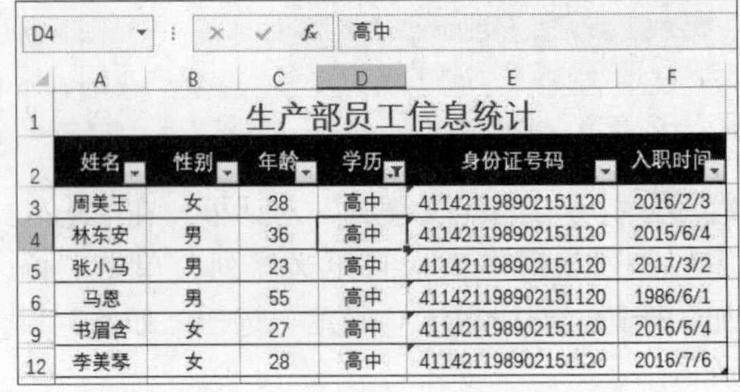

姓名	性别	年龄	学历	身份证号码	入职时间
周美玉	女	28	高中	411421198902151120	2016/2/3
林东安	男	36	高中	411421198902151120	2015/6/4
张小马	男	23	高中	411421198902151120	2017/3/2
马恩	男	55	高中	411421198902151120	1986/6/1
书眉含	女	27	高中	411421198902151120	2016/5/4
李美琴	女	28	高中	411421198902151120	2016/7/6

图7-38 筛选结果

❷自定义筛选

如果用户希望筛选出某一范围内的数据，则可以按照下面的操作步骤进行筛选。

步骤01 打开工作表，单击“数据”选项卡上的“筛选”按钮，如图7-39所示。

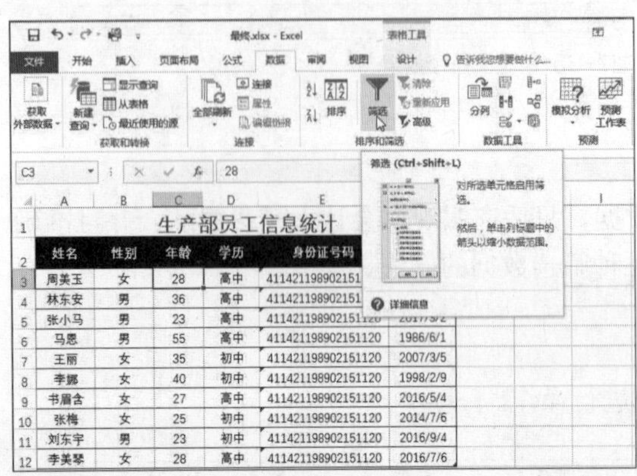

图7-39 单击“筛选”按钮

步骤02 单击“年龄”列右侧的下拉按钮，在弹出的下拉列表中选择“数字筛选”选项，然后从其级联菜单中选择“介于”选项，如图7-40所示。

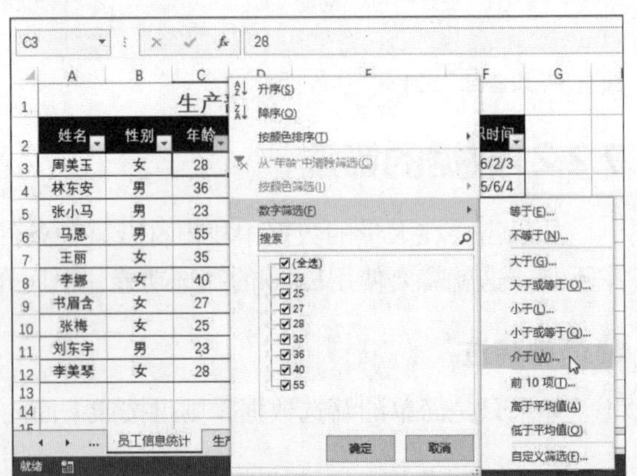

图7-40 选择“介于”选项

步骤03 弹出“自定义自动筛选方式”对话框，设置年龄大于或等于25，小于或等于40，然后单击“确定”按钮，如图7-41所示。

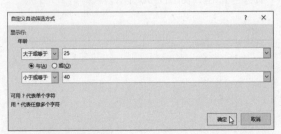

图7-41 设置筛选条件

步骤04 筛选出所有年龄大于或等于25小于或等于40的人员信息，如图7-42所示。

	A	B	C	D	E	F
1	生产部员工信息统计					
2	姓名	性别	年龄	学历	身份证号码	入职时间
3	周美玉	女	28	高中	411421198902151120	2016/2/3
4	林东安	男	36	高中	411421198902151120	2015/6/4
7	王丽	女	35	初中	411421198902151120	2007/3/5
8	李娜	女	40	初中	411421198902151120	1998/2/9
9	书眉含	女	27	高中	411421198902151120	2016/5/4
10	张梅	女	25	初中	411421198902151120	2014/7/6
12	李美琴	女	28	高中	411421198902151120	2016/7/6

图7-42 自定义筛选效果

❸高级筛选

除了上述两种筛选数据的方法外，用户还可以在工作表中直接指定筛选条件后再进行筛选，下面介绍其具体的操作步骤。

步骤01 打开工作表，在D17:D18单元格区域中输入条件，然后单击“数据”选项卡的“高级”按钮，如图7-43所示。

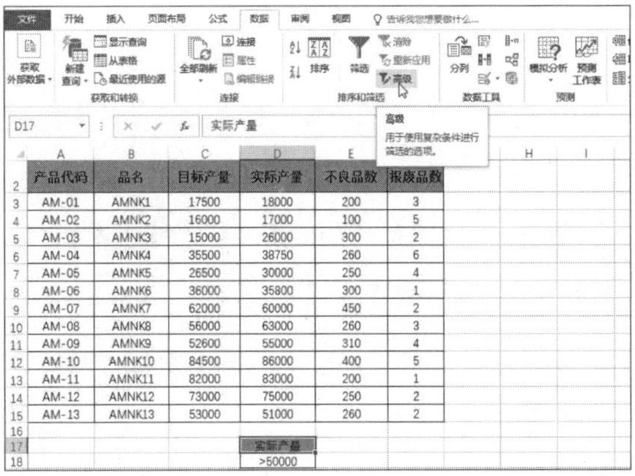

图7-43 单击“高级”按钮

步骤02 弹出“高级筛选”对话框，单击“列表区域”右侧“选择范围”按钮，如图7-44所示。

图7-44 单击“选择范围”按钮

步骤03 拖动鼠标，选择列表区域后，单击“还原”按钮，如图7-45所示。然后按照同样的方法设置条件区域。

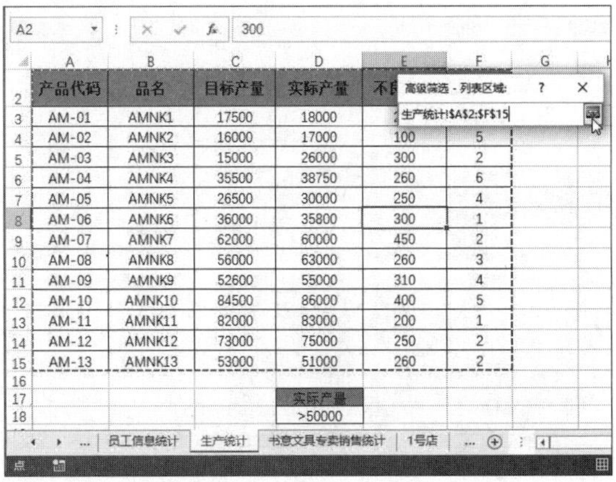

图7-45 选择列表区域

步骤04 设置完成后，单击对话框中的“确定”按钮，即可按照筛选条件筛选出符合条件的数据，如图7-46所示。

	A	B	C	D	E	F
1	安美电子生产部日报表					
2	产品代码	品名	目标产量	实际产量	不良品数	报废品数
9	AM-07	AMNK7	62000	60000	450	2
10	AM-08	AMNK8	56000	63000	260	3
11	AM-09	AMNK9	52600	55000	310	4
12	AM-10	AMNK10	84500	86000	400	5
13	AM-11	AMNK11	82000	83000	200	1
14	AM-12	AMNK12	73000	75000	250	2
15	AM-13	AMNK13	53000	51000	260	2
16						
17				实际产量		
18				>50000		

图7-46 筛选结果示意

7.3 数据的分类汇总与合并计算

如果用户想要将大量的数据进行汇总，或者将多工作表中的数据合在一起进行计算，则可以使用数据的分类汇总与合并计算功能，下面分别对其进行介绍。

7.3.1 数据的分类汇总

在工作表中存在着大量的数据，用户希望可以分门别类的对数据进行汇总，方法很简单。可以按单一字段和多字段实施汇总，下面分别对其进行介绍。

❶汇总指定字段数据

对于单一字段的数据进行汇总，其具体的操作步骤如下。

步骤01 打开工作表，选择需要排序的单元格区域，单击“数据”选项卡上“排序”按钮，如图7-47所示。

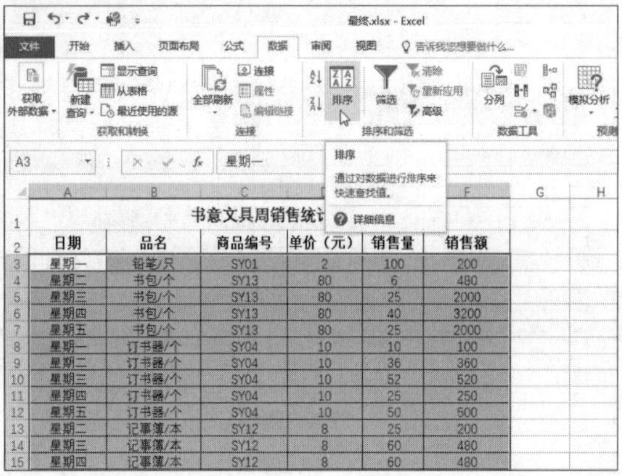

图7-47 单击“排序”按钮

步骤02 弹出“排序”对话框，设置“主要关键字”为“日期”，单击“次序”下拉按钮，从展开的列表中选择“自定义序列”选项，如图7-48所示。

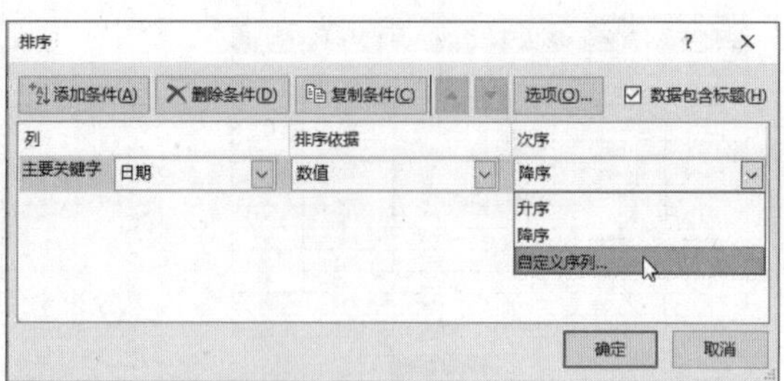

图7-48 选择“自定义序列”选项

步骤03 打开“自定义序列”对话框，在“自定义序列”列表框中选择自定义序列后单击“确定”按钮，如图7-49所示。

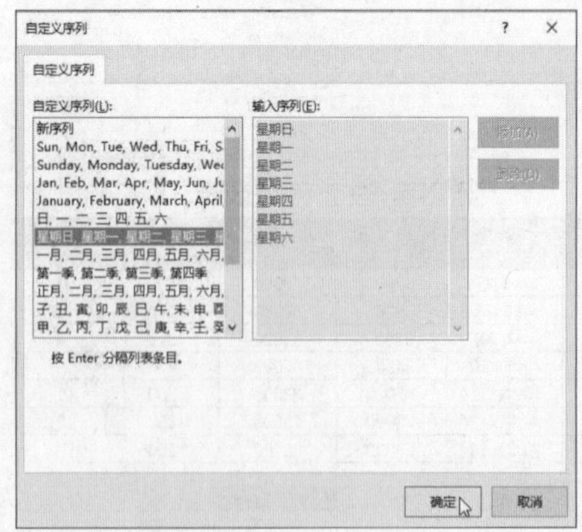

图7-49 选择自定义序列

步骤04 选择除标题外的数据区域，单击“数据”选项卡上的“分类汇总”按钮，如图7-50所示。

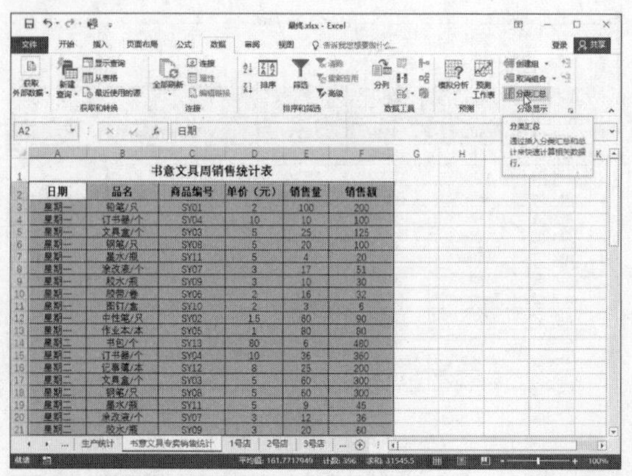

图7-50 单击“分类汇总”按钮

步骤05 弹出“分类汇总”对话框，设置“分类字段”为“日期”，在“选定汇总项”列表框中，选中“销售额”选项。然后单击“确定”按钮，关闭对话框，如图7-51所示。

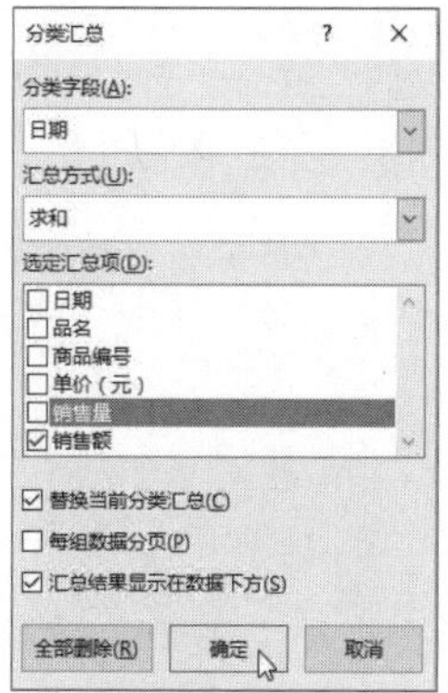

图7-51 设置分类字段、汇总方式以及选定汇总项

步骤06 即可将工作表中的数据按照日期的不同计算出总销售额，如图7-52所示。

	日期	品名	商品编号	单价（元）	销售量	销售额
3	星期一	铅笔/只	SY01	2	100	200
4	星期一	订书器/个	SY04	10	10	100
5	星期一	文具盒/个	SY03	5	25	125
6	星期一	钢笔/只	SY08	5	20	100
7	星期一	墨水/瓶	SY11	5	4	20
8	星期一	涂改液/个	SY07	3	17	51
9	星期一	胶水/瓶	SY09	3	10	30
10	星期一	胶带/卷	SY06	2	16	32
11	星期一	图钉/盒	SY10	2	3	6
12	星期一	中性笔/只	SY02	1.5	60	90
13	星期一	作业本/本	SY05	1	80	80
14	星期一 汇总					834
15	星期二	书包/个	SY13	80	6	480
16	星期二	订书器/个	SY04	10	36	360
17	星期二	记事簿/本	SY12	8	25	200
18	星期二	文具盒/个	SY03	5	60	300
19	星期二	钢笔/只	SY08	5	60	300
20	星期二	墨水/瓶	SY11	5	9	45
21	星期二	涂改液/个	SY07	3	12	36
22	星期二	胶水/瓶	SY09	3	20	60
23	星期二	铅笔/只	SY01	2	120	240
24	星期二	胶带/卷	SY06	2	20	40
25	星期二	图钉/盒	SY10	2	10	20

生产统计 | 书意文具专卖销售统计 | 1号店 | 2号店 | 3号店

平均值: 398.6741294 计数: 408 求和: 80133.5

图7-52 分类汇总效果

步骤07 单击左上角的1、2、3按钮，可将该汇总表按级别显示，例如，单击2按钮，可显示数据到第2级别，如图7-53所示。

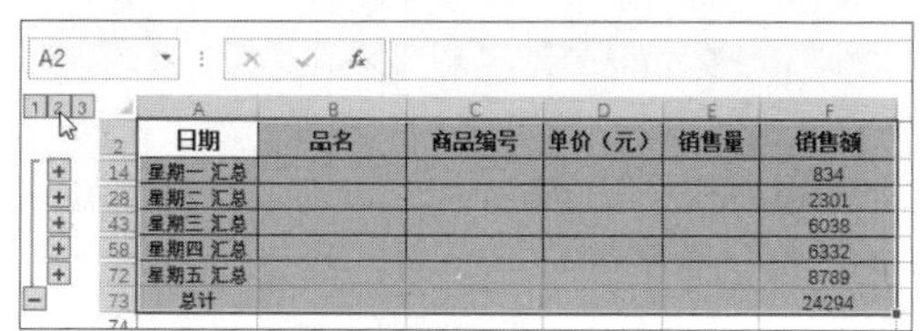

	日期	品名	商品编号	单价（元）	销售量	销售额
14	星期一 汇总					834
28	星期二 汇总					2301
43	星期三 汇总					6038
58	星期四 汇总					6332
72	星期五 汇总					8789
73	总计					24294

图7-53 选择显示的数据级别

步骤08 而单击“展开”按钮，可以将该汇总项下的数据展开，如图7-54所示。

	日期	品名	商品编号	单价（元）	销售量	销售额
3	星期一	铅笔/只	SY01	2	100	200
4	星期一	订书器/个	SY04	10	10	100
5	星期一	文具盒/个	SY03	5	25	125
6	星期一	钢笔/只	SY08	5	20	100
7	星期一	墨水/瓶	SY11	5	4	20
8	星期一	涂改液/个	SY07	3	17	51
9	星期一	胶水/瓶	SY09	3	10	30
10	星期一	胶带/卷	SY06	2	16	32
11	星期一	图钉/盒	SY10	2	3	6
12	星期一	中性笔/只	SY02	1.5	60	90
13	星期一	作业本/本	SY05	1	80	80
14	星期一 汇总					834
28	星期二 汇总					2301
43	星期三 汇总					6038
58	星期四 汇总					6332
72	星期五 汇总					8789
73	总计					24294

图7-54 展开汇总项的数据

❷汇总多字段数据

多字段汇总数据需要在排序时先进行多条件排序，再依次汇总数据，其具体的操作步骤如下。

步骤01 选择表格中需要排序的单元格区域后，执行“数据>排序”命令，打开“排序”对话框，设置主要关键字和次要关键字，设置完成后，单击“确定”按钮，如图7-55所示。

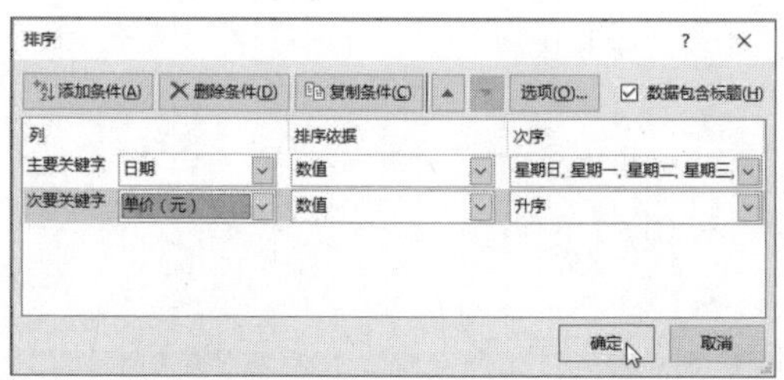

图7-55 设置排序条件

步骤02 按多字段排序完成后，单击“分级显示”组中的“分类汇总”按钮，如图7-56所示。

图7-56 单击“分类汇总”按钮

步骤03 弹出“分类汇总”对话框，设置分类字段与主要关键字相同，然后设置汇总项为“销售额”并确定，如图7-57所示。

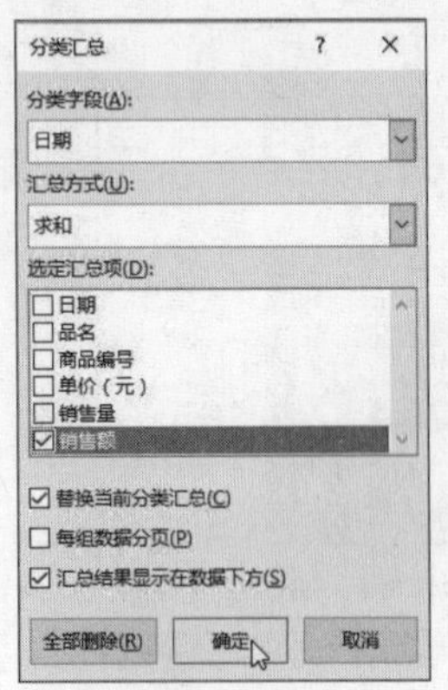

图7-57 “分类汇总”对话框

步骤04 再次打开“分类汇总”对话框，设置分类字段为“单价（元）”并取消对“替换当前分类汇总”选项的勾选，然后单击“确定”按钮，如图7-58所示。

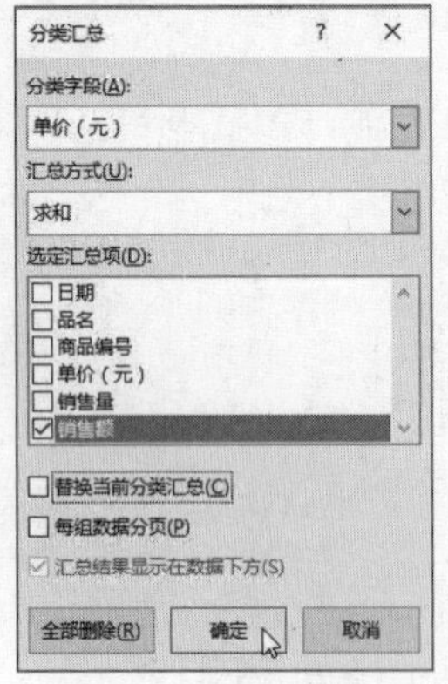

图7-58 设置分类汇总

步骤05 即可将工作表中的数据按照日期和单价进行汇总，如图7-59所示。

	A	B	C	D	E	F
2	日期	品名	商品编号	单价（元）	销售量	销售额
3	星期一	作业本/本	SY05	1	80	80
4				1 汇总		80
5	星期一	中性笔/只	SY02	1.5	60	90
6				1.5 汇总		90
7	星期一	铅笔/只	SY01	2	100	200
8	星期一	胶带/卷	SY06	2	16	32
9	星期一	图钉/盒	SY10	2	3	6
10				2 汇总		238
11	星期一	涂改液/个	SY07	3	17	51
12	星期一	胶水/瓶	SY09	3	10	30
13				3 汇总		81
14	星期一	文具盒/个	SY03	5	25	125
15	星期一	钢笔/只	SY08	5	20	100
16	星期一	墨水/瓶	SY11	5	4	20
17				5 汇总		245
18	星期一	订书器/个	SY04	10	10	100
19				10 汇总		100
20	星期一 汇总					834

图7-59 多字段汇总效果

7.3.2 数据的合并计算

如果需要将多个分区或者分店统计表中的数据汇总到同一张工作表中，逐一计算会浪费很多精力，这就需要使用数据的合并计算功能，下面以将三个分店的销售统计表中的数据合并计算后汇总到一个表格为例进行介绍，其具体的操作步骤如下。

步骤01 打开1号店、2号店、3号店的销售报表，新建一个工作表，选择新工作表中的A1单元格，单击“数据”选项卡上的“合并计算”按钮，如图7-60所示。

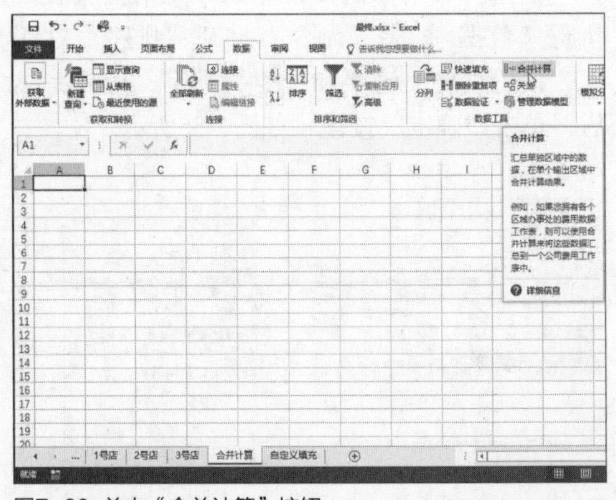

图7-60 单击“合并计算”按钮

步骤02 打开“合并计算”对话框，设置“函数”类型为求和；单击“范围选取”按钮，如图7-61所示。

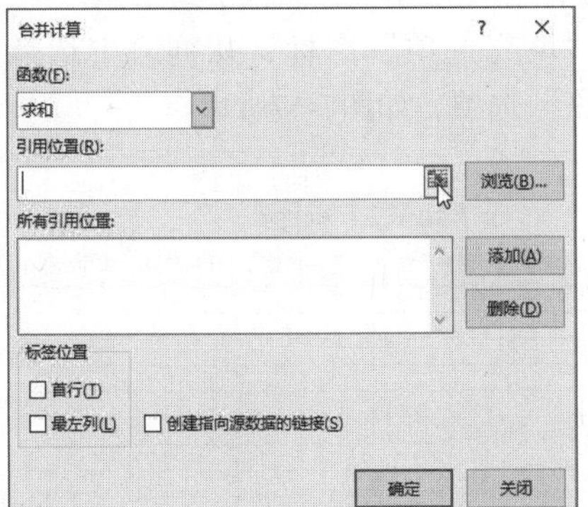

图7-61 单击“范围选取”按钮

步骤03 切换至需要合并数据的工作表，拖动鼠标选取单元格区域，然后单击“展开”按钮，如图7-62所示。

合并计算 - 引用位置:
'1号店'!$A$2:$E$13

	A	B	C	D	E
2	品名	销量（Kg）	单价（元）	折损量（Kg）	销售额（元）
3	苹果	800	12	5	9600
4	香蕉	400	5	3	2000
5	火龙果	100	10	1	1000
6	橘子	200	6	2	1200
7	橙子	200	8	1	1600
8	柚子	150	8.5	0.5	1275
9	梨	230	3	1	690
10	西瓜	600	5	2	3000
11	龙眼	120	9.6	0.2	1152
12	荔枝	90	20	0.5	1800
13	哈密瓜	160	6	0	960

图7-62 单击“展开”按钮

步骤04 展开“合并计算”对话框，单击“添加”按钮，将引用位置添加到“所有引用位置”列表框中，如图7-63所示。

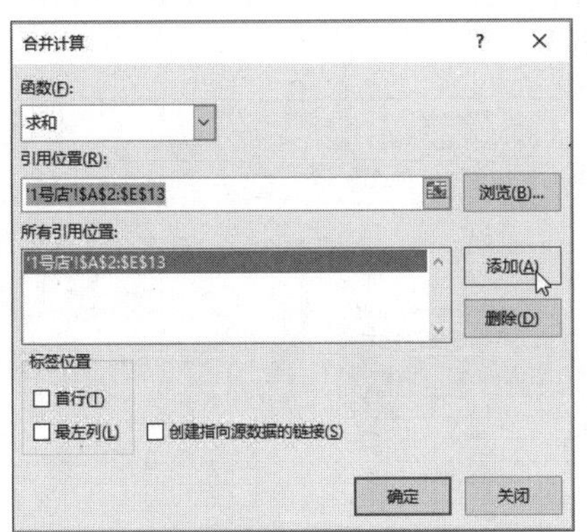

图7-63 单击“添加”按钮

步骤05 按照同样的方法添加其他需要合并的数据区域，勾选“首行”和“最左列”选项前的复选框，然后单击“确定”按钮，如图7-64所示。

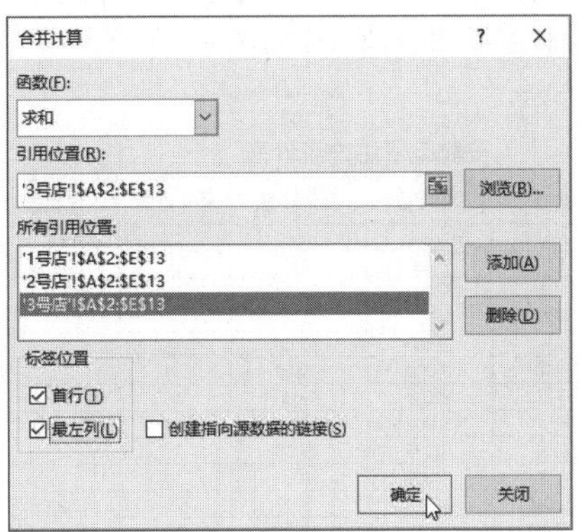

图7-64 单击“确定”按钮

步骤06 即可将3个工作表中的数据，合并到当前工作表中，按需删除“单价”所在的列，并适当调整表格后，效果如图7-65所示。

	A	B	C	D
1		销量（Kg）	折损量（Kg）	销售额（元）
2	苹果	2370	15	28440
3	香蕉	1600	9	8000
4	火龙果	520	3	5200
5	橘子	840	6	5040
6	橙子	510	3	4080
7	柚子	600	1.5	5100
8	梨	1040	3	3120
9	西瓜	1950	6	9750
10	龙眼	550	0.6	5280
11	荔枝	385	1.5	7700
12	哈密瓜	590	0	3540

图7-65 合并计算效果

办公室练兵：制作车间生产统计表

采购数据需要统计、订单数据需要统计、销售数据需要统计，生产数据同样需要进行统计，本案例以车间生产统计表为例进行介绍。

在制作车间生产统计表时，首先输入序列数据，随后对数据进行排序和筛选等，下面对其操作步骤进行详细介绍。

步骤01 打开工作表，在A3单元格中输入2017/2/6，然后将鼠标移至单元格右下角，鼠标光标变为十字形，如图7-66所示。

安美电子生产统计表
日期
品名
目标产量
实际产量
不良品数
报废品数
2017/2/6

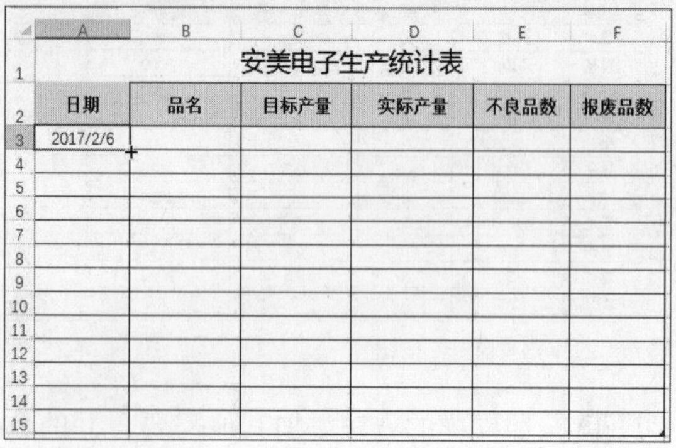

图7-66 输入日期

步骤02 按住鼠标左键不放，向下拖动鼠标，单击出现的“填充选项”图标，从列表中选择“复制单元格”选项，如图7-67所示。

安美电子生产统计表
日期
品名
目标产量
实际产量
不良品数
报废品数
2017/2/6
2017/2/7
2017/2/8
2017/2/9
复制单元格(C)
填充序列(S)
仅填充格式(F)
不带格式填充(O)
以天数填充(D)
以工作日填充(W)
以月填充(M)
以年填充(Y)

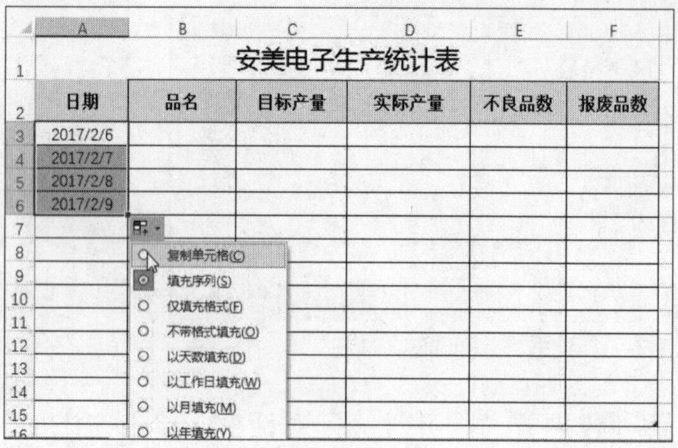

图7-67 选择“复制单元格”选项

步骤03 按照同样的方法，输入其他日期数据，然后输入其他文本和数值，如图7-68所示。

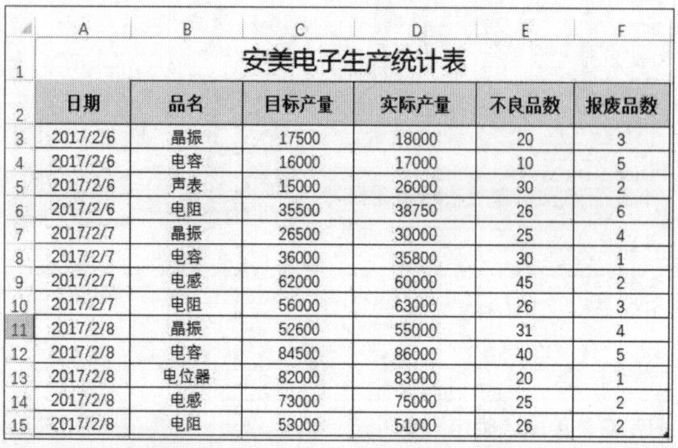

安美电子生产统计表
日期 品名 目标产量 实际产量 不良品数 报废品数
2017/2/6 晶振 17500 18000 20 3
2017/2/6 电容 16000 17000 10 5
2017/2/6 声表 15000 26000 30 2
2017/2/6 电阻 35500 38750 26 6
2017/2/7 晶振 26500 30000 25 4
2017/2/7 电容 36000 35800 30 1
2017/2/7 电感 62000 60000 45 2
2017/2/7 电阻 56000 63000 26 3
2017/2/8 晶振 52600 55000 31 4
2017/2/8 电容 84500 86000 40 5
2017/2/8 电位器 82000 83000 20 1
2017/2/8 电感 73000 75000 25 2
2017/2/8 电阻 53000 51000 26 2

图7-68 输入数据

步骤04 单击“数据”选项卡上的“筛选”按钮，如图7-69所示。

车间生产统计表.xlsx - Excel
表格工具
文件
开始
插入
页面布局
公式
数据
审阅
视图
设计
筛选 (Ctrl+Shift+L)
对所选单元格启用筛选。
然后，单击列标题中的箭头以缩小数据范围。
详细信息
安美电子生产统计表

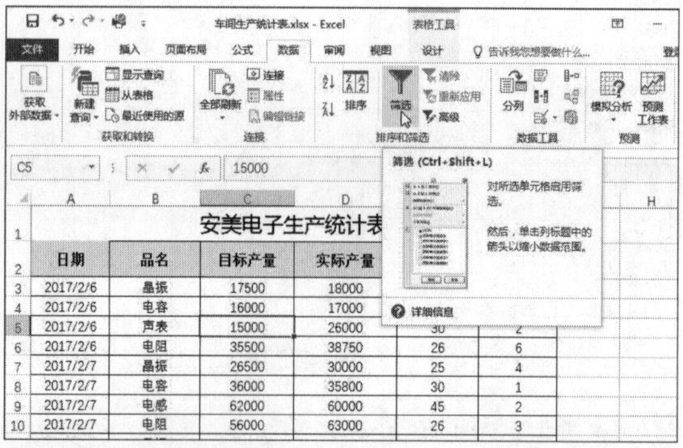

图7-69 单击“筛选”按钮

步骤05 单击“品名”筛选按钮，在展开的列表中取消对“全选”的选中，然后勾选“电感”、“电容”选项，如图7-70所示。

升序(S)
降序(O)
按颜色排序(T)
从“品名”中清除筛选(C)
按颜色筛选(I)
文本筛选(F)
搜索
(全选)
电感
电容
电位器
电阻
晶振
声表
确定
取消
统计表
Sheet1

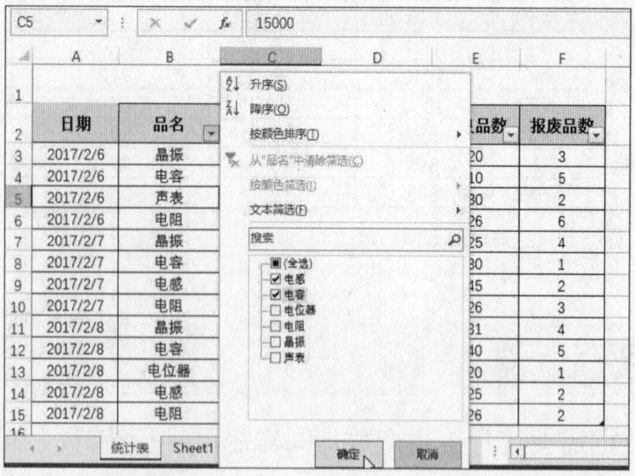

图7-70 筛选数据

步骤06 筛选出符合条件的数据，单击“清除”按钮，可以清除当前数据范围内的排序和筛选状态，如图7-71所示。

车间生产统计表.xlsx - Excel
清除
清除当前数据范围的筛选和排序状态。
安美电子生产统计表
日期 品名 目标产量 实际产量 不良品数 报废品数
2017/2/6 电容 16000 17000 10 5
2017/2/7 电容 36000 35800 30 1
2017/2/7 电感 62000 60000 45 2
2017/2/8 电容 84500 86000 40 5
2017/2/8 电感 73000 75000 25 2

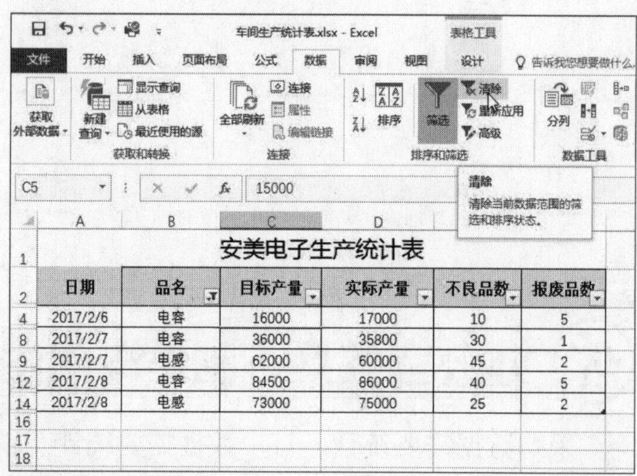

图7-71 单击“清除”按钮

步骤07 单击“排序”按钮，弹出“排序”对话框，设置“主要关键字”为“品名”，“次序”为“自定义序列”，如图7-72所示。

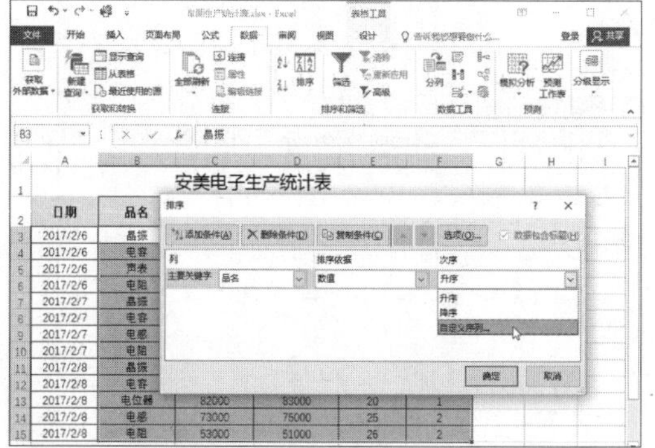

图7-72 选择“自定义序列”选项

步骤08 打开“自定义序列”对话框，添加自定义序列后，单击“确定”按钮，如图7-73所示。返回上一级对话框并确定即可。

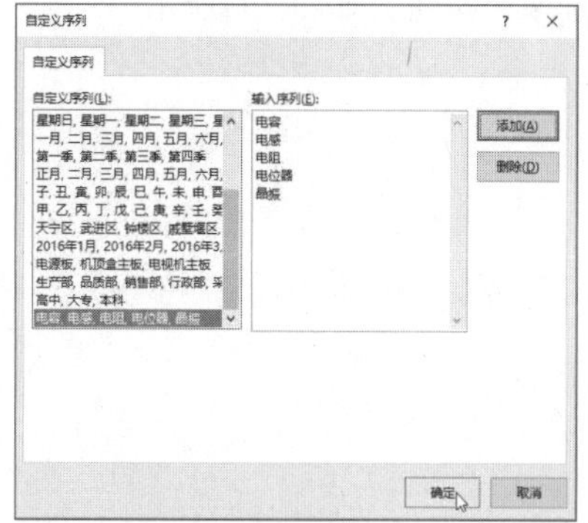

图7-73 添加自定义序列

步骤09 单击“分类汇总”按钮，弹出“分类汇总”对话框，设置分类汇总字段、汇总方式、汇总项并确定，如图7-74所示。

图7-74 设置分类汇总

步骤10 对数据分类汇总效果如图7-75所示。

	A	品名	目标产量	实际产量	不良品数	报废品数
4	2017/2/6	电容	16000	17000	10	5
5	2017/2/6	电容	36000	35800	30	1
6	2017/2/6	电容	84500	86000	40	5
7		电容 汇总	136500	138800	80	11
8	2017/2/6	电感	62000	60000	45	2
9	2017/2/7	电感	73000	75000	25	2
10		电感 汇总	135000	135000	70	4
11	2017/2/7	电阻	35500	38750	26	6
12	2017/2/7	电阻	56000	63000	26	3
13	2017/2/7	电阻	53000	51000	26	2
14		电阻 汇总	144500	152750	78	11
15	2017/2/8	电位器	82000	83000	20	1
16		电位器 汇总	82000	83000	20	1
17	2017/2/8	晶振	17500	18000	20	3
18	2017/2/8	晶振	26500	30000	25	4
19	2017/2/8	晶振	52600	55000	31	4

图7-75 分类汇总效果

技巧放送：为单元格创建下拉菜单

在工作表中的某一项目中，若包含多个数据，为便于对数据的查看，则可以为该项数据的列标题创建下拉菜单，其具体的操作步骤如下。

步骤01 打开工作表，选择A2单元格，单击“数据”选项卡上的“数据验证”按钮，如图7-76所示。

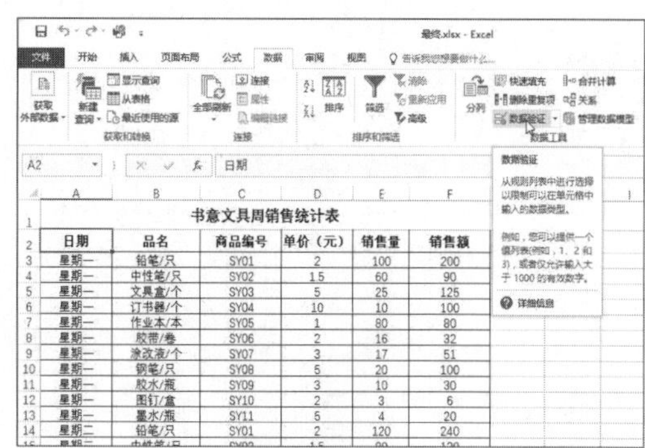

图7-76 单击“数据验证”按钮

步骤02 打开“数据验证”对话框，在“设置”选项卡，设置“允许”为“序列”，单击“范围选取”按钮，如图7-77所示。

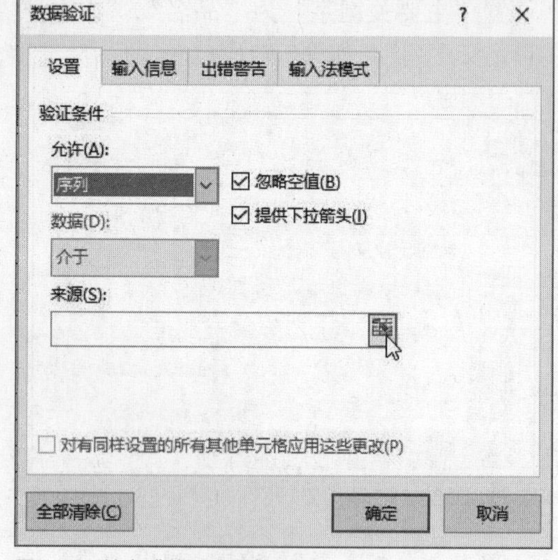

图7-77 单击“范围选取”按钮

步骤03 拖动鼠标，选择合适的单元格区域，再次单击“范围选取”按钮，如图7-78所示。

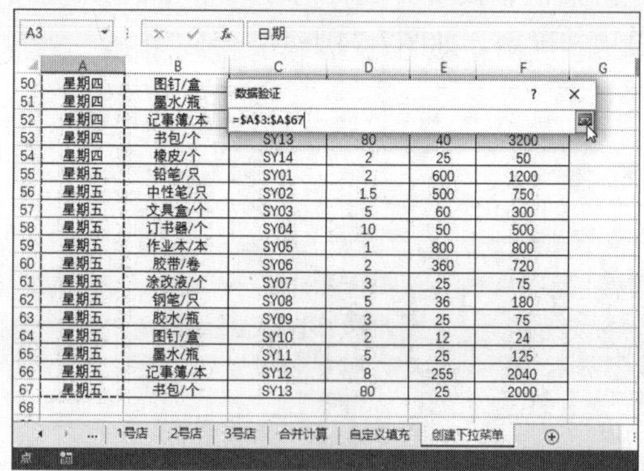

图7-78 选取数据区域

步骤04 单击“确定”按钮，查看创建下拉菜单效果，如图7-79所示。

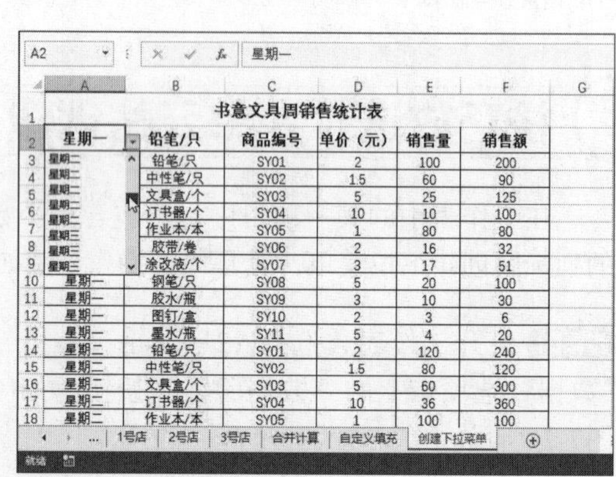

图7-79 查看下拉菜单效果

Chapter 08 Excel公式和函数的应用

在工作表中存在大量数据，那么在对这些数据进行分析和计算时，如何对单元格中的数据进行引用，并且通过适当的公式和函数进行计算呢？本章节将针对这些内容进行详细介绍。

1. 单元格引用
2. 运算符
3. 公式的使用
4. 函数分类
5. 使用函数计算

8.1 单元格的引用

单元格中存在数据，那么对工作表中的多个单元格中的数据进行计算时，首先需要引用单元格中的数据。单元格的引用按照种类可分为相对引用、绝对引用以及混合引用。下面分别对其进行介绍。

❶相对引用

相对引用是指相对于包含公式的单元格的相对位置。例如，单元格 D2中输入公式“= A2”，如图8-1所示。在向下和向右复制包含相对引用的公式时，Excel 将自动调整复制公式中的引用，以便引用相对于当前公式位置的其他单元格，如图8-2所示。

IF　=A2

	A	B	C	D	E	F
1	1组	2组	3组	相对引用		
2	15	25	27	=A2		
3	23	14	32			
4	45	39	44			
5	36	17	19			

图8-1 输入公式

E4　=B4

	A	B	C	D	E	F
1	1组	2组	3组	相对引用		
2	15	25	27	15	25	27
3	23	14	32	23	14	32
4	45	39	44	45	39	44
5	36	17	19	36	17	19

图8-2 相对引用效果

❷绝对引用

绝对引用是指引用单元格的绝对位置，必须在引用的行号和列号前加上美元符号$，这样便是对单元格的绝对引用。例如，在D2中输入公式“=$A$2”，如图8-3所示。然后将单元格中的公式复制到任何一个单元格中其值都不会改变，如图8-4所示。

IF　=$A$2

	A	B	C	D	E	F
1	1组	2组	3组	绝对引用		
2	15	25	27	=$A$2		
3	23	14	32			
4	45	39	44			
5	36	17	19			

图8-3 输入公式

E4　=$A$2

	A	B	C	D	E	F
1	1组	2组	3组	绝对引用		
2	15	25	27	15	15	15
3	23	14	32	15	15	15
4	45	39	44	15	15	15
5	36	17	19	15	15	15

图8-4 绝对引用效果

❸混合引用

既包含绝对引用又包含相对引用的引用方式称为混合引用，可以分为绝对引用列相对引用行和相对引用列绝对引用行两种。

绝对引用列相对引用行。如果在D2单元格中输入公式“=$A2”，如图8-5所示。复制公式到其他单元格后，单元格中的数据对列的引用保持不变，而对行的引用会发生改变，如图8-6所示。

IF | =$A2

	A	B	C	D	E	F
1	1组	2组	3组	绝对引用列相对引用行		
2	15	25	27	=$A2		
3	23	14	32			
4	45	39	44			
5	36	17	19			

图8-5 输入公式

E4 | =$A4

	A	B	C	D	E	F
1	1组	2组	3组	绝对引用列相对引用行		
2	15	25	27	15	15	15
3	23	14	32	23	23	23
4	45	39	44	45	45	45
5	36	17	19	36	36	36

图8-6 绝对引用列相对引用行效果

相对引用列绝对引用行。如果在D2单元格中输入公式“=A$2”，如图8-7所示。复制公式到其他单元格后，单元格中的数据对列的引用发生改变，而对行的引用保持不变，如图8-8所示。

IF | =A$2

	A	B	C	D	E	F
1	1组	2组	3组	相对引用列绝对引用行		
2	15	25	27	=A$2		
3	23	14	32			
4	45	39	44			
5	36	17	19			

图8-7 输入公式

E4 | =B$2

	A	B	C	D	E	F
1	1组	2组	3组	相对引用列绝对引用行		
2	15	25	27	15	25	27
3	23	14	32	15	25	27
4	45	39	44	15	25	27
5	36	17	19	15	25	27

图8-8 相对引用列绝对引用行效果

Tip: 如何在不同的引用方式之间进行切换

在单元格中输入公式后，默认对单元格的引用为相对引用，如果需要对单元格的引用方式进行更改，可在编辑栏中选择要更改的引用并按 F4 键，每次按 F4 键时，Excel 会在以下组合间切换：

- 绝对列与绝对行(例如，$A$1)
- 相对列与绝对行(A$1)
- 绝对列与相对行($C1)
- 相对列与相对行 (C1)

8.2 使用公式进行计算

Excel中的公式是用户在系统规范下，运用常量数据、单元格引用、运算符以及函数等元素能够进行数据计算的式子。

8.2.1 公式运算符和优先级

使用公式计算数据时，必须了解一下运算符的分类和使用运算符计算数据时的运算优先级。

❶公式运算符

公式运算符按照种类可分为算术运算符、比较运算符、引用运算符以及文本运算符。

- 算术运算符：完成基本数学运算的符号。例如“+”、“-”、“*”、“/”、“=”等。
- 比较运算符：用于比较计算结果是否正确的符号。例如“>”、“>=”、“<>”等。

- 引用运算符：可以生成引用的运算符号。例如“：”、“，”和空格符。其中，冒号为区域运算符，用来产生两个单元格之间的所有单元格的引用；逗号是联合运算符，用于将多个引用合并为一个引用；空格为交叉运算符，用于对两个区域的共有部分进行引用。
- 文本运算符：“&”，用于连接两个或者多个文本字符串，从而生产多个字符串。

❷运算的优先级

对于包含不同优先级的运算，一定要按照优先级高低从高级到低级进行计算。运算符按照优先级从高到低排列如下。

区域运算符>联合运算符>负数>百分比>乘方>乘和除>加和减>文本运算符>比较运算符。

8.2.2 输入公式计算数据

了解了单元格的引用和运算符以及运算优先级后，使用公式计算很简单，其具体的操作步骤如下。

步骤01 选择E3单元格，在单元格中输入“=”，接着鼠标单击B3单元格，如图8-9所示。

B3 =B3

	A	B	C	D	E
1	美分水果1号店				
2	品名	销量（Kg）	单价(元)	折损量（Kg）	销售额（元）
3	苹果	800	12	5	=B3
4	香蕉	400	5	3	
5	火龙果	100	10	1	
6	橘子	200	6	2	

图8-9 单击B3单元格

步骤02 接着再输入一个“*”，然后单击C3单元格，如图8-10所示。

C3 =B3*C3

	A	B	C	D	E
1	美分水果1号店				
2	品名	销量（Kg）	单价(元)	折损量（Kg）	销售额（元）
3	苹果	800	12	5	=B3*C3
4	香蕉	400	5	3	
5	火龙果	100	10	1	
6	橘子	200	6	2	

图8-10 单击C3单元格

步骤03 按Enter键确认输入，可在E3单元格中显示计算结果，然后将鼠标光标移至单元格右下角，鼠标光标变为十字形，如图8-11所示。

E3 =B3*C3

	A	B	C	D	E
1	美分水果1号店				
2	品名	销量（Kg）	单价(元)	折损量（Kg）	销售额（元）
3	苹果	800	12	5	9600
4	香蕉	400	5	3	
5	火龙果	100	10	1	
6	橘子	200	6	2	
7	橙子	200	8	1	
8	柚子	150	8.5	0.5	
9	梨	230	3	1	
10	西瓜	600	5	2	
11	龙眼	120	9.6	0.2	
12	荔枝	90	20	0.5	
13	哈密瓜	160	6	0	

图8-11 将鼠标移至单元格右下角

步骤04 按住鼠标左键不放，向下拖动鼠标至E13单元格，可将公式向下填充，计算出其他水果的销售额，如图8-12所示。

E13 =B13*C13

	A	B	C	D	E
1	美分水果1号店				
2	品名	销量（Kg）	单价(元)	折损量（Kg）	销售额（元）
3	苹果	800	12	5	9600
4	香蕉	400	5	3	2000
5	火龙果	100	10	1	1000
6	橘子	200	6	2	1200
7	橙子	200	8	1	1600
8	柚子	150	8.5	0.5	1275
9	梨	230	3	1	690
10	西瓜	600	5	2	3000
11	龙眼	120	9.6	0.2	1152
12	荔枝	90	20	0.5	1800
13	哈密瓜	160	6	0	960

图8-12 复制公式到其他单元格

8.3 使用函数进行计算

对于引用少数单元格的计算来说，使用公式会更快捷简单。但是，如果需要引用多个单元格进行复杂的计算，这时可以考虑使用函数进行运算。

8.3.1 函数分类和函数结构

Excel 2016提供了大量的函数供用户使用，下面将首先介绍函数的分类和函数的结构。

❶函数分类

函数按照类型可分为：日期与时间函数、数学与三角函数、逻辑函数、查找和引用函数等，下面对其功能进行简单介绍。

- 日期和时间函数：用于分析、处理日期和时间值。
- 数学与三角函数：用于进行数学计算。
- 逻辑函数：用于逻辑判断、符合检验等。
- 查找和引用函数：用于查找特定的数据和单元格地址。
- 文本和函数库函数：用于处理公式中的字符串，并对文本或数据进行特定运算。
- 信息函数：用于确定存储单元的类型。
- 工程函数：用于进行工程分析。
- 财务函数：多用于财务中的计算。
- 统计函数：用于对于一定区域的数据进行统计分析。

❷函数结构

函数一般由函数名和函数参数组成，其中参数与参数之间或参数列表与参数列表之间用逗号（,）隔开。

函数列表中的参数可以是数字、文本、逻辑值、数组、单元格引用等，还可以和其他函数组合，组成嵌套函数。

8.3.2 插入函数

在工作表中插入函数时，可以直接使用功能区命令插入函数，也可以通过“插入函数”对话框插入函数，下面分别对其进行介绍。

❶功能区命令法

通过“公式”选项卡中功能区中的命令插入函数，其具体的操作步骤如下。

步骤01 将鼠标定位至C13单元格，切换至“公式”选项卡，单击“自动求和”按钮，从列表中选择“求和”选项，如图8-13所示。

图8-13 选择“求和”选项

步骤02 默认选择该单元格上方的数据区域（C3:C12）为参数，按Enter键确认输入，并向右复制公式即可，如图8-14所示。

安美电子生产部日报表

产品代码	品名	目标产量	实际产量	不良品数	报废品数
AM-01	AMNK1	17500	18000	200	3
AM-02	AMNK2	16000	17000	100	5
AM-03	AMNK3	15000	26000	300	2
AM-04	AMNK4	35500	38750	260	6
AM-05	AMNK5	26500	30000	250	4
AM-06	AMNK6	36000	35800	300	1
AM-07	AMNK7	62000	60000	450	2
AM-08	AMNK8	56000	63000	260	3
AM-09	AMNK9	52600	55000	310	4
AM-10	AMNK10	84500	86000	400	5
总计		401600	429550	2830	35

图8-14 插入函数效果

❷通过对话框插入函数

用户还可以使用“插入函数”对话框插入函数，其具体的操作步骤如下。

步骤01 选择C14单元格，单击“公式”选项卡上的“插入函数”按钮，如图8-15所示。

步骤02 打开“插入函数”对话框，选择“AVERAGE”函数，下方会出现该函数的说明，单击“确定”按钮，如图8-16所示。

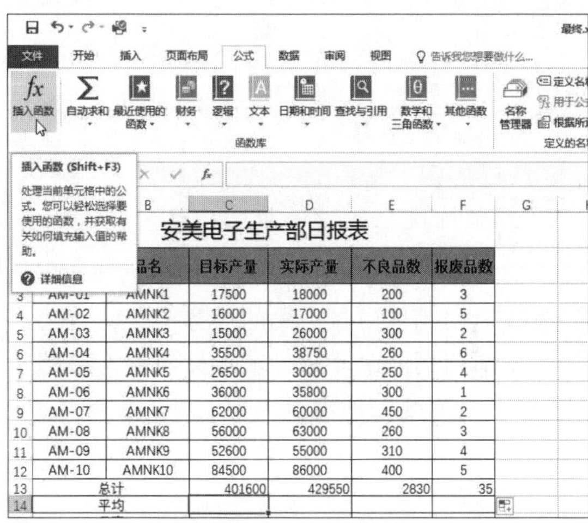

图8-15 单击“插入函数”按钮

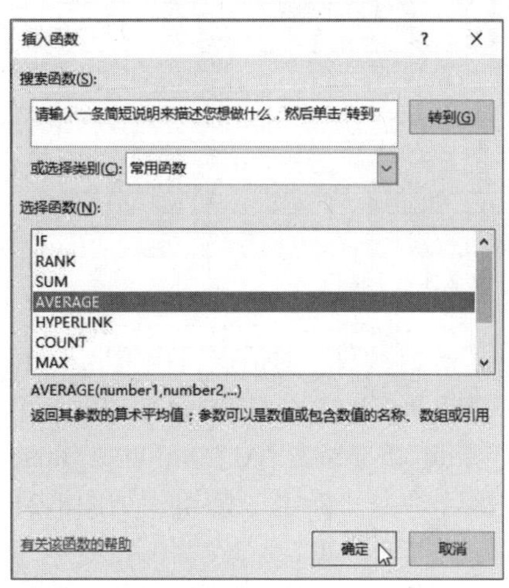

图8-16 选择函数

步骤03 打开“函数参数”对话框，默认Number1参数对话框中的参数为“C3:C13”，将其修改为“C3:C12”，然后单击“确定”按钮，如图8-17所示。

步骤04 即可计算出指定数据区域的平均值，并向右复制公式，然后按照同样的方法计算出最高值，如图8-18所示。

函数参数

AVERAGE

Number1 C3:C12 = {17500;16000;15000;35500;26500;

Number2 = 数值

= 40160

返回其参数的算术平均值；参数可以是数值或包含数值的名称、数组或引用

Number1: number1,number2,... 是用于计算平均值的 1 到 255 个数值参数

计算结果 = 40160

有关该函数的帮助(H) 确定 取消

图8-17 设置函数参数

	A	B	C	D	E	F
1	安美电子生产部日报表					
2	产品代码	品名	目标产量	实际产量	不良品数	报废品数
3	AM-01	AMNK1	17500	18000	200	3
4	AM-02	AMNK2	16000	17000	100	5
5	AM-03	AMNK3	15000	26000	300	2
6	AM-04	AMNK4	35500	38750	260	6
7	AM-05	AMNK5	26500	30000	250	4
8	AM-06	AMNK6	36000	35800	300	1
9	AM-07	AMNK7	62000	60000	450	2
10	AM-08	AMNK8	56000	63000	260	3
11	AM-09	AMNK9	52600	55000	310	4
12	AM-10	AMNK10	84500	86000	400	5
13	总计		401600	429550	2830	35
14	平均		40160	42955	283	3.5
15	最高		84500	86000	450	6

图8-18 计算结果

❸嵌套函数的使用

函数参数中其中一个或者多个为函数组成的函数为嵌套函数，下面介绍使用IF嵌套函数评定销售员业务等级，其具体的操作步骤如下。

步骤01 选择H3单元格，单击“公式”选项卡上的“插入函数”按钮，如图8-19所示。

步骤02 打开“插入函数”对话框，选择“IF”函数，单击“确定”按钮，如图8-20所示。

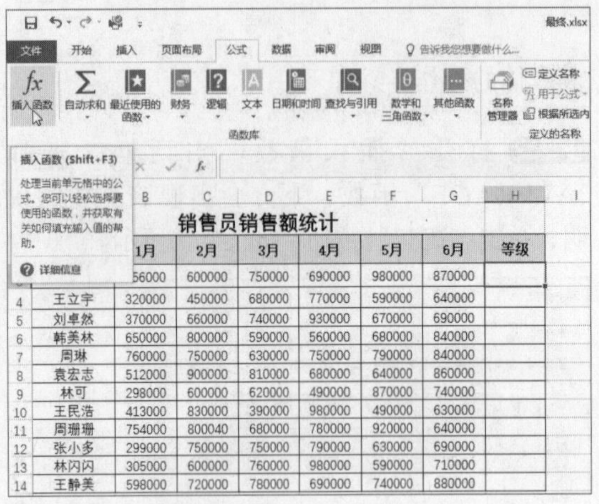

图8-19 单击“插入函数”按钮

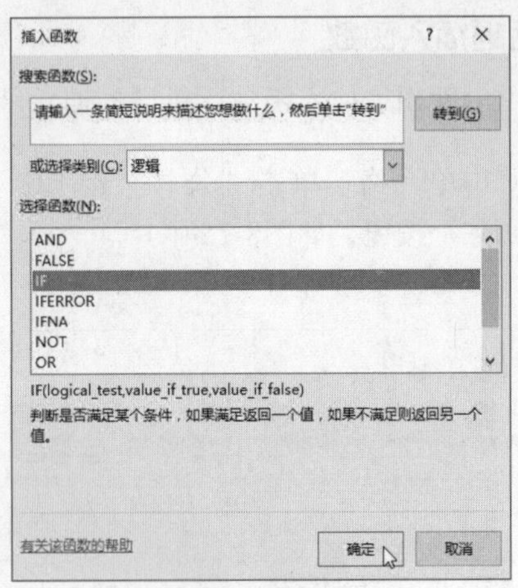

图8-20 单击“确定”按钮

步骤03 打开“函数参数”对话框，设置logical_test为：AVERAGE(B3:G3)>AVERAGE(B3:G14)；value_if_true为:"A"；value_if_false为："B"，然后单击“确定”按钮，如图8-21所示。

步骤04 返回销售员张新民的业务等级，将公式向下复制到其他单元格，求出其他销售员的业务等级，如图8-22所示。

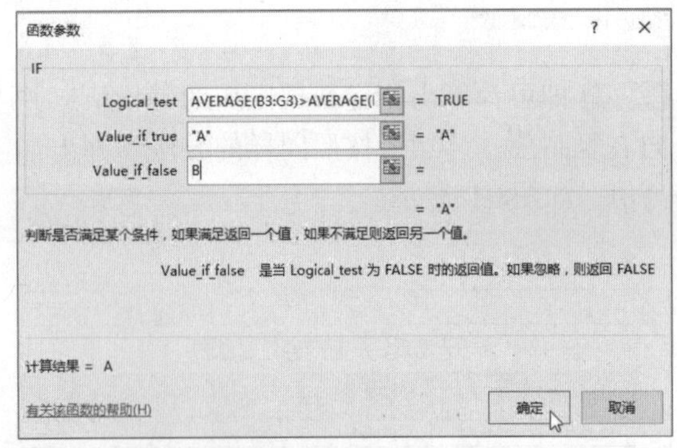

图8-21 设置函数参数

H14 =IF(AVERAGE(B14:G14)>AVERAGE(B14:G25),"A","B")

销售员销售额统计							
销售员	1月	2月	3月	4月	5月	6月	等级
张新民	356000	600000	750000	690000	980000	870000	A
王立宇	320000	450000	680000	770000	590000	640000	B
刘卓然	370000	660000	740000	930000	670000	690000	B
韩美林	650000	800000	590000	560000	680000	840000	B
周琳	760000	750000	630000	750000	790000	840000	A
袁宏志	512000	900000	810000	680000	640000	860000	A
林可	298000	600000	620000	490000	870000	740000	B
王民浩	413000	830000	390000	980000	490000	630000	B
周珊珊	754000	800040	680000	780000	920000	640000	A
张小多	299000	750000	750000	790000	630000	690000	B
林闪闪	305000	600000	760000	980000	590000	710000	B
王静美	598000	720000	780000	690000	740000	880000	B

图8-22 评定销售员业务等级效果

8.4 常见函数的应用

本节将对常见函数的使用方法等进行介绍。

8.4.1 SUM函数

SUM 函数是一个数学和三角函数，可将值相加。通过SUM函数可以将单个值、单元格引用或区域相加，或者将三者的组合相加。

语法格式：SUM(number1,[number2],...)，

其中，number1必需参数为要相加的第一个数字。number2-255可选，是要相加的第二个数字。

步骤01 选择B10单元格，单击“公式”选项卡上的“自动求和”按钮，从展开的列表中选择“求和”选项，如图8-23所示。

步骤02 系统默认所选单元格上方的数据区域为求和区域，这里保持默认，如图8-24所示。

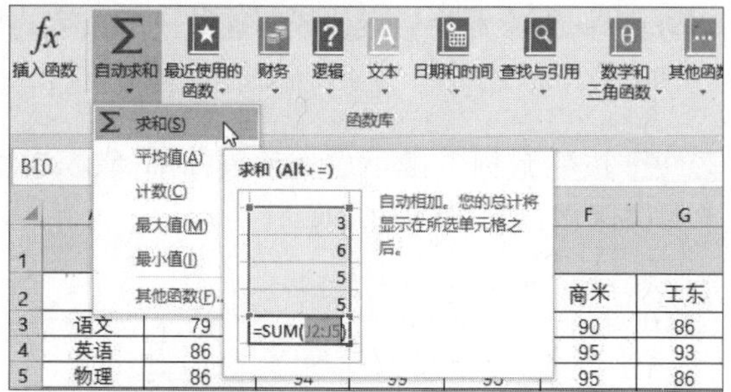

图8-23 调用求和函数

	A	B	C	D	E	F	G
1	模拟成绩统计						
2		李敏敏	张楠	刘安民	周萌	商米	王东
3	语文	79	94	86	79	90	86
4	英语	86	79	99	95	95	93
5	物理	86	94	99	95	95	86
6	化学	90	86	90	86	93	99
7	生物	90	86	90	94	79	69
8	地理	93	79	86	93	90	99
9	政治	95	93	94	95	90	92
10	总成绩	=SUM(B3:B9)					
11	平均分	SUM(number1, [number2], ...)					
12	最高分						
13	最低分						

图8-24 设置参数

步骤03 按Enter键确认输入，然后将该公式向右复制即可求出其他同学的总成绩，如图8-25所示。

	A	B	C	D	E	F	G
1	模拟成绩统计						
2		李敏敏	张楠	刘安民	周萌	商米	王东
3	语文	79	94	86	79	90	86
4	英语	86	79	99	95	95	93
5	物理	86	94	99	95	95	86
6	化学	90	86	90	86	93	99
7	生物	90	86	90	94	79	69
8	地理	93	79	86	93	90	99
9	政治	95	93	94	95	90	92
10	总成绩	619	611	644	637	632	624
11	平均分						
12	最高分						
13	最低分						

图8-25 查看计算结果

8.4.2 AVERAGE函数

AVERAGE函数返回参数的平均值（算术平均值）。

语法格式：AVERAGE(number1, [number2], ...)

其中，参数Number1是必需的。要计算平均值的第一个数字、单元格引用或单元格区域。

Number2, ...可选。要计算平均值的其他数字、单元格引用或单元格区域，最多可包含 255 个。

步骤01 选择B11单元格，输入公式=AVERAGE(B3:B9)。可按住鼠标左键不放拖动鼠标选择B3:B9单元格区域，如图8-26所示。

	A	B	C	D	E	F	G
1	模拟成绩统计						
2		李敏敏	张楠	刘安民	周萌	商米	王东
3	语文	79	94	86	79	90	86
4	英语	86	79	99	95	95	93
5	物理	86	94	99	95	95	86
6	化学	90	86	90	86	93	99
7	生物	90	86	90	94	79	69
8	地理	93	79	86	93	90	99
9	政治	95	93	94	95	90	92
10	总成绩	619	7R x 1C	644	637	632	624
11	=AVERAGE(B3:B9)						
12	最高分	AVERAGE(number1, [number2], ...)					
13	最低分						

图8-26 输入公式

步骤02 按Enter键确认输入，然后将该公式向右复制即可求出其他同学的平均分，如图8-27所示。

	A	B	C	D	E	F	G
1	模拟成绩统计						
2		李敏敏	张楠	刘安民	周萌	商米	王东
3	语文	79	94	86	79	90	86
4	英语	86	79	99	95	95	93
5	物理	86	94	99	95	95	86
6	化学	90	86	90	86	93	99
7	生物	90	86	90	94	79	69
8	地理	93	79	86	93	90	99
9	政治	95	93	94	95	90	92
10	总成绩	619	611	644	637	632	624
11	平均分	88.43	87.29	92.00	91.00	90.29	89.14
12	最高分						
13	最低分						

图8-27 查看结果

8.4.3 MAX/MIN函数

MAX 函数返回一组值中的最大值。

语法格式：MAX(number1, [number2], ...)

其中，参数Number1是必需的，后续参数是可选的。 参数可以是数字或者是包含数字的名称、数组或引用。但若参数是一个数组或引用，则只使用其中的数字，而空白单元格、逻辑值或文本将被忽略。如若参数不包含任何数字，则 MAX 返回 0（零）。如果参数为错误值或不能转换为数字的文本，将会导致错误。MIN函数与MAX函数相同。

步骤01 选择B12单元格，单击“公式”选项卡上的“自动求和”按钮，从展开的列表中选择“最大值”选项，如图8-28所示。

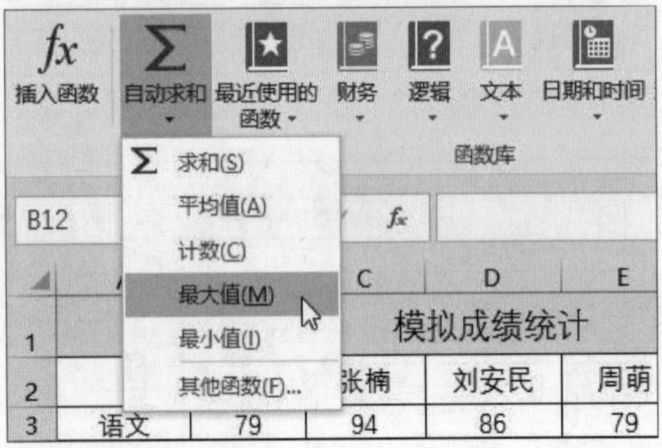

图8-28 调用最大值函数

步骤02 按住鼠标左键不放拖动鼠标选择B3:B9单元格区域，如图8-29所示。

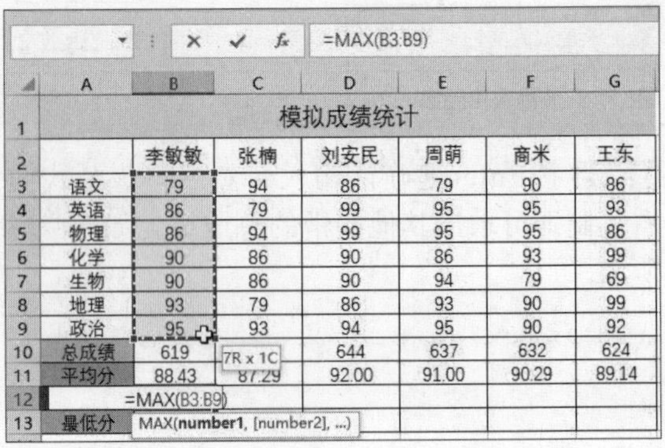

	A	B	C	D	E	F	G
1	模拟成绩统计						
2		李敏敏	张楠	刘安民	周萌	商米	王东
3	语文	79	94	86	79	90	86
4	英语	86	79	99	95	95	93
5	物理	86	94	99	95	95	86
6	化学	90	86	90	86	93	99
7	生物	90	86	90	94	79	69
8	地理	93	79	86	93	90	99
9	政治	95	93	94	95	90	92
10	总成绩	619		644	637	632	624
11	平均分	88.43	87.29	92.00	91.00	90.29	89.14
12		=MAX(B3:B9)					
13	最低分						

图8-29 选择参数范围

步骤03 按Enter键确认输入，然后将该公式向右复制即可求出其他同学的最高分，如图8-30所示。

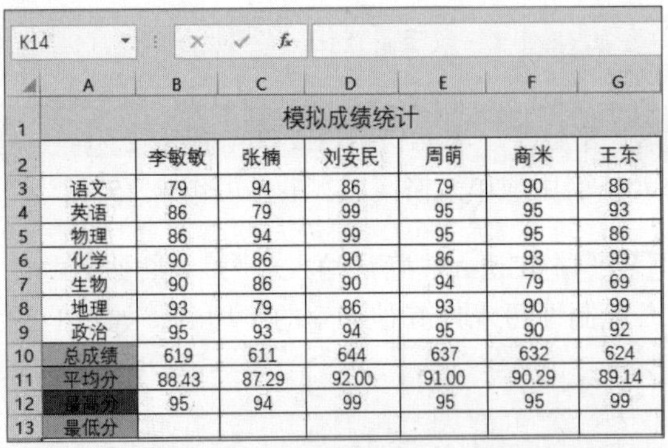

	A	B	C	D	E	F	G
1	模拟成绩统计						
2		李敏敏	张楠	刘安民	周萌	商米	王东
3	语文	79	94	86	79	90	86
4	英语	86	79	99	95	95	93
5	物理	86	94	99	95	95	86
6	化学	90	86	90	86	93	99
7	生物	90	86	90	94	79	69
8	地理	93	79	86	93	90	99
9	政治	95	93	94	95	90	92
10	总成绩	619	611	644	637	632	624
11	平均分	88.43	87.29	92.00	91.00	90.29	89.14
12	最高分	95	94	99	95	95	99
13	最低分						

图8-30 复制公式

步骤04 按照同样的方法，求出所有同学的最低分，如图8-31所示。

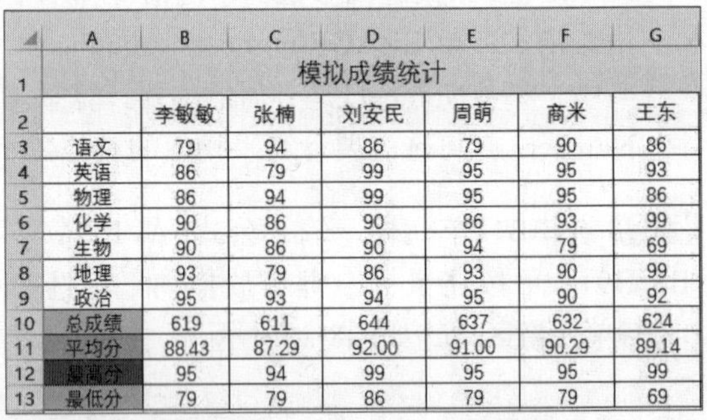

	A	B	C	D	E	F	G
1	模拟成绩统计						
2		李敏敏	张楠	刘安民	周萌	商米	王东
3	语文	79	94	86	79	90	86
4	英语	86	79	99	95	95	93
5	物理	86	94	99	95	95	86
6	化学	90	86	90	86	93	99
7	生物	90	86	90	94	79	69
8	地理	93	79	86	93	90	99
9	政治	95	93	94	95	90	92
10	总成绩	619	611	644	637	632	624
11	平均分	88.43	87.29	92.00	91.00	90.29	89.14
12	最高分	95	94	99	95	95	99
13	最低分	79	79	86	79	79	69

图8-31 查看计算结果

8.4.4 CONCATENATE函数

CONCATENATE函数表示将最多255个文本字符串合并为一个文本字符串。

语法格式：CONCATENATE(text1,[text2],…)

其中，text1为必需，表示需要连接的第一个文本；text2可选的，最多255项文本。如果函数的参数不是引用的单元格，为文本格式的，则只需要为参数加上英文状态下的双引号即可。

利用CONCATENATE函数可以将多个文本合并为一个文本。在“员工档案”工作表中，需将员工的姓名和职务合并到一个单元格中，下面介绍其操作方法。

步骤01 打开“员工档案”工作表，选中I3单元格，输入“=CONCATENATE(B3,E3)”公式，如图8-32所示。

步骤02 按Enter键执行计算，然后将公式填充至I32单元格，结果如图8-33所示。

图8-32 输入公式

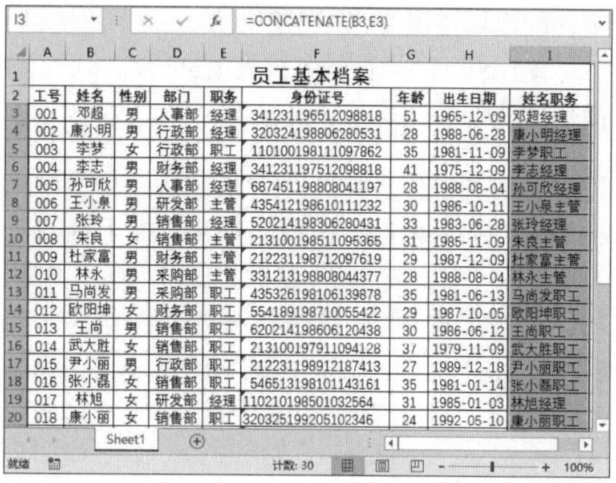

图8-33 复制公式

8.4.5 MID函数

MID函数可以从一个文本字符串中提取指定数量的字符。

语法格式：MID(text,start_num,num_chars)

其中，text表示提取字符的文本字符串；start_num表示方案本中第一个提取字符的位置；num_chars表示从文本中返回字符的数量。

在“员工档案”工作表中，使用MID函数从身份证号码中提出员工的出生日期。在身份证号码中第7位至第14位分别为出生日期的年月日。

步骤01 打开“员工档案”工作表，选中H3单元格，输入“=MID(F3,7,4)&"-"&MID(F3,11,2)&"-"&MID(F3,13,2)”公式，按Enter键执行计算，如图8-34所示。

步骤02 将公式填充至H32单元格，查看最终结果，如图8-35所示。

图8-34 输入公式

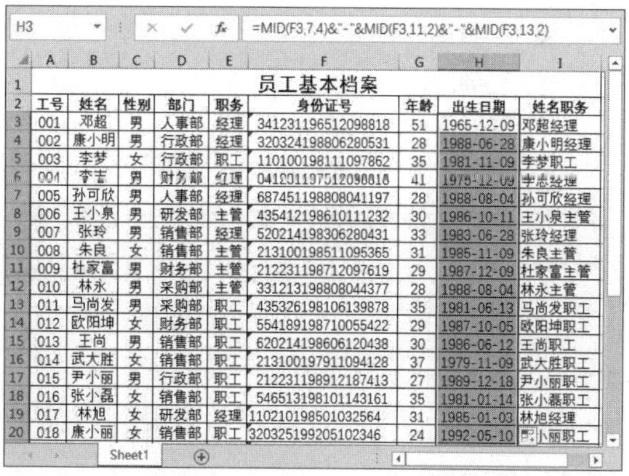

图8-35 查看结果

8.4.6 RANK函数

RANK函数用于计算一个数值在一组数值中的排名。

语法格式：RANK (number,ref,order)。

其中，Number为需要计算排名的数值，或者数值所在的单元格。Ref为计算数值在此区域中的排名，可以为单元格区域引用区域名称。Order为指定排名的方式，1表示升序，0表示降序。如果省略此参数，则采用降序排名。如果指定0以外的数值，则采用升序方式，如果指定数值以外的文本，则返回错误值#VALUE!

使用SUM()函数对考核成绩进行求和后，用户可以使用RANK()函数对考核成绩进行排名，具体操作方法如下。

步骤01 打开工作表并选中K2单元格，单击编辑栏中的“插入函数”按钮。打开“插入函数”对话框，在“选择函数”列表区域中选择RANK.AVG选项后，单击“确定”按钮，如图8-36所示。

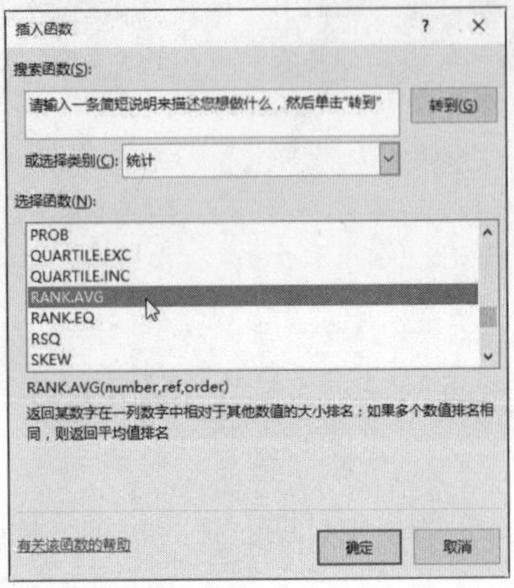

图8-36 选取函数

步骤02 打开“函数参数”对话框，设置Number为J2单元格，即计算该单元格分数在整个考核人员中的排名。设置Ref为“$J$2:$J$26”这里可以通过按下F4功能键，更改引用方式为绝对引用，如图8-37所示。

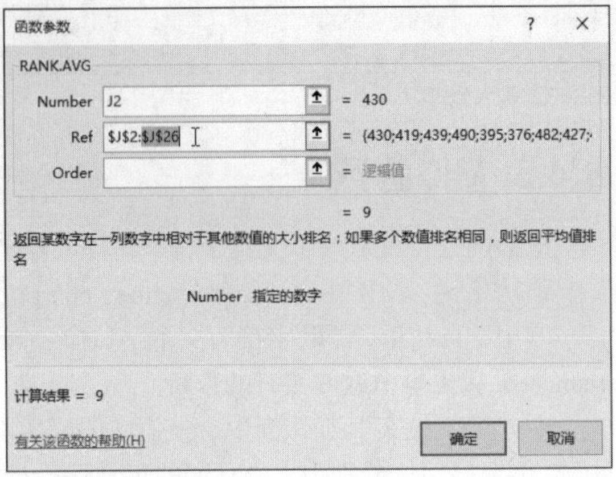

图8-37 设置参数

步骤03 设置Order为0或忽略，即降序排位；若设置该参数为1，则为升序排位，如图8-38所示。

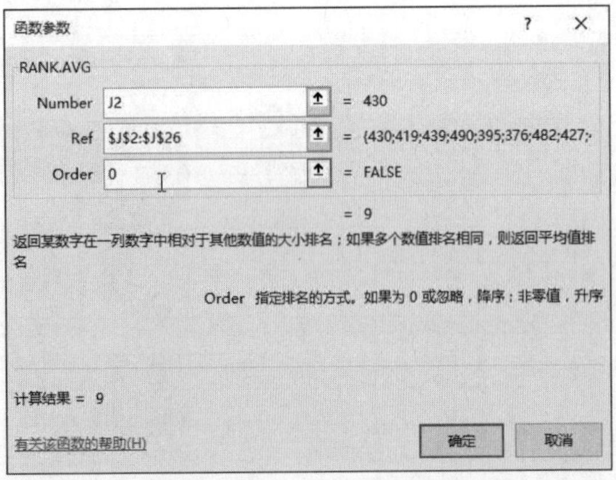

图8-38 设置参数Order

步骤04 单击“确定”按钮后，即可查看排序结果，向下填充复制公式至K26单元格，如图8-39所示。

=RANK.AVG(J2,$J$2:$J$26,0)

财务知识	电脑操作	规章制度	商务礼仪	质量管理	总成绩	成绩排名
66	90	57	76	56	430	9
58	86	76	56	74	419	14
65	56	78	89	68	439	7
98	87	56	78	97	490	1
78	56	59	75	43	395	20
67	44	97	67	26	376	23
82	78	79	89	75	482	2
76	98	68	54	46	427	10
90	55	83	72	89	453	3.5
85	46	57	75	85	383	22
52	87	75	43	56	370	24
61	67	80	84	83	422	11
84	85	56	73	63	446	6
57	67	70	53	76	400	19

图8-39 复制公式进行计算

8.4.7 IF函数

IF函数用于执行真假判断，根据判断结果返回不同的值。

语法格式：IF (logical_test,value_if_true,value_if_false)。

其中，logical_test表示用带有比较运算符的逻辑值指定条件判定公式。value_if_true表示指定的逻辑式成立时返回的值。value_if_false表示指定的逻辑式不成立时返回的值。

IF函数是常用的逻辑函数，下面将使用该函数对本次考核成绩的总分进行分级，具体如下。

步骤01 打开工作表，选中K2单元格并输入公式“=IF(J2>450,"优",IF(J2>400,"良",IF(J2>350,"中","差")))”后，按下Enter键执行计算，如图8-40所示。

=IF(J2>450,"优",IF(J2>400,"良",IF(J2>350,"中","差")))

财务知识	电脑操作	规章制度	商务礼仪	质量管理	总成绩	成绩分级
66	90	57	76	56	430	=IF(J2>450,"优",IF(J2>400,"良",IF(J2>350,"中","差")))
58	86	76	56	74	419	
65	56	78	89	68	439	
98	87	56	78	97	490	
78	56	59	75	43	395	
67	44	97	67	26	376	
82	78	79	89	75	482	
76	98	68	54	46	427	
90	55	83	72	89	453	
85	46	57	75	85	383	
52	87	75	43	56	370	
61	67	80	84	83	422	
84	85	56	73	63	446	
57	67	70	53	76	400	

培训成绩统计

图8-40 输入公式

步骤02 选中K2单元格，将光标移至单元格的右下角，变为十字架时双击，可以将公式填充至K26单元格，如图8-41所示。

K2 =IF(J2>450,"优",IF(J2>400,"良",IF(J2>350,"中","差")))

	法律知识	财务知识	电脑操作	规章制度	商务礼仪	质量管理	总成绩	成绩分级
2	85	66	90	57	76	56	430	良
3	69	58	86	76	56	74	419	
4	83	65	56	78	89	68	439	
5	74	98	87	56	78	97	490	
6	84	78	56	59	75	43	395	
7	75	67	44	97	67	26	376	
8	79	82	78	79	89	75	482	
9	85	76	98	68	54	46	427	
10	64	90	55	83	72	89	453	
11	35	85	46	57	75	85	383	
12	57	52	87	75	43	56	370	
13	47	61	67	80	84	83	422	
14	85	84	85	56	73	63	446	
15	77	57	67	70	53	76	400	

培训成绩统计

图8-41 向下填充公式

步骤03 此时可以查看使用IF函数将成绩分为4个等级的效果，如图8-42所示。

K2 =IF(J2>450,"优",IF(J2>400,"良",IF(J2>350,"中","差")))

	法律知识	财务知识	电脑操作	规章制度	商务礼仪	质量管理	总成绩	成绩分级
2	85	66	90	57	76	56	430	良
3	69	58	86	76	56	74	419	良
4	83	65	56	78	89	68	439	良
5	74	98	87	56	78	97	490	优
6	84	78	56	59	75	43	395	中
7	75	67	44	97	67	26	376	中
8	79	82	78	79	89	75	482	优
9	85	76	98	68	54	46	427	良
10	64	90	55	83	72	89	453	优
11	35	85	46	57	75	85	383	中
12	57	52	87	75	43	56	370	中
13	47	61	67	80	84	83	422	良
14	85	84	85	56	73	63	446	良
15	77	57	67	70	53	76	400	中
16	81	56	58	65	68	84	412	良
17	79	68	47	93	98	67	452	优
18	69	84	86	82	78	54	453	优
19	73	67	63	56	85	76	420	良
20	56	31	86	88	74	85	420	良

培训成绩统计

图8-42 查看计算结果

Tip: 对数据进行等级分类的规则

本例中，考核成绩大于450分为“优”；大于400分为“良”；大于350分为“中”；小于350分为“差”。

办公室练兵：制作产品销售情况统计表

在对数据进行统计时，难免需要对数据进行各种计算，在计算时需要输入公式、查看公式求值过程、插入函数、对公式进行错误检查等，下面对其操作步骤进行详细介绍。

步骤01 打开工作表，选择F3单元格，在单元格中输入公式“=E3+D3*20%”，如图8-43所示。

IF =E3+D3*20%

昆山一鸣科技					
订单编号	客户姓名	城市	订单额	运输费	预付款
ym1703001	张新民	常州	250000.00	600.00	=E3+D3*20%
ym1703002	王立宇	长春	89000.00	450.00	
ym1703003	刘卓然	福州	32000.00	160.00	
ym1703004	韩美林	北京	95000.00	800.00	
ym1703005	周琳	长沙	76000.00	750.00	
ym1703006	袁宏志	南宁	112000.00	900.00	
ym1703007	林可	重庆	98000.00	600.00	
ym1703008	王民浩	苏州	113000.00	130.00	
ym1703009	周珊珊	昆山	754000.00	340.00	
ym1703010	张小多	上海	239000.00	200.00	
ym1703011	林闪闪	济南	105000.00	320.00	
ym1703012	王静美	南京	98000.00	200.00	
总计					

图8-43 输入公式

步骤02 按Enter键计算出结果后，单击“公式”选项卡上的“公式求值”按钮，如图8-44所示。

F3 =E3+D3*20%

昆山一鸣科技					
订单编号	客户姓名	城市	订单额	运输费	预付款
ym1703001	张新民	常州	250000.00	600.00	50600.00
ym1703002	王立宇	长春	89000.00	450.00	
ym1703003	刘卓然	福州	32000.00	160.00	
ym1703004	韩美林	北京	95000.00	800.00	
ym1703005	周琳	长沙	76000.00	750.00	
ym1703006	袁宏志	南宁	112000.00	900.00	
ym1703007	林可	重庆	98000.00	600.00	
ym1703008	王民浩	苏州	113000.00	130.00	
ym1703009	周珊珊	昆山	754000.00	340.00	
ym1703010	张小多	上海	239000.00	200.00	
ym1703011	林闪闪	济南	105000.00	320.00	
ym1703012	王静美	南京	98000.00	200.00	
总计					

图8-44 单击“公式求值”按钮

步骤03 打开“公式求值”对话框，单击“求值”按钮，如图8-45所示。

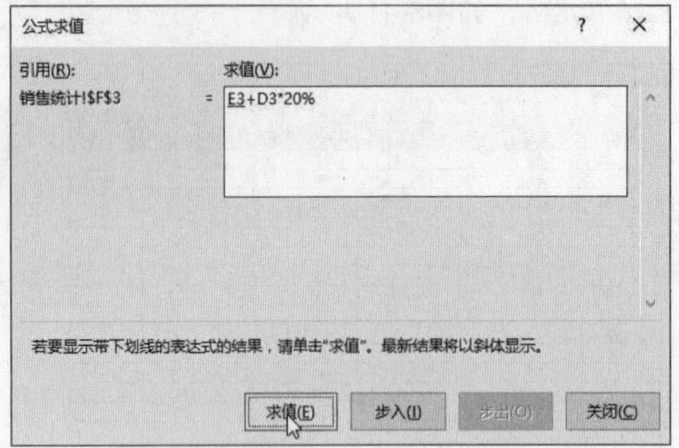

图8-45 单击“求值”按钮

步骤04 对E3求值后，两次单击“求值”按钮，如图8-46所示。

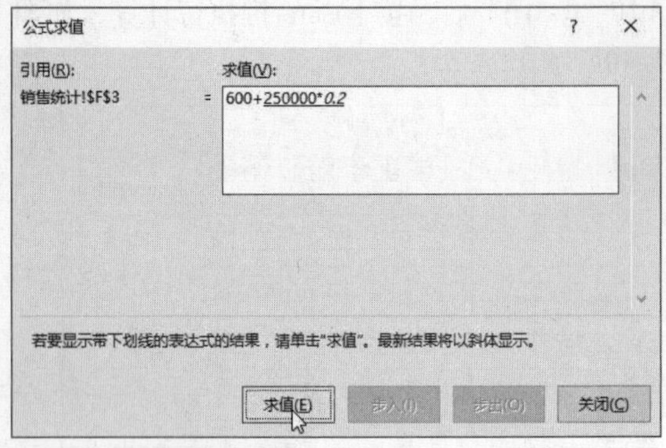

图8-46 单击“求值”按钮

步骤05 多次单击“求值”按钮，计算出结果后，单击“关闭”按钮，如图8-47所示。

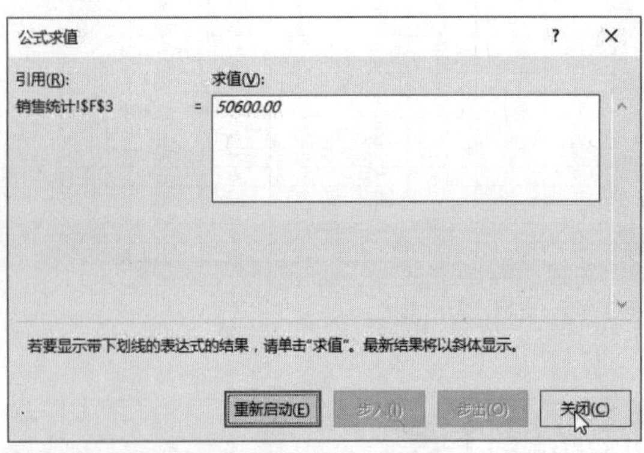

图8-47 单击“关闭”按钮

步骤06 将F3单元格中的数据复制到F4:F14单元格后，选择D15单元格，单击“插入函数”按钮，如图8-48所示。

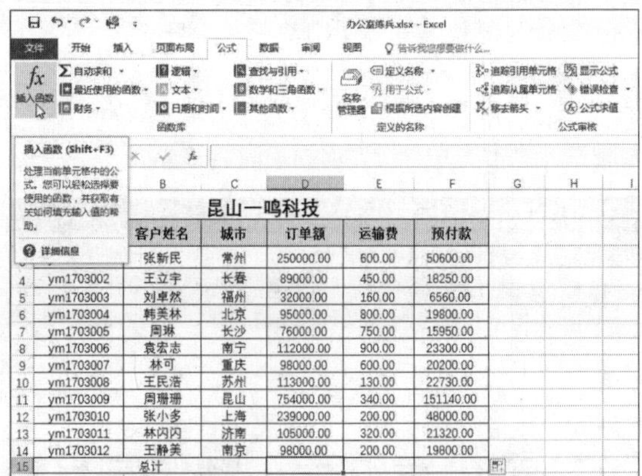

	A	B	C	D	E	F
		客户姓名	城市	订单额	运输费	预付款
3		张新民	常州	250000.00	600.00	50600.00
4	ym1703002	王立宇	长春	89000.00	450.00	18250.00
5	ym1703003	刘卓然	福州	32000.00	160.00	6560.00
6	ym1703004	韩美林	北京	95000.00	800.00	19800.00
7	ym1703005	周琳	长沙	76000.00	750.00	15950.00
8	ym1703006	袁宏志	南宁	112000.00	900.00	23300.00
9	ym1703007	林可	重庆	98000.00	600.00	20200.00
10	ym1703008	王民浩	苏州	113000.00	130.00	22730.00
11	ym1703009	周珊珊	昆山	754000.00	340.00	151140.00
12	ym1703010	张小多	上海	239000.00	200.00	48000.00
13	ym1703011	林闪闪	济南	105000.00	320.00	21320.00
14	ym1703012	王静美	南京	98000.00	200.00	19800.00
15		总计				

图8-48 单击“插入函数”按钮

步骤07 打开“插入函数”对话框，选择“SUM”函数，如图8-49所示。

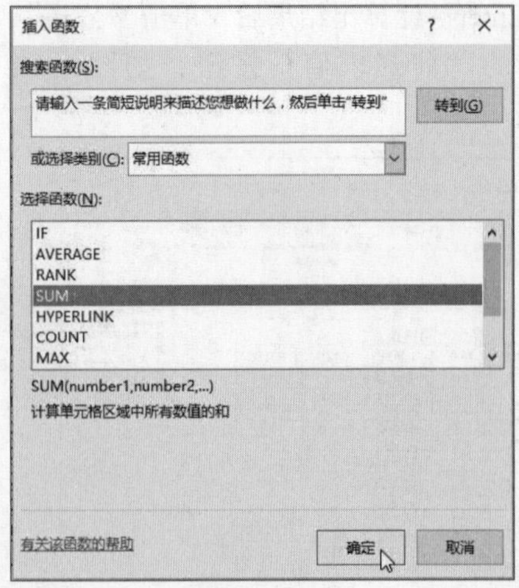

图8-49 选择“SUM”函数

步骤08 打开“函数参数”对话框，保持默认，单击“确定”按钮，如图8-50所示。

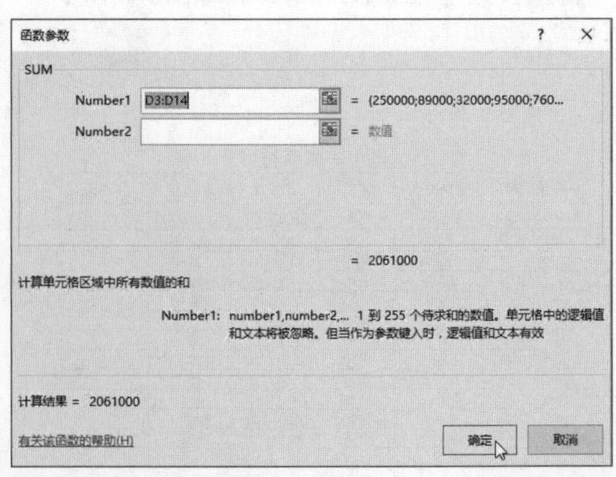

图8-50 单击“确定”按钮

步骤09 单击“错误检查”按钮，从列表中选择“错误检查”选项，如图8-51所示。

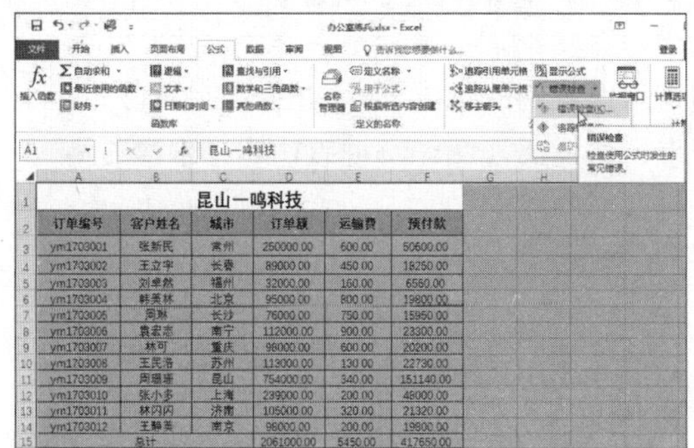

图8-51 选择“错误检查”选项

步骤10 对工作表中的公式进行常见的错误检查，检查使用公式无误后，弹出提示对话框，单击“确定”按钮，如图8-52所示。

图8-52 单击“确定”按钮

技巧放送：瞬间看清单元格引用/从属关系

如果想要弄清单元格中的数据引用了哪些单元格中的内容，或者单元格中的数据被哪些单元格引用，则可以按照下面的操作步骤进行查看。

步骤01 选择需要追踪的C13单元格，单击“公式”选项卡上的“追踪引用单元格”按钮，如图8-53所示。

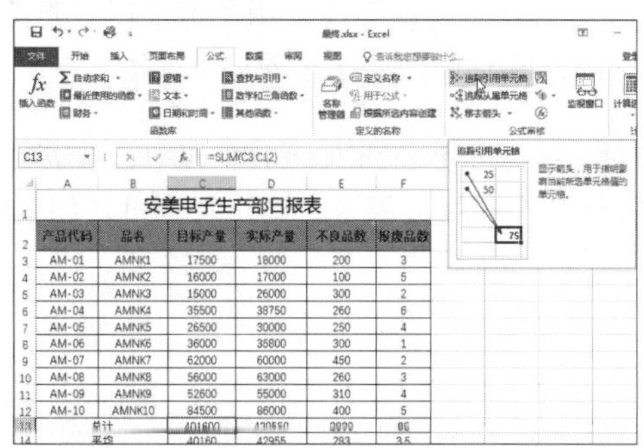

图8-53 单击“追踪引用单元格”按钮

步骤02 在C3:C12数据区域出现一个带箭头的蓝色实线框，表示C13单元格引用了蓝色实线框中单元格的内容，如图8-54所示。

安美电子生产部日报表

产品代码	品名	目标产量	实际产量	不良品数	报废品数
AM-01	AMNK1	17500	18000	200	3
AM-02	AMNK2	16000	17000	100	5
AM-03	AMNK3	15000	26000	300	2
AM-04	AMNK4	35500	38750	260	6
AM-05	AMNK5	26500	30000	250	4
AM-06	AMNK6	36000	35800	300	1
AM-07	AMNK7	62000	60000	450	2
AM-08	AMNK8	56000	63000	260	3
AM-09	AMNK9	52600	55000	310	4
AM-10	AMNK10	84500	86000	400	5
总计		401600	429550	2830	35
平均		40160	42955	283	3.5
最高		84500	86000	450	6

图8-54 显示引用数据范围

步骤03 选择需要追踪从属关系的E7单元格，单击“公式”选项卡上的“追踪从属单元格”按钮，如图8-55所示。

图8-55 单击“追踪从属单元格”按钮

步骤04 将出现3个以E7单元格为起点的箭头，分别指向E13、E14、E15，表格E7单元格中的内容被这些单元格引用，如图8-56所示。

安美电子生产部日报表

产品代码	品名	目标产量	实际产量	不良品数	报废品数
AM-01	AMNK1	17500	18000	200	3
AM-02	AMNK2	16000	17000	100	5
AM-03	AMNK3	15000	26000	300	2
AM-04	AMNK4	35500	38750	260	6
AM-05	AMNK5	26500	30000	250	4
AM-06	AMNK6	36000	35800	300	1
AM-07	AMNK7	62000	60000	450	2
AM-08	AMNK8	56000	63000	260	3
AM-09	AMNK9	52600	55000	310	4
AM-10	AMNK10	84500	86000	400	5
总计		401600	429550	2830	35
平均		40160	42955	283	3.5
最高		84500	86000	450	6

图8-56 显示单元格所从属的单元格

Chapter 09 Excel数据的统计分析

工作表中的数据编辑完成后，如何将工作表中的数据形象化的传达给观众，并且对数据进行分析？需要使用图表、数据透视图和透视表功能，本章节将针对这些内容展开详细介绍。

1. 插入图表
2. 编辑图表
3. 美化图表
4. 使用数据透视表
5. 使用数据透视图

9.1 使用图表

若想将工作表中的数据更加形象直观的传达给受众，则可以将数据以图表的形式展示，使用图表包括创建图表、编辑图表以及美化图表。

9.1.1 创建图表

图表按照不同的类型可分为柱形图、折线图、饼图、条形图、面积图等。用户可根据需要选择合适的类型插入到工作表中。下面以具体实例展开详细介绍，其具体的操作步骤如下。

步骤01 打开工作表，选择A2:D9数据区域，单击“插入”选项卡上“图表”组中的“插入柱形图或条形图”按钮，从列表中选择“三维簇状柱形图”选项，如图9-1所示。

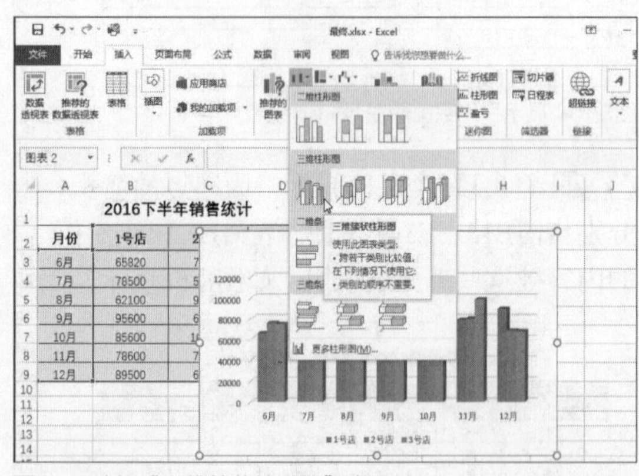

图9-1 选择“三维簇状柱形图”选项

步骤02 即可将图表插入到工作表中，按需修改图表标题，并将其移至合适位置即可，如图9-2所示。

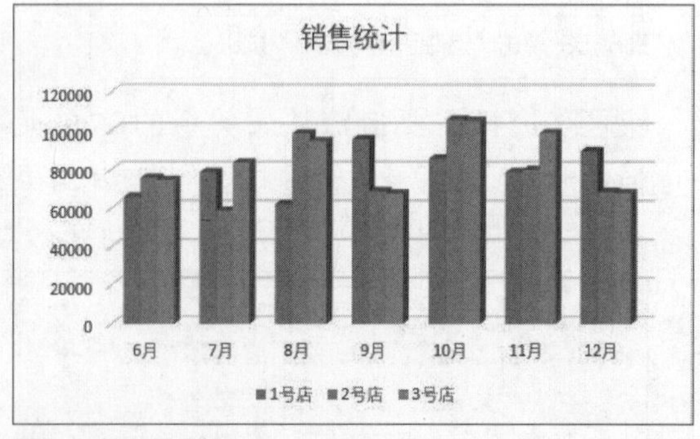

图9-2 插入图表效果

步骤03 也可以单击“图表”组的对话框启动器按钮，打开“插入图表”对话框，在默认的“推荐的图表”选项卡中按需进行选择，如图9-3所示。

步骤04 或者切换至“所有图表”选项卡，在该选项卡中，按需插入图表，如图9-4所示。

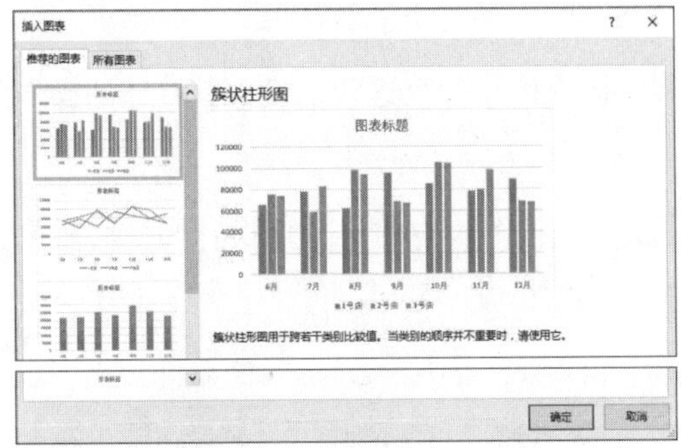

图9-3 “推荐的图表”选项卡

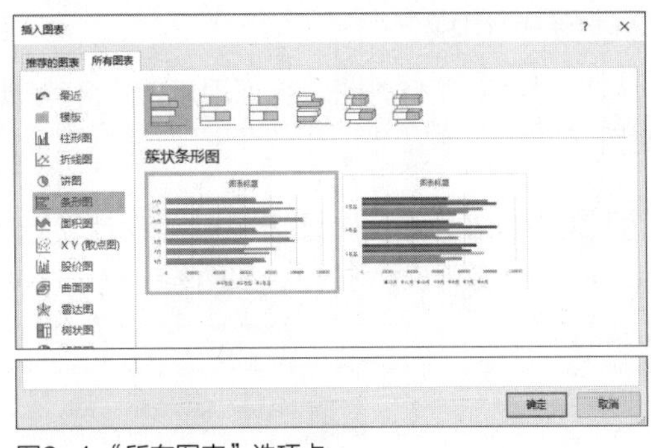

图9-4 “所有图表”选项卡

9.1.2 编辑图表

插入图表后，可按需对图表进行编辑，包括更改图表源数据、更改图表布局、图表的行列切换等，下面分别对其进行介绍。

❶更改图表源数据

插入图表后，若要更改图表的数据区域，则可按照下面的操作步骤进行操作。

步骤01 选择图表，单击“图表工具－设计”选项卡上的“选择数据”按钮，如图9-5所示。

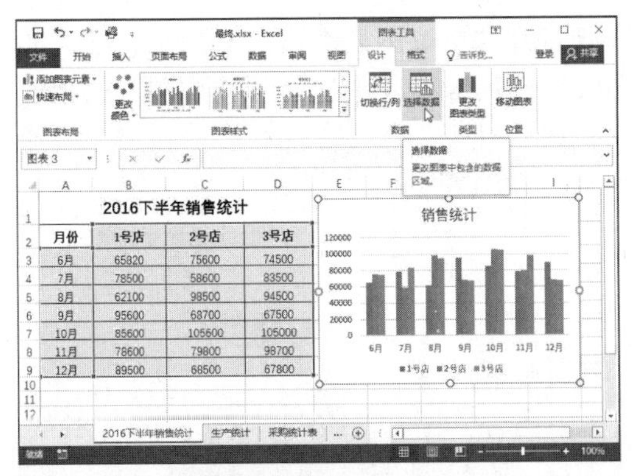

图9-5 单击“选择数据”按钮

步骤02 打开“选择数据源”对话框，可以在“图例项（系列）”列表框以及“水平（分类）轴标签”的列表框中，添加/删除数据系列，也可以单击“图表数据区域”右侧“选择数据”按钮，如图9-6所示。

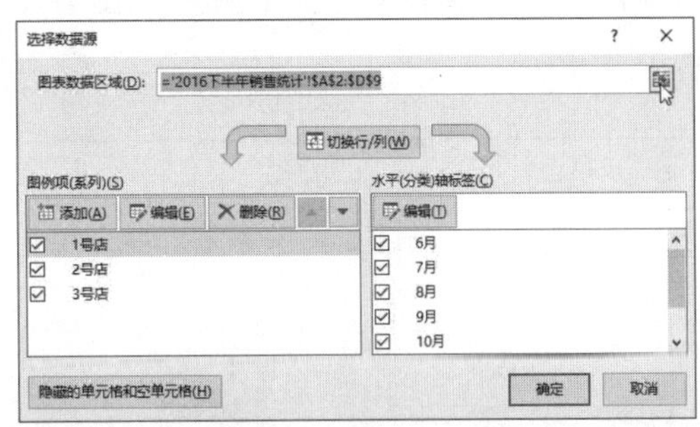

图9-6 “选择数据源”对话框

步骤03 拖动鼠标，选择A2:C8单元格数据区域，为新的数据区域，然后单击“还原”按钮，如图9-7所示。

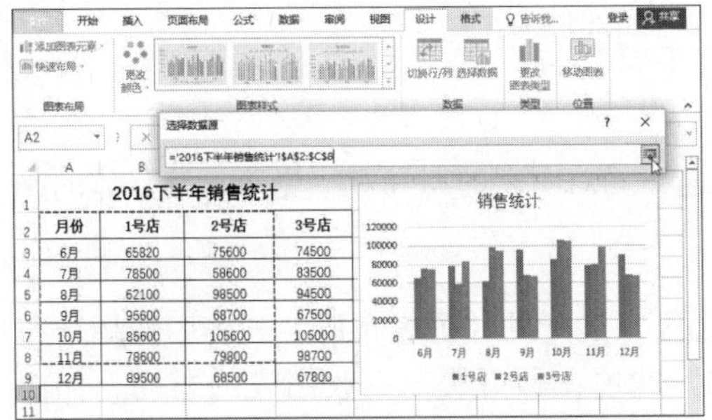

图9-7 选择数据区域

步骤04 单击对话框中的“确定”按钮。即可修改图表中的数据源，并在图表中反映出来，如图9-8所示。

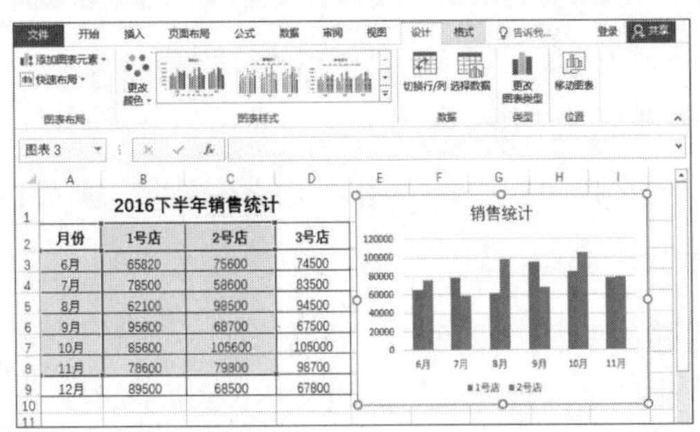

图9-8 修改数据源效果

❷图表行/列切换

如果用户觉得当前图表行列展示效果不美观，则可以将图表的行和列进行切换，其具体的操作步骤如下。

步骤01 选择图表，单击“图表工具－设计”选项卡上的“切换行/列”按钮，如图9-9所示。

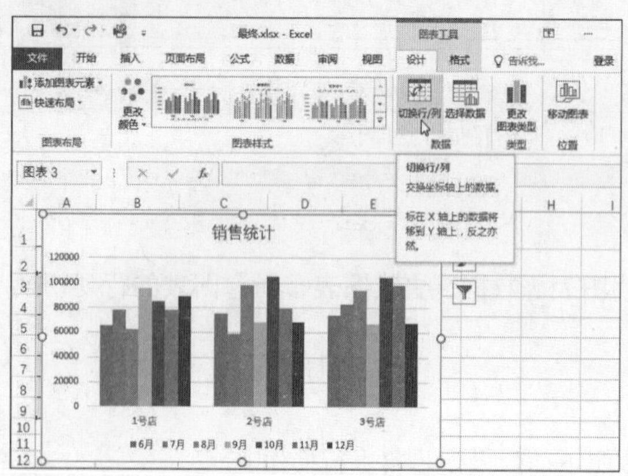

图9-9 单击“切换行/列”按钮

步骤02 即可将图表中的行列切换，切换后效果如图9-10所示。

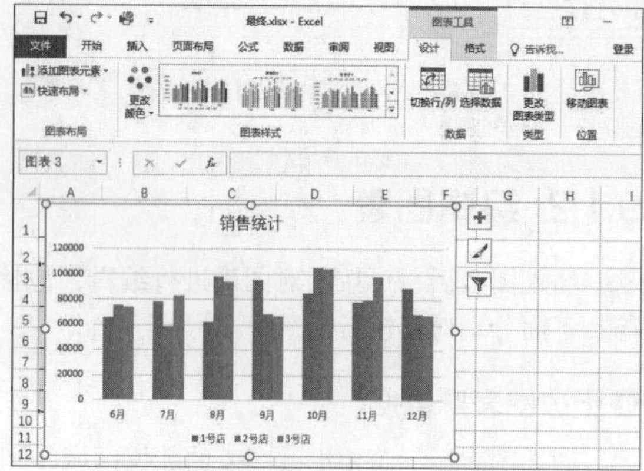

图9-10 切换行/列效果

❸更改图表类型

如果用户对插入的图表类型不满意，则可以按照下面的操作步骤对图表的类型进行更改。

步骤01 选择图表，单击“图表工具－设计”选项卡上的“更改图表类型”按钮，如图9-11所示。

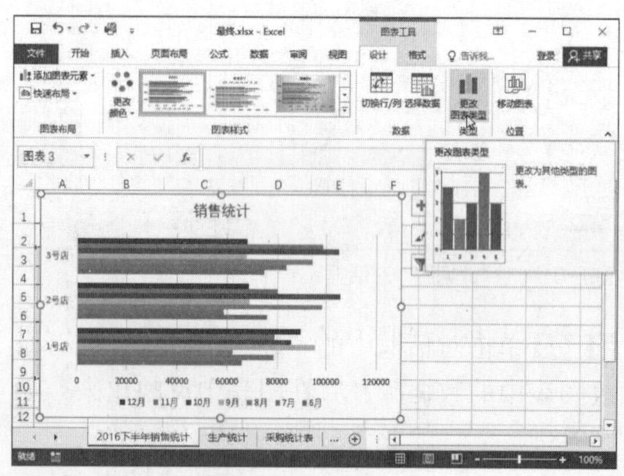

图9-11 单击“更改图表类型”按钮

步骤02 打开“更改图表类型”对话框，在“所有图表”选项卡列表中选择“柱形图”选项，选择“簇状柱形图”，然后单击“确定”按钮即可，如图9-12所示。

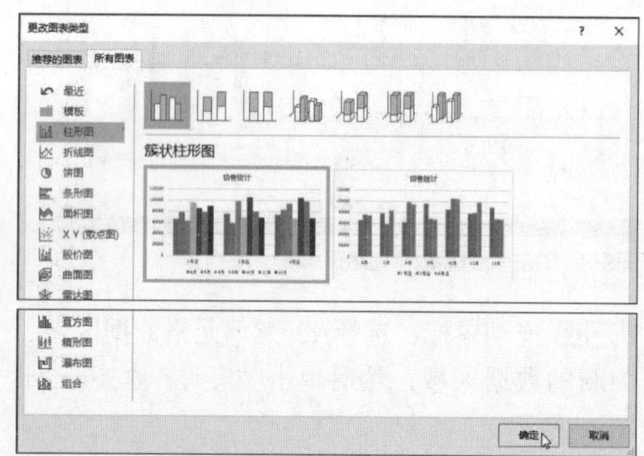

图9-12 更改图表类型

❹更改图表布局

如果用户对默认的图表布局不满意，则可以通过快速布局对图表的布局进行更改，其具体的操作步骤如下。

步骤01 选择图表，单击“图表工具－设计”选项卡上的“快速布局”按钮，如图9-13所示。

步骤02 从展开的“图表布局”列表中选择“布局5”选项，即可快速更改图表的布局，如图9-14所示。

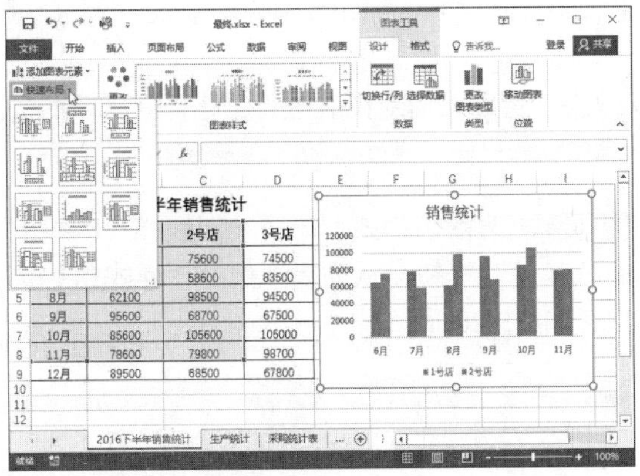

图9-13 单击“快速布局”按钮

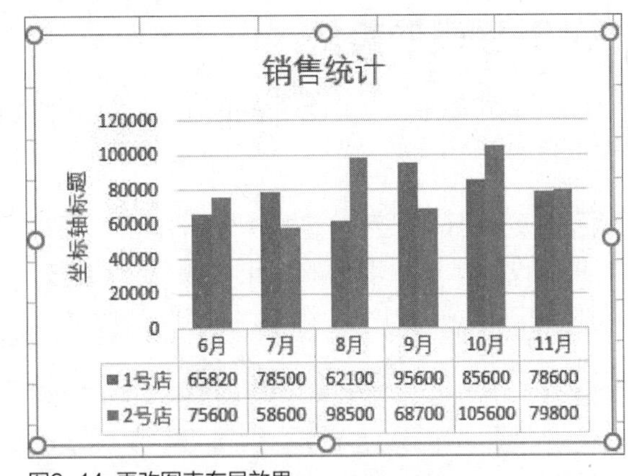

图9-14 更改图表布局效果

❺图表元素的添加/删除

用户可按需选择是否添加图表标题、坐标轴、数据标签等，其具体的操作步骤如下。

步骤01 选择图表，单击“图表工具－设计”选项卡上的“添加图表元素”按钮，如图9-15所示。

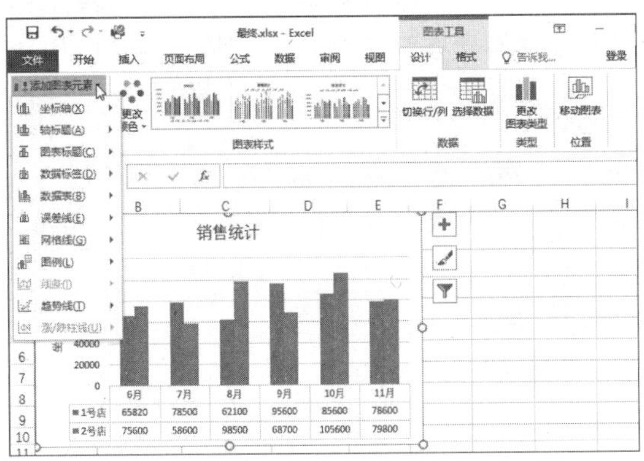

图9-15 单击“添加图表元素”按钮

步骤02 执行“数据标签>数据标签外”命令可添加数据标签，如图9-16所示。

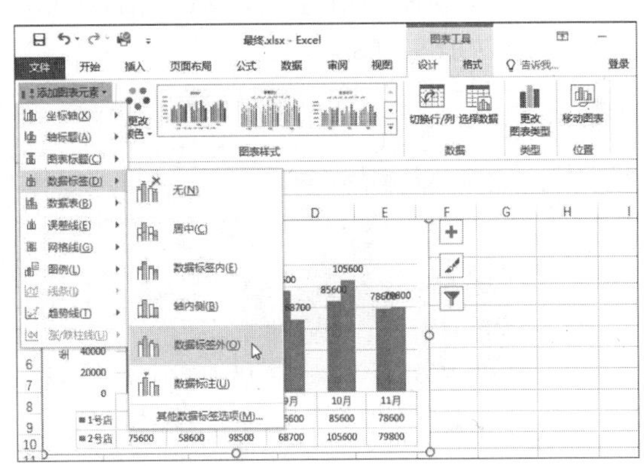

图9-16 选择“数据标签外”选项

步骤03 执行“网格线>主轴次要垂直网格线”命令可添加网格线，如图9-17所示。

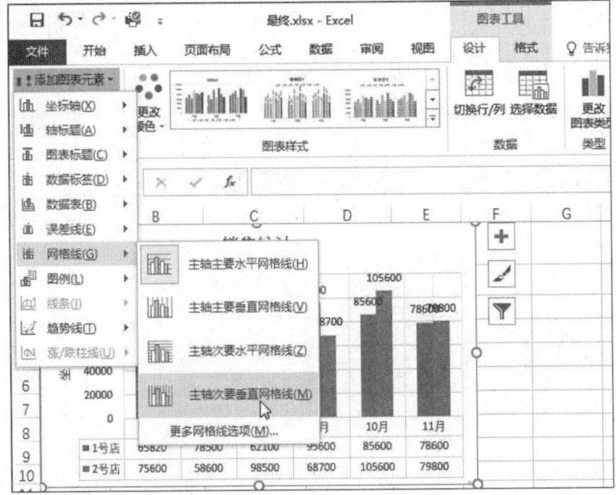

图9-17 添加网格线

步骤04 执行“数据表>无”命令可删除数据表，如图9-18所示。

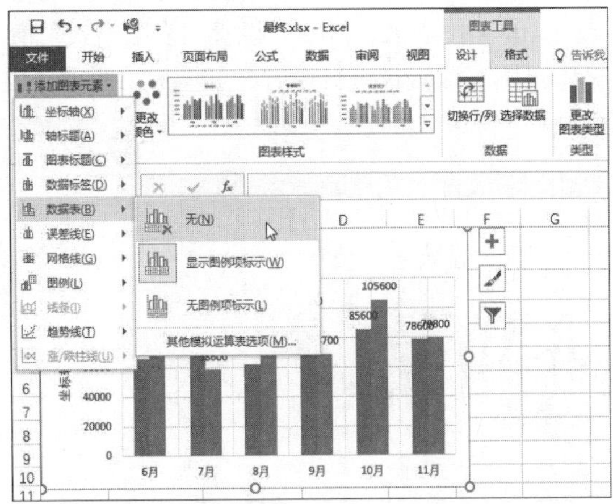

图9-18 删除数据表

9.1.3 图表的美化

插入图表后，为了让图表更加的美观，增强视觉效果，可以按需对图表进行美化，其具体的操作步骤如下。

步骤01 更改图表颜色。选择图表，单击“图表工具－设计”选项卡上的“更改颜色”按钮，从列表中选择“颜色4”选项，如图9-19所示。

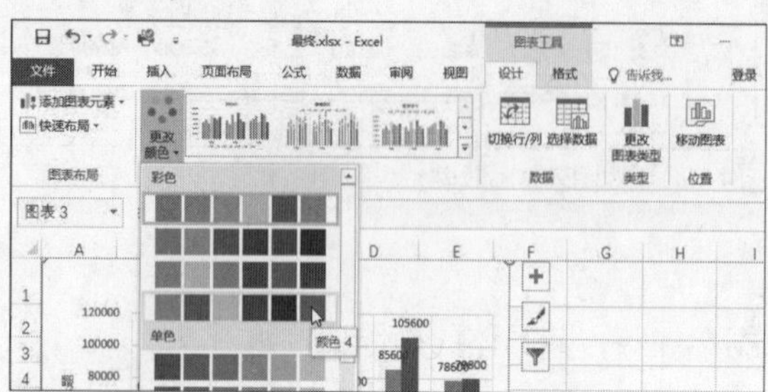

图9-19 选择“颜色4”选项

步骤02 更改图表样式。单击“图表样式”组上的“其他”按钮，从列表中选择“样式14”选项，如图9-20所示。

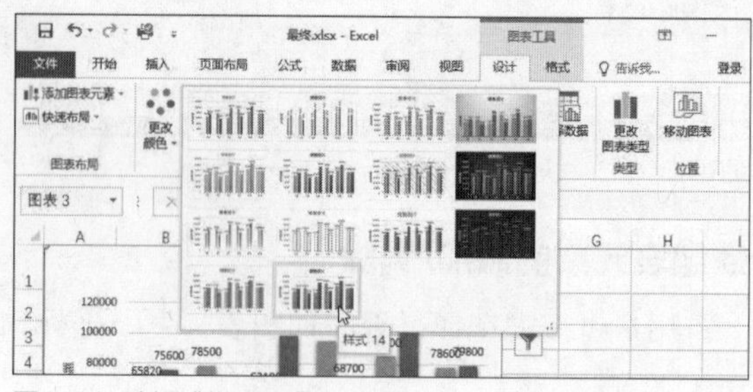

图9-20 选择“样式14”

步骤03 更改数据系列格式。选择数据系列，右键单击，从右键菜单中选择“设置数据系列格式”选项，如图9-21所示。

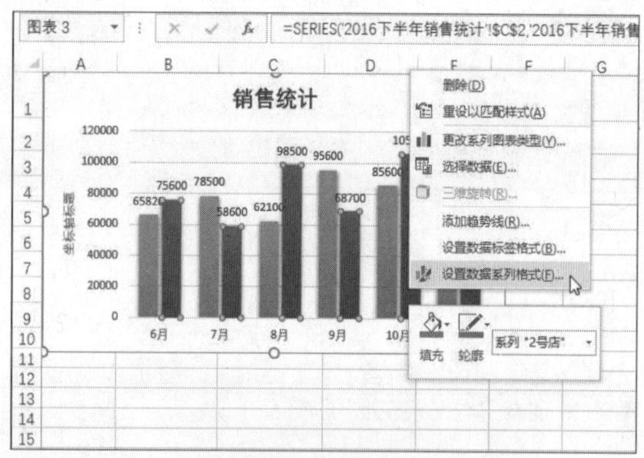

图9-21 选择“设置数据系列格式”选项

步骤04 在工作表编辑区右侧出现“设置数据系列格式”窗格，在该窗格中，可以对数据系列的填充、效果等进行详细设置，如图9-22所示。

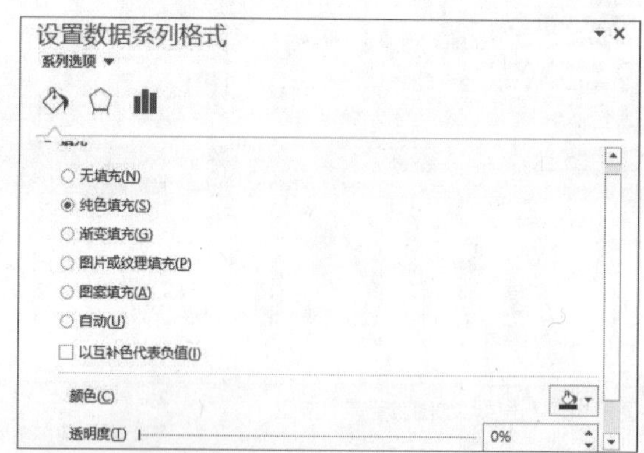

图9-22 “设置数据系列格式”窗格

步骤05 设置图表区格式。设置完成数据系列格式后，单击图表区，可在“设置图表区格式”窗格中对图表区格式进行设置，如图9-23所示。

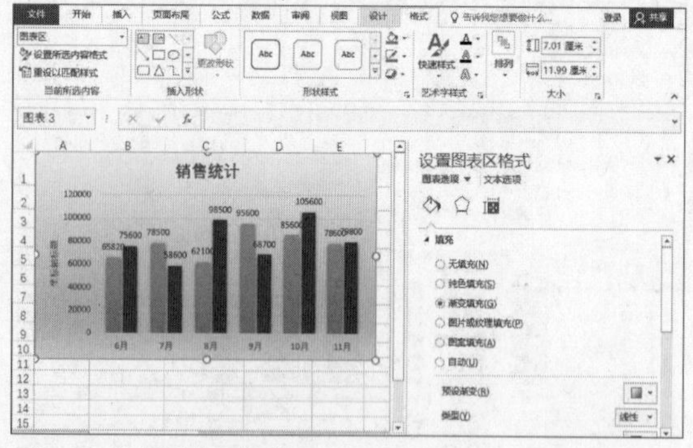

图9-23 设置图表区格式

步骤06 设置图表标题格式。选择图表标题，打开“设置图表标题格式”窗格，可对图表标题进行详细设置，如图9-24所示。

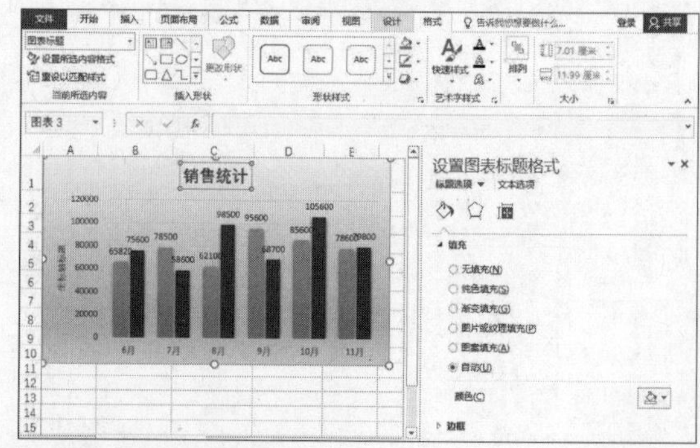

图9-24 设置图表标题格式

9.2 使用数据透视表

如果工作表中存在大量数据，让用户找不到头绪对数据进行分析，从而得出更好的结论或做出更好的决策。那么使用数据透视表可以很好的对数据进行汇总、分析和浏览。下面介绍如何创建数据透视表，并且使用数据透视表对数据进行分析。

9.2.1 创建数据透视表

数据透视表是一种可以快速汇总大量数据的交互式方法，可深入分析数值数据。那么如何在工作表中创建数据透视表呢？其具体的操作步骤如下。

步骤01 打开工作表，选择表格中任意单元格，单击“插入”选项卡上的“数据透视表”按钮，如图9-25所示。

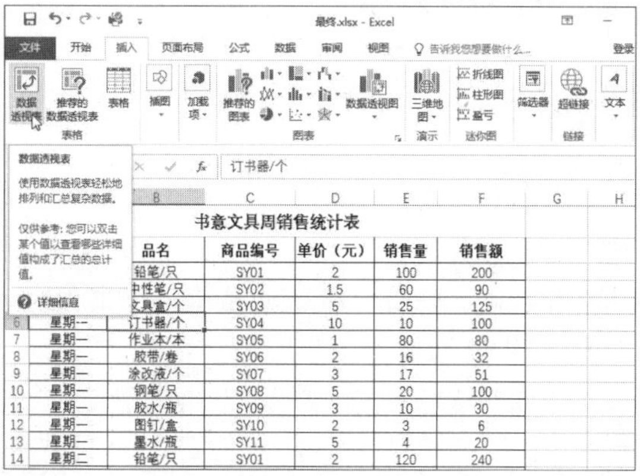

书意文具周销售统计表

		品名	商品编号	单价（元）	销售量	销售额
		铅笔/只	SY01	2	100	200
		中性笔/只	SY02	1.5	60	90
		文具盒/个	SY03	5	25	125
6	星期一	订书器/个	SY04	10	10	100
7	星期一	作业本/本	SY05	1	80	80
8	星期一	胶带/卷	SY06	2	16	32
9	星期一	涂改液/个	SY07	3	17	51
10	星期一	钢笔/只	SY08	5	20	100
11	星期一	胶水/瓶	SY09	3	10	30
12	星期一	图钉/盒	SY10	2	3	6
13	星期一	墨水/瓶	SY11	5	4	20
14	星期二	铅笔/只	SY01	2	120	240

图9-25 单击“数据透视表”按钮

步骤02 打开“创建数据透视表”对话框，保持默认设置，单击“确定”按钮，如图9-26所示。

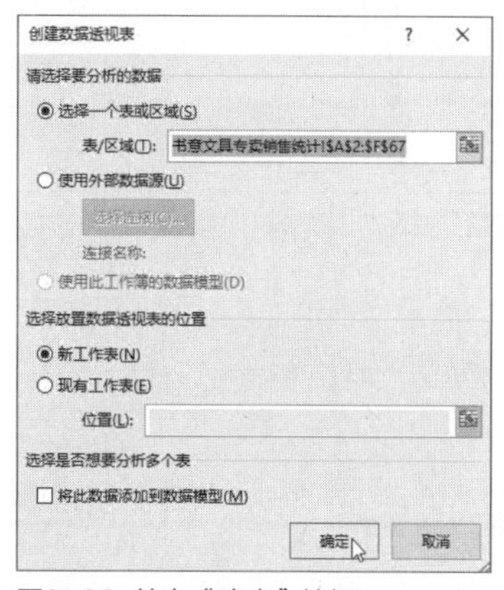

图9-26 单击“确定”按钮

步骤03 在新工作表中可出现数据透视表视图界面，如图9-27所示。

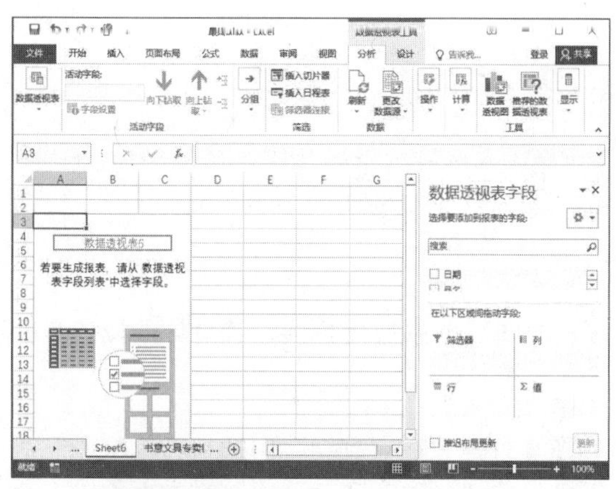

图9-27 数据透视表界面

步骤04 在“数据透视表字段”列表中包含所有字段，选择字段，将其拖至对应区域，如图9-28所示。

图9-28 创建数据透视表效果

9.2.2 分析数据透视表

创建数据透视表就是为了更好的对数据进行分析，下面介绍如何通过数据透视表分析数据。

❶通过字段计算数据

通过数据透视表中的字段，可以对数据透视表中相应的项进行计算，其具体的操作步骤如下。

步骤01 选择计算字段中单元格，执行“数据透视表工具－分析>字段设置”命令，如图9-29所示。

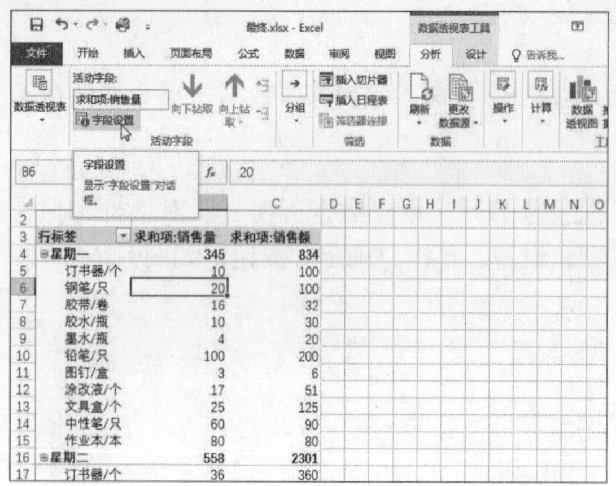

图9-29 单击“字段设置”按钮

步骤02 打开“值字段设置”对话框，在“值汇总方式”选项卡中选择合适的计算类型，然后单击“确定”按钮，如图9-30所示。

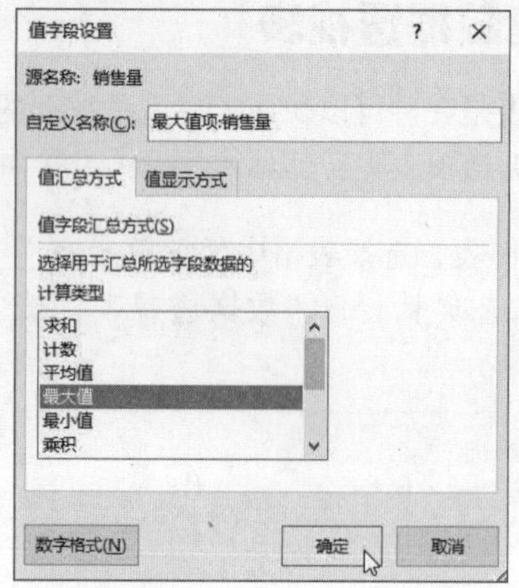

图9-30 单击“确定”按钮

步骤03 可以发现，单元格所在的字段按照指定类型计算出结果，如图9-31所示。

	A	B	C
3	行标签	最大值项:销售量	求和项:销售额
4	⊟星期一	100	834
5	订书器/个	10	100
6	钢笔/只	20	100
7	胶带/卷	16	32
8	胶水/瓶	10	30
9	墨水/瓶	4	20
10	铅笔/只	100	200
11	图钉/盒	3	6
12	涂改液/个	17	51
13	文具盒/个	25	125
14	中性笔/只	60	90
15	作业本/本	80	80
16	⊟星期二	120	2301
17	订书器/个	36	360
18	钢笔/只	60	300
19	记事簿/本	25	200
20	胶带/卷	20	40
21	胶水/瓶	20	60
22	墨水/瓶	9	45
23	铅笔/只	120	240
24	书包/个	6	480
25	图钉/盒	10	20
26	涂改液/个	12	36

图9-31 字段按照指定类型计算

步骤04 其他方法计算字段。选择字段中任一单元格并右击，选择“值汇总依据>求和”命令即可，如图9-32所示。

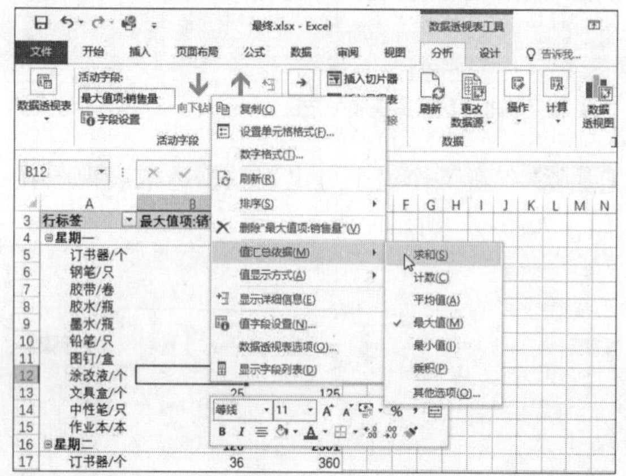

图9-32 选择“求和”选项

❷添加计算项

若需计算两项之和、之差等，则可以为数据透视表中的数据添加计算项，其具体的操作步骤如下。

步骤01 选择A4单元格，单击“数据透视表工具－分析”选项卡上的“字段、项目和集”按钮，从列表中选择“计算项”选项，如图9-33所示。

步骤02 打开“在“日期”中插入计算字段”对话框，在“名称”和“公式”文本框中输入合适的名称和公式，然后单击“确定”按钮，如图9-34所示。

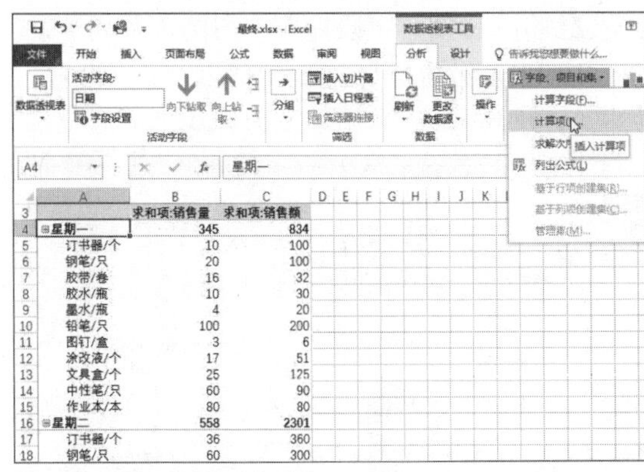

图9-33 选择“计算项”选项

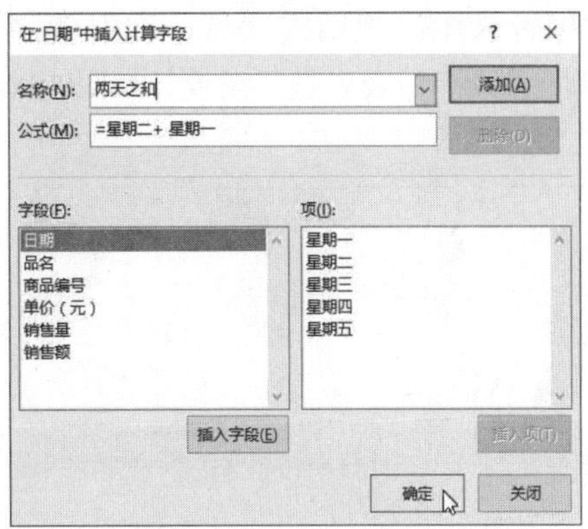

图9-34 添加计算项

步骤03 可以看到，在数据透视表中新增了一个名称为“两天之和”的计算项，如图9-35所示。

	A	B	C
74	⊟两天之和	903	3135
75	订书器/个	46	460
76	钢笔/只	80	400
77	记事簿/本	25	200
78	胶带/卷	36	72
79	胶水/瓶	30	90
80	墨水/瓶	13	65
81	铅笔/只	220	440
82	书包/个	6	480
83	图钉/盒	13	26
84	涂改液/个	29	87
85	文具盒/个	85	425
86	橡皮/个	0	0
87	中性笔/只	140	210
88	作业本/本	180	180
89	总计	7601	27429

图9-35 新增计算项效果

9.3 使用数据透视图分析数据

数据透视图可以将工作表中的数据有选择的以图表的方式展示出来，从而更好的对数据进行分析，其具体的操作步骤如下。

步骤01 打开工作表，切换至“插入”选项卡，单击“数据透视图”按钮，从列表中选择“数据透视图”选项，如图9-36所示。

	A	B	C	D	E	F
2	日期	品名	商品编号	单价（元）	销售量	
3	星期一	铅笔/只	SY01	2	100	200
4	星期一	中性笔/只	SY02	1.5	60	90
5	星期一	文具盒/个	SY03	5	25	125
6	星期一	订书器/个	SY04	10	10	100
7	星期一	作业本/本	SY05	1	80	80
8	星期一	胶带/卷	SY06	2	16	32
9	星期一	涂改液/个	SY07	3	17	51
10	星期一	钢笔/只	SY08	5	20	100
11	星期一	胶水/瓶	SY09	3	10	30
12	星期一	图钉/盒	SY10	2	3	6
13	星期一	墨水/瓶	SY11	5	4	20
14	星期二	铅笔/只	SY01	2	120	240
15	星期二	中性笔/只	SY02	1.5	80	120

图9-36 选择“数据透视图”选项

步骤02 打开“创建数据透视图”对话框，保持默认设置，单击“确定”按钮，如图9-37所示。

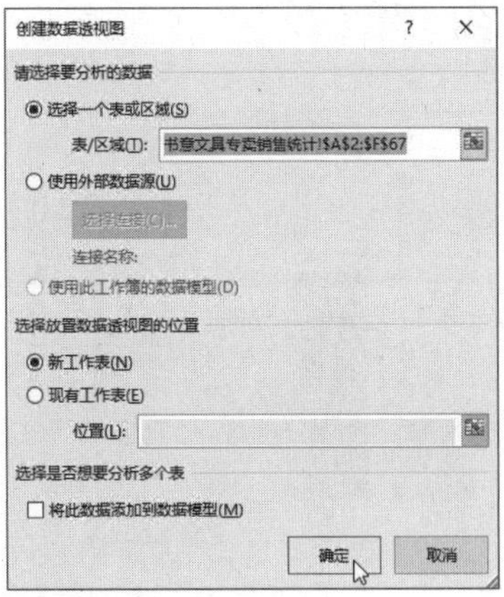

图9-37 单击“确定”按钮

步骤03 在编辑区中出现图表区域，在右侧的“数据透视图字段”列表中进行设置，如图9-38所示。

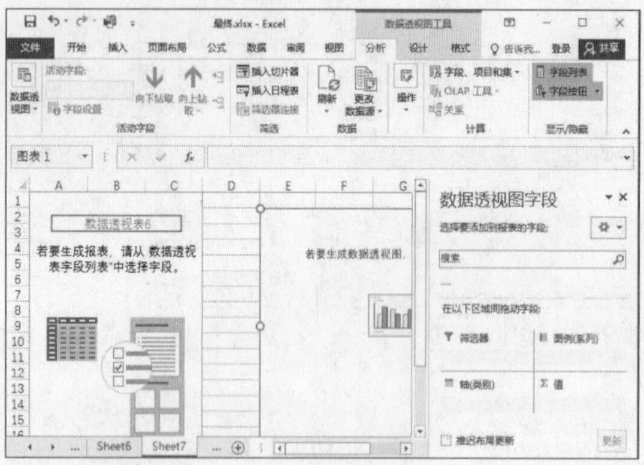

图9-38 图表区域

步骤04 将“日期”字段拖至“图例（系列）”、将“求和项:销售额”拖至“值”，完成设置，如图9-39所示。

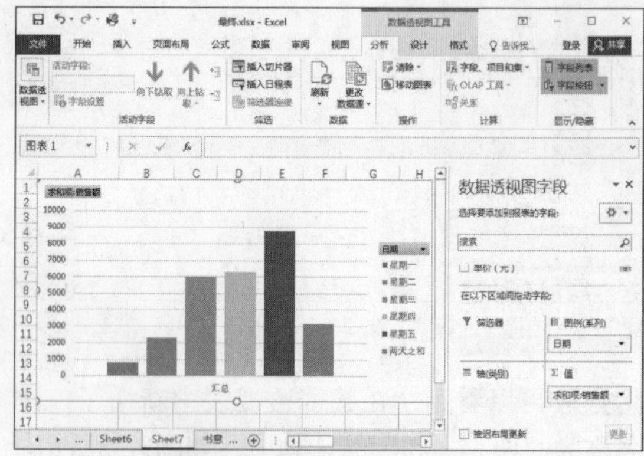

图9-39 设置图例和值

步骤05 在右侧的“日期”列表上方有一个下拉按钮，这里单击“日期”下拉按钮，如图9-40所示。

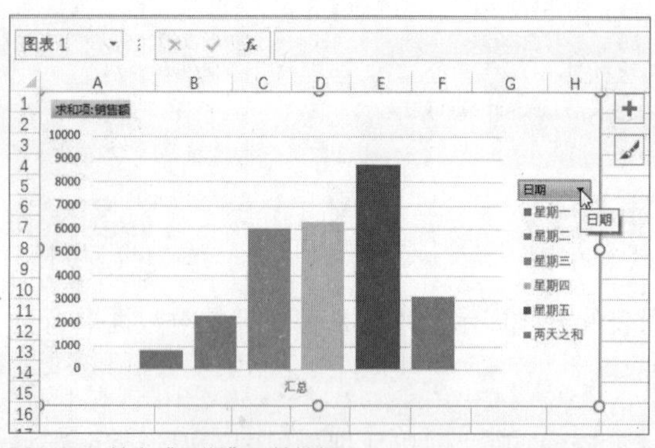

图9-40 单击“日期”下拉按钮

步骤06 从展开的列表中取消对“全选”的选中，然后勾选“星期一”、“星期二”以及“星期三”选项，然后单击“确定”按钮，如图9-41所示。

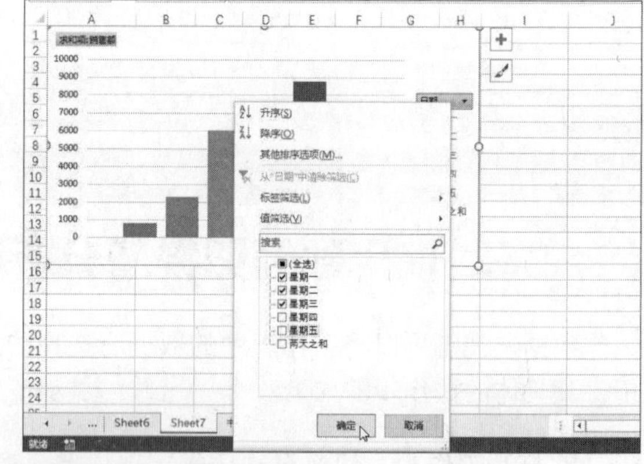

图9-41 单击“确定”按钮

步骤07 图表区域将只显示星期一、星期二以及星期三的求和数据，如图9-42所示。

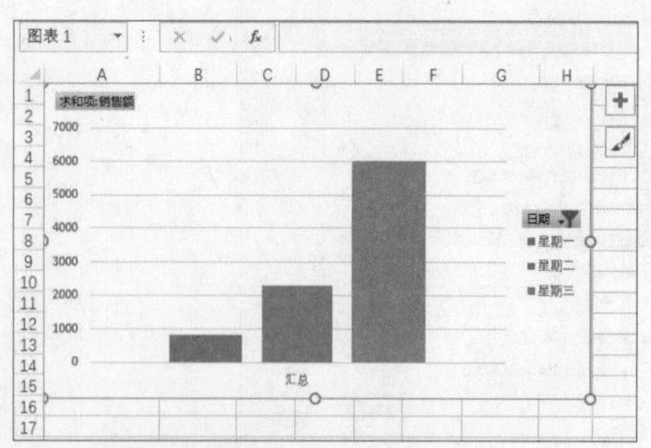

图9-42 图表显示效果

步骤08 通过“数据透视图工具-设计”选项卡功能区中的命令可以对数据透视图进行美化，如图9-43所示。

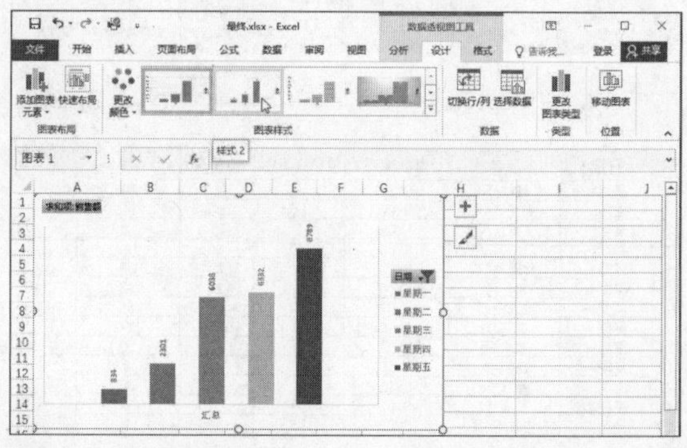

图9-43 “数据透视图工具-设计”选项卡

办公室练兵：制作产品销售情况分析表

对于采集的销售数据，需要对其分析后再进行工作总结、下期工作计划并提出改善方案，所以有效的分析销售数据是必要的。在分析销售数据过程中，可以使用图表、数据透视表和数据透视图进行可视化分析，下面将对其操作步骤进行详细介绍。

步骤01 打开工作表，选择A4:E7单元格数据区域，单击“插入”选项卡上的“推荐的图表”按钮，如图9-44所示。

图9-44 单击“推荐的图表”按钮

步骤02 打开“插入图表”对话框，选择“簇状柱形图”，单击“确定”按钮，如图9-45所示。

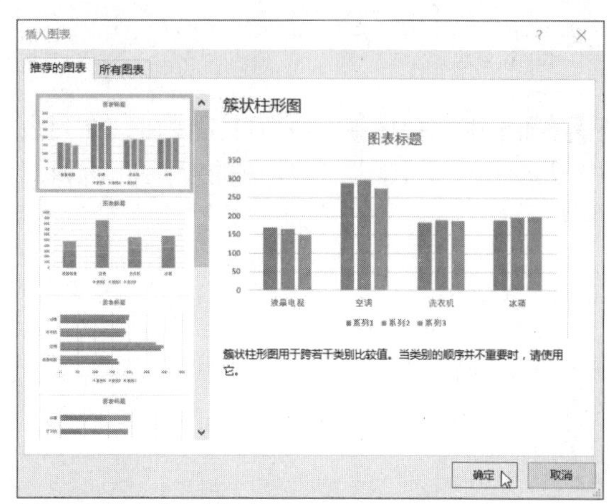

图9-45 单击“确定”按钮

步骤03 将图表移至合适位置，单击“图表工具－设计”选项卡上“图表样式”组上的“其他”按钮，从列表中选择“样式6”，如图9-46所示。

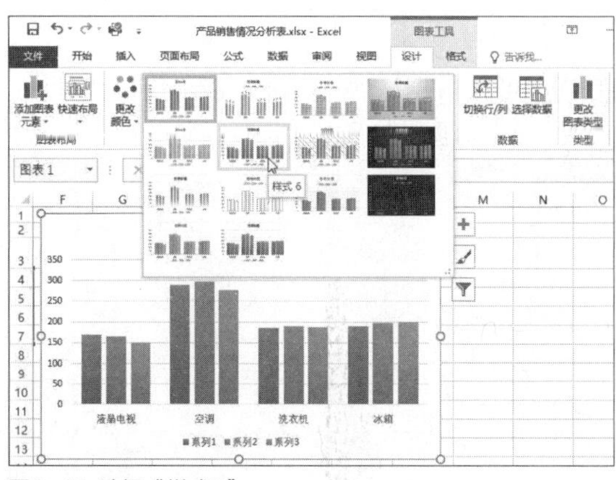

图9-46 选择“样式6”

步骤04 将鼠标光标移至工作表中的数据区域，单击“插入”选项卡上的“数据透视图”按钮，从列表中选择“数据透视图和数据透视表”选项，如图9-47所示。

图9-47 选择“数据透视图和数据透视表”选项

步骤05 打开“创建数据透视表”对话框，设置表/区域为：销售统计!$A$3:$E$31，然后单击“确定”按钮，如图9-48所示。

步骤06 在新工作表中出现数据透视表和数据透视图编辑区域，将相应字段拖至相应区域，如图9-49所示。

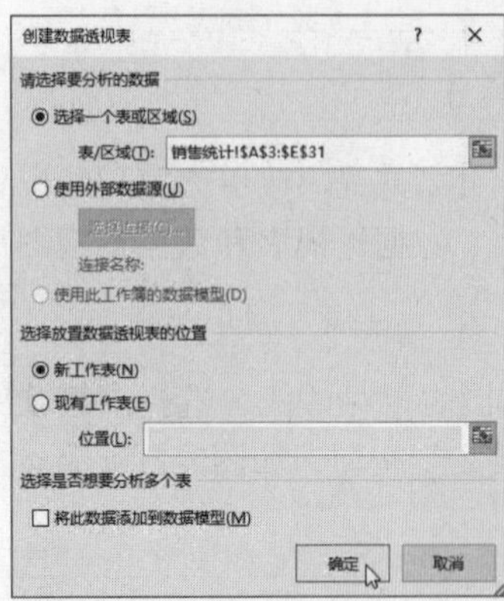

图9-48 设置数据区域

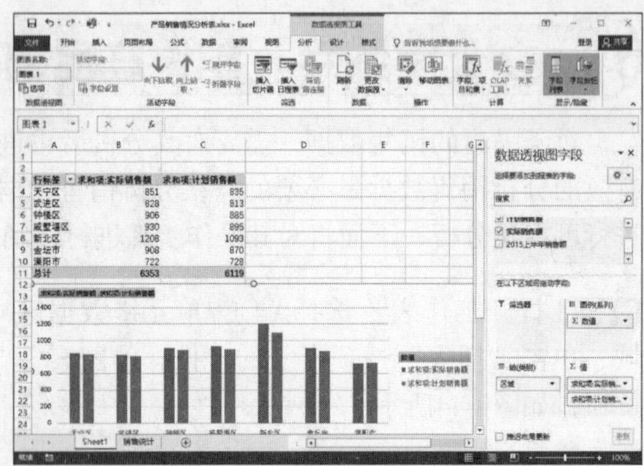
图9-49 设置字段

步骤07 单击“行标签”右侧筛选按钮，在列表中只选中“天宁区”选项前的复选框，如图9-50所示。

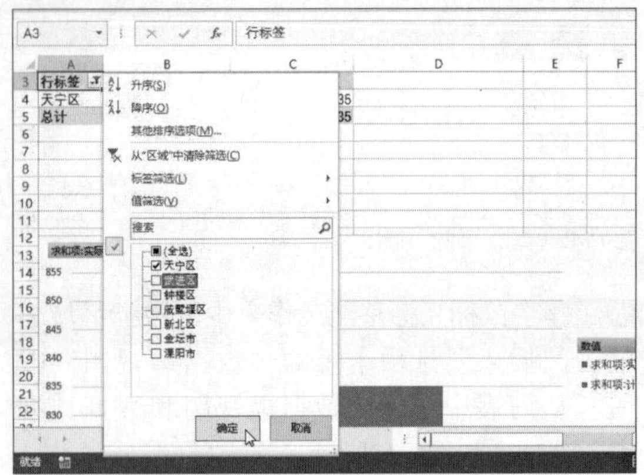
图9-50 单击“确定”按钮

步骤08 选择C3单元格，单击“数据透视表工具-分析”选项卡上的“字段、项目和集”按钮，从列表中选择“计算字段”选项，如图9-51所示。

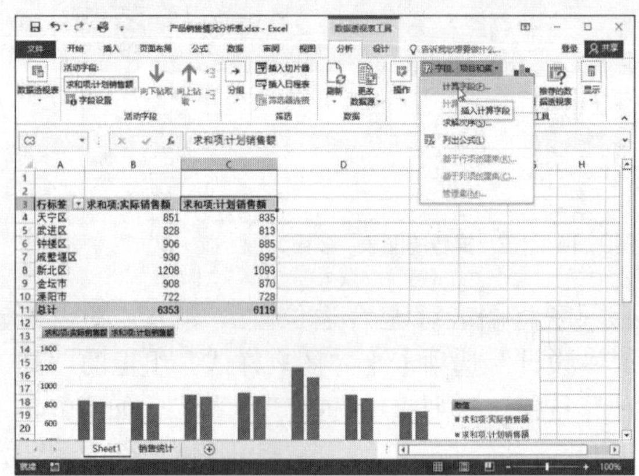
图9-51 选择“计算字段”选项

步骤09 打开“插入计算字段”对话框，输入名称和公式，单击“确定”按钮，如图9-52所示。

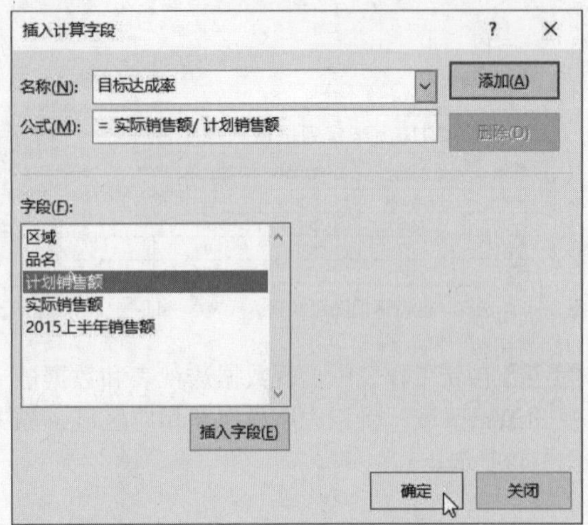

图9-52 设置新字段

步骤10 可在数据透视表中添加新的字段“目标达成率”，如图9-53所示。

	A	B	C	D
1				
2				
3	行标签	求和项:实际销售额	求和项:计划销售额	求和项:目标达成率
4	天宁区	851	835	1.019161677
5	武进区	828	813	1.018450185
6	钟楼区	906	885	1.023728814
7	戚墅堰区	930	895	1.039106145
8	新北区	1208	1093	1.105215005
9	金坛市	908	870	1.043678161
10	溧阳市	722	728	0.991758242
11	总计	6353	6119	1.038241543

图9-53 添加新字段效果

技巧放送：巧用条件格式/迷你图分析数据

若想将某组数据的变化规律很清晰的传达给观众，则可以使用条件格式或者迷你图功能，其具体的操作步骤如下。

步骤01 使用条件格式。打开工作表，选择C4:C31单元格，单击“开始”选项卡上的“条件格式”按钮，从列表中选择“数据条>浅色数据条”选项，如图9-54所示。

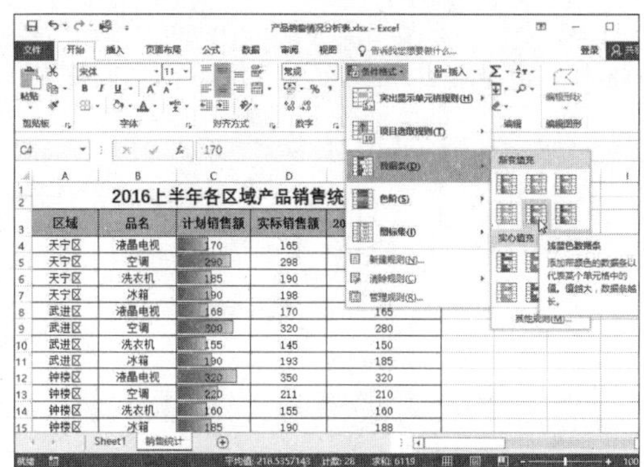

图9-54 选择“浅色数据条”选项

步骤02 添加迷你图。在C4:C31数据区域根据单元格中数据大小会显示出长短不一的数据条。执行“插入>迷你图>柱形图”命令，如图9-55所示。

图9-55 单击“柱形图”按钮

步骤03 打开“创建迷你图”对话框，设置数据范围为：C4:E4，位置范围为：$F$4，单击“确定”按钮，如图9-56所示。

创建迷你图 ? ×
选择所需的数据
数据范围(D): C4:E4
选择放置迷你图的位置
位置范围(L): $F$4
确定 取消

图9-56 设置数据范围和位置范围

步骤04 即可在F4单元格中插入柱形图，向下复制单元格后，可按照当前规律在下方的单元格中插入迷你图，如图9-57所示。

2016上半年各区域产品销售统计

区域	品名	计划销售额	实际销售额	2015上半年销售额
天宁区	液晶电视	170	165	150
天宁区	空调	290	298	276
天宁区	洗衣机	185	190	188
天宁区	冰箱	190	198	200
武进区	液晶电视	168	170	165
武进区	空调	300	320	280
武进区	洗衣机	155	145	150
武进区	冰箱	190	193	185
钟楼区	液晶电视	320	350	320
钟楼区	空调	220	211	210
钟楼区	洗衣机	160	155	160
钟楼区	冰箱	185	190	188
戚墅堰区	液晶电视	270	280	275
戚墅堰区	空调	272	280	270
戚墅堰区	洗衣机	160	170	165
戚墅堰区	冰箱	193	200	190
新北区	液晶电视	390	450	400
新北区	空调	350	380	345
新北区	洗衣机	188	200	180
新北区	冰箱	165	178	165

图9-57 插入迷你图效果

Chapter 10 综合实战 制作水果店销售统计表

1. 创建工作簿
2. 输入数据
3. 设置表格边框
4. 添加底纹
5. 调整行高和列宽
6. 输入公式
7. 插入函数
8. 数据的排序和筛选
9. 数据的合并计算
10. 插入数据透视图和透视表

10.1 实例说明

对于有多个子公司的总公司来说，经常需要对子公司的销售数据进行分析和计算。那么如何将子公司中的销售数据分别统计，然后再进行总体计算呢？

本章节以统计和分析美分水果各分店的销售数据，并汇总到总表为例进行介绍。其中各分店工作表制作和分析后效果如图10-1所示。

美分水果1号店

品名	销量（Kg）	单价(元)	折损量（Kg）	销售额（元）
苹果	800	12	5	9600
西瓜	600	5	2	3000
香蕉	400	5	3	2000
梨	230	3	1	690
橘子	200	6	2	1200
橙子	200	8	1	1600
哈密瓜	160	6	0	960
柚子	150	8.5	0.5	1275
龙眼	120	9.6	0.2	1152
火龙果	100	10	1	1000
荔枝	90	20	0.5	1800

美分水果2号店

品名	销量（Kg）	单价(元)	折损量（Kg）	销售额（元）
苹果	920	12	5	11040
香蕉	600	5	3	3000
火龙果	210	10	1	2100
橘子	320	6	2	1920
橙子	160	8	1	1280
柚子	190	8.5	0.5	1615
梨	400	3	1	1200
西瓜	500	5	2	2500
龙眼	200	9.6	0.2	1920
荔枝	130	20	0.5	2600
哈密瓜	120	6	0	720

美分水果3号店

品名	销量（Kg）	单价(元)	折损量（Kg）	销售额（元）
苹果	650	12	5	7800
香蕉	600	5	3	3000
火龙果	210	10	1	2100
橘子	320	6	2	1920
橙子	150	8	1	1200
柚子	260	8.5	0.5	2210
梨	410	3	1	1230
西瓜	850	5	2	4250
龙眼	230	9.6	0.2	2208
荔枝	165	20	0.5	3300
哈密瓜	310	6	0	1860

图10-1 效果预览

10.2 实例操作

本小节以如何从零开始制作各分店的销售数据，并进行分析和计算为例进行详细的介绍。

10.2.1 创建工作表输入数据

想要制作销售统计表，首先需要创建一个工作簿，然后再在工作簿中的工作表中输入数据，其具体的操作步骤如下。

步骤01 双击电脑桌面上的“Excel 2016” 图标，如图10-2所示。

图10-2 双击“Excel 2016” 图标

步骤02 新建一个空白工作簿，单击快速访问工具栏上的“保存”按钮，如图10-3所示。

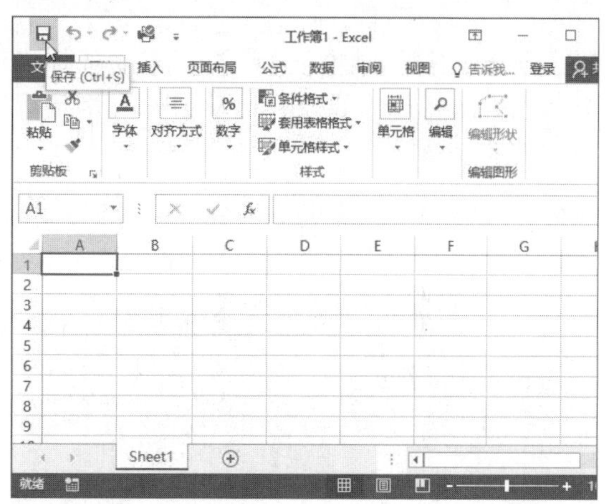

图10-3 单击“保存”按钮

步骤03 打开“文件”菜单，选择“另存为”选项，单击“浏览”按钮，如图10-4所示。

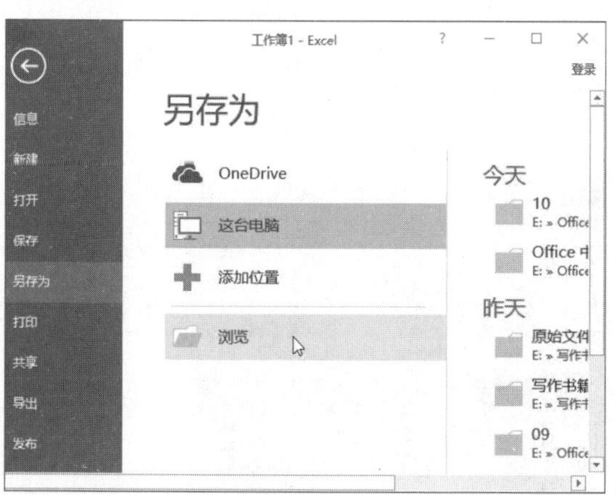

图10-4 选择“浏览”选项

步骤04 打开“另存为”对话框，输入文件名，单击“保存”按钮，如图10-5所示。

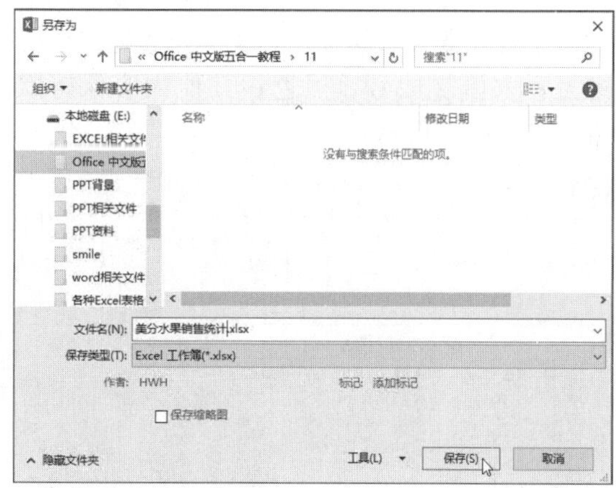

图10-5 单击“保存”按钮

步骤05 双击工作表标签，输入新工作表名称，如图10-6所示。

步骤06 按需输入数据，将鼠标光标移至需调整的列右侧边界线上，按住鼠标左键不放，拖动鼠标调整列宽，如图10-7所示。

图10-6 重命名工作表

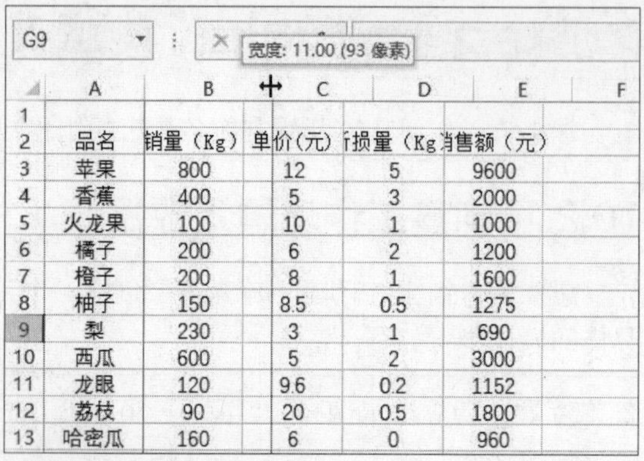

	A	B	C	D	E
1					
2	品名	销量（Kg）	单价（元）	折损量（Kg	销售额（元）
3	苹果	800	12	5	9600
4	香蕉	400	5	3	2000
5	火龙果	100	10	1	1000
6	橘子	200	6	2	1200
7	橙子	200	8	1	1600
8	柚子	150	8.5	0.5	1275
9	梨	230	3	1	690
10	西瓜	600	5	2	3000
11	龙眼	120	9.6	0.2	1152
12	荔枝	90	20	0.5	1800
13	哈密瓜	160	6	0	960

图10-7 输入数据，调整列宽

步骤07 选择需要调整的多行后，将鼠标光标移至任意一个行边界线上，拖动鼠标，调整行高，如图10-8所示。

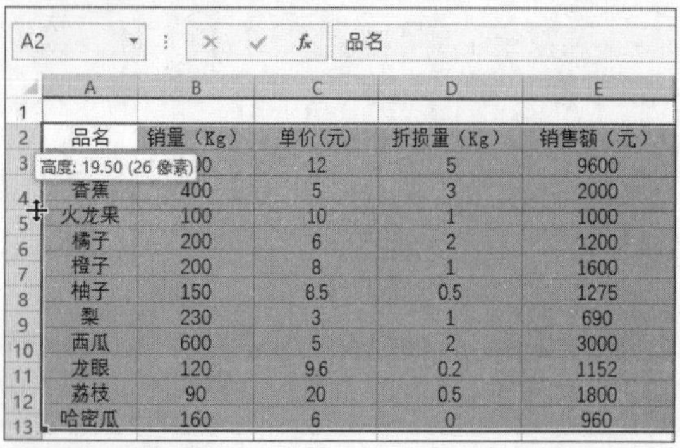

步骤08 选择需要合并的单元格，单击“开始”选项卡上的“合并后居中”按钮，如图10-9所示。

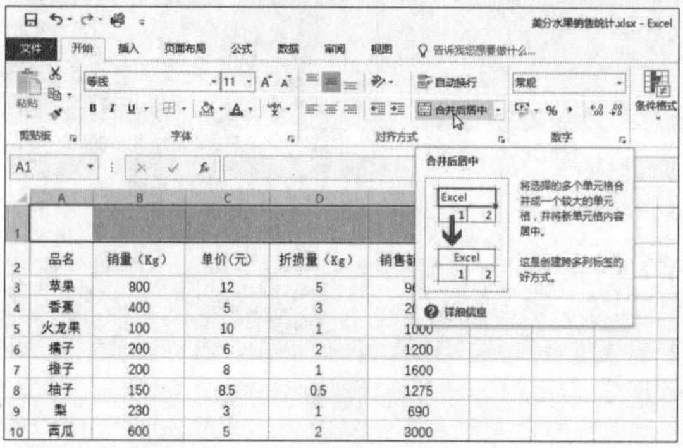

图10-8 调整行高

图10-9 合并单元格

步骤09 输入表格标题，并设置表格标题字体格式为：微软雅黑、18号、黑色；列标题字体格式为：宋体、12号、黑色；其他内容保持默认，如图10-10所示。

步骤10 选择A1:E13单元格数据区域，单击“边框”按钮，从列表中选择“所有框线”选项，如图10-11所示。

图10-10 更改标题字体格式

图10-11 设置表格边框

步骤11 选择A2:E2单元格数据区域，单击“填充颜色”按钮，从列表中选择“浅绿”选项，如图10-12所示。

步骤12 在工作表标签上右击，从右键菜单中选择“移动或复制”选项，如图10-13所示。

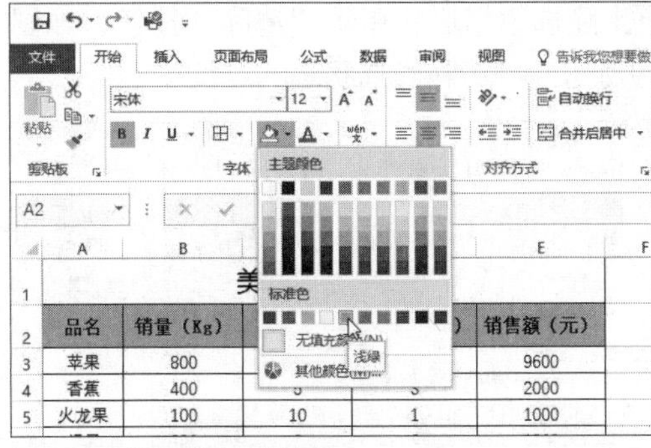

图10-12 选择“浅绿”选项

图10-13 选择“移动或复制”选项

步骤13 打开“移动或复制工作表”对话框，在“下列选定工作表之前”列表框中选择“移至最后”选项，然后勾选“建立副本”选项前的复选框，最后单击“确定”按钮，如图10-14所示。

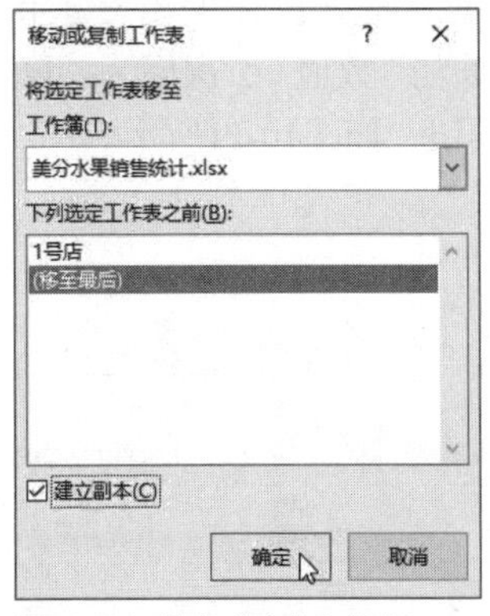

图10-14 单击“确定”按钮

步骤14 复制工作表后，按照同样的方法，再次复制工作表，然后按需修改复制的2个工作表的名称，工作表中的标题名称以及数据内容等，如图10-15所示。

美分水果3号店

品名	销量（Kg）	单价（元）	折损量（Kg）	销售额（元）
苹果	650	12	5	7800
香蕉	600	5	3	3000
火龙果	210	10	1	2100
橘子	320	6	2	1920
橙子	150	8	1	1200
柚子	260	8.5	0.5	2210
梨	410	3	1	1230
西瓜	850	5	2	4250
龙眼	230	9.6	0.2	2208
荔枝	165	20	0.5	3300
哈密瓜	310	6	0	1860

图10-15 复制并修改工作表内容

10.2.2 分析和计算数据

数据输入完毕后，需要对工作表中的数据进行分析和计算，其中包括对数据进行筛选和排序，输入公式和函数进行计算，其具体的操作步骤如下。

步骤01 将鼠标定位至工作表中的数据区域，单击“数据”选项卡上的“筛选”按钮，如图10-16所示。

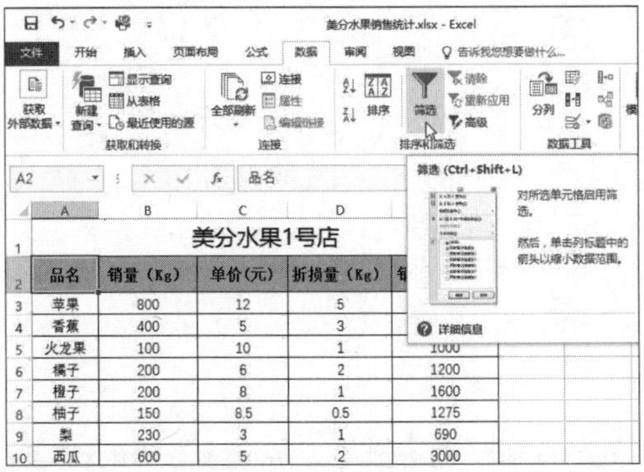

图10-16 单击“筛选”按钮

步骤02 在列标题上会出现筛选按钮，单击“销量”筛选按钮，从列表中选择“数字筛选>大于或等于”选项，如图10-17所示。

图10-17 选择“大于或等于”选项

步骤03 打开“自定义自动筛选方式”对话框，在“大于或等于”右侧数值框中输入“400”，然后单击“确定”按钮，如图10-18所示。

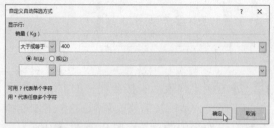

图10-18 设置筛选方式

步骤04 筛选数据后，单击“清除”按钮，如图10-19所示。可清除筛选状态。

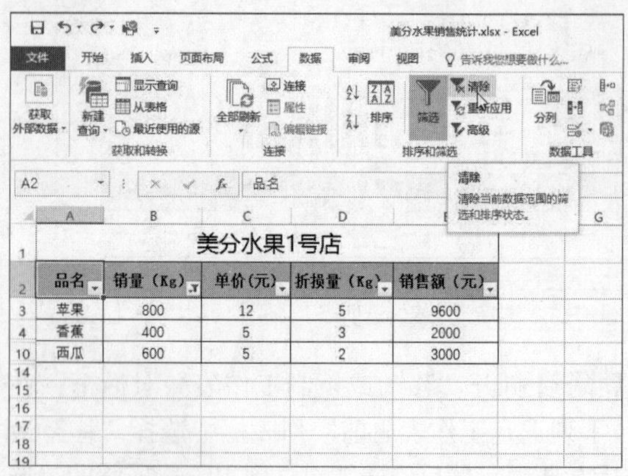

图10-19 清除筛选

步骤05 选择A2:E13单元格数据区域，单击“排序”按钮，如图10-20所示。

图10-20 单击“排序”按钮

步骤06 打开“排序”对话框，设置主要关键字为“销量”、排序依据为“数值”、次序为“降序”，单击“确定”按钮，如图10-21所示。

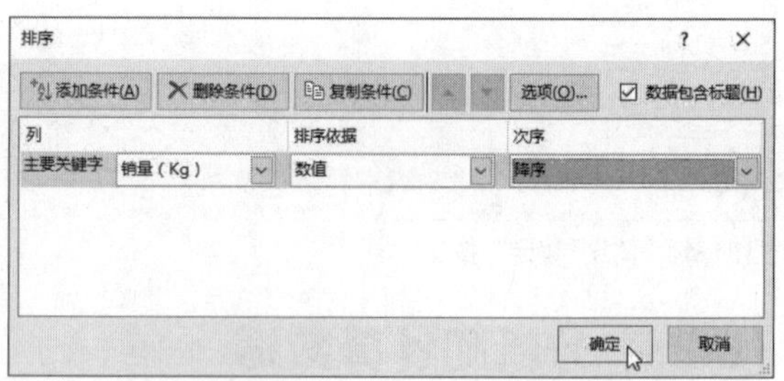

图10-21 设置排序

步骤07 可将数据按照销量由高到低排列，如图10-22所示。

	A	B	C	D	E
1	美分水果1号店				
2	品名	销量（Kg）	单价（元）	折损量（Kg）	销售额（元）
3	苹果	800	12	5	9600
4	西瓜	600	5	2	3000
5	香蕉	400	5	3	2000
6	梨	230	3	1	690
7	橘子	200	6	2	1200
8	橙子	200	8	1	1600
9	哈密瓜	160	6	0	960
10	柚子	150	8.5	0.5	1275
11	龙眼	120	9.6	0.2	1152
12	火龙果	100	10	1	1000
13	荔枝	90	20	0.5	1800

图10-22 数据排序效果

步骤08 新建工作表并命名后，选择A1单元格，单击“数据”选项卡上的“合并计算”按钮，如图10-23所示。

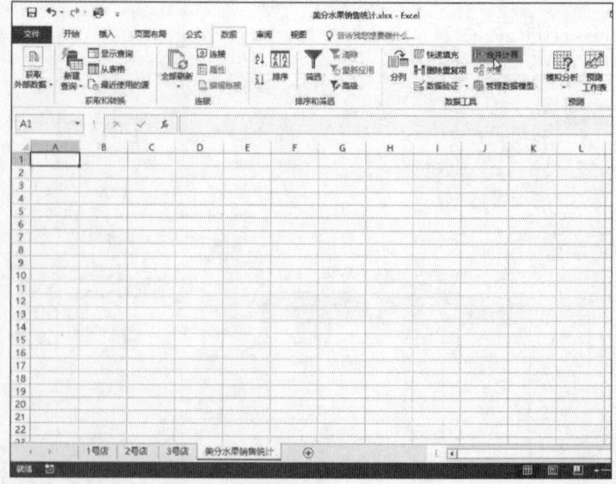

图10-23 单击“合并计算”按钮

步骤09 打开“合并计算”对话框，单击“选择范围”按钮，如图10-24所示。

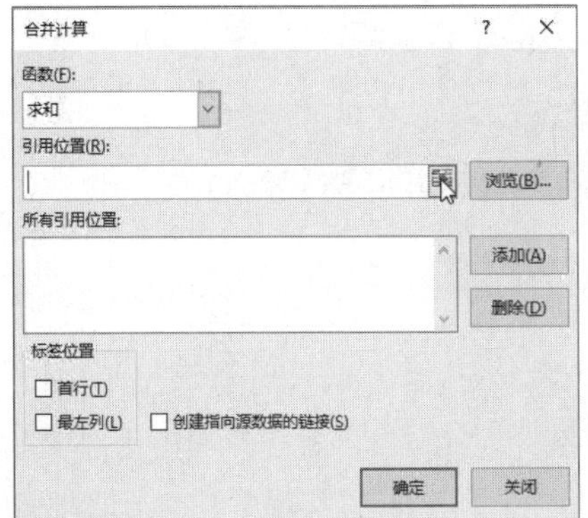

图10-24 “合并计算”对话框

步骤10 切换至“1号店”工作表，拖动鼠标选取数据区域，然后单击“还原”按钮，如图10-25所示。

	A	B	C	D	E
1	美分水果1号店				
2	品名	销量（Kg）	单价(元)	折损量（Kg）	销售额（元）
3	苹果	800	12	5	9600
4	西瓜	600	5	2	3000
5	香蕉	400	5	2	2000
6	梨				
7	橘子				
8	橙子	200	8	1	1600
9	哈密瓜	160	6	0	960
10	柚子	150	8.5	0.5	1275
11	龙眼	120	9.6	0.2	1152
12	火龙果	100	10	1	1000
13	荔枝	90	20	0.5	1800

合并计算 - 引用位置:
'1号店'!$A$2:$E$13

图10-25 选择数据区域

步骤11 单击“添加”按钮，将引用位置添加到“所有引用位置”列表框中，然后继续单击“选择位置”按钮，如图10-26所示。

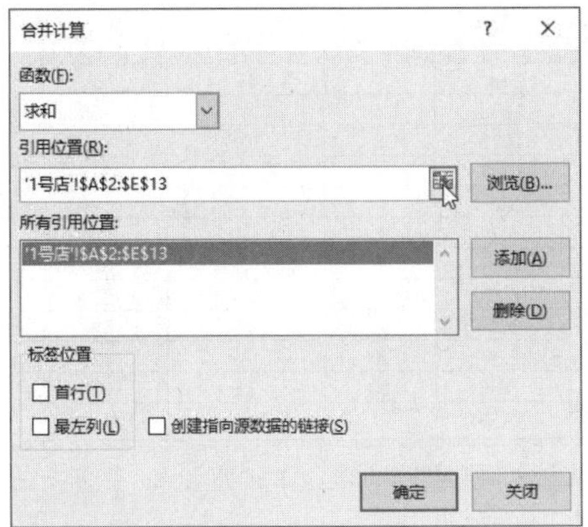

图10-26 单击“选择位置”按钮

步骤12 按照同样的方法添加位置后，单击“确定”按钮，如图10-27所示。

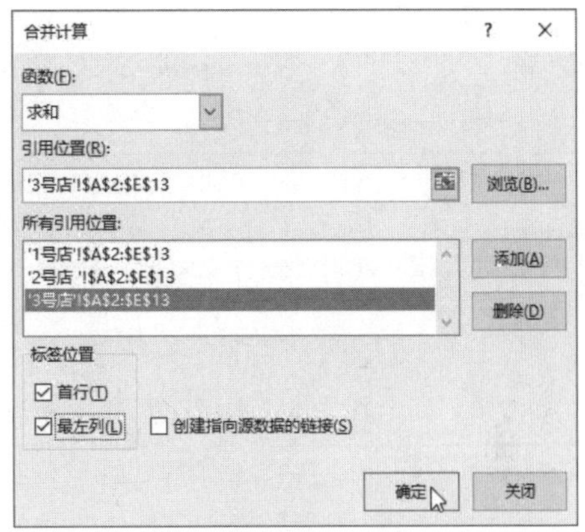

图10-27 单击“确定”按钮

步骤13 合并数据后，单价数据也进行了合并，需要进行修改，选择C2单元格，输入公式“=E2/B2”，如图10-28所示。

SUM　=E2/B2

	A	B	C	D	E
1	品名	销量（Kg）	单价(元)	折损量（Kg）	销售额（元）
2	苹果	2370	=E2/B2	15	28440
3	西瓜	1950	15	6	9750
4	香蕉	1600	15	9	8000
5	梨	1040	9	3	3120
6	橘子	840	18	6	5040
7	橙子	510	24	3	4080
8	哈密瓜	590	18	0	3540
9	柚子	600	25.5	1.5	5100
10	龙眼	550	28.8	0.6	5280
11	火龙果	520	30	3	5200
12	荔枝	385	60	1.5	7700

图10-28 输入公式

步骤14 按Enter键计算出结果后，将C2单元格中的公式向下复制到其他单元格中，如图10-29所示。

C4　=E4/B4

	A	B	C	D	E
1	品名	销量（Kg）	单价(元)	折损量（Kg）	销售额（元）
2	苹果	2370	12	15	28440
3	西瓜	1950	5	6	9750
4	香蕉	1600	5	9	8000
5	梨	1040	3	3	3120
6	橘子	840	6	6	5040
7	橙子	510	8	3	4080
8	哈密瓜	590	6	0	3540
9	柚子	600	8.5	1.5	5100
10	龙眼	550	9.6	0.6	5280
11	火龙果	520	10	3	5200
12	荔枝	385	20	1.5	7700
13					

图10-29 修改单价

步骤15 选择B13单元格，单击“公式”选项卡上的“插入函数”按钮，如图10-30所示。

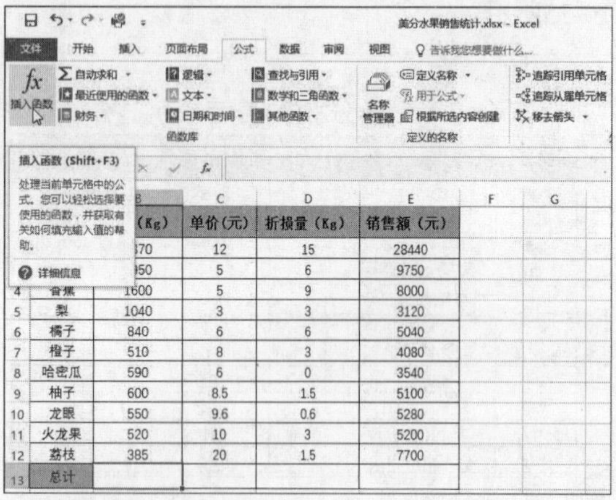

图10-30 单击“插入函数”按钮

步骤16 打开“插入函数”对话框，选择“SUM”函数，如图10-31所示。

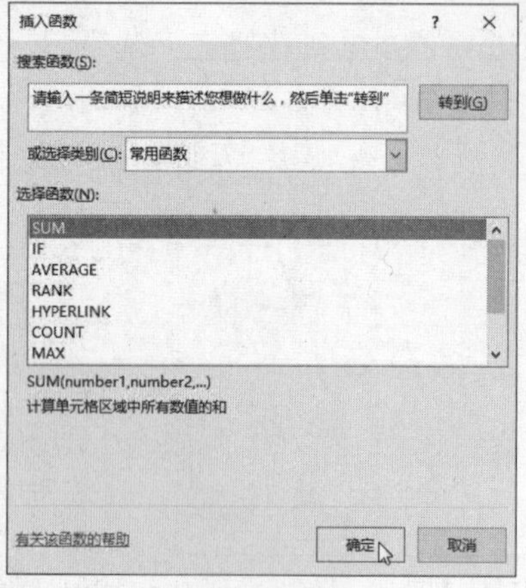

图10-31 选择“SUM”函数

步骤17 打开“函数参数”对话框，参数保持默认，单击“确定”按钮，如图10-32所示。

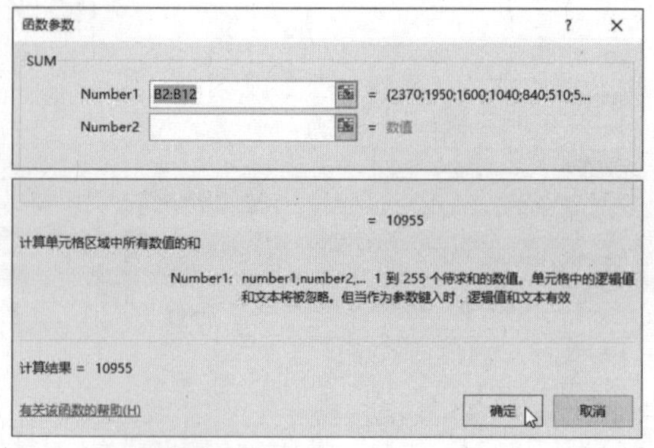

图10-32 设置参数

步骤18 可计算出总销量，然后将公式复制到D13和E13单元格中即可，如图10-33所示。

	A	B	C	D	E
1	品名	销量（Kg）	单价（元）	折损量（Kg）	销售额（元）
2	苹果	2370	12	15	28440
3	西瓜	1950	5	6	9750
4	香蕉	1600	5	9	8000
5	梨	1040	3	3	3120
6	橘子	840	6	6	5040
7	橙子	510	8	3	4080
8	哈密瓜	590	6	0	3540
9	柚子	600	8.5	1.5	5100
10	龙眼	550	9.6	0.6	5280
11	火龙果	520	10	3	5200
12	荔枝	385	20	1.5	7700
13	总计	10955		48.6	85250

图10-33 复制公式到其他单元格

10.2.3 数据的图表化分析

用户可以在工作表中按需插入图表或者数据透视图/透视表，从而更好的对数据进行分析，其具体的操作步骤如下。

步骤01 选择“1号店”工作表中的A2:B7单元格数据区域，单击“插入”选项卡上的“插入柱形图或条形图”按钮，从列表中选择“簇状柱形图”命令，如图10-34所示。

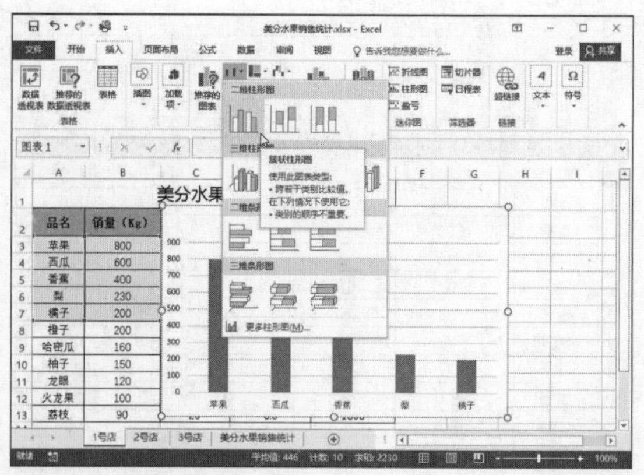

图10-34 选择“簇状柱形图”命令

步骤02 将图表插入到当前工作表，按需将其移至合适位置，然后单击“图表工具－设计”选项卡上的“更改颜色”按钮，从列表中选择“颜色4”选项，如图10-35所示。

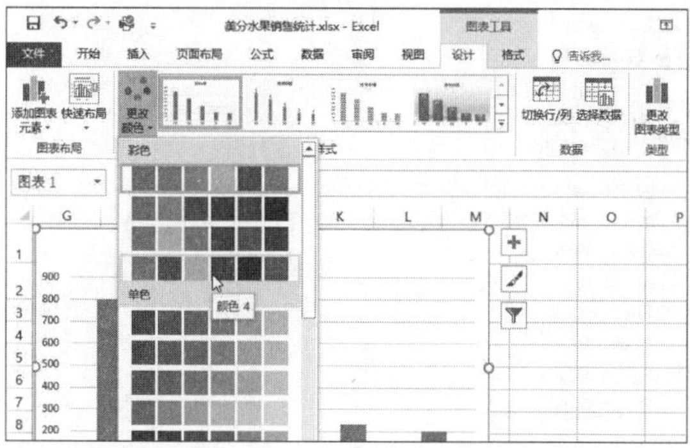

图10-35 选择“颜色4”

步骤03 单击“图表样式”组上的“其他”按钮，从列表中选择“样式11”选项，如图10-36所示。

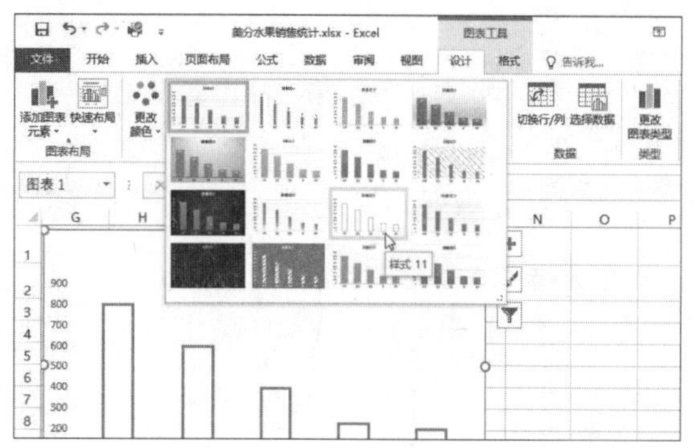

图10-36 选择“样式11”

步骤04 单击“快速布局”按钮，从列表中选择“布局5”选项，如图10-37所示。

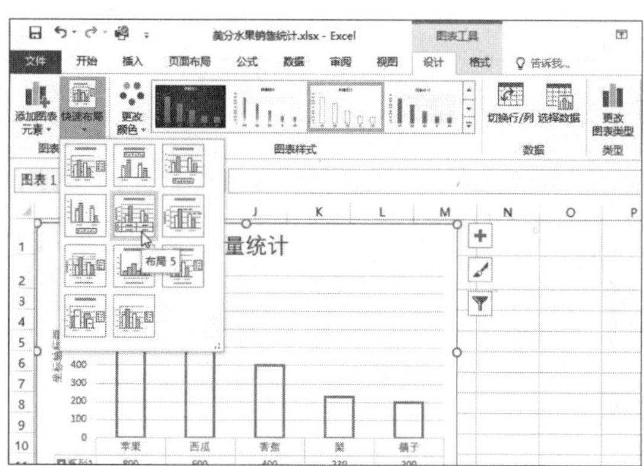

图10-37 选择“布局5”选项

步骤05 选择C3:C13数据区域，单击“开始”选项卡上的“条件格式”按钮，从列表中选择“色阶>红-白-绿”色阶，如图10-38所示。

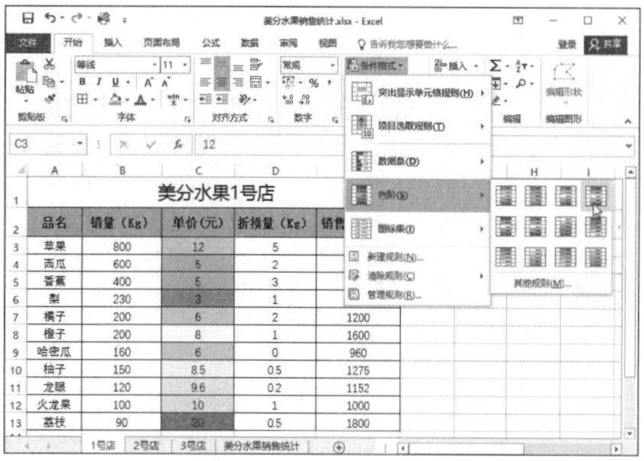

图10-38 添加条件格式

步骤06 选择“2号店”工作表中的E14单元格，单击“插入”选项卡上“迷你图”组中的“折线图”按钮，如图10-39所示。

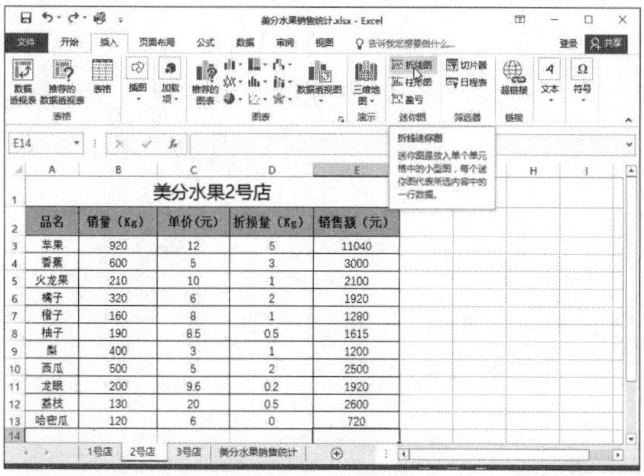

图10-39 单击“折线图”按钮

步骤07 打开“创建迷你图”对话框，设置数据范围和位置范围后单击“确定”按钮，如图10-40所示。即可在E14单元格中创建迷你折线图。

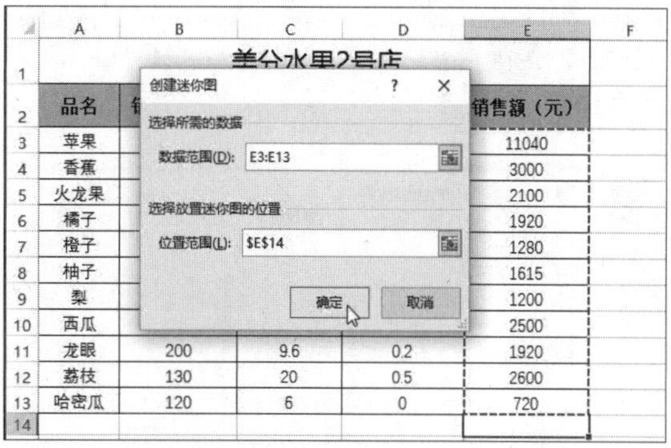

图10-40 设置数据范围和位置范围

步骤08 切换至“3号店”工作表，单击“插入”选项卡上“数据透视图”按钮，从列表中选择“数据透视图和数据透视表”选项，如图10-41所示。

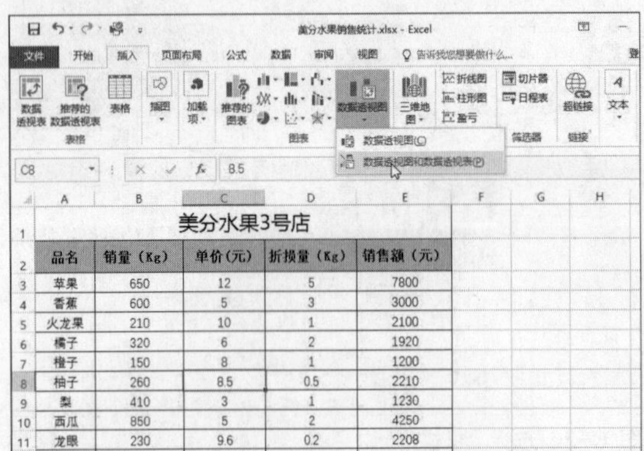

美分水果3号店

品名	销量（Kg）	单价（元）	折损量（Kg）	销售额（元）
苹果	650	12	5	7800
香蕉	600	5	3	3000
火龙果	210	10	1	2100
橘子	320	6	2	1920
橙子	150	8	1	1200
柚子	260	8.5	0.5	2210
梨	410	3	1	1230
西瓜	850	5	2	4250
龙眼	230	9.6	0.2	2208

图10-41 选择“数据透视图和数据透视表”选项

步骤09 打开“创建数据透视表”对话框，保持默认，单击“确定”按钮，如图10-42所示。

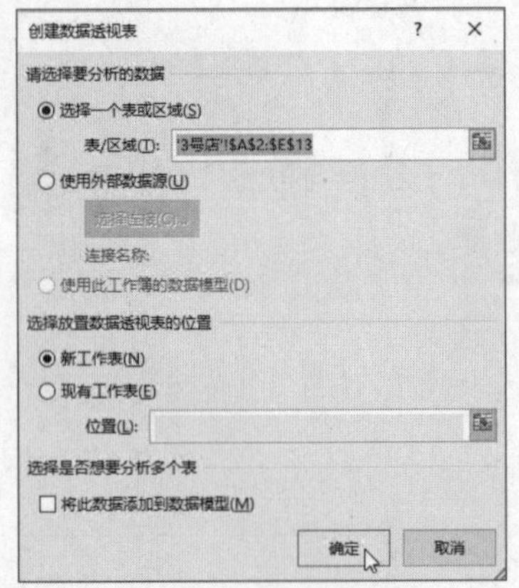

图10-42 单击“确定”按钮

步骤10 自动创建新工作表，并且显示数据透视表和数据透视图区域，如图10-43所示。

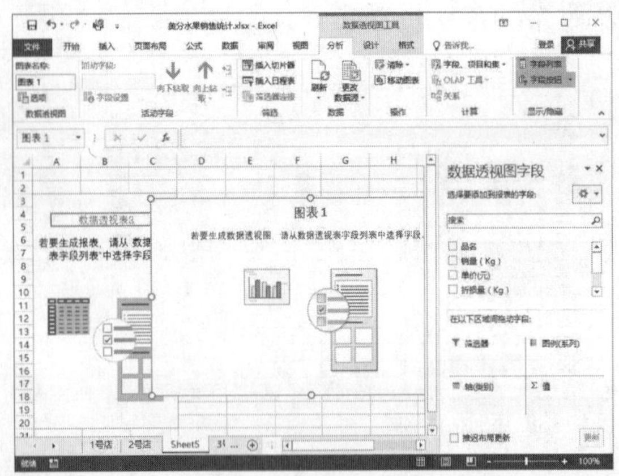

图10-43 打开新工作表

步骤11 将相应字段拖动至相应区域后，数据透视表和数据透视图会实时显示设置效果，如图10-44所示。

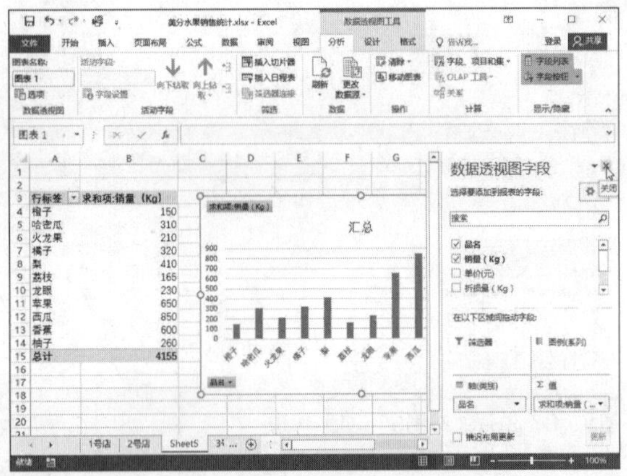

图10-44 数据透视表和数据透视图

步骤12 将数据透视图适当美化后移至合适位置，如图10-45所示。

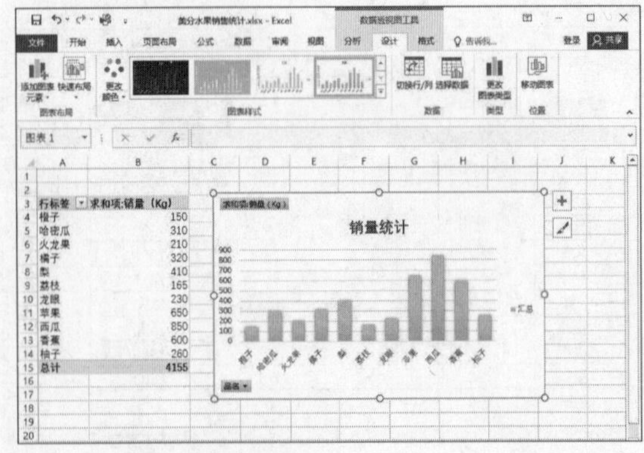

图10-45 美化数据透视图

步骤13 单击“行标签”下拉按钮，勾选合适的项，如图10-46所示。

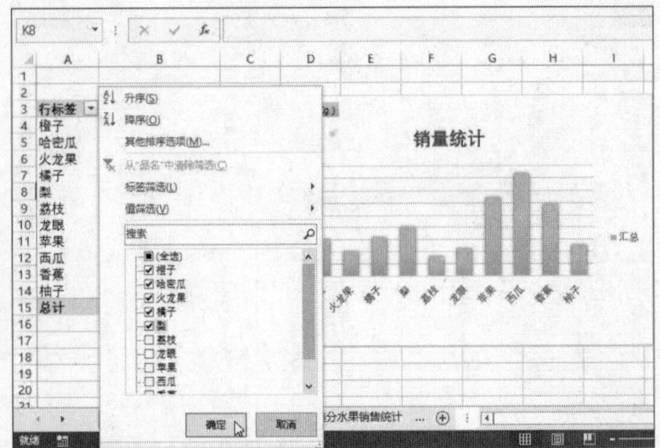

图10-46 单击“确定”按钮

步骤14 数据透视图将实时发生变化，如图10-47所示。

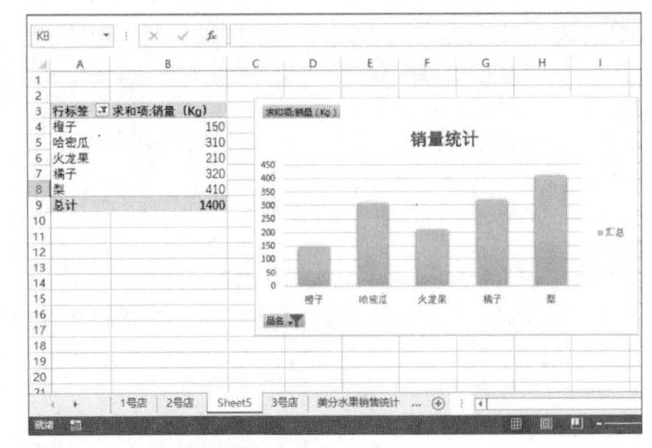
图10-47 数据透视图发生改变

10.2.4 打印工作表

完成了对工作表的分析后，可以将该数据表打印出来，以便于同其他同事共享数据。下面将对工作表的打印操作进行介绍。

步骤01 选择需要打印的数据区域，单击“文件”选项，如图10-48所示。

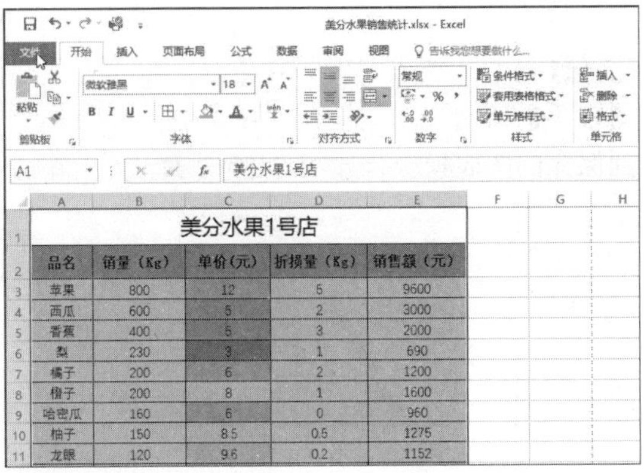

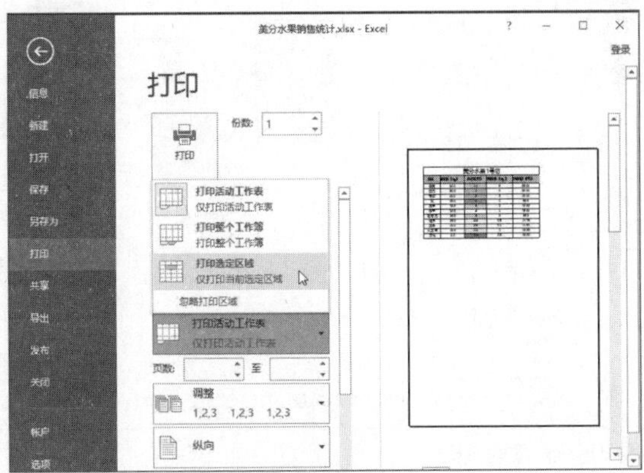
图10-48 单击“文件”选项

步骤02 选择“文件”菜单中的“打印”选项，如图10-49所示。

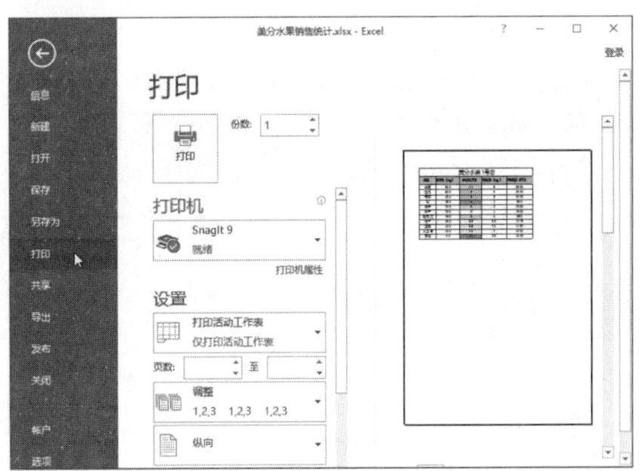
图10-49 选择“打印”选项

步骤03 单击“打印范围”按钮，从列表中选择“打印选定区域”选项，如图10-50所示。

图10-50 选择“打印选定区域”选项

步骤04 在“份数”数值框中输入打印份数“20”，然后单击“打印”按钮，打印文档，如图10-51所示。

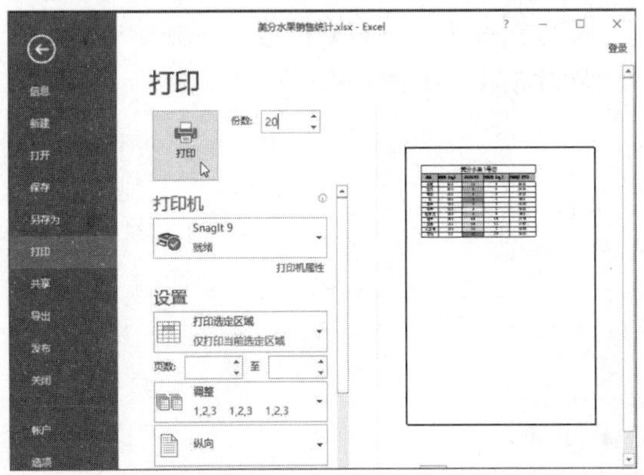
图10-51 单击“打印”按钮

技巧放送：将自定义图表保存为模板

如果用户非常钟爱某种自定义的图表样式，希望下次插入图表时，可以快速插入该样式的图表，则可以将自定义的图表保存为模板，其具体的操作步骤如下。

步骤01 在自定义的图表上右击，从右键菜单中选择“另存为模板”选项，如图10-52所示。

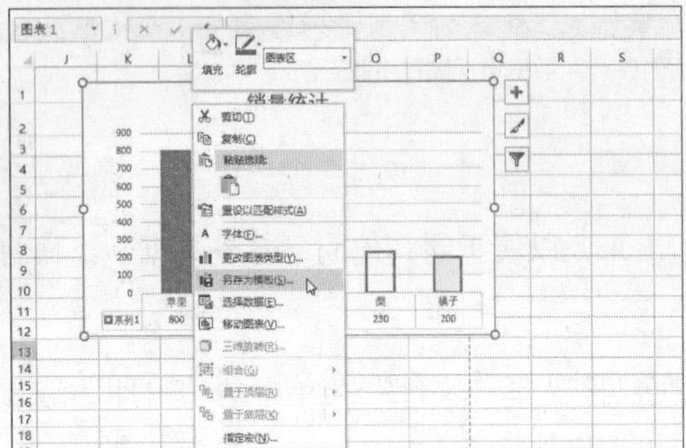

图10-52 选择“另存为模板”选项

步骤02 打开“保存图表模板”对话框，输入文件名，单击“保存”按钮，如图10-53所示。

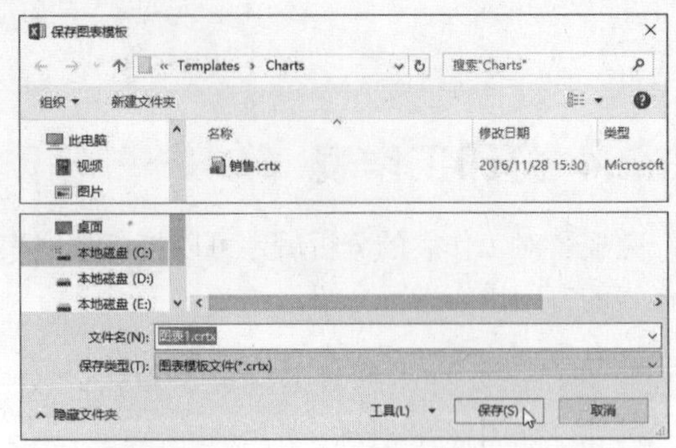

图10-53 保存模板

步骤03 如果需要插入前面所保存的图表模板，可单击“插入”选项卡上“图表”组的对话框启动器按钮，如图10-54所示。

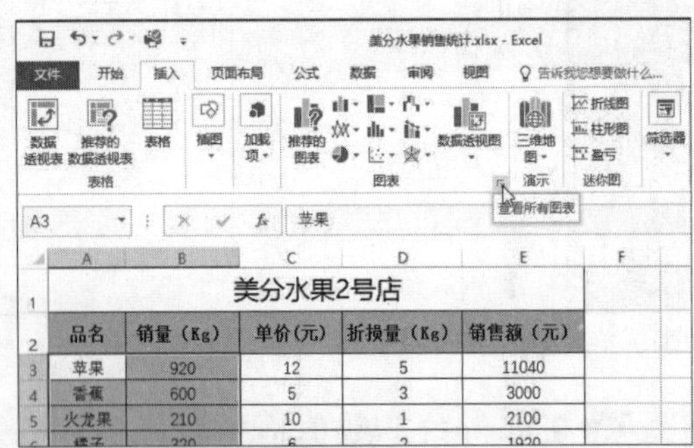

图10-54 单击对话框启动器按钮

步骤04 打开“插入图表”对话框，在“所有图表”选项卡中的“模板”列表中，可以看到保存的图表模板，如图10-55所示。

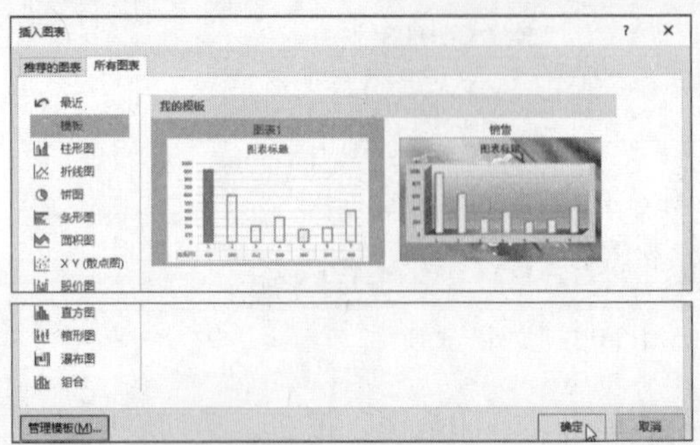

图10-55 查看图表模板

步骤05 单击“插入图表”对话框中的“管理模板”按钮，可打开模板所在文件夹，可以删除模板，如图10-56所示。

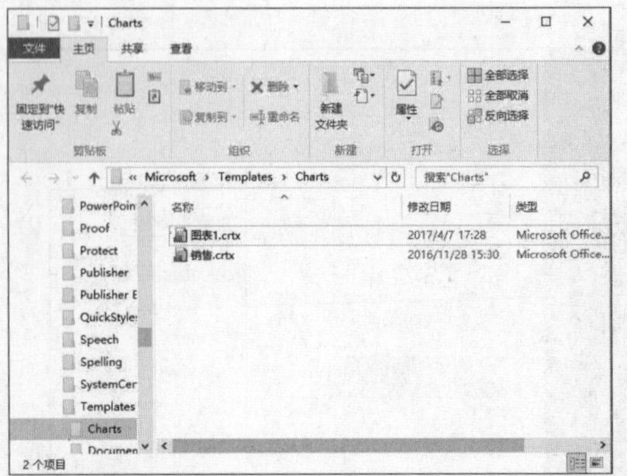

图10-56 管理模板

Part 04

幻灯片制作篇

在进行员工培训、发布会、公司会议时，经常需要演示文稿来辅助演讲。在本篇中，将会对幻灯片的制作、演示文稿中动画效果的设计以及演示文稿的放映和输出进行详细的介绍。

Chapter 11 PowerPoint幻灯片的制作

随着科技不断发展，PowerPoint在日常工作和生活中的使用因其可以更好的传递信息、表达观点、可视化沟通而日益广泛。在员工培训、策划总结、工作汇报、课堂演讲等各个方面，都会使用演示文稿来辅助演讲，下面介绍如何制作演示文稿中的幻灯片。

1. 创建幻灯片
2. 应用文本
3. 应用图形和图片
4. 应用艺术字
5. 应用主题
6. 应用母版

11.1 PowerPoint 2016工作界面和视图模式

在PowerPoint 2016中，演示文稿的名称位于屏幕顶部中央。应用控件（例如“最小化”和“关闭”）位于右上角。默认情况下，“快速访问工具栏”位于屏幕左上角。工具栏下方是一组功能区选项卡，如“开始”、“插入”、“设计”、“切换”、“动画”等。功能区位于该选项卡行的下方。功能区下方的左侧为幻灯片大纲区，用来显示演示文稿的所有标题、缩略图；右侧为幻灯片区，是播放幻灯片的主要区域，可以对每张幻灯片进行具体编辑；下方为内容备注区，主要用来编写备注，如图11-1所示。

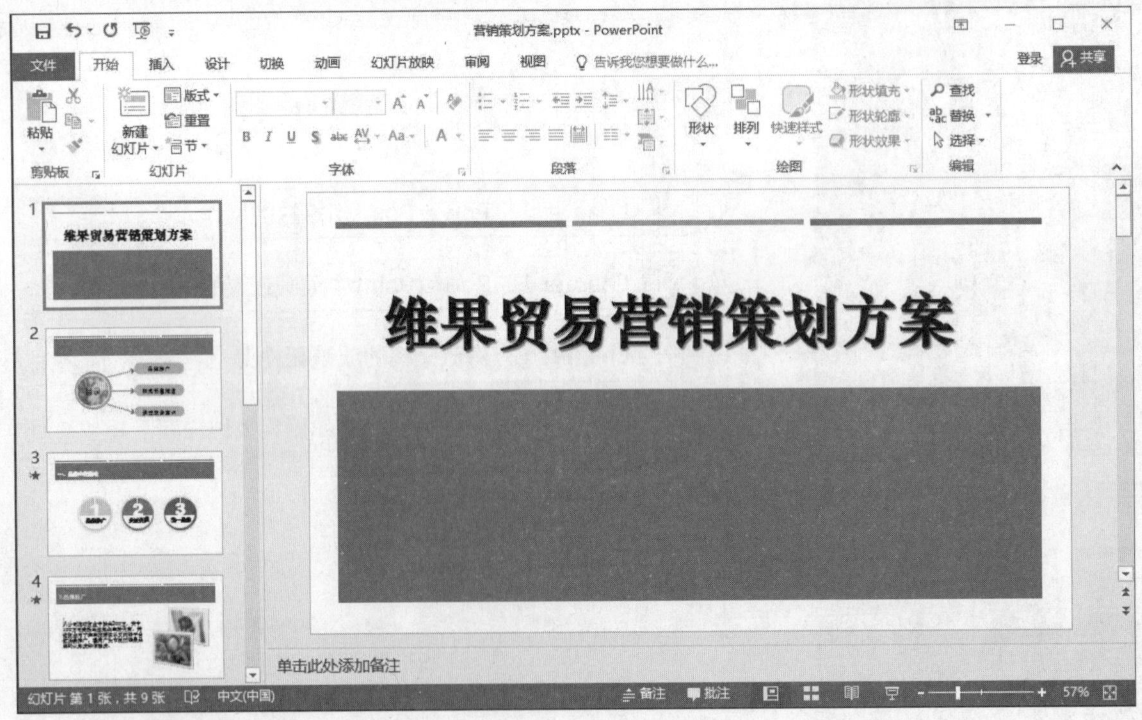

图11-1 PowerPoint界面示意图

在第1章中，已经介绍了Office 2016的启动方法，这里只讲解PowerPoint 2016独有的视图模式。

PowerPoint 2016为用户提供了5种不同的视图方式，分别为：普通视图、大纲视图、幻灯片浏览视图、备注页视图和阅读视图。

❶普通视图

普通视图为打开PowerPoint 2016时默认的视图方式，在该视图模式下可以逐张对幻灯片进行编辑和演示，单击“视图”选项卡上的“普通”按钮，可以切换至普通视图，如图11-2所示。

❷大纲视图

在该视图模式下，可以编辑幻灯片，并且通过大纲窗格，在幻灯片之间进行切换，如图11-3所示。

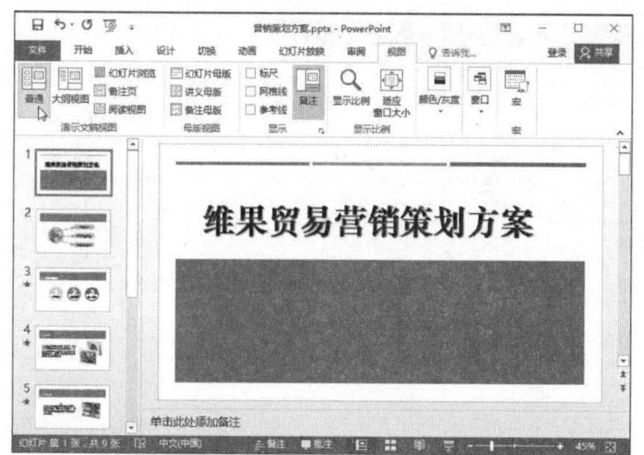

图11-2 普通视图

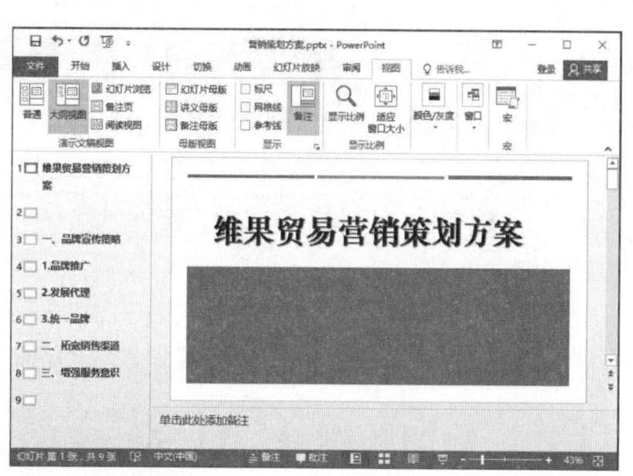

图11-3 大纲视图

❸幻灯片浏览视图

在该视图模式下，可以轻松的查看演示文稿中所有幻灯片的缩略图，并且可以通过幻灯片缩略图将幻灯片轻松的重新排列顺序，如图11-4所示。

❹备注页视图

在该视图模式下，用户可以查看演示文稿与备注页一起打印时的外观，每个页面将包含一张幻灯片和演讲者备注，用户可以在该视图中进行编辑，如图11-5所示。

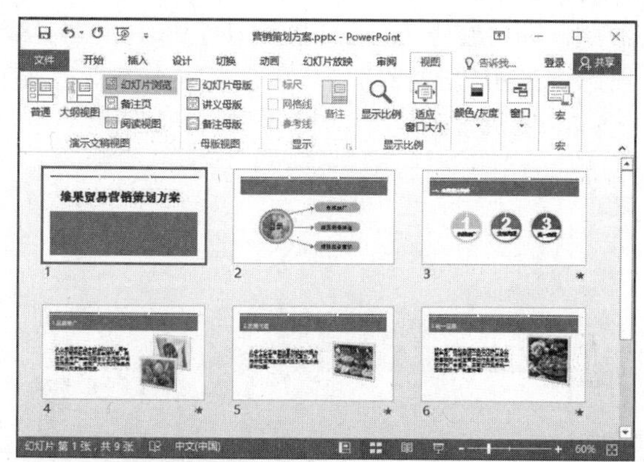

图11-4 幻灯片浏览视图

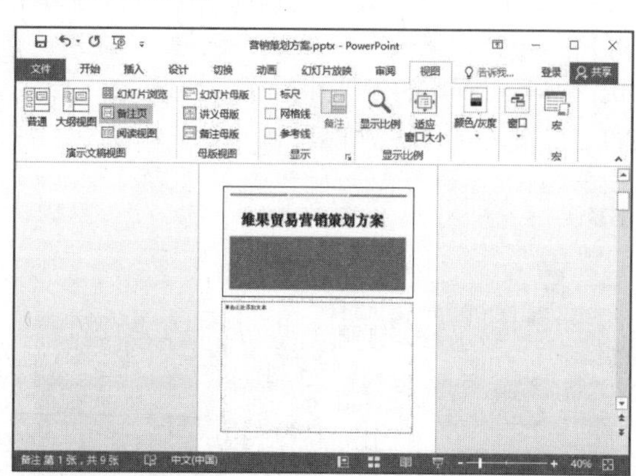

图11-5 备注页视图

❺阅读视图

在该视图模式下，让用户无需切换至全屏放映幻灯片，即可在PowerPoint 窗口中播放幻灯片放映，以查看动画和切换效果，如图11-6所示。

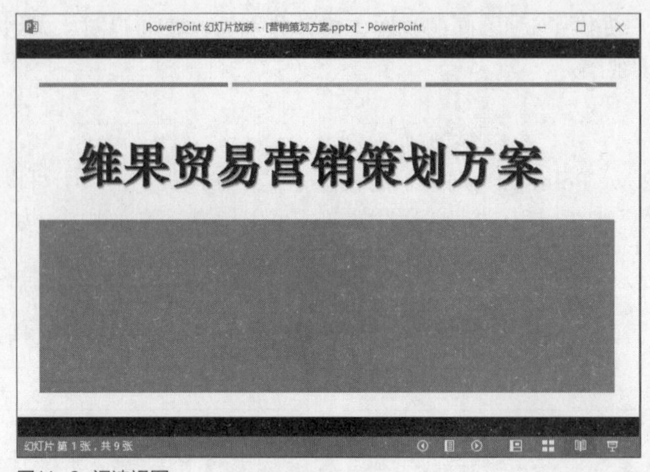

图11-6 阅读视图

11.2 幻灯片的基本操作

创建演示文稿后，需要填充内容，因此需要逐张编辑幻灯片。在编辑过程中，可以添加和删除幻灯片、移动和复制幻灯片、隐藏和显示幻灯片。下面分别对其进行介绍。

11.2.1 添加和删除幻灯片

新创建的演示文稿，需要添加幻灯片来填充内容。对于添加了过多内容的演示文稿，这时需删除多余部分来精简幻灯片，下面分别对其进行介绍。

❶添加幻灯片

通过多种方法都可以实现幻灯片的添加，包括功能区命令法、右键快捷菜单法等，下面分别对其进行详细的介绍。

步骤01 功能区命令法。打开演示文稿，选择第1张幻灯片，单击“开始”选项卡上的“新建幻灯片”按钮，从展开的列表中选择“空白”版式，即可在所选的幻灯片后面添加1张空白版式的幻灯片，如图11-7所示。

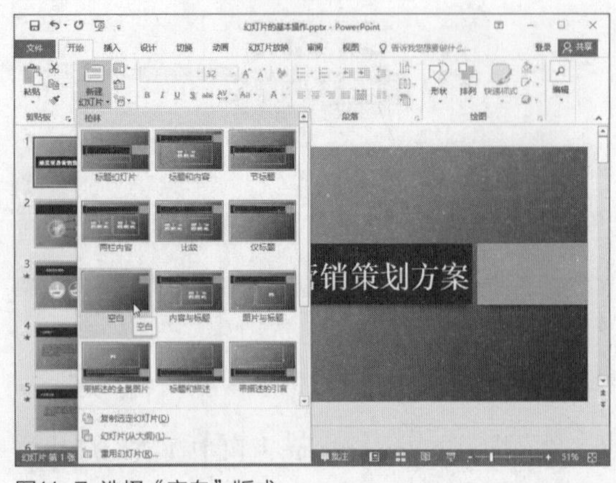

图11-7 选择“空白”版式

步骤02 右键菜单法。选择第6张幻灯片，右键单击，从右键快捷菜单中选择“新建幻灯片”命令，即可在下方添加1张新幻灯片，如图11-8所示。还可以选择幻灯片后，直接在键盘上按下Enter键添加幻灯片。

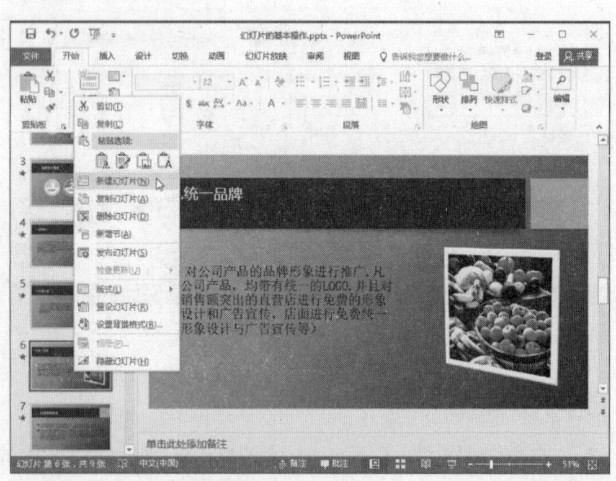

图11-8 选择“新建幻灯片”命令

❷删除幻灯片

如果演示文稿中包含多余的幻灯片，为了让其不影响演讲、混淆观众接收信息，需要将多余的幻灯片删除，其具体的操作方法如下。

选择第8张幻灯片，右键单击，从右键菜单中选择“删除幻灯片”命令，即可将所选幻灯片删除，如图11-9所示。或者直接在键盘上按下Delete键删除所选幻灯片。

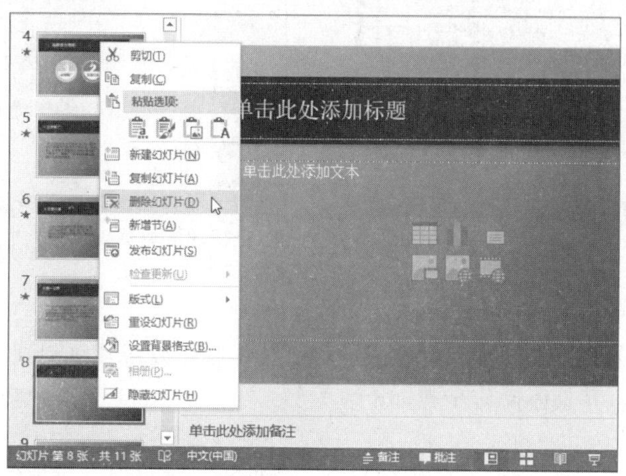

图11-9 选择“删除幻灯片”命令

11.2.2 移动和复制幻灯片

在编辑演示文稿内容过程中，如果需要调整演示文稿中内容的次序，则需移动幻灯片。如果需要添加相同格式的幻灯片，则可以复制幻灯片后再进行修改，即复制幻灯片。下面分别对其进行介绍。

❶移动幻灯片

通过不同的方法都可以实现幻灯片的移动，下面分别对其进行介绍。

步骤01 功能区命令法。选择想要移动的幻灯片，单击“开始”选项卡上的“剪切”按钮，如图11-10所示。

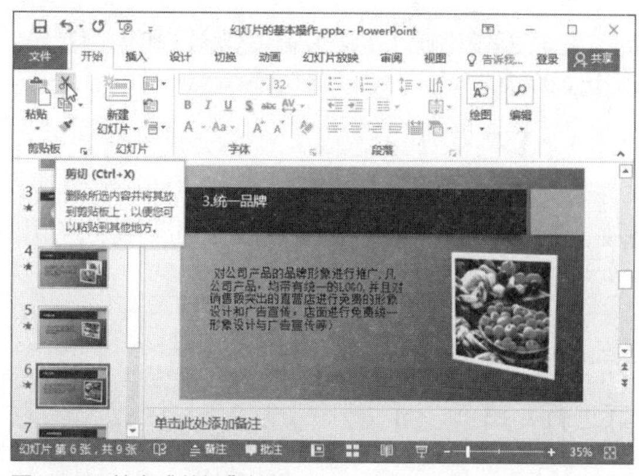

图11-10 单击“剪切”按钮

步骤02 在目标位置插入光标，单击“粘贴”下拉按钮，从列表中选择“使用目标主题”选项即可，如图11-11所示。

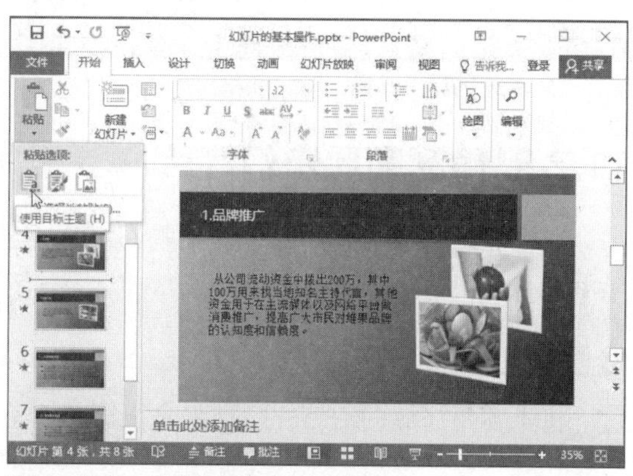

图11-11 选择“使用目标主题”选项

步骤03 鼠标法移动幻灯片。选择需要移动的幻灯片，按住鼠标左键不放，拖动鼠标，如图11-12所示。

步骤04 将幻灯片移至合适位置后，释放鼠标左键，如图11-13所示。

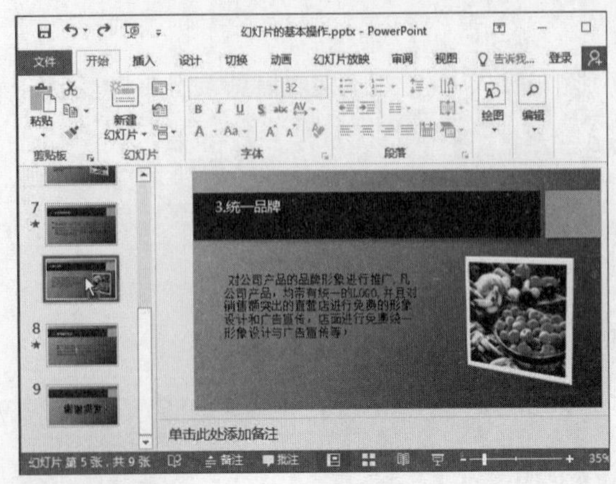

图11-12 拖动鼠标

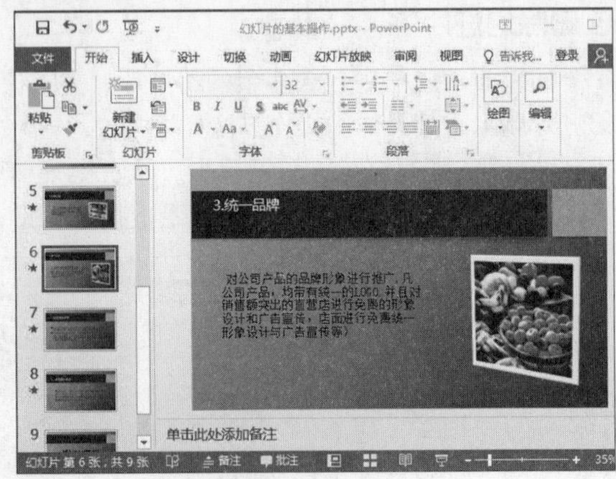

图11-13 幻灯片移动效果

❷复制幻灯片

如果用户需要在演示文稿中添加相同格式的幻灯片，则可以将其复制到目标位置后再进行编辑，这样可以节约大量时间。其具体操作步骤如下。

步骤01 选择要复制的幻灯片，单击“开始”选项卡上的“复制”按钮，如图11-14所示。

步骤02 在目标位置插入光标，单击“粘贴”下拉按钮，从列表中选择“使用目标主题”选项，如图11-15所示。

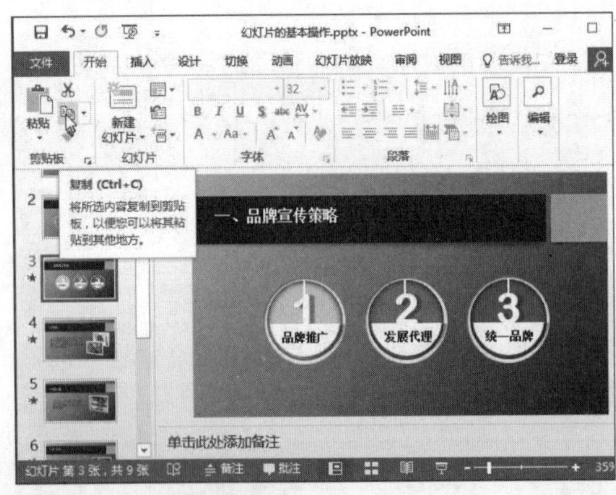

图11-14 单击“复制”按钮

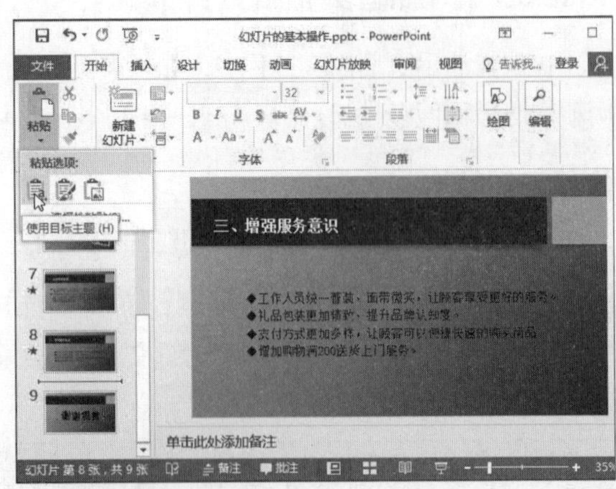

图11-15 选择“使用目标主题”

11.2.3 隐藏和显示幻灯片

在播放幻灯片时，如果想要某些幻灯片不进行播放，则可以将幻灯片隐藏；反之，则将幻灯片显示。

❶隐藏幻灯片

将不需要播放的幻灯片隐藏起来很简单，下面对其进行介绍。

步骤01 选择需要隐藏的幻灯片，单击“幻灯片放映”选项卡上的“隐藏幻灯片”按钮，如图11-16所示。

步骤02 可将所选择的幻灯片隐藏，已经隐藏的幻灯片缩略图的左上角的序号会出现隐藏符号，如图11-17所示。

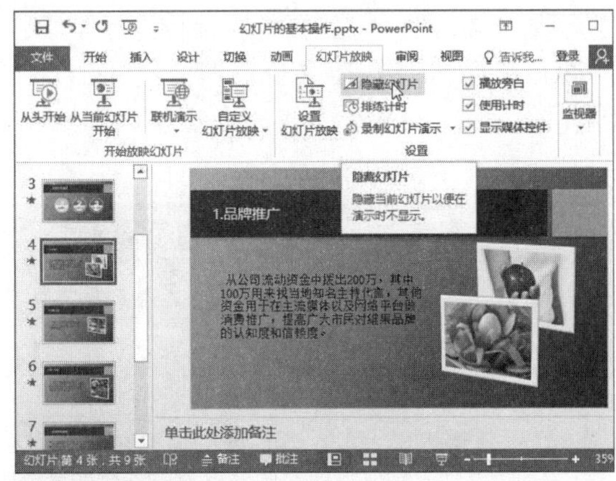

图11-16 单击“隐藏幻灯片”按钮

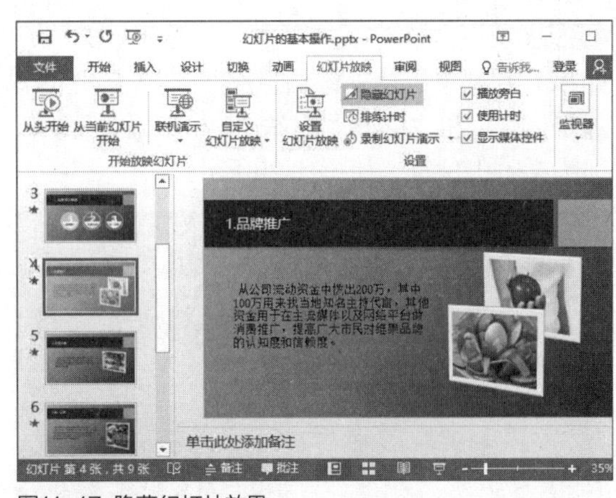

图11-17 隐藏幻灯片效果

❷显示幻灯片

将隐藏的幻灯片在播放时显示出来，同样很简单，其具体的操作步骤如下。

步骤01 选择已经隐藏的幻灯片，单击“幻灯片放映”选项卡上的“隐藏幻灯片”按钮，如图11-18所示。

步骤02 可以将隐藏的幻灯片显示出来，如图11-19所示。

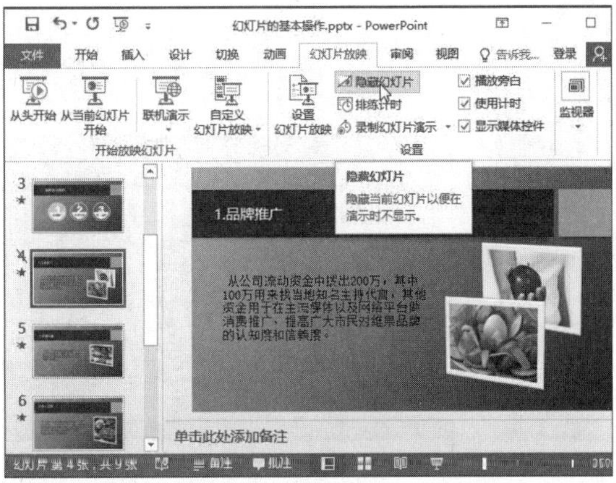

图11-18 单击“隐藏幻灯片”按钮

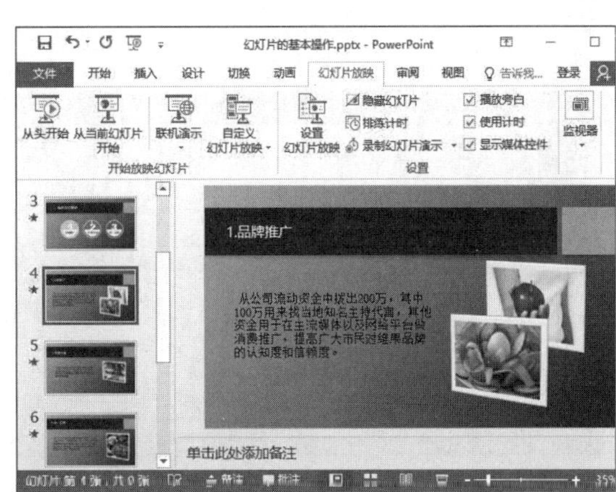

图11-19 显示幻灯片效果

11.3 幻灯片内容的添加

添加幻灯片后，想要将需要展示的内容清晰明了的传达给观众，需要使用插入文本、图形、图片、艺术字、声音、视频等，下面分别对其进行介绍。

11.3.1 应用文本

在幻灯片中，文本内容是传达信息时不可缺少的部分，下面介绍如何添加文本、文本字体格式的设置、文本段落格式的设置等。

❶添加文本

在幻灯片中，可以通过文本占位符添加文本，也可以通过文本框添加文本，其具体的操作步骤如下。

步骤01 使用占位符添加文本。打开演示文稿，如果看到“单击此处添加标题”、“单击此处添加副标题”和“单击此处添加文本”的虚线框，即为文本占位符，如图11-20所示。

图11-20 文本占位符

步骤02 在虚线框中单击鼠标，鼠标光标即可定位至占位符中，按需输入文本即可，如图11-21所示。

图11-21 将光标定位至占位符

步骤03 输入完成后，在虚线框外单击，即可完成输入，如图11-22所示。

图11-22 占位符添加文本效果

步骤04 使用文本框添加文本。切换至“插入”选项卡，单击“文本框”下拉按钮，从列表中选择“横排文本框”命令，如图11-23所示。

图11-23 选择“横排文本框”命令

步骤05 将鼠标光标移至幻灯片页面，按住鼠标左键不放，鼠标光标变为十字形，拖动鼠标绘制文本框，如图11-24所示。

图11-24 绘制文本框

步骤06 绘制完成后，释放鼠标左键，鼠标光标将自动定位到绘制的文本框中，选择输入法输入文本，如图11-25所示。

图11-25 输入文本

步骤07 按需输入文本信息效果如图11-26所示。

图11-26 输入文本效果

❷设置文本字体格式

添加文本后，如果默认的字体格式与幻灯片页面中的其他内容不协调，则可以对字体格式进行设置，其具体操作步骤如下。

步骤01 选择文本，通过单击“开始”选项卡上“字体”组中功能区中的命令，可以对字体、字号、字体颜色、加粗、倾斜等进行逐一设置，也可以单击“字体”组的对话框启动器按钮，如图11-27所示。

图11-27 单击对话框启动器按钮

步骤02 打开“字体”对话框，在“字体”选项卡，可以对文本的字体、字号、字形、字体颜色、下划线等进行设置，如图11-28所示。在“字符间距”选项卡下，可以对文本的字符间距进行设置。

图11-28 “字体”对话框

步骤03 在选择文本后，会出现一个浮动工具栏，通过该工具栏中的命令也可以对字体格式进行设置，如图11-29所示。

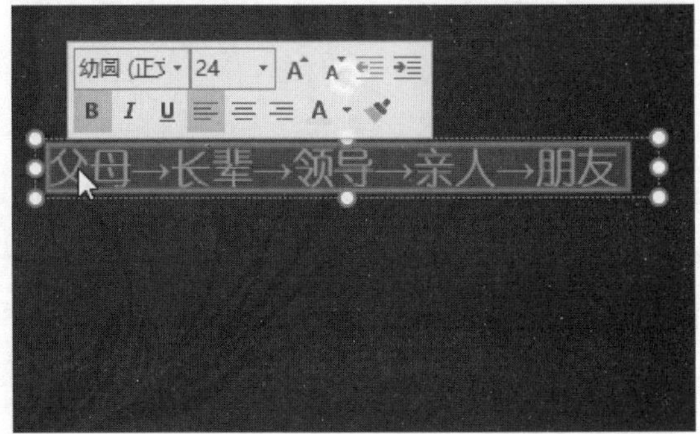

图11-29 浮动工具栏

步骤04 设置完成后，效果如图11-30所示。

图11-30 设置字体格式效果

❸设置段落格式

如果幻灯片页面中添加了多段文本，为了使幻灯片页面中的文本整齐有序的排列，则需要对段落文本进行设置，其具体的操作步骤如下。

步骤01 更改文字方向。选择文本，单击“开始”选项卡上的“文字方向”按钮，从展开的列表中选择相应命令可以调整文字方向，这里选择“竖排”选项，如图11-31所示。

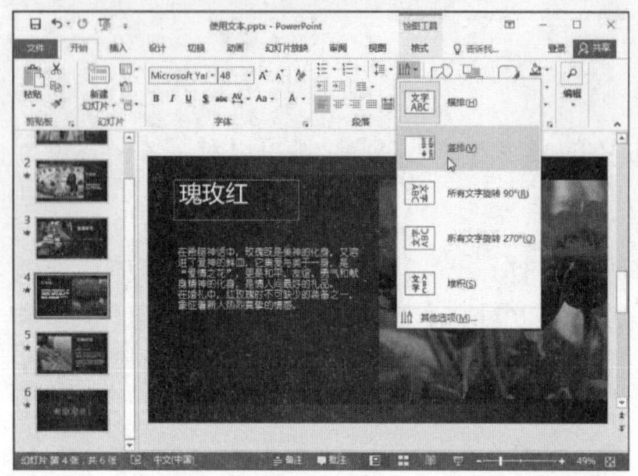

图11-31 选择“竖排”选项

步骤02 设置项目符号。选择段落文本，单击“项目符号”按钮，从列表中选择“带填充效果的钻石型项目符号”选项，如图11-32所示。即可为所选文本添加项目符号。

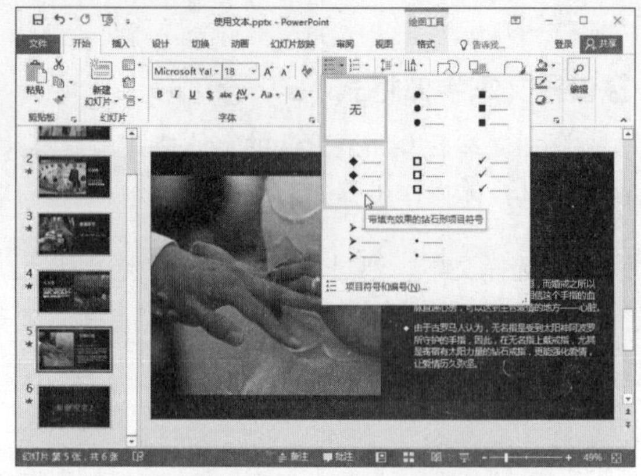

图11-32 选择“带填充效果的钻石型项目符号”选项

步骤03 设置编号。选择段落文本，单击“编号”按钮，从列表中选择合适的命令即可，这里选择“A.B.C”样式，如图11-33所示。

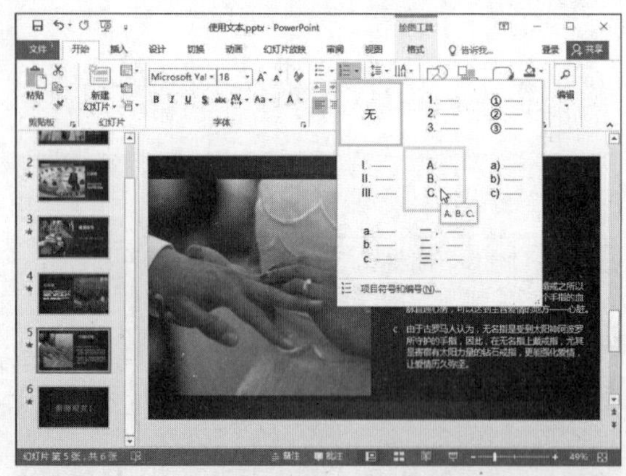

图11-33 选择“A.B.C”选项

步骤04 单击“段落”组上的对话框启动器按钮，打开“段落”对话框，在默认的“缩进和间距”选项卡中对段落对齐方式、缩进等进行详细设置，如图11-34所示。

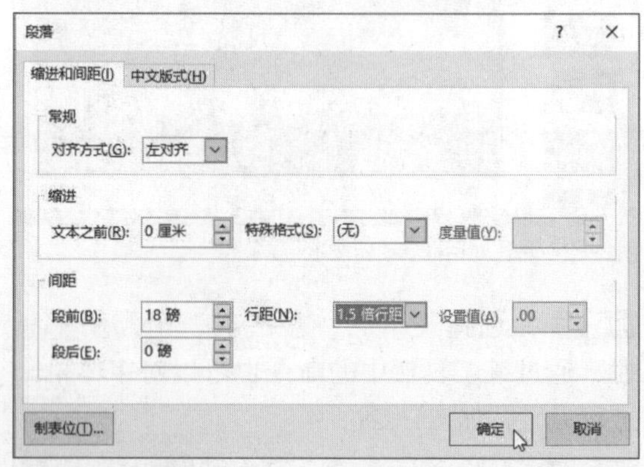

图11-34 设置段落

11.3.2 应用图片

为了更好的突出演示文稿主题、美化幻灯片页面，可以在幻灯片页面中使用图片，图文并茂的说明主题，减少文字堆积的臃肿感，下面介绍如何插入图片、编辑图片以及美化图片。

❶插入图片

插入图片根据图片的来源不同，可分为插入本地图片、插入联机图片以及插入屏幕截图，其具体的操作步骤如下。

步骤01 插入本地图片。选择幻灯片，单击“插入”选项卡上的“图片”按钮，如图11-35所示。

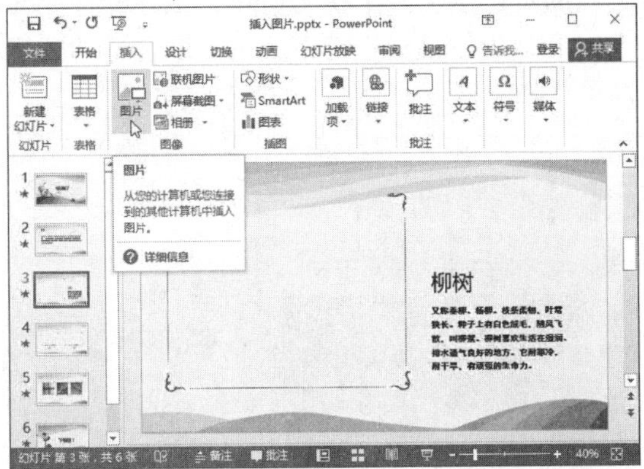

图11-35 单击“图片”按钮

步骤02 打开“插入图片”对话框，选择需要的图片，单击“插入”按钮，如图11-36所示。

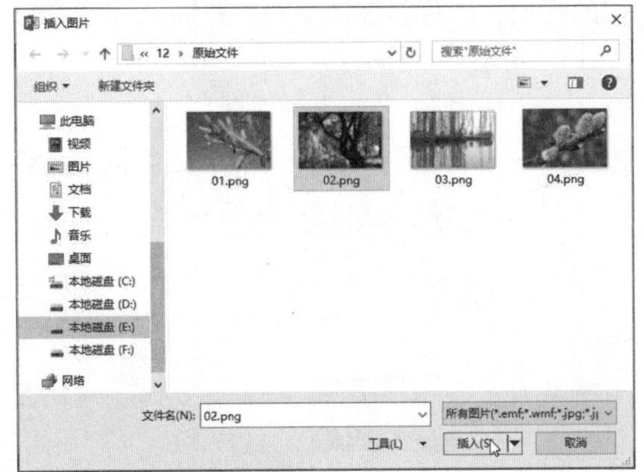

图11-36 单击“插入”按钮

步骤03 将图片插入到幻灯片页面，然后按需调整图片的大小和位置即可，如图11-37所示。

图11-37 插入本地图片效果

步骤04 插入联机图片。单击“插入”选项卡上的“联机图片”按钮，如图11-38所示。

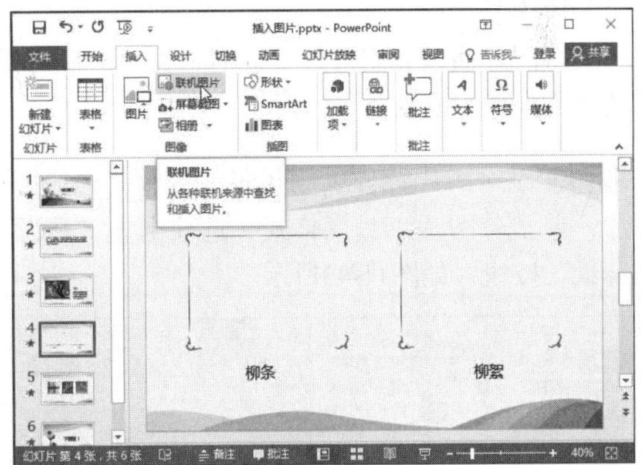

图11-38 单击“联机图片”按钮

步骤05 打开“插入图片”提示框，在文本框中输入“柳树”，单击“搜索”按钮，如图11-39所示。

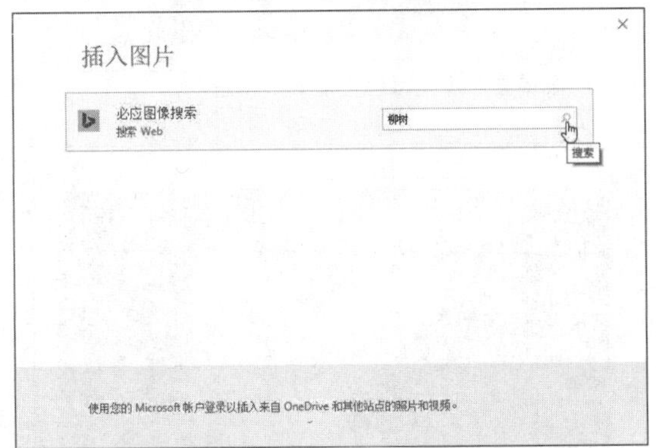

图11-39 单击“搜索”按钮

步骤06 在搜索到的图片列表中，选择需要的图片，单击“插入”按钮，即可将选择的图片插入到幻灯片页面中，如图11-40所示。

图11-40 单击“插入”按钮

步骤07 插入屏幕截图。单击“插入”选项卡上“屏幕截图”按钮，从展开的列表中选择一个可用的视窗，即可将该视窗截图并插入到当前幻灯片，如图11-41所示。

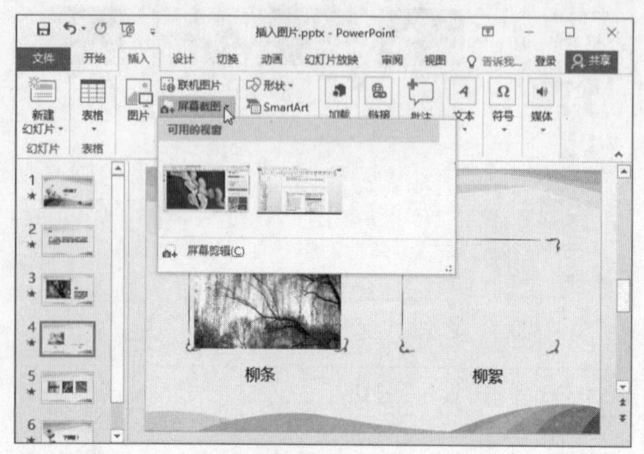

图11-41 单击“屏幕截图”按钮

步骤08 如果想要插入部分屏幕截图，则可以在上一步中选择“屏幕剪辑”选项，然后页面会自然的定位至上一个视图窗口，鼠标光标变为十字形，按住鼠标左键不放，截取合适的图片即可，如图11-42所示。

图11-42 截取屏幕

❷编辑图片

将图片插入到幻灯片页面内，可以对图片进行编辑，达到与幻灯片页面内容最佳匹配效果，其具体的操作步骤如下。

步骤01 删除图片背景。打开演示文稿，选择图片，单击“图片工具-格式”选项卡上“删除背景”按钮，如图11-43所示。

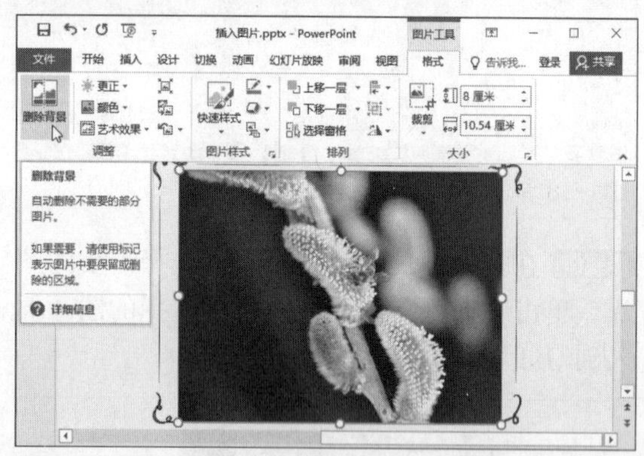

图11-43 单击“删除背景”按钮

步骤02 切换至“背景消除”选项卡，单击“标记要保留的区域”按钮，如图11-44所示。

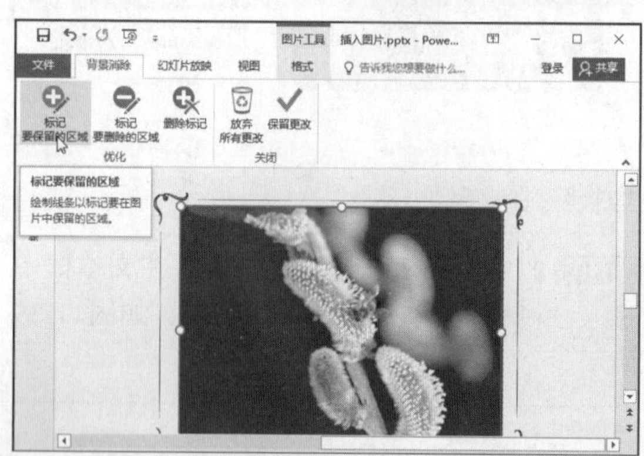

图11-44 单击“标记要保留的区域”按钮

步骤03 鼠标光标将变为笔样式，依次在需要保留的区域单击，如图11-45所示。

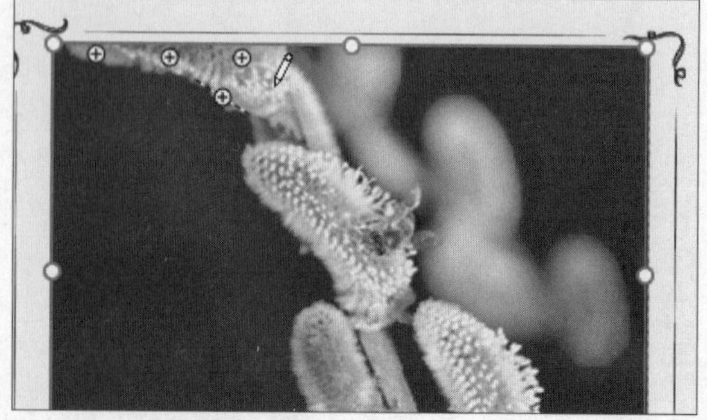

图11-45 标记要保留的区域

步骤04 标记完成后，单击“保留更改”按钮，或者在图片外单击鼠标左键关闭“背景消除”选项卡，如图11-46所示。

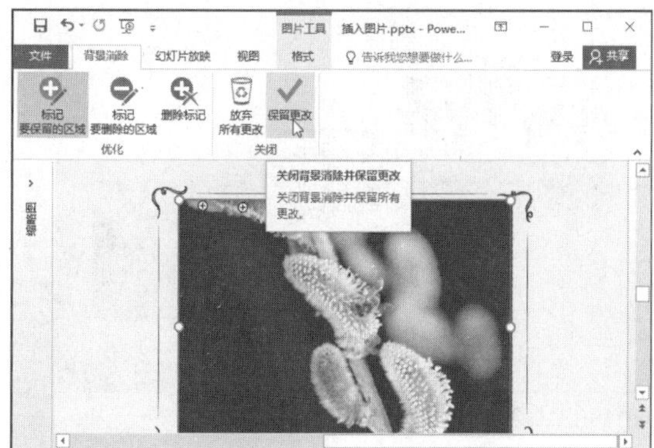

图11-46 单击“保留更改”按钮

步骤05 更改图片。如果用户对插入的图片不满意，还可以更改插入的图片，选择需要更改的图片单击“图片工具－格式”选项卡上的“更改图片”按钮，如图11-47所示。

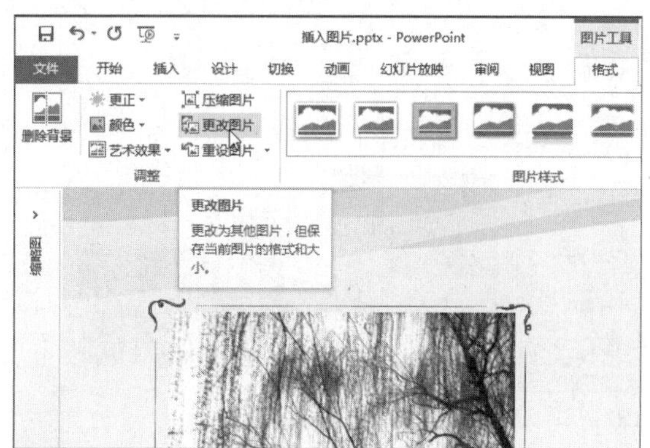

图11-47 单击“更改图片”按钮

步骤06 打开“插入图片”窗格，单击“来自文件”右侧的“浏览”按钮，如图11-48所示。

图11-48 单击“浏览”按钮

步骤07 打开“插入图片”对话框，选择图片，单击“插入”按钮即可，如图11-49所示。

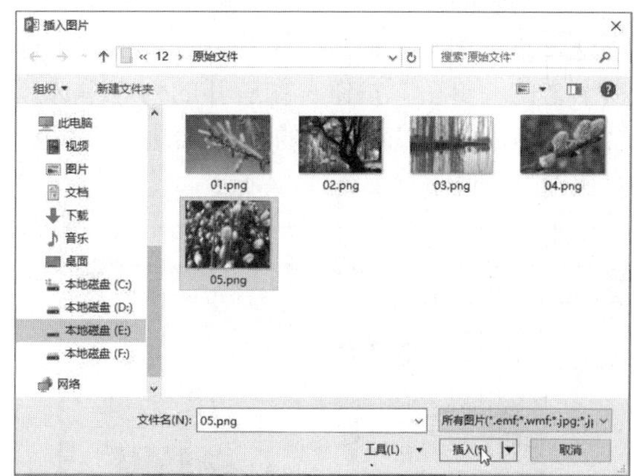

图11-49 选择图片

步骤08 裁剪图片。单击“图片工具－格式”选项卡上的“裁剪”按钮，展开其下拉列表，按需自行选择合适的命令，如图11-50所示。

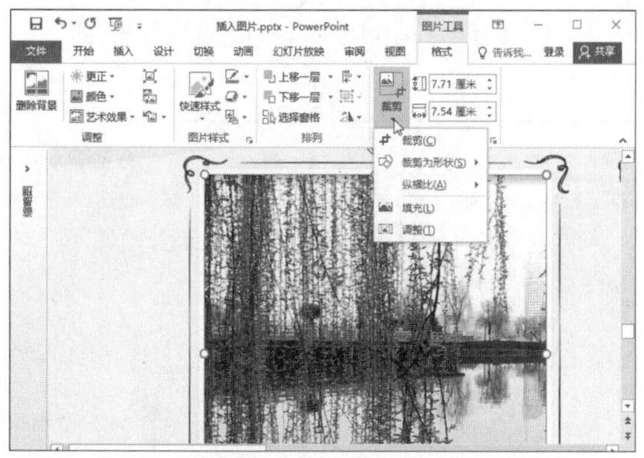

图11-50 “裁剪”列表

步骤09 以选择“裁剪”命令为例，鼠标光标在图片周围出现八个裁剪点，按住鼠标左键不放，即可按需裁剪图片，如图11-51所示。

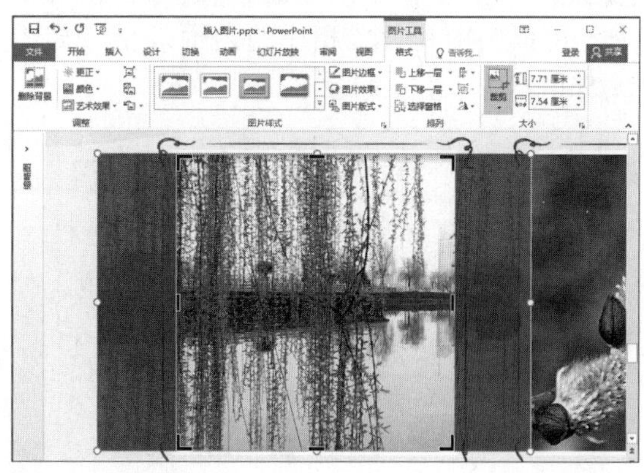

图11-51 裁剪图片

步骤10 更改图片排列方式。“排列”组中的命令，可以调整图片排列方式。例如，通过“下移一层”列表中的“置于底层”命令可以将所选图片置于底层，如图11-52所示。

图11-52 选择“置于底层”命令

步骤11 调整多个图片排列次序后，效果如图11-53所示。

图11-53 调整图片叠放次序效果

❸美化图片

若插入的图片亮度不够或者颜色不够鲜艳，无需使用专业的美图软件，通过系统提供的美化功能，即可美化图片，其具体的操作步骤如下。

步骤01 选择图片，单击“图片工具－格式”选项卡上的“更正”按钮，在展开的列表中选择合适的命令，可以对图片的锐化/柔化以及亮度/对比度进行调整，如图11-54所示。

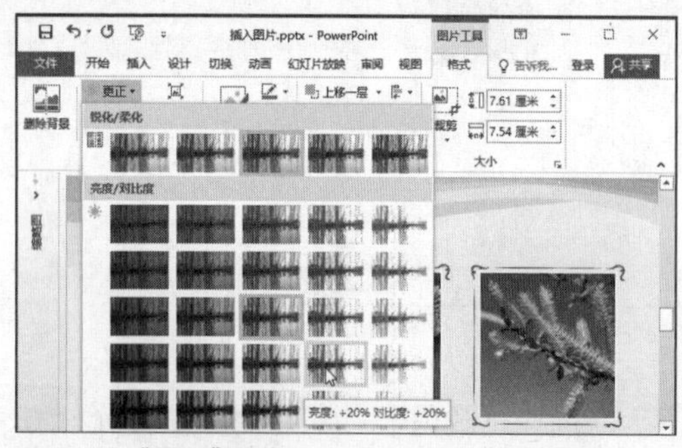

图11-54 “更正”列表

步骤02 通过“颜色”列表中的命令，可以对图片的饱和度、色调进行调整，也可以为图片重新着色，如图11-55所示。

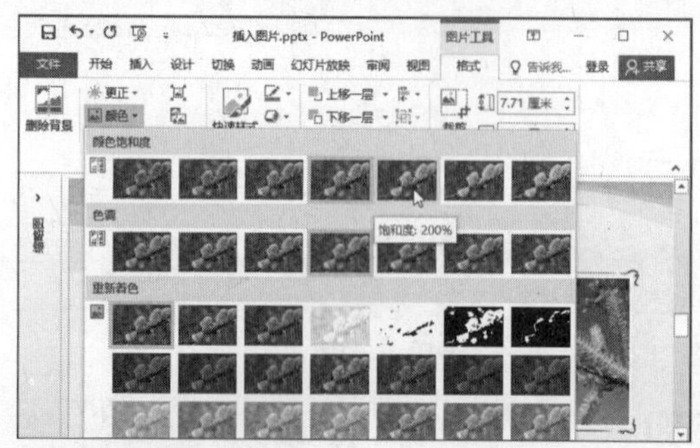

图11-55 “颜色”列表

步骤03 在“艺术效果”列表中选择合适的命令，可以为图片设置相应的艺术效果，如图11-56所示。

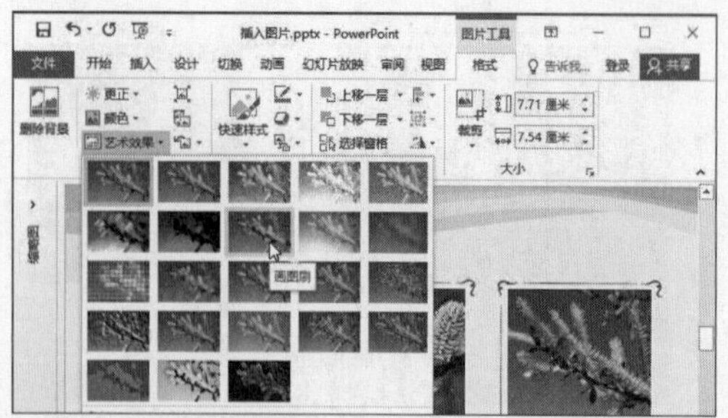

图11-56 “艺术效果”列表

步骤04 单击“图片样式”按钮，在展开的列表中为图片选择合适的样式，如图11-57所示。

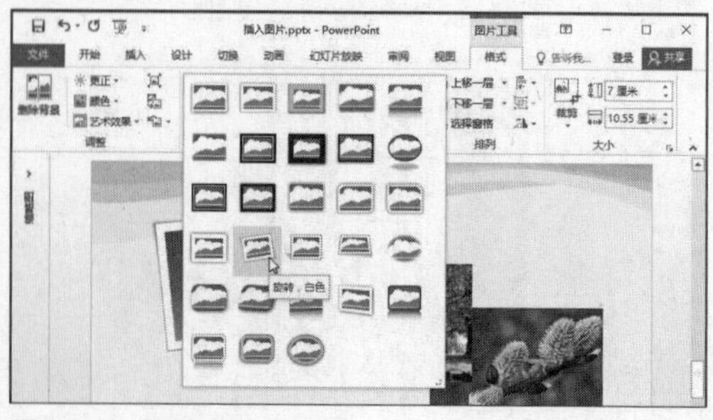

图11-57 “图片样式”列表

步骤05 单击“图片边框”按钮，通过展开列表中的命令或者其级联列表中的命令，可以为图片设置精美别致的边框，如图11-58所示。

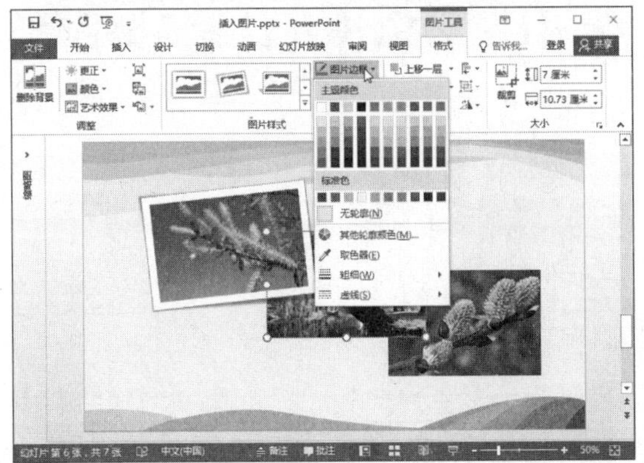

图11-58 “图片边框”列表

步骤06 通过“图片效果”选项级联菜单中的命令，可以为图片设置特殊效果，如图11-59所示。

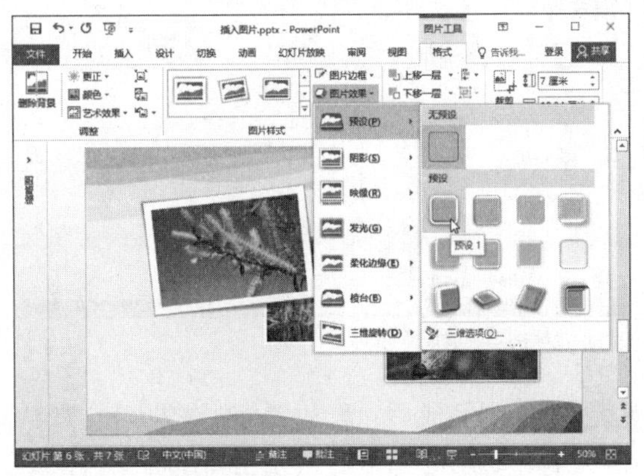

图11-59 “图片效果”列表

步骤07 单击“图片样式”组的“设置形状格式”按钮，打开“设置图片格式”对话框，在“填充与线条”选项卡，可以对图片的边框进行设置，如图11-60所示。

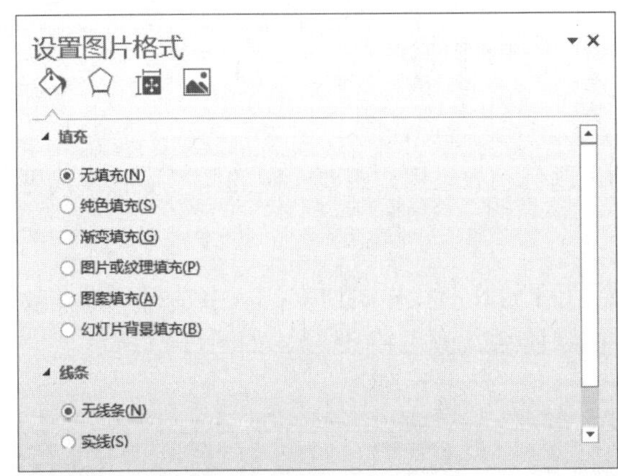

图11-60 “填充与线条”选项卡

步骤08 在“效果”选项卡，可以对图片的阴影、映像、发光等效果进行详细设置，如图11-61所示。

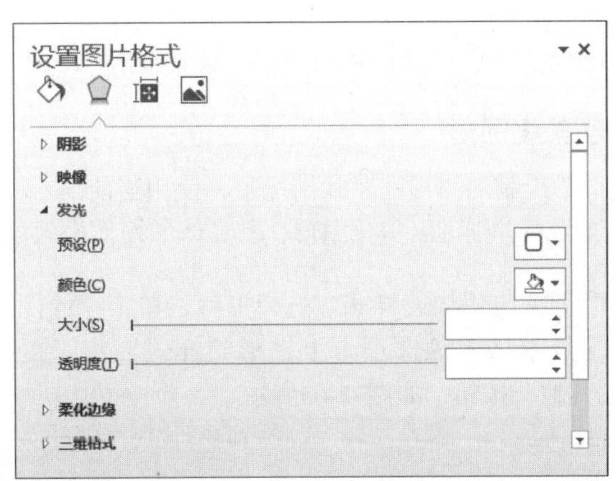

图11-61 “效果”选项卡

11.3.3 应用图形

在填充幻灯片页面内容时，为了使页面布局更加合理，清楚的说明事物之间的关系，并且美化页面，会在幻灯片页面中应用图形，下面介绍如何插入图形、美化图形以及编辑图形。

❶插入图形

为了更好的说明事物关系、发展进程等，经常会通过图形来阐述。那么，如何插入图形呢？其具体的操作步骤如下。

步骤01 选择幻灯片，切换至“插入”选项卡，单击“形状”按钮，从展开的列表中选择“椭圆”，如图11-62所示。

步骤02 鼠标光标将变为十字形，按住鼠标左键不放拖动鼠标，绘制图形，如图11-63所示。

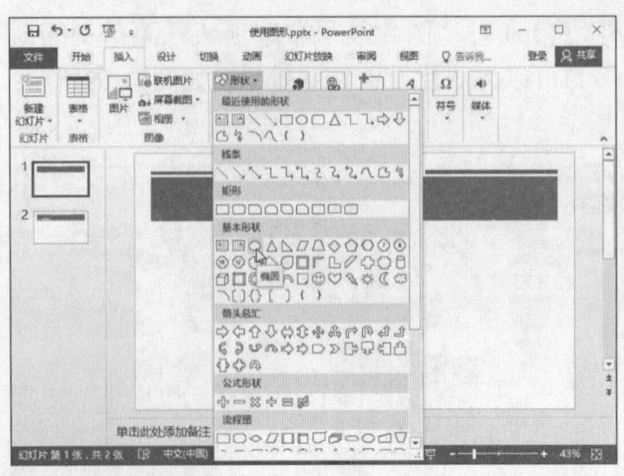

图11-62 选择“椭圆”选项

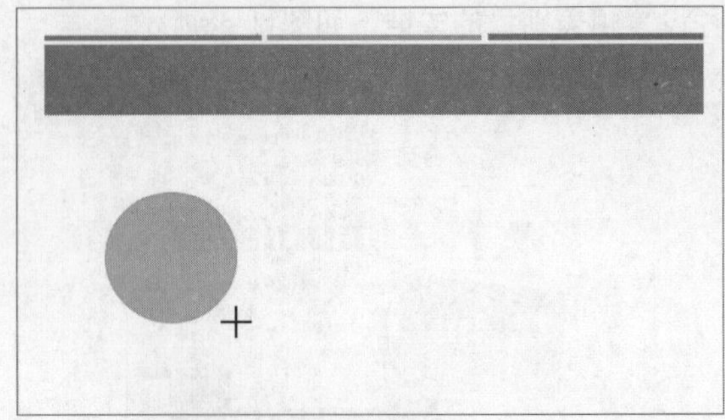

图11-63 绘制图形

步骤03 绘制完成后，释放鼠标左键即可。默认情况下，绘制的图形的填充色和边框颜色由当前演示文稿的主题色决定，按照同样的方法，绘制三个箭头和三个流程图：终止形状组成一个目录列表，如图11-64所示。

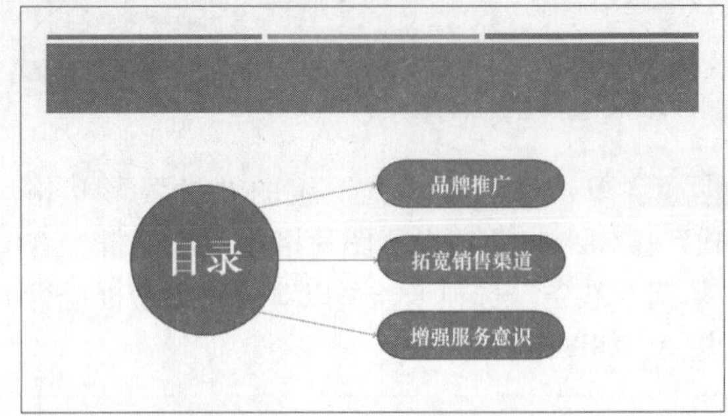

图11-64 绘制形状效果

❷美化图形

绘制的图形在默认情况下，使用当前演示文稿的主题色，如果用户想要绘制的图形形状样式更加美观，则可以美化图形，其具体的操作步骤如下。

步骤01 应用快速样式。选择形状，单击“绘图工具－格式”选项卡上“形状样式”组上的“其他”按钮，如图11-65所示。

图11-65 单击“其他”按钮

步骤02 展开形状样式列表，从中选择“强烈效果-绿色,强调颜色1”选项，如图11-66所示。

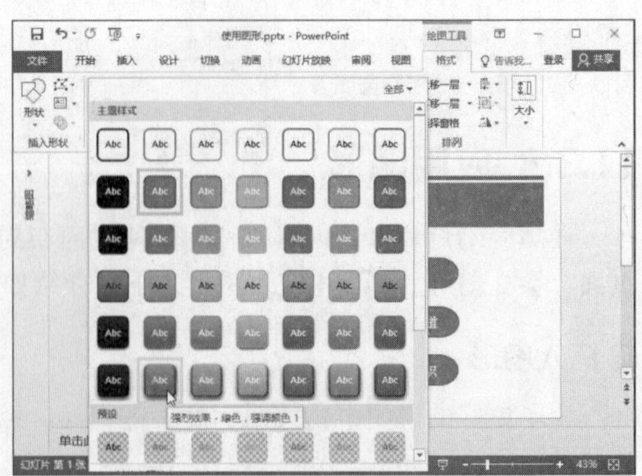

图11-66 选择“强烈效果-绿色,强调颜色1”

步骤03 更改图形颜色。单击“形状填充”按钮，从展开的列表中选择合适的颜色，也可以选择“取色器”选项，如图11-67所示。

步骤04 鼠标光标变为吸管形状，在合适的颜色上单击，吸取该颜色作为形状填充色，如图11-68所示。

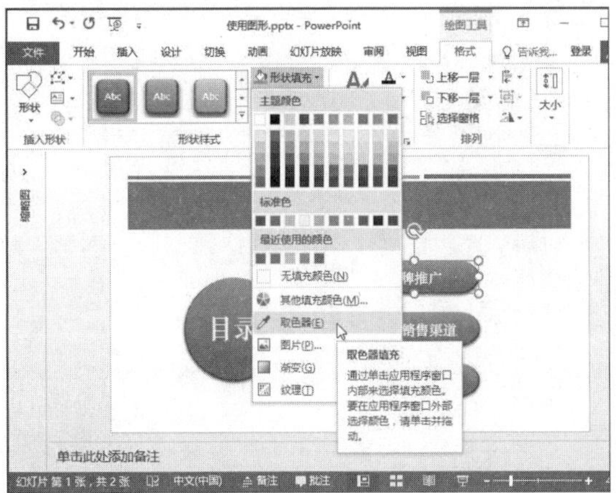
图11-67 选择“取色器”选项

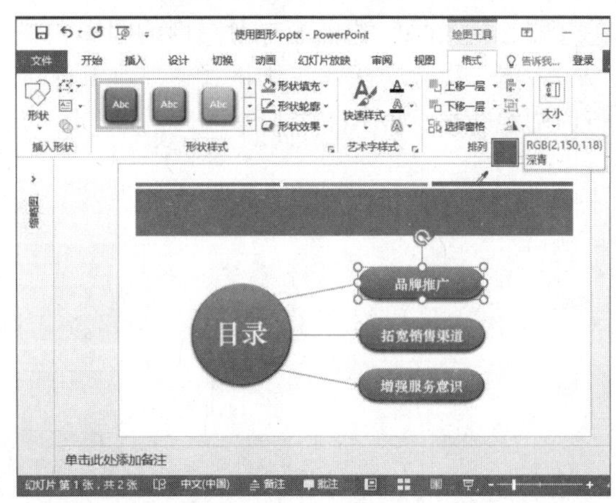
图11-68 吸取颜色

步骤05 更改图形轮廓。单击“形状轮廓”按钮，从展开的列表中选择“深青”作为轮廓色，然后再次展开形状轮廓列表，从中选择“粗细>6磅”选项，如图11-69所示。

步骤06 单击“形状效果”按钮，从展开的列表中选择“棱台>角度”选项，如图11-70所示。

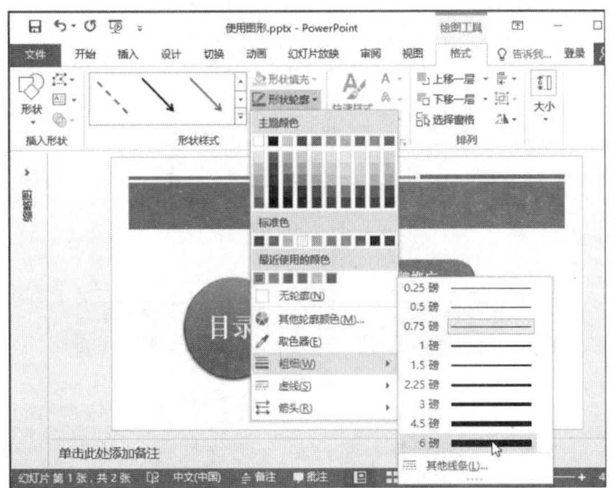
图11-69 设置形状轮廓

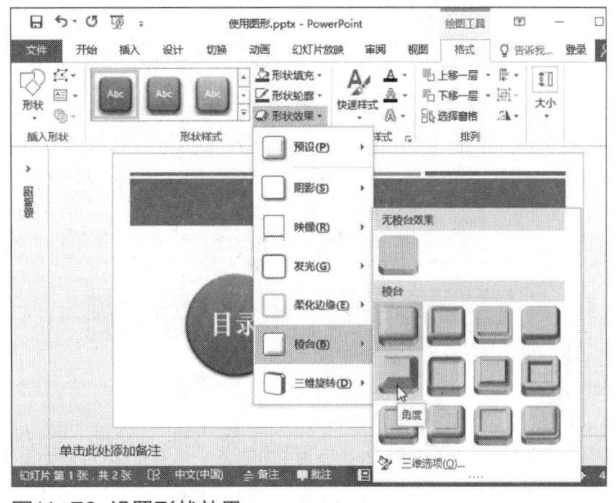
图11-70 设置形状效果

步骤07 自定义形状样式。选择图形，右键单击，从弹出的快捷菜单中选择“设置形状格式”命令，如图11-71所示。

步骤08 打开“设置形状格式”窗格，在“形状选项”下的“填充与线条”选项卡对形状的颜色和轮廓进行设置，如图11-72所示。

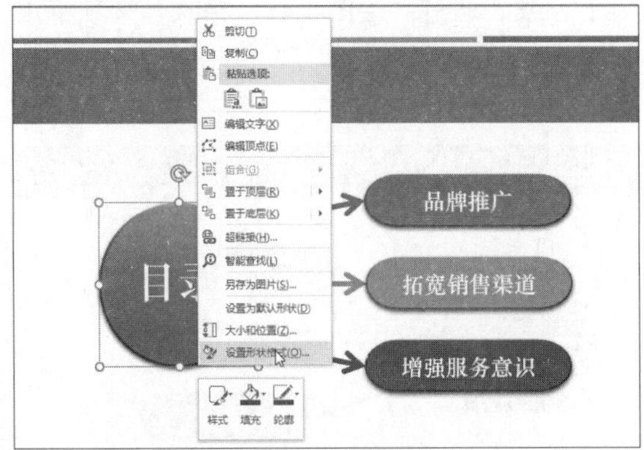
图11-71 选择“设置形状格式”命令

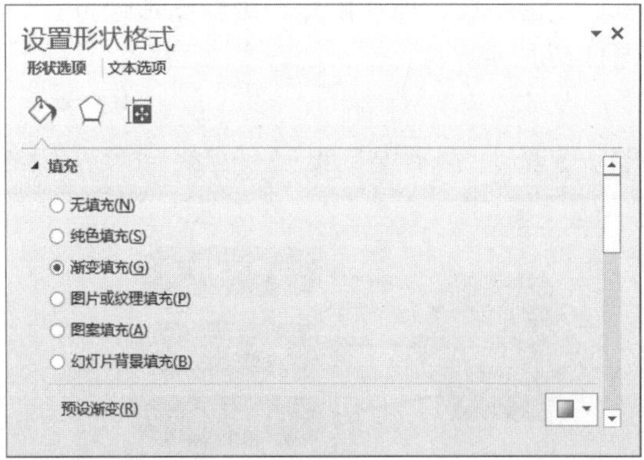

图11-72 “填充与线条”选项卡

步骤09 在“效果”选项下，对图形的阴影、映像、发光、柔化边缘、三维格式、三维旋转进行详细的设置，如图11-73所示。

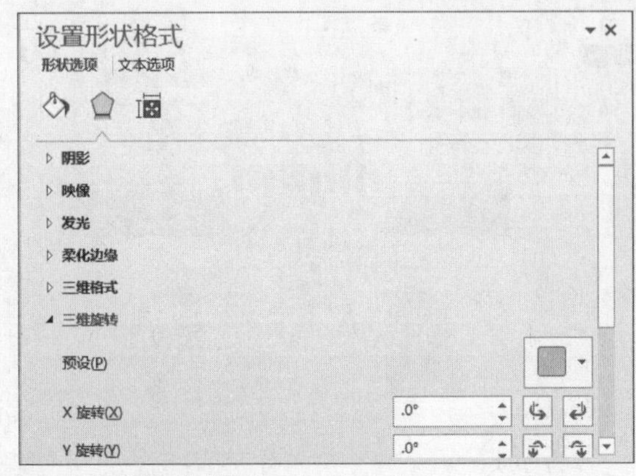

图11-73 “效果”选项

❸编辑图形

插入并美化图形完毕后，如果需要对图形进行编辑用来匹配页面中的其他内容，则可以按照下面介绍的方法进行操作。

步骤01 更改形状。单击“绘图工具－格式”选项卡上的“编辑形状”按钮，从展开的列表中选择“更改形状”选项，然后从级联菜单中选择“六边形”，如图11-74所示。

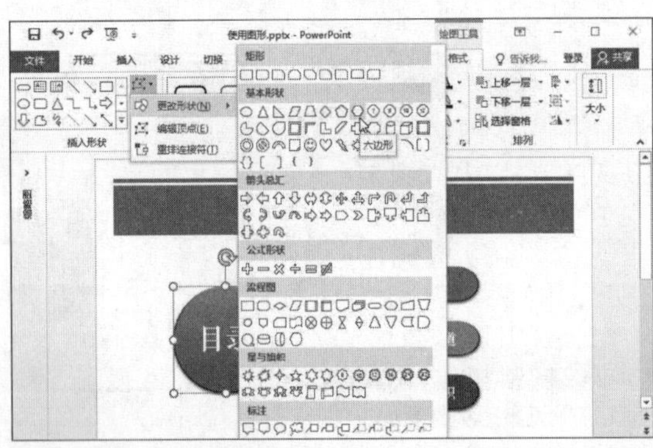
图11-74 选择“六边形”

步骤02 编辑形状。如果需要在原有图形的基础上，对图形进行编辑，则需执行“绘图工具－格式>编辑形状>编辑顶点”命令，如图11-75所示。

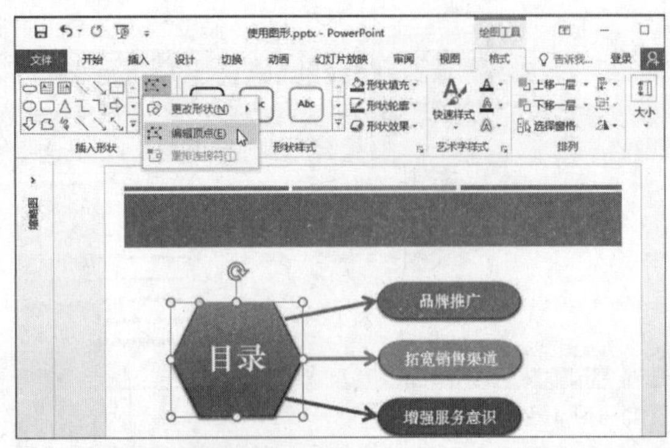

图11-75 选择“编辑顶点”命令

步骤03 图形的周围会出现黑色的小点即为可以编辑的顶点，将鼠标定位至编辑顶点上，按住鼠标左键不放，拖动鼠标，编辑图形即可，如图11-76所示。

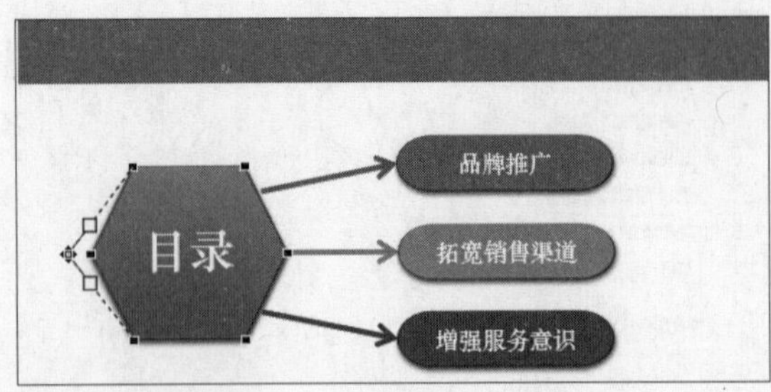

图11-76 编辑顶点

步骤04 调整大小。将鼠标光标移至图形控制点上，按住鼠标左键不放，拖动图形，调整图形大小。或者通过“绘图工具－格式”选项卡上“大小”组中“宽度”和“高度”数值框对图形进行调整，如图11-77所示。

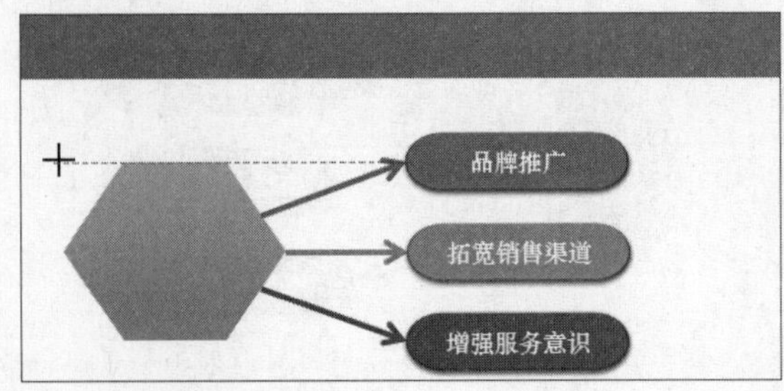

图11-77 调整图形大小

步骤05 对齐图形。单击“对齐”按钮，从展开的列表中选择“左对齐”命令，如图11-78所示。

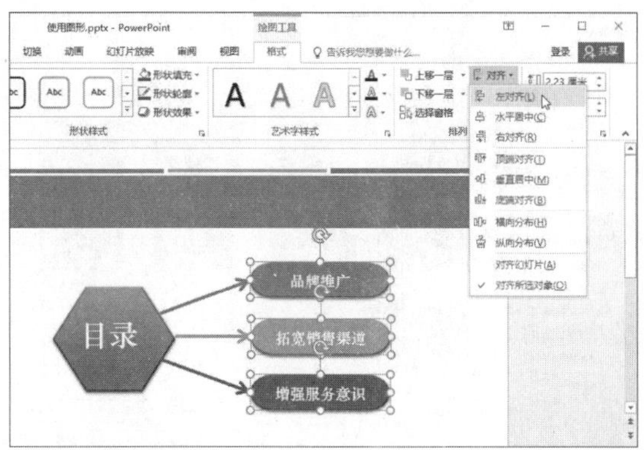

图11-78 对齐图形

步骤06 组合图形。选择所有图形和文本框，单击“组合”按钮，从列表中选择“组合”命令，如图11-79所示。

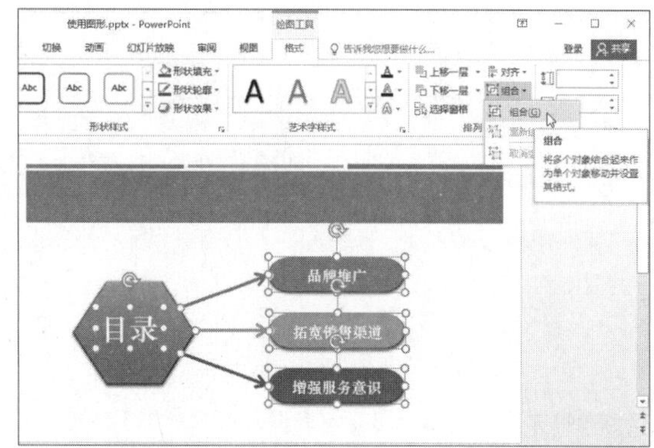

图11-79 组合图形

11.3.4 应用艺术字

对于幻灯片中需要突出显示的文本，可以使用艺术字功能进行美化，其具体的操作步骤如下。

步骤01 选择幻灯片，单击“插入”选项卡上的“艺术字”按钮，从列表中选择“填充-黑色，背景2，内部阴影”命令，如图11-80所示。

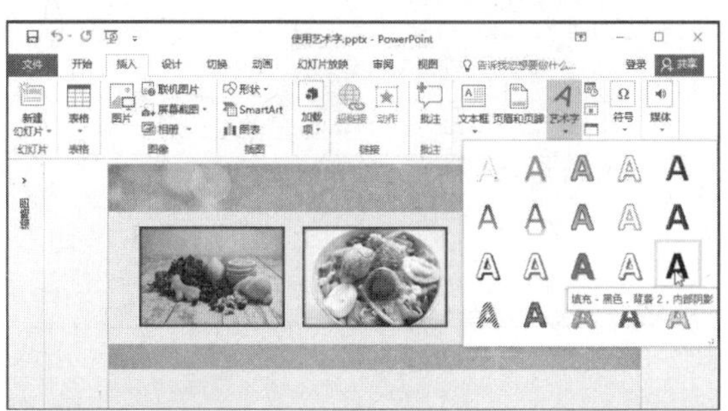
图11-80 选择艺术字样式

步骤02 在幻灯片页面中会出现一个包含选择样式的文本框，拖动文本框，将其调至合适的位置，如图11-81所示。

图11-81 移动文本框

步骤03 按需输入艺术字文本，如图11-82所示。如果对默认的字体格式不满意，还可以对字体格式进行设置。

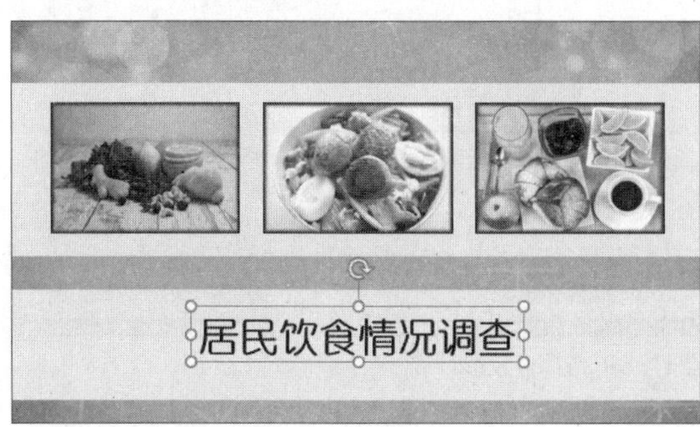

图11-82 输入艺术字文本

步骤04 单击“绘图工具－格式”选项卡上的“文本填充”按钮，从展开的列表中选择“图片”选项，如图11-83所示。

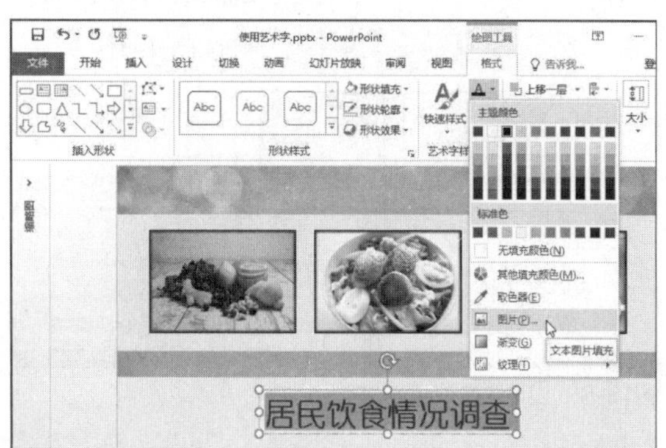

图11-83 选择“图片”选项

步骤05 打开“插入图片”窗格，单击“来自文件”右侧的“浏览”按钮，如图11-84所示。

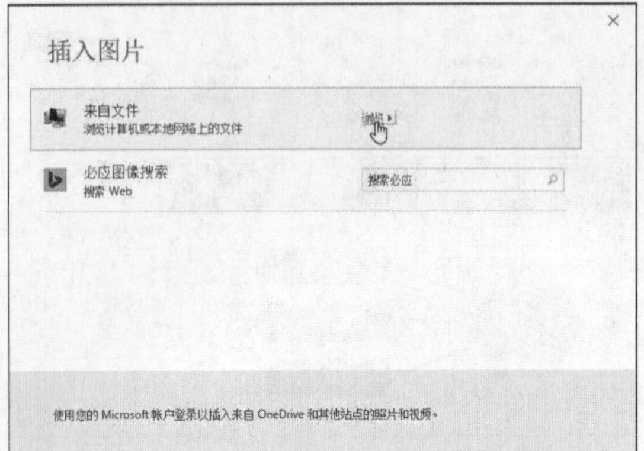

图11-84 单击“浏览”按钮

步骤06 打开“插入图片”对话框，选择需要插入的图片，单击“插入”按钮，如图11-85所示。

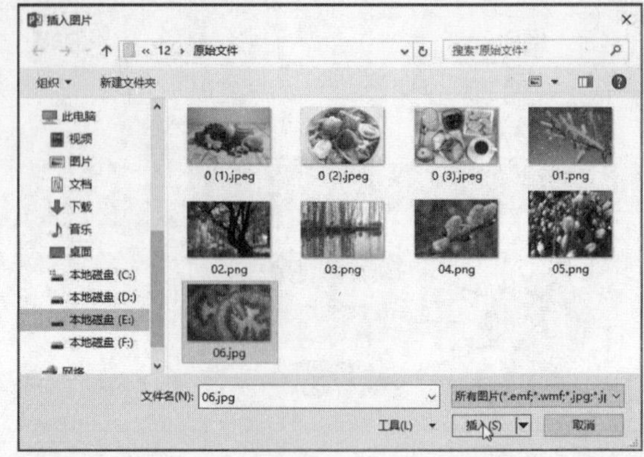

图11-85 单击“插入”按钮

步骤07 单击“文本轮廓”按钮，从展开的列表中选择“黄色”选项，如图11-86所示。

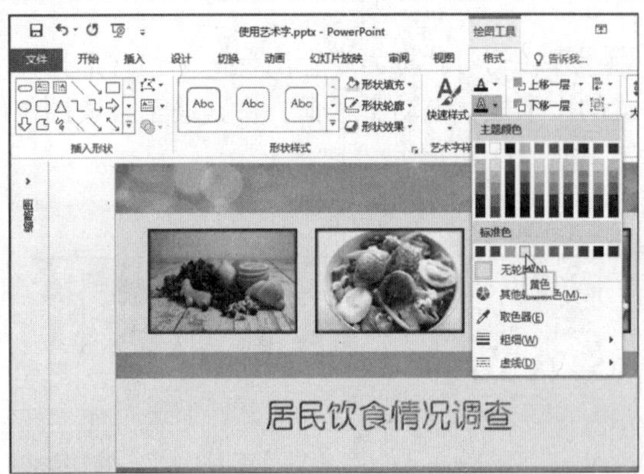

图11-86 设置艺术字轮廓

步骤08 单击“文本效果”按钮，选择“阴影>内部上方”选项，如图11-87所示。

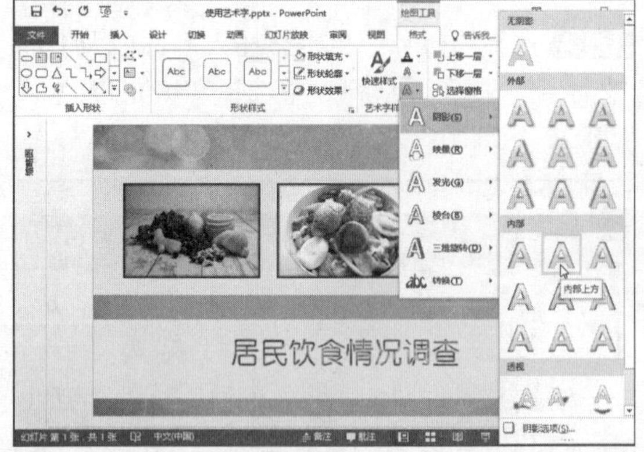

图11-87 选择“内部上方”选项

步骤09 打开“文本效果”列表，选择“映像>紧密映像,接触”选项，如图11-88所示。

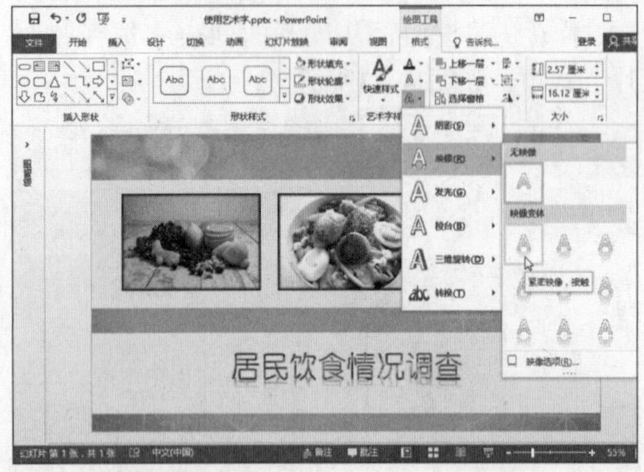

图11-88 设置映像效果

步骤10 单击“文本效果”按钮，选择“转换>波形1”选项，如图11-89所示。

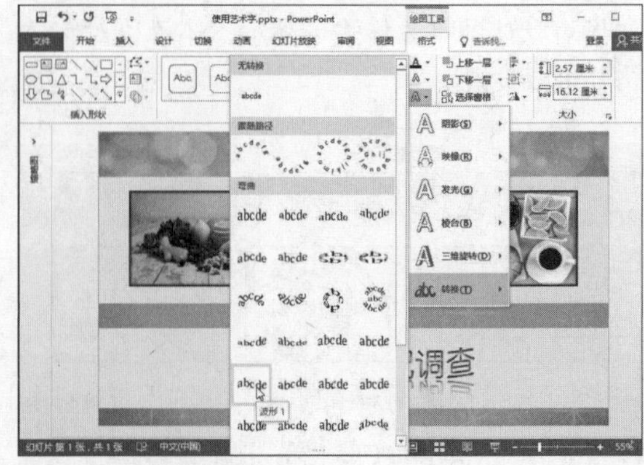

图11-89 选择“波形1”

步骤11 自定义艺术字样式。单击“艺术字样式”组上的对话框启动器按钮。打开“设置形状格式”窗格，在“文本选项”下的各选项卡中，对文本的填充与轮廓以及效果进行详细设置即可，如图11-90所示。

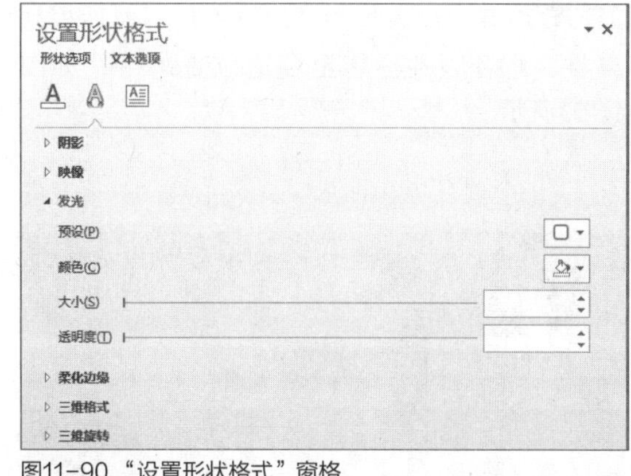

图11-90 “设置形状格式”窗格

11.3.5 应用媒体

为了在演讲过程中活跃气氛，更好的说明主题，可以在演示文稿中添加媒体，包括音频和视频，下面分别对其进行介绍。

❶ 应用音频

一首气势磅礴的音乐，将会使公司年会类演示文稿鼓舞员工士气；一首浪漫的爱情歌曲，则会为婚礼策划类演示文稿增添魅力；一首温馨的地方歌谣，将会为旅游类的演示文稿增添更多的地方色彩，下面详细介绍在演示文稿中使用音频的操作步骤。

步骤01 插入本地音频。打开演示文稿，选择幻灯片，单击“插入”选项卡上的“音频”按钮，从展开的列表中选择“PC上的音频”选项，如图11-91所示。

图11-91 选择“PC上的音频”选项

步骤02 打开“插入音频”对话框，选择音频文件，单击“插入”按钮，如图11-92所示。

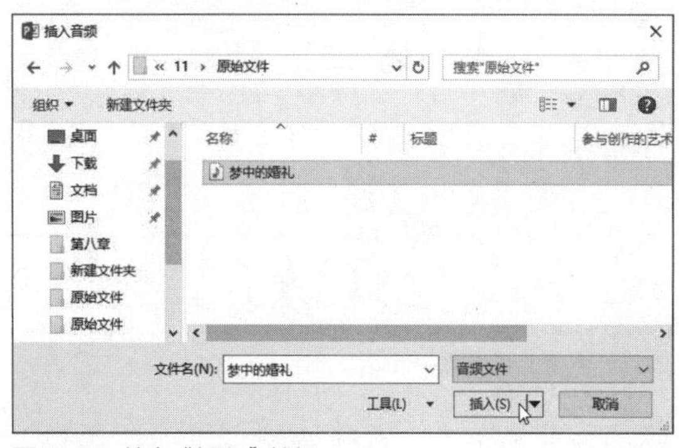

图11-92 单击“插入”按钮

步骤03 将音频插入到幻灯片页面后，然后根据需要，将音频图标移至合适位置即可，如图11-93所示。

图11-93 调整音频位置

步骤04 插入录制音频。如果想要在幻灯片中插入自己录制的音频，则可以通过“插入>音频>录制音频”命令，如图11-94所示。

图11-94 选择“录制音频”选项

步骤05 打开“录制声音”窗格，单击录制按钮，可以开始录制音频，如图11-95所示。

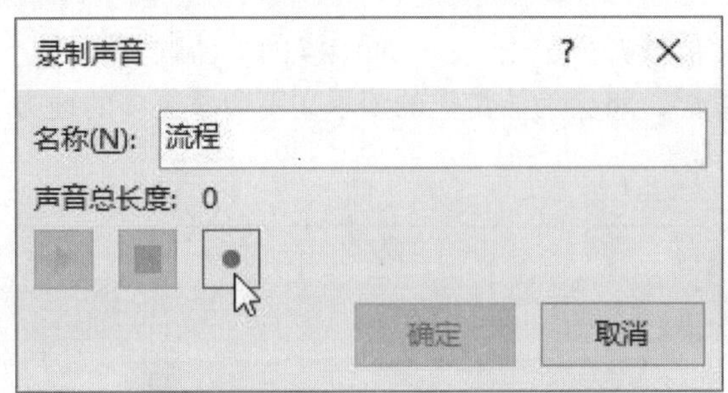

图11-95 单击“录制”按钮

步骤06 录制完成后，单击停止按钮，即可停止录制，如图11-96所示。

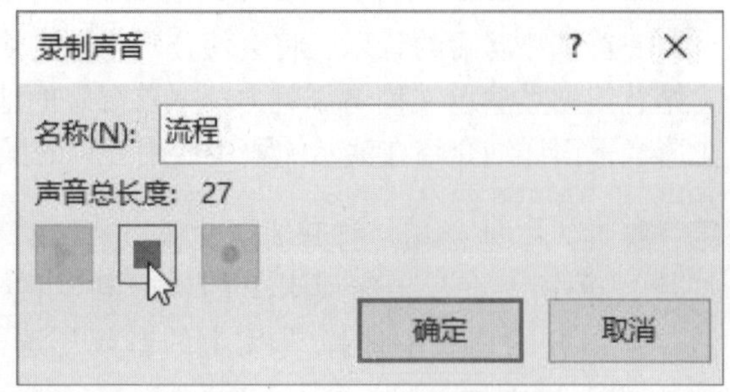

图11-96 单击“停止”按钮

步骤07 单击播放按钮，试听录制的音频，录制完成后，单击“确定”按钮，确认插入录制的音频，如图11-97所示。

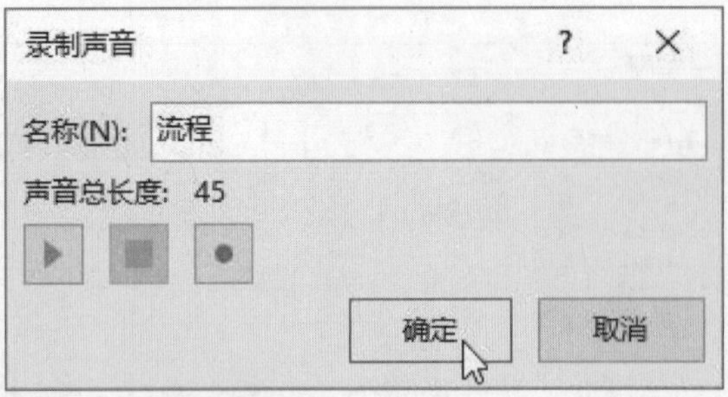

图11-97 单击“确定”按钮

步骤08 美化音频图标。选择音频，在“音频工具－格式”选项卡，像设置图片格式一样，对其进行设置即可，如图11-98所示。

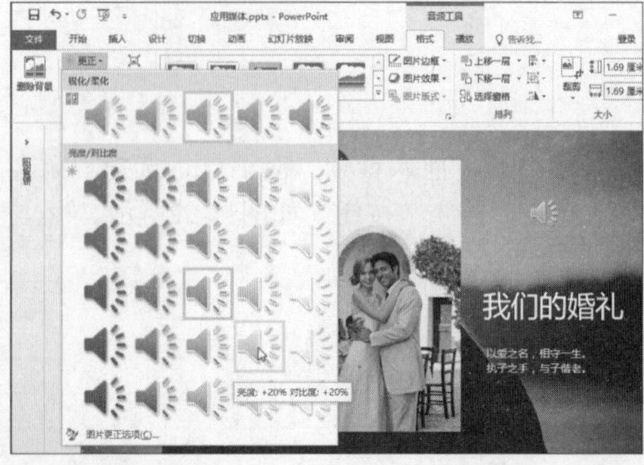

图11-98 美化音频图标

步骤09 剪裁音频。选择音频，单击“音频工具－播放”选项卡上的“剪裁音频”按钮，如图11-99所示。

步骤10 打开“剪裁音频”对话框，按需剪裁音频，如图11-100所示。

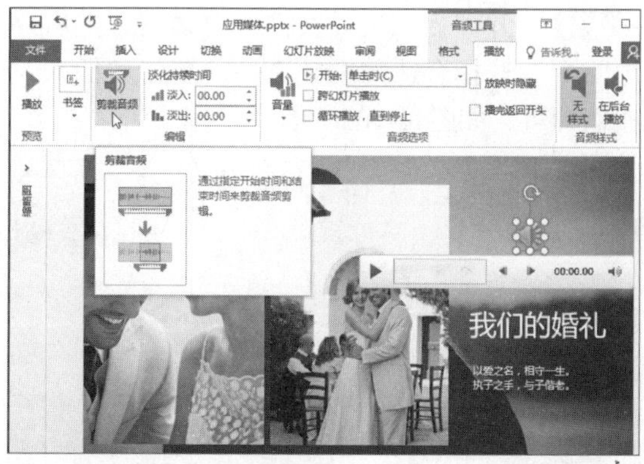

图11-99 单击“剪裁音频”按钮

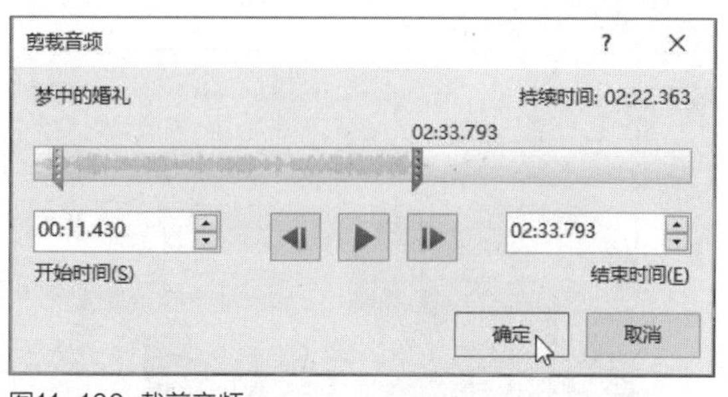

图11-100 裁剪音频

步骤11 跨幻灯片播放音频。单击“在后台播放”按钮，如图11-101所示。可以让音频跨幻灯片连续进行播放。

图11-101 单击“在后台播放”按钮

步骤12 还可以在“音频工具－播放”选项卡中的“音频选项”组中，对播放时的音量、开始方式、跨幻灯片播放、循环播放、放映时隐藏等进行设置，如图11-102所示。

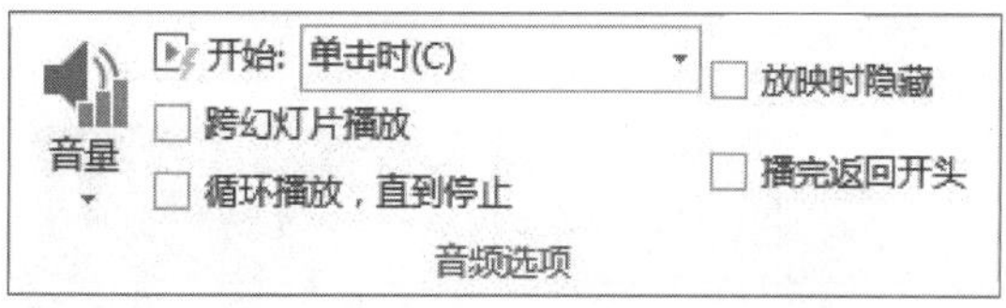

图11-102 “音频选项”组

❷应用视频

如果需要在演示文稿中插入一段相关联的视频来说明演讲的主题，则可以按照下面的操作步骤进行操作。

步骤01 选择幻灯片，然后单击“插入”选项卡上的“视频”按钮，从展开的列表中选择“联机视频”选项，如图11-103所示。

图11-103 选择“联机视频”选项

步骤02 打开“插入视频”窗格，然后根据提示搜索相关视频并插入即可，如图11-104所示。

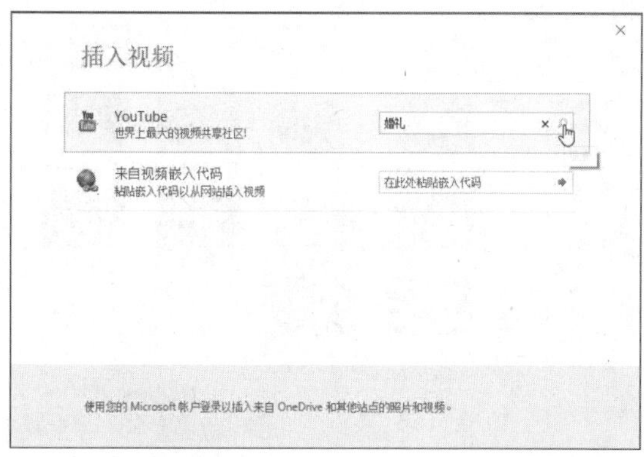

图11-104 “插入视频”窗格

步骤03 如果希望插入本地视频文件，则可以执行“插入>视频>PC上的视频”命令，如图11-105所示。

图11-105 选择“PC上的视频”选项

步骤04 打开“插入视频文件”对话框，然后根据需要，选择合适的视频文件，单击“插入”按钮即可，如图11-106所示。

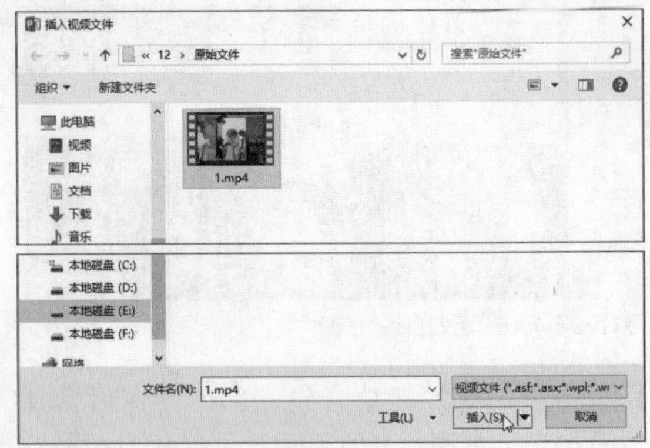

图11-106 单击“插入”按钮

步骤05 如果需要为当前视频添加视频中某一帧的标牌框架，则可以播放视频至某一时间点时，暂停播放视频，再执行“视频工具－格式>标牌框架>当前框架”命令即可，如图11-107所示。

图11-107 选择“标牌框架”选项

步骤06 如果需要插入计算机中的图片作为标牌框架，则需执行“视频工具－格式>标牌框架>文件中的图像”命令，打开“插入图片”窗格，单击“来自文件”右侧“浏览”按钮，如图11-108所示。

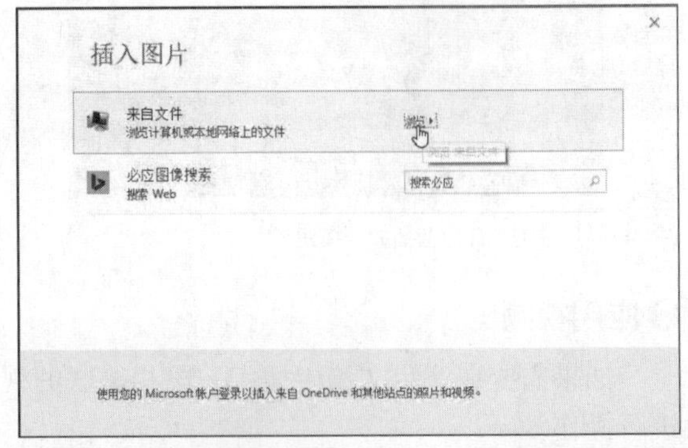

图11-108 单击“浏览”按钮

步骤07 打开“插入图片”对话框，选择图片，单击“插入”按钮，如图11-109所示。

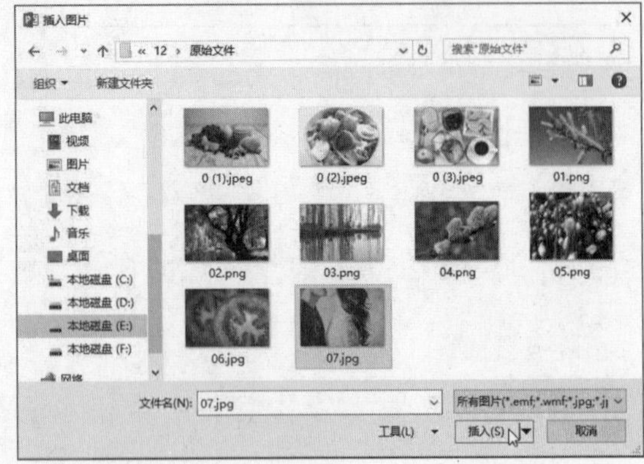

图11-109 单击“插入”按钮

步骤08 通过“视频工具－格式”选项卡功能区中的命令可以美化视频；通过“视频工具－播放”选项卡中的命令，可以对视频的播放进行一定的设置，如图11-110所示。

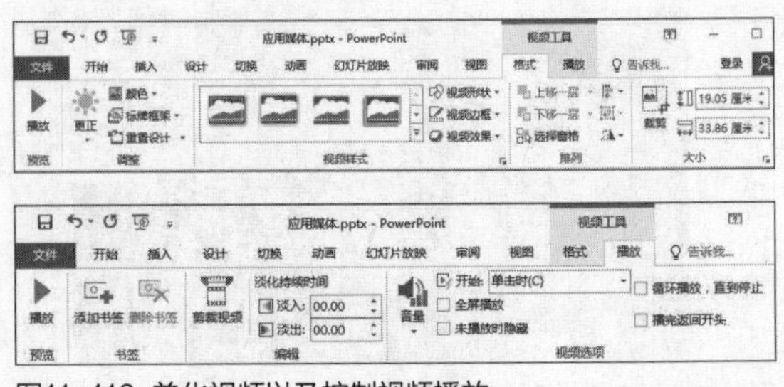

图11-110 美化视频以及控制视频播放

11.4 应用幻灯片母版

幻灯片版式规划了幻灯片各版块内容布局以及页面背景，而幻灯片母版则涵盖了配色方案、页面背景、多种幻灯片版式，下面分别介绍如何应用幻灯片版式和母版。

❶应用幻灯片版式

如果需要多次添加当前演示文稿中不存在版式的幻灯片，则可以进入母版添加版式，其具体的操作步骤如下。

步骤01 在新建幻灯片时，可以看到“新建幻灯片”列表中提供了系统内置的多种幻灯片版式，如图11-111所示。

图11-111 “新建幻灯片”列表

步骤02 切换至“视图”选项卡，单击“幻灯片母版”按钮，如图11-112所示。

图11-112 单击“幻灯片母版”按钮

步骤03 自动打开“幻灯片母版”选项卡，单击“插入版式”按钮，如图11-113所示。

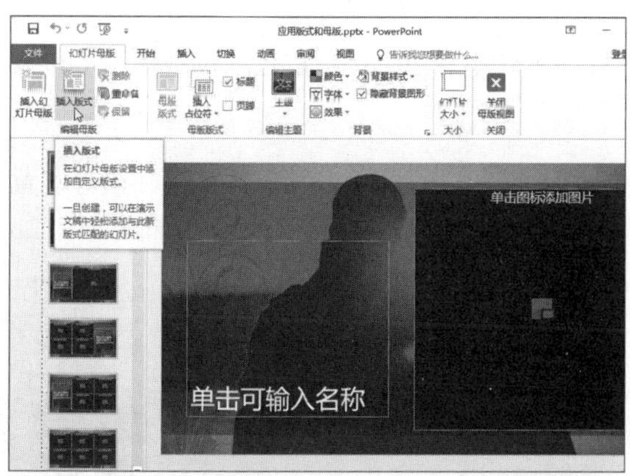

图11-113 单击“插入版式”按钮

步骤04 单击“插入占位符”按钮，从列表中选择“图片”选项，如图11-114所示。

图11-114 选择“图片”选项

步骤05 按住鼠标左键不放，拖动鼠标，绘制图片占位符，如图11-115所示。

步骤06 复制图片占位符到其他位置，然后按照同样的方法，插入一个图表占位符，单击“重命名”按钮，如图11-116所示。

图11-115 绘制图片占位符

图11-116 单击“重命名”按钮

步骤07 打开“重命名版式”对话框，输入名称后，单击“重命名”按钮，如图11-117所示。

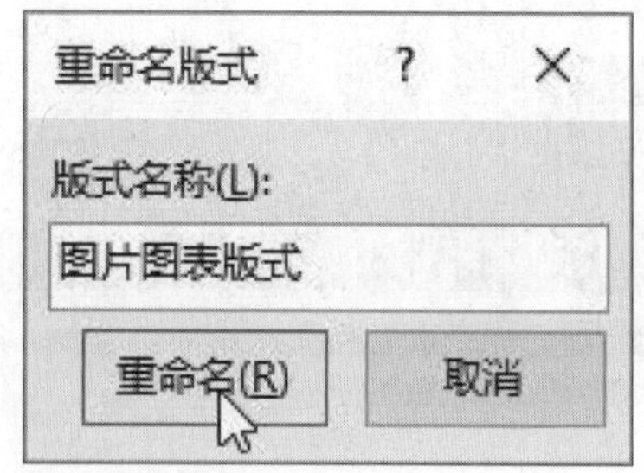

图11-117 单击“重命名”按钮

步骤08 再次打开“新建幻灯片”列表，可以看到自定义的“图片图表版式”，如图11-118所示。

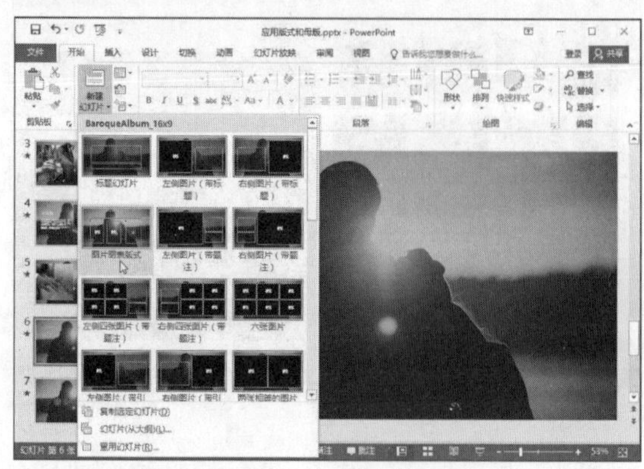
图11-118 自定义版式效果

❷应用母版

如果用户对当前演示文稿的主题、页面背景、幻灯片版式不满意，则可以进入母版视图进行设计，其具体的操作步骤如下。

步骤01 打开演示文稿，单击“视图”选项卡上的“幻灯片母版”按钮，如图11-119所示。

图11-119 单击“幻灯片母版”按钮

步骤02 打开“幻灯片母版”选项卡，执行“背景样式>设置背景格式”命令，如图11-120所示。

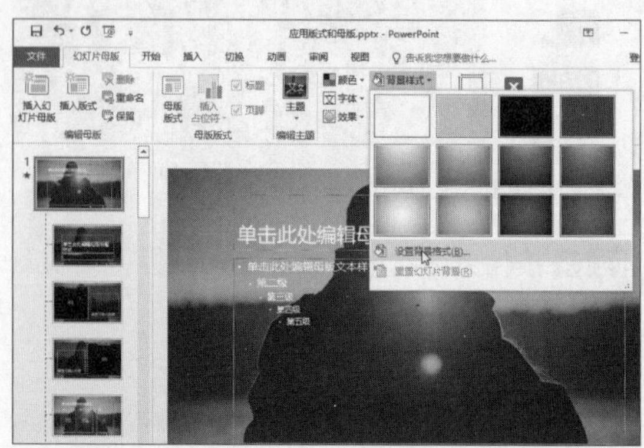
图11-120 选择“设置背景格式”选项

步骤03 打开“设置背景格式”窗格，选中“图片或纹理填充”选项，单击“文件”按钮，如图11-121所示。

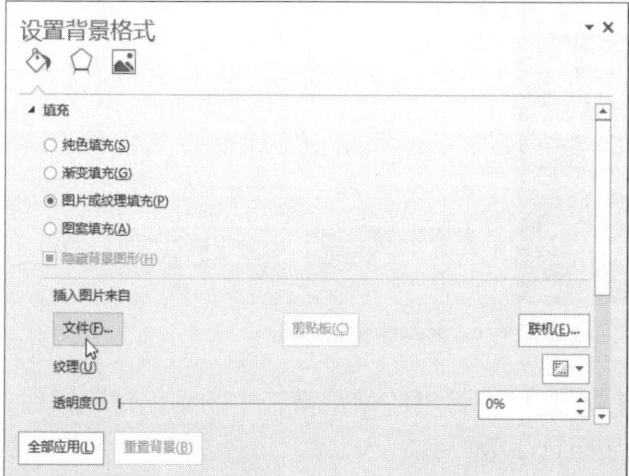

图11-121 单击“文件”按钮

步骤04 打开“插入图片”对话框，选择图片后单击“插入”按钮，如图11-122所示。

图11-122 单击“插入”按钮

步骤05 返回“设置背景格式”窗格，设置透明度、图片向左、向右、向上、向下偏移量，然后单击“全部应用”按钮，如图11-123所示。

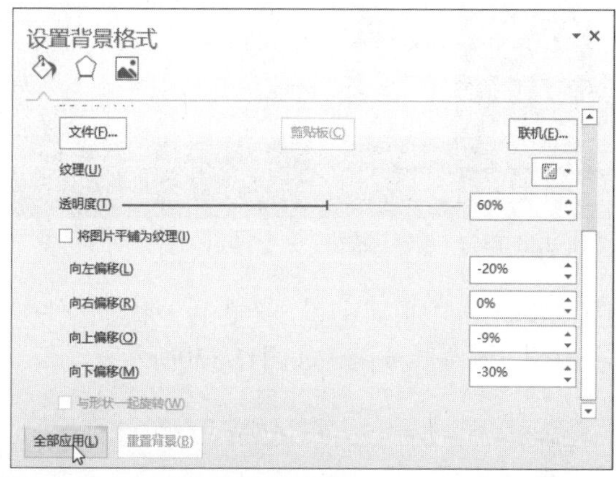

图11-123 单击“全部应用”按钮

步骤06 调整标题占位符位置，然后单击“关闭母版视图”按钮，如图11-124所示。完成幻灯片母版的设计。

图11-124 单击“关闭母版视图”按钮

办公室练兵：制作节日贺卡

在节日到来之际，可以使用演示文稿制作一个精美的贺卡，发送给同事和朋友，若利用PowerPoint 2016模板来制作，可以让用户无需烦恼，快速制作出符合需求的贺卡。在利用模板时，还可以根据自身需求对模板进行适当更改，下面以制作情人节贺卡为例进行介绍。

步骤01 双击电脑桌面上的PowerPoint 2016图标，如图11-125所示。

步骤02 启动程序后，在搜索框中输入关键字“贺卡”，单击“开始搜索”按钮，如图11-126所示。

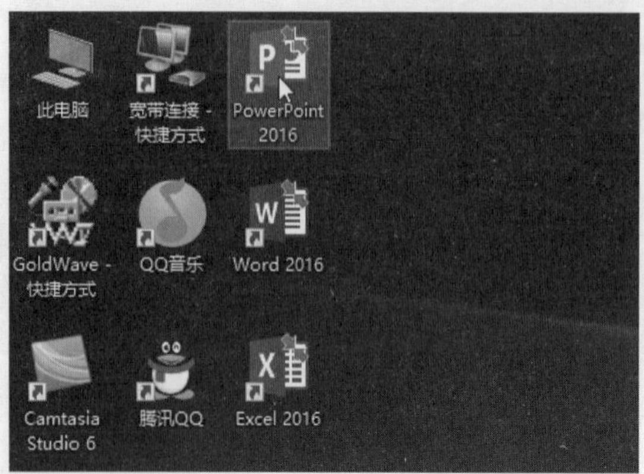

图11-125 双击图标

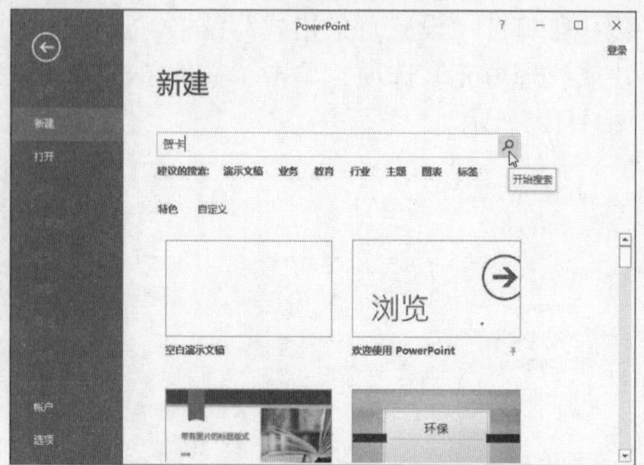

图11-126 单击“开始搜索”按钮

步骤03 选择“节日照片贺卡（雪花设计）”选项，如图11-127所示。

步骤04 单击弹出的预览窗格中的“创建”按钮，如图11-128所示。

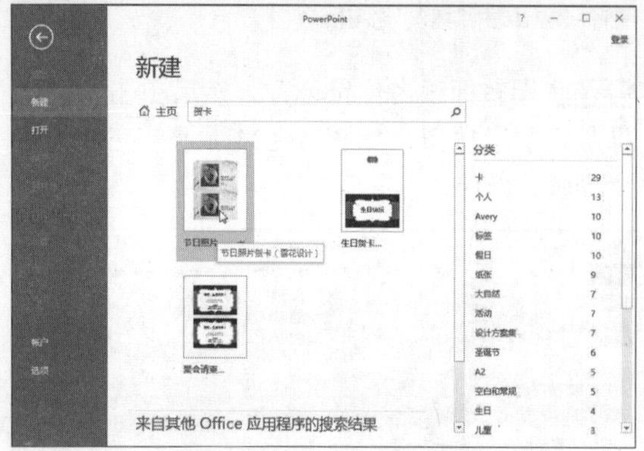

图11-127 选择模板

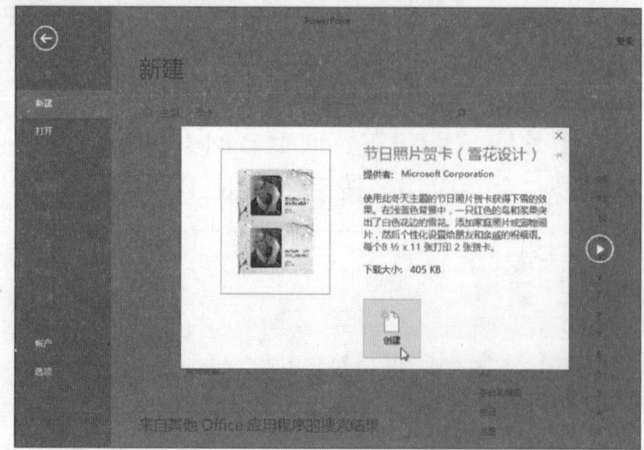

图11-128 单击“创建”按钮

步骤05 选择图片，单击“图片工具-格式”选项卡上的“更改图片”按钮，如图11-129所示。

步骤06 单击“插入图片”窗格中“来自文件”右侧的“浏览”按钮，如图11-130所示。

图11-129 单击“更改图片”按钮

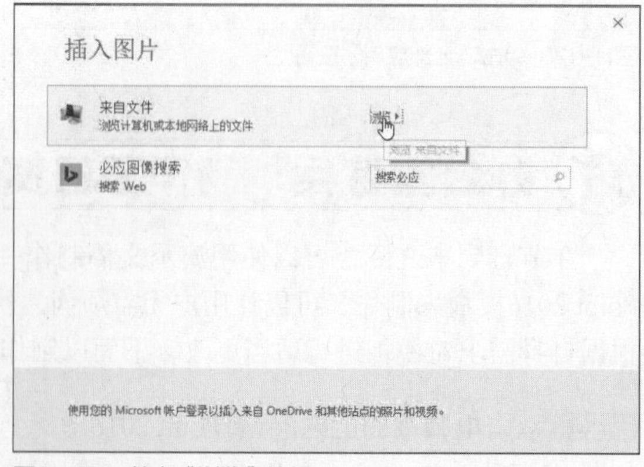

图11-130 单击“浏览”按钮

步骤07 打开“插入图片”对话框，选择图片，单击“插入”按钮，如图11-131所示。

步骤08 输入文本，删除多余文本，然后更改艺术字文本字体、字号、边框，如图11-132所示。

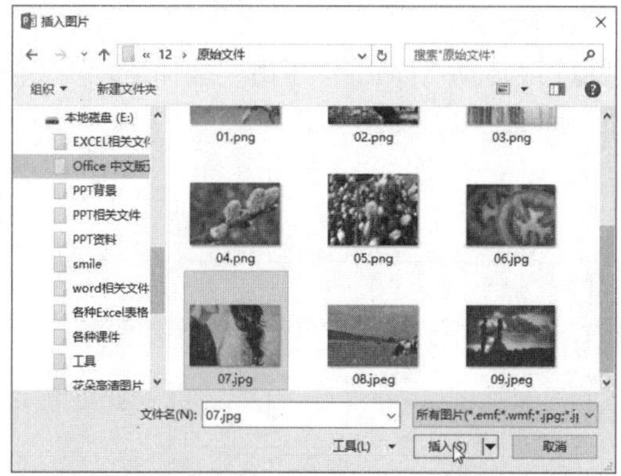
图11-131 单击“插入”按钮

图11-132 设置字体格式

步骤09 执行“文件>另存为>这台电脑>最终文件”命令，如图11-133所示。

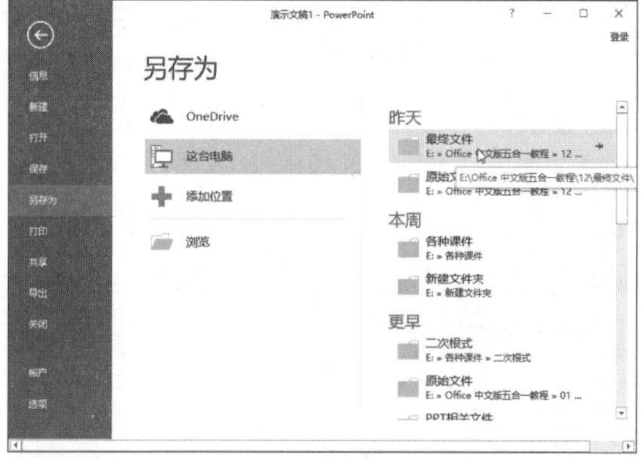
图11-133 选择“最终文件”选项

步骤10 打开“另存为”对话框，输入文件名，单击“保存”按钮，如图11-134所示。

图11-134 单击“保存”按钮

技巧放送：更改幻灯片大小和显示比例

在制作演示文稿时，若需要对幻灯片的大小进行设置，或者对幻灯片页面内容（图形、图片等）进行详细编辑时，将幻灯片放大后再进行编辑可以让细节错误无处可藏，其具体的操作步骤如下。

步骤01 更改幻灯片大小。打开演示文稿，单击“设计”选项卡上的“幻灯片大小”按钮，从列表中选择“自定义幻灯片大小”选项，如图11-135所示。

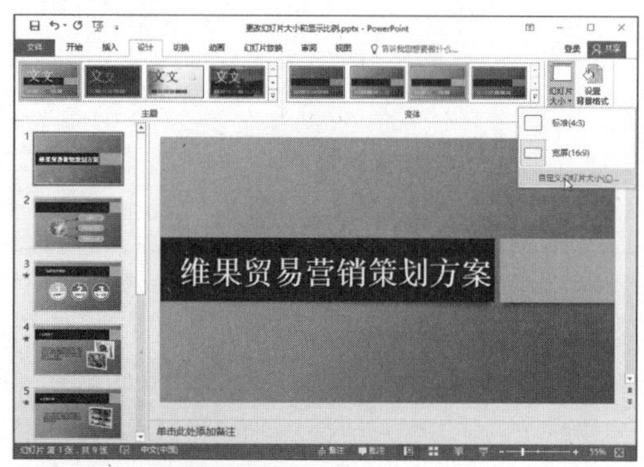

图11-135 选择“自定义幻灯片大小”选项

步骤02 打开“幻灯片大小”对话框，可以对幻灯片的大小、幻灯片编号起始值进行设置，设置完成后，单击“确定”按钮，如图11-136所示。

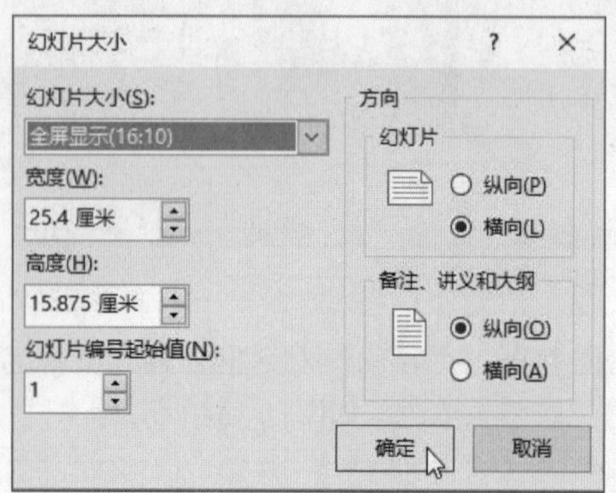

图11-136 “幻灯片大小”对话框

步骤03 打开提示对话框，单击“确保适合”按钮，如图11-137所示。

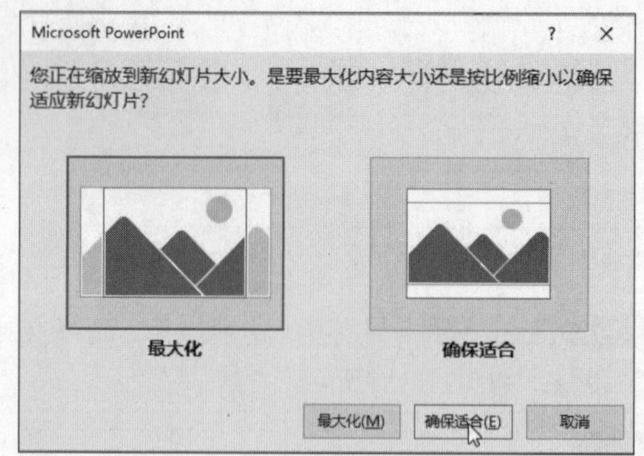

图11-137 单击“确保适合”按钮

步骤04 更改显示比例。单击“视图”选项卡上的“显示比例”按钮，如图11-138所示。

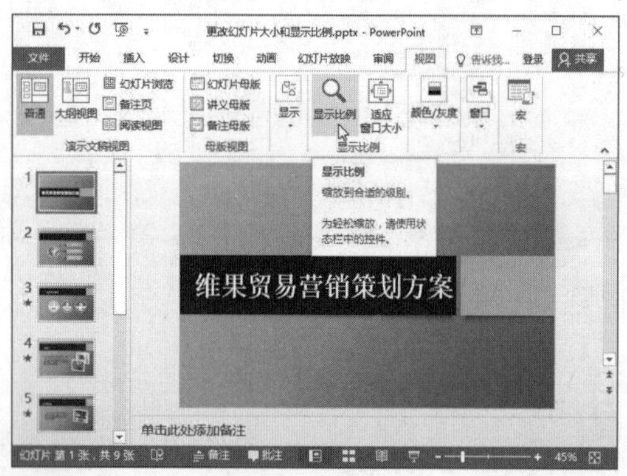

图11-138 单击“显示比例”按钮

步骤05 打开“缩放”对话框，设置显示比例并确定即可，如图11-139所示。

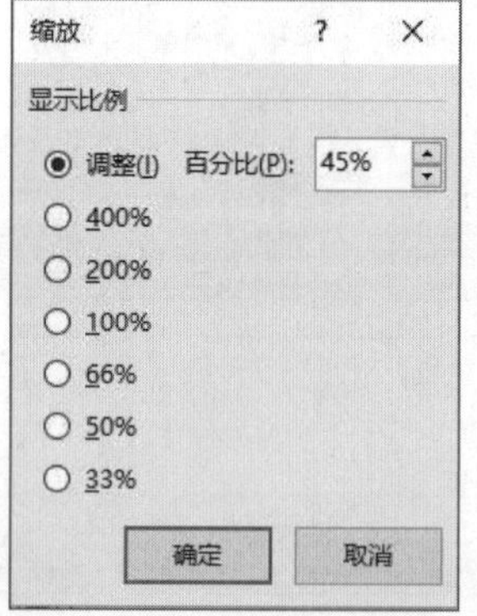

图11-139 “缩放”对话框

步骤06 也可以鼠标拖动状态栏上的缩放按钮，调整显示比例，如图11-140所示。

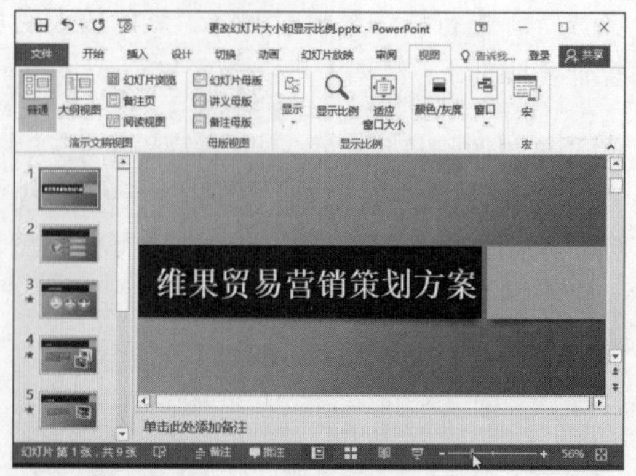

图11-140 拖动鼠标，调整显示比例

Chapter 12 PowerPoint中动画效果的设计

通过第11章的学习，我们可以从头开始制作一个演示文稿，并填充内容，但是，一个完整的演示文稿并不是到此结束，还需要为其添加合适的切换效果、对象动画效果以及链接等，本章节将进行详细介绍。

1. 添加切换效果
2. 添加动画效果
3. 添加超链接
4. 添加动作按钮

12.1 添加幻灯片切换效果

放映连续的幻灯片时，从上一张到下一张的过程称为切换。PowerPoint 2016提供了多种放映幻灯片时的切换效果，其具体的操作步骤如下。

步骤01 打开演示文稿，选择幻灯片，单击“切换”选项卡“切换到此幻灯片”组上的“其他”按钮，如图12-1所示。

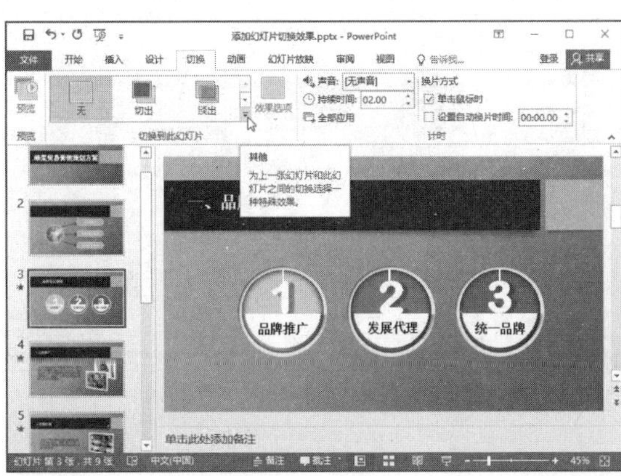

图12-1 单击“其他”按钮

步骤02 从展开的切换效果列表中选择“日式折纸”效果，如图12-2所示。

图12-2 选择“日式折纸”效果

步骤03 单击“效果选项”按钮，从列表中选择“向左”选项，如图12-3所示。

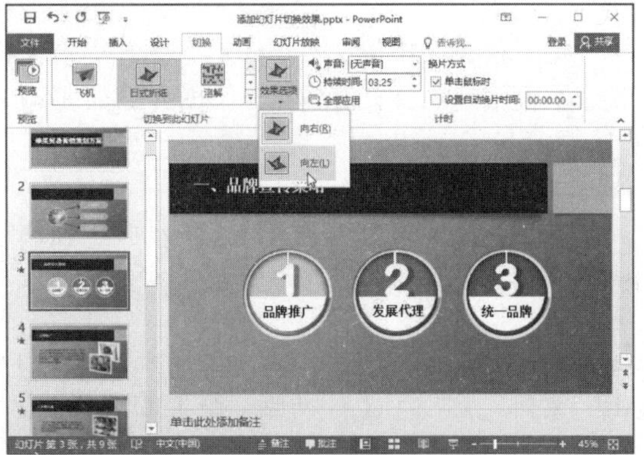

图12-3 选择“向左”选项

步骤04 单击“计时”组上“声音”右侧下拉按钮，从展开的列表中选择合适的声音，也可以选择“其他声音”选项，如图12-4所示。

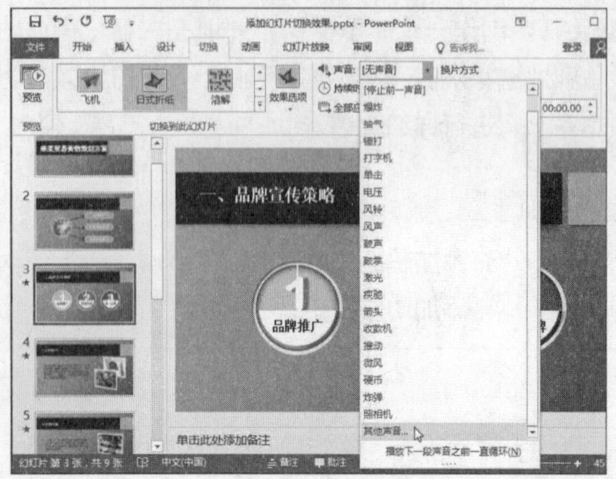

图12-4 选择“其他声音”选项

步骤05 打开“添加音频”对话框，选择合适的音频，单击“确定”按钮即可，如图12-5所示。

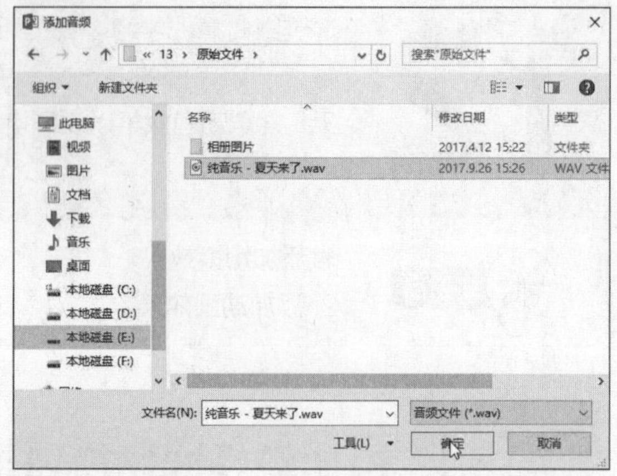

图12-5 选择音频

步骤06 通过“持续时间”右侧的数值框，可以设置幻灯片切换效果的持续时间，单击“全部应用”按钮，可为演示文稿内的所有幻灯片应用当前切换效果，如图12-6所示。

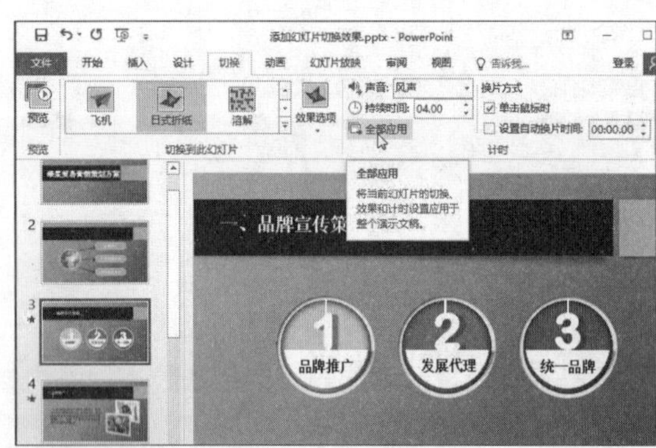

图12-6 单击“全部应用”按钮

步骤07 设置切换效果完毕后，可以单击“预览”按钮预览幻灯片切换效果，如图12-7所示。

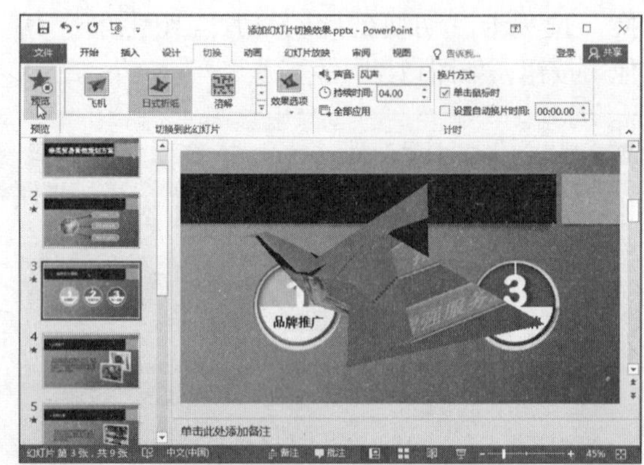

图12-7 单击“预览”按钮

12.2 添加对象动画效果

幻灯片页面中的文本、图形、图片等对象都可以添加动画效果，这样在播放幻灯片时，可以让整个页面活起来，充满趣味，下面介绍如何添加动画效果。

❶添加动画

动画按种类可分为进入和退出动画、强调动画和路径动画，下面以进入和退出动画的添加为例进行介绍，其具体的操作步骤如下。

步骤01 选择需要添加动画效果的图片对象，单击“动画”选项卡上“动画”组上的“其他”按钮，如图12-8所示。

步骤02 展开动画效果列表，在“进入”效果列表中选择合适的进入效果，这里选择“形状”效果，如图12-9所示。

图12-8 单击“其他”按钮

步骤03 也可以在上一步骤中选择“更多进入效果”选项，打开“更改进入效果”对话框，选择“十字形扩展”选项，如图12-10所示。

图12-10 选择“十字形扩展”选项

步骤05 在“计时”组中，可以对动画的开始方式、持续时间和延迟进行设置，如图12-12所示。

图12-12 设置动画开始方式和持续时间

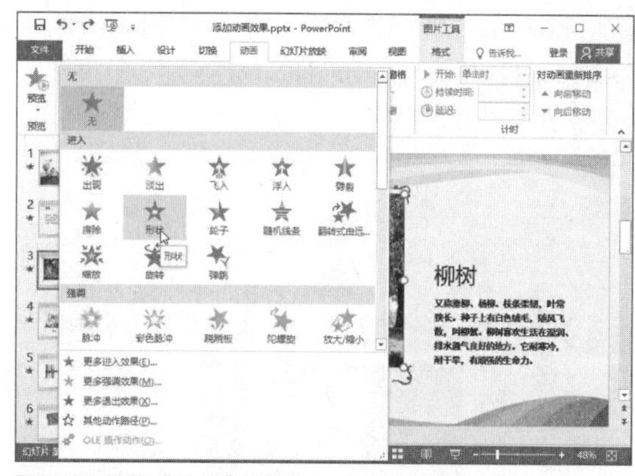

图12-9 选择“形状”效果

步骤04 单击“效果选项”按钮，从列表中选择“切出”选项，如图12-11所示。

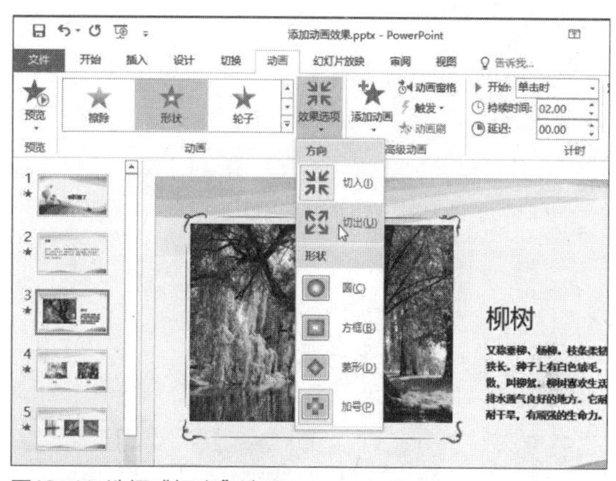

图12-11 选择“切出”选项

步骤06 单击“添加动画”按钮，从列表中选择“轮子”选项，如图12-13所示。

图12-13 选择“轮子”选项

步骤07 单击“效果选项”按钮，从列表中选择“8轮幅图案”选项，如图12-14所示。

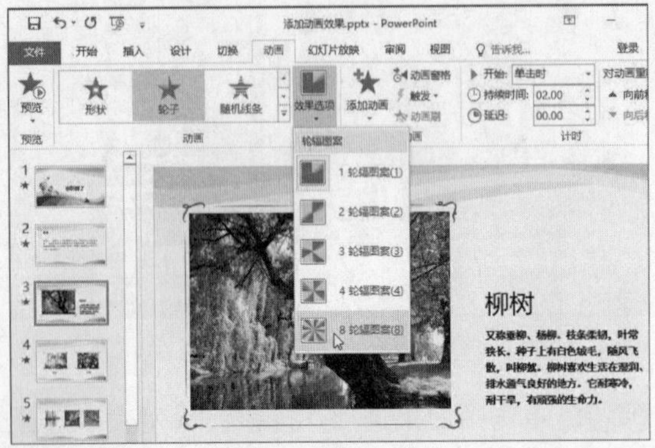

图12-14 选择“8轮幅图案”选项

步骤08 然后按需设置添加动画的开始方式和持续时间，单击“预览”按钮，预览动画效果，如图12-15所示。

图12-15 单击“预览”按钮

❷使用动画窗格

为幻灯片中的对象添加多个动画效果后，若需要查看或修改各个动画之间的衔接效果、调整动画的先后顺序等，可以通过“动画窗格”进行设置，其具体的操作步骤如下。

步骤01 单击“动画”选项卡上“高级动画”组中的“动画窗格”按钮，如图12-16所示。

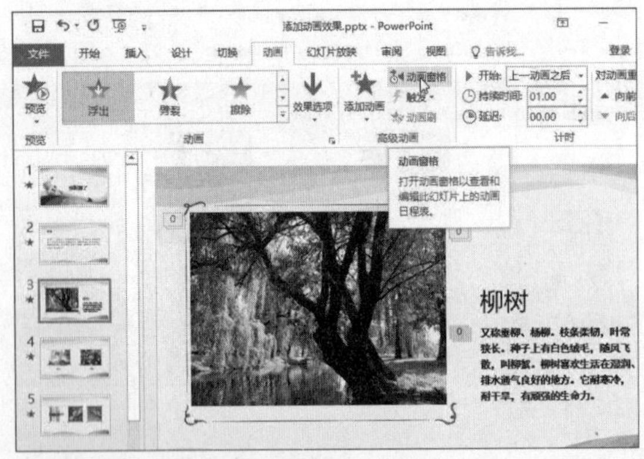

图12-16 单击“动画窗格”按钮

步骤02 打开“动画窗格”，上面显示所有动画效果，如图12-17所示。

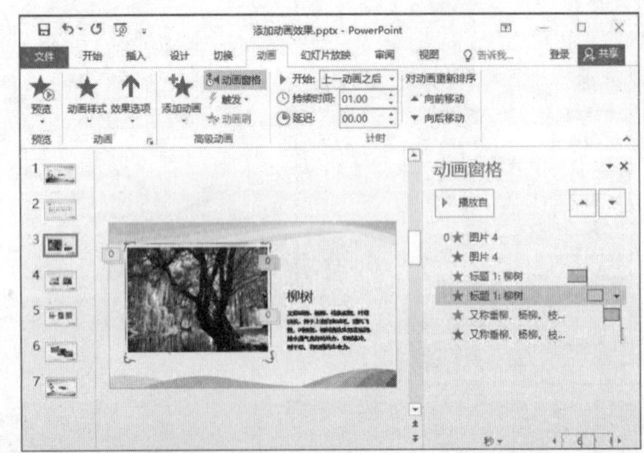

图12-17 动画窗格

步骤03 选择某一动画效果右击，从右键菜单中选择“效果选项”选项，如图12-18所示。

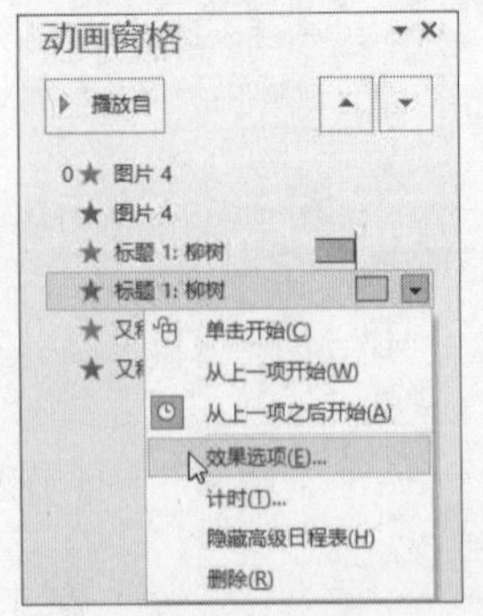

图12-18 选择“效果选项”选项

步骤04 打开“上浮”对话框，可以在对话框中的“效果”、“计时”以及“正文文本动画”选项卡对动画效果进行设置，如图12-19所示。

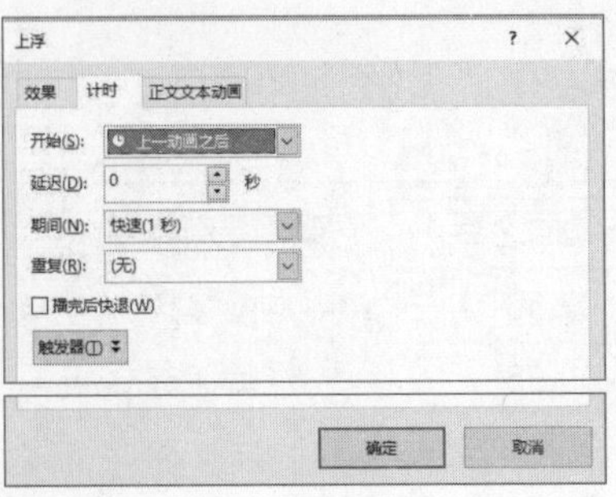

图12-19 “上浮”对话框

> **Tip: 动画效果分类**
>
> 动画效果按照类型可分为进入和退出动画、强调动画、路径动画以及组合动画，下面分别介绍这几种动画。
> - 进入和退出动画：进入动画是让对象在幻灯片页面中从无到有、逐渐出现的动画过程，而退出动画则与之相反，它是对象从有到无、逐渐消失的过程。
> - 强调动画：强调动画可以让对象在放映过程中吸引观众视线的一类动画，它可以让对象放大、缩小、更改颜色及陀螺旋转等。
> - 路径动画：让对象沿着绘制的路径运动的动画效果，可以让对象上下、左右或者是沿着圆形或心形等图案移动。
> - 组合动画：两种或者两种动画效果组合起来形成的动画效果，一般来说，用户会采用强调动画和其他三种动画相互组合，以及进入、退出动画和强调动画的相互组合。

12.3 添加超链接和动作按钮

如果在演示文稿中需要引用其他文件或者网页中的内容，则可以添加超链接。若希望在当前演示文稿中的不同位置进行快速切换，可以添加动作按钮，下面分别对其进行介绍。

12.3.1 添加超链接

超链接可以将幻灯片中的某个特定内容与其他位置的内容相链接，在播放幻灯片时，单击超链接，即可跳转至链接到的位置。

❶添加超链接

根据链接到的位置不同，超链接可分为链接到文件和链接到网页，下面以链接到网页为例进行介绍。

步骤01 选择需要添加超链接的对象，单击"插入"选项卡上的"超链接"按钮，如图12-20所示。

图12-20 单击"超链接"按钮

步骤02 打开"插入超链接"对话框，在地址栏中直接粘贴复制的网址，然后单击"确定"按钮即可，如图12-21所示。

图12-21 单击"确定"按钮

步骤03 选择添加了超链接的对象，右键单击，从展开的右键菜单中选择“打开超链接”选项，如图12-22所示。

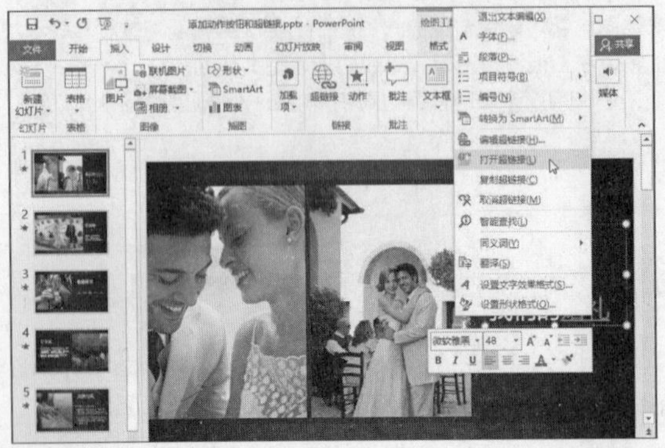

图12-22 选择“打开超链接”选项

步骤04 或者在放映时直接单击超链接对象，即可访问链接，如图12-23所示。

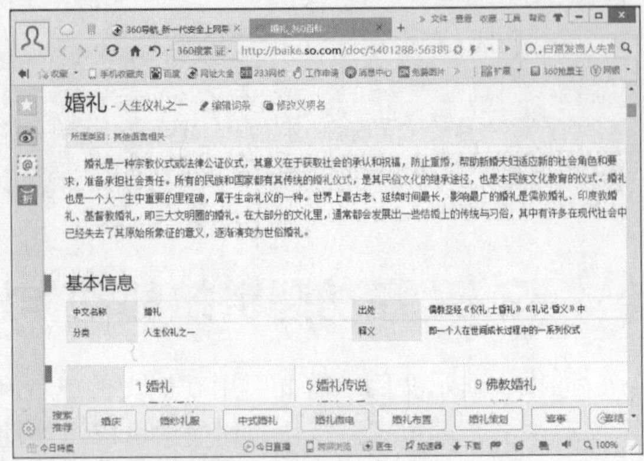

图12-23 访问超链接

❷编辑超链接

插入超链接后，如果需要设置屏幕提示和书签，可以按照下面的操作步骤进行操作。

步骤01 在超链接对象上右击，选择右键菜单中的“编辑超链接”命令，如图12-24所示。

图12-24 选择“编辑超链接”命令

步骤02 打开“编辑超链接”对话框，单击“屏幕提示”按钮，如图12-25所示。

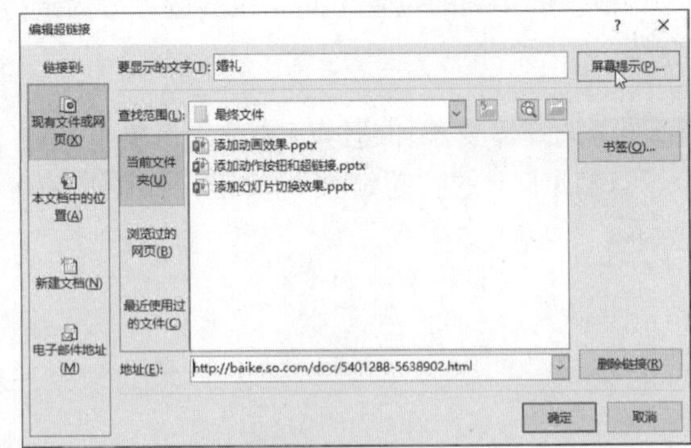

图12-25 单击“屏幕提示”按钮

步骤03 打开“设置超链接屏幕提示”对话框，输入屏幕提示文本，单击“确定”按钮，如图12-26所示。

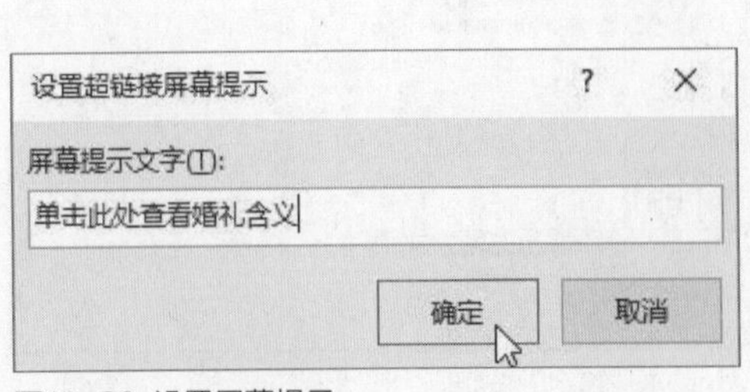

图12-26 设置屏幕提示

步骤04 返回“编辑超链接”对话框，单击“书签”按钮，打开“在文档中选择位置”对话框，选择合适的位置后，单击“确定”按钮，如图12-27所示。

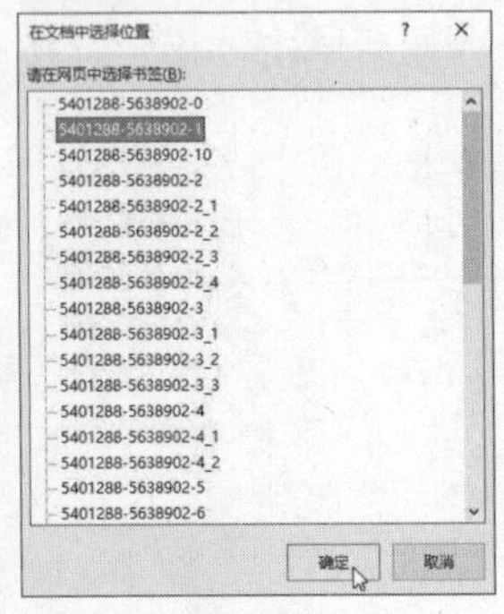

图12-27 设置书签

步骤05 在放映幻灯片时，将鼠标移至设置了屏幕提示的超链接对象上方，将会出现屏幕提示，如图12-28所示。

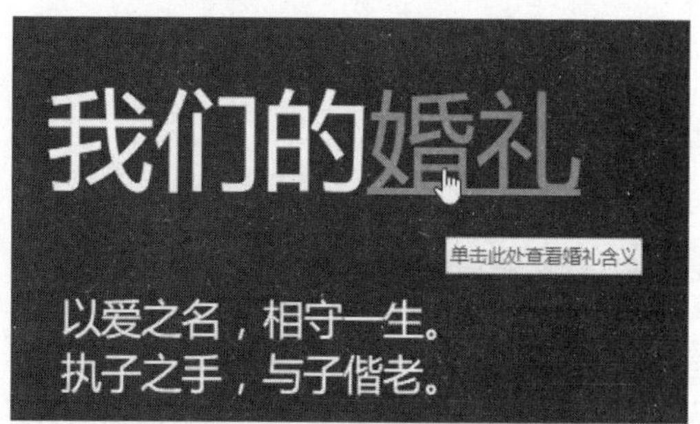

图12-28 显示屏幕提示

步骤06 单击设置了书签的超链接对象，将会直接跳转至书签位置，如图12-29所示。

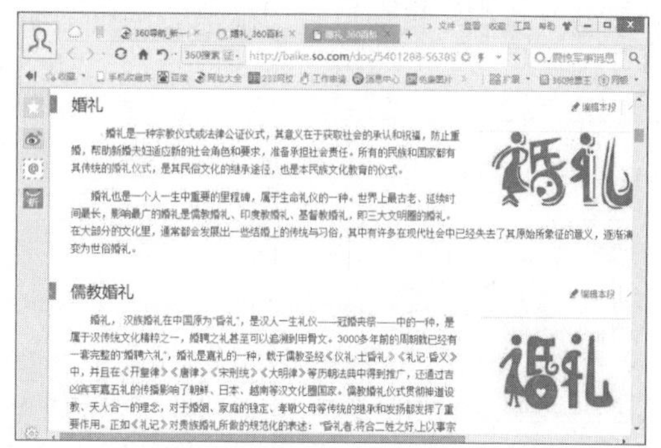

图12-29 跳转至书签位置

12.3.2 添加动作按钮

如果想要通过当前对象跳转到其他位置，则可以插入动作，也可以通过动作按钮实现，其操作方法类似，下面以插入动作按钮为例介绍具体的操作步骤。

步骤01 选择需要插入动作按钮的幻灯片，单击“插入”选项卡上的“形状”按钮，从列表中的“动作按钮”选项下，选择“动作按钮：自定义”，如图12-30所示。

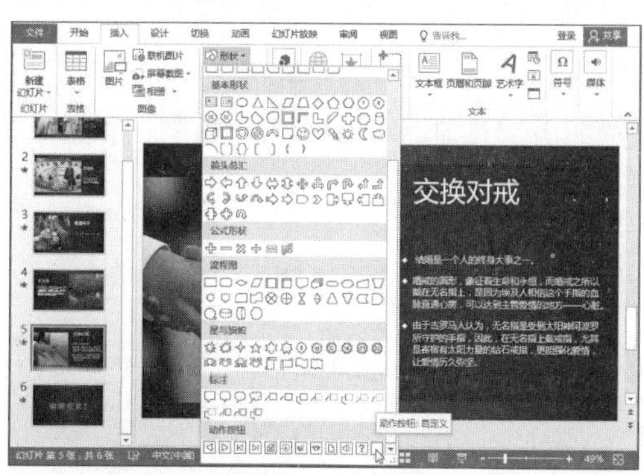

图12-30 选择“动作按钮：自定义”

步骤02 鼠标光标变为十字形，按住鼠标左键不放拖动鼠标，绘制合适大小的动作按钮，如图12-31所示。

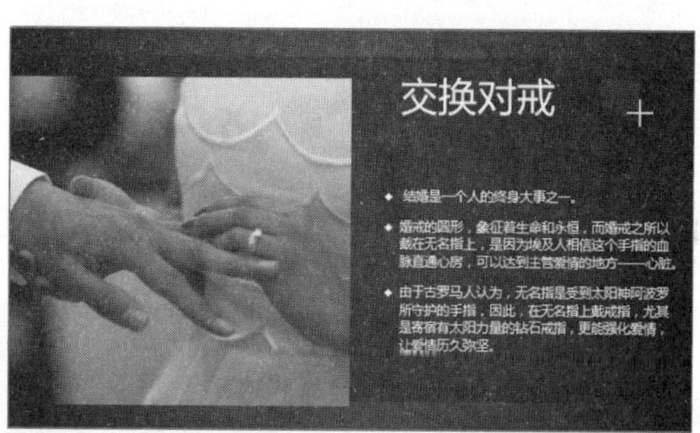

图12-31 绘制动作按钮

步骤03 打开“操作设置”对话框，选中“超链接到”选项，然后单击该选项下拉按钮，并从列表中选择“幻灯片…”选项，如图12-32所示。

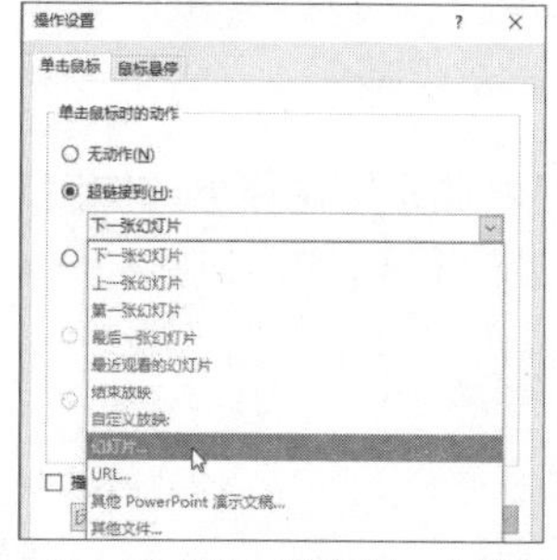

图12-32 选择“幻灯片…”选项

步骤04 打开“超链接到幻灯片”对话框，选择需要链接到的幻灯片，在右侧预览窗格中可以预览该幻灯片，然后单击“确定”按钮，如图12-33所示。

图12-33 单击“确定”按钮

步骤05 返回上一级对话框，勾选“播放声音”选项前的复选框，然后从“声音”列表中选择“风铃”选项，最后单击“确定”按钮，如图12-34所示。

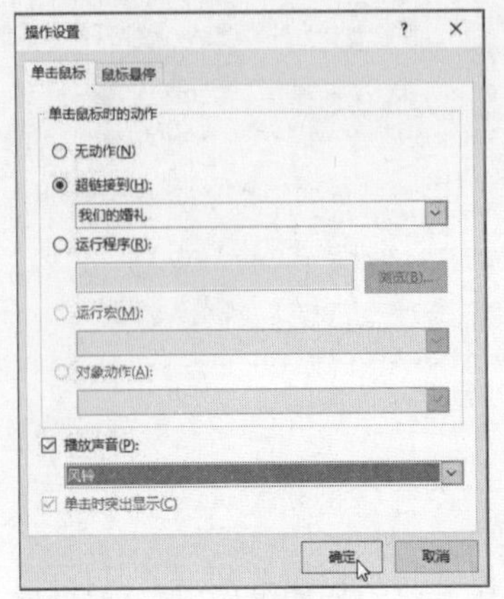

图12-34 单击“确定”按钮

步骤06 自动打开“绘图工具－格式”选项卡，通过该选项卡下的“形状样式”组中的命令，可以对动作按钮进行简单的美化，如图12-35所示。

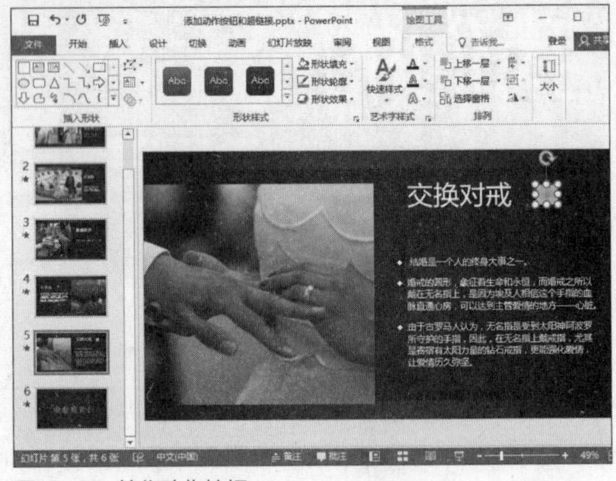

图12-35 美化动作按钮

办公室练兵：制作旅游相册

越来越多的人热衷制作相册类的演示文稿，但是逐张插入图片再进行编辑会浪费大量时间和精力，使用插入相册功能可以解决该问题，下面以制作旅游相册为例进行介绍，其具体的操作步骤如下。

步骤01 打开演示文稿，单击“插入”选项卡上“新建相册”按钮，如图12-36所示。

图12-36 单击“新建相册”按钮

步骤02 打开“相册”对话框，单击“文件/磁盘”按钮，如图12-37所示。

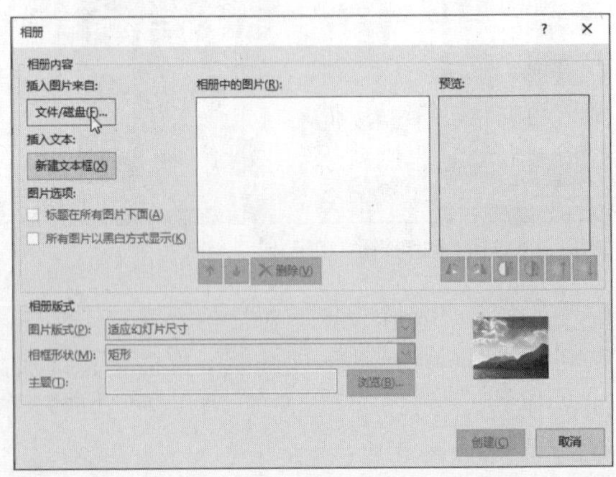

图12-37 单击“文件/磁盘”按钮

步骤03 打开“插入新图片”对话框，选择任意一张图片，然后按Ctrl+A组合键选择所有图片，单击“插入”按钮，如图12-38所示。

步骤04 选择图片，通过右侧预览窗格下的按钮，对图片的亮度和对比度进行调整，如图12-39所示。

图12-38 单击“插入”按钮

图12-39 调整图片

步骤05 设置“图片版式”为“2张图片（带标题）”版式、“相框形状”为“简单框架，白色”，然后单击“主题”右侧“浏览”按钮，如图12-40所示。

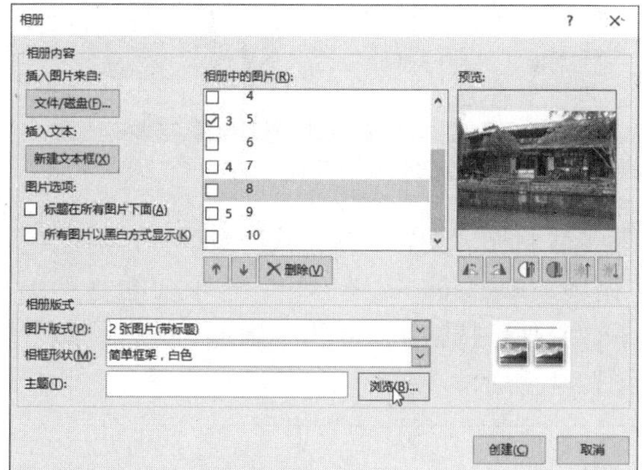

图12-40 单击“浏览”按钮

步骤06 打开“选择主题”对话框，选择“Facet”主题，单击“选择”按钮，如图12-41所示。返回“相册”对话框，单击“创建”按钮，创建相册。

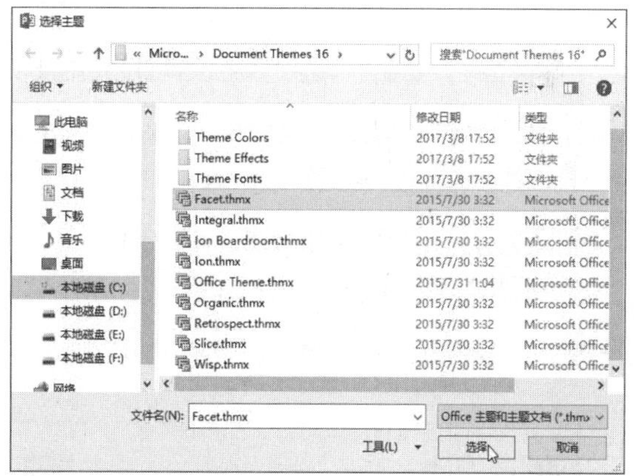

图12-41 单击“选择”按钮

步骤07 对演示文稿编辑完毕，按Ctrl+S组合键，自动打开“文件”菜单中的“另存为”选项，选择“浏览”选项。将打开“另存为”对话框，输入文件名，单击“保存”按钮进行保存，如图12-42所示。

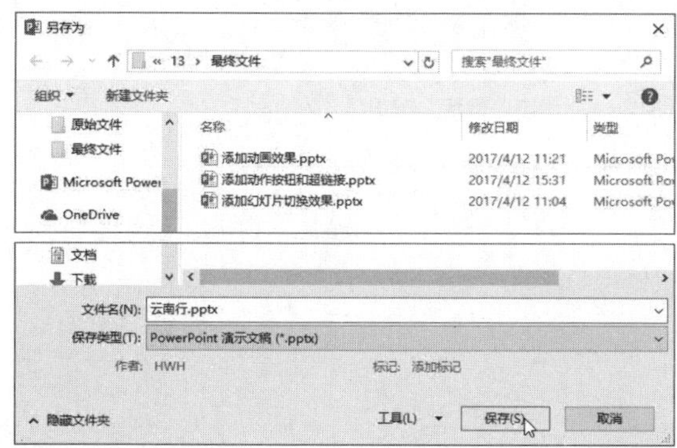

图12-42 保存文件

步骤08 可以看到创建的相册演示文稿标题栏处的名称发生了变化，如图12-43所示。

图12-43 创建相册演示文稿效果

技巧放送：循环自动播放幻灯片

对于公司宣传演示文稿，婚宴上的婚礼相册演示文稿，需要设置循环播放来播放演示文稿。那么如何设置演示文稿自动播放呢？其具体的操作步骤如下。

步骤01 打开演示文稿，切换至“切换”选项卡，如图12-44所示。

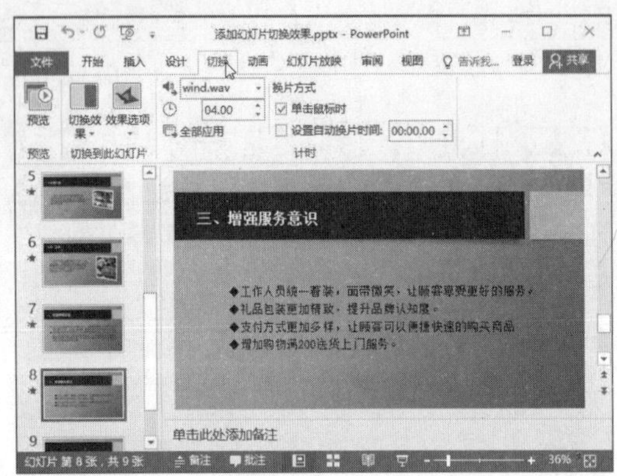

图12-44 选择“切换”选项

步骤02 勾选“设置自动换片时间”选项前的复选框，通过右侧数值框设置幻灯片时间，然后单击“全部应用”按钮，如图12-45所示。

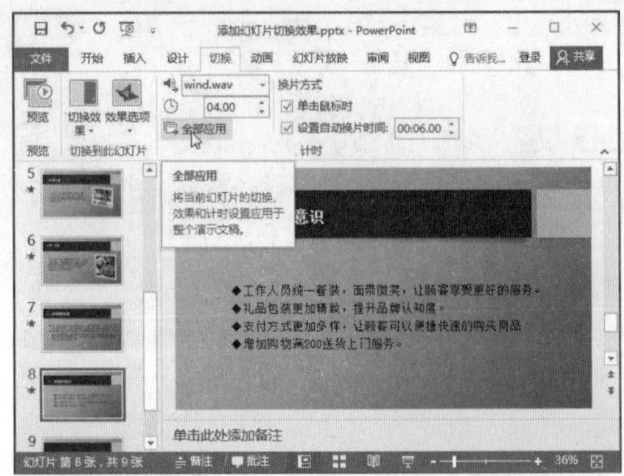

图12-45 单击“全部应用”按钮

步骤03 打开“幻灯片放映”选项卡，单击“设置幻灯片放映”按钮，如图12-46所示。

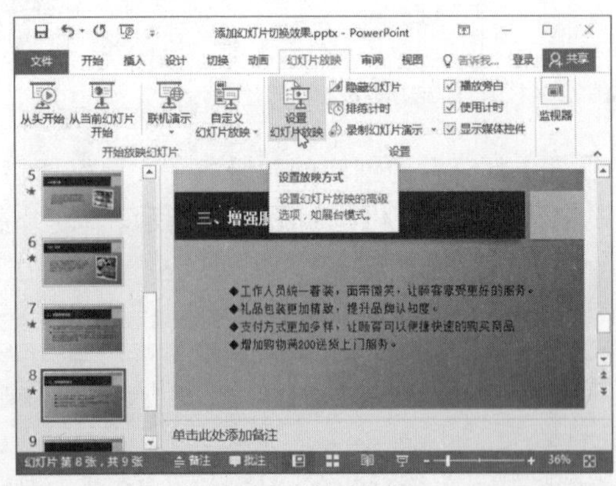

图12-46 单击“设置幻灯片放映”按钮

步骤04 打开“设置放映方式”对话框，勾选“循环放映，按ESC键终止”选项前的复选框，其他保持默认，单击“确定”按钮，如图12-47所示。

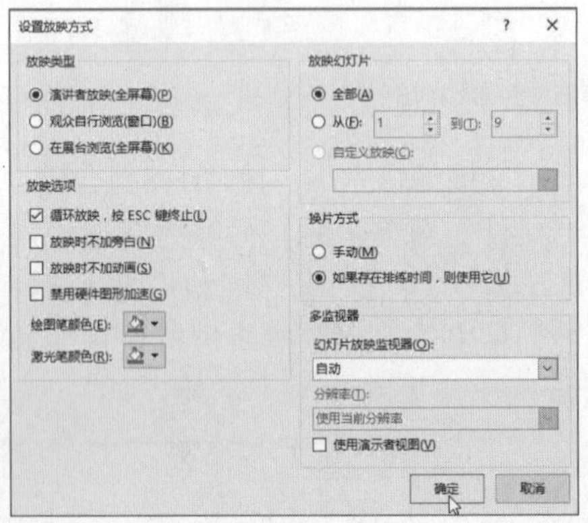

图12-47 单击“确定”按钮

Chapter 13 演示文稿的放映和输出

演示文稿终究是为了演讲而存在，制作演示文稿完毕后，该如何将其播放给观众呢？本章节将对其进行详细介绍。

1. 放映幻灯片
2. 排练计时
3. 发布幻灯片
4. 打印幻灯片

13.1 幻灯片的放映

用户可根据演讲环境的不同对放映进行适当的设置，下面介绍如何放映幻灯片、自定义放映、设置放映类型等。

13.1.1 放映幻灯片

制作演示文稿后，需要放映幻灯片，其具体的操作步骤如下。

步骤01 打开演示文稿，单击“幻灯片放映”选项卡上的“从头开始”按钮即可从第1张幻灯片开始放映，如图13-1所示。

图13-1 单击“从头开始”按钮

步骤02 选中第5张幻灯片，单击“从当前幻灯片开始”按钮，可从第5张幻灯片开始放映，如图13-2所示。

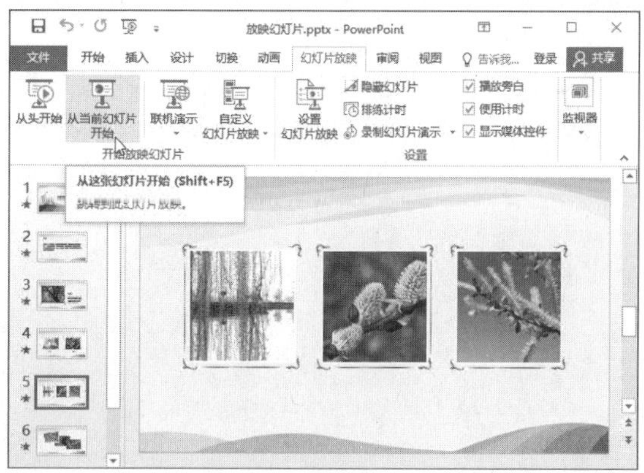

图13-2 单击“从当前幻灯片开始”按钮

13.1.2 自定义放映

在播放演示文稿时，如果用户只需播放某些连续或者不连续的幻灯片，则可以自定义放映，其具体的操作步骤如下。

步骤01 打开演示文稿，单击“幻灯片放映”选项卡上“自定义幻灯片放映”按钮，从列表中选择“自定义放映”选项，如图13-3所示。

步骤02 打开“自定义放映”对话框，单击“新建”按钮，如图13-4所示。

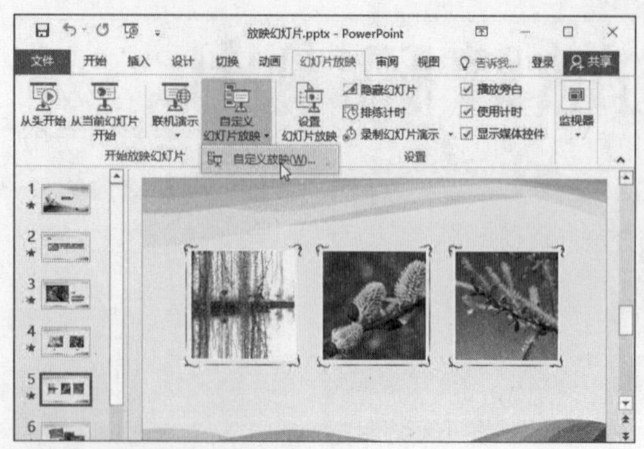
图13-3 选择“自定义放映”选项

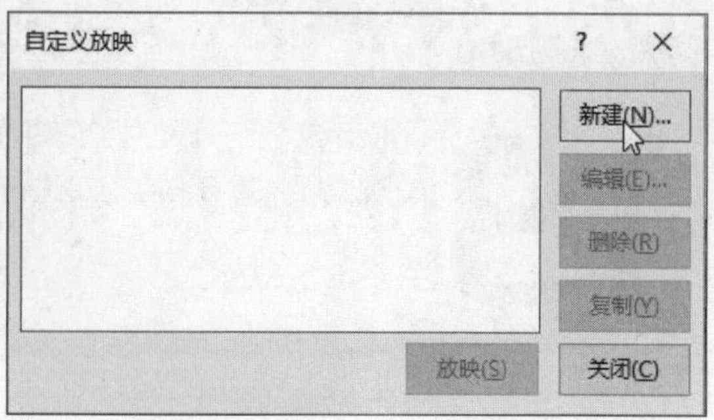

图13-4 单击“新建”按钮

步骤03 打开“定义自定义放映”对话框，从“在演示文稿中的幻灯片”列表中，选中想要放映的幻灯片，单击“添加”按钮，然后单击“确定”按钮，如图13-5所示。

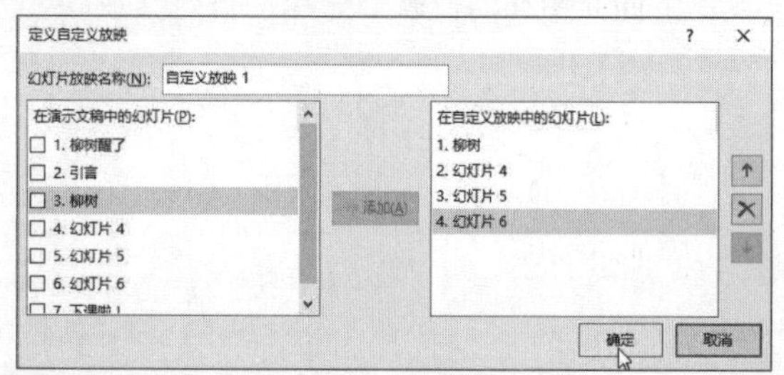
图13-5 单击“确定”按钮

步骤04 返回“自定义放映”对话框，单击“放映”按钮即可按照自定义进行放映，如图13-6所示。

图13-6 放映幻灯片

步骤05 如果演示文稿中已经包含了一个自定义放映，那么单击“自定义幻灯片放映”按钮，从弹出的列表中选择“自定义放映1”选项，即可放映自定义的放映，如图13-7所示。

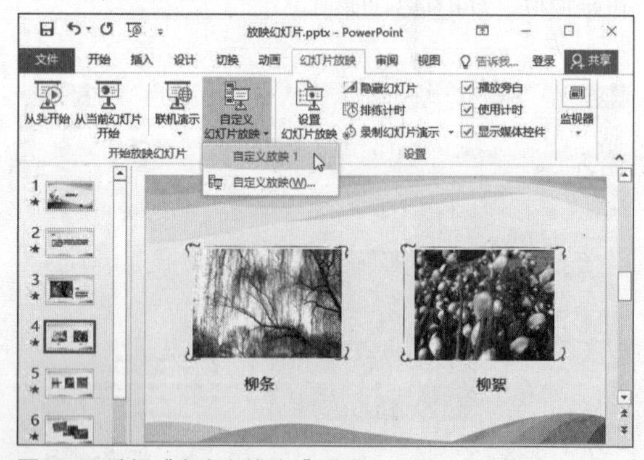
图13-7 选择“自定义放映1”选项

13.1.3 设置放映类型

幻灯片的放映类型可分为：“演讲者放映（全屏幕）”、“观众自行浏览（窗口）”和“在展台浏览（全屏幕）”三种，下面介绍如何设置放映类型，其具体的操作步骤如下。

步骤01 打开演示文稿，执行“幻灯片放映>设置幻灯片放映”命令，打开“设置放映方式”对话框，在“放映类型”下进行选择即可，如图13-8所示。

步骤02 演讲者放映（全屏幕）。全屏放映演示文稿，演讲者对演示文稿有着绝对的控制权，可以采用不同放映方式也可以暂停或录制旁白，如图13-9所示。

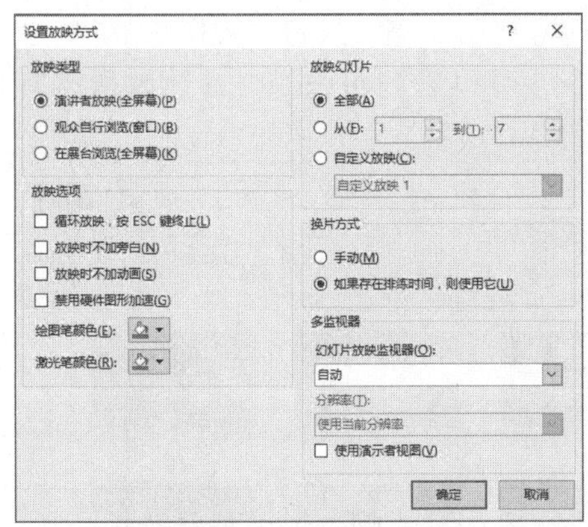

图13-8 “设置放映方式”对话框

图13-9 演讲者放映（全屏幕）

步骤03 观众自行浏览（窗口）。以窗口形式运行演示文稿，只允许观众对演示文稿进行简单的控制，包括切换幻灯片、上下滚动等，如图13-10所示。

图13-10 观众自行浏览（窗口）

步骤04 在展台浏览（全屏幕）。不需要专人控制即可自动播放演示文稿，不能单击鼠标手动放映幻灯片，但可以通过动作按钮、超链接进行切换，如图13-11所示。

图13-11 在展台浏览（全屏幕）

13.1.4 排练计时

运用演示文稿进行演讲时，如何控制演讲节奏是非常关键的，用户可以使用排练计时功能先进行预演，然后就能轻松的完成演讲了，其具体的操作步骤如下。

步骤01 打开演示文稿，单击“幻灯片放映”选项卡上的“排练计时”按钮，如图13-12所示。

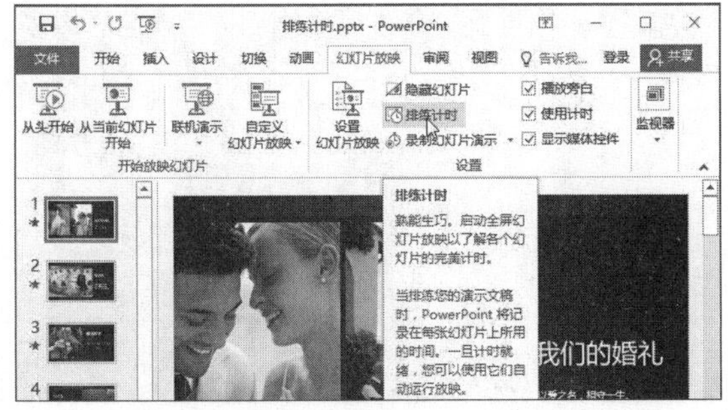

图13-12 单击“排练计时”按钮

步骤02 自动进入放映状态，左上角会显示“录制”工具栏，中间时间代表当前幻灯页面放映所需时间，右边时间代表放映所有幻灯片累计所需时间，如图13-13所示。

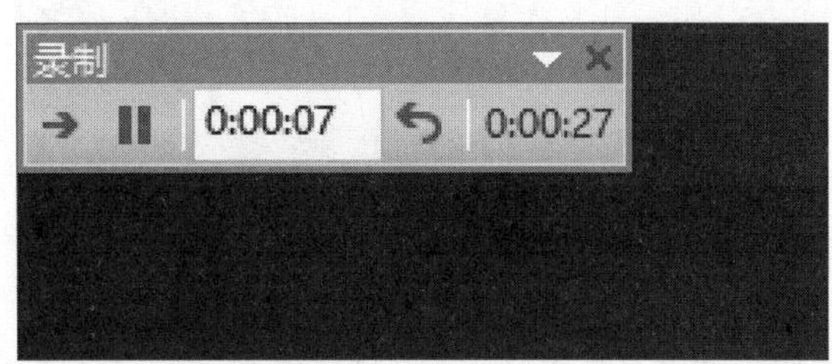

图13-13 “录制”工具栏

步骤03 根据实际需要，设置每张幻灯片放映时间，切换至最后一张幻灯片时，单击鼠标左键，会出现提示对话框，询问用户是否保留幻灯片排练时间，单击“是”按钮，如图13-14所示。

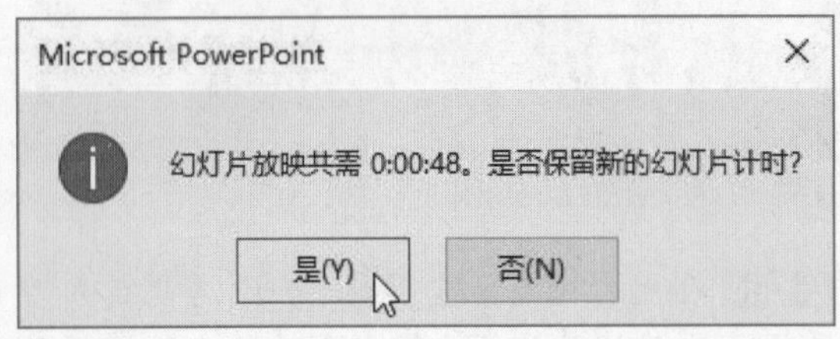

图13-14 单击“是”按钮

步骤04 返回演示文稿，执行“视图>幻灯片浏览”命令，可以看到每张幻灯片放映所需时间，如图13-15所示。

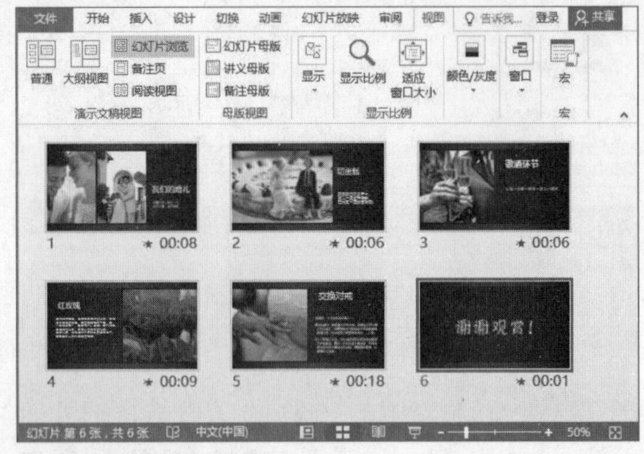

图13-15 排练计时效果

13.1.5 录制幻灯片

在播放幻灯片时，如果希望旁白和墨迹以及计时全部都能够按照固定的节奏进行播放，则可以预先录制幻灯片，其具体的操作步骤如下。

步骤01 打开演示文稿，执行“幻灯片放映>录制幻灯片演示>从头开始录制”命令，如图13-16所示。

图13-16 选择“从头开始录制”选项

步骤02 打开“录制幻灯片演示”对话框，根据需要勾选相应选项前的复选框，单击“开始录制”按钮，如图13-17所示。

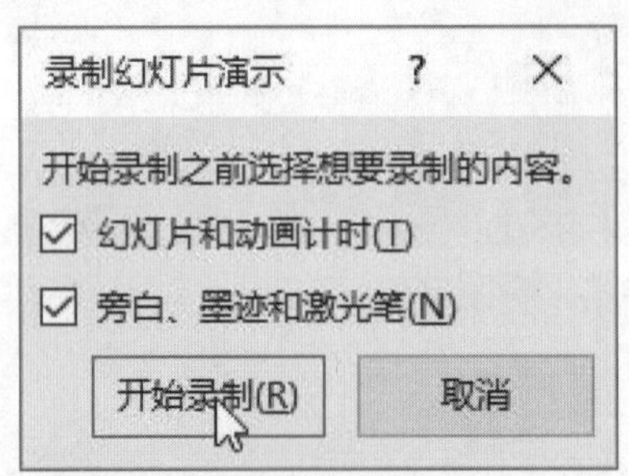

图13-17 单击“开始录制”按钮

步骤03 将自动进入放映状态，左上角会显示“录制”工具栏，并开始录制旁白，单击“下一项”按钮，可切换至下一张幻灯片，单击“暂停”按钮可以暂停录制，如图13-18所示。

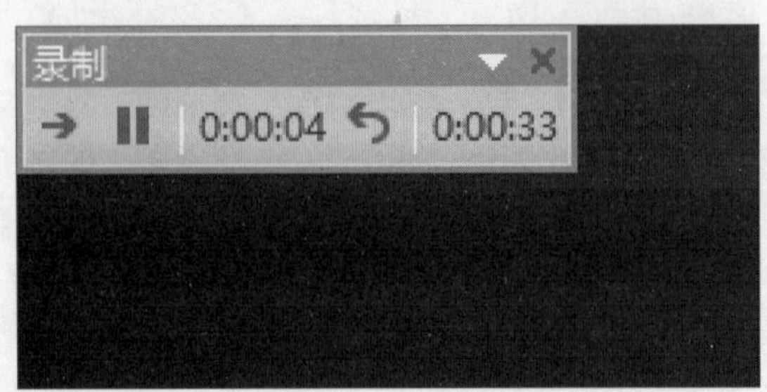

图13-18 “录制”工具栏

步骤04 录制完成后，幻灯片的右下角都会有一个声音图标，声音为录制的旁白，如图13-19所示。

图13-19 幻灯片录制效果

13.2 演示文稿的输出

演示文稿制作完毕后，还可以按需将演示文稿输出，例如发布幻灯片、打包演示文稿等，下面分别对其进行介绍。

13.2.1 发布幻灯片

如果用户希望其他同事可以访问当前演示文稿，则可以将其发布到指定位置，其具体操作步骤如下。

步骤01 打开演示文稿，打开“文件”菜单，选择“共享”命令，如图13-20所示。

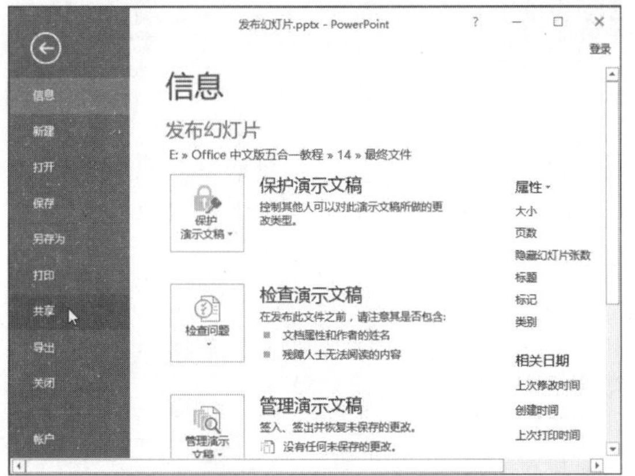

图13-20 选择“共享”命令

步骤02 选择右侧“发布幻灯片”选项，然后单击右侧“发布幻灯片”按钮，如图13-21所示。

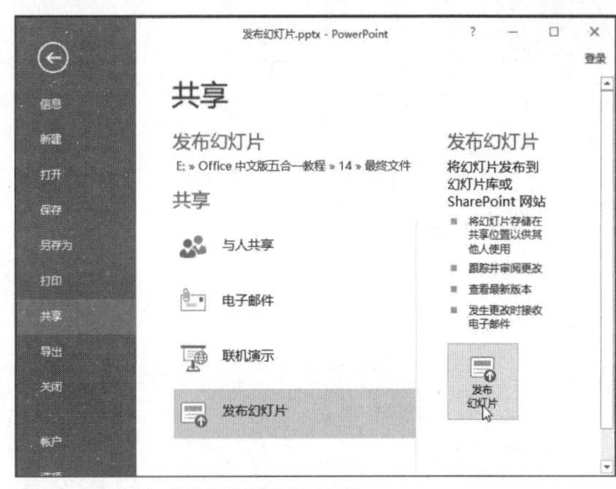

图13-21 单击“发布幻灯片”按钮

步骤03 弹出“发布幻灯片”对话框，单击“全选”按钮，然后单击“浏览”按钮，如图13-22所示。

图13-22 单击“浏览”按钮

步骤04 弹出“选择幻灯片库”对话框，选择存储位置，单击“选择”按钮，如图13-23所示。返回至上一级对话框，单击“发布”按钮即可。

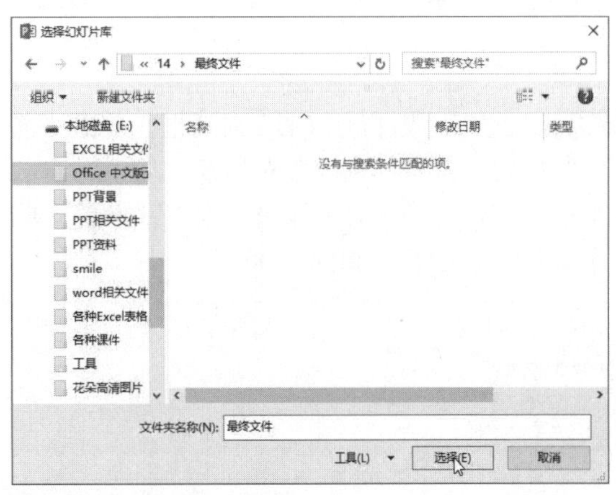

图13-23 单击“选择”按钮

13.2.2 打包演示文稿

如果用户需要将当前演示文稿发送给其他同事，为了防止他人因没安装PowerPoint 2016软件而无法查看演示文稿，可将需要发送的演示文稿打包后再发送，其具体操作步骤如下。

步骤01 打开演示文稿，切换至“文件”菜单，选择“导出”命令，如图13-24所示。

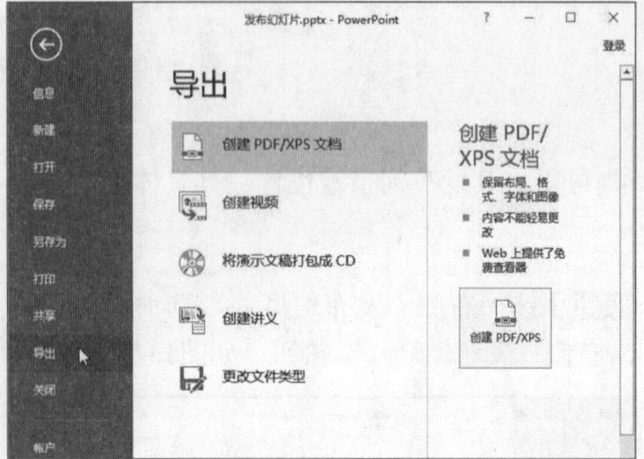

图13-24 选择“导出”命令

步骤02 选择“将演示文稿打包成CD”选项，然后单击右侧“打包成CD”按钮，如图13-25所示。

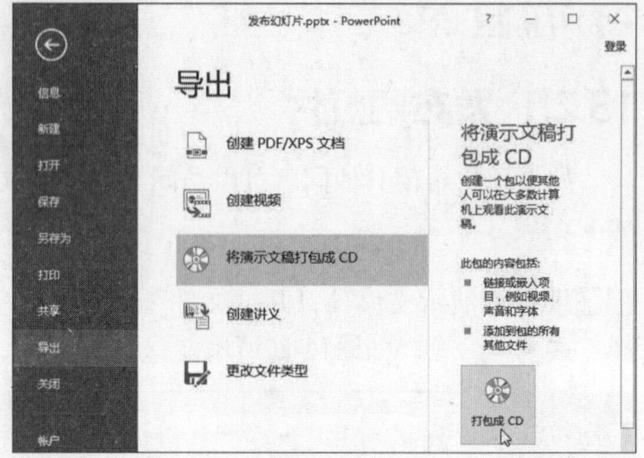

图13-25 单击“打包成CD”按钮

步骤03 弹出“打包成CD”对话框，单击“添加”按钮，如图13-26所示。

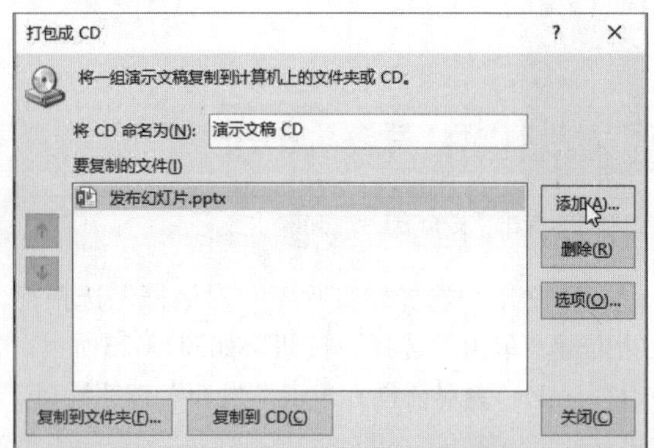

图13-26 单击“添加”按钮

步骤04 弹出“添加文件”对话框，选择需要一起进行打包的演示文稿，单击“添加”按钮，如图13-27所示。

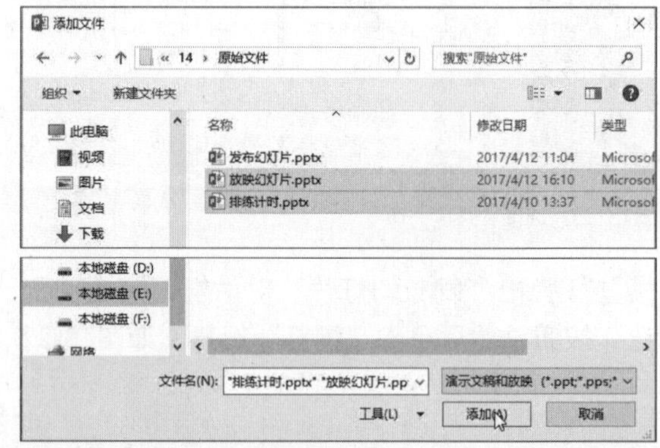

图13-27 单击“添加”按钮

步骤05 返回至“打包成CD”对话框，单击“选项”按钮，打开“选项”对话框，从中对演示文稿的打包进行设置，这里使用默认设置，单击“确定”按钮，如图13-28所示。

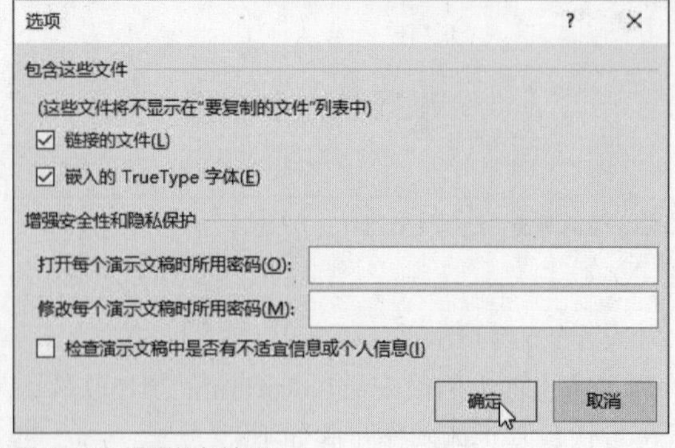

图13-28 设置打包选项

步骤06 再次返回至“打包成CD”对话框，单击“复制到文件夹”按钮，如图13-29所示。

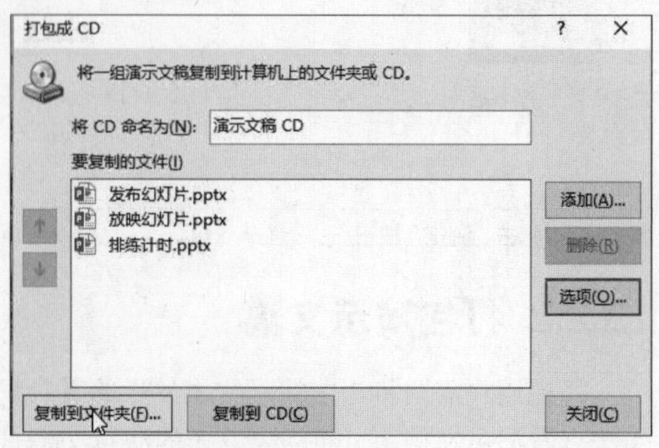

图13-29 单击“复制到文件夹”按钮

步骤07 弹出“复制到文件夹”对话框，输入文件夹名称“自定义打包”，单击“浏览”按钮，如图13-30所示。

图13-30 单击“浏览”按钮

步骤08 打开“选择位置”对话框，选择合适的位置，单击“选择”按钮，如图13-31所示。

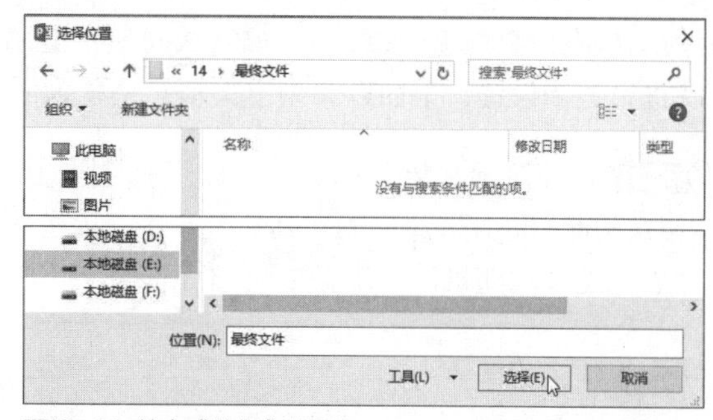

图13-31 单击“选择”按钮

步骤09 单击“复制到文件夹”对话框的“确定”按钮，弹出提示对话框，单击“是”按钮，系统开始复制文件，并弹出“正在将文件复制到文件夹”对话框，如图13-32所示。

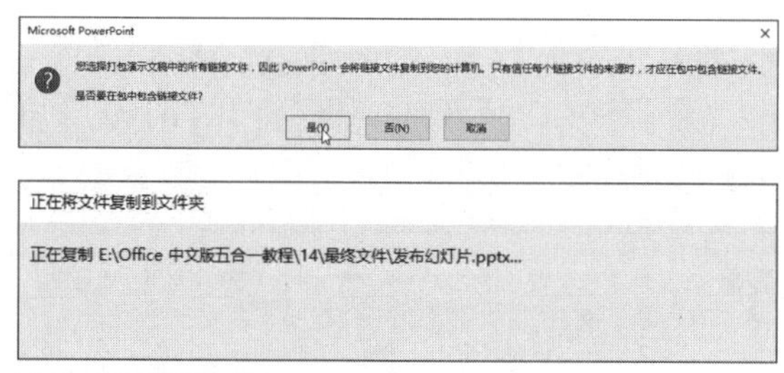

图13-32 复制文件

步骤10 复制完成后，自动弹出“自定义打包”文件夹，在该文件夹中可以看到系统保存了所有与演示文稿相关的内容，如图13-33所示。

图13-33 查看打包的文件

13.2.3 导出为PDF/XPS文档

如果用户想要将当前演示文稿导出为PDF/XPS文档，可以按照下面的操作步骤进行操作。

步骤01 打开演示文稿，执行“文件>导出>创建PDF/XPS文档>创建PDF/XPS”命令，如图13-34所示。

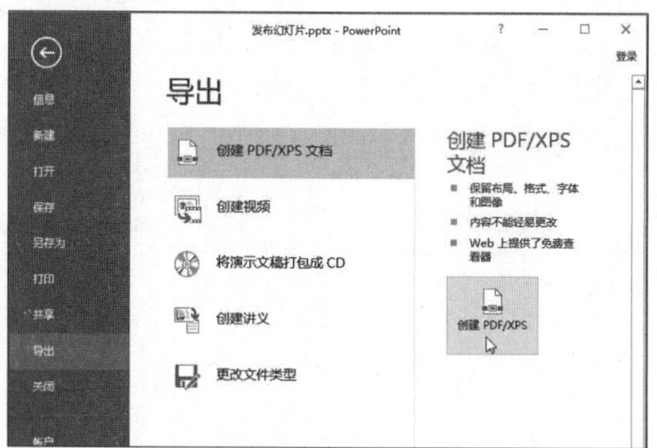

图13-34 单击“创建PDF/XPS”按钮

步骤02 打开“发布为PDF或XPS”对话框，输入文件名，设置保存类型，单击“发布”按钮，如图13-35所示。

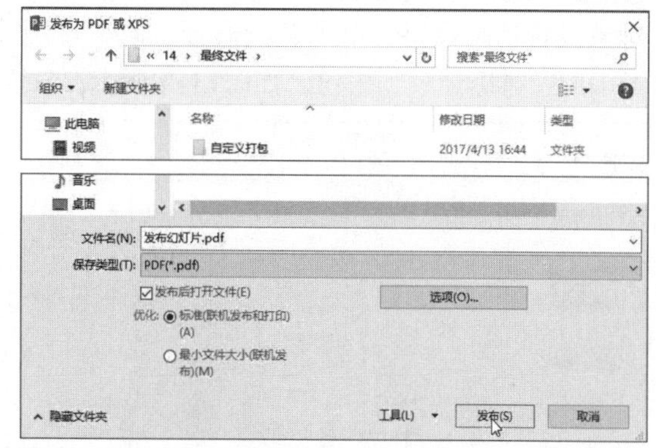

图13-35 单击“发布”按钮

办公室练兵：放映策划方案类演示文稿

在制作完成演示文稿后，如需放映演示文稿，可以添加适当的切换效果和动画效果，并且对放映进行适当设置，下面以策划方案演示文稿为例进行介绍，其具体的操作步骤如下。

步骤01 打开演示文稿，单击“切换”选项卡上“切换到此幻灯片”组中的“其他”按钮，从展开列表中选择“随机”效果，如图13-36所示。

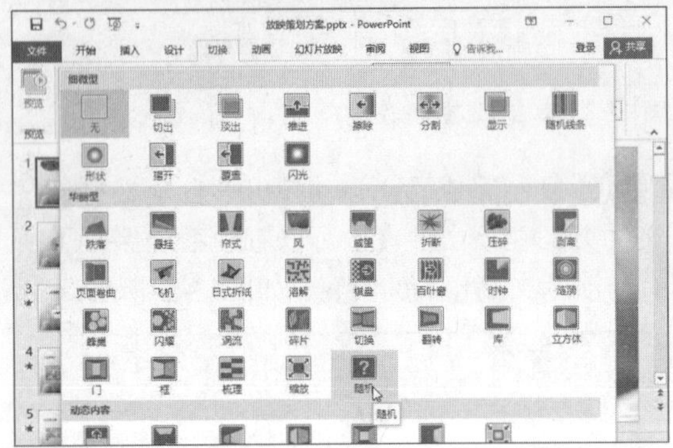

图13-36 选择“随机”效果

步骤02 在“计时”组中，设置播放声音为：风铃，持续时间为：02.00，然后单击“全部应用”按钮，如图13-37所示。

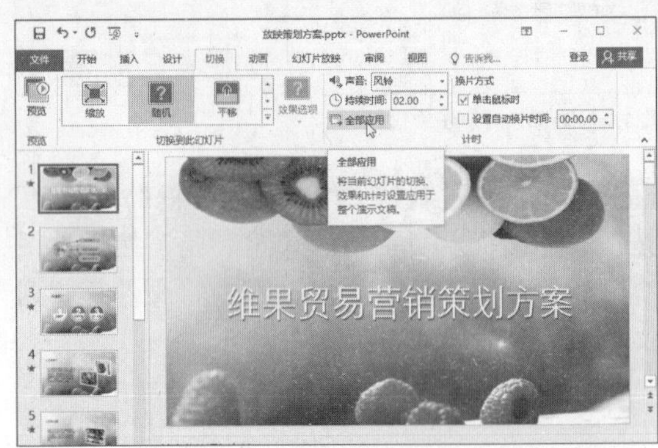

图13-37 单击“全部应用”按钮

步骤03 选择第1张幻灯片中的标题文本，执行“动画>动画样式>浮入”命令，如图13-38所示。

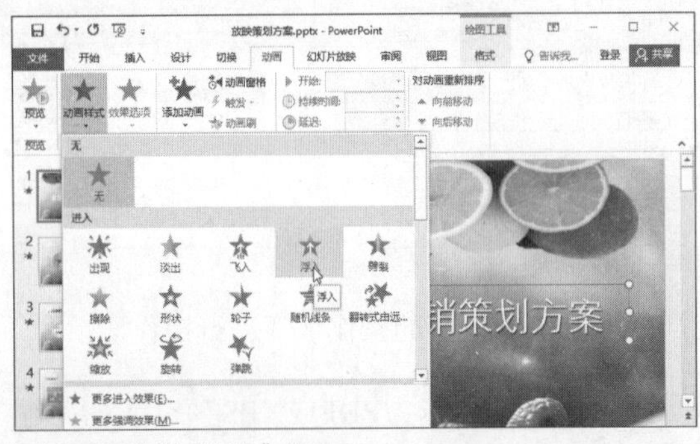

图13-38 选择“浮入”效果

步骤04 在“计时”组，设置动画的开始方式为：上一动画之后；并设置持续时间为：01.25，如图13-39所示。

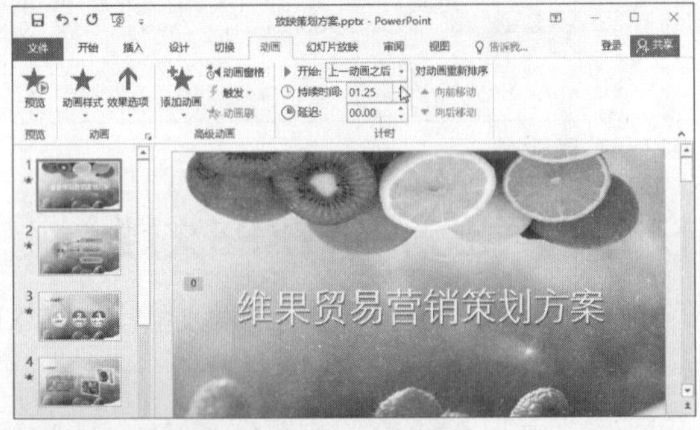

图13-39 设置动画开始方式和持续时间

步骤05 按照同样的方法，为演示文稿中的其他对象设置动画效果，单击“幻灯片放映”选项卡中的“排练计时”按钮，如图13-40所示。

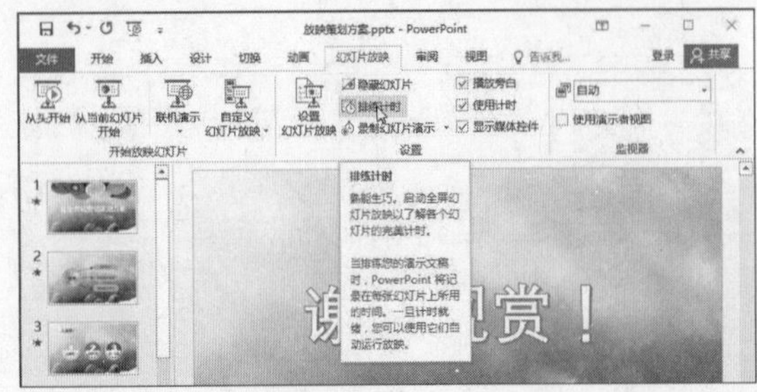

图13-40 单击“排练计时”按钮

步骤06 演示文稿自动开始进入放映状态，单击鼠标左键切换幻灯片，在幻灯片左上角出现“录制”状态栏，如图13-41所示。

图13-41 排练计时

步骤07 排练计时完毕后，会出现提示框，单击“是”按钮，保存幻灯片计时，如图13-42所示。

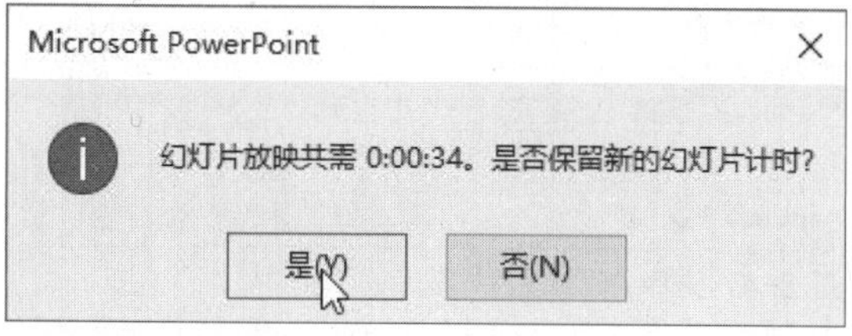

图13-42 保存文件

步骤08 单击“设置幻灯片放映”按钮，如图13-43所示。

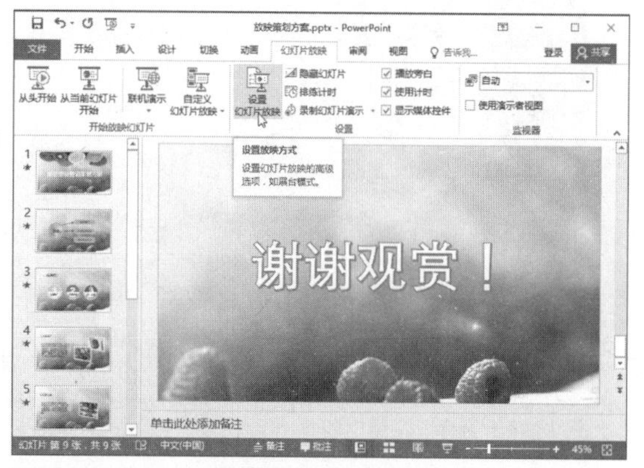

图13-43 单击“设置幻灯片放映”按钮

步骤09 打开“设置放映方式”对话框，勾选“循环放映，按ESC键终止”、“放映时不加旁白”选项前的复选框，其他保持默认，单击“确定”按钮，如图13-44所示。

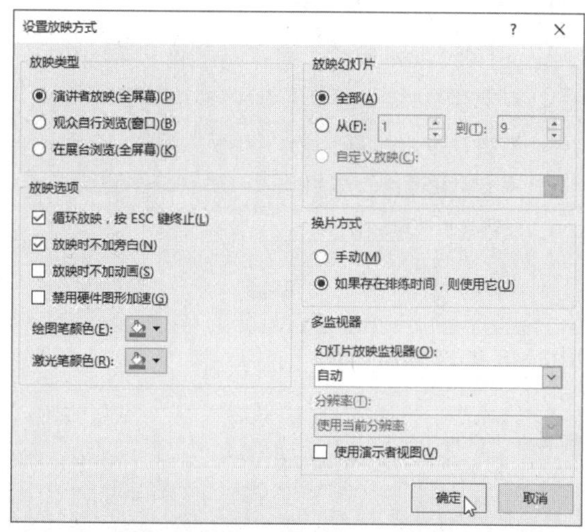

图13-44 “设置放映方式”对话框

步骤10 单击“从头开始”按钮，开始放映当前演示文稿，如图13-45所示。

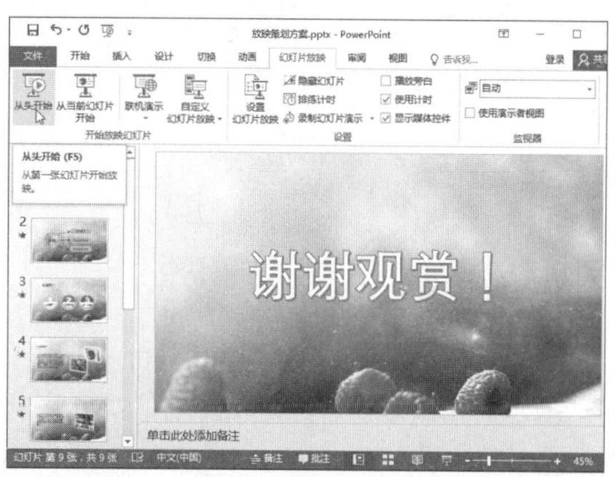

图13-45 单击“从头开始”按钮

技巧放送：压缩演示文稿

在演示文稿中插入多张图片后，演示文稿的体积剧增，为了减少演示文稿体积，快速实现文件共享，可以压缩演示文稿，其具体的操作步骤如下。

步骤01 打开演示文稿，执行“文件>另存为>浏览”命令，如图13-46所示。

步骤02 打开“另存为”对话框，输入文件名，单击“工具”按钮，从列表中选择“压缩图片”选项，如图13-47所示。

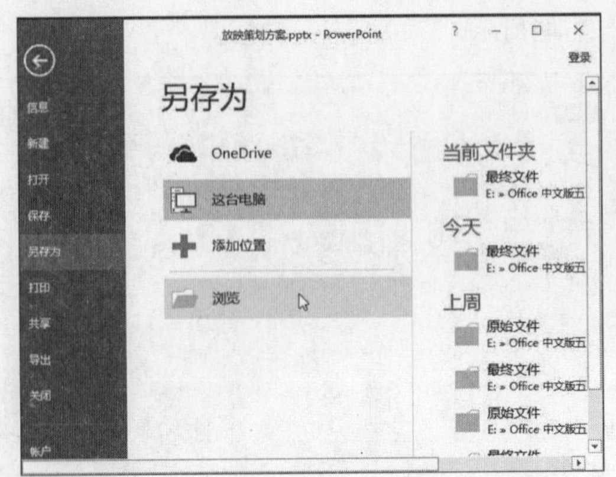

图13-46 选择“浏览”选项

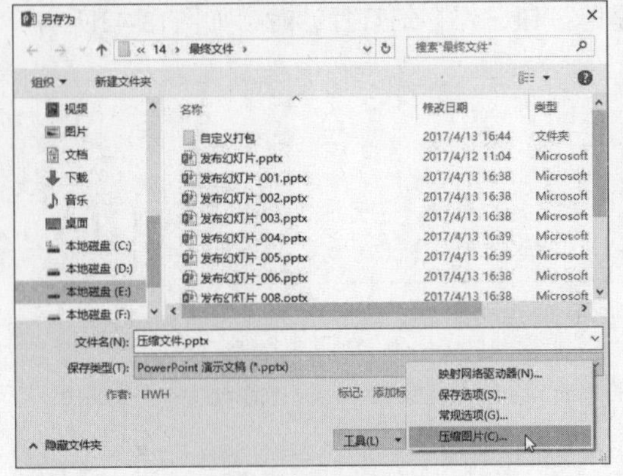

图13-47 选择“压缩图片”选项

步骤03 打开“压缩图片”对话框，按需进行设置，设置完成后，单击“确定”按钮，如图13-48所示。

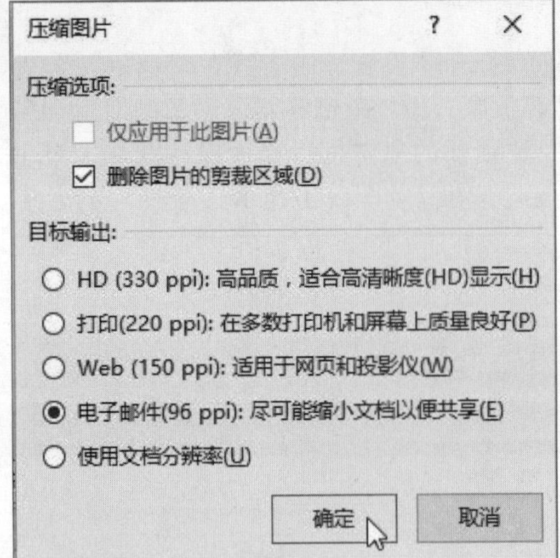

图13-48 单击“确定”按钮

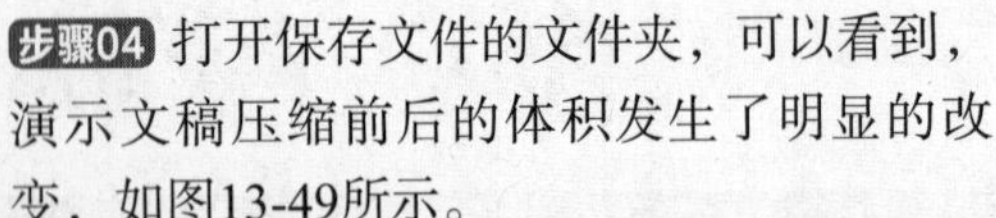

步骤04 打开保存文件的文件夹，可以看到，演示文稿压缩前后的体积发生了明显的改变，如图13-49所示。

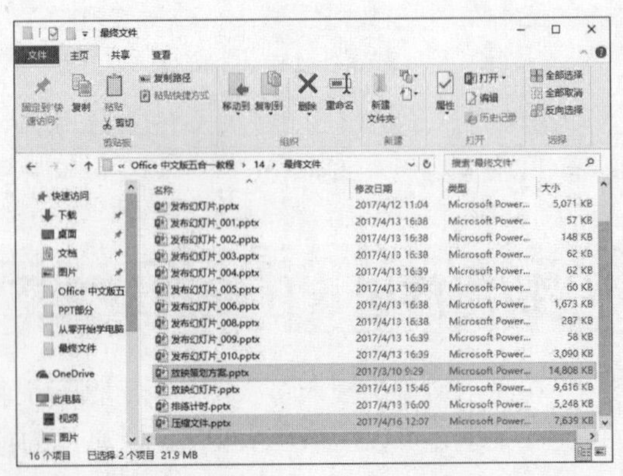

图13-49 压缩文件效果

Chapter 14 综合实战 制作婚礼策划方案

1. 创建演示文稿
2. 设计母版
3. 插入艺术字
4. 插入图片
5. 插入表格
6. 添加项目符号
7. 添加切换效果
8. 添加动画效果
9. 自定义放映
10. 创建讲义

14.1 实例说明

无论公司开展什么活动，首先需要制作策划方案，方便活动的进行，并且提交给领导和客户观看。本章以婚礼策划方案的制作为例进行介绍，下面展示标题页、内容页以及结尾页制作完成效果如图14-1所示。

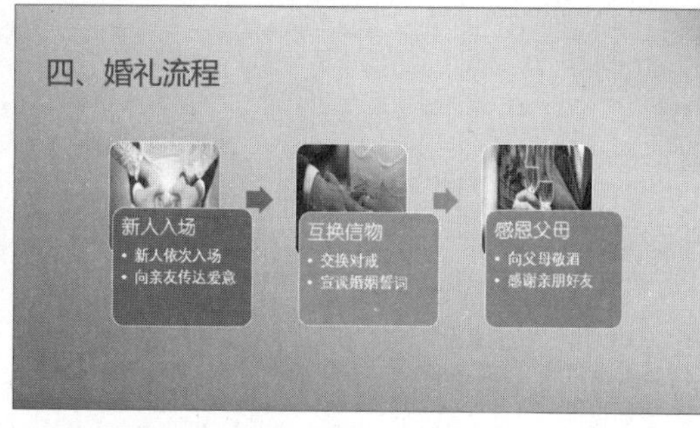

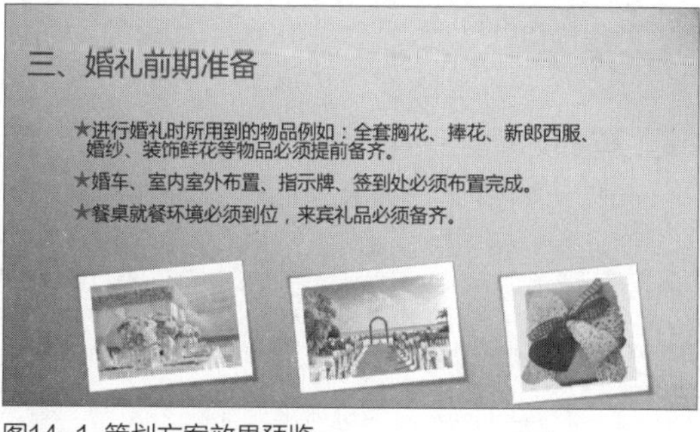

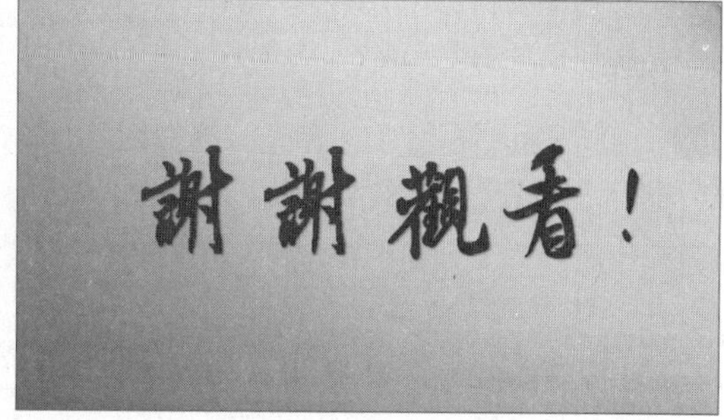

图14-1 策划方案效果预览

14.2 实例操作

本小节将以创建演示文稿到完成制作并放映婚礼策划方案为例进行介绍。

14.2.1 创建演示文稿并设计母版

制作婚礼策划方案初始，首先需要创建演示文稿，并且设计幻灯片母版，其具体操作步骤如下。

步骤01 通过右键功能新建演示文稿，并将其命名为“婚礼策划方案”（如图14-2所示），然后双击文件将其打开。

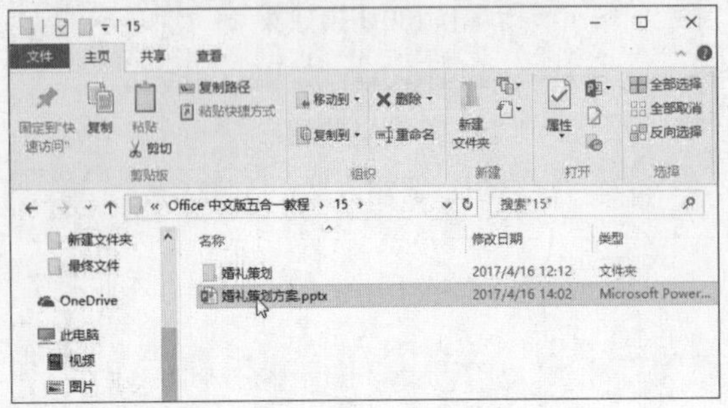

图14-2 创建演示文稿

步骤02 单击“视图”选项卡上的“幻灯片母版”按钮，如图14-3所示。

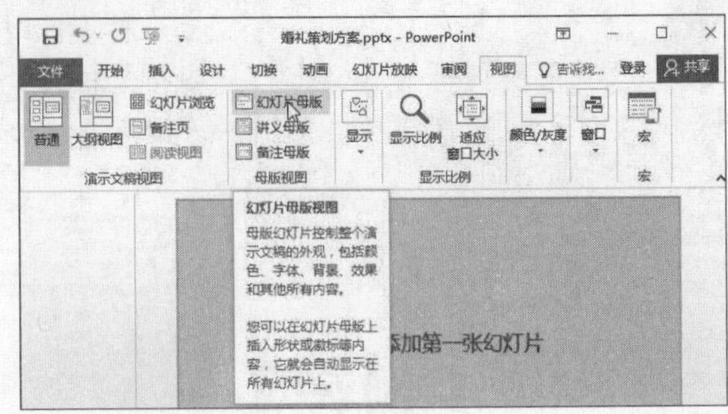

图14-3 单击“幻灯片母版”按钮

步骤03 选择母版幻灯片，执行“背景样式>设置背景格式”命令，如图14-4所示。

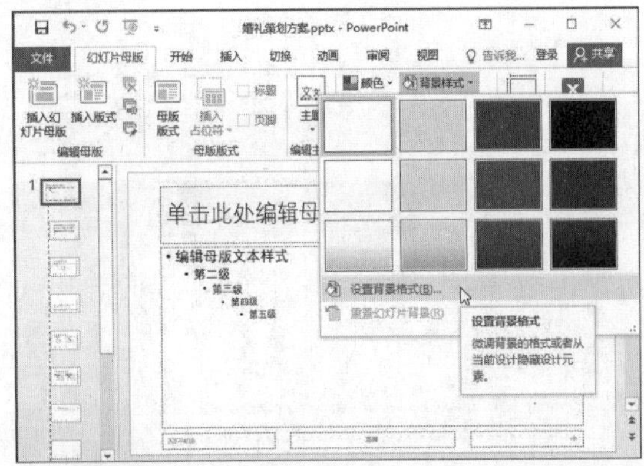

图14-4 选择“设置背景格式”命令

步骤04 打开“设置背景格式”窗格，选中“图片或纹理填充”选项，单击“文件”按钮，如图14-5所示。

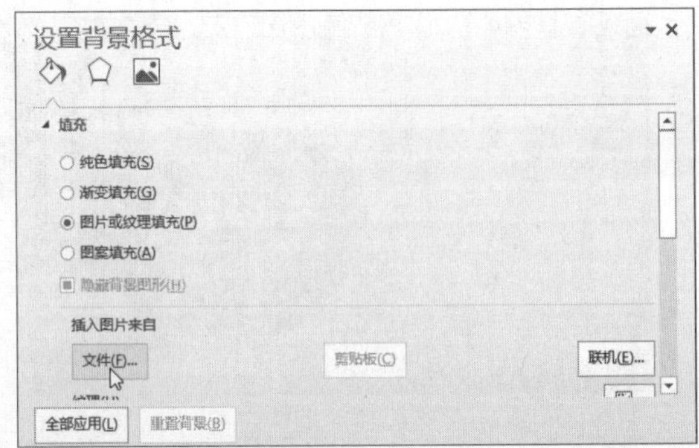

图14-5 单击“文件”按钮

步骤05 打开“插入图片”对话框，选择图片，单击“插入”按钮，如图14-6所示。

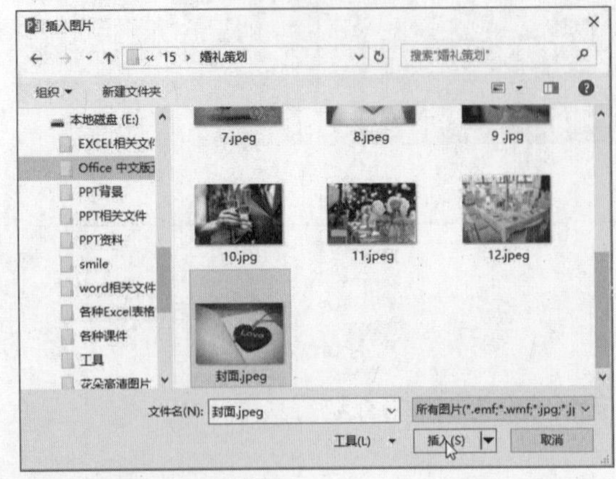

图14-6 单击“插入”按钮

步骤06 设置图片向右偏移：-145%和向上偏移：-140%，如图14-7所示。

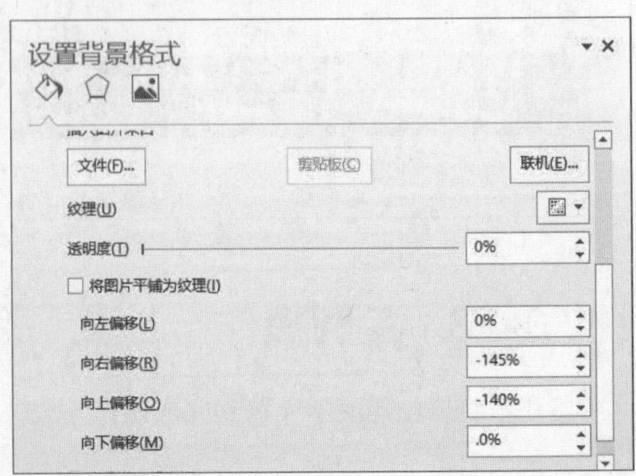

图14-7 设置图片偏移量

步骤07 选择标题幻灯片版式，按照同样的方法，设置背景样式，如图14-8所示。

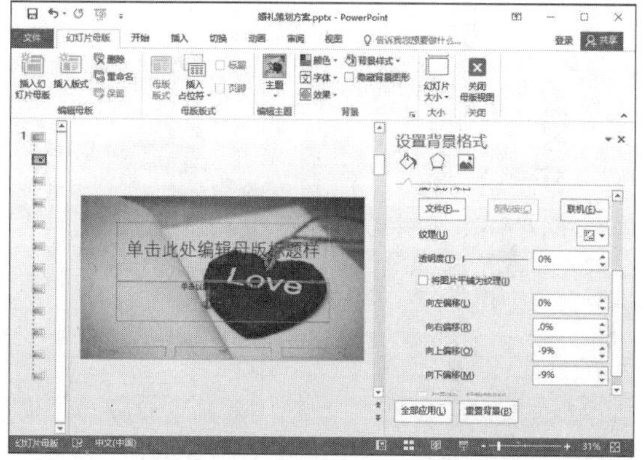

图14-8 设置标题幻灯片背景样式

步骤08 关闭“设置背景格式”窗格，并单击“关闭母版视图”按钮，如图14-9所示。退出母版视图模式。

图14-9 单击“关闭母版视图”按钮

14.2.2 演示文稿内容的添加

创建并设计母版完毕后，需要添加幻灯片，并填充具体内容，其具体的操作步骤如下。

步骤01 单击“单击以添加第一张幻灯片”，添加第1张幻灯片，如图14-10所示。

图14-10 添加幻灯片

步骤02 执行“插入>艺术字>填充-黑色，文本1，阴影”命令，如图14-11所示。

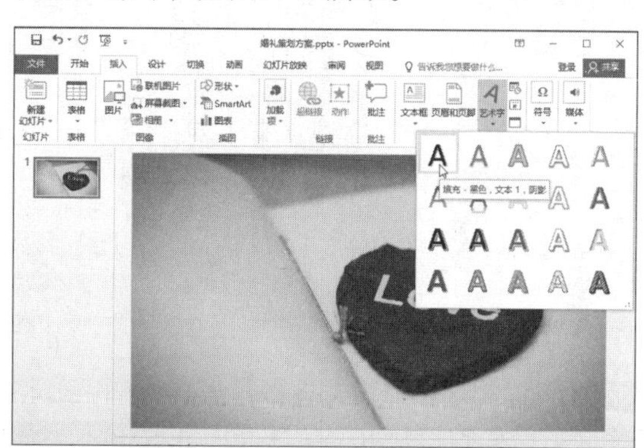

图14-11 选择艺术字样式

步骤03 输入艺术字文本，选择文本，执行“开始>文字方向>竖排”命令，如图14-12所示。

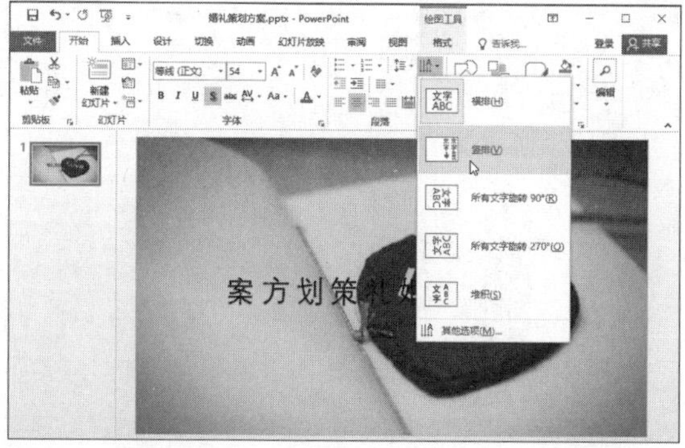

图14-12 选择“竖排”选项

步骤04 调整文本框位置，然后将鼠标移至文本框手柄处，拖动鼠标，旋转文本，如图14-13所示。

图14-13 旋转文本

步骤05 单击“字体颜色”按钮，从列表中选择“取色器”选项，如图14-14所示。

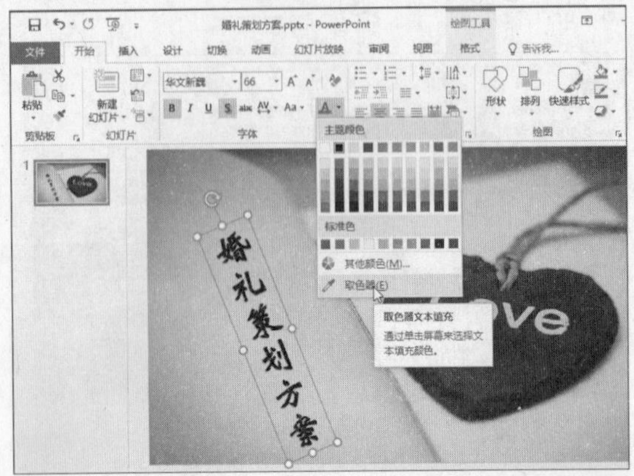

图14-14 选择“取色器”选项

步骤06 鼠标光标变为吸管样式，在合适的颜色上单击，如图14-15所示。

图14-15 吸取颜色

步骤07 按照同样的方法，在其他位置插入艺术字文本，如图14-16所示。

图14-16 插入其他艺术字文本

步骤08 单击“新建幻灯片”按钮，从列表中选择“标题和内容”版式，如图14-17所示。

图14-17 选择“标题和内容”版式

步骤09 输入标题和正文文本，设置标题字体格式为：微软雅黑、40号、黑色；正文文本字体格式：微软雅黑、28号、黑色，如图14-18所示。

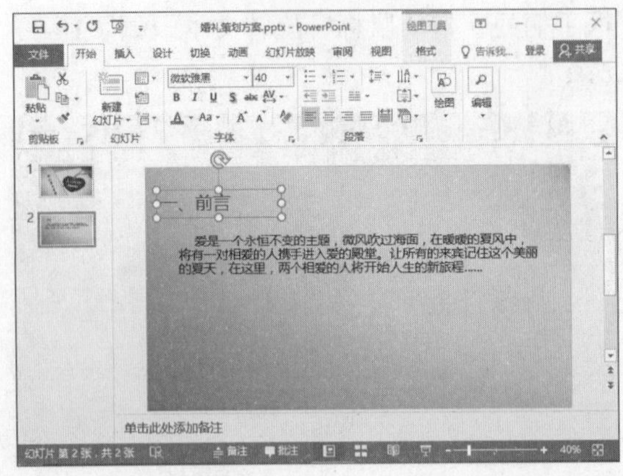

图14-18 输入标题和正文

步骤10 切换至“插入”选项卡，单击“图片”按钮，如图14-19所示。

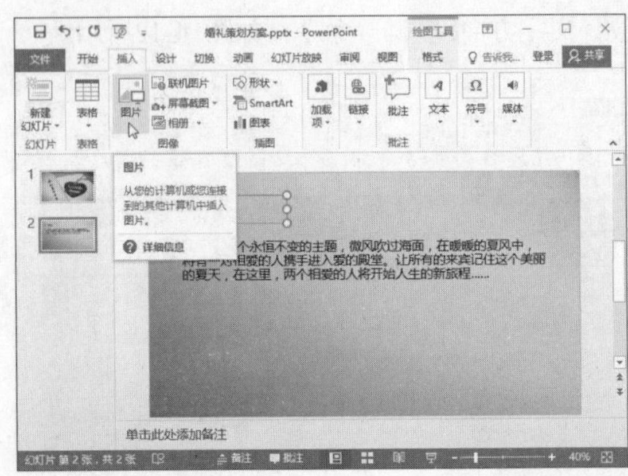

图14-19 单击“图片”按钮

步骤11 打开“插入图片”窗格，选择图片，单击“插入”按钮，如图14-20所示。

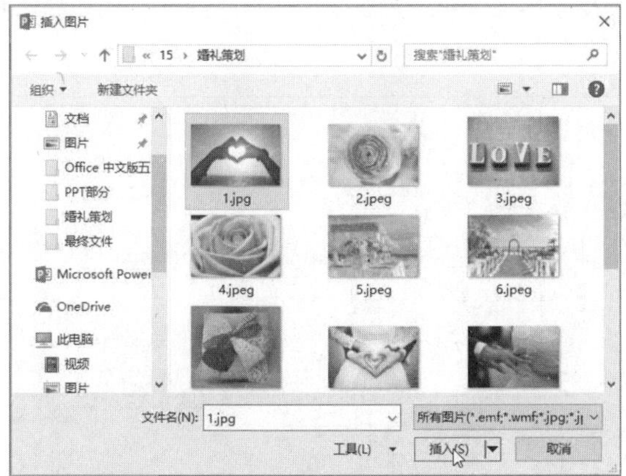

图14-20 单击“插入”按钮

步骤12 执行“图片工具－格式>裁剪>裁剪”命令，如图14-21所示。

图14-21 选择“裁剪”选项

步骤13 将鼠标光标移至图片裁剪控制点，拖动鼠标裁剪图片，如图14-22所示。

图14-22 裁剪图片

步骤14 选择图片，执行“图片工具－格式>快速样式>柔化边缘矩形”命令，如图14-23所示。

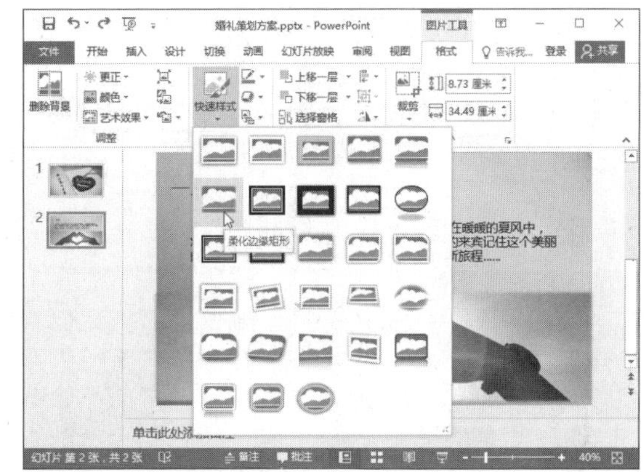

图14-23 更改图片样式

步骤15 单击“颜色”按钮，从列表中选择“其他变体>其他颜色”选项，如图14-24所示。

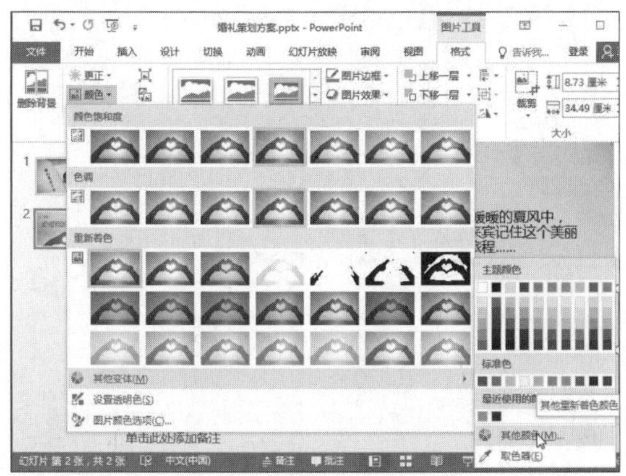

图14-24 选择“其他颜色”选项

步骤16 打开“颜色”对话框，选择颜色后单击“确定”按钮，如图14-25所示。

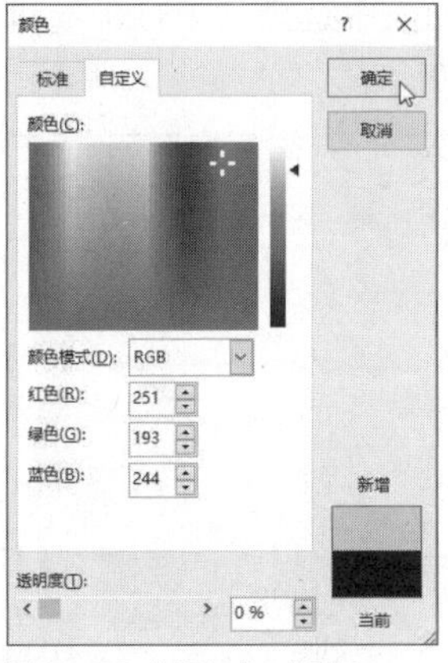

图14-25 “颜色”对话框

步骤17 选择第2张幻灯片，按Ctrl+C组合键复制幻灯片，然后按Ctrl+V组合键粘贴多张幻灯片，并编辑文本内容，插入图片，删除多余内容，如图14-26所示。

图14-26 复制幻灯片

步骤19 执行“表格工具 - 设计>底纹>无填充颜色”命令，如图14-28所示。

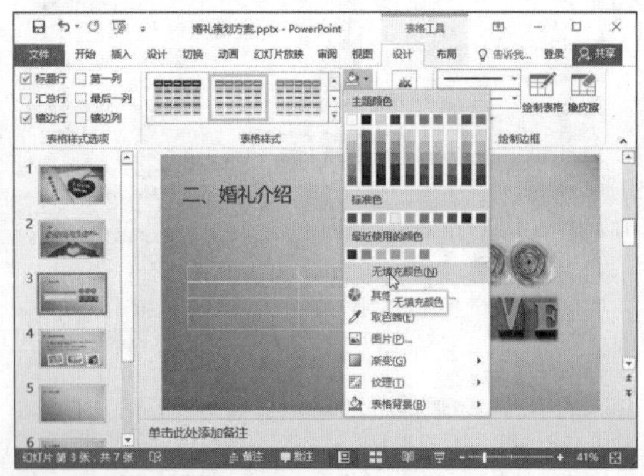

图14-28 选择“无填充颜色”选项

步骤21 选择第4张幻灯片中的段落文本，单击“项目符号”按钮，从列表中选择“项目符号和编号”选项，如图14-30所示。

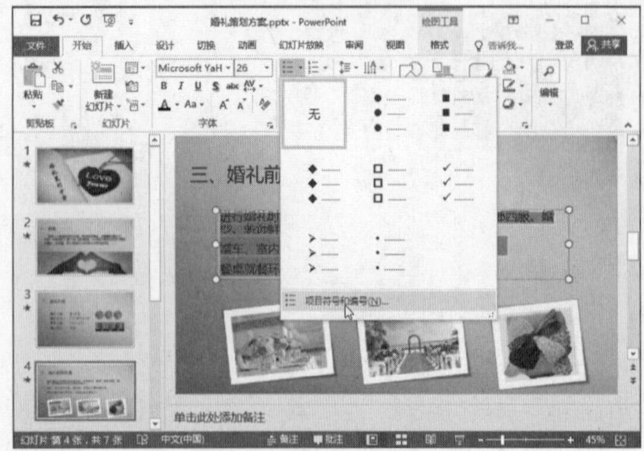

图14-30 选择“项目符号和编号”选项

步骤18 选择第3张幻灯片，执行“插入>表格”命令，鼠标滑动选取4行2列的表格，如图14-27所示。

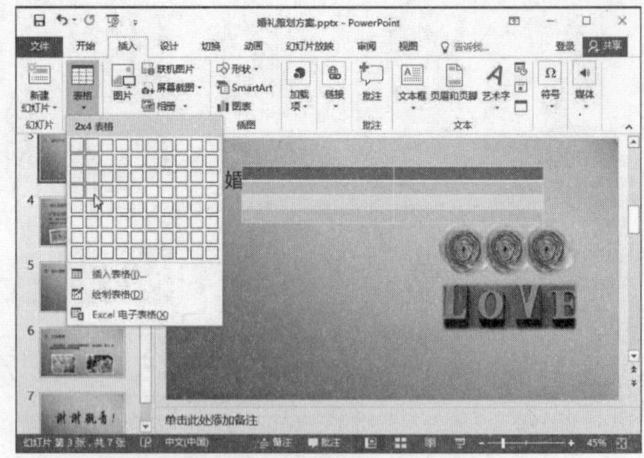

图14-27 滑动鼠标选取行列数

步骤20 执行“边框>无框线”命令，如图14-29所示。

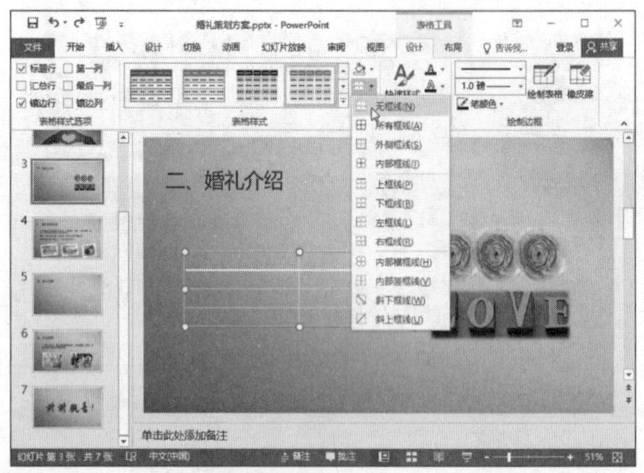

图14-29 选择“无框线”选项

步骤22 打开“项目符号和编号”对话框，单击“自定义”按钮，如图14-31所示。

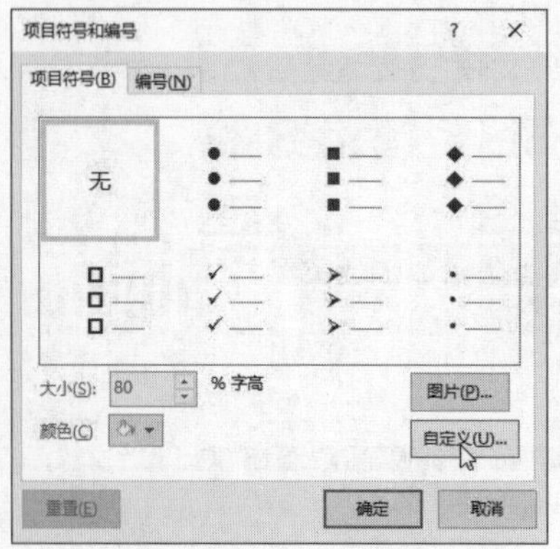

图14-31 单击“自定义”按钮

步骤23 打开"符号"对话框，设置"字体"为"微软雅黑"、子集为"标点和符号"，在列表框中选择合适的符号，单击"确定"按钮，如图14-32所示。

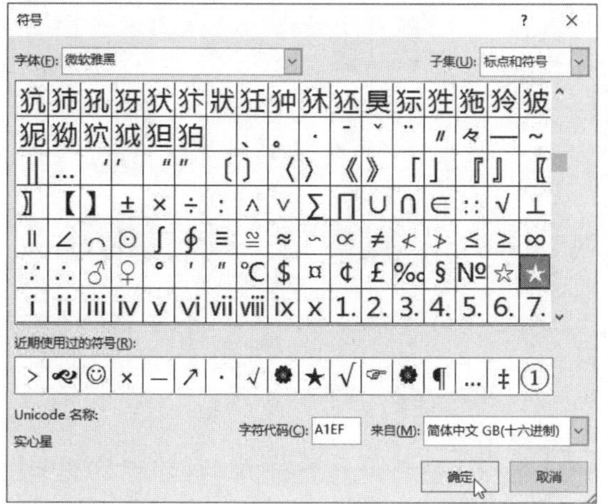

图14-32 选择符号

步骤24 返回至"项目符号和编号"对话框，设置大小为：120%、颜色为：深红，单击"确定"按钮，如图14-33所示。

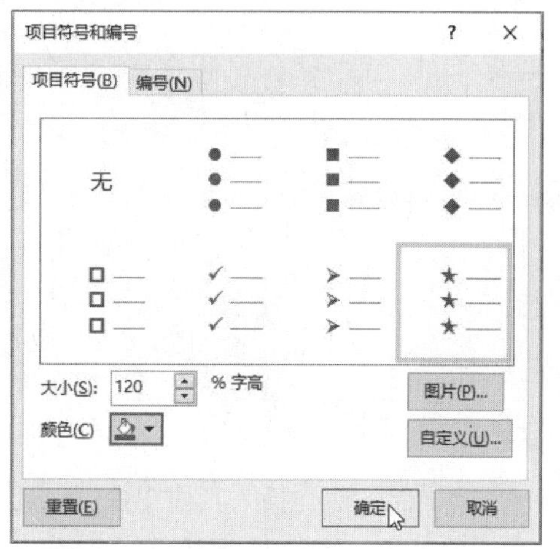

图14-33 设置符号大小和颜色

步骤25 选择第5张幻灯片，单击"插入"选项卡上的"SmartArt"按钮，如图14-34所示。

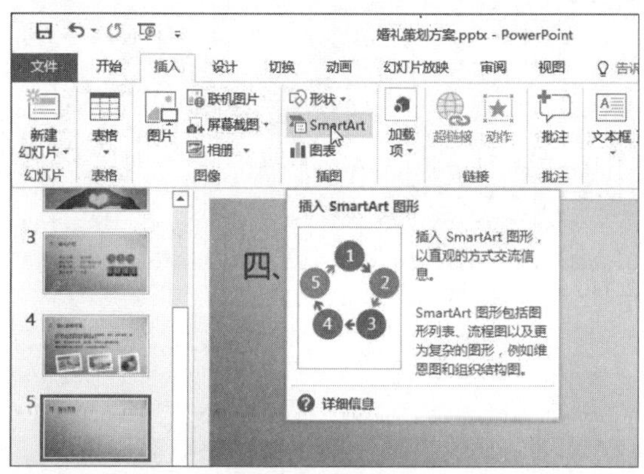

图14-34 单击"SmartArt"按钮

步骤26 打开"选择SmartArt图形"对话框，选择"图片"列表中的"图片重点流程"选项，单击"确定"按钮，如图14-35所示。

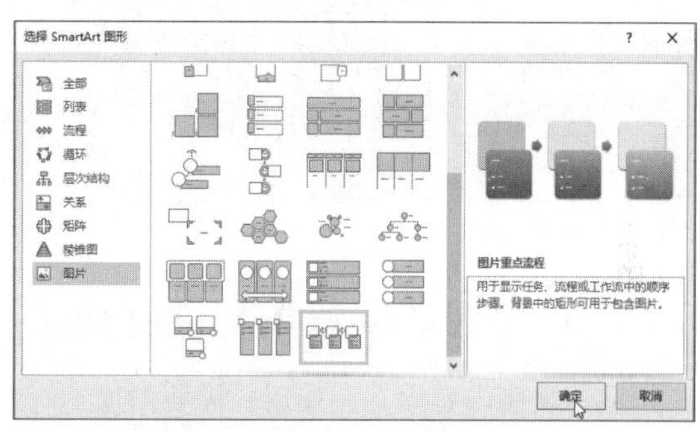

图14-35 "选择SmartArt图形"对话框

步骤27 单击"SmartArt工具－设计"选项卡上的"更改颜色"按钮，从列表中选择"彩色范围-个性色5至6"选项，如图14-36所示。

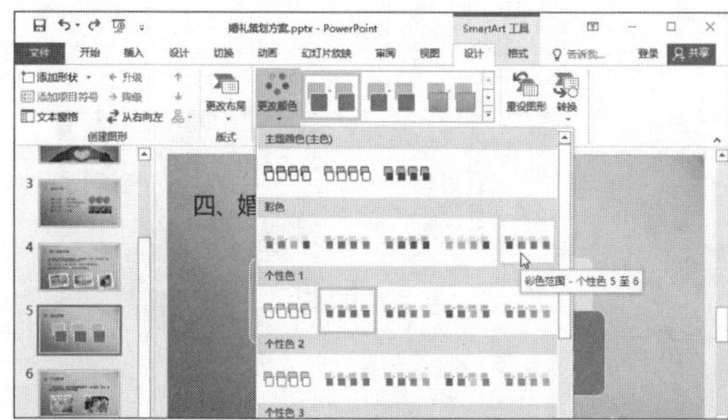

图14-36 选择"彩色范围-个性色5至6"选项

步骤28 将SmartArt图形移至页面中央，单击图片占位符，如图14-37所示。

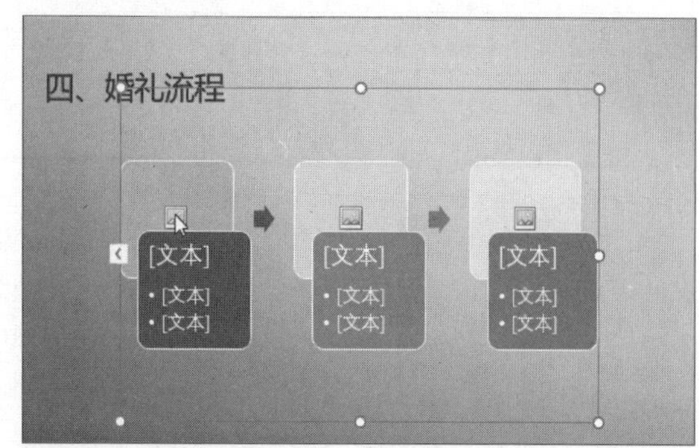

图14-37 单击图片占位符

步骤29 打开“插入图片”窗格，单击“来自文件”右侧的“浏览”按钮，如图14-38所示。

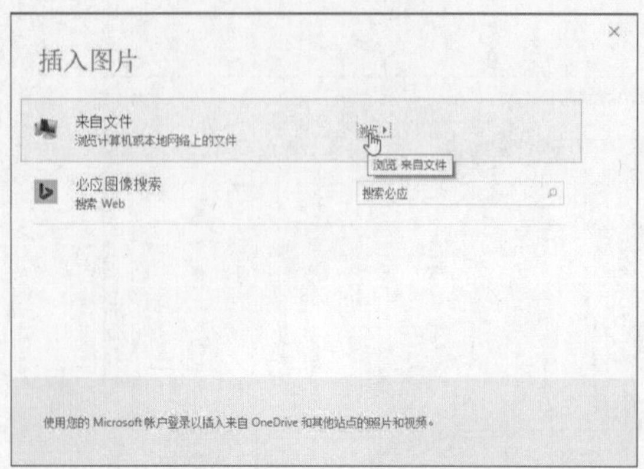

图14-38 单击“浏览”按钮

步骤30 打开“插入图片”对话框，选择图片，单击“插入”按钮，如图14-39所示。

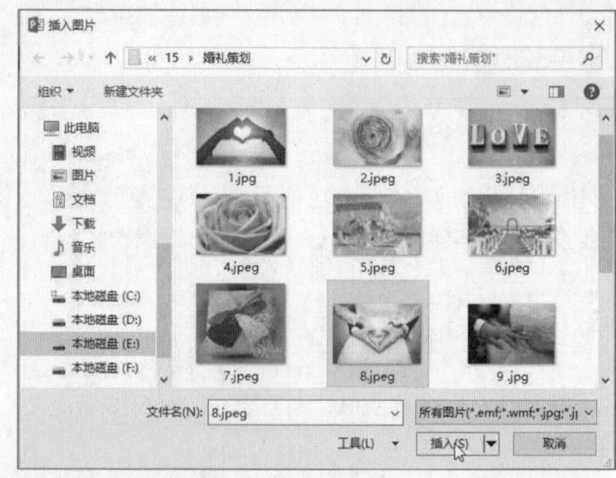

图14-39 单击“插入”按钮

步骤31 按照同样的方法，插入其他图片，然后输入文本，调整SmartArt图形中单个形状大小，如图14-40所示。

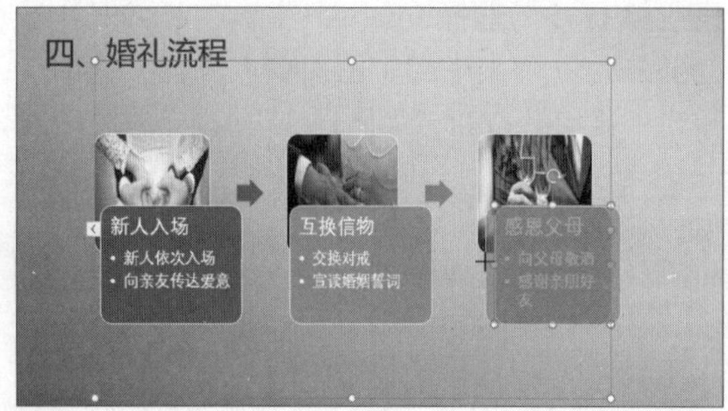

图14-40 调整形状大小

步骤32 为了使显示效果更佳，合理调整SmartArt图形中文本字体格式，如图14-41所示。

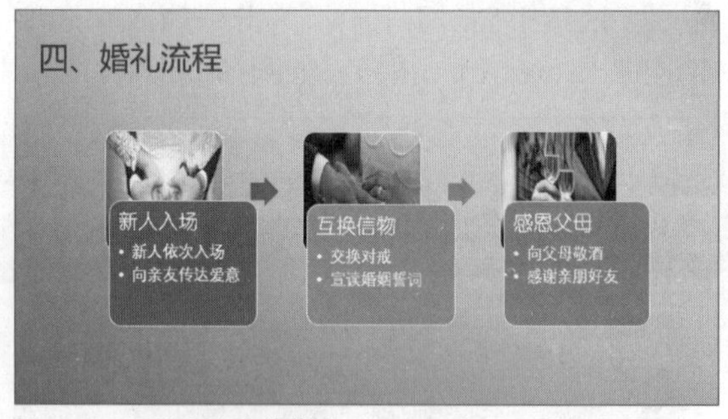

图14-41 调整文本字体格式

14.2.3 添加切换效果和动画效果

演示文稿内容填充完毕后，需要添加幻灯片切换效果和动画效果，让演示文稿更具有吸引力，其具体的操作步骤如下。

步骤01 选择第1张幻灯片，执行“切换>切换到此幻灯片>其他>涟漪”命令，如图14-42所示。

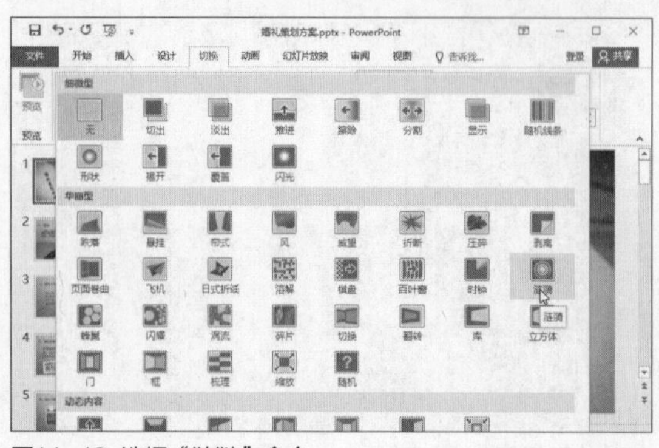

图14-42 选择“涟漪”命令

步骤02 单击“效果选项”按钮，从列表中选择“从右上部”选项，如图14-43所示。

图14-43 选择“从右上部”

步骤03 在“计时”组中，设置声音：微风、持续时间：02.00、设置自动换片时间：00:05.00，如图14-44所示。然后按照同样的方法设置其他幻灯片的切换效果。

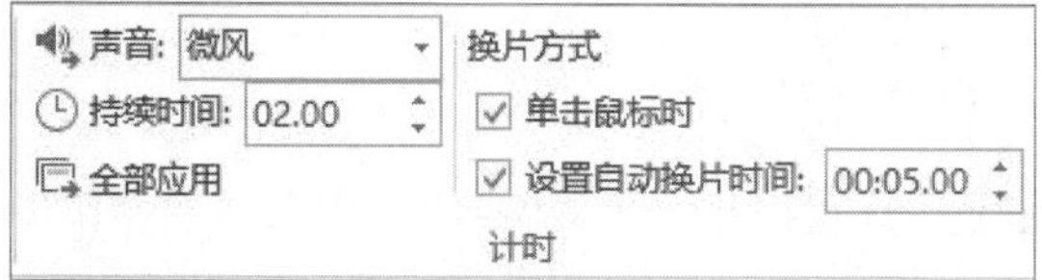

图14-44 设置切换声音、持续时间

步骤04 选择第1张幻灯片中的标题文本，执行“动画>动画>其他>翻转式由远及近”命令，如图14-45所示。

图14-45 选择“翻转式由远及近”选项

步骤05 在“计时”组，设置动画的开始方式为：上一动画之后、持续时间：01.00，如图14-46所示。

图14-46 设置开始方式、持续时间

步骤06 单击“添加动画”按钮，从列表中选择“形状”命令，如图14-47所示。

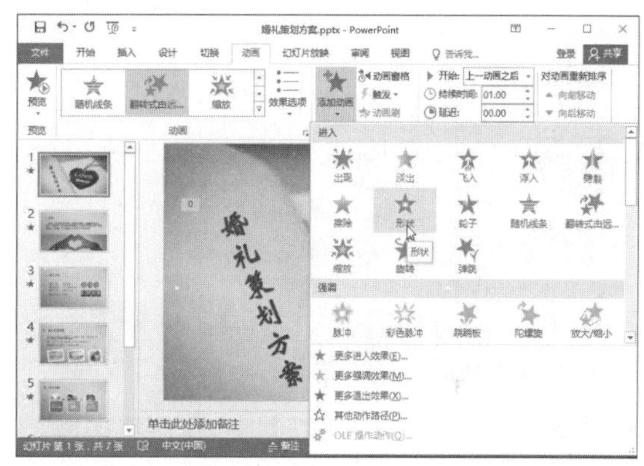

图14-47 选择“形状”命令

步骤07 单击“效果选项”按钮，从列表中选择“菱形”效果，如图14-48所示。

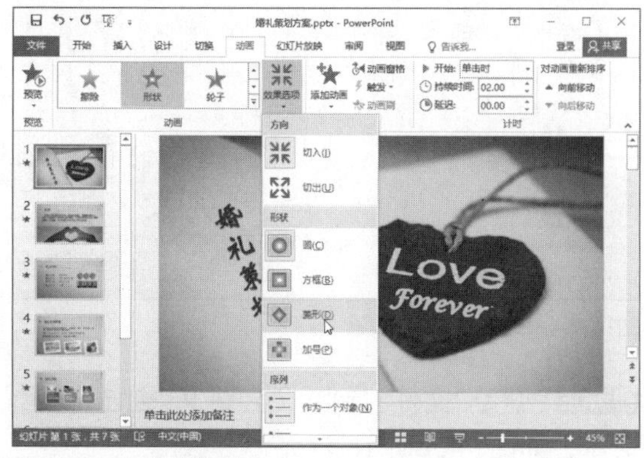

图14-48 选择“菱形”

步骤08 按照同样的方法，为其他对象设置动画效果，如需重复设置某种动画效果，可选择对象后，双击“动画刷”按钮，如图14-49所示。

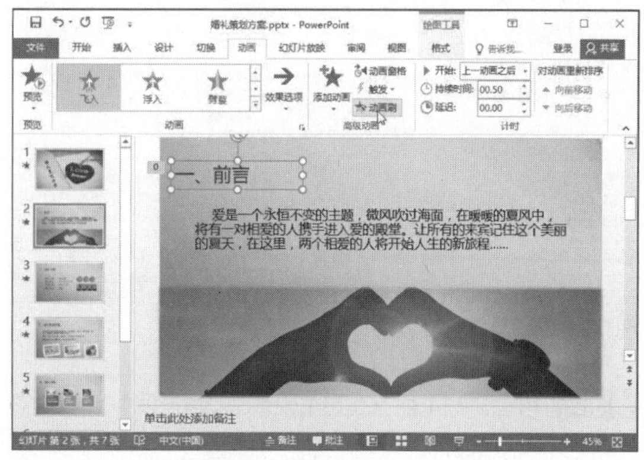

图14-49 双击“动画刷”按钮

步骤09 在需要添加相同动画效果的对象上单击即可，如图14-50所示。

图14-50 复制动画效果

14.2.4 放映和输出演示文稿

在放映演示文稿之前，需要对放映进行一些适当设置，还可以将演示文稿导出，其具体的操作步骤如下。

步骤01 执行“幻灯片放映>自定义幻灯片放映>自定义放映”命令，如图14-51所示。

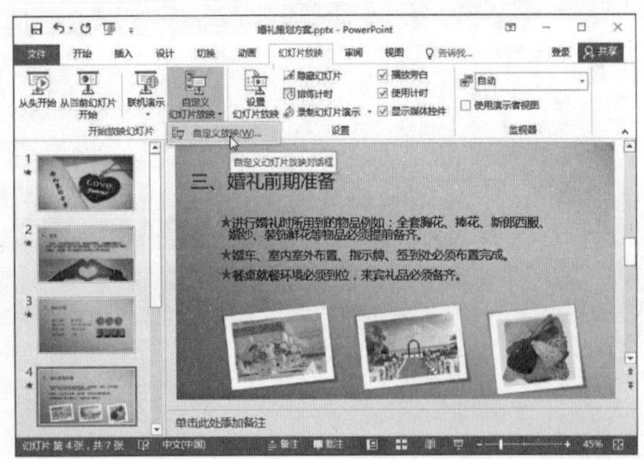

图14-51 选择“自定义放映”命令

步骤02 打开“自定义放映”对话框，单击“新建”按钮，如图14-52所示。

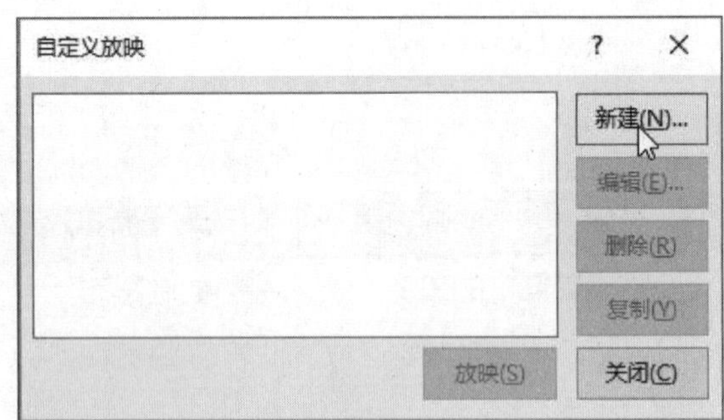

图14-52 单击“新建”按钮

步骤03 打开“定义自定义放映”对话框，按需进行设置，设置完成后，单击“确定”按钮，如图14-53所示。

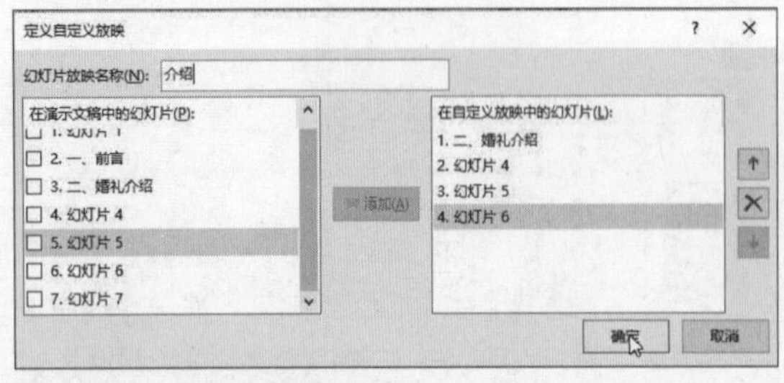

图14-53 设置自定义放映

步骤04 返回“自定义放映”对话框，单击“放映”按钮，如图14-54所示。

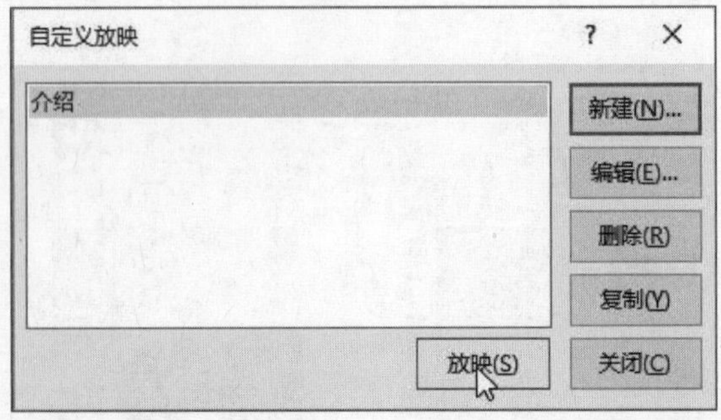

图14-54 单击“放映”按钮

步骤05 可按照自定义进行放映，如图14-55所示。

步骤06 执行“文件>导出>创建讲义>创建讲义”命令，如图14-56所示。

图14-55 自定义放映效果

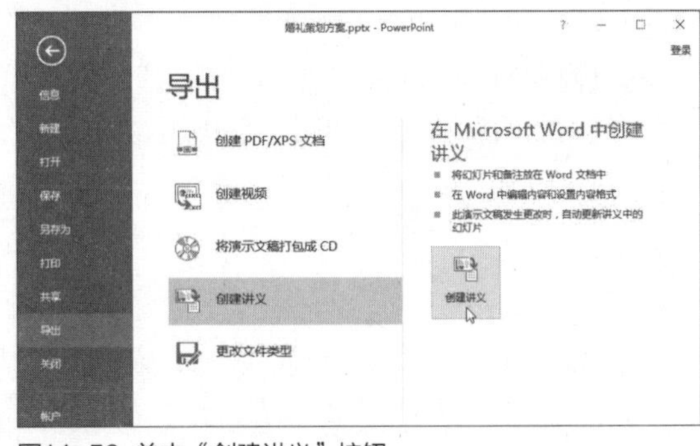

图14-56 单击“创建讲义”按钮

步骤07 打开“发送到Microsoft Word”对话框，选中“备注在幻灯片下”单选按钮，单击“确定”按钮，如图14-57所示。

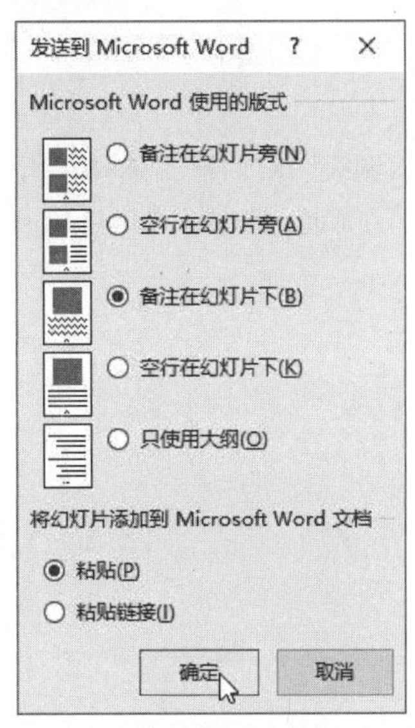

图14-57 单击“确定”按钮

步骤08 即可创建讲义，并自动打开创建的Word文档，如图14-58所示。

图14-58 创建讲义效果

技巧放送：应用图表

在演讲过程中，如果需要阐述某些数据的变化，或者对某些数据进行统计，为了让观众更加直观的感受到数据的变化，可以使用图表，其具体的操作步骤如下。

步骤01 打开演示文稿，单击“插入”选项卡上的“图表”按钮，如图14-59所示。

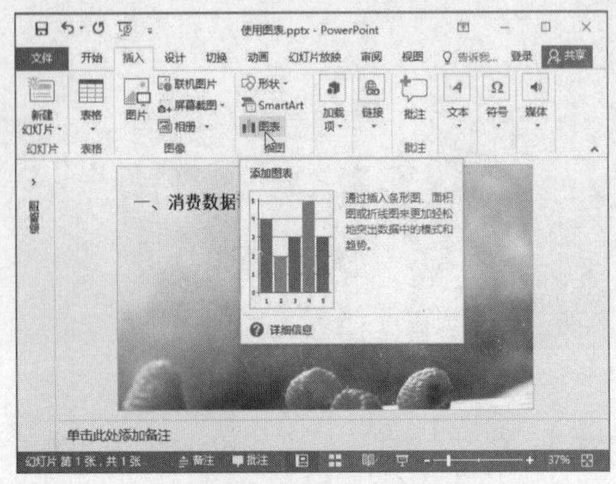

图14-59 单击“图表”按钮

步骤02 打开“插入图表”对话框，选择“折线图”选项，单击“确定”按钮，如图14-60所示。

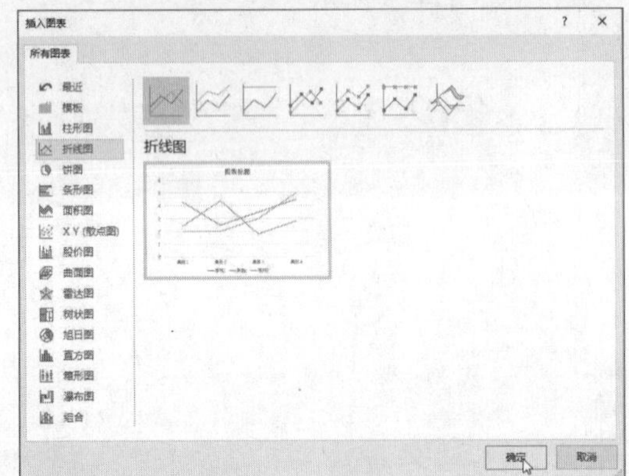

图14-60 选择图表

步骤03 按需在自动打开的工作表中输入数据，如图14-61所示。

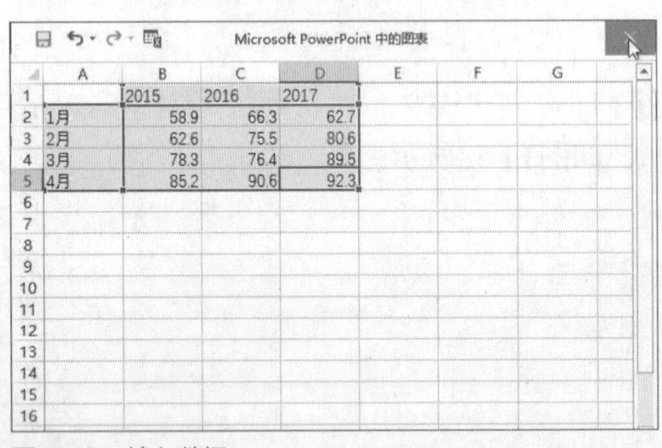
Microsoft PowerPoint 中的图表

	A	B	C	D	E	F	G
1		2015	2016	2017			
2	1月	58.9	66.3	62.7			
3	2月	62.6	75.5	80.6			
4	3月	78.3	76.4	89.5			
5	4月	85.2	90.6	92.3			
6							
7							
8							
9							
10							
11							
12							
13							
14							
15							
16							

图14-61 输入数据

步骤04 在幻灯片中插入图表后，按需美化和调整图表即可，如图14-62所示。

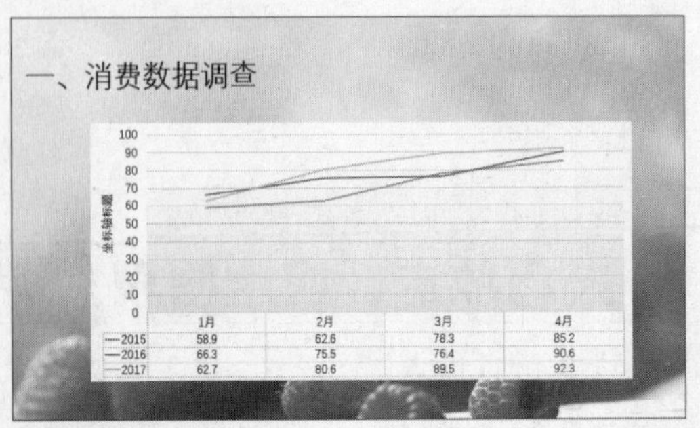

图14-62 插入图表效果

Part 05

数据库管理篇

Access在小型企业和公司部门中经常用来数据分析、开发软件和网站。在本篇中，将介绍Access的基本操作、Access的窗体对象、Access中报表的创建以及Access中数据的查询等知识。

Chapter 15 Access基本操作

本章主要讲述Access 2016数据库的基础知识。数据库由多条信息组合而成，比直接存放在纸张上更易于查询和记录，下面分别介绍如何创建数据库、创建数据表、表格结构的设计等。

1. 创建数据库
2. 创建数据表
3. 表格结构设计
4. 查找和筛选记录
5. 数据的导出和导出

15.1 数据库

Access 2016是一种小型的数据库，常用于管理日常办公所需的数据。其功能非常强大，操作界面简单，对操作人员的技术要求不高，容易上手，如图15-1所示。

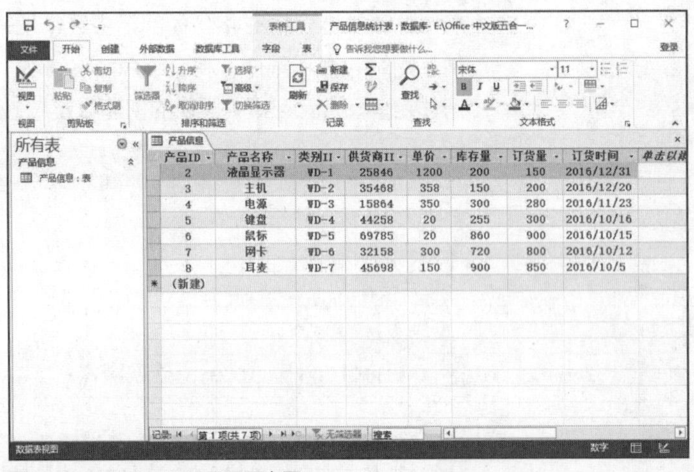

图15-1 Access 2016界面示意图

数据库中主要由5个对象组成，分别为：表、查询、窗体、报表、宏和代码，下面分别对这5种对象的用途进行介绍。

❶表

如果把数据比作一滴滴的水，那么表就是盛水的容器。在数据库中，不同主题的数据存储在不同的表中，通过行与列来组织信息。每张表都有多条记录组成，每个记录为一行，每行又有多个字段，如图15-2所示。其中，用户可以设置一个或者多个字段为记录的关键字，这些字段就叫做“主键”。可以通过这些关键字来标识不同的记录。

❷查询

由于数据是分表存储的，用户可以通过复杂的查询将多张表的“关键字”连接起来，如图15-3所示。将查询出来的数据组成一张新表，查询需要的数据信息。

产品ID	产品名称	类别II	供货商II	单价	库存量	订货量	订货时间
2	液晶显示器	WD-1	25846	1200	200	150	2016/12/31
3	主机	WD-2	35468	358	150	200	2016/12/20
4	电源	WD-3	15864	350	300	280	2016/11/23
5	键盘	WD-4	44258	20	255	300	2016/10/16
6	鼠标	WD-5	69785	20	860	900	2016/10/15
7	网卡	WD-6	32158	300	720	800	2016/10/12
8	耳麦	WD-7	45698	150	900	850	2016/10/5
(新建)							

图15-2 表示例

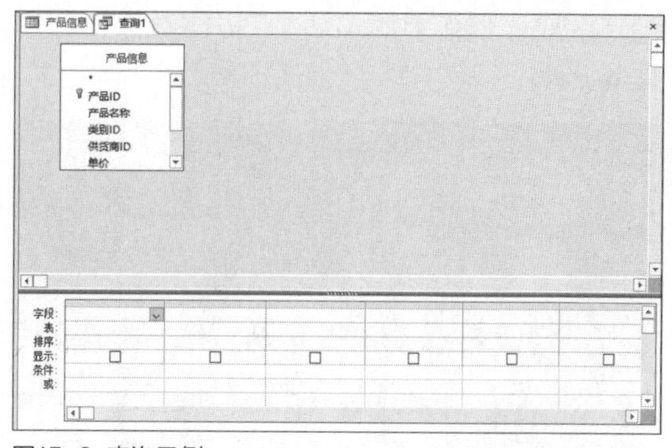

图15-3 查询示例

❸窗体

窗体好比记录单，是Access 2016提供可以输入数据的“对话框”，可以使用户在输入数据时感到界面的友好。一个窗体可以包括多个表的字段，输入数据时，用户不必在表与表之间来回切换，如图15-4所示。

❹报表

报表是以格式化的版面显示数据，可以打印出来以便于分析数据，用户可以创建显示每条信息的报表，做到真正在报表中强调信息，如图15-5所示。

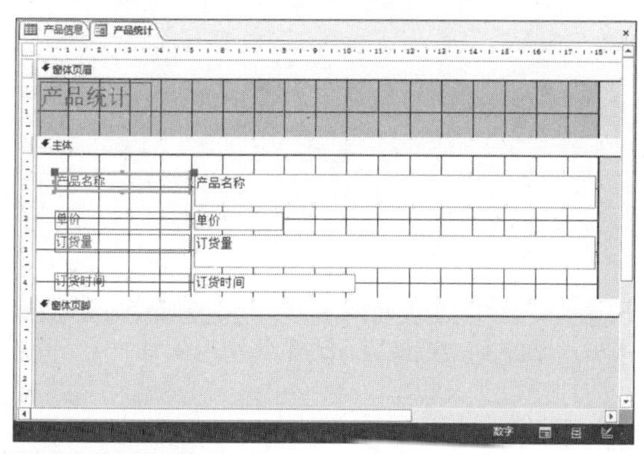

图15-4 窗体示例

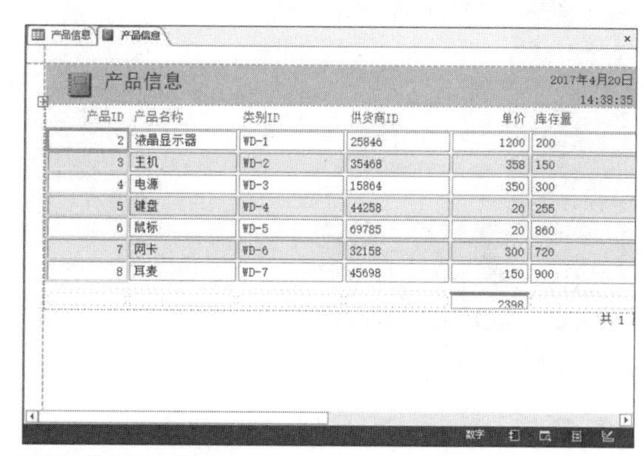

图15-5 报表示例

❺宏和代码

宏是包含一个或多个操作的集合，使用它可以使Access自动完成这些操作。代码就是用语言编写的程序段，用来定义比较复杂的功能。

15.2 创建数据库

在使用Access 2016的过程中，首先应该学会如何创建数据库，创建数据库有两种方法：创建空白数据库以及通过模板创建数据库。

15.2.1 创建空数据库

没有任何对象的数据库就是空数据库，下面介绍如何创建空数据库，其具体的操作步骤如下。

步骤01 双击桌面上的Access 2016图标，如图15-6所示。

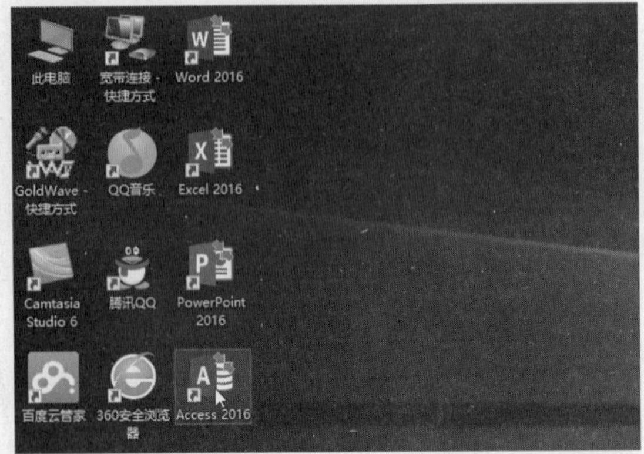

图15-6 双击快捷方式图标

步骤02 启动Access 2016应用程序，选择“空白桌面数据库”选项，如图15-7所示。

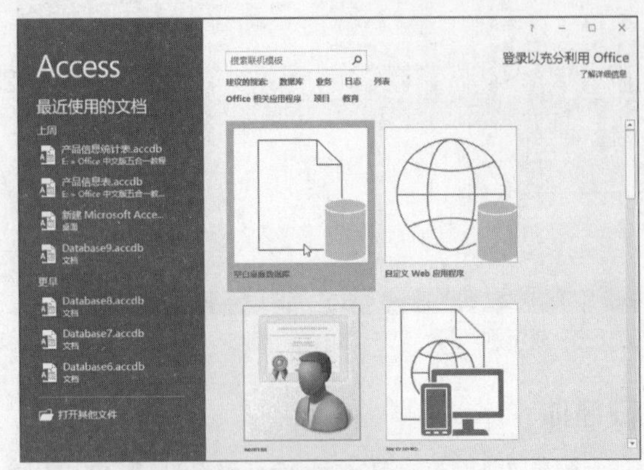

图15-7 选择“空白桌面数据库”选项

步骤03 单击弹出的提示框中的“创建”按钮，如图15-8所示。

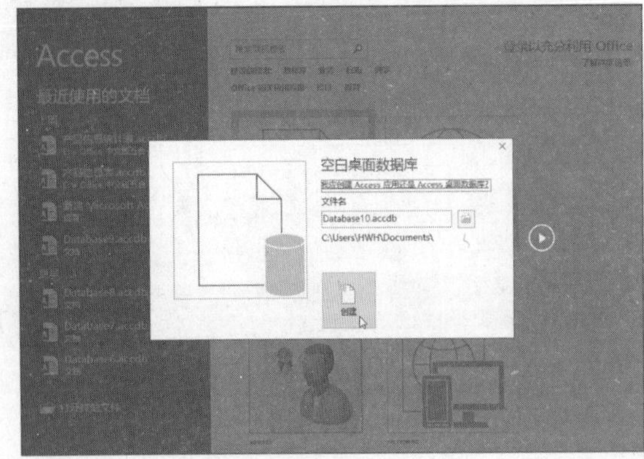

图15-8 单击“创建”按钮

步骤04 创建空白数据库，并自动打开，如图15-9所示。

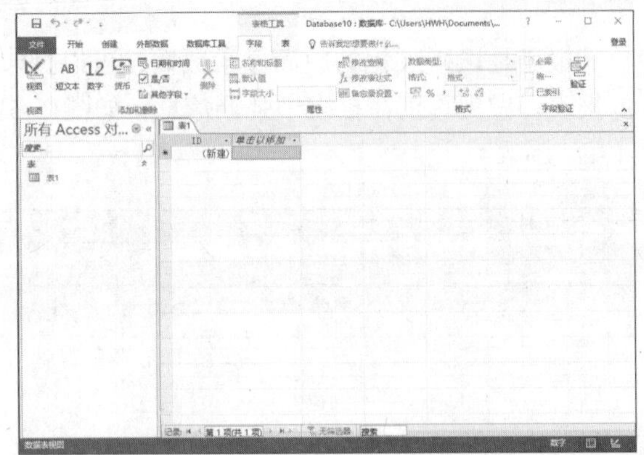

图15-9 创建空白数据库

15.2.2 根据模板创建数据库

对于初学者来说，刚开始使用数据库管理数据时，会不知从何入手，用户可以通过模板来创建数据库，下面以通过联机模板创建数据为例进行介绍，其具体的操作步骤如下。

步骤01 执行“文件>新建”命令，在搜索框中输入文本后单击“开始搜索”按钮，如图15-10所示。

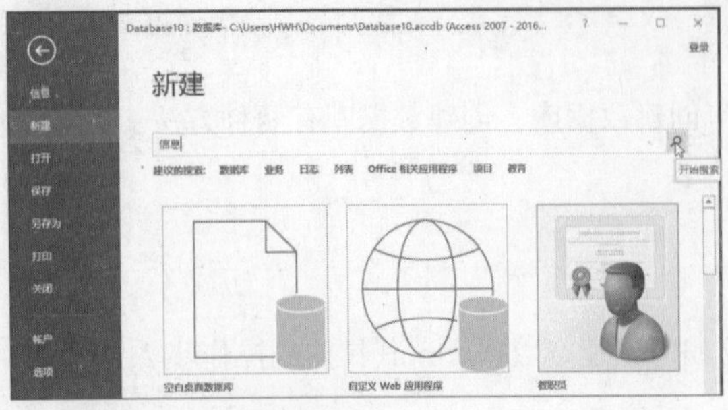

图15-10 单击“开始搜索”按钮

步骤02 在搜索到的模板列表中选择“学生”选项，如图15-11所示。

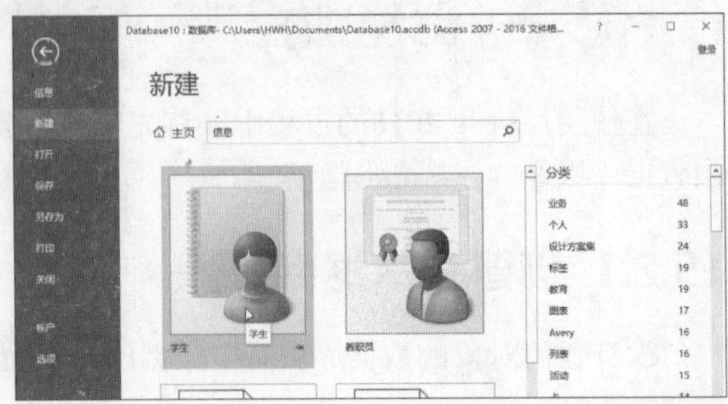

图15-11 选择“学生”选项

步骤03 单击弹出的提示框中的“创建”按钮，如图15-12所示。

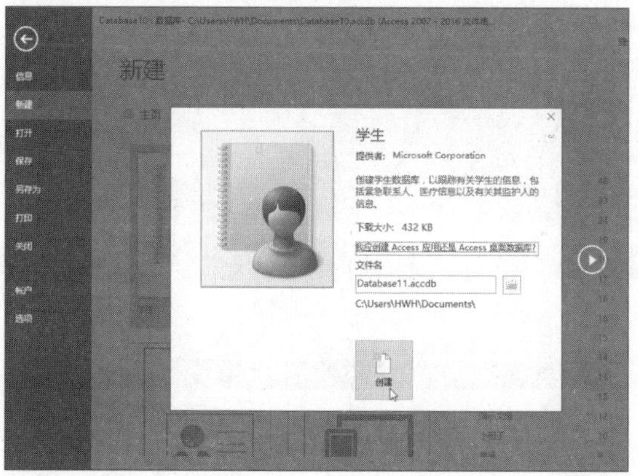

图15-12 单击“创建”按钮

步骤04 Access会在下载模板完成后，自动打开模板文件，如图15-13所示。

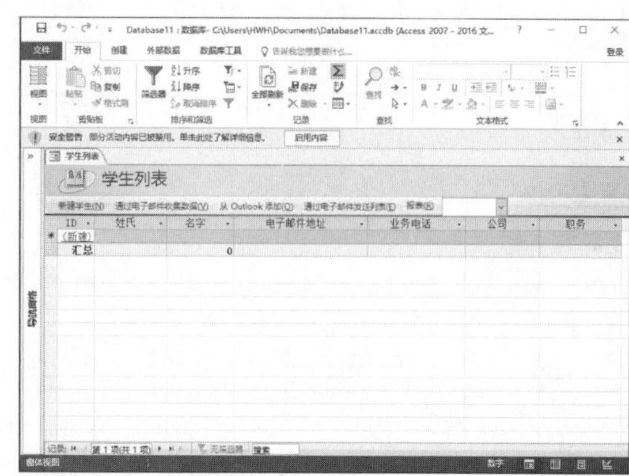

图15-13 载入后的模板

15.3 创建数据库表

表是数据库中的最关键部分，数据库中的其他部分都是以表为基础而存在的。下面介绍如何在数据库中创建表。

15.3.1 使用设计器创建表

表设计器功能极其强大，外形同Excel工作表类似，下面以创建“库存”表为例进行介绍，其具体的操作步骤如下。

步骤01 打开Access 2016，创建空白数据库，如图15-14所示。

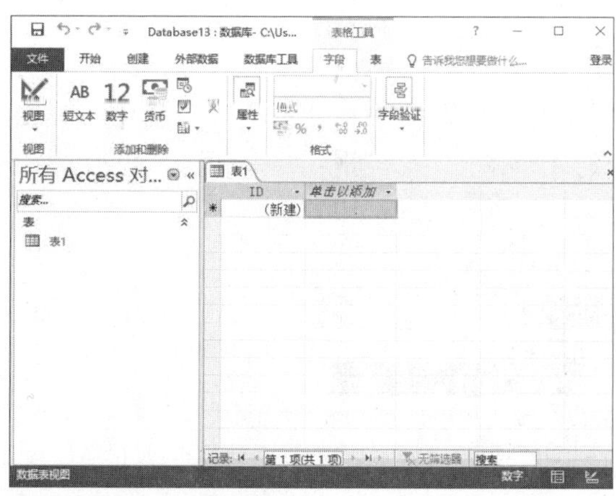

图15-14 创建空白数据库

步骤02 执行“表格工具-字段>视图>设计视图”命令，如图15-15所示。

图15-15 选择“设计视图”命令

步骤03 弹出“另存为”对话框，输入表的名称后，单击“确定”按钮，如图15-16所示。

步骤04 Access的主界面进入设计视图，如图15-17所示。

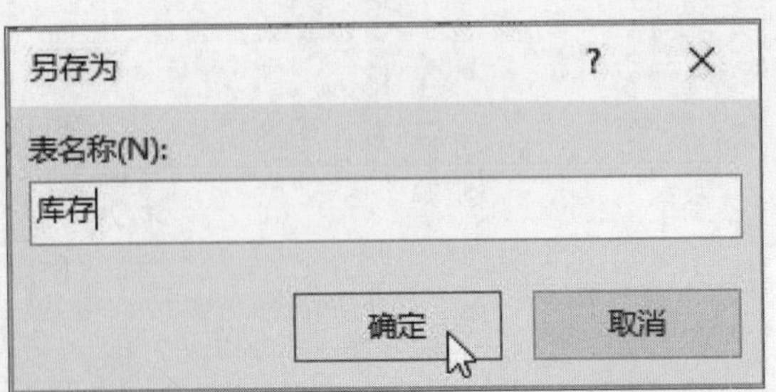

图15-16 单击“确定”按钮

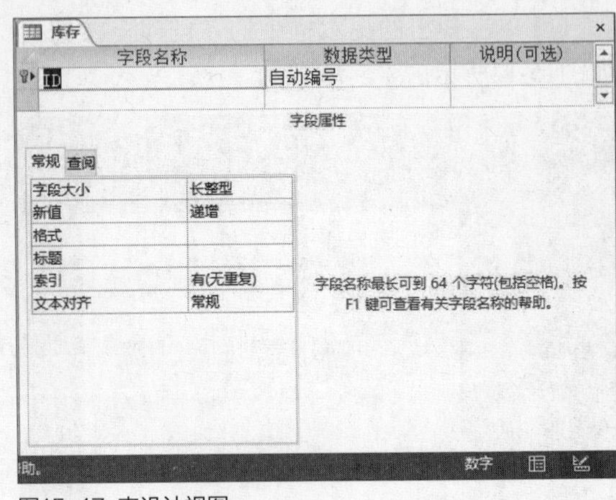

图15-17 表设计视图

步骤05 在“表设计视图”中，表的字段属性有3个：字段名称、数据类型和说明。其中，在“字段名称”中输入表字段的名称，如图15-18所示。

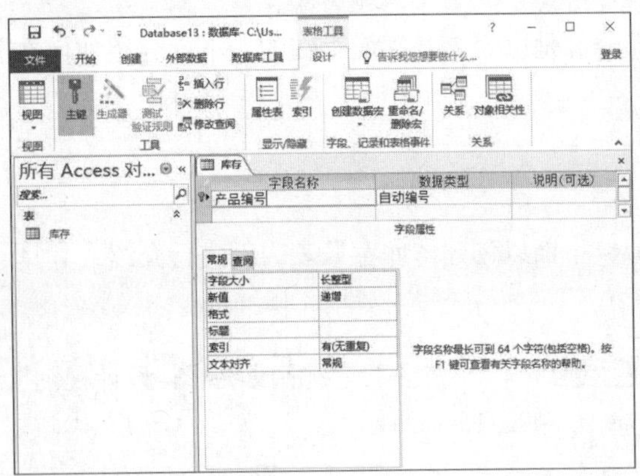

图15-18 输入字段名称

步骤06 如果想要将某一字段设置为主键，可以在该字段上右击，从右键快捷菜单中选择“主键”命令，如图15-19所示。

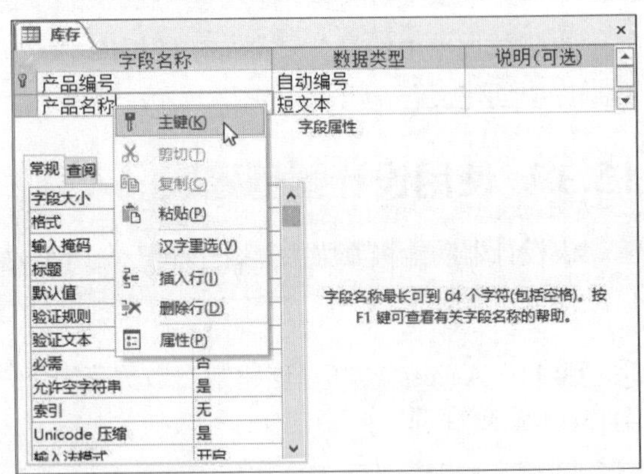

图15-19 设置主键

步骤07 通过“数据类型”可以指定字段数据的基本类型，包括文本、数字、日期等。单击“数据类型”下拉按钮，在弹出的列表中按需进行选择即可，如图15-20所示。

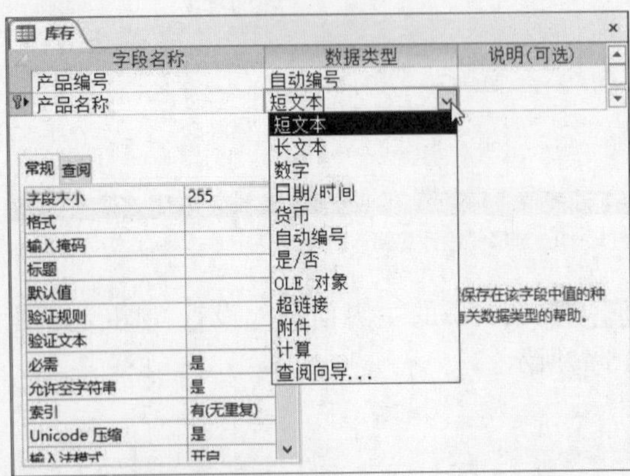

图15-20 设置数据类型

步骤08 这里按需选择“长文本”类型，如图15-21所示。

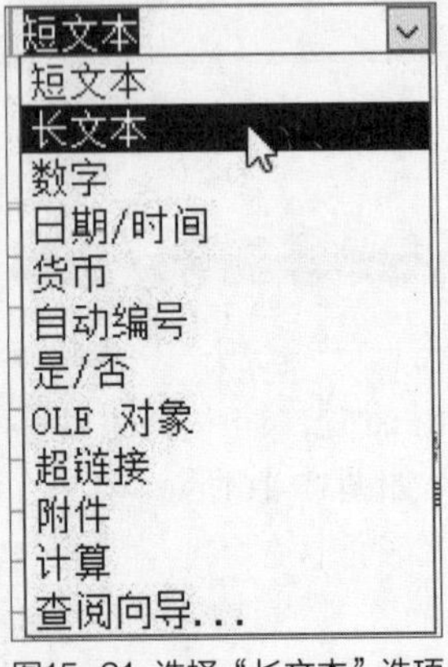

图15-21 选择“长文本”选项

步骤09 在“说明”字段，可以在其中添加说明性文字，便于以后对数据的查看和了解，如图15-22所示。

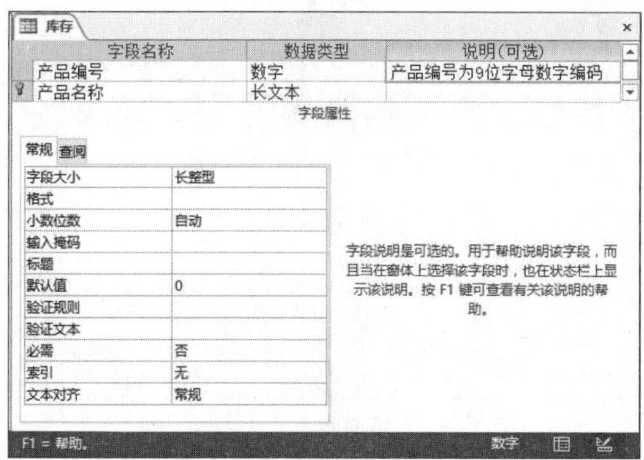

图15-22 说明字段

步骤10 “字段属性”窗格便于用户对字段的类型、名称等进行更加详细的设置，窗口左侧为功能设置的内容，右侧为说明性文字，如图15-23所示。

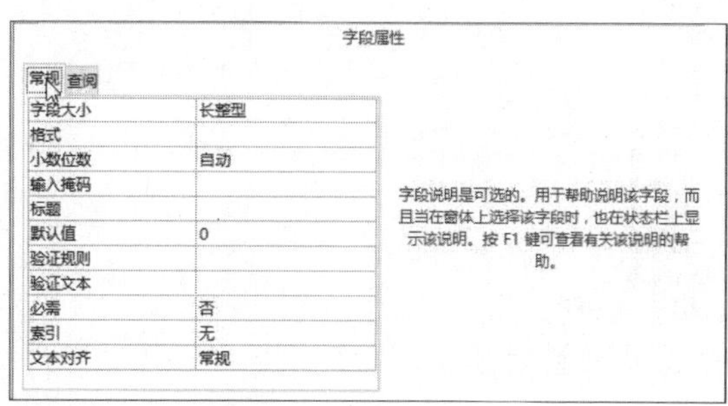

图15-23 字段属性窗格

步骤11 在“常规”选项卡中可以根据不同的字段属性显示不同的设置内容，例如“数字”属性的设置内容如图15-24所示。

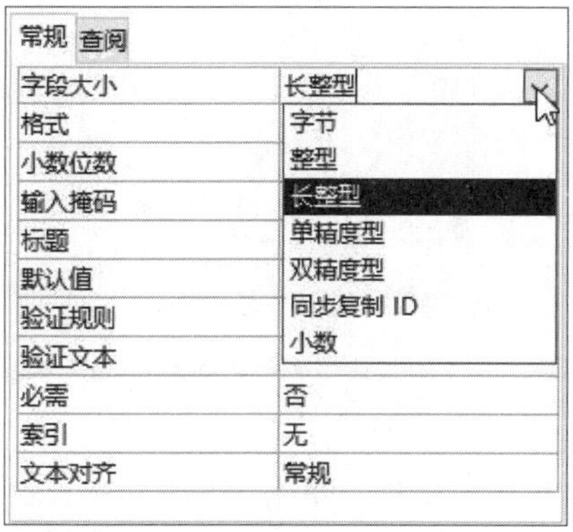

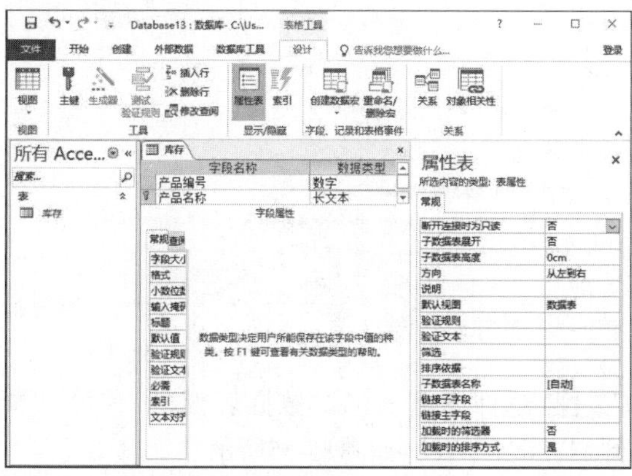

图15-24 设置字段大小

步骤12 单击“表格工具－设计”选项卡中的“属性表”按钮，如图15-25所示。

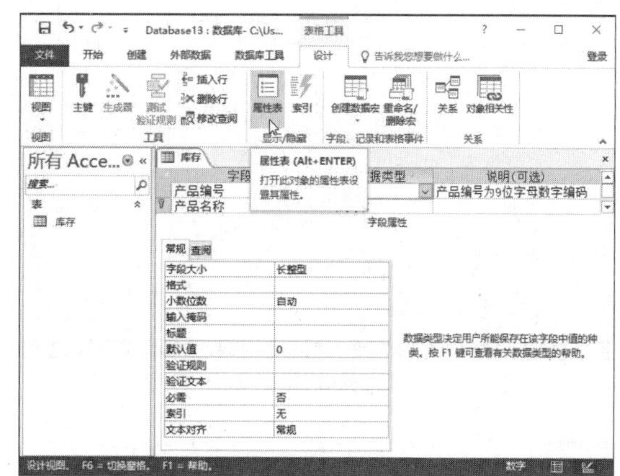

图15-25 单击“属性表”按钮

步骤13 在“字段属性”窗格右侧出现“属性表”任务窗格，如图15-26所示。用户可以在此对表格的属性进行设置。

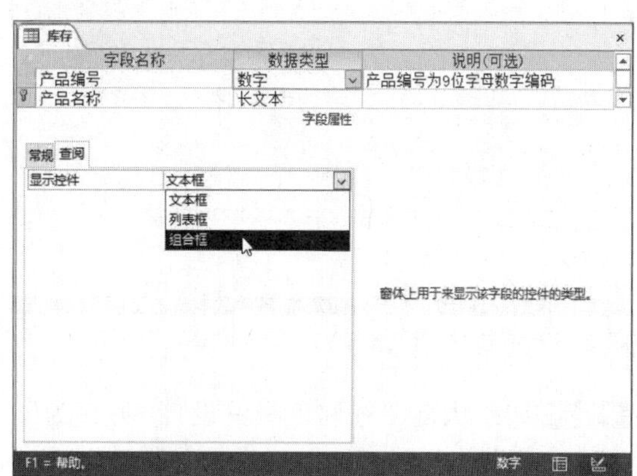

图15-26 “属性表”任务窗格

步骤14 在“查阅”选项卡，单击“显示控件”下拉按钮，从列表中选择“组合框”选项，如图15-27所示。

图15-27 选择“组合框”选项

步骤15 单击“行来源”右侧...按钮，如图15-28所示。

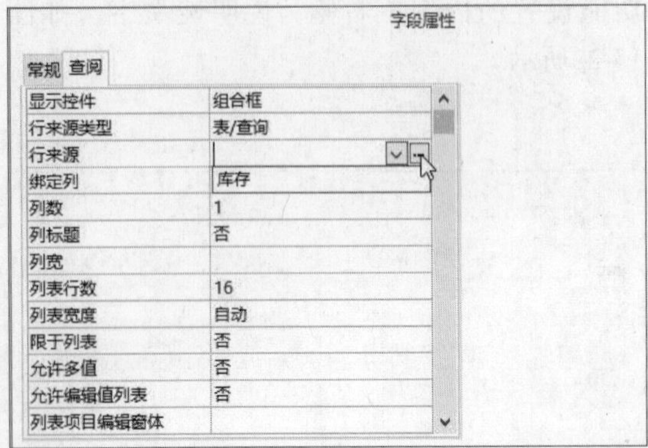

图15-28 单击...按钮

步骤16 弹出“显示表”对话框，双击列表框中的“库存”选项，如图15-29所示。

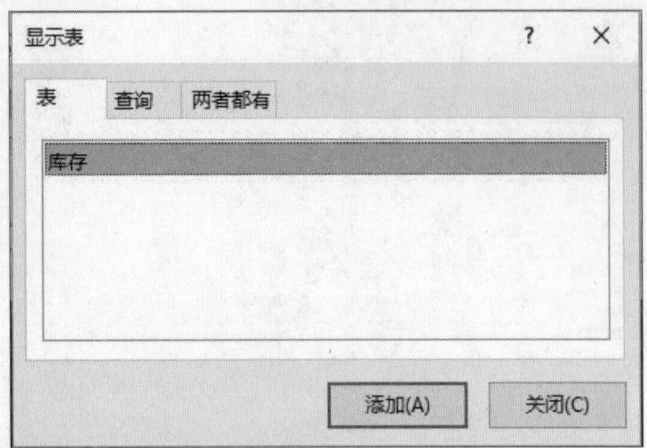

图15-29 双击“库存”选项

步骤17 将库存表添加到查询生成器中，然后关闭“显示表”对话框，如图15-30所示。

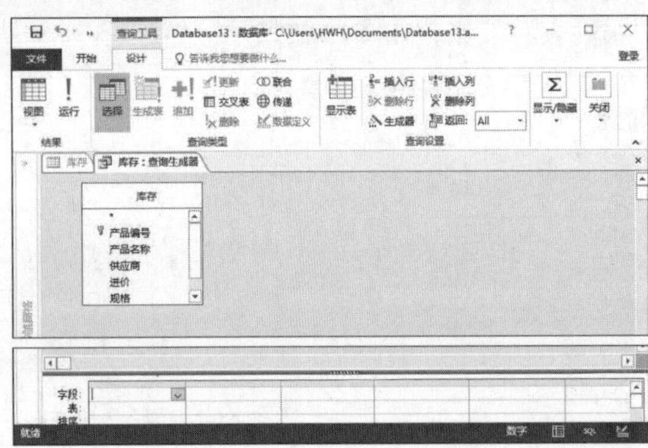

图15-30 将“库存”添加到查询生成器中

步骤18 双击“库存”表中的“产品名称”字段，将其添加到查询字段中，如图15-31所示。

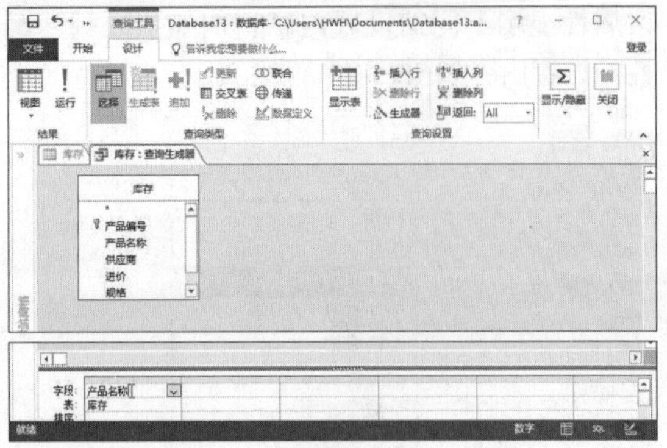

图15-31 将“产品名称”字段加入查询

步骤19 单击“查询工具－设计”选项卡上的“关闭”按钮，如图15-32所示。

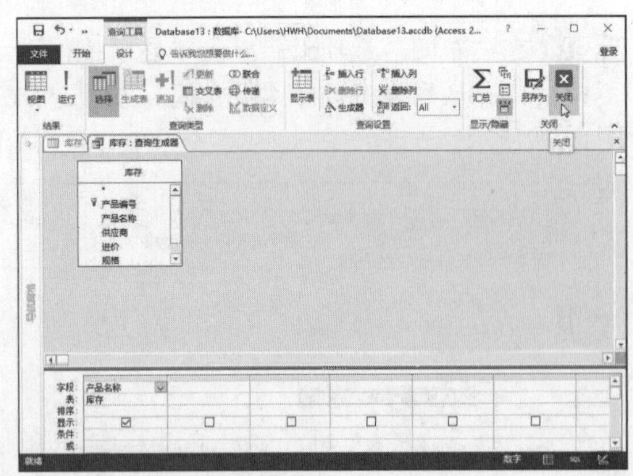

图15-32 单击“关闭”按钮

步骤20 弹出提示对话框，单击“是”按钮，确认关闭查询，如图15-33所示。

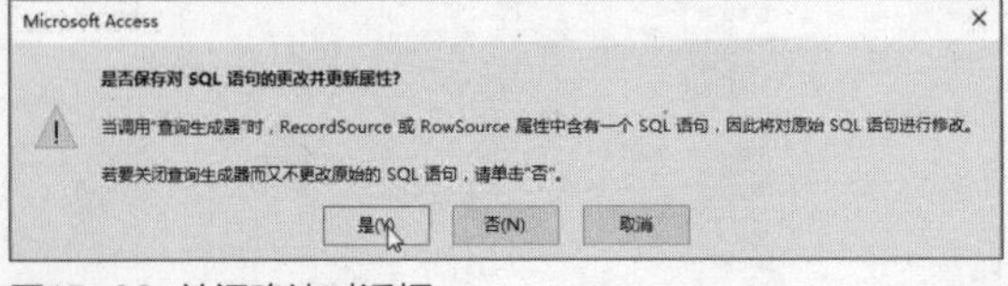

图15-33 关闭确认对话框

步骤21 如果执行“查询工具－设计>另存为”命令，将弹出“另存为”对话框，保持默认，单击“确定”按钮，如图15-34所示。

步骤22 返回库存表的“数据表视图”，可以看到“查询1”表，如图15-35所示。

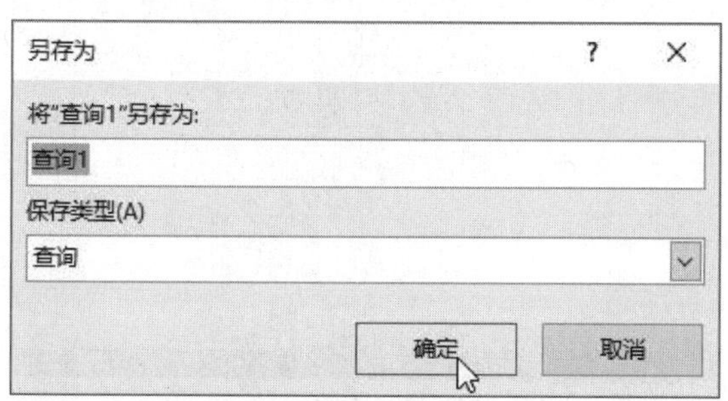

图15-34 “另存为”对话框

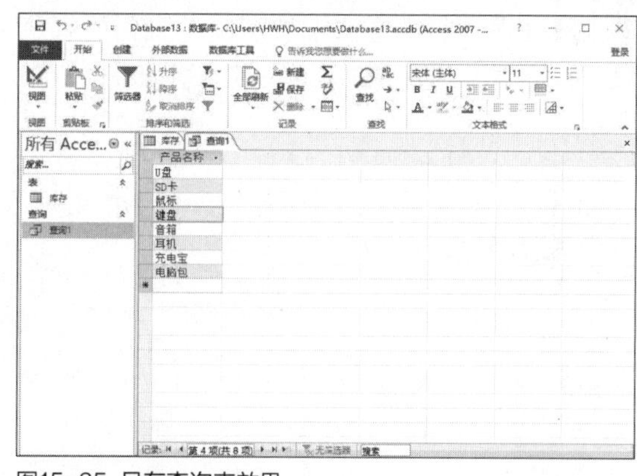
图15-35 另存查询表效果

15.3.2 通过数据创建表

通过输入数据创建表，是直接创建空数据库后，再按需输入数据，下面以创建订单统计表为例进行介绍，其具体的操作步骤如下。

步骤01 执行“文件>新建>空白数据库”命令，创建空白数据库，可以看到Access已经自动生成了“表1”的数据库和“ID”字段，如图15-36所示。

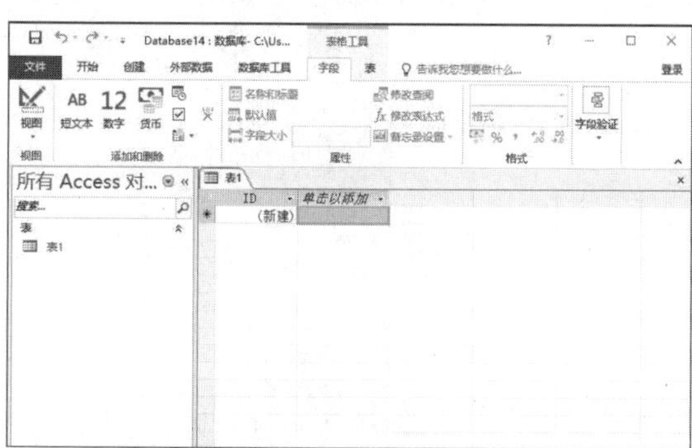
图15-36 创建空白数据库

步骤02 在“表1”数据库表中的“ID”字段上双击鼠标左键，可以对字段名进行编辑，如图15-37所示。

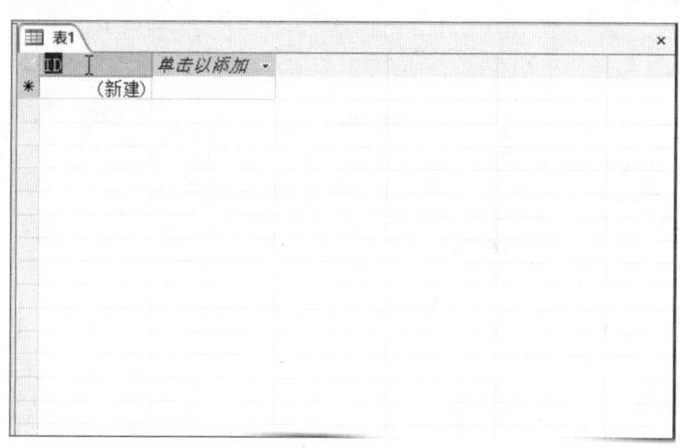

图15-37 编辑字段名

步骤03 将字段名改为“订单编号”后，单击右侧“单击以添加”字段框，从列表框中选择“数字”选项，如图15-38所示。

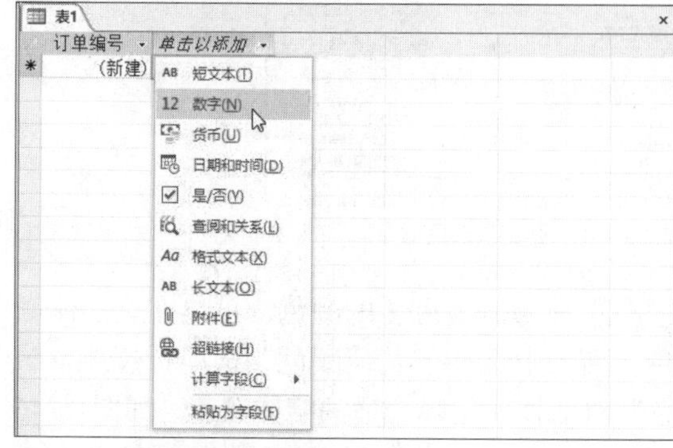

图15-38 设置字段数据类型

步骤04 字段框名称变为“字段1”，并且可以编辑，如图15-39所示。

图15-39 编辑“字段1”

步骤05 按照同样的方法添加字段，直到所有字段添加成功，然后按需输入数据，如图15-40所示。

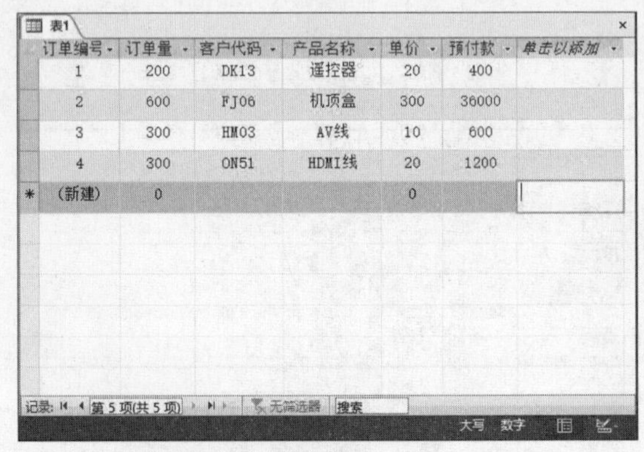

订单编号	订单量	客户代码	产品名称	单价	预付款	单击以添加
1	200	DK13	遥控器	20	400	
2	600	FJ06	机顶盒	300	36000	
3	300	HM03	AV线	10	600	
4	300	ON51	HDMI线	20	1200	
(新建)	0			0		

图15-40 添加字段并输入数据效果

15.3.3 设置数据表格式

如果对默认的数据表格式不满意，可以对数据表的格式进行进一步的设置，其具体的操作步骤如下。

步骤01 打开“库存”数据库，如图15-41所示。

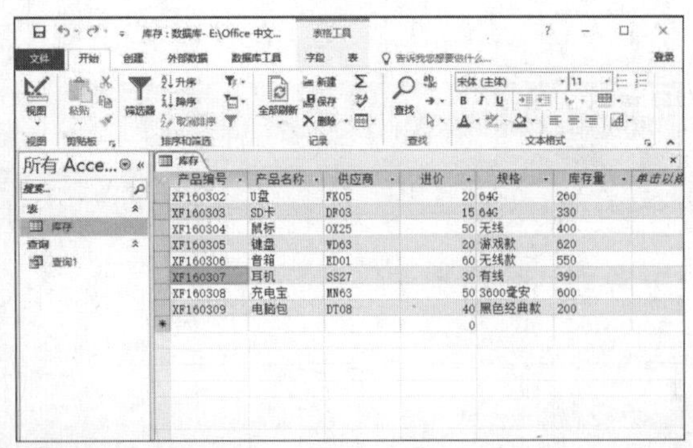

图15-41 打开库存表

步骤02 设置行高。执行“开始>记录>其他”命令，从列表中选择“行高”选项，如图15-42所示。

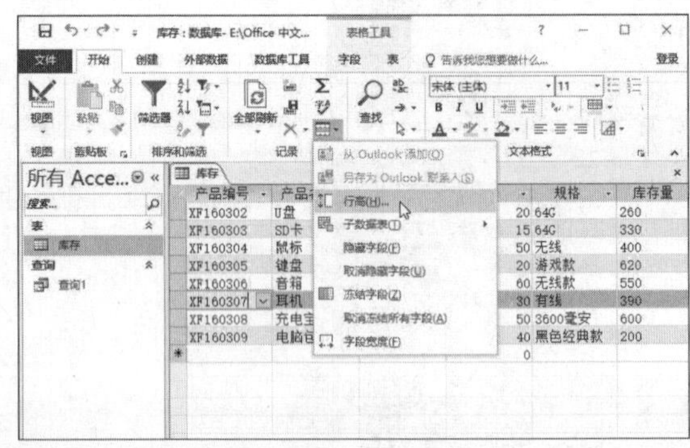

图15-42 选择“行高”选项

步骤03 弹出“行高”对话框，用户可以在“行高”数值框中输入需要的行高值，然后单击“确定”按钮完成设置，如图15-43所示。

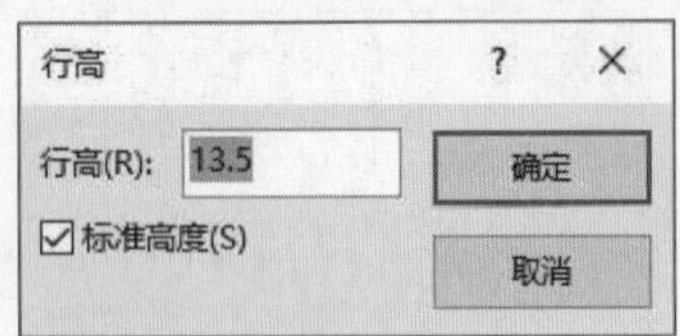

图15-43 “行高”对话框

步骤04 设置列宽。执行“开始>记录>其他>字段宽度”命令，打开“列宽”对话框，按需设置列宽即可，如图15-44所示。

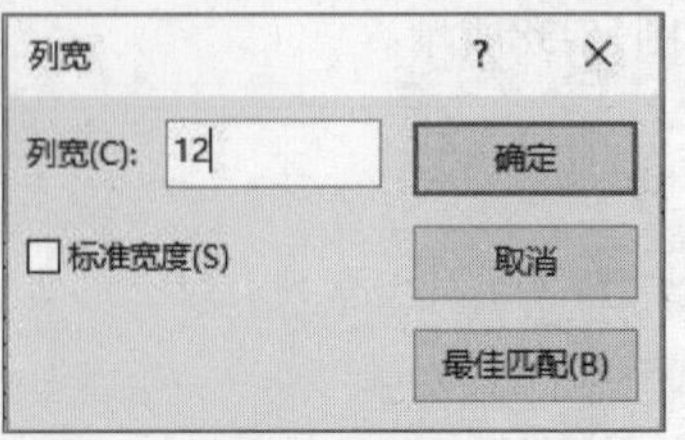

图15-44 “列宽”对话框

步骤05 设置字体颜色。执行“开始>文本格式>字体颜色>深红”命令，如图15-45所示。可以将表中的所有文本字体颜色改为深红。

步骤06 如果需要更多的颜色，可以在“字体颜色”列表中选择“其他颜色”选项，打开“颜色”对话框，选择合适的字体颜色，如图15-46所示。

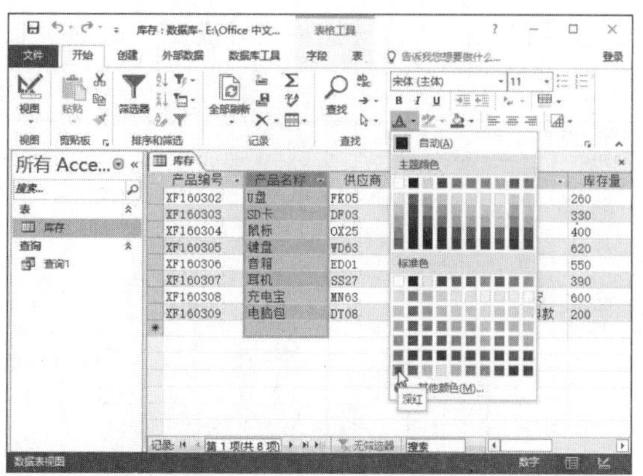

图15-45 选择“深红”

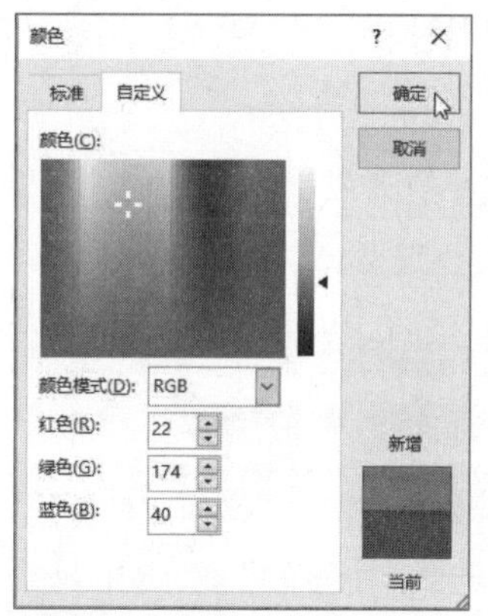

图15-46 “颜色”对话框

步骤07 设置间隔色。执行“开始>文本格式>可选行颜色>褐色2”命令，如图15-47所示。

步骤08 数据表可变为间隔色为褐色2颜色的表格，如图15-48所示。

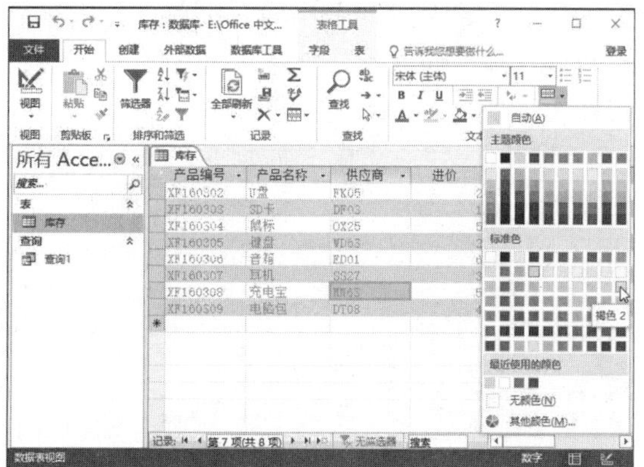

图15-47 选择“褐色2”

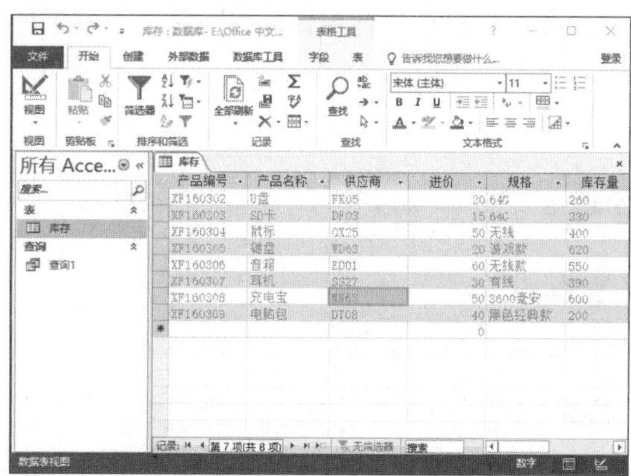

图15-48 设置间隔行颜色效果

步骤09 设置网格线样式。执行“开始>文本格式>网格线”命令，如图15-49所示。

步骤10 在列表中选择“网格线：横向”选项，可应用该网格线样式，如图15-50所示。

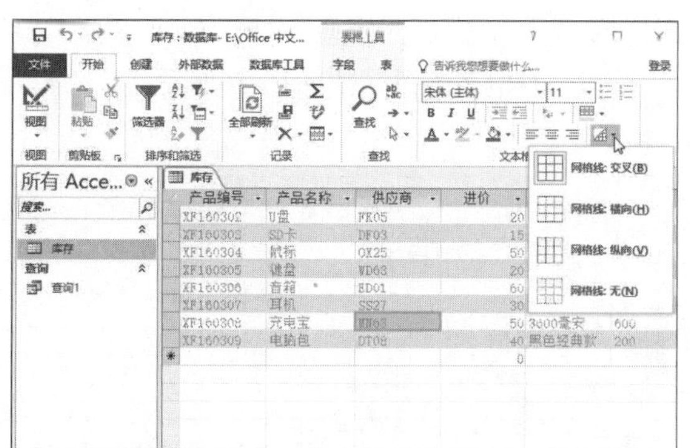

图15-49 “网格线”下拉列表

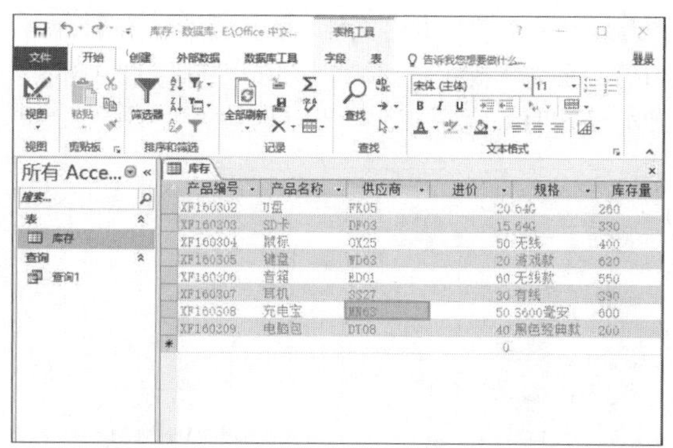

图15-50 设置网格线效果

15.4 表格结构的设计

在创建数据表之后，可以按需对表的结构进行设置。通常通过“表设计器”实现对字段的设计，下面以修改“库存”表为例进行介绍，其具体的操作步骤如下。

步骤01 打开“库存”数据表，如图15-51所示。

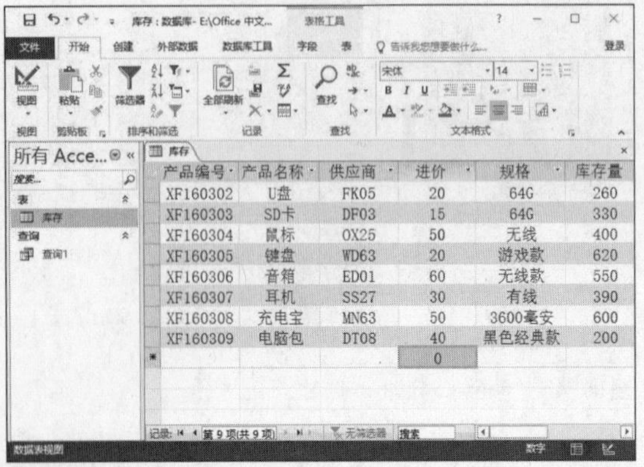

图15-51 打开“库存”数据表

步骤02 执行“开始>视图>设计视图”命令，如图15-52所示。

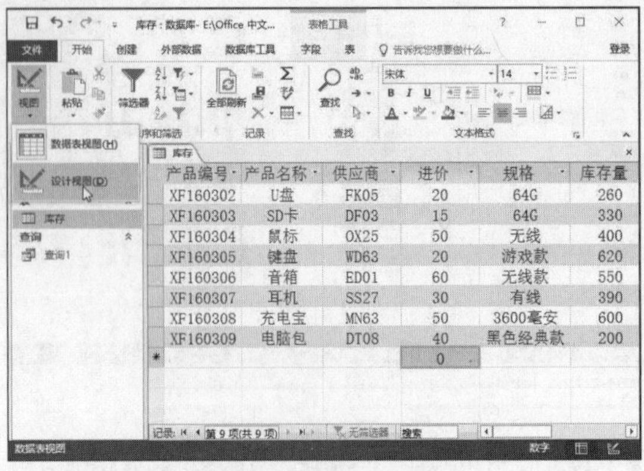

图15-52 选择“设计视图”选项

步骤03 窗口自动切换至设计视图状态，效果如图15-53所示。

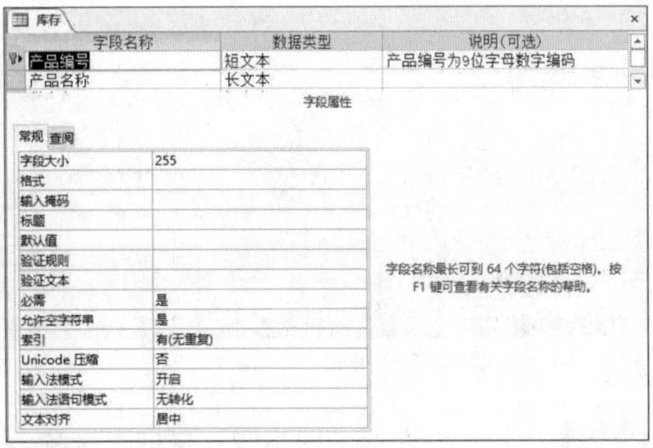

图15-53 设计视图

步骤04 在“产品编号”字段右键单击，从右键菜单中选择“插入行”命令，如图15-54所示。可在所选字段上方插入新行。

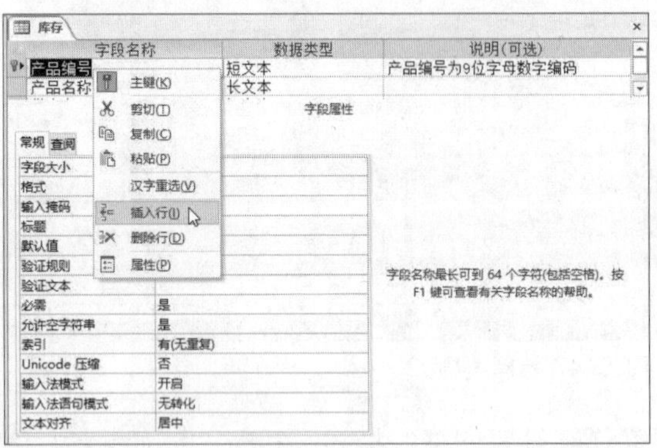

图15-54 插入行

步骤05 在“源产地”字段上右击，从右键菜单中选择“删除行”命令，可以删除选中的字段，如图15-55所示。

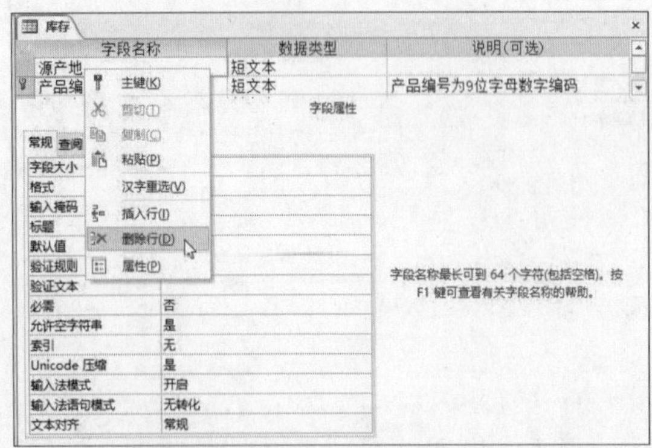

图15-55 删除行

步骤06 选择“进价”字段，然后单击下方“验证规则”右侧...按钮，如图15-56所示。

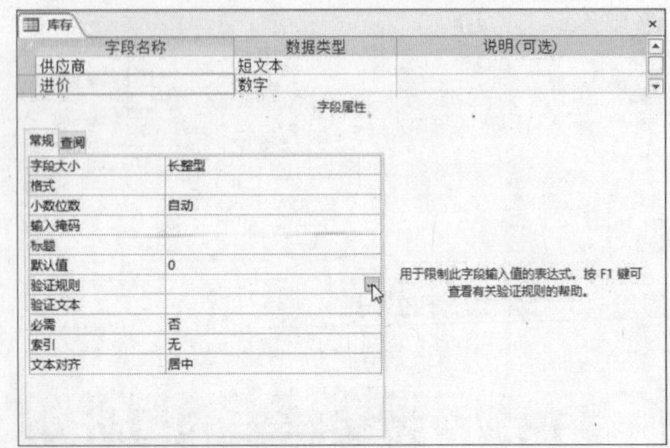

图15-56 单击“验证规则”右侧...按钮

步骤07 打开“表达式生成器”对话框，在文本框中输入“[进价]>0”作为条件约束，然后单击“确定”按钮，如图15-57所示。

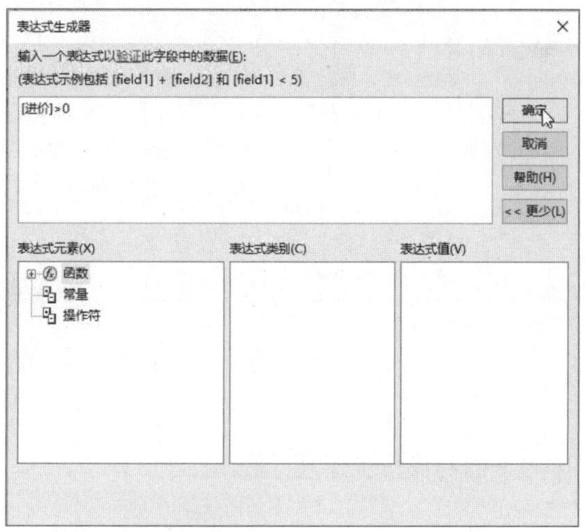

图15-57 设置进价的约束条件

步骤08 在进行数据输入时，如果输入的进价小于或等于0时，会弹出警告提示框，如图15-58所示。

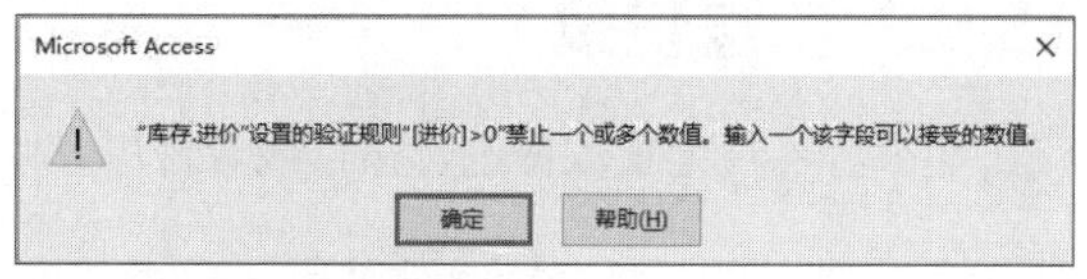

图15-58 违反约束条件警告框

15.5 记录的相关操作

数据库中的数据记录包含了大量的有用信息，Access 2016在数据记录上有很多相关实用的操作，下面分别对其进行介绍。

15.5.1 查找记录

如果想要在Access 2016的大量数据中查找出有用信息，可按照下面的操作步骤进行操作。

步骤01 打开“库存”数据表，如图15-59所示。

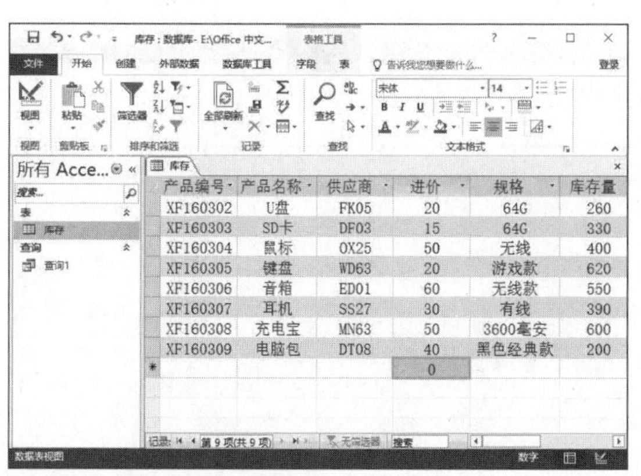

图15-59 打开“库存”数据表

步骤02 执行“开始>查找”命令，如图15-60所示。

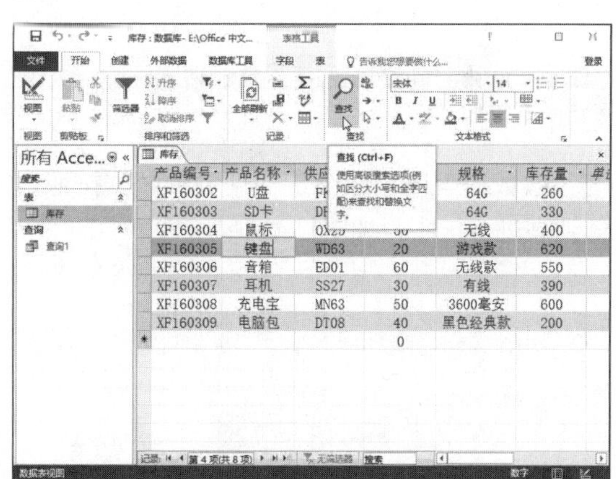

图15-60 单击“查找”按钮

步骤03 弹出“查找和替换”对话框，在“查找内容”文本框中输入“键盘”，单击“查找下一个”按钮，如图15-61所示。

步骤04 光标会自动切换到查找到的内容，如图15-62所示。

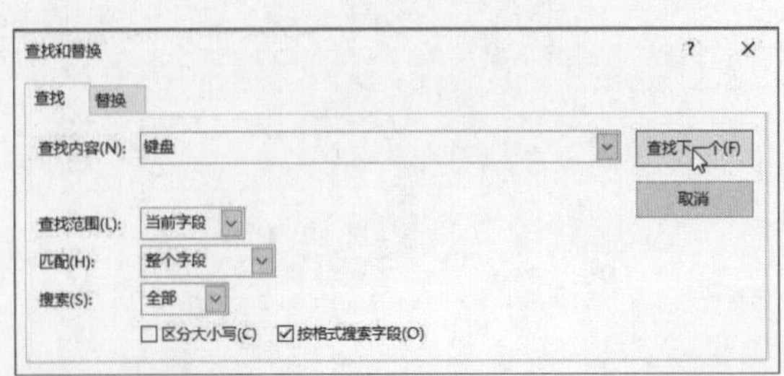

图15-61 “查找和替换”对话框

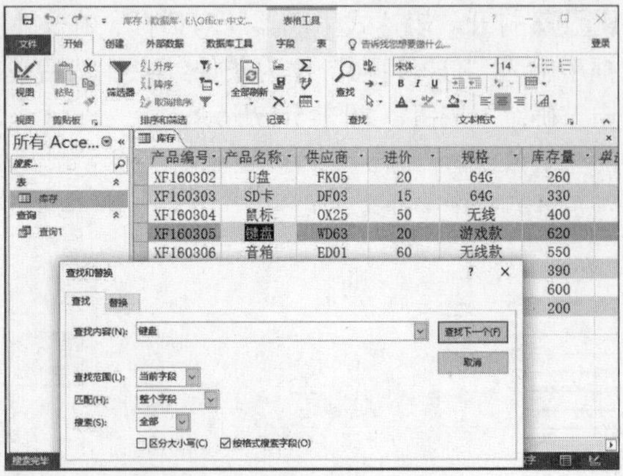

图15-62 查找示例

15.5.2 筛选记录

如果需要对记录数据进行筛选或者排序，则可以按照下面的操作步骤进行操作。

步骤01 筛选记录。打开库存数据表，单击“库存量”字段右侧下拉按钮，从列表中选择“文本筛选器”选项，然后从其级联菜单中选择合适的命令筛选记录即可，如图15-63所示。

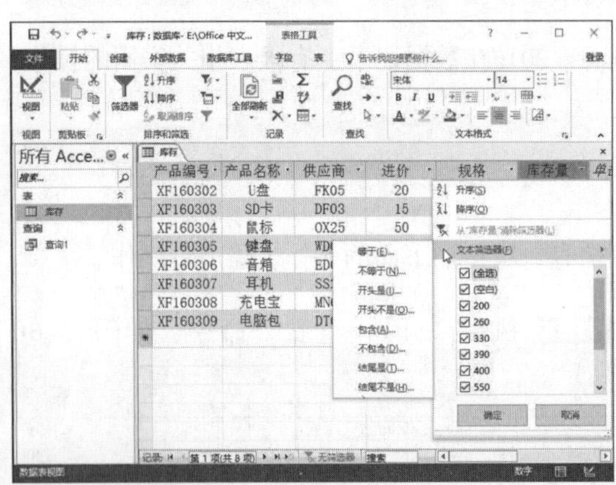

图15-63 筛选记录

步骤02 排序记录。如果想要对数据表中的记录进行排序，可以在“库存量”列中的数据单元格右键单击，然后从右键快捷菜单中选择“升序”选项，如图15-64所示。

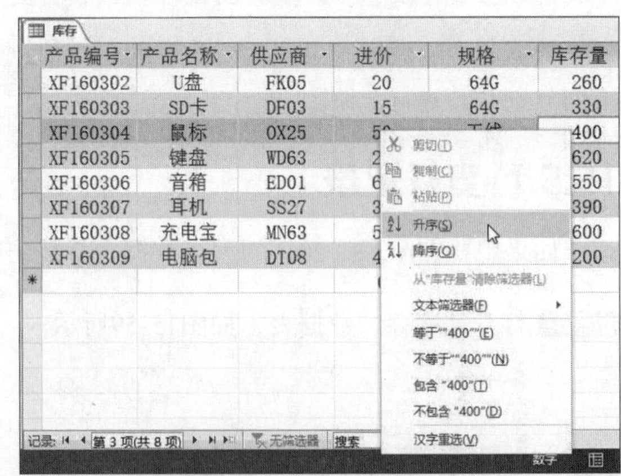

图15-64 排序记录

步骤03 数据表中“库存量”列中的数据按照由低到高进行排序，如图15-65所示。

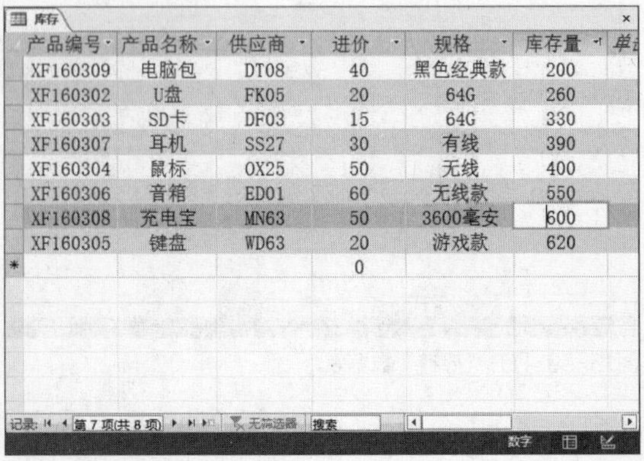

产品编号	产品名称	供应商	进价	规格	库存量
XF160309	电脑包	DT08	40	黑色经典款	200
XF160302	U盘	FK05	20	64G	260
XF160303	SD卡	DF03	15	64G	330
XF160307	耳机	SS27	30	有线	390
XF160304	鼠标	OX25	50	无线	400
XF160306	音箱	ED01	60	无线款	550
XF160308	充电宝	MN63	50	3600毫安	600
XF160305	键盘	WD63	20	游戏款	620

图15-65 记录排序效果

办公室练兵：创建“生产统计”数据库

在公司生产产品过程中，需要对生产的产品进行统计，包括产品代码、产品名称、目标产量、实际产量等，通过生产统计表可以对产品的相关信息进行查看，下面我们来学习如何制作生产统计表。

❶创建表

在制作生产统计表之前首先需要创建表，其具体的操作步骤如下。

步骤01 启动Access 2016应用程序，选择“空白桌面数据库”选项，单击弹出提示框中的“创建”按钮，如图15-66所示。

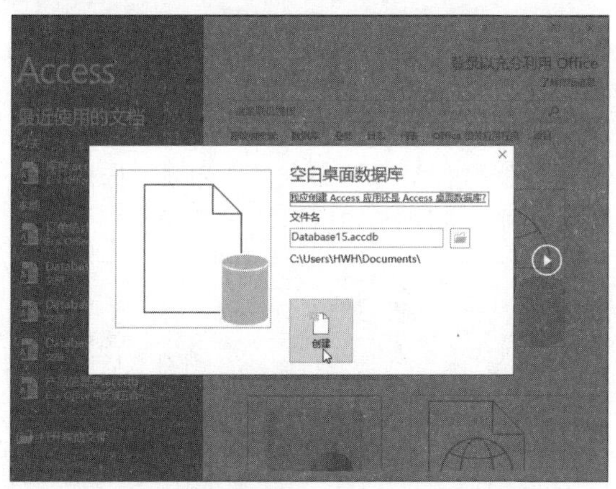

图15-66 单击“创建”按钮

步骤02 创建一个包含名称为“表1”的空白表数据库，双击“ID”字段，如图15-67所示。

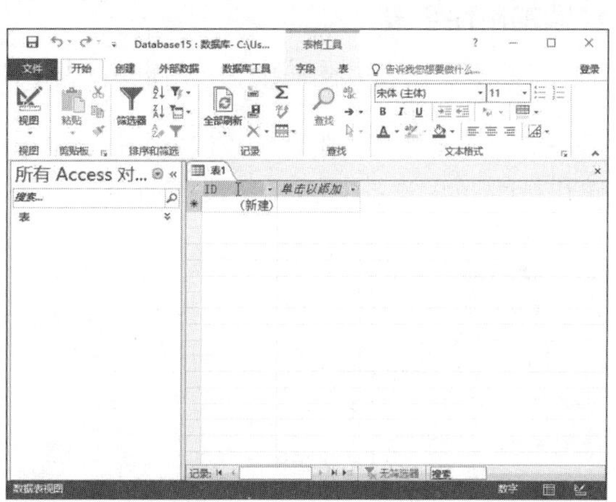

图15-67 创建空白数据库

步骤03 输入字段名称“产品代码”，然后单击“单击以添加”字段，从列表中选择“短文本”为该字段的数据类型，如图15-68所示。

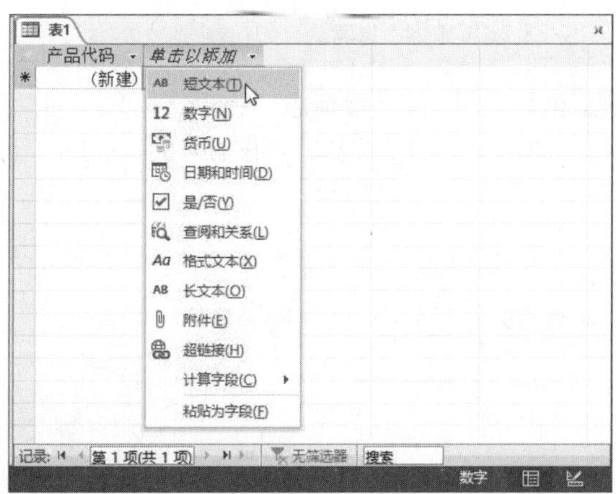

图15-68 选择“短文本”选项

步骤04 按照同样的方法，依次添加多个字段，并按需在相应字段下方填充记录，如图15-69所示。

产品代码	产品名称	目标产量	实际产量	不良品数	报废品数	备注
1	TH-01	3500	3800	2	1	
2	TH-02	3600	3800	5	0	
3	TH-03	4000	4500	3	1	
4	TH-04	5000	5500	1	0	
5	TH-05	4500	4300	2	0	
6	TH-06	8000	8300	9	1	
7	TH-07	6000	5500	3	0	
8	TH-08	7800	8000	2	2	
9	TH-09	2800	3000	1	0	
10	TH-10	4500	5000	5	1	
(新建)		0	0	0	0	

图15-69 填充记录

步骤05 输入完成后，在数据表名称上右击，从右键快捷菜单中选择“保存”选项，如图15-70所示。

步骤06 弹出“另存为”对话框，输入表名称“生产统计”，然后单击“确定”按钮，如图15-71所示。

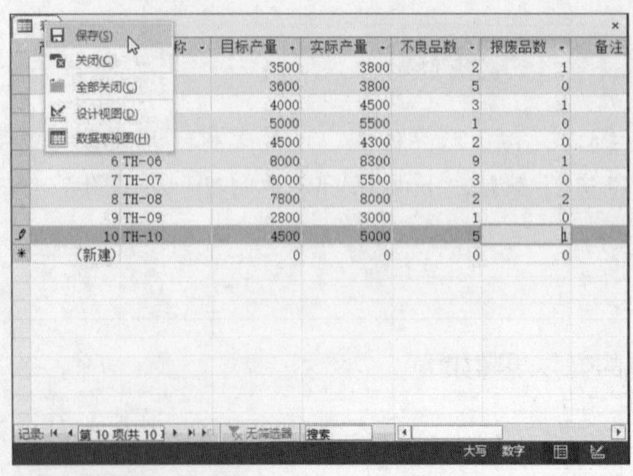

图15-70 选择“保存”选项

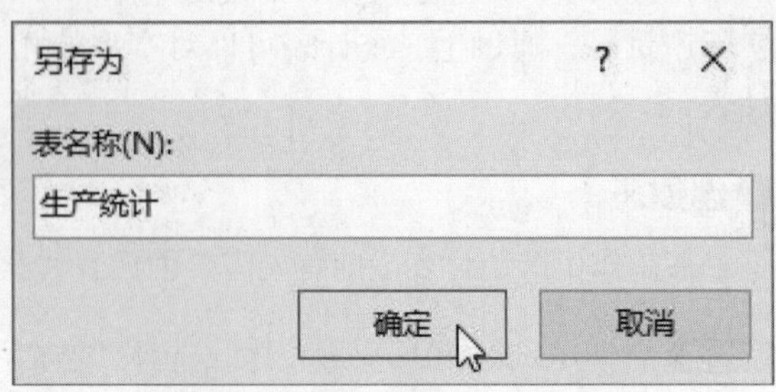

图15-71 保存表

❷添加附件字段

如果需要在表中添加附件，就需要在表中使用附件字段，其具体的操作步骤如下。

步骤01 在需要插入的附件字段位置右击，从右键快捷菜单中选择“插入字段”命令，如图15-72所示。

步骤02 选择插入的字段，执行“表格工具－字段>格式>数据类型”命令，从列表中选择“附件”选项，如图15-73所示。

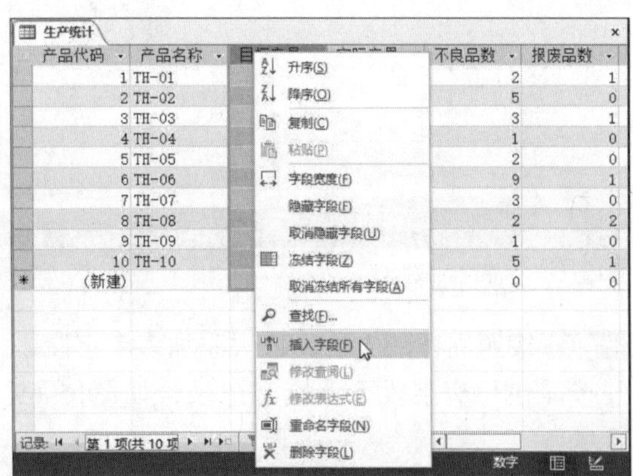

图15-72 选择“插入字段”命令

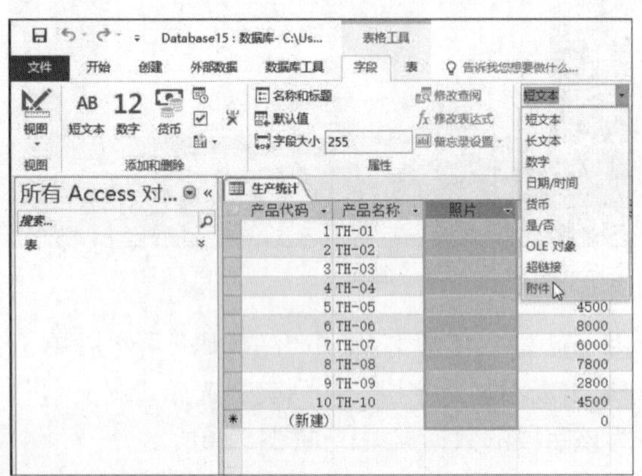

图15-73 选择“附件”选项

步骤03 表字段将显示为附件标志，如图15-74所示。@表示当前字段为附加字段；(0)表示当前的附加文件数量为0，随着附加文件数量变化而自动更新。

步骤04 双击附件字段标志，弹出“附件”对话框，单击“添加”按钮，如图15-75所示。

产品代码	产品名称	@	目标产量	实际产量	不良品数
1	TH-01	@(0)	3500	3800	2
2	TH-02	@(0)	3600	3800	5
3	TH-03	@(0)	4000	4600	3
4	TH-04	@(0)	5000	5500	1
5	TH-05	@(0)	4500	4300	2
6	TH-06	@(0)	8000	8300	9
7	TH-07	@(0)	6000	5500	3
8	TH-08	@(0)	7800	8000	2
9	TH-09	@(0)	2800	3000	1
10	TH-10	@(0)	4500	5000	5
	(新建)	@(0)	0	0	0

图15-74 添加附件字段效果

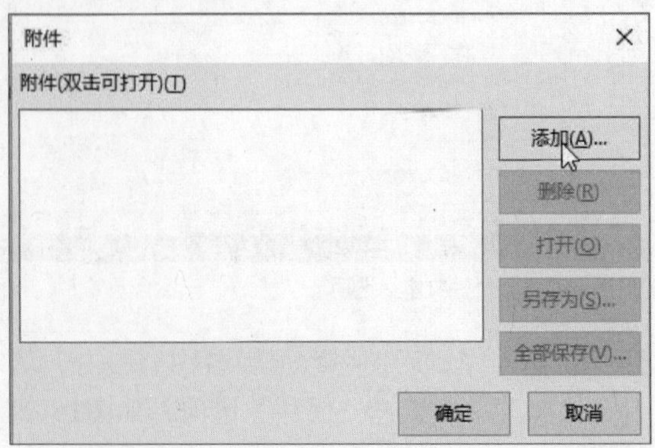

图15-75 “附件”对话框

步骤05 打开“选择文件”对话框，选择文件后单击“打开”按钮，如图15-76所示。

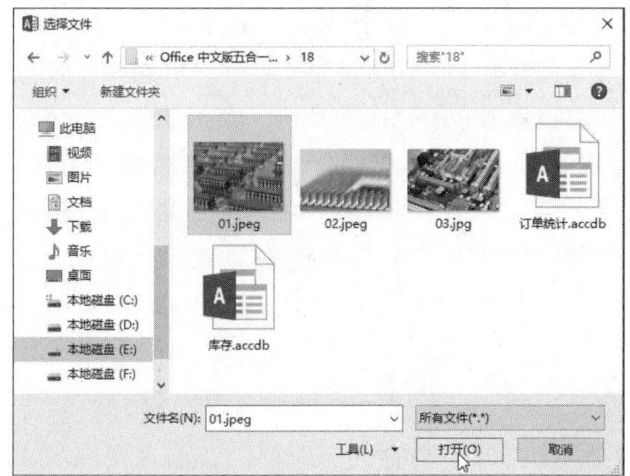

图15-76 单击“打开”按钮

步骤06 返回“附件”对话框，单击“确定”按钮，完成附件的添加，按照同样的方法添加其他附件后效果如图15-77所示。

生产统计

产品代码	产品名称	@	目标产量	实际产量	不良品数
1	TH-01	@(1)	3500	3800	2
2	TH-02	@(2)	3600	3800	5
3	TH-03	@(1)	4000	4500	3
4	TH-04	@(0)	5000	5500	1
5	TH-05	@(2)	4500	4300	2
6	TH-06	@(0)	8000	8300	9
7	TH-07	@(1)	6000	5500	3
8	TH-08	@(0)	7800	8000	2
9	TH-09	@(3)	2800	3000	1
10	TH-10	@(0)	4500	5000	5
（新建）		@(0)	0	0	0

记录: 第 9 项(共 10 项) 无筛选器 搜索

图15-77 添加附件效果

❸设置表格式并保存数据库

完善表格记录后，还可按需对表格式进行美化，最后将数据库保存至指定位置，其具体操作步骤如下。

步骤01 单击表左上方的三角按钮，选中表中的所有内容，执行“开始>文本格式>加粗”命令，如图15-78所示。使表中的文本加粗显示。

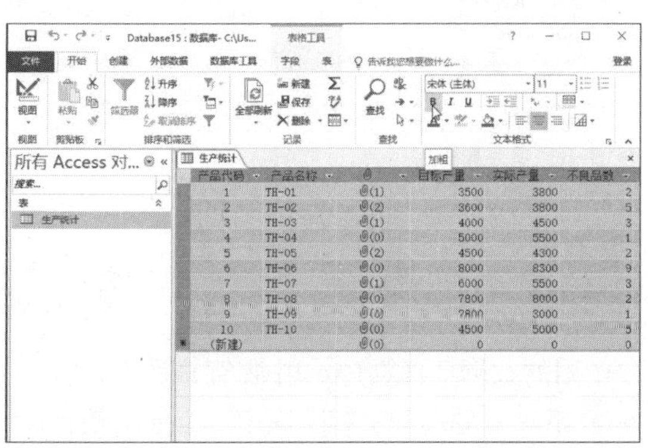

图15-78 单击“加粗”按钮

步骤02 选择产品名称字段列文本，执行“开始>文本格式>居中”命令，如图15-79所示。使选择文本居中显示。

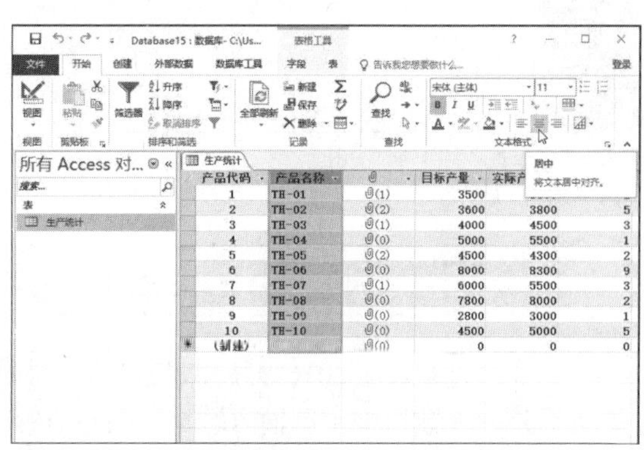

图15-79 单击“居中”按钮

步骤03 单击表左上方三角按钮，选择表中所有内容，右键单击，从右键菜单中选择“行高”选项，如图15-80所示。

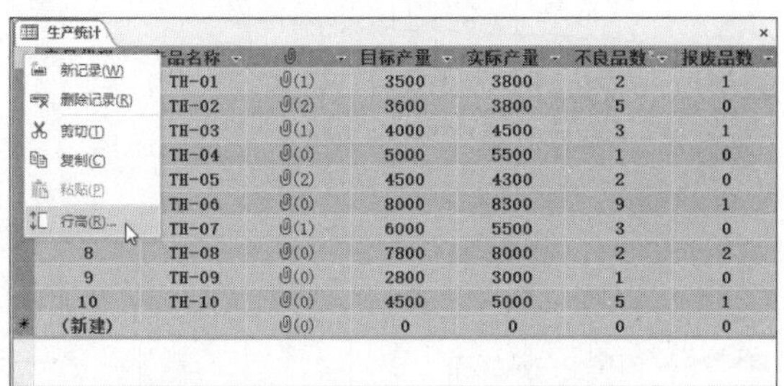

图15-80 选择“行高”选项

步骤04 打开“行高”对话框，设置“行高”值为“18”，然后单击“确定”按钮，如图15-81所示。

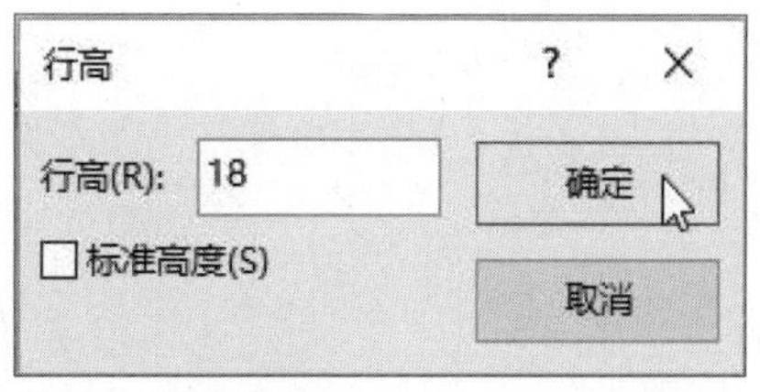

图15-81 设置行高

步骤05 单击“可选行颜色”按钮，从列表中选择“浅蓝”选项，如图15-82所示。

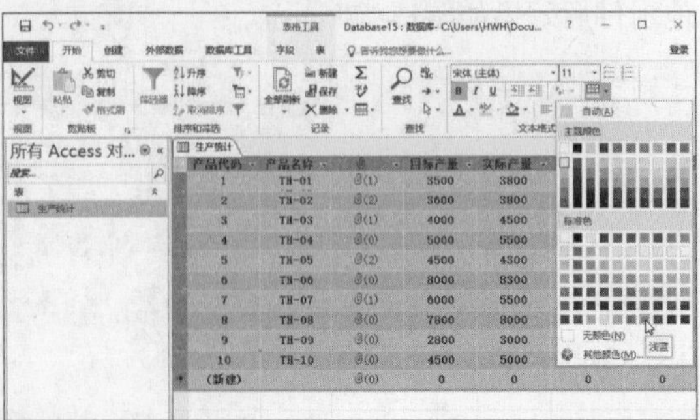

图15-82 选择“浅蓝”选项

步骤06 即可将可选行颜色更改为浅蓝，效果如图15-83所示。

产品代码	产品名称	@	目标产量	实际产量	不良品数	报废品数
1	TH-01	@(1)	3500	3800	2	1
2	TH-02	@(2)	3600	3800	5	0
3	TH-03	@(1)	4000	4500	3	1
4	TH-04	@(0)	5000	5500	1	0
5	TH-05	@(2)	4500	4300	2	0
6	TH-06	@(0)	8000	8300	9	1
7	TH-07	@(1)	6000	5500	3	0
8	TH-08	@(0)	7800	8000	2	2
9	TH-09	@(0)	2800	3000	1	0
10	TH-10	@(0)	4500	5000	5	1
（新建）		@(0)	0	0	0	0

图15-83 更改可选行颜色效果

步骤07 执行“文件>另存为>数据库另存为>另存为”命令，如图15-84所示。

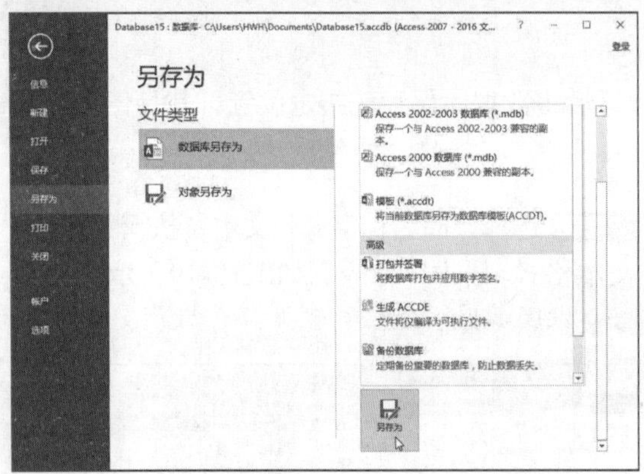

图15-84 单击“另存为”按钮

步骤08 打开“另存为”对话框，输入文件名，单击“保存”按钮，如图15-85所示。

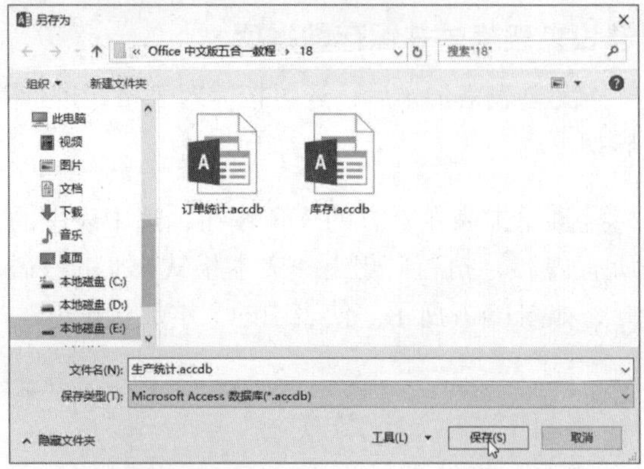

图15-85 保存数据库

技巧放送：将Excel表格导入Access数据库

在通过Access 2016程序构建数据时，如果需要使用的数据已经在Excel中保存，那么，就无需逐一在数据中手动输入数据，可以直接将Excel表格导入到Access数据库中，下面以销售统计表的导入为例进行介绍。其具体的操作步骤如下。

步骤01 启动Access 2016应用程序，创建空白数据库，如图15-86所示。

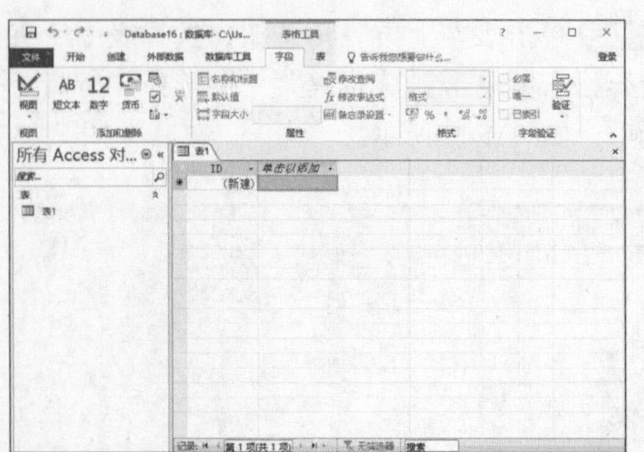

图15-86 创建空白数据库

步骤02 单击“外部数据”选项卡中的“Excel”按钮，如图15-87所示。

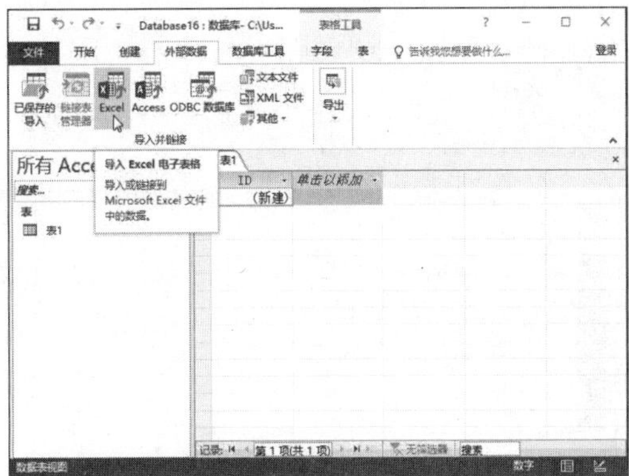

图15-87 单击“Excel”按钮

步骤03 弹出“获取外部数据 – Excel电子表格”对话框，单击“浏览”按钮，如图15-88所示。

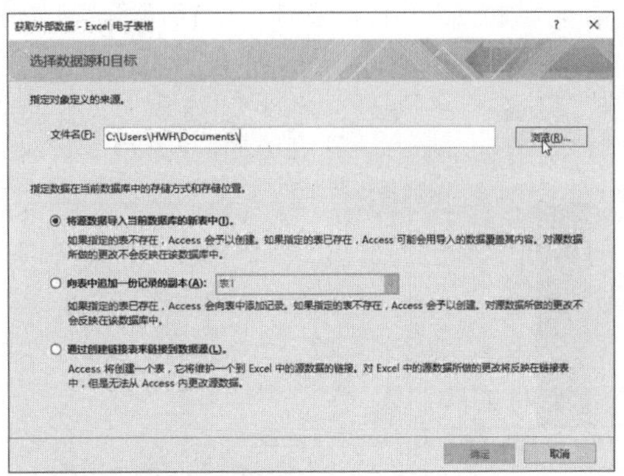

图15-88 单击“浏览”按钮

步骤04 打开“打开”对话框，选择需要导入的Excel表格，单击“打开”按钮，如图15-89所示。

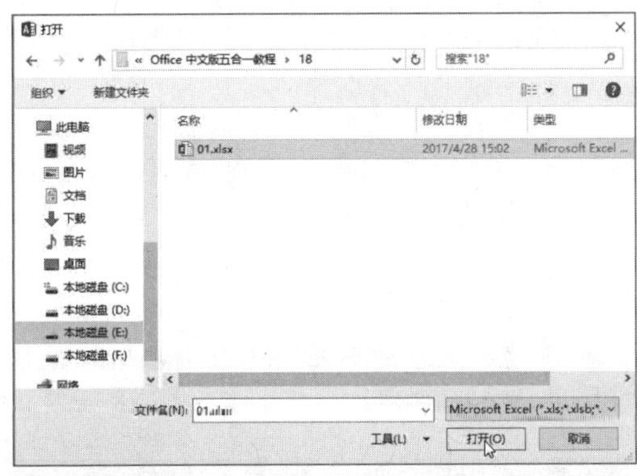

图15-89 选择Excel表格

步骤05 返回“获取外部数据 – Excel电子表格”对话框，单击“确定”按钮，弹出“导入数据库向导”对话框，单击“下一步”按钮，如图15-90所示。

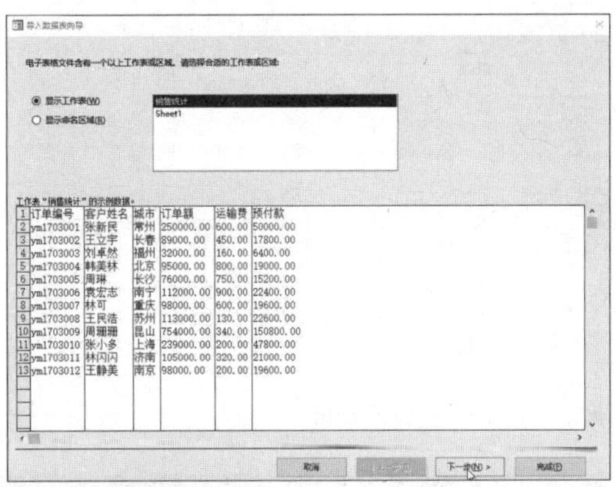
图15-90 单击“下一步”按钮

步骤06 勾选“第一行包含列标题”选项前的复选框，单击“下一步”按钮，如图15-91所示。

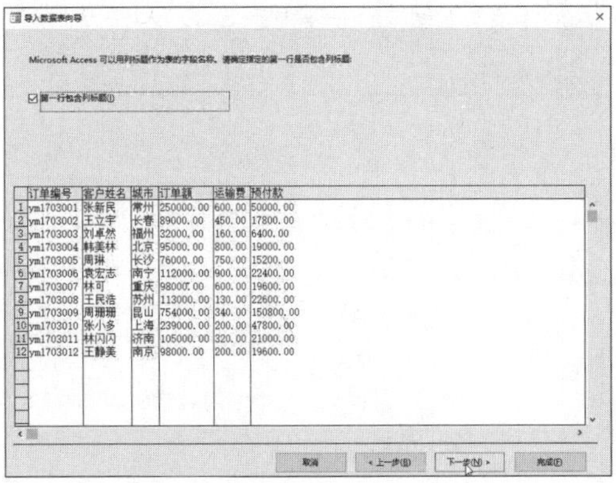

图15-91 单击“下一步”按钮

步骤07 为每个字段命名并设置该字段的数据类型，然后单击“下一步”按钮，如图15-92所示。

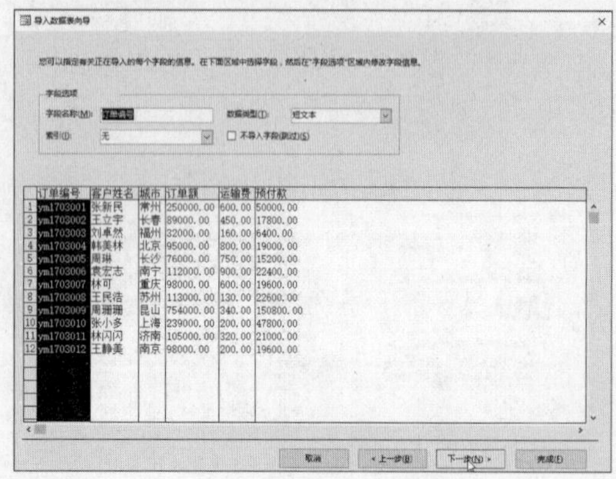

图15-92 单击“下一步”按钮

步骤08 选中“让Access添加主键”单选按钮，单击“下一步”按钮，如图15-93所示。

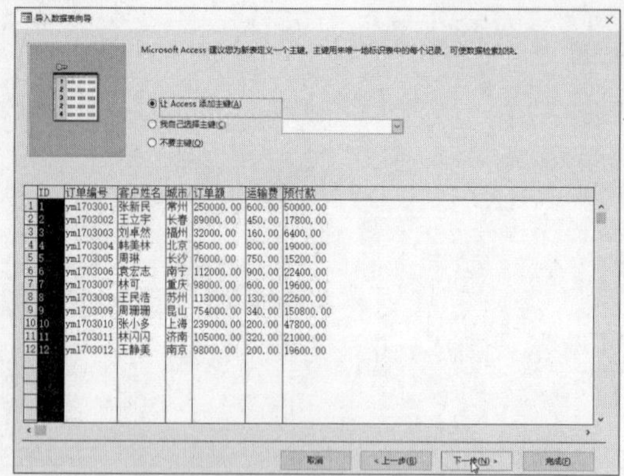

图15-93 单击“下一步”按钮

步骤09 设置要导入表的表名称为“销售统计”，单击“完成”按钮，如图15-94所示。

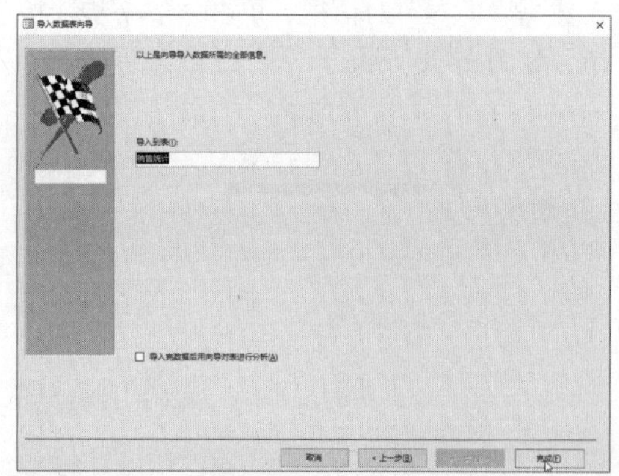

图15-94 单击“完成”按钮

步骤10 Excel中的数据成功导入到销售统计表中，如图15-95所示。

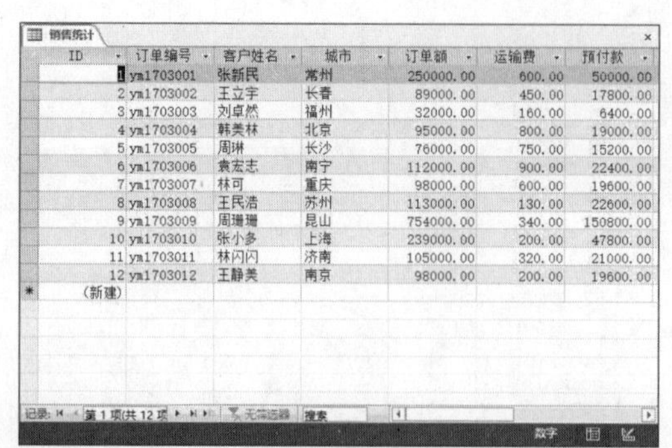

ID	订单编号	客户姓名	城市	订单额	运输费	预付款
1	ym1703001	张新民	常州	250000.00	600.00	50000.00
2	ym1703002	王立宇	长春	89000.00	450.00	17800.00
3	ym1703003	刘卓然	福州	32000.00	160.00	6400.00
4	ym1703004	韩美林	北京	95000.00	800.00	19000.00
5	ym1703005	周琳	长沙	76000.00	750.00	15200.00
6	ym1703006	袁宏志	南宁	112000.00	900.00	22400.00
7	ym1703007	林可	重庆	98000.00	600.00	19600.00
8	ym1703008	王民浩	苏州	113000.00	130.00	22600.00
9	ym1703009	周珊珊	昆山	754000.00	340.00	150800.00
10	ym1703010	张小多	上海	239000.00	200.00	47800.00
11	ym1703011	林闪闪	济南	105000.00	320.00	21000.00
12	ym1703012	王静美	南京	98000.00	200.00	19600.00
(新建)						

图15-95 导入数据效果

Tip: 导入Excel表格注意事项

在导入Excel表格之前，应当对Excel表格进行编辑，对于表头包含合并单元格的标题应进行删除，否则在导入到Access后，数据将无法正确显示。

Chapter 16 Access的窗体对象

本章主要讲述Access 2016数据库中窗体的基本知识。窗体的存在，为用户提供了查看、接收、编辑数据的平台，使数据库的信息显示变得更加灵活。

1. 利用向导创建窗体
2. 在设计视图中创建窗体
3. 自动创建窗体
4. 编辑窗体
5. 窗体的完善

16.1 窗体的创建

Access 2016数据库之间的接口是窗体对象。窗体为用户提供了数据编辑、数据接收、数据查看和显示信息等多种灵活的方式，本节介绍几种不同创建窗体的方法。

16.1.1 使用向导创建窗体

以利用向导创建销售统计窗体为例进行介绍，其具体的操作步骤如下。

步骤01 打开销售统计数据库，如图16-1所示。

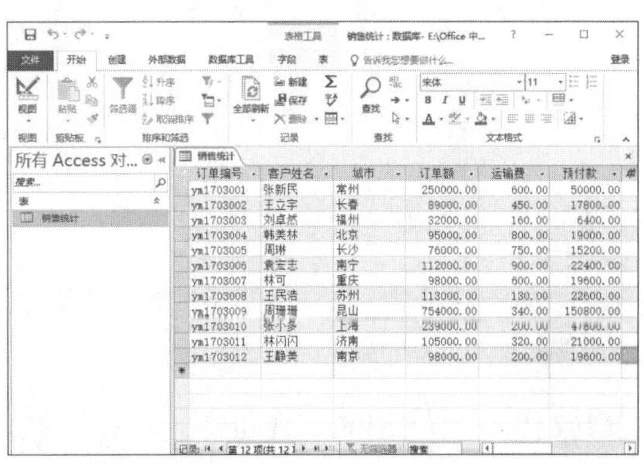

图16-1 打开销售统计表

步骤02 单击“创建”选项卡中“窗体”组中的“窗体向导”按钮，如图16-2所示。

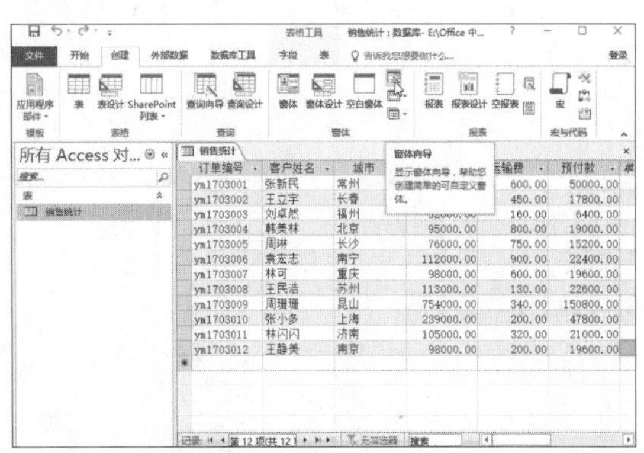

图16-2 单击“窗体向导”按钮

步骤03 打开“窗体向导”对话框，选择字段，单击“添加”按钮，如图16-3所示。

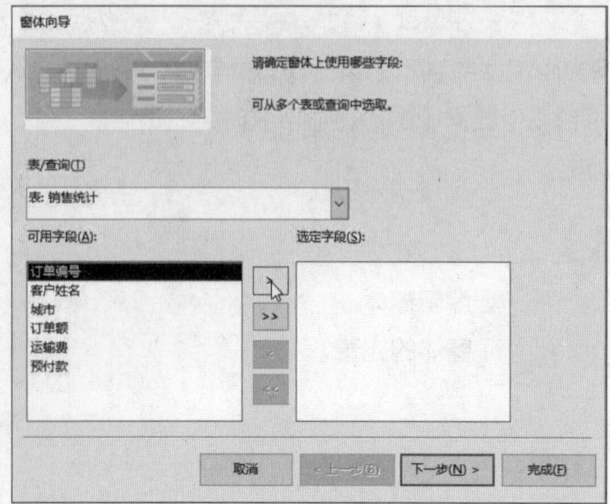

图16-3 添加字段

步骤04 添加多个字段到“选定字段”列表框后，单击“下一步”按钮，如图16-4所示。

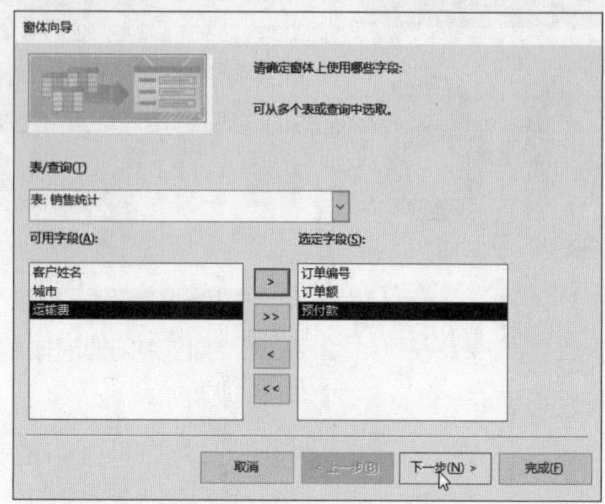

图16-4 单击“下一步”按钮

步骤05 选中“纵栏表”单选按钮，单击“下一步”按钮，如图16-5所示。

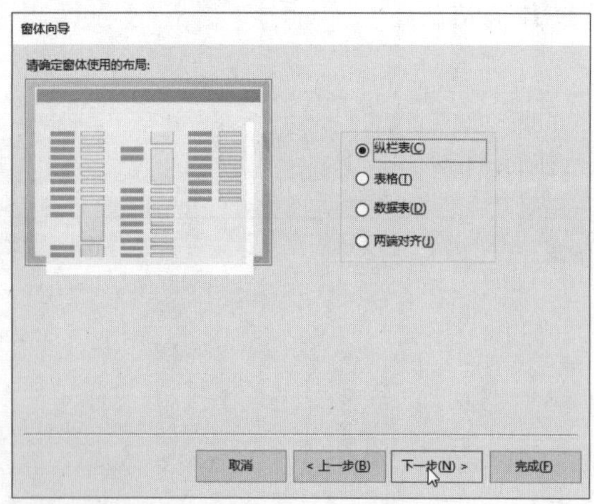

图16-5 单击“下一步”按钮

步骤06 设置窗体标题后，单击“完成”按钮，如图16-6所示。

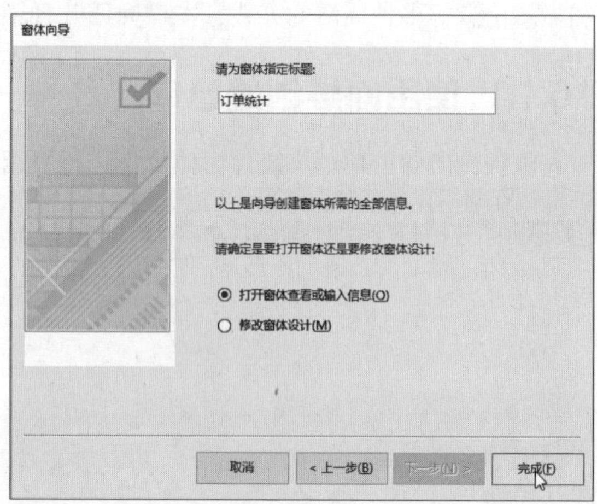

图16-6 单击“完成”按钮

步骤07 使用向导创建窗体成功后，生成的窗口如图16-7所示。

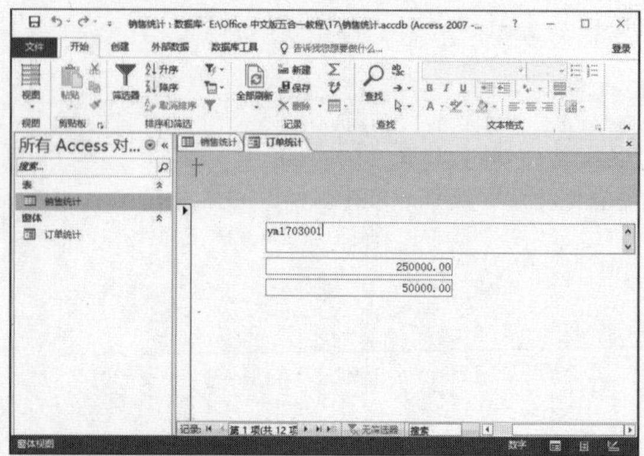

图16-7 生成窗体效果

16.1.2 在设计视图中创建窗体

以在设计视图中创建销售统计表窗体为例进行介绍，其具体的操作步骤如下。

步骤01 单击“创建”选项卡上“窗体”组中的“窗体设计”按钮，如图16-8所示。

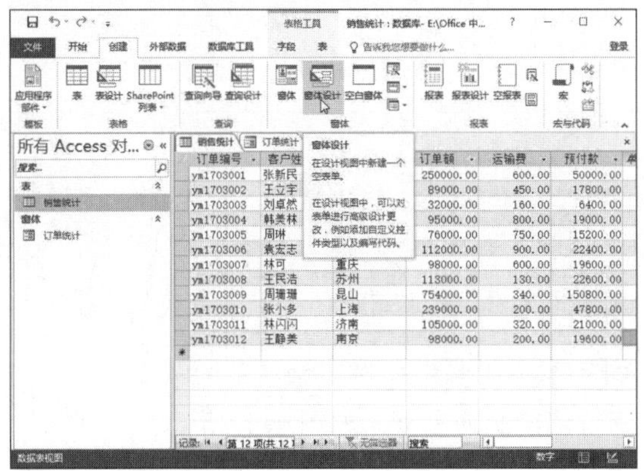

图16-8 单击“窗体设计”按钮

步骤02 主窗口切换至“窗体1”界面，如图16-9所示。

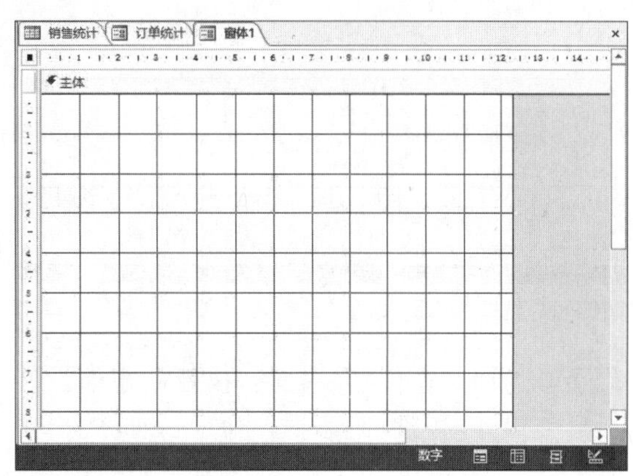

图16-9 “窗体1”界面

步骤03 单击“窗体设计工具－设计”选项卡中的“属性表”按钮，如图16-10所示。

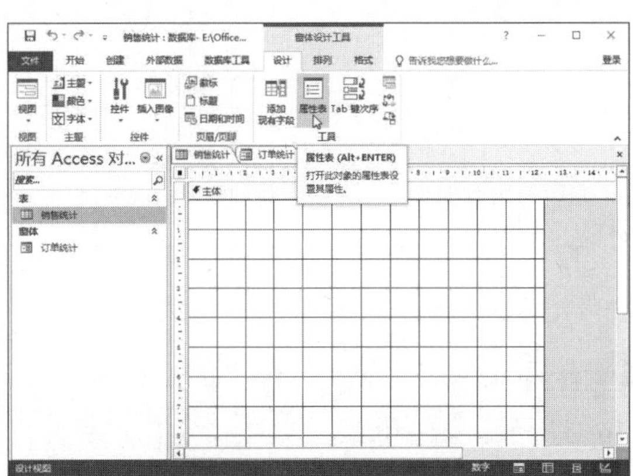

图16-10 单击“属性表”按钮

步骤04 打开“属性表”任务窗格，单击“全部”选项卡中“记录源”右侧⋯按钮，如图16-11所示。

图16-11 “属性表”任务窗格

步骤05 弹出“显示表”对话框，双击“销售统计”，如图16-12所示。然后单击“关闭”按钮，关闭对话框。

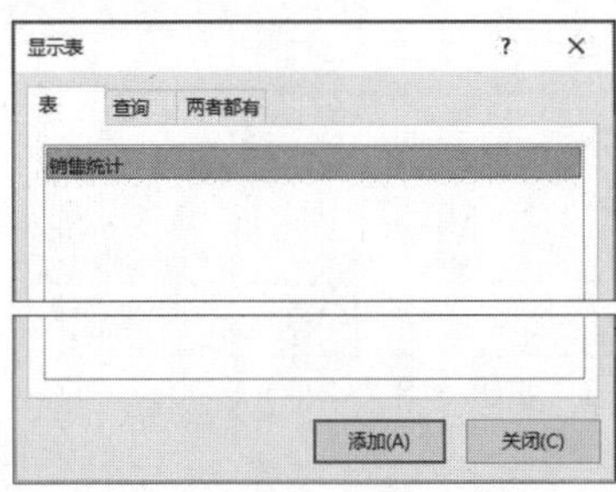

图16-12 “显示表”对话框

步骤06 自动打开“窗体1：查询生成器”窗口，双击“订单编号”字段，如图16-13所示。

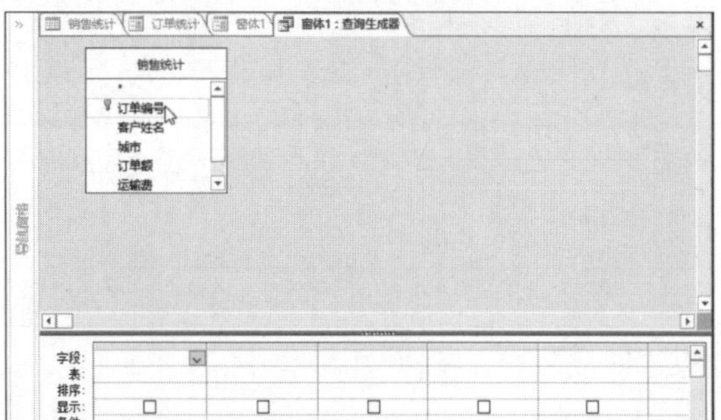

图16-13 双击“订单编号”字段

步骤07 添加多个字段后，在“窗体1：查询生成器”标签上右击，从右键快捷菜单中选择“关闭”命令，如图16-14所示。

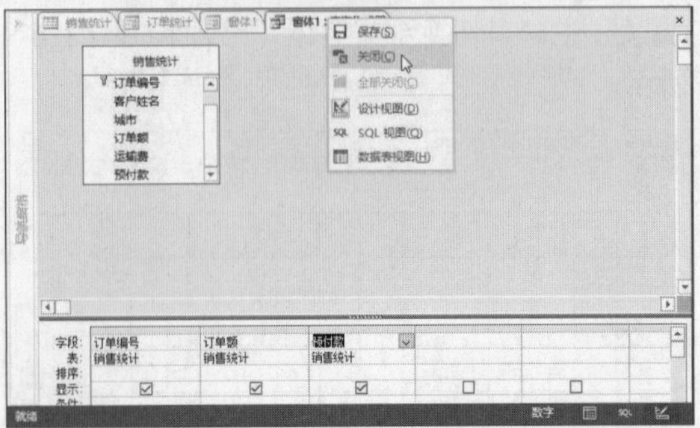

图16-14 选择“关闭”命令

步骤08 弹出提示对话框，单击“是”按钮，如图16-15所示。

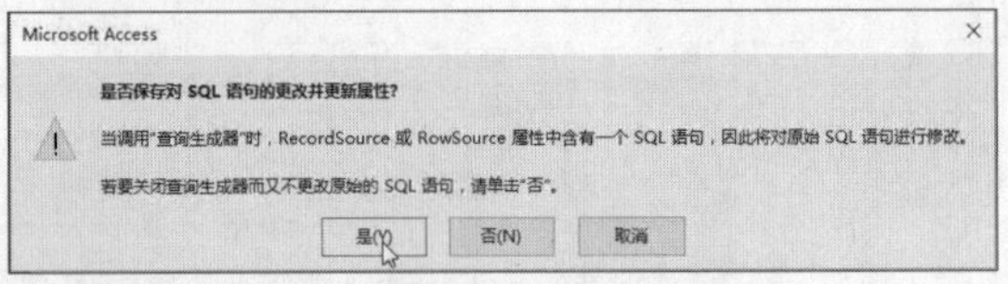

图16-15 单击“是”按钮

步骤09 返回“窗体1”界面，执行“窗体设计工具－设计>控件>列表框”命令，如图16-16所示。

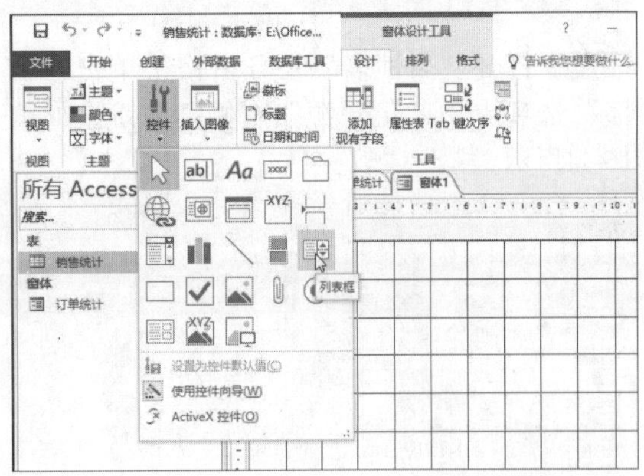

图16-16 选择“列表框”选项

步骤10 按住鼠标左键不放，在“窗体1”的任意位置绘制列表框，如图16-17所示。

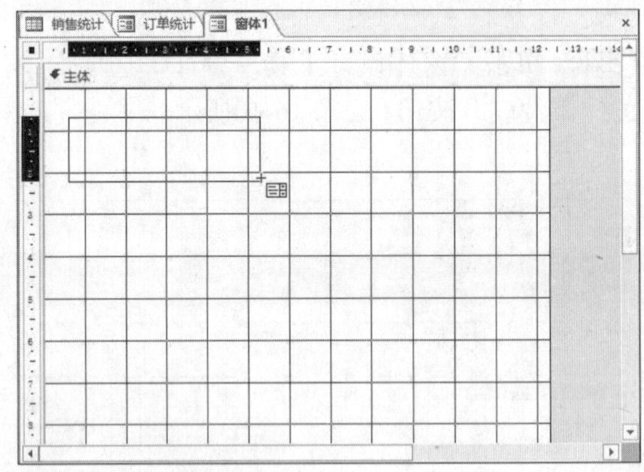

图16-17 绘制列表框

步骤11 绘制完毕后，弹出“列表框向导”对话框，单击“下一步”按钮，如图16-18所示。

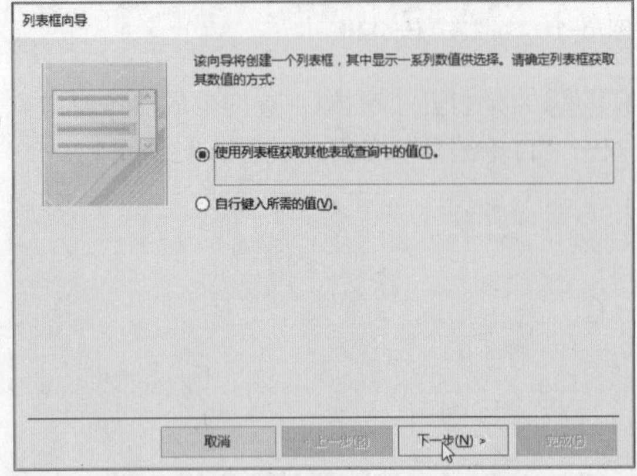

图16-18 单击“下一步”按钮

步骤12 保持默认，单击“下一步”按钮，如图16-19所示。

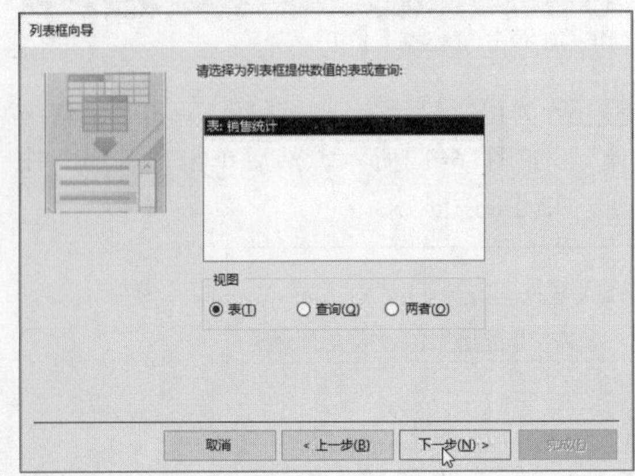

图16-19 单击“下一步”按钮

步骤13 按需将“可用字段”列表框中的字段添加到“选定字段”列表框中，单击“下一步”按钮，如图16-20所示。

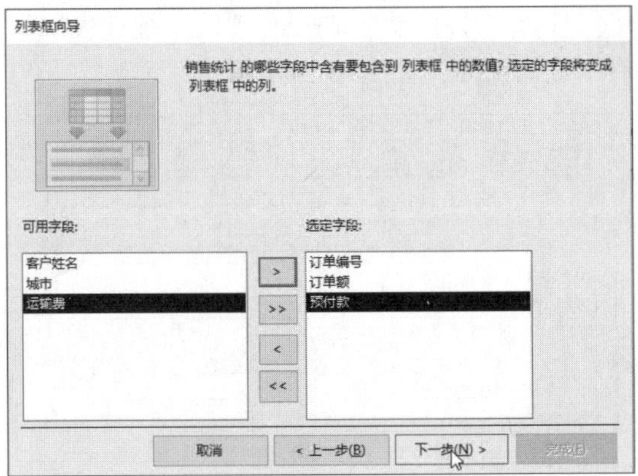

图16-20 单击“下一步”按钮

步骤14 指定字段，并设置排序方式，单击“下一步”按钮，如图16-21所示。

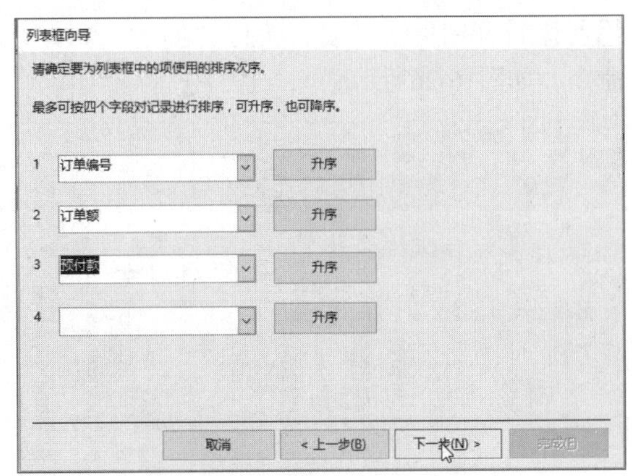

图16-21 单击“下一步”按钮

步骤15 取消对“隐藏键列（建议）”选项的勾选，单击“下一步”按钮，如图16-22所示。

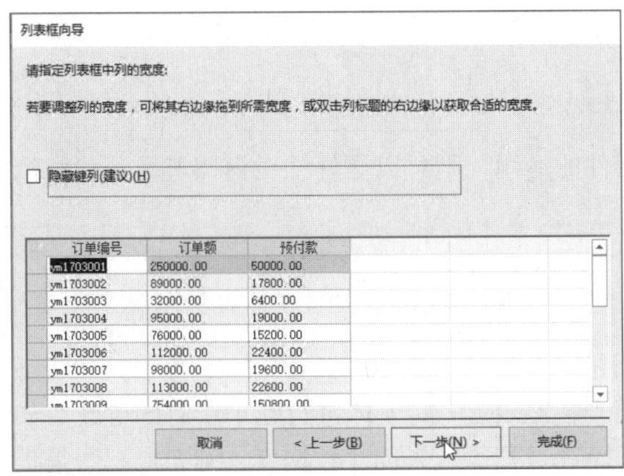

图16-22 单击“下一步”按钮

步骤16 保持默认，单击“下一步”按钮，如图16-23所示。

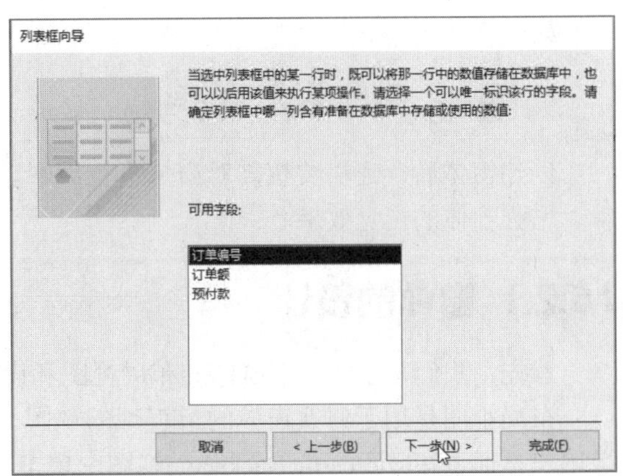

图16-23 单击“下一步”按钮

步骤17 保持默认，单击“下一步”按钮，如图16-24所示。

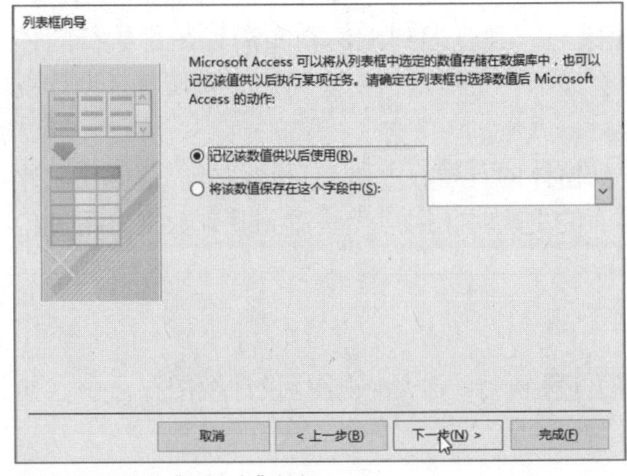

图16-24 单击“下一步”按钮

步骤18 按需为列表框指定标签后，单击“完成”按钮即可，如图16-25所示。

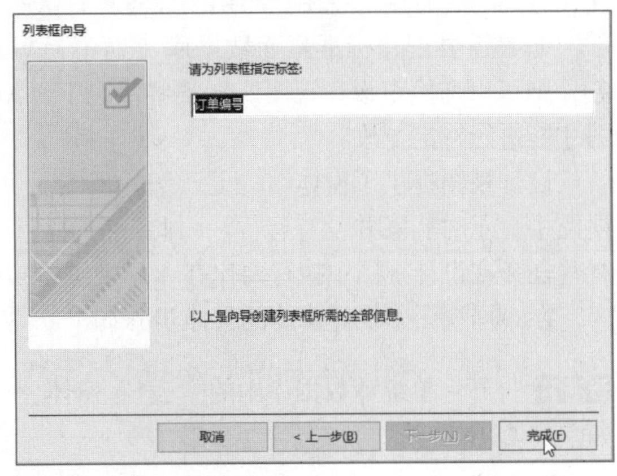

图16-25 单击“完成”按钮

16.1.3 自动创建窗体

自动创建窗体的方法更加简单便捷，下面以销售统计表为例进行介绍，其具体操作步骤如下。

步骤01 打开销售统计表，执行“创建>窗体”命令，如图16-26所示。

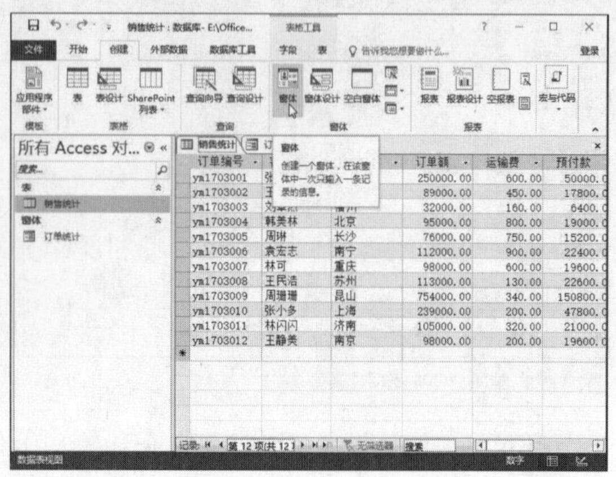

图16-26 单击“窗体”按钮

步骤02 系统会自动生成带有“销售统计表”所有字段的窗体，如图16-27所示。

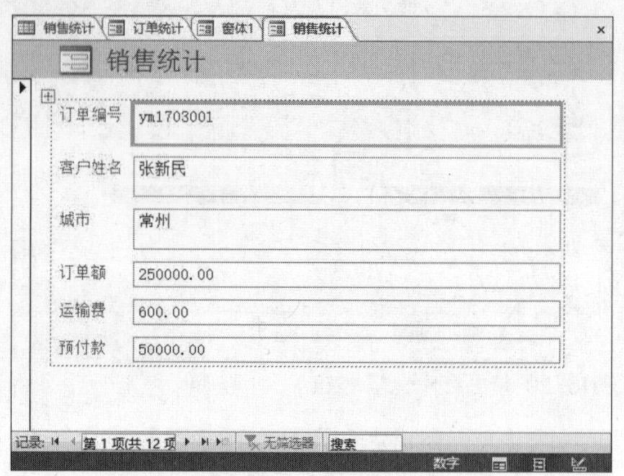

图16-27 自动生成窗体示例

16.2 窗体的编辑

创建窗体后，还需要按需对窗体进行编辑。而控件的运用，则可以更好的对窗体进行美化和编辑，增强窗体的视觉效果。

16.2.1 窗体的设计

首先，我们来了解一下窗体的布局视图和设计视图。

布局视图是用于修改窗体的最直观的视图，可用于在Access中对窗体进行几乎所有的更改。如果用户是通过在Microsoft Backstage视图中单击“空白Web数据库”来创建数据库，则布局视图是唯一可用来设计窗体的视图。

在布局视图中，窗体实际上正在运行。因此，用户看到的数据与使用该窗体时显示的外观非常相似。用户还可以在此视图中对窗体设计进行更改。由于用户可以在修改窗体的同时看到数据，因此，它是非常有用的视图，可用于设置控件大小或执行几乎所有其他影响窗体外观和可用性的任务。

如果需要创建标准桌面数据库（而不是Web数据库），并且遇到无法在布局视图中执行的任务，则可以切换至设计视图。在某些情况下，Access会显示一条消息，指出用户必须切换至设计视图才能进行特定更改。

设计视图提供了窗体结构更详细的视图。可以看到窗体的页眉、主体和页脚部分。窗体在设计视图中显示时实际并没有运行。因此，在进行设计方面的更改时，用户无法看到基础数据。不过，有些任务在设计视图中执行要比在布局视图中执行容易。

在布局视图中设计窗体的具体步骤如下。

步骤01 打开订单统计数据库中的“表1”窗体，如图16-28所示。

步骤02 执行“开始>视图>设计视图”命令，如图16-29所示。

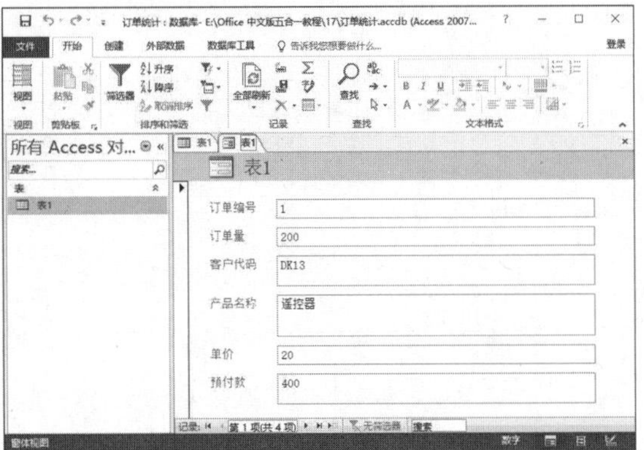
图16-28 打开窗体

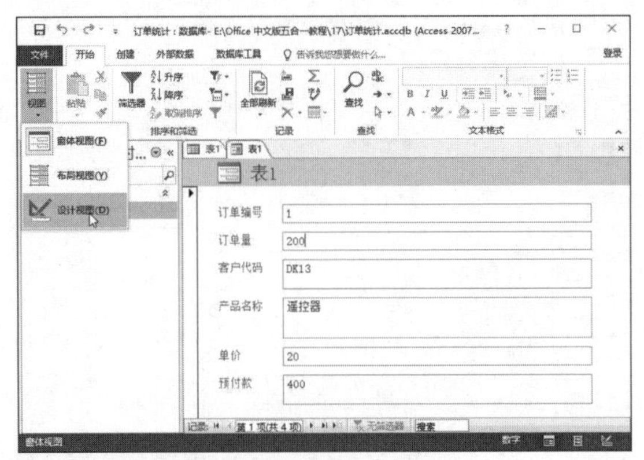
图16-29 选择“设计视图”选项

步骤03 更改窗体主题。执行“窗体设计工具－设计>主题>切片”命令，如图16-30所示。

步骤04 应用“切片”主题后，窗体显示效果如图16-31所示。

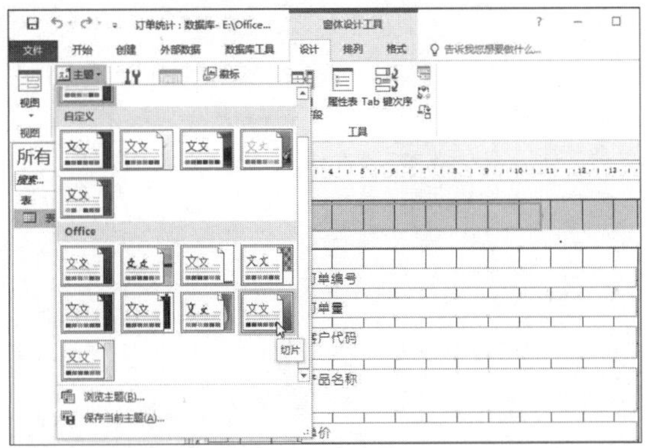
图16-30 更改窗体主题

图16-31 更改窗体主题效果

步骤05 设置主题颜色。执行“窗体设计工具－设计>颜色>紫红色”命令，如图16-32所示。

步骤06 应用“紫红色”主题色后，窗体显示效果如图16-33所示。

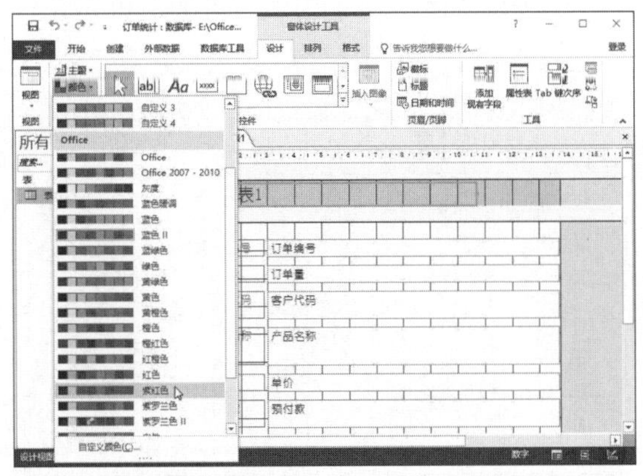
图16-32 更改窗体主题色

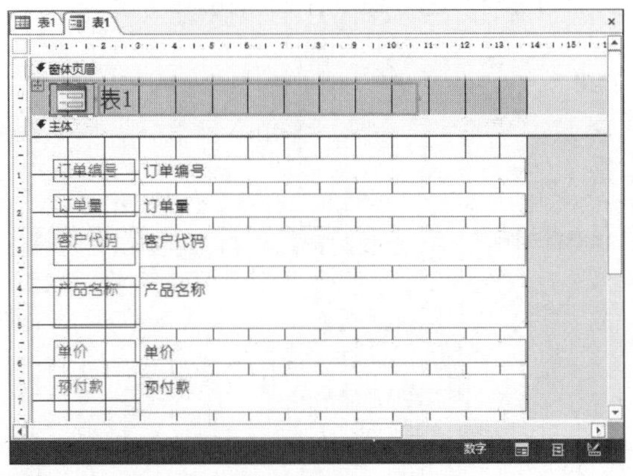
图16-33 更改窗体主题颜色效果

步骤07 设置主题字体。执行“窗体设计工具－设计>字体>黑体”命令，如图16-34所示。

步骤08 更改主题字体后，窗体显示效果如图16-35所示。

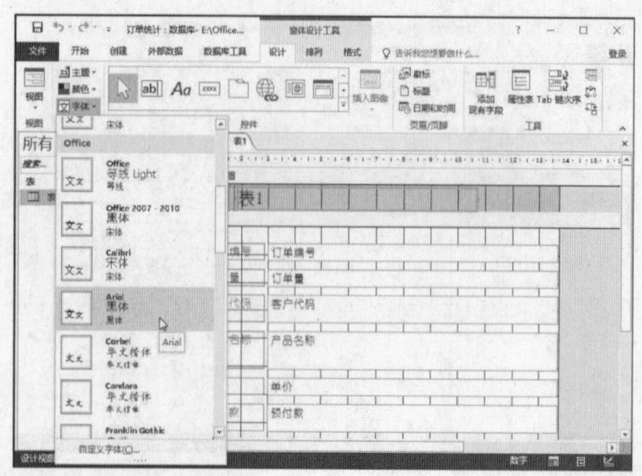
图16-34 更改主题字体

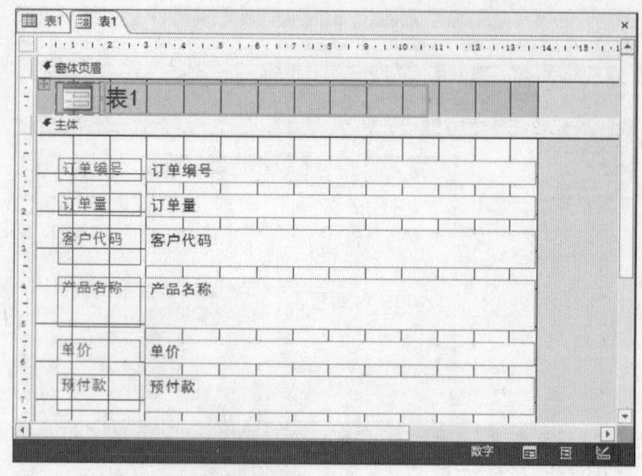
图16-35 窗体更改字体效果

步骤09 设置徽标。执行“窗体设计工具-设计>页眉/页脚>徽标”命令，如图16-36所示。

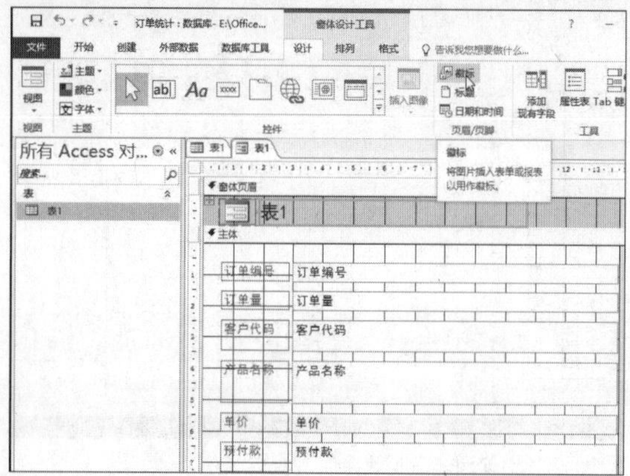
图16-36 单击“徽标”按钮

步骤10 弹出“插入图片”对话框，选择图片后单击“确定”按钮，如图16-37所示。

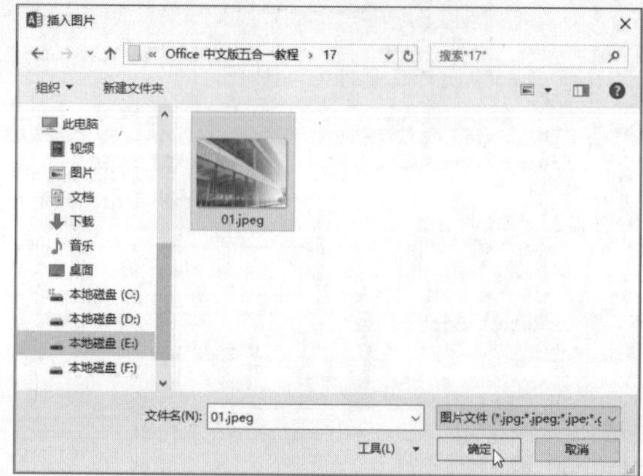
图16-37 “插入图片”对话框

步骤11 编辑标题。执行“窗体设计工具-设计>页眉/页脚>标题”命令，如图16-38所示。

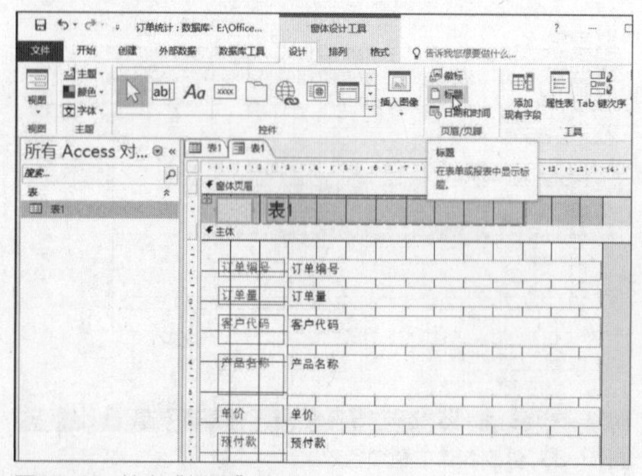
图16-38 单击“标题”按钮

步骤12 鼠标光标自动定位至标题所在的文本框中，可按需对标题进行更改，如图16-39所示。

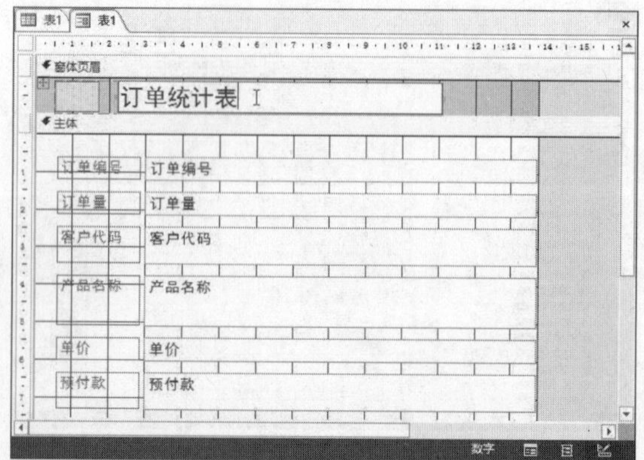
图16-39 修改标题

步骤13 添加字段。执行“窗体设计工具-设计>工具>添加现有字段”命令，如图16-40所示。

步骤14 窗口右侧弹出“字段列表”任务窗格，如图16-41所示。

图16-40 单击“添加现有字段”按钮

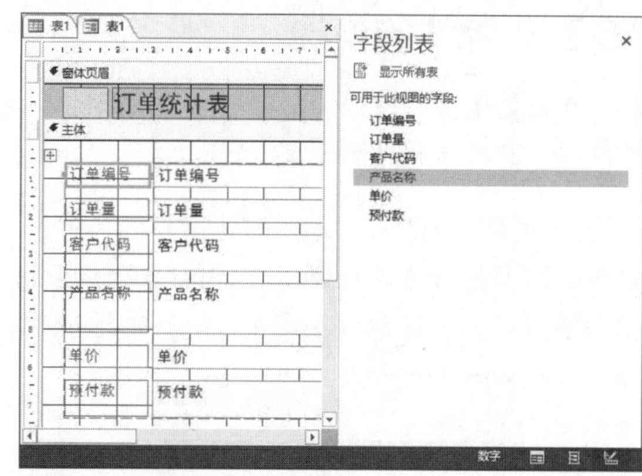

图16-41 “字段列表”任务窗格

步骤15 选择需要添加的字段并右击，从右键菜单中选择“向视图添加字段”命令，如图16-42所示。

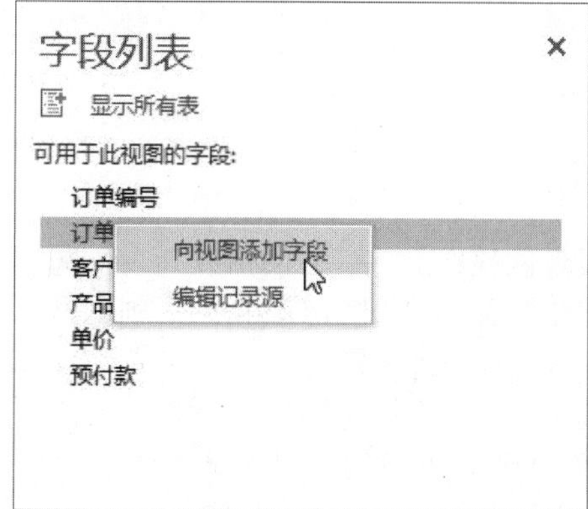

图16-42 添加字段

步骤16 设置Tab键次序。执行“窗体设计工具－设计>工具>Tab键次序”命令，如图16-43所示。

图16-43 单击“Tab键次序”按钮

步骤17 弹出“Tab键次序”对话框，用户可以拖动“自定义次序”列表框中的字段名来调整Tab键切换的次序，如图16-44所示。

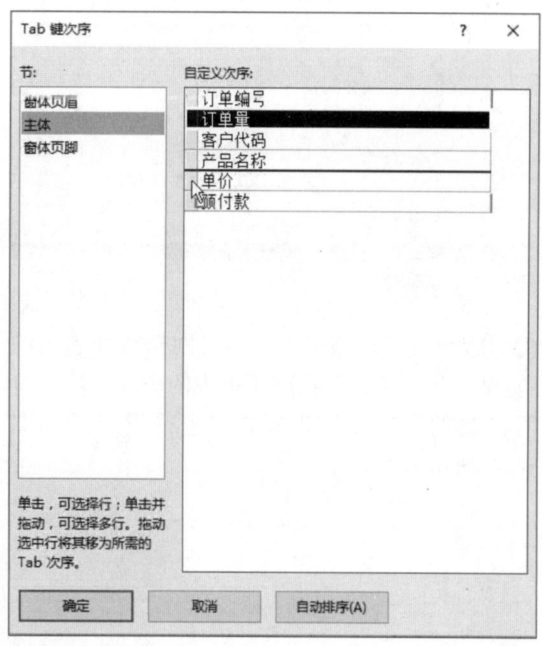

图16-44 “Tab键次序”对话框

16.2.2 控件的设计

在对窗体进行设计的过程中，还可以按需对控件进行设计，包括调整控件的位置和大小、美化控件等，其具体的操作步骤如下。

步骤01 改变控件大小。单击需要调整的控件，将鼠标移至控件周围控制点上，鼠标光标变为双向箭头时，按住鼠标左键不放，按需缩放控件即可，如图16-45所示。

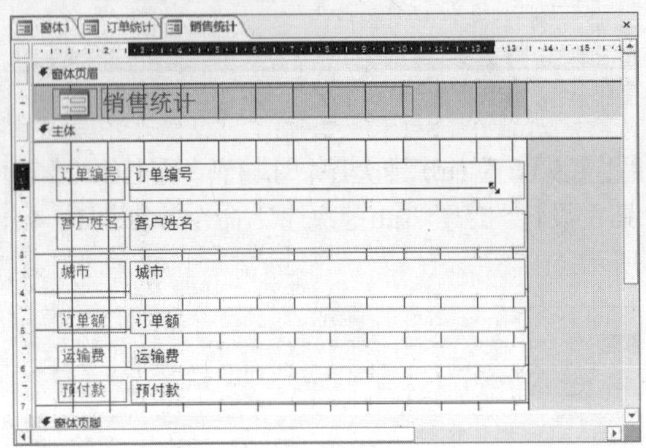

图16-45 改变控件大小

步骤02 改变控件位置。将鼠标光标移至控件边框，当鼠标光标变为✥形状后，按住鼠标左键不放，拖动鼠标将其移至合适的位置即可，如图16-46所示。

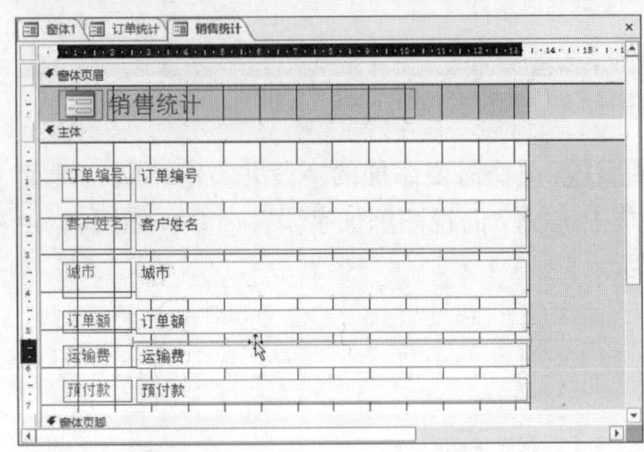

图16-46 移动控件

步骤03 设置网格线样式。执行“窗体设计工具－排列>表>网格线>水平”命令，如图16-47所示。

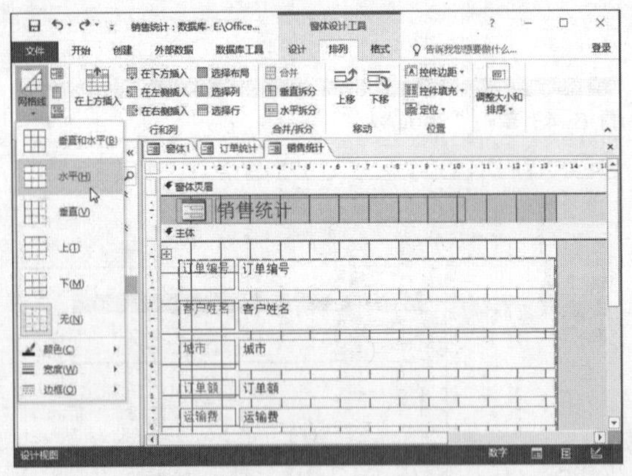

图16-47 设置网格线样式

步骤04 设置网格线颜色。在网格线列表中选择“颜色>紫色”命令，如图16-48所示。则可以将网格线颜色更改为所选颜色。

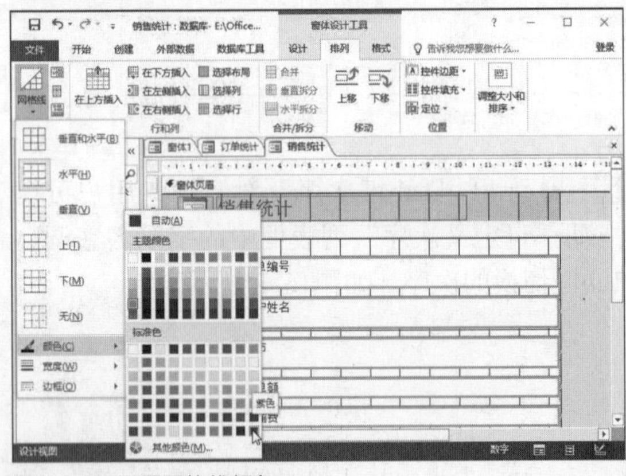

图16-48 设置网格线颜色

步骤05 设置网格线框线。通过网格线列表中的“宽度”和“边框”级联菜单中的命令，可以对网格线的宽度以及边框样式进行设置，如图16-49所示。

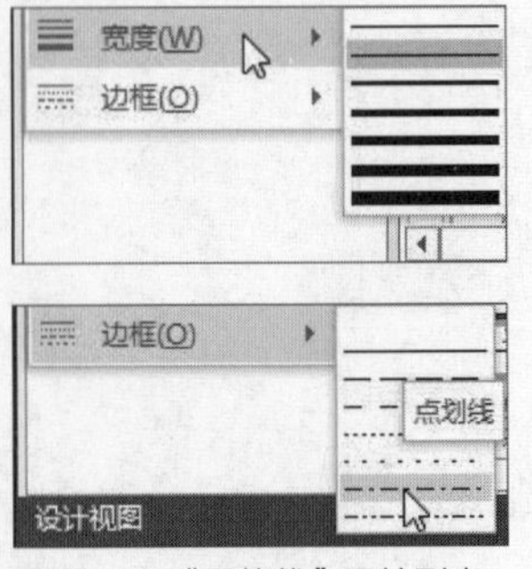

图16-49 “网格线”下拉列表

步骤06 更改控件排列方式。单击“堆积”按钮，可使控件堆积排列，如图16-50所示。

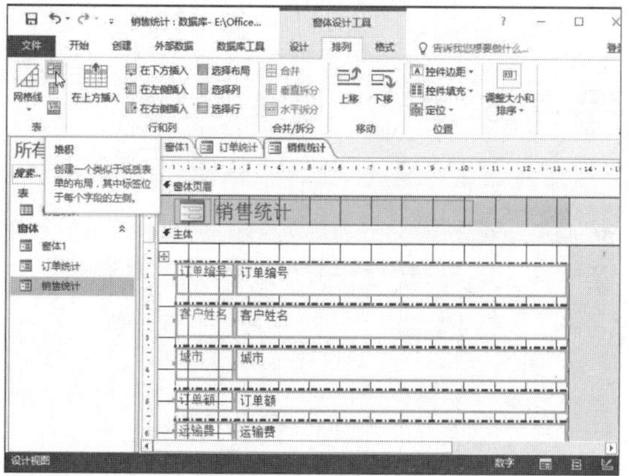

图16-50 设置控件排列方式

步骤07 插入控件。选择某一控件后，通过“行和列”组中的“在下方插入”命令，可在所选控件下方插入一个新控件，如图16-51所示。

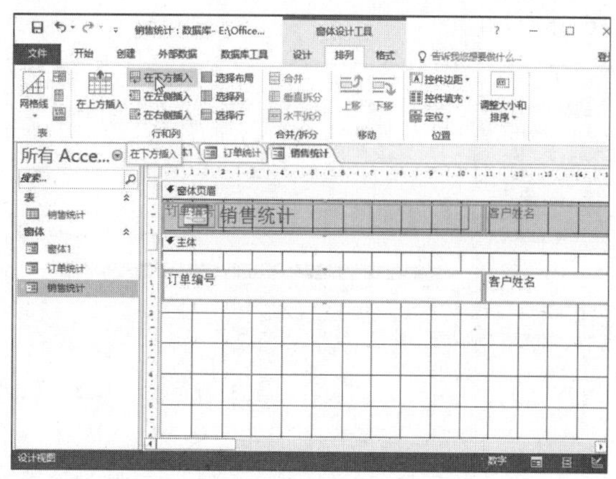

图16-51 插入控件

步骤08 选择控件。选中控件后，单击“选择布局”按钮，选择窗口内所有控件，如图16-52所示。而“选择列”和“选择行”命令可以选择控件所在的列/行内的所有控件。

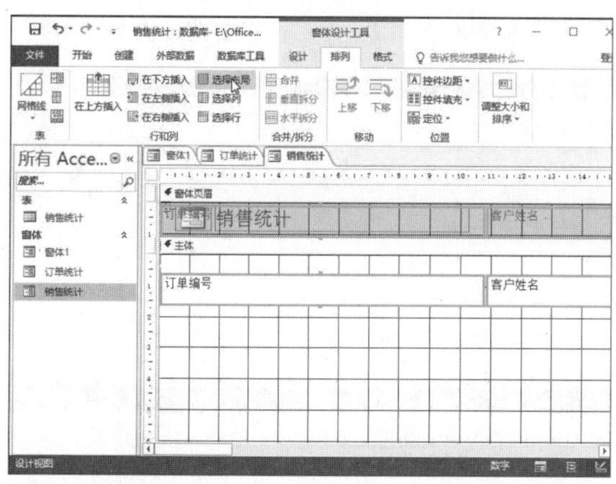

图16-52 选择控件

步骤09 拆分/合并控件。通过“合并/拆分”组中的命令，可以合并或拆分控件，如图16-53所示。

图16-53 合并/拆分控件

步骤10 调整控件排列次序。通过“调整大小和排序”组中的命令，可以对齐控件、调整控件叠放次序，如图16-54所示。

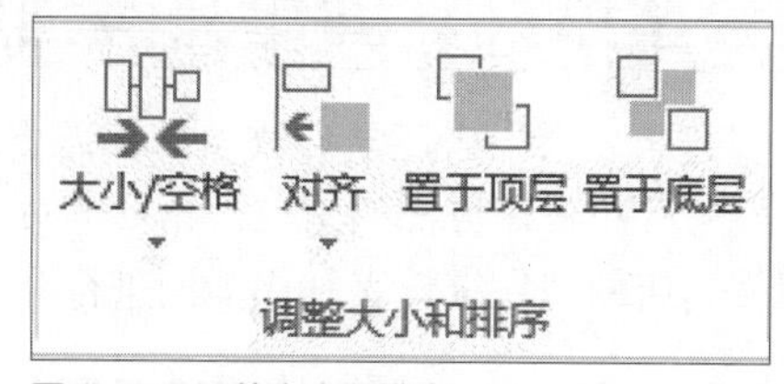

图16-54 调整大小和排序

16.2.3 为窗体设计精美背景

如果用户觉得默认的空白窗体背景太单调，则可以为窗体添加一个精美的背景，其具体的操作步骤如下。

步骤01 打开“销售统计”数据库中的“窗体1”窗体，单击“开始”选项卡中的“视图”按钮，从列表中选择“布局视图”选项，如图16-55所示。

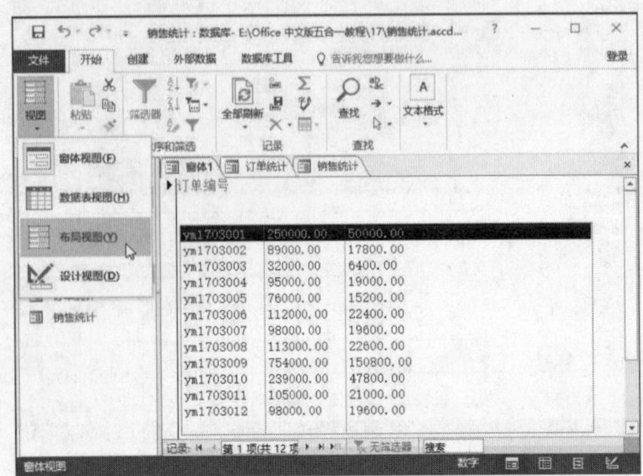

图16-55 选择“布局视图”选项

步骤02 执行“窗体布局工具－格式>背景图像>浏览”命令，如图16-56所示。

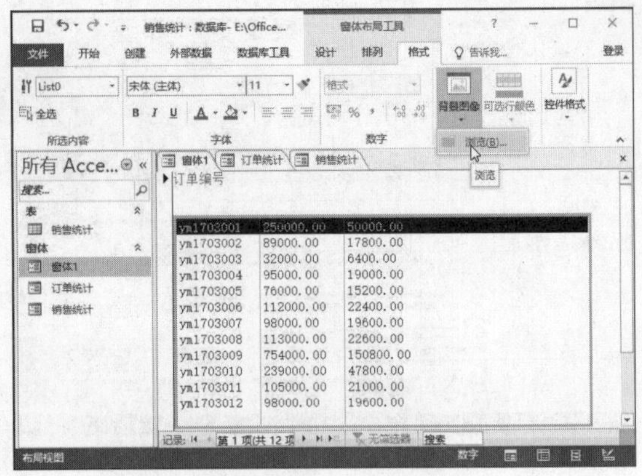

图16-56 选择“浏览”选项

步骤03 打开“插入图片”对话框，选择图片后单击“确定”按钮，如图16-57所示。

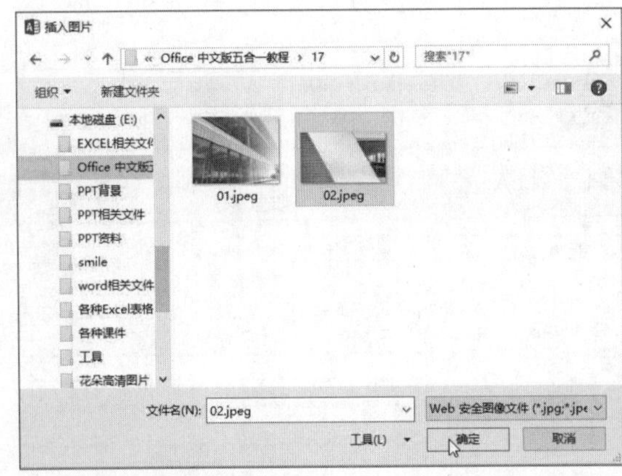

图16-57 “插入图片”对话框

步骤04 将所选图片作为窗体背景，效果如图16-58所示。

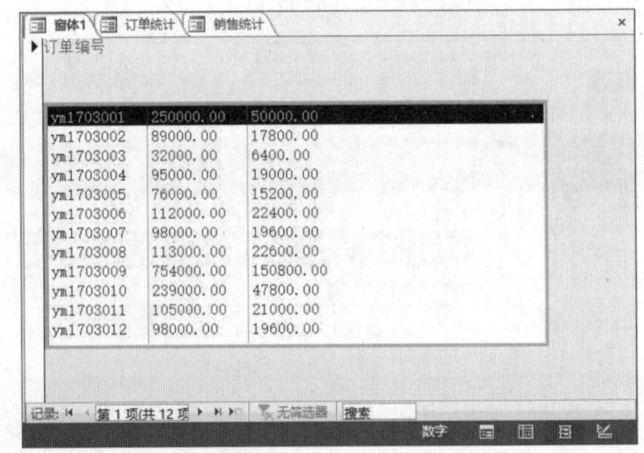

图16-58 插入背景图片后效果

办公室练兵：创建文具销售统计表

无论是服装店、水果店还是餐饮店，都需要对销售信息进行管理，销售信息主要包括日期、商品名、商品编号、单价等方面的信息。这些通过数据库都可以进行很好的管理。

下面以文具店的销售统计表制作为例进行介绍。

❶创建窗体

如果需要对已有数据库中的信息进行查询，首先需要创建窗体。其具体的操作步骤如下。

步骤01 打开“文具销售统计”数据库，执行“创建>窗体>窗体”命令，如图16-59所示。

步骤02 系统将自动创建窗体，如图16-60所示。创建窗体完毕后，接下来对窗体中的文本格式进行设置。

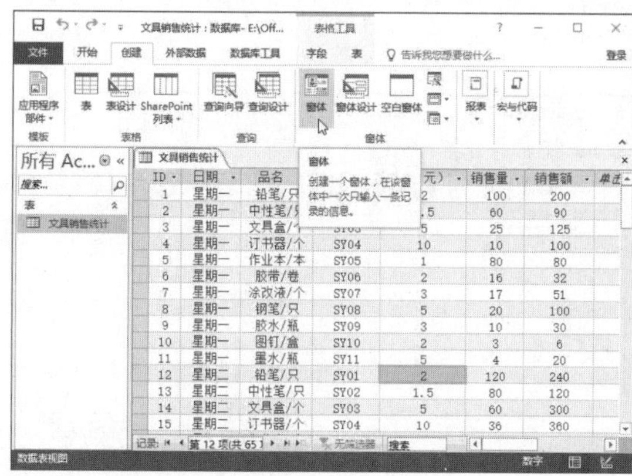

图16-59 单击“窗体”按钮

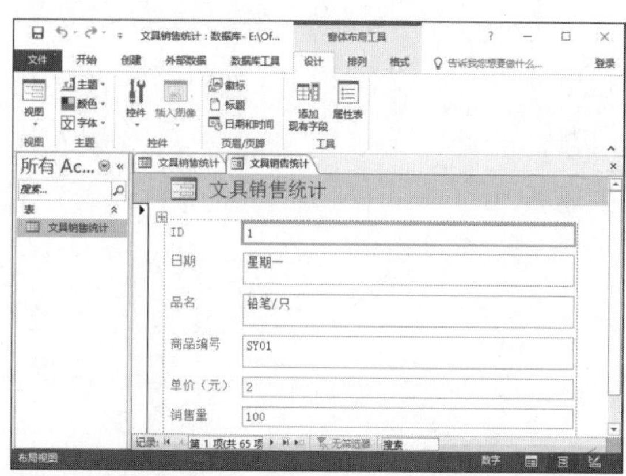

图16-60 创建窗体

步骤03 选择日期字段中的文本，执行“开始>文本格式>字体>微软雅黑”命令，如图16-61所示。

步骤04 单击“字号”按钮，从列表中选择“16”号，如图16-62所示。

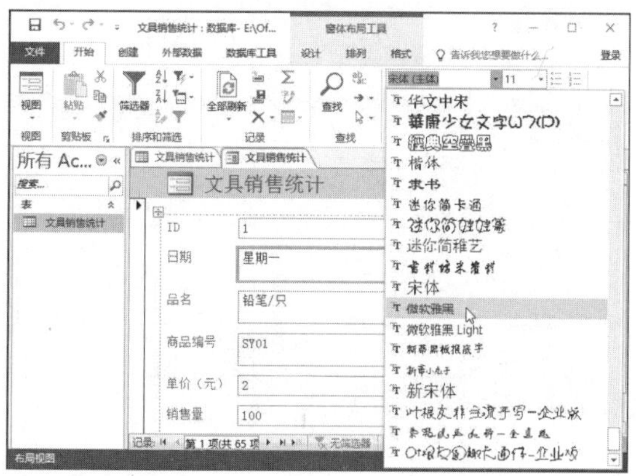

图16-61 更改字体

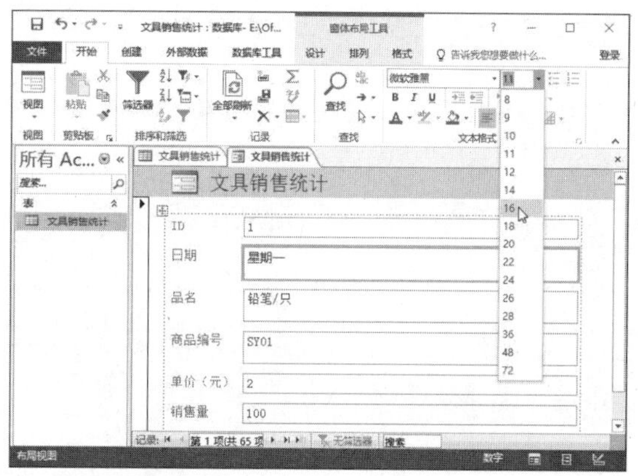

图16-62 更改字号

步骤05 单击“字体颜色”按钮，从列表中选择“深蓝”，如图16-63所示。

步骤06 选择所有文本，单击“居中”按钮，如图16-64所示。使文本居中显示。

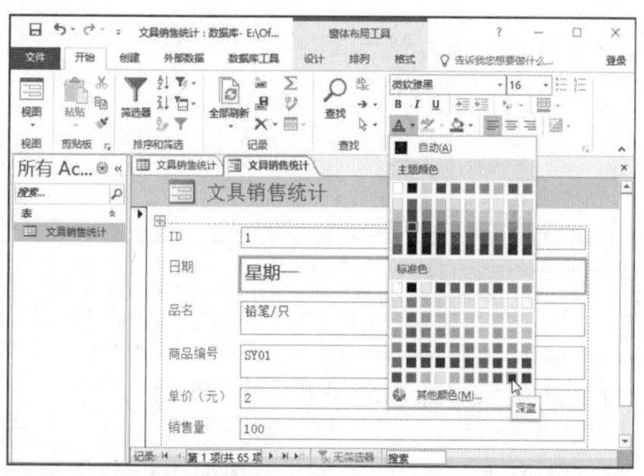

图16-63 更改字体颜色

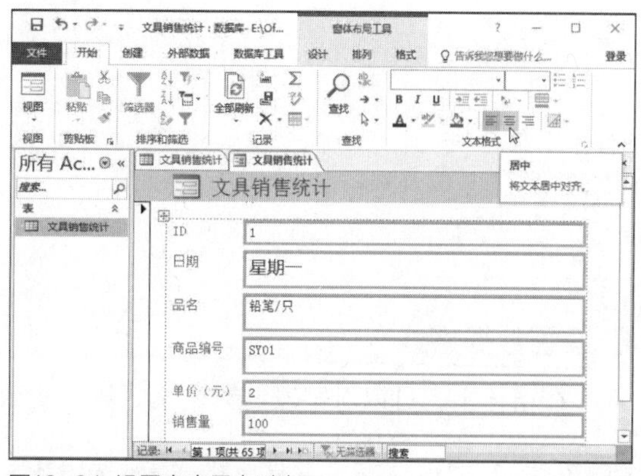

图16-64 设置文本居中对齐

步骤07 执行“窗体布局工具－格式>条件格式”命令，如图16-65所示。

步骤08 打开“条件格式规则管理器”对话框，设置“显示其格式规则”为：日期，单击“新建规则”按钮，如图16-66所示。

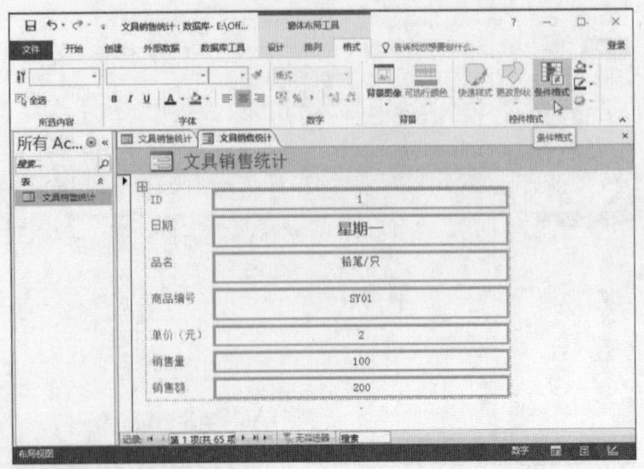

图16-65 单击“条件格式”按钮

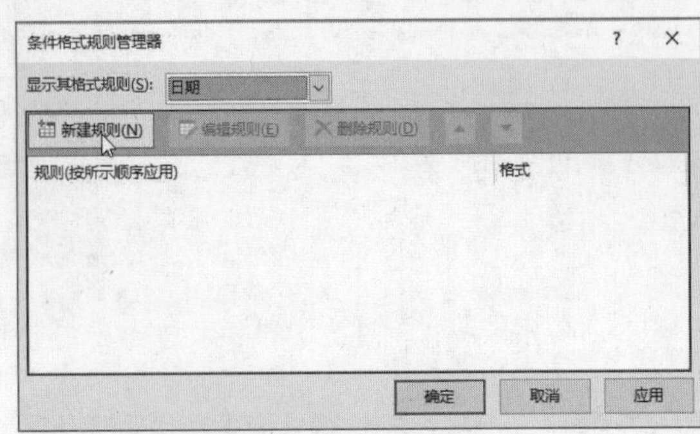

图16-66 “条件格式规则管理器”对话框

步骤09 弹出“编辑格式规则”对话框，按需设置规则后，单击“确定”按钮，如图16-67所示。

步骤10 返回“条件格式规则管理器”对话框，可以预览格式规则，单击“应用”按钮，如图16-68所示。

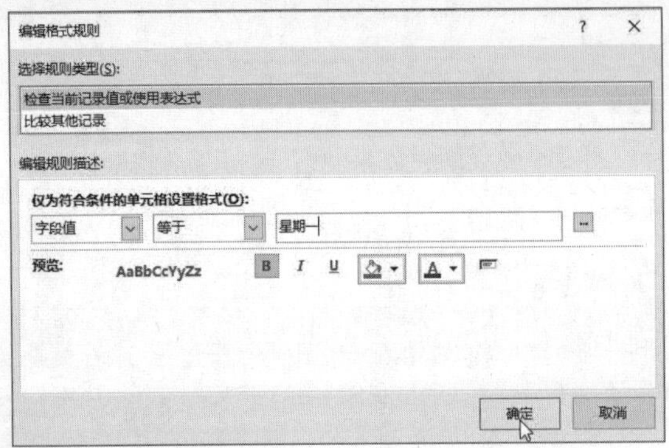

图16-67 设置格式规则

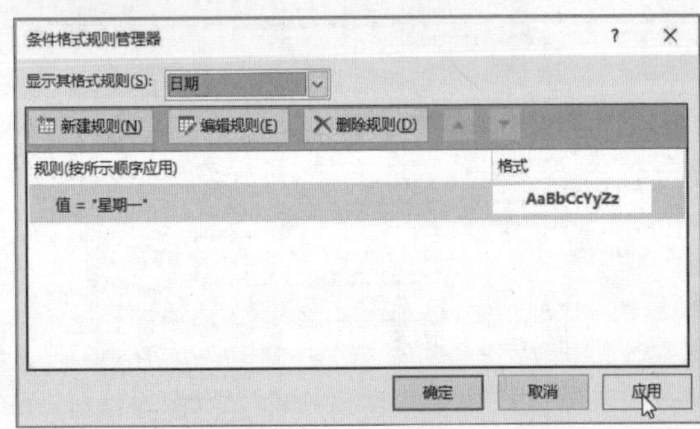

图16-68 应用格式规则

步骤11 符合条件的文本，格式将发生变化，如图16-69所示。

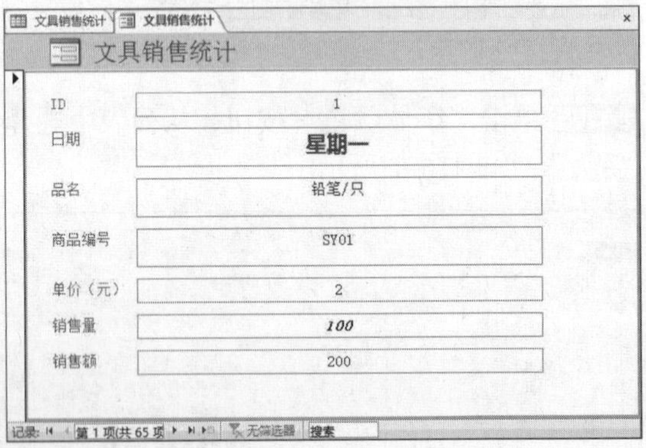

图16-69 符合条件的格式

❷设置数据格式

在窗体中，可以对字段的数据格式进行更改，其具体的操作步骤如下。

步骤01 执行“窗体布局工具－格式>所选内容>销售量”命令，如图16-70所示。

步骤02 单击“格式”按钮，从列表框中选择合适的数据格式即可，如图16-71所示。

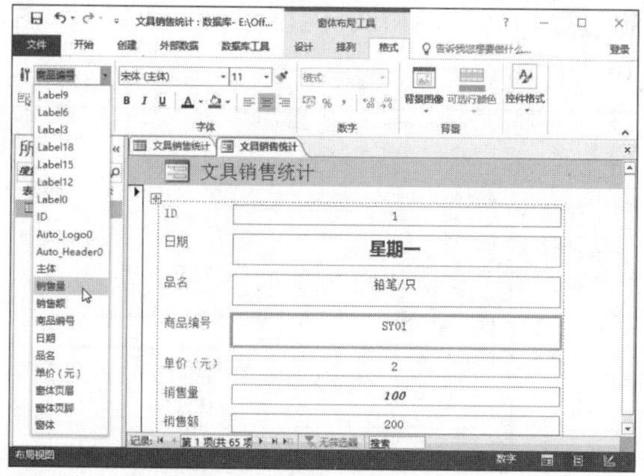

图16-70 选择“销售量”选项

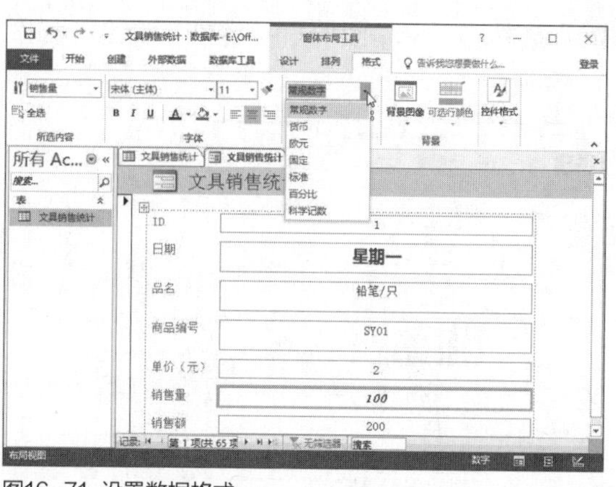

图16-71 设置数据格式

步骤03 也可以在任意控件上右击，从右键菜单中选择“属性”选项，如图16-72所示。

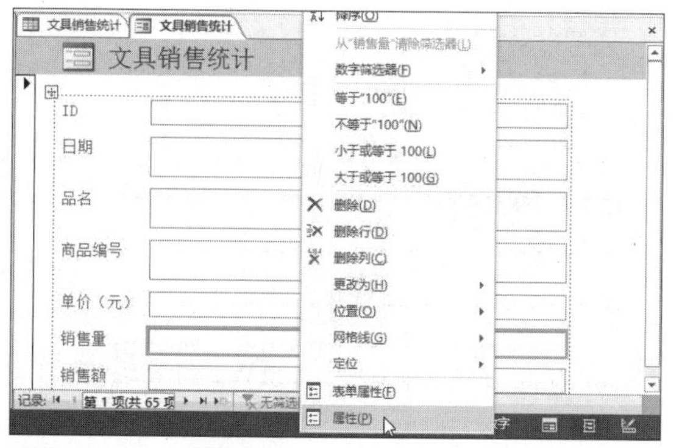

图16-72 选择“属性”选项

步骤04 在窗体右侧弹出“属性表”任务窗格，按需在“格式”选项卡中的“格式”选项，设置相应字段的数据格式即可，如图16-73所示。

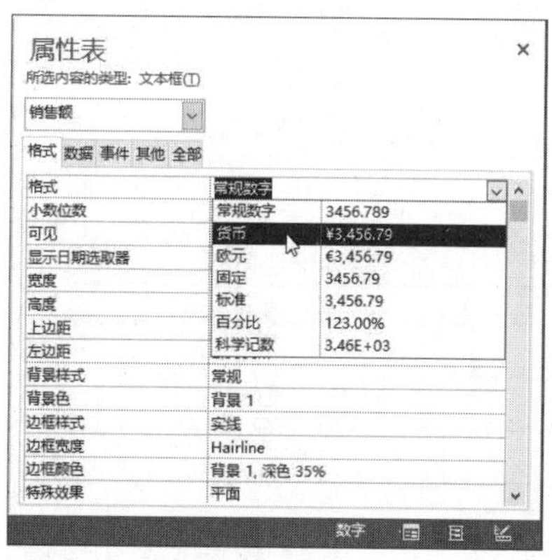

图16-73 设置数据格式

❸美化窗体网格线

默认情况下，系统使用默认的网格线样式，如果用户想要美化网格线，则可以按照下面的操作步骤设置。

步骤01 执行“窗体布局工具 – 排列>选择布局”命令，如图16-74所示。

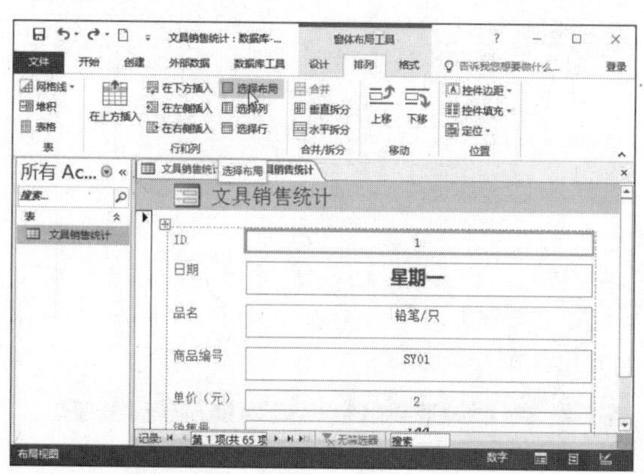

图16-74 选择布局

步骤02 执行“网格线>水平”命令，如图16-75所示。

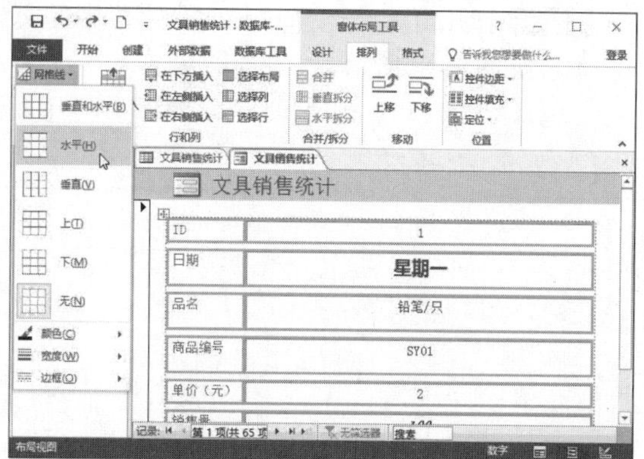

图16-75 选择“水平”选项

步骤03 执行“网格线>颜色>深红”命令，如图16-76所示。

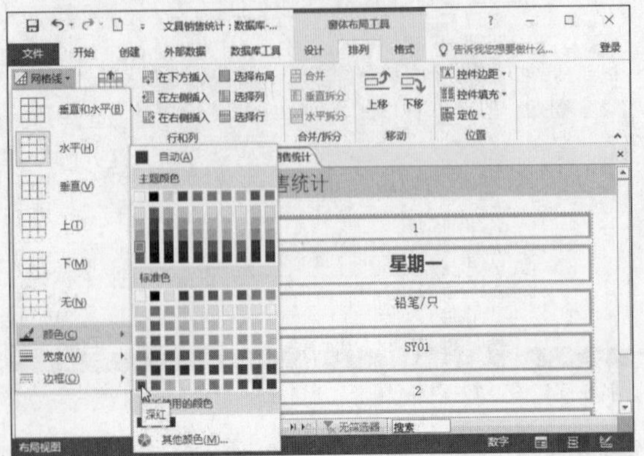

图16-76 设置网格线颜色

步骤04 执行“网格线>宽度>3pt”命令，如图16-77所示。

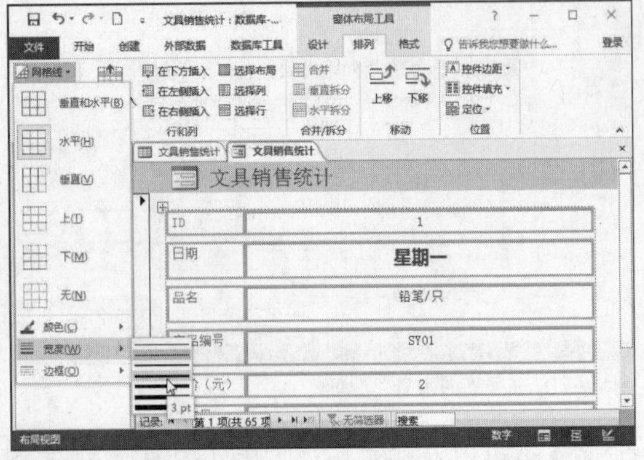

图16-77 设置网格线宽度

步骤05 执行“网格线>边框>点划线”命令，如图16-78所示。

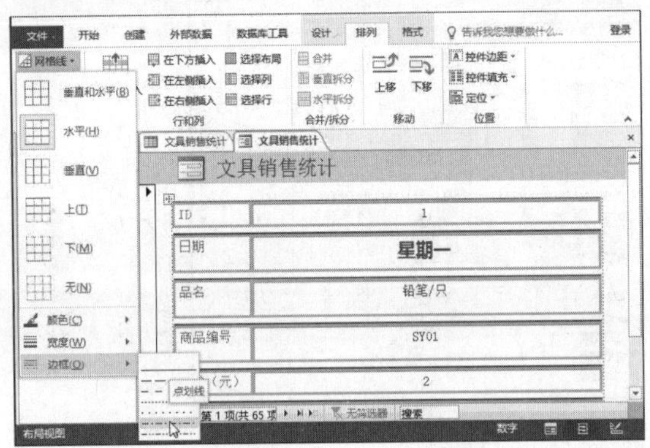

图16-78 设置网格线边框样式

步骤06 设置完成后窗体网格线显示效果如图16-79所示。

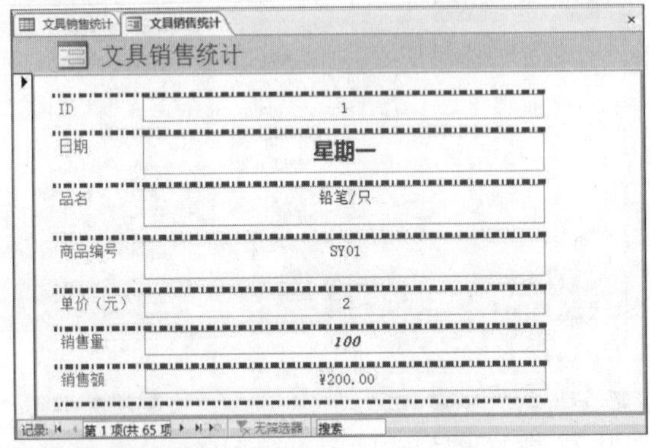

图16-79 设置窗体网格线效果

技巧放送：使用格式刷复制窗体样式

如果需要重复设置窗体字体格式，则可以使用格式刷功能复制已有格式，然后将其应用至其他位置，其具体操作步骤如下。

步骤01 打开窗体，选择“日期”字段中的文本，如图16-80所示。

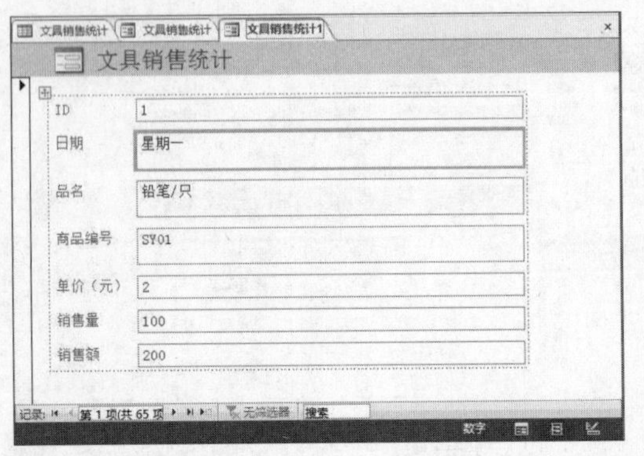

图16-80 选择字段文本

步骤02 设置文本字体格式为：幼圆、18号、加粗、倾斜、居中显示，如图16-81所示。

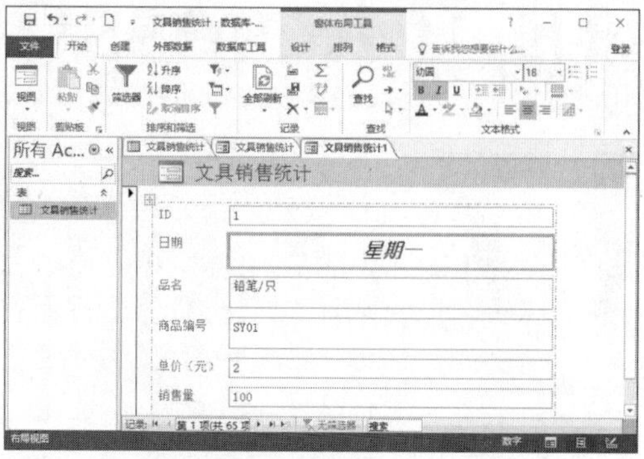

图16-81 设置文本格式

步骤03 双击“开始”选项卡中的“格式刷”按钮，如图16-82所示。

图16-82 双击“格式刷”按钮

步骤04 鼠标光标变为小刷子样式，依次单击需要应用该样式的文本，如图16-83所示。

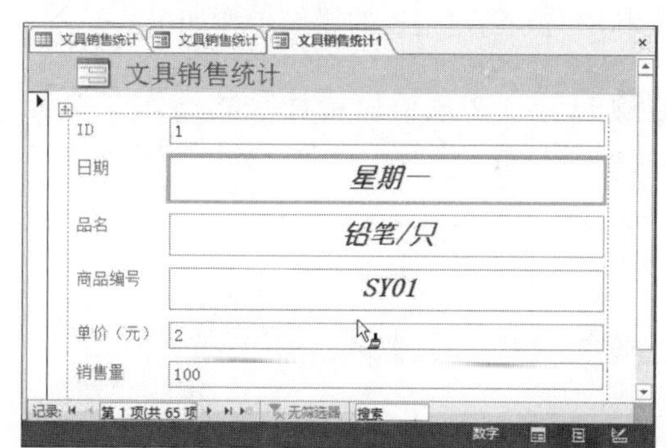

图16-83 复制格式

Chapter 17 Access中报表的创建

本章主要讲述Access 2016数据库中创建报表的相关知识。创建报表可以让用户对数据表有一个更加全面的了解，并且可以按需显示相应信息。

1. 创建一般报表
2. 创建图表报表
3. 自动创建报表
4. 使用设计视图创建报表
5. 工具箱简介

17.1 报表的创建

为了方便用户查看数据的重要信息，可以创建报表。报表的灵活性高，能够按照用户需要的简略程度显示信息，同时还可以对数据进行汇总，并且能用最直观的图表显示出来。创建报表的方法有很多，包括通过向导创建报表和自动创建报表。

17.1.1 使用报表向导创建报表

利用向导创建报表的操作步骤如下。

步骤01 打开“文具销售统计”数据库，执行“创建>报表>报表向导”命令，如图17-1所示。

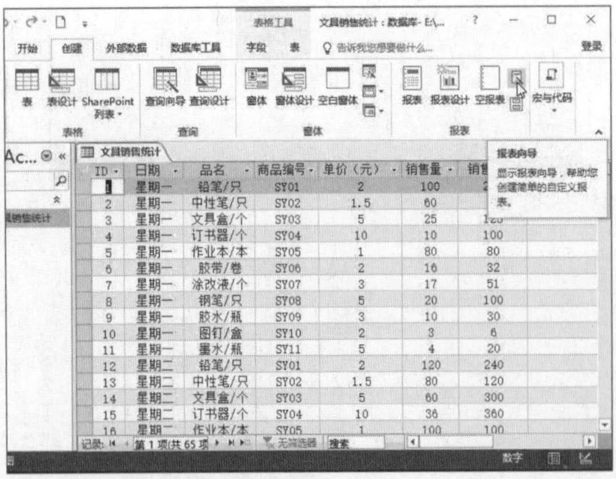

图17-1 单击“报表向导”按钮

步骤02 打开“报表向导”对话框，单击»按钮，将所有可用字段添加到选定字段中，单击“下一步”按钮，如图17-2所示。

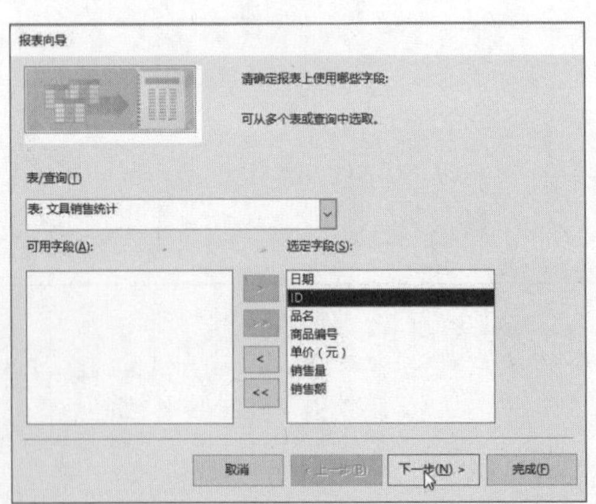

图17-2 单击“下一步”按钮

步骤03 单击»按钮，将字段按级别排序，单击“下一步”按钮，如图17-3所示。

步骤04 在第一个文本框中，选择按照“销售量”升序排列，单击“下一步”按钮，如图17-4所示。

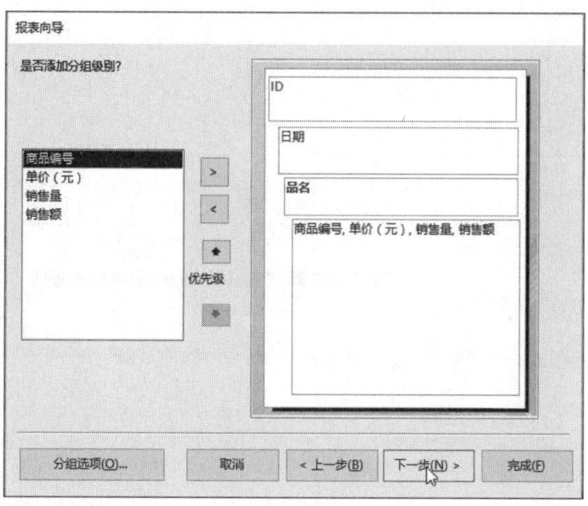

图17-3 单击“下一步”按钮

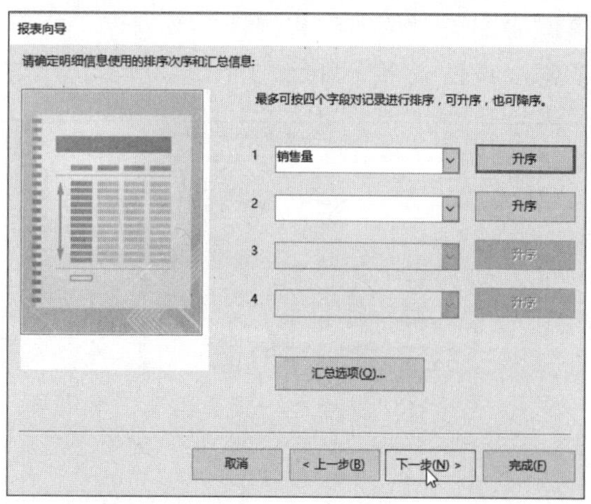

图17-4 单击“下一步”按钮

步骤05 在“布局”选项组中选择“块”单选按钮，在“方向”选项组中选择“纵向”单选按钮，单击“下一步”按钮，如图17-5所示。

步骤06 保持默认，单击“完成”按钮，如图17-6所示。

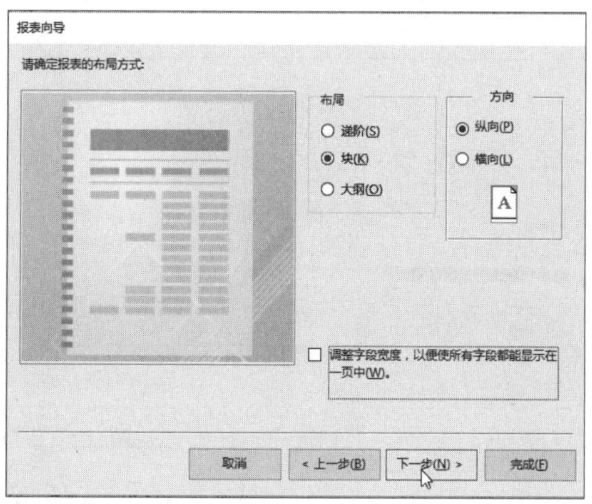

图17-5 单击“下一步”按钮

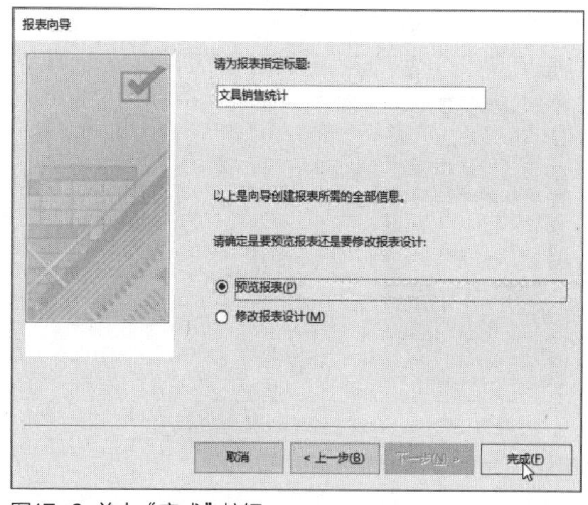

图17-6 单击“完成”按钮

步骤07 使用向导创建报表成功后，效果如图17-7所示。

文具销售统计 文具销售统计

文具销售统计 2017

ID	日期	品名	商品编号	单价（元）
1	星期一	铅笔/只	SY01	2
2	星期一	中性笔/只	SY02	1.5
3	星期一	文具盒/个	SY03	5
4	星期一	订书器/个	SY04	10
5	星期一	作业本/本	SY05	1
6	星期一	胶带/卷	SY06	2
7	星期一	涂改液/个	SY07	3
8	星期一	钢笔/只	SY08	5
9	星期一	胶水/瓶	SY09	3
10	星期一	图钉/盒	SY10	2
11	星期一	墨水/瓶	SY11	5
12	星期二	铅笔/只	SY01	2
13	星期二	中性笔/只	SY02	1.5

图17-7 生成报表效果

17.1.2 利用标签向导创建报表

利用标签向导创建报表的具体操作步骤如下。

步骤01 打开“文具销售统计”数据库，执行“创建>报表>标签”命令，如图17-8所示。

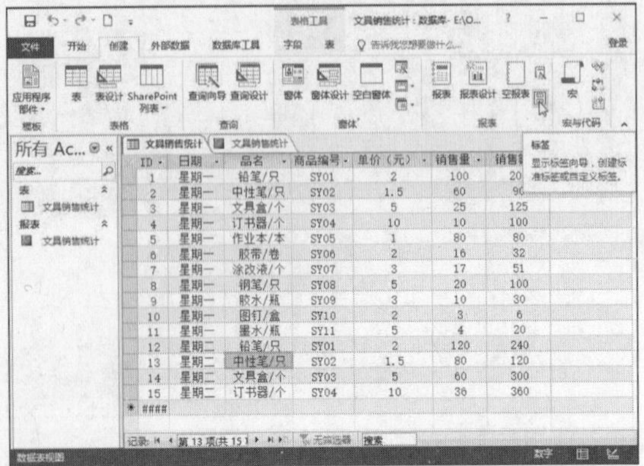

图17-8 单击“标签”按钮

步骤02 打开“标签向导”对话框，选择使用的标签尺寸，单击“下一步”按钮，如图17-9所示。

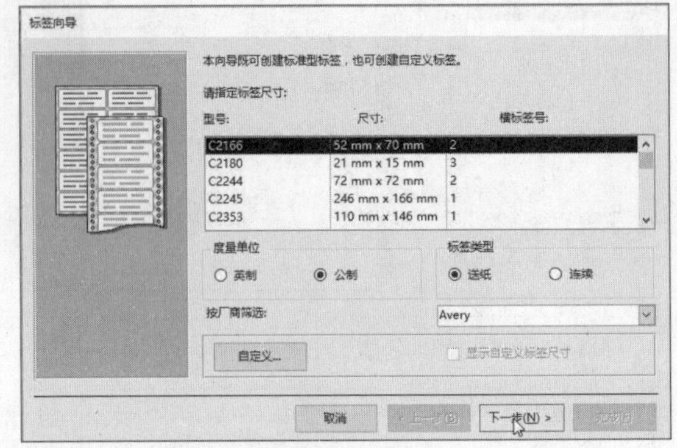

图17-9 单击“下一步”按钮

步骤03 按需设置文本字体、字号、字体颜色、字体粗细，单击“下一步”按钮，如图17-10所示。

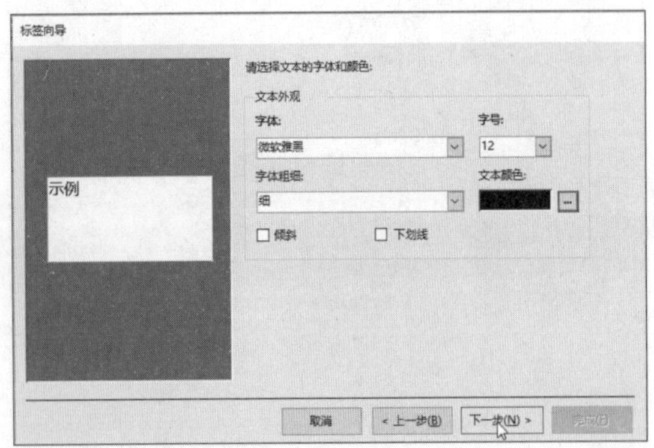

图17-10 单击“下一步”按钮

步骤04 在“可用字段”列表框中选择相应字段添加到“原型标签”列表框中，单击“下一步”按钮，如图17-11所示。

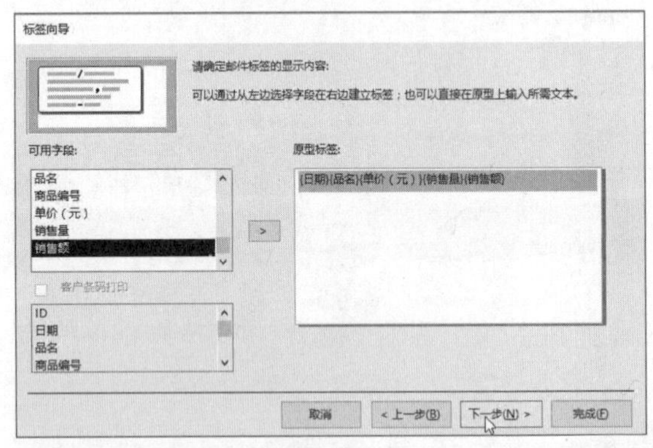

图17-11 单击“下一步”按钮

步骤05 按需设置排序依据，单击“下一步”按钮，如图17-12所示。

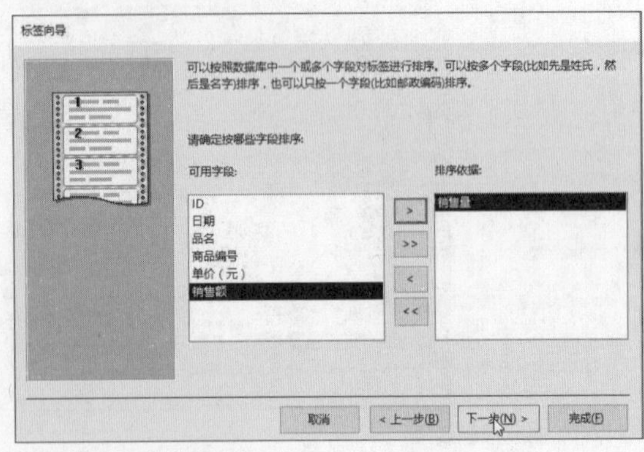

图17-12 设置排序依据

步骤06 保持默认，单击“完成”按钮，如图17-13所示。

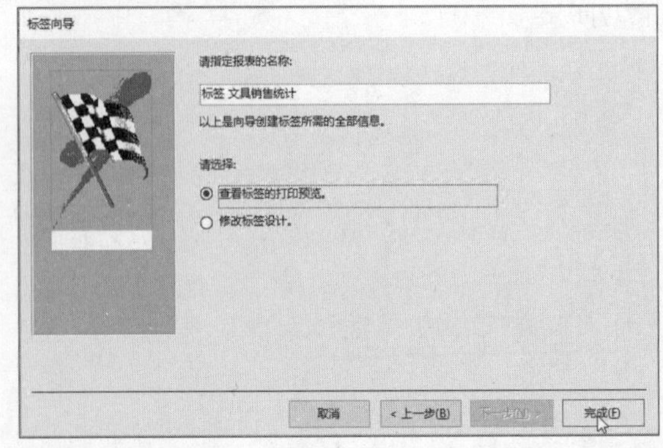

图17-13 单击“完成”按钮

17.1.3 利用图表向导创建报表

利用图表向导创建报表的操作步骤如下。

步骤01 打开“文具销售统计”数据库，执行“创建>报表>报表设计”命令，如图17-14所示。

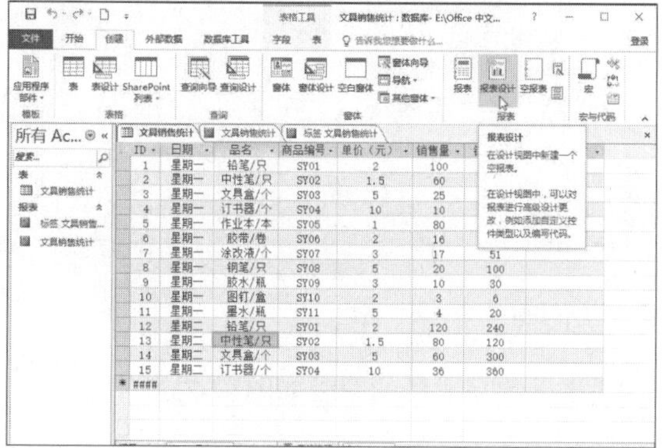

图17-14 单击“报表设计”按钮

步骤02 弹出名称为“报表1”的空白报表，如图17-15所示。

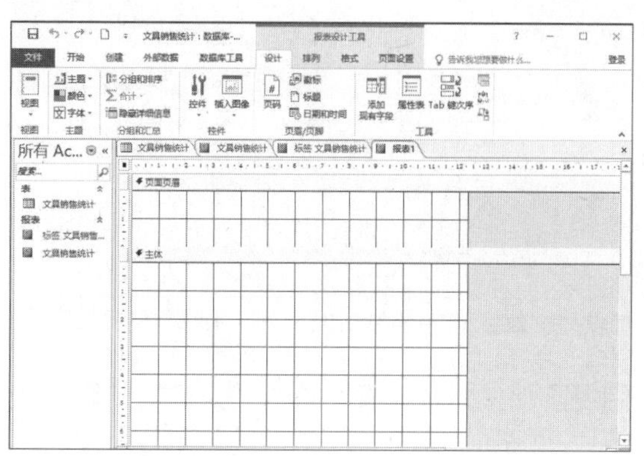

图17-15 空白报表

步骤03 执行“报表设计工具－设计>控件>图表”命令，如图17-16所示。

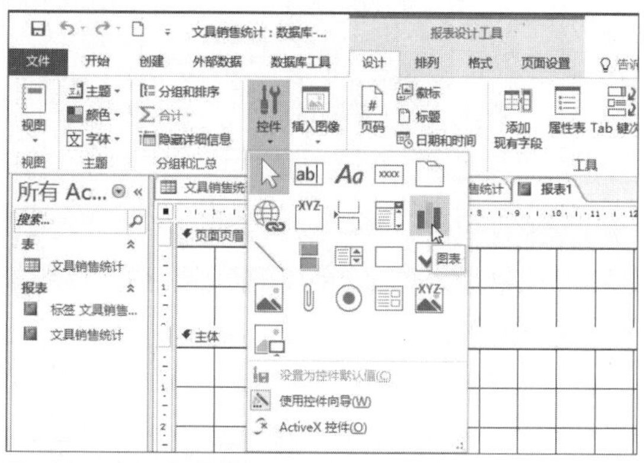

图17-16 选择“图表”选项

步骤04 按住鼠标左键不放，在“报表1”的任意位置绘制图表框，如图17-17所示。

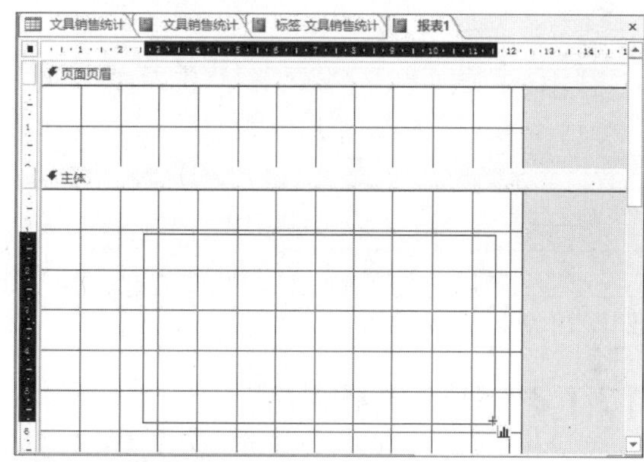

图17-17 绘制图表框

步骤05 绘制完毕后，弹出“图表向导”对话框，保持默认设置，单击“下一步”按钮，如图17-18所示。

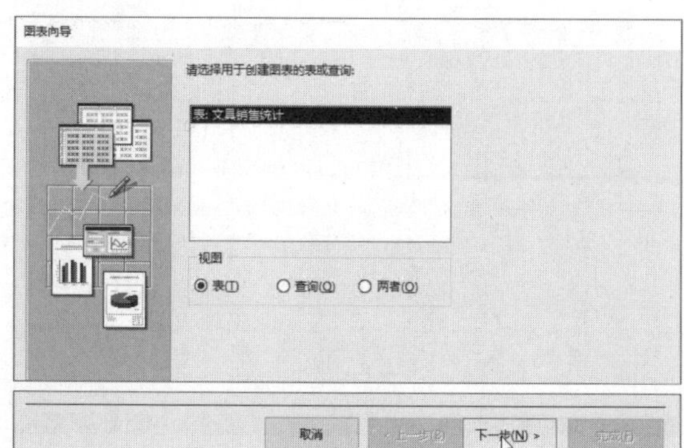

图17-18 单击“下一步”按钮

步骤06 按需设置用于图表的字段，单击“下一步”按钮，如图17-19所示。

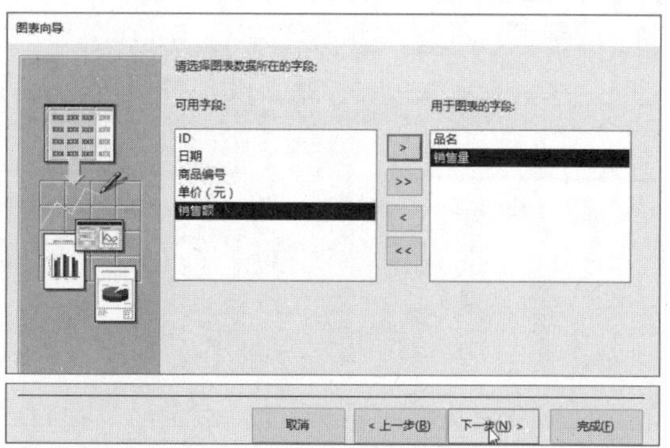

图17-19 单击“下一步”按钮

步骤07 在对话框左侧选择图表类型，单击“下一步”按钮，如图17-20所示。

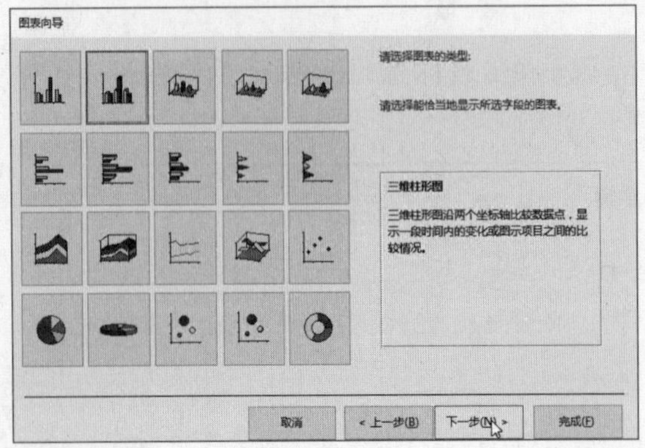

图17-20 单击“下一步”按钮

步骤08 按需设置图表布局方式，单击“下一步”按钮，如图17-21所示。

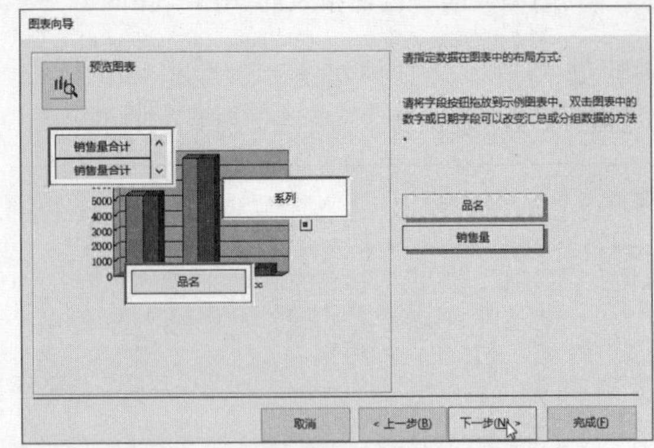

图17-21 单击“下一步”按钮

步骤09 保持默认设置，单击“完成”按钮，如图17-22所示。

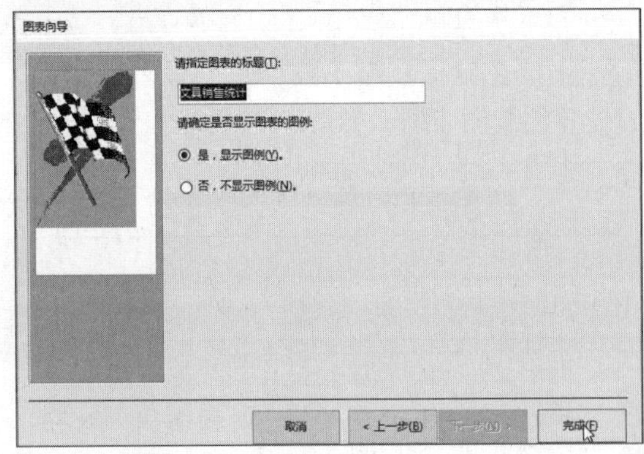

图17-22 单击“完成”按钮

步骤10 设置完成后的图表如图17-23所示。

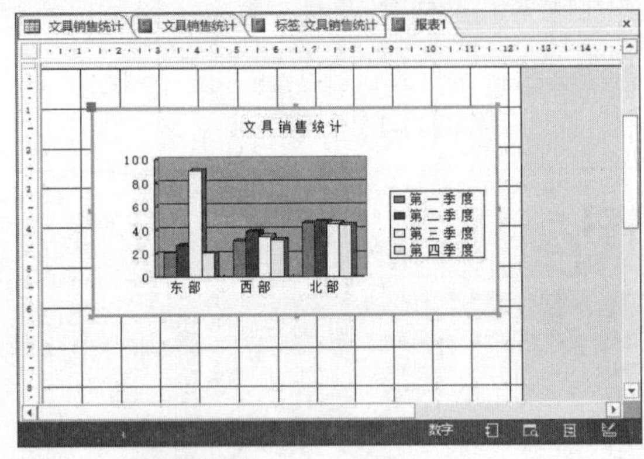

图17-23 图表报表示例

17.1.4 自动创建报表

若用户无特殊需求，则可以直接使用系统自动创建报表功能创建报表，其具体的操作步骤如下。

步骤01 打开“文具销售统计”数据库，执行“创建>报表>报表”命令，如图17-24所示。

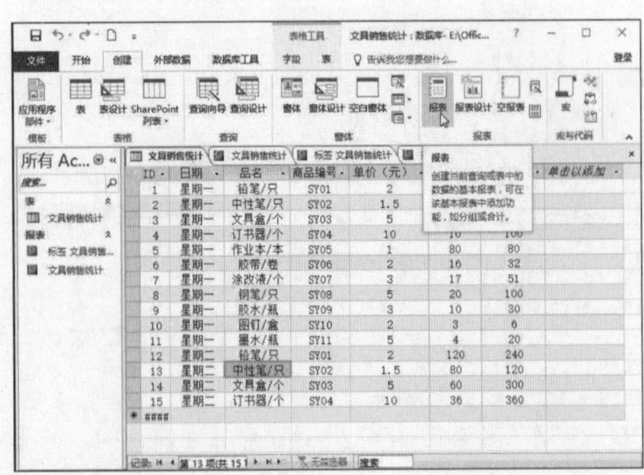

图17-24 单击“报表”按钮

步骤02 系统会根据数据内容自动创建报表，如图17-25所示。

文具销售统计
2017年4月29日
13:43:37
ID
日期
品名
商品编号
单价（元）
销售量

图17-25 自动创建报表示例

17.2 通过设计视图创建和修改报表

如果用户对Access 2016比较熟悉，则可以通过设计视图创建报表。通过设计视图创建报表的主要优点是可以根据用户喜好自主设计报表版式，使图表更加符合用户习惯。

17.2.1 通过设计视图创建报表

通过设计视图创建报表的具体步骤如下。

步骤01 打开“文具销售统计”数据库中的“文具销售统计”表，如图17-26所示。

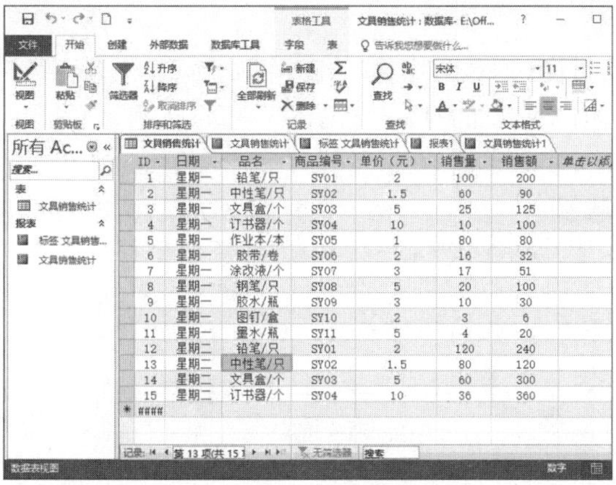

图17-26 打开“文具销售统计”数据库

步骤02 执行“创建>报表>报表设计”命令，如图17-27所示。

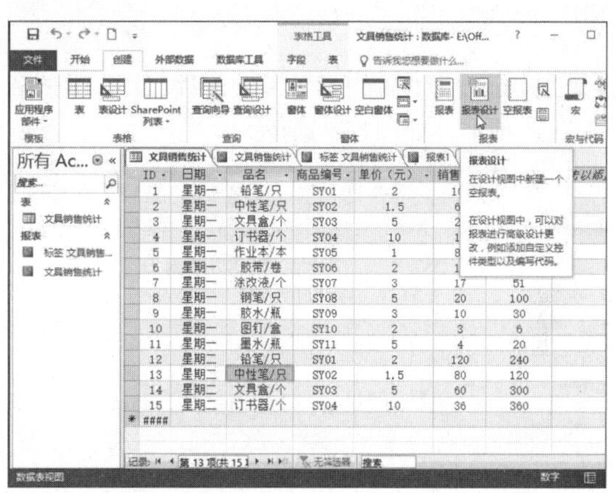

图17-27 单击“报表设计”按钮

步骤03 弹出“报表2”空白报表，并自动切换至“报表设计工具－设计”选项卡，如图17-28所示。

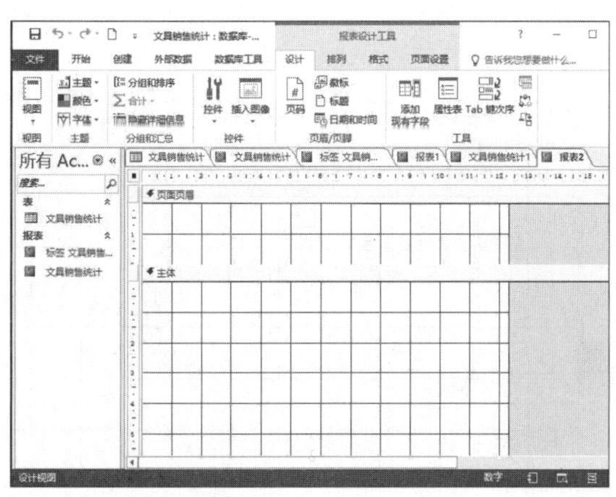

图17-28 报表设计视图

步骤04 单击“控件”按钮，从列表中选择“标签”控件，如图17-29所示。

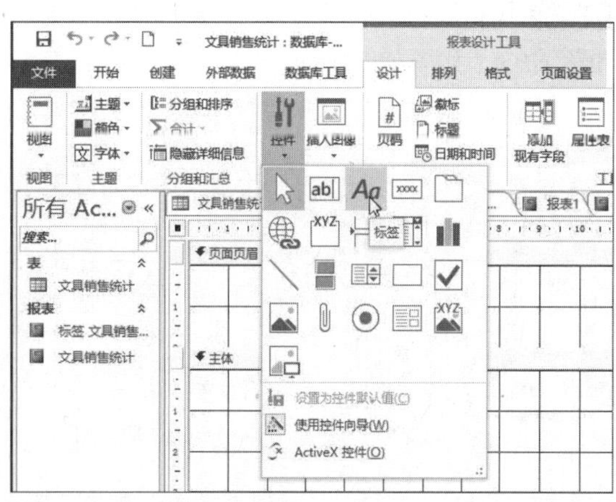

图17-29 选择“标签”选项

步骤05 拖动鼠标左键，绘制控件，如图17-30所示。

步骤06 在绘制的标签控件内输入文本，如图17-31所示。

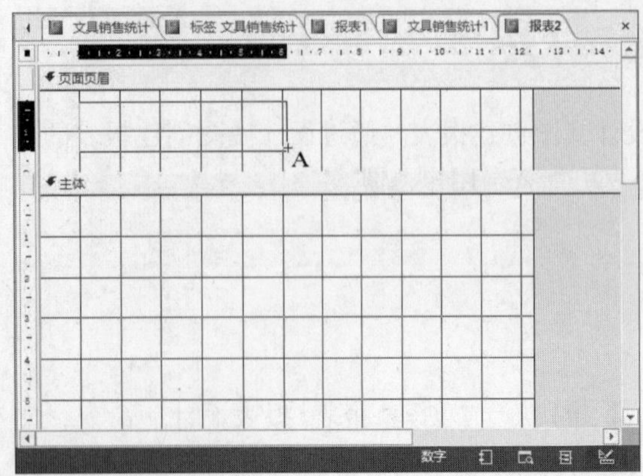

图17-30 绘制控件

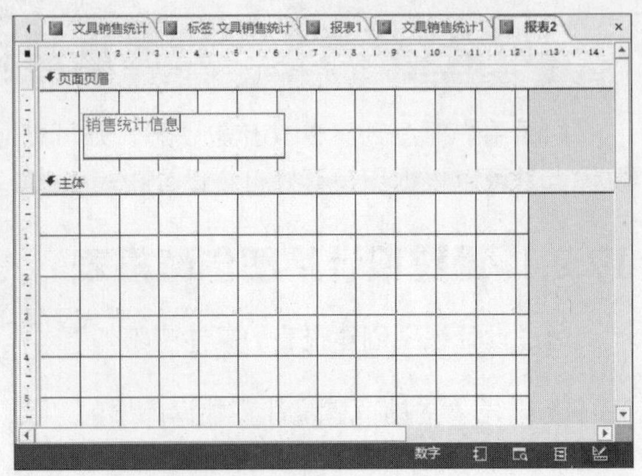

图17-31 添加标签

步骤07 选择控件，切换至“报表设计工具－格式”选项卡，如图17-32所示。

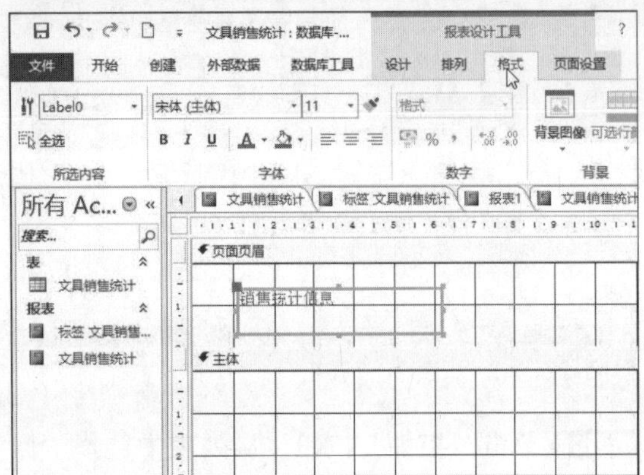

图17-32 切换至“格式”选项卡

步骤08 通过“字体”组中的命令，设置标签字体格式，如图17-33所示。

图17-33 设置字体格式

步骤09 执行“报表设计工具－设计>控件>文本框”命令，如图17-34所示。

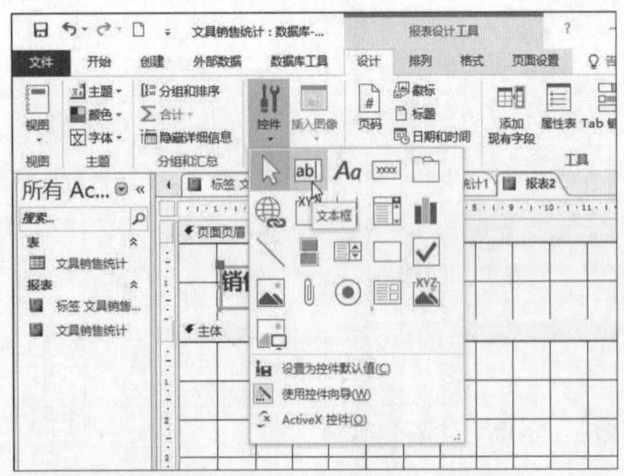

图17-34 选择“文本框”控件

步骤10 拖动鼠标，在报表中绘制文本框，如图17-35所示。

图17-35 添加文本框

步骤11 在左侧标签控件中输入“日期”，然后双击右侧控件，如图17-36所示。

步骤12 弹出“属性表”任务窗格，单击“全部”选项卡“控件来源”右侧…按钮，如图17-37所示。

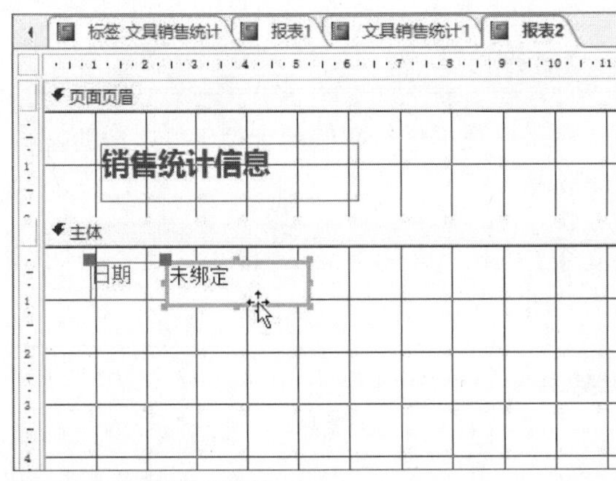

图17-36 选择文本框控件

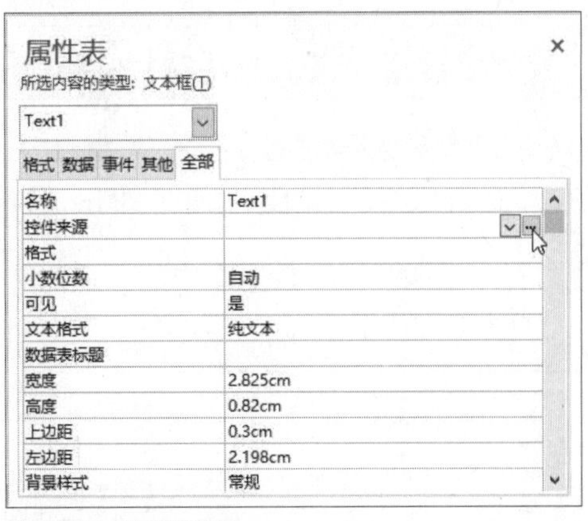

图17-37 单击...按钮

步骤13 弹出“表达式生成器”对话框，按需进行设置后，单击“确定”按钮，如图17-38所示。

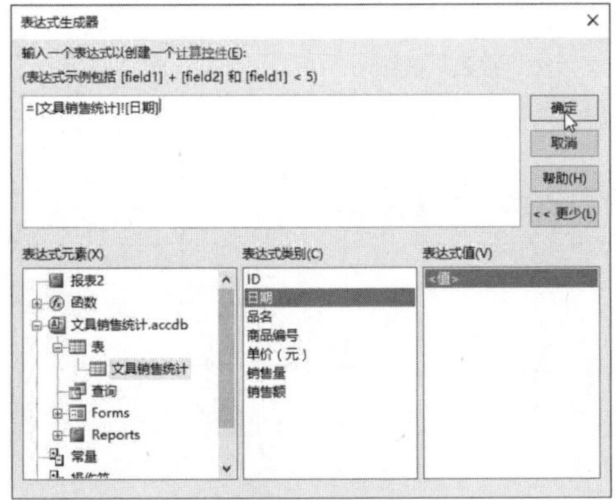

图17-38 “表达式生成器”对话框

步骤14 按照同样的方法，添加其他文本框效果如图17-39所示。

图17-39 绑定文本框示例

17.2.2 修改已有报表

如果对现有的报表不满意，可以对当前报表进行修改。其具体的操作步骤如下。

步骤01 打开报表，执行“开始>视图>设计视图”命令，如图17-40所示。

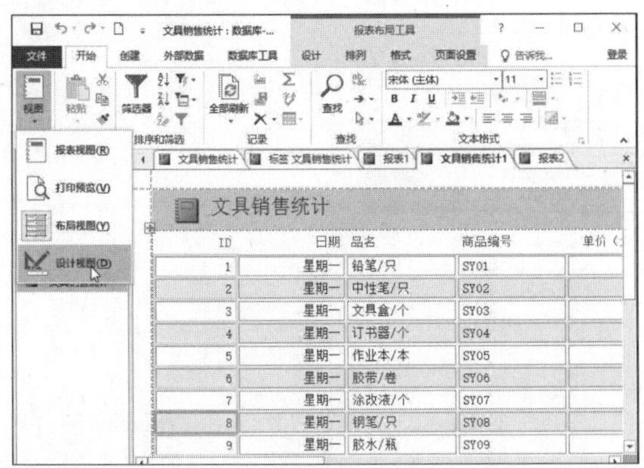

图17-40 选择“设计视图”选项

步骤02 进入报表设计视图，按照上一小节介绍的方法进行修改即可，如图17-41所示。

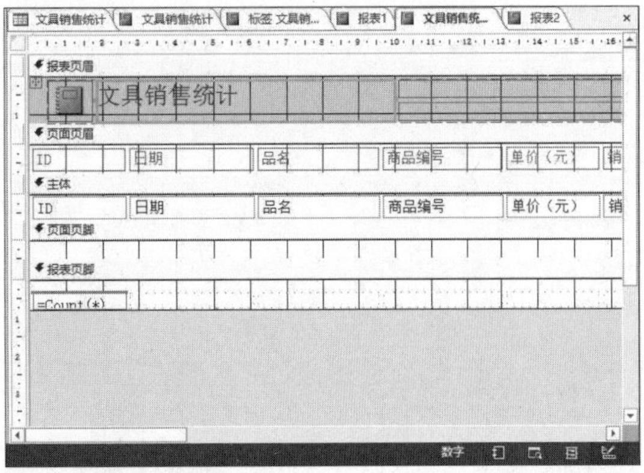

图17-41 报表设计视图

办公室练兵：创建公司采购统计报表

每个公司都需要采购办公用品、原材料等，因此，对采购数据进行很好的管理，可以帮助公司进行预算，控制成本，下面介绍如何创建公司采购统计报表。

步骤01 打开“采购统计”数据库中的“采购统计表”，如图17-42所示。

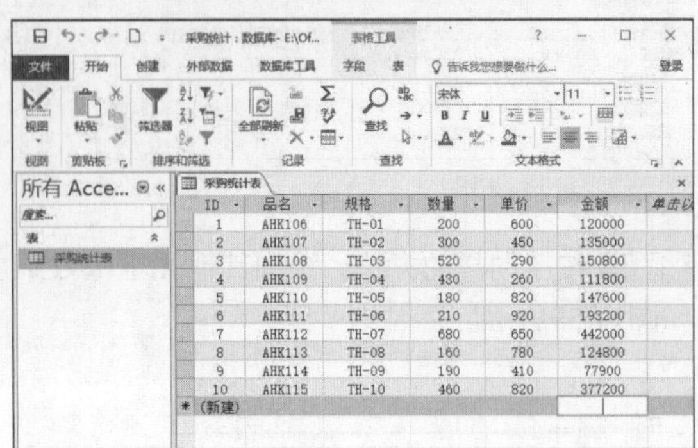

图17-42 打开“采购统计表”

步骤02 执行“创建>报表>报表”命令，如图17-43所示。

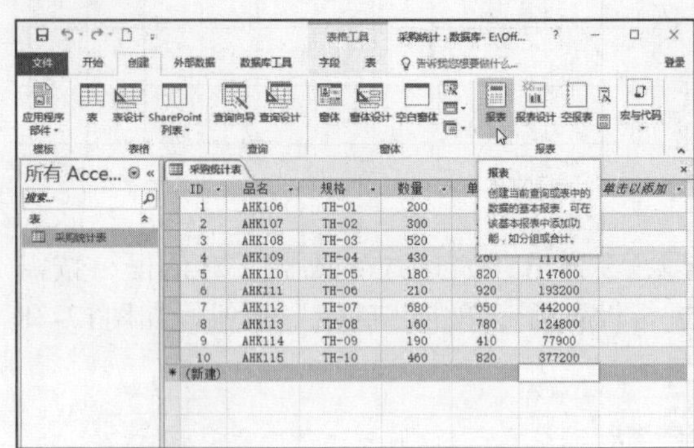

图17-43 单击“报表”按钮

步骤03 系统将自动创建报表，如图17-44所示。

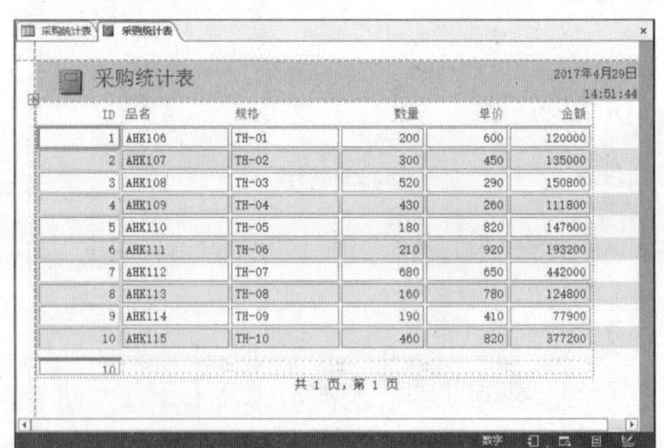

图17-44 创建报表示例

创建报表完毕后，可根据需要对报表进行美化，其具体的操作步骤如下。

步骤01 执行“报表布局工具－格式>背景图像>浏览”命令，如图17-45所示。

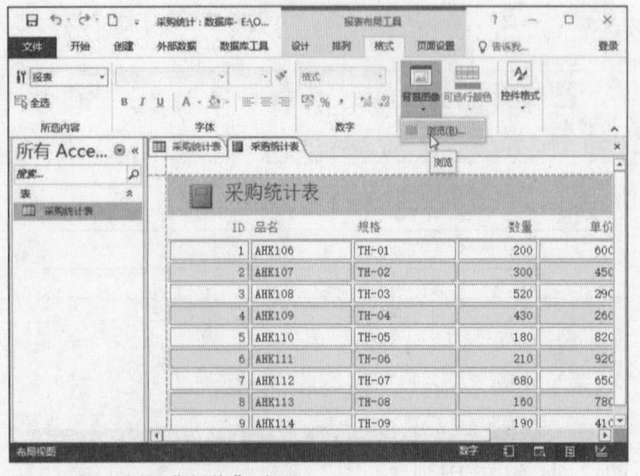

图17-45 选择“浏览”选项

步骤02 打开“插入图片”对话框，选择图片后单击“确定”按钮，如图17-46所示。

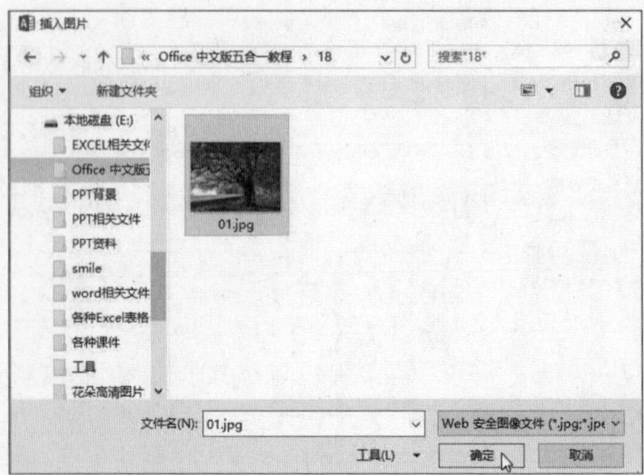

图17-46 选择图片

步骤03 选择页眉控件，执行“报表布局工具－格式>字体>背景色>白色,背景1”命令，如图17-47所示。

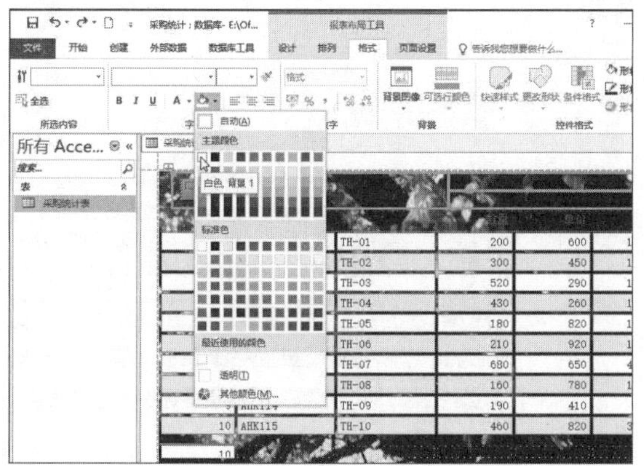

图17-47 设置背景色

步骤05 选择其他控件，按需设置文本字体格式以及背景色，如图17-49所示。

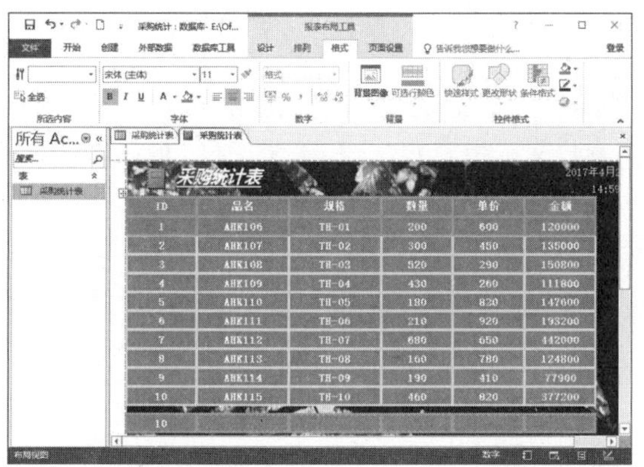

图17-49 设置控件格式

步骤07 通过“网格线”列表中“颜色”、“宽度”、“边框”级联菜单中的命令，设置网格线样式，效果如图17-51所示。

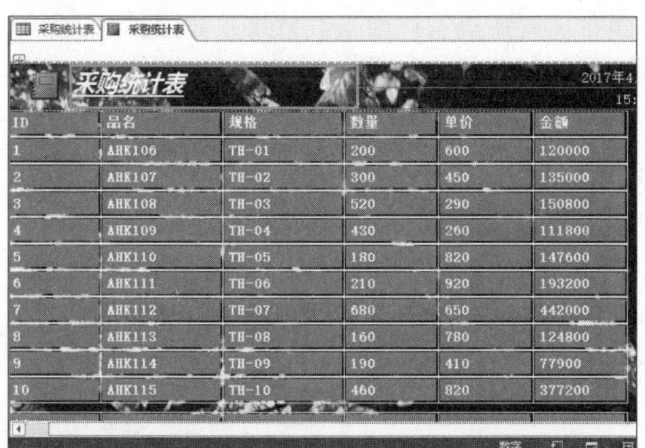

图17-51 设置网格线样式示例

步骤04 选择标签，通过“字体”组中的命令，设置字体格式为：微软雅黑、18号、加粗、倾斜、下划线，如图17-48所示。

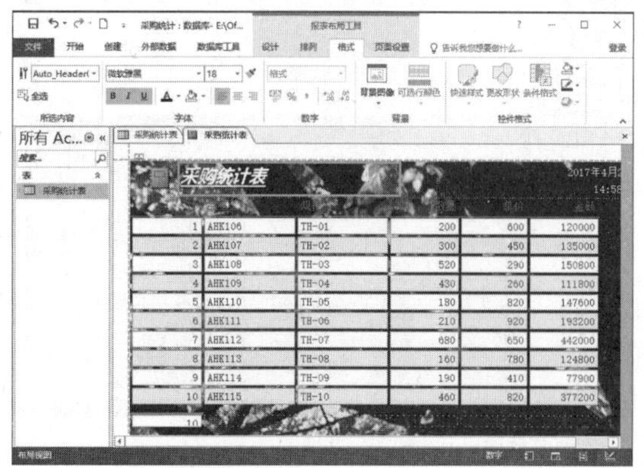

图17-48 设置标签文本格式

步骤06 执行“报表布局工具－排列>网格线>垂直和水平”命令，如图17-50所示。

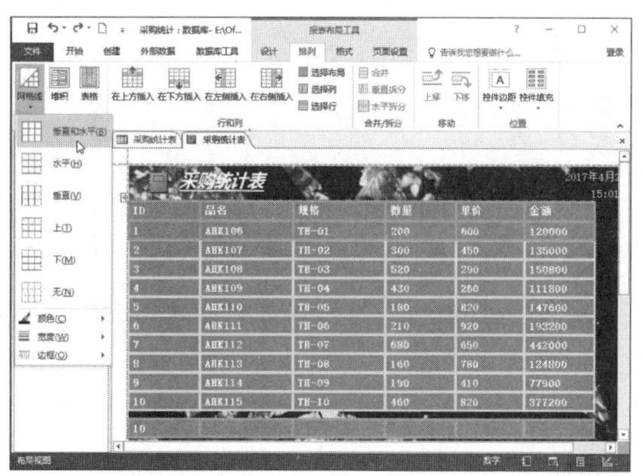

图17-50 设置网格线

步骤08 执行“控件填充>中”命令，如图17-52所示。

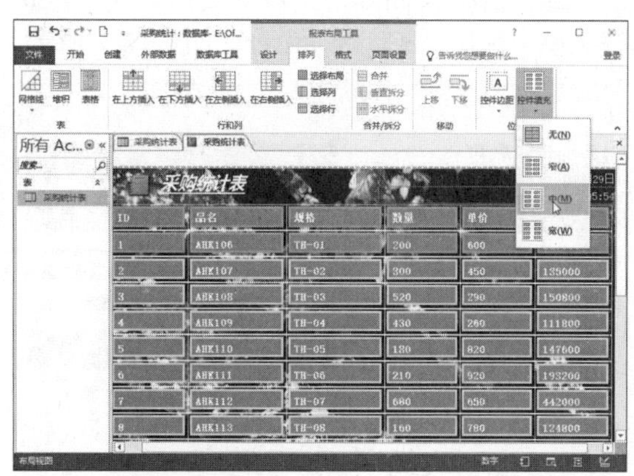

图17-52 设置控件位置

步骤09 执行“开始>视图>设计视图”命令，如图17-53所示。

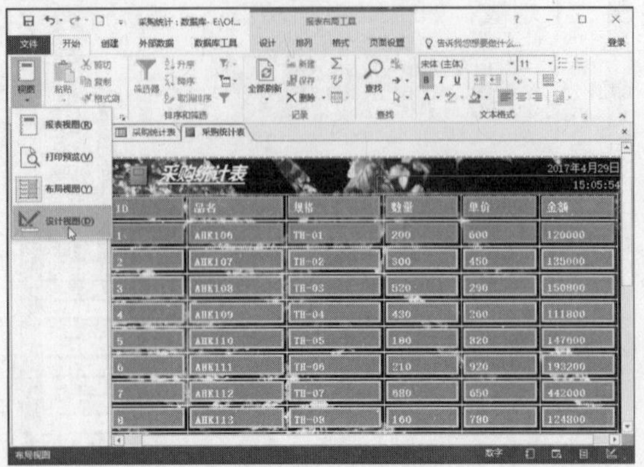

图17-53 选择“设计视图”选项

步骤10 执行“报表设计工具－设计>工具>属性表”命令，如图17-54所示。

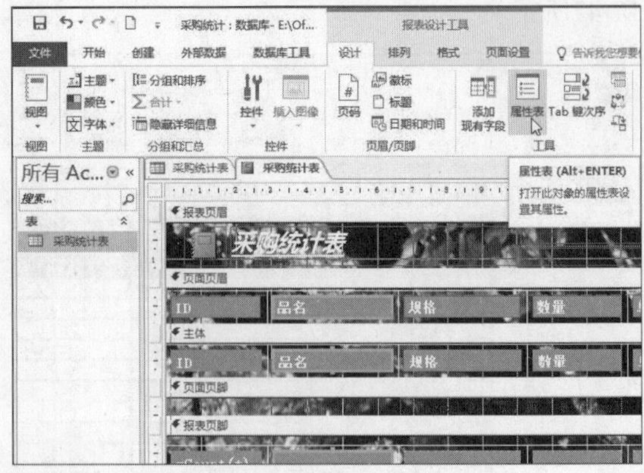

图17-54 单击“属性表”按钮

步骤11 打开“属性表”任务窗格，可以按需对各控件属性进行设置，如图17-55所示。

图17-55 “属性表”任务窗格

步骤12 执行“报表设计工具－设计>工具>Tab键次序”命令，打开“Tab键次序”对话框，按需设置字段次序，如图17-56所示。

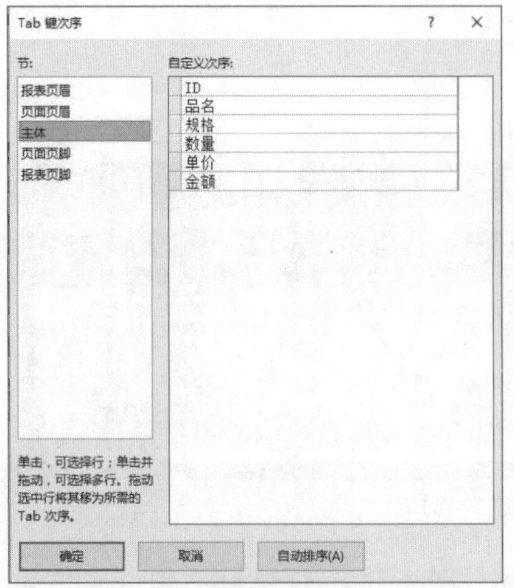

图17-56 “Tab键次序”对话框

步骤13 选择需要删除的字段并右击，从右键快捷菜单中选择“删除行”命令，如图17-57所示。

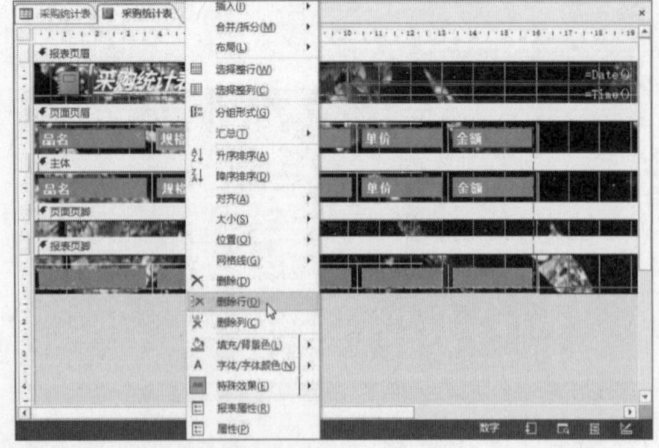

图17-57 选择“删除行”选项

步骤14 执行“开始>视图>布局视图”命令，返回布局视图查看修改报表效果，如图17-58所示。

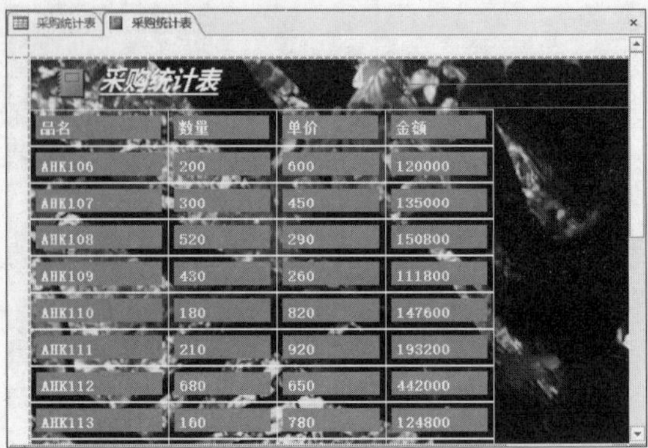

图17-58 修改报表示例

技巧放送：隐藏报表中的信息

在创建报表时，如果同一组中有多条重复信息，使报表数据传达不够明确，则可以将重复信息隐藏，其具体的操作步骤如下。

步骤01 打开“采购统计表1”报表，执行“报表布局工具－设计>视图>设计视图”命令，如图17-59所示。

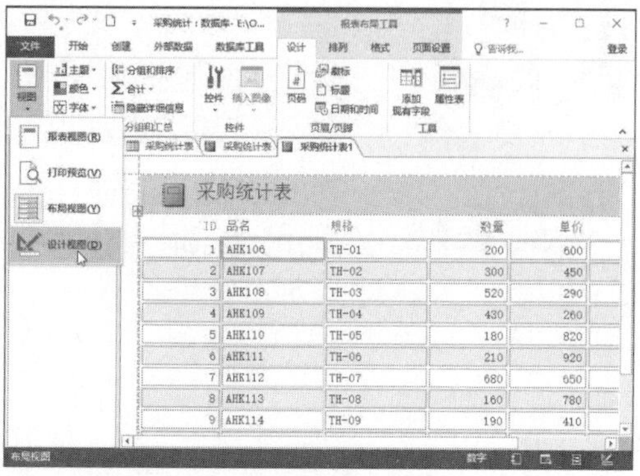

图17-59 选择“设计视图”选项

步骤02 系统切换至设计视图，单击“属性表”按钮，如图17-60所示。

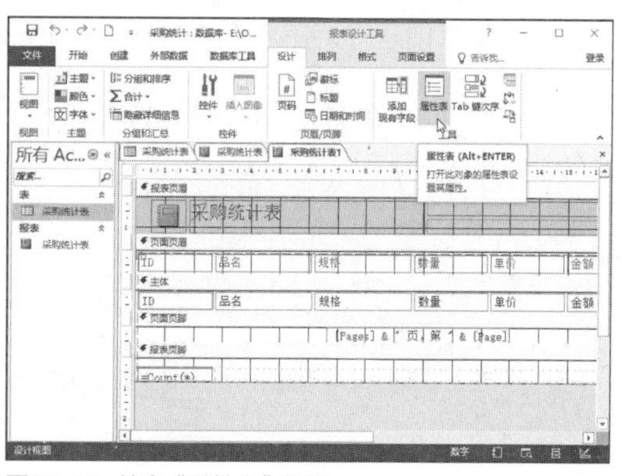

图17-60 单击“属性表”按钮

步骤03 打开“属性表”任务窗格，在“全部”选项卡中的“隐藏重复控件”选项下拉列表中选择“是”即可，如图17-61所示。

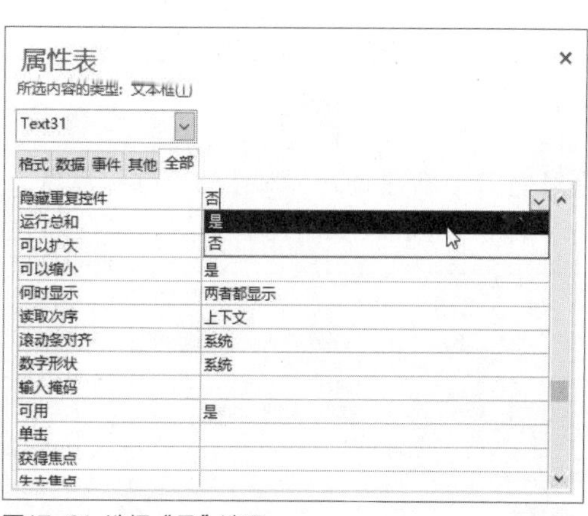

图17-61 选择“是”选项

Chapter 18 Access中数据的查询

本章主要讲述Access 2016数据库查询的基础知识。数据的查询就是根据用户需要在数据库中查找到特定范围的信息。

1. 利用向导创建查询
2. 利用设计视图创建查询
3. 条件查询
4. 交叉表查询
5. 查询的相关操作

18.1 利用查询向导创建查询

如果用户对创建查询不够熟悉，则可以通过查询向导创建查询，其具体的操作步骤如下。

步骤01 打开“订单统计”数据库，如图18-1所示。

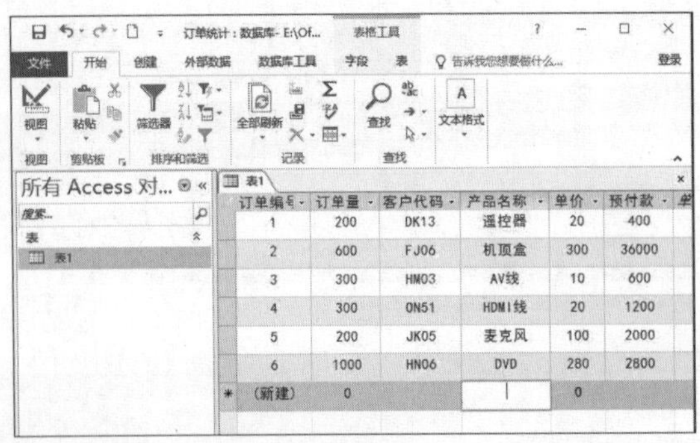

图18-1 打开“订单统计”数据库

步骤02 单击“创建”选项卡中“查询”组中的“查询向导”按钮，如图18-2所示。

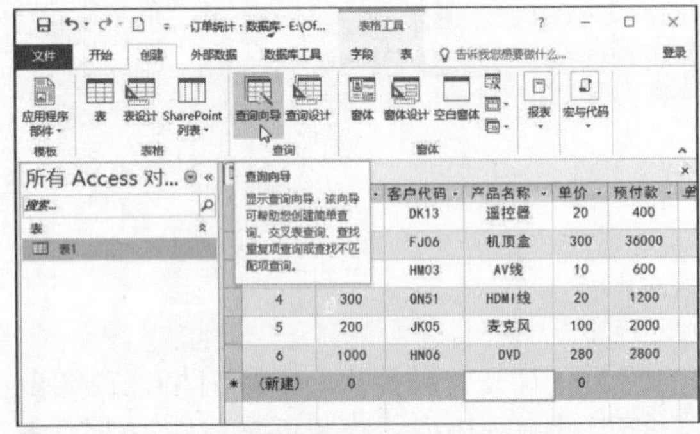

图18-2 单击“查询向导”按钮

步骤03 打开“新建查询”对话框，保持默认，单击“确定”按钮，如图18-3所示。

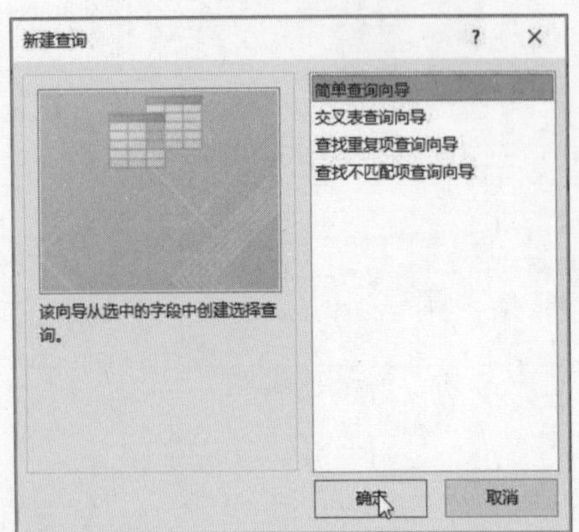

图18-3 单击“确定”按钮

步骤04 打开“简单查询向导”对话框，设置查询字段，单击“下一步”按钮，如图18-4所示。

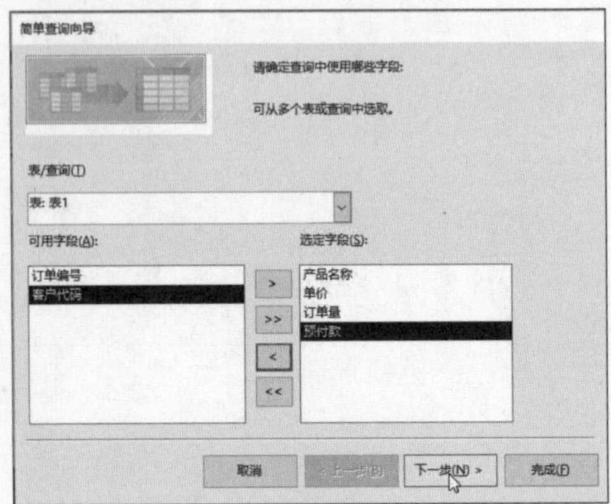

图18-4 单击“下一步”按钮

步骤05 保持默认设置，单击“下一步”按钮，如图18-5所示。

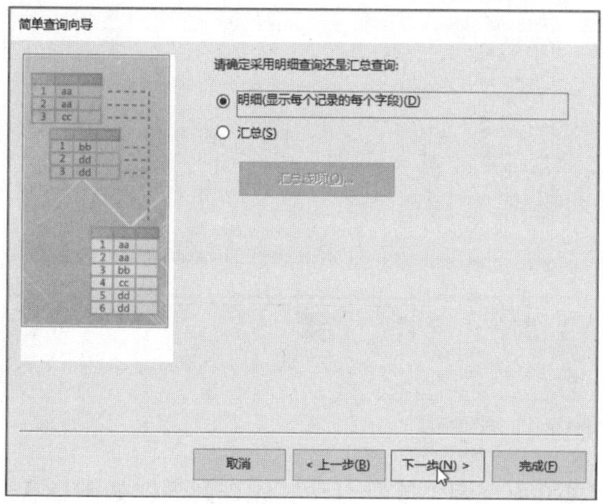

图18-5 单击“下一步”按钮

步骤06 设置查询标题后，单击“完成”按钮，如图18-6所示。

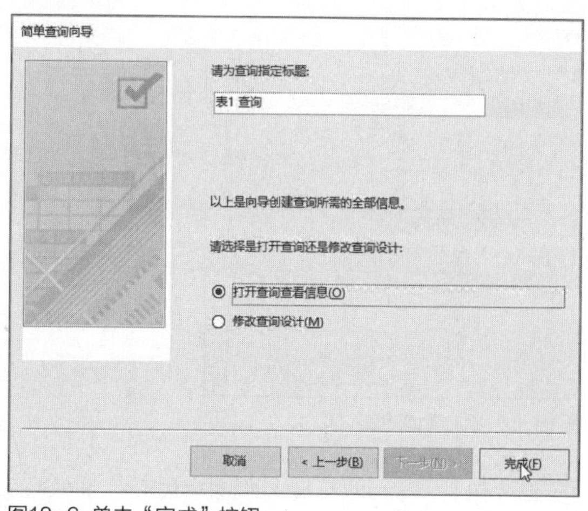

图18-6 单击“完成”按钮

步骤07 使用向导创建查询成功后，查询结果会以表的形式显示出来，如图18-7所示。

产品名称	单价	订单量	预付款
遥控器	20	200	400
机顶盒	300	600	36000
AV线	10	300	600
HDMI线	20	300	1200
麦克风	100	200	2000
DVD	280	1000	2800
*	0	0	

图18-7 生成查询表示例

18.2 利用设计视图创建查询

以在设计视图中创建“生产统计”表的查询为例进行介绍，其具体的操作步骤如下。

步骤01 打开“生产统计”数据库，如图18-8所示。

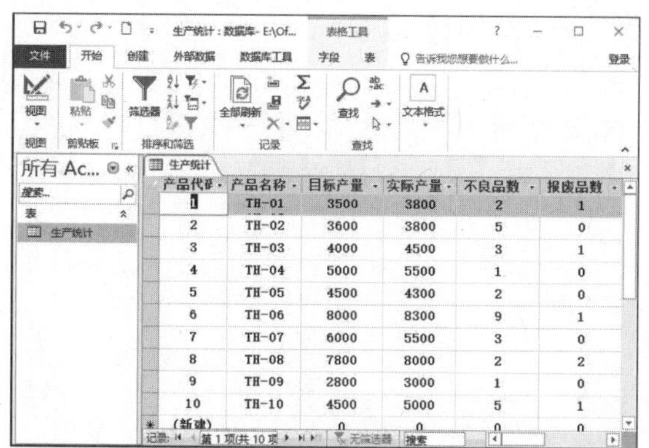

	产品代码	产品名称	目标产量	实际产量	不良品数	报废品数
	1	TH-01	3500	3800	2	1
	2	TH-02	3600	3800	5	0
	3	TH-03	4000	4500	3	1
	4	TH-04	5000	5500	1	0
	5	TH-05	4500	4300	2	0
	6	TH-06	8000	8300	9	1
	7	TH-07	6000	5500	3	0
	8	TH-08	7800	8000	2	2
	9	TH-09	2800	3000	1	0
	10	TH-10	4500	5000	5	1
*	(新建)		0	0	0	0

图18-8 打开“生产统计”数据库

步骤02 单击“创建”选项卡上“查询”组中的“查询设计”按钮，如图18-9所示。

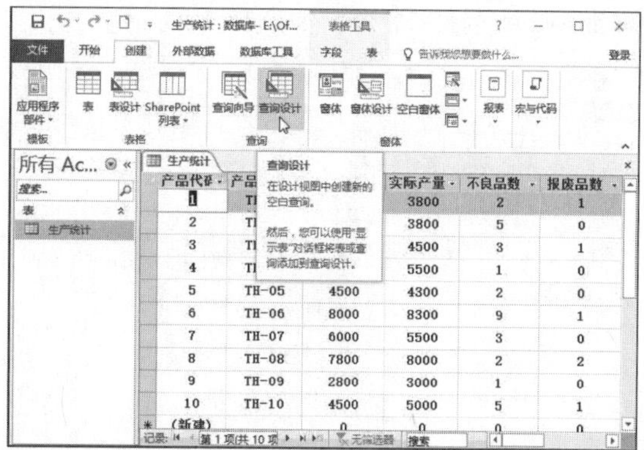

图18-9 单击“查询设计”按钮

步骤03 打开“显示表”对话框，双击“生产统计”表，如图18-10所示。

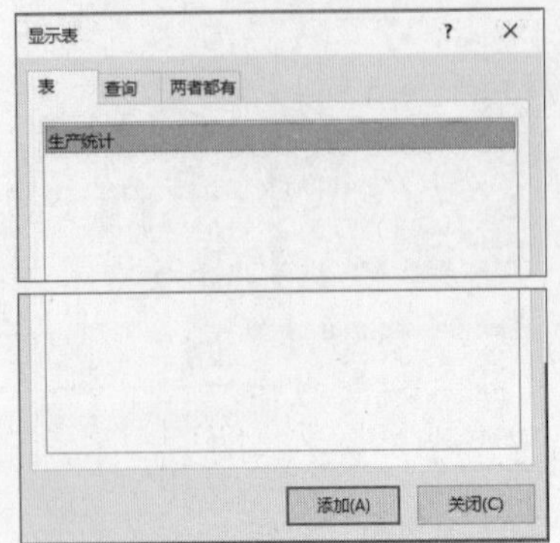

图18-10 添加查询的表

步骤04 在“查询1”表中，将需要查询的字段拖至下方文本框中，如图18-11所示。

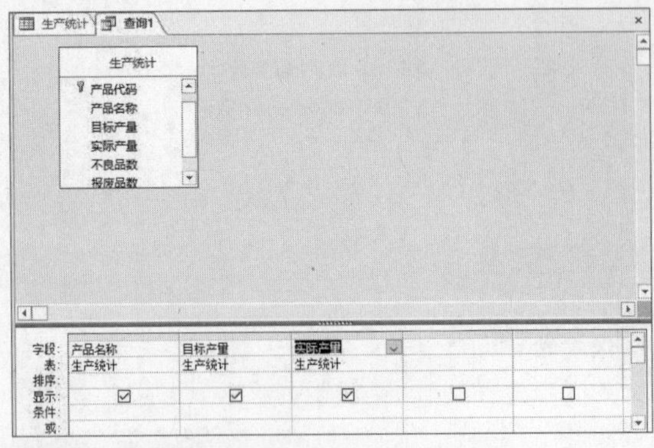

图18-11 添加字段

步骤05 执行“查询工具－设计>运行”命令，如图18-12所示。

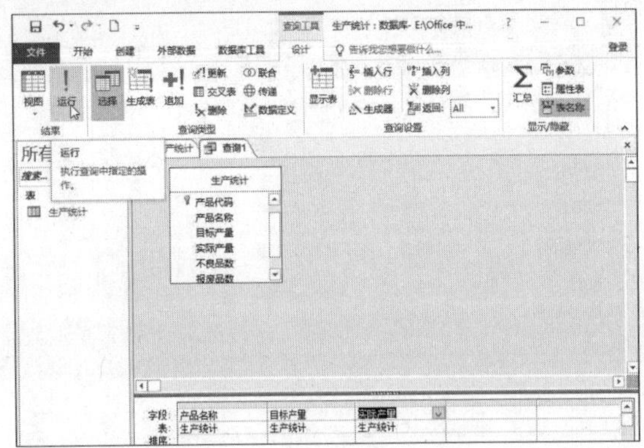

图18-12 单击“运行”按钮

步骤06 查询生成器自动生成查询表，如图18-13所示。

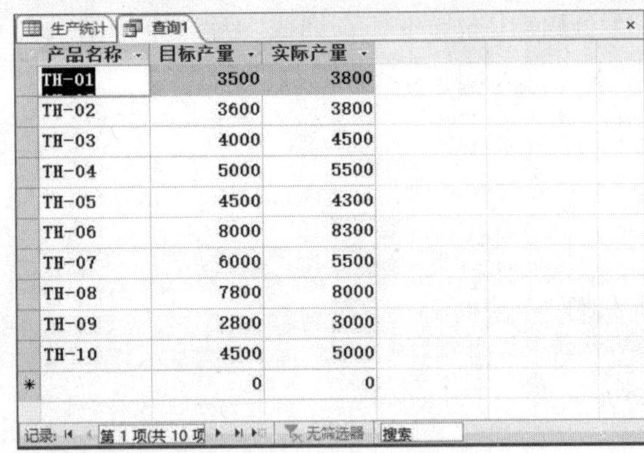

产品名称	目标产量	实际产量
TH-01	3500	3800
TH-02	3600	3800
TH-03	4000	4500
TH-04	5000	5500
TH-05	4500	4300
TH-06	8000	8300
TH-07	6000	5500
TH-08	7800	8000
TH-09	2800	3000
TH-10	4500	5000
*	0	0

图18-13 生成查询表示例

18.3 条件查询

如果需要在表中查询出指定条件的数据，则可以通过条件查询实现，下面以查找出“生产统计”表中目标产量大于5000的信息为例进行介绍，其具体的操作步骤如下。

步骤01 打开“生产统计”数据库，执行“创建>查询>查询设计”命令，如图18-14所示。

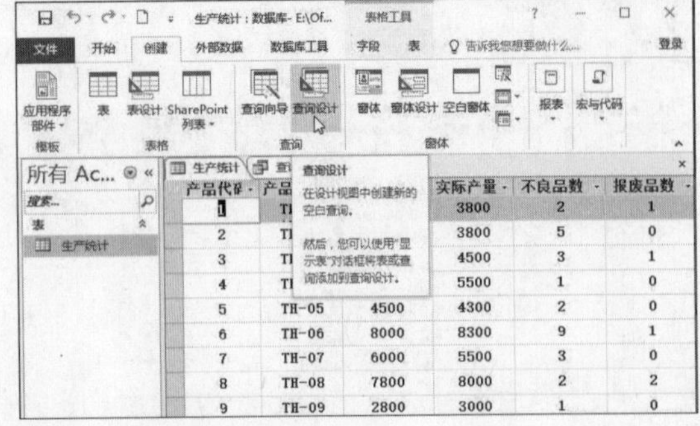

图18-14 单击“查询设计”按钮

步骤02 弹出“显示表”对话框，选择“生产统计”表，如图18-15所示。

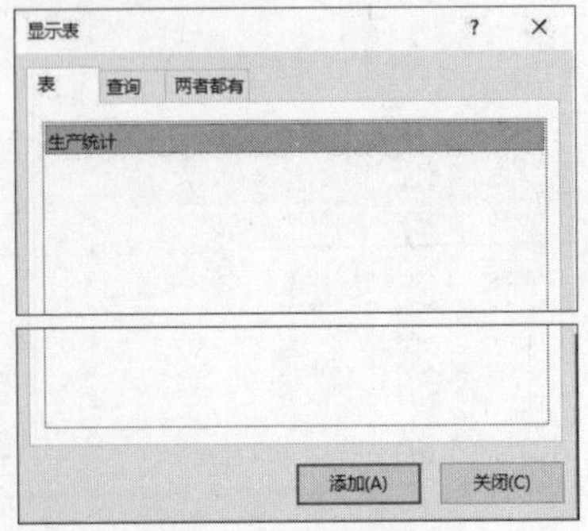

图18-15 选择“生产统计”表

步骤03 将需要查询的字段添加到文本框中，然后在“目标产量”下方的“条件”行文本框上右击，从右键快捷菜单中选择“生成器”选项，如图18-16所示。

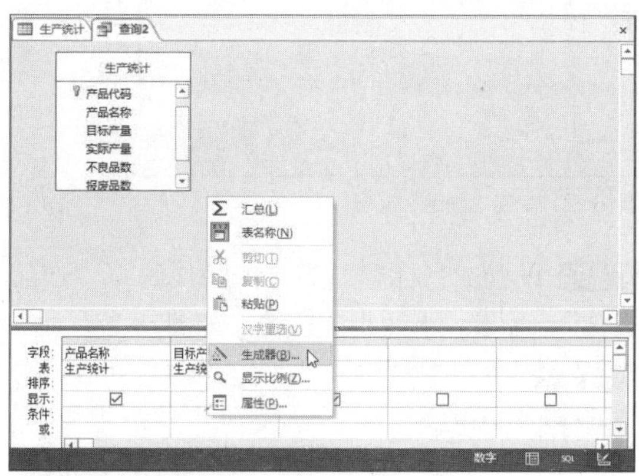

图18-16 选择“生成器”选项

步骤04 打开“表达式生成器”对话框，在列表框中输入“>5000”，然后单击“确定”按钮，如图18-17所示。

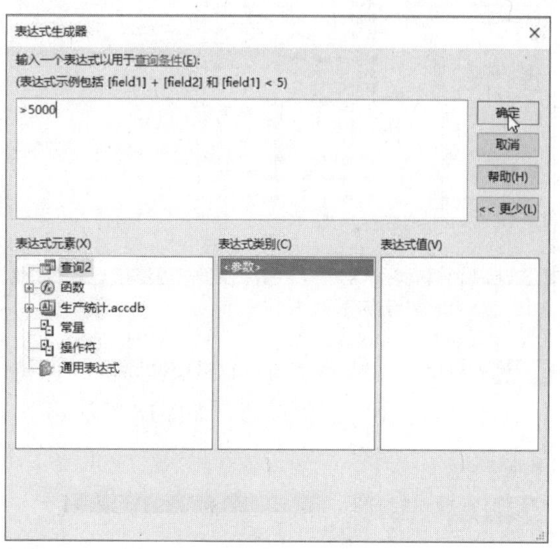

图18-17 “表达式生成器”对话框

步骤05 返回查询窗口，单击“查询工具－设计”选项卡上的“运行”按钮，如图18-18所示。

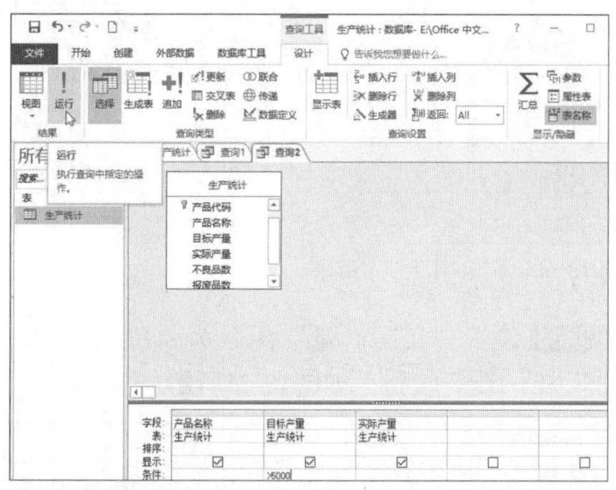

图18-18 单击“运行”按钮

步骤06 查询生成器按照条件进行查询，并生成“查询2”表，如图18-19所示。

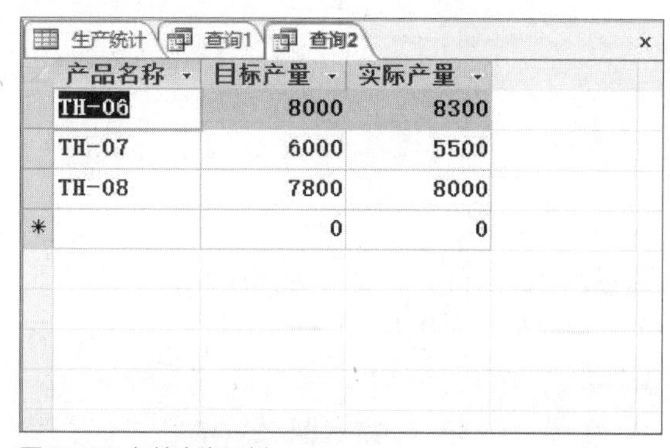

产品名称	目标产量	实际产量
TH-06	8000	8300
TH-07	6000	5500
TH-08	7800	8000
*	0	0

图18-19 条件查询示例

18.4 交叉表查询

交叉表查询的具体操作步骤如下。

步骤01 打开“生产统计”数据库，执行“创建>查询>查询向导”命令，如图18-20所示。

步骤02 打开“新建查询”对话框，选择“交叉表查询向导”选项，单击“确定”按钮，如图18-21所示。

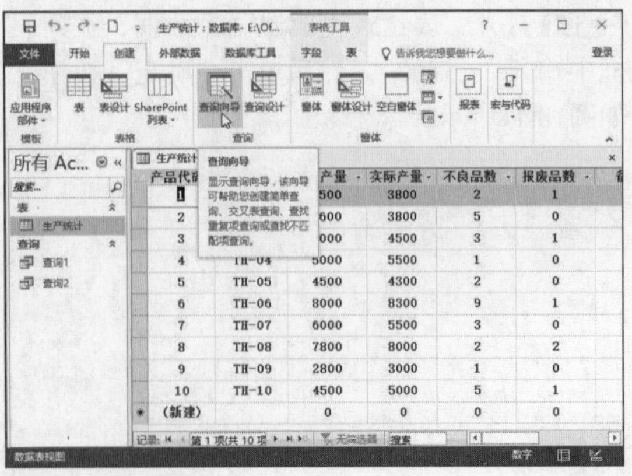

图18-20 单击“查询向导”按钮

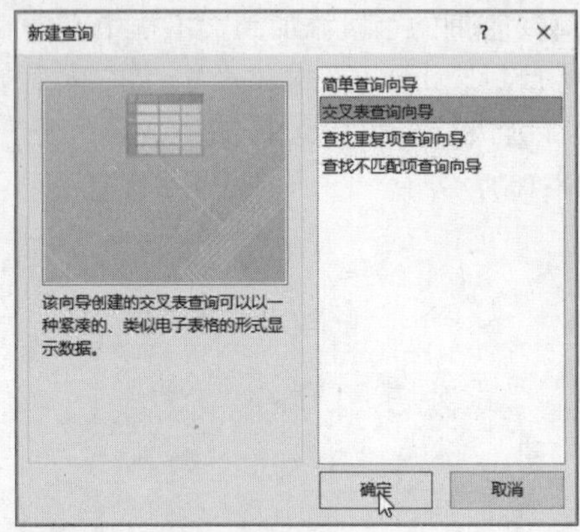

图18-21 单击“确定”按钮

步骤03 打开“交叉表查询向导”对话框，保持默认，单击“下一步”按钮，如图18-22所示。

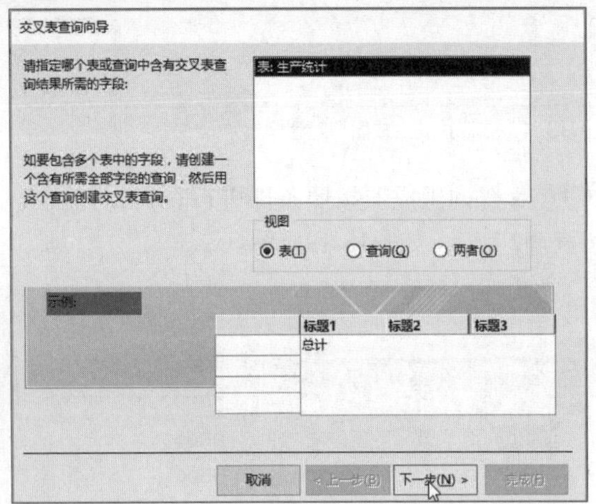

图18-22 单击“下一步”按钮

步骤04 设置“行标题”为“产品代码”、“产品名称”，单击“下一步”按钮，如图18-23所示。

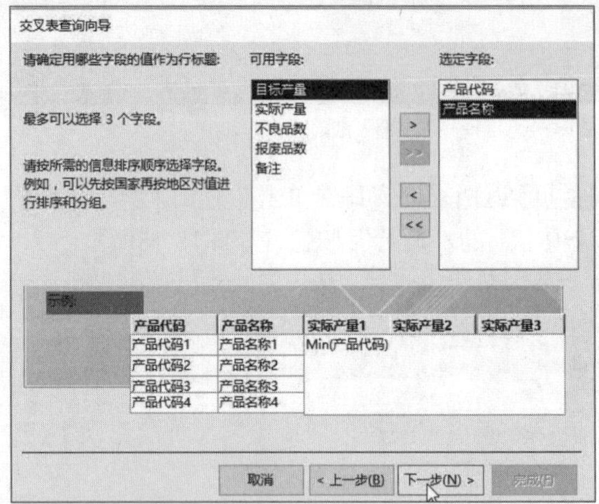

图18-23 单击“下一步”按钮

步骤05 设置“目标产量”为列标题，单击“下一步”按钮，如图18-24所示。

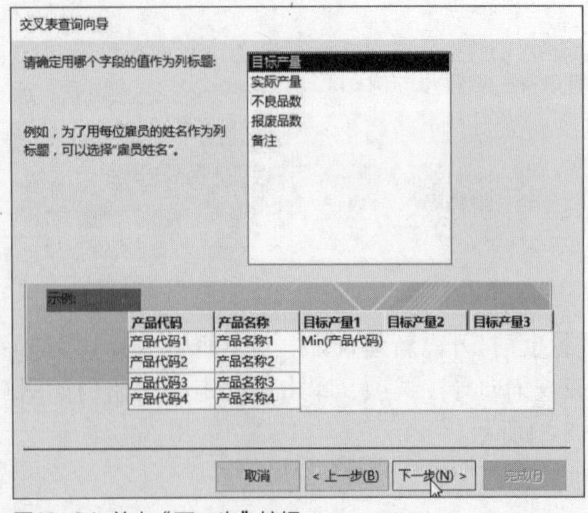

图18-24 单击“下一步”按钮

步骤06 设置“实际产量”函数为“总数”，单击“下一步”按钮，如图18-25所示。

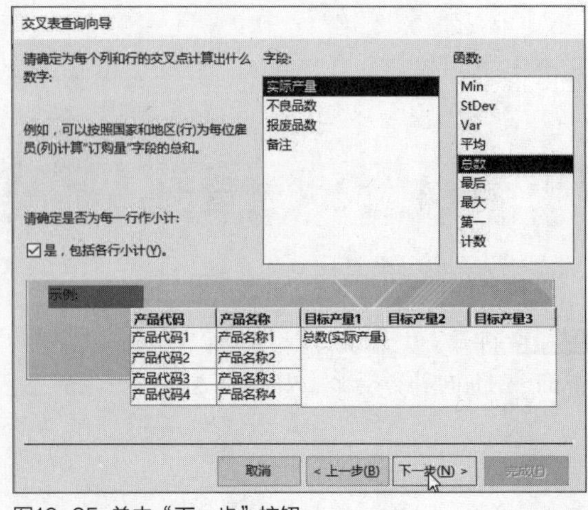

图18-25 单击“下一步”按钮

步骤07 保持默认设置，单击“完成”按钮，如图18-26所示。

交叉表查询向导
请指定查询的名称:
生产统计_交叉表
以上是向导创建查询所需的全部信息。
请选择是查看查询，还是修改查询设计:
查看查询(V)。
修改设计(M)。
取消
< 上一步(B)
下一步(N) >
完成(F)

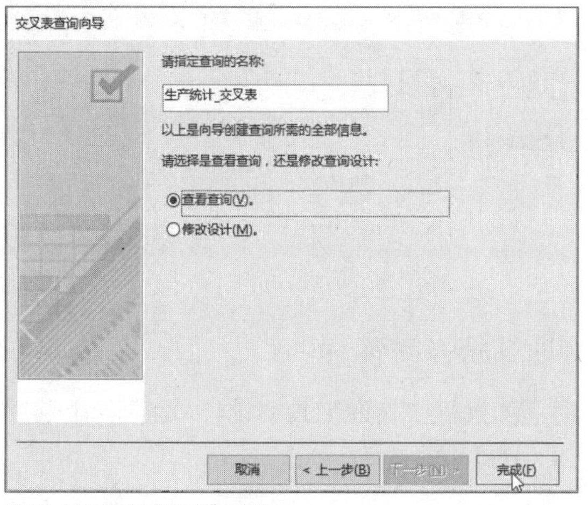

图18-26 单击“完成”按钮

步骤08 自动生成交叉查询表后，效果如图18-27所示。

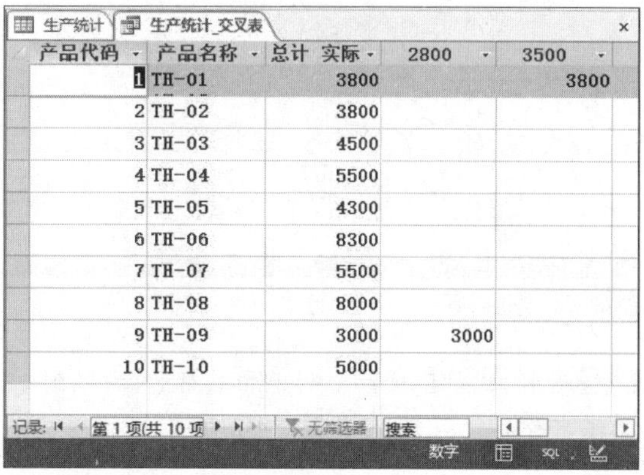

生产统计
生产统计_交叉表
产品代码
产品名称
总计 实际
2800
3500
1 TH-01 3800 3800
2 TH-02 3800
3 TH-03 4500
4 TH-04 5500
5 TH-05 4300
6 TH-06 8300
7 TH-07 5500
8 TH-08 8000
9 TH-09 3000 3000
10 TH-10 5000
记录: 第 1 项(共 10 项
无筛选器
搜索
数字

图18-27 自动生成查询示例

18.5 查询的相关操作

查询的相关操作包括生成表查询、追加查询、查询的更新等，下面简单对其了解一下。

18.5.1 生成表查询

所谓生成表查询，就是利用一个或多个表的全部或部分数据新建一个表，以对数据库中一部分特定数据进行备份，可将查询生成的数据转换成表数据。其具体操作步骤如下。

步骤01 打开“文具销售统计”数据库，执行“创建>查询>查询设计”命令，如图18-28所示。

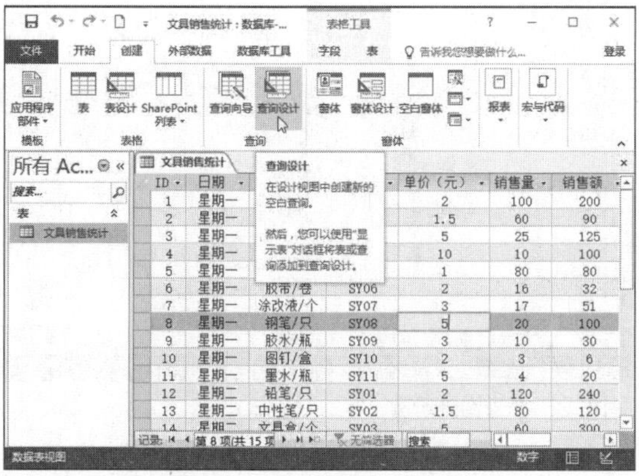

图18-28 单击“查询设计”按钮

步骤02 打开“显示表”对话框，单击“添加”按钮，然后单击“关闭”按钮，关闭“显示表”对话框，如图18-29所示。

显示表
表
查询
两者都有
文具销售统计
添加(A)
关闭(C)

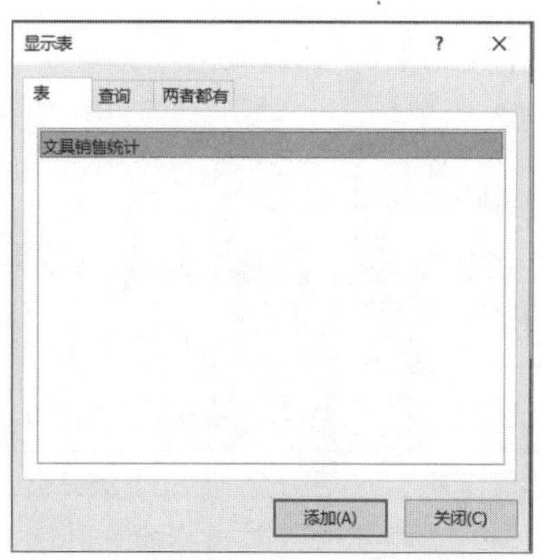

图18-29 添加查询表

步骤03 将需要查询的字段添加到下方的“查询”字段中，如图18-30所示。

步骤04 单击“查询工具 - 设计”选项卡中的“生成表”按钮，如图18-31所示。

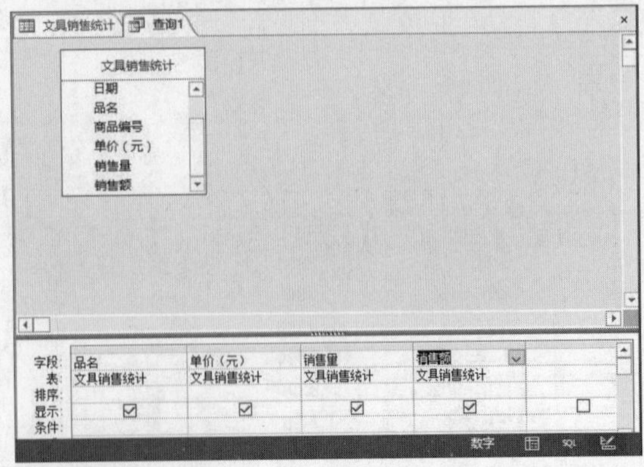

图18-30 添加字段

步骤05 打开“生成表”对话框，输入表名称，单击“确定”按钮，如图18-32所示。

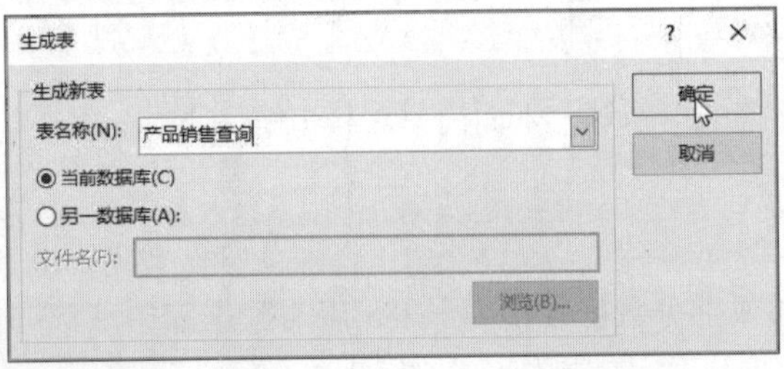

生成表
生成新表
表名称(N): 产品销售查询
确定
取消
当前数据库(C)
另一数据库(A):
文件名(F):
浏览(B)...

图18-32 单击“确定”按钮

步骤07 弹出提示对话框，单击“是”按钮，如图18-34所示。

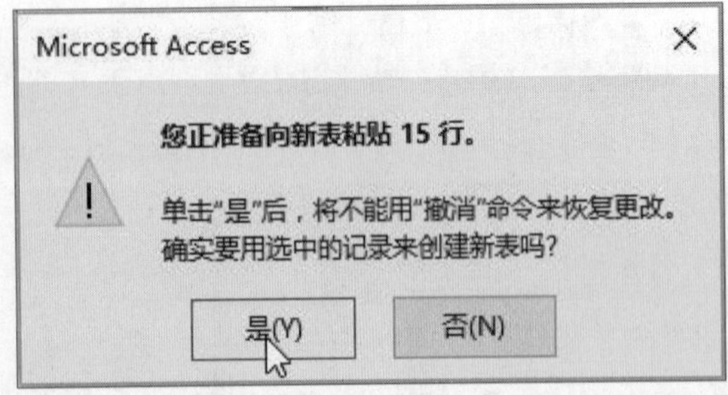

图18-34 单击“是”按钮

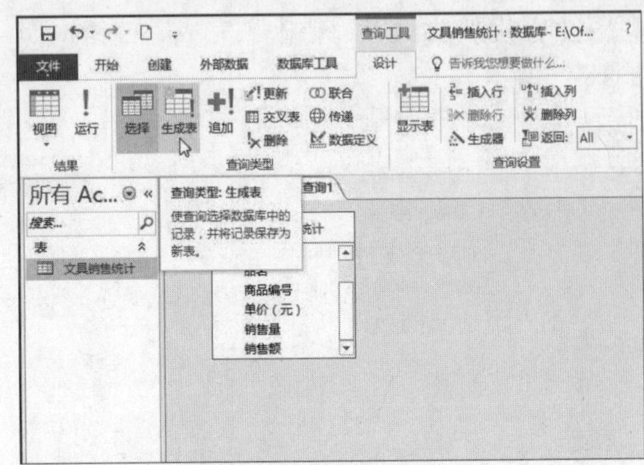

图18-31 单击“生成表”按钮

步骤06 执行“查询工具－设计>运行”命令，如图18-33所示。

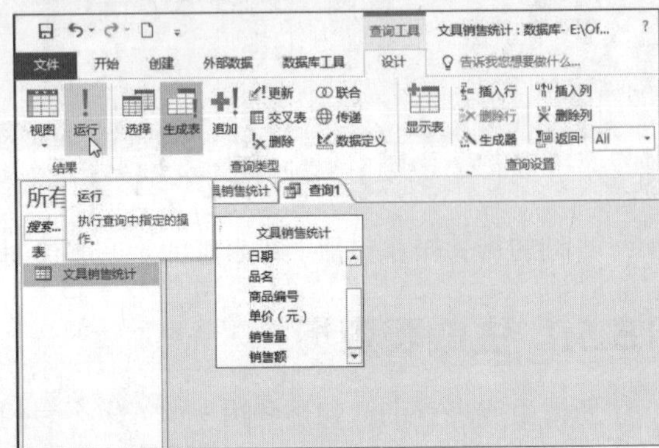

图18-33 单击“运行”按钮

步骤08 系统自动生成查询表效果如图18-35所示。

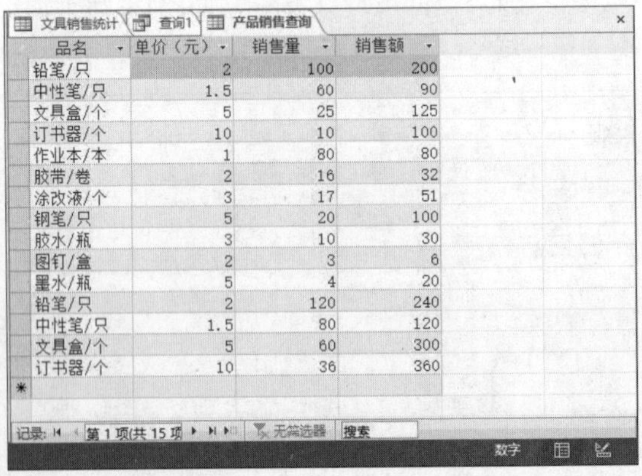

品名	单价（元）	销售量	销售额
铅笔/只	2	100	200
中性笔/只	1.5	60	90
文具盒/个	5	25	125
订书器/个	10	10	100
作业本/本	1	80	80
胶带/卷	2	16	32
涂改液/个	3	17	51
钢笔/只	5	20	100
胶水/瓶	3	10	30
图钉/盒	2	3	6
墨水/瓶	5	4	20
铅笔/只	2	120	240
中性笔/只	1.5	80	120
文具盒/个	5	60	300
订书器/个	10	36	360

图18-35 新查询表示例

18.5.2 追加查询

所谓追加查询，就是将一个或多个表中的一组数据追加到另一个表的尾部。例如，公司生产一批新产品，可以将新产品的信息追加到文具销售统计表中，其具体的操作步骤如下。

步骤01 打开“文具销售统计”数据库，执行“创建>查询>查询设计”命令，如图18-36所示。

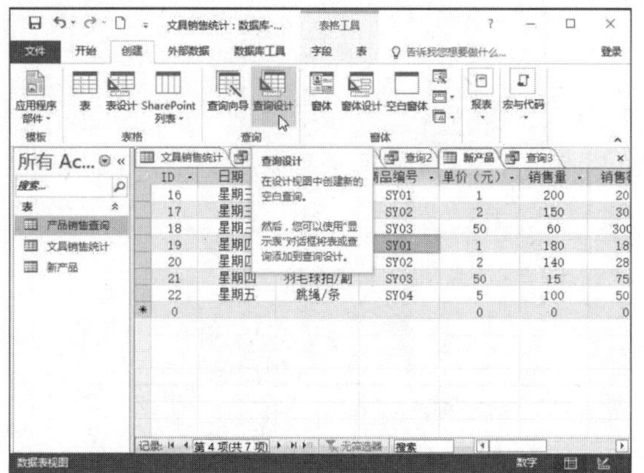

图18-36 单击“查询设计”按钮

步骤02 弹出“显示表”对话框，选择“新产品”选项，如图18-37所示。然后单击“添加”按钮，再单击“关闭”按钮。

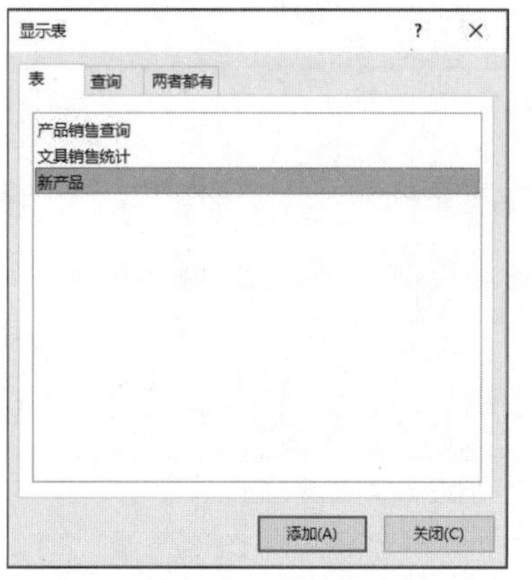

图18-37 选择查询表

步骤03 双击“*”字段，将“新产品”中的所有字段添加到查询字段中，如图18-38所示。

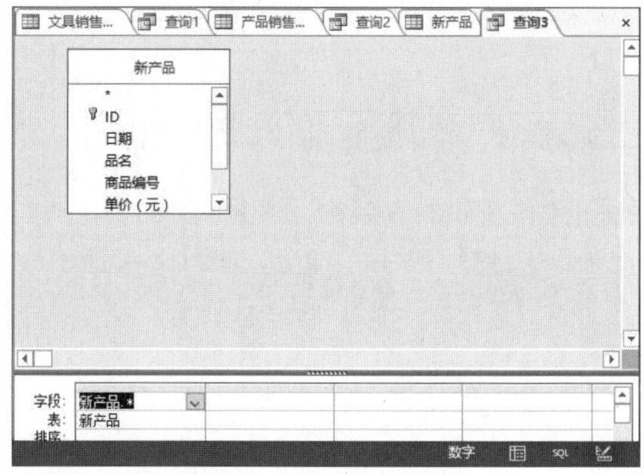

图18-38 添加所有字段

步骤04 执行“查询工具－设计>查询类型>追加”命令，如图18-39所示。

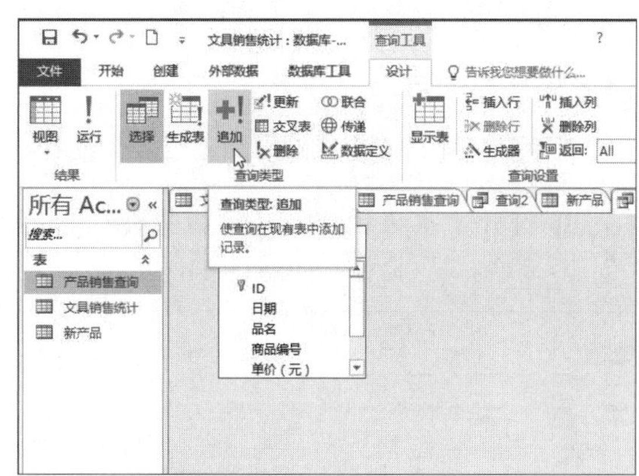

图18-39 单击“追加”按钮

步骤05 打开“追加”对话框，通过“表名称”列表框，设置表名称为“文具销售统计”，然后单击“确定”按钮，如图18-40所示。

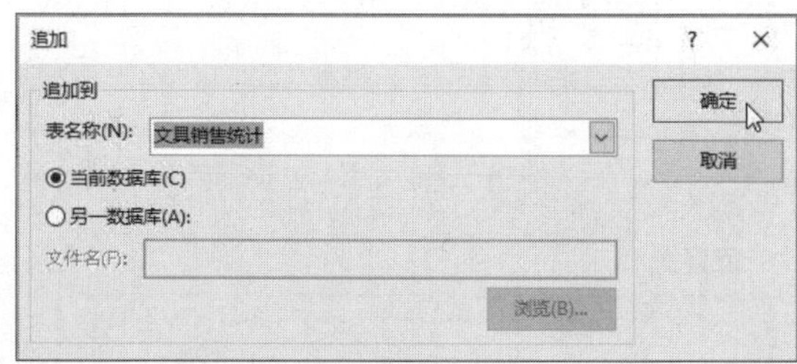

图18-40 单击“确定”按钮

步骤06 单击“运行”按钮，如图18-41所示。

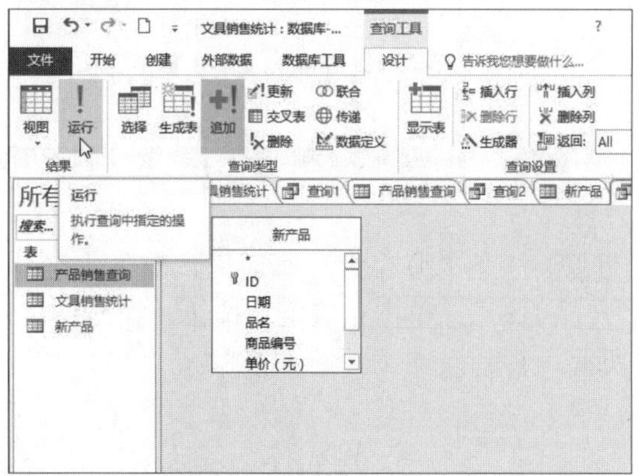

图18-41 单击“运行”按钮

步骤07 弹出提示对话框，单击“是”按钮，确认追加记录，如图18-42所示。

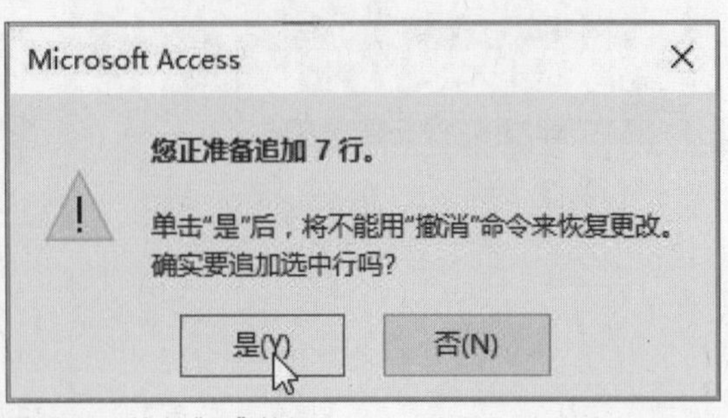

图18-42 单击“是”按钮

步骤08 “新产品”表中的数据会追加到“文具销售统计”表中，如图18-43所示。

ID	日期	品名	商品编号	单价（元）	销售量	销售额	单击以添加
1	星期一	铅笔/只	SY01	2	100	200	
2	星期一	中性笔/只	SY02	1.5	60	90	
3	星期一	文具盒/个	SY03	5	25	125	
4	星期一	订书器/个	SY04	10	10	100	
5	星期一	作业本/本	SY05	1	80	80	
6	星期一	胶带/卷	SY06	2	16	32	
7	星期一	涂改液/个	SY07	3	17	51	
8	星期一	钢笔/只	SY08	5	20	100	
9	星期一	胶水/瓶	SY09	3	10	30	
10	星期一	图钉/盒	SY10	2	3	6	
11	星期一	墨水/瓶	SY11	5	4	20	
12	星期二	铅笔/只	SY01	2	120	240	
13	星期二	中性笔/只	SY02	1.5	80	120	
14	星期二	文具盒/个	SY03	5	60	300	
15	星期二	订书器/个	SY04	10	36	360	
16	星期三	笔芯/支	SY01	1	200	200	
17	星期三	鸡毛键/只	SY02	2	150	300	
18	星期三	羽毛球拍/副	SY03	50	60	3000	
19	星期四	笔芯/支	SY01	1	180	180	
20	星期四	鸡毛键/只	SY02	2	140	280	
21	星期四	羽毛球拍/副	SY03	50	15	750	
22	星期五	跳绳/条	SY04	5	100	500	

图18-43 追加查询效果

办公室练兵：管理水果销售统计数据库

对于包含大量销售数据的数据库，如何管理这些数据呢？下面以管理“水果销售统计”数据库中的数据为例进行介绍。

❶添加现有字段

若新建表中的多个数据需要应用已有表中多个字段的数据时，可以按照下面的步骤进行操作。

步骤01 打开“水果销售统计”数据库，执行“创建>表格>表”命令，如图18-44所示。

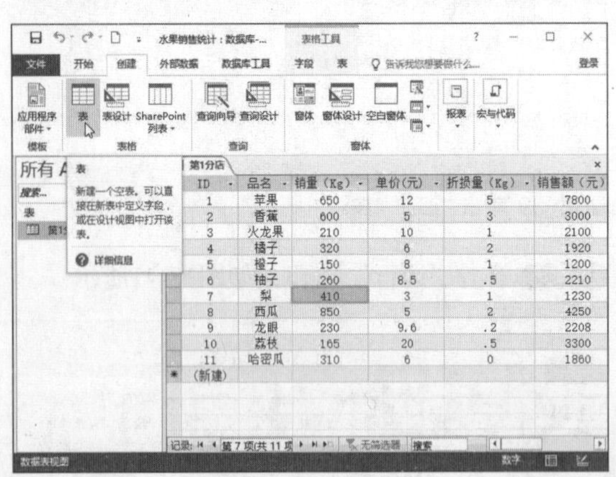

图18-44 单击“表”按钮

步骤02 在新建的表名称“表1”上右击，从右键菜单中选择“保存”命令，如图18-45所示。

图18-45 选择“保存”选项

步骤03 打开“另存为”对话框，输入表名称“产品促销”，单击“确定”按钮，如图18-46所示。

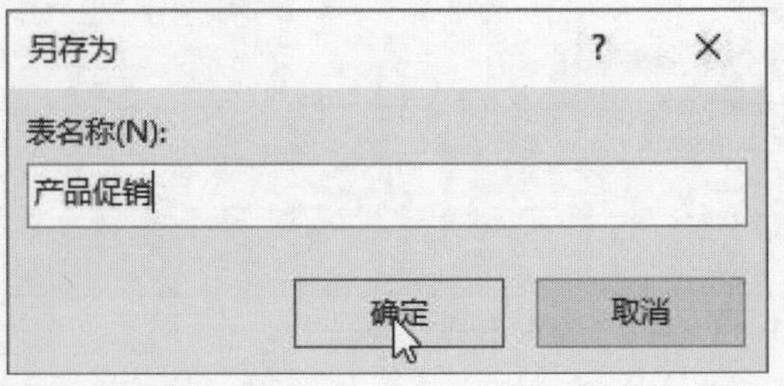

图18-46 输入表名称

步骤04 执行“表格工具－字段>视图>设计视图”命令，如图18-47所示。

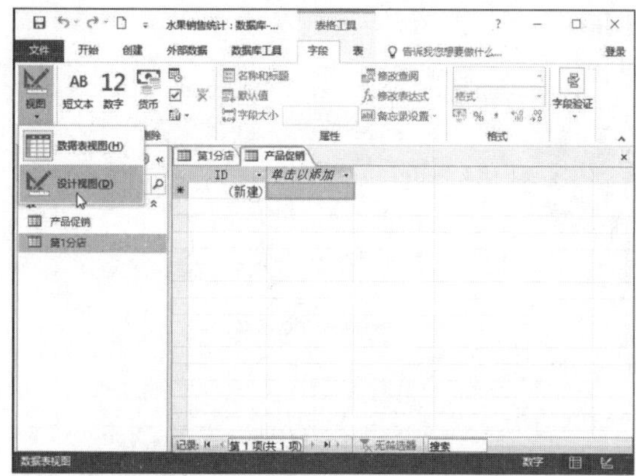

图18-47 选择“设计视图”命令

步骤05 执行“表格工具－设计>工具>修改查阅”命令，如图18-48所示。

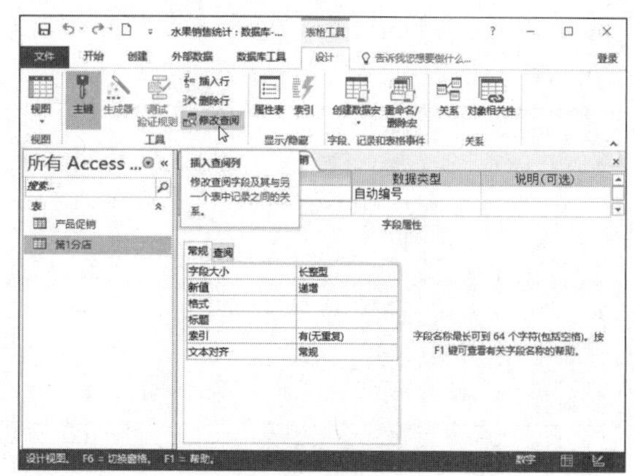

图18-48 单击“修改查阅”按钮

步骤06 打开“查阅向导”对话框，保持默认设置，单击“下一步”按钮，如图18-49所示。

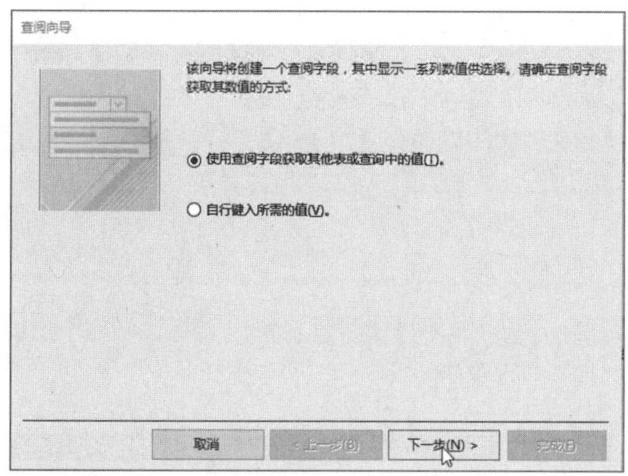

图18-49 单击“下一步”按钮

步骤07 在列表框中选择“表：第1分店”选项，单击“下一步”按钮，如图18-50所示。

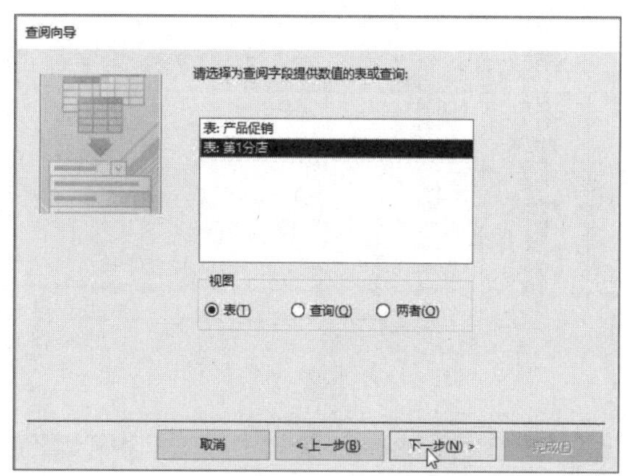

图18-50 单击“下一步”按钮

步骤08 按需添加查阅字段，单击“下一步”按钮，如图18-51所示。

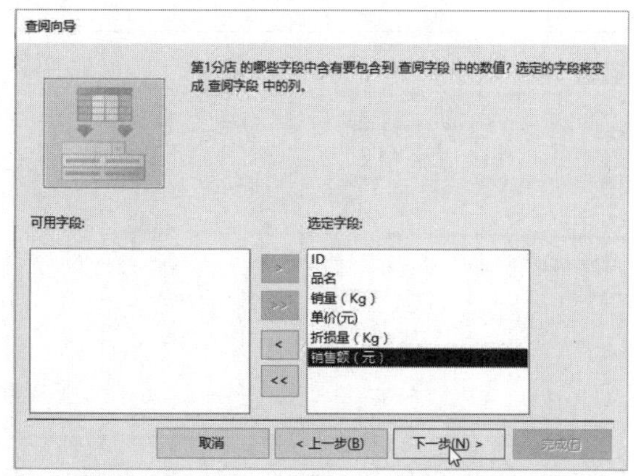

图18-51 单击“下一步”按钮

步骤09 设置字段排序，这里设置按“销量”升序排列，单击“下一步”按钮，如图18-52所示。

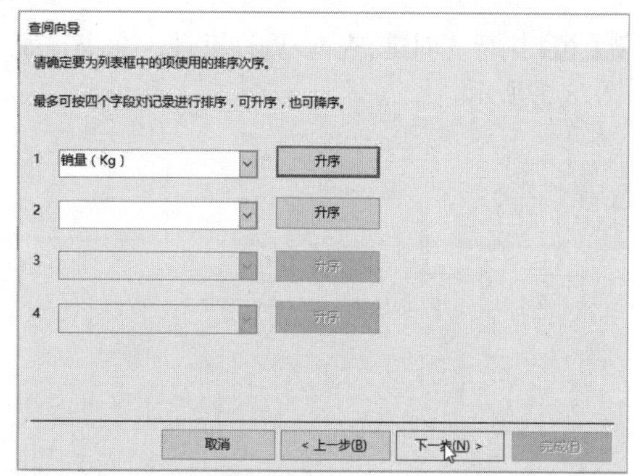

图18-52 单击“下一步”按钮

步骤10 保持默认设置，单击“下一步”按钮，如图18-53所示。

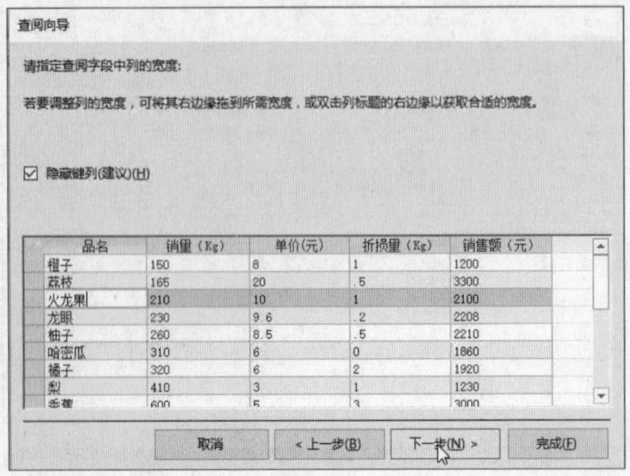

图18-53 单击“下一步”按钮

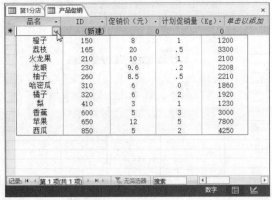

步骤11 指定标签为“品名”，单击“完成”按钮，如图18-54所示。

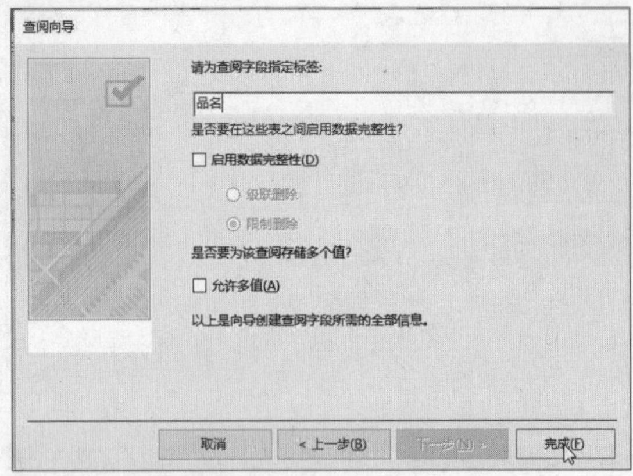

图18-54 单击“完成”按钮

步骤12 单击字段名的下拉按钮，可以选择字段名，如图18-55所示。

品名	ID	促销价（元）	计划促销量（Kg）	
橙子	150	8	1	1200
荔枝	165	20	.5	3300
火龙果	210	10	1	2100
龙眼	230	9.6	.2	2208
柚子	260	8.5	.5	2210
哈密瓜	310	6	0	1860
橘子	320	6	2	1920
梨	410	3	1	1230
香蕉	600	5	3	3000
苹果	650	12	5	7800
西瓜	850	5	2	4250

图18-55 选择字段名

步骤13 连续添加多个品名记录后，按需添加其他字段，如图18-56所示。

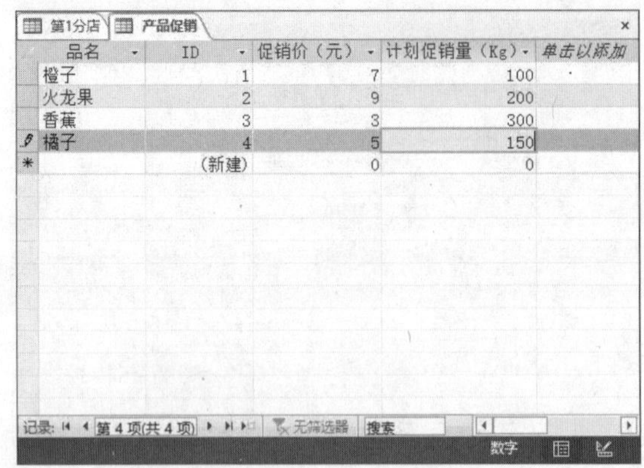

图18-56 添加其他字段

❷生成表查询

生成表查询是指将查询结果直接保存在表中，在利用查询结果时，可以将查询结果由动态数据转化为利用生成表查询结果的新建表，其具体的操作步骤如下。

步骤01 执行“创建>查询>查询设计”命令，如图18-57所示。

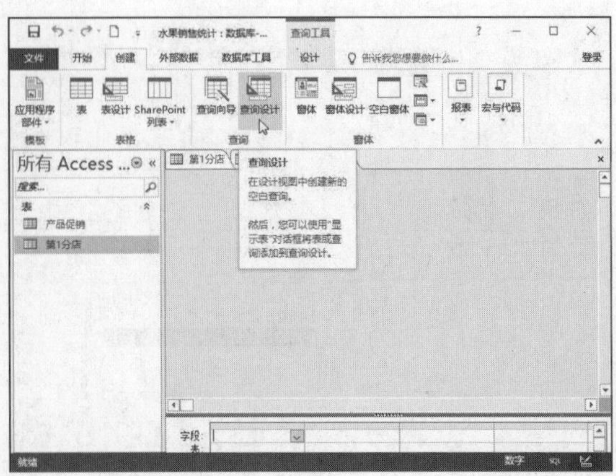

图18-57 单击“查询设计”按钮

步骤02 打开“显示表”对话框，选择“第1分店”选项，如图18-58所示。然后单击“添加”按钮，关闭对话框。

图18-58 选择查询表

步骤03 执行“查询工具－设计>生成表”命令，如图18-59所示。

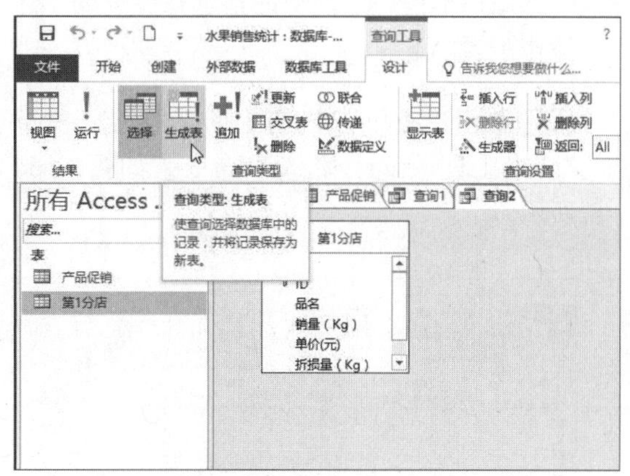

图18-59 单击“生成表”按钮

步骤04 打开“生成表”对话框，在“表名称”列表框中选择“第1分店”选项，单击“确定”按钮，如图18-60所示。

图18-60 “生成表”对话框

步骤05 按需添加需查询的字段，并设置查询条件为：销量>200，如图18-61所示。

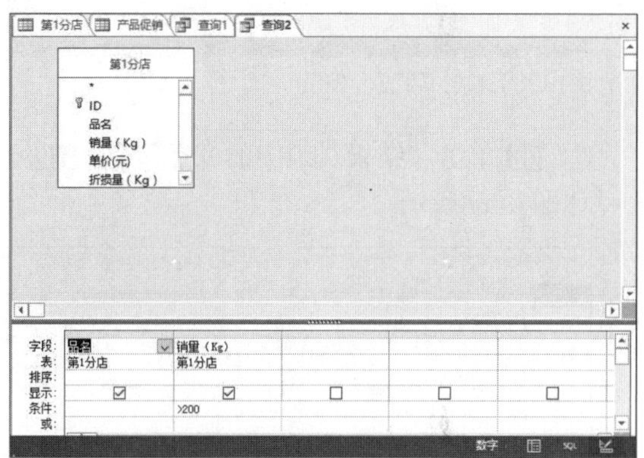

图18-61 添加查询字段

步骤06 执行“查询工具－设计>视图>数据表视图”命令，如图18-62所示。

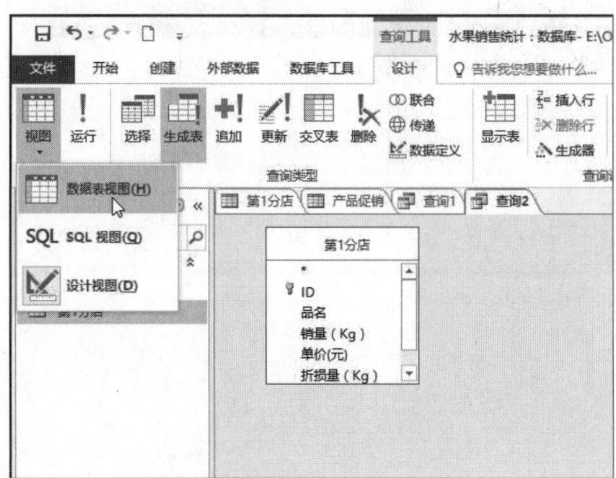

图18-62 选择“数据表视图”选项

步骤07 进入数据表视图，查询到销量在200Kg以上的商品，如图18-63所示。

品名	销量（Kg）
苹果	650
香蕉	600
火龙果	210
橘子	320
柚子	260
梨	410
西瓜	850
龙眼	230
哈密瓜	310

图18-63 显示查询记录

技巧放送：汇总查询数据

用户不但可以简单的指定条件查询，还可以对表中的数据查询后再进行汇总，其具体的操作步骤如下。

步骤01 创建查询，指定查询字段后，执行“查询工具－设计>汇总”命令，如图18-64所示。

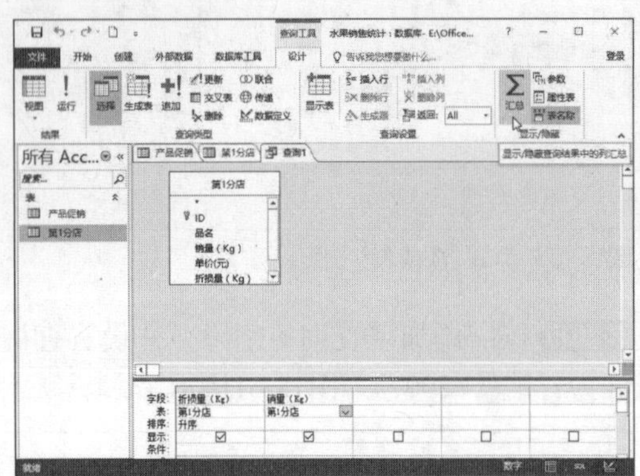

图18-64 单击“汇总”按钮

步骤02 单击“销售量”字段中“总计”项下拉按钮，从列表中选择“合计”选项，如图18-65所示。

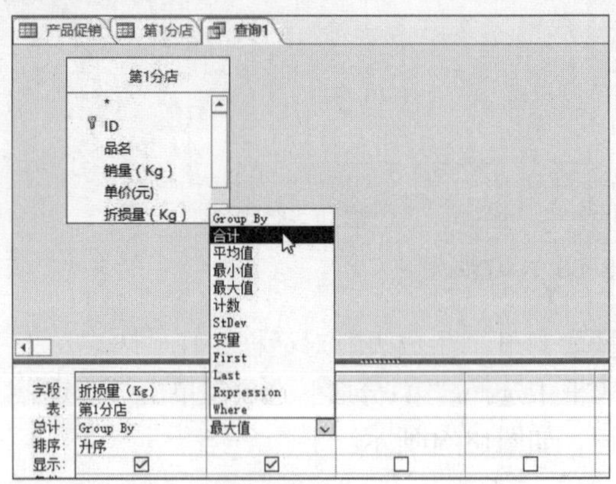

图18-65 选择“合计”选项

步骤03 单击“结果”组中的“运行”按钮，如图18-66所示。

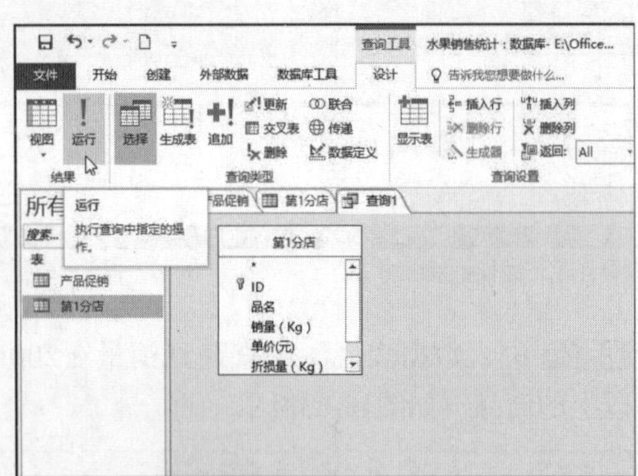

图18-66 单击“运行”按钮

步骤04 即可将数据按折损量进行汇总，如图18-67所示。

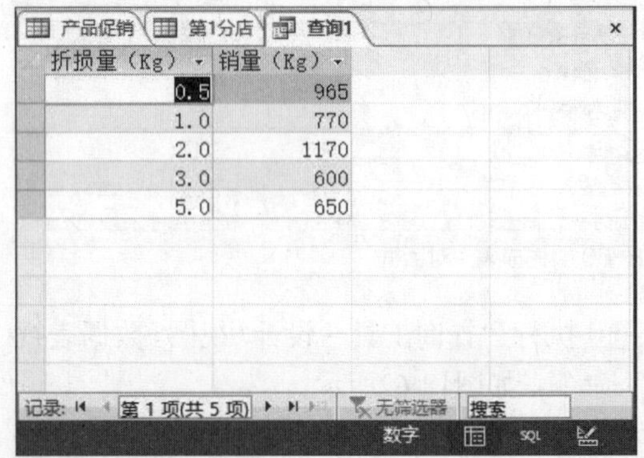

折损量（Kg）	销量（Kg）
0.5	965
1.0	770
2.0	1170
3.0	600
5.0	650

图18-67 查询结果示例

Chapter 19 综合实战 创建职工信息数据库

1. 创建数据库
2. 保存数据库
3. 创建数据表
4. 添加字段
5. 美化数据表
6. 创建报表
7. 查询数据

19.1 实例说明

对于有很多职工的公司来说，管理职工信息也是一项很重要的工作。因此，职工信息表是公司非常重要的数据表。职工信息表一般包括员工编号、部门、职位、姓名、性别、出生年月、联系电话等。

下面我们来学习如何制作职工信息数据库，制作效果如图19-1所示。

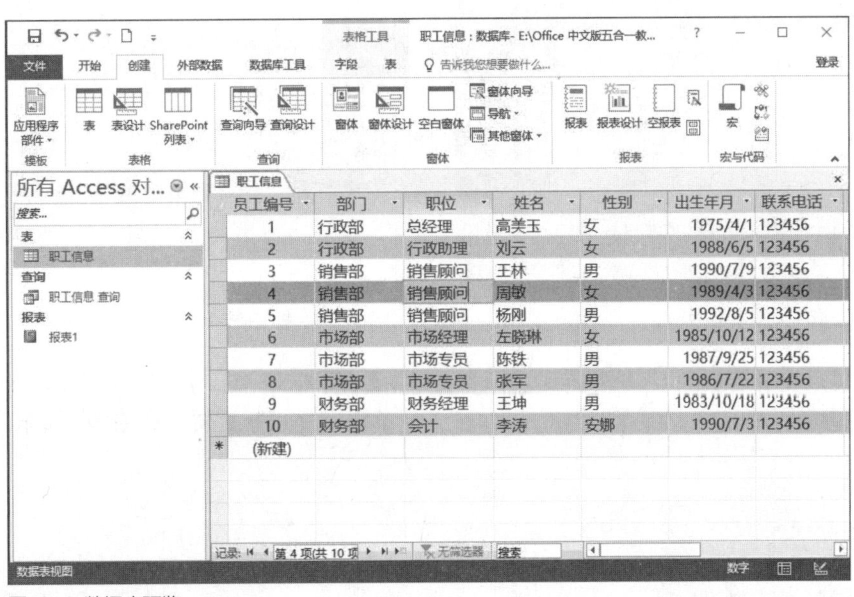

图19-1 数据库预览

19.2 实例操作

本小节将以创建职工信息数据库为例进行介绍。

19.2.1 创建数据库数据表

首先，需要启动Access 2016应用程序，并且创建数据库和数据表，其具体的操作步骤如下。

步骤01 双击桌面上Access 2016应用程序图标，如图19-2所示。

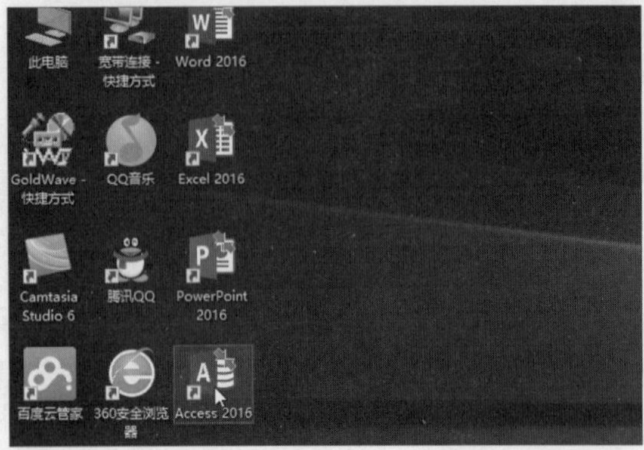

图19-2 双击Access 2016图标

步骤02 选择“空白桌面数据库”选项，如图19-3所示。

图19-3 选择“空白桌面数据库”

步骤03 单击“浏览”按钮，如图19-4所示。

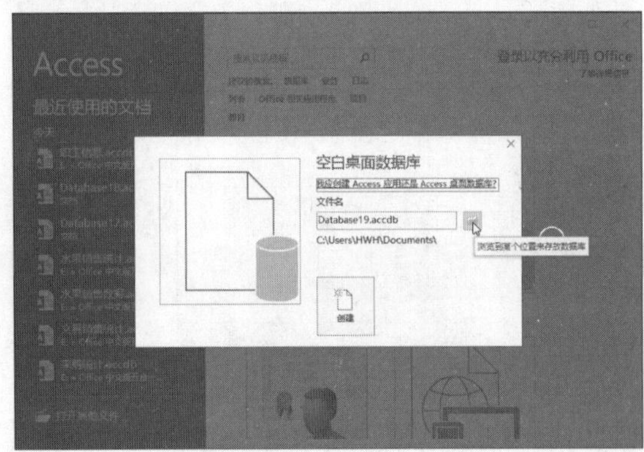

图19-4 单击“浏览”按钮

步骤04 打开“文件新建数据库”对话框，选择存放位置并确定，如图19-5所示。

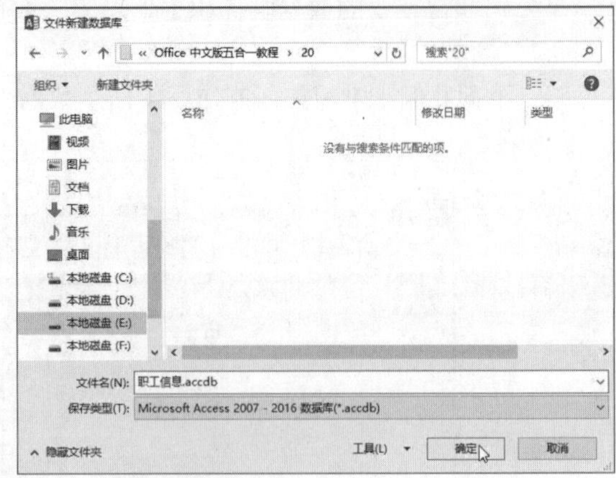

图19-5 单击“确定”按钮

步骤05 自动打开空白数据库，右击数据表标签“表1”，从右键菜单中选择“保存”命令，如图19-6所示。

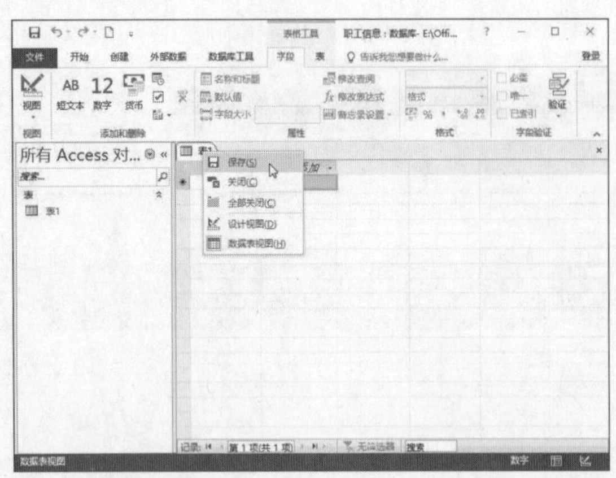

图19-6 选择“保存”命令

步骤06 打开“另存为”对话框，输入表名称，单击“确定”按钮，如图19-7所示。

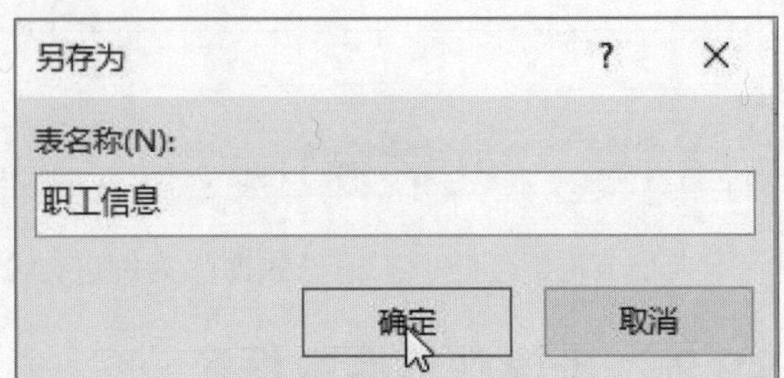

图19-7 单击“确定”按钮

19.2.2 填充并美化数据表

创建数据库和数据表完毕后，需要在数据表中添加数据并美化数据表，其具体的操作步骤如下。

步骤01 执行“表格工具－字段>视图>设计视图”命令，如图19-8所示。

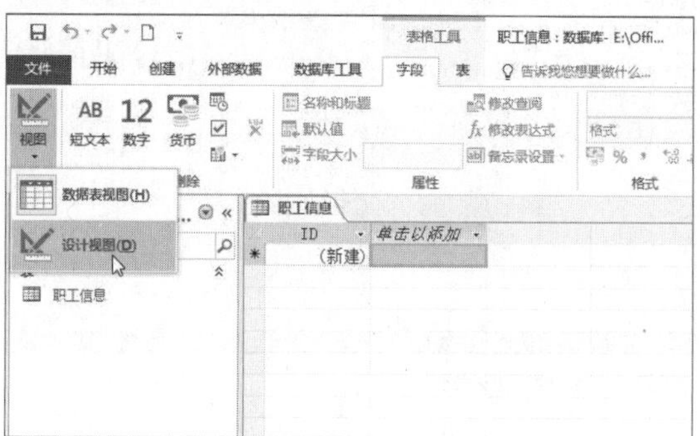

图19-8 选择“设计视图”命令

步骤02 进入设计视图模式，输入字段“员工编号”，并设置字段类型，如图19-9所示。

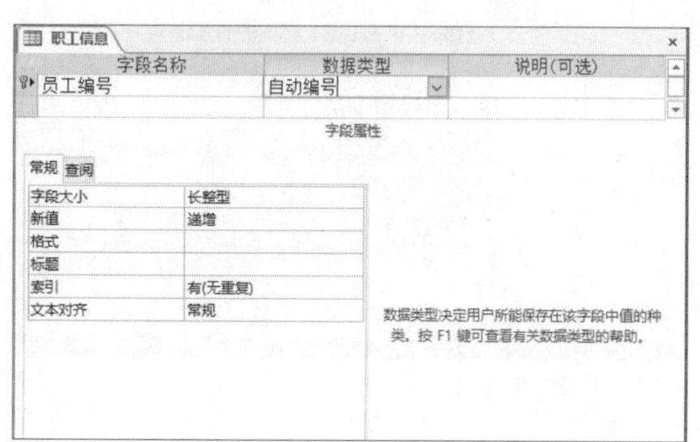

图19-9 设置字段

步骤03 按照同样的方法添加多个字段并按需设置字段类型，如图19-10所示。

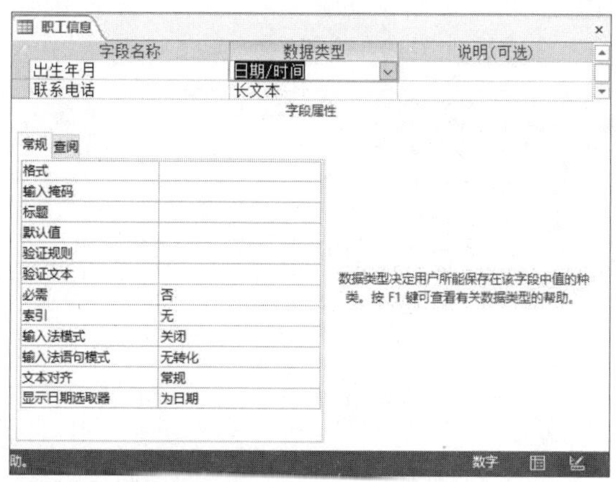

图19-10 添加多个字段

步骤04 选择需要设置为主键的字段，执行“表格工具－设计>主键”命令，如图19-11所示。

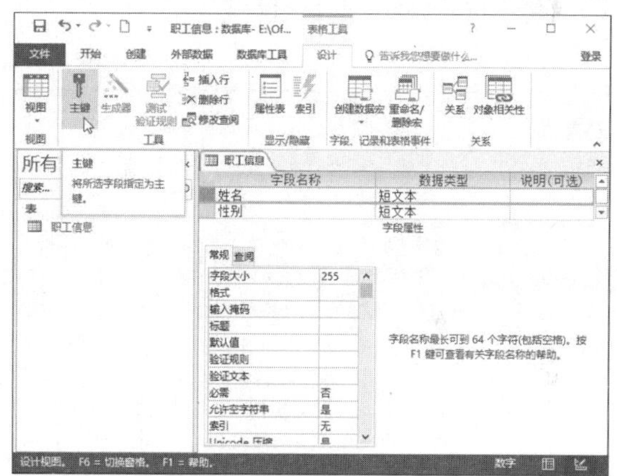

图19-11 单击“主键”按钮

步骤05 执行“表格工具－设计>视图>数据表视图”命令，如图19-12所示。

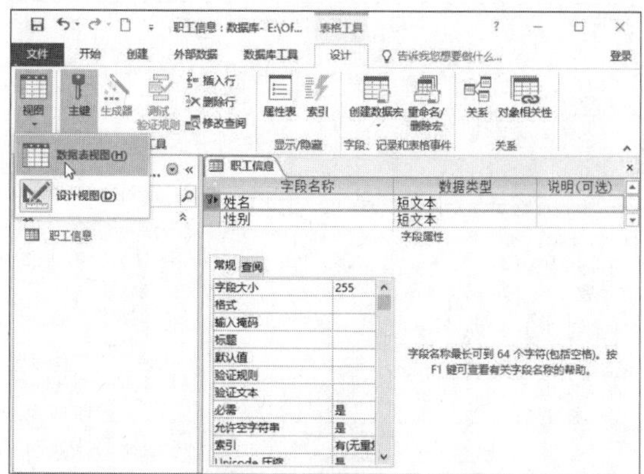

图19-12 选择“数据表视图”选项

步骤06 按需在数据表相应字段下方添加相应信息，如图19-13所示。

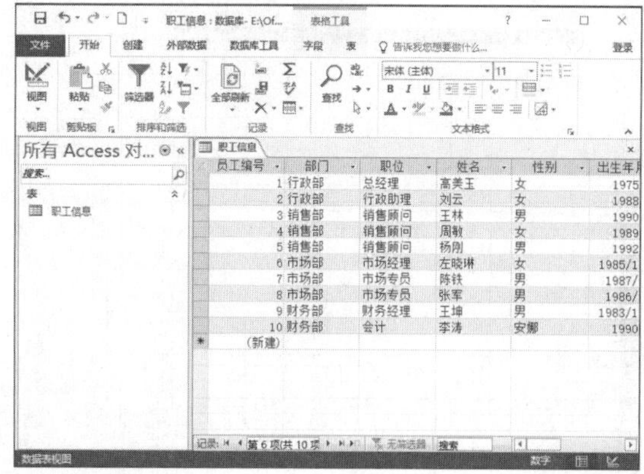

图19-13 填充信息

步骤07 选择所有文本，设置字体格式为：微软雅黑、12号，如图19-14所示。

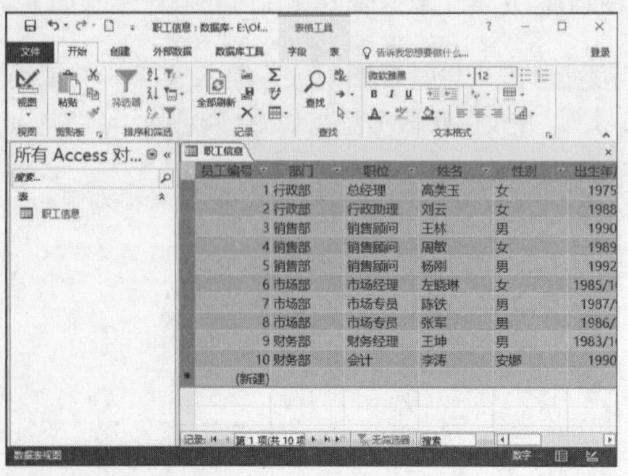

图19-14 更改字体格式

步骤08 单击“可选行颜色”按钮，从列表中选择“褐色3”选项，如图19-15所示。

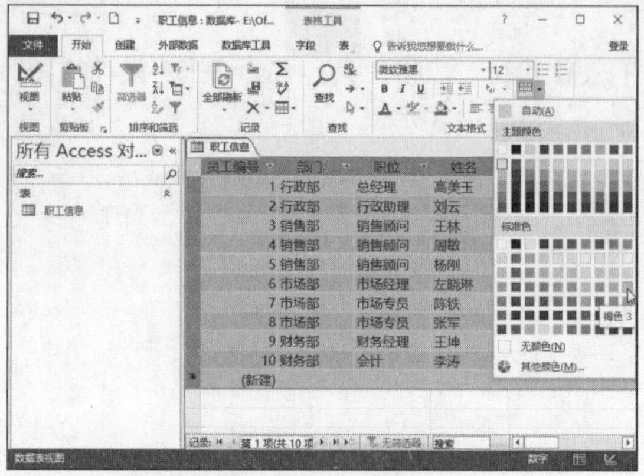

图19-15 选择“褐色3”选项

19.2.3 创建报表

如果想要更好的分析数据，则可以创建报表，其具体的操作步骤如下。

步骤01 执行“创建>报表>报表设计”命令，如图19-16所示。

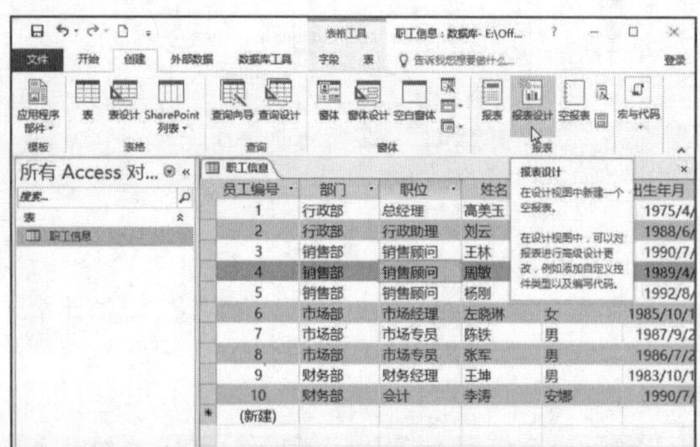

图19-16 单击“报表设计”按钮

步骤02 执行“报表设计工具 – 设计>控件>组合框”命令，如图19-17所示。

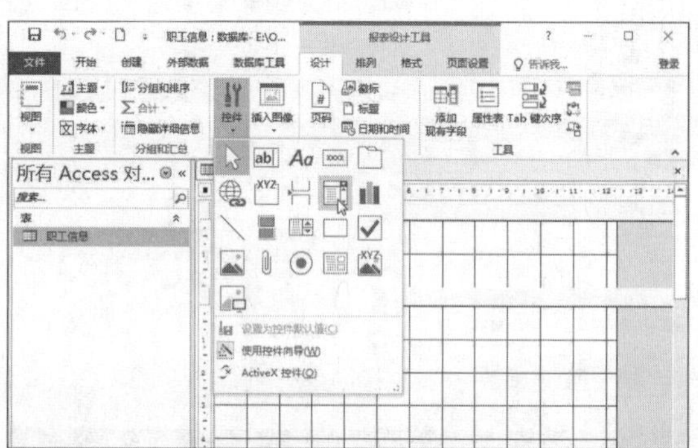

图19-17 选择“组合框”选项

步骤03 按住鼠标左键不放拖动鼠标绘制控件，如图19-18所示。

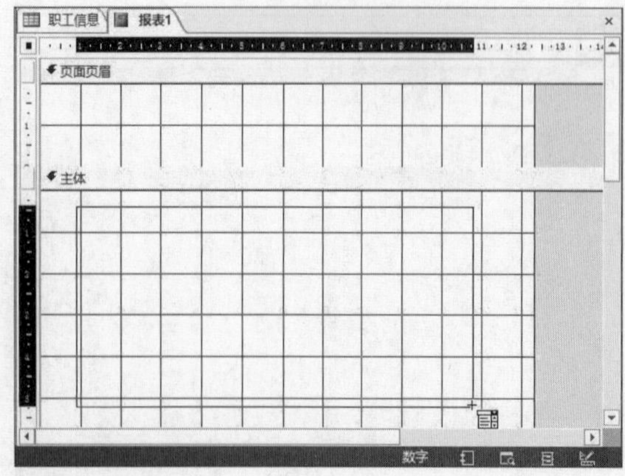

图19-18 绘制控件

步骤04 打开“组合框向导”对话框，保持默认，单击“下一步”按钮，如图19-19所示。

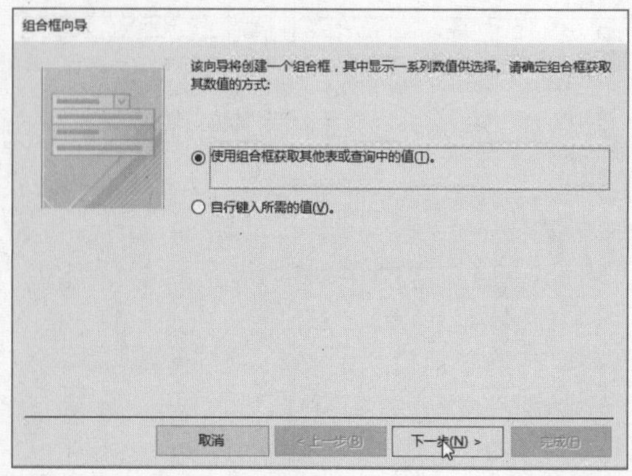

图19-19 单击“下一步”按钮

步骤05 保持默认，单击“下一步”按钮，如图19-20所示。

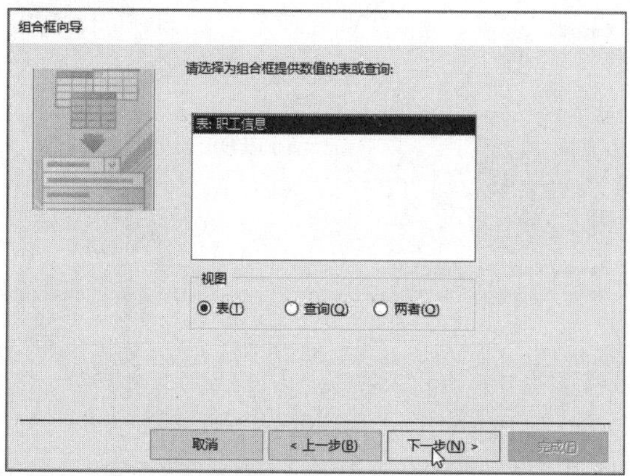

图19-20 单击“下一步”按钮

步骤06 按需将“可用字段”列表框中的字段添加至“选定字段”列表框中，如图19-21所示。

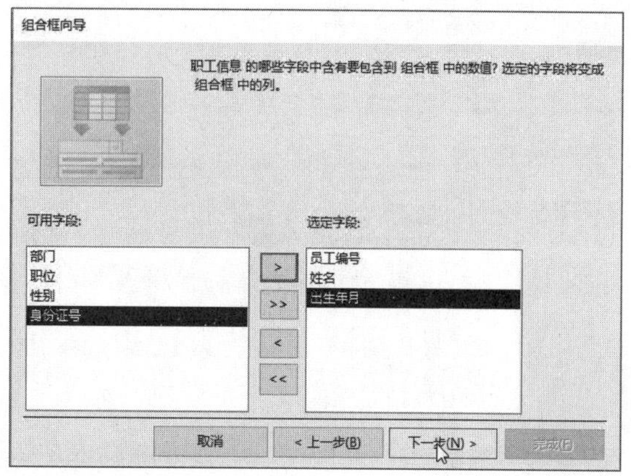

图19-21 单击“下一步”按钮

步骤07 按需为字段设置排序，单击“下一步”按钮，如图19-22所示。

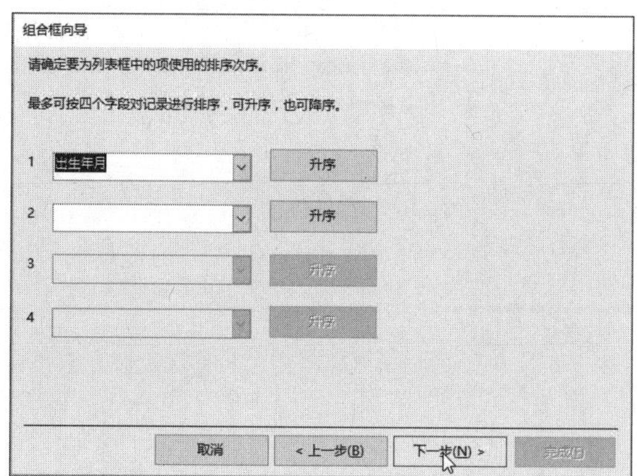

图19-22 单击“下一步”按钮

步骤08 保持默认，单击“下一步”按钮，如图19-23所示。

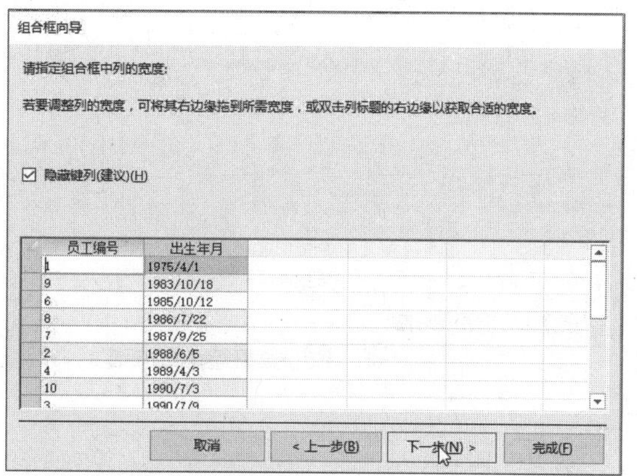

图19-23 单击“下一步”按钮

步骤09 保持默认，单击“完成”按钮，如图19-24所示。

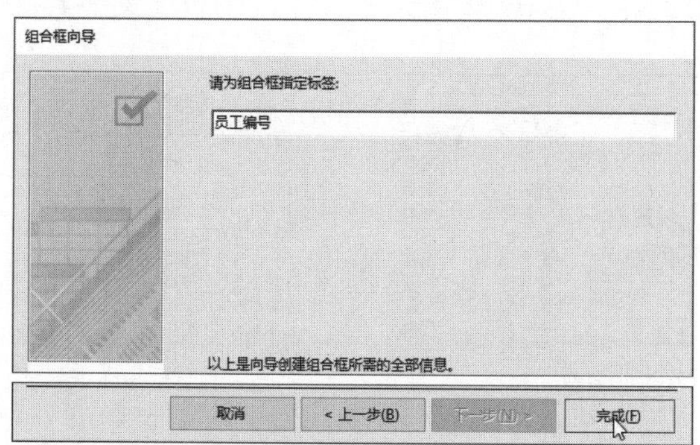

图19-24 单击“完成”按钮

步骤10 执行“报表设计工具－设计>视图>报表视图”命令，如图19-25所示。

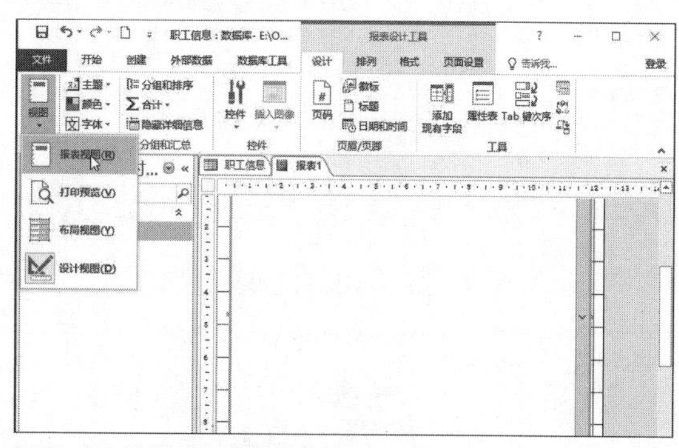

图19-25 选择“报表视图”选项

19.2.4 查询数据

如果想要查找指定数据，则可以创建查询，其具体的操作步骤如下。

步骤01 执行“创建>查询>查询向导”命令，如图19-26所示。

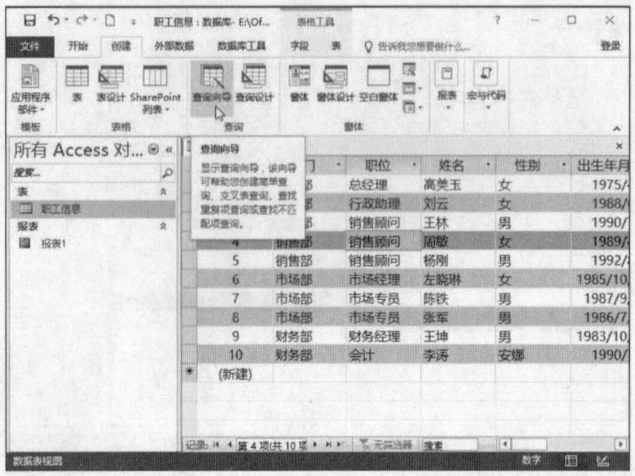

图19-26 单击“查询向导”按钮

步骤02 打开“新建查询”对话框，保持默认，单击“确定”按钮，如图19-27所示。

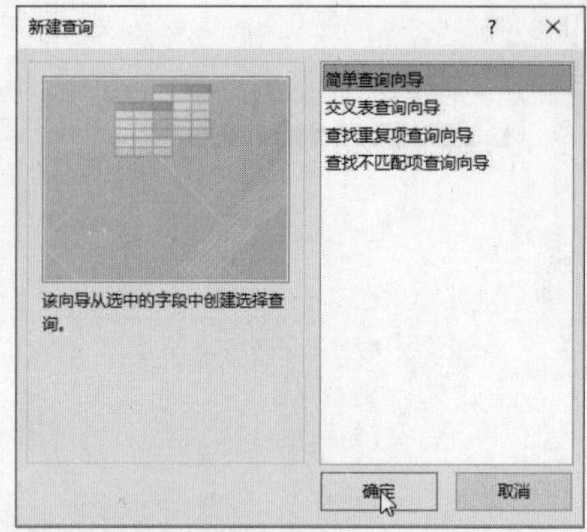

图19-27 单击“确定”按钮

步骤03 打开“简单查询向导”对话框，指定查询字段，单击“下一步”按钮，如图19-28所示。

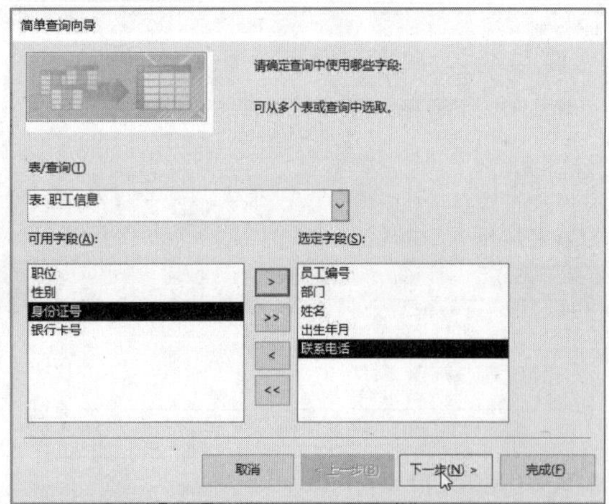

图19-28 单击“下一步”按钮

步骤04 保持默认，单击“下一步”按钮，如图19-29所示。

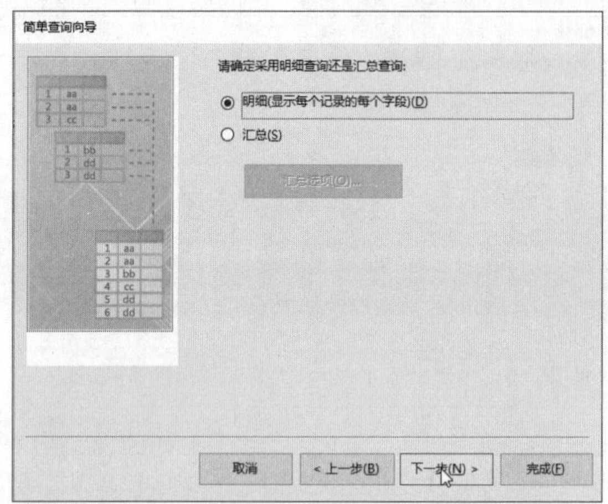

图19-29 单击“下一步”按钮

步骤05 保持默认，单击“完成”按钮，如图19-30所示。

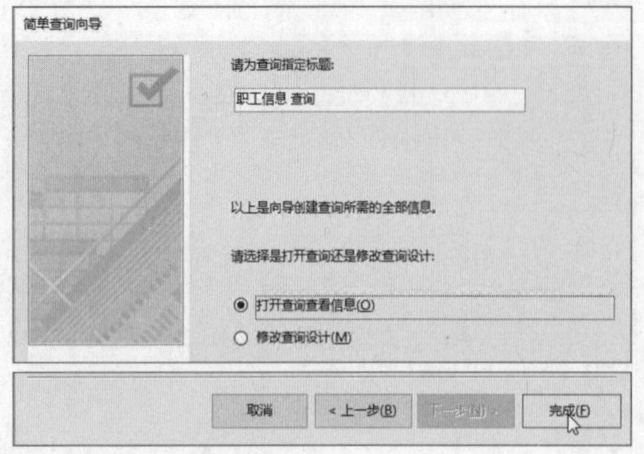

图19-30 单击“完成”按钮

步骤06 即可查询出相应的数据信息，如图19-31所示。

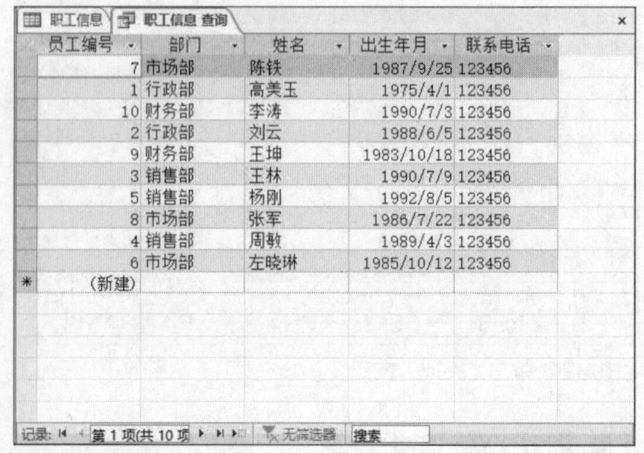

员工编号	部门	姓名	出生年月	联系电话
7	市场部	陈铁	1987/9/25	123456
1	行政部	高美玉	1975/4/1	123456
10	财务部	李涛	1990/7/3	123456
2	行政部	刘云	1988/6/5	123456
9	财务部	王坤	1983/10/18	123456
3	销售部	王林	1990/7/9	123456
5	销售部	杨刚	1992/8/5	123456
8	市场部	张军	1986/7/22	123456
4	销售部	周敏	1989/4/3	123456
6	市场部	左晓琳	1985/10/12	123456
(新建)				

图19-31 查询结果示例

技巧放送：创建索引

如果需要依据特定的字段搜索表或者对表中的信息进行排序，则可以创建该字段的索引来加快操作速度。其具体的操作步骤如下。

步骤01 打开数据表，执行“开始>视图>设计视图”命令，如图19-32所示。

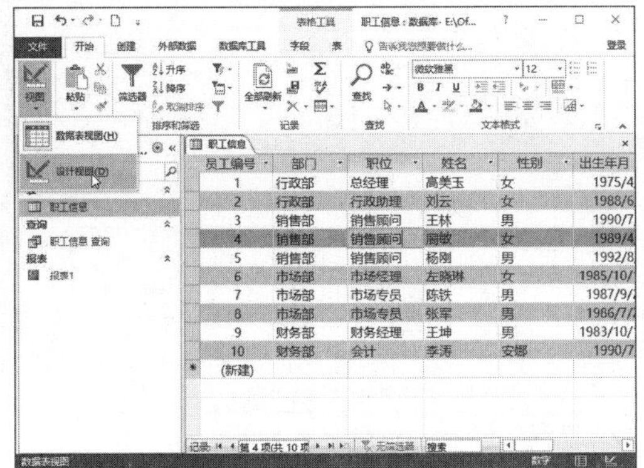

图19-32 选择“设计视图”选项

步骤02 执行“表格工具－设计>显示/隐藏>索引”命令，如图19-33所示。

图19-33 单击“索引”按钮

步骤03 打开“索引：职工信息”对话框，按需设置索引字段和排序次序，单击右上方关闭按钮，关闭对话框，如图19-34所示。

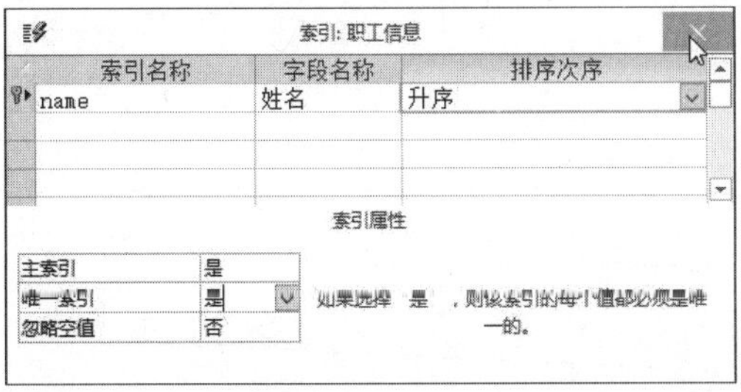

索引：职工信息

索引名称	字段名称	排序次序
name	姓名	升序

索引属性

主索引	是
唯一索引	是
忽略空值	否

如果选择“是”，则该索引的每个值都必须是唯一的。

图19-34 单击“关闭”按钮

步骤04 按照索引对数据表数据进行排序的结果如图19-35所示。

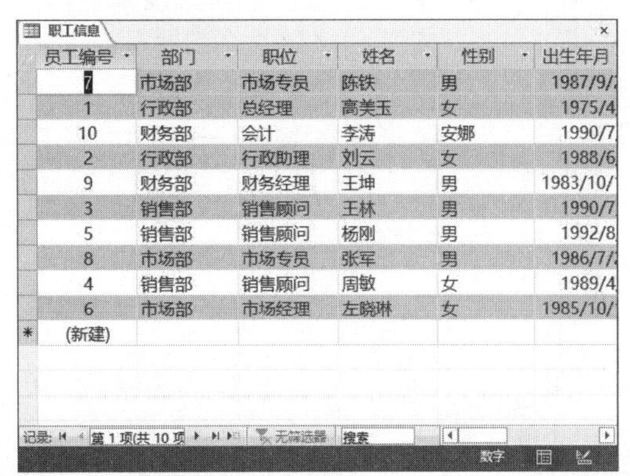

职工信息

员工编号	部门	职位	姓名	性别	出生年月
7	市场部	市场专员	陈铁	男	1987/9/
1	行政部	总经理	高美玉	女	1975/4
10	财务部	会计	李涛	安娜	1990/7
2	行政部	行政助理	刘云	女	1988/6
9	财务部	财务经理	王坤	男	1983/10/
3	销售部	销售顾问	王林	男	1990/7
5	销售部	销售顾问	杨刚	男	1992/8
8	市场部	市场专员	张军	男	1986/7/
4	销售部	销售顾问	周敏	女	1989/4
6	市场部	市场经理	左晓琳	女	1985/10/
(新建)					

图19-35 索引排序示例

读书笔记

Part 06
项目管理篇

Project软件不仅可以让用户快速准确的创建项目，还可以帮助项目经理对项目进度、成本控制，进行分析和预测，从而缩短工期，合理利用资源，提高经济效益。本篇将从Project的入门知识到完整的制作一个美容产品推广项目进行介绍。

Chapter 20 Project入门知识

Project 2016软件是项目规划和管理软件，它被广泛应用于信息技术、建筑、铁路、公路、航空航天、商业等各个领域，深受广大项目管理人员的喜爱。下面介绍Project 2016的基本操作。

1. Project 2016工作界面
2. 切换视图
3. 创建空白项目
4. 根据模板创建项目

20.1 Project 2016简介

Project 2016是Microsoft发布的中文版Office 2016软件包中基于Windows操作系统的项目管理软件，它以其强大的功能、友好的界面吸引了众多的用户，成为目前最受欢迎的项目管理软件之一。启动Project Professional 2016程序，其工作界面由标题栏、功能区、数据编辑区和状态栏等组成，如图20-1所示。

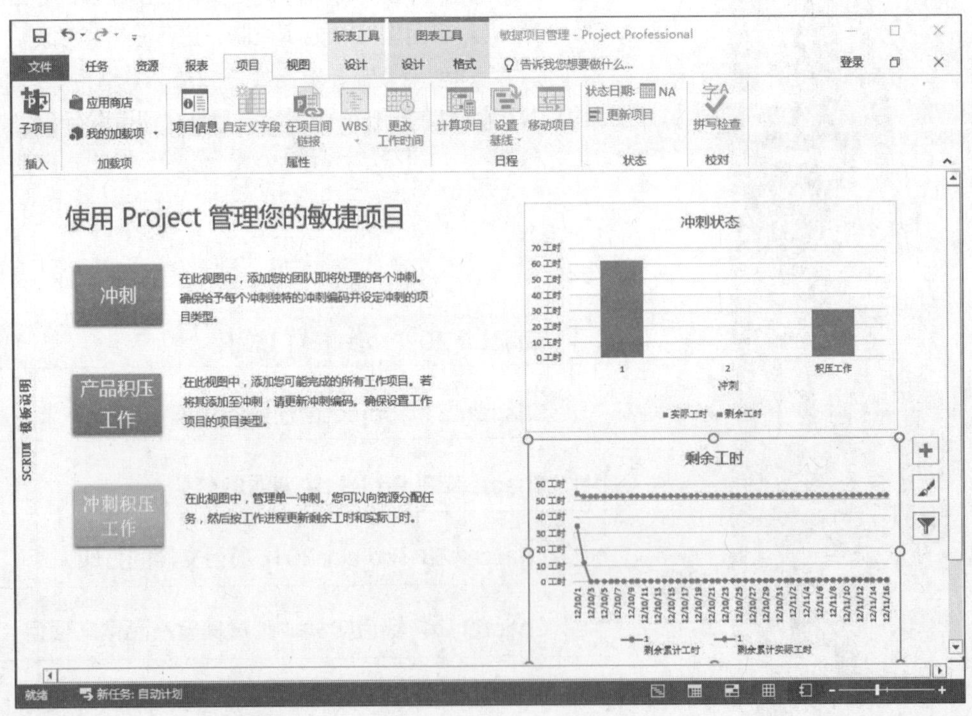

图20-1 Project 2016工作界面

20.1.1 Project视图模式的切换

在Project 2016中，不同的视图模式以不同的格式显示Project 2016中输入信息的子集，通过视图可以展现项目详细的各个维度。

如果想要在视图之间进行切换，只需打开“视图”选项卡，在“任务视图”或者“资源视图”

组中，选择相应命令即可，或者执行“其他视图>其他视图”命令，如图20-2所示。打开“其他视图”对话框，在“视图”列表框中选择合适的视图后，单击“应用”按钮即可，如图20-3所示。

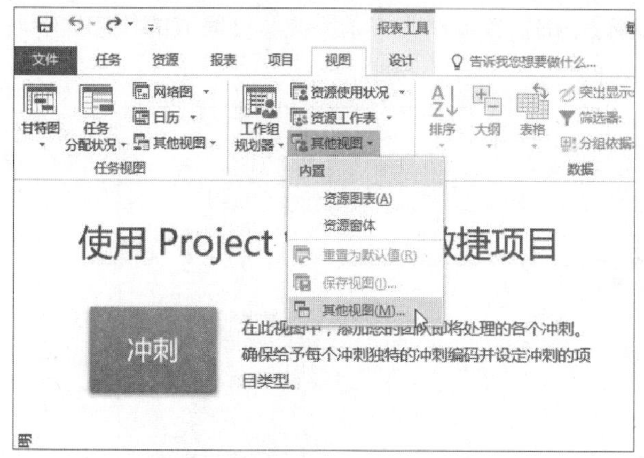

图20-2 选择“其他视图”选项

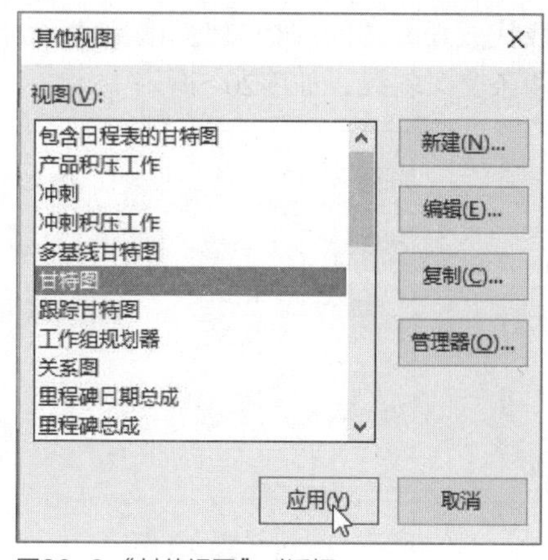

图20-3 “其他视图”对话框

20.1.2 Project常用视图模式

视图主要分为任务类视图和资源类视图，常用的任务视图有：“甘特图”视图、“网络图”视图、“日历”视图、“任务分配状况”视图等；常用的资源视图有：“资源工作表”视图、“资源使用状况”视图、“资源图表”视图等。

❶“甘特图”视图

“甘特图”视图是Project的默认视图，用于显示项目的信息。视图左侧用工作表显示任务的详细数据，例如，任务的工期，任务的开始时间和结束时间，以及分配任务的资源等。视图的右侧用条形图显示任务的信息，每一个条形图代表一项任务，通过条形图可以明确显示任务的开始和结束时间，各条形图之间的位置则表明任务是一个接一个进行还是交叉进行，如图20-4所示。

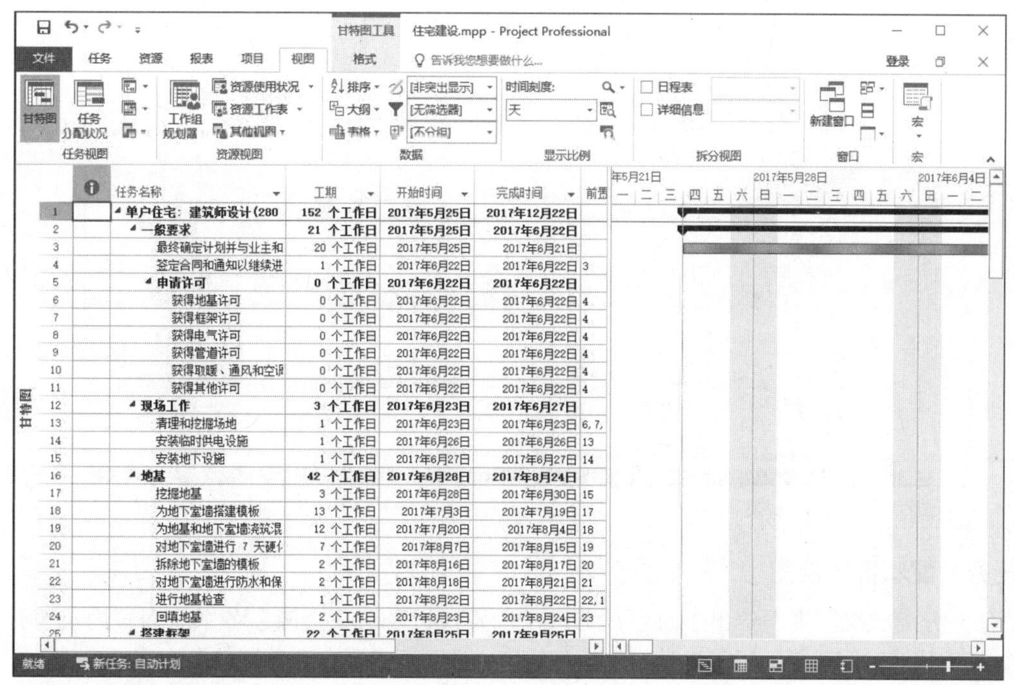

图20-4 “甘特图”视图

❷“网络图”视图

“网络图”视图以流程图的方式来显示任务以及相关性。一个框代表一个任务，框与框之间的连线代表任务之间的相关性。默认情况下，进行中的任务显示为一条斜线，已完成的任务框中显示为两条交叉斜线，如图20-5所示。

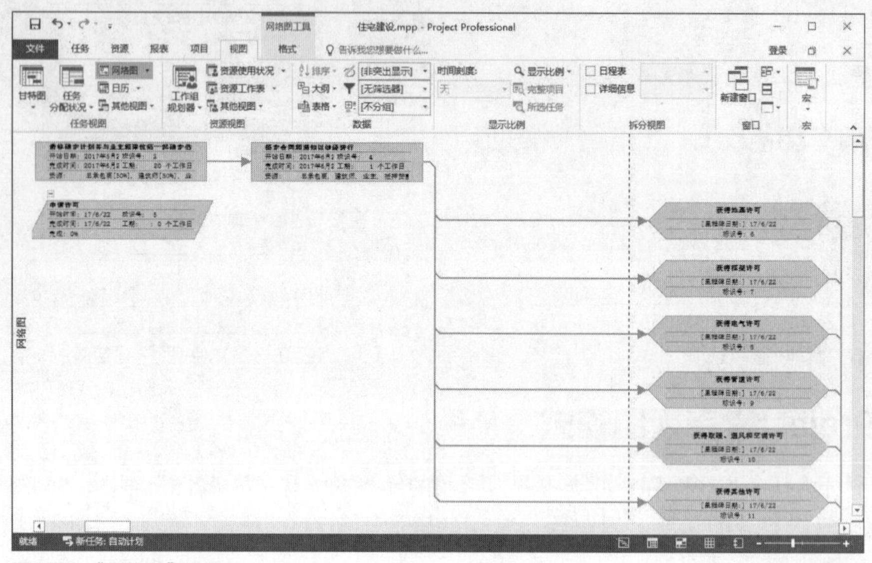

图20-5 “网络图”视图

❸“日历”视图

“日历”视图是以月为时间刻度单位按日历格式显示项目信息。任务条形图将跨越任务日程排定的天或星期。使用这种视图格式，可以快速查看在特定时间内排定了哪些任务，如图20-6所示。

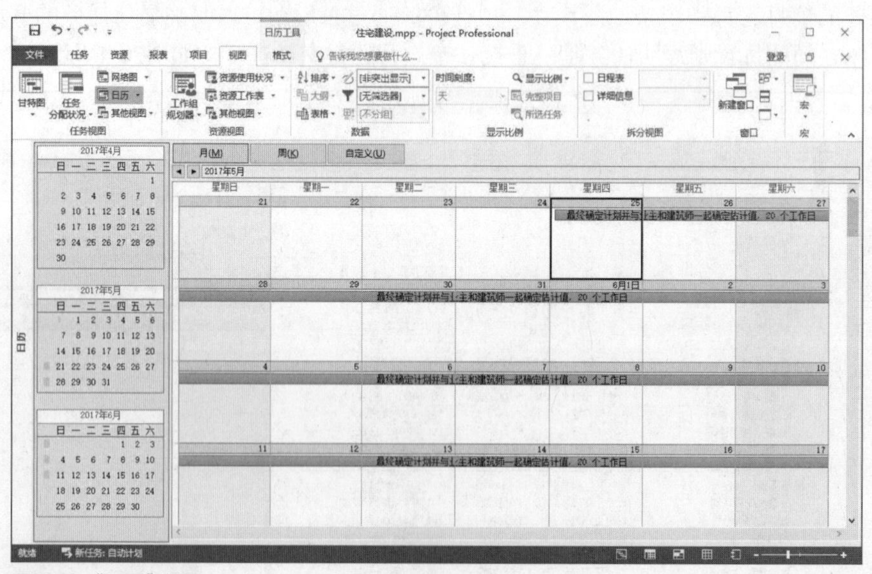

图20-6 “日历”视图

❹“任务分配状况”视图

“任务分配状况”视图给出了每项任务分配的资源以及每项资源在各个时间段内（每天、每周、每月或其他时间间隔）所需工时、成本等信息，从而可以更合理地调整资源在任务上的分配，如图20-7所示。

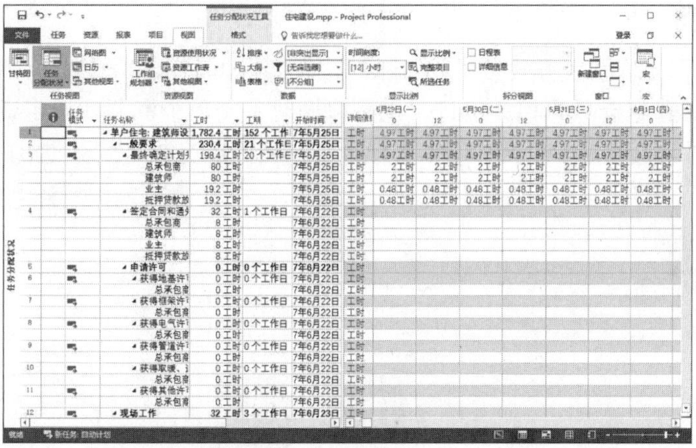

图20-7 “任务分配状况”视图

❺“资源工作表”视图

“资源工作表”视图以电子表格的形式显示每种资源的相关信息，如图20-8所示。

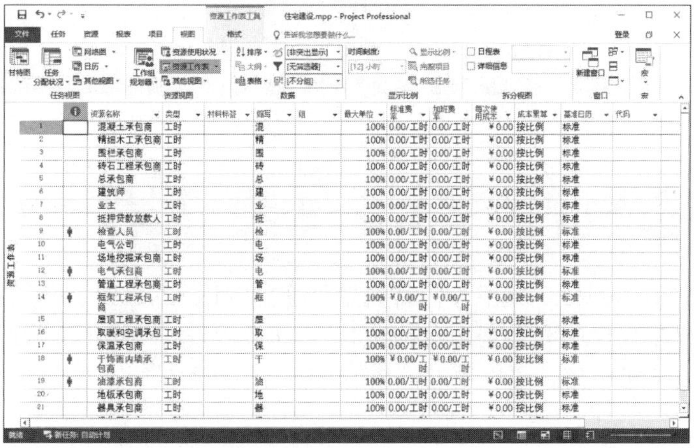

图20-8 “资源工作表”视图

❻“资源使用状况”视图

“资源使用状况”视图用于显示项目资源的使用情况，分配给这些资源的任务组合在资源的下方，如图20-9所示。

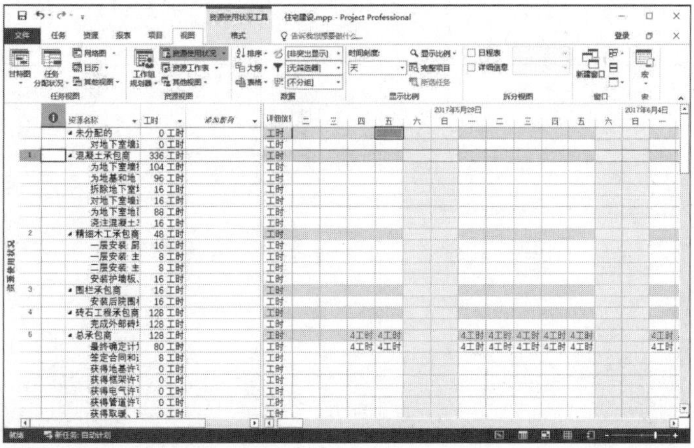

图20-9 “资源使用状况”视图

❼“资源图表”视图

“资源图表”视图是以图表方式按时间、工时或资源成本显示相关信息。每次可以审阅一个资源的相关信息，或者选定资源的相关信息，也可以同时审阅单个资源和选定资源的相关信息。例如，可以同时显示两幅图表：一幅显示单个资源，一幅显示选定资源，以便对两者进行比较，如图20-10所示。

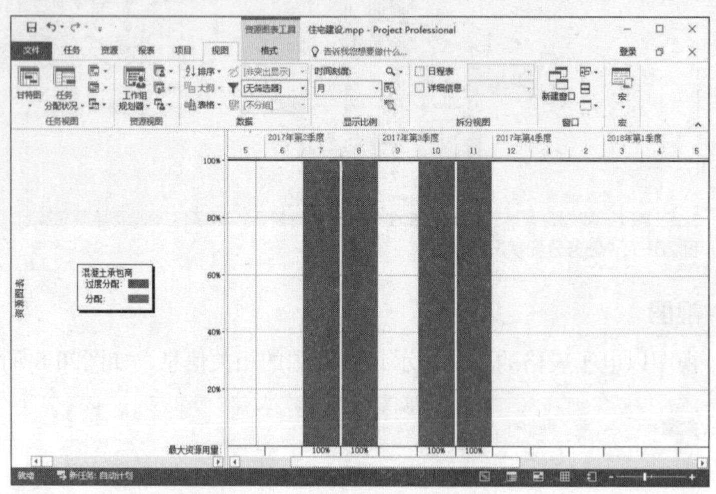

图20-10 “资源图表”视图

20.2 创建项目

想要通过Project 2016对项目进行管理，首先需要通过Project 2016应用程序创建项目，如果用户对Project 2016程序非常熟悉，可以直接创建空白项目，然后按需安排任务分配资源；如果用户对Project 2016应用程序不够了解，可以通过模板创建项目，然后进行适当更改。下面分别对其进行介绍。

❶创建空白项目

创建一个不包含任何项目信息的项目很简单，其具体的操作步骤如下。

步骤01 启动Project 2016程序，执行“文件>新建”命令，选择“空白项目”命令，如图20-11所示。

步骤02 系统自动新建一个空白项目，如图20-12所示。

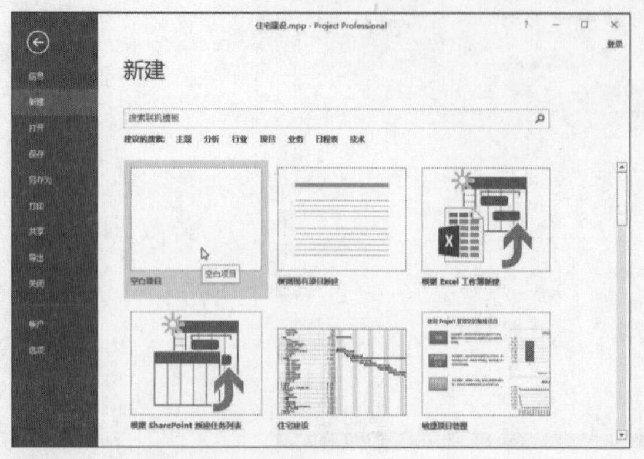

图20-11 选择“空白项目”命令

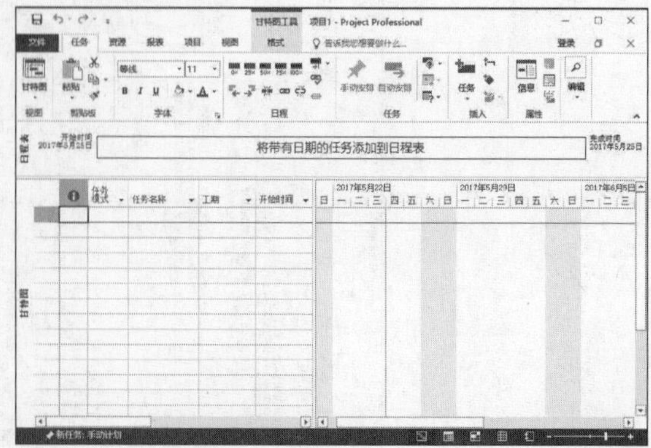

图20-12 新建空白项目

步骤03 切换至“项目”选项卡，单击“项目信息”按钮，如图20-13所示。

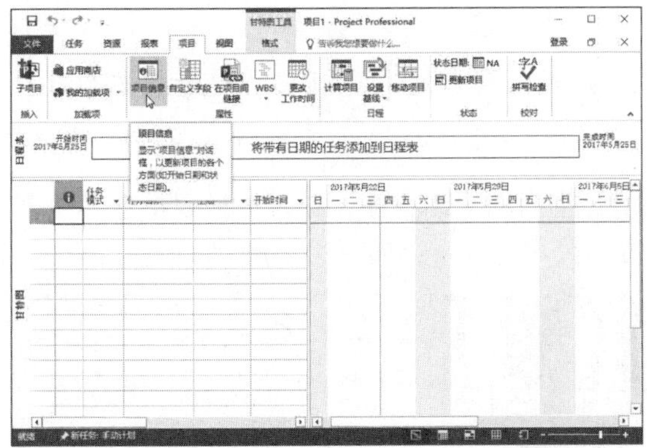

图20-13 单击“项目信息”按钮

步骤04 打开“项目1”的项目信息”对话框，可以设置项目的开始时间和结束时间，如图20-14所示。

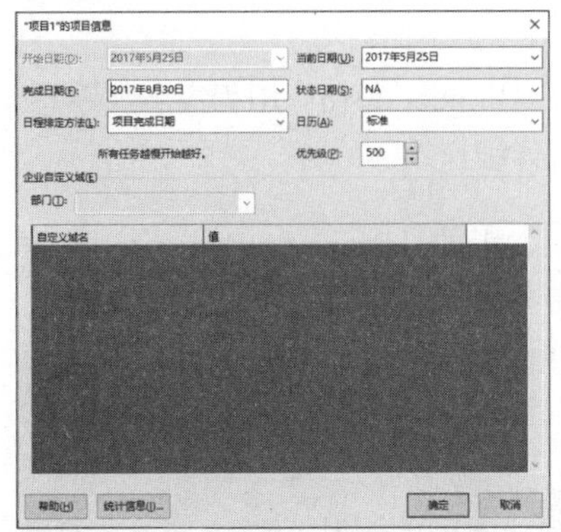

图20-14 “项目1”的项目信息”对话框

❷根据模板创建项目

如果想要根据模板创建项目，则可按照下面的操作步骤进行操作。

步骤01 启动Project 2016程序，执行“文件>新建”命令，在模板列表中选择“创建预算”命令，如图20-15所示。

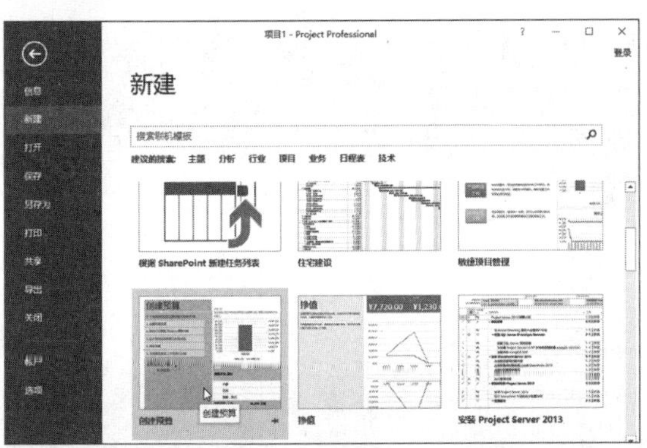

图20-15 选择“创建预算”命令

步骤02 打开预览窗格，预览模板样式，单击“创建”按钮，如图20-16所示。

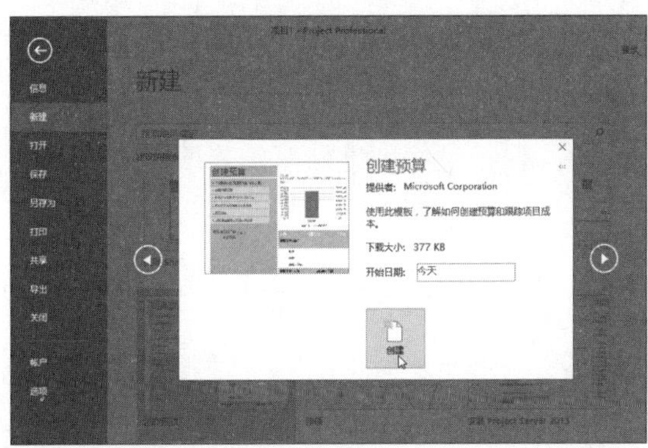

图20-16 单击“创建”按钮

步骤03 系统下载模板完成后，自动打开该项目，如图20-17所示。

图20-17 根据模板创建项目示例

步骤04 用户可按需对项目信息进行修改，如图20-18所示。

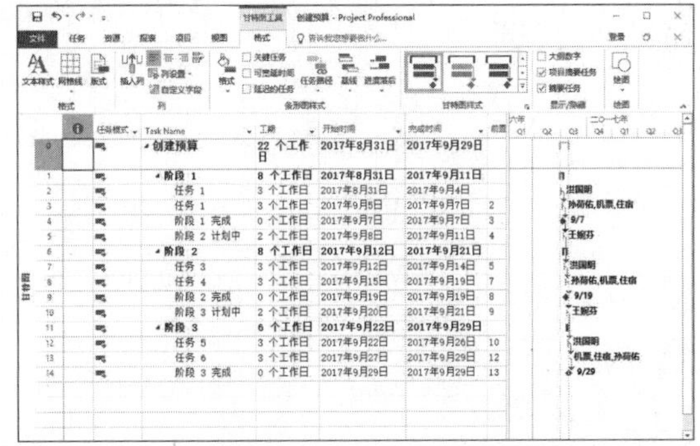

图20-18 修改项目信息

办公室练兵：创建开办新公司项目

在成立公司之前，需要对成立公司时的各种事物进行安排，包括公司定位、人员招聘、评估市场等。

如果用户对Project 2016应用程序不够熟悉，可以通过模板创建项目，然后按需进行修改即可，下面对其进行详细介绍。

步骤01 双击桌面上的“Project 2016”应用程序图标，如图20-19所示。

图20-19 双击“Project 2016”应用程序图标

步骤02 启动应用程序，在模板列表中选择“开办新公司”命令，如图20-20所示。

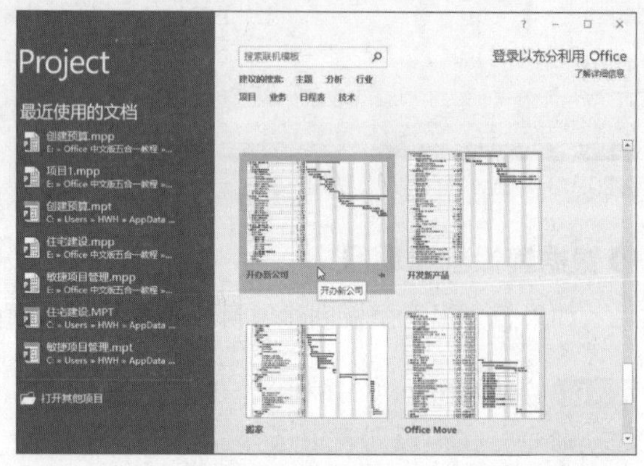

图20-20 选择“开办新公司”命令

步骤03 弹出预览窗格，单击“创建”按钮，如图20-21所示。

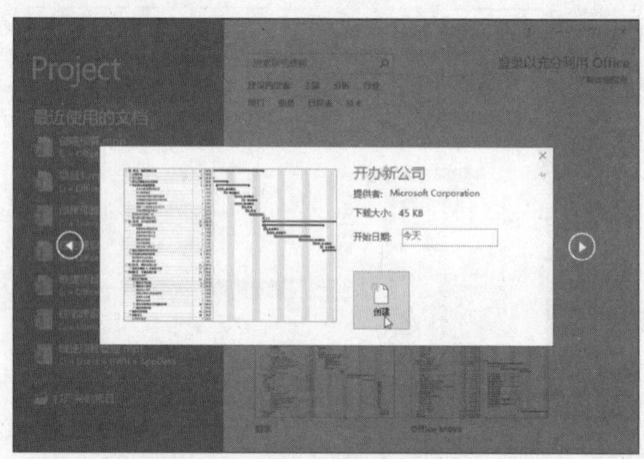

图20-21 单击“创建”按钮

步骤04 下载模板完毕后，自动打开模板文件，单击“项目”选项卡中的“项目信息”按钮，如图20-22所示。

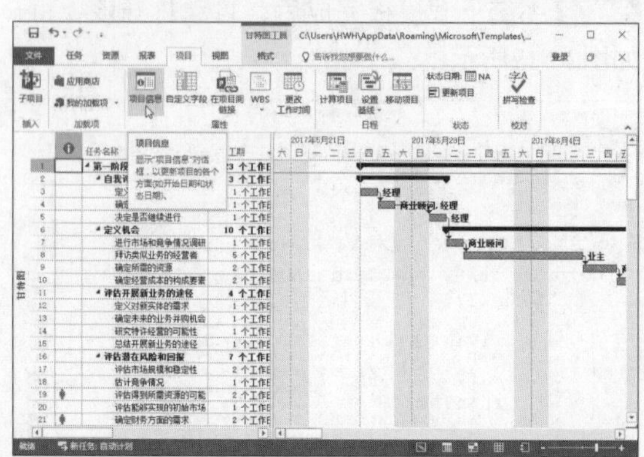

图20-22 单击“项目信息”按钮

步骤05 打开“项目信息”对话框，设置项目开始时间和结束时间，如图20-23所示。

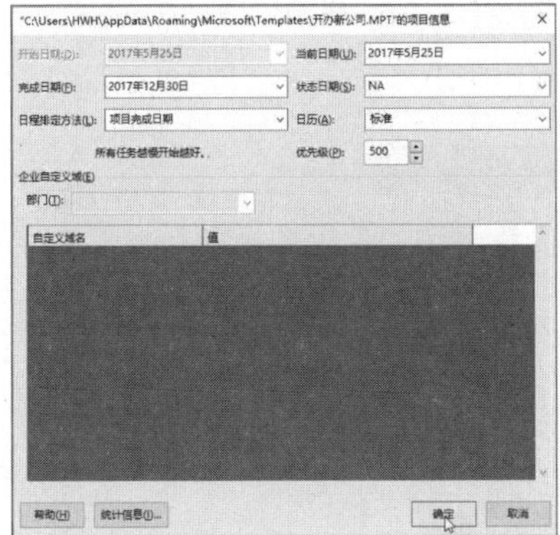

图20-23 设置项目开始时间和结束时间

步骤06 如果需要添加项，可以单击“添加新列”右侧下拉按钮，如图20-24所示。

图20-24 添加新列

步骤07 从展开的列表中选择“WBS后续任务”命令，如图20-25所示。

图20-25 选择“WBS后续任务”命令

步骤08 执行“视图>任务分配状况>任务分配状况”命令，如图20-26所示。

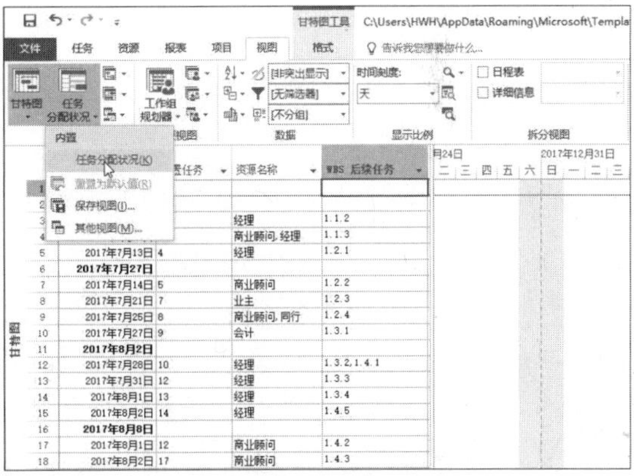

图20-26 选择“任务分配状况”命令

步骤09 如果需要对某一任务的工时进行修改，可以通过该项任务行中“工时”列中的数值框进行更改，如图20-27所示。

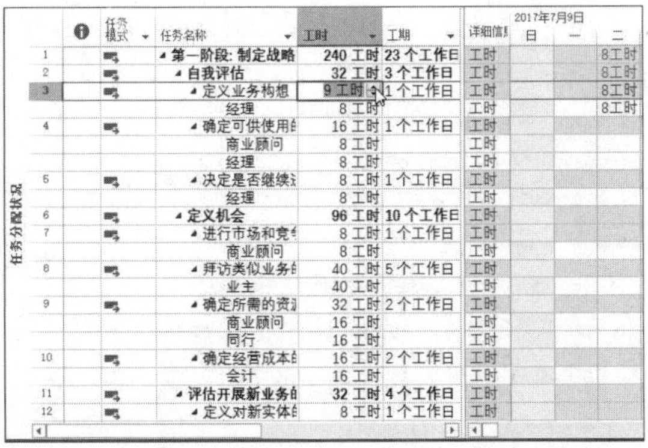

图20-27 修改工时

步骤10 执行“视图>任务视图>日历”命令，可切换至“日历”视图模式，查看任务安排，如图20-28所示。

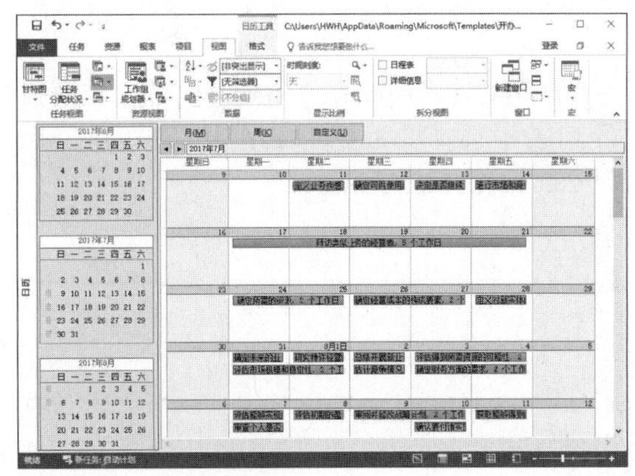

图20-28 “日历”视图模式

步骤11 单击快速访问工具栏上的“保存”按钮，如图20-29所示。

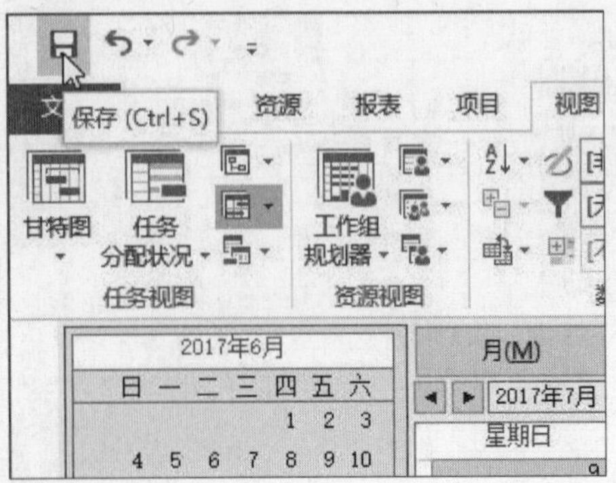

图20-29 单击“保存”按钮

步骤12 选择“另存为”选项下的“浏览”选项，如图20-30所示。

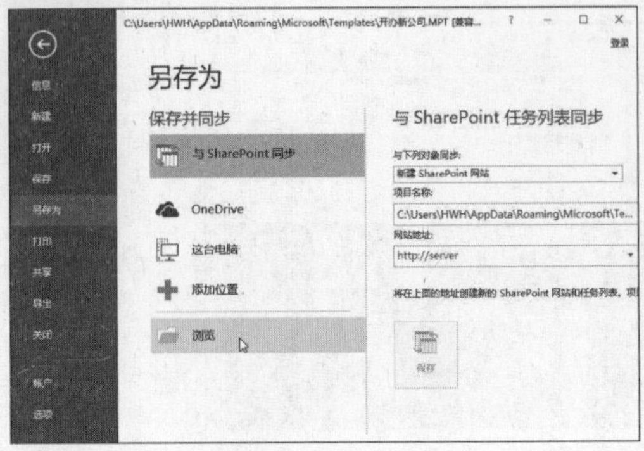

图20-30 选择“浏览”选项

步骤13 打开“另存为”对话框，按需将项目文件保存至合适文件夹内，单击“保存”按钮，如图20-31所示。

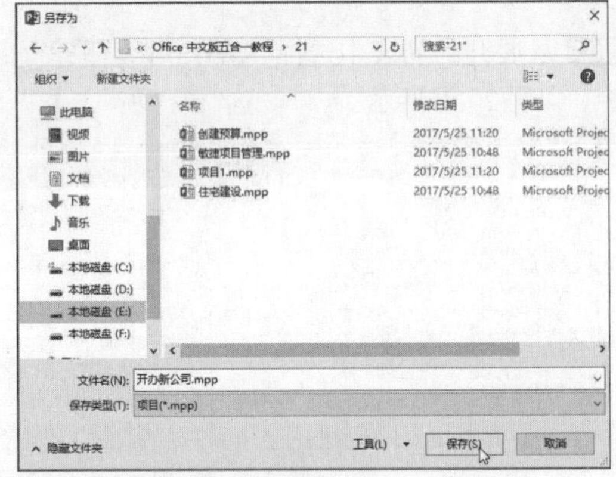

图20-31 单击“保存”按钮

技巧放送：将Excel中的数据导入到Project

如果在Excel中已经开始了自己的项目，但需要管理更复杂的计划、资源共享和跟踪，那么，可以将数据迁移到Project中。可以使用 Project导入向导完成此过程。只需按照在新项目或现有项目中导入数据的步骤操作，该向导会自动将它映射到相应的Project字段，其具体的操作步骤如下。

步骤01 启动Project 2016应用程序，在模板列表中选择“根据Excel工作簿新建”命令，如图20-32所示。

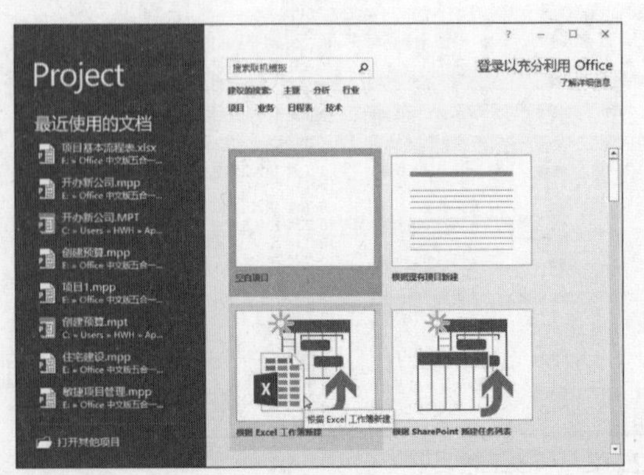

图20-32 “根据Excel工作簿新建”命令

步骤02 打开“打开”对话框，单击“文件类型”下拉按钮，从列表中选择“Excel工作簿”选项，然后选择文件，单击“打开”按钮，如图20-33所示。

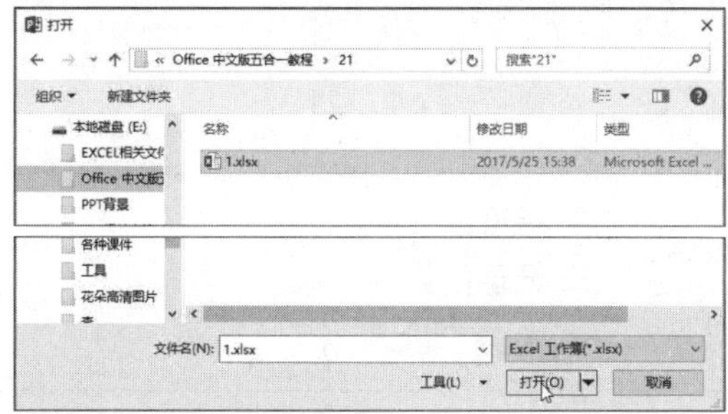

图20-33 单击“打开”按钮

步骤03 打开“导入向导”对话框，单击“下一步”按钮，如图20-34所示。

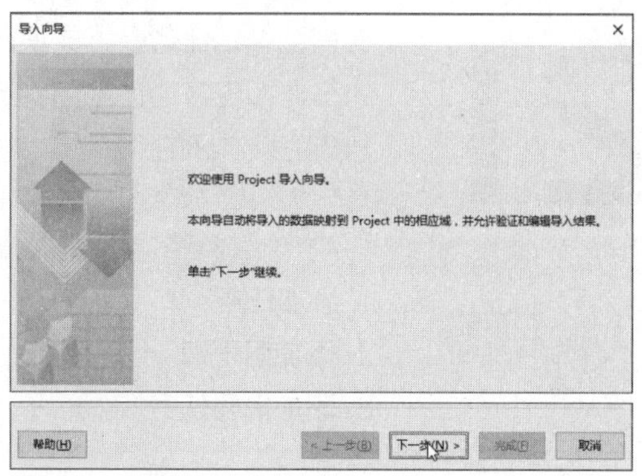

图20-34 单击“下一步”按钮

步骤04 保持默认，单击“下一步”按钮，如图20-35所示。

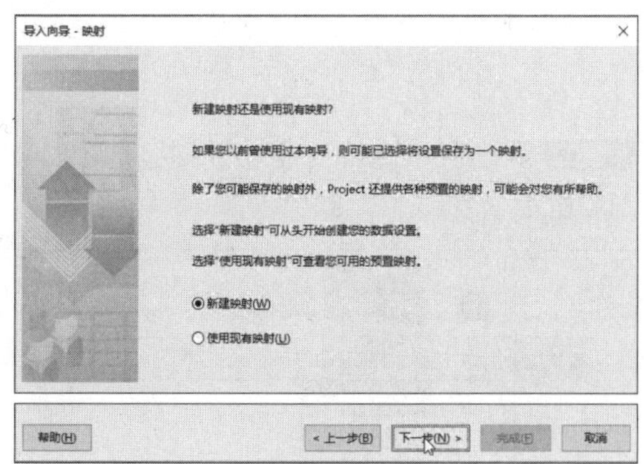

图20-35 单击“下一步”按钮

步骤05 保持默认，单击“下一步”按钮，如图20-36所示。

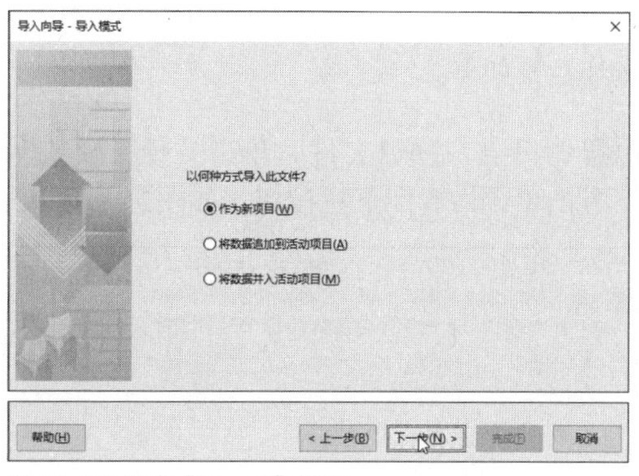

图20-36 单击“下一步”按钮

步骤06 勾选“任务”复选框，单击“下一步”按钮，如图20-37所示。

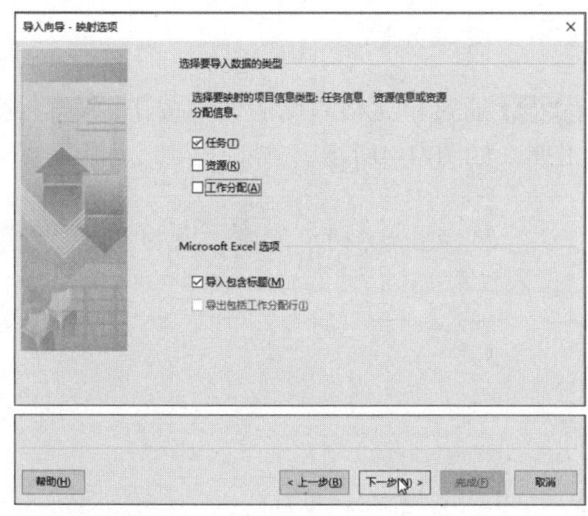

图20-37 单击“下一步”按钮

步骤07 按需选择映射字段后，单击“完成”按钮，如图20 38所示。即可将Excel工作簿中指定工作表中的数据导入到Project中。

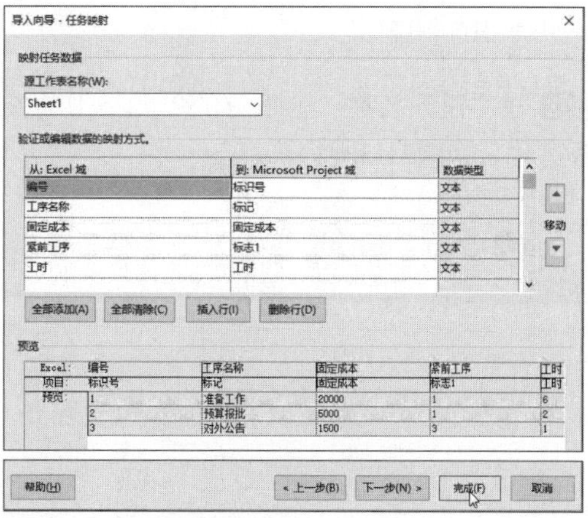

图20-38 单击“完成”按纽

Chapter 21 Project中任务的创建

在项目中，任务是组成项目的构件之一，它代表完成项目最终目标所需要做的工作。任务通过工序、工期和资源需求来描述项目工作。本章将对任务的创建进行详细的介绍。

1. 添加任务
2. 添加里程碑
3. 添加摘要任务
4. 链接任务
5. 记录任务
6. 检查工期

21.1 添加任务

创建项目后，可按需在项目中添加任务，下面以在空白项目中添加任务为例进行介绍，其具体的操作步骤如下。

步骤01 打开空白项目文件，单击“任务模式”列下方的单元格右侧下拉按钮，如图21-1所示。

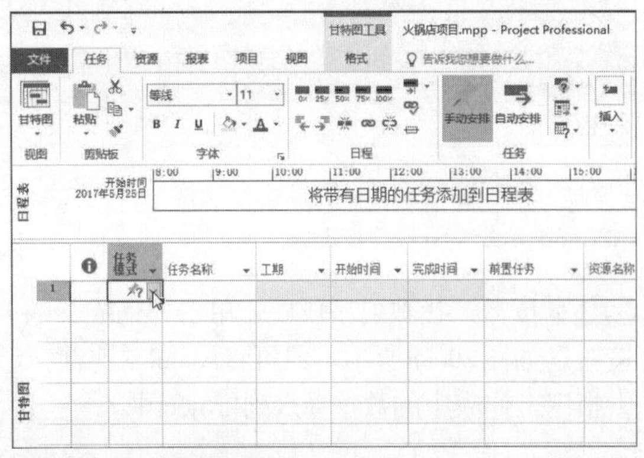

图21-1 展开任务模式列表

步骤02 从列表中选择“手动计划”选项，如图21-2所示。

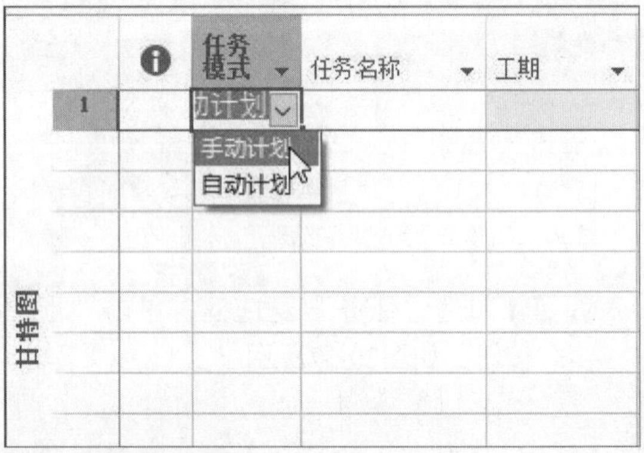

图21-2 选择任务模式

步骤03 在“任务名称”列下方的单元格中输入任务名称，如图21-3所示。

图21-3 输入任务名称

步骤04 通过单元格右侧的调整按钮，按需设置工期，如图21-4所示。

图21-4 输入工期

步骤05 输入工期后，按需设置开始时间。系统自动计算结束时间，如图21-5所示。

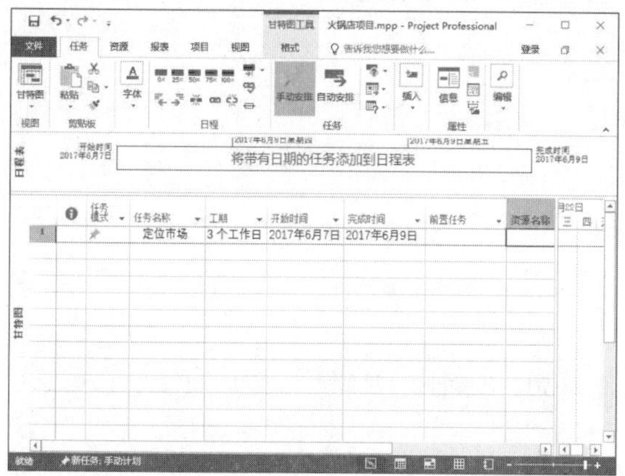

图21-5 系统自动输入结束时间

步骤06 按照同样的方法，按需添加其他任务，如图21-6所示。

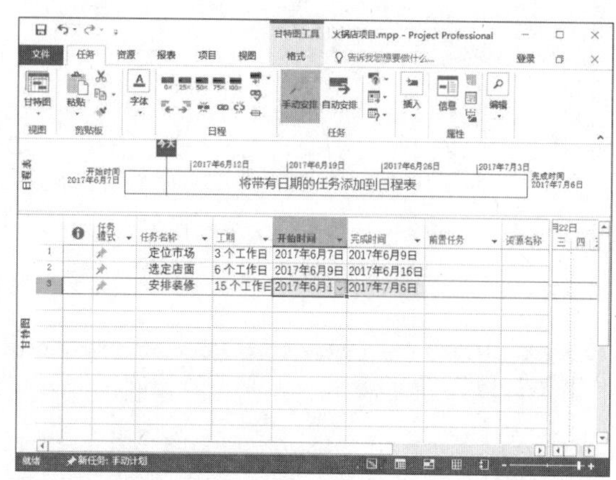

图21-6 添加其他任务

21.2 添加里程碑

除了可以添加需要完成的任务外，用户如果想要对重要项目进行标记，则可以添加里程碑，如项目的第一阶段何时结束，因为里程碑本身通常不包括任何工作，只是任务进行到某个节点的标记，所以它表示工期为0的任务。下面以具体实例中里程碑的添加为例进行介绍，其具体的操作步骤如下。

步骤01 选择第3个任务，单击“任务”选项卡“插入”组中的“里程碑”按钮，如图21-7所示。

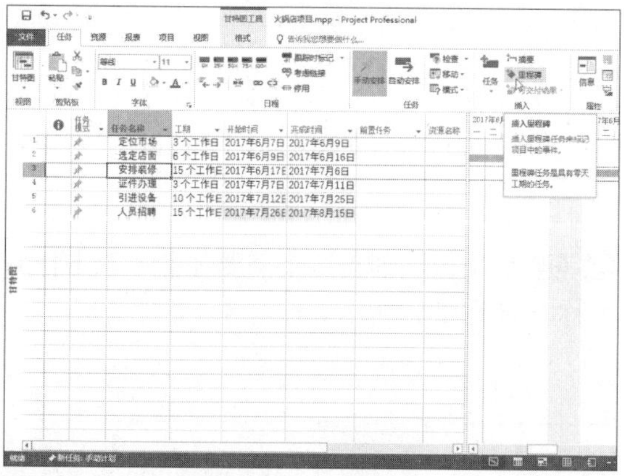

图21-7 单击“里程碑”按纽

步骤02 即可在所选位置添加里程碑，并且默认的工期为0，如图21-8所示。

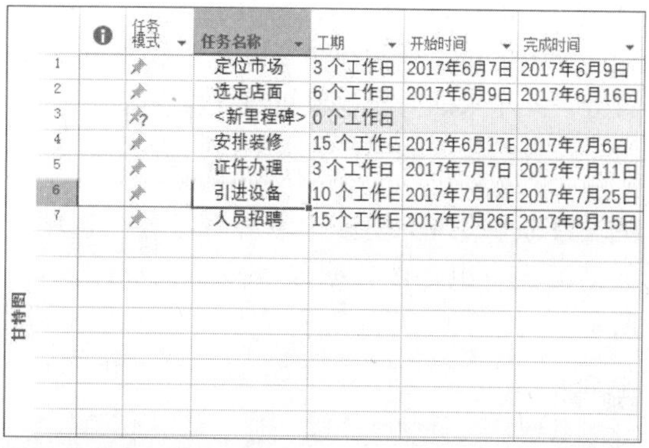

	任务模式	任务名称	工期	开始时间	完成时间
1		定位市场	3个工作日	2017年6月7日	2017年6月9日
2		选定店面	6个工作日	2017年6月9日	2017年6月16日
3		<新里程碑>	0个工作日		
4		安排装修	15个工作E	2017年6月17E	2017年7月6日
5		证件办理	3个工作日	2017年7月7日	2017年7月11日
6		引进设备	10个工作E	2017年7月12E	2017年7月25日
7		人员招聘	15个工作E	2017年7月26E	2017年8月15日

图21-8 添加里程碑

Tip: 将任务标记为里程碑

用户还可以将已经存在的任意长度的任务标记为里程碑，其具体的操作步骤如下。

01 选择第6个任务，执行“任务 > 属性 > 信息”命令。或者右键单击，从右键菜单中选择“信息”命令，如图21-9所示。

02 打开“任务信息”对话框，在“高级”选项卡，勾选“标记为里程碑”选项前的复选框，如图21-10所示。

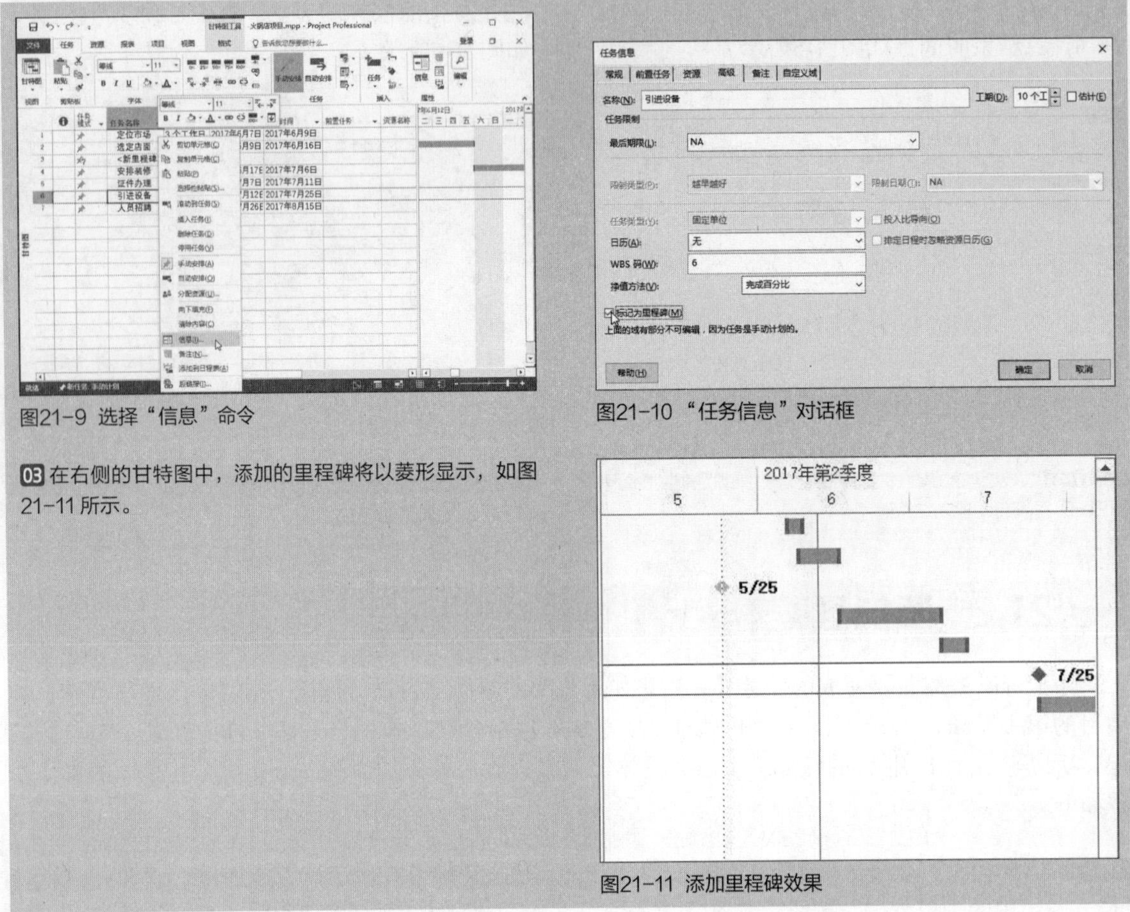

图21-9 选择“信息”命令

图21-10 “任务信息”对话框

03 在右侧的甘特图中，添加的里程碑将以菱形显示，如图21-11 所示。

图21-11 添加里程碑效果

21.3 分阶段组织任务

一个项目从开始到结束由多条任务组成，那么如何一目了然的安排这些任务呢？用户可以将项目分为几个大的阶段，设置摘要任务，然后再对下面的子任务进行合理的安排，下面以将“安排装修”任务设置为摘要任务为例进行介绍。

步骤01 选择第4个任务，单击“任务”选项卡上“插入”组上的“摘要”按钮，如图21-12所示。

图21-12 单击“摘要”按钮

步骤02 系统自动创建一个摘要任务，双击任务名称，如图21-13所示。

	任务模式	任务名称	工期	开始时间	完成时间
1		定位市场	3 个工作日	2017年6月7日	2017年6月9日
2		选定店面	6 个工作日	2017年6月9日	2017年6月16日
3		<新里程碑>	0 个工作日		
4		<新摘要任务	14 个工作日	2017年6月17日	2017年7月6日
5		安排装修	15 个工作日	2017年6月17日	2017年7月6日
6		证件办理	3 个工作日	2017年7月7日	2017年7月11日
7		引进设备	10 个工作日	2017年7月12日	2017年7月25日
8		人员招聘	15 个工作日	2017年7月26日	2017年8月15日

图21-13 双击任务名称

步骤03 打开“摘要任务信息”对话框，更改摘要任务名称，如图21-14所示。

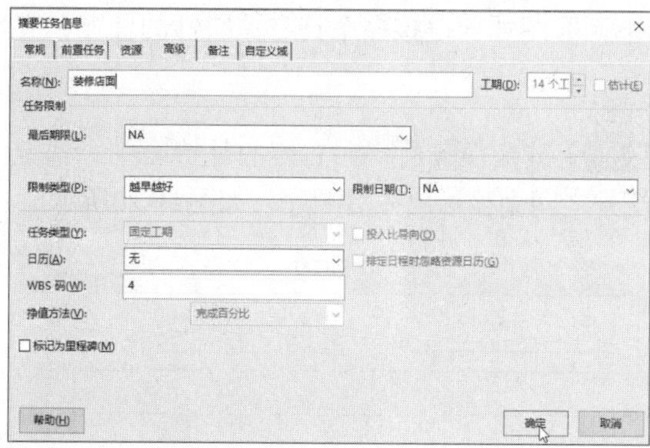

图21-14 “摘要任务信息”对话框

步骤04 可以在摘要任务下面添加多条子任务，对摘要任务进行详细划分，如图21-15所示。

	任务模式	任务名称	工期	开始时间	完成时间
1		定位市场	3个工作日	2017年6月7日	2017年6月9日
2		选定店面	6个工作日	2017年6月9日	2017年6月16日
3		<新里程碑>	0个工作日		
4		◢ 装修店面	14个工作日	2017年6月19日	2017年7月6日
5		广告牌设计	1个工作日	2017年6月19日	2017年6月19日
6		水电安装	2个工作日	2017年6月20日	2017年6月21日
7		吊顶	1个工作日	2017年6月22日	2017年6月22日
8		墙面粉刷	3个工作日	2017年6月23日	2017年6月27日
9		铺地板	3个工作日	2017年6月28日	2017年6月30日
10		安装店面家具	2个工作日	2017年7月3日	2017年7月4日
11		店面消毒与杂物清理	2个工作日	2017年7月5日	2017年7月6日
12		证件办理	3个工作日	2017年7月7日	2017年7月11日
13		引进设备	10个工作日	2017年7月12日	2017年7月25日
14		人员招聘	15个工作日	2017年7月26日	2017年8月15日

图21-15 添加子任务

步骤05 在右侧的甘特图中，摘要任务以及所属子任务间的关系显示如图21-16所示。

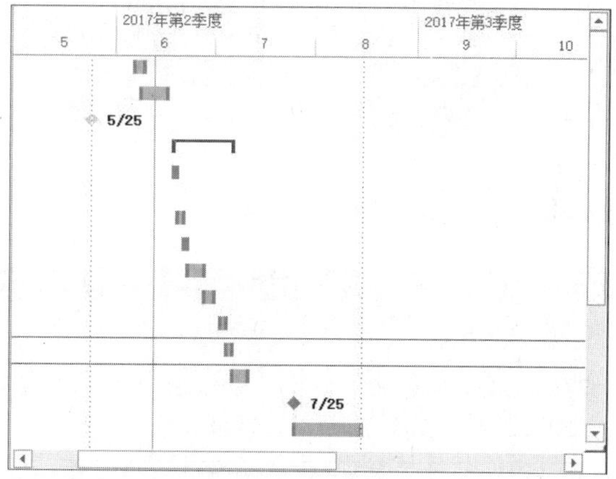

图21-16 添加摘要任务效果

Tip: 为多条任务设置摘要

如果为项目中的多条任务设置摘要，可按照下面的操作步骤进行操作。

01 选择多条任务，执行“任务 > 插入 > 摘要”命令，如图21-17所示。

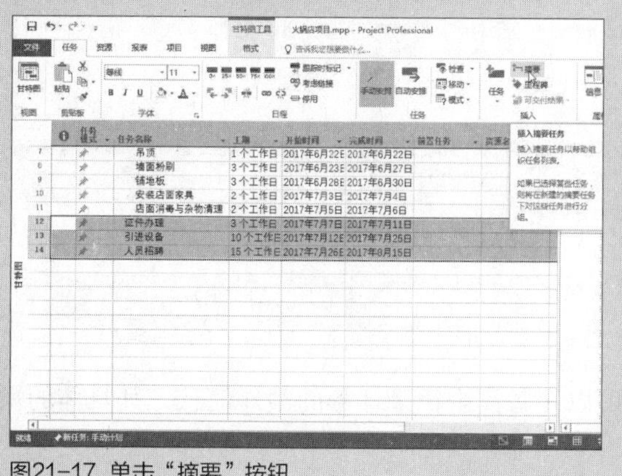

图21-17 单击“摘要”按钮

02 为新建的摘要重命名，如图 21-18 所示。

	任务模式	任务名称	工期	开始时间	完成时间
7		吊顶	1个工作日	2017年6月22日	2017年6月22日
8		墙面粉刷	3个工作日	2017年6月23日	2017年6月27日
9		铺地板	3个工作日	2017年6月28日	2017年6月30日
10		安装店面家具	2个工作日	2017年7月3日	2017年7月4日
11		店面消毒与杂物清理	2个工作日	2017年7月5日	2017年7月6日
12		◢ 开业前准备	28个工作日	2017年7月7日	2017年8月15日
13		证件办理	3个工作日	2017年7月7日	2017年7月11日
14		引进设备	10个工作日	2017年7月12日	2017年7月25日
15		人员招聘	15个工作日	2017年7月26日	2017年8月15日

图21-18 添加摘要效果

21.4 链接任务

通过创建任务之间的链接来建立任务间的关系。下面介绍如何链接多个具有关联性的任务，其具体的操作步骤如下。

步骤01 选择多个任务，单击“任务”选项卡上“日程”组中的“链接选定的任务”按钮，如图21-19所示。

图21-19 单击“链接选定的任务”按钮

步骤02 链接任务后，在右侧的甘特图中，选定任务之间会显示出先后顺序，如图21-20所示。

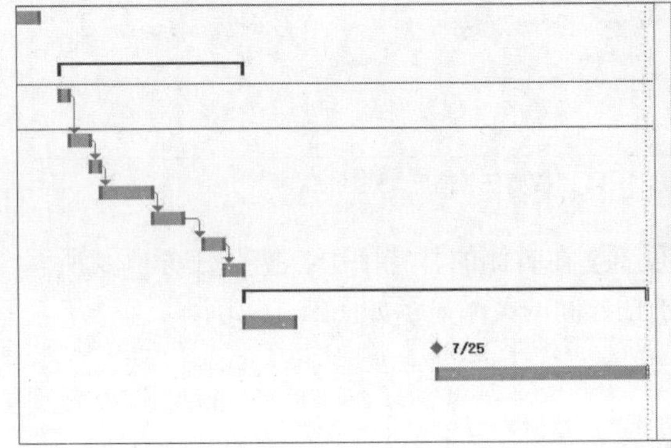

图21-20 链接任务

Tip: 取消任务之间的链接

如果想要将任务之间的链接取消，则可按照下面的步骤进行操作。

01 选择链接的任务，单击“任务”选项卡上“日程”组中的“取消链接任务”按钮，如图 21-21 所示。

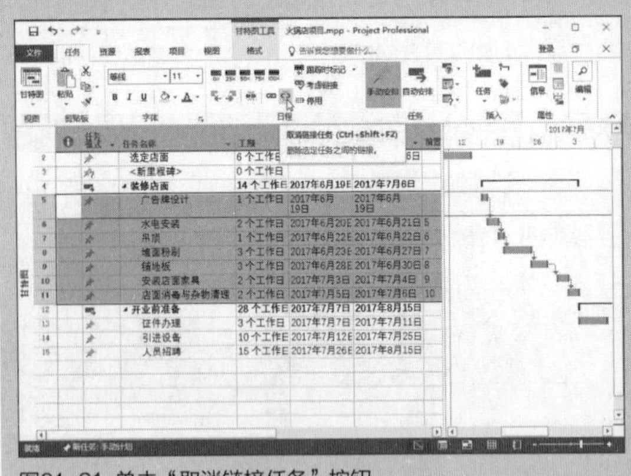

图21-21 单击“取消链接任务”按钮

02 取消链接任务后，在右侧的甘特图中，选定任务之间的相互联系将不再显示，如图 21-22 所示。

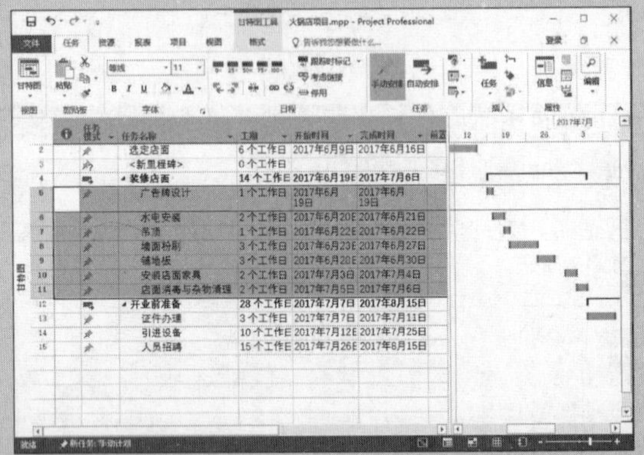

图21-22 取消链接任务

21.5 记录任务

如果用户希望可以详细的对任务进行描述，则可以在备注中记录任务的额外信息，其具体的操作步骤如下。

步骤 01 选择需要记录的任务，单击“任务”选项卡上“属性”组中的“备注”按钮，如图21-23所示。

步骤 02 或者选择添加记录的任务后右键单击，从右键快捷菜单中选择“备注”选项，如图21-24所示。

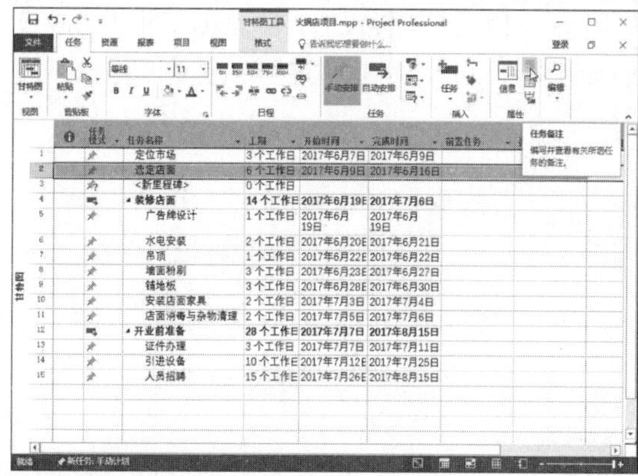
图21-23 单击“备注”按钮

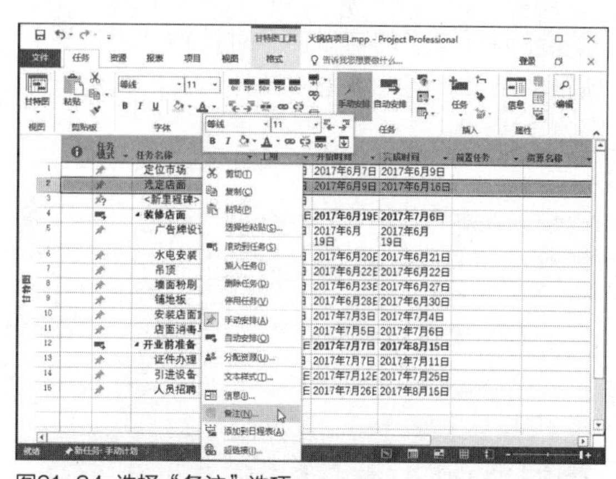
图21-24 选择“备注”选项

步骤03 打开“任务信息”对话框，在“备注”下方的文本框中输入备注信息，然后单击“确定”按钮，如图21-25所示。

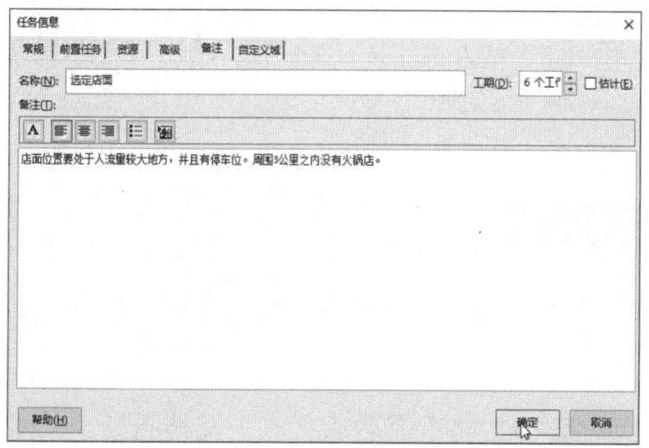
图21-25 添加备注

步骤04 任务模式左侧的备注栏中会显示备注标志，当鼠标移至该标志上方，会显示备注信息，如图21-26所示。

图21-26 备注信息

21.6 检查工期

如果用户希望可以预估项目的总工期，虽然在创建项目时并没有计算总工期，但是Project会根据单个任务的工期和任务关系已经计算出这些值。下面介绍如何查看工期，其具体的操作步骤如下。

步骤01 单击“项目”选项卡上“属性”组中的“项目信息”按钮，如图21-27所示。

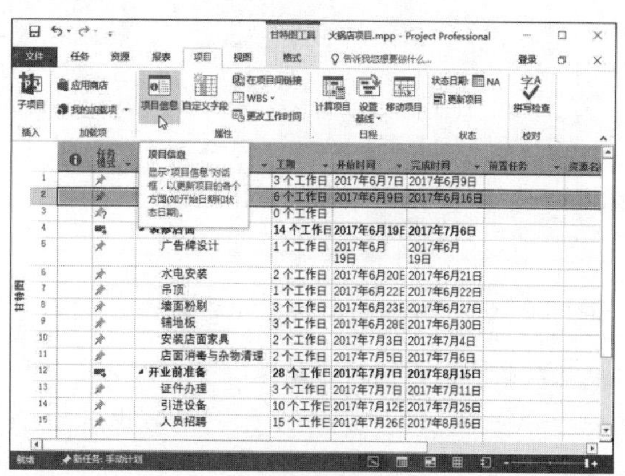
图21-27 单击“项目信息”按钮

步骤02 打开相应的项目信息对话框，可以看到项目的结束日期，单击“统计信息”按钮，如图21-28所示。

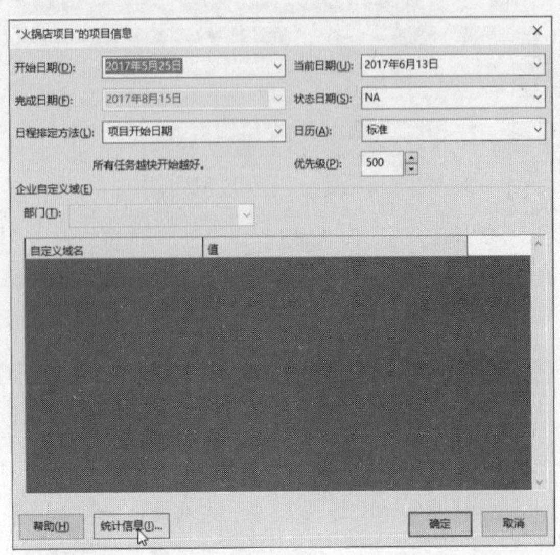

图21-28 “项目信息”对话框

步骤03 可以看到项目的详细信息，通过完成日期和工期，可以对工期进行预估，如图21-29所示。

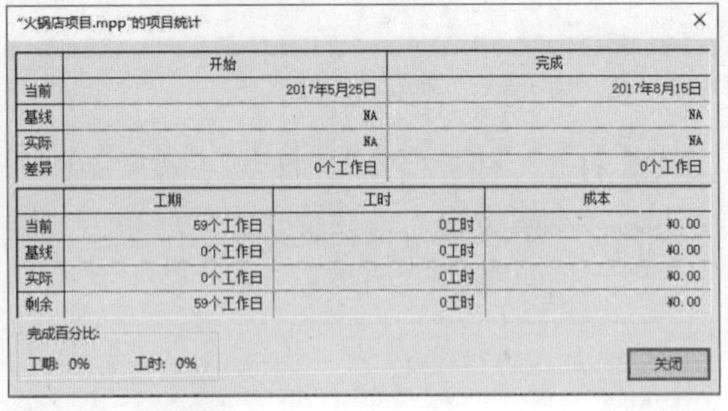
"火锅店项目.mpp"的项目统计

	开始	完成
当前	2017年5月25日	2017年8月15日
基线	NA	NA
实际	NA	NA
差异	0个工作日	0个工作日

	工期	工时	成本
当前	59个工作日	0工时	¥0.00
基线	0个工作日	0工时	¥0.00
实际	0个工作日	0工时	¥0.00
剩余	59个工作日	0工时	¥0.00

完成百分比：

工期：0%　工时：0%

关闭

图21-29 查看工期

办公室练兵：创建美容连锁店流程

越来越多的餐饮公司、美容美发机构都会在多个城市开办连锁店，那么如何创建该项目呢，下面对其进行详细介绍。

步骤01 打开存放项目文件的文件夹，右键单击，从展开的右键快捷菜单中选择“新建>Microsoft Project文档”命令，如图21-30所示。

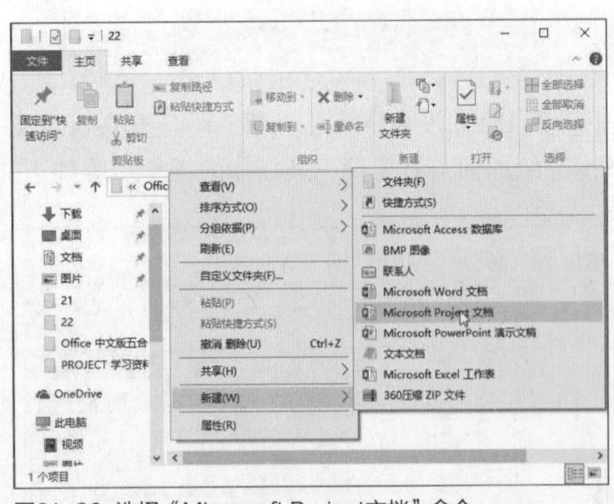

图21-30 选择“Microsoft Project文档”命令

步骤02 为文档重命名后，双击文档图标，如图21-31所示。

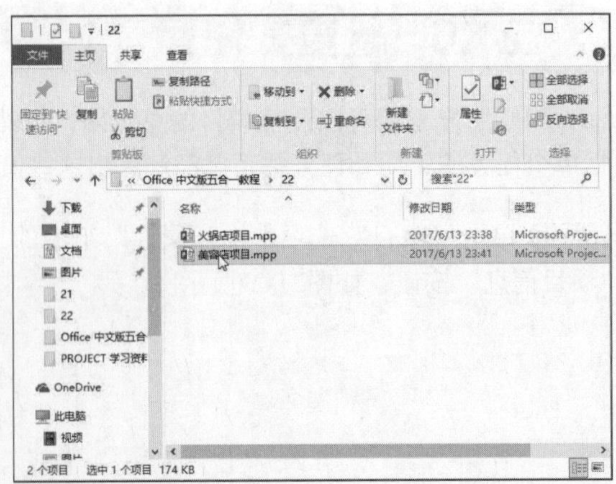

图21-31 双击图标

步骤03 打开空白项目文档，设置“任务模式”为“手动计划”，然后设置“任务名称”为“新店选址”，如图21-32所示。

步骤04 设置“工期”为“3 days”，如图21-33所示。

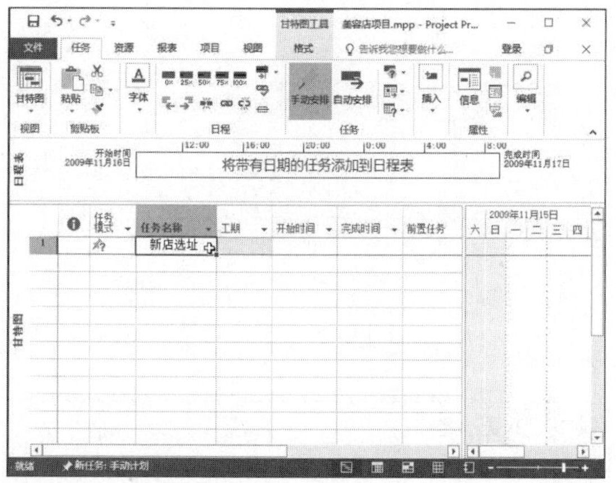

图21-32 设置任务名称

图21-33 设置工期

步骤05 单击“开始时间”选项单元格右侧按钮，从列表中选择“今日”，如图21-34所示。

图21-34 设置任务开始时间

步骤06 选择该条任务并右击，从右键菜单中选择“备注”选项，如图21-35所示。

图21-35 选择“备注”选项

步骤07 打开“任务信息”对话框，设置备注后，单击“确定”按钮，如图21-36所示。

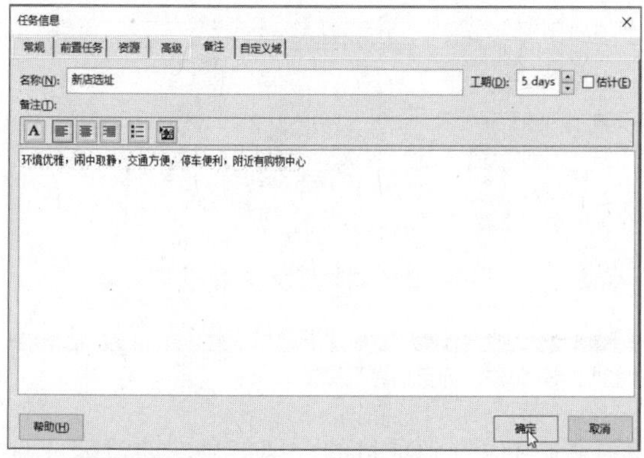

图21-36 设置备注

步骤08 按照同样的方法，添加多条任务，如图21-37所示。

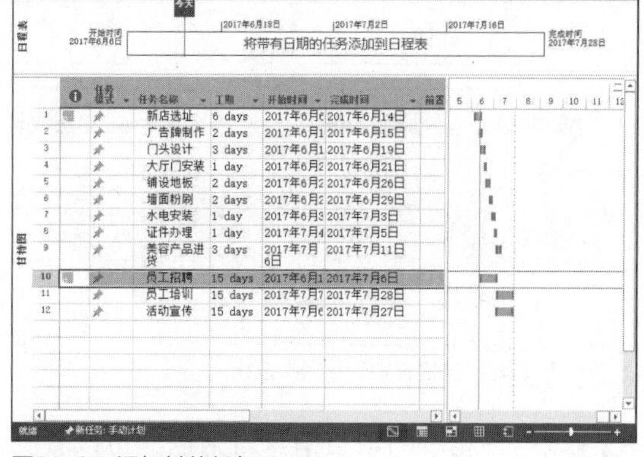

图21-37 添加其他任务

步骤09 选择第8条任务，执行“任务>插入>里程碑”命令，如图21-38所示。

步骤10 按需更改里程碑名称，如图21-39所示。

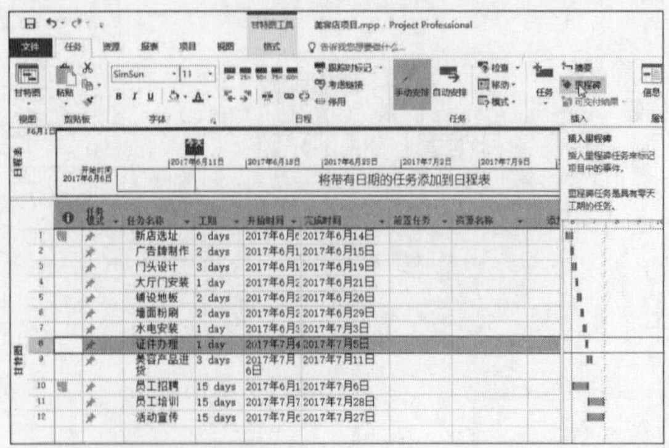
图21-38 单击“里程碑”按钮

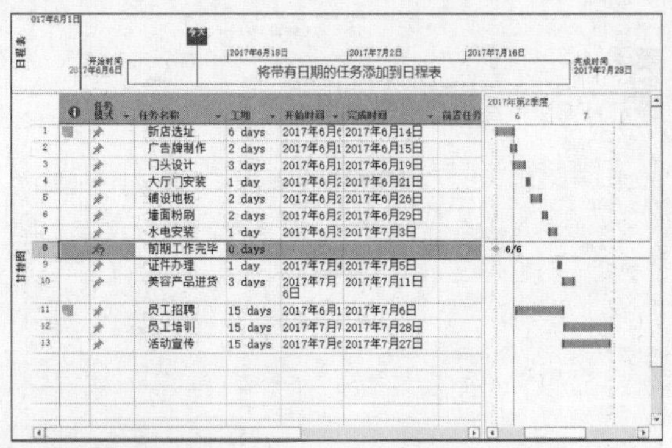
图21-39 更改名称

步骤11 选择第10、11、12、13条任务，执行“任务>插入>摘要”命令，如图21-40所示。

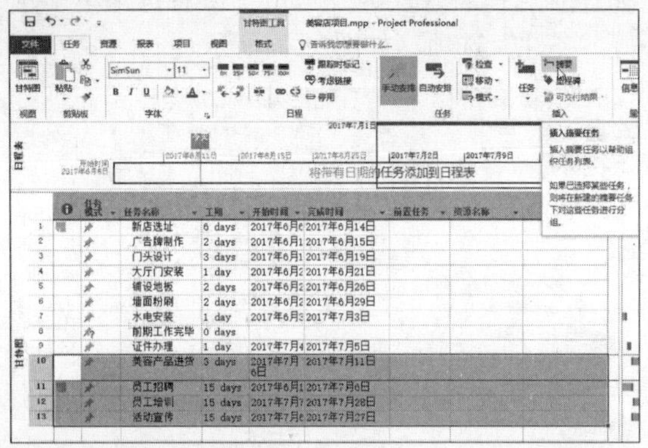
图21-40 单击“摘要”按钮

步骤12 重命名摘要名称后，效果如图21-41所示。

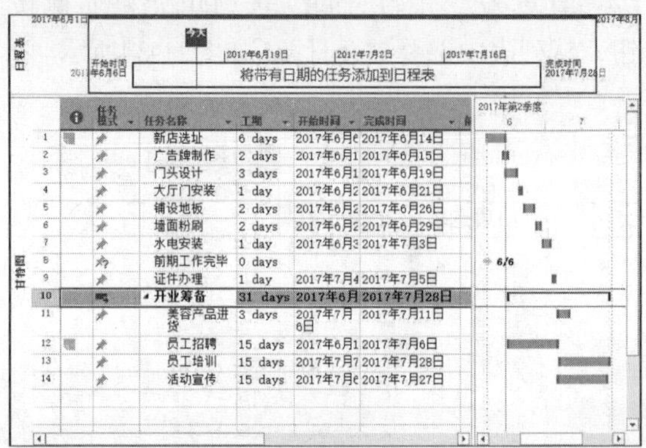
图21-41 重命名摘要名称后的效果

步骤13 选择第4、5、6、7条任务，执行“任务>日程>链接选定的任务”命令，如图21-42所示。

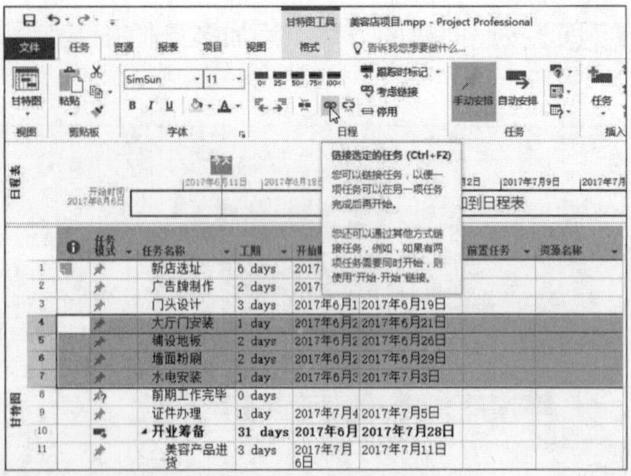

图21-42 单击“链接选定的任务”按钮

步骤14 执行“项目>属性>项目信息”命令，如图21-43所示。

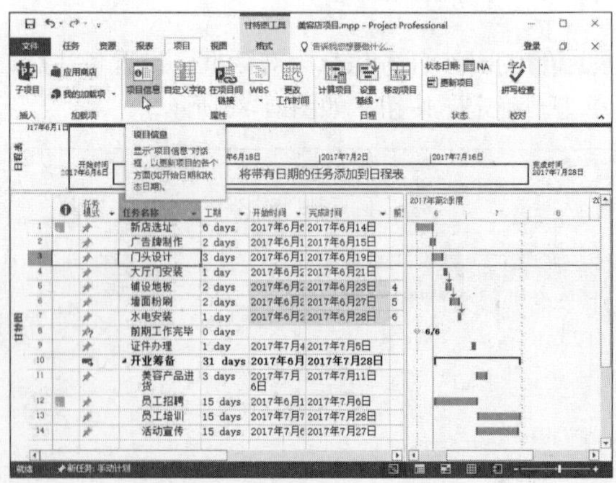
图21-43 单击“项目信息”按钮

步骤15 打开相应的项目信息对话框，可以看到项目的结束日期，单击“统计信息”按钮，如图21-44所示。

步骤16 可以看到项目的详细信息，通过完成日期和工期，可以对工期进行预估，如图21-45所示。

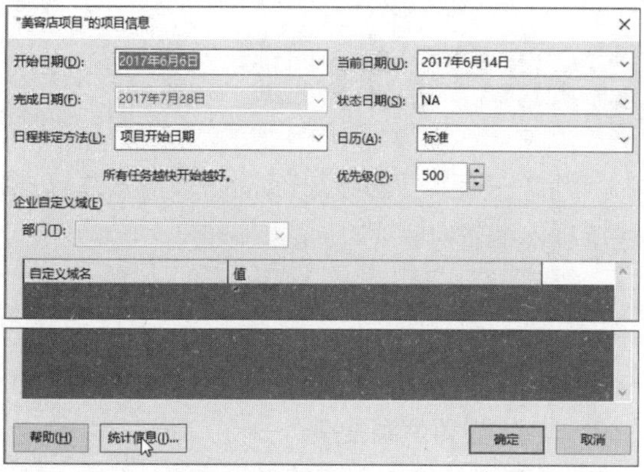

图21-44 单击“统计信息”按钮

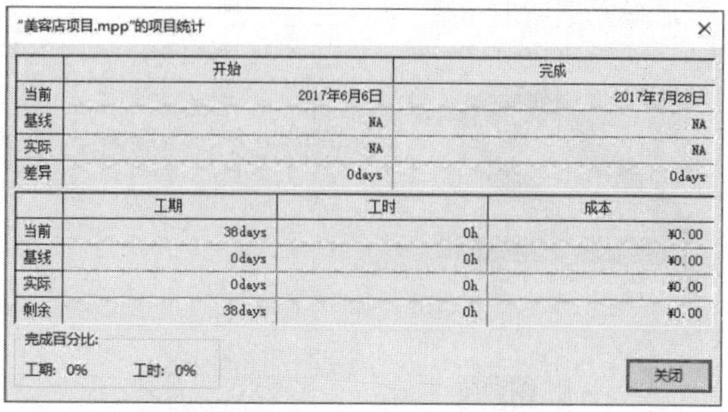

	开始	完成
当前	2017年6月6日	2017年7月28日
基线	NA	NA
实际	NA	NA
差异	0days	0days

	工期	工时	成本
当前	38days	0h	¥0.00
基线	0days	0h	¥0.00
实际	0days	0h	¥0.00
剩余	38days	0h	¥0.00

完成百分比：

工期：0%　工时：0%

图21-45 查看项目工期

技巧放送：添加周期任务

周期性任务是在项目进行过程中重复发生的任务，如每月的例会、工程定期检查等都可以定义为一个周期性任务。下面介绍如何添加周期性任务，其具体的操作步骤如下。

步骤01 单击“任务”选项卡上的“任务”按钮，从列表中选择“任务周期”选项，如图21-46所示。

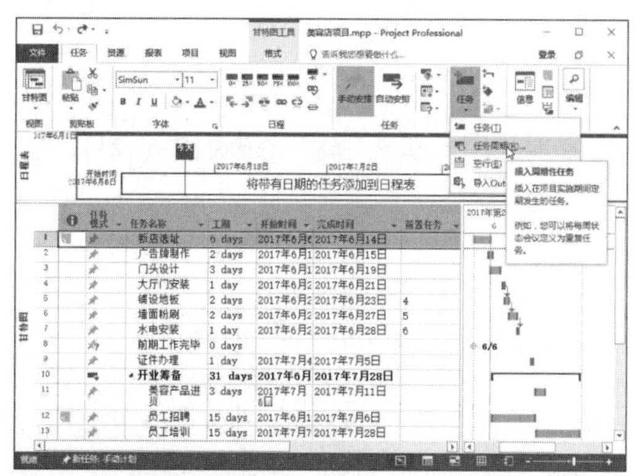

图21-46 选择“任务周期”选项

步骤02 打开“周期性任务信息”对话框，按需设置任务名称、工期、重复发生方式，然后单击“确定”按钮，如图21-47所示。

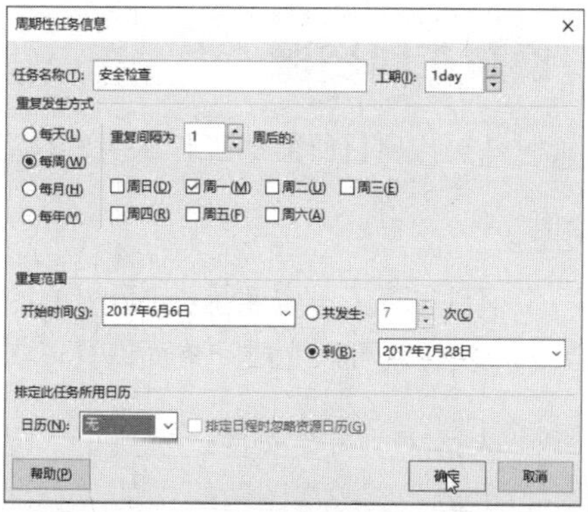

图21-47 打开“周期性任务信息”对话框

步骤03 即可添加周期性任务，效果如图21-48所示。

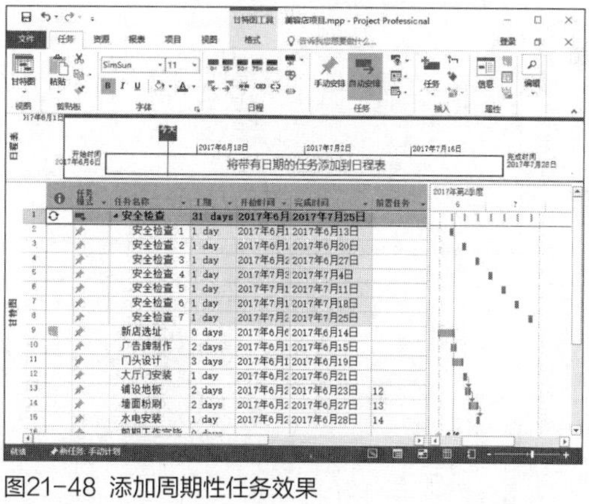

图21-48 添加周期性任务效果

Chapter 22 Project中资源的分配

上一章，我们介绍了任务的添加，添加任务后，如何对资源进行设置，并且将现有资源合理分配到任务当中去呢？本章节将分别对其进行介绍。

1. 设置工时资源
2. 设置材料资源
3. 设置成本资源
4. 设置资源费率
5. 为任务分配资源

22.1 设置资源

完成项目中的任务所需的人员和设备称为资源。对于资源来说，可用性和成本是决定资源的两个关键点。其中，资源的可用性决定了资源可以完成多少工作并且在哪个时间点用于任务；成本指的是需要为资源支付的金钱。除此之外，Project还支持两种其他类型的特殊资源：材料和成本。下面分别介绍如何设置工时、材料和成本资源。

22.1.1 设置工时资源

工时资源是执行项目所需的工作人员和设备，下面分别介绍人员资源和设备资源的设置。

❶ 人员资源

对于一个项目来说人员资源是必不可少的，大部分的项目需要人员、设备、材料等资源，而有些项目只需要人员资源就可以完成。下面以具体实例说明人员资源的设置，其具体的操作步骤如下。

步骤01 打开“火锅店项目”文件，切换至“视图”选项卡，单击“资源视图”组中的“资源工作表”按钮，如图22-1所示。

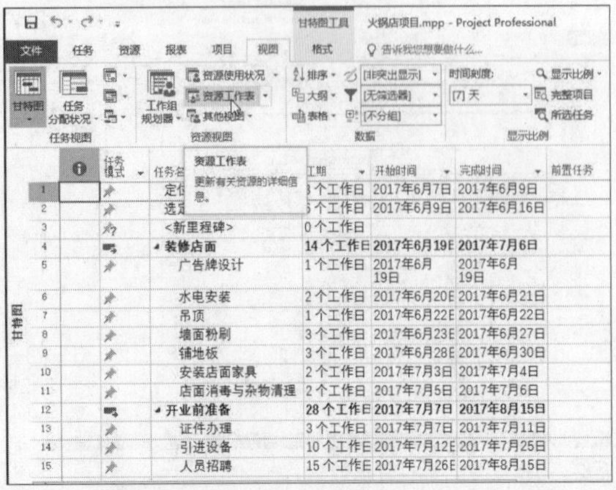

步骤02 单击“资源名称”列标题下的第一个单元格，输入资源名称，如图22-2所示。

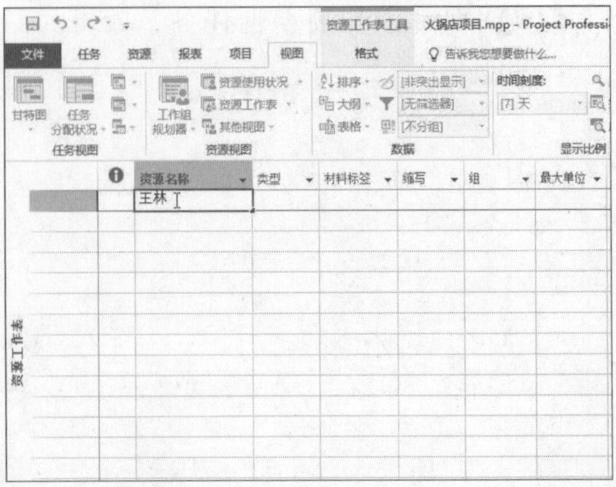

图22-1 单击“资源工作表”按钮

图22-2 输入资源名称

步骤03 按Enter键确认输入后，默认类型为“工时”，通过“最大单位”列下的数值框设置该人员的最大单位为50%，如图22-3所示。

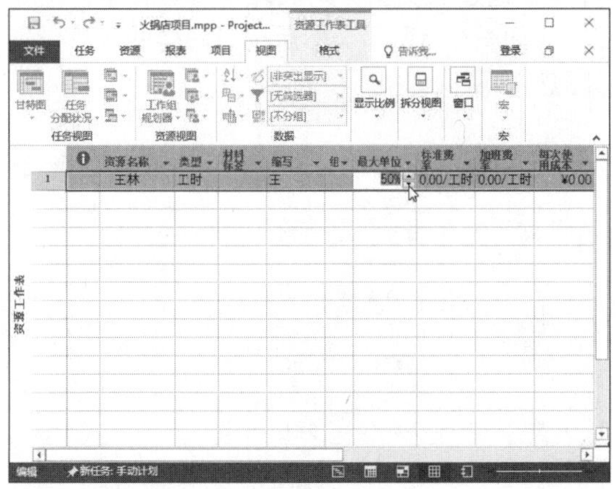

图22-3 设置最大单位

步骤04 按照同样的方法，添加其他人员资源，如图22-4所示。

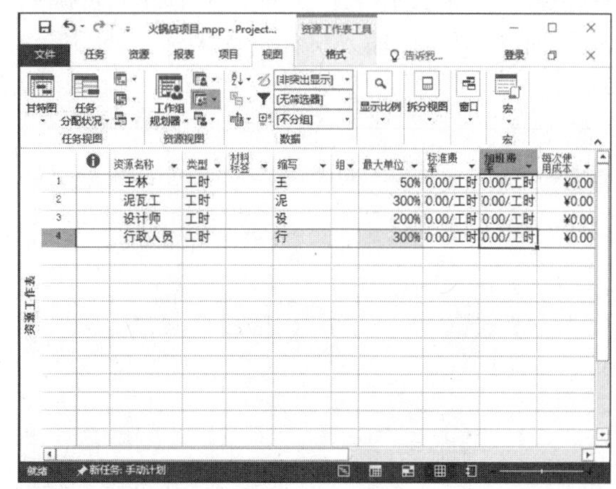

图22-4 添加其他人员资源

Tip: “最大单位”是什么意思?

“最大单位”表示资源可用于完成任务的最大工作能力。例如，指定资源王林的“最大单位”为50%，表示王林可将50%的时间用于执行分配给他的任务。而资源泥瓦工的“最大单位”为300%，表示每天可以安排3个泥瓦工同时工作。

❷设备资源

设置设备资源和设置人员资源的方式是完全相同的，因为人员和设备都是工时资源。但是，需要注意的是绝大多数人员资源的一个工作日不会长于12小时，但设备资源却可以连续工作。而且，人员资源在他们所执行的任务中是灵活应变的，而设备资源则更固定一些。下面介绍如何设置设备资源，其具体的操作步骤如下。

步骤01 在资源工作表视图中，按需在“资源名称”列下方第5行输入资源名称，如图22-5所示。

	资源名称	类型	材料标签	缩写	组	最大单位
1	王林	工时		王		50%
2	泥瓦工	工时		泥		300%
3	设计师	工时		设		200%
4	行政人员	工时		行		300%
	IPAD					

图22-5 输入资源名称

步骤02 按Enter键确认输入后，设置“最大单位”为500%，然后按照同样的方法设置其他设备资源，如图22-6所示。

资源名称	类型	材料标签	缩写	组	最大单位	标准费率	加班费率
王林	工时		王		50%	0.00/工时	0.00/工时
泥瓦工	工时		泥		300%	0.00/工时	0.00/工时
设计师	工时		设		200%	0.00/工时	0.00/工时
行政人员	工时		行		300%	0.00/工时	0.00/工时
IPAD	工时		I		500%	0.00/工时	0.00/工时
切割机	工时		切		200%	0.00/工时	0.00/工时
空调	工时		空		300%	0.00/工时	0.00/工时

图22-6 设置其他设备资源

22.1.2 设置材料资源

材料是完成项目所需的消耗性资源，会随着项目的进行而逐渐减少。在建筑项目中，材料资源可能包括钉子、木材和混凝土。而对于广告项目而言，录像带是消耗性资源。使用材料资源主要是为了跟踪消耗率和相关的成本，有助于更好地掌握材料资源的消耗速度，下面介绍设置材料资源的具体操作步骤。

步骤01 在资源工作表视图中，按需在“资源名称”列下方第8行输入材料资源名称，如图22-7所示。

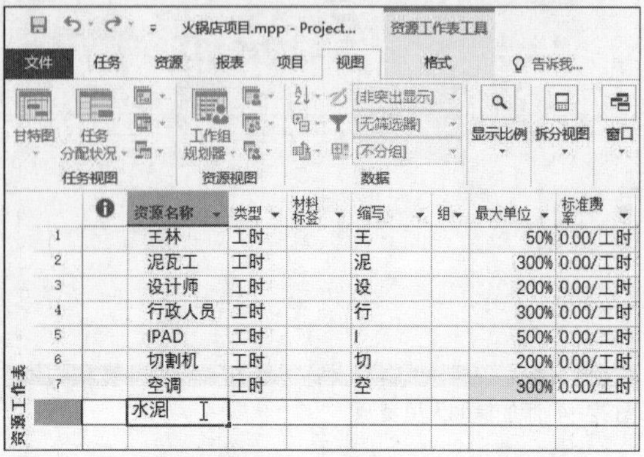

	资源名称	类型	材料标签	缩写	组	最大单位	标准费率
1	王林	工时		王		50%	0.00/工时
2	泥瓦工	工时		泥		300%	0.00/工时
3	设计师	工时		设		200%	0.00/工时
4	行政人员	工时		行		300%	0.00/工时
5	IPAD	工时		I		500%	0.00/工时
6	切割机	工时		切		200%	0.00/工时
7	空调	工时		空		300%	0.00/工时
	水泥						

图22-7 输入材料资源名称

步骤02 通过“类型”列表设置资源类型为“材料”，如图22-8所示。然后按照同样的方法设置其他材料资源即可。

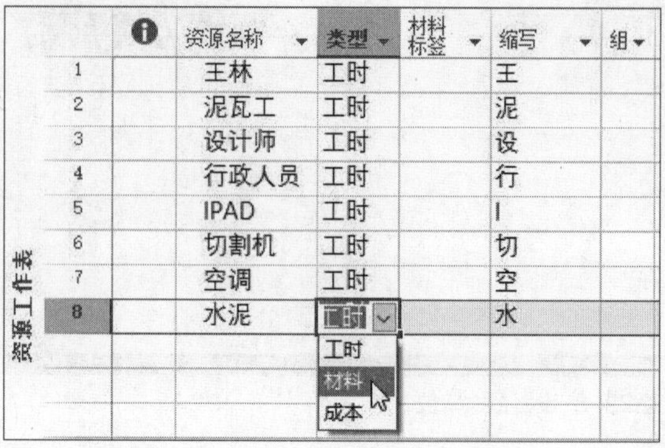

	资源名称	类型	材料标签	缩写	组
1	王林	工时		王	
2	泥瓦工	工时		泥	
3	设计师	工时		设	
4	行政人员	工时		行	
5	IPAD	工时		I	
6	切割机	工时		切	
7	空调	工时		空	
8	水泥	工时		水	

工时 / 材料 / 成本

图22-8 选择“材料”选项

22.1.3 设置成本资源

成本资源表示与项目中的任务有关的财务成本，它可以将特定类型的成本与一个或多个任务关联。常见类型包括为了核算而要跟踪的项目支出类别，如旅行、娱乐或培训。和材料资源一样，成本资源不工作，对任务的日程安排也没有影响。但是，在将成本资源分配给任务并指定每个任务的成本数额时，可以看到该类型成本资源的累计成本。下面介绍如何设置成本资源。

步骤01 在资源工作表视图中，按需在“资源名称”列下方第10行输入资源名称，如图22-9所示。

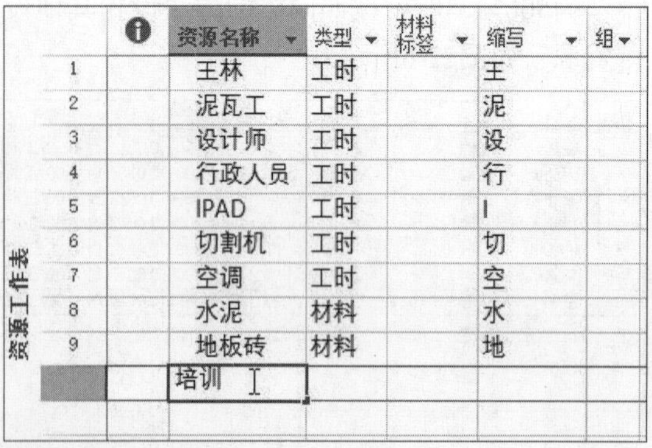

	资源名称	类型	材料标签	缩写	组
1	王林	工时		王	
2	泥瓦工	工时		泥	
3	设计师	工时		设	
4	行政人员	工时		行	
5	IPAD	工时		I	
6	切割机	工时		切	
7	空调	工时		空	
8	水泥	材料		水	
9	地板砖	材料		地	
	培训				

图22-9 输入资源名称

步骤02 通过“类型”列表设置资源类型为“成本”，如图22-10所示。

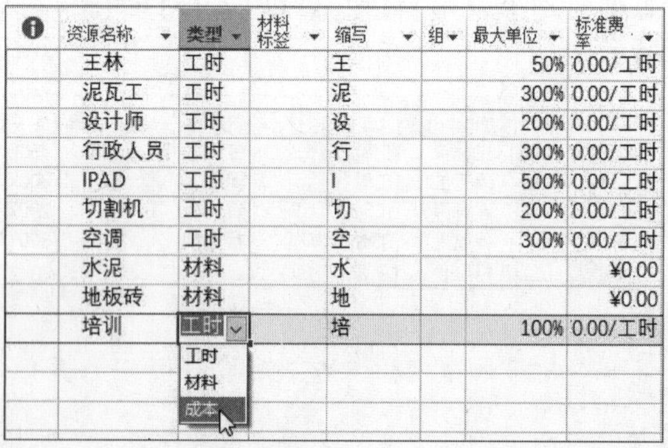

资源名称	类型	材料标签	缩写	组	最大单位	标准费率
王林	工时		王		50%	0.00/工时
泥瓦工	工时		泥		300%	0.00/工时
设计师	工时		设		200%	0.00/工时
行政人员	工时		行		300%	0.00/工时
IPAD	工时		I		500%	0.00/工时
切割机	工时		切		200%	0.00/工时
空调	工时		空		300%	0.00/工时
水泥	材料		水			¥0.00
地板砖	材料		地			¥0.00
培训	工时		培		100%	0.00/工时

工时 / 材料 / 成本

图22-10 选择“成本”选项

22.1.4 设置资源费率

项目的开展都需要财务方面的支持，并且成本的多少直接限定了一些项目的范围。下面介绍如何设置资源费率，其具体操作步骤如下。

步骤01 在资源工作表视图中，按需在“标准费率”列下方输入标准费率，如图22-11所示。

资源名称	类型	材料标签	缩写	组	最大单位	标准费率	加班费率
王林	工时		王			¥50.00/工时	0.00/工时
泥瓦工	工时		泥		300%	0.00/工时	0.00/工时
设计师	工时		设		200%	0.00/工时	0.00/工时
行政人员	工时		行		300%	0.00/工时	0.00/工时
IPAD	工时		I		500%	0.00/工时	0.00/工时
切割机	工时		切		200%	0.00/工时	0.00/工时
空调	工时		空		300%	0.00/工时	0.00/工时
水泥	材料		水			¥0.00	
地板砖	材料		地			¥0.00	
培训	工时		培		100%	0.00/工时	0.00/工时

图22-11 输入标准费率

步骤02 按照同样的方法设置加班费率，并且设置其他人员的标准费率和加班费率，如图22-12所示。

	资源名称	类型	材料标签	缩写	组	最大单位	标准费率	加班费率
1	王林	工时		王		50%	¥50.00/工时	¥100.00/工时
2	泥瓦工	工时		泥		300%	¥25.00/工时	¥40.00/工时
3	设计师	工时		设		200%	¥40.00/工时	¥60.00/工时
4	行政人员	工时		行		300%	¥20.00/工时	¥30.00/工时
5	IPAD	工时		I		500%	¥0.00/工时	¥0.00/工时
6	切割机	工时		切		200%	¥0.00/工时	¥0.00/工时
7	空调	工时		空		300%	¥0.00/工时	¥0.00/工时
8	水泥	材料		水			¥0.00	
9	地板砖	材料		地			¥0.00	
10	培训	工时		培		100%	¥100.00/工时	¥150.00/工时

图22-12 设置其他资源费率

22.2 为任务分配资源

创建任务和资源完毕后，要合理的对任务和资源进行分配。将任务分配工时资源(人员和设备)以及材料和成本资源，并观察工时资源的分配应在何处影响任务工期，以及不应在何处影响。为任务分配资源可方便用户跟踪资源工作的进度。如果输入资源费率，系统将计算资源和任务成本。其具体的操作步骤如下。

步骤01 打开创建了任务和资源的项目执行“视图>任务视图>甘特图>甘特图”命令，如图22-13所示。

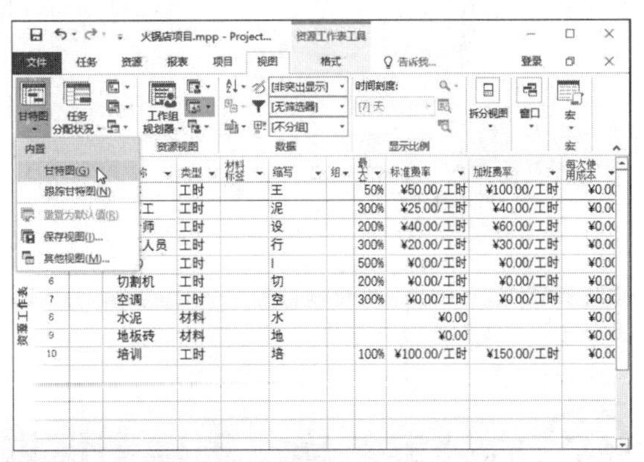

图22-13 选择“甘特图”选项

步骤02 切换至“资源”选项卡，选择第1条任务，单击“工作分配”组上的“分配资源”按钮，如图22-14所示。

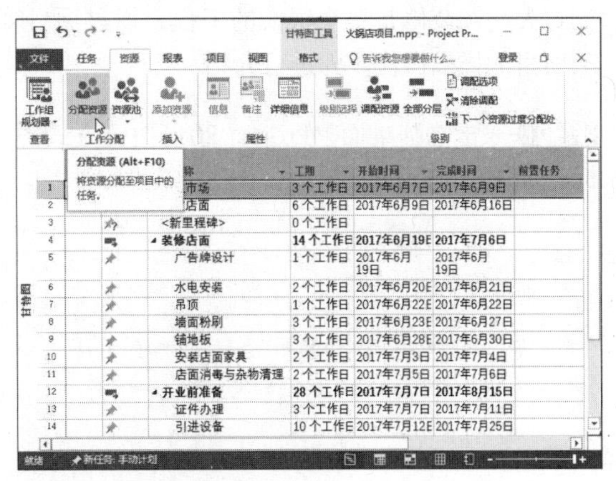

图22-14 单击“分配资源”按钮

步骤03 按住Ctrl键选择资源，然后单击“分配”按钮，如图22-15所示。

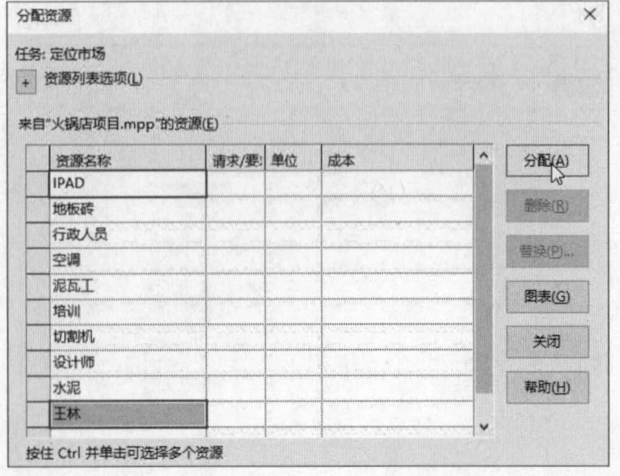

图22-15 单击“分配”按钮

步骤04 分配资源后，系统自动计算出任务成本，然后选择第2条任务，如图22-16所示。

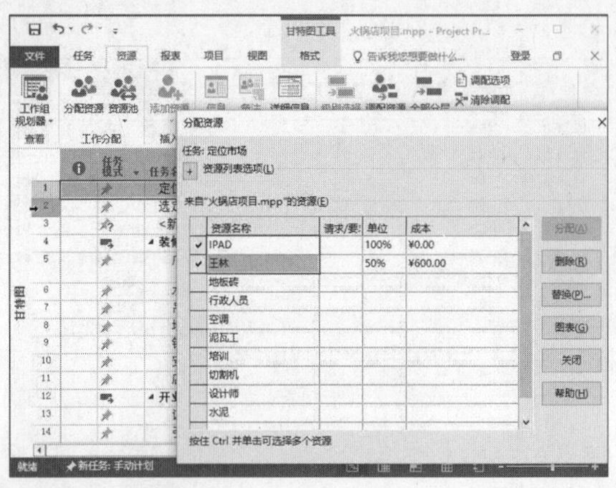

图22-16 选择任务

步骤05 如果多条任务分配的资源相同，可以同时选取多条任务进行资源分配，如图22-17所示。

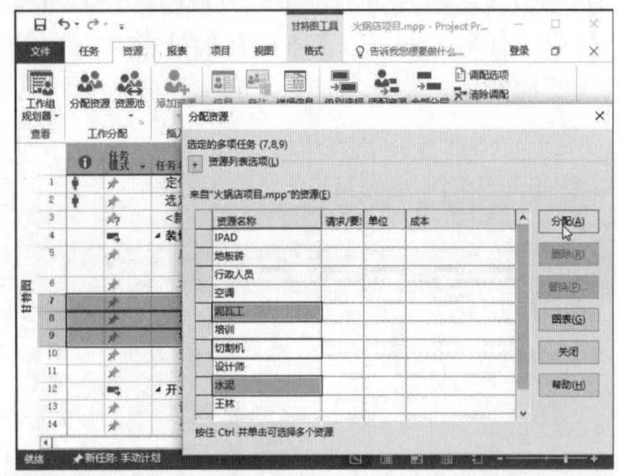

图22-17 为多条任务分配资源

步骤06 为任务分配资源完毕后，在右侧的甘特图中，会显示任务和资源，如图22-18所示。

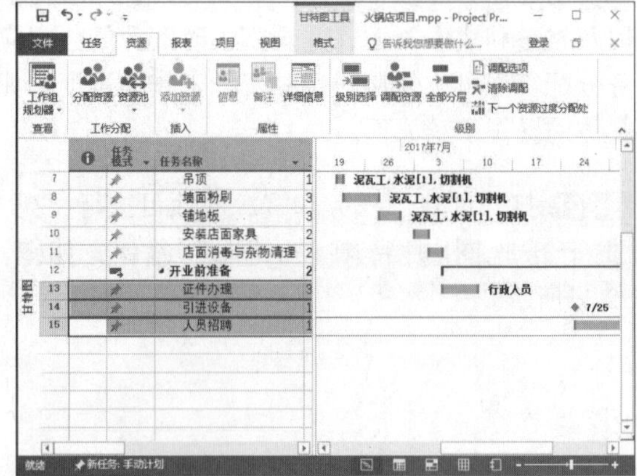

图22-18 为任务分配资源效果

办公室练兵：创建商场施工方案项目

大商场装修是一个很大的工程，通过项目管理，可以合理安排人员、设备，下面对创建商场施工项目的详细操作步骤进行介绍。

步骤01 双击电脑桌面上Project 2016快捷方式图标，如图22-19所示。

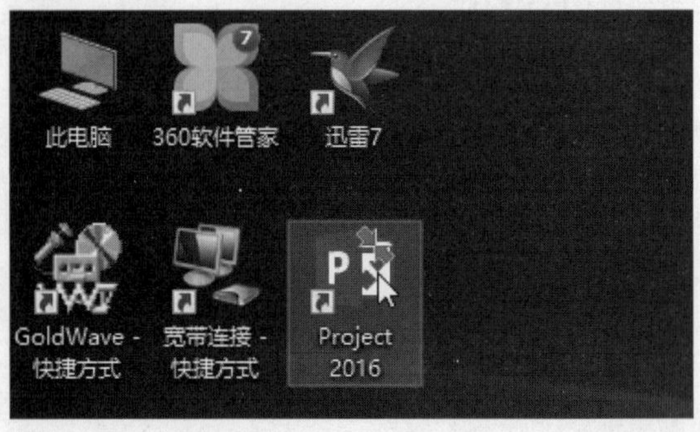

图22-19 双击图标

步骤02 在模板列表中选择“空白项目”选项，如图22-20所示。

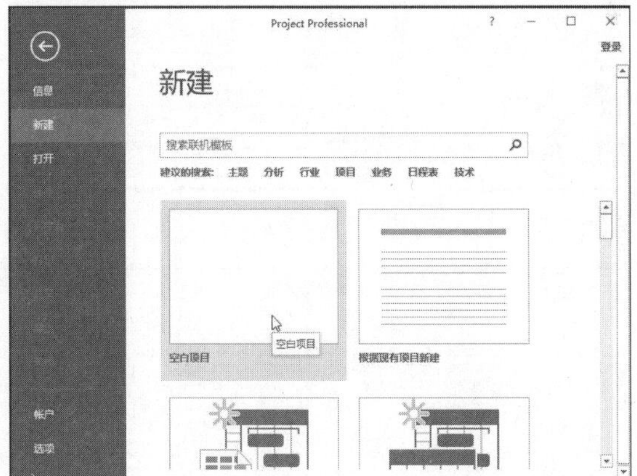

图22-20 选择“空白项目”选项

步骤03 单击快速访问工具栏上的“保存”按钮，如图22-21所示。

图22-21 单击“保存”按钮

步骤04 选择“另存为”选项下的“浏览”选项，如图22-22所示。

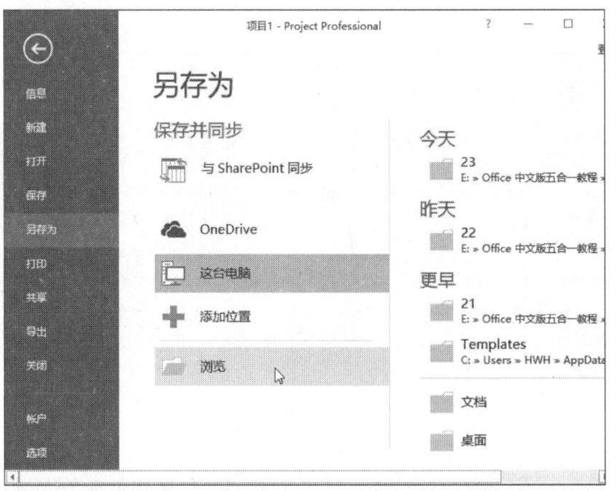

图22-22 选择“浏览”选项

步骤05 打开“另存为”对话框，输入文件名，单击“保存”按钮，如图22-23所示。

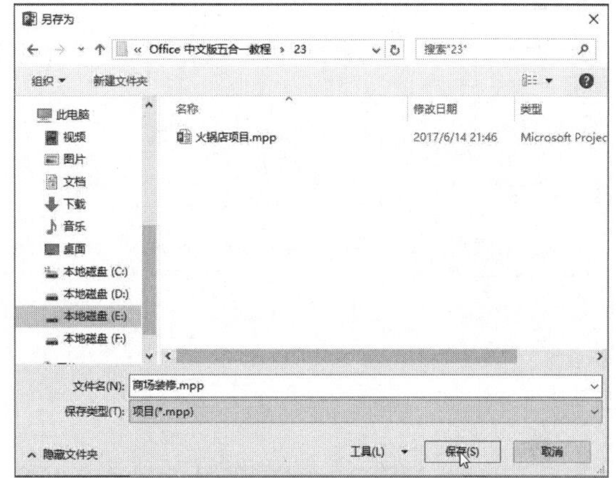

图22-23 保存项目文件

步骤06 单击“任务模式”下方单元格右侧下拉按钮，从列表中选择“手动计划”选项，如图22-24所示。

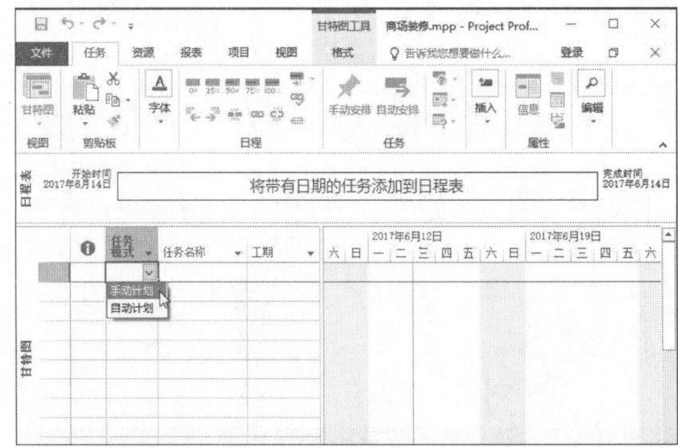

图22-24 选择“手动计划”选项

步骤07 设置“任务名称”为“水路改造”、“工期”为“15个工作日”，并设置“开始时间”为“2017年6月16日”，系统将自动计算结束时间，如图22-25所示。

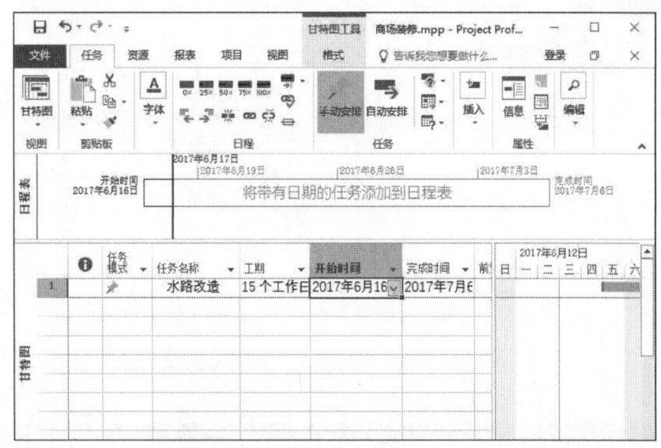

图22-25 设置任务名称、工期

步骤08 按照同样的方法，添加多条任务，如图22-26所示。

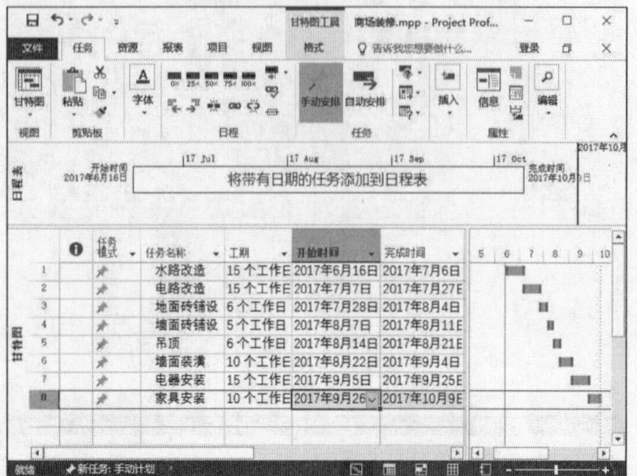

图22-26 添加其他任务

步骤09 切换至“视图”选项卡，单击“资源视图”组中的“资源工作表”按钮，如图22-27所示。

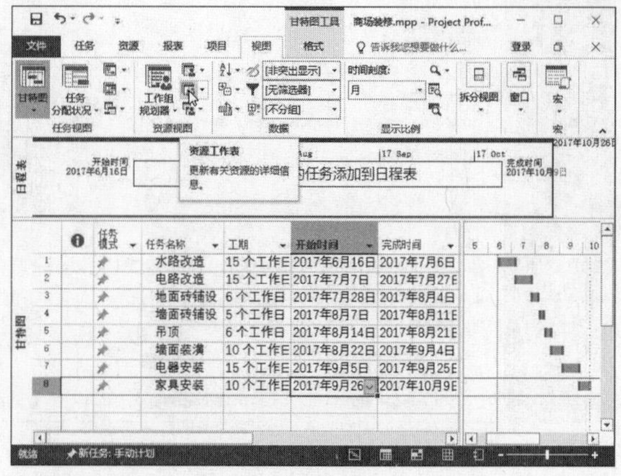

图22-27 单击“资源工作表”按钮

步骤10 在“资源名称”下的第1个单元格中输入资源名称“水电工”，如图22-28所示。

图22-28 输入资源名称

步骤11 设置“最大单位”为“800%”，如图22-29所示。

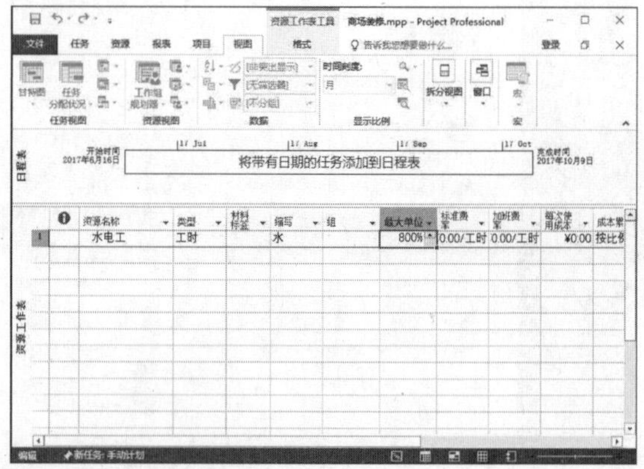

图22-29 设置最大单位

步骤12 设置标准费率和加班费率，效果如图22-30所示。

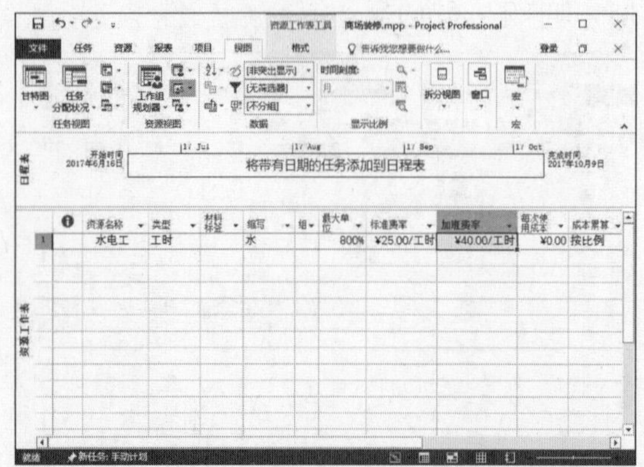

图22-30 设置标准费率和加班费率

步骤13 按照同样的方法，添加其他工时资源，添加材料资源时，需打开“类型”列表，从中选择“材料”选项，如图22-31所示。

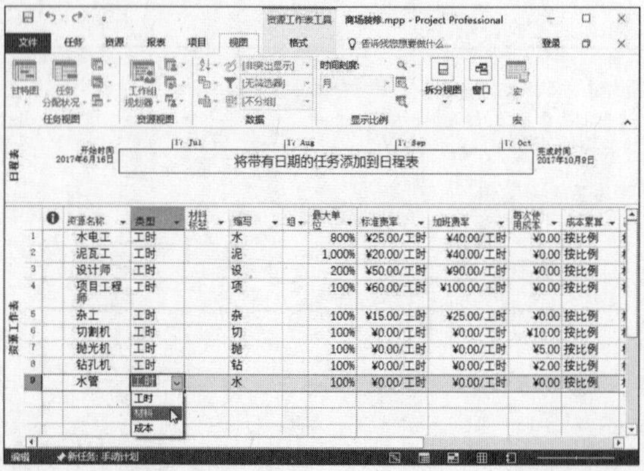

图22-31 选择“材料”选项

步骤14 执行“视图>任务视图>甘特图>甘特图”命令，如图22-32所示。

图22-32 选择“甘特图”选项

步骤15 选择第1条任务，执行“资源>工作分配>分配资源”命令，如图22-33所示。

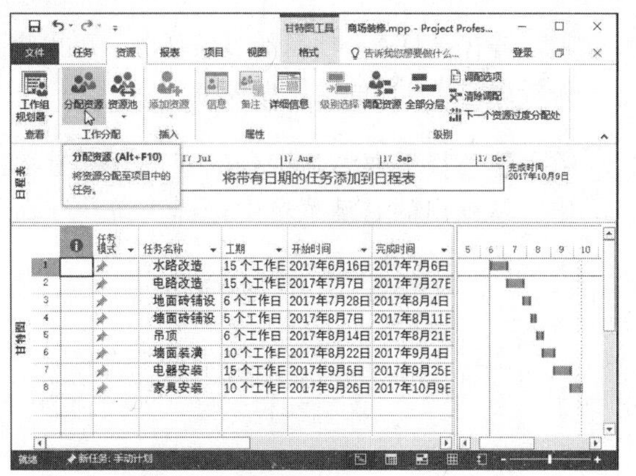

图22-33 单击“分配资源”按钮

步骤16 打开“分配资源”对话框，按需选择资源，单击“分配”按钮，如图22-34所示。

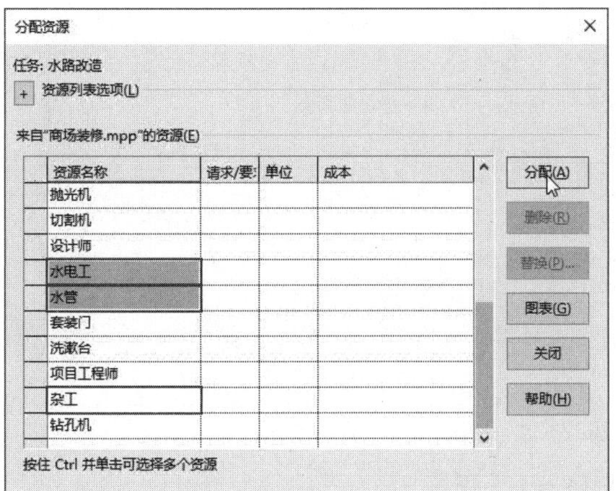

图22-34 “分配资源”对话框

步骤17 选择第3、4、5、6条任务，单击“任务”选项卡上“插入”组中的“插入摘要任务”按钮，如图22-35所示。

图22-35 单击“插入摘要任务”按钮

步骤18 对插入的摘要任务重命名即可，如图22-36所示。

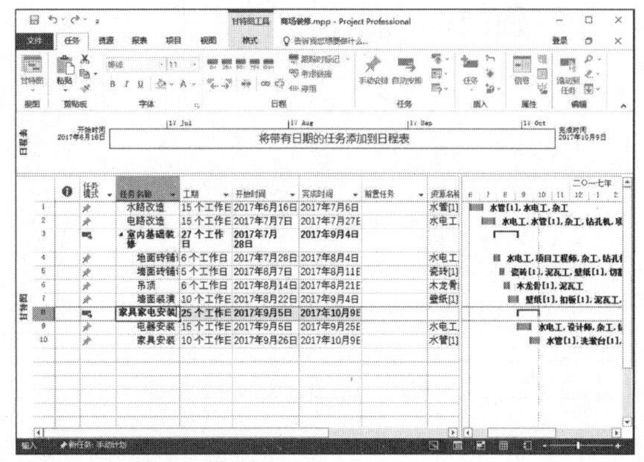

图22-36 重命名摘要任务名称

技巧放送：记录资源

若有资源适合项目的多条任务，可以将其记录，方便查看和安排资源。下面介绍如何记录资源，其具体的操作步骤如下。

步骤01 选择需要添加记录的任务，右键单击，从弹出的右键菜单中选择“备注”命令，如图22-37所示。

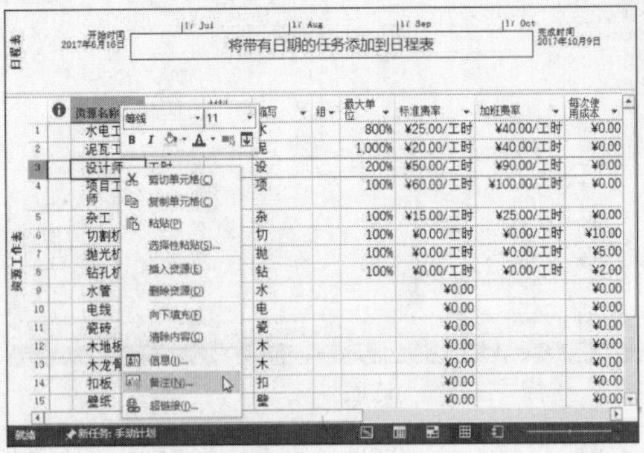

图22-37 选择“备注”命令

步骤02 打开“资源信息”对话框，按需在“备注”选项下的文本框中输入备注信息，然后单击“确定”按钮，如图22-38所示。

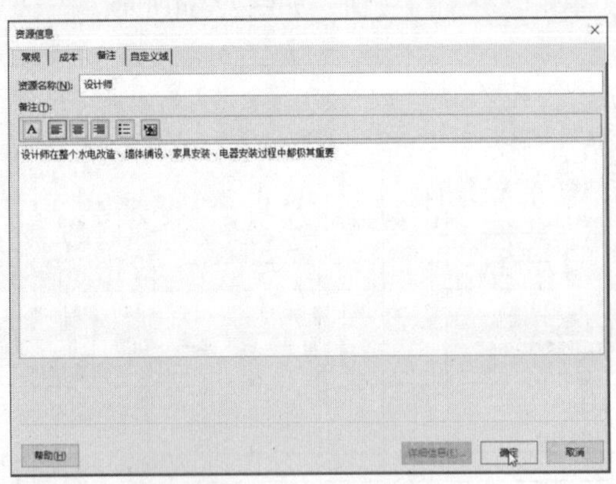

图22-38 设置备注

步骤03 在资源左侧单元格中会出现备注标志，将鼠标移至标志上方时，会显示备注信息，如图22-39所示。

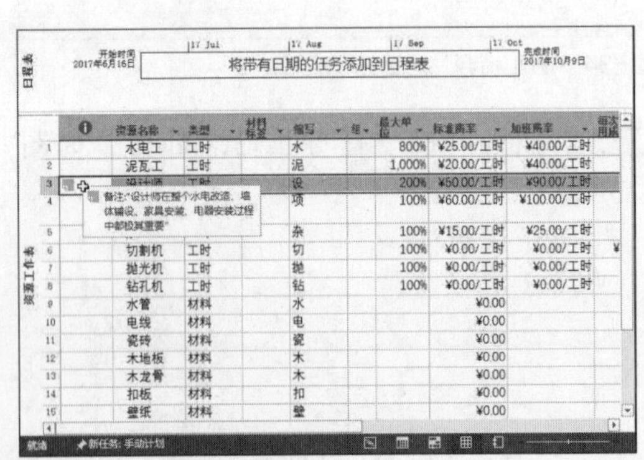

图22-39 记录资源效果

Chapter 23 Project 2016项目文件的打印

通过前面章节的学习，我们已经能够制作项目，但是如何将制作好的项目文件以更友好的方式显示在受众眼前呢？这就需要对项目文件的格式进行设置。设置成合适的格式后，还可以将项目文件打印出来，供同事或者客户参考。

1. 甘特图格式设置
2. 报表的格式化
3. 打印报表

23.1 “自定义甘特图”视图

在Project中通常无法一次看到项目计划中的所有数据。如果用户想要查看特定部分的数据。视图和报表是查看和打印计划数据的最常见方式。用户可以通过数据的格式化来满足查看数据时的需求。

在Project中，默认视图就是“甘特图”视图。“甘特图”视图由两部分组成：左边的表和右边的条形图。条形图包括一个横跨顶部的时间刻度，它表明时间单位。图中的条形是表中任务的图形化表示，表示的内容有开始时间和完成时间、工期及状态。图中的其他元素如链接线，代表任务间的关系。甘特图是在项目管理业界广泛应用并为人们充分理解项目信息的表示形式。

“甘特图”视图的默认格式适合在屏幕上查看、与其他程序共享以及打印。但是，用户还可按需对甘特图中几乎所有元素的格式进行更改，其具体的操作步骤如下。

步骤01 打开项目文件，切换至“甘特图工具－格式”选项卡，单击“格式”组中的“文本样式”按钮，如图23-1所示。

图23-1 单击“文本样式”按钮

步骤02 打开“文本样式”对话框，可以通过该对话框，选择相应的项，对选择项的字体、字形、字号、颜色、背景色等格式进行设置，如图23-2所示。

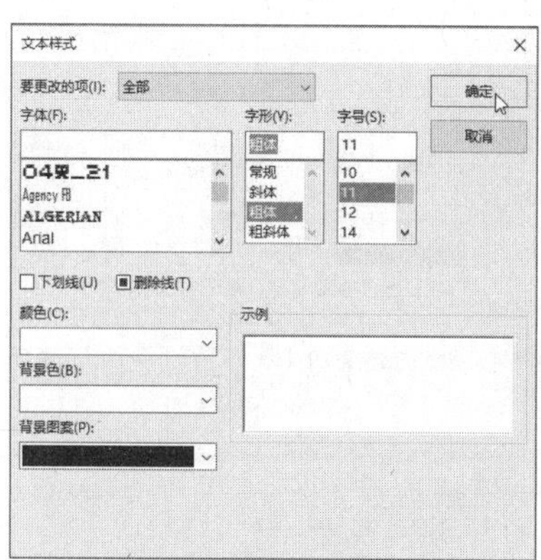

图23-2 “文本样式”对话框

步骤03 执行“格式>网格线>网格”命令，如图23-3所示。

步骤04 打开“网格”对话框，可以选择需要更改的项，然后对选择项的网格格式进行设置，如图23-4所示。

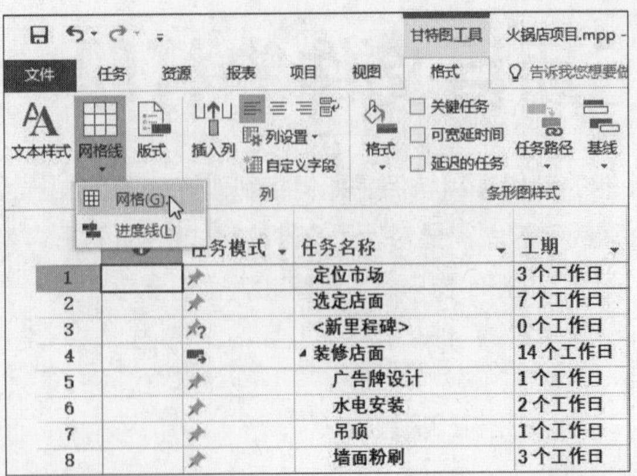

图23-3 选择“网格”选项

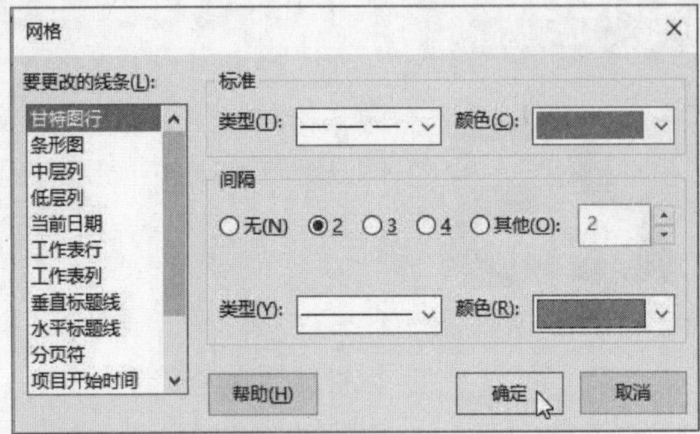

图23-4 “网格”对话框

步骤05 执行“格式>网格线>进度线”命令，如图23-5所示。

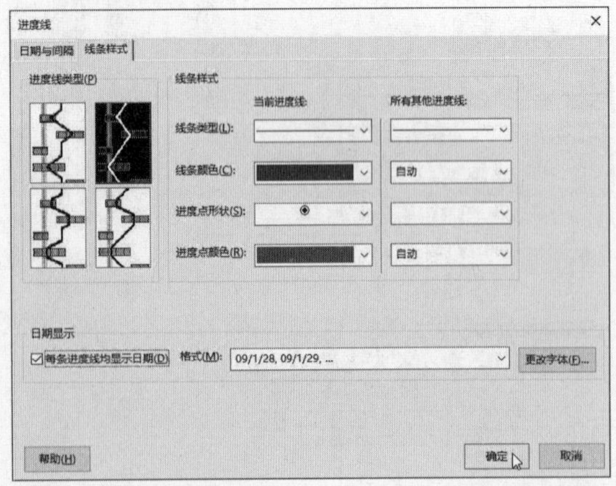

图23-5 选择“进度线”选项

步骤06 打开“进度线”对话框，在“日期与间隔”选项卡，可以对进度线的日期和间隔是否显示进行设置，如图23-6所示。

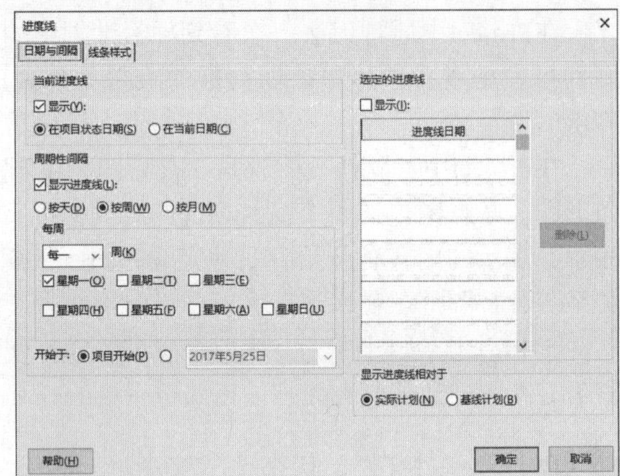

图23-6 “日期与间隔”选项卡

步骤07 在“线条样式”选项卡，可以对进度线的样式进行设置，如图23-7所示。

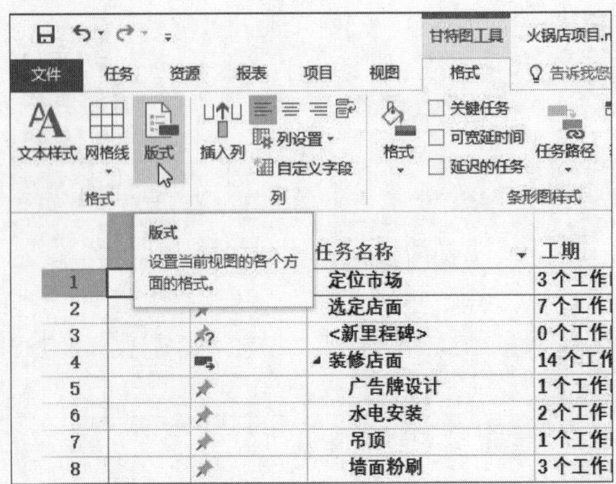

图23-7 设置进度线样式

步骤08 单击“格式”组上的“版式”按钮，如图23-8所示。

图23-8 单击“版式”按钮

步骤09 打开“版式”对话框，可以对条形图的连接方式、日期格式、高度等进行设置，如图23-9所示。

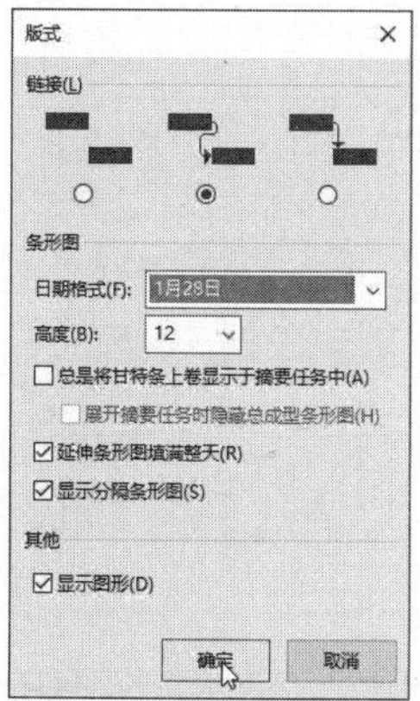

图23-9 设置版式

步骤10 在“列”组中，通过相应命令可以设置列中的文本对齐、插入列、自定义字段等，如图23-10所示。

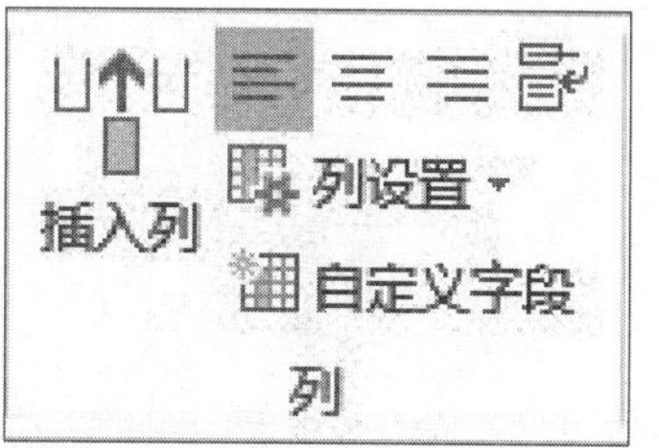

图23-10 列的设置

步骤11 执行“条形图样式>格式>条形图”命令，如图23-11所示。

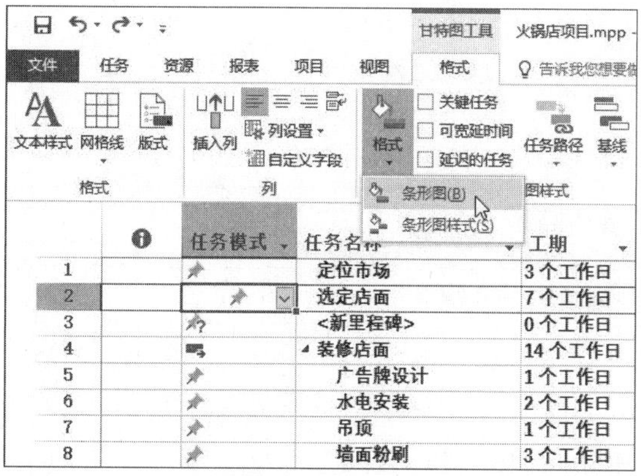

图23-11 选择“条形图”选项

步骤12 打开“设置条形图格式”对话框，可以对条形图形状和条形图文本进行设置，如图23-12所示。

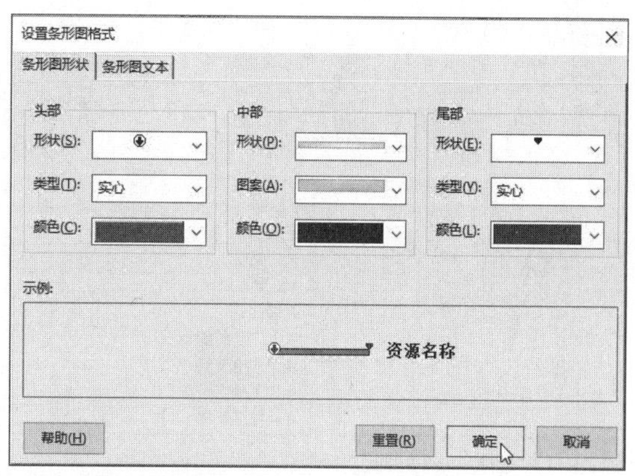

图23-12 设置条形图格式

步骤13 执行“条形图样式>格式>条形图样式”命令，如图23-13所示。

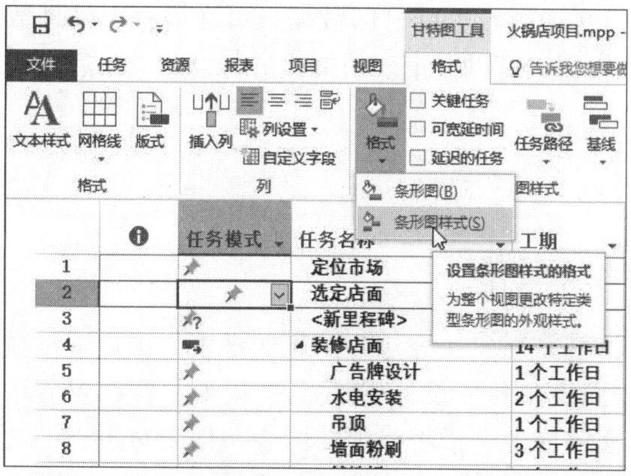

图23-13 选择“条形图样式”选项

步骤14 打开“条形图样式”对话框，可以对条形图的样式进行设置，如图23-14所示。

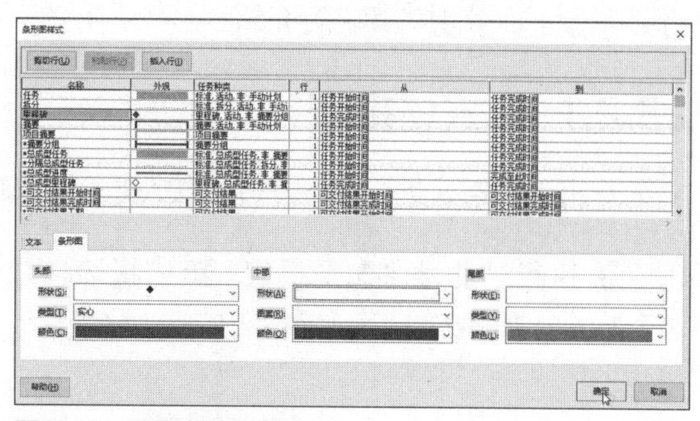

图23-14 设置条形图样式

步骤15 单击“甘特图样式”按纽，在展开的列表中选择合适的命令，可以快速设置甘特图样式，如图23-15所示。

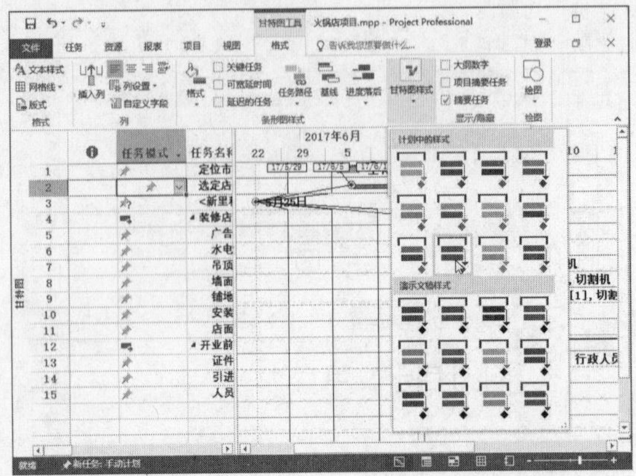

图23-15 设置甘特图样式

步骤16 设置甘特图样式效果如图23-16所示。

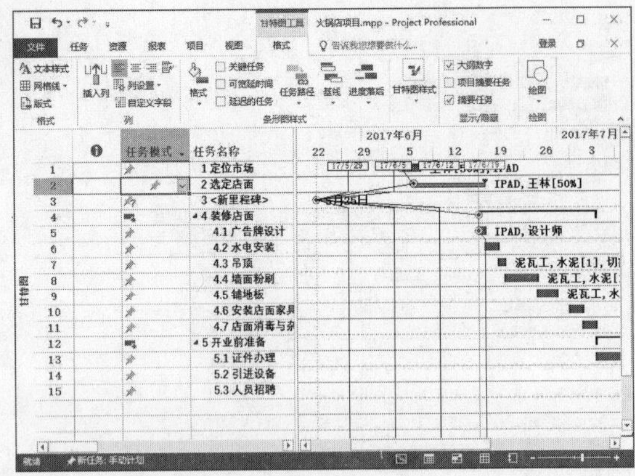

图23-16 设置甘特图样式效果

步骤17 执行“视图>任务视图>其他视图>保存视图”命令，如图23-17所示。

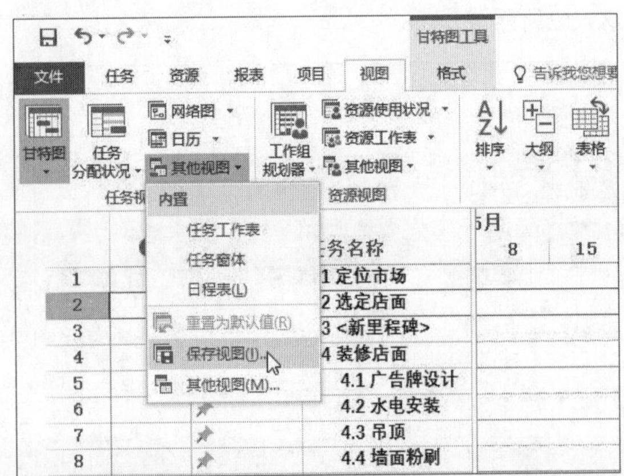

图23-17 选择“保存视图”选项

步骤18 打开“保存视图”对话框，输入名称后单击“确定”按钮，如图23-18所示。可将自定义视图格式保存。

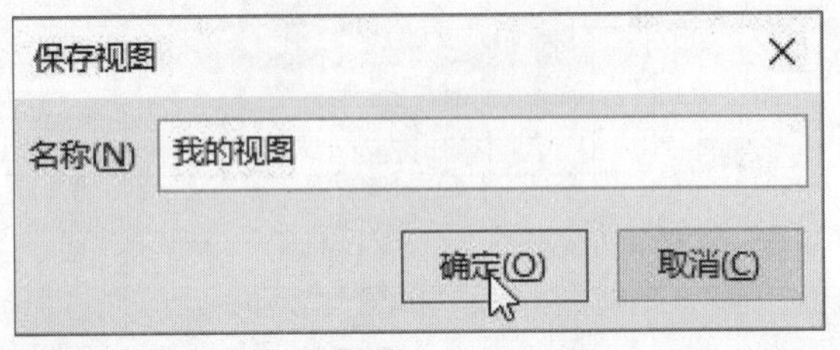

图23-18 单击“确定”按纽

23.2 报表的格式化和打印

报表可以用来打印Project项目文件中的数据。但是视图既可以打印数据也可在屏幕上处理数据。Project包括许多预定义的任务、资源和分配报表，用户可以对报表的格式进行设置，然后再进行打印，下面分别对其进行介绍。

23.2.1 格式化报表

对报表的格式进行设置，可以按照下面的操作步骤进行操作。

步骤01 执行“报表>查看报表>新建报表>图表”命令，如图23-19所示。

步骤02 新建一个包含图表的报表，用户可以在“图表工具－设计/格式”选项卡，像设置演示文稿或者电子表格中的图表一样，对报表中的图表进行设置，如图23-20所示。

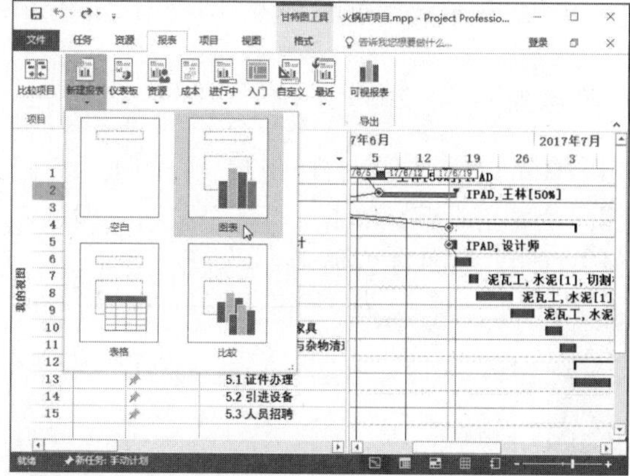

图23-19 选择“图表”选项

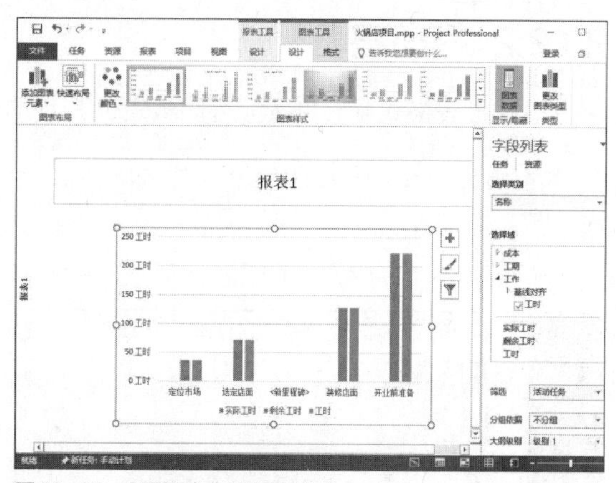

图23-20 设置报表中的图表格式

步骤03 在“报表工具－设计”选项卡，可以对报表的主题、页面等进行设置，如图23-21所示。

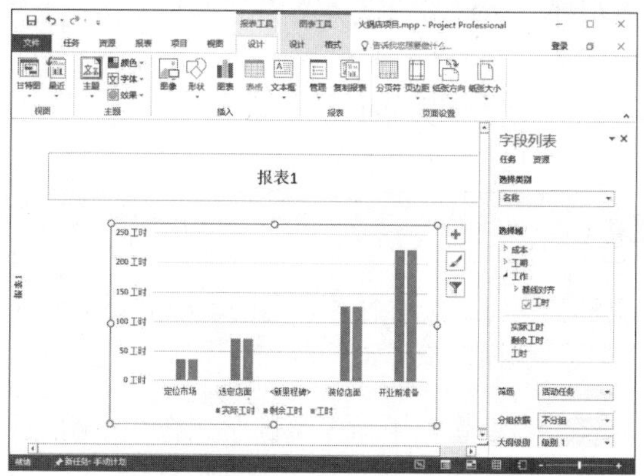

图23-21 设计报表格式

步骤04 如果执行“报表>查看报表>仪表板>工时概述”命令，如图23-22所示。

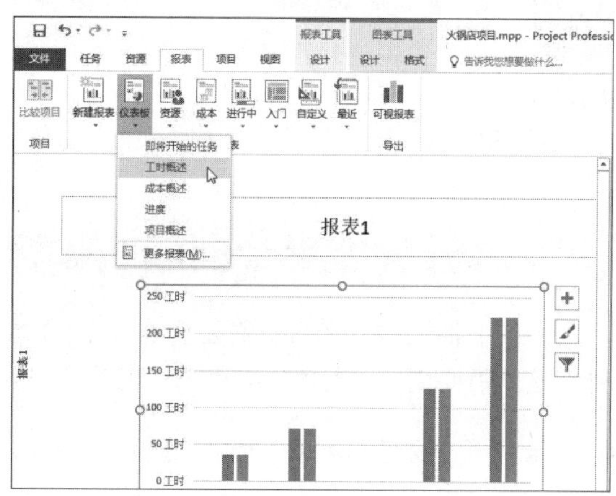

图23-22 选择“工时概述”选项

步骤05 可以直接创建一个描述工时概述图表的报表，如图23-23所示。

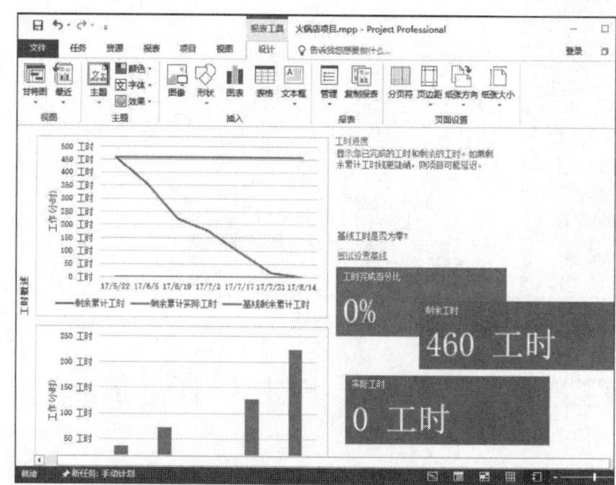

图23-23 创建指定项的报表

步骤06 如果执行“报表>查看报表>仪表板>更多报表”命令，将打开“报表”对话框，可以选择某一项创建报表，如图23-24所示。

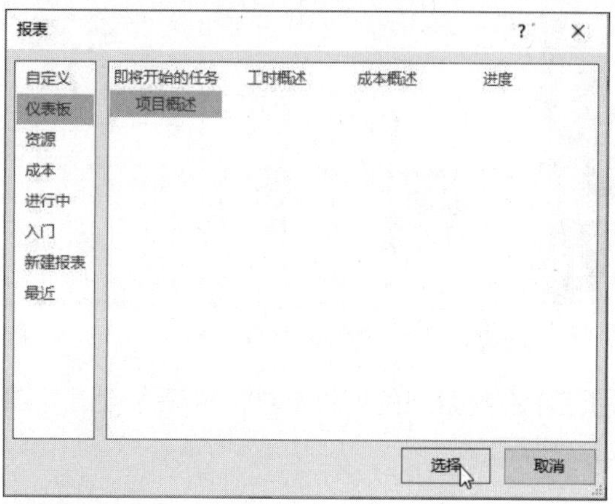

图23-24 “报表”对话框

23.2.2 打印报表

设置报表格式后，可按需打印报表，其具体的操作步骤如下。

步骤01 执行“文件>打印”命令，如图23-25所示。

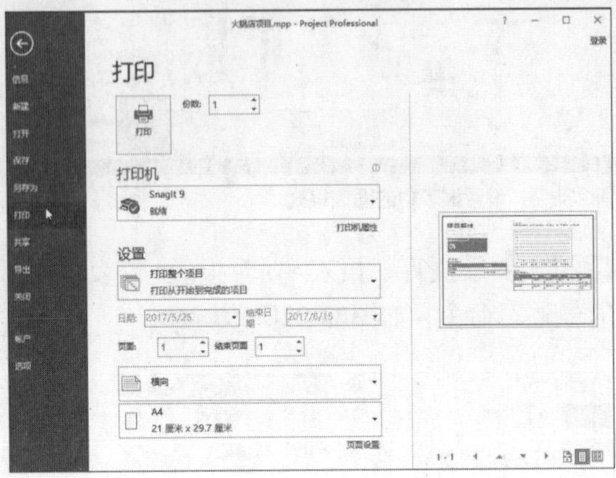

图23-25 选择“打印”选项

步骤02 可以按需设置打印份数、打印机、方向等，设置完成后，单击“打印”按钮，即可将报表打印，如图23-26所示。

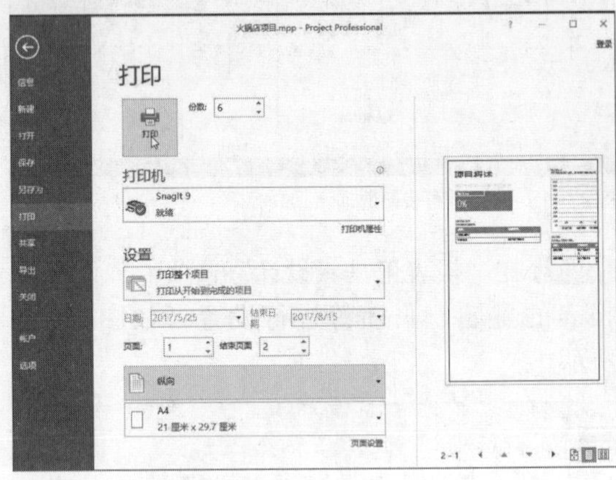

图23-26 单击“打印”按钮

办公室练兵：创建收购评估项目

在商业活动中，经常会需要合并/收购公司，在收购公司时，会有各种杂乱的事项需要统筹安排，这就需要创建收购评估项目对其进行详细规划，其具体的操作步骤如下。

步骤01 打开“文件”菜单，选择“新建”选项，如图23-27所示。

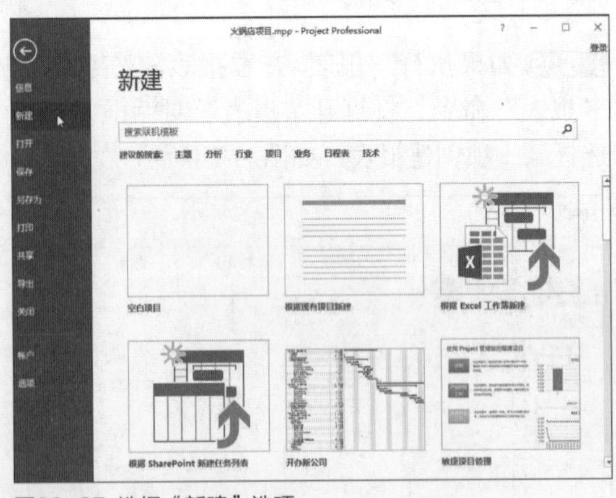

图23-27 选择“新建”选项

步骤02 在搜索框中输入关键字“合并收购”，单击“开始搜索”按钮，如图23-28所示。

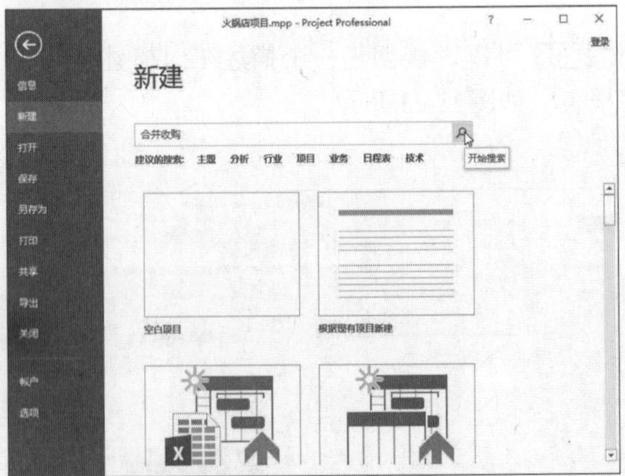

图23-28 单击“开始搜索”按钮

步骤03 在搜索到的模板上单击鼠标左键，如图23-29所示。

步骤04 显示预览窗格，单击“创建”按钮，如图23-30所示。

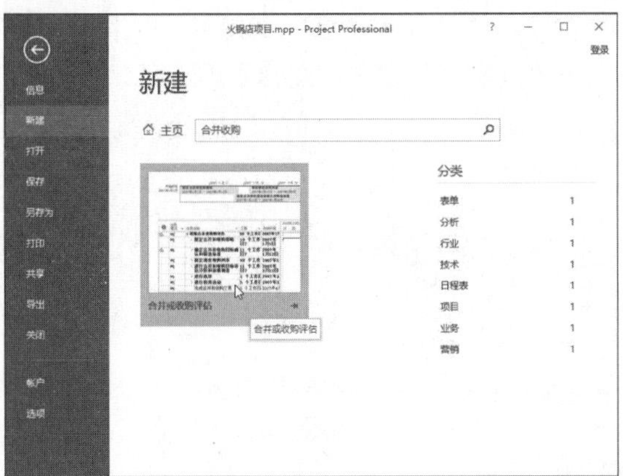

图23-29 单击模板

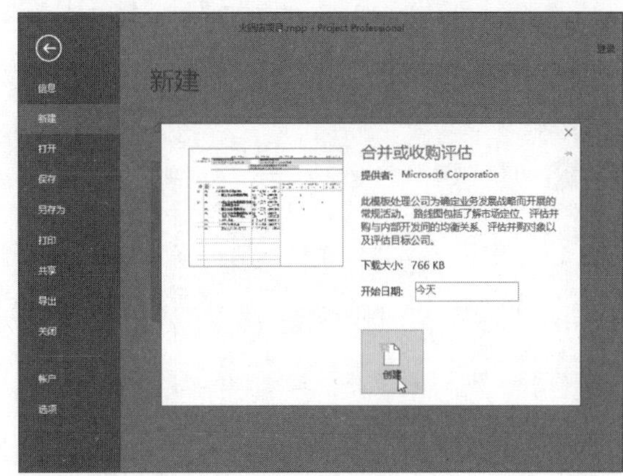

图23-30 单击“创建”按钮

步骤05 执行“文件>另存为>浏览”命令，如图23-31所示。

步骤06 打开“另存为”对话框，输入文件名，单击“保存”按钮，如图23-32所示。

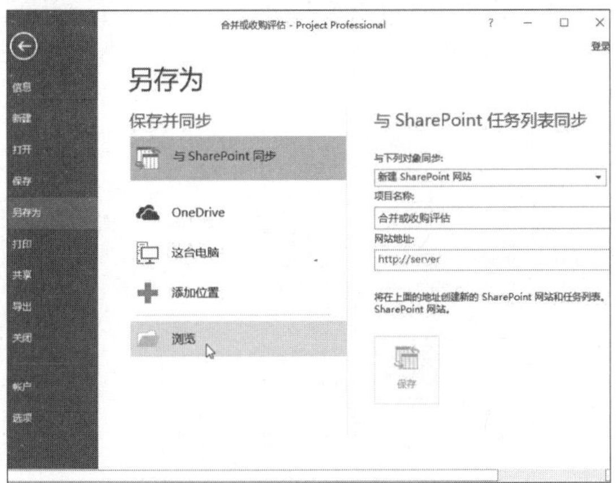

图23-31 选择“浏览”选项

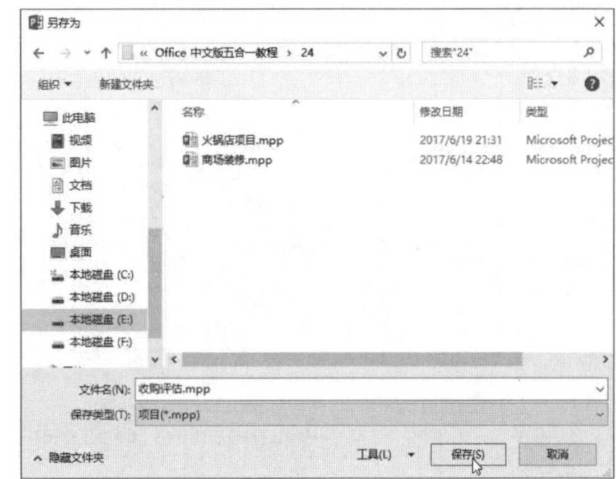

图23-32 单击“保存”按钮

步骤07 按需对项目中的任务和资源分配进行更改，更改完毕后，打开“甘特图工具 - 格式”选项卡，勾选“显示/隐藏”组中的“大纲数字”选项前的复选框，如图23-33所示。

步骤08 单击“甘特图样式”按钮，从展开的列表中选择合适的甘特图样式，如图23-34所示。

图23-33 勾选“大纲数字”选项

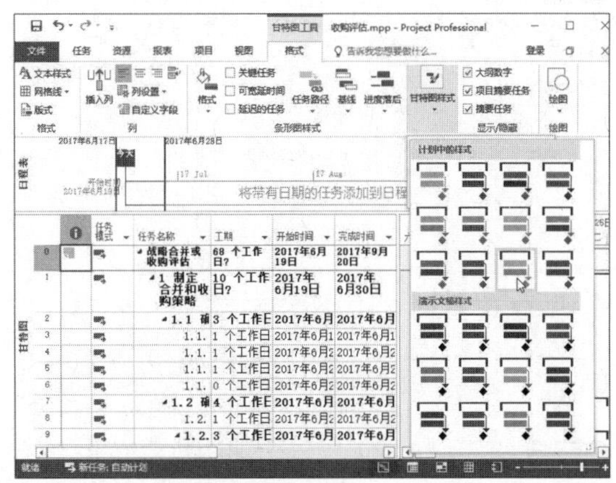

图23-34 选择合适的甘特图样式

步骤09 单击“格式”组上的“文本样式”按钮，如图23-35所示。

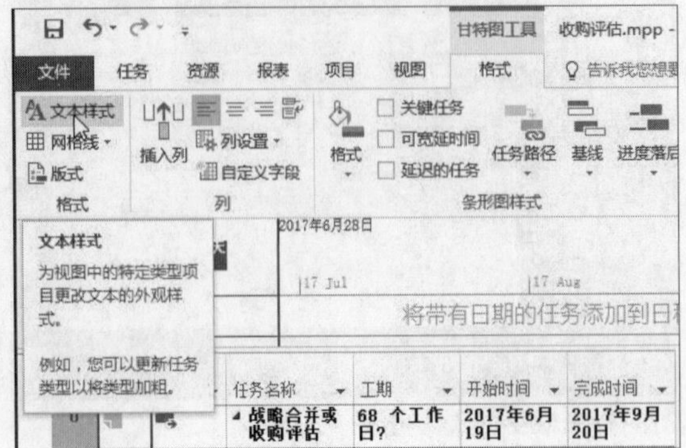

图23-35 单击“文本样式”按钮

步骤10 打开“文本样式”对话框，选择合适的项设置其文本格式，如图23-36所示。

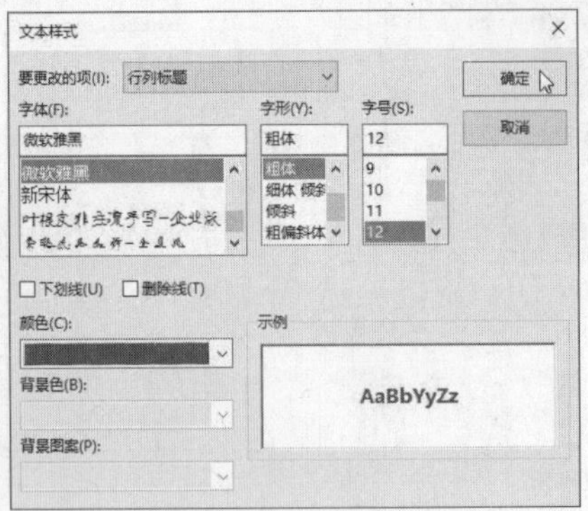

图23-36 设置文本样式

步骤11 单击“格式”组上的“版式”按钮，如图23-37所示。

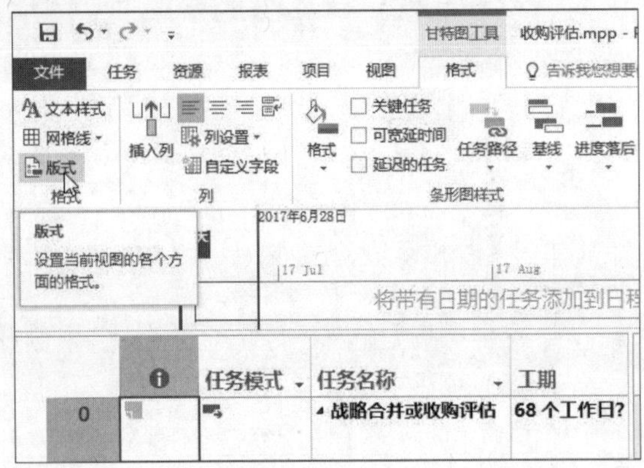

图23-37 单击“版式”按钮

步骤12 打开“版式”对话框，按需设置后单击“确定”按钮，如图23-38所示。

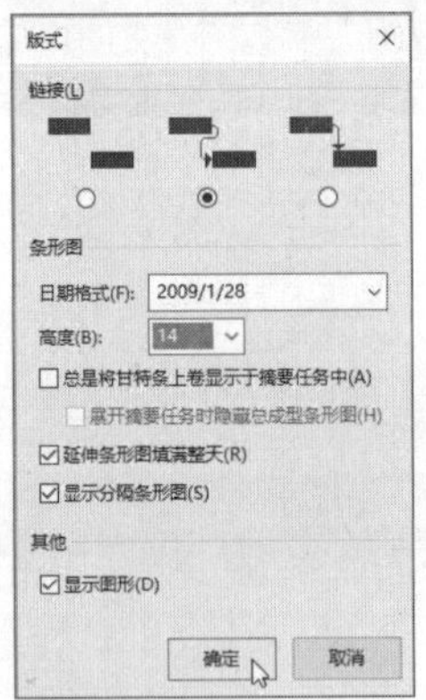

图23-38 设置版式

步骤13 执行“列设置>自动换行”命令，如图23-39所示。

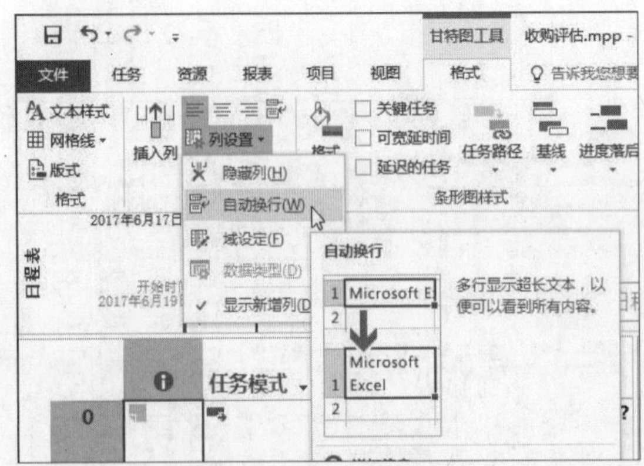

图23-39 选择“自动换行”选项

步骤14 切换至“报表”选项卡，执行“新建报表>表格”命令，如图23-40所示。

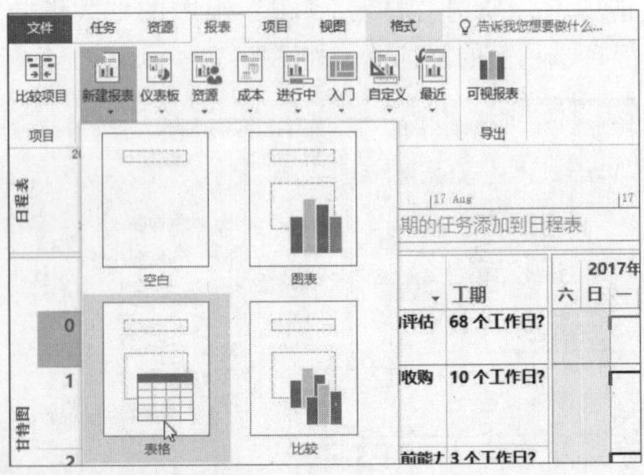

图23-40 选择“表格”选项

步骤15 输入报表名称“表格报表”，单击“确定”按钮，如图23-41所示。

步骤16 切换至“表格工具－设计”选项卡，执行“表格样式>其他>中度样式2-强调4”命令，如图23-42所示。

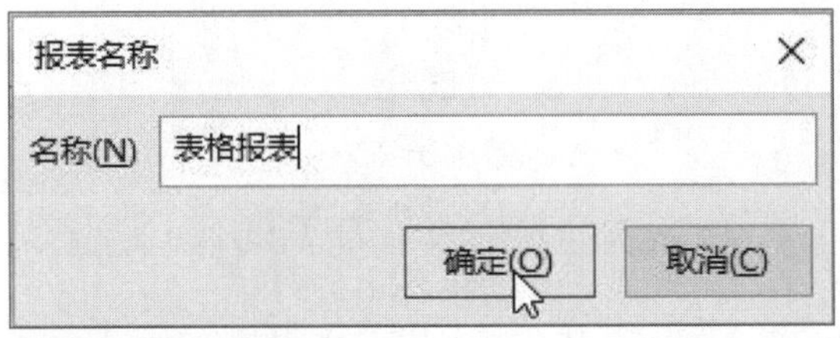

图23-41 输入报表名称

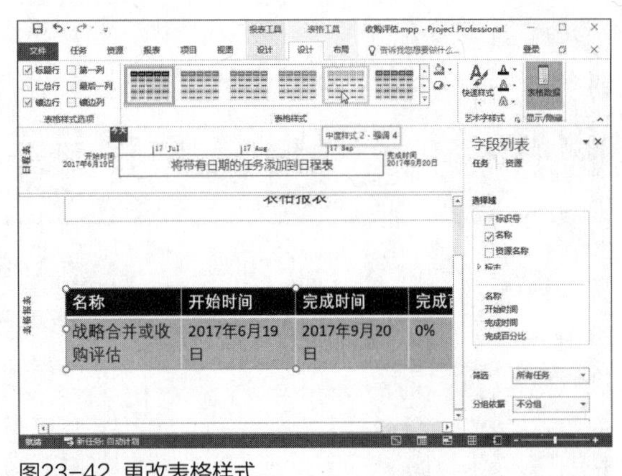
图23-42 更改表格样式

步骤17 执行“报表工具－设计>页面设置>页边距>窄”命令，如图23-43所示。

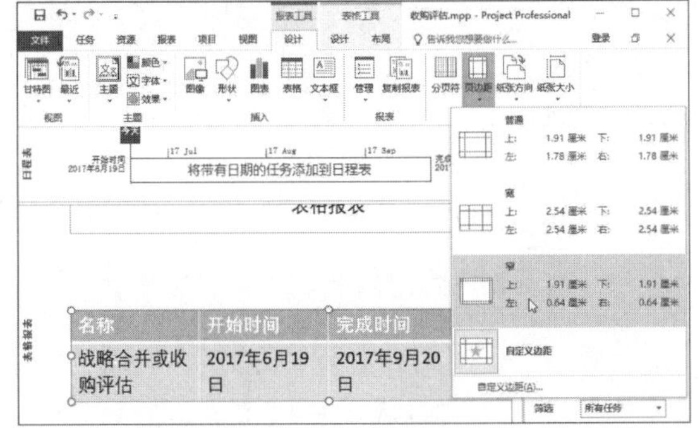
图23-43 更改页边距

步骤18 执行“文件>打印”命令，按需设置后单击“打印”按钮，如图23-44所示。

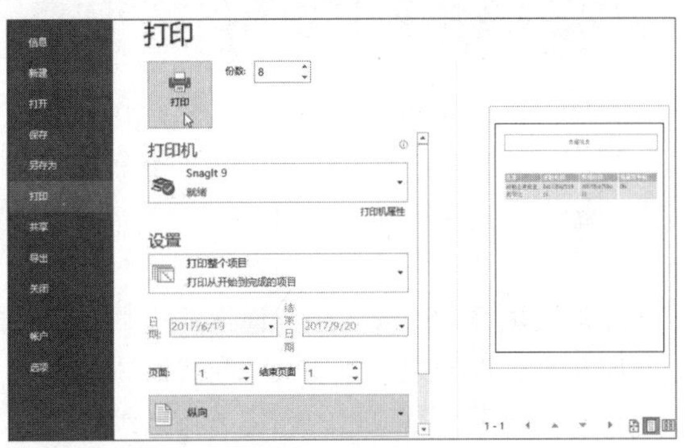

图23-44 单击“打印”按纽

技巧放送：将报表导出至Excel表格

用户可以将当前可视报表导出到Excel表格，其具体的操作步骤如下。

步骤01 执行“报表>导出>可视报表”命令，如图23-45所示。

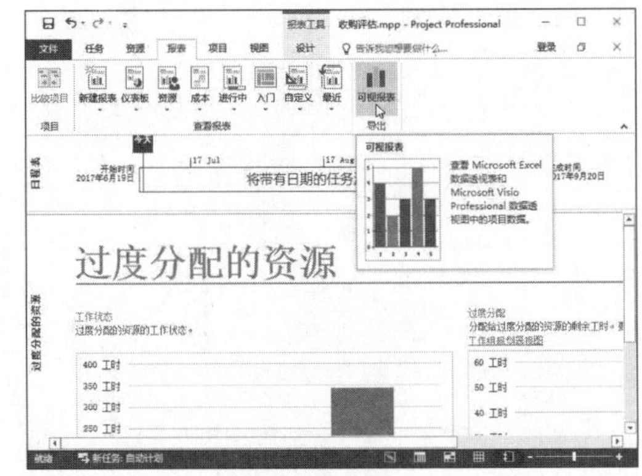

图23-45 单击“可视报表”按纽

步骤02 打开“可视报表－创建报表”对话框，按需进行设置后单击“查看”按钮即可，如图23-46所示。

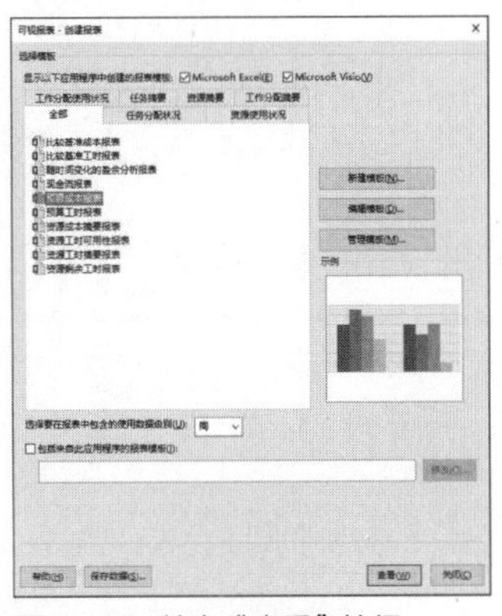
图23-46 单击“查看”按纽

Chapter 24 综合实战 创建美容产品推广项目

1. 创建项目
2. 创建任务
3. 设置摘要
4. 设置里程碑
5. 添加周期性任务
6. 添加备注
7. 分配资源
8. 设置甘特图格式
9. 创建并打印报表

24.1 实例说明

产品需要推广才能被客户认识并且接受，科学和技术不断进步，产品更新速度日益加快，那么如何让习惯了以前产品的用户接受新产品呢？特别是美容之类的产品，这就需要项目管理人员进行详细的规划，并按照规划合理分配资源和人员配置。本案例将针对美容类产品项目的创建进行详细介绍。其中，甘特图视图效果、资源分配效果以及生成的报表效果分别如图24-1、图24-2和图24-3所示。

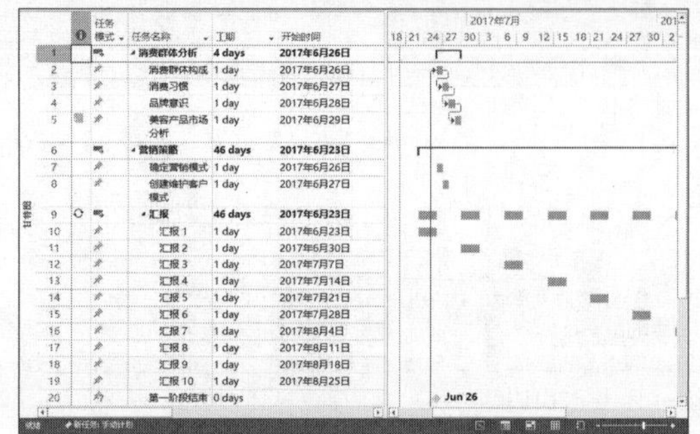

图24-1 甘特图视图效果

	资源名称	类型	材料标签	缩写	组	最大单位	标准费率	加班费率
1	项目经理	工时		项		100%	¥25.00/h	¥40.00/h
2	笔记本	材料		笔			¥0.00	
3	培训	工时		培		600%	¥40.00/h	¥60.00/h
4	市场调查人员	工时		市		800%	¥0.00/h	¥0.00/h
5	发单员	工时		发		1,000%	¥0.00/h	¥0.00/h
6	主管	工时		主		300%	¥0.00/h	¥0.00/h
7	治疗仪	工时		治		500%	¥0.00/h	¥0.00/h

图24-2 资源分配效果

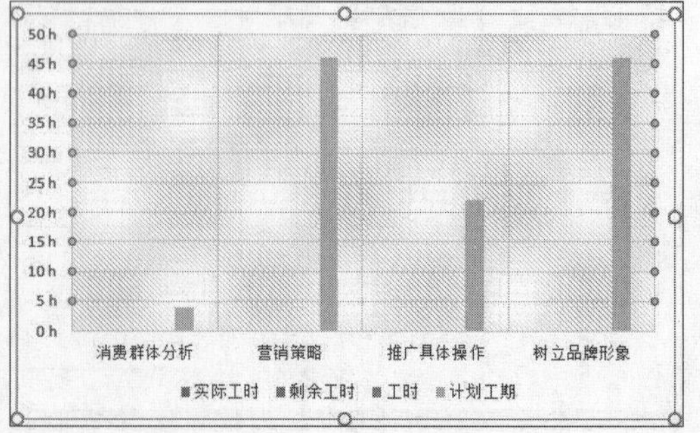

图24-3 报表效果

24.2 实例操作

本小节将以创建一个美容产品推广项目为例进行介绍。

24.2.1 创建项目

首先，需要在合适的位置创建一个项目，其具体的操作步骤如下。

步骤01 在电脑需要存放项目文件的位置右键单击，从弹出的右键快捷菜单中选择“新建>Microsoft Project文档”选项，如图24-4所示。

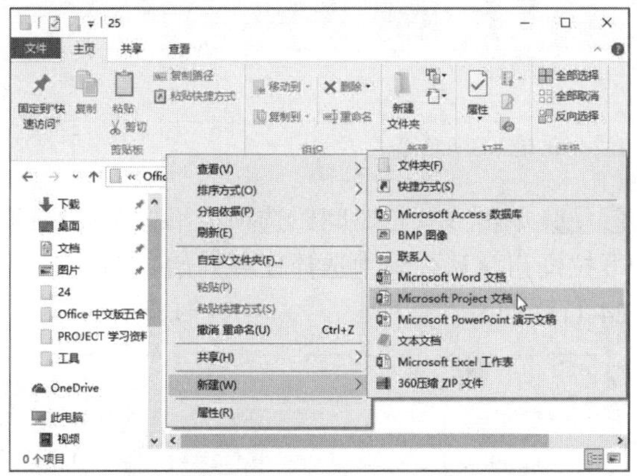

图24-4 选择“新建>Microsoft Project文档”选项

步骤02 新建一个空白项目，更改项目文件名称后，在该文件图标上右击，从右键快捷菜单中选择“打开”选项，如图24-5所示。

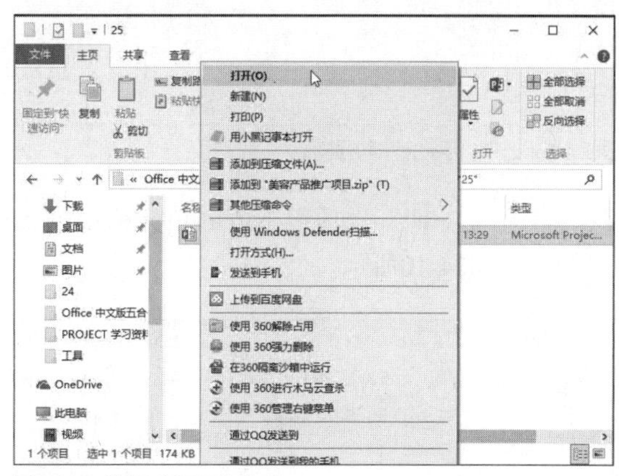

图24-5 选择“打开”选项

步骤03 打开项目文件，切换至“项目”选项卡，单击“属性”组中的“项目信息”按钮，如图24-6所示。

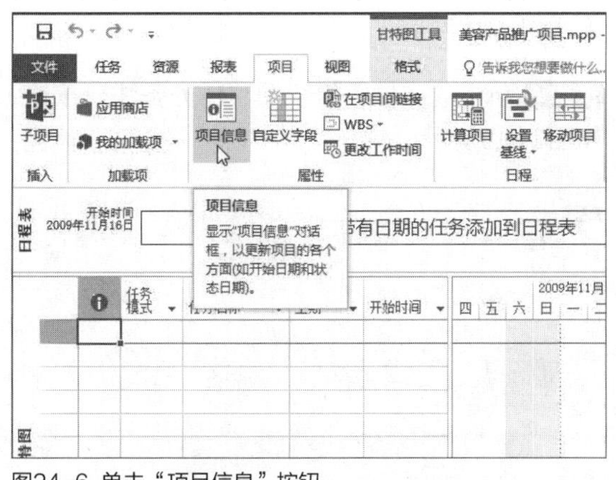

图24-6 单击“项目信息”按钮

步骤04 打开“‘美容产品推广项目’的项目信息”对话框，设置开始日期为“2017年6月20日”，如图24-7所示。

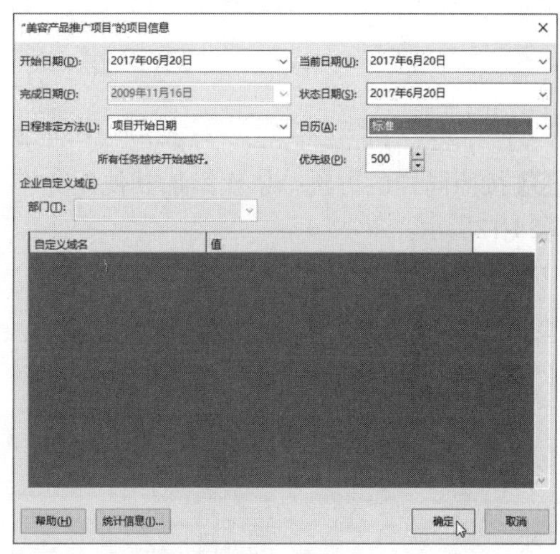

图24-7 设置项目信息

24.2.2 创建任务

创建项目后，需要根据项目中各项工作的先后和主次顺序对任务进行合理的安排，其具体的操作步骤如下。

步骤01 切换至“任务”选项卡，单击“任务模式”选项组下第一个单元格的下拉按钮，从列表中选择“手动计划”选项，如图24-8所示。

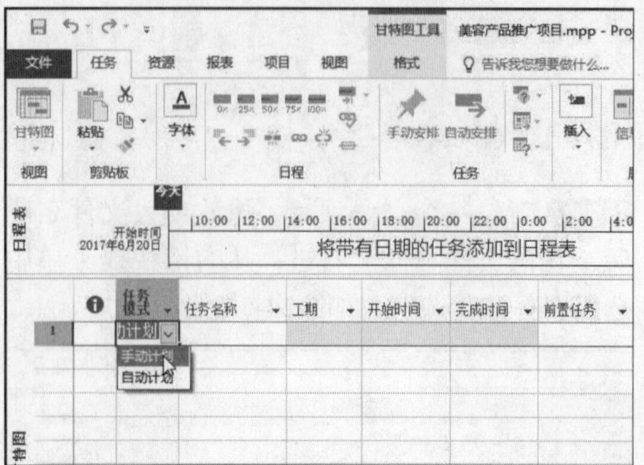

图24-8 选择“手动计划”选项

步骤02 按需在“任务名称”选项组下的单元格中输入任务名称“消费群体构成”，如图24-9所示。

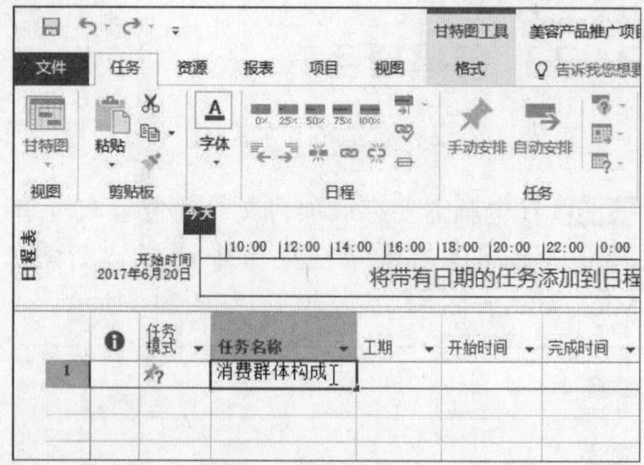

图24-9 输入任务名称

步骤03 在“工期”选项组下方的单元格中输入工期，如图24-10所示。

图24-10 输入工期

步骤04 单击“开始时间”选项组下方单元格的下拉按钮，从列表中选择任务开始日期，如图24-11所示。

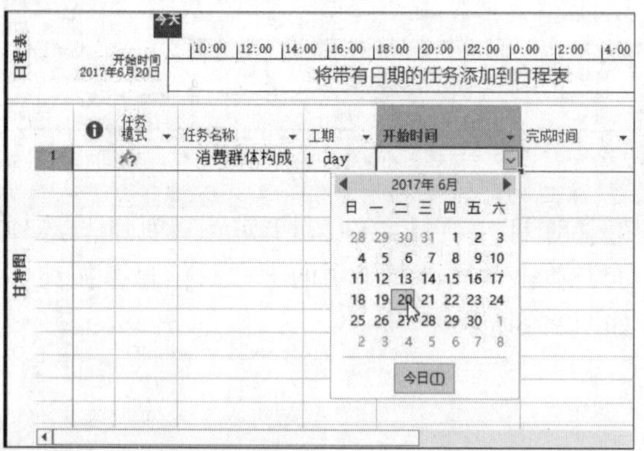

图24-11 选择日期

步骤05 按照同样的方法，依次添加其他任务，如图24-12所示。

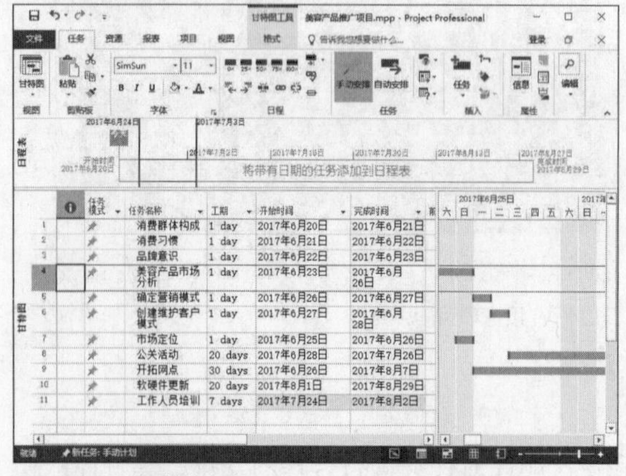

图24-12 添加其他任务

步骤06 单击“属性”组上的“任务备注”按钮，如图24-13所示。

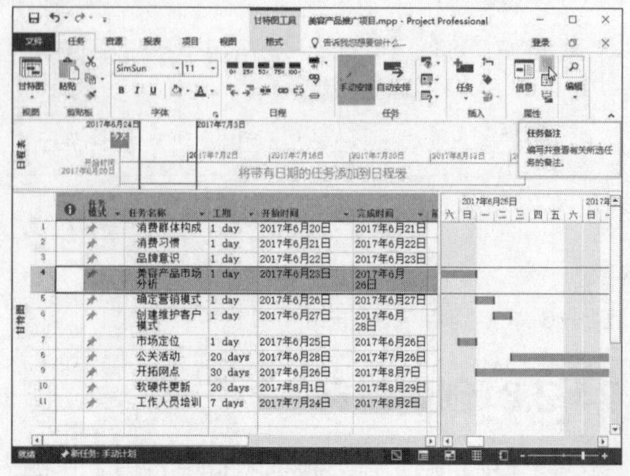

图24-13 单击“任务备注”按钮

步骤07 打开“任务信息”对话框，在“备注”选项下的文本框中输入备注信息，如图24-14所示。

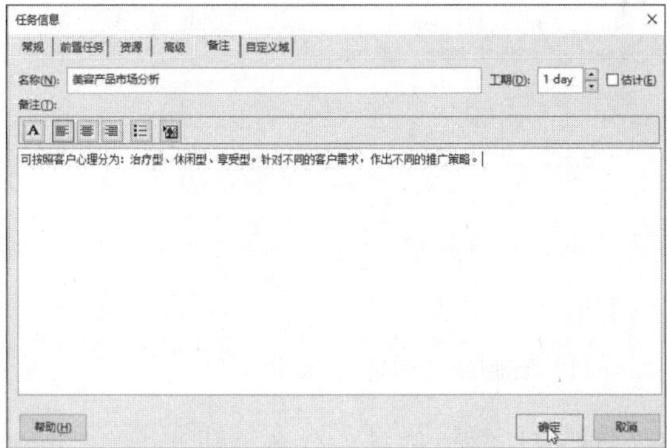

图24-14 添加备注信息

步骤08 选择第1、2、3、4条任务，单击“插入”组中的“插入摘要任务”按钮，如图24-15所示。

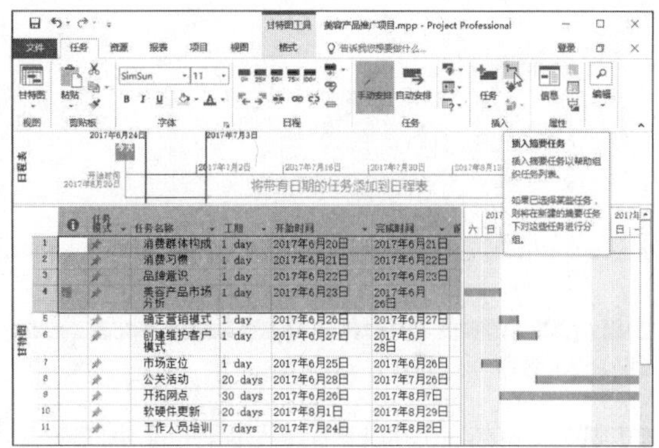

图24-15 单击“插入摘要任务”按钮

步骤09 即可在所选任务上方添加一条摘要任务，如图24-16所示。

	任务模式	任务名称	工期	开始时间
1		<新摘要任务>	4 days	2017年6月20日
2		消费群体构成	1 day	2017年6月20日
3		消费习惯	1 day	2017年6月21日
4		品牌意识	1 day	2017年6月22日
5		美容产品市场分析	1 day	2017年6月23日
6		确定营销模式	1 day	2017年6月26日
7		创建维护客户模式	1 day	2017年6月27日
8		市场定位	1 day	2017年6月25日
9		公关活动	20 days	2017年6月28日
10		开拓网点	30 days	2017年6月26日
11		软硬件更新	20 days	2017年8月1日
12		工作人员培训	7 days	2017年7月24日

图24-16 添加摘要任务效果

步骤10 重命名摘要任务，按照同样的方法，添加其他摘要任务，如图24-17所示。

	任务模式	任务名称	工期	开始时间
1		**消费群体分析**	**4 days**	**2017年6月20日**
2		消费群体构成	1 day	2017年6月20日
3		消费习惯	1 day	2017年6月21日
4		品牌意识	1 day	2017年6月22日
5		美容产品市场分析	1 day	2017年6月23日
6		**营销策略**	**2 days**	**2017年6月26日**
7		确定营销模式	1 day	2017年6月26日
8		创建维护客户模式	1 day	2017年6月27日
9		**推广具体操作**	**22.13 d**	**2017年6月25日**
10		市场定位	1 day	2017年6月25日
11		公关活动	20 days	2017年6月28日
12		**树立品牌形象**	**46 days**	**2017年6月26日**

图24-17 添加多条摘要任务效果

步骤11 选择第9条任务，单击“插入”选项组上的“插入里程碑”按钮，如图24-18所示。

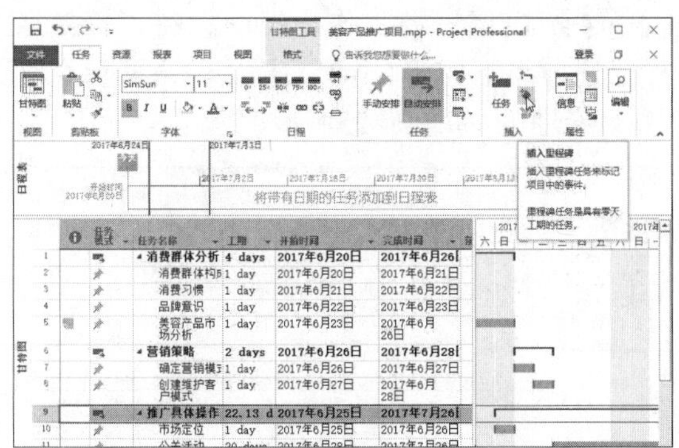

图24-18 单击“插入里程碑”按钮

步骤12 即可在第9行插入里程碑，并将其命名为“第一阶段结束”，如图24-19所示。

	任务模式	任务名称	工期	开始时间
1		**消费群体分析**	**4 days**	**2017年6月20日**
2		消费群体构成	1 day	2017年6月20日
3		消费习惯	1 day	2017年6月21日
4		品牌意识	1 day	2017年6月22日
5		美容产品市场分析	1 day	2017年6月23日
6		**营销策略**	**2 days**	**2017年6月26日**
7		确定营销模式	1 day	2017年6月26日
8		创建维护客户模式	1 day	2017年6月27日
9		第一阶段结束	0 days	
10		**推广具体操作**	**22.13 d**	**2017年6月25日**
11		市场定位	1 day	2017年6月25日

图24-19 重命名里程碑

步骤13 执行“插入>任务>任务周期”命令，如图24-20所示。

步骤14 打开“周期性任务信息”对话框，按需设置周期性任务名称、工期、重复发生方式等，如图24-21所示。

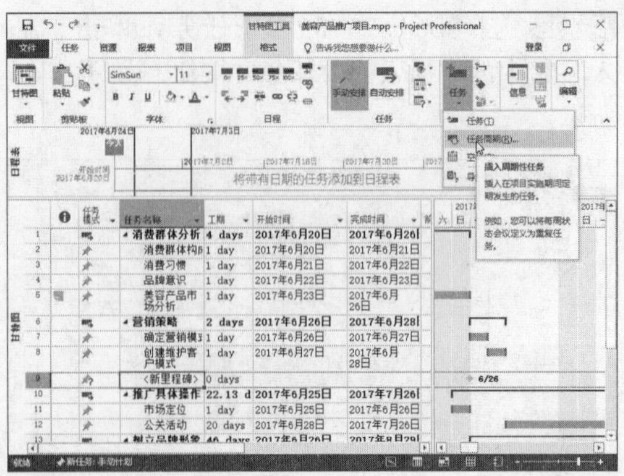

图24-20 选择“任务周期”选项

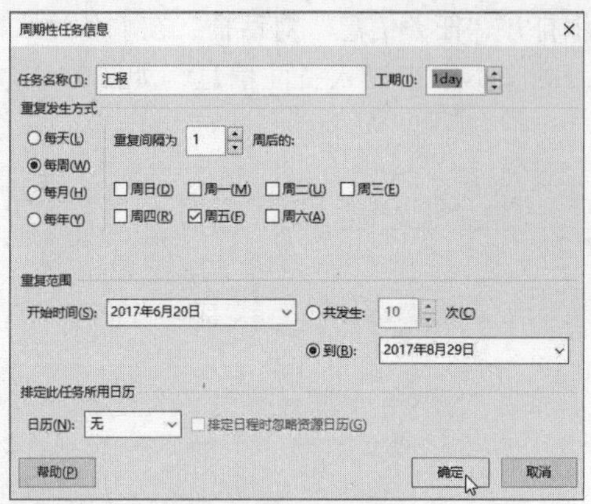

图24-21 “周期性任务信息”对话框

步骤15 即可添加周期性任务，如图24-22所示。

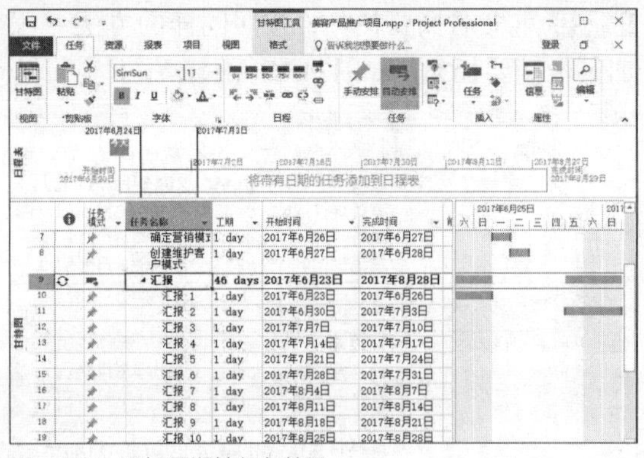

图24-22 添加周期性任务效果

步骤16 选择需要链接的任务，执行“日程>链接选定的任务”命令，如图24-23所示。

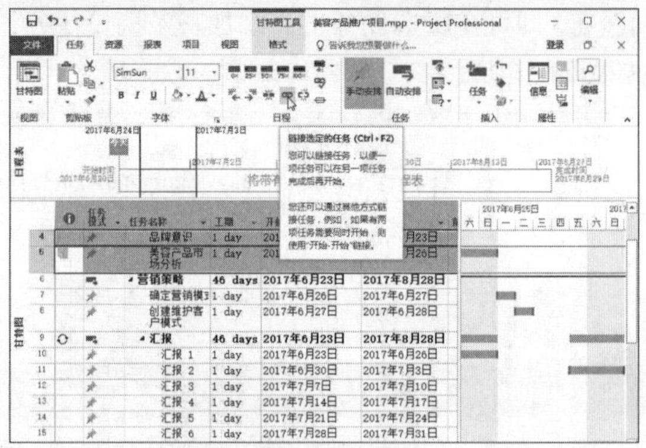

图24-23 单击“链接选定的任务”按钮

24.2.3 分配资源

创建任务完成后，需要根据现有资源进行合理的分配，使其更加高效的完成工作，其具体的操作步骤如下。

步骤01 切换至“视图”选项卡，单击“资源视图”组中的“资源工作表”按钮，如图24-24所示。

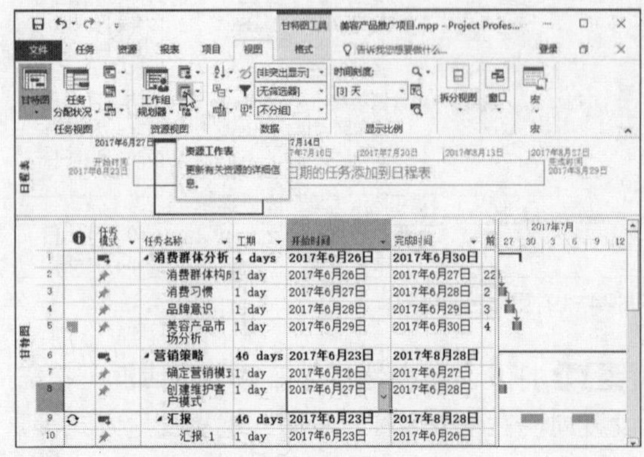

图24-24 单击“资源工作表”按钮

步骤02 切换至资源工作表视图，在“资源名称”选项组下的第1个单元格中输入资源名称“项目经理”，如图24-25所示。

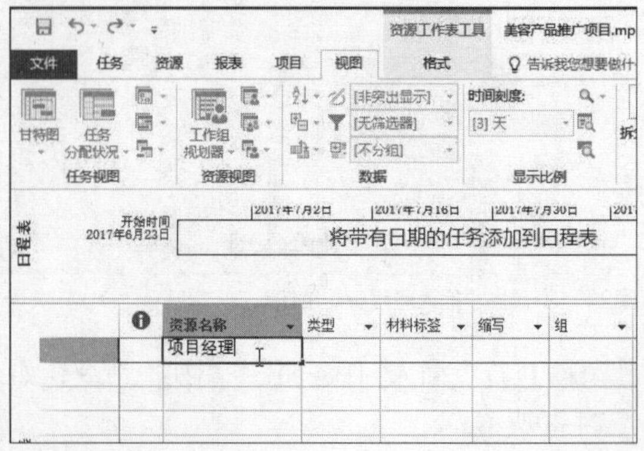

图24-25 输入资源名称

步骤03 按Enter键确认输入后，默认资源类型为“工时”，在“加班费率”选项组下的单元格中，设置加班费率，如图24-26所示。

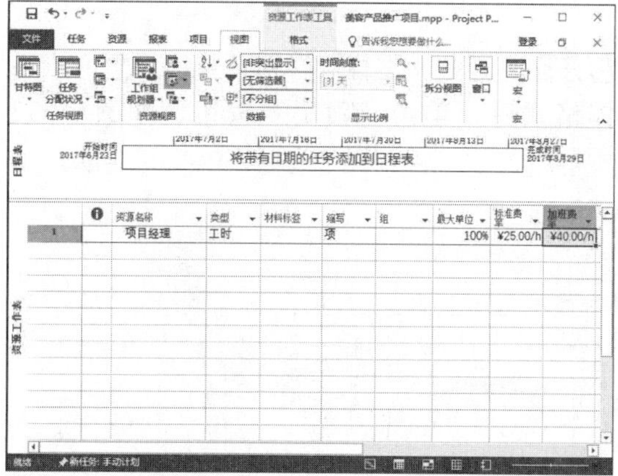

图24-26 设置加班费率

步骤04 再次添加一个名称为“笔记本”的资源，设置类型为“材料”，如图24-27所示。

图24-27 选择“材料”选项

步骤05 如果添加成本类型资源，则需要设置类型为“成本”，如图24-28所示。

图24-28 选择“成本”选项

步骤06 如果需要添加的资源可以同时工作的数量大于1，则可以在“最大单位”选项组下进行更改，如图24-29所示。

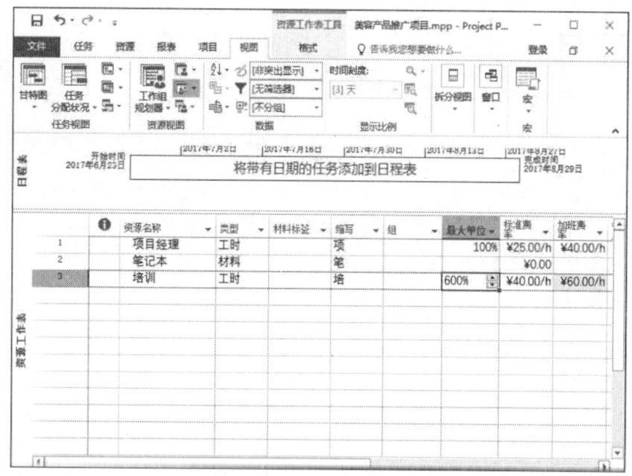

图24-29 设置资源可使用的最大单位

步骤07 按照同样的方法，添加多条资源后，效果如图24-30所示。

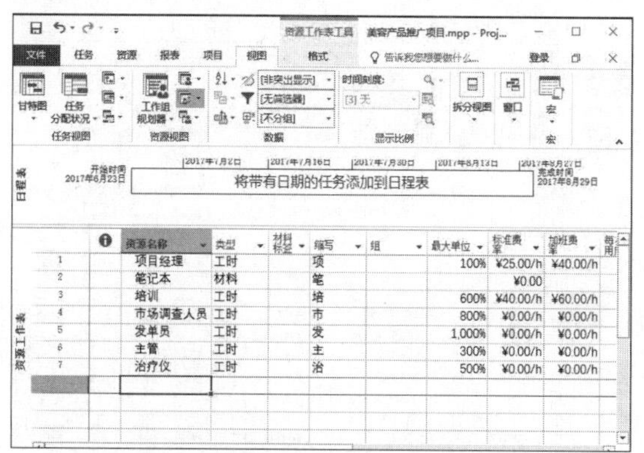

图24-30 添加多条资源效果

步骤08 执行“视图>任务视图>甘特图>甘特图”命令，如图24-31所示。

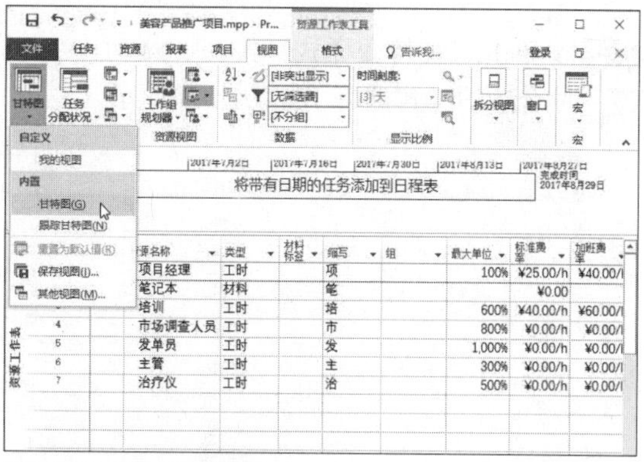

图24-31 选择“甘特图”选项

24.2.4 自定义甘特图视图

如果用户对默认的甘特图视图不满意，则可以对甘特图的视图格式进行设置，其具体的操作步骤如下。

步骤01 单击“甘特图工具－格式”选项卡上“格式”组中的“文本样式”按钮，如图24-32所示。

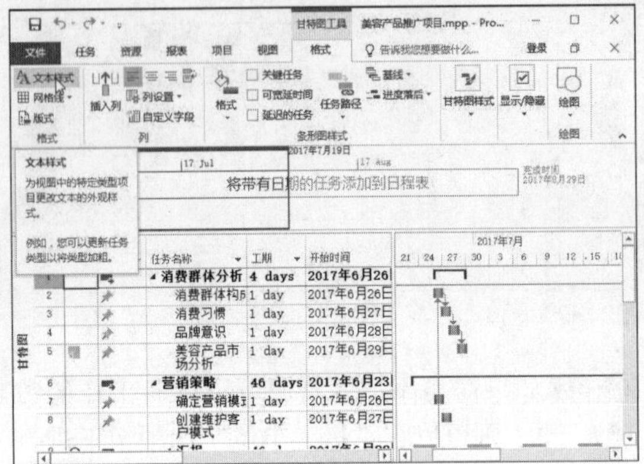

图24-32 单击“文本样式”按钮

步骤02 打开“文本样式”对话框，设置文本字体格式后，单击“确定”按钮，如图24-33所示。

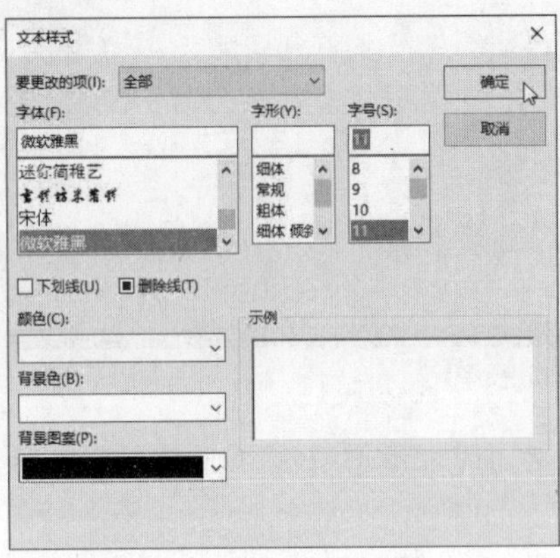

图24-33 设置甘特图文本字体格式

步骤03 单击“格式”组中的“版式”按钮，如图24-34所示。

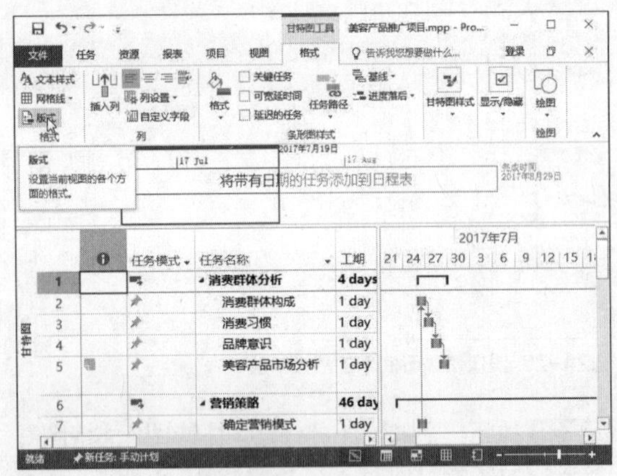

图24-34 单击“版式”按钮

步骤04 打开“版式”对话框，对版式进行适当设置，如图24-35所示。

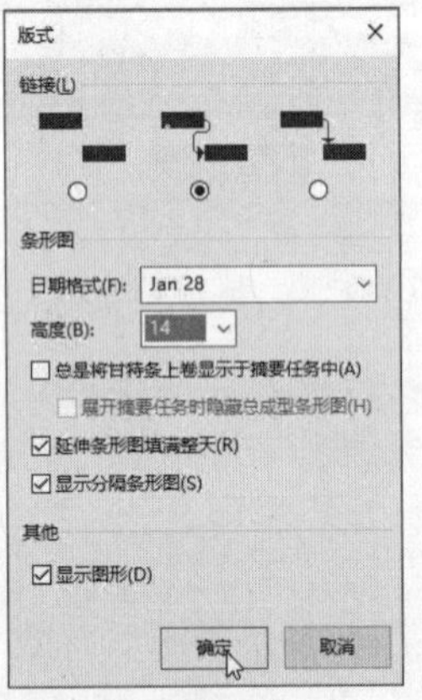

图24-35 设置版式

步骤05 单击“甘特图样式”按钮，从列表中选择一种合适的样式即可，如图24-36所示。

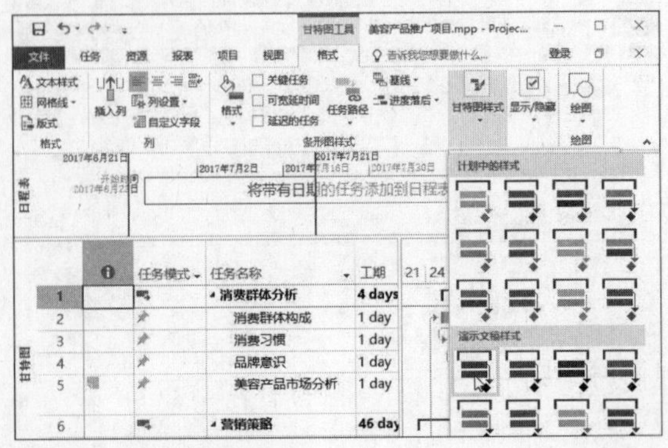

图24-36 设置甘特图样式

步骤06 对甘特图格式设置完毕后，其效果如图24-37所示。

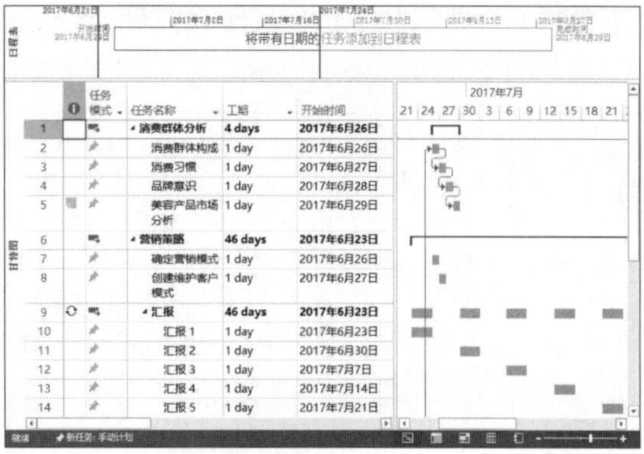

图24-37 自定义甘特图格式效果

24.2.5 创建和打印报表

为了更好的查看项目文件中的某些特定数据，可以创建报表，并将其打印出来。其具体的操作步骤如下。

步骤01 切换至“报表”选项卡，单击“查看报表”组上的“新建报表”按钮，从列表中选择“图表”选项，如图24-38所示。

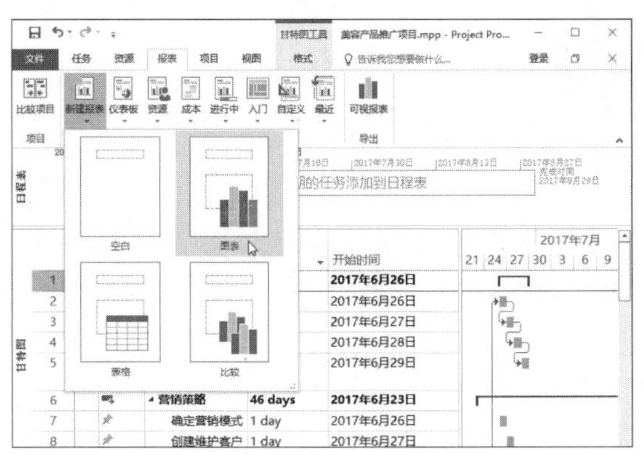

图24-38 选择“图表”选项

步骤02 打开“报表名称”对话框，输入报表名称后，单击“确定”按钮，如图24-39所示。

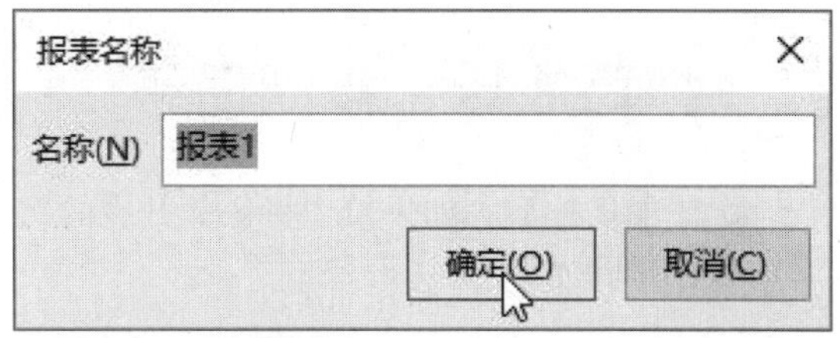

图24-39 设置报表名称

步骤03 创建报表后，右侧会出现“字段列表”窗格，勾选“选择域”列表中的“计划工期”选项前的复选框，如图24-40所示。

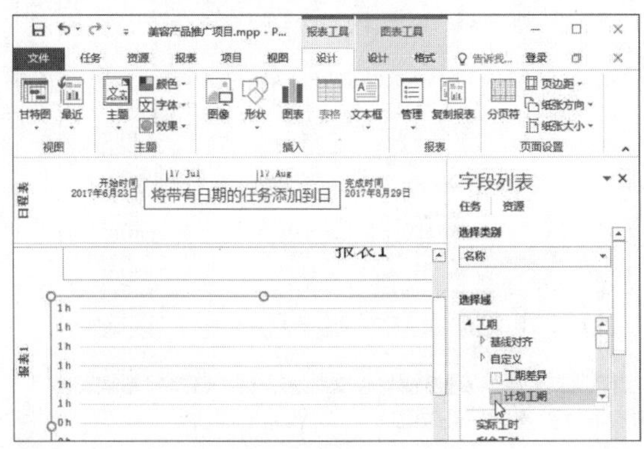

图24-40 勾选“计划工期”选项

步骤04 执行“图表工具-设计>图表样式>其他>样式7”命令，如图24-41所示。

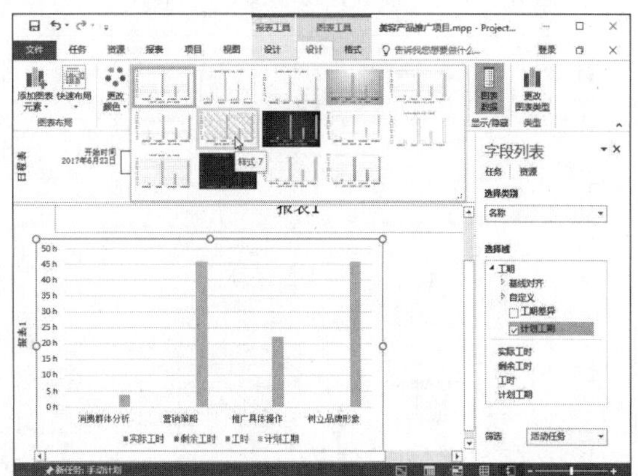

图24-41 选择“样式7”

步骤05 执行“报表工具－设计>页面设置>页边距>宽”命令，如图24-42所示。

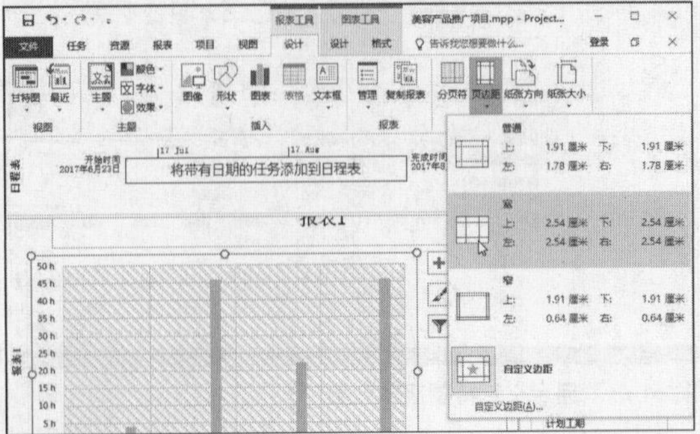

图24-42 选择“宽”选项

步骤06 打开“文件”菜单，选择“打印”选项，如图24-43所示。

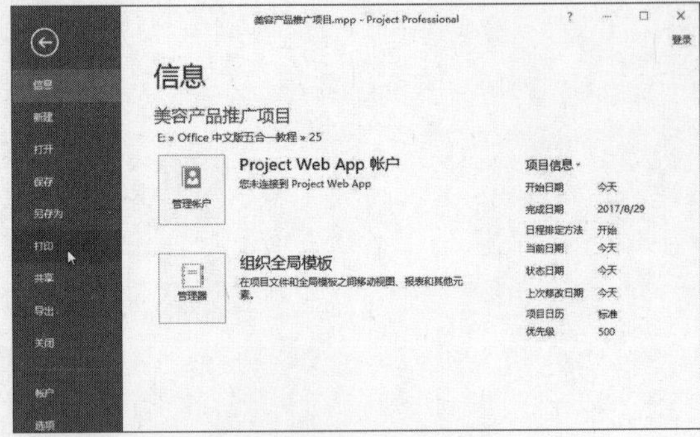

图24-43 选择“打印”选项

步骤07 设置打印份数和打印机后，单击“打印”按钮，如图24-44所示。

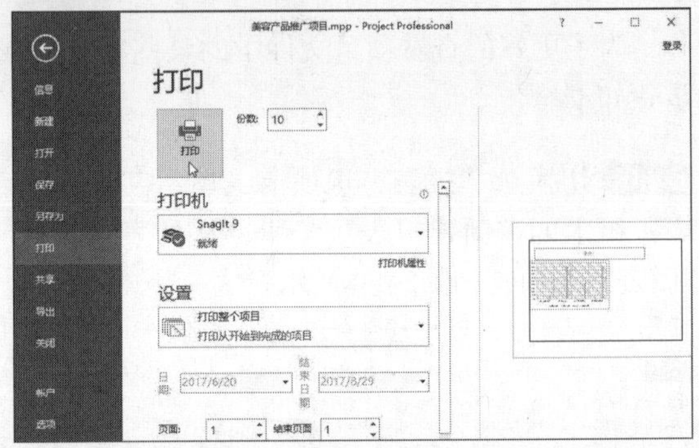

图24-44 单击“打印”按钮

技巧放送：移动任务

添加任务后，如果希望将任务开展的次序进行调整，则可以使用移动任务功能，其具体的操作步骤如下。

步骤01 选择第26项任务，切换至“任务”选项卡，单击“任务”组中的“移动任务”按钮，从列表中选择合适的项，如果选择“前移任务>4周”命令，如图24-45所示。

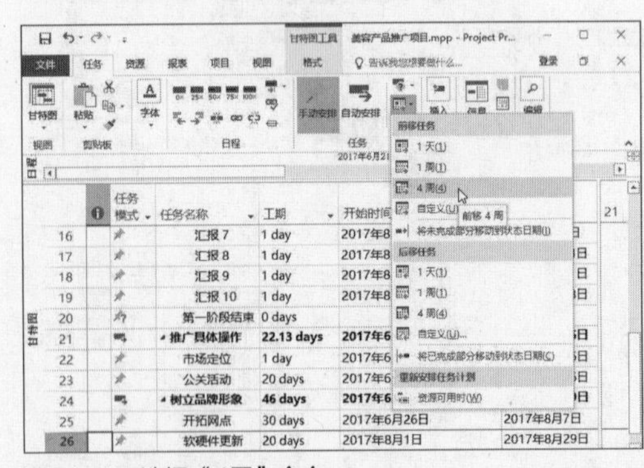

图24-45 选择“4周”命令

步骤02 可以看到，第26项任务的开始日期前移了4周，如图24-46所示。

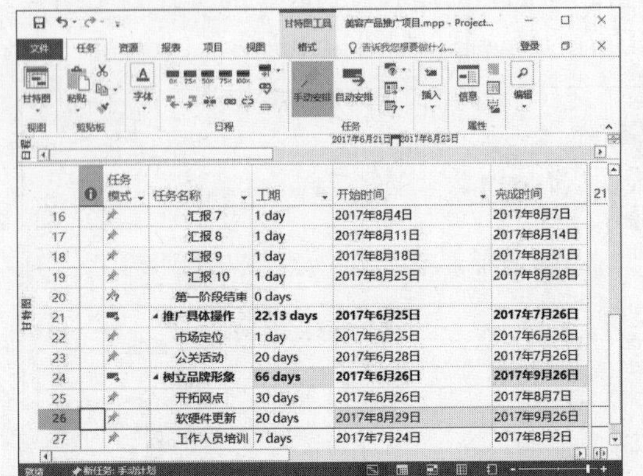

图24-46 移动任务效果

Part 07

流程图绘制篇

Visio软件是一款专门的流程图软件，可以让IT和商务人员将复杂信息、系统和流程进行可视化处理和分析。本篇将对Visio的基础知识、Visio中形状的使用、Visio中其他对象的使用等知识进行介绍。

Chapter 25 Visio基础知识

Visio 2016是一个专业的流程图设计软件。它有助于 IT 和商务专业人员轻松地可视化、分析和交流复杂信息。它能够将难以理解的复杂文本和表格转换为一目了然的Visio图表。本章节将对Visio 2016的基础知识进行介绍。

1. 创建绘图文档
2. 保存绘图文档
3. 新建绘图页
4. 删除绘图页

25.1 Visio 2016简介

Visio 2016是当前应用最为广泛的绘图软件之一，它通过模板、模具与形状等元素，来实现各种图表与模具的绘制功能。因其简单易学、功能强大等特点被广泛应用于软件设计、项目管理、企业管理等众多领域中。

启动应用程序后，如果创建一个空白绘图，则如图25-1所示。如果在文件中创建了多个绘图，则界面如图25-2所示。

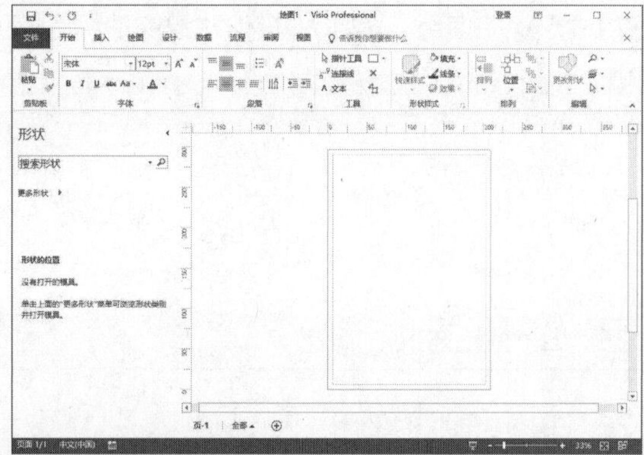

图25-1 空白绘图界面

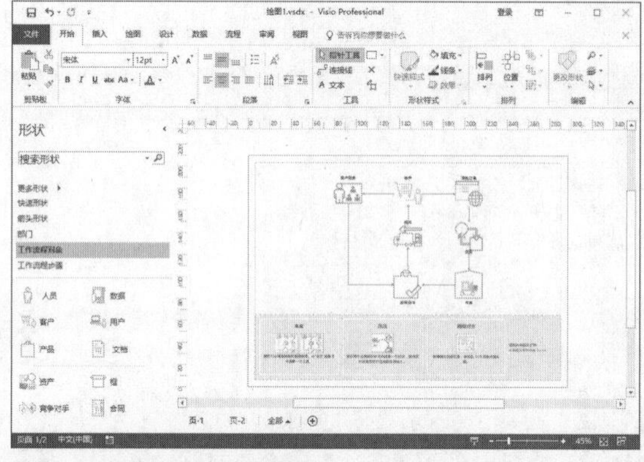

图25-2 包含内容的绘图界面

Visio 2016的界面同其他Office组件类似，不同的是位于功能区下方左侧为“形状”窗口，右侧为绘图页面。其中，“形状”窗口包含模具和形状。而绘图页面是用于放置和连接形状的位置。如果在文件中创建了多个绘图页面，将默认以“页-1、页-2、页-3…”命名，如图25-2所示。

25.2 创建绘图文档

若想要通过Visio 2016进行工作，首先需要创建绘图文档，下面分别以创建模板绘图文档和创建联机模板绘图文档为例进行介绍。

❶创建模板绘图文档

创建模板绘图文档的操作和Office 2016中其他组件文件的创建方法类似，下面对其进行详细介绍。

步骤01 双击桌面上Visio 2016应用程序图标，如图25-3所示。

图25-3 双击Visio 2016图标

步骤02 启动程序后，会自动进入模板列表，从中选择合适的模板在其上单击即可，这里选择“详细网络图”选项，如图25-4所示。

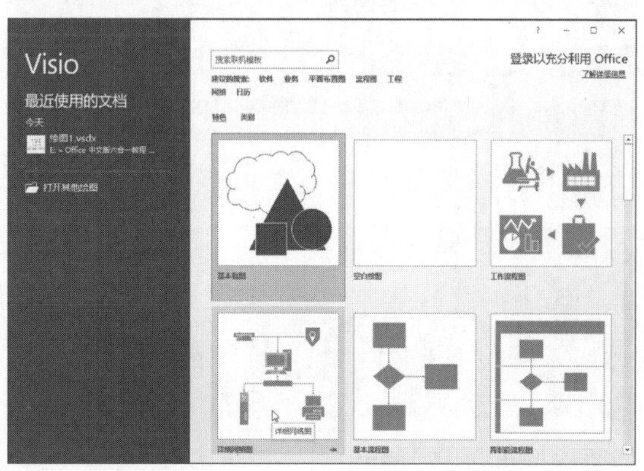

图25-4 选择“详细网络图”选项

步骤03 打开预览窗格，用户可按需选择一种合适的模板样式，这里保持默认，单击“创建”按钮，如图25-5所示。

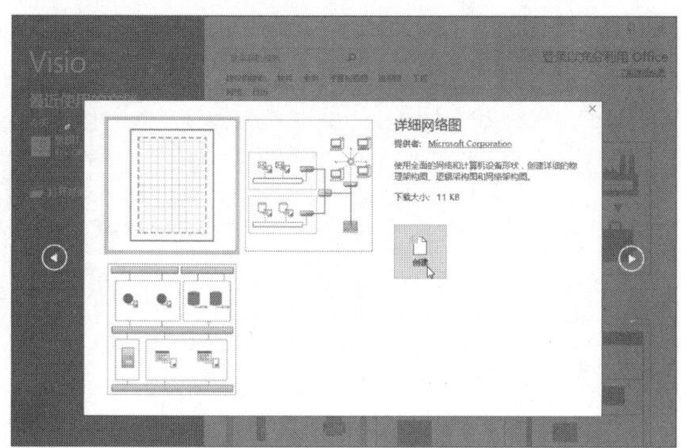

图25-5 单击“创建”按钮

步骤04 下载模板完成后，自动打开模板文档，如图25-6所示。

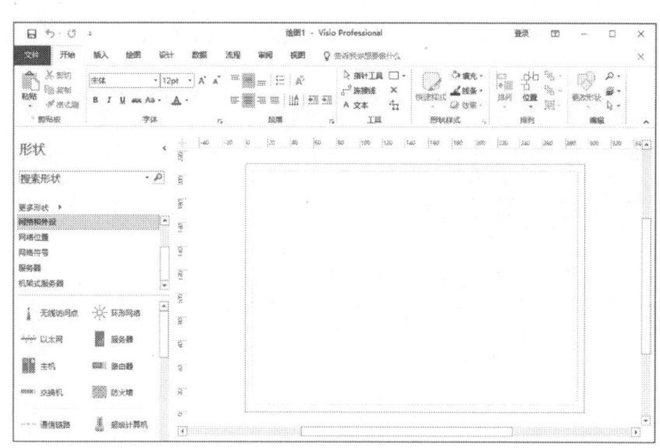

图25-6 创建“详细网络图”绘图文档

❷ 创建联机模板绘图文档

若用户想要更多模板绘图文档，则可以在电脑保持联网的状态下，按照下面的操作步骤进行操作。

步骤01 执行“文件>新建”命令，在搜索框中输入关键字“平面布置”，单击“开始搜索”按钮，如图25-7所示。

图25-7 单击“开始搜索”按钮

步骤02 在搜索到的模板列表中选择“办公室布局”模板，如图25-8所示。

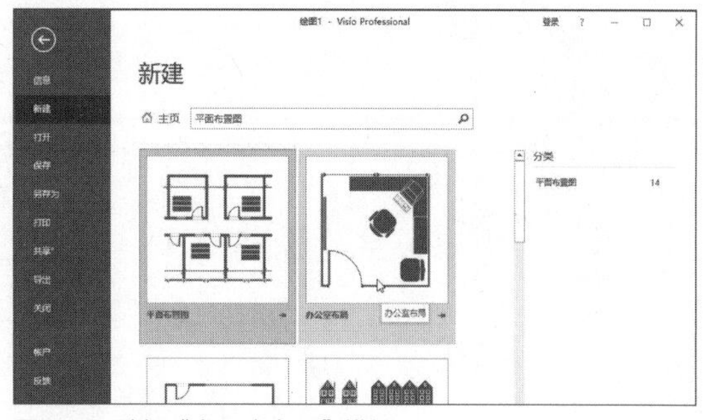

图25-8 选择“办公室布局”模板

步骤03 弹出预览窗格，单击“创建”按钮，如图25-9所示。

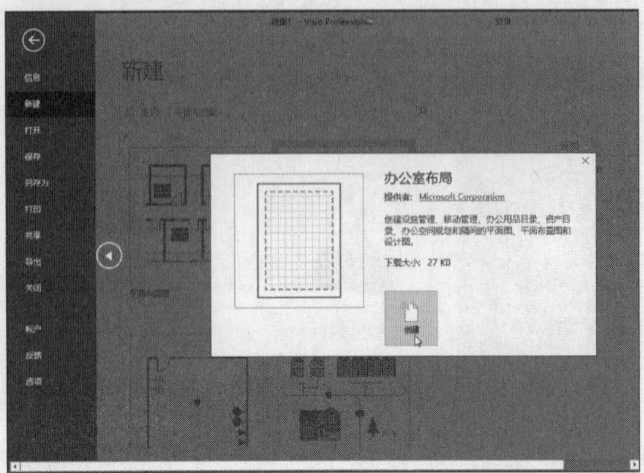

图25-9 单击“创建”按钮

步骤04 下载模板完成后，自动打开模板文档，效果如图25-10所示。

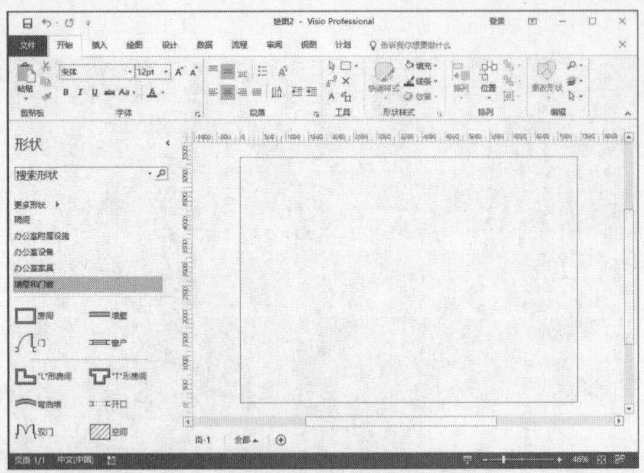

图25-10 创建“办公室布局”模板绘图文档

25.3 保存绘图文档

创建绘图文档后，可以将编辑完成的绘图文档保存在电脑中的合适位置，防止因意外事故（例如，断电、误操作等）导致绘图文档丢失。其具体的操作步骤如下。

步骤01 单击快速访问工具栏上的“保存”按钮，如图25-11所示。也可以执行“文件>另存为/保存”命令。

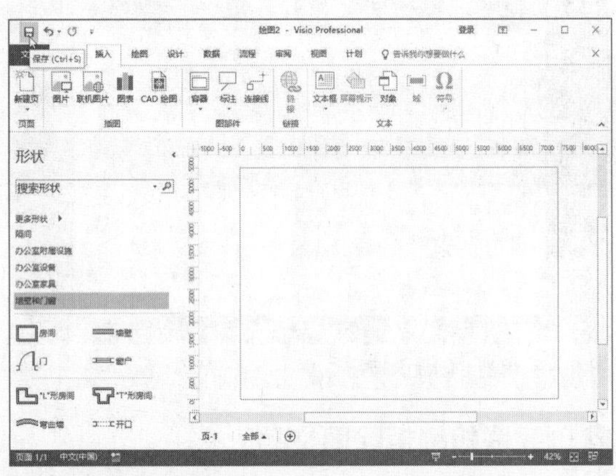

图25-11 单击“保存”按钮

步骤02 选择“另存为”选项下的“浏览”选项，如图25-12所示。

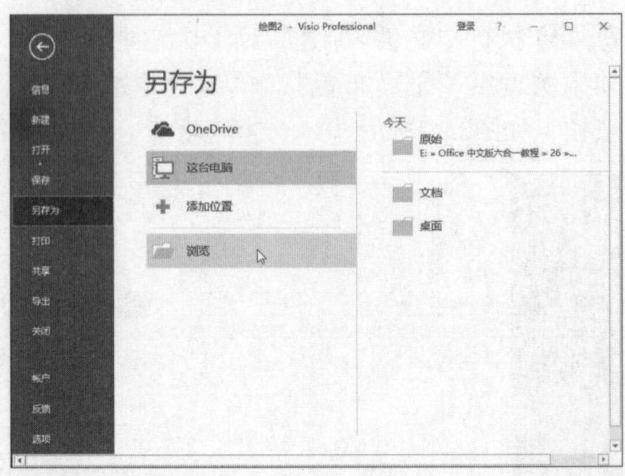

图25-12 选择“浏览”选项

步骤03 打开“另存为”对话框，选择文件保存位置，输入文件名，设置保存类型，单击“保存”按钮，如图25-13所示。

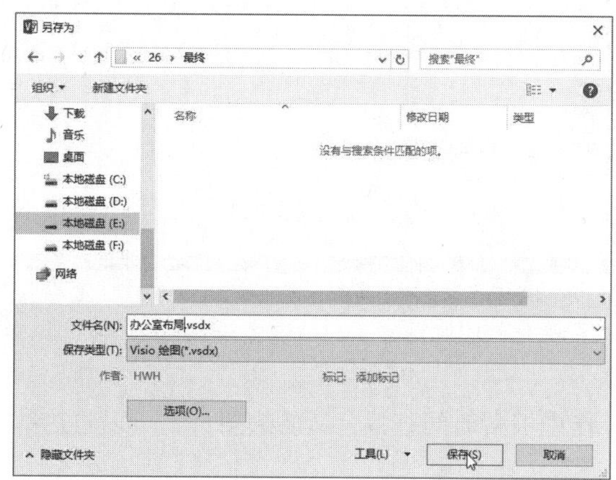

图25-13 单击“保存”按钮

步骤04 保存绘图文档后，标题栏名称以输入的文件名显示，如果想要关闭绘图文档，可以直接单击“关闭”按钮，或者执行“文件>关闭”命令，如图25-14所示。

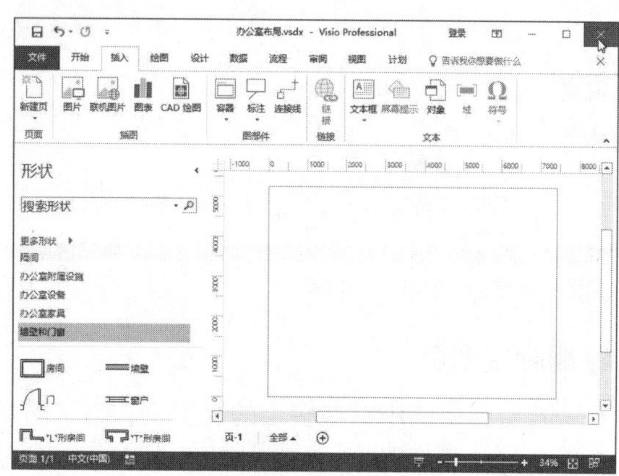

图25-14 单击“关闭”按钮

25.4 新建/删除绘图页

创建绘图文档后，用户可以根据工作需要创建或删除绘图页，下面分别对其进行介绍。

❶新建绘图页

在进行绘图时，需要在绘图页中进行操作，为了工作方便，可以将相关联的绘图存放在一个绘图文档中，这时需要在当前绘图文档新建绘图页，其具体的操作步骤如下。

步骤01 打开绘图文档，选择“插入”选项卡标签，如图25-15所示。

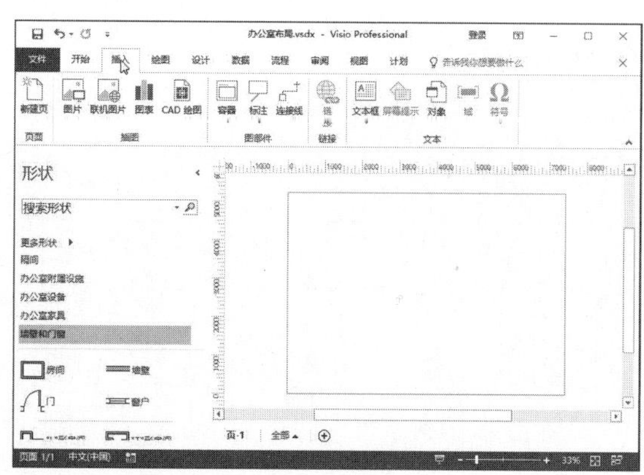

图25-15 选择“插入”选项卡标签

步骤02 单击“新建页”按钮，从展开的列表中选择“空白页”命令，如图25-16所示。

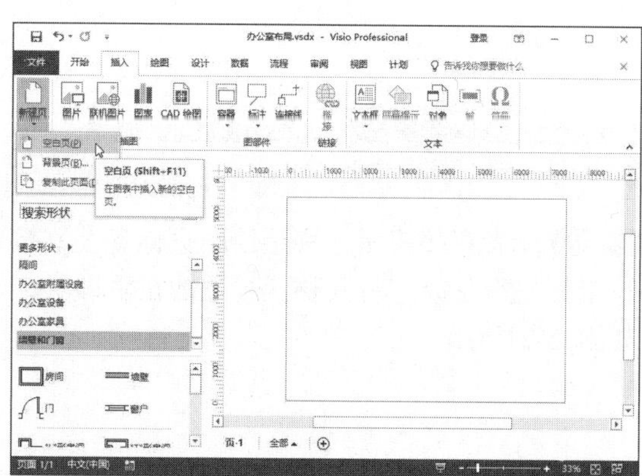

图25-16 选择“空白页”命令

步骤03 即可新建一个空白页，在“负-2”绘图页标签上右击，从右键快捷菜单中选择“重命名”命令，如图25-17所示。

步骤04 输入绘图页名称后，在绘图页标签外单击，即可完成绘图页重命名工作，如图25-18所示。

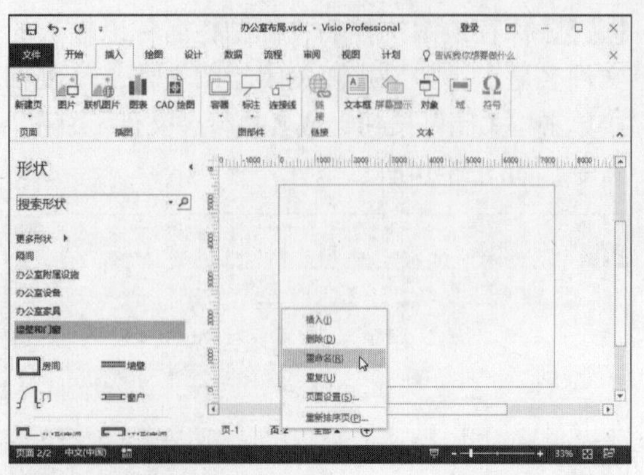
图25-17 选择“重命名”命令

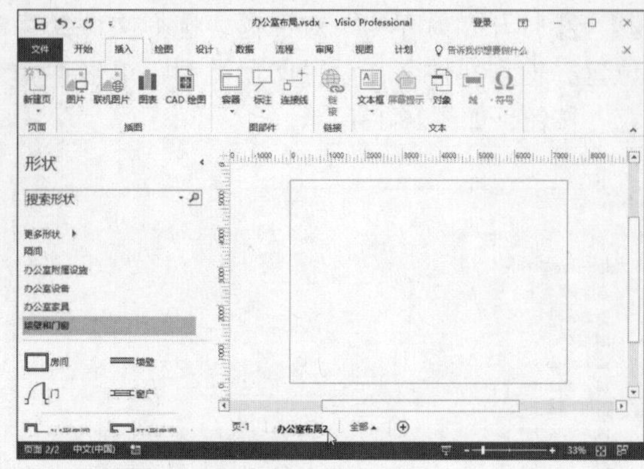
图25-18 重命名绘图页效果

❷删除绘图页

若绘图文档中存在多余的绘图页，为了防止在工作中浪费时间查找合适的绘图页，可以将这些不需要的绘图页删除，其具体的操作步骤如下。

步骤01 在需要删除的绘图页标签上右键单击，从弹出的快捷菜单中选择“删除”命令，如图25-19所示。即可将所选的绘图页删除。

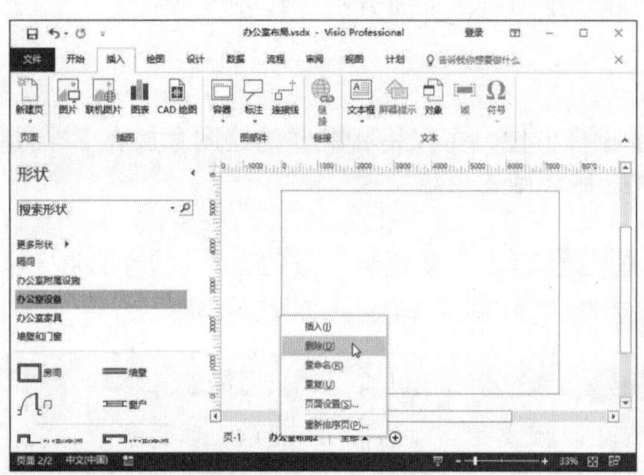
图25-19 选择“删除”命令

步骤02 如果从右键菜单中选择“重新排序页”命令，则可打开“重新排序页”对话框，可以按需在对话框中调整绘图页的排序，如图25-20所示。

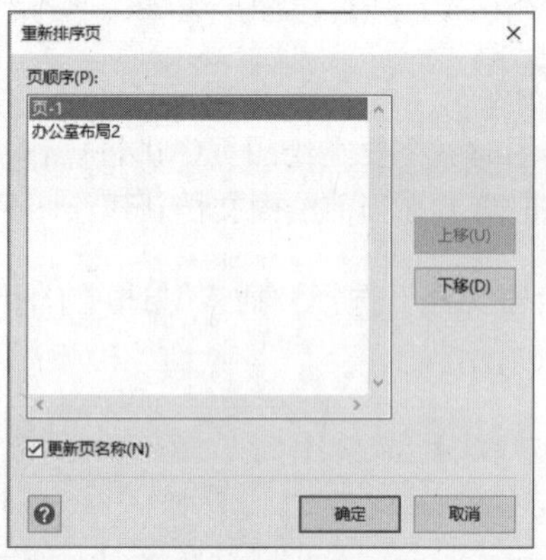

图25-20 “重新排序页”对话框

步骤03 或者直接将鼠标移至绘图页标签上，按住鼠标左键不放，将其移至合适的位置即可，如图25-21所示。

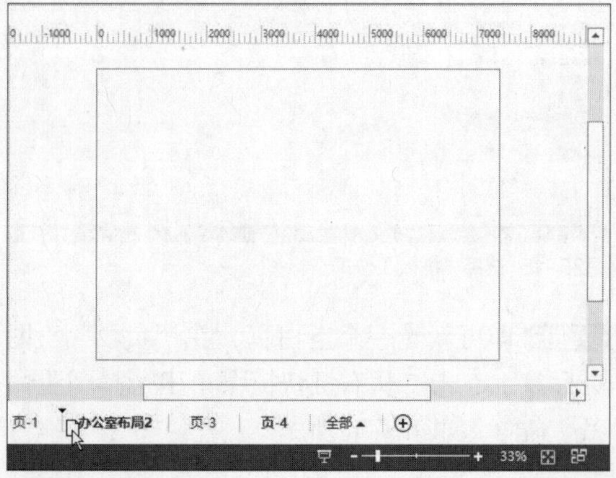

图25-21 移动绘图页

办公室练兵：创建公司组织结构绘图文档

无论哪个公司，都需要明确公司中各个员工之间的相互关系，因此需要组织结构图来一目了然的展示。

在制作公司组织结构图时，可以先创建一个绘图文档，然后在不同的绘图页面，对公司的不同部门进行说明，其具体的操作步骤如下。

步骤01 双击桌面上Visio 2016应用程序图标，如图25-22所示。

图25-22 双击Visio 2016图标

步骤02 启动程序后，会自动进入模板列表，从中选择合适的模板在其上单击即可，这里选择"组织结构图向导"，如图25-23所示。

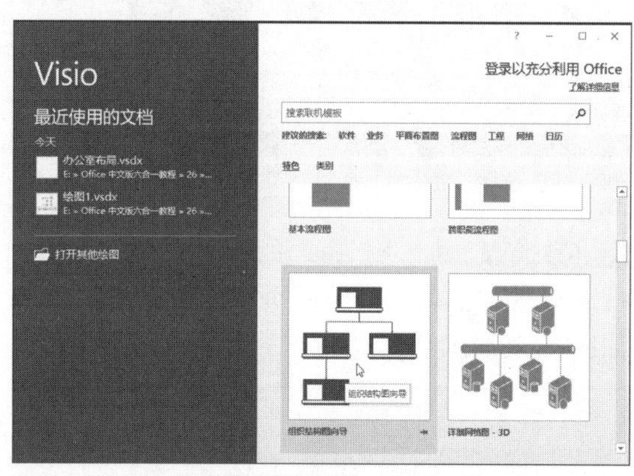

图25-23 选择"组织结构图向导"

步骤03 打开预览窗格，选择"分层组织结构图"样式，单击"创建"按钮，如图25-24所示。

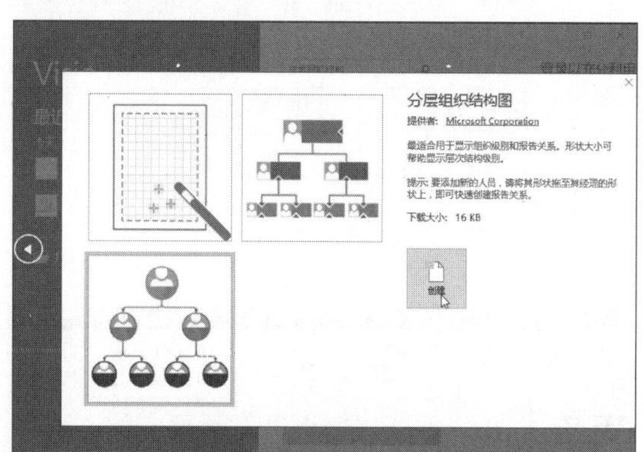

图25-24 单击"创建"按钮

步骤04 下载模板完成后，自动打开模板文档，如图25-25所示。

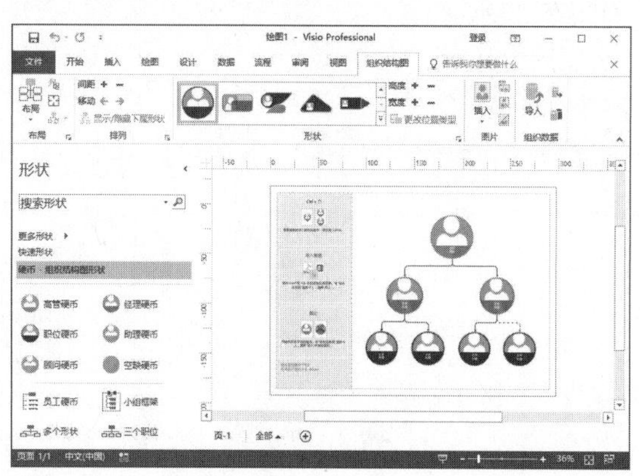

图25-25 创建模板文档效果

步骤05 在绘图页标签上右击，从右键快捷菜单中选择“重命名”命令，如图25-26所示。

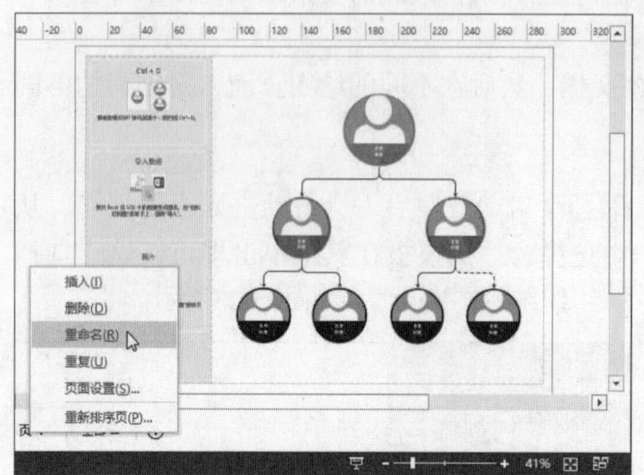

图25-26 选择“重命名”命令

步骤06 输入名称后按需对组织结构图进行设计，然后单击绘图页标签右侧“插入页”按钮，如图25-27所示。

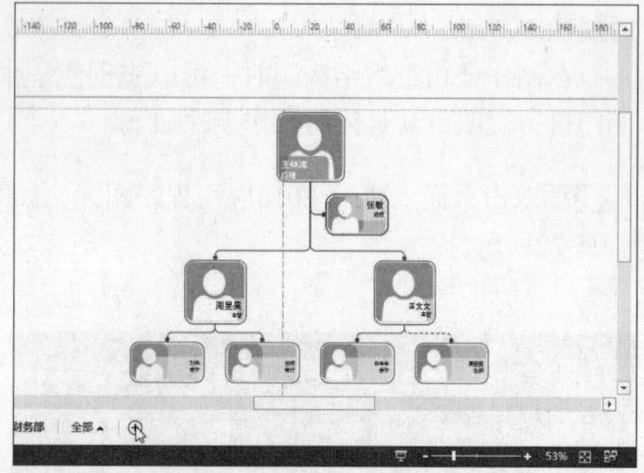

图25-27 单击“插入页”按钮

步骤07 将新添加的绘图页重命名为“销售部”，按需设计“销售部”绘图页中的组织结构图，如图25-28所示。

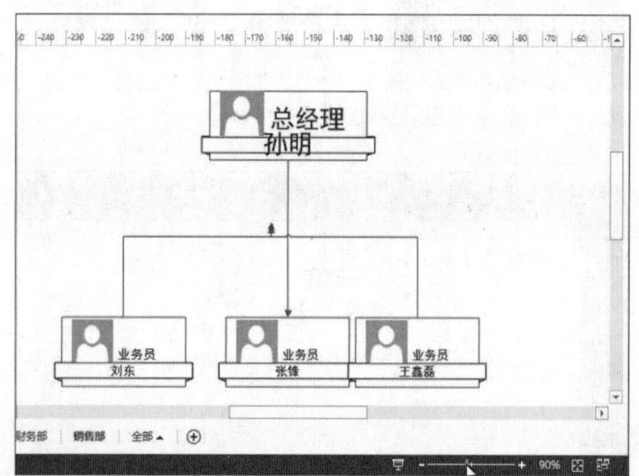

图25-28 “销售部”绘图页

步骤08 按照同样的方法，添加“研发部”绘图页，并在“研发部”标签上右击，从快捷菜单中选择“重新排序页”命令，如图25-29所示。

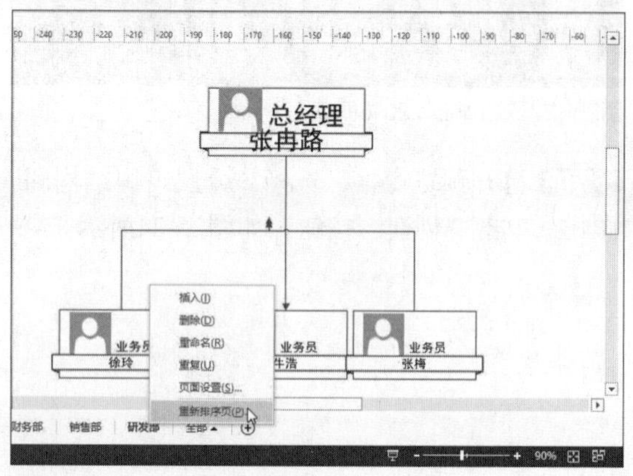

图25-29 选择“重新排序页”命令

步骤09 打开“重新排序页”对话框，按需对绘图页进行排序，排序完成后单击“确定”按钮，如图25-30所示。

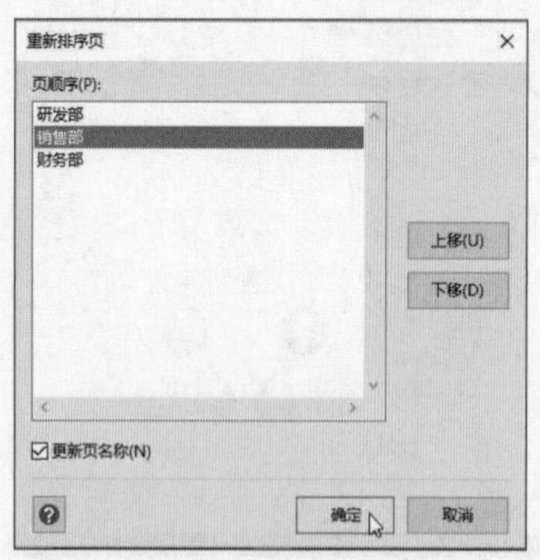

图25-30 “重新排序页”对话框

步骤10 单击快速访问工具栏上的“保存”按钮，如图25-31所示。

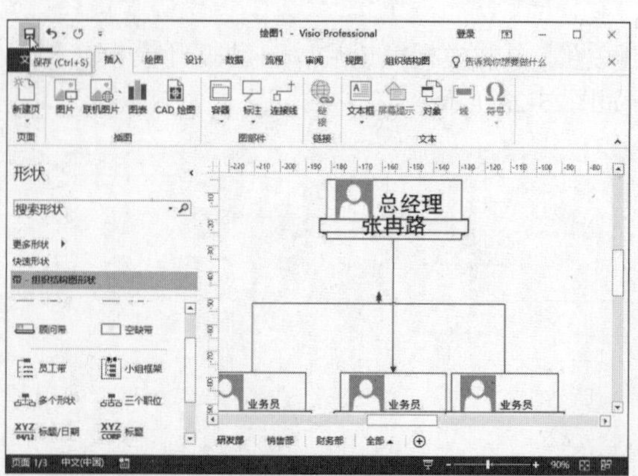

图25-31 单击“保存”按钮

步骤11 选择“另存为”选项下的“浏览”选项，如图25-32所示。

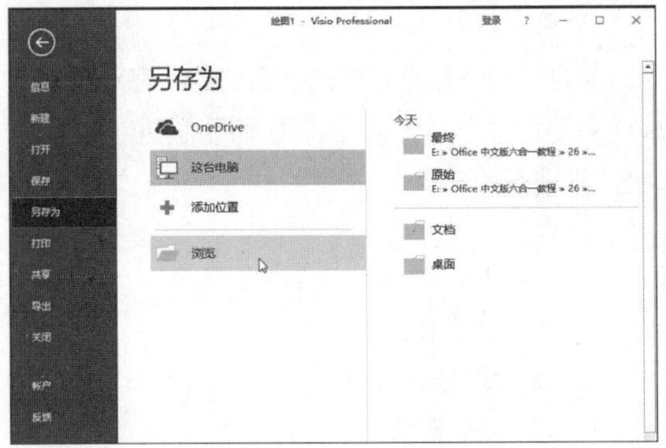

图25-32 选择“浏览”选项

步骤12 打开“另存为”对话框，输入文件名，单击“保存”按钮，如图25-33所示。

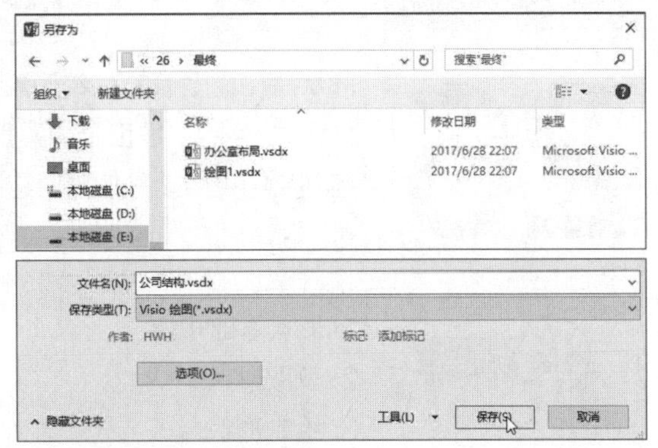

图25-33 单击“保存”按钮

技巧放送：设置自动保存绘图文档

在用户通过Visio 2016进行工作时，为了防止因意外断电、电脑故障等情况导致文件丢失，可以设置自动保存绘图文档，其具体的操作步骤如下。

步骤01 打开“文件”菜单，选择“选项”选项，如图25-34所示。

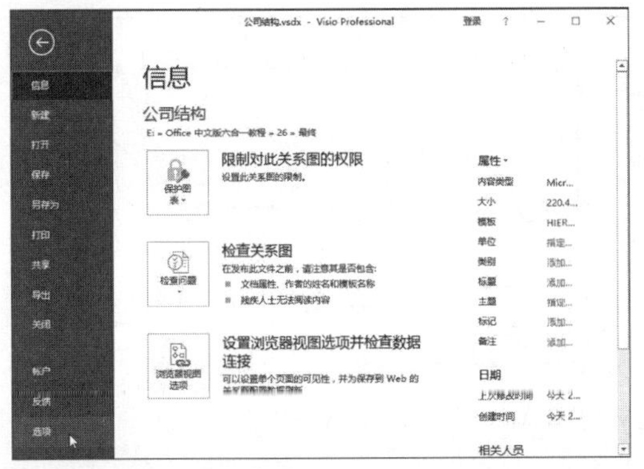

图25-34 选择“选项”选项

步骤02 弹出“Visio选项”对话框，选择“保存”选项，如图25-35所示。

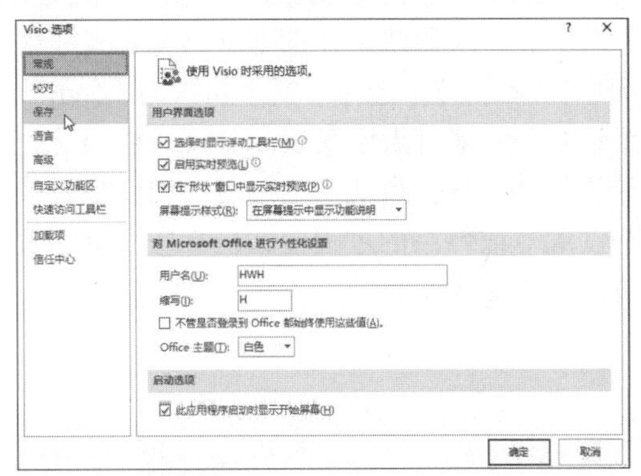

图25-35 选择“保存”选项

步骤03 在“保存文档”选项列表中，勾选“保存自动恢复信息时间间隔”选项前的复选框，并设置时间间隔为5分钟，然后单击“确定”按钮，如图25-36所示。

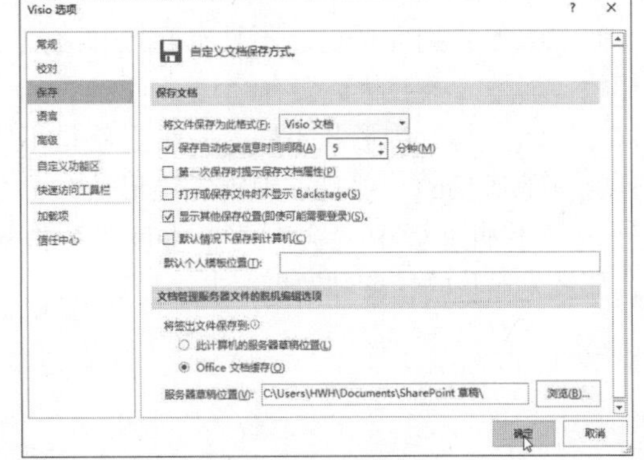

图25-36 设置文件自动保存时间间隔

Chapter 26 Visio中形状的使用

形状是构成图表的基本元素，Visio中的绘图都是由多个形状组成的。在Visio 2016中存储了数百个内置形状，用户可以按照绘图方案，将不同类型的形状拖到绘图页中，并按需对这些形状进行排列和调整。

1. 形状基础知识
2. 获取形状
3. 绘制形状
4. 连接形状
5. 调整形状布局
6. 美化形状

26.1 形状基础知识

在Visio中，所有的图表都是由多个形状按照不同的构成方案组织排列而成，在使用形状之初，我们首先应该认识一下关于形状的基本知识，下面对形状的分类、形状手柄进行介绍。

❶形状分类

在Visio中，形状按照维度可划分为一维形状和二维形状。下面分别对其进行介绍。

其中，一维形状是在选定后具有起点和终点的形状即具有2个选择手柄，如图26-1所示。一维形状看起来有点像线条，在Visio中经常会用于连接其他两个形状。在编辑一维形状时，即移动起点或终点的过程中，只有一个维度发生改变，那就是长度。

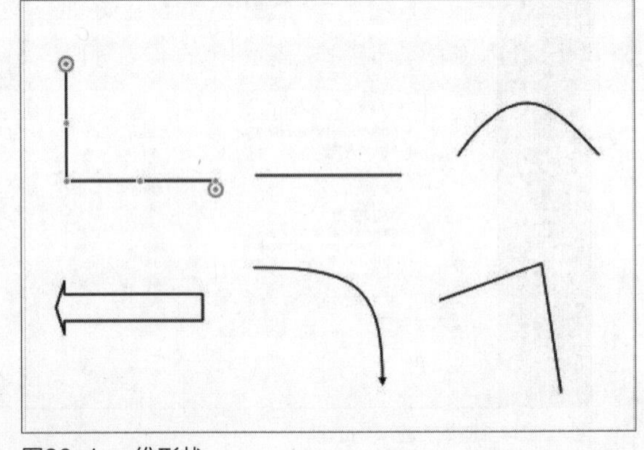

图26-1 一维形状

而二维形状则在选定后不具有起点和终点的形状，但是二维形状都会有8个选择手柄，如图26-2所示。与一维形状不同，二维形状是不能连接其他形状的。并且在编辑二维形状时，拖动选择手柄过程中，会有两个维度发生改变，那就是形状的长度和宽度。

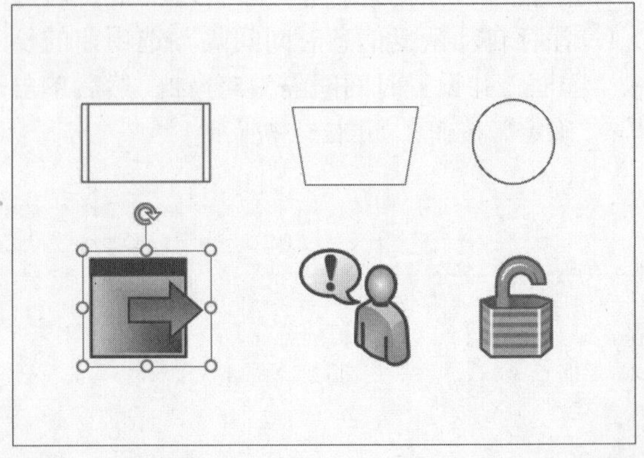

图26-2 二维形状

Tip: 如何明确一维和二维形状?

有些形状看起来像二维形状，但其实它是一维形状，如26-3中的左图所示；而有些形状看起来像一维形状，但它其实是二维形状，如26-3中右图所示。具体如何判断，要看选择该图形后，其上方有几个选择手柄，2个手柄为一维形状，8个手柄即为二维形状，如图26-3所示。

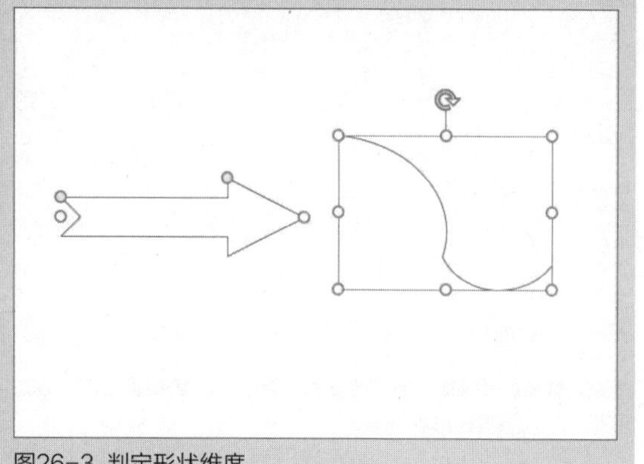
图26-3 判定形状维度

❷形状手柄

形状手柄是形状周围的控制点，只有在选择形状时才会显示形状手柄。形状手柄按照功能可分为选择手柄、控制手柄以及旋转手柄。

选择形状后，形状上方出现的白色圆点称为选择手柄，如图26-4所示。而黄色圆点为控制手柄，如图26-5所示。圆点上方带有向右旋转箭头指示的手柄为旋转手柄，如图26-6所示。

图26-4 选择手柄

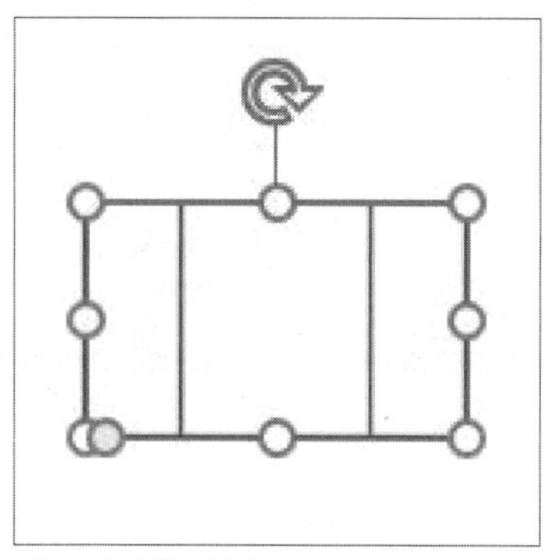
图26-5 控制手柄

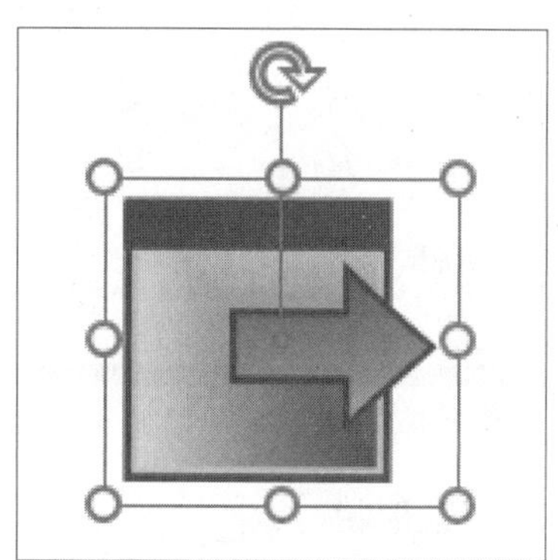
图26-6 旋转手柄

26.2 获取形状

在Visio中，随处可见形状的身影，并且Visio中有几百种可供用户选择的形状。那么，如何快速有效的获取形状呢？下面分别介绍几种不同获取形状的方法。

❶使用模板获取形状

如果在创建绘图文档时使用了模板，则在创建文档后，该模板的模具和形状将出现在形状窗口中，随时可供用户选择，以详细网络图为例介绍如何从模板中获取形状，其具体操作步骤如下。

步骤01 打开详细网络图模板绘图文档，左侧形状窗口中会按照形状分类显示出形状，默认显示出“网络和外设”分类下的形状，如图26-7所示。

步骤02 如果用户需添加该类型下的“环形网络”形状，可将鼠标移至该形状上方，按住鼠标左键不放拖动鼠标至绘图页面中合适位置即可，如图26-8所示。

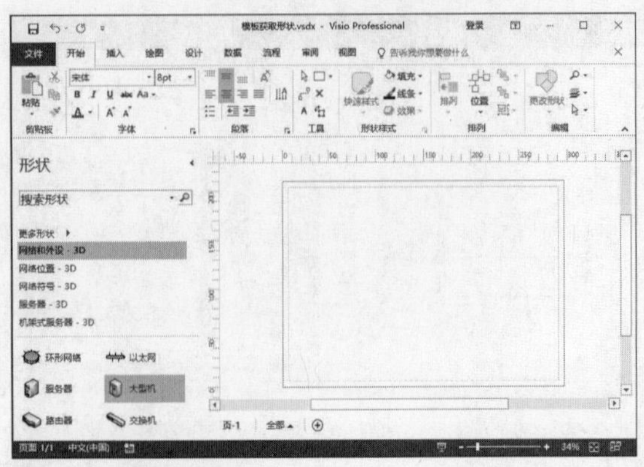

图26-7 内置模板形状列表

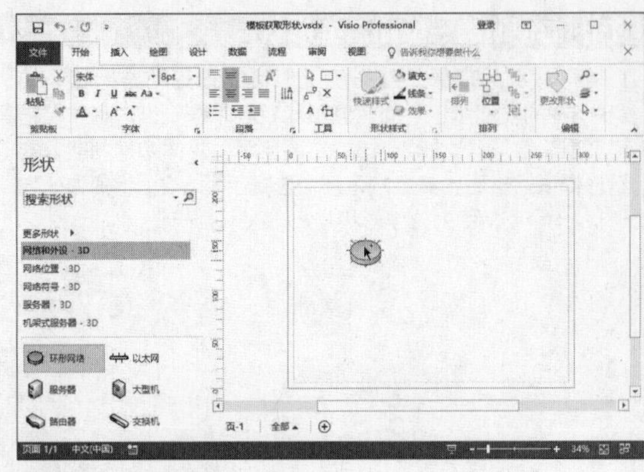

图26-8 添加形状

步骤03 如果用户想要添加其他分类中的形状，则只需选择该分类，即可展开形状列表，如图26-9所示。

步骤04 在分类形状类别中，选择合适的形状，将其添加至绘图页中即可，如图26-10所示。

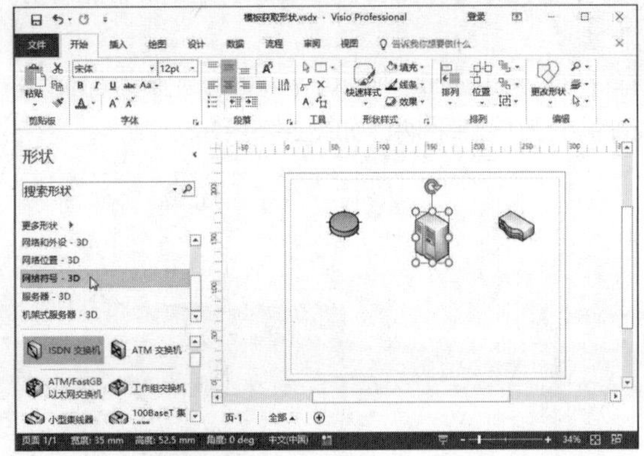

图26-9 选择其他分类

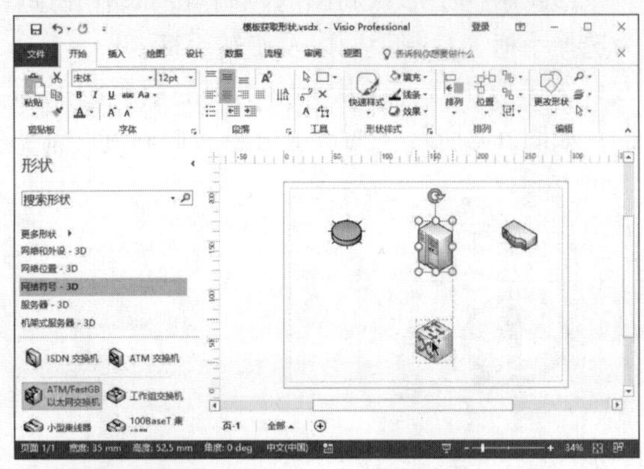

图26-10 添加形状

❷搜索形状

如果用户创建的是空白模板绘图文档或者需要在绘图页中添加当前模板未提供的形状，则可以通过搜索形状，将其添加至绘图页，其具体操作步骤如下。

步骤01 在形状窗口上方的搜索框中输入关键字“箭头”，单击右侧的“开始搜索”按钮，如图26-11所示。

步骤02 即可在下方看到搜索到的箭头列表，单击“更多结果”按钮，如图26-12所示。

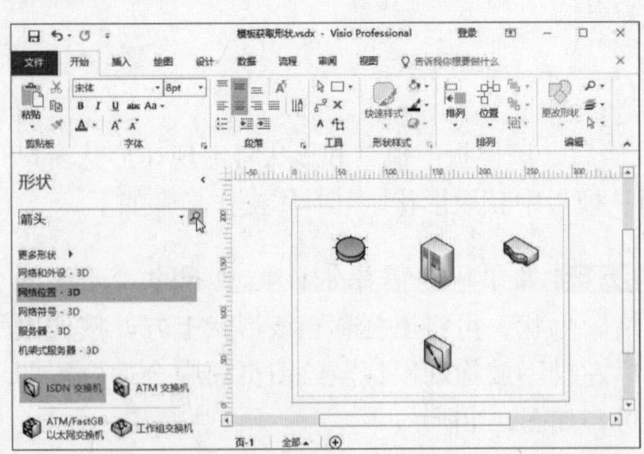

图26-11 单击“开始搜索”按钮

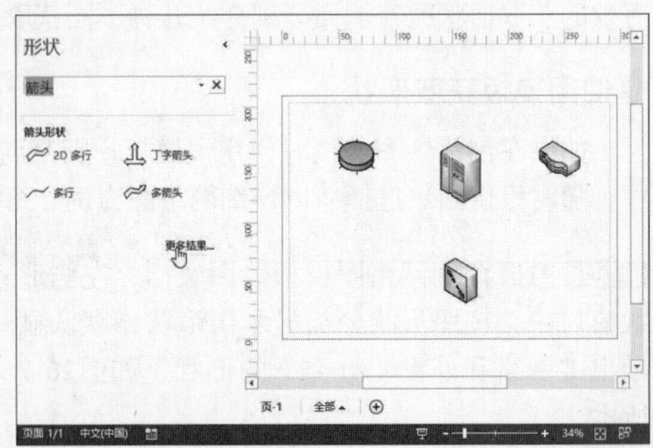

图26-12 单击“更多结果”按钮

步骤03 展开结果列表，用户可按需选择需要的形状，将其添加至绘图页中即可，如图26-13所示。

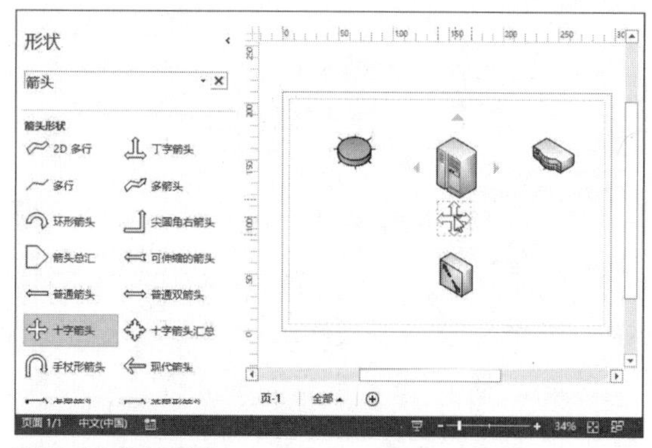

图26-13 添加形状

❸ 绘制形状

如果需要在绘图页中添加其他自定义形状，可以自由绘制形状，其具体的操作步骤如下。

步骤01 单击“开始”选项卡中“工具”组上的“绘图工具”下拉按钮，从列表中选择“矩形”选项，如图26-14所示。

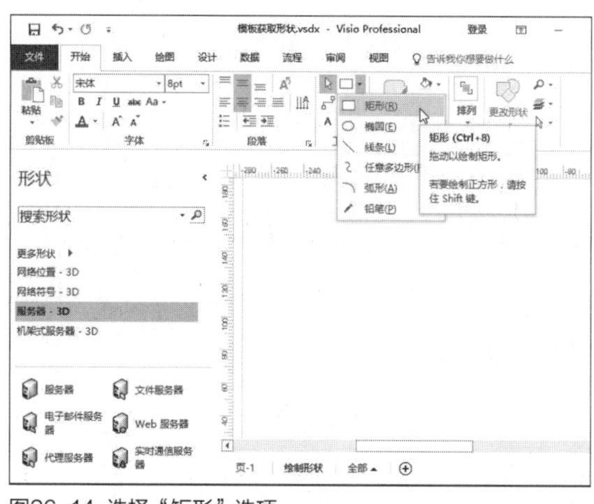

图26-14 选择“矩形”选项

步骤02 按住鼠标左键不放，拖动鼠标绘制合适大小的形状，如图26-15所示。绘制完成后，释放鼠标左键即可。

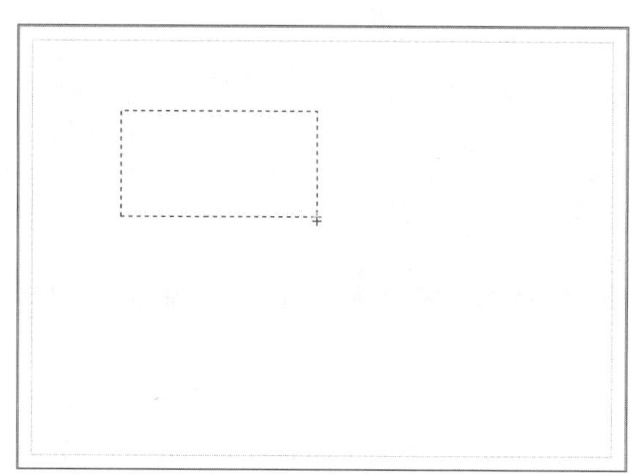

图26-15 绘制形状

26.3 连接形状

在制作组织结构图、产品研发流程图、网络拓扑图等类型的绘图时，都需要将相关联的形状连接起来。这在Visio中，就表现为通过将称为连接线的一维形状附着或粘附到二维形状上，创建这些连接。在移动形状时，连接线会保持粘附状态。下面对其进行详细介绍。

步骤01 用户可以直接在左侧形状窗口下方的分类形状列表中，选择合适的连接线，按住鼠标左键不放，拖动至绘图页面中，将其一端移至形状连接点上，如图26-16所示。

步骤02 将鼠标光标移至连接线未附着形状上的一个连接点，按住鼠标左键不放，拖动鼠标，将其移至需连接到的形状的连接点上，如图26-17所示。然后释放鼠标左键后，即可完成两个形状之间的连接。

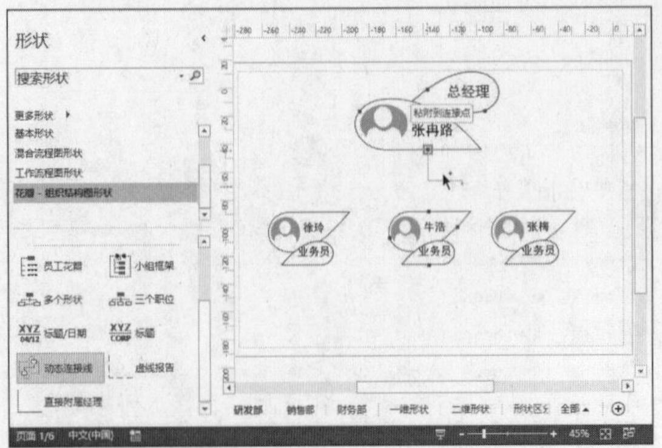

图26-16 获取连接线

步骤03 如果用户需要一次性连接多个形状，则单击“开始”选项卡中“工具”组上的“连接线”按钮，如图26-18所示。

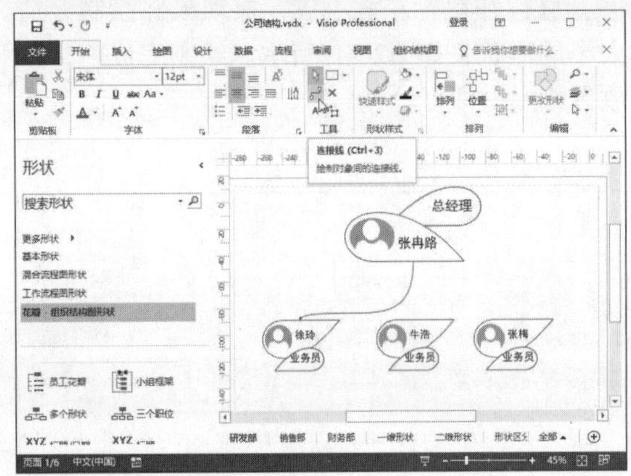

图26-18 单击“连接线”按钮

步骤05 按住鼠标左键不放，拖动鼠标至与要连接到的形状上的连接点重合，如图26-20所示。然后释放鼠标左键即可。

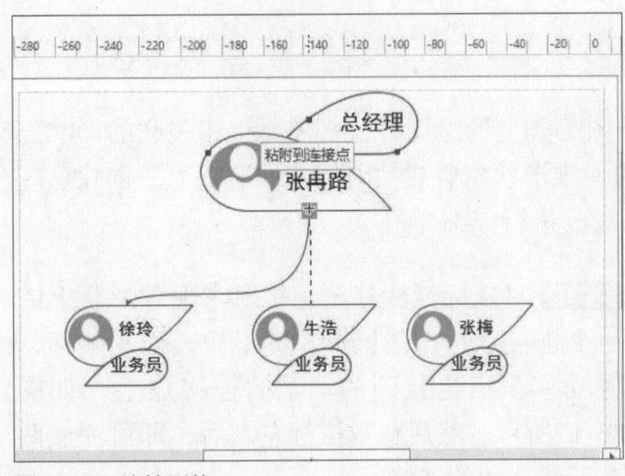

图26-20 连接形状

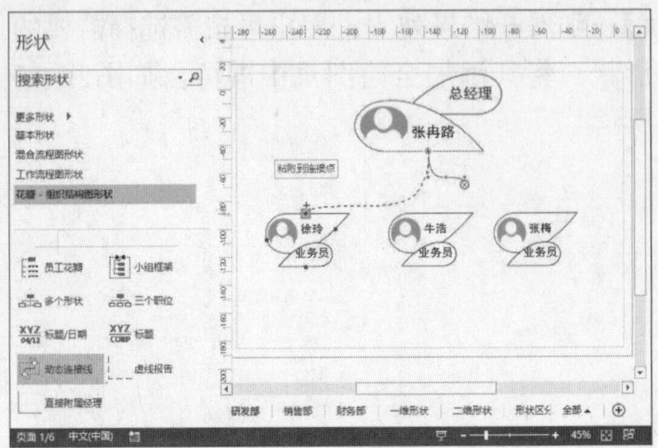

图26-17 连接形状

步骤04 将鼠标光标移至绘图页中的任意一个形状上方时，该形状上会出现多个连接点，选择一个连接点，如图26-19所示。

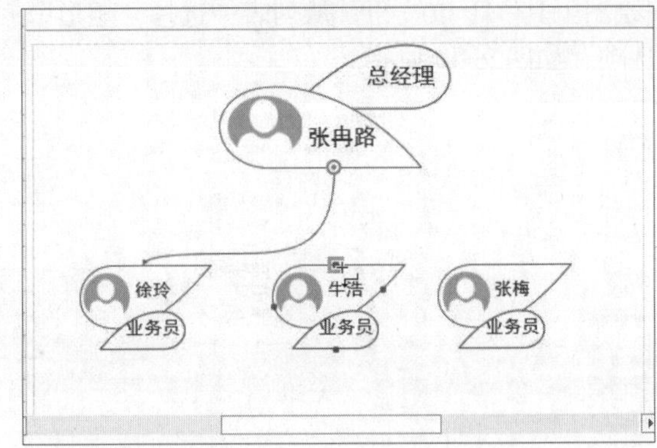

图26-19 选择连接点

步骤06 在选择连接线状态上，可以继续连接当前绘图页中的多个形状，只要用户不按Esc键退出连接状态，将鼠标光标移至形状上方时，总会显示连接点，如图26-21所示。

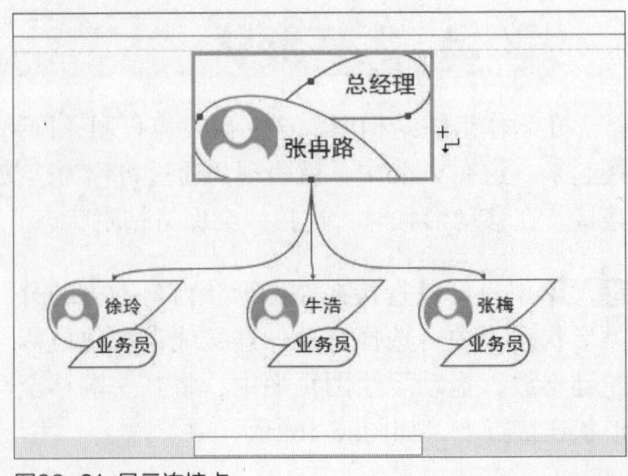

图26-21 显示连接点

26.4 编辑形状

在绘图页中添加形状后，为了使页面整体更加的美观，可以对形状进行适当的编辑，其中选择形状、移动形状以及调整形状大小和之前Word、Excel、PowerPoint中形状的操作一致，下面主要对如何更改形状的布局以及美化形状进行介绍。

❶调整形状布局

为了让各个形状整齐有序的排列在绘图页中，可以对形状的布局进行更改，其具体的操作步骤如下。

步骤01 选择形状，单击“开始”选项卡上“排列”组上的“排列”按钮，从展开的列表中选择合适的命令，如图26-22所示。

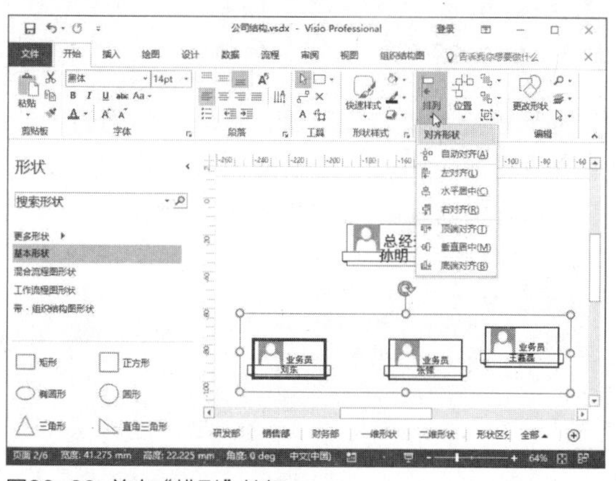

图26-22 单击“排列”按钮

步骤02 单击“位置”按钮，从展开的列表中选择“横向分布”选项，如图26-23所示。

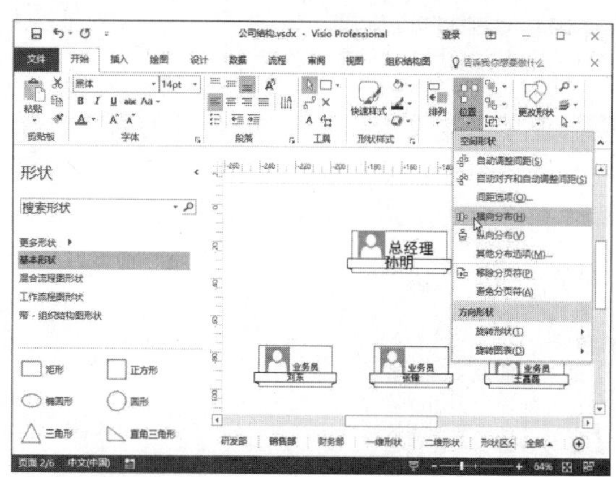

图26-23 选择“横向分布”选项

步骤03 在“位置”列表中选择“间距选项”选项，可打开“间距选项”对话框，对形状间的间距进行适当设置，如图26-24所示。

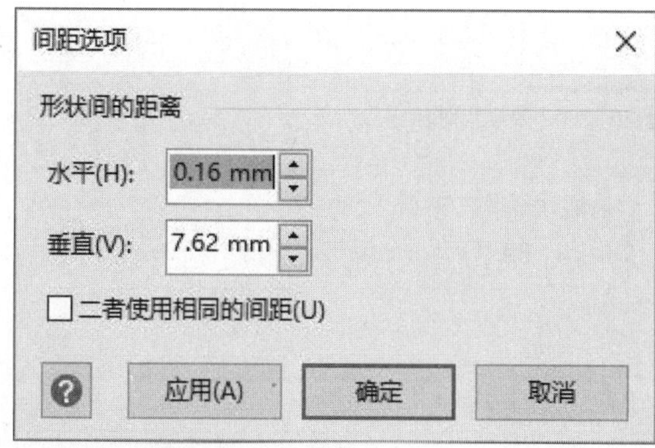

图26-24 “间距选项”对话框

步骤04 在“位置”列表中选择“其他分布选项”选项，可打开“分布形状”对话框，对形状的垂直分布和水平分布进行详细设置，如图26-25所示。

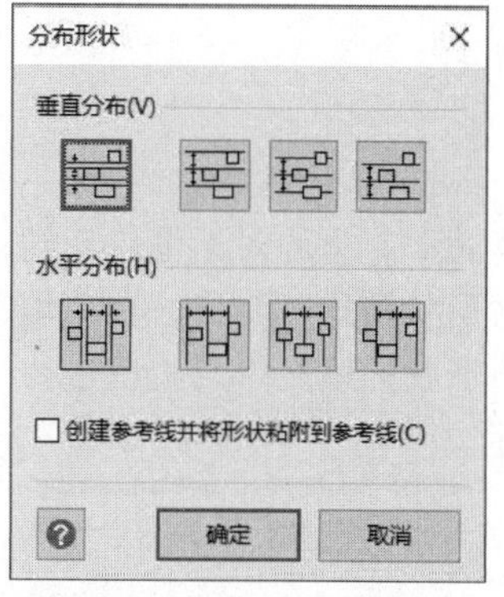

图26-25 “分布形状”对话框

❷美化形状

默认情况下，在当前绘图页中添加的形状和当前绘图文档的主题相匹配，如果用户对默认的形状样式不满意，可以按需对形状样式进行更改，其具体的操作步骤如下。

步骤01 选择形状，执行“开始>形状样式>快速样式”命令，从展开的列表中选择合适的形状样式即可，如图26-26所示。

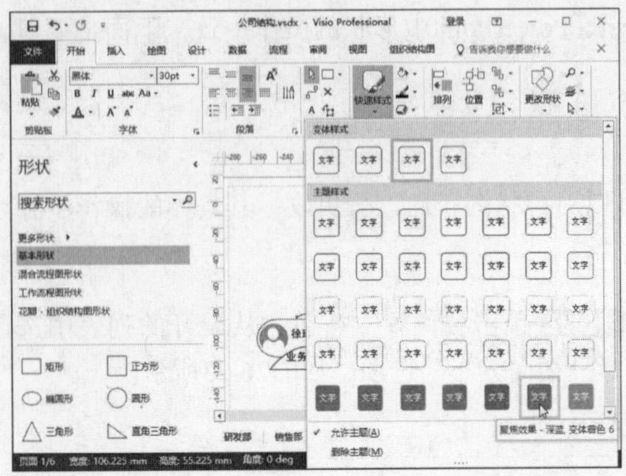

图26-26 快速应用形状样式

步骤02 也可以单击“填充”按钮，从展开的列表中选择合适的命令，对形状的填充进行更改，如图26-27所示。

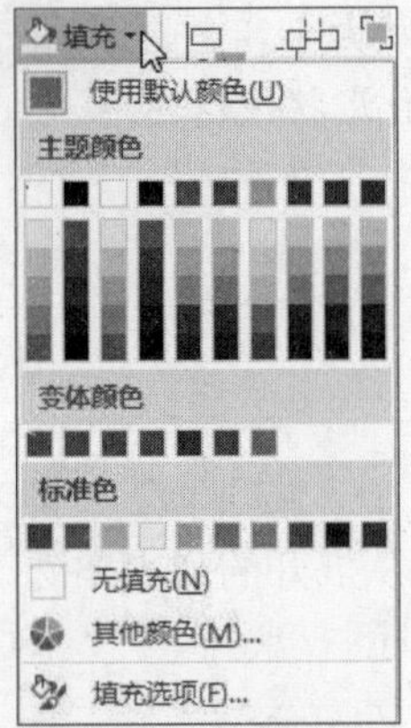

图26-27 “填充”列表

步骤03 单击“线条”按钮，从展开的列表中选择合适的命令，可以对形状边框颜色、粗细、样式进行适当设置，如图26-28所示。

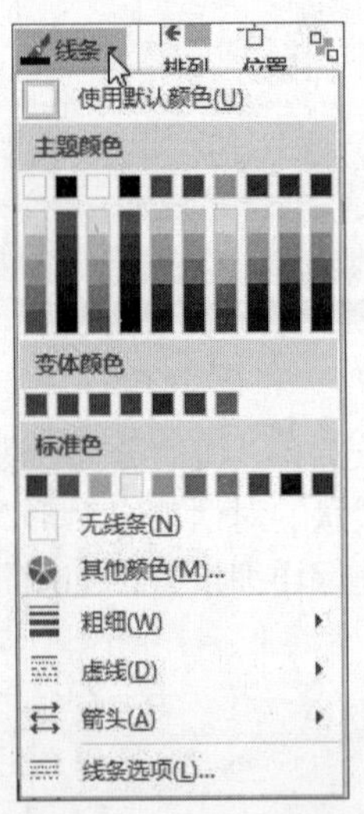

图26-28 “线条”列表

步骤04 单击“效果”按钮，从展开的列表中选择合适的命令，可对形状的阴影、映像、发光等特殊效果进行设置，如图26-29所示。

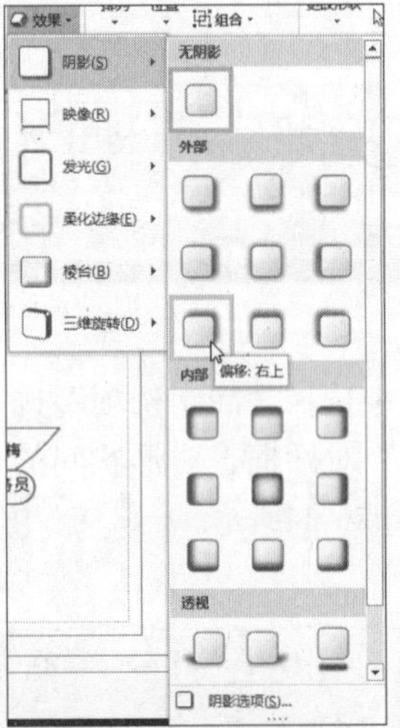

图26-29 “效果”列表

步骤05 单击“形状样式”组上的对话框启动器按钮，可打开“设置形状格式”窗格，在“填充”选项卡，可以对形状的填充以及边框进行设置，如图26-30所示。

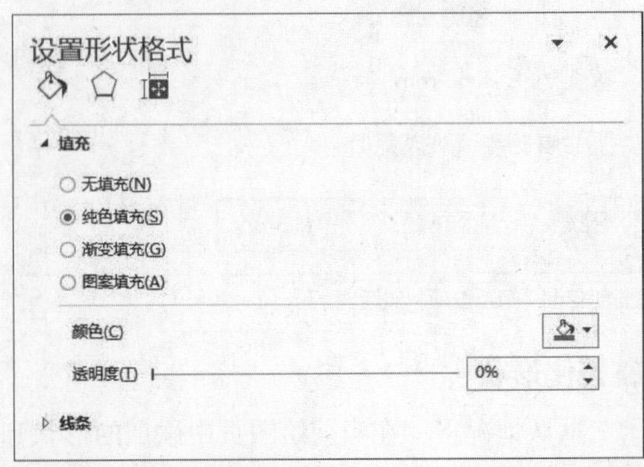

图26-30 “填充”选项卡

步骤06 在“效果”选项卡中，可以对形状的阴影、映像、发光、柔化边缘、三维格式等进行设置，如图26-31所示。

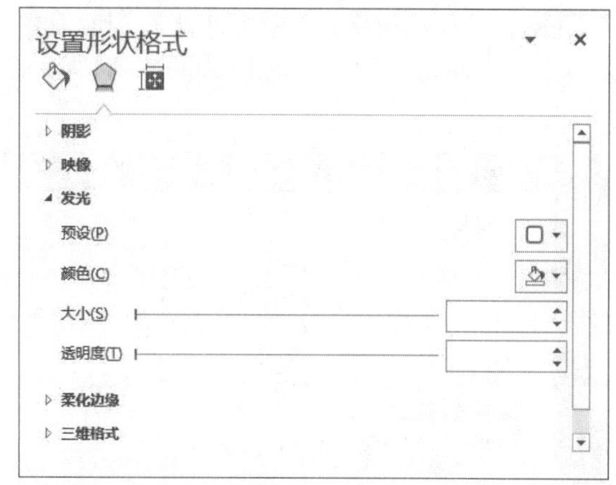

图26-31 “效果”选项卡

办公室练兵：制作办公用品采购流程

在公司日常活动中，经常需要为各部门同事采购办公用品，那么，如何通过Visio 2016制作办公用品采购流程呢？

在制作采购流程图时，需要创建绘图文档，并且在绘图页中按需添加形状，并将这些形状有序的排列，下面以具体的操作步骤对其进行详细介绍。

步骤01 双击电脑桌面上的Visio 2016快捷方式图标，如图26-32所示。

图26-32 双击Visio 2016图标

步骤02 启动Visio 2016应用程序，进入模板列表，选择“跨职能流程图”模板，如图26-33所示。

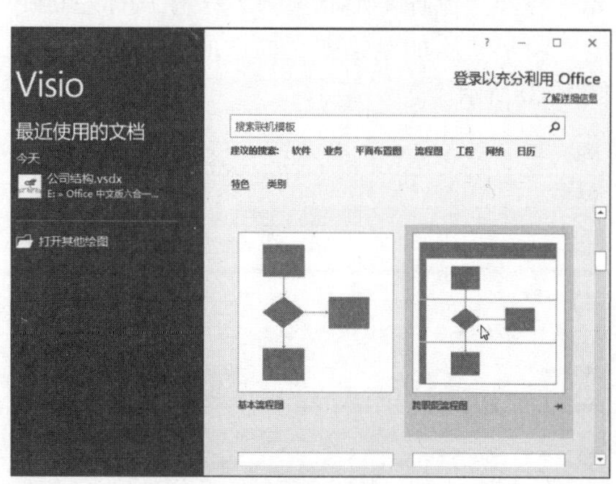

图26-33 选择“跨职能流程图”选项

步骤03 打开预览窗格，选择“水平跨职能流程图”选项，单击“创建”按钮，如图26-34所示。

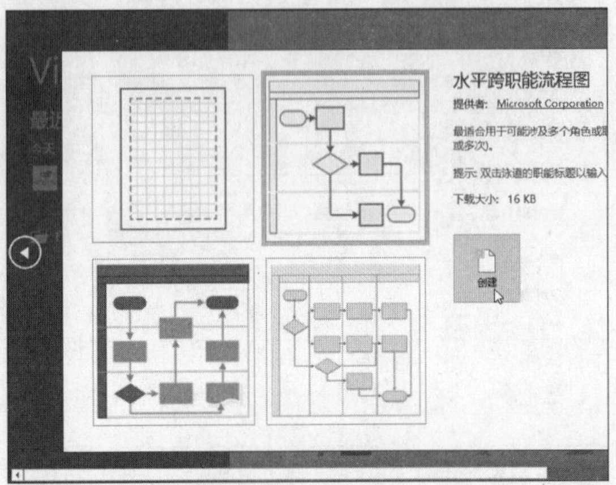

图26-34 单击“创建”按钮

步骤04 下载完成后，将自动打开绘图文档，选择需要修改的文本，右键单击，从右键快捷菜单中选择“编辑文本”命令，如图26-35所示。

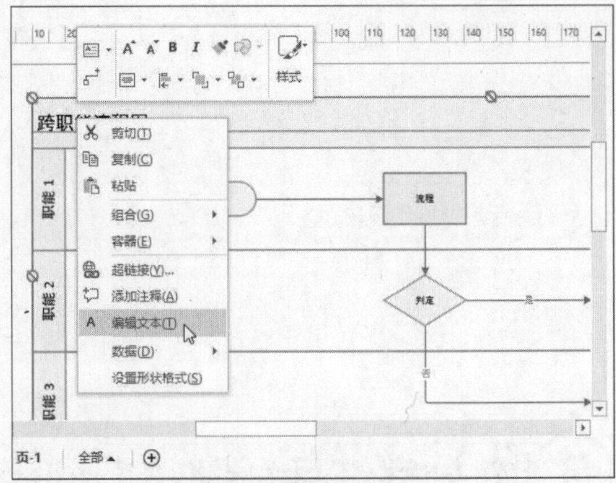

图26-35 选择“编辑文本”命令

步骤05 按需输入文本，如图26-36所示。

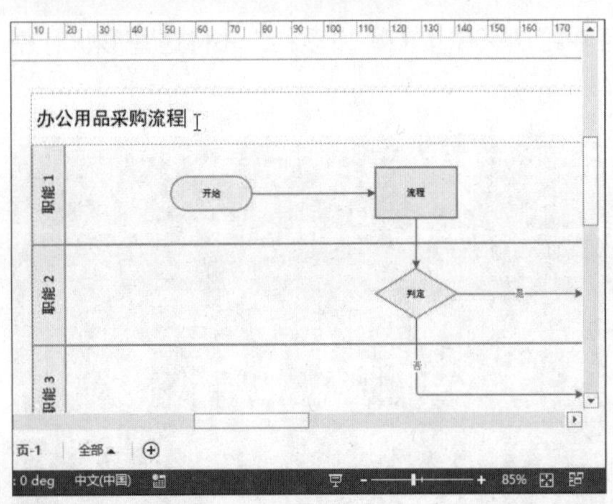

图26-36 输入文本

步骤06 将鼠标移至左侧形状窗格中的“泳道”形状上，如图26-37所示。按住鼠标左键不放，将形状添加至绘图页面中的合适位置即可。

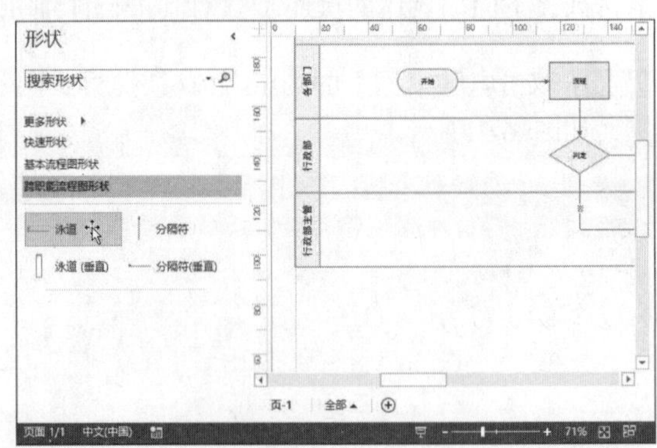

图26-37 选择“泳道”

步骤07 打开“基本流程图形状”列表，将鼠标光标移至“流程”形状上方，按住鼠标左键不放，将形状添加至绘图页面中的合适位置，如图26-38所示。

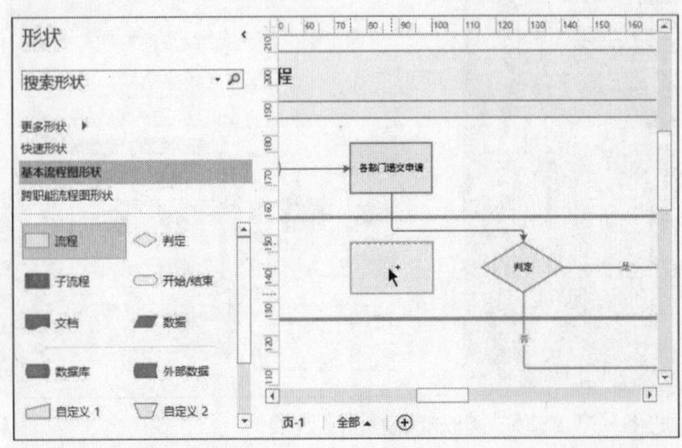

图26-38 添加流程形状

步骤08 将鼠标光标移至连接线的连接点，按住鼠标左键不放，将其移至其它形状上方，如图26-39所示。

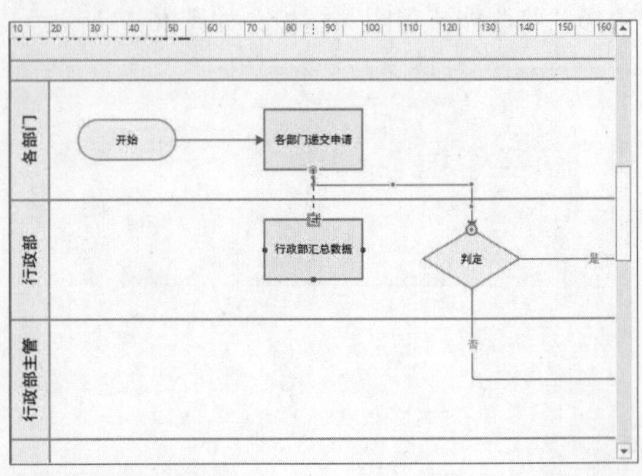

图26-39 移动连接线

步骤09 按照同样的方法添加其他形状，选择需要对齐的形状，执行“开始>排列>排列>顶端对齐”命令，如图26-40所示。

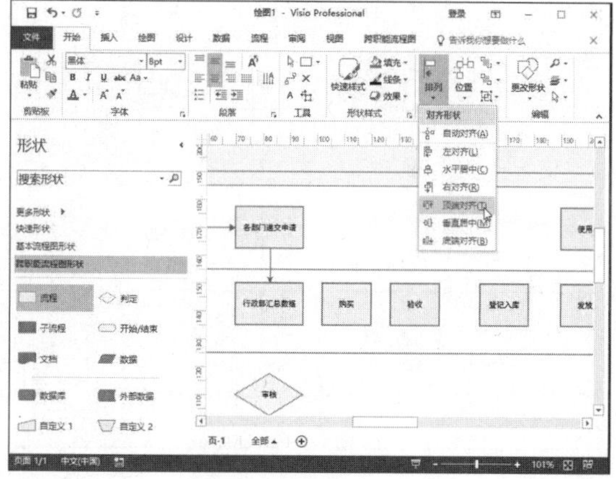

图26-40 选择“顶端对齐”选项

步骤10 执行“开始>排列>位置>横向分布”命令，如图26-41所示。

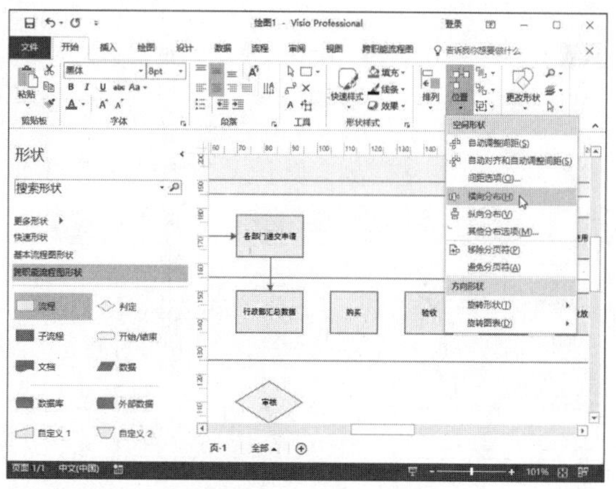

图26-41 选择“横向分布”选项

步骤11 单击“开始”选项卡上“工具”组中的“连接线”按钮，如图26-42所示。

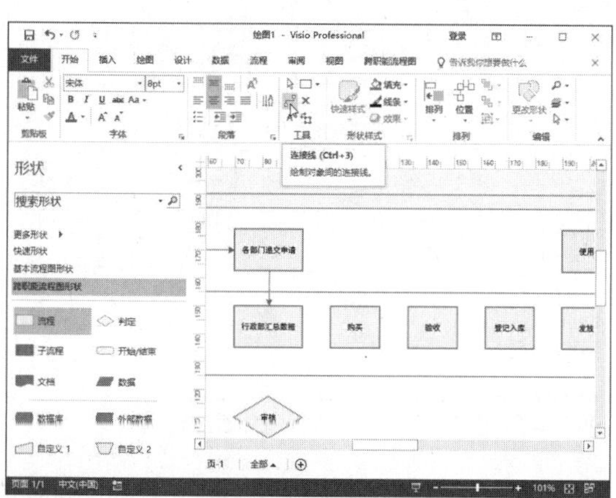

图26-42 单击“连接线”按钮

步骤12 将鼠标光标移至形状上方，会出现连接点，选择一个连接点，按住鼠标左键不放，拖动鼠标至需要连接至的形状上方的连接点释放鼠标左键即可，如图26-43所示。

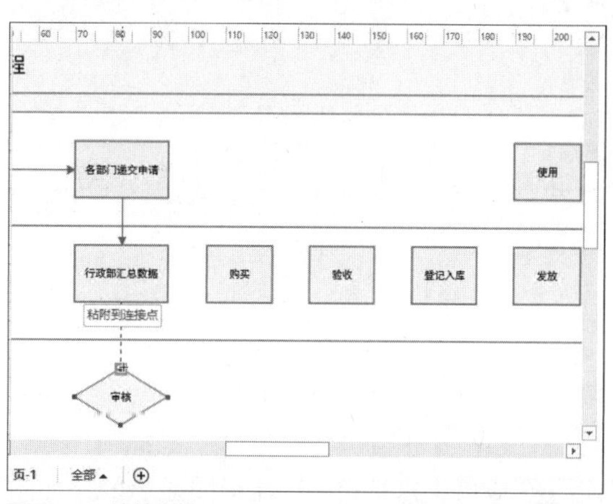

图26-43 连接形状

步骤13 按照同样的方法，连接其他具有关联性的形状，如图26-44所示。

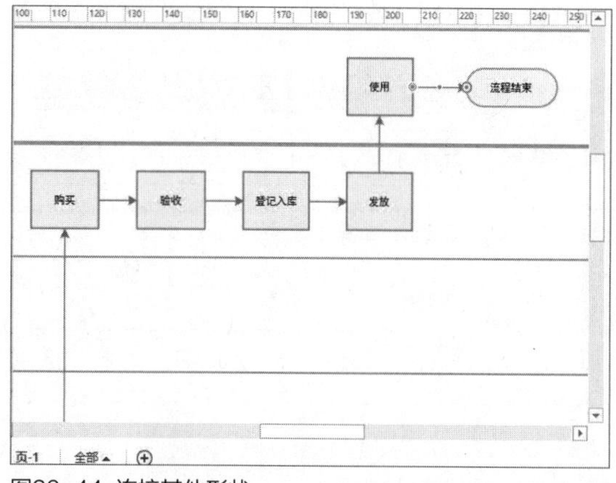

图26-44 连接其他形状

步骤14 单击“插入”选项卡上“文本”组上的“文本框”按钮，从列表中选择“横排文本框”选项，如图26-45所示。

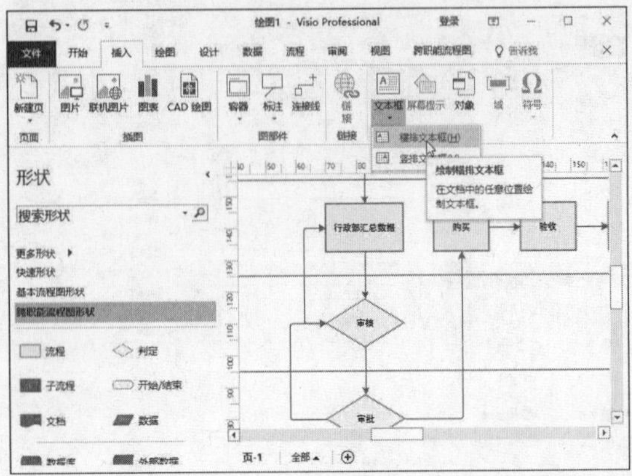

图26-45 选择“横排文本框”选项

步骤15 按住鼠标左键不放，绘制合适大小的文本框，如图26-46所示。

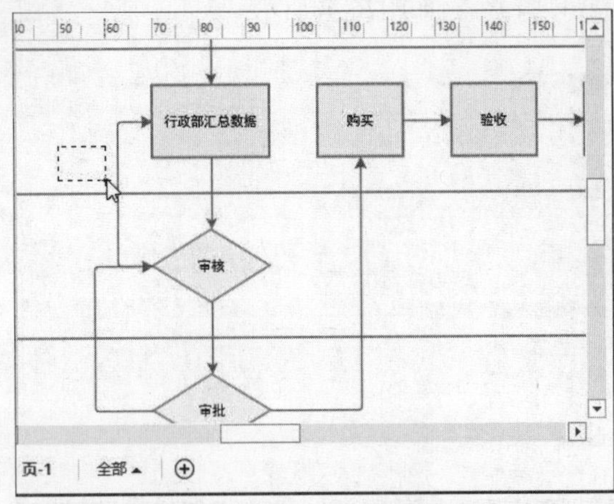

图26-46 绘制文本框

步骤16 绘制完成后，释放鼠标左键，按需添加文本即可，如图26-47所示。

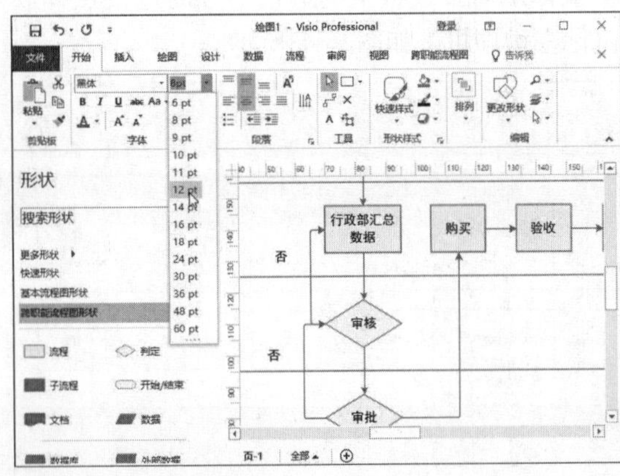

图26-47 添加文本效果

步骤17 按Ctrl+A组合键选择所有形状，执行“开始>快速样式>平衡效果-橙色,变体着色4”命令，如图26-48所示。

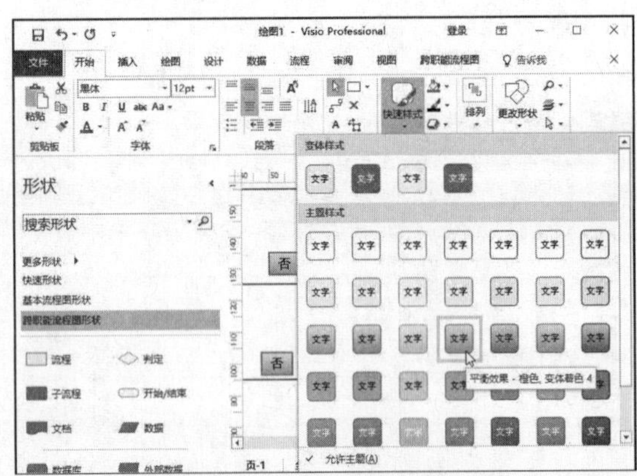

图26-48 选择“平衡效果-橙色,变体着色4”命令

步骤18 应用快速样式后，流程图显示效果如图26-49所示。

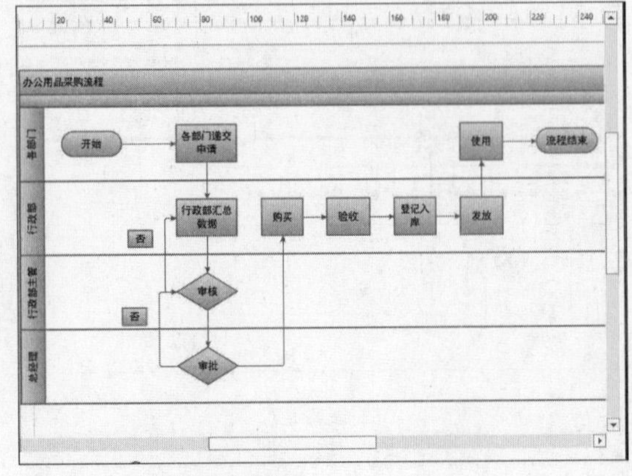

图26-49 应用快速样式效果

步骤19 单击快速访问工具栏上的“保存”按钮，如图26-50所示。

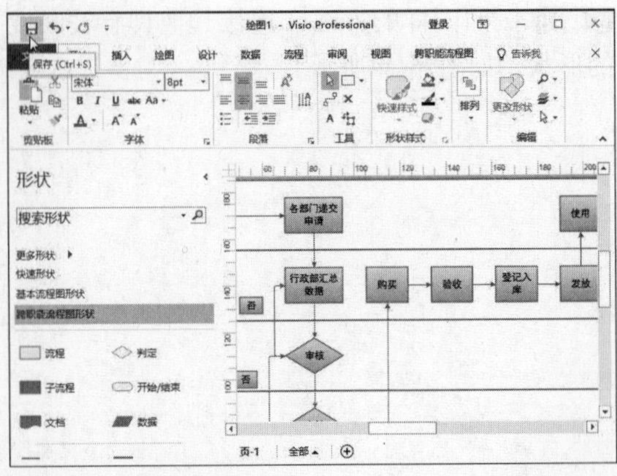

图26-50 单击“保存”按纽

步骤20 选择“另存为”选项下的“浏览”选项，如图26-51所示。

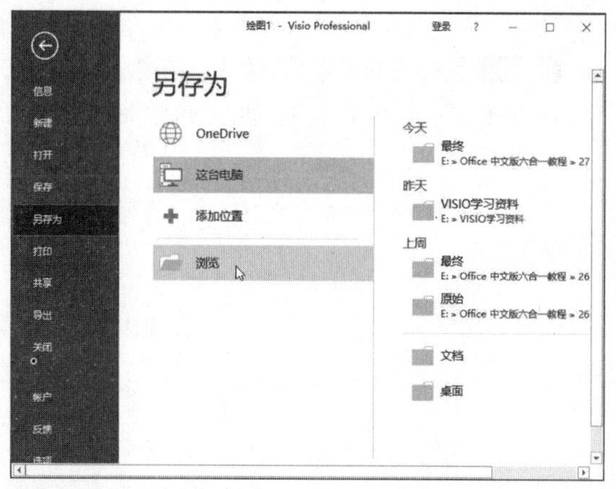

图26-51 选择“浏览”选项

步骤21 打开“另存为”对话框，选择文件保存位置，输入文件名，单击“保存”按钮，如图26-52所示。

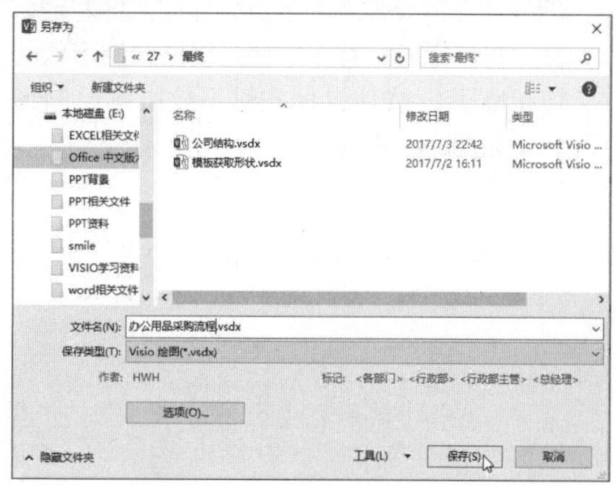

图26-52 保存文件

技巧放送：铅笔工具绘图

通过绘图工具绘制形状时，铅笔工具几乎可以绘制任何需要的形状，下面介绍如何通过铅笔工具绘图，其具体的操作步骤如下。

步骤01 单击“开始”选项卡“工具”组上的“形状工具”下拉按钮，从列表中选择“铅笔”选项，如图26-53所示。

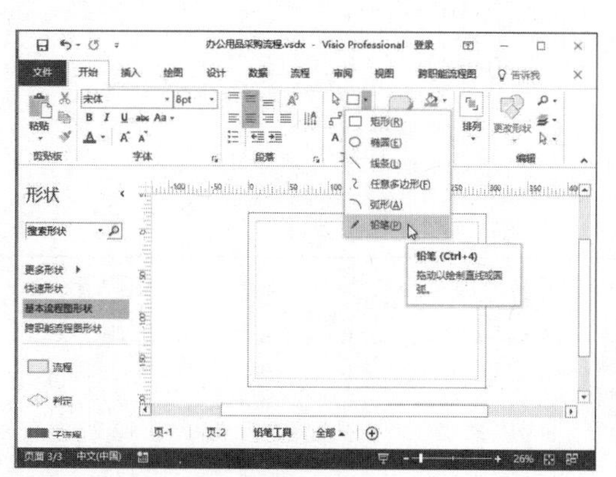

图26-53 选择“铅笔”选项

步骤02 鼠标光标变为笔样式，在绘图页上按住鼠标左键不放，拖动鼠标绘制，如图26-54所示。

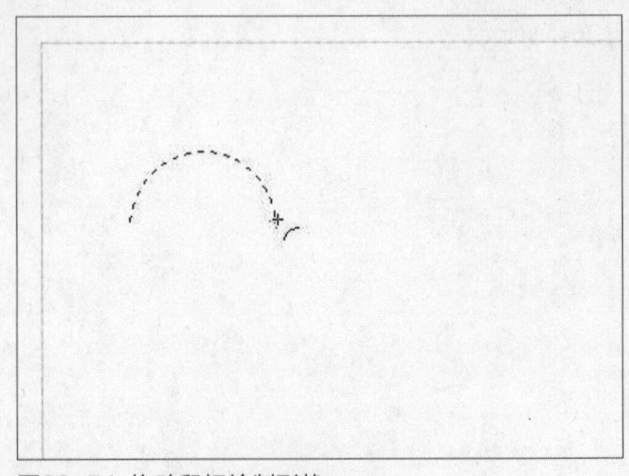

图26-54 拖动鼠标绘制形状

步骤03 在需要停顿的节点，释放鼠标左键，然后将鼠标光标移至需要连接已绘制形状的连接点上，按住鼠标左键不放继续绘制形状，如图26-55所示。

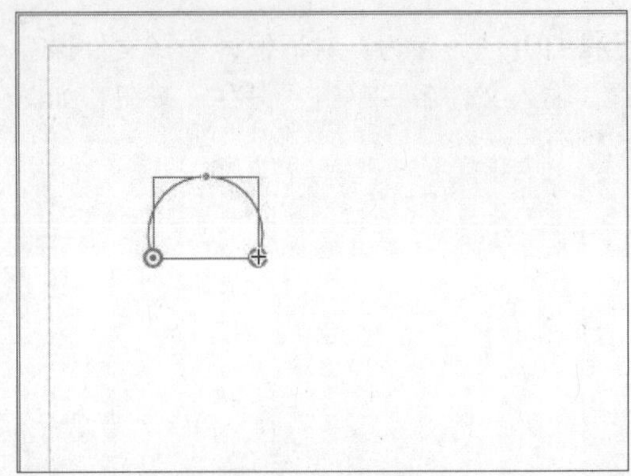

图26-55 按住鼠标左键不放绘制形状

步骤04 绘制多个形状，可以组合成一个形状，效果如图26-56所示。

图26-56 绘制形状效果

Chapter 27 Visio中其他对象的使用

创建绘图文档后，添加形状时，文本框、图片以及图表等对象也属于形状的范畴，通过添加这些对象，可以更好的对绘图页中的内容进行说明，本章节将对其进行详细介绍。

1. 添加文本
2. 添加图片
3. 添加图表
4. 构建块图
5. 构建条形图表
6. 构建营销图表

27.1 添加文本

Visio 2016中文本的添加，主要是在形状中添加文本，或者通过注释文本块的方式出现。在形状中添加文本，可以清晰、准确的传达形状的含义。Visio 2016为用户提供了易于操作的添加与编辑文字工具，从而可以帮助用户创建图文并茂的绘图文档。

❶为形状添加文本

如果用户在绘图页中绘制了形状，则需要在其中添加文本说明内容，可以按照下面的操作步骤进行操作。

步骤01 双击需要添加文本的形状，鼠标光标定位至形状中，如图27-1所示。

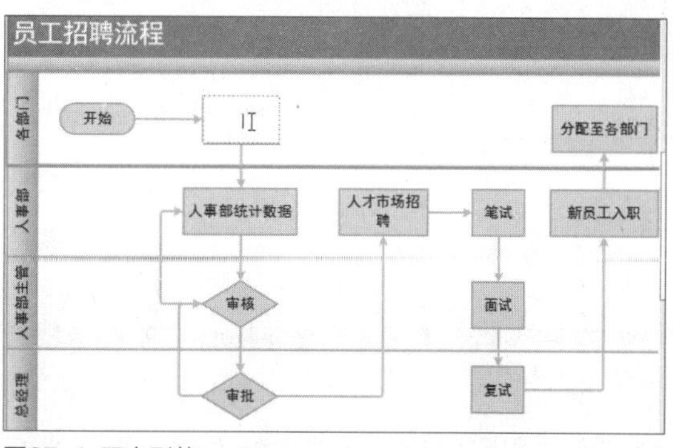

图27-1 双击形状

步骤02 选择输入法，按需输入文本，输入完成后，在形状外单击，如图27-2所示。

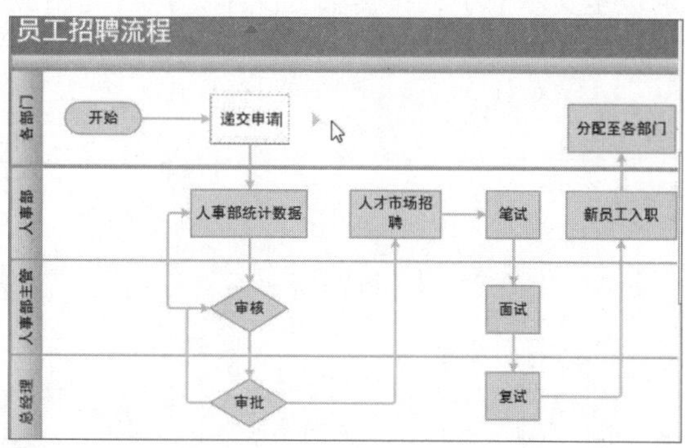

图27-2 输入文本

Tip：如何编辑形状中的文本?

选择形状，右键单击，从弹出的右键快捷菜单中选择“编辑文本”命令，如图27-3所示。然后按需修改形状中的文本即可。

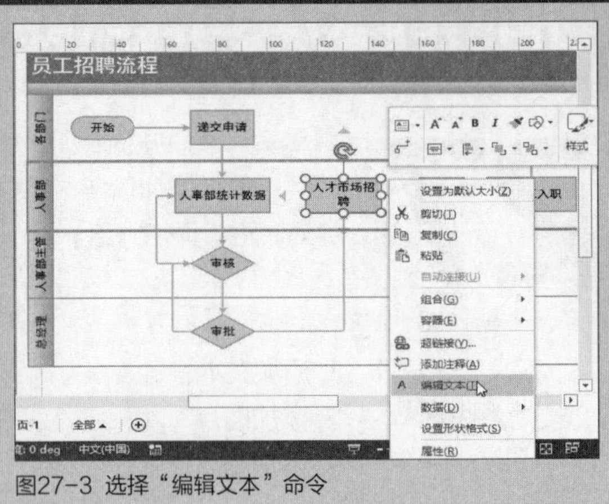

图27-3 选择“编辑文本”命令

❷添加纯文本

如果用户需要对绘图页中的流程、事项等进行说明，这就需要通过文本框在绘图页中添加文本，其具体的操作步骤如下。

步骤01 打开绘图文档，执行“插入>文本>文本框>竖排文本框”命令，如图27-4所示。

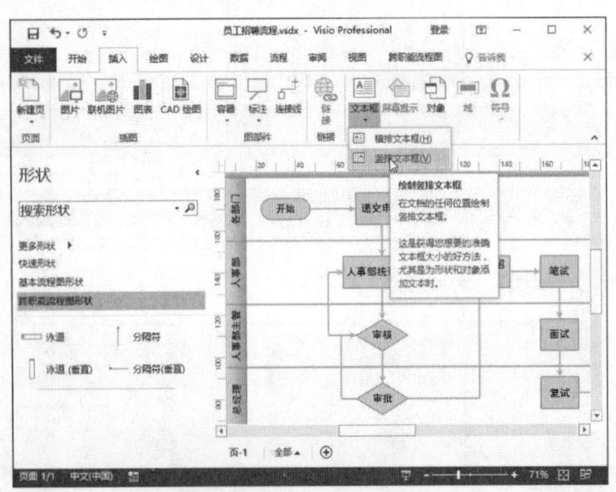

图27-4 选择“竖排文本框”选项

步骤02 鼠标光标变为十字形，按住鼠标左键不放，在绘图页的合适位置绘制文本框，如图27-5所示。

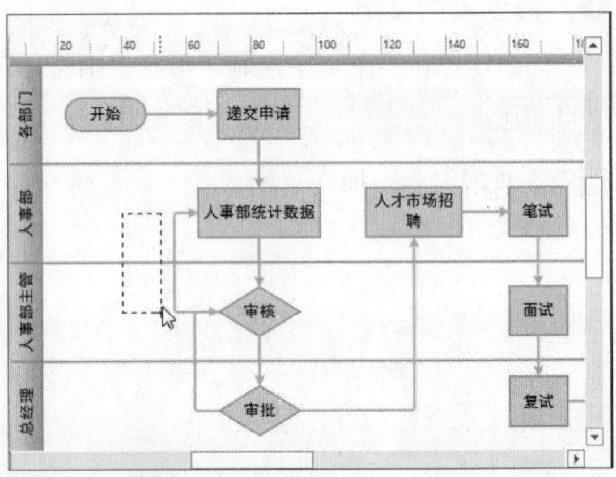

图27-5 绘制文本框

步骤03 绘制完成后，释放鼠标左键，鼠标光标定位至文本框中，按需输入文本，然后复制文本框到其他位置即可，如图27-6所示。

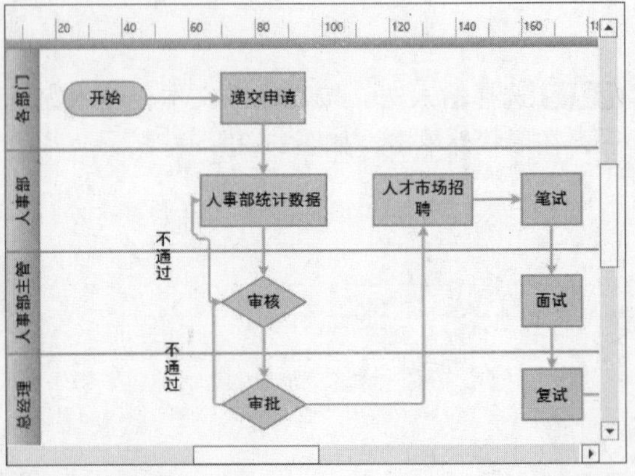

图27-6 输入文本

❸添加注释

如果为绘图文档中的指定部分或者绘图页中的内容进行标注，则可以在绘图页中添加注释，其具体操作步骤如下。

步骤01 选择形状，单击“审阅”选项卡上“批注”组中的“新建批注”按钮，如图27-7所示。

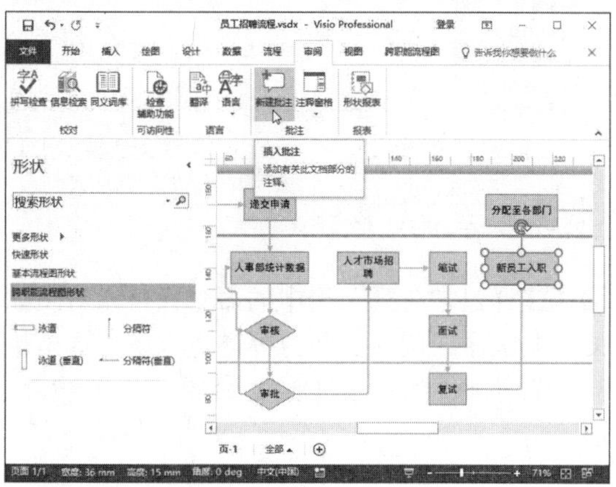

图27-7 单击“新建批注”按钮

步骤02 在形状上方出现注释框，并且鼠标光标自动定位至注释框中，如图27-8所示。

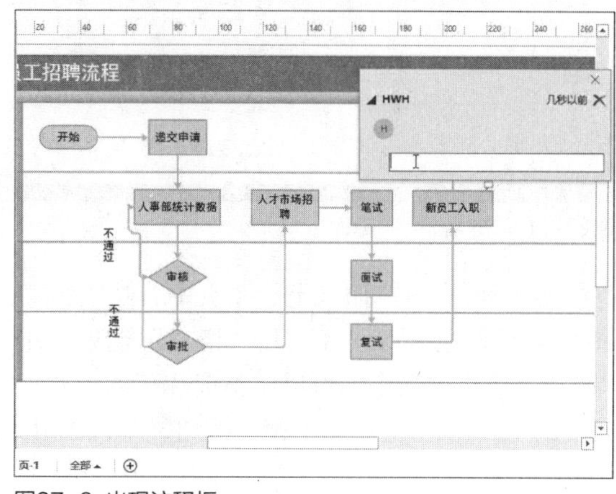

图27-8 出现注释框

步骤03 按需添加注释，添加完成后，在注释框外单击鼠标左键，完成添加，如图27-9所示。

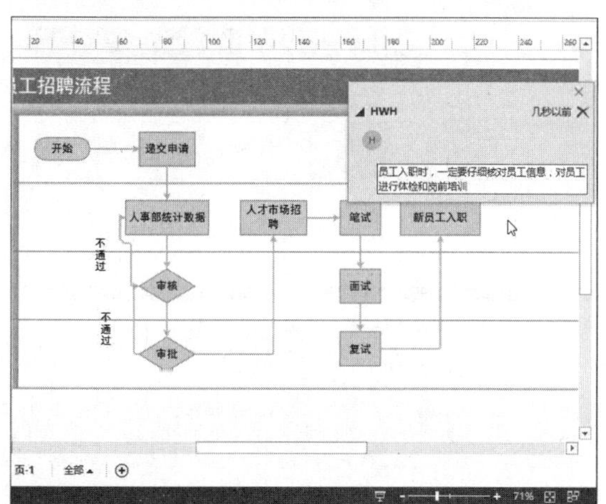

图27-9 添加注释

步骤04 按照同样的方法添加其他注释，单击“注释窗格”按钮，可打开“注释”窗格，在其中对注释进行编辑，如图27-10所示。

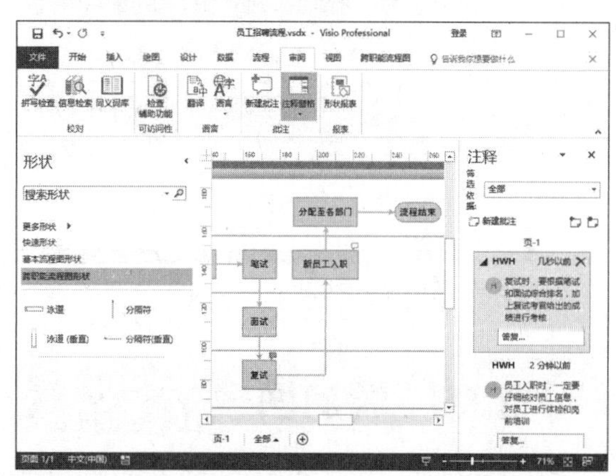

图27-10 “注释”窗格

27.2 添加图片

如果想要绘图页中的内容更加美观，则可以根据绘图页中的内容添加与之相关的图片，其具体操作步骤如下。

步骤01 打开绘图文档，单击“插入”选项卡中的“图片”按钮，如图27-11所示。

步骤02 打开“插入图片”对话框，选择图片，单击“打开”按钮，如图27-12所示。

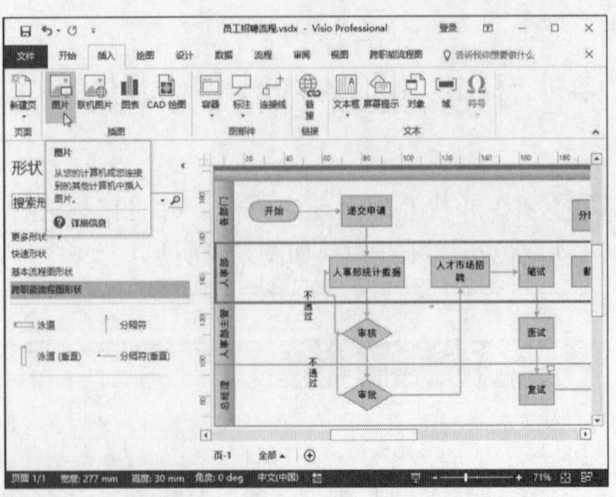
图27-11 单击“图片”按钮

图27-12 单击“打开”按钮

步骤03 即可将图片插入至绘图页中，按需调整图片大小，通过“图片工具－格式”选项卡中“调整”组中的命令，可以调整图片亮度、对比度等，这里单击“自动平衡”按钮，如图27-13所示。

步骤04 通过“排列”组中的命令，可以对图片的叠放次序、旋转、裁剪等进行调整，这里执行“置于底层>置于底层”命令，如图27-14所示。

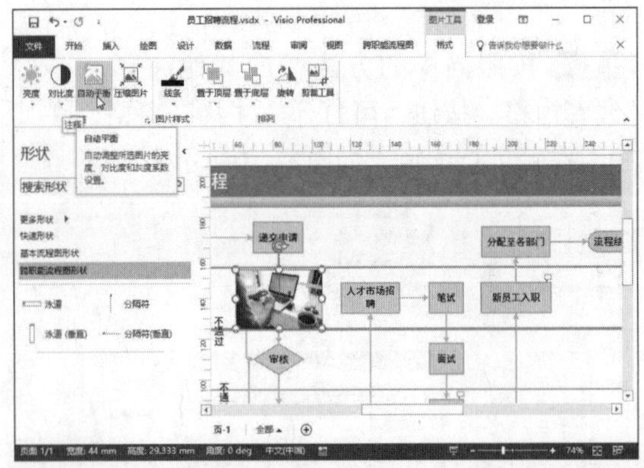
图27-13 单击“自动平衡”按钮

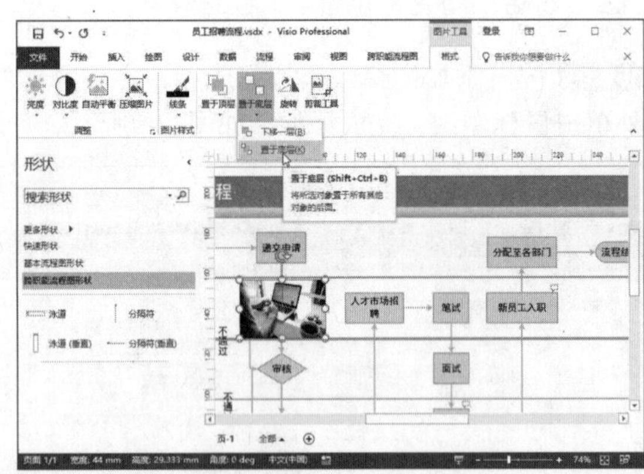
图27-14 选择“置于底层”选项

27.3 添加图表

如果有需要，还可以在其中插入图表，其具体的操作步骤如下。

步骤01 单击“插入”选项卡中“插图”组上的“图表”按钮，如图27-15所示。

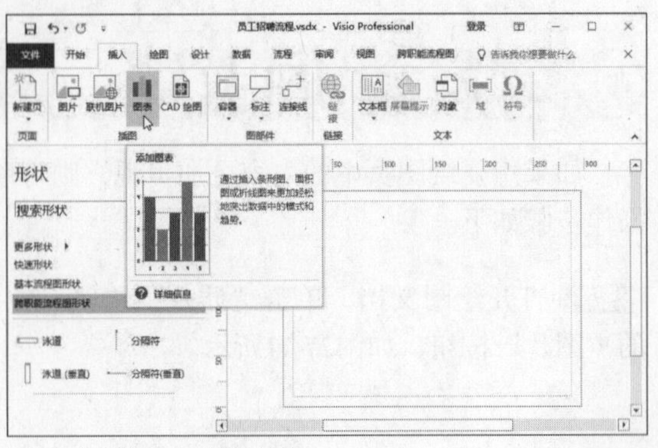
图27-15 单击“图表”按钮

步骤02 打开数据表，按需输入数据，单击“关闭”按钮，如图27-16所示。

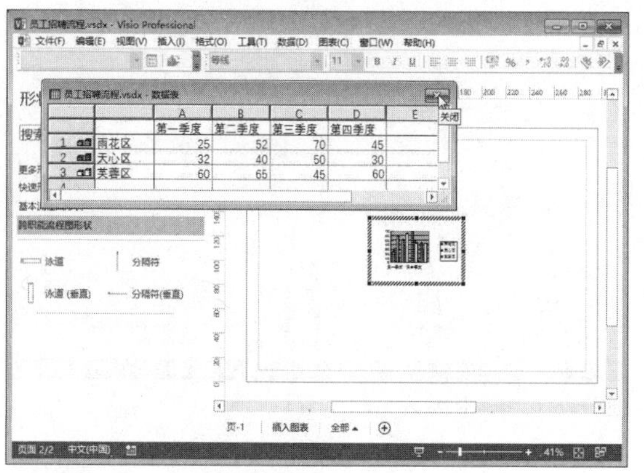

图27-16 单击“关闭”按钮

步骤03 还可以单击“工具栏选项”按钮，从列表中选择“图表类型”按钮，从其级联菜单中选择合适的图表类型，对图表类型进行更改，如图27-17所示。

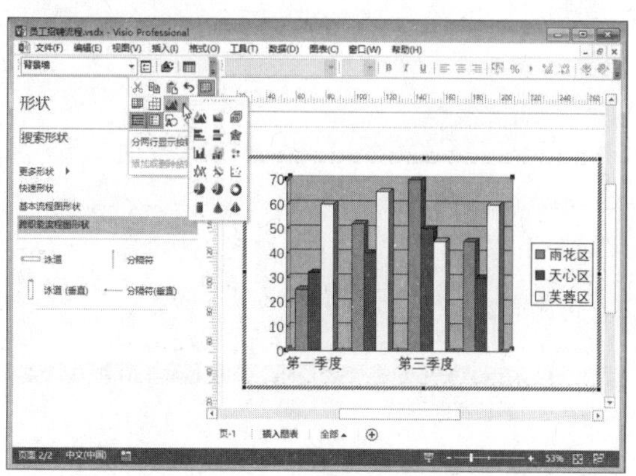

图27-17 更改图表类型

27.4 构建基本图表

学习了Visio 2016相关的基础知识后，想要制作一个复杂的绘图，首先需要学会构建基本图表。通过基本图表，可以帮助用户清晰明了的分析绘图中的数据。构建基本图表包括构建块图和图表。

27.4.1 构建块图

块图是制作图表的主要元素，又分为“块”、“树”与“扇状图”3种类型。其中，“块”用来显示流程中的步骤，“树”用来显示层次信息，而“扇状图”用来显示从核心到外表所构建的数据关系。创建块图是将不同模具中的形状拖动到绘图页中，其具体的操作步骤如下。

步骤01 在左侧形状窗格中，执行“更多形状>常规>方块”命令，如图27-18所示。

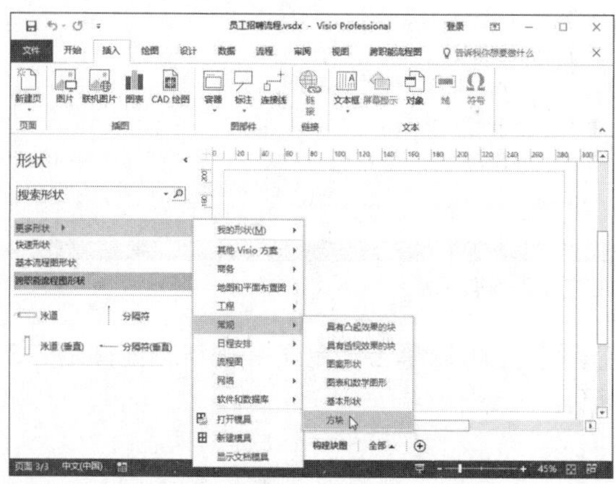

图27-18 选择“方块”选项

步骤02 将鼠标光标移至“框”形状上，按住鼠标左键不放，将其拖动至绘图页中，如图27-19所示。

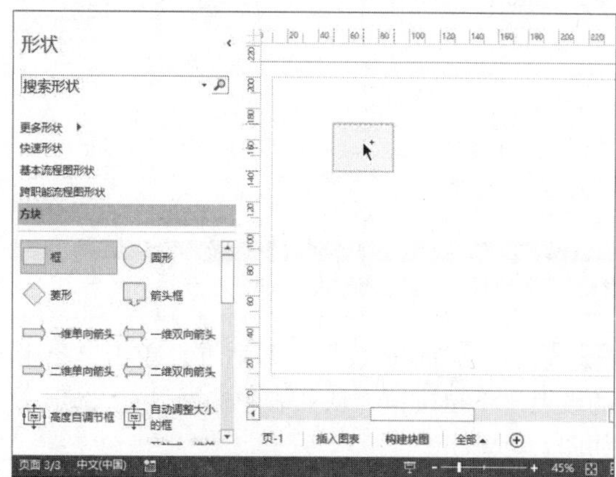

图27-19 获取“框”形状

步骤03 按照同样的方法，添加其他形状至绘图页中，并且旋转箭头，如图27-20所示。

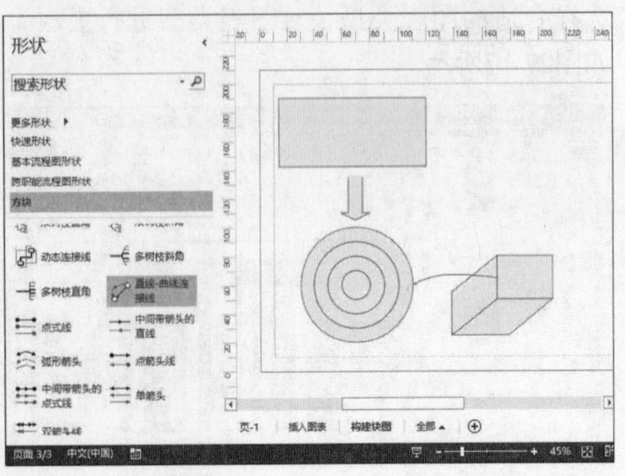
图27-20 添加其他形状

步骤04 拖动形状上的黄色编辑点，可以编辑形状，如图27-21所示。

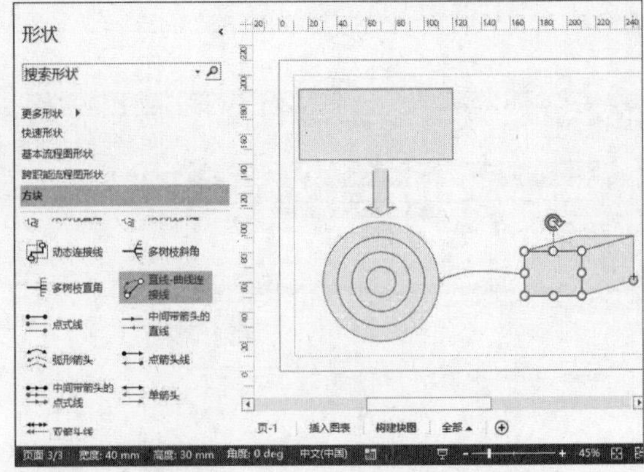
图27-21 编辑形状

27.4.2 构建图表

构建的图表是在数据表的基础上，用来展示、分析与交流绘图数据的图形。在构建图表时，按照类型可划分为：条形图、营销图表等。下面介绍几种常见的图表的构建方法。

❶构建条形图表

条形图经常用来阐述多组数据的关系或者比较多组数据，下面介绍如何构建条形图表，其具体的操作步骤如下。

步骤01 打开绘图文档，在左侧形状窗格中，执行“更多形状>商务>图表和图形>绘制图表形状”命令，如图27-22所示。

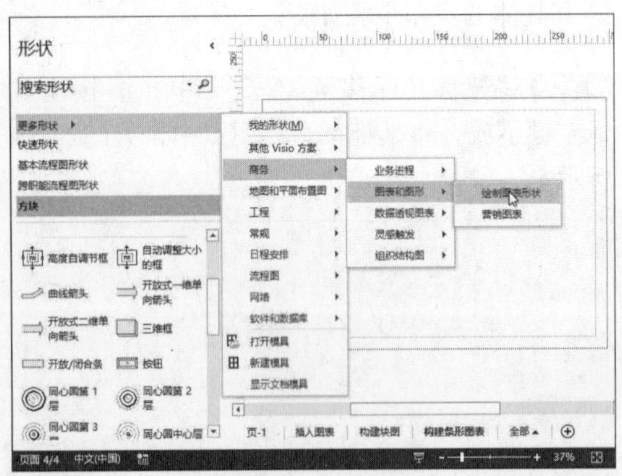
图27-22 选择“绘制图表形状”选项

步骤02 鼠标光标移至“条形图1”形状上方，按住鼠标左键不放，将其拖动至绘图页合适位置，如图27-23所示。

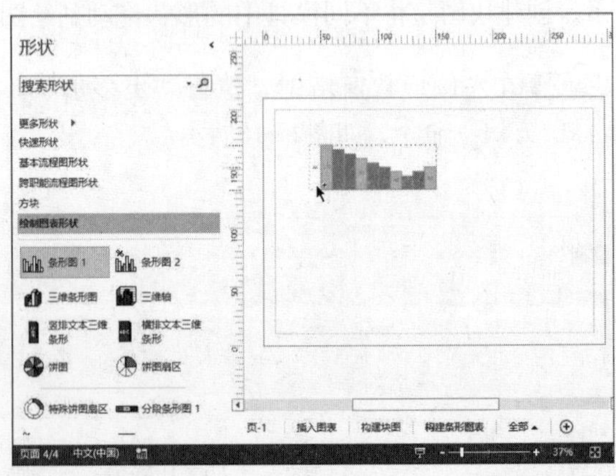
图27-23 获取形状

步骤03 弹出“形状数据”对话框，单击“条形的数目”下拉按钮，从列表中选择“8”选项，如图27-24所示。

步骤04 也可以单击“定义”按钮，如图27-25所示。

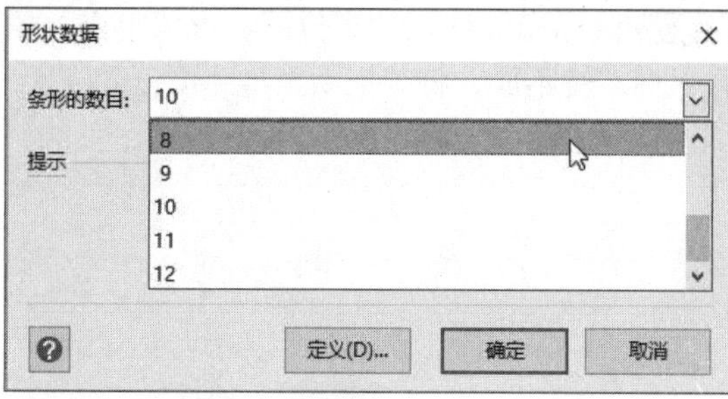

图27-24 “形状数据”对话框

步骤05 打开“定义形状数据”对话框，可以自定义形状数据，设置完成后单击“确定”按钮即可，如图27-26所示。

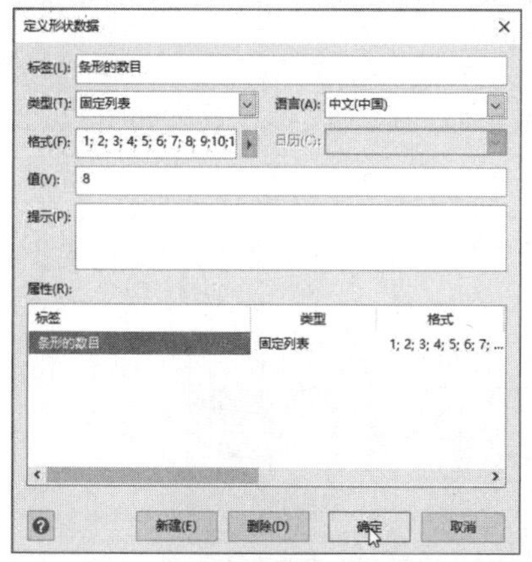

图27-26 “定义形状数据”对话框

步骤07 双击条形形状，更改数字值，条形的高度会随之发生更改，如图27-28所示。

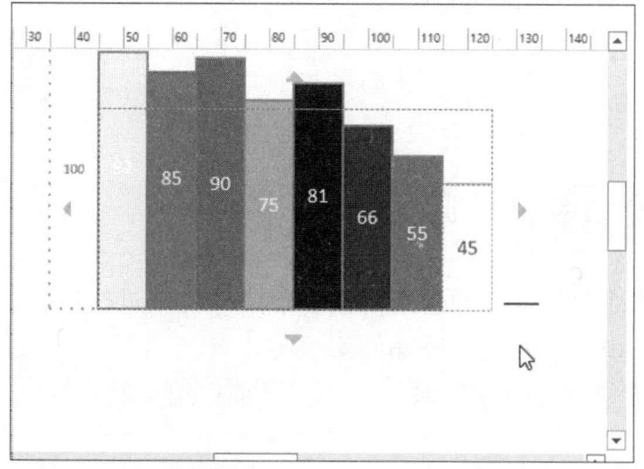

图27-28 更改条形形状数值

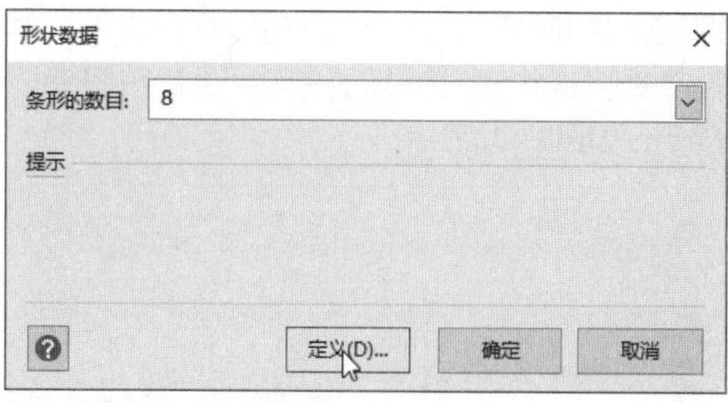

图27-25 单击“定义”按钮

步骤06 单击“形状数据”对话框中的“确定”按钮，即可在绘图页创建指定条形数目的图表，用户还可以按需更改条形填充色，如图27-27所示。

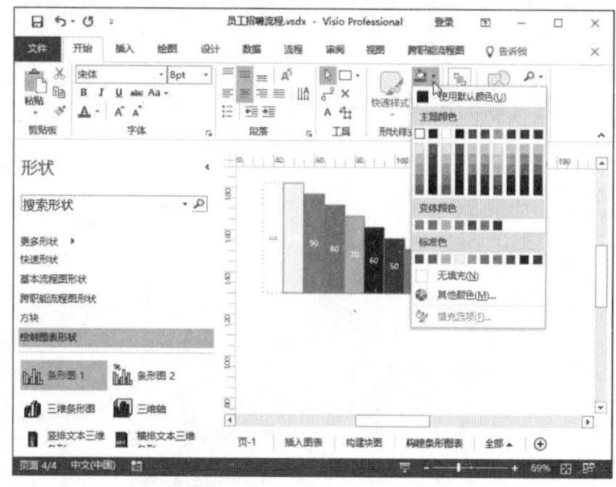

图27-27 更改条形填充色

步骤08 按需输入文本，标识条形标签，如图27-29所示。

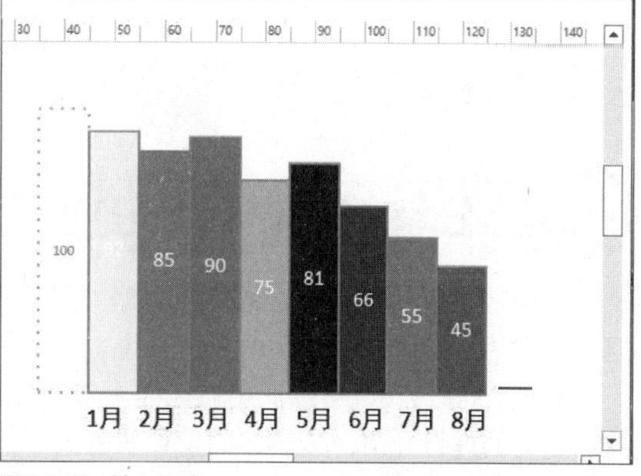

图27-29 输入文本

❷构建营销图表

营销图表也是在日常应用中经常用到的图表，下面以创建营销图表中的定位图为例进行介绍，其具体的操作步骤如下。

步骤01 打开绘图文档，在左侧形状窗格中，执行“更多形状>商务>图表和图形>营销图表”命令，如图27-30所示。

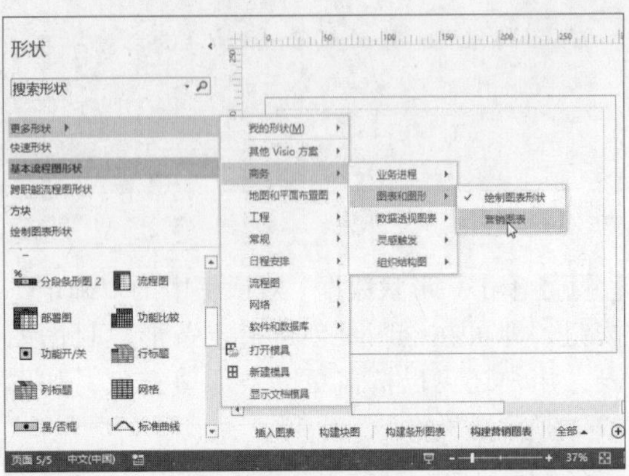

图27-30 选择“营销图表”选项

步骤02 鼠标光标移至“定位图”形状上方，按住鼠标左键不放，将其拖动至绘图页合适位置，如图27-31所示。

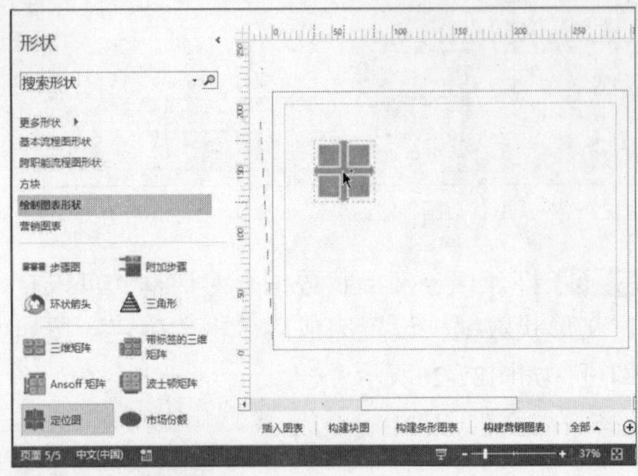

图27-31 获取形状

步骤03 按需更改形状内各个形状的填充色，并适当调整图表大小，如图27-32所示。

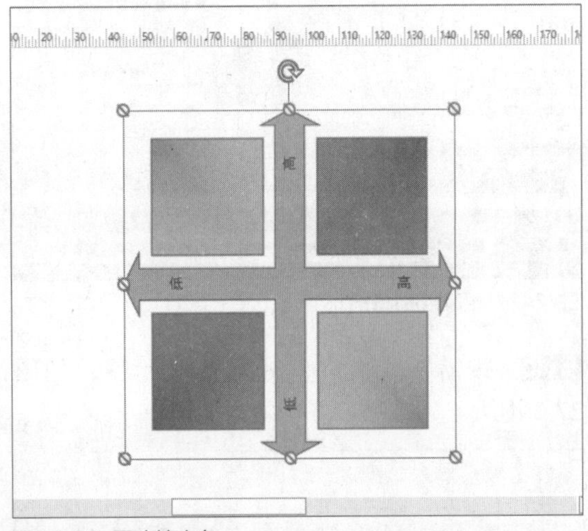

图27-32 更改填充色

步骤04 按需在形状内添加文本，效果如图27-33所示。

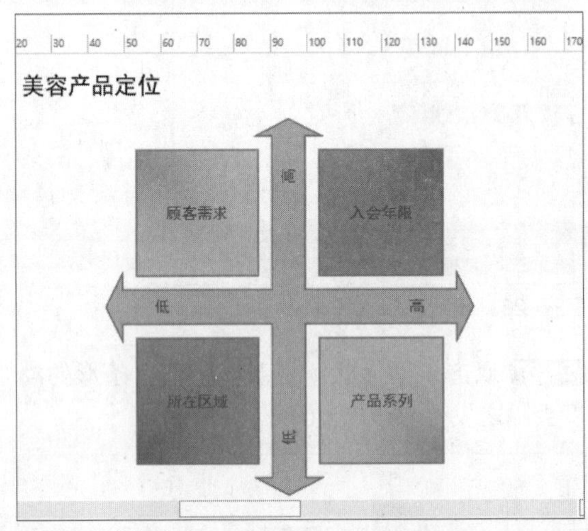

图27-33 添加文本

办公室练兵：制作卫生间平面图

无论是商场、自住房还是办公室等，都需要装修，专业设计师会用他们专业的软件来进行设计，但是，对于不熟练这些软件的我们来说，想要构思一些装修方案，该如何实施呢？

通过Visio 2016，可以让用户无需有专业技能，就能轻松绘制装修平面图，下面以卫生间平面图的绘制为例进行介绍，其具体的操作步骤如下。

步骤01 在磁盘的合适位置，右键单击，从右键快捷菜单中选择“新建>Microsoft Visio Drawing”命令，如图27-34所示。

步骤02 为创建的文档命名后，双击绘图文档图标，如图27-35所示。

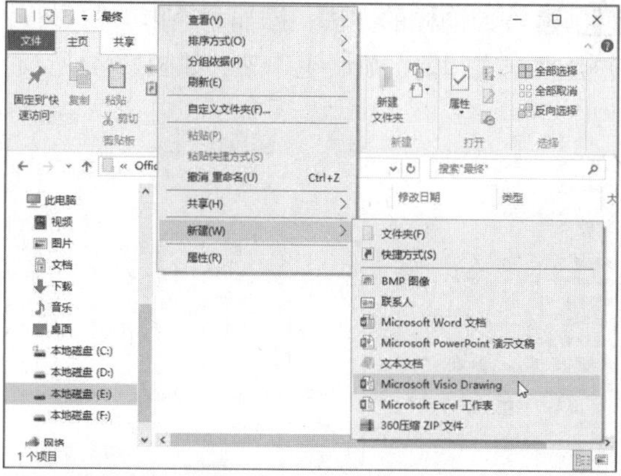
图27-34 创建绘图文档

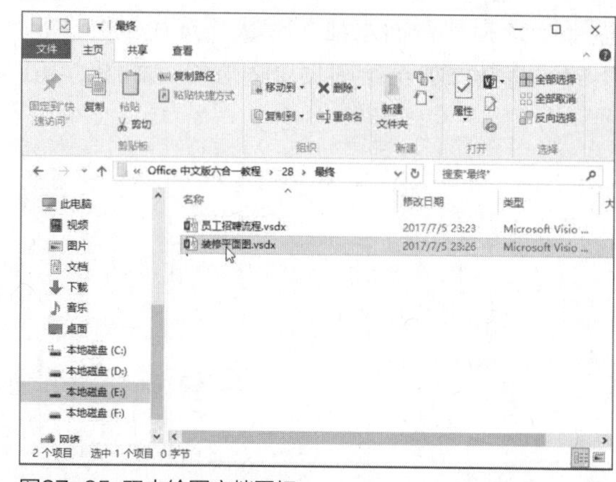
图27-35 双击绘图文档图标

步骤03 弹出“选择绘图类型”向导，选择“平面布置图”选项，单击“确定”按钮，如图27-36所示。

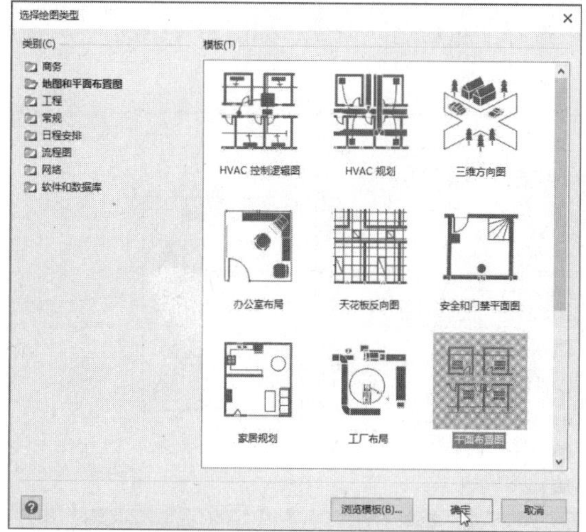
图27-36 单击“确定”按钮

步骤04 将鼠标移至左侧形状窗格中的“房间”形状上，按住鼠标左键不放，将形状添加至绘图页面中的合适位置即可，如图27-37所示。

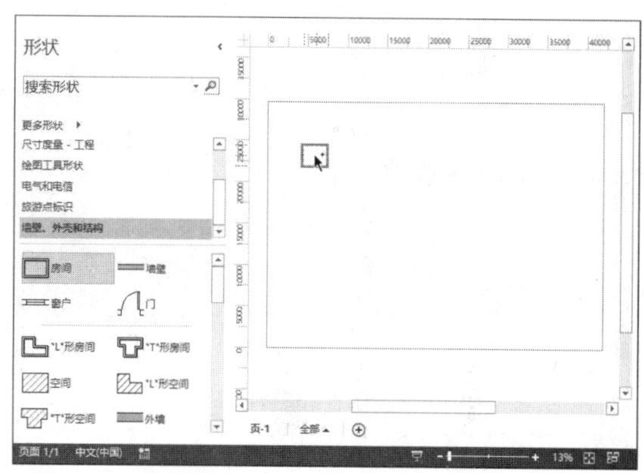
图27-37 获取形状

步骤05 按照同样的方法，将“门”形状添加至绘图页合适位置，如图27-38所示。

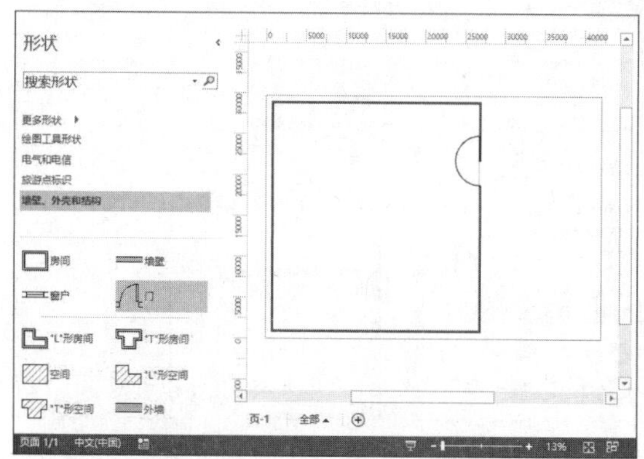
图27-38 添加“门”形状

步骤06 执行“更多形状>地面和平面布置图>建筑设计图>卫生间和厨房平面图”命令，如图27-39所示。

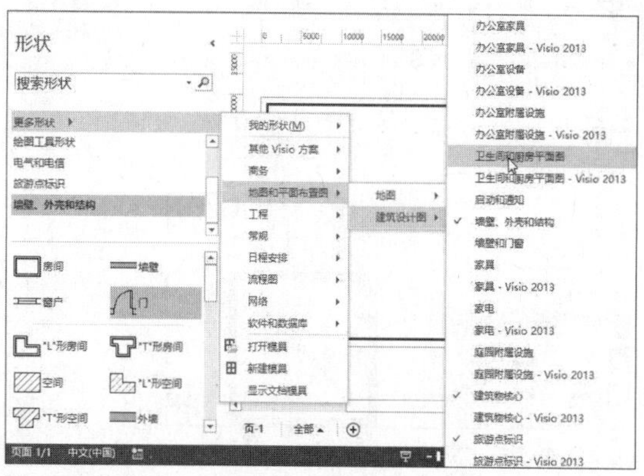
图27-39 选择“卫生间和厨房平面图”命令

步骤07 选择“台面水池”形状，按住鼠标左键不放，将其添加至绘图页合适位置，如图27-40所示。

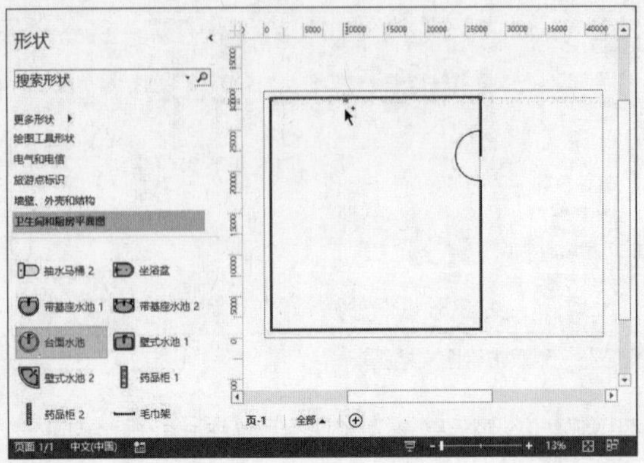

图27-40 添加“台面水池”形状

步骤08 按照同样的方法，添加“毛巾架”形状，并且根据实际情况旋转毛巾架，如图27-41所示。

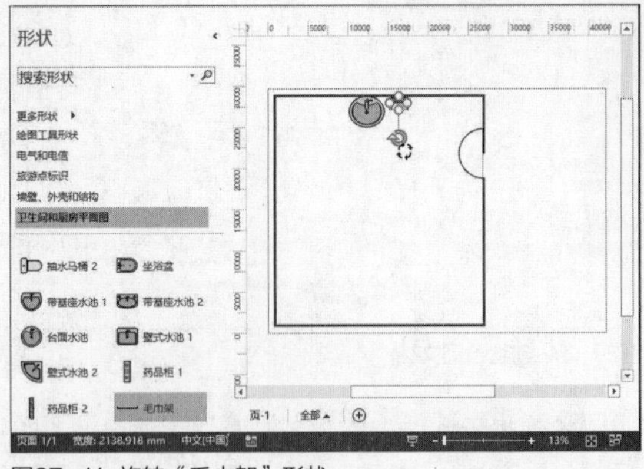

图27-41 旋转“毛巾架”形状

步骤09 按照同样的方法，依次添加干手机、抽水马桶、卫生纸架、淋浴间、挂衣架，如图27-42所示。

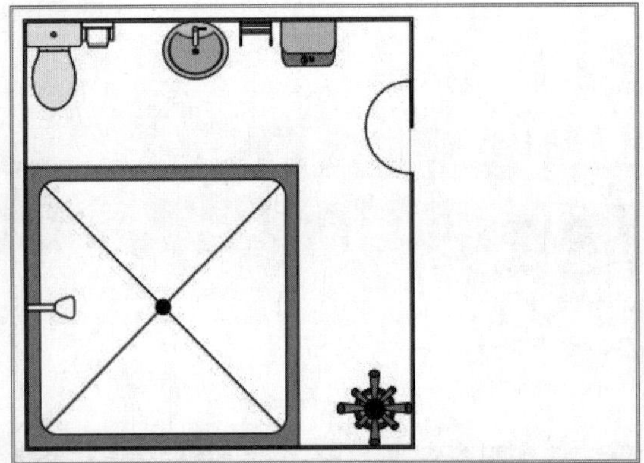

图27-42 添加其他形状

步骤10 在绘图页名称上右击，从右键快捷菜单中选择“重命名”命令，如图27-43所示。

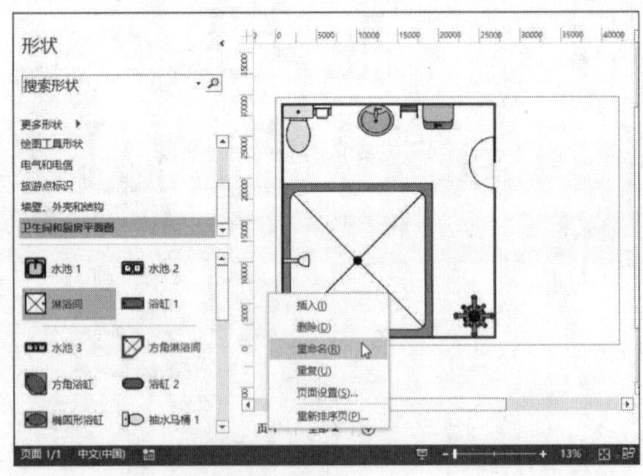

图27-43 选择“重命名”命令

步骤11 单击“审阅”选项卡“批注”组上的“新建批注”按钮，如图27-44所示。

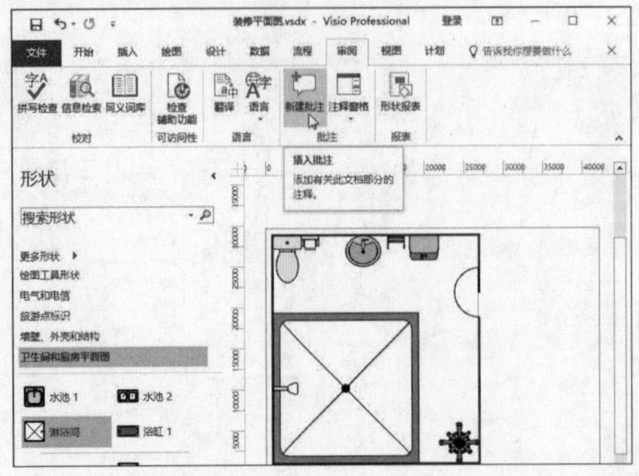

图27-44 单击“新建批注”按钮

步骤12 在弹出的注释框中，添加注释文本，如图27-45所示。

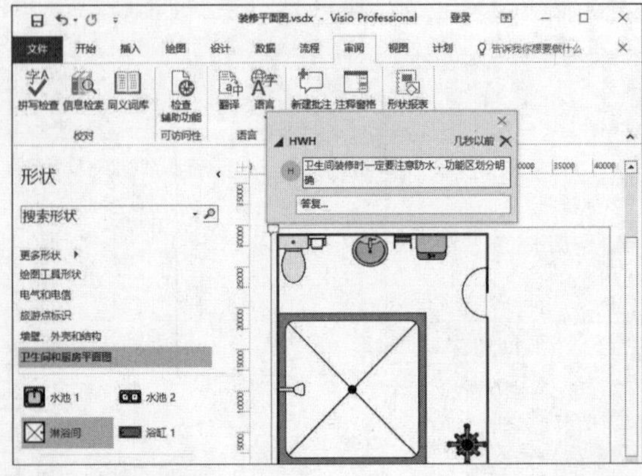

图27-45 添加注释

步骤13 执行“插入>文本>文本框>竖排文本框”命令，如图27-46所示。

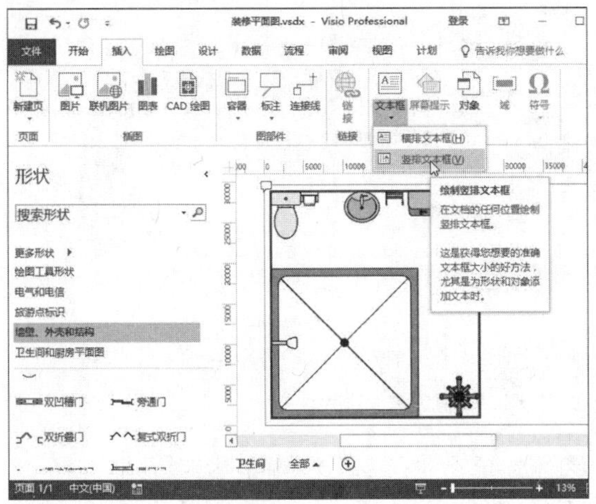

图27-46 选择“竖排文本框”选项

步骤14 按住鼠标左键不放，绘制文本框，如图27-47所示。

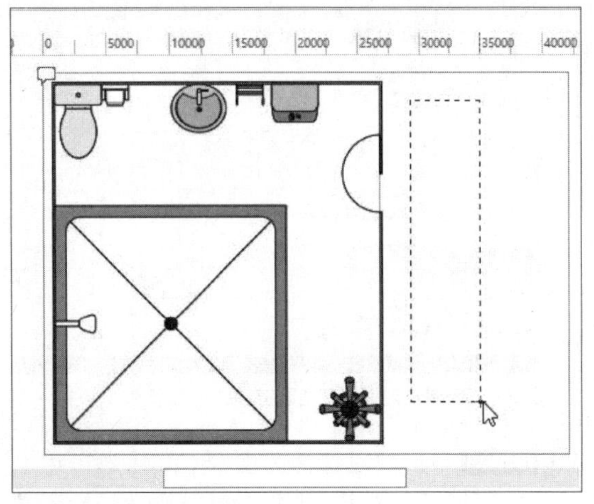

图27-47 绘制文本框

步骤15 绘制完成后，释放鼠标左键，按需添加文本，如图27-48所示。

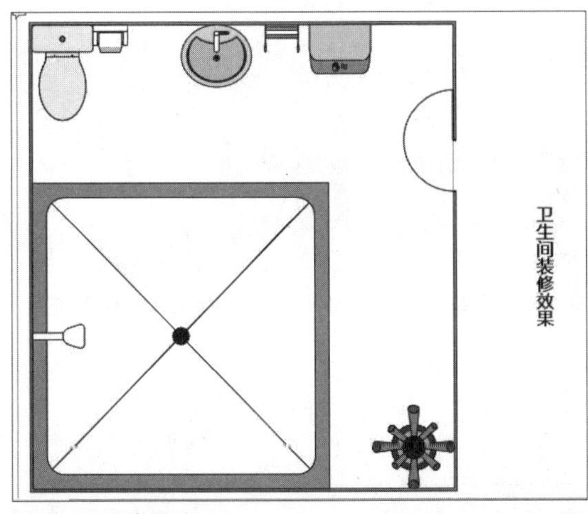

图27-48 添加文本

步骤16 按Ctrl+S组合键或者直接单击快速访问工具栏上的“保存”按钮，保存所做的更改即可，如图27-49所示。

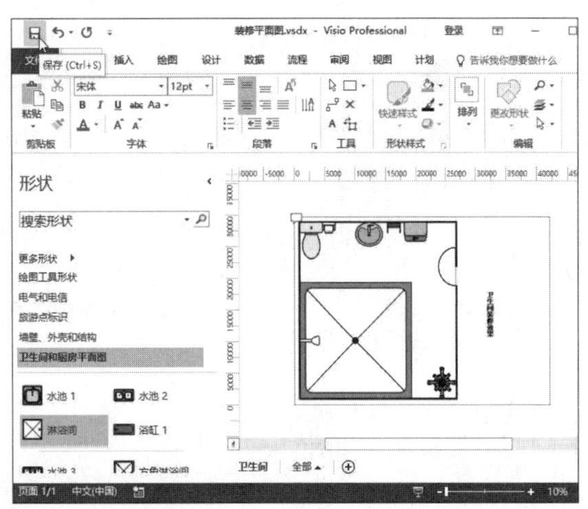

图27-49 保存文档

技巧放送：整体设计绘图文档

用户在创建绘图文档后，还可以按需对绘图文档进行整体设计，包括主题、背景、版式、页面设置等，其具体的操作步骤如下。

步骤01 打开绘图文档，单击“设计”选项卡上“页面设置”组上的对话框启动器按钮，如图27-50所示。

步骤02 打开“页面设置”对话框，按需对绘图文档的页面进行设置即可，如图27-51所示。

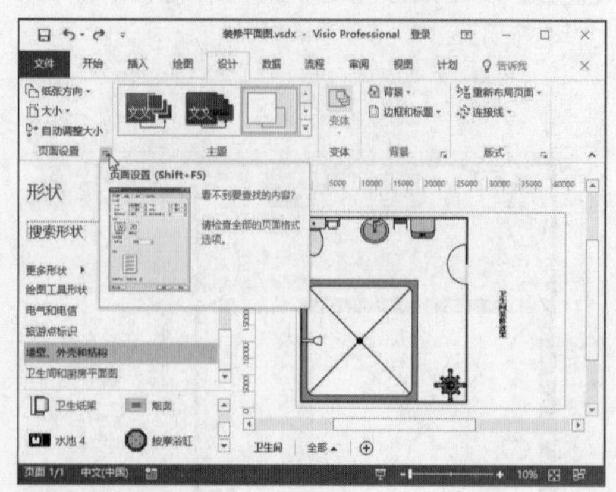
图27-50 单击对话框启动器按钮

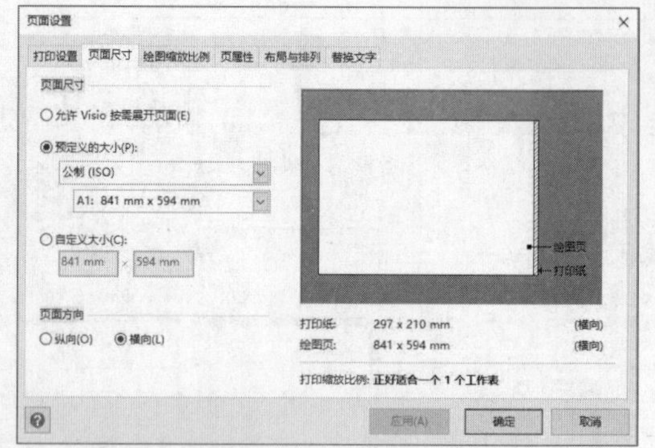
图27-51 “页面设置”对话框

步骤03 单击“设计”选项卡上“主题”组上的“其他”按钮，从列表中选择“线性”选项，如图27-52所示。

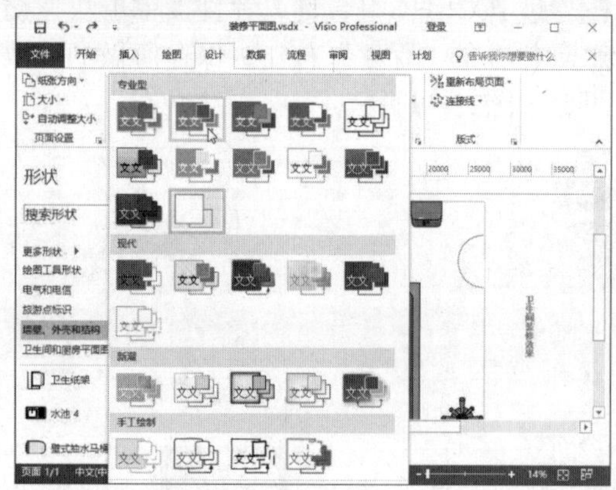
图27-52 选择“线性”选项

步骤04 单击“变体”按钮，从列表中选择“线性,变量4”选项，如图27-53所示。

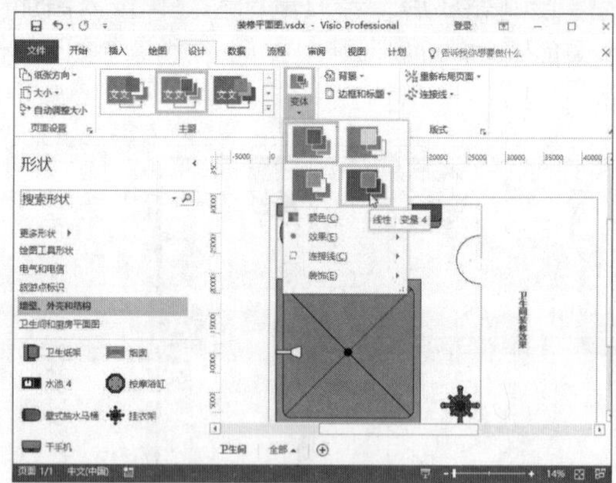
图27-53 选择“线性,变量4”选项

步骤05 单击“背景”按钮，从列表中选择“世界”选项，如图27-54所示。

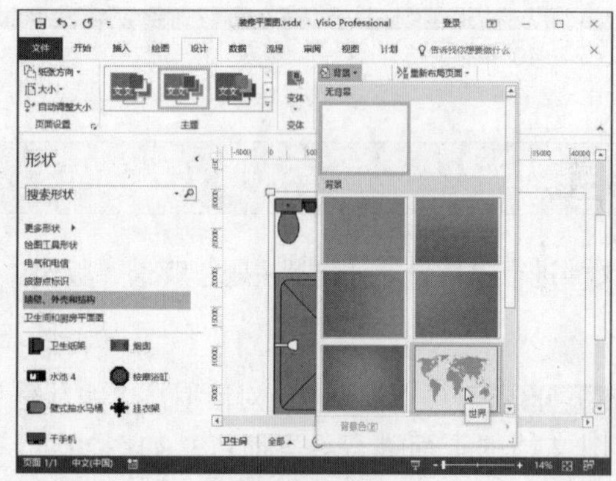
图27-54 选择“世界”选项

步骤06 单击“边框和标题”按钮，从列表中选择“古典型”选项，如图27-55所示。

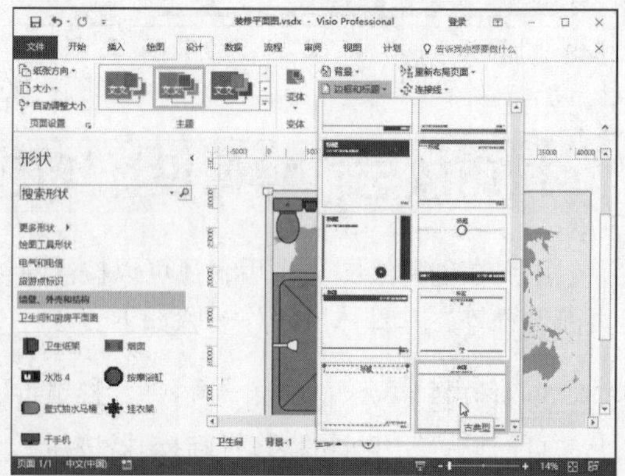
图27-55 选择“古典型”选项

Chapter 28 Visio中数据的处理与协同工作

Visio 2016支持将外部数据导入至绘图文档并与图形链接，并且可以和其他软件友好的协同工作，本章节将对其进行详细介绍。

1. 数据的导入
2. 将数据添加到形状
3. 导出绘图文档
4. 与CAD软件的协作

28.1 数据的处理

通过Visio 2016用户可以将外部数据导入到绘图文档中，并且可以将数据与当前文档中的图形链接，直观的显示数据之间的关系，下面分别对其进行介绍。

28.1.1 数据的导入

用户可以通过“数据”选项卡中“创建自数据”和“外部数据”中的命令，将其他软件中的数据导入到当前绘图文档，下面以“自定义导入”外部数据为例进行介绍，其具体的操作步骤如下。

步骤01 打开绘图文档，执行“数据>外部数据>自定义导入”命令，如图28-1所示。

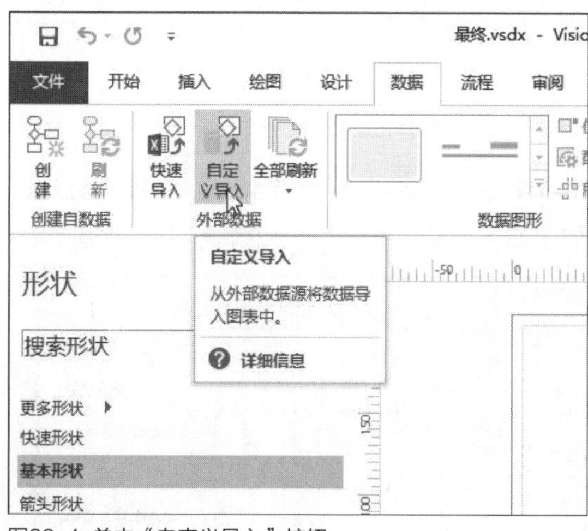

图28-1 单击“自定义导入”按钮

步骤02 打开“数据选取器”导向窗格，保持默认，单击“下一步”按钮，如图28-2所示。

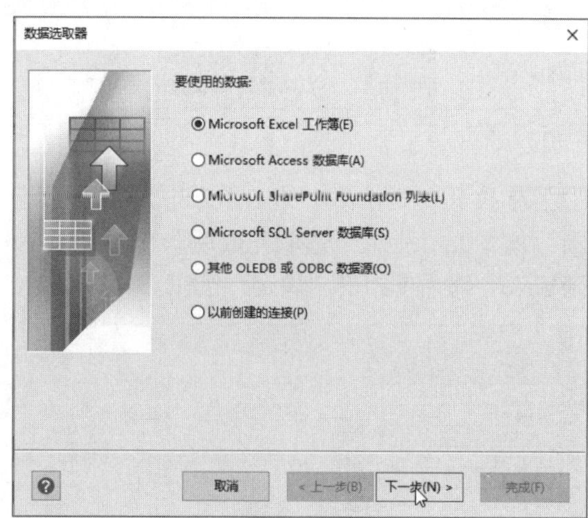

图28-2 单击“下一步”按钮

步骤03 单击导向窗格中的“浏览”按钮，如图28-3所示。

步骤04 打开“数据选取器”对话框，选择工作簿，单击“打开”按钮，如图28-4所示。

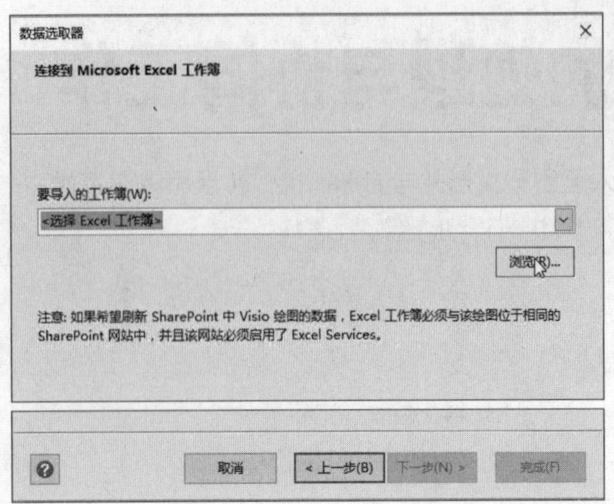

图28-3 单击“浏览”按钮

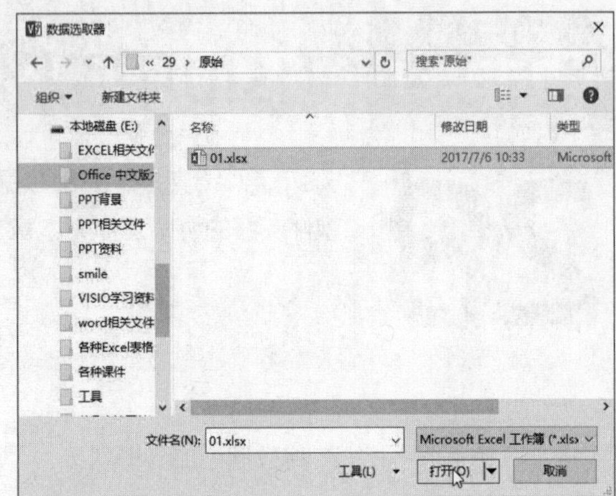

图28-4 单击“打开”按钮

步骤05 返回导向窗格，单击“下一步”按钮，如图28-5所示。

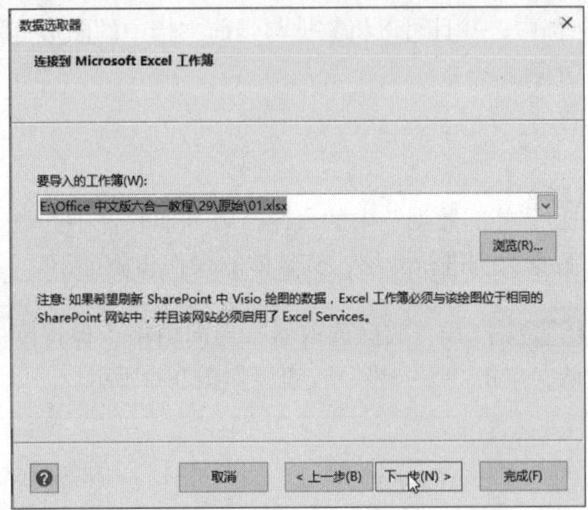

图28-5 单击“下一步”按钮

步骤06 单击“选择自定义范围”按钮，如图28-6所示。

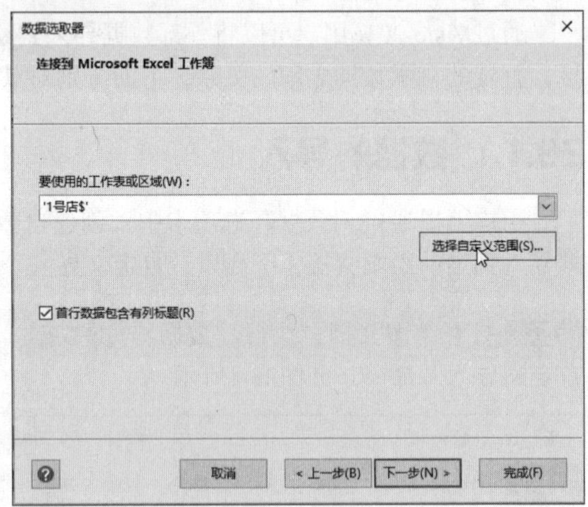

图28-6 单击“选择自定义范围”按钮

步骤07 按需在工作簿中的工作表中选择数据范围，如图28-7所示。选取完成后，单击“导入到Visio”对话框中的“确定”按钮。

事项	完成百分比
产品定位	80
客户需求分析	90
店面装修	60
人员招聘	50
推广活动	75

导入到 Visio

选择需要在 Visio 中使用的区域。您可以键入一个区域或直接在工作表中选取。

选择区域(S): $A$1:$B$6

确定　取消

图28-7 选取数据范围

步骤08 返回导向窗格，单击“下一步”按钮，如图28-8所示。

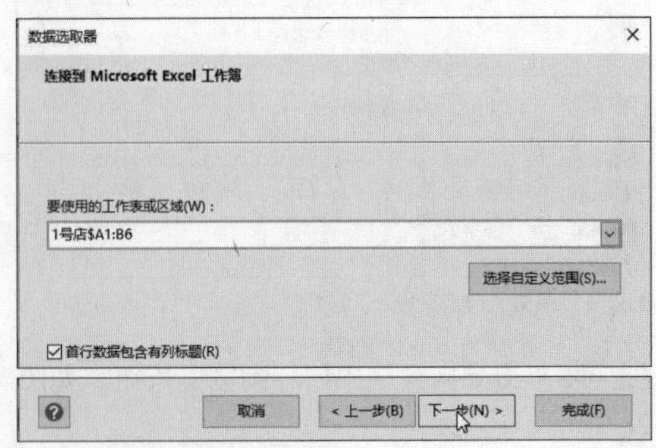

图28-8 单击“下一步”按钮框

步骤09 选择所有列和所有数据，单击“下一步”按钮，如图28-9所示。

步骤10 保持默认，单击“下一步”按钮，如图28-10所示。

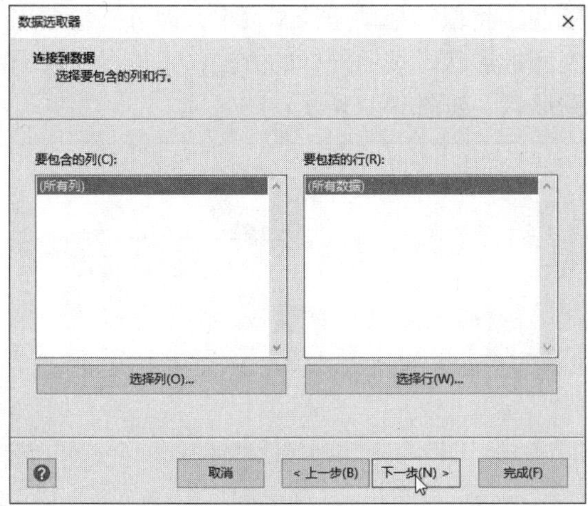

图28-9 单击“下一步”按钮

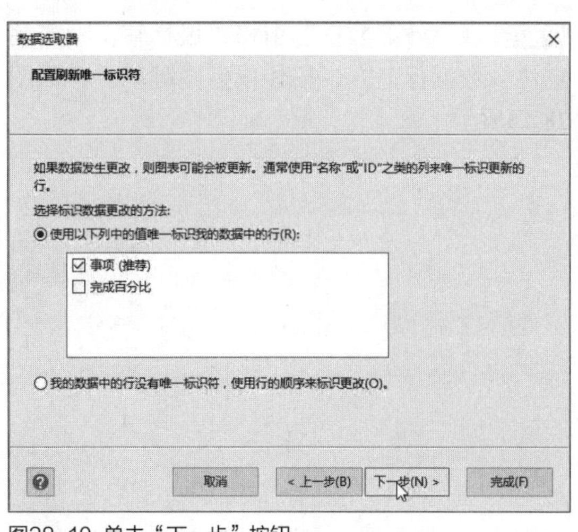

图28-10 单击“下一步”按钮

步骤11 单击“完成”按钮，如图28-11所示。

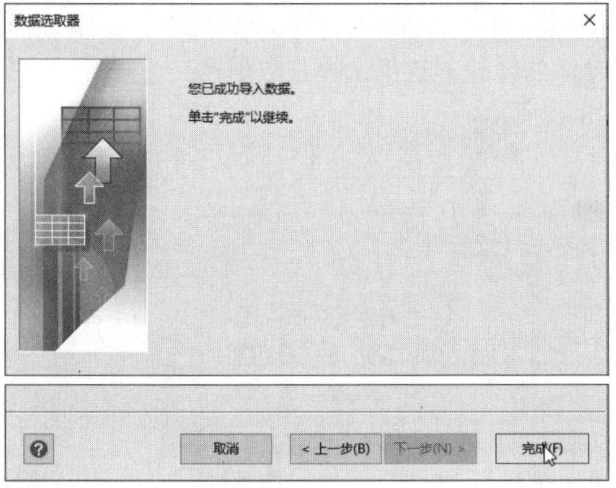

图28-11 单击“完成”按钮

步骤12 将数据导入至当前绘图文档后，效果如图28-12所示。

图28-12 导入外部数据效果

28.1.2 将数据添加到形状

导入外部数据后，如何通过形状，将这些数据在绘图页中展示出来呢？其具体的操作步骤如下。

步骤01 在形状窗口中，执行“更多形状>流程图>基本流程图形状”命令，如图28-13所示。

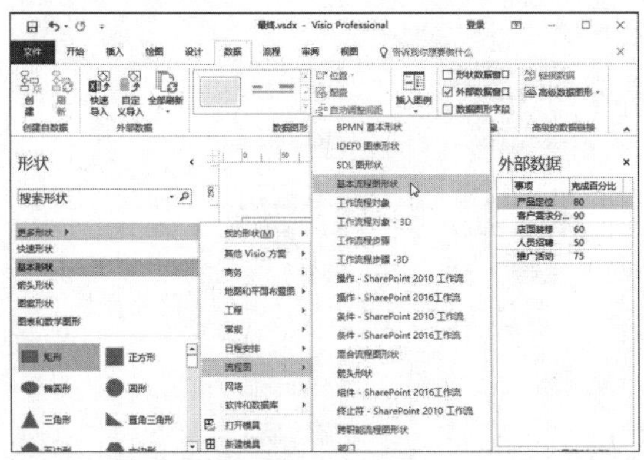

图28-13 选择“基本流程图形状”选项

步骤02 在“基本流程图形状”模板列表中，单击鼠标左键选择“流程”形状，如图28-14所示。

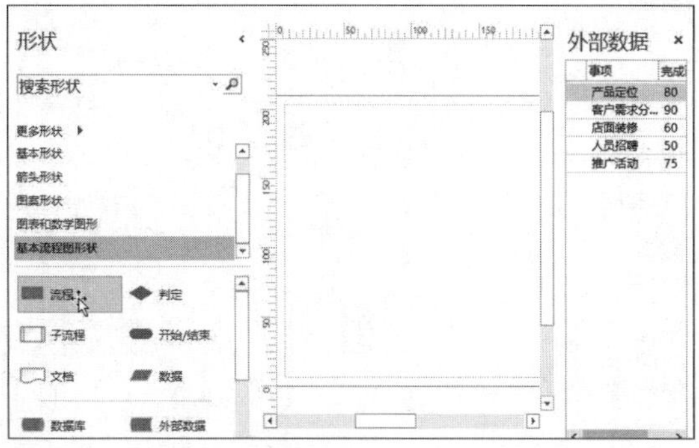

图28-14 选择“流程”形状

步骤03 在“外部数据”窗格，鼠标移至“产品定位”数据行上方，按住鼠标左键不放，如图28-15所示。

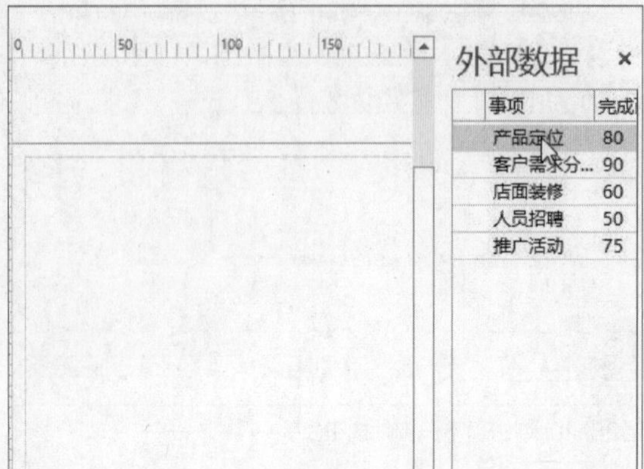

图28-15 选择数据行

步骤04 将鼠标拖动至绘图页中，即可添加数据到所选形状，按照同样的方法，添加多行数据到形状，如图28-16所示。

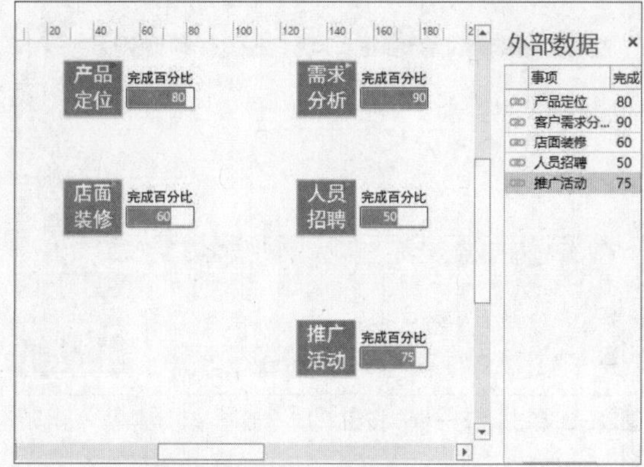

图28-16 添加数据到形状

步骤05 还可以单击“数据图形”组上的“其他”按钮，如图28-17所示。

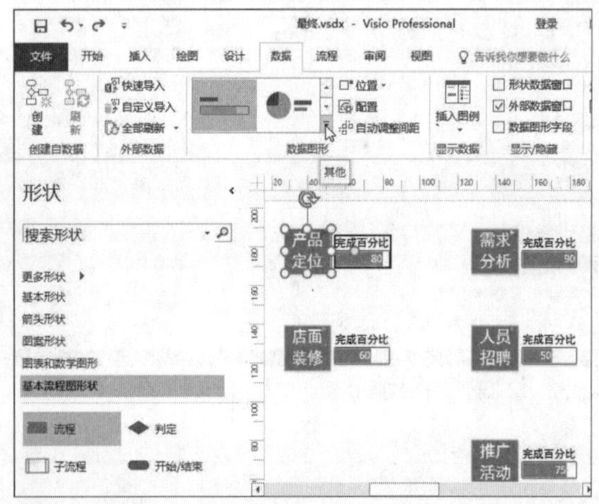

图28-17 单击“其他”按钮

步骤06 打开“数据图形”样式列表，从中选择合适的样式，这里选择“数据栏2”样式，如图28-18所示。

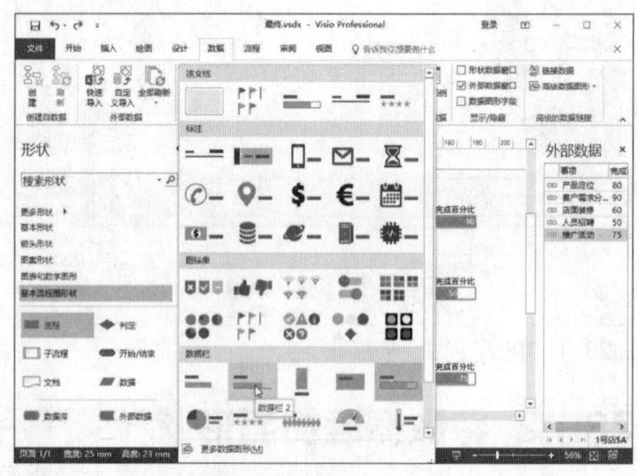

图28-18 选择“数据栏2”样式

步骤07 单击“位置”按钮，从列表中选择“形状下方，左侧”选项，如图28-19所示。

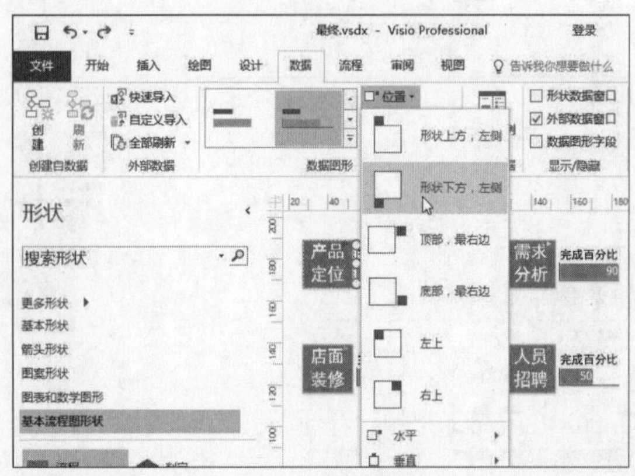

图28-19 选择“形状下方，左侧”选项

步骤08 美化数据图形样式后，添加连接线，连接数据图形，如图28-20所示。

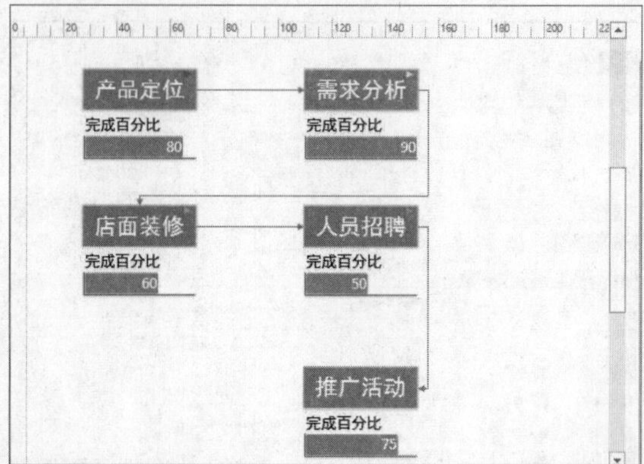

图28-20 连接数据图形

28.2 协同工作

Visio 2016还支持与Office 2016中的其他软件相互协作，下面介绍绘图文档的导出以及与CAD软件的相互协作。

❶导出绘图文档

用户可以将绘图文档以PDF或者XPS的形式导出，其具体的操作步骤如下。

步骤01 打开绘图文档，执行“文件>导出>创建PDF/XPS文档>创建PDF/XPS”命令，如图28-21所示。

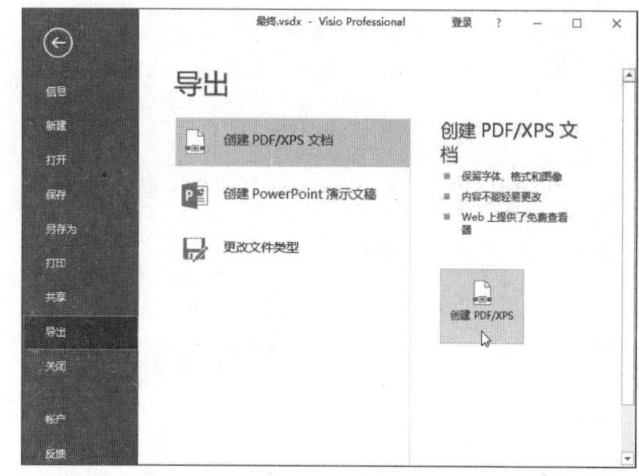

图28-21 单击“创建PDF/XPS”按钮

步骤02 打开“发布为PDF或XPS”对话框，输入文件名，单击“发布”按钮，发布文档即可，如图28-22所示。

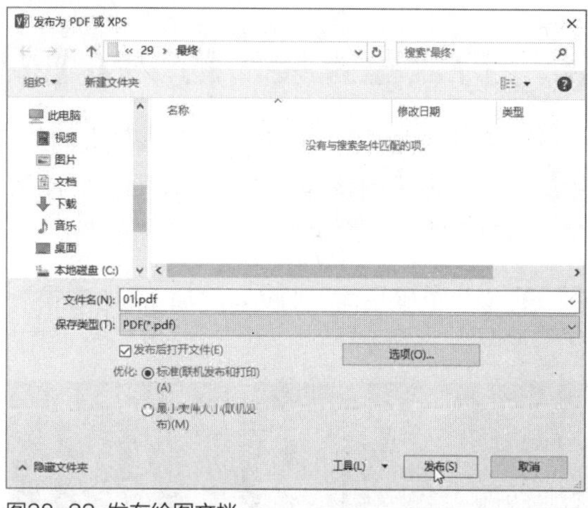

图28-22 发布绘图文档

步骤03 发布完成后，将自动打开发布的文档，效果如图28-23所示。

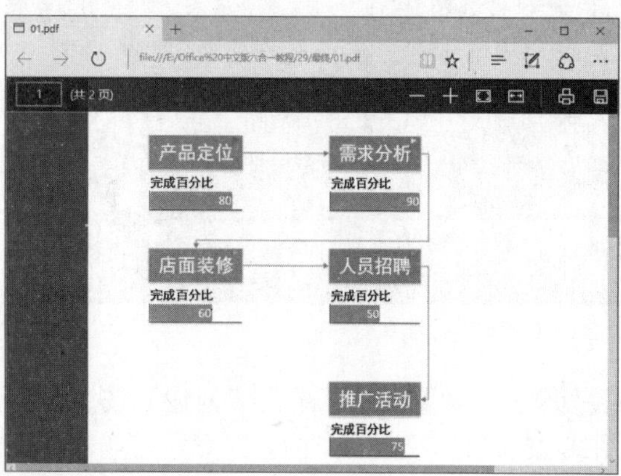

图28-23 发布为PDF文档效果

❷与CAD软件的协作

用户可以直接在Visio 2016中打开CAD绘图，也可以将Visio 2016中的绘图文档以AutoCAD绘图格式保存，下面对其进行介绍。

步骤01 执行“插入>插图>CAD绘图”命令，可以直接在绘图文档中插入CAD绘图，如图28-24所示。

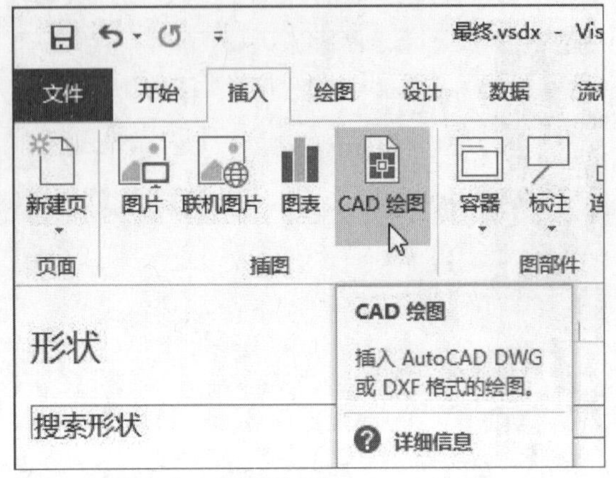

图28-24 单击“CAD绘图”按钮

步骤02 执行“文件>另存为>浏览”命令，可以将绘图文档以“AutoCAD绘图（*.dwg）”格式保存，如图28-25所示。

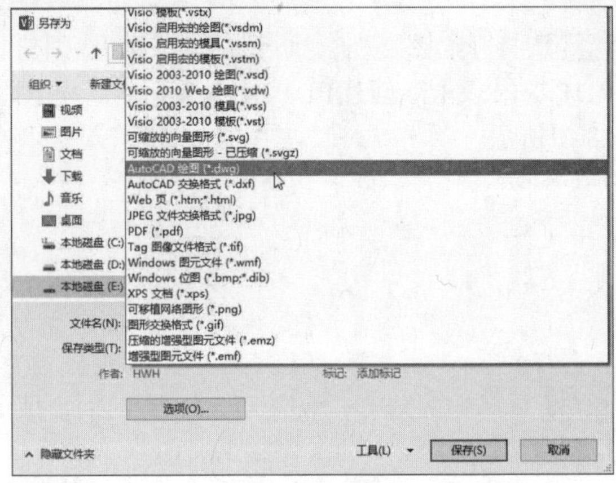

图28-25 以“AutoCAD绘图（*.dwg）”格式保存

办公室练兵：制作网吧网络拓扑图

随着科技发展，互联网已经深入到人们的日常生活中，无论在公司、学校还是在商场、医院等场所都需要网络的接入。当然，网吧里面网络是必不可少的，下面介绍如何制作网吧的网络拓扑图。其具体的操作步骤如下。

步骤01 双击电脑桌面上的Visio 2016快捷方式图标，如图28-26所示。

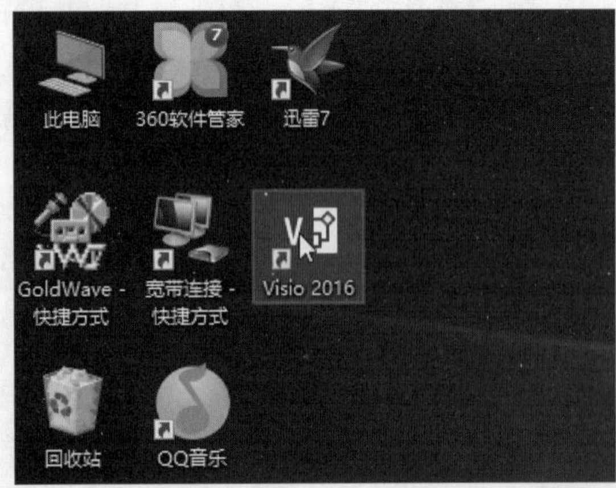

图28-26 启动应用程序

步骤02 启动Visio 2016应用程序，进入模板列表，选择“详细网络图-3D”模板，如图28-27所示。

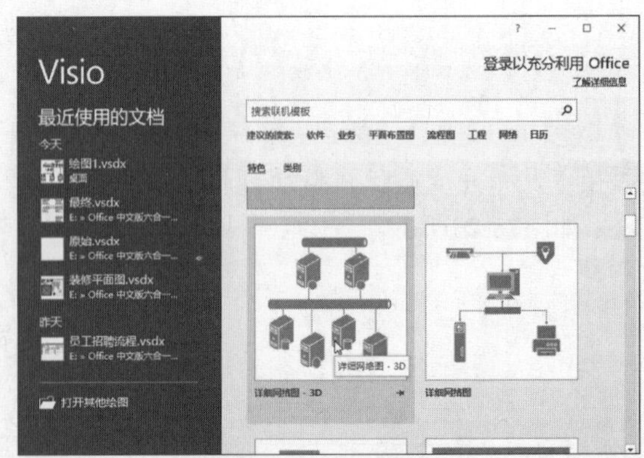

图28-27 选择“详细网络图-3D”模板

步骤03 打开预览窗格，单击“创建”按钮，如图28-28所示。

步骤04 下载完成后，将自动打开绘图文档，单击快速访问工具栏上的“保存”按钮，如图28-29所示。

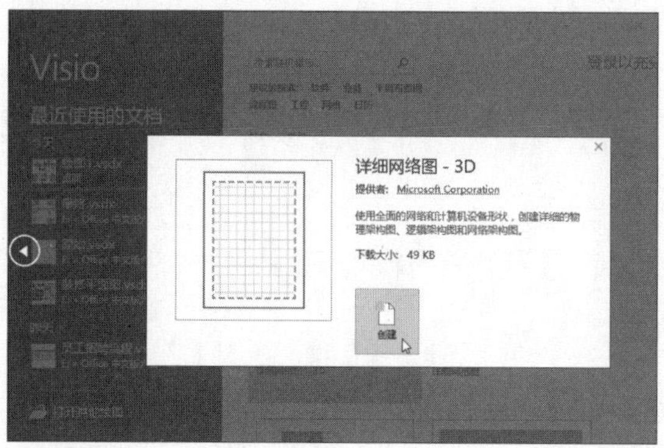

图28-28 单击“创建”按钮

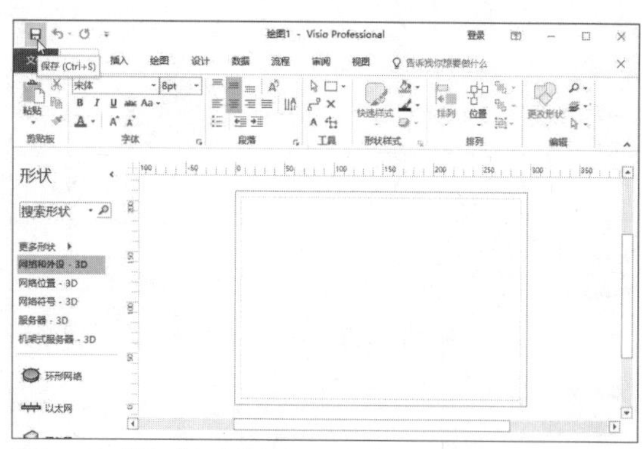

图28-29 单击“保存”按钮

步骤05 选择“另存为”选项下的“浏览”选项，如图28-30所示。

步骤06 打开“另存为”对话框，输入文件名，单击“保存”按钮，如图28-31所示。

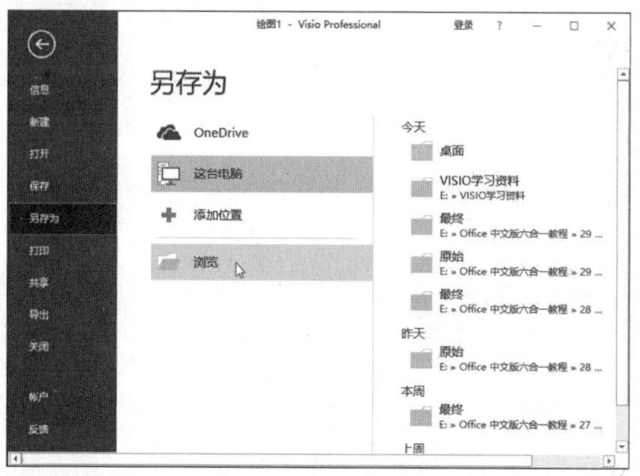

图28-30 选择“浏览”选项

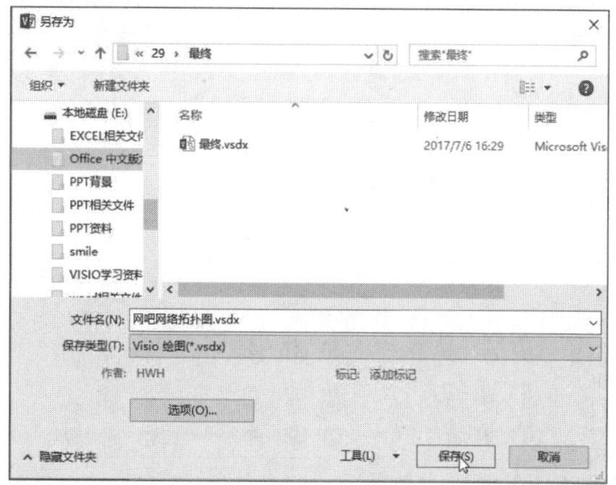

图28-31 单击“保存”按钮

步骤07 在左侧形状窗口中，选择“以太网”形状，按住鼠标左键不放，拖动鼠标至绘图页面合适位置，如图28-32所示。

步骤08 按照同样的方法，添加“交换机”、“服务器”、“PC”、“路由器”形状，效果如图28-33所示。

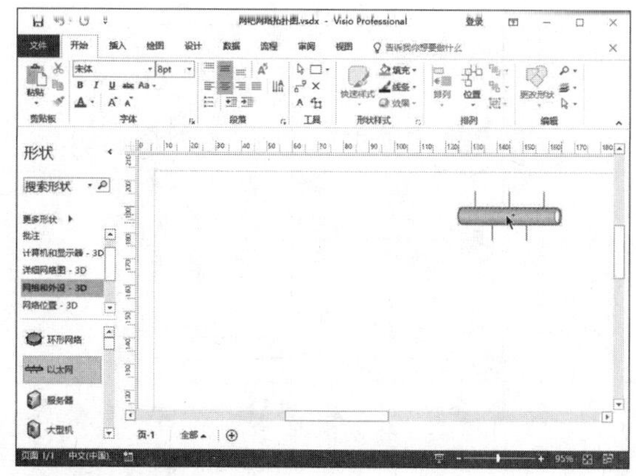

图28-32 获取形状

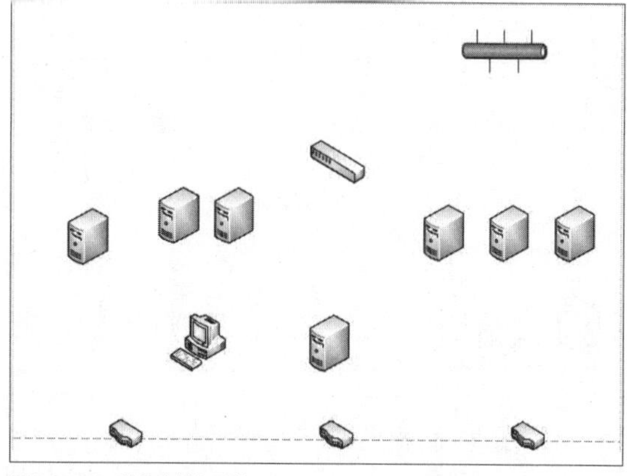

图28-33 获取其他形状

步骤09 选择需要对齐的“服务器”形状，执行“开始>排列>排列>底端对齐”命令，如图28-34所示。

步骤10 选择左侧3个相邻的服务器执行“开始>排列>位置>横向分布”命令，如图28-35所示。

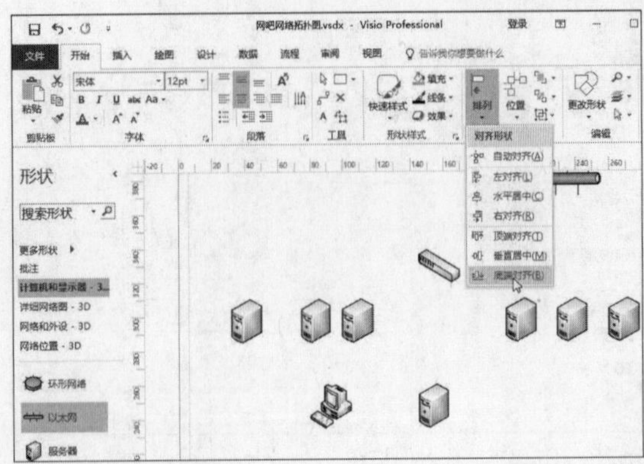

图28-34 选择“底端对齐”选项

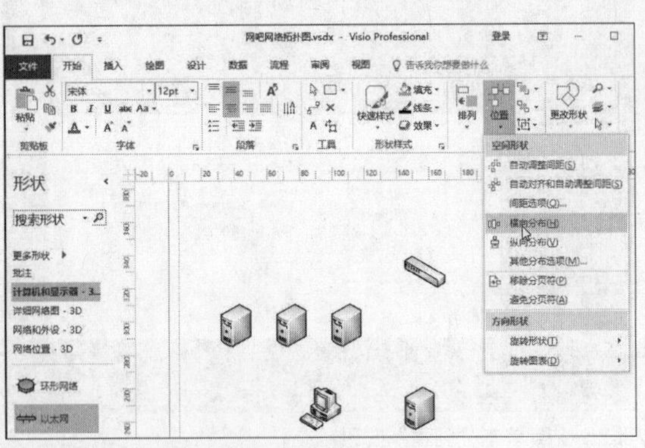

图28-35 选择“横向分布”选项

步骤11 按照同样的方法，调整其他形状，使其整齐美观的排列在绘图页中，如图28-36所示。

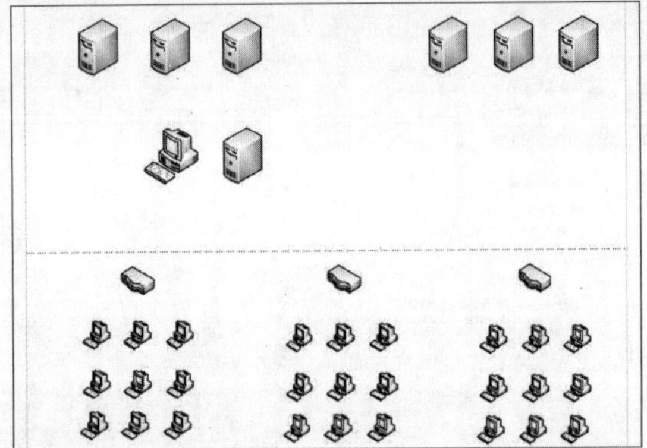

图28-36 排列形状效果

步骤12 单击“开始”选项卡“工具”组中的“连接线”按钮，如图28-37所示。

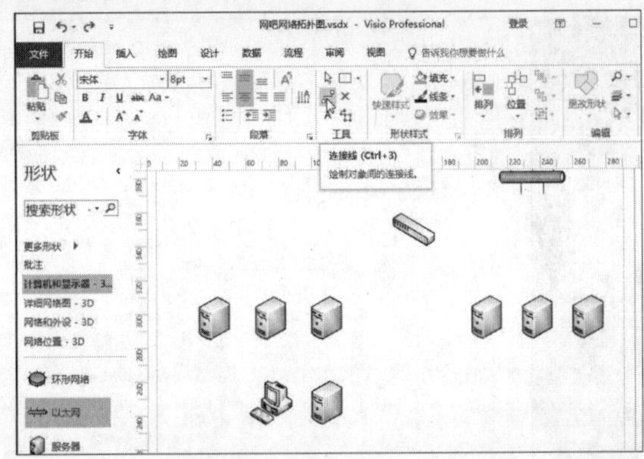

图28-37 单击“连接线”按钮

步骤13 按需将鼠标移至“以太网”上的连接点，然后按住鼠标左键不放，拖动鼠标至“交换机”上的连接点，如图28-38所示。

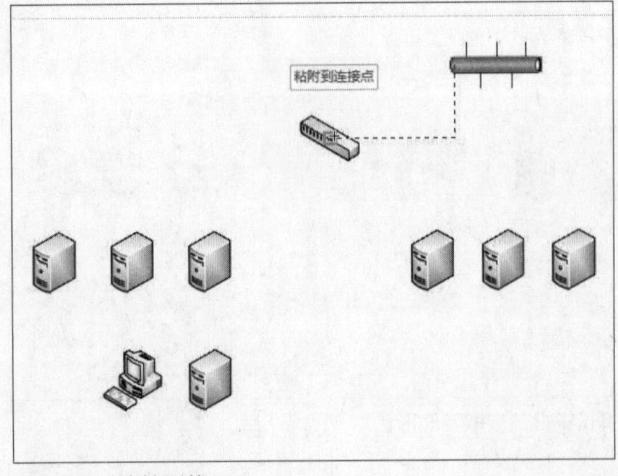

图28-38 连接形状

步骤14 按照同样的方法，根据需求连接绘图页中其他多个形状，如图28-39所示。

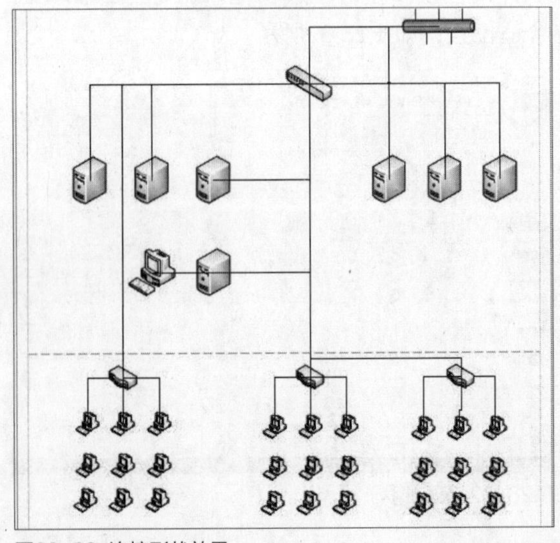

图28-39 连接形状效果

步骤15 在“以太网”形状上双击鼠标左键，鼠标光标定位至形状中，如图28-40所示。

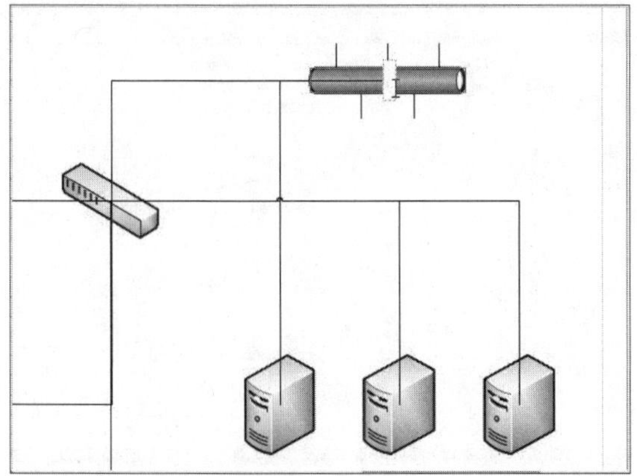

图28-40 在形状上双击鼠标

步骤16 按需在形状中输入描述性文本，如图28-41所示。

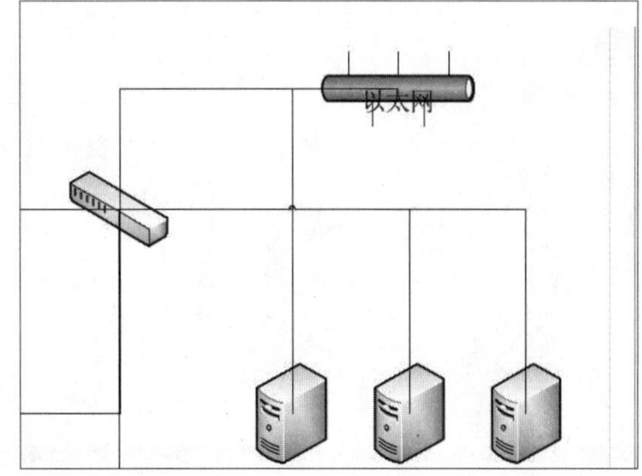

图28-41 输入文本

步骤17 按需为其他形状添加说明性文本，如图28-42所示。

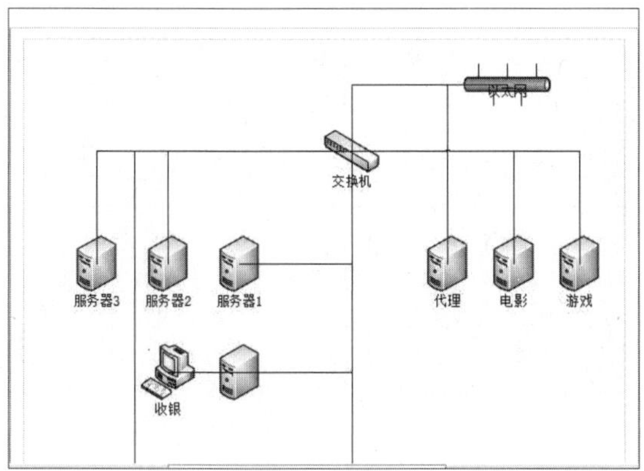

图28-42 为形状添加文本效果

步骤18 执行“插入>文本>文本框>横排文本框”命令，如图28-43所示。

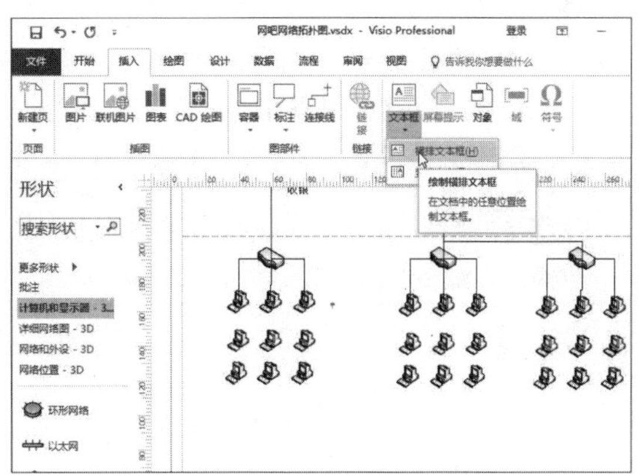

图28-43 选择“横排文本框”选项

步骤19 按住鼠标左键不放，绘制文本框，如图28-44所示。

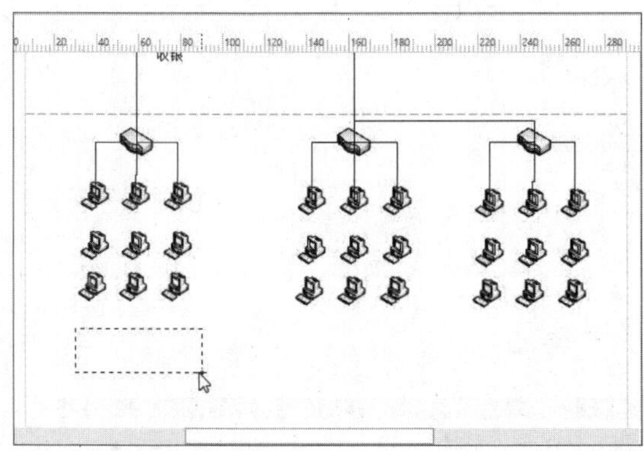

图28-44 绘制文本框

步骤20 绘制完成后，在文本框中输入说明性文本，然后复制到其他位置，并且修改文本信息，如图28-45所示。

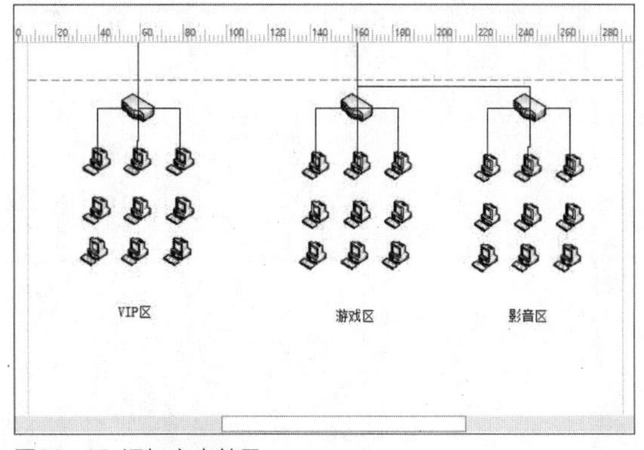

图28-45 添加文本效果

步骤21 执行“设计>主题>其他>切片”命令，如图28-46所示。

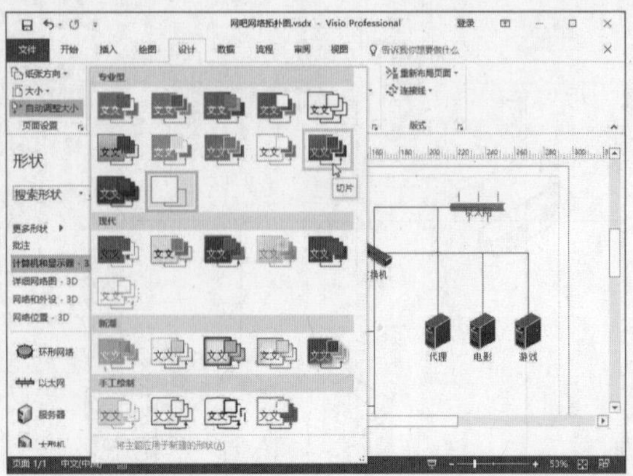

图28-46 选择“切片”选项

步骤22 单击“边框和标题”按钮，从列表中选择“方块”选项，如图28-47所示。

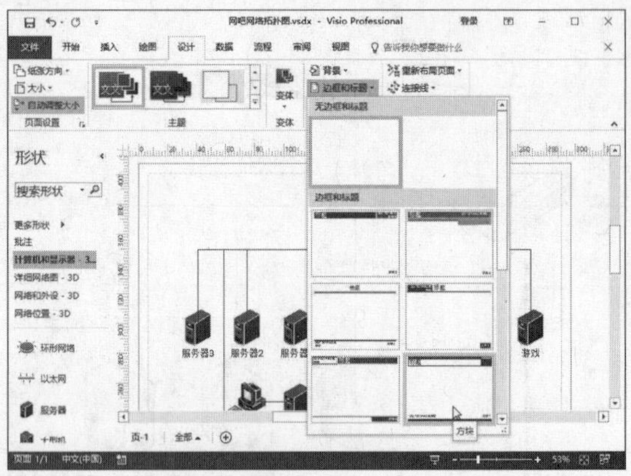

图28-47 选择“方块”选项

技巧放送：创建模具

如果经常需要不在同一分类中的形状，则可以创建模具，将这些形状添加至模具中，并且保存起来，这样可以在以后的工作中省去查找形状的步骤，优化工作流程，自定义模具的具体操作步骤如下。

步骤01 在形状窗格中，执行“更多形状>新建模具”命令，如图28-48所示。

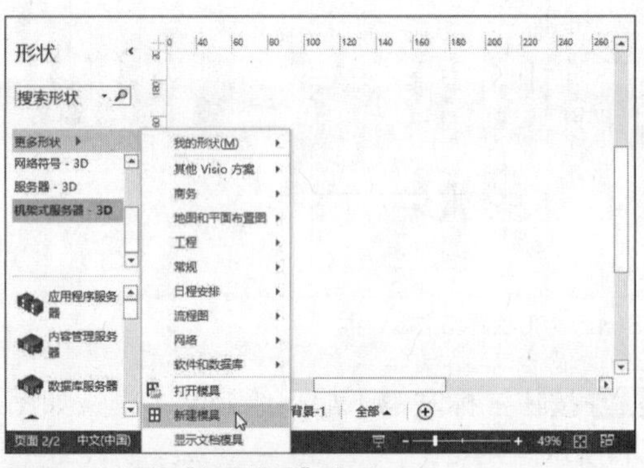

图28-48 选择“新建模具”选项

步骤02 切换至其他内置模具形状列表，选择形状，如图28-49所示。

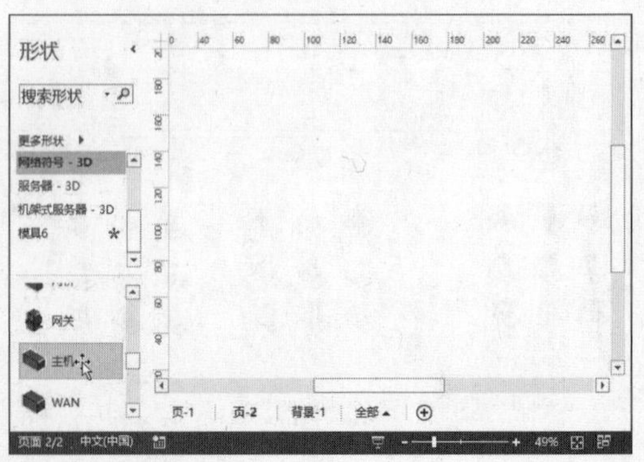

图28-49 选择形状

步骤03 按住鼠标左键不放，拖动鼠标至“将快速形状放在此处”位置，如图28-50所示。

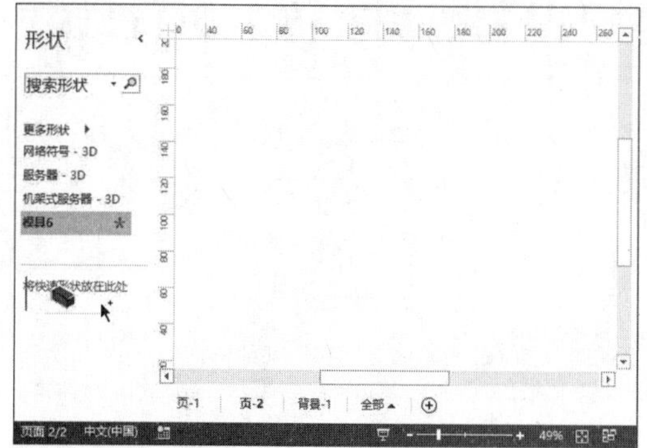

图28-50 添加形状至模具

步骤04 在“模具6”上右击，从右键菜单中选择“保存”选项，如图28-51所示。

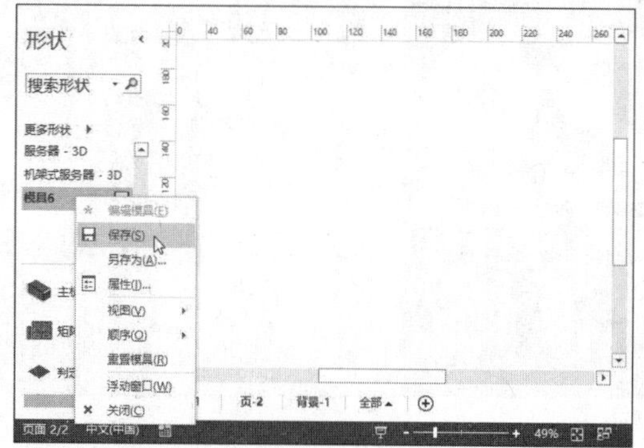

图28-51 选择“保存”选项

步骤05 打开“另存为”对话框，选择文件存放位置，输入文件名，单击“保存”按钮，如图28-52所示。

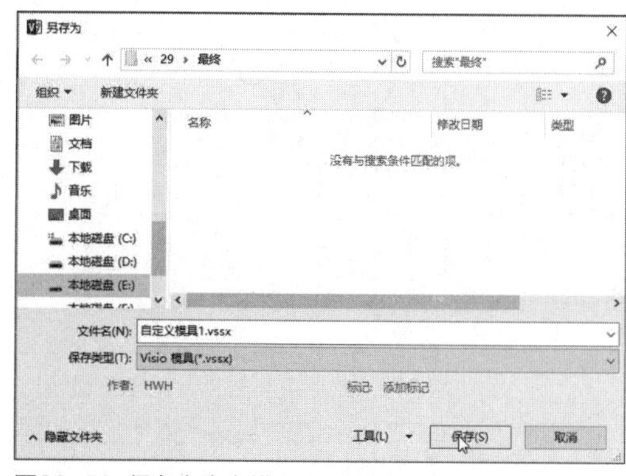

图28-52 保存自定义模具

步骤06 再次创建绘图文档时，执行“更多形状>打开模具”命令，可打开“打开模具”对话框，选择模具，单击“打开”按钮，如图28-53所示。即可打开自定义模具。

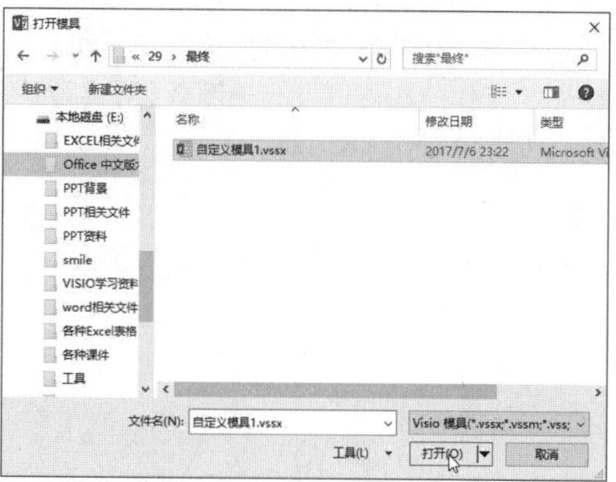

图28-53 打开自定义模具

Chapter 29 综合实战 制作品质部功能说明文档

1. 创建绘图文档
2. 添加绘图页
3. 更改主题
4. 更改纸张方向
5. 获取形状
6. 连接形状
7. 对齐形状
8. 应用快速样式
9. 导出绘图文档
10. 打印绘图文档

29.1 实例说明

无论哪个公司，都会根据职能划分出多个部门，每个部门都有其独特的作用，并且多个部门之间相互协作。本章以品质部功能说明绘图文档的制作为例进行介绍，组织结构图、工作流程图以及因果图效果分别如图29-1、图29-2和图29-3所示。

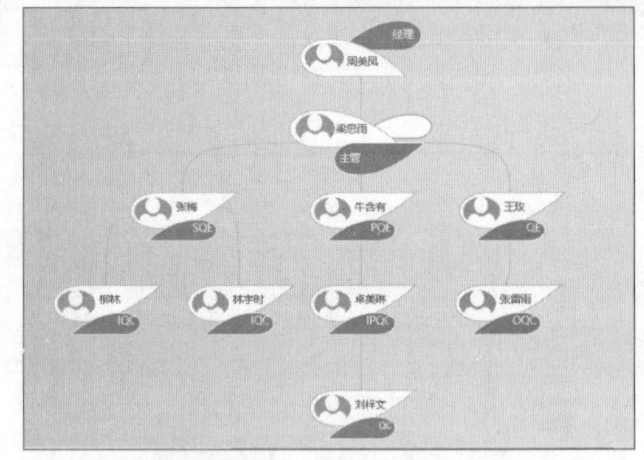

图29-1 组织结构图

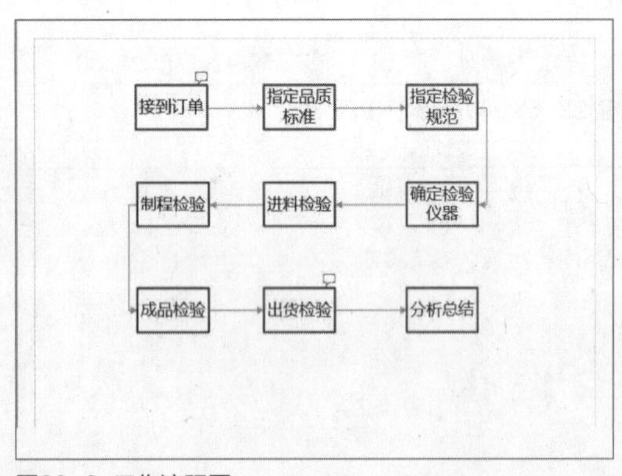

图29-2 工作流程图

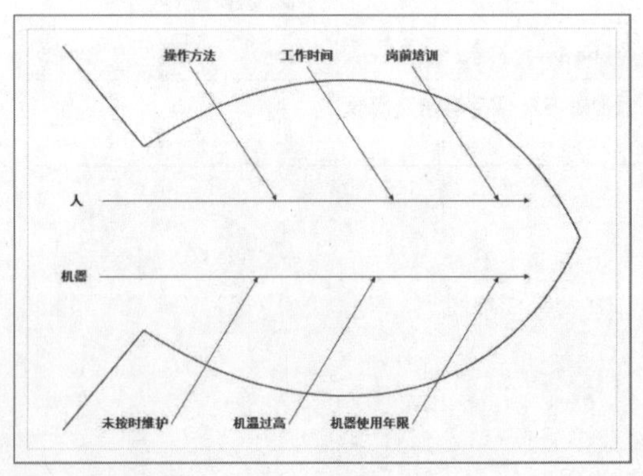

图29-3 因果图

29.2 实例操作

本小节将以创建品质部功能说明绘图文档为例进行介绍。

29.2.1 创建绘图文档并进行整体设计

制作品质部功能说明文档之初，首先需要创建绘图文档，并且对绘图文档的整体外观进行设计，其具体的操作步骤如下。

步骤01 打开文件夹，右键单击，从右键快捷菜单中选择“新建>Microsoft Visio Drawing”命令，如图29-4所示。

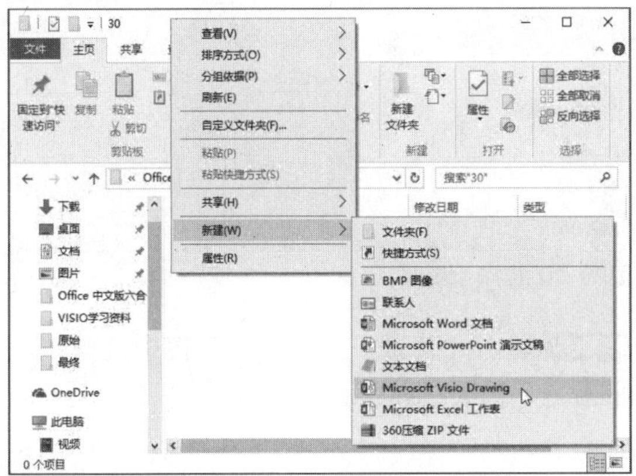

图29-4 选择“Microsoft Visio Drawing”选项

步骤02 将绘图文档名称更改为“品质部功能说明”，然后双击文件图标，打开绘图文档，如图29-5所示。

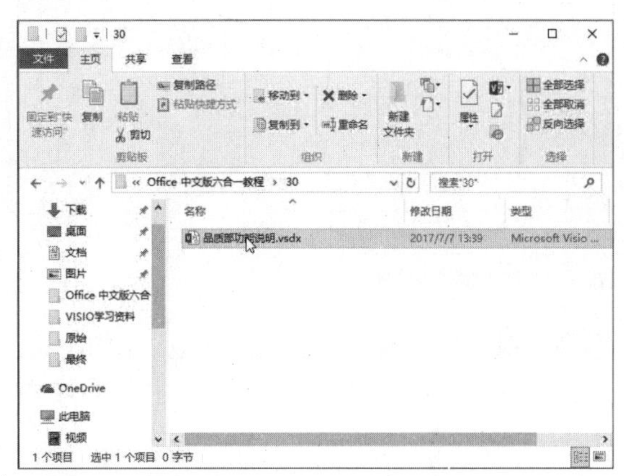

图29-5 双击文件图标

步骤03 弹出“选择绘图类型”对话框，选择“商务”分类列表中的“组织结构图”，单击“确定”按钮，如图29-6所示。

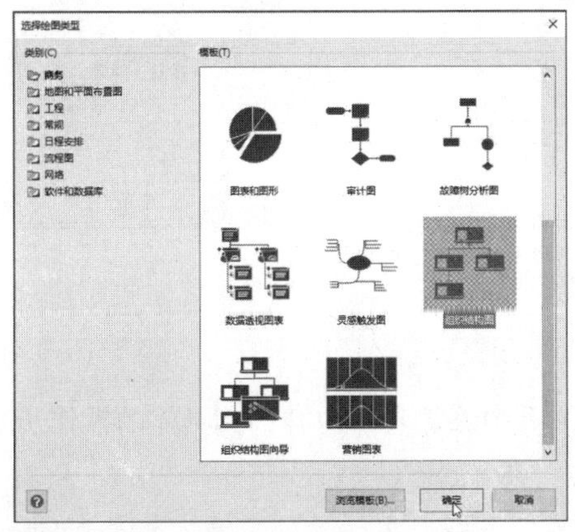

图29-6 单击“确定”按钮

步骤04 即可创建绘图文档，在“页-1”绘图页名称上右击，从右键快捷菜单中选择“重命名”命令，如图29-7所示。

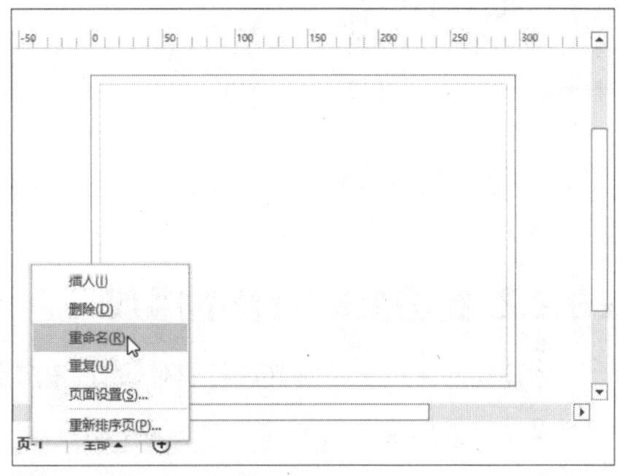

图29-7 选择“重命名”命令

步骤05 单击绘图页标签最右侧的“插入页”按钮，创建新绘图页，如图29-8所示。

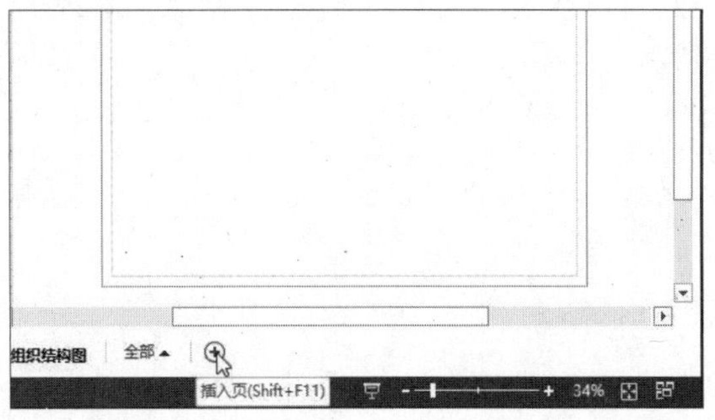

图29-8 单击“插入页”按钮

步骤06 添加两个新绘图页，并按需分别设置绘图页名称，如图29-9所示。

图29-9 设置绘图页名称

步骤07 单击“设计”选项卡上“页面设置”组中的“纸张方向”按钮，从列表中选择“纵向”命令，如图29-10所示。

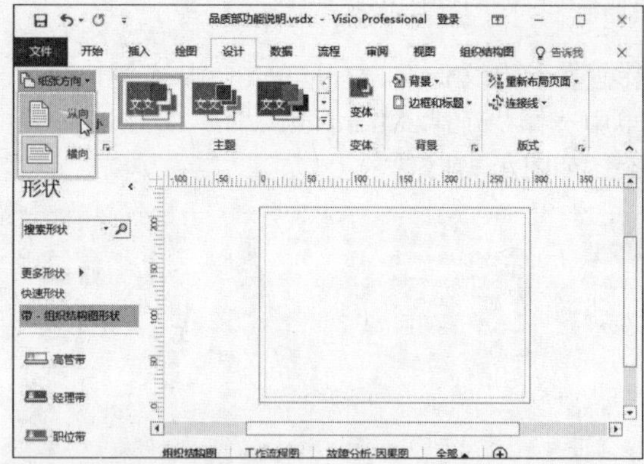

图29-10 选择“纵向”命令

步骤08 单击“主题”组上的“其他”按钮，从展开的主题列表中选择“序列”主题，如图29-11所示。

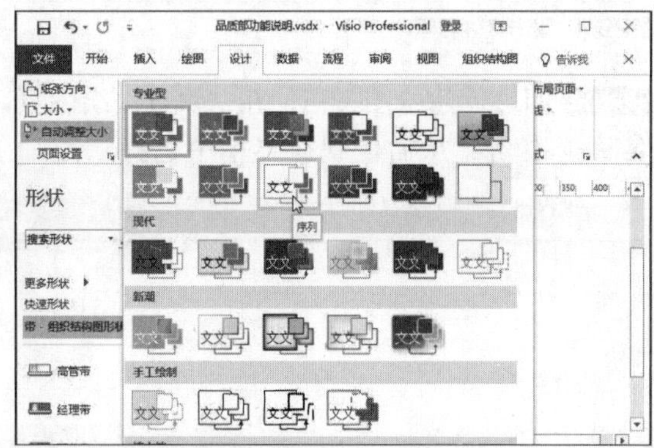

图29-11 选择“序列”主题

步骤09 单击“背景”按钮，从列表中选择“水平渐变”选项，如图29-12所示。

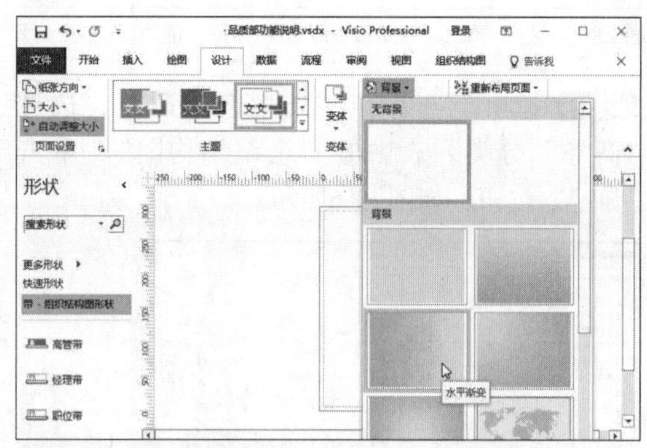

图29-12 选择“水平渐变”选项

29.2.2 绘图文档内容的添加

创建绘图文档，并对其进行整体设计完毕后，需要在绘图页中添加具体内容，其具体的操作步骤如下。

步骤01 选择“经理带”形状，按住鼠标左键不放，将其拖至绘图页合适位置，效果如图29-13所示。

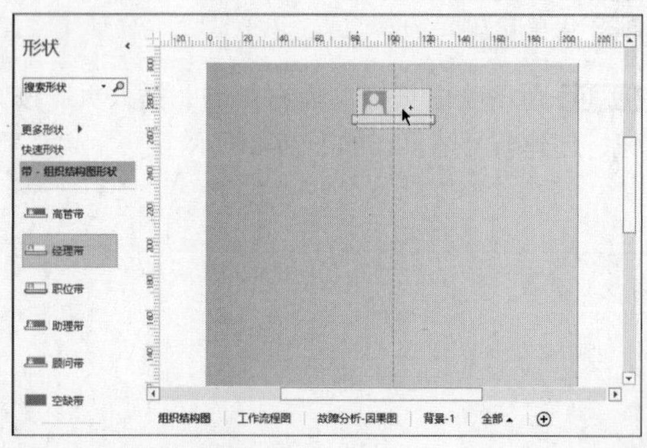

图29-13 获取“经理带”形状

步骤02 如果需要一次性添加三个职位，则选择“三个职位”形状，将其添加至绘图页中即可，如图29-14所示。

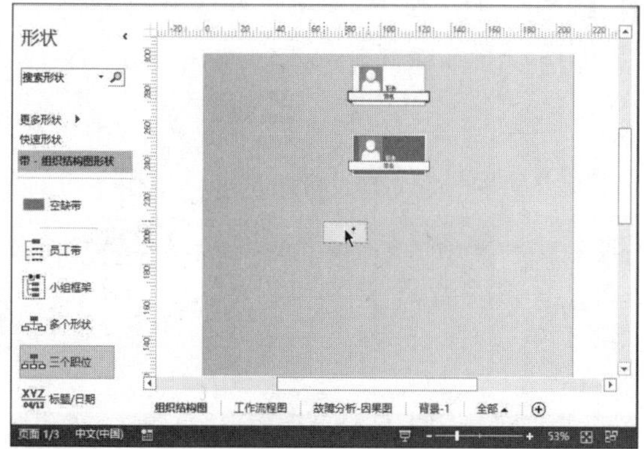

图29-14 获取“三个职位”形状

步骤03 还可以一次性添加多个形状，选择“多个形状”形状，按住鼠标左键不放，将其拖动至绘图页，如图29-15所示。

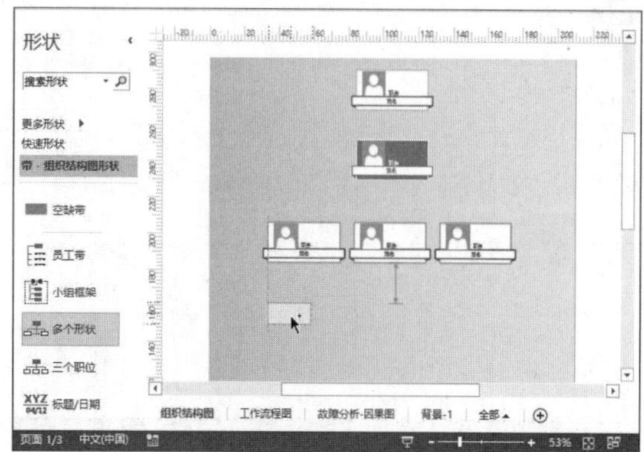

图29-15 获取“多个形状”形状

步骤04 弹出“添加多个形状”对话框，通过“形状的数目”数值框，设置形状数目为“5”，在“形状”列表框中，选择“位置”选项，单击“确定”按钮，如图29-16所示。

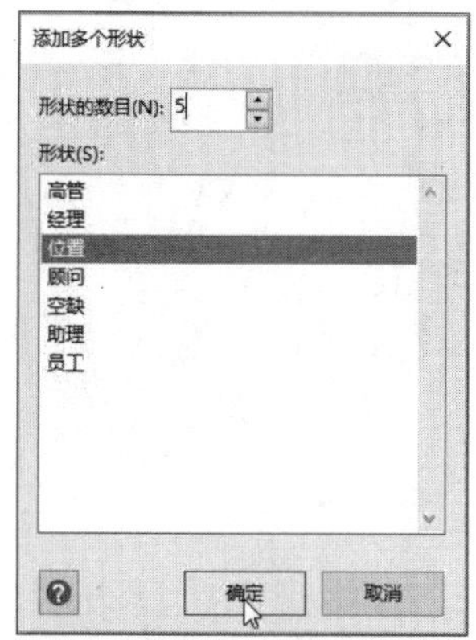

图29-16 单击“确定”按钮

步骤05 选择多个形状，执行“开始>排列>排列>底端对齐”命令，如图29-17所示。

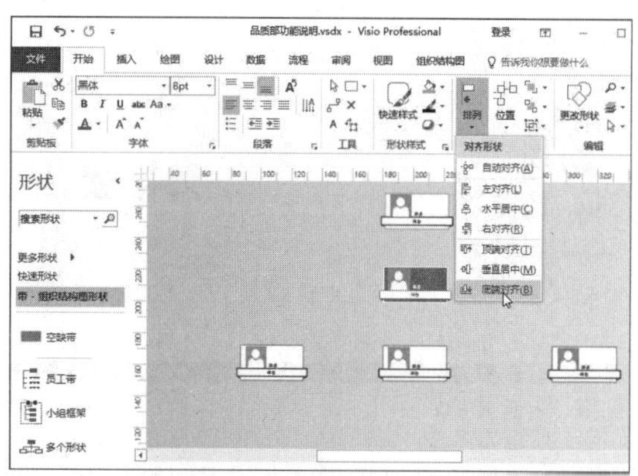

图29-17 选择“底端对齐”选项

步骤06 执行“位置>横向分布”命令，如图29-18所示。

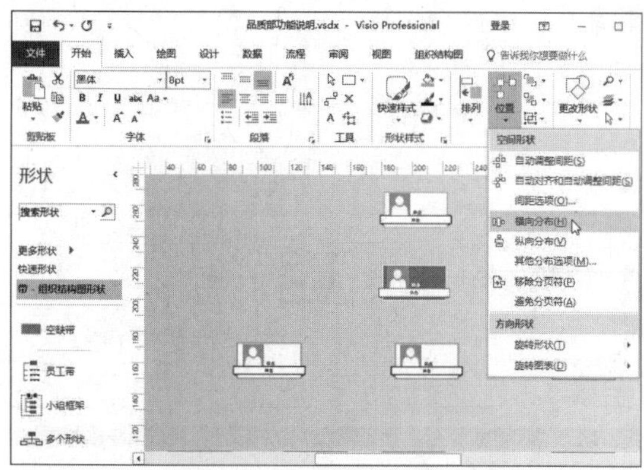

图29-18 选择“横向分布”选项

步骤07 按照同样的方法，设置绘图页中其余形状的对齐，如图29-19所示。

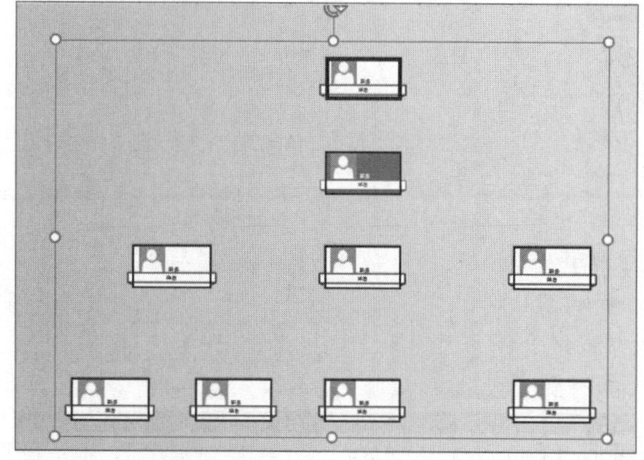

图29-19 设置其余形状的对齐

步骤08 按需在形状中添加文本，设置文本字体格式为：微软雅黑、16pt，如图29-20所示。

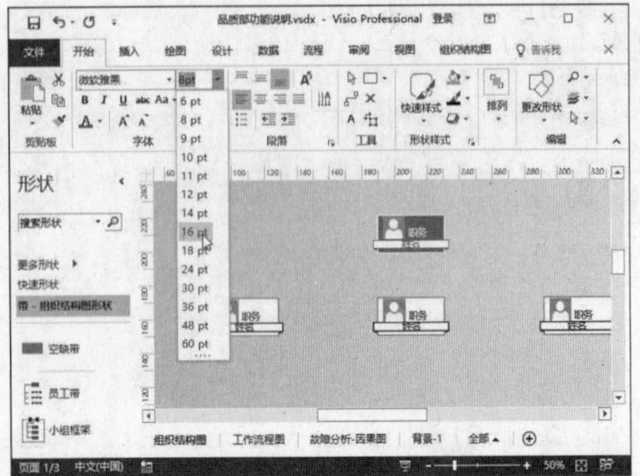

图29-20 为形状添加文本

步骤09 单击“工具”组中的“连接线”按钮，如图29-21所示。

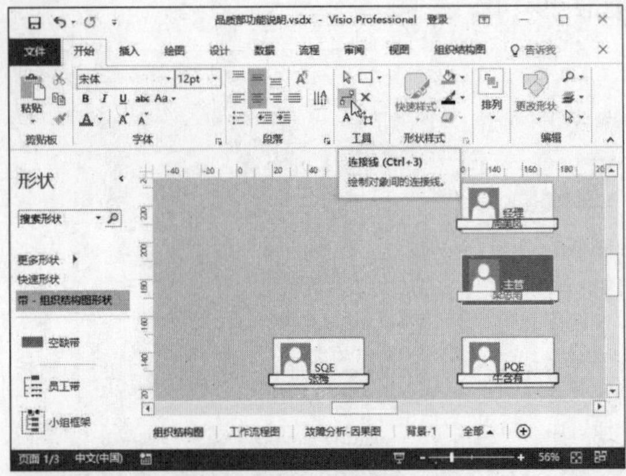

图29-21 单击“连接线”按钮

步骤10 选择连接点，拖动鼠标光标至要连接到的形状的连接点，如图29-22所示。

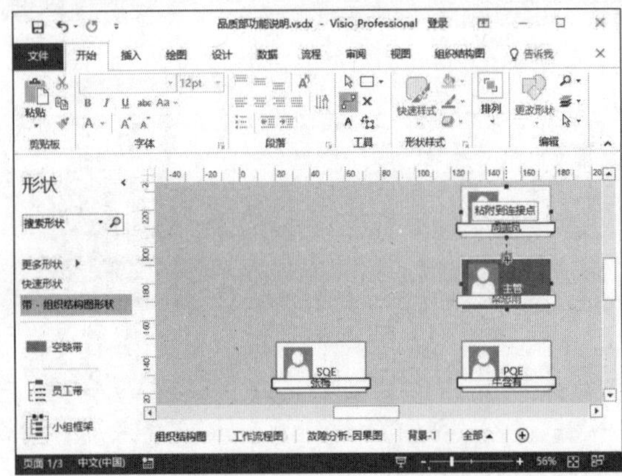

图29-22 连接形状

步骤11 根据实际情况，连接多个形状，如图29-23所示。

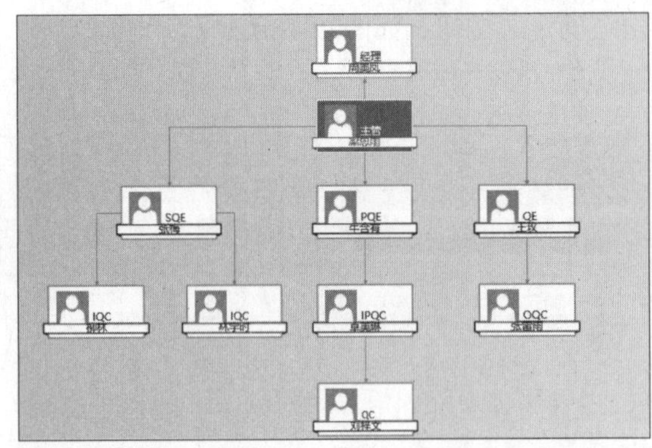

图29-23 连接多个形状

步骤12 选择所有形状，单击“组织结构图”选项卡“形状”组上的“其他”按钮，如图29-24所示。

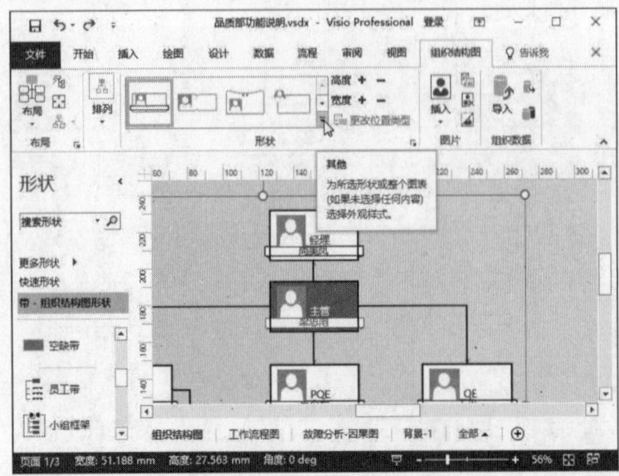

图29-24 单击“其他”按钮

步骤13 从展开的形状列表中选择“花瓣”选项，如图29-25所示。

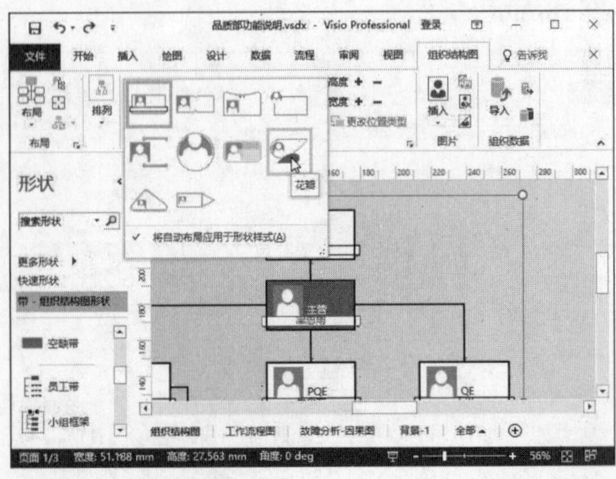

图29-25 选择“花瓣”选项

步骤14 执行“开始>快速样式>精致效果-金色,变体着色3”命令，如图29-26所示。

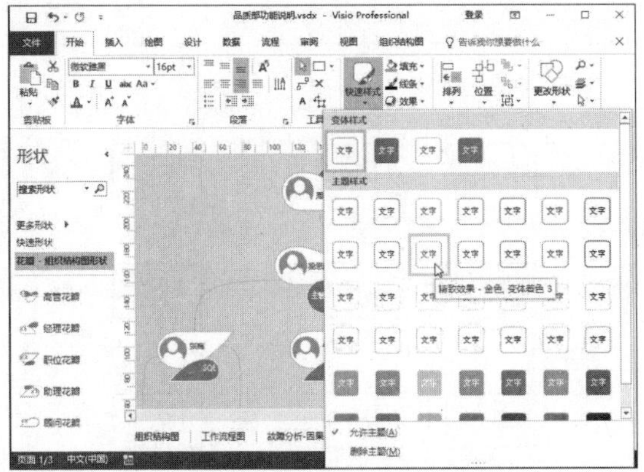

图29-26 选择“精致效果-金色,变体着色3”选项

步骤15 将组织结构图中的形状美化样式后，效果如图29-27所示。

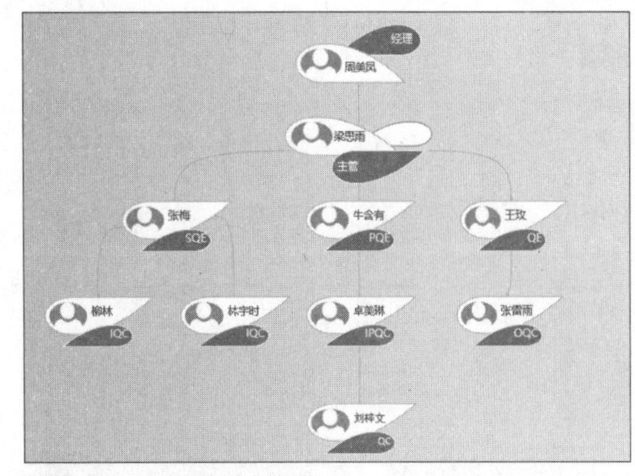

图29-27 应用形状样式效果

步骤16 切换至“工作流程图”绘图页，在左侧形状窗格，执行“更多形状>流程图>基本流程图形状”命令，如图29-28所示。

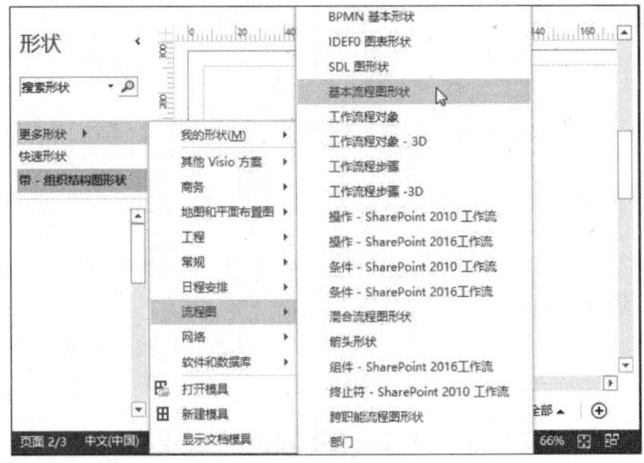

图29-28 选择“基本流程图形状”选项

步骤17 选择“流程”形状，将其添加至绘图页中，如图29-29所示。

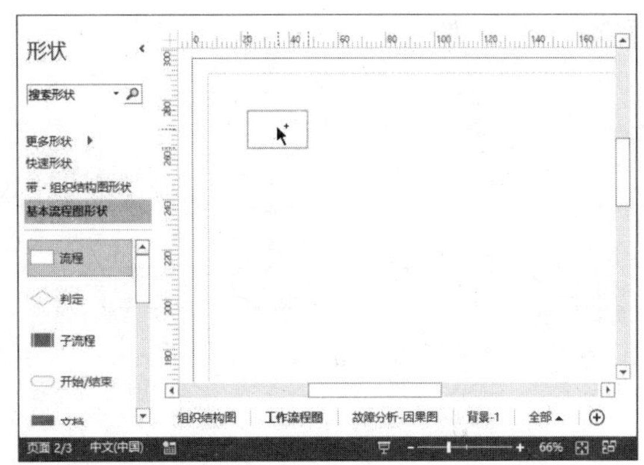

图29-29 获取“流程”形状

步骤18 按需在形状中添加文本，并设置文本字体格式为：微软雅黑、16pt，如图29-30所示。

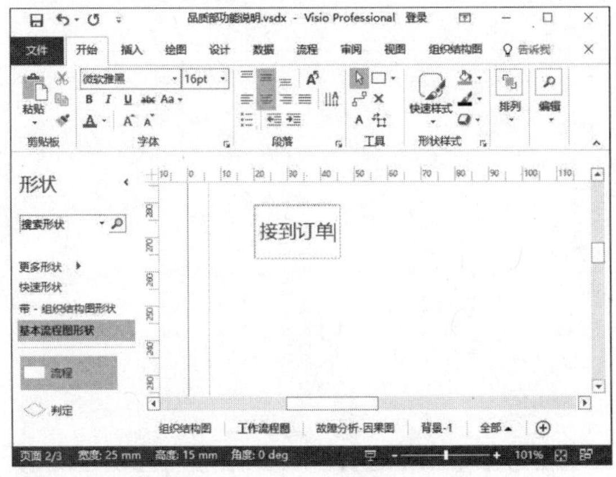

图29-30 添加文本

步骤19 选择形状，执行“开始>快速样式>精致效果-褐色,变体着色7”命令，如图29-31所示。

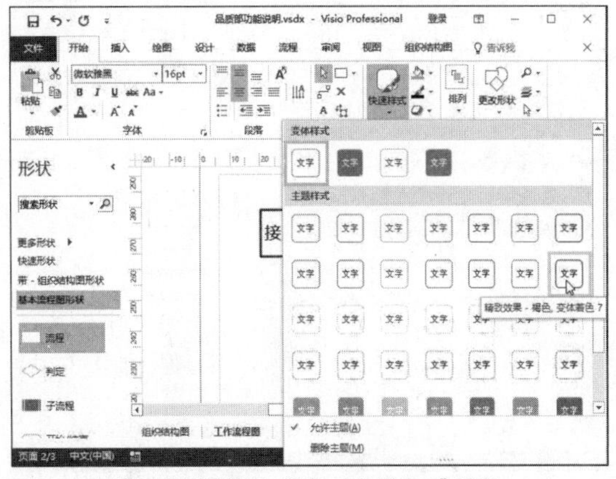

图29-31 选择“精致效果-褐色,变体着色7”选项

步骤20 执行“开始>工具>连接线”命令，按需链接形状，如图29-32所示。

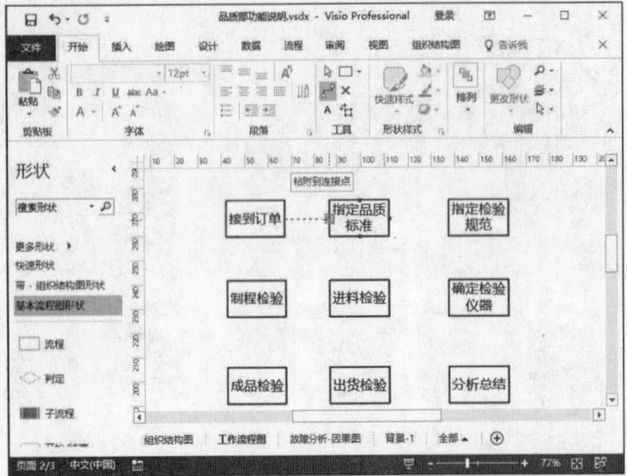
图29-32 连接形状

步骤21 将绘图页中所有形状按需连接后，效果如图29-33所示。

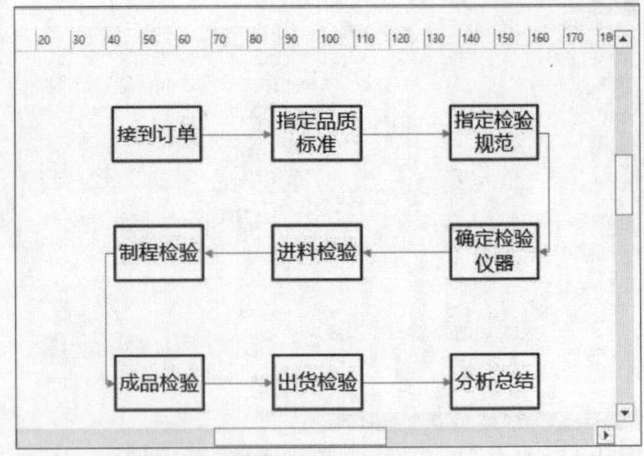

图29-33 连接所有形状效果

步骤22 单击“审阅”选项卡上“批注”组中的“新建批注”按钮，如图29-34所示。

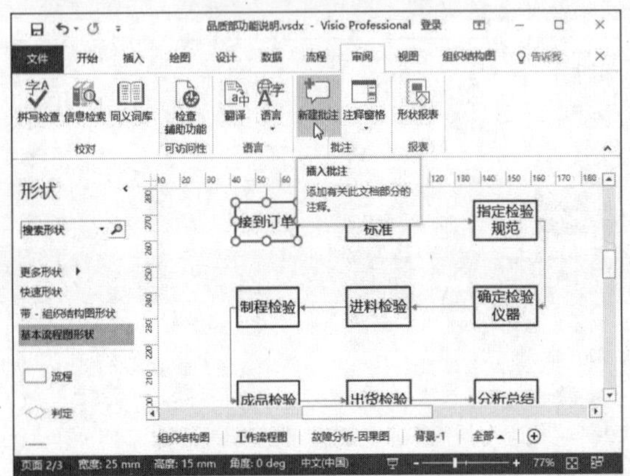
图29-34 单击“新建批注”按钮

步骤23 按需为所选形状添加批注，如图29-35所示。

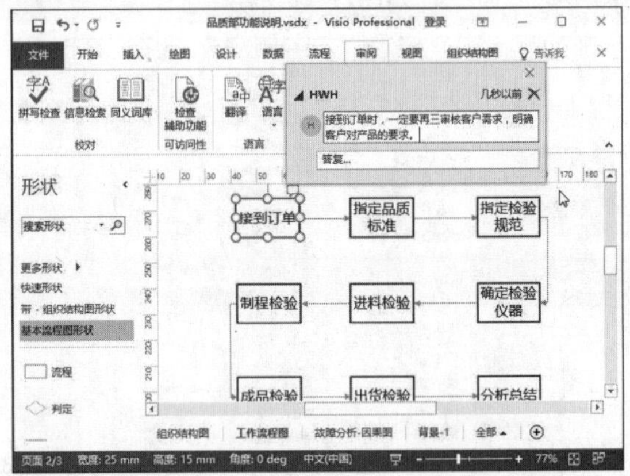
图29-35 添加批注

步骤24 切换至“故障分析-因果图”绘图页，执行“更多形状>商务>业务进程>因果图形状”命令，如图29-36所示。

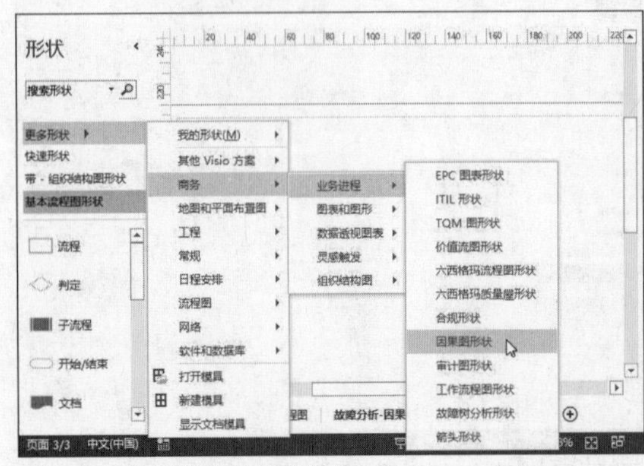
图29-36 选择“因果图形状”选项

步骤25 选择“鱼骨框架”形状，将其添加至当前绘图页，如图29-37所示。

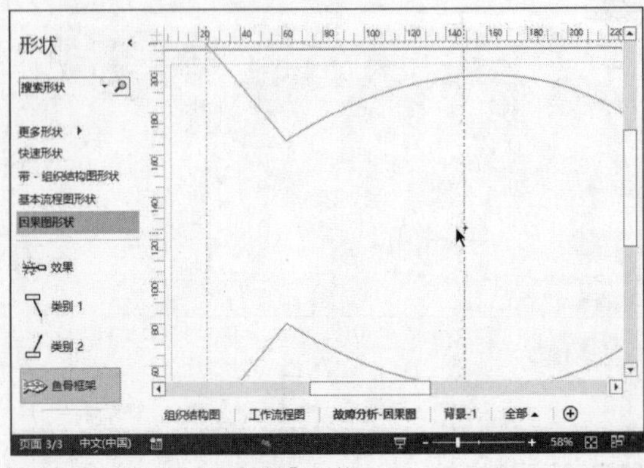
图29-37 获取“鱼骨框架”形状

步骤26 按照同样的方法，根据实际情况添加其他形状，如图29-38所示。

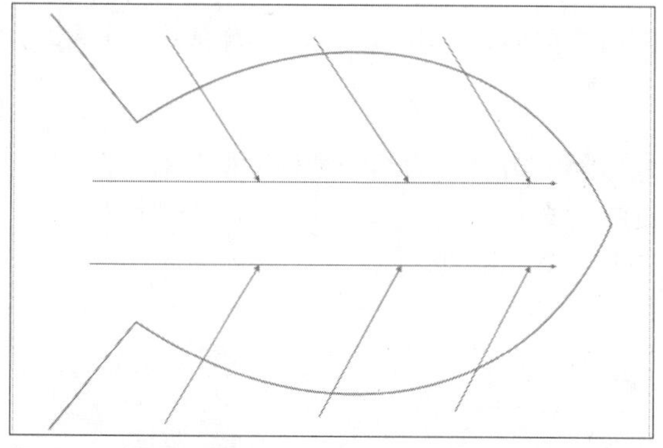

图29-38 获取其他形状

步骤27 按需在形状中添加文本，并且设置字体大小为18pt，如图29-39所示。

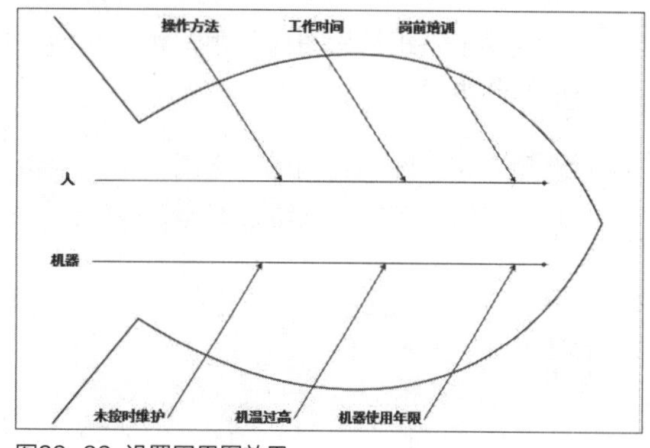

图29-39 设置因果图效果

29.2.3 绘图文档的导出和打印

创建绘图文档完毕后，可以将绘图文档导出并打印，其具体的操作步骤如下。

步骤01 执行“文件>导出>创建PDF/XPS文档>创建PDF/XPS”命令，如图29-40所示。

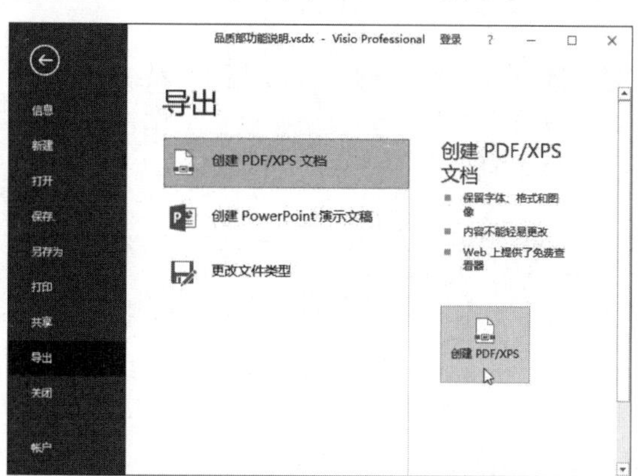

图29-40 单击“创建PDF/XPS”按钮

步骤02 打开“发布为PDF或XPS”对话框，单击“发布”按钮，如图29-41所示。

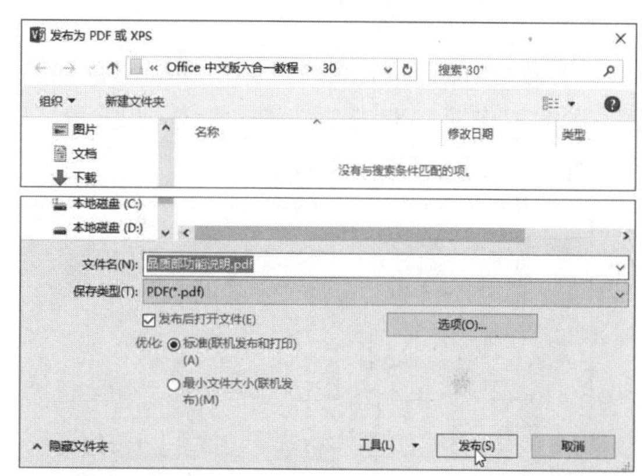

图29-41 单击“发布”按钮

步骤03 即可将绘图文档发布到PDF中，发布完成后，将自动打开PDF文档，如图29-42所示。

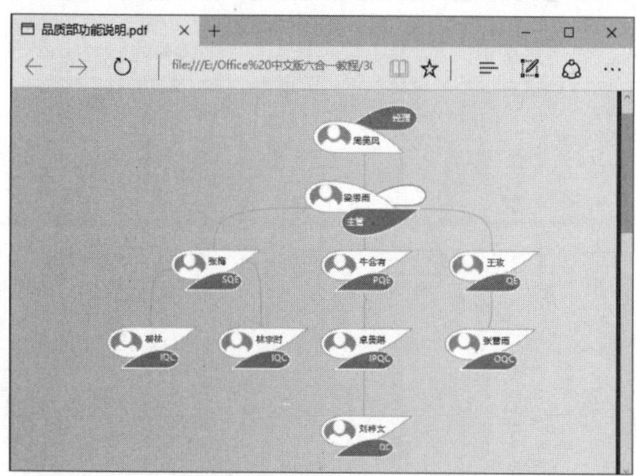

图29-42 发布绘图文档效果

步骤04 执行“文件>打印”命令，按需设置打印范围和打印份数后，单击“打印”按钮，打印绘图文档，如图29-43所示。

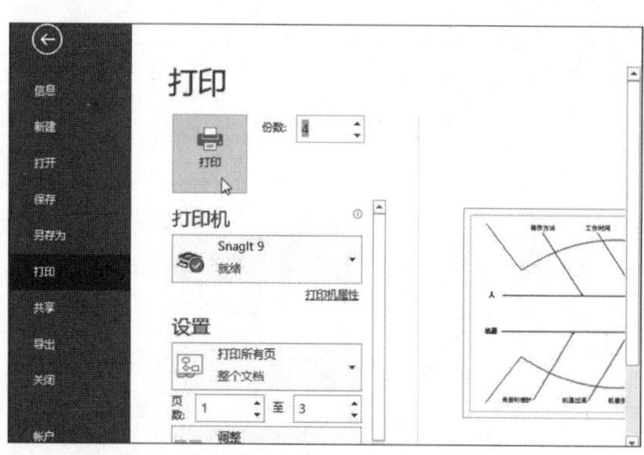

图29-43 单击“打印”按钮

技巧放送：组织结构图的导出

创建了组织结构图后，用户可以将组织结构图以数据形式导出到 Excel 工作簿中，其具体的操作步骤如下。

步骤01 单击“组织结构图”选项卡上“组织数据”组的“导出”按钮，如图29-44所示。

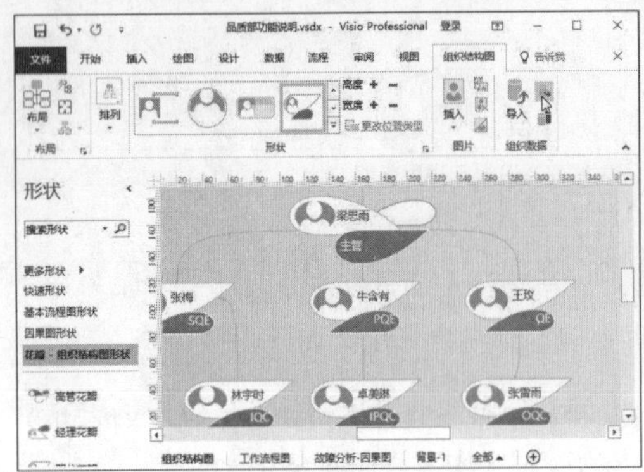

图29-44 单击“导出”按钮

步骤02 打开“导出组织结构数据”对话框，选择保存位置，输入文件名，单击“保存”按钮，如图29-45所示。

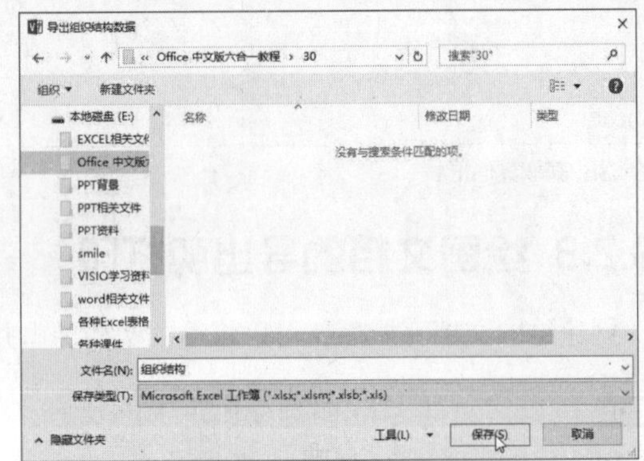

图29-45 单击“保存”按钮

步骤03 在保存位置可以看到根据导出数据创建的工作簿，双击工作簿图标，如图29-46所示。

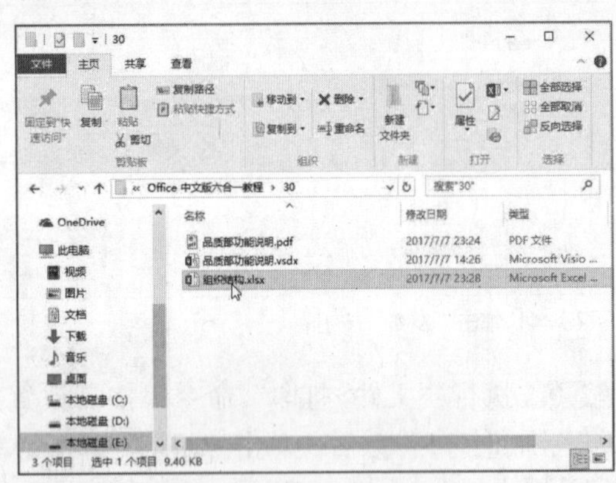

图29-46 双击图标

步骤04 打开工作簿后，可以看到，系统自动将组织结构图转化为数据存放在工作表中，如图29-47所示。

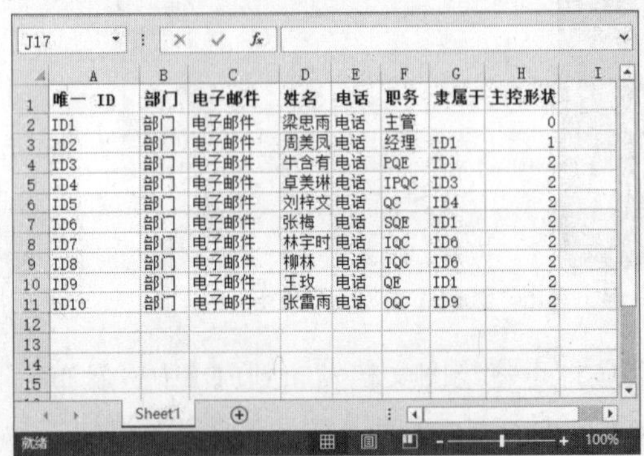

唯一 ID	部门	电子邮件	姓名	电话	职务	隶属于	主控形状
ID1	部门	电子邮件	梁思雨	电话	主管		0
ID2	部门	电子邮件	周美凤	电话	经理	ID1	1
ID3	部门	电子邮件	牛含有	电话	PQE	ID1	2
ID4	部门	电子邮件	卓美琳	电话	IPQC	ID3	2
ID5	部门	电子邮件	刘梓文	电话	QC	ID4	2
ID6	部门	电子邮件	张梅	电话	SQE	ID1	2
ID7	部门	电子邮件	林宇时	电话	IQC	ID6	2
ID8	部门	电子邮件	柳林	电话	IQC	ID6	2
ID9	部门	电子邮件	王玫	电话	QE	ID1	2
ID10	部门	电子邮件	张雷雨	电话	OQC	ID9	2

图29-47 将组织结构图导入到工作簿效果